Stahlbau 2

Wolfram Lohse · Jörg Laumann · Christian Wolf

Stahlbau 2

21., vollständig aktualisierte und
überarbeitete Auflage

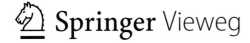 Springer Vieweg

Wolfram Lohse
FB 2 Bauingenieurwesen
FH Aachen
Aachen, Deutschland

Jörg Laumann
Fachgebiet Stahl-, Stahlverbund- und Brückenbau
FH Aachen
Aachen, Deutschland

Christian Wolf
Fakultät Bauingenieurwesen
Hochschule für Technik und Wirtschaft Dresden
Dresden, Deutschland

ISBN 978-3-8348-1511-8 ISBN 978-3-8348-2116-4 (eBook)
https://doi.org/10.1007/978-3-8348-2116-4

Die Deutsche Nationalbibliothek verzeichnet diese Publikation in der Deutschen Nationalbibliografie; detaillierte bibliografische Daten sind im Internet über http://dnb.d-nb.de abrufbar.

Springer Vieweg
© Springer Fachmedien Wiesbaden GmbH, ein Teil von Springer Nature 2005, 2020

Lektorat: Dipl.-Ing. Ralf Harms

Springer Vieweg ist ein Imprint der eingetragenen Gesellschaft Springer Fachmedien Wiesbaden GmbH und ist ein Teil von Springer Nature.
Die Anschrift der Gesellschaft ist: Abraham-Lincoln-Str. 46, 65189 Wiesbaden, Germany

Vorwort zur 21. Auflage

Nach 15 Jahren erscheint nunmehr auch der zweite Teil des zweibändigen Werkes „Stahlbau" in stark überarbeiteter und erweiterter Fassung in der bereits 21. Auflage. Bei der Überarbeitung war es das vorrangige Ziel, die Inhalte den neuen Erkenntnissen der Technik anzupassen, die sich unter anderem in den 2012 bauaufsichtlich eingeführten EUROCODES wiederspiegeln. Diese sind nun – in jeweils aktueller Fassung – durchgängig Grundlage aller Ausführungen dieses Buches. So, wie die Normung in Ihrem Umfang zugenommen hat, wurden auch die Inhalte des Buches zum Teil stark erweitert, der bewährte Aufbau aber weitgehend beibehalten. Neben der Anpassung an den aktuellen Stand der Technik ging es den neu hinzugekommenen Verfassern, Prof. Laumann und Prof. Wolf, bei der Überarbeitung vor allem auch darum, noch stärker als bisher die Prinzipien und Methoden zu vermitteln und zu erläutern, die für das Verständnis und die Lösung von baupraktischen Problemstellungen notwendig sind. In diesem Sinne hoffen die Verfasser, das traditionsreiche Werk für eine erfolgreiche Zukunft weiterentwickelt zu haben.

In konsequenter Fortführung zu Band 1, welcher im letzten Kapitel mit dem Thema „Träger" endet, werden zu Beginn von Band 2 zunächst die geschweißten Vollwandträger behandelt. Da mit Ihnen i. d. R. eine wirtschaftliche Optimierung erreicht werden soll, spielt das Thema „Plattenbeulen" eine wichtige Rolle. In Kap. 2 werden daher sowohl die theoretischen Grundlagen der „Beultheorie" als auch die Tragsicherheitsnachweise dazu behandelt, die nach der Methode der mitwirkenden Breiten oder der reduzierten Spannungen geführt werden können. Unter den Vollwandträgern nehmen die Kranbahnträger infolge der sich häufig ändernden Beanspruchungen infolge der beweglichen Krane eine besondere Stellung ein, weshalb diese in Kap. 4 gesondert und in allen Details besprochen werden. Wegen der Bedeutung des Verhaltens der Stähle bei dynamischer Beanspruchung ist dem, auch für die Kranbahnträgern wichtigen, Betriebsfestigkeitsnachweis das eigenständige Kap. 5 gewidmet, in dem auch auf die theoretischen Hintergründe der einschlägigen Regelungen eingegangen wird. Für weit gespannte Tragwerke ist der Einsatz von Fachwerksystemen unerlässlich, die daher in Kap. 3 ausführlich besprochen und erläutert werden. Neu hinzugekommen ist in diesem Zusammenhang auch ein Abschnitt zur Verbandsbemessung mit der Ermittlung von Stabilisierungskräften, die für eine wirtschaftliche Bemessung von Rahmenriegeln erforderlich sind. Die entsprechenden Biegedrillknicknachweise unter Ansatz verschiedenster Aussteifungskonstruktionen sind insofern eine wichtige Ergänzung in Kap. 6 „Rahmentragwerke", welches alle Aspekte der Bemessung und der konstruktiven Durchbildung berücksichtigt, wozu vor allem auch die Rahmenecken in unterschiedlichen Varianten gehören. Es schließt sich Kap. 7 mit Betrachtungen und Erläuterungen zur Bemessung von „kaltgeformten, dünnwandigen Bauteilen" an, die im Hochbau in Form von Trapezprofilen sowie Pfetten und Wandriegeln ihre regelmäßige Anwendung finden. Die Ausführungen zu den „Stahlverbundbauweise im Hochbau" in Kap. 8 bilden den Abschluss des Bandes. Neben den Verbundträgern und Verbundstützen werden darin nun auch die wesentlichen Tragsicherheitsnachweise für Verbunddecken behandelt und an Beispielen demonstriert.

Die Verfasser danken dem Verlag für die vielfältige Unterstützung bei der Erstellung des Manuskripts sowie Frau Dipl.-Ing. Schmidt von der HTW Dresden und den Mitarbeiterinnen und Mitarbeitern der FH Aachen, Frau Lenz und Herrn Hennes, für die Korrekturlesungen und Kontrollrechnungen der Beispiele. Unseren Familien danken wir für das Verständnis und die Unterstützung bei der Erstellung dieses Werkes. Es würde die Verfasser sehr freuen, wenn die Fachwelt ihr Interesse an diesem Werk durch Anregungen und Hinweise abermals bekundet.

Aachen und Dresden   Jörg Laumann
Dezember 2020   Wolfram Lohse
                                                                      Christian Wolf

Inhaltsverzeichnis

Geschweißte Vollwandträger

1

1.1 Allgemeines

Geschweißte Vollwandträger (Blechträger) werden aus Blechen und Breitflachstählen sowie Teilen von Walzprofilen zusammengesetzt (s. Abb. 1.1 und 1.2). Gegenüber den Walzträgern haben sie den *Vorteil*, dass man die Querschnittsabmessungen nach statischen, konstruktiven und räumlichen Erfordernissen frei wählen kann und nicht eng an ein festliegendes Walzprogramm gebunden ist. Auch in ästhetischer Hinsicht lassen sich solche Träger günstig in ein architektonisches Gesamtkonzept einplanen. Sie werden demgemäß verwendet, wenn

- ausreichend tragfähige Walzträger nicht zur Verfügung stehen,
- Walzträger bei großen Stützweiten mit Rücksicht auf Verformungsbegrenzungen überdimensioniert werden müssten, während man Blechträger so entwerfen kann, dass die Grenzwerte der Festigkeiten und Forderungen der Gebrauchstauglichkeit ausgenutzt werden,
- für die äußeren Maße des Trägers konstruktiv so enge Grenzen vorgeschrieben sind, dass diese mit Walzträgern nicht eingehalten werden können,
- ein Blechträger günstiger ist als ein Walzträger.

Kostenersparnisse erzielt man bei Blechträgern durch geringere Materialpreise für Bleche und Breitflachstähle, durch einen allgemein geringeren Materialeinsatz, insbesondere bei den dünneren Trägerstegen, und durch eine mögliche Abstufung der Gurte oder Trägerhöhe entsprechend dem Schnittkraftverlauf M_y, V_z (s. Abb. 1.4 und 1.5). Diesen Kosteneinsparungen sind die Kosten für das Brennen, Schneiden und Verschweißen der Einzelteile gegenüberzustellen. Eine wirtschaftliche Fertigung ist i. d. R. nur durch den Einsatz von Schweißautomaten (mit Mehrfachschweißköpfen) möglich.

© Springer Fachmedien Wiesbaden GmbH, ein Teil von Springer Nature 2020
W. Lohse, J. Laumann, C. Wolf, *Stahlbau 2*, https://doi.org/10.1007/978-3-8348-2116-4_1

1.2 Querschnittsformen

Typische *Querschnitte* und Bezeichnungen von geschweißten Vollwandträgern zeigt Abb. 1.1. Die Gurte werden mit dem Stegblech durch *Halsnähte* (Kehlnähte, HV-Nähte ...) unmittelbar verschweißt. Die Verbindung von Gurtplatten in Längsrichtung (Abb. 1.1b) erfolgt über *Flankenkehlnähte* bei besonderer Ausbildung der Gurtplattenenden (s. Abb. 1.6). Einstegige (offene) I-Querschnitte werden i. Allg. doppelsymmetrisch ausgeführt, wenn aufgrund der *Biegedrillknickgefährdung* keine besondere Druckgurtausbildung erforderlich ist. Sie eignen sich vorzugsweise für einachsige Biegung (um die starke y-Achse), wobei auch mäßige Querbiegemomente M_z und Druckkräfte aufgenommen werden können.

Zweistegige Hohlkastenquerschnitte (Abb. 1.1c) werden ausgebildet bei merklicher *Torsionsbeanspruchung*, die von I-Querschnitten nur unter Inkaufnahme größerer Querschnittsverdrehungen schon bei geringen Torsionsmomenten M_x übertragen werden können. Bei etwas höherem Stahlverbrauch lassen sich besonders niedrige Trägerhöhen erzielen. Sind Hohlkastenquerschnitte nicht begehbar, müssen sie aus Korrosionsgründen luftdicht verschlossen werden. Andernfalls lässt man sie offen, damit durch Belüftung die Feuchtigkeit begrenzt bleibt. Die Beschichtungsfläche wird dadurch allerdings verdoppelt.

1.2.1 Stegbleche

Zur Erhaltung der Querschnittskontur und Einleitung hoher Einzellasten sowie zur Erzielung einer ausreichenden *Beulstabilität* werden die Stegbleche (bei Kastenträgern auch der gedrückte Gurt) in regelmäßigen Abständen durch *Quersteifen* (*Querschotte*) gestützt. Auf *Längssteifen* wird man bei Hochbaukonstruktionen i. d. R. aus Kostengründen verzichten. Weitere Einzelheiten hierzu enthält Kap. 2.

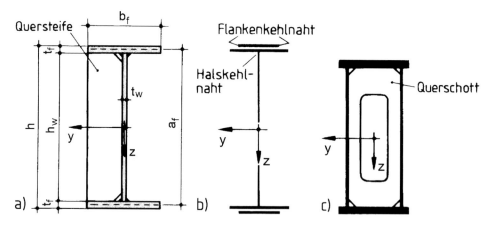

Abb. 1.1 Querschnitte geschweißter Vollwandträger. **a** einwandig mit typischen Bezeichnungen, **b** mit zusätzlichen Gurtlamellen, **c** zweiwandiger Kastenträger

1.2.2 Gurtquerschnitte

Eine besondere Bedeutung hat die statische und konstruktive Ausbildung der Träger-
gurte, da diese den größten Anteil der Hauptbeanspruchung (M_y) übernehmen und für
eine ausreichende Steifigkeit gegen seitliches Ausweichen (*Biegedrillknicken*) verantwort-
lich sind. Hier gelten die gleichen Grundsätze wie bei den Walzträgern (s. Abschn. 6.3,
Band 1).

Für die Anzahl der *Gurtplatten (Lamellen)* gilt i. Allg. $n \leq 3$ und für ihre Dicke $t = 10$
bis 50 mm. Hergestellt werden sie aus *Breitflachstählen* oder auch aus *Blechen*.

Liegen in Zugbereichen Schweißnähte vor, so ist bei Blechdicken über 30 mm der
Aufschweißbiegeversuch durchzuführen und durch ein Prüfzeugnis zu belegen (früher in
DIN 18800-7 [2] geregelt, heute im NA zu DIN EN 1993-1-1 gefordert [1]). Gurtplatten
von mehr als 50 mm Dicke dürfen nur verwendet werden, wenn ihre einwandfreie Verarbeitung durch entsprechende Maßnahmen sichergestellt ist. Zu diesen Maßnahmen gehört
z. B. das Vorwärmen im Bereich der Schweißzonen, um zu große Abkühlungsgeschwin-
digkeiten beim Schweißen zu vermeiden. In jedem Fall sind die Stahlgütegruppen aller
Teile wegen der Sprödbruchgefahr sorgfältig zu wählen, s. a. Band 1, Abschn. 1.1.3.4.

Abweichend von den vorstehenden Angaben werden die direkt befahrenen Obergurte
von Kranbahnen im Hinblick auf die Betriebsfestigkeitsuntersuchung grundsätzlich einteilig ausgeführt, wobei Gurtplatten bei Druck bis zu 80 mm, bei Zug bis zu 50 mm Dicke
verwendet werden, selbstverständlich unter besonderer Beachtung der Voraussetzungen
hinsichtlich der Werkstoffwahl und der schweißtechnischen Maßnahmen; die Sprödbruchgefahr (beim Verschweißen dicker Bleche) wird hier geringer eingeschätzt als die Dauer-
bruchgefahr in den Flankenkehlnähten.

Für die nur an ihren Rändern durch Schweißnähte durchlaufend gehaltenen Gurtplat-
ten soll mit Rücksicht auf volles Mittragen unter Druckspannungen $b_f \leq 28t_f \cdot \varepsilon$ sein (s.
Band 1, Tab. 2.15, grenz c/t). Im Zugbereich kann man die Gurtlamellen etwas breiter
wählen, jedoch ist hier eine Beschränkung auf $b_f \leq L_e/25$ empfehlenswert (L_e = Abstand der Momentennullpunkte), da andernfalls die Regelungen der *mittragenden Breite
infolge Schubverzerrung* anzuwenden wären (s. DIN EN 1993-1-5, Abs. 3.3.).

Die *Breitenabstufung* zwischen zwei aufeinanderliegenden Gurtplatten muss mit Rücksicht auf die Kehlnahtdicke am Gurtplattenende $\Delta b \approx t + 10$ mm betragen (s. Abb. 1.2a).
Statisch günstiger wäre es dabei, die Reihenfolge der Gurtplatten umzukehren, worauf
aber aufgrund der überwiegenden schweißtechnischen Nachteile i. d. R. verzichtet wird.

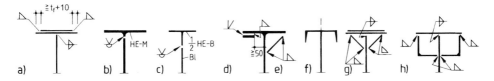

Abb. 1.2 Gurtquerschnitte geschweißter Vollwandträger

Für unmittelbar mit dem Stegblech verschweißte *Grundlamellen* kann man statt eines Breitflachstahles alternativ auch unterhalb der Ausrundung abgetrennte Flansche von kräftigen Walzträgern (s. Abb. 1.2b), halbierte Walzträger (s. Abb. 1.2c) oder liegende U-Profile (s. Abb. 1.2f) verwenden. Die Halsnaht liegt dann von der großen Stahlmasse des Gurtes weiter entfernt und kühlt beim Schweißen daher nicht so rasch ab, wodurch ihre Güte verbessert wird. Außerdem liegt sie nicht mehr so nahe an der hochbeanspruchten Randzone.

Falls die von zusätzlichen Gurtplatten verursachte Änderung der Trägerhöhe unerwünscht ist, können Verstärkungsteile (auch bei Walzträgern) notfalls innen angebracht werden. Die an der Innenfläche des Flansches liegende Lamelle muss hierbei vom Steg einen Mindestabstand von etwa 50 mm aufweisen, damit die Verbindungsnaht ordnungsgemäß gezogen werden kann (s. Abb. 1.2d). Günstiger wäre eine schrägliegende Platte (s. Abb. 1.2e), sofern innerhalb ihrer Länge keine Träger anzuschließen sind.

Bei großen freien Trägerlängen lässt sich die *Biegedrillknicksicherheit* durch Vergrößerung des Trägheitsmomentes I_z des Druckgurtes (Abb. 1.2f) und/oder eine Erhöhung der *Torsionssteifigkeit* des Gesamtträgers durch Ausbildung geschlossener Querschnittsteile (Abb. 1.2g, h) beträchtlich steigern. Schräglamellen, auch im Zugbereich, dienen ferner dem konstruktiven *Korrosionsschutz*.

Als Nachteil der genannten Gurtquerschnitte sind die großen Schweißnahtlängen anzusehen. Außerdem verursachen Stoßverbindungen und die Anschlüsse oberflanschbündiger, seitlich einmündender Träger, konstruktive Schwierigkeiten. Die folgenden Ausführungen beziehen sich vorzugsweise auf den im Hochbau üblichen, offenen I-Querschnitt.

1.3 Bemessung und Dimensionierung

1.3.1 Bemessung

Es sind die üblichen Nachweise zur *Tragsicherheit* (z. B. *Festigkeitsnachweis* und *Nachweis gegen Biegedrillknicken*) und *Gebrauchstauglichkeit* (v. a. Durchbiegungsnachweis) zu führen. Die *Festigkeitsnachweise* geschweißter Blechträger erfolgen in der Regel nach dem Nachweisverfahren *Elastisch – Elastisch*, d. h. Beginn des Fließens in der meistbeanspruchten Querschnittsfaser (s. Teil 1, Abschn. 2.6.1). Fallweise lässt man eine gewisse Querschnittsplastizierung zumindest über die Dicke der Flansche zu (s. Abb. 1.3), wenn die entsprechenden Grenzwerte für Klasse 2 eingehalten sind ($c/t \leq 10\varepsilon$, s. Teil 1, Tab. 2.15). Das Nachweisverfahren *Plastisch – Plastisch* (Ausbildung einer Fließgelenkkette bei Durchlaufträgern) wird bei Blechträgern auf Ausnahmefälle beschränkt bleiben. Da im Stahlhochbau Blechträger vorzugsweise als einfeldrige Unterzüge oder Dachträger eingesetzt werden, scheidet dieses Nachweisverfahren ohnehin aus.

Trägereigengewicht g_{Tr}
Das zunächst noch unbekannte Trägereigengewicht kann unter Voraussetzung eines wirtschaftlich bemessenen Querschnitts und bei „normalen Lasten und Stützweiten" aus

Abb. 1.3 Elastische
Spannungsverteilung mit Teilplastizierung der Gurte

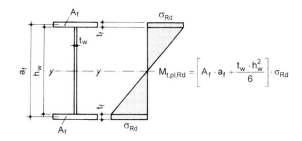

Gl. 1.1 abgeschätzt werden bei „üblichen Trägerhöhen". Wird hiervon abgewichen oder bei Kastenträgern, ist g_{Tr} etwas höher anzusetzen.

$$g_{Tr}\,[\mathrm{kN/m}] \approx (0{,}10 \div 0{,}12) \cdot \sqrt[3]{\left(\frac{\max M_{Ed}\,[\mathrm{kNm}]}{\sigma_{Rd}\,[\mathrm{kN/cm^2}]} \right)^2} \qquad (1.1)$$

1.3.2 Dimensionierung

Zur Festlegung der Abmessungen eines ausreichend dimensionierten Trägers müssen die Stegblechhöhe und -dicke sowie die erforderlichen Gurtquerschnitte vorab bestimmt werden. Hierzu liefern die nachfolgenden Überlegungen hilfreiche Anhaltswerte über Formeln bzw. Tabellen. Nach Wahl des Trägerquerschnittes – u. U. mit Gurtplattenabstufung – werden die Querschnittswerte ermittelt und alle erforderlichen Tragsicherheitsnachweise geführt (da alle folgenden Angaben über erforderliche Querschnittsabmessungen auf Vereinfachungen beruhen, ist die Tragsicherheit des Trägers allein auf der Grundlage der Querschnittswahl noch nicht gewährleistet).

1.3.2.1 Stegblechhöhe h_w
Sie soll folgenden Bedingungen genügen: Innerhalb der Grenzen des Gebrauchstauglichkeitsnachweises (Durchbiegung) soll die Grenzspannung voll ausgenutzt werden. Die Trägerhöhe ist mindestens so zu wählen, dass der *Materialaufwand* für den Träger unter Beachtung der Fertigungskosten ein Minimum darstellt.

Legt man einen gabelgelagerten Einfeldträger mit Stützweite L zugrunde, so ergeben sich in Abhängigkeit der zulässigen Durchbiegungen und Grenzspannungen die erforderlichen Steghöhen nach Tab. 1.1. Bei Durchlaufträgern genügt das 0,8 bis 0,9fache dieser Werte. Muss man h_w aus baulichen Gründen ausnahmsweise kleiner ausführen, darf man σ_{Rd} nicht voll in Anspruch nehmen, weil andernfalls die Verformungen zu groß werden; dadurch wächst der Stahlverbrauch sehr rasch an.

Tab. 1.1 Steghöhe einfeldriger Blechträger

Durchbiegung grenz f	$L/300$		$L/500$	
Werkstoff	S235	S355	S235	S355
Steghöhe $h_w \approx$	$L/22$	$L/14{,}5$	$L/13$	$L/9$

Für Einfeldträger im Hochbau lässt sich bei Vorgabe des Verhältnisses A_f/A_w ($A_w =$ Stegfläche) aus dem Nachweis der größten Randspannung (max $\sigma = $ max $M_{Ed}/W_y \leq \sigma_{Rd}$) die erforderliche Stegblechhöhe gemäß Gl. 1.2 ableiten (max M_{Ed} und σ_{Rd} sind dimensionsgerecht einzusetzen), wobei der Vorfaktor von der Art der Gurtplattenabstufung abhängig ist: 4,3 bei sehr guter, 4,8 bei mittlerer und 5,3 ohne Gurtplattenabstufung.

$$h_w \approx (4,3 \div 5,3) \cdot \sqrt[3]{\frac{\max M_{Ed}}{\sigma_{Rd}}} \qquad (1.2)$$

Die praktische Erfahrung zeigt, dass sich wirtschaftliche Trägerhöhen bei „normalen Verhältnissen" mit Gl. 1.3 auch direkt aus der Stützweite L ableiten lassen.

$$h_w \approx \underbrace{\frac{L}{10} \div \frac{L}{12}}_{\text{ohne}} \quad \text{bzw.} \quad \underbrace{\frac{L}{15} \div \frac{L}{25}}_{\substack{\text{mit Überhöhung oder} \\ \text{bei Durchlaufträgern}}} \qquad (1.3)$$

1.3.2.2 Stegblechdicke t_w

Da ein großer Teil des Stegblechs in der Nähe der Biegenulllinie liegt und sich nur unvollkommen an der Aufnahme der Biegemomente beteiligt, ist es richtig, die Querschnittsflächen mit größerem Wirkungsgrad in den Gurten zu konzentrieren und den Steg so dünn wie möglich auszuführen. Dem sind jedoch wegen der Aufnahme der Querkräfte und wegen der *Beulgefahr des Stegblechs* Grenzen gesetzt. Unter der Annahme, dass $A_f/A_w \geq 0{,}6$ ist, kann aus dem Spannungsnachweis für die mittlere Schubspannung nach Gl. 2.35, Band 1, folgende Mindestdicke des Stegblechs abgeleitet werden:

$$t_w \geq \frac{V_{z,Ed}}{h_w \cdot f_{yw}/\sqrt{3}} \qquad (1.4)$$

Die zur Erfüllung der Beulsicherheitsnachweise notwendige Stegblechdicke lässt sich überschlägig getrennt ermitteln für die beiden folgenden Fälle:

a) Schubbeulen für $\tau = $ konst und $\sigma_x = 0$ (Gl. 1.5 zurückgerechnet aus Gl. 2.41):

$$t_w \geq \sqrt{\frac{V_{Ed} \cdot \gamma_{M1}}{86{,}91\sqrt{k_\tau \cdot f_{yw}}}} \qquad (1.5)$$

mit k_τ nach Tab. 2.3.

b) Volles Mitwirken für Drucknormalspannungen σ_x infolge M_y bei doppeltsymmetrischen I-Profilen und $\tau = 0$ (s. Band 1, Tab. 2.15):

$$t_w \geq \frac{h_w}{124\sqrt{f_y\,[\text{N/mm}^2]/235}} \qquad (1.6)$$

Tab. 1.2 Empfehlung zu Stegblechdicken in Abhängigkeit von h_w (Steg ohne Längssteifen)

h_w [mm]	t_w [mm]
500	6 bis 12
750	8 bis 12
1000	8 bis 14
1500	10 bis 18
> 2000	12 bis 25

Maßgebend ist der größte Wert aus vorgenannten Gleichungen, wobei oftmals eine Abschätzung für t_w anhand von Tab. 1.2 genügt. Führt man Stegbleche mit $t_w < 6$ mm aus, muss der Tragsicherheitsnachweis nach Kap. 7 geführt werden. Dabei ist zu beachten, dass dann der Steg bereits unter den Gebrauchslasten merkliche Deformationen in Form von Beulen aufweist, welche das Erscheinungsbild u. U. beeinträchtigen können. Will man diese Beulen vermeiden, sind zusätzliche Quer- und/oder Längssteifen – letztere im Druckbereich – anzuordnen. Wegen der dabei anfallenden Lohnkosten ist diese Maßnahme jedoch im Hochbau selten wirtschaftlich, im Brückenbau dagegen die Regel, wobei hier i. Allg. $t_w > 10$ mm ist.

1.3.2.3 Gurtquerschnitt A_f

Nach Wahl der Stegblechabmessungen kann der notwendige Gurtquerschnitt in Abhängigkeit des wirkenden Momentes mit Gl. 1.7 abgeschätzt werden für die Annahme $a_f \sim h_w$ (s. Abb. 1.1a):

$$\text{erf } A_f \geq \frac{M_{y,Ed}}{h_w \cdot f_{yd}} - \frac{1}{6} A_w \approx (0{,}6 \div 0{,}8) \cdot \frac{M_{y,Ed}}{h_w \cdot f_{yd}} \tag{1.7}$$

mit $A_w = h_w \cdot t_w$.

Wird der Druckgurt nur aus Breitflachstählen (Blechen) gebildet, so können aus dem vereinfachten Biegedrillknicknachweis (Nachweis des Druckgurtes als Druckstab, s. Band 1, Abschn. 6.3.4.2) und einigen Annahmen Richtwerte für die erforderliche Gesamtdicke des Gurtes bzw. deren Breite aus Gl. 1.8a, b abgeleitet werden.

$$t_f \leq \frac{\text{erf } A_f \cdot \lambda_1}{6{,}25 L_C} \quad \text{(a)} \qquad b_f \geq \frac{6{,}25 L_C}{\lambda_1} \quad \text{(b)} \tag{1.8}$$

mit

λ_1 Bezugsschlankheit ($\lambda_1 = \pi \sqrt{E/f_y} = 93{,}9$ für S235 und 76,4 für S355)
L_C Abstand der seitlichen Stützung des Druckgurtes

Mit Gln. 1.7 und 1.8 sind Sonderformen der Gurtausbildung nicht erfasst. Ferner wird auf die Beschränkung der b_f/t_f-Verhältnisse nach Abschn. 1.2.2 hingewiesen.

1.4 Konstruktive Durchbildung

1.4.1 Trägerabstufungen

Träger *kurzer Stützweite* werden mit gleichbleibendem Querschnitt ausgebildet. Bei *grö-ßeren (großen) Stützweiten* (und stets im Brückenbau) passt man den Querschnitt den Beanspruchungsverhältnissen (M_y, V_z) an. Eine solche Anpassung ist auf verschiedene Weise möglich, wie mit Abb. 1.4 verdeutlicht und in den folgenden Abschnitten erläutert wird.

1.4.1.1 Trägerabstufung durch aufgeschweißte Gurtlamellen
Wenn ein Höhenversprung innerhalb der Trägerlänge nicht störend ist, wird man diese Lösung gemäß Abb. 1.4a auch bei Inkaufnahme der längeren Schweißnähte bevorzugen, weil ein Nachweis der Güte der Flankenkehlnähte nicht erforderlich ist. Die *Längenabstufung* der Gurtplatte(n) wird entweder rechnerisch oder zeichnerisch mit Hilfe der *Momentendeckungslinie* (s. Abb. 1.5) und des *min/max M_y – Verlaufs bei Lastfallkombinationen* bestimmt. Bei ausreichender Biegedrillknick- und Beulsicherheit gilt für das *elastische Grenzmoment M_{el}* des Querschnittes *i* :

$$M_{el}^i = f_{yd} \cdot W_{el}^i \tag{1.9}$$

Bei einfachsymmetrischen Trägern ist dabei zu beachten, dass die Widerstandsmomente auf der Biegedruck- und Zugseite unterschiedlich groß sind.

Wegen der i. Allg. geringen Schubspannungen im Steg wird der Nachweis der Vergleichsspannung am Stegrand normalerweise nicht maßgebend.

Fällt ein *Stegblechquerstoß* zufälligerweise in die unmittelbare Nähe eines *theoretischen Gurtplattenendes*, ist Rücksicht zu nehmen auf die reduzierte Stumpfnahtgrenzspannung im Zugbereich, wenn die Nahtgüte nicht nachgewiesen wird.

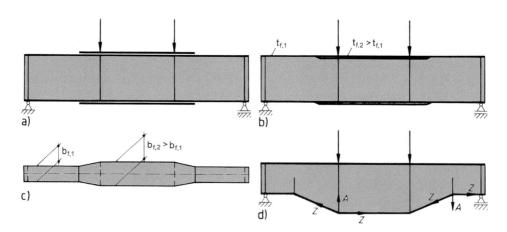

Abb. 1.4 Geschweißte Träger mit Abstufungen durch **a** zusätzliche Gurtlamellen, **b** Dickenänderung in den Gurten, **c** Gurtverbreiterung, **d** Höhenänderung

Abb. 1.5 Gurtplattenabstufung
und Momentendeckungslinie

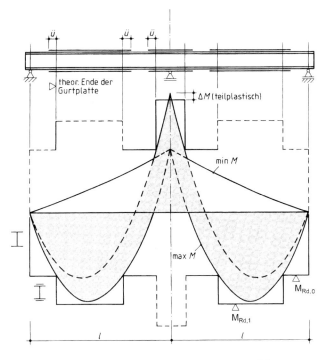

Abb. 1.6 Schweißnähte am
Gurtplattenende nach NA
zu DIN EN 1993-1-8 [1]:
a Plattendicke $t \leq 20$ mm,
b Plattendicke $t > 20$ mm

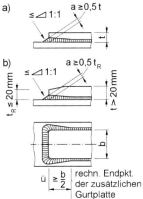

Über das theoretische Gurtplattenende hinaus ist jede Gurtplatte mit einem Überstand von $ü = b/2$ (b = Gurtplattenbreite) *vorzubinden*, wenn kein genauerer Nachweis geführt wird (s. NA zu DIN EN 1993-1-8 [1]). Die rechtwinklig abzuschneidende *Verstärkungslamelle* erhält an ihrem Ende eine kräftige *Stirnkehlnaht*, deren Schenkelhöhe mindestens die halbe Plattendicke erfassen muss (s. Abb. 1.6a). Sehr dicke Gurtplatten müssen dazu am Ende flach abgeschrägt werden, um zu dicke Stirnkehlnähte zu vermeiden (s. Abb. 1.6b). Auf der Länge $b/2$ – entsprechend dem Plattenüberstand $ü$ über das theoretische Ende – vollzieht sich der Übergang von der Stirnkehlnaht zur dünneren Ver-

Abb. 1.7 Schweißnähte am
Ende einer breiteren Verstärkungslamelle

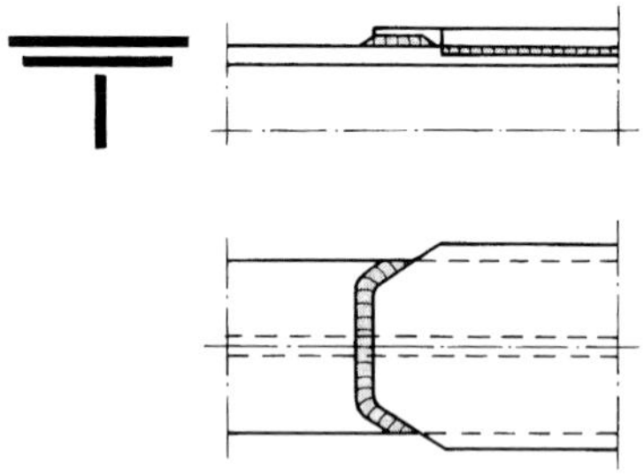

Abb. 1.8 Gurtverstärkung
auf der Gurtinnenseite bei
nicht vorwiegend ruhender
Beanspruchung (z. B. Kranbahnträger)

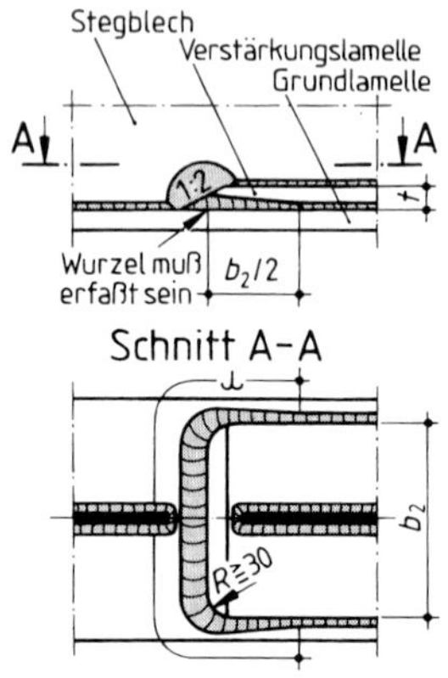

bindungsnaht. Während im Hochbau die Stirnkehlnaht gleichschenklig sein darf, muss
sie bei nicht vorwiegend ruhender Beanspruchung ungleichschenklig und am Plattenende
kerbfrei bearbeitet sein (Abb. 1.8).

In der Regel ist die Verstärkungslamelle schmaler als die darunter befindliche Gurtplatte. Muss man sie breiter ausführen, dann sollte sie sich zum Ende hin verjüngen, um den
kontinuierlichen Übergang der Stirnkehlnaht in die Flankenkehlnaht zu ermöglichen; bei
der Herstellung muss der Träger gedreht werden, um Schweißen in Zwangslage zu vermeiden (s. Abb. 1.7). Verstärkungslamellen können auch an den Innenseiten der Flansche
angebracht werden. Dies ist bei Blechträgern weniger schwierig als bei Walzträgern, weil
sich das Stegblech durch Verkleinern seiner Höhe an das dickere Gurtpaket anpassen lässt
(s. Abb. 1.8).

1.4.1.2 Trägerabstufung durch Dickenänderung in den Gurten und/oder Gurtverbreiterung

Wird die Verstärkung des geschweißten Querschnitts nicht durch Zulegen weiterer Gurtplatten, sondern durch Vergrößern der Dicke und/oder Breite des Gurtes mittels Stumpf-
schweißung vorgenommen (s. Abb. 1.4b, c), dann erfolgt die Bestimmung der Gurtplat-
tenlängen in gleicher Weise sowohl am Druckgurt wie auch am Zuggurt, sofern im Zugbereich nachgewiesen wird, dass die Stumpfnaht frei von Rissen, Binde- und Wurzelfehlern
ist. Wird dieser Nachweis am Zuggurt nicht erbracht, ist die Grenzschweißnahtspannung

Abb. 1.9 Versetzte Stumpfnaht im Zuggurt (bei
Dickenwechsel)

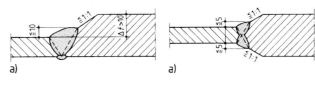

Abb. 1.10 Stumpfstöße in
Gurtplatten und Stegblechen
a bei vorwiegend ruhender
Beanspruchung, **b** bei nicht
vorwiegend ruhender Einwirkung [1]

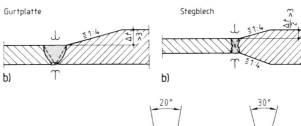

Abb. 1.11 Nahtvorbereitung
beim Stumpfstoß aufeinander
liegender Gurtplatten [1]

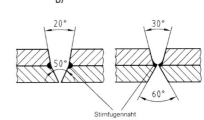

kleiner als die Grenzspannung des Grundmaterials; dadurch entsteht in der Momentendeckungslinie eine Einkerbung, die zur Folge hat, dass die dickere Gurtplatte im Zugbereich
länger wird (s. Abb. 1.9)

Stumpfnähte müssen rechtwinklig zur Kraftrichtung liegen. Ihre Ausführung am Übergang zur dickeren Gurtplatte bzw. zum dickeren Stegblech ist wie in Abb. 1.10a dargestellt
im NA zu DIN EN 1993-1-8 [1] vorgegeben. Übereinanderliegende Gurtplatten sollen
nicht an der gleichen Stelle gemeinsam stumpf gestoßen werden. Falls unvermeidlich,
sind diese gemäß NA zu DIN EN 1993-1-8 [1] vor dem Schweißen an ihrer Stirnseite
durch Nähte so zu verbinden, dass diese Nähte beim Schweißen des Stoßes erhalten bleiben (s. Abb. 1.11).

1.4.1.3 Trägerabstufung durch Höhenänderung

Diese Ausführung gemäß Abb. 1.4d ist lohnintensiv und kommt zur Ausführung, wenn am
Auflager nur eine beschränkte Bauhöhe verfügbar ist. An den Knickpunkten des Gurtes
entstehen *Abtriebs-* bzw. *Umlenkkräfte.* Zur Vermeidung einer zu großen Querbiegung der
Flansche stützt man sie durch Einbau von Steifen beidseitig des Steges ab, wobei diese
nicht über die gesamte Trägerhöhe reichen müssen (s. Abb. 1.4d).

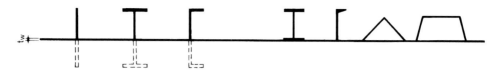

Abb. 1.12 Beispiele für Steifenquerschnitte

1.4.2 Stegblechaussteifungen

Mit Ausnahme von Sonderfällen werden Stegbleche – auch zur Erzielung einer gewissen Seiten- und Torsionssteifigkeit – in mehr oder weniger regelmäßigen Abständen durch *Quersteifen* unterteilt. Sie werden auch dort angeordnet, wo hohe Einzellasten angreifen, d. h. immer an den Auflagerstellen oder wo Querträger anzuschließen sind (zum Nachweis der Krafteinleitung s. Band 1, Abschn. 8.3.1). Sie stützen den gedrückten Gurt gegen Knicken (Beulen) und gliedern den Steg in *beulsichere Teil- oder Gesamtfelder* (*Längssteifen* dagegen haben die Aufgabe, die Beulstabilität des gedrückten Stegbleches zu erhöhen). Quersteifen werden vorzugsweise aus Flachstählen, T- oder L-Stählen gebildet, seltener aus I-Stählen, Wulststählen, mit beiden Schenkeln am Steg anliegenden Winkeln oder Trapezprofilen (s. Abb. 1.12). Ihre Anordnung erfolgt einseitig oder beidseitig des Steges, wobei die einseitige Anordnung einen höheren Schweißverzug der Stegbleche durch Winkelschrumpfung zur Folge hat.

Bei *hohen Stegen* kann man durch unterbrochene Nähte, im Freien durch Ausschnittschweißung, Einsparungen an Nahtlänge erzielen (s. Abb. 1.13). Außer am Steg sind die Steifen auch am Druckgurt, an Einleitungsstellen von Einzelkräften und nach Möglichkeit auch am Zuggurt anzuschließen. Am *Druckgurt* ruft der Anschluss mit am Schrägschnitt endenden Kehlnähten (s. Abb. 1.14a) eine deutlich größere Kerbwirkung hervor als die Variante mit endlos um die Kanten herumgeführten Nähten gemäß Abb. 1.14b. Letztere ist daher bei nicht vorwiegend ruhend beanspruchten Bauteilen unbedingt zu bevorzugen und für den Hochbau zu empfehlen.

Abb. 1.13 Schweißnähte an Quersteifen **a** am Steg und an beiden Gurten, **b** mit Ausschnittschweißung am Steg und Anschluss nur am Druckgurt (es sind schon Schäden im Zugbereich des Steges aufgetreten)

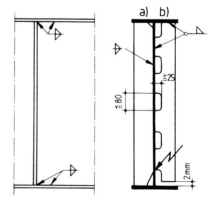

Abb. 1.14 Anschluss der
Steifen am Druckgurt **a** mit
Schrägschnitt, **b** mit Rund-
schnitt und umlaufenden
Nähten

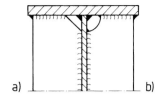

Während im Hochbau der Anschluss am *Zuggurt* wie beim Druckgurt ausgeführt werden kann, müssen die Anschlussnähte bei dynamischer Belastung mit Rücksicht auf die
Ermüdungsfestigkeit am Steg bereits in Zonen geringerer Zugspannung enden. Man kann
die Steife ohne Schweißanschluss aus optischen Gründen herunterziehen und mit Erhal-
tungsspielraum vor dem Gurt enden lassen (s. Abb. 1.13b) oder man passt in die Lücke
ein Blechstück ein (s. Abb. 1.15a). Bei Bedarf kann man die Steife am Zuggurt anschrau-
ben, da der Querschnittsverlust durch die Bohrungen weniger einschneidend ist als die
durch eine Schweißnaht quer zur Kraftrichtung verursachte Kerbwirkung mit Minderung
der *Betriebsfestigkeit*.

Bei *Kastenträgern* liegen die Aussteifungen innen. Wird der Träger überwiegend auf
Biegung beansprucht, werden die als Querschotte ausgebildeten Aussteifungen nur an
den Stegen und am Druckgurt angeschweißt. Der Zuggurt wird beim Zusammenbau zum
Schluss aufgelegt und i. Allg. nicht mit dem Schott verbunden, sofern der Kasten nicht
groß genug ist, um ihn durch Mannlöcher zugänglich zu machen. Bei Torsionsbeanspruchung des Kastenträgers müssen jedoch Schubkräfte zwischen dem Querschott und allen
vier Wänden des Querschnitts übertragen werden. Ist das Kasteninnere unzugänglich,
wird die vierte Wand mit schweißtechnisch allerdings wenig günstigen Loch- oder Schlitz-
nähten von außen an das Schott angeschweißt (s. Abb. 1.16); andernfalls verwendet man
für diese Verbindung besser HV-Schrauben.

Abb. 1.15 Anschluss von
Quersteifen am Zuggurt bei
nicht vorwiegend ruhenden
Beanspruchungen

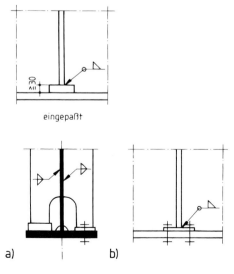

Abb. 1.16 Lochschweißung
zum Anschluss von Querschot-
ten bei Kastenträgern

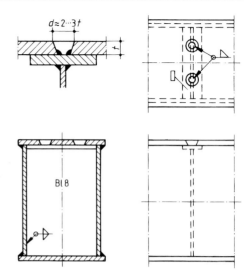

1.4.3   Stoßausbildung

Werkstattstöße kommen für Einzelteile des Querschnitts in Betracht, wenn die Lieferlänge des Walzmaterials kürzer ist als die Bauteillänge (s. Abb. 1.33) oder wenn ein Querschnittswechsel vorzunehmen ist (s. Abb. 1.10). Die zu stoßenden Bauteile (Stegblech, Gurte) werden vor dem Zusammenbau rechtwinklig stumpf miteinander verschweißt, wobei die Stoßstellen in der Regel gegeneinander versetzt werden (s. Abb. 1.17). Zur Berechnung und Ausführung von Stoßverbindungen s. a. Band 1. Bei Bauteilen mit vorwiegend ruhender Beanspruchung müssen Stumpfnähte in Stegblechstößen wegen $a = t$ nicht weiter nachgewiesen werden.

Baustellenstöße sind Gesamtstöße des Querschnitts. Man kann auch sie *schweißen*, sofern die Verbindungsnähte so gestaltet werden können, dass man sie ohne (meist unmögliches) Wenden einwandfrei herstellen kann (s. z. B. Abb. 1.18). Um hierfür die von oben geschweißte Stumpfnaht des Untergurtes auf ganzer Länge zugänglich zu halten, erhält der Steg eine Ausnehmung. Eine Alternative zeigt Abb. 1.20: Im Bereich des Stoßes werden die einfachen Halskehlnähte durch eine K-Naht von ca. 200 mm Länge ersetzt, welche erst nach Abschluss aller Arbeiten an der Gurtplattenstumpfnaht (Gegenschweißen, Einebnen, Durchstrahlen) gelegt wird.

Abb. 1.17 Versetzte Stumpfstöße in aufeinanderliegenden
Gurtplatten

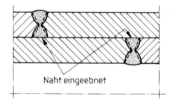

Naht eingeebnet

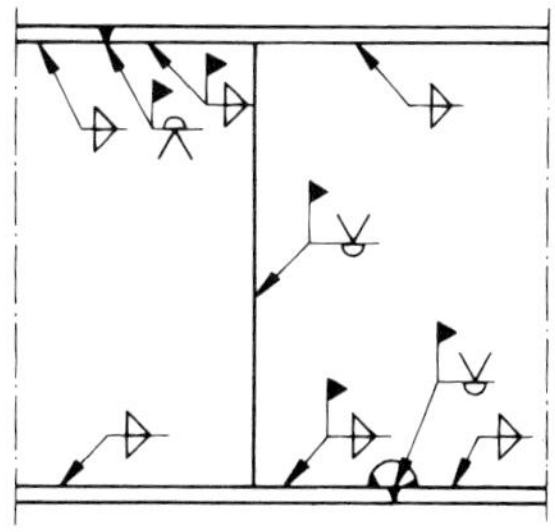

Abb. 1.18 Geschweißter
Baustellenstoß eines Vollwandträgers

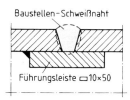

Abb. 1.19 Stumpfnaht am
Baustellenstoß eines Kastenträgers

Soll der Stoß von *Kastenträgern* geschweißt werden, dann können die *Stumpfnähte*
der Stoßverbindung nicht von der Wurzelseite gegengeschweißt werden, falls das Kasteninnere nicht zugänglich ist. Man versieht dann das Ende des einen Kastens mit einer
ringsum laufenden *Führungsleiste* (s. Abb. 1.19), die den Zusammenbau erleichtert und
dazu beiträgt, dass die Wurzel von außen her durchgeschweißt werden kann.

Geschweißte Baustellenstöße im Hochbau bilden aus Kostengründen und wegen der
Abhängigkeit der Schweißarbeiten von äußeren Bedingungen aber die Ausnahme. In der
Regel werden Baustellenstöße mit ausreichend bemessener und angeschlossener Laschendeckung jedes einzelnen Querschnittteils geschraubt. Der *Trägersteg* erhält auf beiden
Seiten Steglaschen (s. Abb. 1.21), die die Steghöhe möglichst ganz überdecken und deren Schraubenanschluss für den Momentenanteil des Steges und für die volle Querkraft
nachzuweisen ist (Berechnung s. Band 1).

Bei der *direkten* Stoßdeckung der *Gurtplatten* kann die Stoßdeckung der 1. Lamelle
zweiteilig auf der Unterseite angeordnet werden, die Stoßlasche der 2. Lamelle liegt in
der Ebene der 3. Gurtplatte, die dafür nach Maßgabe der Anschlusslänge der Lasche vorher enden muss. Die Anschlussschrauben können sowohl die Kraft der 1. als auch der
2. Gurtplatte zugleich übernehmen, weil der Schraubenschaft die beiden Kräfte in zwei
verschiedenen Querschnitten überträgt. Die obenauf liegende Stoßlasche übernimmt die
Kraft der 3. Lamelle und leitet sie über die gesamte Stoßlänge hinweg. Dem Nachteil
der großen erforderlichen Schraubenzahl des direkten Stoßes steht der Vorteil des klaren

Abb. 1.20 Gurtplatten-
stumpfstoß mit nachträglich
geschweißter Halsnaht
(K-Naht)

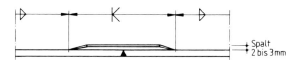

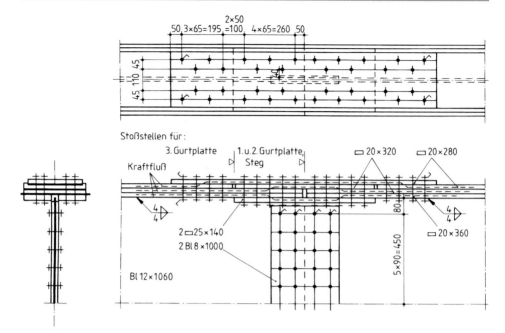

Abb. 1.21 Baustellenstoß eines Vollwandträgers mit direkter Laschendeckung und GV-Verbindung, Kraftfluss in den Gurtplatten und Lamellen

Abb. 1.22 Kraftfluss bei indirekter Laschendeckung

Kraftflusses, des ungefährdeten Transports der Trägerteile und die einfache Montage gegenüber. Ein kürzerer Gurtplattenstoß mit weniger Baustellenschrauben ist der seltener ausgeführte *indirekte* Stoß (s. Abb. 1.22). Im linken Teil des Stoßes ist die Zahl n der Anschlussschrauben wegen der indirekten Stoßdeckung auf $n' = n \cdot (1 + 0{,}3 \cdot m)$ zu erhöhen, wobei m die Zahl der Zwischenlagen zwischen Stoßlasche und dem zu stoßenden Teil ist.

Bei nicht zu großen Gurtquerschnitten kann wie bei Walzträgern ein biegefester *Stoß* mit *Stirnplatten* und HV-Schrauben ausgeführt werden (s. Abb. 1.23), doch ist zu beachten, dass man die bei Walzträgern üblichen Berechnungsverfahren für Schrauben und Stirnplatten wegen des großen Trägheitsmomentes des Steges hier nicht anwenden darf.

Beim geschraubten Stoß eines Kastenträgers (s. Abb. 1.24) wird die Stoßstelle durch Handlöcher zugänglich gemacht, wobei die Querschnittsschwächung infolge dieser Öffnungen durch Verstärkungen ausgeglichen werden muss. Die beiden Kastenabschnitte werden beiderseits der Stoßstelle durch ringsum eingeschweißte Querschotte luftdicht verschlossen, um das Kasteninnere gegen Korrosion zu schützen.

Abb. 1.23 Baustellenstoß
eines geschweißten Vollwandträgers mit Stirnplatten und
HV-Schrauben

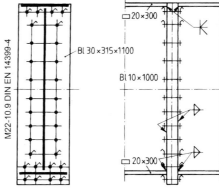

Abb. 1.24 Geschraubter Baustellenstoß eines Kastenträgers

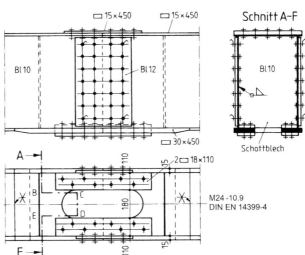

1.4.4   Sonderfälle

1.4.4.1   Stegdurchbrüche

Im Industriebau werden *Versorgungsleitungen* meist innerhalb der lichten Trägerhöhe verlegt, was bei entsprechender Leitungsführung zu Stegdurchbrüchen mit z. T. erheblicher
Größe führt (s. Abb. 1.26). Kleinere Stegöffnungen können jedoch ohne besondere Nachweise und Verstärkungsmaßnahmen in Kauf genommen werden. Sind größere (große)
Stegdurchbrüche (z. B. für Klimakanäle) erforderlich, so wird man zunächst durch Ein-
flussnahme bei der Haustechnik versuchen, solche an Stellen geringer Querkraft- und
Momentenbeanspruchung zu legen. Die Tragsicherheitsnachweise sind auf jeden Fall mit
dem geschwächten Querschnitt zu führen. Liegen die Stegdurchbrüche dicht hintereinander, kann die Querkraft nur über eine *Vierendeel – Rahmentragwirkung* wie beim *Wabenträger* in Abb. 1.25 übertragen werden, wobei eine zusätzliche Beanspruchung aus ΔM

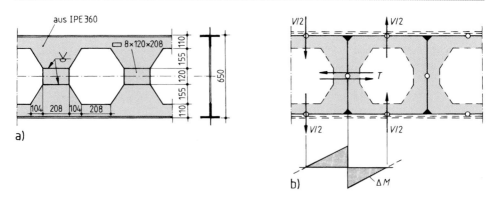

Abb. 1.25 Wabenträger mit zusätzlichen Stegblechen (**a**) und vereinfachtes System für die statischen Nachweise (**b**)

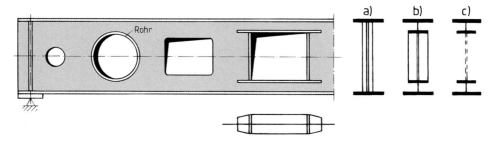

Abb. 1.26 Stegausschnitte in Vollwandträgern (**a**) Stegblechverstärkung im Ausschnittbereich, Ausschnitteinfassung durch Rohrstücke (**b**) oder Flachstähle (**c**)

zu berücksichtigen ist. Erläuterungen und Hinweise zur Bemessung finden sich z. B. in [3], [4] und [5].

Runde Durchbrüche sind weniger empfindlich als *rechteckige*, die grundsätzlich nicht scharfkantig ausgeführt werden sollten. Bei nicht ausreichender Tragsicherheit des Restquerschnittes sind entsprechende *Stegverstärkungen* erforderlich: Stegzulagen, die an den Gurten voll anzuschließen sind und den geschwächten Bereich ausreichend weit überdecken (s. Abb. 1.26a), gewährleisten die sichere Übertragung der Querkräfte. *Randeinfassungen* in Form eingeschweißter Rohre (s. Abb. 1.26b) oder Flachstähle (s. Abb. 1.26c) sichern die Biegetragfähigkeit und reduzieren örtliche Deformationen (infolge der Querkraftwirkung).

1.4.4.2 Aussteifung gegen Biegedrillknicken

Es ist häufig nicht möglich, die Biegedrillknicksicherheit des Trägers über am gedrückten (Ober-)Gurt angeschlossene *Verbände* oder *Dachscheiben* (Trapezblech als *Schubfeld*, Ortbetondecke . . .) zu gewährleisten. In solchen Fällen können z. B. am Untergurt angeschlossene Dach- oder Deckenträger die Stabilisierung übernehmen, falls sie biegesteif mit dem zu stabilisierenden Blechträgerunterzug verbunden sind (s. Abb. 1.27) und die er-

Abb. 1.27 Ausbildung eines
Halbrahmens zur Biegedrill-
knicksicherung des Trägers

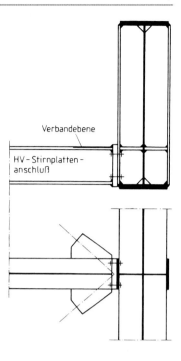

forderliche Steifigkeit bis zum gefährdeten Gurt konstruktiv gewährleistet ist. Der Biegedrillknicknachweis kann dann – neben der Anwendung des Ersatzimperfektionsverfahrens
– auch als Biegenicknachweis des gedrückten Gurtes (bestehend aus dem Flansch und einem Drittel der gedrückten Stegfläche) bei Ausweichung rechtwinklig zur Stegblechebene
geführt werden (vgl. Band 1, Abschn. 6.3.4.2). Der Nachweis erfolgt mit einer über die
Trägerlänge gemittelten Normalkraft aus der Biegenormalspannung des Druckgurtes, für
den ein ebenso gemitteltes Trägheitsmoment I_{zm} zugrunde gelegt wird. Die *Federsteifigkeit des Halbrahmens C* kann nach Abb. 1.28 ermittelt werden, wobei h_v den Abstand
zwischen dem Druckgurt und einem stets notwendigen Verband in Höhe der Querträger
darstellt. Die Federsteifigkeit C wird über den Abstand der Querträger gleichmäßig verteilt, sodass man einen *Druckstab mit elastischer Bettung* erhält, dessen Knicklast N_{cr}
nach Gl. 1.10 bestimmt werden kann.

$$N_{cr} = 2\sqrt{E\,I_{zm} \cdot C/b} \tag{1.10}$$

Hierin bedeuten:

I_{zm} gemitteltes Flächenmoment 2. Grades (Trägheitsmoment) des maßgebenden Druck-
    gurtes um die z-Achse
C Federsteifigkeit des Halbrahmens [kN/m]
b Abstand der Querträger

Abb. 1.28 Beanspruchung des
Halbrahmens nach DIN 18800-
2 [2]

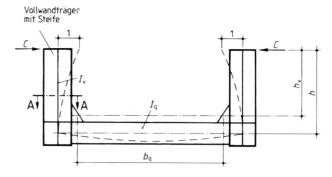

Schnitt A-A

$$C_\mathrm{d} = \frac{(E \cdot I_\mathrm{v})_\mathrm{d}}{\dfrac{h_\mathrm{v}^3}{3} + \dfrac{h^2 \cdot b_\mathrm{q} \cdot I_\mathrm{v}}{2\, I_\mathrm{q}}}$$

Über die bezogene Schlankheit $\overline{\lambda}$ nach Gl. 1.11

$$\overline{\lambda} = \sqrt{N_\mathrm{pl}/N_\mathrm{cr}} \tag{1.11}$$

wird der Abminderungsfaktor bestimmt und der Tragsicherheitsnachweis für „planmäßig mittigen Druck" geführt (s. Band 1).

Der Querträger und sein Anschluss am biegedrillknickgefährdeten Blechträger sowie die Aussteifung selbst müssen das folgende Moment mit ausreichender Tragsicherheit übertragen:

$$M_\mathrm{A} = C \cdot h \tag{1.12}$$

1.5 Beispiel geschweißter Vollwandträger

Der in Abb. 1.29 und 1.30 dargestellte, geschweißte Vollwandträger aus S235 ist wirtschaftlich zu dimensionieren und zu bemessen. Der Druckgurt ist an den Einleitungsstellen der Einzellast und an den Auflagern gegen seitliches Ausweichen unverschieblich gehalten. Aus besonderen Gründen soll die Durchbiegung auf $f \leq l/500$ begrenzt werden. Das geschätzte Trägereigengewicht ist vereinfachend in den Einzellasten enthalten.

Abb. 1.29 Abmessungen, Einwirkungen und Schnittgrößen
für einen geschweißten Vollwandträger

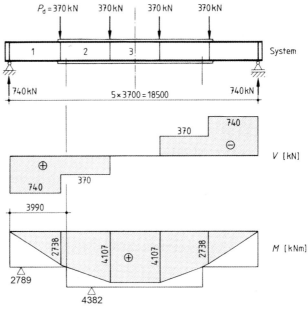

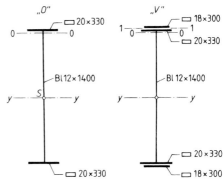

Abb. 1.30 Grund-Quer-
schnitt 0 und verstärkter
Querschnitt V

1.5.1 Dimensionierung

1.5.1.1 Stegblechhöhe (vgl. Abschn. 1.3.2.1)

$$h_{\mathrm{w}} \approx 4{,}8 \cdot \sqrt[3]{\frac{410.700}{23{,}5}} = 124{,}6\,\mathrm{cm} \qquad \text{nach Gl. 1.2}$$

$$h_{\mathrm{w}} \approx 1850/13{,}0 = 142{,}3\,\mathrm{cm} \qquad \text{nach Tab. 1.1}$$

gewählt: $h_{\mathrm{w}} = 140\,\mathrm{cm}$

1.5.1.2 Stegblechdicke (vgl. Abschn. 1.3.2.2)

$$t_{\mathrm{w}} \geq \frac{740}{140 \cdot 23{,}5/\sqrt{3}} = 0{,}39\,\mathrm{cm} < 0{,}6\,\mathrm{cm} \qquad\qquad \text{s. Gl. 1.4}$$

$$\alpha = 370/140 = 2{,}643 > 1 \quad \Rightarrow \quad k\tau = 5{,}34 + 4/2{,}643^2 = 5{,}91 \quad \text{s. Tab. 2.3}$$

$$t_{\mathrm{w}} \geq \sqrt{\frac{740 \cdot 1{,}1}{86{,}91\sqrt{5{,}91 \cdot 23{,}5}}} = 0{,}89\,\mathrm{cm} \qquad\qquad \text{s. Gl. 1.5}$$

$$t_{\mathrm{w}} \geq \frac{140}{124 \cdot 1} = 1{,}13\,\mathrm{cm} \qquad\qquad\qquad \text{s. Gl. 1.6}$$

gewählt: $t_{\mathrm{w}} = 1{,}2\,\mathrm{cm} = 12\,\mathrm{mm}$ (vgl. a. Tab. 1.2)

$$A_{\mathrm{w}} = 1{,}2 \cdot 140 = 168\,\mathrm{cm}^2$$

1.5.1.3 Gurtquerschnitte (vgl. Abschn. 1.3.2.3)

Es wird ein doppelsymmetrischer Querschnitt gewählt. Ein Grund-Querschnitt (0) soll für die Randfelder ausreichende Tragfähigkeit aufweisen. In den drei Innenfeldern wird der Querschnitt durch je eine Lamelle oben und unten verstärkt (V), s. Abb. 1.30.

$$\mathrm{erf}\,A_{\mathrm{f}}^0 \geq \frac{273.800}{140 \cdot 23{,}5} - \frac{1}{6} \cdot 168 = 55{,}2\,\mathrm{cm}^2 \qquad\qquad \text{s. Gl. 1.7}$$

$$\mathrm{erf}\,A_{\mathrm{f}}^{\mathrm{V}} \geq \frac{410.700}{140 \cdot 23{,}5} - \frac{1}{6} \cdot 168 = 96{,}8\,\mathrm{cm}^2$$

$$t_{\mathrm{f}}^0 \leq \frac{55{,}2 \cdot 93{,}9}{6{,}25 \cdot 370} = 2{,}24\,\mathrm{cm} \qquad\qquad\qquad \text{s. Gl. 1.8a}$$

$$b_{\mathrm{f}}^0 \geq 6{,}25 \cdot 370/93{,}9 = 24{,}6\,\mathrm{cm} \qquad\qquad\quad \text{s. Gl. 1.8b}$$

gewählt:

$$A_{\mathrm{f}}^0 = 2{,}0 \cdot 33{,}0 = 66{,}0\,\mathrm{cm}^2 > 55{,}2\,\mathrm{cm}^2$$

$$A_{\mathrm{f}}^1 = 1{,}8 \cdot 30{,}0 = 54{,}0\,\mathrm{cm}^2$$

$$\overline{A_{\mathrm{f}}^{\mathrm{V}} = 66{,}0 + 54{,}0 = 120\,\mathrm{cm}^2 > 96{,}8\,\mathrm{cm}^2}$$

1.5.2 Bemessung

1.5.2.1 Querschnittsklassifizierung und Kennwerte

Die Querschnittsklasse wird für reine Biegung und auf der sicheren Seite unter Vernachlässigung der Schweißnähte ermittelt. Die Grenzwerte sind in Band 1 in den Tab. 2.14 und 2.15 angegeben.

Gurte: $c/t = (33 - 1{,}2)/2/2{,}0 = 6{,}88 < 9 \Rightarrow$ QK 1
Steg: $c/t = 140/1{,}2 = 116{,}7 < 124$ aber $> 83 \Rightarrow$ QK 3 $\Rightarrow$ maßgebend

Tab. 1.3 Querschnittswerte

		Querschnitt 0	Querschnitt V
A	[cm^2]	300	408
I_y	[cm^4]	939.812	1.513.768
W_y	[cm^3]	13.053	20.512
$S_{y,1-1}$	[cm^3]	–	3937 (obere Gurtlamelle)
$S_{y,0-0}$	[cm^3]	4686	8623 (beide Gurtlamellen)
max S_y	[cm^3]	7626	11.563

Für die Trägerquerschnitte nach Abb. 1.30 werden die für die folgenden Nachweise erforderlichen Querschnittswerte ermittelt und in Tab. 1.3 angegeben.

1.5.2.2 Nachweis der Querschnittstragfähigkeit

Es werden Spannungsnachweise nach dem Verfahren Elastisch-Elastisch geführt, wobei für den verstärkten Querschnitt für $A_f/A_w = 120/168 = 0{,}71 > 0{,}6$ die mittlere Schubspannung nachgewiesen werden darf (vgl. Band 1, Gln. 2.34 und 2.35).

Trägermitte

$$\max \sigma = \frac{410.700}{20.512} = 20{,}02 \,\text{kN/cm}^2 \quad \max \sigma/\sigma_{\text{Rd}} = 20{,}02/23{,}5 = 0{,}85 < 1$$

$$\tau_m = 370/168 = 2{,}20 \,\text{kN/cm}^2 \qquad \tau_m/\tau_{\text{Rd}} = 2{,}2/\frac{23{,}5}{\sqrt{3}} = 0{,}16 < 1$$

Am Auflager bzw. im 1. Feld

$$\max \sigma = \frac{273.800}{13.053} = 20{,}98 \,\text{kN/cm}^2 \quad \max \sigma/\sigma_{\text{Rd}} = 20{,}98/23{,}5 = 0{,}89 < 1$$

$$\max \tau = \frac{740 \cdot 7626}{939.812 \cdot 1{,}2} = 5{,}0 \,\text{kN/cm}^2 \qquad \max \tau/\tau_{\text{Rd}} = 5{,}0/\frac{23{,}5}{\sqrt{3}} = 0{,}37 < 1$$

Da max $\tau < 0{,}5\tau_{\text{Rd}}$ ist, kann der Nachweis der Vergleichsspannung entfallen.

Beulnachweis Stegblech

Aufgrund der Dimensionierung der Stegblechdicke mithilfe der Gln. 1.5 und 1.6 ist sichergestellt, dass bei alleiniger Wirkung von Schub- oder Normalspannungen eine ausreichende Beulsicherheit gewährleistet ist. Dies ist für den Träger in Feld 3 gegeben, weil hier keine Querkräfte und damit auch keine Schubspannungen im Steg wirksam sind. Für die Felder 1 und 2 wird in Abschn. 2.6 der Beulnachweis unter Berücksichtigung der kombinierten Beanspruchung geführt.

1.5.2.3 Biegedrillknicknachweis

Vereinfachend werden die Nachweise für den seitlich gestützten Obergurt als Druckstab gemäß Band 1, Abschn. 6.3.4.2, geführt.

Feld 1

$$I_f \approx \frac{2,0 \cdot 33^3}{12} = 5990 \, \text{cm}^4$$

$$i_{f,z} = \sqrt{\frac{5990}{66 + 168/2/3}} = 7,98 \, \text{cm}^2$$

Druckkraftbeiwert k_c nach Tab. 6.19, Band 1 mit $\psi = 0$

$$k_c = \frac{1}{1,33 - 0} = 0,752$$

Elastisches Grenzmoment für QK 3

$$M_{c,Rd} = W_y \frac{f_y}{\gamma_{M1}} = \frac{13.053}{100} \cdot \frac{23,5}{1,1} = 2789 \, \text{kNm}$$

Nachweis:

$$\overline{\lambda}_f = \frac{k_c \cdot L_c}{i_{f,z} \cdot \lambda_1} = \frac{0,752 \cdot 370}{7,98 \cdot 93,9} = 0,371 \leq \overline{\lambda}_{c0} \frac{M_{c,Rd}}{M_{y,Ed}} = 0,5 \frac{2789}{2738} = 0,509$$

Feld 3

$$I_f = 5990 + 1,8 \cdot 30^3/12 = 10.040 \, \text{cm}^4$$

$$i_{f,z} = \sqrt{\frac{10.040}{120 + 168/2/3}} = 8,23 \, \text{cm}^2$$

Druckkraftbeiwert k_c nach Tab. 6.19, Band 1 mit $\psi = 1$ (Moment konstant)

$$k_c = 1,0$$

Elastisches Grenzmoment für QK 3

$$M_{c,Rd} = W_y \frac{f_y}{\gamma_{M1}} = \frac{20.512}{100} \cdot \frac{23,5}{1,1} = 4382 \, \text{kNm}$$

Nachweis:

$$\overline{\lambda}_f = \frac{k_c \cdot L_c}{i_{f,z} \cdot \lambda_1} = \frac{1,0 \cdot 370}{8,23 \cdot 93,9} = 0,479 \leq \overline{\lambda}_{c0} \frac{M_{c,Rd}}{M_{y,Ed}} = 0,5 \frac{4382}{4107} = 0,533$$

1.5.2.4 Gurtplattenabstufung

Der Grundquerschnitt „0" ist bis zur Stelle x_0 ausreichend, welche über das elastische Grenzmoment bestimmt wird:

$$2789 \cdot 1{,}1 = 740 \cdot x_0 - 370 \cdot (x_0 - 3{,}7) = 370 \cdot x_0 + 1369$$

$$\Rightarrow \quad x_0 = \frac{2789 \cdot 1{,}1 - 1369}{370} = 4{,}59\,\mathrm{m}$$

Aus konstruktiven Gründen wird das Gurtplattenende um $b/2 = 150\,\mathrm{mm}$ vor die 1. Quersteife gelegt, sodass gilt $x = 3{,}55\,m \ll x_0$ und $ü = 1040\,\mathrm{mm} \gg b/2 = 150\,\mathrm{mm}$. Damit sind auch die Biegespannungsverhältnisse im 2. Stegblechfeld eindeutig.

1.5.2.5 Hals- und Flankenkehlnähte

Aus schweißtechnischen Gründen wird die Halsnahtdicke zum Anschluss der oberen Gurtplatte (s. Abb. 1.31a) aus

$$a_3 \geq \sqrt{\max t} - 0{,}5 = \sqrt{20} - 0{,}5 \approx 4{,}0\,\mathrm{mm}$$

ermittelt, womit sich folgende Schweißnahtspannung ergibt:

$$\tau_{\parallel,3} = \frac{370 \cdot 3937}{1.513.768 \cdot 2 \cdot 0{,}4} = 1{,}20\,\mathrm{kN/cm^2}$$

Für a_1 und a_2 wird die gleiche Nahtdicke gewählt, sodass für die Schweißnahtspannungen gilt:

$$\tau_{\parallel,1} = \frac{740 \cdot 4686}{939.812 \cdot 2 \cdot 0{,}4} = 4{,}61\,\mathrm{kN/cm^2}$$

$$\tau_{\parallel,2} = \frac{370 \cdot 8623}{1.513.768 \cdot 2 \cdot 0{,}4} = 2{,}64\,\mathrm{kN/cm^2}$$

Im Vergleich zur zulässigen Schweißnahtspannung nach Gl. 3.48 und Tab. 3.35, Band 1, von

$$f_{w,Rd}/\sqrt{3} = 36{,}0/\sqrt{3} = 20{,}8\,\mathrm{kN/cm^2}$$

sind die Schubspannungen in den Hals- und Flankenkehlnähten offensichtlich sehr gering und es wird auf die Berechnung der Ausnutzungsgrade verzichtet. Am Gurtplattenende erfolgt die Nahtausführung nach Abb. 1.31b.

Abb. 1.31 Schweiß-
nahteinzelheiten. **a** Hals-
und Flankenkehlnähte,
b Gurtplattenende und Quersteifenanschluss

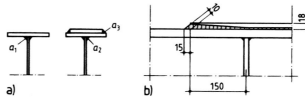

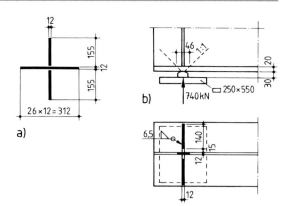

Abb. 1.32 Stegblechaussteifung am Auflager. **a** Steifenquerschnitt und mitwirkendes Stegblech, **b** wirksamer Querschnitt zur Einleitung der Auflagerkraft

1.5.2.6 Nachweis der Endquersteife

Der Blechträger wird auf eine im Mauerwerk verankerte Auflagerplatte mit Zentrierleiste und seitlichen Führungsblechen aufgelegt, s. Abb. 1.32 und 1.33. In Trägerlängsrichtung erfolgt die Arretierung des Träguntergurtes über Anschlagknaggen. Der Obergurt wird seitlich gehalten durch einen im Mauerwerk angedübelten Winkel mit Langlöchern (s. Abb. 1.33).

Pressung in der Ausgleichsschicht (C20/25)

$$\sigma_B = 740/(25 \cdot 55) = 0{,}54\,\text{kN/cm}^2 < 0{,}85 \cdot 2{,}0/1{,}5 = 1{,}13\,\text{kN/cm}^2 = f_{cd}$$

Steifenpressung

Bei einer Lastausbreitung von 45° in den Steifenquerschnitt wird

$$b_m = 0{,}2 \cdot 3{,}0 + 2 \cdot 2{,}0 = 4{,}6\,\text{cm}$$
$$A_{St} = 1{,}2(4{,}6 + 2 \cdot 14) = 39{,}12\,\text{cm}^2$$
$$\sigma = 740/39{,}12 = 18{,}92\,\text{kN/cm}^2$$
$$\sigma/\sigma_{Rd} = 18{,}92/23{,}5 = 0{,}79 < 1$$

Der Steifenanschluss am Untergurt erfolgt mit $a = 6{,}5$ mm.

Knicken der Steife

Auf der sicheren Seite wird $L_{cr} = 140$ cm angenommen. Für den Knicknachweis wird die volle Steifenfläche und ein Steganteil von der Breite $26 \cdot t_w$ angesetzt.

$$A_{St} = 1{,}2 \cdot (2 \cdot 15{,}5 + 26 \cdot 1{,}2) = 74{,}64\,\text{cm}^2$$
$$I_{St} \approx 1{,}2 \cdot (2 \cdot 15{,}5)^3/12 = 2979\,\text{cm}^4$$
$$i = \sqrt{\frac{2979}{74{,}64}} = 6{,}32\,\text{cm}$$

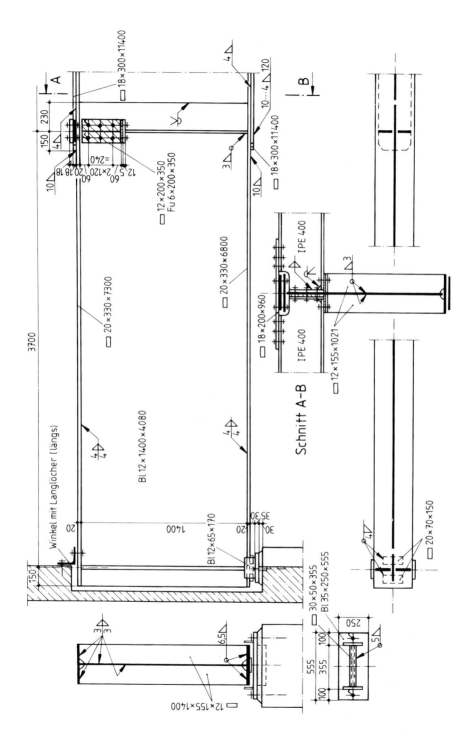

Abb. 1.33 Konstruktive Ausbildung des geschweißten Vollwandträgers

$$\overline{\lambda} = 140/(6{,}32 \cdot 93{,}9) = 0{,}24$$

$$\chi_c = 0{,}98$$

$$N_{\mathrm{pl,Rd}} = 74{,}64 \cdot 23{,}5/1{,}1 = 1594\,\mathrm{kN}$$

Nachweis: $\dfrac{740}{0{,}98 \cdot 1594} = 0{,}474 < 1{,}0$

1.5.2.7 Gebrauchstauglichkeitsnachweis

Es wird die größte Durchbiegung in Trägermitte näherungsweise bei parabolischer M-Verteilung und unter Vernachlässigung der geringeren Biegesteifigkeit der Endfelder geführt (daher nachfolgend Faktor 5,5 statt 5).

Dabei sind die *charakteristischen Werte der Einwirkungen* zu berücksichtigen. Sie werden hier bestimmt aus einem mit $\gamma_{\mathrm{F,G}}$ und $\gamma_{\mathrm{F,Q}}$ gewichteten Gesamtsicherheitsbeiwert $\gamma_{\mathrm{F,m}} = 1{,}486$.

$$\max M_{\mathrm{k}} = 4107/1{,}486 = 2764\,\mathrm{kNm}$$

$$\max f \approx \frac{5{,}5\,\max M \cdot l^2}{48\,E\,I} = \frac{5{,}5 \cdot 276.400 \cdot 1850^2}{48 \cdot 21 \cdot 10^3 \cdot 1.513.768} = 3{,}41\,\mathrm{cm}$$

$$= \frac{l}{542} < \frac{l}{500} = 3{,}7\,\mathrm{cm}$$

Literatur

1. DIN EN 1993 (12.2010): Eurocode 3 – Bemessung und Konstruktion von Stahlbauten (mit jeweiligen NA).
   Teil 1-1: Allgemeine Bemessungsregeln und Regeln für den Hochbau,
   Teil 1-2: Baulicher Brandschutz,
   Teil 1-3: Kaltgeformte Bauteile und Bleche,
   Teil 1-4: Nichtrostender Stahl,
   Teil 1-5: Bauteile aus ebenen Blechen mit Beanspruchungen in der Blechebene,
   Teil 1-7: Ergänzende Regeln zu ebenen Blechfeldern mit Querbelastung,
   Teil 1-8: Bemessung und Konstruktion von Anschlüssen und Verbindungen,
   Teil 1-9: Ermüdung,
   Teil 1-10: Auswahl der Stahlsorten im Hinblick auf Bruchzähigkeit und Eigenschaften in Dickenrichtung,
   Teil 1-11: Bemessung und Konstruktion von Tragwerken mit stählernen Zugelementen,
   Teil 1-12: Zusätzliche Regeln zur Erweiterung von EN 1993 auf Stahlgüten bis S700,
   Teil 2: Stahlbrücken,
   Teil 6: Kranbahnträger
2. DIN 18800 (11.2008): Stahlbauten.
   Teil 1: Bemessung und Konstruktion,
   Teil 2: Stabilitätsfälle, Knicken von Stäben und Stabwerken,
   Teil 3: Stabilitätsfälle, Plattenbeulen,
   Teil 7: Ausführung und Herstellerqualifikation

3. Kindmann, R., Frickel, J.: Elastische und plastische Querschnittstragfähigkeit; Grundlagen, Methoden, Berechnungsverfahren, Beispiele. Verlag Ernst & Sohn, Berlin 2002
4. Kindmann, R., Niebuhr, H. J., Schweppe, H.: Bemessung von Wabenträgern mit Peiner Schnittführung. Preussag Stahl AG, Salzgitter 1995
5. Gemperle, C.: Vereinfachte Vordimensionierung von Wabenträgern, Stahlbau 76 (2007), Heft 8, S. 530–536

Beulen ebener Rechteckplatten

2

2.1 Allgemeines

Ebene, dünnwandige Platten, bei denen die Blechdicke t wesentlich kleiner ist als die Flächengeometrie $a \times b$, unterliegen bei *Druck- und/oder Schubbeanspruchung* in Blechmittelebene der Gefahr des *Beulens*: Bei Erreichen einer kritischen Beanspruchung geht die *anfänglich ideal ebene Platte* in eine doppelt *gekrümmte Fläche* über, Abb. 2.1a. Im ausgebeulten Zustand kommen zu den reinen *Membranspannungen* aus σ und/oder τ u. a. noch Spannungen aus den Plattenbiegemomenten hinzu. Mit der Ausbeulung verbunden sind *Spannungsumlagerungen* aus Bereichen großer Beulen in die steiferen (ebenen) Randbereiche, Abb. 2.1c.

Die Grenztragfähigkeit solcher beulgefährdeten Bleche hängt von einer Vielzahl von Parametern ab, insbesondere auch von *unvermeidbaren Vorbeulen*, die aus dem reinen Stabilitätsproblem mit Gleichgewichtsverzweigung ein Spannungsproblem (ohne Gleichgewichtsverzweigung) machen. Aus diesen, aber auch noch anderen Gründen ist die Ableitung von *Nachweisverfahren* zur Gewährleistung ausreichender Tragsicherheit nur unter Zuhilfenahme experimenteller Ergebnisse möglich. Dabei leistet die *klassische lineare Beultheorie* dennoch gute Dienste, da mit ihrer Hilfe wesentliche Aussagen hinsichtlich einer Beulgefährdung getroffen werden können.

Beulgefährdete Bleche können z. B. Querschnittsteile von *Biegeträgern* ohne oder mit Normalkraft bzw. von *Druckstäben* sein, wobei der Einfluss ausgebeulter Querschnittsteile auf die Tragfähigkeit des Gesamtbauteils unterschiedlich zu bewerten ist.

Die folgenden Ausführungen beschäftigen sich zunächst mit dem Fall *unausgesteifter Gesamtfelder*, dem Regelfall im Stahlhochbau, während im Brückenbau vorwiegend zusätzliche Längs- und Queraussteifungen eine wirtschaftliche Lösung der Bauaufgabe ermöglichen. Diese ausgesteiften Beulfelder werden separat betrachtet.

In DIN EN 1993-1-5 [3] und zugehörigen NA sind die Bemessung und Konstruktion plattenförmiger Bauteile geregelt. Damit ersetzt sie die bisherige DIN 18800 Teil 3 [4]. In [3] werden dabei sowohl das Plattenbeulen unter Druckbeanspruchung als auch

© Springer Fachmedien Wiesbaden GmbH, ein Teil von Springer Nature 2020
W. Lohse, J. Laumann, C. Wolf, *Stahlbau 2*, https://doi.org/10.1007/978-3-8348-2116-4_2

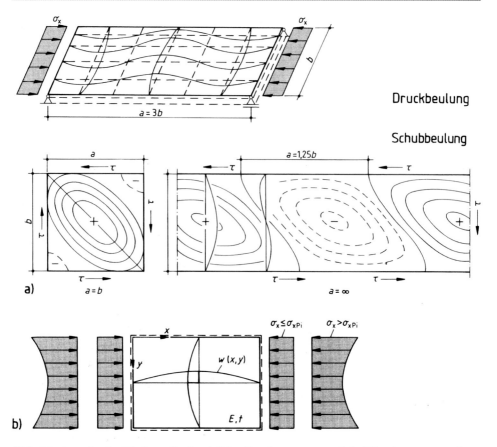

Abb. 2.1 Ausgebeulte Bleche. **a** Beulen infolge Druckspannung σ_x, **b** bei Druckspannungen bzw. Schubspannungen, **c** Spannungsverteilung vor und nach dem Beulen

das Schubbeulen und Schubverzerrungen betrachtet. Für kaltgeformte dünnwandige Querschnitte, wie Sie häufig als Dachpfetten oder Wandriegel verwendet werden mit Z- oder C-Querschnitten steht ein separater Normenteil zur Verfügung mit DIN EN 1993-1-3 [2]. Derartige Querschnitte werden in Kap. 7 dieses Werkes näher erläutert.

Infolge von Längsdruckspannungen werden beulgefährdete Querschnitte gemäß DIN EN 1993-1-1 [1] in Querschnittsklasse 4 eingestuft. Dies erfolgt über die Begrenzung der Blechabmessungen (c/t-Verhältnisse). Nähere Erläuterungen zu den Querschnittsklassen finden sich im Werk Stahlbau 1 [5] und Tab. 2.1.

Es stehen in [3] zwei wesentliche Berechnungsverfahren für den Beulnachweis zur Verfügung. Dies sind

1. die Methode der effektiven Breite und
2. das Verfahren der reduzierten Spannungen,

Tab. 2.1 Zuordnung der Querschnittsklassen und Nachweisverfahren

Quer-schnitts-klasse	Grenzzustände	Berechnung der		Erforderliches Rotations-vermögen
		Beanspruchungen E_d nach	Beanspruchbarkeiten R_d	
1	Fließgelenkkette, Fließzonen	Plastizitätstheorie	Plastizitätstheorie	Hoch
2	Durchplastizieren eines Querschnitts	Elastizitätstheorie	Plastizitätstheorie	Gering
3	Fließbeginn	Elastizitätstheorie	Elastizitätstheorie	Keines
4	Lokales Beulen, Fließbeginn	Elastizitätstheorie	Elastizitätstheorie am effektiven Querschnitt	Keines

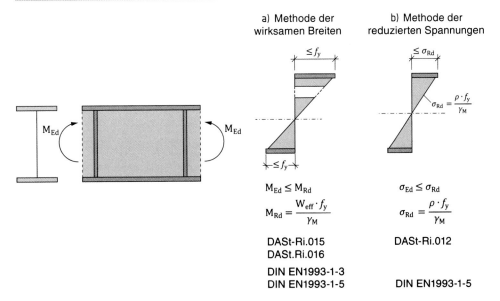

Abb. 2.2 Mögliche Nachweisverfahren für beulgefährdete Querschnitte, siehe auch [16]

die in dem vorliegenden Abschnitt näher erläutert werden, siehe auch Abb. 2.2. Bei der Methode der effektiven Breite werden gedanklich beulgefährdete Bereiche aus dem betrachteten Beulfeld herausgeschnitten und ein Restquerschnitt betrachtet für den effektive Querschnittswerte ermittelt werden können. Mit diesen können dann die Nachweise nach DIN EN 1993-1-1 [1] für Querschnittsklasse 4 geführt werden, siehe hierzu Teil 1 dieses Werkes. Da sich infolge der Reduzierung der Blechbreiten i. d. R. die Querschnittswerte und somit die Spannungsverläufe ändern, was wiederum geänderte effektive Breiten erzeugt, ist ein iteratives Vorgehen erforderlich. Die Methode der reduzierten Spannungen ist zwar teilweise konservativer, führt jedoch häufig deutlich schneller zum Ziel. Eine Verbesserung und Erweiterung des Verfahrens ist in [14–16] enthalten. Des Weiteren finden sich in [16] wesentliche Korrekturen und Hinweise zur Norm. Weitere Hintergrundinfor-

Tab. 2.2 Anwendungsgrenzen der Verfahren nach DIN EN 1993-1-5 [3]

1.	Ebene Bleche mit $r \geq b^2 / t$ b = Blechfeldbreite t = Blechdicke

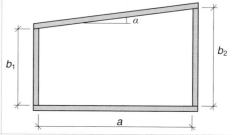

2.	Blechträger mit I- oder Kastenquerschnitt und andere Querschnitte mit ebenen Blechen
3.	Rechteckige Plattenfelder mit parallel verlaufenden Flanschen bzw. Neigungswinkel $\alpha \leq 10°$. $b_2 \geq b_1$ Für $\alpha > 10°$ ist die Berechnung mit b_2 zu führen
4.	Durchmesser von nicht ausgesteiften Löchern oder Ausschnitte $d_1 \leq 0{,}05b$ (b = Beulfeldbreite)
5.	Angaben zu Wirkungen von Lasten quer zur Plattenebene sind in DIN EN 1993-1-5 nicht geregelt und können DIN EN 1993-2 und 1993-1-7 entnommen werden

mationen zur Berechnung sind enthalten in [6–12, 21–24]. Bei der Methode werden die Grenzspannungen f_{yd} in den gedrückten Bereichen durch einen Abminderungsfaktor ρ reduziert. In analoger Weise erfolgt eine Reduktion der Grenzschubspannungen τ_{Rd} über den Faktor χ_w. Der Querschnitt wird dann der Querschnittsklasse 3 zugeordnet und die Spannungsnachweise geführt unter Beachtung der reduzierten Grenzspannungen in den gedrückten Bereichen. Bei ermüdungsgefährdeten Brückenbauteilen ist zzt. nur das Verfahren der reduzierten Spannungen für beulgefährdete Querschnittsteile zulässig.

Die wesentlichen Anforderungsgrenzen der DIN EN 1993-1-5 [3] sind in Tab. 2.2 zusammengefasst. So ist u. a. die Krümmung auf $r \geq b^2 / t$ begrenzt und für gevoutete Querschnitte mit Neigungswinkel $\alpha > 10°$ ist die größere Breite b_2 zu verwenden.

2.2   Die lineare Beultheorie und ihre Gültigkeitsgrenze

Zum besseren Verständnis der notwendigen Nachweise nach DIN EN 1993-1-5 [3] soll auf die *klassische Theorie linearer Beulung* etwas näher eingegangen werden. Hierzu eignet sich der besonders einfache Fall einer Rechteckplatte mit konstanter Druckspannung an den Querrändern (siehe Abb. 2.3).

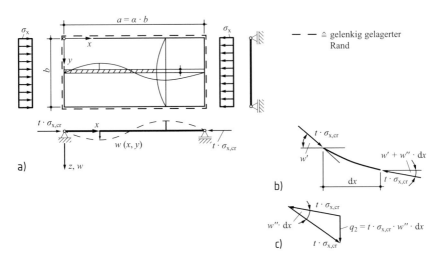

Abb. 2.3 Zur Ableitung der Druckbeulspannung $\sigma_{x,cr}$. **a** Beulfeldabmessung und Beulfigur, **b** Beanspruchung eines Blechstreifens, **c** Umlenkkräfte beim Ausbeulen

2.2.1 Ideale Beulspannung der ebenen Rechteckplatte mit σ_x = konst.

Wir betrachten die an allen vier Rändern gelenkig gelagerte Platte der Dicke t (Abb. 2.3). Der rechte Querrand ist in (negativer) x-Richtung beweglich (Scharnierlagerung der Längsränder). Auf die Querränder wirkt die konstante Spannung σ_x (in Blechmittelebene) ein, die wir bei Erreichen der kritischen Beulspannung $\sigma_{x,cr}$ nennen. Unter dieser Beanspruchung kann die Platte (Scheibe) in ihrer ursprünglichen (ebenen) Lage verharren, oder sie beult in einer zunächst unbekannten *Beulfigur* aus (Abb. 2.3a). Schneidet man (gedanklich) aus dieser ausgebeulten Platte einen Streifen der Breite „1" und der Länge „dx" heraus und trägt die äußeren Kräfte an den Schnittkanten an (Abb. 2.3b), so erkennt man, dass die *Membrankräfte* $n_x = \sigma_{x,cr} \cdot t$ längs dx eine Richtungsänderung erfahren, welche durch die Neigungsänderung $w'' \cdot dx$ bedingt ist ($w'' = 2$. partielle Ableitung der Beulbiegefläche $w(x, y)$ nach x). Diese Richtungsänderung bedeutet für die Platte eine zur x-y-Ebene lotrecht gerichtete *Abtriebskraft* $q_z(x, y)$, die bei voraussetzungsgemäß kleinen Verformungen aus dem Krafteck (Abb. 2.3c) zu

$$q_z(x, y) = \sigma_{x,cr} \cdot t \cdot w'' \cdot dx \qquad (2.1)$$

mit

$\sigma_{x,cr}$ elastisches kritische Beulspannung
t Blechdicke
w'' 2. Partielle Ableitung der Beulbiegefläche $w(x, y)$ nach x

bestimmt werden kann. (Für $w'' < 0$, d. h. negativ, wirkt q_z in positive z-Richtung.) Diese über die Plattenfläche veränderliche Abtriebskraft $q_z(x, y)$ wird in die bekannte *partielle Differentialgleichung (DGL) der Plattenbiegung* (Gl. 2.2) eingesetzt.

$$ w'''' + 2w''^{\bullet\bullet} + w^{\bullet\bullet\bullet\bullet} = -q_z/K \tag{2.2} $$

Hierin bedeuten:

$$
\begin{aligned}
w &= w(x, y) - \text{Beulfläche} \\
w'''' &= \partial^4 w / \partial x^4; \\
w''^{\bullet\bullet} &= \partial^4 w / \partial x^2 \partial y^2 \\
w^{\bullet\bullet\bullet\bullet} &= \partial^4 w / \partial y^4 \\
K &= \frac{E t^3}{12(1-\mu^2)} - \text{Plattensteifigkeit} \\
\mu &= \text{Querdehnzahl } (0{,}3).
\end{aligned}
$$

Die Lösung dieser DGL muss den Randbedingungen genügen, welche in unserem Falle bei vereinfachter Schreibweise lauten:

$$
\begin{aligned}
x = 0, \quad a&: w = w'' = 0 \text{ für beliebige Werte } y \\
y = 0, \quad b&: w = w^{\bullet\bullet} = 0 \text{ für beliebige Werte } x
\end{aligned} \tag{2.3}
$$

An den Quer- und Längsrändern müssen die Durchbiegungen und Plattenbiegemomente verschwinden – gelenkige Lagerung. Aus der ingenieurmäßigen Anschauung heraus liegt die Vermutung nahe, dass ein Produktansatz nach Gl. 2.4 sowohl die DGL als auch die Randbedingungen erfüllt.

Ansatz:

$$ w(x, y) = A_{\mathrm{mn}} \cdot \sin \frac{m \cdot \pi \cdot x}{a} \cdot \sin \frac{n \cdot \pi \cdot y}{b} \tag{2.4} $$

Hierin sind m und n die ganzzahlige Anzahl der sin-Halbwellen in Längs(x)- und Querrichtung (y).

Wie man sieht, sind sowohl die *geometrischen* Randbedingungen und die *mechanischen* Randbedingungen (w'', $w^{\bullet\bullet}$) erfüllt. Bildet man die nach Gln. 2.1 und 2.2 erforderlichen partiellen Ableitungen und führt das *Seitenverhältnis* $\alpha = a/b$ ein, so erhält man nach einigen mathematischen Umformungen:

$$
\begin{aligned}
A_{\mathrm{mn}} &\cdot \sin \frac{m \cdot \pi \cdot x}{a} \cdot \sin \frac{n \cdot \pi \cdot y}{b} \cdot \left[\left(\frac{m}{\alpha}\right)^2 + 2 \cdot n^2 + \frac{n^4 \alpha^2}{m^2} \right] \\
&= A_{\mathrm{mn}} \cdot \sin \frac{m \cdot \pi \cdot x}{a} \cdot \sin \frac{n \cdot \pi \cdot y}{b} \cdot \left[\sigma_{\mathrm{x,cr,p}} \frac{t}{K} \cdot \left(\frac{b}{\pi}\right)^2 \right]
\end{aligned}
$$

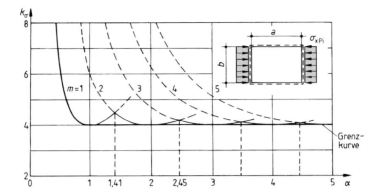

Abb. 2.4 Beulwert $k_{\sigma x}$ – Girlandenkurve

Durch Gleichsetzen der eckigen Klammerausdrücke und Auflösung nach $\sigma_{x,cr}$ gilt:

$$\sigma_{x,cr} = \frac{\pi^2 \cdot E \cdot t^2}{12\,(1 - \mu^2) \cdot b^2} \cdot \left[\left(\frac{m}{\alpha} \right) + \left(\frac{\alpha \cdot n^2}{m} \right) \right]^2 \quad m, n \text{ ganzzahlig} \qquad (2.5)$$

Da die Platte unter der kleinsten Last auszubeulen versucht, muss in der eckigen Klammer (Gl. 2.5) bei beliebigen Werten von m und α offensichtlich $n = 1$ gesetzt werden, d. h., es entsteht stets nur eine Halbwelle in Querrichtung, während m noch variabel ist. Der Ausdruck vor der Klammer tritt in allen Beulberechnungen unausgesteifter Bleche auf und wird (Euler'sche) *Bezugsspannung* σ_e genannt. Der eckige Klammerausdruck heißt *Beulwert* und wird mit $k_{\sigma x}$ abgekürzt.

$$\sigma_{x,cr} = k_{\sigma x} \cdot \sigma_E \qquad (2.6a)$$

$$\sigma_E = \frac{\pi^2 E}{12\,(1 - \mu^2)} \cdot \left(\frac{t}{b} \right)^2 = 1{,}898 \cdot \left(\frac{100 \cdot t}{b} \right)^2 \quad [\text{kN/cm}^2] \qquad (2.6b)$$

$$k_{\sigma x} = \left(\frac{m}{\alpha} + \frac{\alpha}{m} \right)^2 \qquad (2.6c)$$

mit

σ_E Euler'sche Bezugsspannung
$k_{\sigma x}$ Beulwert

Wertet man die Gl. 2.6c bei Vorgabe von $m = 1, 2, 3$ nacheinander in Abhängigkeit von α aus, so ergeben sich die bekannten Girlandenkurven, Abb. 2.4. Für $\sigma_{x,cr}$ ist stets min σ_x maßgebend (dick ausgezogene Kurven). Dies bedeutet, dass Platten mit $\alpha \leq$

1,41 in Längsrichtung mit einer sin-Halbwelle, Platten mit $1{,}41 < \alpha \leq 2{,}45$ mit zwei sin-Halbwellen usw. ausbeulen. Zwischen den Halbwellen liegen die *natürlichen Knotenlinien* der Beulfläche. Mit wachsendem α nähert sich $k_{\sigma x}$ immer mehr dem kleinsten Wert von min $k_{\sigma x} = 4$ an. Zur Vereinfachung der Berechnung wird üblicherweise gesetzt:

$$\left.\begin{aligned} \alpha < 1: \quad k_{\sigma x} &= (\alpha + 1/\alpha)^2 \\ \alpha \geq 1: \quad k_{\sigma x} &= 4{,}0 \end{aligned}\right\} \tag{2.6d}$$

Es ist noch anzumerken, dass in den Gln. 2.6a–2.6d die Materialfestigkeit, z. B. Streckgrenze, nicht auftritt, da ein *Hooke'scher Idealwerkstoff* ($\sigma = \varepsilon \cdot E$) vorausgesetzt wurde.

2.2.2 Beulspannungen $\sigma_{x,cr}$, $(\sigma_{y,cr})$, τ_{cr} bei beliebigen Lagerungsbedingungen und Spannungsverteilungen

Eine (geschlossene) exakte Lösung der Beulaufgabe mit formelmäßiger Angabe der idealen Beulspannung lässt sich über die in Abschn. 2.2.1 skizzierte Methode – Lösung der homogenen DGL – nur in wenigen Fällen angeben. In den meisten Fällen ist man auf *Näherungslösungen* angewiesen, die auf ingenieurgerechte Berechnungsverfahren zurückgreifen. Will man eine allgemeine Formel ableiten, so leistet die *Energiemethode* mit *Ritz-Ansätzen* für die Biegefläche wertvolle Dienste. Numerische Verfahren mit entsprechenden EDV-Programmen (i. d. R. über eine *Finite-Elemente-Methode*) lösen nur Einzelaufgaben und lassen sich nicht verallgemeinern. Auf eine intensive Behandlung der genannten Methoden muss im Rahmen dieses Werkes verzichtet werden; der interessierte Leser wird auf die einschlägige Fachliteratur verwiesen, z. B. [11, 19, 20, 24, 26, 31]. Hier werden insbesondere auch Beulwerte quer- und längsausgesteifter Gesamtfelder angegeben, die im Brückenbau den Regelfall darstellen.

Die für unausgesteifte, allseitig gelenkig gelagerte Blechfelder wichtigsten Beulwerte $k_{\sigma x}$ und k_τ können der Tab. 2.3 entnommen werden. Bei anderen Lagerungs- und/oder Beanspruchungsfällen sind solche der Literatur zu entnehmen [18–20, 22].

Alternativ können für ausgewählte Fälle die Tab. 2.4 und 2.5 verwendet werden. Dabei ist der Fall einer Einzellast von besonderer Bedeutung z. B. bei der Berechnung von Kranbahnträger unter Radlasten oder bei lokalen Lasteinleitungen.

2.2.3 Tragverhalten ausgebeulter Platten oberhalb der idealen Beulspannungen

Das Tragverhalten ausgebeulter Bleche oberhalb der idealen Beulspannung unterscheidet sich wesentlich vom Tragverhalten ausgeknickter Druckstäbe, die oberhalb der idealen

Tab. 2.3 Beulwerte k_σ und k_τ **vierseitig** gelagerter Beulfelder

1	Belastung (Druckspannung positiv)	2 Beulspannung	3 Gültigkeitsbereich	4 Beulwert
2	Geradlinig verteilte Druckspannungen $0 \leq \psi \leq 1$	$\sigma_{cr,p} = k_\sigma \cdot \sigma_e$	$\alpha \geq 1$	$k_\sigma = \dfrac{8,2}{\psi + 1,05}$ für $\psi = 1$ $\quad k_\sigma = 4,0$ $\psi = 0$ $\quad k_\sigma = 7,81$
			$\alpha < 1$	$k_\sigma = \left(\alpha + \dfrac{1}{\alpha}\right)^2 \cdot \dfrac{2,1}{\psi + 1,1}$
3	Geradlinig verteilte Druck- u. Zugspannungen mit überwiegendem Druck $-1 < \psi < 0$	$\sigma_{cr,p} = k_\sigma \cdot \sigma_e$		$k_\sigma = 7,81 - 6,29 \cdot \psi + 9,8\psi^2$
4	Geradlinig verteilte Druck- u. Zugspannungen mit gegengleichen Randwerten $\psi = -1$	$\sigma_{cr,p} = k_\sigma \cdot \sigma_e$	$\alpha \geq \dfrac{2}{3}$	$k_\sigma = 23,9$
			$\alpha < \dfrac{2}{3}$	$k_\sigma = 15,87 + \dfrac{1,87}{\alpha^2} + 8,6 \cdot \alpha^2$

Tab. 2.3 (Fortsetzung)

1	2	3	4
Belastung	Beulspannung	Gültigkeitsbereich	Beulwert
5 $-1 > \psi > 0$	$\sigma_{cr,p} = k_\sigma \cdot \sigma_e$		$k_\sigma = 5{,}98 \cdot (1 - \psi)^2$
6 Gleichmäßig verteilte Schubspannungen	$\tau_{cr} = k_\tau \cdot \sigma_e$	$\alpha \geq 1$	$k_\tau = 5{,}34 + \dfrac{4{,}00}{\alpha^2}$
		$\alpha < 1$	$k_\tau = 4{,}00 + \dfrac{5{,}34}{\alpha^2}$

Tab. 2.4 Beulwerte k_σ **dreiseitig** gestützter Beulfelder (ein freier Rand)

	1		2	4
1	Belastung (Druckspannung positiv)		$\Psi = \sigma_2/\sigma_1$	Beulwert
2	Größere Druckspannung am gestützten Rand	σ_1 freier Rand σ_1 $\sigma_2 = \varphi \cdot \sigma_1$	$1 > \psi > 0$	$k_\sigma = \dfrac{0{,}578}{(\psi + 0{,}34)}$
			$\psi = 0$	$k_\sigma = 1{,}7$
			$\psi = 1$	$k_\sigma = 0{,}43$
3	Größere Druckspannung am gestützten Rand	σ_1 freier Rand σ_1 $\sigma_2 = \varphi \cdot \sigma_1$	$0 > \psi > -1$	$k_\sigma = 1{,}7 - 5 \cdot \psi + 17{,}1\psi^2$
			$\psi = -1$	$k_\sigma = 23{,}8$
4	Größere Druckspannung am freien Rand	σ_2 freier Rand σ_2 σ_1	$\psi = 0$	$k_\sigma = 0{,}57$
			$\psi = 1$	$k_\sigma = 0{,}43$
5	Größere Druckspannung am freien Rand	σ_1 freier Rand σ_1 σ_2	$1 > \psi > -3$	$k_\sigma = 0{,}57 - 0{,}21 \cdot \psi + 0{,}07\psi^2$
			$\psi = -1$	$k_\sigma = 0{,}85$

Tab. 2.5 Beulwerte k_σ für eine Einzellast in der Mitte des Blechrandes [18]

c/a	Seitenverhältnis $\alpha = a/b$ (siehe auch Abb. 2.5)											
	0,7	0,8	0,9	1,0	1,25	1,50	1,75	2,00	2,5	3,0	3,5	4,0
0,0	6,42	4,91	3,92	3,23	2,23	1,70	1,39	1,17	0,90	0,73	0,61	0,52
0,2	6,65	5,09	4,06	2,32	2,32	1,79	1,48	1,27	1,02	0,86	0,76	0,68
0,4	7,28	5,57	4,45	2,55	2,55	1,99	1,66	1,45	1,21	1,06	0,97	0,91
0,6	8,35	6,40	5,11	2,94	2,94	2,30	1,94	1,72	1,47	1,33	1,25	1,19
0,8	9,93	7,61	6,07	3,50	3,50	2,75	2,34	2,08	1,80	1,65	1,57	1,51
1,0	12,1	9,23	7,36	4,25	4,25	3,35	2,85	2,55	2,21	2,03	1,92	1,84

Abb. 2.5 Einzellast in der Mitte des Blechrandes [18] [WH s. 772, oder Orig. Protte Stahlbau 45 1976]

$$\sigma_z = \frac{F}{c \cdot t}, \sigma_{cr}$$

$$\sigma_{cr,z} = k_{\sigma, z} \cdot \sigma_E \cdot \left(\frac{a}{c}\right)$$

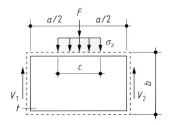

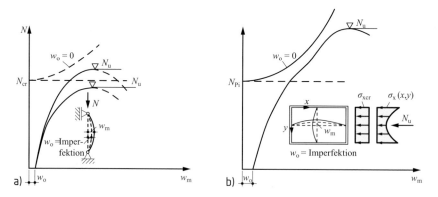

Abb. 2.6 Überkritisches Tragverhalten: **a** beim Druckstab, **b** beim ebenen Blech, jeweils mit Imperfektionen

Knicklast N_{cr} außer den plastischen *Querschnittsreserven* über keinerlei *Systemreserven* verfügen. Nur bei sehr schlanken Stäben ist eine mäßige Laststeigerung oberhalb N_{cr} bei rascher Querschnittsplastizierung möglich, während die Grenzlast N_u bei gedrungenen Stäben stets unter N_{cr} liegt, Abb. 2.6a. Ausgebeulte Platten hingegen verhalten sich hier i. Allg. wesentlich günstiger, weil sich oberhalb der idealen Beulspannung ein *überkritischer Tragmechanismus* einstellt: Bei längsbeanspruchten Platten verlagern sich die Spannungen der ausgebeulten Bereiche an die wesentlich steiferen Ränder und der Grundmembranspannungszustand wird überlagert durch sekundäre Zugmembranspannungen in Querrichtung. Die Abtragung der Umlenkkräfte über die Plattenbiegesteifigkeiten ist dagegen vernachlässigbar klein. Mit steigender Last beginnt die Platte an den Rändern zu fließen und erreicht ihre Grenztragfähigkeit, Abb. 2.6b.

$$N_u = t \cdot \int_0^b \sigma_x(y)\, \mathrm{d}y \tag{2.7}$$

Näherungslösungen (im elastischen Bereich) liegen vor durch Anwendung der *Nichtlinearen Beultheorie* stark gekrümmter Platten, z. B. [25].

Noch auffälliger sind *überkritische Tragreserven* schubbeanspruchter Bleche: Hier bildet sich oberhalb τ_{cr} ein *Zugfeld* aus, und der Vollwandträger nimmt einen fachwerkartigen Charakter an (s. Abschn. 2.7.3).

Die hier beschriebenen überkritischen Tragreserven (schlanker) Platten werden beim Beulnachweis nach DIN EN 1993-1-5 bewusst ausgenutzt. Dies war bereits in DIN 18800-3 [4] der Fall.

2.2.4 Reale Beulspannungen

Neben dem in Abschn. 2.2.3 beschriebenen Effekt überkritischer Tragreserven wird das reale Beulverhalten auch noch von einer Reihe baupraktischer Einflüsse wie z. B.

- *Vorbeulen* durch den Schweißverzug
- wirkliche Lagerungsbedingungen
- Walz- und *Schweißeigenspannungen*
- Streuung der Streckgrenze etc.

bestimmt, die in den Rechenmethoden (EDV-Programmen) zwar berücksichtigt werden können, sich jedoch nicht direkt und normativ erfassen lassen. Die *Versuchstechnik* muss hier die Lücken schließen und zwingt notwendigerweise zu Vereinfachungen. So sind die Grenzbeulspannungen (vgl. Abschn. 2.3.2) das Ergebnis von Versuchsauswertungen und theoretischen Berechnungen.

In DIN EN 1993-1-5 Anhang C [3] sind Grundlagen angegeben zur Berechnung von Stäben mit beulgefährdeten Querschnitten unter Verwendung geometrisch nichtlinearer Berechnungen und Ansatz lokaler und globaler Ersatzimperfektion. In Abb. 2.7 und Tab. 2.6 sind die zu berücksichtigenden Imperfektionen dargestellt.

Bei diesem Vorgehen ist zu beachten, dass gemäß [3] C.9 gesonderte Teilsicherheits- beiwerte zu berücksichtigen sind mit:

- α_1 für Modellunsicherheiten bei der Finite Elemente Modellierung (i. d. R. aus geeig- neten Versuchen zu ermitteln, siehe EN 1990 Anhang D)
- α_2 für Ungenauigkeiten des Belastungs- und Widerstandsmodells, i. d. R. gilt $\alpha_2 = \gamma_{M1}$, sofern Stabilitätsversagen maßgebend wird und $\alpha_2 = \gamma_{M2}$ bei Werkstoffversagen

Der Nachweis wird dann geführt unter Ermittlung des maximalen Lasterhöhungsfaktors α_u bis zum Erreichen des Grenzzustands mit:

$$\alpha_u > \alpha_1 \cdot \alpha_2 \tag{2.8}$$

Tab. 2.6 Größe der geometrischen Ersatzimperfektion nach [3]

Imperfektionsansatz	Bauteil	Form	Amplitude
Global	Bauteil der Länge L	Bogen	Siehe EN 1993-1-1, Tab. 5.1
Global	Längssteife der Länge a	Bogen	$\min(a/400, b/400)$
Lokal	Teilfeld oder Einzelfeld mit kurzer Länge a oder b	Beulform	$\min(a/200, b/200)$
Lokal	Verdrehung von Steifen und Flanschen	Bogen	$1/50$

Imperfektionsansatz	Bauteil
global, Bauteil der Länge L_x	
global, Längssteife der Länge a	
lokal, Verdrehung von Steifen oder Flanschen	
lokal, Teilfeld oder Einzelfeld	

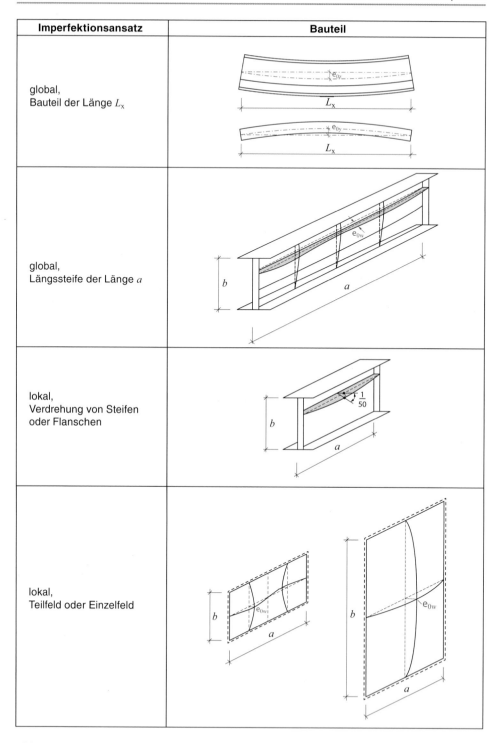

Abb. 2.7 Ansatz globaler und lokaler Ersatzimperfektionen [3]

2.3 Ausgesteifte Beulfelder

2.3.1 Allgemeines

Durch die Anordnung von Rippen bzw. Steifen kann die Beulgefahr von Beulfeldern reduziert und der Querschnitt effizienter genutzt werden. Hierbei kann zwischen

- Längssteifen
- Quersteifen
- Diagonalsteifen

unterschieden werden, siehe Abb. 2.8.

Als Querschnitte werden häufig Flachstahl-, L, I-Profile oder Trapezblechsteifen verwendet, siehe Abb. 2.9. Während offene Querschnittsformen eine Vergrößerung des Trägheitsmomentes I_y erzeugen, bieten Trapezblechsteifen den zusätzlichen Vorteil hoher Torsionssteifigkeit. Insbesondere bei Brücken mit orthotropen Fahrbahnplatten werden i. d. R.

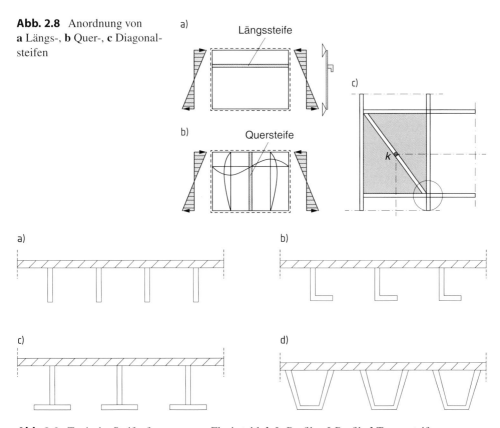

Abb. 2.8 Anordnung von **a** Längs-, **b** Quer-, **c** Diagonalsteifen

Abb. 2.9 Typische Steifenformen aus **a** Flachstahl, **b** L-Profil, **c** I-Profil, **d** Trapezsteife

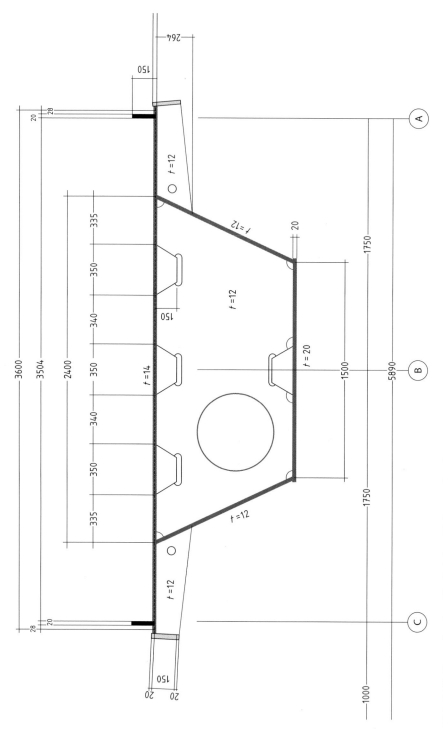

Abb. 2.10 Trapezblechsteifen bei einer Fußgängerbrücke

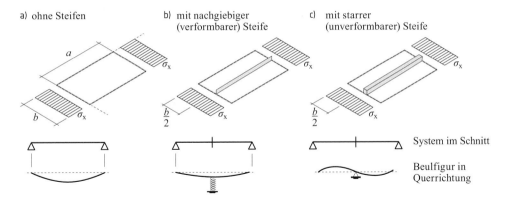

Abb. 2.11 Einfluss von Steifen bei Platten. **a** ohne Steifen, **b** mit nachgiebiger (verformbarer) Steife, **c** mit starrer (unverformbarer) Steife

Trapezsteifen verwendet, siehe Abb. 2.10. Für die Längsaussteifung dünnwandiger Stegbleche eigenen sich hingegen sehr gut auch Steifen mit offenen Querschnitten.

Sofern die Steifen über eine hohe Biegesteifigkeit verfügen, sodass die Verformungen des Bleches aus der Ebene verhindert werden, kann der Beulnachweis auf das Einzelfeld reduziert werden. Man spricht dann von unverformbaren Steifen, siehe Abb. 2.11c und Abschn. 2.3.2.

Um die Beulgefahr zu reduzieren eigenen sich insbesondere Längssteifen, die in den Druckzonen angeordnet werden. Quersteifen reduzieren diese nur signifikant, wenn sie in dichten Abständen angeordnet werden.

Ist die Steife hingegen nachgiebig, so wird zwar die Beulgefahr reduziert, es kommt jedoch zu einem Beulen des Bleches und der Steife, siehe Abb. 2.11b. In diesem Fall spricht man von einem Gesamtfeldbeulen und es muss der Nachweis für das Einzel- und Gesamtfeld geführt werden.

Für die sinnvolle Anordnung von Steifen ist es wichtig, zunächst die Beuleigenform zu bestimmen. Die Steifen sollten in den Bereichen mit maximaler Beulverformung angeordnet werden, um eine Reduzierung der Beulgefahr zu bewirken. Eine Anordnung z. B. in den Nulldurchgängen führt hingegen kaum zu Verbesserungen.

In Abb. 2.12 ist zur Verdeutlichung ein Beulfeld mit einem Seitenverhältnis $\alpha = 2$ unter konstanter Druckspannung dargestellt. Wie in Abb. 2.12a zu erkennen ist, ergibt sich eine zweiwellige Beulfigur und ein Beulwert von $k_\sigma = 4$. Die Anordnung einer Quersteife in der Mitte (Nulldurchgang der Beulfigur, Teilbild b) führt zu keiner Verbesserung des Beulwertes, da sich die Beulfigur nicht ändert. Erst durch die Anordnung von 2 Quersteifen (Teilbild c) in den 1/3 Punkten kann der Beuleigenwert erhöht werden. Deutlich sichtbar wird, dass die Längssteife in Feldmitte zu einer Halbierung der Beulfeldbreite b mit $n = 2$ Wellen vertikal und einer $m = 4$ vierwelligen Beulfigur führt. Hierdurch kann ein Beulwert von $k_\sigma = 16$ ermittelt werden, bei hoher Steifigkeit der Längssteife.

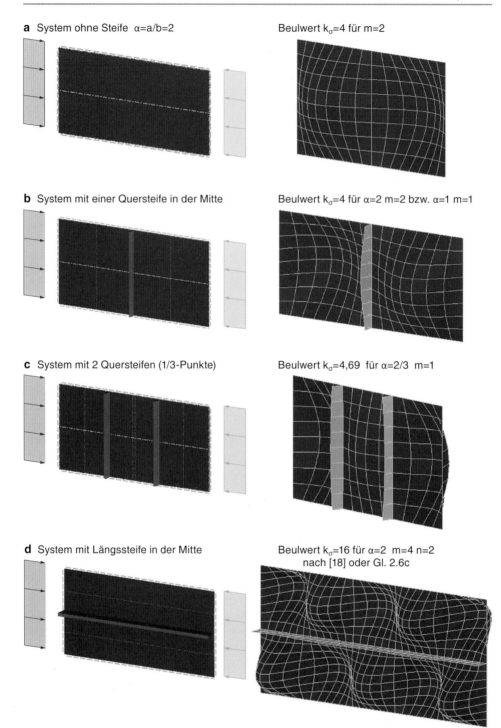

a System ohne Steife $\alpha=a/b=2$ Beulwert $k_\sigma=4$ für m=2

b System mit einer Quersteife in der Mitte   Beulwert $k_\sigma=4$ für $\alpha=2$ m=2 bzw. $\alpha=1$ m=1

c System mit 2 Quersteifen (1/3-Punkte)   Beulwert $k_\sigma=4,69$ für $\alpha=2/3$ m=1

d System mit Längssteife in der Mitte   Beulwert $k_\sigma=16$ für $\alpha=2$ m=4 n=2
                                                         nach [18] oder Gl. 2.6c

Abb. 2.12 Zur sinnvollen Anordnung von Steifen, Berechnungen mit [17]

2.3.2 Beulwerte längs ausgesteifter Blechfelder

Umfangreiche Angaben zu Beulwerten und kritischen Beulspannungen können der Literatur, wie z. B. den Beultafeln in [18–21], entnommen werden. Alternativ sind programmtechnische Berechnungen z. B. mit Hilfe der Methode der finiten Elemente möglich, z. B. [7, 12, 26]. Im Anhang A von DIN EN 1993-1-5 finden sich Angaben für Blechfelder mit

- mindestens drei Längssteifen
- einer Längssteife in der Druckzone

die hier näher erläutert werden.

Gemäß NA zu DIN EN 1993-1-5 sind Längssteifen zu vernachlässigen, wenn deren bezogene Steifigkeit $\gamma < 25$ ist.

Bezogene Steifigkeit von Längssteifen:

$$\gamma = I_{sl}/I_p \geq 25 \tag{2.9}$$

mit

I_{sl} das Flächenträgheitsmoment des gesamten längsversteiften Blechfeldes
I_p das Flächenträgheitsmoment für Plattenbiegung

$$I_p = \frac{bt^3}{12(1-\nu^2)} = \frac{bt^3}{10{,}92} \tag{2.10}$$

Blechfelder mit mindestens drei Längssteifen in der Druckzone
Der Beulwert $k_{\sigma,p}$ darf für Blechfelder mit mindestens drei äquidistand angeordneten Längssteifen unter Annahme einer äquivalenten orthotropen Platte näherungsweise ermittelt werden mit:

$$k_{\sigma,p} = \frac{2((1+\alpha^2)^2 + \gamma - 1)}{\alpha^2(\psi + 1)(1+\delta)} \quad \text{für } \alpha \leq \sqrt[4]{\gamma} \tag{2.10a}$$

und

$$k_{\sigma,p} = \frac{4(1+\sqrt{\gamma})}{(\psi + 1)(1+\delta)} \quad \text{für } \alpha > \sqrt[4]{\gamma} \tag{2.10b}$$

mit

Bezogene Steifenfläche $\quad \delta = \dfrac{A_{sl}}{A_p}$

Randspannungsverhältnis $\quad \psi = \dfrac{\sigma_2}{\sigma_1} \geq 0{,}5$

Seitenverhältnis $\quad \alpha = \dfrac{a}{b} \geq 0{,}5$

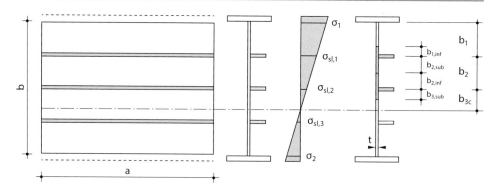

Abb. 2.13 Bezeichnungen und Definitionen für längsausgesteifte Beulfelder [3]

Tab. 2.7 Mitwirkende Breiten der Steifen

	Breite b Bruttoquerschnittsfläche	Breite b_{eff} für wirksame Flächen beidseitig gestützter Bleche	Bedingung für ψ_i
$b_{1,\text{inf}}$	$\dfrac{3-\psi_1}{5-\psi_1}b_1$	$\dfrac{3-\psi_1}{5-\psi_1}b_{1,\text{eff}}$	$\psi_1 = \dfrac{\sigma_{\text{cr,sl,1}}}{\sigma_{\text{cr,p}}} > 0$
$b_{2,\text{sup}}$	$\dfrac{2}{5-\psi_2}b_2$	$\dfrac{2}{5-\psi_2}b_{2,\text{eff}}$	$\psi_2 = \dfrac{\sigma_2}{\sigma_{\text{cr,sl,1}}} > 0$
$b_{2,\text{inf}}$	$\dfrac{3-\psi_2}{5-\psi_2}b_2$	$\dfrac{3-\psi_2}{5-\psi_2}b_{2,\text{eff}}$	$\psi_2 > 0$
$b_{3,\text{sup}}$	$0{,}4b_{3c}$	$0{,}4b_{3c,\text{eff}}$	$\psi_3 = \dfrac{\sigma_3}{\sigma_2} < 0$

A_{sl} Summe der Bruttoquerschnittsflächen aller Längssteifen ohne Anteile des Blechfeldes
A_{p} Bruttoquerschnittsfläche des Bleches $= b \cdot t$
σ_1 größere Randspannung
σ_2 kleinere Randspannung

Die Bezeichnungen und Abmessungen können der Abb. 2.13 entnommen werden und die mitwirkenden Breiten $b_1, \ldots$ der Tab. 2.7.

Blechfelder mit einer Längssteife in der Druckzone

Sofern nur eine Längssteife in der Druckzone vorliegt, kann die kritische Beulspannung $\sigma_{\text{cr,p}}$ aus der Knickspannung und Lage der Steife und der zugehörigen Spannungsverteilung ermittelt werden, gemäß Abb. 2.14. Hierbei wird die elastische Bettung aus der Plattenwirkung quer zur Längssteife berücksichtigt. Steifen in der Zugzone werden dabei vernachlässigt.

Kritische Knickspannung der Steife $\sigma_{\text{cr,sl}}$:

$$\sigma_{\text{cr,sl}} = \frac{1{,}05E}{A_{\text{sl,1}}} \frac{\sqrt{I_{\text{sl,1}} \cdot t^3 \cdot b}}{b_1 \cdot b_2} \qquad \text{für } a \geq a_{\text{c}} \qquad (2.11\text{a})$$

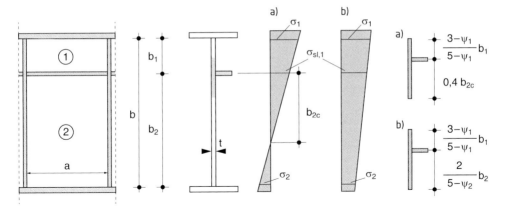

Abb. 2.14 Definitionen für Blechfelder mit einer Längssteife in der Druckzone [3]

$$\sigma_{\text{cr,sl}} = \frac{\pi^2 \cdot E \cdot I_{\text{sl,1}}}{A_{\text{sl,1}} \cdot a^2} + \frac{E \cdot t^3 \cdot b \cdot a^2}{4 \cdot \pi^2 (1 - \nu^2) A_{\text{sl,1}} \cdot b_1{}^2 \cdot b_2{}^2} \qquad \text{für } a < a_{\text{c}} \qquad (2.11\text{b})$$

$$= \frac{E}{A_{\text{sl,1}}} \left(\frac{I_{\text{sl,1}}}{a^2} + \frac{t^3 b \cdot a^2}{35{,}93 b_1^2 \cdot b_2^2} \right)$$

mit

$$a_{\text{c}} = 4{,}33 \sqrt[4]{\frac{I_{\text{sl,1}} \cdot b_1{}^2 \cdot b_2{}^2}{t^3 \cdot b}}$$

Kritische Beulspannung der versteiften Platte $\sigma_{\text{cr,p}}$:

$$\sigma_{\text{cr,p}} = \sigma_1 \cdot \frac{\sigma_{\text{cr,sl,1}}}{\sigma_{\text{sl,1}}} \qquad (2.12)$$

$I_{\text{sl,1}}$ das Flächenträgheitsmoment des Bruttoquerschnitts des Ersatzdruckstabes für Knicken quer zur Blechebene

$A_{\text{sl,1}}$ die Bruttoquerschnittsfläche des Ersatzdruckstabes

b_{i} die Abstände der Steifen zu den Längsrändern ($b_1 + b_2 = b$)

Blechfelder mit zwei Längssteifen in der Druckzone

Sofern sich zwei Längssteifen in der Druckzone befinden, kann das o. g. Verfahren wie für eine einzelne Steife verwendet werden zur Ermittlung der kritischen Beulspannung $\sigma_{\text{cr,p}}$. Dabei sind jedoch drei Versagensfälle zu betrachten, siehe auch Abb. 2.15:

1. Ausknicken der Einzelsteife 1 (Steife 2 wird als starr vorausgesetzt)
2. Ausknicken der Einzelsteife 2 (Steife 1 wird als starr vorausgesetzt)
3. Gleichzeitiges Ausknicken beider Steifen

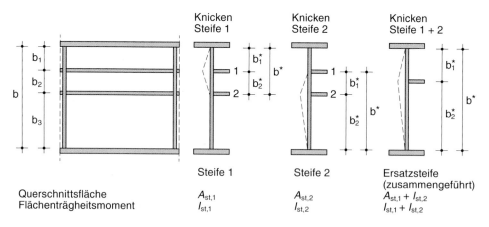

Abb. 2.15 Definitionen für Blechfelder mit zwei Längssteifen in der Druckzone [3]

Für diese drei Fälle wird die jeweilige kritische Beulspannung $\sigma_{cr,p}$ ermittelt, wobei der niedrigste Wert maßgebend wird. Dieser entspricht mathematisch betrachtet dem ersten positiven Eigenwert des allgemeinen Eigenwertproblems. Das gleichzeitige Ausknicken beider Steifen wird vereinfacht durch Ansatz einer einzelnen Ersatzsteife berücksichtigt mit folgenden Voraussetzungen, siehe auch Abb. 2.15:

1. $A_{sl} = \sum A_{sl,i}$
2. $I_{sl} = \sum I_{sl,i}$
3. Lage der Ersatzsteife entspricht der Lage der Resultierenden aus den Druckkräften in den Einzelsteifen

Sofern sich die Angriffspunkte der Druckkräfte der Einzelsteifen (einschließlich der mittragenden Breiten) ca. in Höhe der Steifenanschlüsse befinden, kann nach [17] die Lage der Resultierenden vereinfacht ermittelt werden zu:

$$b_1^* = \frac{A_{sl,1} \cdot \sigma_{sl,1} \cdot b_1 + A_{sl,2} \cdot \sigma_{sl,2} \cdot (b_1 + b_2)}{A_{sl,1} \cdot \sigma_{sl,1} + A_{sl,2} \cdot \sigma_{sl,2}} \qquad (2.13)$$

$$b_2^* = b - b_1^* \qquad b^* = b$$

mit

$A_{sl,i}$ Bruttoquerschnittsfläche des Ersatzdruckstabes

$\sigma_{sl,i}$ mittlere Längsspannung im Ersatzdruckstab

Die kritische Beulspannung $\sigma_{cr,p}$ wird dann wie bei Blechfeldern mit einer Längssteife in der Druckzone bestimmt (siehe oben), wobei die Maße wie folgt zu ersetzen sind

- $b_1 = b_1^*$
- $b_2 = b_2^*$
- $b = b^*$

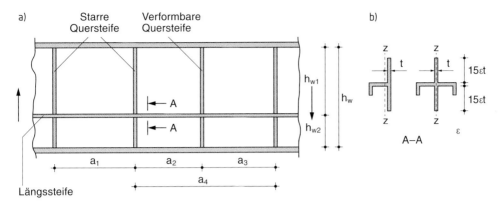

Abb. 2.16 Definitionen der Quer- und Längssteifen sowie der mitwirkenden Blechbreiten beim Schubbeulen [3]

Schubbeulwerte längs ausgesteifter Blechfelder

Für Blechfelder mit einer oder mehreren Längssteifen gemäß Abb. 2.16, die durch starre Quersteifen begrenzt werden können die Schubbeulwerte k_τ wie folgt bestimmt werden:

$$k_\tau = 5{,}34 + 4{,}00(h_\mathrm{w}/a)^2 + k_{\tau\mathrm{sl}} \quad \text{für } a/h_\mathrm{w} \geq 1 \qquad (2.14)$$
$$k_\tau = 4{,}00 + 5{,}34(h_\mathrm{w}/a)^2 + k_{\tau\mathrm{sl}} \quad \text{für } a/h_\mathrm{w} < 1$$

Dabei ist

$$k_{\tau\mathrm{sl}} = 9\left(\frac{h_\mathrm{w}}{a}\right)^2 \sqrt[4]{\left(\frac{I_\mathrm{sl}}{t^3 h_\mathrm{w}}\right)^3} \geq \frac{2{,}1}{t}\sqrt[3]{\frac{I_\mathrm{sl}}{h_\mathrm{w}}} \qquad (2.15)$$

mit

a Abstand der starren Quersteifen

I_sl das Flächenträgheitsmoment einer Längssteife um die z-z-Achse

Bei zwei oder mehr Steifen entspricht I_sl der Summe der Steifigkeiten der Einzelsteifen unabhängig davon, ob Sie gleichmäßig angeordnet sind oder nicht.

Gemäß NA zu [3] darf für schubbeanspruchte Beulfelder mit geschlossenen Längssteifen eine starre Auflagersteife angenommen werden, wenn die Längssteifen an die Auflager- und Quersteifen angeschlossen sind (z. B. verschweißt). In [24] werden weitere Hinweise zu Einfluss und Art der Steifen angegeben. Danach sind geschlossene Hohlsteifen hinsichtlich der Steifigkeit günstiger als offene Steifen zu bewerten.

Die kritische Schubbeulspannung folgt zu

$$\tau_\mathrm{cr} = k_\tau \cdot \sigma_\mathrm{E} \qquad (2.16)$$

2.4   Schubverzerrungen – mittragende Breite

Unter dem Begriff der mittragenden Breite wird der Einfluss von Schubverzerrungen auf das Tragverhalten von Biegeträgern mit breiten Gurten bezeichnet. Dabei wird dem Phänomen Rechnung getragen, dass bei derartigen Trägern der Querschnitt infolge von Schubverzerrungen nicht eben bleibt, so dass keine konstante Biegenormalspannung über die gesamte Gurtbreite entsteht. Infolge der in dünnwandigen Gurten von Biegeträgern auftretenden Schubspannungen entstehen Schubgleitungen [22], die zur Verzerrungen der Gurte und somit einer Verwölbung des Querschnitts führen.

Wie in Abb. 2.17 zu erkennen ist, sind die Gurtspannungen im Stegbereich maximal während sie infolge der Schubweichheit der Gurte mit größerer Entfernung zum Steg immer weiter abfallen. Um trotzdem eine Anwendung der Bernoulli-Hypothese (Ebenbleiben der Querschnitte) zu ermöglichen, sind in DIN EN 1993-1-5, Abs. 3 [3] Regelungen zur Bestimmung der mittragenden Breite b_{eff} angegeben. In diesen Bereichen der Gurte darf dann mit einer gleichmäßig verteilten Spannung gerechnet werden.

Der Einfluss der Schubverzerrungen hängt von der Höhe der Schubspannungen und somit von den Querkräften ab. Die Querkraftverläufe und somit die mittragenden Breiten b_{eff} hängen von den Lastarten und Systemen ab, im Feld- oder Stützbereich von Durchlaufträgern. Auch treten insbesondere in Bereichen von Auflagern und Lasteinleitungen hohe Querkräfte und somit hohe Schubverzerrungen auf, weshalb sich unterschiedliche mittragende Breiten in Abhängigkeit des Systems und der effektiven Länge L_{e} ergeben, siehe Abb. 2.18. Diese folgt aus dem Abstand der Momentennullpunkte.

Der Einfluss der Schubverzerrungen darf entfallen, sofern gilt:

$$b_0 < \frac{L_{\text{e}}}{50} \tag{2.17}$$

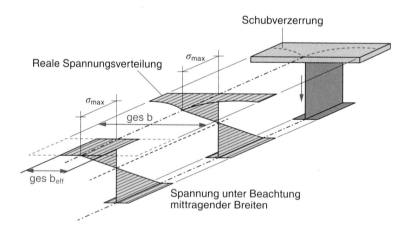

Abb. 2.17 Spannungsermittlung bei einem Querschnitt mit breiten Gurten und mittragender Breite

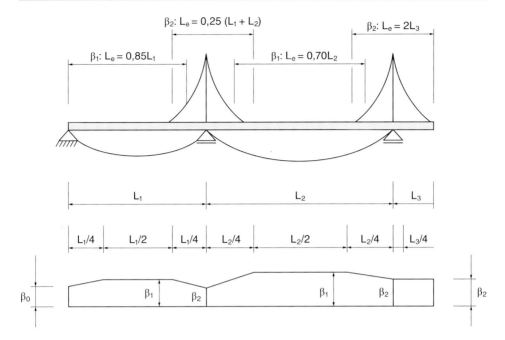

Abb. 2.18 Effektive Länge L_e und Verteilung der β-Werte zur Ermittlung von b_{eff}

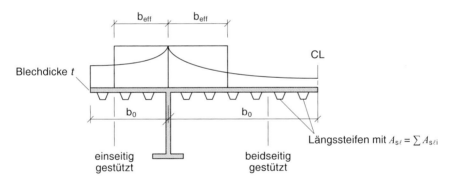

Abb. 2.19 Angaben zur mittragenden Breite [3]

mit

b_0 = vorh. Flanschbreite b bei einseitig gestützten Gurten

= $b/2$ bei zweiseitig gestützten Gurten

L_e = effektive Länge, siehe Abb. 2.18, Einfeldträger $L_e = L$

Sofern die o. g. Bedingungen nicht erfüllt sind, können die Schubverzerrungen unter Verwendung der mittragenden Breite b_{eff} gemäß Abb. 2.18 und 2.19 sowie mit Tab. 2.8 berücksichtigt werden, mit:

$$b_{eff} = \beta \cdot b_0 \tag{2.18}$$

Tab. 2.8 Abminderungsfaktor β für die mittragende Breite

K	Nachweisort	β-Wert
$K \leq 0,02$		$\beta = 1,0$
$0,02 < K \leq 0,70$	Feldmoment	$\beta = \beta_1 = \frac{1}{1+6,4 \cdot K^2}$
	Stützmoment	$\beta = \beta_2 = \frac{1}{1+6,0(K - \frac{1}{2500 \cdot K}) + 1,6 \cdot K^2}$
$K > 0,70$	Feldmoment	$\beta = \beta_1 = \frac{1}{5,9 \cdot K}$
	Stützmoment	$\beta = \beta_2 = \frac{1}{8,6 \cdot K}$
Alle K	Endauflager	$\beta_0 = (0,55 + 0,025/K) \cdot \beta_1$; jedoch $\beta_0 < \beta_1$
	Kragarm	$\beta = \beta_2$ am Auflager und am Kragarmende

$K = \alpha_0 \cdot \frac{b_0}{L_e}$ mit $\alpha_0 = \sqrt{1 + \frac{A_{sl}}{b_0 \cdot t}}$

Dabei ist A_{sl} die Querschnittsfläche aller Längssteifen innerhalb der Breite b_0. Weitere Formelzeichen sind in Abb. 2.18 und 2.19 angegeben.

2.5 Plattenbeulnachweis nach DIN EN 1993-1-5 mit der Methode der reduzierten Spannungen

2.5.1 Einführung

Die bisherige DIN 18800-3 – Plattenbeulen – stellte eine Fortentwicklung der DASt-Richtlinie 012 von 1978 dar, welche unter großem Zeitdruck nach schweren Unfällen im Brückenbau in den 70er Jahren erarbeitet wurde. Die damit verbundenen Mängel dieser Richtlinie wurden durch die neue Norm beseitigt bei Beibehaltung bewährter Regelungen: Bezug auf ideale Beulspannungen als Eingangsparameter, die Einführung der *Plattenschlankheit* λ_P und den Bezug von Spannungen auf die Fließgrenze $f_{y,k}$ bzw. der Plattenschlankheit λ_P auf die Vergleichsschlankheit λ_a, womit eine werkstoffunabhängige Darstellung der *Abminderungsfaktoren* möglich ist.

Die in DIN EN 1993-1-5 [3] enthaltene Methode der reduzierten Spannungen entspricht in Teilen dem Vorgehen nach DIN 18800-3 [4]. Das Verfahren darf bei ausgesteiften und nicht ausgesteiften Beulfeldern, sowie bei Bauteilen mit veränderlichem Querschnitt Anwendung finden. Im Brückenbau ist es das übliche Nachweisverfahren.

2.5.2 Definitionen und Begriffe

Beulfelder

Beulgefährdete Rechteckplatten sind durch *starre Längs- und Querränder* begrenzt und können durch *biegeweiche* Längs- und/oder Quersteifen versteift sein. Diese unterteilen dann das *Gesamtfeld* in unversteifte *Einzelfelder* (zwischen Steifen oder Steifen und Rän-

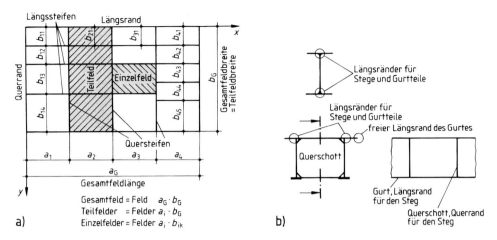

Abb. 2.20   Begriffe beim Beulnachweis. **a** Beulfelder, **b** Plattenränder

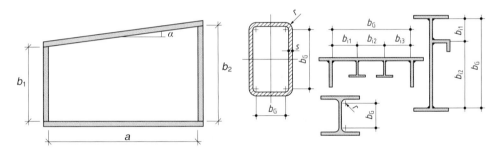

Abb. 2.21   Maßgebende Beulfeldbreiten

der) sowie in längs- oder unversteifte *Teilfelder* (zwischen Quersteifen oder Quersteifen und einem Querrand), Abb. 2.20a. Längsränder sind in Längsrichtung des Bauteils orientiert und werden von den Gurten oder Stegen der Blechträger gebildet. Querränder sind zwischen Gurten angeordnete Steifen oder Schottbleche; Ränder können auch elastisch gestützt oder frei sein, Abb. 2.20b. Die maßgebenden Beulfeldbreiten b_G (für Gesamt- und Teilfelder) sowie b_{ik} (für Einzelfelder) werden nach Abb. 2.21 bestimmt.

Die Nachweise nach DIN EN 1993-1-5 [3] gelten für rechteckige Beulfelder mit parallelen Gurten, bei denen der Durchmesser d_L nicht ausgesteifter Löcher nicht mehr als $d_L \leq 0{,}05b$ der Beulfeldbreite b beträgt. Weitere Bedingungen können Tab. 2.2 entnommen werden.

Bei nicht rechteckigen Beulfeldern gemäß Abb. 2.21 (links) dürfen die Regeln unter folgenden Bedingungen ebenfalls verwendet werden:

1. $\alpha_{limit} \leq 10°$: Nachweis mit b_1
2. $\alpha_{limit} > 10°$: Es ist ein rechteckiges Ersatzbeulfeld mit der Breite b_2 anzusetzen.

Spannungen

Auf das untersuchte Beulfeld können Spannungen – einzeln oder gemeinsam – nach Abb. 2.22a einwirken. Druckspannungen werden dabei positiv definiert.

Im Falle von Längsspannungen σ_x wird die (betragsmäßig) größte Druckspannung mit σ_1 und die am gegenüberliegenden Rand vorhandene Spannung mit σ_2 bezeichnet. Es gilt für das *Randspannungsverhältnis* Ψ

$$\sigma_2 = \Psi \cdot \sigma_1 \quad \Psi = \sigma_2/\sigma_1 \quad -\infty \leq \Psi \leq 1 \tag{2.19}$$

Die Spannungen sind aus den Bemessungswerten der Einwirkungen (ggf. nach Theorie II. Ordnung) zu ermitteln.

Bei *veränderlichen Spannungen* σ_x oder τ über die Beulfeldlänge a sind die Nachweise i. d. R. zu führen mit den zugeordneten Spannungen (max σ, zugeh. τ) und (max τ, zugeh. σ), Abb. 2.22b (angelegte Flächen). Treten die Größtwerte der Spannungen an den Querrändern auf (nicht angelegte Flächen) dürfen die Spannungen in Beulfeldmitte jedoch nicht weniger als die Werte im Abstand $b/2$ vom Querrand mit den jeweiligen Größtwerten bzw. nicht weniger als die Mittelwerte der Spannungen über die Beulfeldlänge a angesetzt werden.

Veränderliche *Schubspannungen* über die Querränder werden mit dem Mittelwert τ_m bzw. $0{,}5 \cdot$ max τ berücksichtigt. Der größere Wert ist maßgebend.

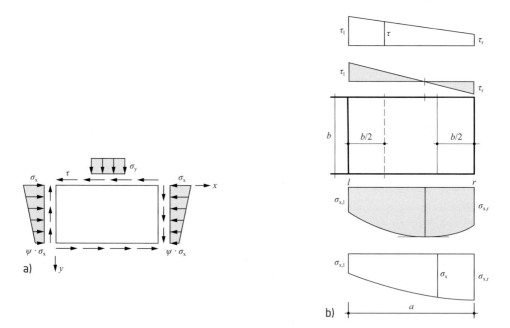

Abb. 2.22 Beanspruchungen bei Beulfeldern. **a** an den Rändern, **b** Verteilung in Längsrichtung

Diese rechnerischen Spannungen sind über die Beulfeldlänge als konstant anzunehmen, Abb. 2.22a. Außerdem wird von gleichbleibenden Plattenkennwerten (i. W. t und $f_{y,k}$) ausgegangen.

Bei *veränderlichen Plattenkennwerten* sind zusätzliche Nachweise zu führen.

Lagerungsbedingungen

Mit Ausnahme freier Ränder (z. B. bei Gurten) werden *gelenkige* Lagerungsbedingungen unterstellt. Liegen durch konstruktive Maßnahmen eindeutig *günstigere* Bedingungen vor, so wird dies über die Beulwerte $k_{\sigma,\tau}$ erfasst, die dann der Literatur zu entnehmen sind bzw. mit Hilfe von finite Element Berechnungen ermittelt werden können.

Zwischensteifen

Die Berechnung kritischer Spannungen für ausgesteifte Blechfelder mit Zwischensteifen können dem Anhang A von DIN EN 1993-1-5 [3] oder Abschn. 2.3 entnommen werden. Alternativ können die Beulwerte unter Beachtung von Längs- und Quersteifen mit Hilfe von Berechnungen nach der Methode der finiten Elemente ermittelt werden, was häufig sinnvoll wird.

2.5.3 Grenzbeulspannungen und Nachweise

Mit Hilfe genauerer Berechnungsverfahren (EDV-Programme) und mit der Bezugnahme auf die Werte der linearen Beultheorie sowie gestützt auf eine sorgfältige Auswertung zahlreicher Versuchsergebnisse wurden in DIN 18800-3 [4] 5 *Tragbeulspannungskurven* für verschiedene Lagerungs- und Belastungsfälle in Abhängigkeit eines *bezogenen Plattenschlankheitsgrades* $\overline{\lambda}_P$ angegeben. Mit Bezug auf die Fließgrenze ergaben sich die *Abminderungsfaktoren* $\kappa \leq 1$ nach Abb. 2.23. Ihre rechnerische Ermittlung erfolgte nach Tab. 2.9.

Bei der Methode der reduzierten Spannungen nach DIN EN 1993-1-5, Abs. 10 wird anders als in DIN 18800-3 [4] ein einziger Systemschlankheitsgrad $\overline{\lambda}_P$ für das gesamte

Abb. 2.23 Bezogene Tragbeulspannungen und Abminderungsfaktor χ nach [4]

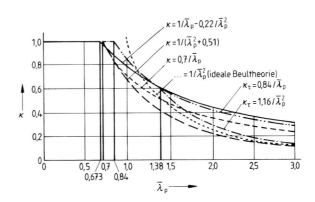

Tab. 2.9 Abminderungsfaktoren χ (= bezogene Tragbeulspannungen) bei alleiniger Wirkung von σ_x, σ_y oder τ nach DIN 18800-3 [4]

	1	2	3	4	5
	Beulfeld	Lagerung	Beanspruchung	Bezogener Schlankheitsgrad	Abminderungsfaktor
1	Einzelfeld	Allseitig gelagert	Normalspannungen σ mit dem Randspannungsverhältnis $\psi_T \leq 1$ [a]	$\bar{\lambda}_P = \sqrt{\dfrac{f_{y,k}}{\sigma_{Pi}}}$	$\chi = c\left(\dfrac{1}{\bar{\lambda}_P} - \dfrac{0,22}{\bar{\lambda}_P^2}\right) \leq 1$ mit $c = 1,25 - 0,12\psi_T \leq 1,25$
2		Allseitig gelagert	Schubspannungen τ	$\bar{\lambda}_P = \sqrt{\dfrac{f_{y,k}}{\tau_{Pi} \cdot \sqrt{3}}}$	$\chi_\tau = \dfrac{0,84}{\bar{\lambda}_P} \leq 1$
3	Teil- und Gesamtfeld	Allseitig gelagert	Normalspannungen σ mit dem Randspannungsverhältnis $\psi \leq 1$	$\bar{\lambda}_P = \sqrt{\dfrac{f_{y,k}}{\sigma_{Pi}}}$	$\chi = c\left(\dfrac{1}{\bar{\lambda}_P} - \dfrac{0,22}{\bar{\lambda}_P^2}\right) \leq 1$ mit $c = 1,25 - 0,25\psi \leq 1,25$
4		Dreiseitig gelagert	Normalspannungen σ	$\bar{\lambda}_P = \sqrt{\dfrac{f_{y,k}}{\sigma_{Pi}}}$ [b]	$\chi = \dfrac{1}{\bar{\lambda}_P + 0,51} \leq 1$
5		Dreiseitig gelagert	Konstante Randverschiebung u	$\bar{\lambda}_P = \sqrt{\dfrac{f_{y,k}}{\sigma_{Pi}}}$ [b]	$\chi = \dfrac{0,7}{\bar{\lambda}_P} \leq 1$
6		Allseitig gelagert, ohne Längssteifen	Schubspannungen τ	$\bar{\lambda}_P = \sqrt{\dfrac{f_{y,k}}{\tau_{Pi} \cdot \sqrt{3}}}$	$\chi_\tau = \dfrac{0,84}{\bar{\lambda}_P} \leq 1$
7		Allseitig gelagert, mit Längssteifen	Schubspannungen τ	$\bar{\lambda}_P = \sqrt{\dfrac{f_{y,k}}{\tau_{Pi} \cdot \sqrt{3}}}$	$\chi_\tau = \dfrac{0,84}{\bar{\lambda}_P} \leq 1$ für $\bar{\lambda}_P \leq 1,38$ $\chi_\tau = \dfrac{1,16}{\bar{\lambda}_P^2}$ für $\bar{\lambda}_P > 1,38$

[a] Bei Einzelfeldern ist ψ_T das Randspannungsverhältnis des Teilfeldes, in dem das Einzelfeld liegt.

[b] Zur Ermittlung von σ_{Pi} ist der Beulwert min k_σ (α) für $\psi = 1$ einzusetzen.

gleichzeitig wirkende Spannungsfeld ($\sigma_{x,Ed}$, $\sigma_{z,Ed}$ und/oder τ_{Ed}) ermittelt.

$$\overline{\lambda}_P = \sqrt{\frac{\alpha_{ult,k}}{\alpha_{cr}}} \tag{2.20}$$

$\alpha_{ult,k}$ bezeichnet den kleinsten Faktor für die Vergrößerung der Vergleichsspannung $\sigma_{v,Ed}$ im kritischen Punkt bis zum Erreichen der charakteristischen Streckgrenze.

$$\alpha_{ult,k} = \frac{f_y}{\sigma_{v,Ed}} \tag{2.21}$$

mit

$$\sigma_{v,Ed} = \sqrt{\sigma_{x,Ed}^2 + \sigma_{z,Ed}^2 - \sigma_{x,Ed} \cdot \sigma_{z,Ed} + 3 \cdot \tau_{Ed}^2}$$

α_{cr} ist definiert als kleinster Faktor bis zum Erreichen der kritischen Beulvergleichsspannung $\sigma_{v,cr}$ in Bezug auf die einwirkende Vergleichsspannung $\sigma_{v,Ed}$.

$$\alpha_{cr} = \frac{\sigma_{v,cr}}{\sigma_{v,Ed}} \tag{2.22}$$

α_{cr} wird auch als Verzweigungslastfaktor bezeichnet und kann durch die Lösung des allgemeinen Eigenwertproblems ermittelt werden, wobei α_{cr} der kleinste positive Eigenwert ist. Weitere Hinweise hierzu finden sich in Abschn. 2.3.1 und 2.3.2, sowie in [4–6]. Für einfache Fälle kann α_{cr} der Literatur entnommen werden [7–9, 17, 18, 21, 22]. Alternativ ist bei komplizierten Fällen eine Berechnung nach der Methode der finiten Elemente sinnvoll. Insbesondere, wenn zusätzliche Steifen berücksichtigt werden sollen. Sofern α_{cr} nicht aus einer Gesamtsystemberechnung ermittelt wird, kann bei komplexen Systemen der Nachweis auch getrennt für das Einzelfeld- und das Gesamtfeldbeulen geführt werden.

Für einzelne Spannungskomponenten kann der jeweilige α_{cr}-Wert aus dem Verhältnis der Beulspannungen zu den einwirkenden Spannungen ermittelt werden.

$$\alpha_{cr,x} = \frac{\sigma_{cr,x}}{\sigma_{x,Ed}} \tag{2.23}$$

$$\alpha_{cr,z} = \frac{\sigma_{cr,z}}{\sigma_{z,Ed}} \tag{2.24}$$

$$\alpha_{cr,\tau} = \frac{\sigma_{cr,\tau}}{\tau_{Ed}} \tag{2.25}$$

Bei gleichzeitiger Wirkung verschiedener Spannungsanteile kann aus den vorgenannten Einzelwerten von $\alpha_{cr,i}$ ein Gesamt α_{cr} berechnet werden mit

$$\frac{1}{\alpha_{cr}} = \frac{1+\psi_x}{4\alpha_{cr,x}} + \frac{1+\psi_z}{4\alpha_{cr,z}} + \left[\left(\frac{1+\psi_x}{4\alpha_{cr,x}} + \frac{1+\psi_z}{4\alpha_{cr,z}} \right)^2 + \frac{1-\psi_x}{2\alpha_{cr,x}^2} + \frac{1-\psi_z}{2\alpha_{cr,z}^2} + \frac{1}{\alpha_{cr,\tau}^2} \right]^{1/2} \tag{2.26}$$

Der Plattenbeulnachweis kann unter Verwendung des Abminderungsfaktors ρ als Kleinstwert der Beulkurven aus allen Komponenten oder als Interpolation unter Verwendung des Fließkriteriums geführt werden.

Als Nachweisgleichungen folgen:

$$\rho \cdot \alpha_{\text{ult,k}}/\gamma_{\text{M1}} \geq 1{,}0 \tag{2.27a}$$

bzw.

$$\frac{\sigma_{\text{v,Ed}}}{\rho \cdot f_{\text{y}}/\gamma_{\text{M1}}} \leq 1{,}0 \tag{2.27b}$$

mit

$$\rho = \min(\rho_{\text{x}}, \rho_{\text{z}}, \chi_{\text{w}})$$
$$\gamma_{\text{M1}} = 1{,}1$$

oder bei Verwendung des Fließkriteriums

$$\sqrt{\left(\frac{\sigma_{\text{x,Ed}}}{\rho_{\text{x}}}\right)^2 + \left(\frac{\sigma_{\text{z,Ed}}}{\rho_z}\right)^2 - V \cdot \left(\frac{\sigma_{\text{x,Ed}}}{\rho_{\text{x}}}\right) \cdot \left(\frac{\sigma_{\text{z,Ed}}}{\rho_{\text{z}}}\right) + 3 \cdot \left(\frac{\tau_{\text{Ed}}}{\chi_{\text{w}}}\right)^2} \leq \frac{f_{\text{y}}}{\gamma_{\text{M1}}} \tag{2.28}$$

mit

ρ_{x}, ρ_{z} Abminderungsfaktor des Beulens unter Längs- bzw. Querspannung unter evtl. Beachtung des Knickstabähnlichen Verhaltens

χ_{w} Abminderungsfaktor für das Schubbeulen

V = $\rho_{\text{x}} \cdot \rho_{\text{z}}$, sofern $\sigma_{\text{x,Ed}}$ und $\sigma_{\text{z,Ed}}$ gleichzeitig als Druckspannung auftreten, sonst $V = 1{,}0$ (Erläuterung im Text)

Unter Beachtung der vorgenannten Nachweisgleichung darf für ausgesteifte und nicht ausgesteifte Querschnitte die Querschnittsklasse 3 angenommen werden.

Hinweise in [10] und Untersuchungen in [12] zeigen, dass die Ursprungsgleichung in DIN EN 1993-1-5 (6.1.10.5) teilweise auf der unsicheren Seite liegen kann. Dies gilt insbesondere für schlanke unausgesteifte Bleche, weshalb bei gleichzeitiger biaxialer Druckbeanspruchung $\sigma_{\text{x,Ed}}$ und $\sigma_{\text{z,Ed}}$ der Faktor V eingeführt wurde, der so in DIN EN 1993-1-5 noch nicht enthalten ist. Dieser Faktor gilt z. Zt. nur bei randausgesteiften Beulfeldern, siehe auch [13]. Fälle mit Zwischensteifen sind z. Zt. nicht eindeutig geregelt. Hier sollten dann finite Elemente Berechnungen durchgeführt werden unter Ansatz sinnvoller geometrischer Ersatzimperfektionen nach Anhang C der DIN EN 1993-1-5, siehe hierzu auch nachfolgende Abschnitte.

Die Abminderungsfakoren ρ_{x} und ρ_{z} sind nach Abschn. 4 von DIN EN 1993-1-5 zu ermitteln. Die Werte können Tab. 2.10 entnommen werden.

Tab. 2.10 Abminderungsfakoren ρ_x, ρ_z für das Plattenbeulen [3]

	1	2	4
1	Beulfeld	Schlankheitsgrad $\overline{\lambda}_P$	Abminderungsfaktor ρ
2	Beidseitig gestützt	$\leq 0{,}5 + \sqrt{0{,}085 - 0{,}055 \cdot \psi}$	$1{,}0$
		$> 0{,}5 + \sqrt{0{,}085 - 0{,}055 \cdot \psi}$	$\dfrac{\overline{\lambda}_p - 0{,}055 \cdot (3 + \psi)}{\overline{\lambda}_p^2} \leq 1{,}0$
3	Einseitig gestützt	$\leq 0{,}748$	$1{,}0$
		$> 0{,}748$	$\dfrac{\overline{\lambda}_p - 0{,}188}{\overline{\lambda}_p^2} \leq 1{,}0$

mit $\varepsilon = \sqrt{235/f_y}$, $\psi = \frac{\sigma_2}{\sigma_1}$, $\overline{\lambda}_p = \sqrt{\frac{f_y}{\sigma_{cr}}}$

In Tab. 2.11 sind die Nachweisführungen nach der früheren DIN 18800-3 [4] und DIN EN 1993-1-5 [3] zusammengefasst. Dabei ist die Ähnlichkeit der Verfahren in der grundsätzlichen Vorgehensweise deutlich erkennbar. Ein wesentlicher Unterschied stellt jedoch die Ermittlung des Schlankheitsgrades dar. Während dieser nach DIN 18800-3 getrennt je Spannungskomponente ermittelt wird, erfolgt nach DIN EN 1993-1-5 die Ermittlung eines einzigen Systemschlankheitsgrads $\overline{\lambda}_P$ aus der gleichzeitigen Wirkung aller Spannungsanteile.

Grenzbeulspannungen mit Knickeinfluss

Ist das beulgefährdete Beulfeld Teil eines Druckstabes, ist die gegenseitige Beeinflussung von *Knicken* und *Beulen* zu berücksichtigen. Beulen nämlich einzelne Querschnittsteile des Druckstabes vor Erreichen der kritischen Druckkraft N_U (bei Annahme *ebener* Bleche) vorzeitig aus, so bedeutet dies für den Druckstab eine Abnahme der Steifigkeit ($I^* < I$) und damit ein Absinken der tragbaren Druckkraft auf einen Wert $N_U^* < N_U$, Abb. 2.24. Die Erfassung beider Effekte kann nach DIN EN 1993-1-1 durch Ansatz eines reduzierten Querschnittes oder durch Berechnung nach Theorie II. Ordnung für Querschnittsklasse 3 und Beulnachweis berücksichtigt werden.

Abb. 2.24 Gegenseitige Beeinflussung von Beulen und Knicken

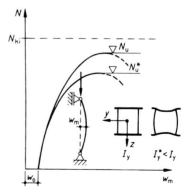

Tab. 2.11 Allgemeiner Rechengang nach DIN EN 1993-1-5 [3] im Vgl. zu DIN 18800-3 [4]

DIN EN 1993-1-5	DIN 18800-3
$\sigma_E = 1{,}898 \cdot \left(100 \cdot \frac{t}{b}\right)^2$ [kN/cm^2] (2.6b)	$\sigma_e = 1{,}898 \cdot \left(100 \cdot \frac{t}{b}\right)^2$ [kN/cm^2]
$\alpha = a/b$	$\alpha = a/b$
$\psi = \sigma_2/\sigma_1$	$\psi = \sigma_2/\sigma_1$
k_σ und/oder k_τ Tab. 2.3–2.5	k_σ und/oder k_τ
$\sigma_{x,cr,p} = k_{\sigma x} \cdot \sigma_E$	$\sigma_{xPi} = k_{\sigma x} \cdot \sigma_e$
$\sigma_{y,cr,p} = k_{\sigma y} \cdot \sigma_E$	$\sigma_{yPi} = k_{\sigma y} \cdot \sigma_e$
$\tau_{cr,p} = k_\tau \cdot \sigma_E$ (2.6a)	$\tau_{Pi} = k_\tau \cdot \sigma_e$
$\sigma_{v,Ed} = \sqrt{\sigma_{x,Ed}^2 + \sigma_{z,Ed}^2 - \sigma_{x,Ed} \cdot \sigma_{z,Ed} + 3 \cdot \tau_{Ed}^2}$	$\lambda_P = \pi \sqrt{\dfrac{E}{\sigma_{Pi}}}$ bzw. $\lambda_P = \pi \sqrt{\dfrac{E}{\tau_{Pi} \cdot \sqrt{3}}}$
$\alpha_{ult,k} = \dfrac{f_y}{\sigma_{v,Ed}}$ (2.21)	$\overline{\lambda}_P = \lambda_P/\lambda_a$ mit
$\alpha_{cr} = \dfrac{\sigma_{v,cr}}{\sigma_{v,Ed}}$ (2.22)	$\lambda_a = \pi \sqrt{\dfrac{E}{f_{y,k}}} \begin{array}{l} = 92{,}9 \quad \text{S } 235 \\ = 75{,}9 \quad \text{S } 355 \end{array}$
$\overline{\lambda}_P = \sqrt{\dfrac{\alpha_{ult,k}}{\alpha_{cr}}}$ mit $\rho_{x,z}$, χ_w Abminderungsfaktor für Beulen nach Tab. 2.10 Evtl. Beachtung des knickstabähnlichen Verhaltens $\dfrac{\sigma_{v,Ed}}{\rho \cdot f_y/\gamma_{M1}} \le 1{,}0$ $\rho = \min(\rho_x, \rho_z, \chi_w)$ oder $\sqrt{\begin{array}{l}\left[\left(\frac{\sigma_{x,Ed}}{\rho_x}\right)^2 + \left(\frac{\sigma_{z,Ed}}{\rho_z}\right)^2\right. \\ \left. - V \cdot \left(\frac{\sigma_{x,Ed}}{\rho_x}\right) \cdot \left(\frac{\sigma_{z,Ed}}{\rho_z}\right) + 3 \cdot \left(\frac{\tau_{Ed}}{\chi_w}\right)^2\right]\end{array}} \le \dfrac{f_y}{\gamma_{M1}}$ $V = \rho_x \cdot \rho_z$, sofern $\sigma_{x,Ed}$ und $\sigma_{z,Ed}$ gleichzeitig als Druckspannung auftreten, sonst $V = 1{,}0$	χ_σ, χ_τ Abminderungsfaktor für Platten *ohne* knickstabähnliches Verhalten nach Tab. 2.5 $\sigma_{x,P,R,d} = \chi_x \cdot \dfrac{f_{y,k}}{\gamma_M}$ $\sigma_{y,P,R,d} = \chi_y \cdot \dfrac{f_{y,k}}{\gamma_M}$ $\tau_{P,R,d} = \chi_\tau \cdot \dfrac{f_{y,k}}{\sqrt{3} \cdot \gamma_M}$ $\dfrac{\sigma_x}{\sigma_{x,P,R,d}} \le 1$ $\dfrac{\sigma_y}{\sigma_{y,P,R,d}} \le 1$ $\dfrac{\tau}{\tau_{x,P,R,d}} \le 1$ $\left(\dfrac{\mid\sigma_x\mid}{\sigma_{x,P,R,d}}\right)^{e_1} + \left(\dfrac{\mid\sigma_y\mid}{\sigma_{y,P,R,d}}\right)^{e_2} - V \cdot$ $\left(\dfrac{\mid\sigma_x \cdot \sigma_y\mid}{\sigma_{x,P,R,d} \cdot \sigma_{y,P,R,d}}\right) + \left(\dfrac{\tau}{\tau_{P,R,d}}\right)^{e_3} \le 1$ $\left.\begin{array}{l} e_1 = 1 + \chi_x^4 \\ e_2 = 1 + \chi_y^4 \\ e_3 = 1 + \chi_x \cdot \chi_y \cdot \chi_\tau^2 \end{array}\right\}$ $V = (\chi_x \cdot \chi_y)^6 \quad \sigma_x, \sigma_y$ *Druck* $V = \text{sign}(\sigma_x \cdot \sigma_y) \ (V = \pm 1)$

2.5.4 Grenzbeulspannungen bei knickstabähnlichem Verhalten

Bei extremen Abmessungsverhältnissen unversteifter Platten ($\alpha \ll 1$ bei σ_x-Spannungen bzw. $\alpha > 1$ bei σ_y-Spannungen) und bei längsversteiften Platten mit nahezu beliebigem Seitenverhältnis α verhält sich die Platte beim Ausbeulen nicht „plattenartig" (Abstützung auf alle vier Ränder), sondern die mittleren Plattenbereiche wirken wie eine Schar nebeneinander liegender Streifen mit gleicher Maximalauslenkung, d. h. wie einzelne Knickstä-

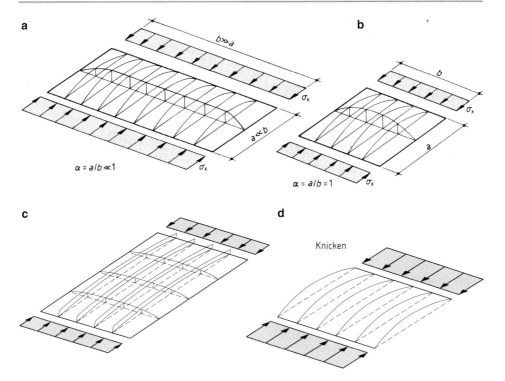

Abb. 2.25 Beulfläche in Abhängigkeit vom Seitenverhältnis α. **a** knickstabähnlich $\alpha \ll 1$ abwickelbar, **b** nicht abwickelbar, **c** knickstabähnlich $\alpha \gg 1$, **d** Knicken

be. Die mittlere Beulfläche ist einsinnig gekrümmt und daher abwickelbar im Gegensatz z. B. zur Beulfläche einer quadratischen Platte, Abb. 2.25a, b. Dadurch besitzt die Platte – genauso wie Knickstäbe – keine überkritischen Tragreserven durch Mobilisierung von quer gerichteten Membranspannungen und muss eingeordnet werden zwischen den Versagensfällen „Beulen" und „Knicken". Dies geschieht in DIN EN 1993-1-5 mit Hilfe eines Wichtungsfaktors ξ; für $\xi \geq 1$ liegt „Beulen" vor, bei $\xi \leq 0$ dagegen „Knicken", siehe auch Abb. 2.26. Ist der Wichtungsfaktor $\xi \geq 0$, muss die Grenzbeulspannung über dem Abminderungsfaktor ρ_c nach Gl. 2.31 bestimmt werden.

Es gilt

$$\xi = \frac{\sigma_{cr,p}}{\sigma_{cr,c}} - 1, \quad \text{jedoch } 0 < \xi < 1{,}0 \tag{2.29}$$

mit

$\sigma_{cr,p}$ Euler'sche Knickspannung des Beulfeldes, elastisch kritische Plattenbeulspannung wobei die Ränder in Richtung der Druckspannung als frei anzunehmen sind.

$\sigma_{cr,c}$ Elastisch kritische Knickspannung

Abb. 2.26 Bereiche von plattenartigem und knickstabähnlichem Verhalten

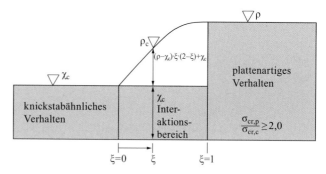

Bestimmung der wirksamen Flächen verwendet:

$$\rho_c = (\rho - \chi_c) \cdot \xi \cdot (2 - \xi) + \chi_c$$

mit $\xi = \dfrac{\sigma_{cr,p}}{\sigma_{cr,c}} - 1$, jedoch $0 \le \xi \le 1$

$$\sigma_{cr,p} \ge \sigma_{cr,c} \quad \begin{matrix} \xi > 1 \text{ Plattenbeulen} \\ \xi < 0 \text{ Biegeknicken} \end{matrix}$$

χ_c Abminderungsfaktor für Biegeknicken, Knicklinie a und

Bei unversteifter Platte mit Spannungen σ_x wird

$$\sigma_{cr,p} / \sigma_{cr,c} = k_\sigma \cdot \alpha^2 \tag{2.30}$$

(Liegen Spannungen σ_y vor, so sind a und b zu vertauschen; im Falle längsversteifter Platten s. nachfolgende Abschnitte).

Für den Abminderungsfaktor ρ_c gilt

$$\rho_c = (\rho - \chi_c) \cdot \xi \cdot (2 - \xi) + \chi_c \tag{2.31}$$

mit

ρ Abminderungsfaktor für Plattenbeulen nach Tab. 2.10

χ_c Abminderungsfaktor für Knicken nach Knickspannungslinie a in DIN EN 1993-1-1, 6.3.1.2 für einen gedachten Stab mit dem bezogenen Schlankheitsgrad $\bar{\lambda}_c$

Der Abminderungsfaktor χ_c für knickstabähnliches Verhalten wird für **nicht ausgesteifte** Blechfelder unter Verwendung des Schlankheitsgrades $\bar{\lambda}_c$ und der Knickspannungslinie „a" mit $\alpha = 0{,}21$ nach DIN EN 1993-1-1, 6.3.1.2 ermittelt. Berechnungshinweise können [5] entnommen werden.

$$\bar{\lambda}_c = \sqrt{\frac{f_y}{\sigma_{cr,c}}} \tag{2.32}$$

$$\sigma_{cr,c} = \frac{\pi^2 \cdot E \cdot t^2}{12 \cdot (1 - v^2) \cdot a^2} \approx 190.000 \cdot \left(\frac{t}{a}\right)^2 \quad \left[\frac{N}{mm^2}\right] \tag{2.33}$$

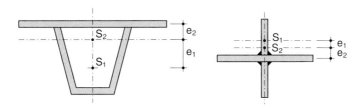

Abb. 2.27 Zur Ermittlung des Abstandes e, [18], S_1 = Schwerpunkt Längssteife, S_2 = Schwerpunkt Ersatzdruckstab

Bei **ausgesteiften** Blechen darf $\sigma_{\mathrm{cr,c}}$ mit Hilfe der Knickspannung $\sigma_{\mathrm{cr,sl}}$ der am höchstbelasteten Druckrand liegenden Steife durch Extrapolation nach Abb. 2.27 berechnet werden zu:

$$\sigma_{\mathrm{cr,sl}} = \frac{\pi^2 \cdot E \cdot I_{\mathrm{sl,1}}}{a^2 \cdot A_{\mathrm{sl,1}}} \qquad (2.34)$$

mit

$I_{\mathrm{sl,1}}$ Flächenträgheitsmoment unter Ansatz der Bruttoquerschnittsfläche der Steife und der angrenzenden mittragenden Blechstreifen bezogen auf das Knicken senkrecht zur Blechebene

$$\sigma_{\mathrm{cr,c}} = \sigma_{\mathrm{cr,sl}} \cdot \frac{b_{\mathrm{c}}}{b_{\mathrm{sl,1}}} \qquad (2.35)$$

mit

$b_{\mathrm{sl,1}}$, b_{c} Abstände aus der Spannungsverteilung für die Extrapolation gemäß Bild A1, DIN EN 1993-1-5 bzw. Abb. 2.28

Der Schlankheitsgrad des Ersatzdruckstabes $\overline{\lambda}_{\mathrm{c}}$ folgt zu:

$$\overline{\lambda}_{\mathrm{c}} = \sqrt{\frac{\beta_{\mathrm{A,c}} \cdot f_{\mathrm{y}}}{\sigma_{\mathrm{cr,p}}}} \qquad (2.36)$$

mit

$$\beta_{\mathrm{A,c}} = \frac{A_{\mathrm{sl,1,eff}}}{A_{\mathrm{sl,1}}}$$

$A_{\mathrm{sl,1,eff}}$ wirksame Querschnittsfläche der Steife und der angrenzenden Blechstreifen unter Berücksichtigung des Beulens

Der Faktor $\beta_{\mathrm{A,c}}$ darf bei ausgesteiften Blechfeldern zusätzlich berücksichtigt werden. Er gibt das Verhältnis zwischen der Bruttoquerschnittsfläche, des Ersatzdruckstabes der

Abb. 2.28 Zur Ermittlung der Teilschwerpunkte e_1, e_2 [3]

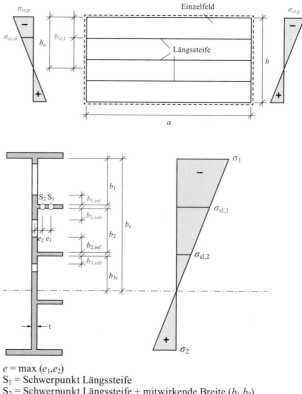

$e = \max(e_1, e_2)$
$S_1 = $ Schwerpunkt Längssteife
$S_2 = $ Schwerpunkt Längssteife + mitwirkende Breite (b_1, b_2)

Steife und der wirksamen Fläche der Steife jeweils unter Beachtung der angrenzenden mittragenden Blechfelder an.

Für ausgesteifte Blechfelder folgt der Abminderungsfaktor χ_c unter Beachtung eines vergrößerten Imperfektionsbeiwertes α_e für geschweißte Platten.

$$\chi_c = \frac{1}{\varphi + \sqrt{\varphi^2 - \overline{\lambda}_c}} \tag{2.37}$$

mit

$\varphi = 0{,}5 \cdot [1 + \alpha_e \cdot (\overline{\lambda}_c - 0{,}2) + \overline{\lambda}_c^2], \alpha_e = \alpha + \frac{0{,}09}{i/e}$

$i = \sqrt{I_{sl,1}/A_{sl,1}}$

$e = \max(e_1, e_2)$ bezogen auf die Schwereachse des Ersatzdruckstabes nach Abb. 2.28

$\alpha = 0{,}34$ (Kurve b) für Hohlsteifenquerschnitte,

$ = 0{,}49$ (Kurve c) für offene Steifenquerschnitte

χ_c Abminderungsfaktor für Knicken nach Knickspannungslinie a in DIN EN 1993-1-1, 6.3.1.2 für einen gedachten Stab mit dem bezogenen Schlankheitsgrad $\overline{\lambda}_c$

2.5.5   Längs ausgesteifte Beulfelder

Wie bereits in Abschn. 2.3 dargestellt, können insbesondere Längssteifen zu einer deutlichen Verbesserung der Tragfähigkeit beulgefährdeter Querschnittteile führen. Wobei Längssteifen in der Druckzone i. d. R. deutliche bessere Werte liefern als Quersteifen. Für die Nachweisführung längsausgesteifter Blechfelder sind die Einflüsse aus dem Einzel- und dem Gesamtfeldbeulen zu berücksichtigen. Hieraus ergibt sich eine zweistufige Vorgehensweise. Zunächst werden die wirksamen Flächen $A_{c,eff,loc}$ der Einzelfelder und Steifen bestimmt. Anschließend erfolgt die Berechnung der Beulsicherheit des Gesamtfeldes unter Ermittlung des Abminderungsfaktors ρ_c. Mit diesem wird $A_{c,eff,loc}$ nochmals reduziert. Die weiteren Berechnungshinweise können dem Abschn. 2.3.2 entnommen werden. Gemäß NA zu DIN EN 193-1-5 [3] sind Längssteifen zu vernachlässigen, wenn deren bezogene Steifigkeit $\gamma < 25$ ist.

Bezogene Steifigkeit von Längssteifen:

$$\gamma = I_{sl}/I_p = \frac{10{,}92 \cdot I_{sl}}{bt^3} \geq 25 \qquad (2.38)$$

mit

I_{sl} das Flächenträgheitsmoment des gesamten längsversteiften Blechfeldes
I_p das Flächenträgheitsmoment für Plattenbiegung
$$= \frac{bt^3}{12(1-\nu^2)} = \frac{bt^3}{10{,}92}$$

2.5.6   Nachweis gegen Schubbeulen

Gemäß Abschn. 2.1, kann es auch infolge von reinen Schubbeanspruchungen zu einem Beulversagen kommen. Dies ist insbesondere bei Stegen von Biegeträgern im Bereich großer Querkräfte der Fall, aber auch bei Blechen mit Schubbeanspruchung infolge großer Torsionsbeanspruchungen zu beachten. Die Nachweise sind in DIN EN 1993-1-5, Abs. 5 unter folgenden Voraussetzungen geregelt:

1. Rechteckige Beulfelder mit näherungsweise parallelen Flanschen, siehe Abb. 2.1b
2. Sofern Steifen vorhanden, laufen diese in Längs- und Querrichtung
3. Kleine Löcher und Ausschnitte Durchmesser $< 0{,}05 \cdot b$ (b = Beulfeldbreite)
4. Gleichförmige Bauteile

Für ausgesteifte und nicht ausgesteifte Beulfelder können die folgenden Kriterien verwendet werden, wann ein Schubbeulnachweis erforderlich wird:

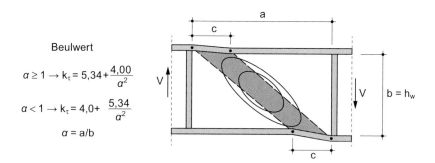

Abb. 2.29 Schubbeulen eines Stegbleches und Beulwerte

- nicht ausgesteiftes Blechfeld:

$$\frac{h_\mathrm{w}}{t} > \frac{72}{\eta} \cdot \varepsilon \tag{2.39a}$$

- ausgesteiftes Blechfeld:

$$\frac{h_\mathrm{w}}{t} > \frac{31}{\eta} \cdot \varepsilon \cdot \sqrt{\kappa_\tau} \tag{2.39b}$$

mit

$\varepsilon = \sqrt{\frac{235}{f_\mathrm{y}}}\ (f_\mathrm{y}\ [\mathrm{N/mm^2}])$

h_w Steghöhe nach Abb. 2.29

κ_τ nach Tab. 2.3 bzw. Abb. 2.29

$\eta = 1{,}2$ für Stahlsorten bis S460, oberhalb von S460 $\eta = 1{,}0$

Die Anordnung und Definition von Quersteifen an den Lagern kann nach den Abb. 2.30b, c erfolgen.

Die Beanspruchbarkeit für Stege kann nach DIN EN 1993-1-5 Abs. 5 [3] entweder durch die Berechnung einer reduzierten Grenzquerkraft unter Beachtung des Schubbeuleinflusses $V_\mathrm{b,Rd}$ erfolgen oder durch Ermittlung einer reduzierten Schubbeanspruchung τ mit dem Abminderungsfaktor χ_w.

Die Beanspruchbarkeit des Steges unter Beachtung des Schubbeulens kann mit folgenden Bedingungen aus dem Beitrag des Steges $V_\mathrm{bw,Rd}$ und der Gurte $V_\mathrm{bf,Rd}$ ermittelt werden:

$$V_\mathrm{b,Rd} = V_\mathrm{bw,Rd} + V_\mathrm{bf,Rd} \leq \frac{\eta \cdot f_\mathrm{yw} \cdot t_\mathrm{w} \cdot h_\mathrm{w}}{\sqrt{3} \cdot \gamma_\mathrm{M1}} = \eta \cdot \tau_\mathrm{Rd} \cdot A_\mathrm{Steg} \tag{2.40}$$

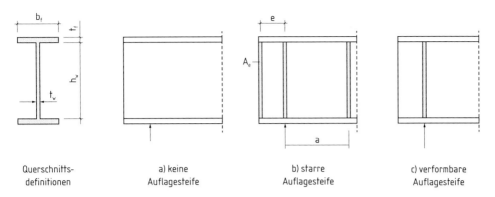

Querschnitts-   a) keine   b) starre   c) verformbare
definitionen   Auflagesteife   Auflagesteife   Auflagesteife

Abb. 2.30 Querschnittsdefinition und Kriterien der Auflagersteifen für Stege

Hierbei ist jeweils $\gamma_{M1} = 1{,}1$ zu beachten. Der Steganteil folgt zu:

$$V_{bw,Rd} = \frac{\chi_w \cdot f_{yw} \cdot h_w \cdot t_w}{\sqrt{3} \cdot \gamma_{M1}} = \chi_w \cdot \tau_{Rd} \cdot A_{Steg} \tag{2.41}$$

In der Regel wird vereinfacht auf den Flanschanteil $V_{bf,Rd}$ verzichtet, da dieser Anteil gering ist. Sofern der Steganteil bei der Momententragfähigkeit vernachlässigt wird und das vorhandene Moment kleiner als das Grenzmoment der Flansche (idealisiert als 2 Punktquerschnitt, gemäß Abb. 2.31) ist ($M_{Ed} < M_{f,Rd}$), kann der Anteil wie folgt berücksichtigt werden:

Für den Flanschanteil gilt:

$$V_{bf,Rd} = \frac{b_f \cdot t_f^2 \cdot f_{yk}}{c \cdot \gamma_{M1}} \left(1 - \left(\frac{M_{Ed}}{M_{f,Rd}}\right)^2\right) = A_f \cdot f_{yd} \cdot \frac{t_f}{c} \left(1 - \frac{M_{Ed}}{M_{f,Rd}}\right) \tag{2.42}$$

mit $b_f < 15\varepsilon \cdot t_f$ und b_f, t_f, Blechabmessungen, die die kleinere Flanschfläche A_f liefern $\min(b_{fo} \cdot t_{fo}; b_{fu} \cdot t_{fu})$

$$M_{f,Rd} = \frac{M_{f,k}}{\gamma_{M0}} \cdot \left(1 - \frac{N_{Ed}}{(A_{fo} + A_{fu}) \cdot f_{yf}/\gamma_{M0}}\right) \tag{2.41a}$$

M_{fRd}: Bemessungswert der Biegebeanspruchbarkeit bei alleiniger Berücksichtigung der effektiven Fläche der Flansche unter Beachtung gleichzeitiger Normalkraft N_{Ed}.

$$c = a \left(0{,}25 + \frac{1{,}6 \cdot b_f \cdot t_f^2 \cdot f_{yf}}{t_w \cdot h_w^2 \cdot f_{yw}}\right) \tag{2.41b}$$

Der Nachweis kann auf Basis der einwirkenden Schubkraft aus Querkraft und Torsion geführt werden mit:

$$\eta_3 = \frac{V_{Ed}}{V_{b,Rd}} \leq 1{,}0 \tag{2.43}$$

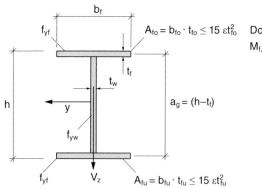

Doppeltsymmetrischer Querschnitt

$M_{f,Rk} = b_f \cdot t_{fo} \cdot a_g \cdot f_{y,f}$

Abb. 2.31 Definition für $M_{f,Rk}$ bzw. $V_{b,Rd}$

Tab. 2.12 Abminderungsfaktor χ_w beim Schubbeulen [3]	Starre Auflagersteife	Verformbare Auflagersteife
$\overline{\lambda}_w < 0{,}83/\eta$	η	η
$0{,}83/\eta \leq \overline{\lambda}_w < 1{,}08$	$0{,}83/\overline{\lambda}_w$	$0{,}83/\overline{\lambda}_w$
$\overline{\lambda}_w \geq 1{,}08$	$1{,}37/(0{,}7 + \overline{\lambda}_w)$	$0{,}83/\overline{\lambda}_w$

Bei alleiniger Wirkung von Schubspannungen τ_{Ed} kann alternativ der Nachweis auf Spannungsebene geführt werden mit

$$3 \left(\frac{\tau_{Ed}}{\chi_w \cdot f_y / \gamma_{M1}} \right)^2 \leq 1{,}0 \qquad (2.44a)$$

bzw.:

$$\frac{\tau_{Ed}}{\chi_w \cdot \tau_{Rd}} < 1{,}0 \qquad (2.44b)$$

mit $\gamma_{M1} = 1{,}1$

$$\tau_{Rd} = \frac{f_y}{\sqrt{3} \cdot \gamma_{M1}} \qquad (2.44c)$$

Der Abminderungsfaktor χ_w ergibt sich gemäß Tab. 2.12 in Abhängigkeit starrer oder verformbarer Auflagersteifen (siehe Abb. 2.30). Sofern keine Auflagersteifen vorhanden sind, ist der Nachweis der rippenlosen Lasteinleitung zu beachten.

Die zur Bestimmung des Faktors χ_w erforderliche modifizierte Schlankheit $\overline{\lambda}_w$ ist wie folgt zu bestimmen:

$$\overline{\lambda}_w = 0{,}76 \cdot \sqrt{\frac{f_{yw}}{\tau_{cr}}} \qquad (2.45)$$

mit der kritischen Beulspannung τ_{cr}

$$\tau_{cr} = k_\tau \cdot \sigma_E \qquad (2.46)$$

Die Euler'sche Bezugsspannung kann Gl. 2.6b und die Schubbeulwerte k_τ können Tab. 2.3 entnommen werden. Alternativ kann Anhang A3 von DIN EN 1993-1-5 herangezogen werden mit:

$$k_\tau = 5{,}34 + 4{,}0 \left(\frac{h_\mathrm{w}}{a} \right)^2 + k_{\tau\mathrm{sl}} \quad \text{für } a/h_\mathrm{w} \geq 1 \tag{2.47a}$$

$$k_\tau = 4{,}00 + 5{,}34 \left(\frac{h_\mathrm{w}}{a} \right)^2 + k_{\tau\mathrm{sl}} \quad \text{für } a/h_\mathrm{w} < 1 \tag{2.47b}$$

mit

$$k_{\tau\mathrm{sl}} = 9 \left(\frac{h_\mathrm{w}}{a} \right)^2 \cdot \sqrt[4]{\left(\frac{I_{\mathrm{s,l}}}{t^3 \cdot h_\mathrm{w}} \right)^3} > \frac{2{,}1}{t} \cdot \sqrt[3]{\frac{I_{\mathrm{s,l}}}{h_\mathrm{w}}} \quad \text{für } a/h_\mathrm{w} < 1 \tag{2.47c}$$

a Abstand starrer Quersteifen, siehe Abb. 2.30
I_{sl} Flächenträgheitsmoment einer Längssteife um die z-z-Achse, Abb. 2.27

Diese ist auch bei Beulfeldern mit bis zu zwei Längssteifen und einem Seitenverhältnis $\alpha = a/h_\mathrm{w} \geq 3$ gültig. Sofern Längssteifen und ein Seitenverhältnis von $\alpha < 3$ vorliegen kann folgenden Bedingung für den Schubbeulwert k_τ verwendet werden.

$$k_\tau = 4{,}1 + \frac{6{,}3 + 0{,}18 \frac{I_{\mathrm{sl}}}{t^3 \cdot h_\mathrm{w}}}{\alpha^2} + 2{,}2 \cdot \sqrt[3]{\frac{I_{\mathrm{sl}}}{t^3 \cdot h_\mathrm{w}}} \quad \text{für } a/h_\mathrm{w} < 1 \tag{2.48}$$

2.5.7 Nachweis der Quersteifen

Quersteifen werden konstruktiv so steif ausgebildet, dass sie augenscheinlich ihre Funktion erfüllen. Für *Auflagersteifen* führt man näherungsweise einen Knicknachweis mit der Auflagerkraft, wobei zum Steifenquerschnitt ein Teil des Stegbleches (z. B. $15\varepsilon t$) hinzugerechnet werden kann (s. Beispiel 1, Kap. 1). Besondere Regeln gelten für Endquersteifen von Trägern mit schlanken Stegen, s. Abschn. 2.7.3. Für die Quersteifen im Feld bei Beanspruchungen σ_x und $\varrho \geq 0{,}7$ kann ein Nachweis dergestalt erfolgen, dass man auf die Quersteife eine konstante Abtriebskraft q_A über die Steifenlänge b_G und quer zum Stegblech gerichtet angreifen lässt, die aus der Kraftumlenkung der benachbarten Teil- oder Gesamtfelder bei Annahme einer Vorverformung w_o entsteht, Abb. 2.32. Der Steifenquerschnitt wird ermittelt aus der Steifenfläche und einer *wirksamen Stegblechbreite* a', Abb. 2.33, mit

$$a' = (a'_\mathrm{i} + a'_\mathrm{k} + t_\mathrm{s}) \tag{2.49}$$

$$a'_{\mathrm{i,k}} = 15 \cdot \varepsilon \cdot t \tag{2.50}$$

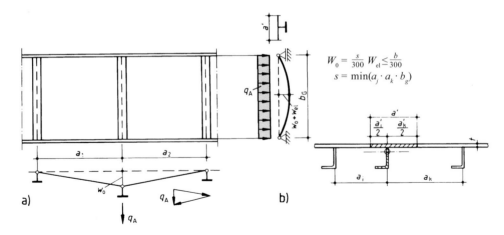

Abb. 2.32 Zum Nachweis der Quersteifen. **a** Abtriebskraft q_A, **b** statisches System

Abb. 2.33 Gurtbreite von $a'_i = 15 \cdot \varepsilon \cdot t < a_j$
Quersteifen $a'_k = 15 \cdot \varepsilon \cdot t < a_k$

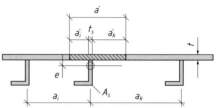

jedoch $a'_{i,k} \leq a_{i,k}$

$$q_A = \pi \cdot \sigma_m \cdot (w_o + w_{el})/4 \qquad (2.51)$$

mit

$$\sigma_m = \frac{\sigma_x \cdot t_t}{2} \cdot \frac{(1 + \psi)}{\sigma_{CN,P}/\sigma_{Cn,C}} \cdot \left(\frac{1}{a_1} + \frac{1}{a_2} \right) \qquad (2.52)$$

Hierin bedeuten:

$\psi \geq 0$ Randspannungsverhältnis
    $\sigma_{CN,P}/\sigma_{CN,C}$ nach Abschn. 2.3
a_1, a_2 Längen der angrenzenden Felder

$$\left. \begin{aligned} w_o = b_G/300, \text{ jedoch } w_o &\leq \min a_i/300 \\ &\leq 10\,\text{mm} \end{aligned} \right\} \qquad (2.53)$$

w_{el} = iterativ zu bestimmende elastische Verformung, die kleiner sein soll als $b_G/300$. Nimmt man $w_{el} = b_G/300$ an, entfällt eine Iteration.

Es ist nachzuweisen, dass unter q_A die größte Spannung max $\sigma \leq \sigma_{R,d}$ ist. Werden über die Quersteifen hohe Einzellasten eingeleitet, sind diese als Druckkraft zu berücksichtigen, wobei von Druckkrafterhöhung von $\Delta N_{st} = \sigma_m \cdot b^2 / \pi^2$ ausgegangen werden kann. Der Nachweis erfolgt wie für Druck mit einachsiger Biegung.

Das Flächenträgheitsmoment I_{st} der Quersteife kann dabei berechnet werden zu:

$$I_{st} = \frac{\sigma_m}{E} \left(\frac{b_G}{\pi^2}\right)^4 \left(1 + w_0 \cdot \frac{300}{b_G} \cdot u\right) \tag{2.54}$$

$$u = \frac{\pi^2 \cdot E \cdot e_{max}}{f_y / \gamma_{M1}} \cdot 300 b_G \geq 1{,}0 \tag{2.55}$$

mit e_{max}: Abstand der Randfaser der Steife zum Schwerpunkt der Steife

Um Drillknicken der Steife (bei offenen Querschnitten) auszuschließen sollte folgende Bedingung erfüllt werden:

$$\frac{I_T}{I_p} \geq 5{,}3 \frac{f_y}{E} \tag{2.56}$$

mit:

I_p polares Trägheitsmoment der Steife alleine, ermittelt um den Anschlusspunkt an das Blech

I_T St. Venant'sches Torsionsträgheitsmoment der Steife ohne Blechanteil

2.5.8 Herstellungsungenauigkeiten und konstruktive Forderungen

Unausgesteifte und ausgesteifte Blechfelder weisen aufgrund des Verzugs beim Schweißen *Vorbeulen* auf. Im unbelasteten Zustand sollen diese *Abweichungen von der Sollform* gewisse Höchstwerte nicht überschreiten. Regelungen hierzu s. Norm! Unter Umständen sind Richtarbeiten erforderlich. Eine Entscheidung hierüber sollte mit dem Aufsteller der statischen Berechnung getroffen werden.

Konstruktive Forderungen werden bezüglich der Steifenausbildung, eventueller Steifenausschnitte und der Stöße von gedrückten Blechen unterschiedlicher Dicke erhoben. Hier werden nur die Quersteifen und Blechstöße behandelt, Abb. 2.34.

Quersteifen sind i. d. R. mit der zu versteifenden Platte (und mit den Gurten) zu verbinden. Dabei dürfen die Nähte unterbrochen ausgeführt werden. Die Länge der Unterbrechung ist wie ein *Ausschnitt* zu behandeln. Sind Ausschnitte in Quersteifen erforderlich (Abb. 2.35), so muss an dieser Stelle eine Querkraft

$$V = \frac{I_{netto}}{max\ e} \cdot f_{y,d} \cdot \frac{\pi}{b_G} \tag{2.57}$$

Abb. 2.34 Lage des
Querstoßes von Platten unterschiedlicher Dicke

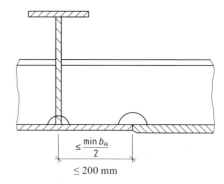

Abb. 2.35 Ausschnitte in
Quersteifen

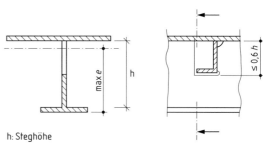

h: Steghöhe

mit

max e größter Randabstand des Steifennettoquerschnittes
b_G Stützweite der Quersteife

übertragen werden.

Für die Ausschnittshöhe gilt $\Delta h < 0{,}6 \cdot h$ (h = Steifenhöhe). Sind gedrückte Bleche unterschiedlicher Dicke exzentrisch (z. B. einseitig bündig) zu stoßen, sollte der Stoß
in der Nähe einer Quersteife liegen, Abb. 2.34. Die Exzentrizität bleibt unberücksichtigt,
wenn die Stoßstelle nicht weiter als $0{,}5 \cdot \min b_{ik}$ von derjenigen Quersteife entfernt ist, die
die dünnere Platte stützt ($\min b_{ik}$ = kleinste Breite der Einzelfelder mit Blechdickenände-
rung).

Für Längssteifen sind Ausschnitte gemäß Abb. 2.36 auszuführen und Tab. 2.13 ist zu
beachten.

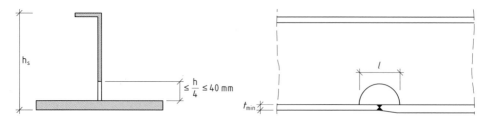

Abb. 2.36 Ausschnittsbreite l bei Längssteifen

$l \leq$	Bei
$6t_{min}$	Druckbeanspruchten Flachsteifen
$8t_{min}$	Druckbeanspruchten sonstigen Steifen
$15t_{min}$	Steifen ohne Druck

Tab. 2.13 Grenzwerte für die Ausschnittsbreite l

2.6 Beispiele

Beispiel 1 (Abb. 2.37)

Für den im Kap. 1 nachgewiesenen Blechträger aus S 235 ist der Beulnachweis für die Stegfelder 1 und 2 zu führen. Dabei handelt es sich jeweils um 4-seitig gelenkig gelagerte Gesamtfelder.

Während die Schubspannungen τ längs der Ränder für beide Felder jeweils konstant sind, ändern sich die Randspannungen $\sigma_{1,2}$ längs der Plattenränder entsprechend dem M_y-Verlauf. Abmessungen, Spannungen, siehe Abb. 2.37.

Schnittgrößen, Spannungen

Feld 1	Feld 2
$M_{y(x=3,0)} = 2738 \cdot \dfrac{3,0}{3,7} = 2220\,\text{kNm}$	$M_{y(x=6,7)} = 2738 + \dfrac{4107 - 2738}{3,7} \cdot 3,0 = 3848\,\text{kNm}$
$V_z = 740\,\text{kN}$	$V_z = 370\,\text{kN}$
$\sigma_1 = -\sigma_2 = \dfrac{222.000}{939.812} \cdot 70 = 16,54\,\text{kN/cm}^2$	$\sigma_1 = -\sigma_2 = \dfrac{384.800}{1.513.768} \cdot 70 = 17,79\,\text{kN/cm}^2$
$\tau = \dfrac{740}{168} = 4,41\,\text{kN/cm}^2$	$\tau = \dfrac{370}{168} = 2,20\,\text{kN/cm}^2$
$\sigma_v = \sqrt{16,54^2 + 3 \cdot 4,41^2} = 18,22\,\text{kN/cm}^2$	$\sigma_v = \sqrt{17,79^2 + 3 \cdot 2,2^2} = 18,20\,\text{kN/cm}^2$

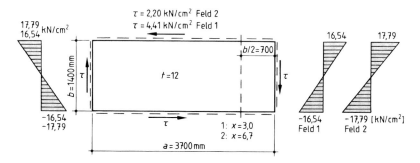

Abb. 2.37 Beulfeldabmessungen und Beanspruchungen im Beispiel 1

Vorwerte für beide Felder (s. Tab. 2.3)

$$\alpha = 370/140 = 2{,}643$$

$$\sigma_E \simeq 1{,}898 \cdot \left(100 \cdot \frac{t}{b}\right)^2 \simeq 1{,}898 \cdot \left(100 \cdot \frac{12}{1400}\right)^2 = 13{,}96\,\text{N/mm}^2$$

Ideale Beulspannung bei $\psi = -1$

$$k_\sigma = 23{,}9 \quad (\text{Tab. 2.3})$$

$$\sigma_{cr,p} = 23{,}9 \cdot 1{,}39 = 33{,}36\,\text{kN/cm}^2$$

Ideale Schubbeulspannung bei

$$\frac{a}{h_w} = \frac{3700}{1400} = 2{,}643 \geq 1{,}0$$

$$k_\tau = 5{,}34 + 4{,}0/2{,}643^2 = 5{,}91$$

$$\tau_{cr} = 5{,}91 \cdot 1{,}39 = 8{,}25\,\text{kN/cm}^2$$

Nachweis mit dem Verfahren der reduzierten Spannungen (siehe Abschn. 2.5)
Feld 1

mit Gln. 2.23 bis 2.26:

$$\alpha_{cr,x} = \frac{\sigma_{cr,x}}{\sigma_{x,Ed}} = \frac{33{,}36}{16{,}54} = 2{,}02\,\text{kN/cm}^2$$

$$\alpha_{cr,z} = \frac{\sigma_{cr,z}}{\sigma_{z,Ed}} = 0\,\text{kN/cm}^2$$

$$\alpha_{cr,\tau} = \frac{\tau_{cr}}{\tau_{Ed}} = \frac{8{,}25}{4{,}41} = 1{,}87\,\text{kN/cm}^2$$

$$\frac{1}{\alpha_{cr}} = \frac{1-1}{4 \cdot 2{,}02} + 0 + \left[\left(\frac{1-1}{4 \cdot 2{,}02} + 0\right)^2 + \frac{1+1}{2 \cdot (2{,}02)^2} + 0 + \frac{1}{(1{,}87)^2}\right]^{1/2} = 0{,}73$$

mit Gl. 2.21

$$\alpha_{ult,k} = \frac{f_y}{\sigma_{v,Ed}} = \frac{23{,}5}{18{,}22} = 1{,}29$$

Daraus folgt:

$$\alpha_{cr} = 1{,}37; \quad \alpha_{ult,k} = 1{,}29$$

und damit die Beulschlankheit mit Gl. 2.20:

$$\overline{\lambda}_\mathrm{p} = \sqrt{\frac{1{,}29}{1{,}37}} = 0{,}97$$

$$\overline{\lambda}_\mathrm{p} > 0{,}5 + \sqrt{0{,}085 - 0{,}055 \cdot (-1)} = 0{,}874$$

Abminderungsfaktor ρ für das Beulen gemäß Tab. 2.10

$$\rho_\mathrm{x} = \frac{\overline{\lambda}_\mathrm{p} - 0{,}055\,(3 + \Psi)}{(\overline{\lambda}_\mathrm{p})^2} = \frac{0{,}97 - 0{,}055\,(3 - 1)}{0{,}97^2} = 0{,}914$$

Knickstabähnliches Verhalten gemäß Abschn. 2.5.4

$$\sigma_\mathrm{cr,c} = 190.000 \cdot \left(\frac{12}{3700}\right)^2 = 1{,}99\,\mathrm{N/mm^2} = 0{,}2\,\mathrm{kN/cm^2}$$

$$\xi = \frac{\sigma_\mathrm{cr,p}}{\sigma_\mathrm{cr,c}} - 1 = \frac{33{,}36}{0{,}2} - 1 = 165{,}8 \geq 1{,}0$$

$\rightarrow$ kein knickstabähnliches Verhalten

$$\rho = (\rho_\mathrm{x} - \chi_\mathrm{c})\,\xi\,(2 - \xi) + \chi_\mathrm{c} = 0{,}914 \cdot 1 \cdot (2 - 1) = 0{,}914$$

Abminderung infolge Schubbeanspruchung

$$\overline{\lambda}_\mathrm{p} = \overline{\lambda}_\mathrm{w} = 0{,}97 \quad \rightarrow \quad 0{,}83/1{,}2 = 0{,}69 \leq \overline{\lambda}_\mathrm{w} \leq 1{,}08$$

$$\chi_\mathrm{w} = 0{,}83/\overline{\lambda}_\mathrm{w} = 0{,}83/0{,}97 = 0{,}855$$

Feld 2

$$\alpha_\mathrm{cr,x} = \frac{\sigma_\mathrm{cr,x}}{\sigma_\mathrm{x,Ed}} = \frac{33{,}36}{17{,}79} = 1{,}88\,\mathrm{kN/cm^2}$$

$$\alpha_\mathrm{cr,z} = \frac{\sigma_\mathrm{cr,z}}{\sigma_\mathrm{z,Ed}} = 0\,\mathrm{kN/cm^2}$$

$$\alpha_\mathrm{cr,\tau} = \frac{\tau_\mathrm{cr}}{\tau_\mathrm{Ed}} = \frac{8{,}25}{2{,}20} = 3{,}75\,\mathrm{kN/cm^2}$$

$$\frac{1}{\alpha_\mathrm{cr}} = \frac{1-1}{4 \cdot 1{,}88} + 0 + \left[\left(\frac{1-1}{4 \cdot 1{,}88} + 0\right)^2 + \frac{1+1}{2 \cdot (1{,}88)^2} + 0 + \frac{1}{(3{,}75)^2}\right]^{1/2} = 0{,}59$$

$$\alpha_\mathrm{ult,k} = \frac{23{,}5}{18{,}2} = 1{,}29$$

Daraus folgt:

$$\alpha_\mathrm{cr} = 1{,}69; \quad \alpha_\mathrm{ult,k} = 1{,}29$$

und damit die Beulschlankheit

$$\overline{\lambda}_p = \sqrt{\frac{1,29}{1,69}} = 0,874$$

$$\overline{\lambda}_p = 0,5 + \sqrt{0,085 - 0,055 \cdot (-1)} = 0,874$$

Abminderungsfaktor ρ für das Beulen mit Tab. 2.10

$$\rho_x = 1,00$$

Knickstabähnliches Verhalten

$$\sigma_{cr,c} = 190.000 \cdot \left(\frac{12}{1400}\right)^2 = 13,96\,\text{N/mm}^2 = 1,396\,\text{kN/cm}^2$$

$$\xi = \frac{\sigma_{cr,p}}{\sigma_{cr,c}} - 1 = \frac{33,36}{1,396} - 1 = 22,9 \geq 1,0$$

$\rightarrow$ kein knickstabähnliches Verhalten

$$\rho = (\rho_x - \chi_c)\,\xi\,(2 - \xi) + \chi_c = 1,0 \cdot 1 \cdot (2 - 1) = 1,0$$

Abminderung infolge Schubbeanspruchung

$$\overline{\lambda}_p = \overline{\lambda}_w = 1,0 \quad \rightarrow \quad 0,83/1,2 = 0,69 \leq \overline{\lambda}_w \leq 1,08$$

$$\chi_w = 0,83/\overline{\lambda}_w = 0,83/1,0 = 0,83$$

Nachweis für Feld 1 mit Gl. 2.28

$$\sqrt{\left(\frac{16,54}{0,914}\right)^2 + 3 \cdot \left(\frac{4,41}{0,83}\right)^2} = 20,3\,\text{kN/cm}^2 < 23,5/1,1 = 21,36\,\text{kN/cm}^2$$

Für Feld 2 erübrigt sich der Nachweis.

Beispiel 2 (Abb. 2.38)
Für die in Abb. 2.38 dargestellte Kragstütze mit einem dünnwandigen, geschweißten Hohlquerschnitt aus S 355 ist der Tragsicherheitsnachweis unter Berücksichtigung des Beuleinflusses zu führen. In der angegebenen Horizontallast ist eine Ersatzlast aus Imperfektion (Vorverdrehung φ_0) bereits enthalten.

Der Nachweis des stabilen Gleichgewichts bei Einhaltung der maßgebenden Grenzspannung wird nach dem Verfahren Elastisch–Elastisch erbracht. Dabei sind die Schnittgrößen (Biegemomente) nach Theorie II. Ordnungzu bestimmen, wenn die Normalkraft mehr als 10 % der Verzweigungslast beträgt, bzw. wenn der Verzweigungslastfaktor $\alpha_{cr} < 10$ ist.

Abb. 2.38 Statisches System
und Querschnitt für Beispiel 2

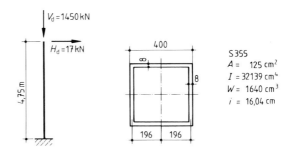

Mit der Knicklänge $L_{cr} = 2 \cdot h$ wird

$$N_{cr} = \frac{\pi^2 E I}{(2h)^2} = \frac{\pi^2 \cdot 21 \cdot 10^3 \cdot 32.139}{(2 \cdot 475)^2} = 7381 \, kN$$

$$N_d / N_{cr,d} = 1450/6710 = 0,216 > 0,1$$

$$\alpha_{cr} = N_{cr}/N_{Ed} = 7381/1450 = 5,1 < 10$$

Das Einspannmoment nach Theorie II. Ordnung kann mit ausreichender Genauigkeit über den Vergrößerungsfaktor α (s. Teil 1) bestimmt werden.

$$\max M^{II} = 17,0 \cdot 4,75 \cdot \frac{1}{1 - 1/5,1} = 100 \, kNm$$

Die Gurtspannung (in der Blechmittelebene) beträgt

$$\sigma_{x,Ed,1} = 1450/125 + 10.000/1640 = 11,6 + 6,1 = 17,7 \, kN/cm^2$$

$$\tau_{Ed} = 17,0/ (0,8 \cdot 100 \cdot 2) = 0,105 \, kN/cm^2 \quad \text{wird vernachlässigt}$$

Mit $\psi = 1,0$ ist

$$c/t = 38,4/0,8 = 48 > \text{grenz} \, c/t = 42 \cdot \varepsilon = 42 \cdot 0,81 = 34 \quad \rightarrow \quad QK4$$

Für das Gurtblech ist ein Beulnachweis erforderlich mit der Grenzbeulspannung gemäß Abschn. 2.5

Ideale Beulspannung

$$\Psi = 1,0 \quad k_\sigma = 4,0 \quad (Tab. \ 2.3)$$

$$\sigma_e = 1,898 \cdot \left(100 \cdot \frac{8}{392}\right)^2 \cdot 10^{-1} = 7,9 \, kN/cm^2$$

$$\sigma_{cr,px} = 4,0 \cdot 7,9 = 31,6 \, kN/cm^2$$

Ideale Schubbeulspannung

$$a/h_{\mathrm{w}} = 100/39{,}2 = 2{,}55 \geq 1{,}0$$

$$k_\tau = 5{,}34 + 4{,}0\,(39{,}2/100)^2 = 5{,}95$$

$$\tau_{\mathrm{cr}} = 5{,}95 \cdot 7{,}9 = 47{,}0\,\mathrm{kN/cm^2}$$

Nachweis mit dem Verfahren der reduzierten Spannung, siehe Abschn. 2.5.3
Systemschlankheitsgrad gemäß Gl. 2.20

$$\overline{\lambda}_{\mathrm{p}} = \sqrt{\frac{\alpha_{\mathrm{ult,k}}}{\alpha_{\mathrm{cr}}}}$$

Mit Gln. 2.23 bis 2.26 folgt der Verzweigungslastfaktor zu:

$$\alpha_{\mathrm{cr,x}} = \frac{\sigma_{\mathrm{cr,x}}}{\sigma_{\mathrm{x,Ed}}} = \frac{31{,}6}{17{,}9} = 1{,}765 = \alpha_{\mathrm{cr}}$$

$$\alpha_{\mathrm{cr,z}} = \frac{\sigma_{\mathrm{cr,z}}}{\sigma_{\mathrm{z,Ed}}} = 0$$

$$\alpha_{\mathrm{cr,\tau}} = \frac{\tau_{\mathrm{cr}}}{\tau_{\mathrm{Ed}}} \approx 0$$

Vergrößerungsfaktor der Spannungen mit Gl. 2.21

$$\alpha_{\mathrm{ult,k}} = \frac{35{,}5}{17{,}7} = 2{,}01$$

Daraus folgt

$$\alpha_{\mathrm{cr}} = 1{,}765; \quad \alpha_{\mathrm{ult,k}} = 2{,}01$$

und damit die Beulschlankheit

$$\overline{\lambda}_{\mathrm{p}} = \sqrt{\frac{2{,}01}{1{,}765}} = 1{,}07$$

$$\overline{\lambda}_{\mathrm{p}} > 0{,}5 + \sqrt{0{,}085 - 0{,}055 \cdot (1)} = 0{,}673$$

Abminderungsfaktor für das Beulen gemäß Tab. 2.10

$$\rho_{\mathrm{x}} = \frac{\overline{\lambda}_{\mathrm{p}} - 0{,}055\,(3 + \Psi)}{\left(\overline{\lambda}_{\mathrm{p}}\right)^2} = \frac{1{,}07 - 0{,}055\,(3 + 1)}{1{,}07^2} = 0{,}745$$

Knickstabähnliches Verhalten

$$\sigma_{\mathrm{cr},c} = 190.000 \cdot \left(\frac{8}{4750}\right)^2 \cdot 10^{-1} = 0{,}054\,\mathrm{kN/cm}^2$$

$$\xi = \frac{\sigma_{\mathrm{cr.p}}}{\sigma_{\mathrm{cr.c}}} - 1 = \frac{31{,}6}{0{,}054} - 1 = 584{,}2 \geq 1{,}0$$

$\rightarrow$ *kein knickstabähnliches Verhalten*

$$\rho_{\mathrm{x}} = 0{,}745$$

Grenzspannung bei der Berücksichtigung des gleichzeitigen Versagens von Beulen und Knicken

$$\sigma_{\mathrm{Rd}} = 0{,}748 \cdot 0{,}78 \cdot \frac{35{,}5}{1{,}1} = 18{,}83\,\mathrm{kN/cm}^2$$

Nachweise

$$\frac{14{,}59}{18{,}83} = 0{,}76 \leq 1{,}0$$

Der Nachweis liegt auf der sicheren Seite, da ca. 1/3 der Spannung von $\sigma = 14{,}59\,\mathrm{kN/cm}^2$ aus Biegemomenten stammt, während der Abminderungsfaktor ρ (aus planmäßig mittigem Druck) auf beide Spannungsanteile (Normalkraft, Biegemoment) angewendet wird.

Beispiel 3 (Abb. 2.39)

Es soll der Beulnachweis für ein Einzelfeld bei σ_{x}- und σ_{z}-Beanspruchung und knickstabähnlichem Verhalten gezeigt werden. Die Abmessungs- und Beanspruchungsverhältnisse gehen aus Abb. 2.39 hervor, Material S 355, $\psi_{\mathrm{x}} = \psi_{\mathrm{z}} = 1{,}0$.

Einzelbeulspannungen, siehe Tab. 2.3 und Abschn. 2.5.3

Abb. 2.39 Beulfeld mit Beanspruchungen für Beispiel 3, Stahl: S355

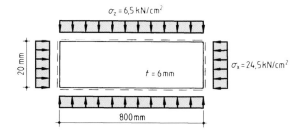

σ_x-Spannungen:

$$\alpha = 800/200 = 4,0 \quad k_{\sigma_x} = 4,0$$

$$\sigma_e = 1,898 \cdot \left(100 \cdot \frac{6}{200}\right)^2 = 17,1\,\text{kN/cm}^2$$

$$\sigma_{cr,x} = 4,0 \cdot 17,1 = 68,4\,\text{kN/cm}^2$$

σ_z-Spannungen (a und b sind zu vertauschen):

$$\alpha = 200/800 = 0,25 < 1$$

$$k\sigma_y = (\alpha + 1/\alpha)^2 = (0,25 + 1/0,25)^2 = 18,06$$

$$\sigma_e = 1,898 \cdot \left(100 \cdot \frac{6}{800}\right)^2 = 1,07\,\text{kN/cm}^2$$

$$\sigma_{cr,z} = 18,06 \cdot 1,07 = 19,32\,\text{kN/cm}^2$$

Verfahren der reduzierten Spannung (Gln. 2.20 bis 2.28)
mit Gl. 2.20:

$$\overline{\lambda}_p = \sqrt{\frac{\alpha_{ult,k}}{\alpha_{cr}}}$$

Verzweigungslastfaktor gemäß Gl. 2.26

$$\frac{1}{\alpha_{cr}} = \frac{1+\Psi_x}{4\alpha_{cr,x}} + \frac{1+\Psi_z}{4\alpha_{cr,z}} + \left[\left(\frac{1+\Psi_x}{4\alpha_{cr,x}} + \frac{1+\Psi_z}{4\alpha_{cr,z}}\right)^2 + \frac{1+\Psi_x}{2\alpha_{cr,x}^2} + \frac{1+\Psi_z}{2\alpha_{cr,z}^2} + \frac{1}{\alpha_{cr,\tau}^2}\right]^{0,5}$$

Mit

$$\Psi_x = \Psi_z = 1,0$$

$$\alpha_{cr,x} = \frac{\sigma_{cr,x}}{\sigma_{x,Ed}} = \frac{68,4}{24,5} = 2,79$$

$$\alpha_{cr,z} = \frac{\sigma_{cr,z}}{\sigma_{z,Ed}} = \frac{19,32}{6,5} = 2,97$$

$$\alpha_{cr,\tau} = \frac{\tau_{cr}}{\tau_{Ed}} = 0$$

$$\frac{1}{\alpha_{cr}} = \frac{1+1}{4 \cdot 2,79} + \frac{1+1}{4 \cdot 2,97} + \left[\left(\frac{1+1}{4 \cdot 2,79} + \frac{1+1}{4 \cdot 2,97}\right)^2 + \frac{1-1}{2 \cdot (2,79)^2} + \frac{1-1}{(2,97)^2} + 0\right]^{0,5}$$

$$= 0,695$$

Gl. 2.21

$$\alpha_{ult,k} = \frac{f_y}{\sigma_{v,Ed}} = \frac{35,9}{21,98} = 1,62$$

mit

$$\sigma_{v,Ed} = \sqrt{24,5^2 - (-24,5)(-6,5) + 6,5^2} = 21,98 \, kN/cm^2$$

Daraus folgt

$$\alpha_{cr} = 1,439; \quad \alpha_{ult,k} = 1,62$$

Zum Vergleich aus einer FE-Berechnung $\alpha_{cr} = 2,06$ und damit die Beulschlankheit

$$\overline{\lambda}_p = \sqrt{\frac{1,62}{1,439}} = 1,06$$

$$\overline{\lambda}_p > 0,5 + \sqrt{0,085 - 0,055 \cdot (1)} = 0,673$$

Abminderungsfaktoren für Beulen (ohne knickstabähnlichem Verhalten)
In x-Richtung

$$\rho_x = \frac{\overline{\lambda}_p - 0,055 \, (3 + \Psi)}{\left(\overline{\lambda}_p\right)^2} = \frac{1,06 - 0,055 \, (3 + 1)}{1,06^2} = 0,748$$

In z-Richtung

$$\rho_z = \rho_x = 0,748 \,, \quad da \; \varphi \; und \; \overline{\lambda}_p \; identisch$$

Knickstabähnliches Verhalten Abschn. 2.5.4
In x-Richtung

Gl. 2.33: $\qquad \sigma_{cr,c} = 190.000 \cdot \left(\frac{6}{800}\right)^2 \cdot 10^{-1} = 1,07 \, kN/cm^2$

Gl. 2.29: $\qquad \xi = \frac{\sigma_{cr,p}}{\sigma_{cr,c}} - 1 = \frac{68,4}{1,07} - 1 = 62,93 \geq 1,0$

→ kein knickstabähnliches Verhalten

$$\rho_x = (\rho_x - \chi_c) \, \xi \, (2 - \xi) + \chi_c = 0,748 \cdot 1 \cdot (2 - 1) = 0,748$$

In z-Richtung

Gl. 2.33: $\qquad \sigma_{cr,c} = 190.000 \cdot \left(\frac{6}{200}\right)^2 \cdot 10^{-1} = 17,1 \, kN/cm^2$

Gl. 2.29: $\qquad \xi = \frac{\sigma_{cr,p}}{\sigma_{cr,c}} - 1 = \frac{68,4}{17,1} - 1 = 3,0 > 1,0$

→ Knickstabähnliches Verhalten ist zu berücksichtigen

$$\overline{\lambda}_c = \sqrt{\frac{35,5}{17,1}} = 1,44 \qquad (Gl.\ 2.32)$$

KSL a   → $\chi_c = 0,40$

$\rho_{cz} = (\rho - \chi_c) \cdot \xi \cdot (2 - \xi) + \chi_c = (0,748 - 0,4) \cdot 0,13 \cdot (2 - 0,13) + 0,4 = 0,485$

Knickstabähnliches Verhalten maßgebend in z-Richtung

Nachweis gemäß [3] NA

$$\left[\left(\frac{24,5}{0,748} \right)^2 + \left(\frac{6,5}{0,485} \right)^2 - 0,748 \cdot 0,485 \cdot \left(\frac{24,5}{0,748} \right) \left(\frac{6,5}{0,485} \right) + 0 \right]$$

$$\cdot \frac{1}{(35,5/1,1)^2} = 1,05 > 1,0 \qquad (keine\ Ausnutzung)$$

alternativ mit Gl. 2.28

$$\sqrt{ \left(\frac{24,5}{0,748} \right)^2 + \left(\frac{6,5}{0,485} \right)^2 - 0,748 \cdot 0,485 \cdot \frac{24,5}{0,748} \cdot \frac{6,5}{0,485} } = 28,5\,kN/cm^2$$

$$\eta = \frac{28,5}{35,5/1,1} = 1,03 \approx 1,0 \qquad (Ausnutzung)$$

Der Nachweis ist knapp nicht erfüllt. Unter Verwendung von $\alpha_{cr} = 2,06$ aus der FE-Berechnung wäre die Tragfähigkeit erfüllt mit $\eta = 0,91 < 1,0$.

2.7   Nachweis mit der Methode der effektiven Breite

2.7.1   Allgemeines

In der nationalen Stahlbaugrundnorm DIN 18800-1 war die *Mindestdicke tragender Bauteile* nur indirekt festgelegt, indem die Berechnung der Schraubenverbindung auf Lochleibung an eine Bauteildicke von $t \geq 3$ mm gebunden ist. Eine etwa gleiche Mindestdicke ergab sich aus der Empfehlung über die größte Dicke tragender Kehlnähte $a \leq 0,7 \cdot$ min $t \geq 2$ mm:

$$min\,t = 2/0,7 \approx 3\ mm.$$

Ansonsten wird auf die sogenannten Fachnormen verwiesen. In der aktuellen Stahlbaugrundnorm DIN EN 1993-1-1, Abs. 1.1.2, wird der Geltungsbereich auf tragende Bauteile mit einer Mindestdicke von $t \geq 3,0\,\text{mm}$ angegeben. Für geschweißte Bauteile wird in DIN EN 1993-1-8 eine Mindestblechdicke von 4 mm vorausgesetzt und bei Hohlprofilen eine Dicke von $t \geq 2,5\,\text{mm}$ gefordert. Bei dünneren Blechen wird auf DIN EN 1993-1-3 verwiesen, wo Nachweise für kaltgeformte dünnwandige Querschnitte geregelt sind. In diesem Abschnitt werden hingegen Querschnitte der Klasse 4 betrachtet, deren Berechnung in DIN EN 1993-1-5 Abs. 2.9 geregelt ist. Hierbei werden effektive Breiten b_{eff} der druckbeanspruchten Querschnittsteile ermittelt und anschließend effektive Querschnittsteile für die Tragsicherheitsnachweise bestimmt.

Geht man davon aus, dass in einem gegebenen Querschnitt mit Druck- oder/und Schubbeanspruchung alle Querschnittsteile bis zum Erreichen der unter der jeweiligen Beanspruchung errechenbaren Grenztragfähigkeit (elastisch oder plastisch) voll mitwirken sollen, so müssen die in Teil 1, Tab. 2.14 bzw. 2.18 angegebenen Grenzwerte grenz$(c\,/\,t)$, grenz$(d\,/\,t)$ eingehalten sein. In diesem Fall besteht dann keine Beulgefahr und es handelt sich um kompakte Querschnitte. Werden die Grenzwerte jedoch überschritten, kann eine ausreichende Tragfähigkeit auf folgende Arten nachgewiesen werden:

Druckstäbe
1. mit Hilfe der *Grenzbeulspannung mit Knickeinfluss* nach DIN EN 1993-1-5, siehe Abschn. 2.5 oder
2. mit Hilfe der Methode der effektiven Breite unter Einschluss der Wirkung *ausgebeulter* Querschnittsteilbereiche

Biegeträger
3. mit Hilfe der *Zugfeldtheorie* (bei Trägern mit Quersteifen)

Bei den Druckstäben liegt man bei der Nachweismethode 1 – wie bereits in 2.1 erwähnt – u. U. deutlich auf der sicheren Seite, während die Nachweismethoden 2 und 3 die überkritischen Tragreserven des Querschnittes und Tragsystems bewusst ausnutzen.

Dieser Abschnitt beschäftigt sich ausschließlich mit der 2. und 3. Nachweismöglichkeit, wobei lediglich zwei wichtige Anwendungsfälle (aus Platzgründen) behandelt werden können:

- Druckstäbe (und Biegeträger) mit dünnwandigen Querschnittsteilen
- Blechträger mit schlanken Stegen und Quersteifen

Nicht behandelt werden Elemente des eigentlichen *Stahlleichtbaus,* die sich durch noch kleinere Blechdicken (z. B. von 0,75 mm bei Trapezblechen) und die Berücksichtigung der Profilverformungen von den hier zu besprechenden Sonderfällen unterscheiden. Der Stahlleichtbau mit Tragwerken aus dünnwandigen, kalt verformten Bauteilen wird in DIN EN 1993-1-3 behandelt und hier in Kap. 7.

2.7.2 Druckstäbe und Biegeträger mit dünnwandigen Querschnitten

2.7.2.1 Der Begriff der wirksamen Breite

Die wirksame Breite eines gedrückten und ausgebeulten Bleches darf nicht verwechselt werden mit der *mittragenden Breite* von Blechträgern mit breiten Gurten, die sich aus der Schubverzerrung bei Querkraftbiegung ergibt, siehe hierzu Abschn. 2.4. Erstere ist dagegen eine Folge der Spannungsumlagerungen in ebenen Blechen bei Beanspruchungen oberhalb der kritischen Beulspannung.

Besonders einfach und anschaulich wird ihre Definition bei der *beidseitig* (eigentlich vierseitig) gelagerten Platte unter einer konstanten Randverschiebung u (Annäherung der Querränder, Abb. 2.40a, vgl. auch Abb. 2.6b): Nach Erreichen einer kritischen Zusammendrückung geht die anfänglich ebene Platte in eine gekrümmte Fläche über, wobei sich stark ausgebeulte Bereiche einer (äußeren) Kraftaufnahme entziehen. Die anfänglich konstante Spannungsverteilung über die Breite b der Platte nimmt eine nichtlineare Verteilung an. Wenn das Maß der Annäherung der Querränder die kritische Dehnung $\varepsilon_{y,k} = \Delta a_y / a$ erreicht hat – (dann ist die über die Plattenlänge gemittelte Spannung in Blechebene an den Längsrändern gerade $\sigma = \varepsilon_{y,k} \cdot E = f_{y,k}$), – gilt das Tragvermögen der Platte als erschöpft. Durch Integration der dann vorhandenen Spannungsverteilung über die Plattenbreite lässt sich die resultierende Längskraft angeben: Sie wird auch erreicht durch zwei gleich breite und an den Längsrändern scharnierartig gelagerte, aber nicht ausgebeulte Plattensteifen mit der Gesamtbreite b' (= wirksame Breite), Abb. 2.40b. Die bekannteste und allen zitierten Normen zugrunde liegende Definition der Breite b'_{eff} für den beschriebenen Fall geht auf *G. Winter* zurück; sie lautet

$$b_{\text{eff}} / b = \kappa = 1/\overline{\lambda}_{\text{P}_\sigma} - 0{,}22/\overline{\lambda}_{\text{P}_\sigma}^2 \qquad (2.58)$$

mit

$\overline{\lambda}_{\text{P}_\sigma}$ bezogene Plattenschlankheit bei Längsspannungen n. Gl. 2.17.

Abb. 2.40 Vierseitig gelagerte Platte. **a** Spannungsverteilung im ausgebeulten Zustand, **b** wirksame Breite b'_{eff}

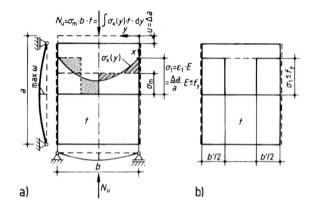

Abb. 2.41 Wirksame Breite des symmetrisch (einseitig) gelagerten Druckgurtes bei konstanter Zusammendrückung

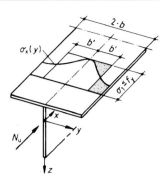

Sie ist im Übrigen identisch mit dem Abminderungsfaktor χ für Beulen nach Zeile 3 in Tab. 2.9 für $\Psi = 1$. Sind die Längsrandstauchungen kleiner als Δa_y, so fällt die „Spannungsaushöhlung" geringer aus und die wirksame Breite b' nimmt zu. Sie ist somit abhängig vom Beanspruchungszustand, was sich auch in den entsprechenden Nachweisregeln niederschlägt.

Die in Abb. 2.40a, b dargestellte (geometrische) Deutung der wirksamen Breite b_{eff} ist auch direkt übertragbar auf *einseitig* (eigentlich dreiseitig) gelagerte Platten, wenn diese (sowohl geometrisch als auch beanspruchungsmäßig) die Symmetriehälfte eines Querschnittsteils (nämlich der Gurte) darstellen, Abb. 2.41. Natürlich ist der Faktor κ ($= b_{\mathrm{eff}}/b$) jetzt anders als in Gl. 2.58 zu bestimmen. Liegen solche Verhältnisse bei der *einseitig* gelagerten Platte nicht vor, wie z. B. beim Steg des T-Querschnittes in (Abb. 2.41), ist die Formulierung einer „wirksamen Breite" äußerst schwierig, da nicht nur ihre Größe, sondern auch deren Verteilung über die wirklich vorhandene Plattenbreite unbekannt ist. Gerade letztere Unbekannte ist aber entscheidend für eine gleichzeitig zuverlässige als auch wirtschaftliche Berechnung. Die in Abb. 2.40a angegebene Formel zur Definition von b_{eff} ist jetzt allein nicht mehr ausreichend. Die Verteilung von b_{eff} geht nämlich auch in die Berechnung der *effektiven Biegesteifigkeit EI* ein und beeinflusst damit (nach Theorie II. Ordnung) auch den Beanspruchungszustand.

2.7.2.2   Bestimmung der wirksamen Breite nach EN 1993-1-5 [3]

Wenn die Grenzwerte grenz(c/t) einzelner Querschnittsteile überschritten sind, ist der Einfluss des Beulens dieser Querschnittsteile sowohl bei der Berechnung der Schnittgrößen als auch der Beanspruchbarkeiten zu berücksichtigen. Die folgenden Darstellungen (und später die Nachweise) beschränken sich auf das Nachweisverfahren Elastisch-Elastisch (Tab. 2.5, Teilwerk 1)

Die geometrische Breite des *gedrückten* dünnwandigen Teils wird ersetzt durch die wirksame Breite b_{eff}, Abb. 2.42 bis 2.44. Vereinfachend darf auf eine Reduktion des Biegezugbereichs verzichtet werden, auch wenn (durch die Druckkraft) resultierende Druckspannungen vorhanden sind. Durch die Reduktion der Querschnittsteile im Biegedruckbereich verschiebt sich die Lage des Schwerpunktes um das Maß e, dies erzeugt dann ein zusätzliches Moment, das in der Regel beim Querschnittsnachweis zu berücksichtigen ist.

Abb. 2.42 Durch Obergurt-
beulen reduzierter wirksamer
Querschnitt mit Schwerpunkts-
verschiebung

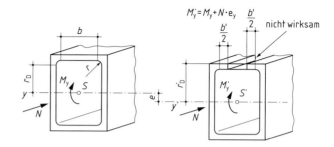

Abb. 2.43 Wirkung von Normalkräften bei Querschnitten
der Klasse 4

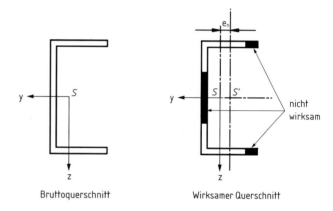

Bruttoquerschnitt   Wirksamer Querschnitt

Abb. 2.44 Wirkung von Biegemomenten bei Querschnitten
der Klasse 4

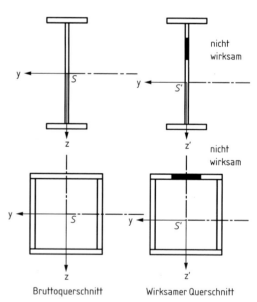

Bruttoquerschnitt   Wirksamer Querschnitt

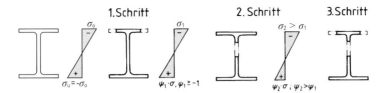

Abb. 2.45 Wirksamer Querschnitt bei I-Profilen und Berechnungsschritte

Die wirksame Fläche des gedrückten Querschnittsteils wird in der Regel wie folgt ermittelt.

$$A_{c,eff} = \rho \cdot A_c \tag{2.59}$$

Dabei ist ρ der Abminderungsfaktor für Beulen, dieser wird nachfolgend näher erläutert, siehe auch Tab. 2.10.

Die Berechnung erfolgt bei Querschnitten mit beulgefährdeten Gurten und Steg, wie in Abb. 2.45 dargestellt, in drei Schritten:

1. Ermittlung der Schnittgrößen und Spannungen am Bruttoquerschnitt und Berechnung des Ausfallquerschnitts des gedrückten Gurtes.
2. Neuberechnung der Spannungen unter Beachtung des reduzierten Querschnitts aus Schritt 1 und Ermittlung des Ausfallquerschnitts des Steges
3. Endgültige Spannungsberechnung mit dem unter 2 ermittelten effektiven Querschnitt.

Beidseitig gelagerte Platten
Beidseitige Lagerung liegt vor für die Stege von I- und U-Querschnitten und für die Gurte bei Hohlquerschnitten (Abb. 2.44).

Die Größe der wirksamen Breite ergibt sich aus den Gln. 2.60, 2.61.

$$\rho = 1{,}0 \qquad\qquad \text{für } \overline{\lambda}_p \leq 0{,}5 + \sqrt{0{,}085 - 0{,}055 \cdot \psi} \tag{2.60}$$

$$\rho = \frac{\overline{\lambda}_p - 0{,}055\,(3 + \psi)}{\overline{\lambda}_p^{\,2}} \leq 1{,}0 \qquad\qquad \text{für } \overline{\lambda}_p > 0{,}5 + \sqrt{0{,}085 - 0{,}055 \cdot \psi} \tag{2.61}$$

Hierin bedeuten:

$$\overline{\lambda}_p = \sqrt{\frac{f_y}{\sigma_{cr}}} = \frac{\overline{b}/t}{28{,}4 \cdot \varepsilon \cdot \sqrt{k_\sigma}} \tag{2.62}$$

Tab. 2.14 Aufteilung der wirksamen Breite beff bei beidseitig gelagerten Blechrändern

Spannungsverteilung (Druck positiv)	Wirksame Breite b_{eff}
	$\psi = 1:\quad b_{\text{eff}} = \rho \cdot \overline{b}$ $b_{\text{e1}} = 0{,}5 \cdot b_{\text{eff}} \quad b_{\text{e2}} = b_{\text{eff}} - b_{\text{e1}}$
	$1 > \psi \geq 0:\quad b_{\text{eff}} = \rho \cdot \overline{b}$ $b_{\text{e1}} = \frac{2}{5-\psi} \cdot b_{\text{eff}} \quad b_{\text{e2}} = b_{\text{eff}} - b_{\text{e1}}$
	$\psi < 0:\quad b_{\text{eff}} = \rho \cdot b_{\text{c}} = \rho \cdot \overline{b}/\left(1-\psi\right)$ $b_{\text{e1}} = 0{,}4 \cdot b_{\text{eff}} \quad b_{\text{e2}} = 0{,}6 \cdot b_{\text{eff}}$

$\psi = \sigma_2/\sigma_1$	1	$1 > \psi > 0$	0	$0 > \psi > -1$	-1	$-1 > \psi \geq -3$
Beulwert k_σ	4,0	$8{,}2/\left(1{,}05 + \psi\right)$	7,81	$7{,}81 - 6{,}29\psi + 9{,}78\psi^2$	23,9	$5{,}98 \cdot \left(1-\psi\right)^2$

ψ Spannungsverhältnis in der Regel am Bruttoquerschnitt

$\overline{b}$ maßgebende Breite nach folgender Festlegung:

   b_{w} für Stege

   b für beidseitig gestützte Gurtelemente (außer rechteckige Hohlprofile)

   $b - 3 \cdot t$ für Gurte von rechteckigen Hohlprofilen

   c für einseitig gestützte Gurtelemente

   h für (un-)gleichschenklige Winkel

k_σ Beulwert in Abhängigkeit vom Spannungsverhältnis ψ siehe Tab. 2.14

t Blechdicke

$\sigma_{\text{cr}} = k_\sigma \cdot \sigma_{\text{E}}$ siehe Gl. 2.6a

Der Grundwert der Beulspannung (Eulerspannung) ergibt sich gemäß Gl. 2.6b zu:

$$\sigma_{\text{E}} = \frac{\pi^2 \cdot E \cdot t^2}{12\left(1 - \nu^2\right)b^2} = 1{,}898 \left(\frac{100t}{b}\right)^2 \ [\text{kN/cm}^2]$$

$$\varepsilon = \sqrt{\frac{235}{f_{\text{y}}}}$$

Einseitig gelagerte Platten

Dies sind z. B. die Gurte bei I-, T- und U-Querschnitten sowie die Stege bei T-Profilen. Auf Winkelprofile dürfen die Regelungen nicht angewendet werden, eigentlich auch nicht auf T-Profile. Da diese aber als halbe Hutprofile deutbar sind, müsste eine Anwendung zulässig sein. Die Größe der wirksamen Breite errechnet sich aus Gln. 2.62 und 2.63, die

Tab. 2.15 Aufteilung der wirksamen Breite b_{eff} bei einseitig gelagerten Blechrändern

Spannungsverteilung (Druck positiv)			Wirksame Breite b_{eff}	
			$1 > \psi \geq 0: \quad b_{eff} = \rho \cdot c$	
			$\psi < 0: \quad b_{eff} = \rho \cdot b_c = \rho \cdot c / (1 - \psi)$	

$\psi = \sigma_2 / \sigma_1$	1	0	−1	$1 > \psi \geq -3$
Beulwert k_σ	0,43	0,57	0,85	$0,57 - 0,21\psi + 0,07\psi^2$

			$1 > \psi \geq 0: \quad b_{eff} = \rho \cdot b_c$	
			$\psi < 0: \quad b_{eff} = \rho \cdot b_c = \rho \cdot c / (1 - \psi)$	

$\psi = \sigma_2 / \sigma_1$	1	$1 > \psi > 0$	0	$0 > \psi > -1$	−1
Beulwert k_σ	0,43	$0,578 / (\psi + 0,34)$	1,70	$1,7 - 5\psi + 17,1\psi^2$	23,8

Aufteilung erfolgt nach Tab. 2.15:

$$\rho = 1,0 \quad \text{für } \overline{\lambda}_p \leq 0,748 \tag{2.63}$$

$$\rho = \frac{\overline{\lambda}_p - 0,188}{\overline{\lambda}_p^{\,2}} \leq 1,0 \quad \text{für } \overline{\lambda}_p > 0,748 \tag{2.64}$$

Hinweis

Das Spannungsverhältnis ψ ist für Gurte von I-Querschnitten und Kastenträgern mit den Spannungsverteilungen am Bruttoquerschnitt zu ermitteln. Es ist jedoch immer auf eine mögliche Reduktion der Querschnittswerte aufgrund von mittragenden Breiten zu achten. Bei Stegen ist die Spannungsverteilung mit wirksamen Breiten des Druckflanschs und den Bruttoquerschnittswerten des Stegs zu ermitteln. Dies führt dann bei der Berechnung der

Spannungsverteilung zu einem iterativen Vorgehen. Die oben genannte Vorgehensweise erzielt üblicherweise bereits ausreichend genaue Ergebnisse, so dass auf weitere Iterationen verzichtet werden können.

Wie bereits erwähnt, liefert die Aufteilung (nicht so sehr die Größe) der wirksamen Breite b_{eff} in den Fällen der Spalte 1 und 3 nach Tab. 2.15, insbesondere bei den Stegen von T-Querschnitten und den Gurten bei U-Profilen mit Biegung um die z-Achse, z. T. sehr ungünstige Ergebnisse (Tragfähigkeiten). Bei der Untersuchung von T-Querschnitten unter planmäßig mittigem Druck (und Imperfektion $(w_0 + \Delta w_0)$) zeigt sich z. B., dass die größte aufnehmbare Last dann erreicht wird, wenn der bezogene Schlankheitsgrad des Steges gerade den Wert $\overline{\lambda}_{\text{P}} = 0{,}7$ annimmt und daher nicht reduziert werden muss. Unter der dabei errechenbaren Normalkraft liegt die größte Druckrandspannung deutlich unterhalb der Grenzspannung $f_{\text{y,k}}/\gamma_{\text{M1}}$. Dieses Ergebnis würde bedeuten, dass der einseitig gelagerte Plattenstreifen über keinerlei überkritische Reserven verfügt, was im deutlichen Widerspruch zu genauen Berechnungen und Traglastversuchen steht. Im Übrigen verläuft eine Querschnittsiteration (bedingt durch die beanspruchungsabhängige wirksame Breite b_{eff}) stets divergent und führt auf $\overline{\lambda}_{\text{P}} = 0{,}7$.

2.7.2.3 Lasteinleitung quer zur Bauteilachse

Die Hintergründe können dem Teilwerk 1 [5], Abschn. 8.3.1 entnommen werden.

Zur Vervollständigung der in Abschn. 2.7.2.4 aufgeführten Interaktionsnachweise werden hier die wesentlichen Angaben zusammengestellt, siehe auch Abb. 2.46 und 2.47. Der Nachweis der lokalen Lasteinleitung lautet:

$$\eta_2 = \frac{F_{\text{Ed}}}{F_{\text{Rd}}} = \frac{F_{\text{Ed}}}{\frac{f_{\text{yw}} \cdot L_{\text{eff}} \cdot t_{\text{w}}}{\gamma_{\text{M1}}}} \leq 1{,}0 \tag{2.65}$$

$$F_{\text{Rd}} = \frac{f_{\text{yw}} \cdot L_{\text{eff}} \cdot t_{\text{w}}}{\gamma_{\text{M1}}} \tag{2.66}$$

Wirksame Lastausbreitungslänge:

$$L_{\text{eff}} = \chi_{\text{F}} \cdot \ell_{\text{y}} \tag{2.67}$$

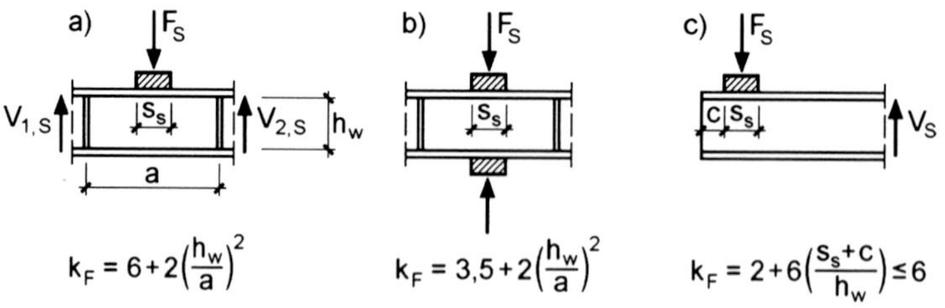

Abb. 2.46 Beulwerte für verschiedenen Arten der Lasteinleitung

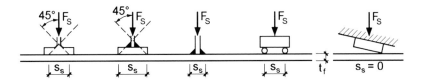

Abb. 2.47 Länge der starren Lasteinleitung

mit

Abminderungsfaktor $\quad \chi_F = 0{,}5/\overline{\lambda}_F \leq 1{,}0 \qquad\qquad (2.68)$

$$\overline{\lambda}_F = \sqrt{\frac{\ell_y \cdot t_w \cdot f_{yw}}{F_{cr}}} \qquad\qquad (2.69)$$

kritische Last $\qquad F_{cr} = 0{,}9 \cdot k_F \cdot E \cdot \dfrac{t_w^3}{h_w} \qquad\qquad (2.70)$

Länge der starren Lasteinleitung gemäß Abb. 2.46 bzw. 2.47

$$s_s = t_w + 2 \cdot t_f + 1{,}17 \cdot r \quad \text{bzw.} \quad s_s = t_w + 2 \cdot t_f + 2{,}82 \cdot a \qquad (2.71)$$

Für Stege mit Längssteifen gelten gesonderte Regeln, siehe NA zu [3].
Wirksame Lastausbreitungslänge:

Fälle a) oder b) gemäß Abb. 2.46 $\quad \ell_y = s_s + 2 \cdot t_f \cdot \left(1 + \sqrt{m_1 + m_2}\right) \leq a$

$\qquad\qquad\qquad\qquad\qquad\qquad (a = \text{Quersteifenabstand})$

Fall c) gemäß Abb. 2.46 $\qquad \ell_y = \min \begin{cases} \ell_e + t_f \cdot \sqrt{\dfrac{m_1}{2} + \left(\dfrac{\ell_e}{t_f}\right)^2 + m_2} \\ \ell_e + t_f \cdot \sqrt{m_1 + m_2} \end{cases} \qquad (2.72)$

mit

$$m_1 = \frac{f_{yf} \cdot b_f}{f_{yw} \cdot t_w} \qquad\qquad (2.73)$$

$m_2 = 0 \qquad\qquad\qquad \text{für } \overline{\lambda}_F \leq 0{,}5$

$$m_2 = 0{,}02 \cdot \left(\frac{h_w}{t_f}\right)^2 \quad \text{für } \overline{\lambda}_F > 0{,}5 \qquad (2.74)$$

$$\ell_e = \frac{k_F \cdot E \cdot t_w^2}{2 \cdot f_{yw} \cdot h_w} \leq s_s + c \qquad\qquad (2.75)$$

$$\ell_y \leq \underbrace{0{,}225 \cdot k_F \cdot \frac{E}{f_{yw}}}_{\beta} \cdot \frac{t_w^2}{h_w} = \beta \cdot \frac{t_w^2}{h_w} \qquad (2.76)$$

Beiwert β siehe Tab. 2.16

Tab. 2.16 Beiwert β nach Gl. 2.77 in Abhängigkeit von der Stahlgüte und dem Beulwert k_F

Beulwert k_F	Beiwert β [–] für		
	S235	S355	S460
6,0	1206	799	616
3,5	704	466	360
2,0	402	266	205

Flanschinduziertes Stegblechbeulen

Um ein Einknicken des Druckflansches in den Steg zu vermeiden, ist in der Regel das Kriterium nach Gl. 2.76 zu erfüllen (eingehalten für alle Profile der Walzreihen IPE, HEA, HEB und HEM).

$$\frac{h_w}{t_w} \leq k \cdot \frac{E}{f_{yf}} \cdot \sqrt{\frac{A_w}{A_{fc}}} \tag{2.77}$$

mit

A_{fc} effektive Querschnittsfläche des Druckflansches
k $= 0,30$ bei Ausnutzung plastischer Rotation
k $= 0,40$ bei Ausnutzung der plastischen Momentenbeanspruchbarkeit
k $= 0,55$ bei Ausnutzung der elastischen Momentenbeanspruchbarkeit

2.7.2.4 Tragsicherheitsnachweise

Wie bei den kompakten Querschnitten stehen die Nachweise an einem *Ersatzstab* oder ein Nachweis nach *Theorie II. Ordnung* zur Auswahl.

Die allgemeine Nachweisführung ist in nachfolgender Tab. 2.17 schematisch dargestellt.

$$\eta_3 = V_{Ed}/V_{bw,Rd} \leq 0,5$$

Dabei ist zu beachten, dass die Schnittgrößenermittlung, sofern nicht mehr als 50 % des Querschnitts unter Druckspannungen ausfällt, mit den Bruttoquerschnittswerten erfolgen darf. Des Weiteren müssen Schubbeanspruchungen nur dann berücksichtigt werden, wenn die einwirkende Schubkraft V_{Ed} 50 % des Stegwiderstands $V_{bw,Rd}$ überschreitet (für $\eta_3 = V_{Ed}/V_{bw,Rd} \leq 0,5$ keine Berücksichtigung).

Es werden folgende Interaktionen unterschieden, die in Tab. 2.17 zusammengefasst sind:

1. Schub, Biegung und Normalkraft
2. Querbelastung an den Längsrändern (siehe Teil 1, Abs. 8.3.1.1), Biegemoment und Normalkraft

Ersatzstabverfahren (vgl. Abschn. 6.3, Teil 1)

In diesem Fall dürfen die Schnittgrößen nach Theorie I. Ordnung verwendet werden.

Die Einflüsse aus der Theorie II. Ordnung und der geometrischen Ersatzimperfektion des Einzelstabes werden über den Abminderungsfaktor χ berücksichtigt.

Tab. 2.17 Interaktionsnachweise für beulgefährdete Bleche

Nachweis	Nachweisgleichung	Hinweis
$M_y M_z$	Biegung $$\eta_1 = \frac{M_{y,Ed} \cdot \gamma_{M1}}{M_y \cdot W_{y,eff}} \qquad \eta_1 = \frac{M_{z,Ed} \cdot \gamma_{M1}}{M_y \cdot W_{z,eff}}$$	Siehe Abschn. 2.7.2.2
$N\text{-}M_y\text{-}M_z$	$$\eta_1 = \frac{N_{ed} \cdot \gamma_{M1}}{f_y \cdot A_{eff}} + \frac{(M_{y,Ed} + N_{Ed} \cdot e_{Ny})}{f_y \cdot W_{z,eff}} + \frac{(M_{z,Ed} + N_{Ed} \cdot e_{Nz})}{f_y \cdot W_{z,eff}}$$	Siehe Abschn. 2.7.2.2
F_z	Querlast (Quetschlast) $$\eta_2 = \frac{F_{Ed}}{F_{Rd}} = \frac{F_{Ed}}{\frac{f_{yw} \cdot L_{eff} \cdot t_w}{\gamma_{M1}}} \le 1{,}0$$	Siehe Abschn. 2.7.2.3
	Flanschinduziertes Stegbeulen Kein Nachweis erf. für: $\dfrac{h_w}{t_w} \le k \cdot \dfrac{E}{f_{yf}} \cdot \sqrt{\dfrac{A_w}{A_{fc}}}$	Siehe Abschn. 2.7.2.3
V_z	Querkraft (Schubbeulnachweis) $$\eta_3 = \frac{V_{Ed}}{V_{b,Rd}} \le 1{,}0$$	Siehe Abschn. 2.5.6 Kein Nachweis erf. für: ausgesteift: $\dfrac{h_w}{t_w} \le \dfrac{31}{\eta} \cdot \varepsilon \cdot \sqrt{k_\tau}$
	$$V_{b,Rd} = V_{bw,Rd} + V_{bf,Rd} \le \frac{1{,}2 \cdot f_{yw} \cdot h_w \cdot t_w}{\sqrt{3} \cdot \gamma_{M1}}$$	Nicht ausgesteift: $\dfrac{h_w}{t_w} \le \dfrac{72}{\eta} \cdot \varepsilon$
$N\text{-}M_y\text{-}F_z$	$\eta_2 + 0{,}8\eta_1 \le 1{,}04$	Wirkt F_z am Zuggurt ist zusätzlich ein Vergleichsspannungsnachweis erf.
$V_z\text{-}F_z$	$\left[\eta_3 \cdot \left(1 - \dfrac{F_{Ed}}{2 \cdot V_{Ed}}\right)\right]^{1{,}6} + \eta_2 \le 1{,}0$	Der in η_2 bereits erfasste Querkraftanteil ist nicht mehr in η_3 zu berücksichtigen
$N\text{-}M_y\text{-}V_z$	$\overline{\eta}_1 + \left(1 - \dfrac{M_{f,Rd}}{M_{pl,Rd}}\right)(2\overline{\eta}_3 - 1)^2 \le 1$ $$\overline{\eta}_1 = \frac{M_{Ed}}{M_{pl,Rd}} \le \frac{M_{f,Rd}}{M_{pl,Rd}} \qquad \overline{\eta}_3 = \frac{V_{Ed}}{V_{bw,Rd}}$$ oder vereinfacht: $\eta_1 + (2\eta_3 - 1)^2 \le 1$	V_z erst ab $\eta_3 > 0{,}5$ berücksichtigen sofern zus. N_{Ed} vorh., so ist $M_{pl,Rd}$ entsprechend zu reduzieren vereinfacht: $\dfrac{M_{f,Rd}}{M_{pl,Rd}} = 0$ $\overline{\eta}_1 = \eta_1 \quad \overline{\eta}_3 = \eta_3$

$\eta = 1{,}2$ für Stahlsorten $< S460 \quad \varepsilon = \sqrt{235/f_y}; \quad a = $ Abstand starrer Quersteifen
h_w, t_w, A_w: Steghöhe, Stegdicke, Stegfläche $\quad f_{yw}, f_{yf}$: Streckgrenze Steg, Gurt $\quad \gamma_{M1} = 1{,}1$
k_τ: Beulwert, z. B. Tab. 2.3 $\quad L_{eff}$: wirksame Lastausbreitungslänge $\quad A_{fc}$: eff. Fläche Druckgurt
A_{eff}: wirksame Querschnittsfläche bei reiner Drucknormalkraft
W_{eff}: wirksames Widerstandsmoment ausschließlich infolge Biegung
e_N: Verschiebung der maßgebenden Hauptachse eines unter reinen Druck beanspruchten Querschnitts
N_{Ed} einwirkende Druckkraft $\quad M_{y,Ed}, M_{z,Ed}$ einwirkende Biegemomente
$M_{f,Rd}$: plast. Momentenbeanspruchbarkeit mit eff. Gurtfläche
$M_{pl,Rd}$: plast. Momentenbeanspruchbarkeit mit eff. Gurtfläche und voller Stegfläche

Planmäßig mittiger Druck (vgl. Abschn. 6.3.2, Text 1)

Der Nachweis wird analog zu Abschn. 6.3.2, Teilwerk 1 mit dem durch Einführung der wirksamen Breiten erhaltenen effektiven Querschnitt geführt. Sofern sich infolge von Teil-flächenausfall eine Verschiebung der Hauptachsen ergibt, sind die Zusatzmomente ΔM zu berücksichtigen, siehe Abschn. 2.7.2.2. Der Nachweis lautet im Fall:

Biegeknicken

$$\frac{N_{Ed}}{\chi \cdot A_{eff} \cdot f_{y,d}} \leq 1 \tag{2.78}$$

mit

$$\chi = \frac{1}{\phi + \sqrt{\phi^2 - \overline{\lambda}^2}} \leq 1 \tag{2.79}$$

$$\phi = 0{,}5 \left(1 + \alpha \cdot (\overline{\lambda} - 0{,}2) + \overline{\lambda}^2\right) \tag{2.80}$$

$$\overline{\lambda} = \sqrt{\frac{A_{eff} \cdot f_y}{N_{cr}}} = \frac{L_{cr}}{i} \cdot \frac{\sqrt{A_{eff}/A}}{\lambda_1} \quad \text{mit } i = \sqrt{I/A} \tag{2.81}$$

$$\lambda_1 = \pi \cdot \sqrt{\frac{E}{f_y}} = 93{,}9\varepsilon \quad \text{mit } \varepsilon = \sqrt{\frac{235}{f_y \left[\frac{N}{mm^2}\right]}} \tag{2.82}$$

$$f_{y,d} = \frac{f_{y,k}}{\gamma_{M1}} \quad \text{mit } \gamma_{M1} = 1{,}1 \tag{2.83}$$

Hierin bedeuten:

I, A, A_{eff} Flächenmoment 2. Grades (Trägheitsmoment), Querschnittsfläche sowie Quer-schnittsfläche des wirksamen Querschnitts

α Parameter nach Tab. 6.6, Teil 1 bzw. $\alpha_{a0,a,b,c,d} = 0{,}13/0{,}21/0{,}34/0{,}49/0{,}76$

i Trägheitsradius des vollen Querschnitts

L_{cr} Knicklänge

N_{cr} ideale Knicklast ermittelt mit den Bruttoquerschnittswerten

zusätzlich muss gelten

$$\frac{N_{Ed}}{A_{eff} \cdot f_y/\gamma_{M0}} \leq 1 \tag{2.84}$$

Hierbei ist A_{eff} unter der Annahme konstanter Druckspannung über die *wirksame* Fläche zu bestimmen.

Bei Schlankheitsgraden $\overline{\lambda} \leq 0{,}2$ oder für $N_{Ed}/N_{cr} \leq 0{,}04$ darf der Biegeknicknach-weis entfallen, und es sind ausschließlich Querschnittsnachweise zu führen.

Drillknicken, Biegedrillknicken

Der Nachweis erfolgt nach den Gl. 2.78–2.83, für Bauteile deren ideale Drillknick-last $N_{cr,TF}$ geringer ist als die Verzweigungslast für Biegeknicken. Es gilt dann der

Schlankheitsgrad $\overline{\lambda}_T$ nach Gl. 7.18 unter Berücksichtigung von $N_{cr,T}$ bzw. $N_{cr,TF}$, siehe Abschn. 6.2.3.4 Teil 1. Der Abminderungsfakor χ ist dann mit der Knicklinie für das Ausweichen $\perp$ zur z-Achse zu bestimmen.

Einachsige oder zweiachsige Biegung mit Normalkraft (vgl. Abschn. 6.3.3, Teilwerk 1)

Biegeknicken und Biegedrillknicken

Der Nachweis wird mit Gl. 2.85 bzw. Gl. 2.86 geführt.

$$\frac{N_{Ed}}{\chi_y \cdot N_{Rk}/\gamma_{M1}} + k_{yy} \frac{M_{y,Ed} + \Delta M_{y,Ed}}{\chi_{LT} \cdot M_{y,Rk}/\gamma_{M1}} + k_{yz} \frac{M_{z,Ed} + \Delta M_{z,Ed}}{\chi_{LT} \cdot M_{z,Rk}/\gamma_{M1}} \leq 1 \qquad (2.85)$$

$$\frac{N_{Ed}}{\chi_z \cdot N_{Rk}/\gamma_{M1}} + k_{zy} \frac{M_{y,Ed} + \Delta M_{y,Ed}}{\chi_{LT} \cdot M_{y,Rk}/\gamma_{M1}} + k_{zz} \frac{M_{z,Ed} + \Delta M_{z,Ed}}{\chi_{LT} \cdot M_{z,Rk}/\gamma_{M1}} \leq 1 \qquad (2.86)$$

mit

$$N_{Rk} = A_{eff} \cdot f_y \qquad (2.87)$$

$$M_{i,Rk} = W_{eff,i} \cdot f_y \qquad (2.88)$$

χ_y, χ_z Abminderungsfaktoren für Biegeknicken nach der Gl. 2.79
χ_{LT} Abminderungsfaktoren für Biegedrillknicken nach 6.4.1.1, Teilwerk 1
k_{ii} Interaktionsbeiwert für Biegedrillknicken nach 6.4.1.1, Teilwerk 1
N_{Ed}, M_{Ed} Bemessungswerte der Einwirkungen
ΔM_{Ed} Momente aus Verschiebung der Querschnittsachse

$\Delta M_{y,Ed} = N_{Ed} \cdot e_{N,y}$
$\Delta M_{z,Ed} = N_{Ed} \cdot e_{N,z}$

Zusätzlich zu den Stabilitätsnachweisen sind an den Bauteilenden in der Regel Querschnittsnachweise zu führen (z. B. zur Berücksichtigung von Querkräften).

Nachweis nach Theorie II. Ordnung
Es kann alternativ zu den vorgenannten Verfahren nachgewiesen werden, dass die unter Zugrundelegung des i. d. R. vollwirksamen Querschnittes berechneten Schnittgrößen unter Einfluss der geometrischen Ersatzimperfektionen w_0, φ_0 und nach Theorie II. Ordnung an den Längsrändern der *reduzierten* dünnwandigen Querschnittsteile keine größeren Spannungen als $f_{y,d}$ hervorrufen.

$$\max \sigma_{Ed} \leq f_{y,d} = f_{y,k}/\gamma_{M1} \qquad (2.89)$$

Alternativ kann der Nachweis mit den Schnittgrößen Theorie II. Ordnung und den Interaktionsmechanismen unter Beachtung der effektiven Querschnitte nach Abschn. 2.7.2.4 geführt werden.

Für einfeldrige, beidseitig gelenkig gelagerte Stäbe ist dieser Nachweis auch per Hand möglich, da sich das größte Biegemoment nach Theorie II. Ordnung z. B. über den Vergrößerungsfaktor

$$\alpha = 1/(1-q)$$

mit

$$q = \frac{N}{N_{\mathrm{cr}}}$$

genügend genau angeben lässt. Weitere Angaben zur Schnittgrößenermittlung nach Theorie II. Ordnung finden sich im Teilwerk 1, Abschn. 6.2.5.

2.7.2.5 Berechnungsbeispiele

Die Beispiele beschränken sich vorzugsweise auf die Bestimmung des wirksamen Querschnittes nach diesem Kapitel und behandeln daher nur einfache Lagerungs- und Belastungsverhältnisse.

Beispiel 1 (Abb. 2.48)

Es ist der Tragsicherheitsnachweis für die dargestellte Stütze zu führen. Der Hohlquerschnitt aus S 235 ($f_{\mathrm{y,k}} = 235\,\mathrm{N/mm^2}$) ist warm gefertigt.

Querschnittswerte des Vollquerschnittes   Mit den Angaben in Abb. 2.48b,c gilt der Querschnitt als rechteckig ($b/r = 175/7,5 = 23,3 \gg 5$) und weist folgende Querschnittswerte auf:

$$A = 48,14\,\mathrm{cm^2} \quad I_z = 3338\,\mathrm{cm^4} \quad i_z = 8,33\,\mathrm{cm} \quad r_{\mathrm{D}} = 10,0\,\mathrm{cm}$$

Querschnittswerte des wirksamen Querschnittes   Auf der sicheren Seite wird die Randspannung im Druckgurt mit $f_{\mathrm{y}} = 23,5\,\mathrm{kN/cm^2}$ angenommen. Mit $\Psi = 1$ und $\varepsilon = 1,0$ ergibt sich das Grenzverhältnis grenz (c/t) zu – siehe Teil 1, Tafel 2.4

$$\mathrm{grenz}(c/t) = \frac{42 \cdot 1,0}{0,67 + 0,33 \cdot 1,0} = 42$$

Abb. 2.48 Druckstab mit einachsiger Biegung. **a** statisches System, **b** Querschnitt, **c** statische Werte des Viertelkreisringes

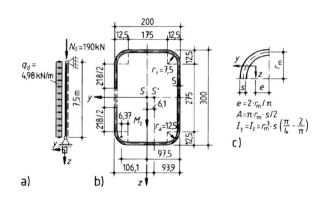

und ist damit kleiner als

$$\text{vorh}(c/t) = 275/5 = 55$$

Damit ist der Hohlkastenquerschnitt der Querschnittsklasse 4 zuzuordnen und der Druckgurt zu reduzieren, Abschn. 7.2.2:

$$\sigma_E = 1,9 \cdot (100 \cdot 5/275)^2 = 6,28\,\text{kN/cm}^2 \quad \text{nach Gl. 2.6b}$$

$$\overline{\lambda}_P = \sqrt{\frac{23,5}{4 \cdot 6,28}} = 0,967 > 0,5 + \sqrt{0,085 - 0,055 \cdot 1,0} = 0,673 \quad \text{nach Gln. 2.61, 2.62}$$

$$\rho = \frac{0,967 - 0,055 \cdot (3+1)}{0,967^2} = 0,80 \quad \text{nach Gl. 2.61}$$

$$b_{\text{eff}} = 0,8 \cdot 275 = 220\,\text{mm} \quad \text{nach Tab. 2.14}$$

$$b_{e1} = b_{e2} = 0,5 \cdot 220 = 110\,\text{mm}$$

Der Druckgurt wird um ΔA reduziert.

$$\Delta A = (27,5 - 22,0) \cdot 0,5 = 2,75\,\text{cm}^2$$

Unter der Annahme, dass für die Stege keine Reduktion erforderlich ist, wird

$$A_{\text{eff}} = 48,14 - 2,75 = 45,39\,\text{cm}^2$$

und der Schwerpunkt verschiebt sich um

$$e_y = -\Delta A \cdot y_g / A_{\text{eff}} = -2,75 \cdot 9,75/45,39 = -0,59\,\text{cm}$$

Eine Überprüfung obiger Annahme für den Steg bei reiner Biegung, $\max \sigma = f_{yd}$ im Biegedruckgurt und reduzierter Gurtfläche liefert (hier ohne Vorrechnung)

$$\text{vorh}(c/t) = 35 \quad \text{grenz}(c/t) = 124 \gg 35$$

Der Steg trägt demnach voll mit.

Damit wird das Trägheitsmoment $I_{\text{eff.z}}$

$$I_{\text{eff.z}} \approx I - \Delta A \cdot y_g^2 - A' \cdot e_y^2 = 3338 - 2,75 \cdot 9,75^2 - 45,39 \cdot 0,59^2 = 3061\,\text{cm}^4$$

Abstand zum Druckrand

$$r_D = 10 + 0,59 = 10,59$$

und der Trägheitsradius

$$i_{\text{eff.z}} = \sqrt{3060/45,39} = 8,21\,\text{cm}$$

$$N_{\text{Rk}} = 45,39 \cdot 23,5 = 1067\,\text{kN}$$

$$M_{y.\text{Rk}} = 3061/10,59 \cdot 27,5 \cdot 10^{-2} = 67,92\,\text{kNm}$$

Tragsicherheitsnachweis

a) *nach dem Ersatzstabverfahren*

Biegeknicken:

$$\overline{\lambda}_z = 750/(8,21 \cdot 93,9) = 0,97 \quad \text{nach Gl. 2.81}$$

Knickspannungslinie *a* mit $\alpha = 0,21$

$$\phi = 0,5 \cdot \left(1 + 0,21 \cdot (0,97 - 0,2) + 0,97^2\right) = 1,051$$

$$1/\chi_z = 1,051 + \sqrt{1,051^2 - 0,97^2} = 1,456 \rightarrow \chi_z = 0,69$$

N-R_z-Interaktion mit Gl. 2.86:

$$\frac{N_{Ed}}{\chi_z \cdot N_{Rd}} = \frac{190 \cdot 1,1}{0,69 \cdot 1067} = 0,28 < 1,0$$

mit $k_{zz} = 1,1$, $k_{zy} = 0$

Das größte Feldmoment nach Theorie I. Ordnung ist $M_m = 4,98 \cdot 7,5^2/8 = 35\,\text{kNm}$.
Nachweis:

$$0,29 + 1,1 \cdot \frac{35}{67,92/1,1} = 0,91 < 1,0$$

b) *Alternativ*: *Nachweis nach Theorie II. Ordnung*

Mit $I_{eff,z}$ und $L_{cr} = 7,5\,\text{m}$ ist die ideale Knicklast

$$N_{cr} = \frac{\pi^2 \cdot 21.000 \cdot 3061}{750^2} = 1127,8\,\text{kN}$$

Für die Knickspannungslinie *a* gilt $w_0 = l/300$ (s. Tab. 2.12, Teilwerk 1). Das Moment in Feldmitte erhöht sich um:

$$\Delta M_{w0} = 190 \cdot (750/300) = 475\,\text{kNcm} = 4,75\,\text{kNm}$$

Unter Verwendung des Vergrößerungsfaktors α, siehe Abschn. 2.7.2.4,

$$\alpha = 1/(1 - 190/1127,8) = 1,203$$

erhält man das Moment nach Theorie II. Ordnung (auf der sicheren Seite, da die Schwerpunktverschiebung über die Stablänge als konstant unterstellt wurde) zu

$$\max M_m^{II} = (35,0 + 4,75) \cdot 1,203 = 47,8\,\text{kNm}$$

Zusätzlich wird der Versatz der Normalkraft vereinfacht berücksichtigt mit $\Delta M = 0{,}59 \cdot 190 = 122\,\text{kNcm}$

Nachweis:

$$\sigma = 190/45{,}39 + (4780 + 112) \cdot 10{,}59/3061 = 21{,}11\,\text{kN/cm}^2$$

$$\sigma/f_{\text{y,d}} = 21{,}11/(23{,}5/1{,}1) \approx 0{,}99 < 1{,}0$$

Beispiel 2 (Abb. 2.49)

Der Deckenunterzug (Schweißprofil aus S235) ist in Abständen von $1/5 = 2{,}0\,\text{m}$ seitlich gegen Biegedrillknicken durch die Deckenträger gehalten. Es sind die Tragsicherheits-nachweise unter Berücksichtigung der Dünnwandigkeit von Gurt und Steg zu führen.

   Es wird das elastische Grenzmoment $M_{\text{gr,el}}$ unter Berücksichtigung der dünnwandigen Querschnittsteile bestimmt.

Vollquerschnitt

$$A_{\text{G}} = 40 \cdot 0{,}6 = 24\,\text{cm}^2 \quad A_{\text{S}} = 80 \cdot 0{,}4 = 32\,\text{cm}^2 \qquad A = 80\,\text{cm}^2$$

$$I_{\text{y}} = 0{,}4 \cdot 80^3/12 + 2 \cdot 24 \cdot 40{,}3^2 = 95.023\,\text{cm}^4 \qquad W_{\text{y}} = 2340\,\text{cm}^3$$

$$(M_{\text{Rk,el,voll}} = 23{,}5 \cdot 2340 \cdot 10^{-2} = 549{,}9\,\text{kNm})$$

$$\max M_{\text{y}} = 17{,}5 \cdot 10^2/8 = 218{,}75 \qquad \max \sigma_{\text{G}} = \pm\frac{21.875}{2340} = \pm 9{,}35\,\frac{\text{kN}}{\text{cm}^2}$$

Grenzschlankheiten Für den Biegedruckgurt (vereinfachend mit $b = 400/2 = 200$) wird bei $\Psi_{\text{G}} = 1$ mit $\sigma = f_{\text{y,d}}$ gerechnet.

$$\text{grenz}(c/t) = 14 < \text{vorh}(c/t) = 200/6 = 33{,}3 \Rightarrow \text{Querschnittsklasse 4}$$

Damit ist die Gurtbreite zu reduzieren.

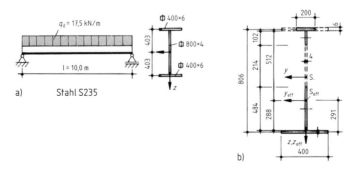

Abb. 2.49 Geschweißter dünnwandiger Biegeträger. **a** System, Belastung und Querschnitt, **b** wirksamer Querschnitt

Für den Steg ist $\sigma = f_y = 235\,\text{N/mm}^2$, $\Psi_S = -1$. Die Grenzschlankheit beträgt

$$\text{grenz}(c/t) = 124 < \text{vorh}(c/t) = 800/4 = 200 \rightarrow \text{Querschnittsklasse 4}$$

Damit ist auch für den Steg eine wirksame Breite einzuführen.

Wirksamer Querschnitt: Da die Größe der wirksamen Breite von der Spannungsverteilung abhängt, diese aber zunächst nicht bekannt ist, wird eine *Iteration* erforderlich. Das Vorgehen hierzu ist in Abschn. 2.7.2.2 und Abb. 2.45 dargestellt.

1. Iteration: (Spannungen am Vollquerschnitt und Reduktion des Obergurtblechs)
   Mit $\Psi_{S,0} = -1$ $\Psi_G = \text{konst.} = 1$

Gurt: $k_\sigma = 0,43$

$$\overline{\lambda}_P = \frac{200/6}{28,4 \cdot 1,0 \cdot \sqrt{0,43}} = 1,79 > 0,748 \quad \text{nach Gln. 2.61, 2.62}$$

$$\rho = \frac{1,79 - 0,188}{1,79^2} = 0,5$$

$$b' = 0,5 \cdot 200 = 100,0\,\text{mm} \quad \text{nach Tab. 2.15} \quad \text{damit } b_{\text{eff\,G}} = 20\,\text{cm}$$

Spannungsverteilung mit reduziertem Obergurt:

$$I_{v1} = 72.494\,\text{cm}^4 \quad \sigma_{o1} = -14,3\,\text{kN/cm}^2 \text{ (Druck)} \quad \sigma_{u1} = 10,0\,\text{kN/cm}^2 \text{ (Zug)}$$

2. Iteration: (Spannungen mit reduziertem Obergurt und Reduktion Stegblech)

Steg: Spannungsverhältnis $\psi = -10/14,3 = -0,7$
   Nulldurchgang der Zugspannung bei ca. $b_t = 330\,\text{mm}$
   Beulwert, Tab. 2.14 $k_\sigma = 7,81 - 6,29 \cdot (-0,7) + 9,78 \cdot (-0,7)^2 = 17,11$

$$\overline{\lambda}_P = \frac{800/4}{28,4 \cdot 1,0 \cdot \sqrt{23,9}} = 1,70 > 0,5 + \sqrt{0,085 - 0,055 \cdot (-0,7)} = 0,85$$

$$\rho = \frac{1,7 - 0,055 \cdot (3 + (-0,7))}{1,7^2} = 0,544$$

$$b_{\text{eff}} = 0,544 \cdot 800/(1 - (-0,7)) = 256\,\text{mm}$$

$$b_{e,1} = 0,4 \cdot 256 \approx 102\,\text{mm} \quad b_{e,2} = 0,6 \cdot 256 \approx 154\,\text{mm}$$

und damit $b_u = 154 + 330 = 484\,\text{mm}$ gemäß Tab. 2.14

3. Iteration: (Spannungen mit reduziertem Obergurt und reduziertem Stegblech)

Mit den reduzierten Obergurt-Stegblechabmessungen werden die Spannungen neu ermittelt. Damit erhält man den in Abb. 2.49b dargestellten *wirksamen Querschnitt*. Aus der (hier nicht vorgerechneten) neuen Schwerpunktslage erhält man

$$A_{\text{eff}} = 59{,}5\,\text{cm}^2 \quad I_{\text{eff,y}} = 65.041\,\text{cm}^4 \quad \min W_{\text{eff,y}} = 1263\,\text{cm}^3 \quad \max W_{\text{eff,y}} = 2189\,\text{cm}^3$$

Damit ergeben sich die Spannungen zu

$$\sigma_{\text{o,eff}} = -10{,}0\,\text{kN/cm}^2 \quad (\text{Druck}) \qquad \sigma_{\text{ul}} = 17{,}3\,\text{kN/cm}^2 \quad (\text{Zug})$$

sowie

$$\Psi_{\text{s,1}} = -10{,}0/17{,}3 = -0{,}58$$

Das elastische Grenzmoment beträgt jetzt nur noch

$$M_{\text{Rd,el}} = 23{,}5/1{,}1 \cdot 1263 \cdot 10^{-2} = 269{,}8\,\text{kNm}$$

Mit max $M = 218{,}75$ kNm lautet der

Tragsicherheitsnachweis:

$$\max M/M_{\text{Rd,el}} = 218{,}75/269{,}8 = 0{,}81 < 1$$

Biegedrillknicken: Es wird mit dem reduzierten Querschnitt der vereinfachte Biegedrillknicknachweis „Druckgurt als Druckstab" geführt, s. Abschn. 6.3.4.2, Teilwerk 1 [5]. Dabei wird die seitliche Halterung im Abstand von 2 m berücksichtigt:

Flächenträgheitsmoment Druckgurt $\qquad I_{\text{eff,f,z}} = \dfrac{0{,}6 \cdot 20^3}{12} = 400\,\text{cm}^4$

eff. Gurtfläche $\qquad\qquad\qquad\qquad A_{\text{eff,f}} = 20 \cdot 0{,}6 = 12\,\text{cm}^2$

eff. Stegfläche $\qquad\qquad\qquad\qquad A_{\text{eff,w,c}} = 10{,}2 \cdot 0{,}4 = 4{,}08\,\text{cm}^2$

Trägheitsradius $\qquad\qquad\qquad\qquad i_{\text{f,z}} = \sqrt{400/(12 + 4{,}08/3)} = 5{,}47\,\text{cm}$

$$\lambda_1 = \pi\,\sqrt{21.000/23{,}5} = 93{,}9$$

Mit $M_{\text{c,Rd}} = M_{\text{gr,el,d}}$, $k_{\text{c}} = 1$ und $c = 200$ cm ist $\overline{\lambda}_{\text{LT,0}} = 0{,}1 + 0{,}4 = 0{,}5$ gemäß Tab. 6.17 [5]

$$\overline{\lambda}_{\text{f}} = \frac{200 \cdot 1{,}0}{5{,}47 \cdot 93{,}9} = 0{,}39 < 0{,}5 \cdot 269{,}8/218{,}75 = 0{,}62 \quad \text{Nachweis erfüllt}$$

Da der Nachweis über $\overline{\lambda}_f$ i. d. R. auf der sicheren Seite liegt und hier überdies mit $M_{gr,el}$ gerechnet wird, darf eine angemessene Kippsicherheit unterstellt werden.

Damit ist der Deckenunterzug ausreichend dimensioniert. Die Verformungen unter den Gebrauchslasten sind vernachlässigbar klein ($\approx l/1260$). Bei gleichen Verformungen hätte man auch ein Walzprofil IPE 600 mit $I_x = 92.080\,\text{cm}^4$ und $g = 122\,\text{kg/m}$ Trägergewicht wählen können. Aufgrund der Stückgewichte von Walzprofil und Blechträger sowie der unterschiedlichen Materialpreise ist der Blechträger dann wirtschaftlicher, wenn er in weniger als ca. 30 Werkstattstunden gefertigt werden kann, was bei den heutigen Bearbeitungsmaschinen. (brenn- und Schweißautomaten) natürlich möglich ist.

2.7.2.6   Längs ausgesteifte Blechfelder

Wie bereits in Abschn. 2.3 dargestellt, können insbesondere Längssteifen zu einer deutlichen Verbesserung der Tragfähigkeit beulgefährdeter Querschnittsteile führen. Wobei Längssteifen in der Druckzone i. d. R. deutliche bessere Werte liefern als Quersteifen. Für die Nachweisführung längsausgesteifter Blechfelder sind die Einflüsse aus dem Einzel- und dem Gesamtfeldbeulen zu berücksichtigen. Hieraus ergibt sich eine zweistufige Vorgehensweise. Zunächst werden die wirksamen Flächen $A_{c,eff,loc}$ der Einzelfelder und Steifen bestimmt. Anschließend erfolgt die Berechnung der Beulsicherheit des Gesamtfeldes unter Ermittlung des Abminderungsfaktors ρ_c. Mit diesem wird $A_{c,eff,loc}$ nochmals reduziert.

2.7.3   Träger mit schlanken Stegen und Quersteifen nach [28]

2.7.3.1   Einführung, Geltungsbereich

Nachfolgend werden auf Basis der geschichtlichen technischen Entwicklung die besonderen Phänomene von Trägern mit schlanken Stegen unter Schubbeanspruchung näher betrachtet, da dieses im Zusammenhang mit den aktuellen Eurocodes nicht unmittelbar erkennbar wird. Man spricht in diesem Zusammenhang von der sogenannten Zugfeldtheorie.

Die nach Kap. 1 entworfenen geschweißten Vollwandträger erfordern neben dem Tragsicherheitsnachweis gegenüber der Materialfestigkeit ($\sigma_{R,d}$, $\tau_{R,d}$) und dem Biegedrillknicknachweis stets auch den Nachweis ausreichender *Beulsicherheit der Stege* (und Gurte) entweder durch Einhaltung gewisser Blechschlankheiten oder -dicken (s. Teilwerk 1, Abschn. 2.6.2) oder über den „genauen" Nachweis nach Abschn. 2.5. Obwohl in den letztgenannten Nachweisen das „überkritische Tragverhalten" von schub- (und druck-)beanspruchten Platten bereits enthalten ist, müssen (speziell) die Stege oft unnötig dick ausgeführt werden, weil ein möglicher *Wandel des Tragmechanismus* des Vollwandträgers durch den Beulnachweis nicht erfasst wird:

Vollwandträger mit Zwischen(quer)steifen (Abb. 2.52) besitzen nämlich die Fähigkeit, nach Erreichen der kritischen Beulschubspannung (s. Abschn. 2.1) zusätzliche Lasten (in Stegebene) durch Ausbildung eines *fachwerkartigen Tragcharakters* sicher aufzunehmen.

Abb. 2.50 Allgemeine Angaben zum Zugfeld zwischen zwei Quersteifen

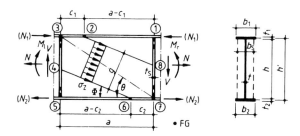

Wie zahlreiche Versuche zeigen, überlagert sich dem reinen Schubbeanspruchungszustand unter der kritischen Beullast ein geometrisch recht eindeutig definierbares *Zugfeld* im Wesentlichen in Richtung der Felddiagonalen (= Fachwerk mit Zugstreben) und führt erst dann zum Versagen des gesamten Trägers, wenn sich in den Gurten aufgrund der jetzt erhöhten Spannungen Fließgelenke bilden und sind in Richtung der Zugfelddiagonalen (mit der Neigung Φ) Fließen einstellt, Abb. 2.50.

Auf der Grundlage dieser Tragmechanismen wurden durch Versuche abgedeckte Methoden entwickelt, die auch oberhalb der kritischen Beulspannung ausreichende Tragsicherheit gewährleisten [27, 28]. Diese in den angelsächsischen und skandinavischen Ländern sehr verbreitete Berechnungsmethode hat hierzulande nur eine geringe Verbreitung aus zweierlei Gründen erfahren:

1. Die national veröffentlichten Berechnungsmethoden [28] waren weitestgehend unbekannt und teilweise sehr aufwendig; sie bedürfen auch eines vertieften Wissensstandes.
2. Die nach den in den folgenden Abschnitten vorgestellten Berechnungsmethoden entworfenen Vollwandträger weisen u. U. bereits nach der Fertigung und unter den Gebrauchslasten in den Stegen deutliche Verwerfungen in Form von „Beulen" auf, deren Tiefe das 3- bis 4fache der Stegblechdicke erreichen kann. Solche anfänglichen und unter den Gebrauchslasten auftretenden Deformationen sind oftmals unerwünscht und zwingen zu dickeren Querschnittsteilen.

Mit den nachfolgenden Ausführungen soll versucht werden, die unter Pkt. 1 entstandene Lücke zu schließen. In die aktuellen Eurocodes (Teil 1–9) sind die hier aufgeführten Effekte indirekt eingearbeitet.

Die hier vorgestellten Berechnungsverfahren gelten unter folgenden Voraussetzungen.

Geltungsbereich nach [28]

- Werkstoffe S235, S355 nach DIN EN 10025
- Stegblechdicke $t > 1,5$ mm; Stegschlankheit $h/t \leq 350$ (S235), 250(S355), jedoch $h \leq 3500$ mm und $0,5 \leq \alpha \leq 3$ (α = Seitenverhältnis a/b)
- Einfeld- und Durchlaufträger bei vorwiegend ruhender Last
- wirksame Zwischensteifen, kompakte Endsteifen

- Ausreichende Kippsicherheit, Aussteifungen bei lokalen Lasten
- nur geringe Trägerlängsdruckkräfte, mit resultierenden Druckspannungen nur in einem der Flansche

Hinweis: Es werden die Bezeichnungen und Regelungen aus [28] verwendet.

2.7.3.2 Tragsicherheitsnachweise

Bestimmung der rechnerischen Grenzquerkraft $V_{R,d}$
Es wird unterstellt, dass das Biegemoment (und eine evtl. vorhandene, (geringe) Druckkraft) allein von den i. Allg. symmetrischen Flanschen übertragen wird. Demnach erhält der Steg nur Querkräfte. Die Grenzquerkraft $V_{R,d}$ setzt sich aus zwei Anteilen zusammen:

$$V_{R,d} = V_{P,d} + 0,85 \cdot V_{Z,d} \tag{2.90}$$

mit

$V_{P,d}$ Schubfeldkraft nach Gl. 2.91 unter der rechnerischen Grenzbeulspannung $\tau_{P,R,d}$ nach Abschn. 2.2.2, jedoch mit
ι_τ nach Tab. 2.18 in Abhängigkeit von $\overline{\lambda}_P$

$$V_{P,d} = \tau_{P,R,d} \cdot h \cdot t \tag{2.91}$$

h, t Höhe und Dicke des Stegbleches
$V_{Z,d}$ Querkraft aus der Zugbandkraft $Z_{R,d}$ nach den Gln. 2.97, 2.98

Zugfeldquerkraft $V_{Z,d}$ (Abb. 2.50)
Zur Umgehung einer Iteration darf die Zugfeldneigung stets unter einem Winkel

$$\Phi = 2/3 \cdot \Theta \tag{2.92}$$

mit

Θ Neigung der Beulfelddiagonalen

Tab. 2.18 Abminderungs-faktor ι_τ (= bezogene Tragbeulspannung) nach [28]	ι_τ
$\overline{\lambda}_P \leq 0,84$	$1,0$
$0,84 < \overline{\lambda}_P \leq 1,19$	$0,84/\overline{\lambda}_P$
$\overline{\lambda}_P > 1,19$	$1/\overline{\lambda}_P^{\,2}$

angenommen werden. Die mögliche Zugfeldspannung σ_Z wird unter Berücksichtigung der unter 45° verlaufenden Hauptzugspannungen aus $\tau_{P,R,d}$ nach den Gln. 2.93 und 2.94 bestimmt

$$\overline{\sigma}_{Z,P} = 0,5 \cdot \sqrt{3} \cdot \iota_\tau \cdot \sin 2\Phi \tag{2.93}$$

$$\sigma_Z = f_{y,k} \cdot \left[\sqrt{1 + \overline{\sigma}_{Z,P}^2 - i_\tau^2} - \overline{\sigma}_{Z,P} \right] \tag{2.94}$$

Die Zugfeldbreite g ergibt sich aus den geometrischen Bedingungen. Dabei ist die Lage der Fließgelenke in den beiden Flanschen c_1, c_2 durch die plastische Grenztragfähigkeit der Gurte (Rechteckquerschnitt mit $(b \cdot t)_i$, $i = 1, 2$) unter Berücksichtigung der Gurtnormalkräfte aus M_y und N festgelegt. Für den Druckgurt wird unterstellt, dass er voll wirksam ist, was für

$$b_1 < 25{,}8t_1 \cdot \sqrt{240/f_{y,k}}$$

zutrifft.

Aus

$$M_{pl,Ni,k} = \left(\frac{b \cdot t^2}{4} \right)_i \cdot f_{y,k} \cdot [1 - (\gamma_M \cdot N_i / N_{pl,i,k})]^2 \tag{2.95}$$

mit

b_i, t_i Abmessungen des Gurtes i
N_i Normalkraft des Gurtes i: $N_i = M_y / h' \pm N/2$ (+ für Druckgurt, − für Zuggurt)
N äußere Normalkraft (als Druck positiv)
h' Abstand der Flansche

erhält man mit der Stegblechdicke t die Lage der Fließgelenke in den Gurten

$$\left. \begin{array}{l} c_1 = \dfrac{2}{\sin \Phi} \cdot \sqrt{M_{pl,N_1,k} / (t \cdot \sigma_Z)} \\[2mm] c_1 = \dfrac{2}{\sin \Phi} \cdot \sqrt{M_{pl,N_1,k} / (t \cdot \sigma_Z)} \end{array} \right\} \leq a \tag{2.96}$$

Auf die Normalkraftinteraktion nach Gl. 2.95 darf verzichtet werden, falls $N_i \leq 0,3 \cdot N_{pl,i}$. Somit liegt die Zugfeldbreite g fest

$$g = h \cdot \cos \Phi - (a - c_1 - c_2) \cdot \sin \Phi \geq 0 \tag{2.97}$$

Die Zugbandkraft Z_R beträgt

$$Z_R = g \cdot t \cdot \sigma_z \tag{2.98}$$

Ihre Vertikalkomponente ist $V_{Z,d}$

$$V_{Z,d} = \frac{Z_R}{\gamma_M} \cdot \sin \Phi \tag{2.99}$$

Der Tragfähigkeitsnachweis lautet somit

$$V/V_{R,d} \leq 1 \tag{2.100}$$

Die angegebenen Beziehungen gelten für den Fall, dass die Gurte und Stege aus dem gleichen Material bestehen; bei unterschiedlicher Materialgüte sind die Formeln sinngemäß anzuwenden bzw. s. [28].

Grenzbiegemoment $M_{R,d}$

Der Nachweis beschränkt sich bei gleich großen Gurten auf den Knicksicherheitsnachweis des Druckgurtes. Der Nachweis lautet mit N_1 aus den Erläuterungen zu Gl. 2.95

$$N_1/N_{1,R,d} \leq 1 \tag{2.101}$$

mit

$$N_{1,R,d} = \frac{i_K \cdot f_{y,k}}{\gamma_M} \cdot (b \cdot t)_1 \tag{2.102}$$

Hierin ist

ι_K Abminderungsfaktor für Biegeknicken des Gurtes (aus der Stegebene) mit $s_K = a$; der Trägheitsradius des Gurtes ist dabei $i_1 = 0{,}289 \cdot b_1$, vollwirksame Breite b_1 vorausgesetzt; Knickspannungslinie c, s. Teil 1. Bei gedrungenen Gurten kann auch das Drillknicken maßgebend sein, s. [28].

Nachweis der Steifen

Damit die zuvor errechnete Grenzquerkraft auch erreicht werden kann, sind die Zwischen-(quer)steifen und die Endquersteifen ausreichend kräftig zu bemessen. Von beiden Steifen wird vorausgesetzt, dass sie mit beiden Gurten über entsprechende Schweißnähte verbunden sind.

Zwischenquersteifen

Quersteifen an Stellen *ohne* Vorzeichenwechsel in der Querkraftlinie müssen folgende Bedingung erfüllen (Knicken aus der Trägerebene heraus)

$$\frac{V_{Z,d} \cdot \gamma_M}{i_K \cdot f_{y,k} \cdot A_s} \leq 1 \tag{2.103}$$

mit

$A_s = b_s \cdot t_s$ Steifenquerschnitt nach (Abb. 2.50)

ι_K Abminderungsfaktor für Steifenknicken aus der Stegblechebene für die Knickspannungslinie c, s. Teil 1

$V_{Z,d}$ Größtwert der Zugfeldkraft aus den benachbarten Stegfeldern

Bei *Vorzeichenwechsel* in der Querkraftlinie ist für $V_{Z,d}$ die Summe der Zugfeldkräfte aus beiden (benachbarten) Stegfeldern einzusetzen.

Neben der ausreichenden Knicksicherheit müssen die Quersteifen auch eine ausreichende Biegesteifigkeit (aus der Stegblechebene) aufweisen, um das Stegblech wirksam auszusteifen. Sie wird hier ohne Nachweis unterstellt, s. u. a. [4]. Erfolgt über die Zwischensteifen eine direkte und hohe Lasteinleitung, ist ein örtlicher „Beul-Krüppel"-Nachweis erforderlich, s. [28].

Kompakte Endsteifen (Walzprofil)
Mit Rücksicht auf das Berechnungsbeispiel und aus Platzgründen sollen hier nur die Nachweise für eine kompakte Endsteife aus Walzprofilen behandelt werden. Nachweise für eine einfache oder doppelte Endquersteife s. [28].

Die Zugbandkraft Z_R hängt sich im Endfeld nicht nur in den Druckgurt, sondern auch mit einem Teil ihrer Horizontalkomponente in die Endquersteife ein und verursacht in ihr eine Verbiegung in Richtung der Trägerachse, Abb. 2.51.

Der Abstand c_1 im Endfeld muss u. U. neu bestimmt werden für den Fall, dass c_1 nach Gl. 2.104 kleiner wird als nach Gl. 2.96.

$$c_1 = \frac{2}{\sin \Phi} \cdot \sqrt{\frac{M_{pl,N_1,k}^{②} + M_{pl,N_2,k}^{③}}{2 \cdot t \cdot \sigma_Z}} \tag{2.104}$$

Der Wert für c_1 ist dann *iterativ* zu bestimmen, da sich mit ihm auch die Zugfeldbreite g ändert und damit die plastischen Momente in den FG ② und ③.

In Gl. 2.104 gilt für

$$M_{pl,N_1,k}^{②} = \frac{(b \cdot t^2)_1}{4} \cdot f_{y,k} \cdot \left[1 - \left(\frac{Z_R \cdot \cos \Phi}{N_{pl,1,k}}\right)^2\right] \tag{2.105}$$

und

$$M_{pl,N_2,k}^{③} = \frac{(b \cdot t^2)_1}{4} \cdot f_{y,k} \cdot \left[1 - \left(\frac{(g - c_1 \cdot \sin \Phi) \cdot t \cdot \sigma_Z \cdot \cos \Phi}{N_{pl,1,k}}\right)^2\right] \tag{2.106}$$

Abb. 2.51 Allgemeine Angaben zum Zugfeld am Endauflager mit kompakter Endquersteife

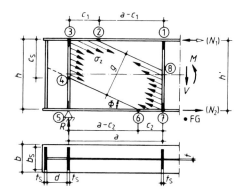

Die Horizontalkomponente der Zugbandkraft über die projizierte Höhe c_s (Abb. 2.51) beträgt

$$H_k = (c_s \cdot \cos \Phi - d \cdot \sin \Phi) \cdot t \cdot \sigma_Z \cdot \cos \Phi \qquad (2.107)$$

mit d lichter Abstand zwischen den Flanschen der Endquersteife (Abb. 2.51)

$$c_s = h - (a - c_2) \cdot tg\, \Phi \qquad (2.108)$$

Die von der Endquersteife aufnehmbare Kraft in Richtung der Trägerachse beträgt

$$H_{R,s,k} = 2 \cdot (M_{pl,N,k}^{\textcircled{3}} + M_{pl,N,k}^{\textcircled{4}})/c_s \qquad (2.109)$$

mit

$$M_{pl,N,k}^{\textcircled{4}} = 1{,}1 \cdot M_{pl,k} \cdot \left(1 - \frac{\gamma_M \cdot V}{N_{pl,k}}\right) \qquad (2.110)$$

und

$M_{pl,k}$ plastisches Moment der Endquersteife
V Auflagerkraft
$M_{pl,N,k}^{\textcircled{3}}$ nach Gl. 2.106

Der Nachweis lautet dann

$$H_R/H_{R,S,k} \le 1.$$

Für den Steg der Endquersteife muss schließlich noch der Schubnachweis geführt werden:

$$s_s \ge \begin{cases} \sqrt[3]{\dfrac{0{,}587 \cdot d \cdot M_{pl,k}}{c_s \cdot E}} \\[2ex] \dfrac{\sqrt{3} \cdot H_k}{f_{y,k} \cdot d} \end{cases} \qquad (2.111)$$

Damit ist die Biegetragfähigkeit der Endquersteife für die anteilige Zugbandkraft nachgewiesen. Es verbleibt noch der Nachweis der Endquersteife für ihre Längskraft V:
$V/V_{S,d} \le 1$:

$$V_{S,d} = V_{P,d} + 0{,}85 \cdot V'_{Z,d} \qquad (2.112)$$

mit

$$V'_{Z,d} = (c_1 \cdot \sin \Phi + c_S \cdot \cos \Phi) \cdot t \cdot \frac{\sigma_Z}{\gamma_M} \cdot \sin \Phi \qquad (2.113)$$

Für kompakte Endquersteifen wird ein Knicknachweis (aus der Stegebene) i. d. R. nicht maßgebend. Im Auflagerbereich ist für eine ausreichende Krafteinleitungsfläche zu sorgen.

Konstruktive Hinweise

[24] enthält noch einige konstruktive Hinweise für die praktische Ausführung, insbesondere über die Schweißnahtdicken im Bereich der Zugfelder; s. hierzu das Berechnungsbeispiel.

2.7.3.3 Berechnungsbeispiel

Beispiel 4 (Abb. 2.52)
Der 15 m lange und 1,5 m hohe Blechträger aus S 235 ist durch Quersteifen in 5 gleiche Felder eingeteilt und wird an diesen Stellen durch Einzellasten $P_d = 112$ kN belastet. An den Lastangriffspunkten ist der Träger gleichzeitig seitlich gegen Kippen gestützt. Es sind die Tragsicherheitsnachweise nach DIN 18800-1 bis -3 und DASt-Ri. 015 zu führen.

Zunächst werden einige geometrische Vorwerte errechnet bzw. überprüft.

Vorwerte:

$$h/t = 1470/5,0 = 294 < 350$$

$$b_1 = b_2 = 24,0 \,\text{cm} < 25,8 \cdot 1,5 \cdot \sqrt{240/240} = 38,7 \,\text{cm}$$

$$A_1 = A_2 = 24 \cdot 1,5 = 36 \,\text{cm}^2; \quad A_V = 147 \cdot 0,5 = 73,5 \,\text{cm}^2; \quad A = 145,5 \,\text{cm}^2$$

$$\alpha = 300/147 = 2,04 > 0,5 \,(< 3,0)$$

$$\Theta = \arctan(1470/3000) = 0,456 \,(\hat{=} \, 26,1°)$$

$$\Phi = 2/3 \cdot \Theta = 0,304,$$

$$\sin\Phi = 0,299, \quad \cos\Phi = 0,954, \quad \tan\Phi = 0,313, \quad \sin 2\Phi = 0,571$$

Nacheinander werden die Tragfähigkeiten der Stegfelder (3), (2) und (1) untersucht und mit den vorhandenen Schnittgrößen verglichen. Anschließend erfolgt der Nachweis der Zwischensteifen und Endquersteifen.

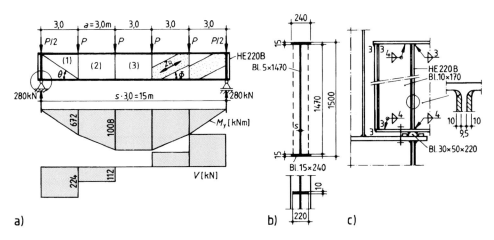

Abb. 2.52 Einfeldträger mit schlankem Steg und Zwischensteifen. **a** Statisches System mit Abmessungen und Schnittkraftverlauf, **b** Querschnitt, **c** Auflagerung auf abgesetzter Stütze

Grenzbiegemoment im Feld (3):

$$V = 0 \qquad\qquad M_y = 1008\,\text{kNm}$$

$$i_{z,1} = 0{,}289 \cdot 24 = 6{,}94\,\text{cm} \quad \overline{\lambda}_{z,1} = \frac{300}{6{,}94 \cdot 92{,}9} = 0{,}465$$

Mit der Knickspannungslinie c gilt

$$(\alpha = 0{,}49) \quad \iota_c = 0{,}863$$

und die aufnehmbare Normalkraft ist

$$N_{1,R,d} = 0{,}863 \cdot 24{,}0 \cdot 36{,}0/1{,}1 = 678\,\text{kN} \quad \text{nach Gl. 2.101}$$

Die Normalkraft in den Flanschen beträgt

$$N_1 = -N_2 = 100.800/(147{,}0 + 1{,}5) = 679\,\text{kN}$$

Nachweis:

$$N_1/N_{1,R,d} = 679/678 = 1{,}0$$

Schubtragfähigkeit im Feld (2):

$$V = 112\,\text{kN} \quad M_y < 1008\,\text{kNm}$$

Die Grenzbeulspannung $\tau_{P,R,d}$ wird wie folgt bestimmt, siehe Abschn. 2.2.2 und Tab. 2.9 sowie Tab. 2.11

$$\sigma_e = 1{,}898 \cdot (100 \cdot 5/1470)^2 = 0{,}22\,\text{kN/cm}^2$$

$$k_\tau = 5{,}34 + 4{,}0/2{,}042 = 6{,}30$$

$$\tau_{Pi} = 6{,}3 \cdot 0{,}22 = 1{,}386\,\text{kN/cm}^2$$

$$\overline{\lambda}_P = \sqrt{\frac{24{,}0}{1{,}386 \cdot \sqrt{3}}} = 3{,}162 > 1{,}19$$

$$\iota_\tau = 1/3{,}162^2 = 0{,}1$$

$$\tau_{P,R,d} = 0{,}1 \cdot 24/(\sqrt{3} \cdot 1{,}1) = 1{,}26\,\text{kN/cm}^2$$

Damit kann über Schubspannungen eine Kraft von

$$V_{P,d} = 1{,}26 \cdot 73{,}5 = 92{,}6\,\text{kN} \quad \text{nach Gl. 2.91}$$

übertragen werden. Die restliche Querkraft muss über Zugfeldwirkung aufgenommen werden. Die aufnehmbare Kraft wird wie folgt bestimmt.

$$\overline{\sigma}_{Z,P} = 0{,}5 \cdot \sqrt{3} \cdot 0{,}1 \cdot 0{,}571 = 0{,}049 \qquad\qquad \text{nach Gl. 2.93}$$

$$\sigma_Z = 24{,}0 \cdot [\sqrt{1 + 0{,}049^2 - 0{,}1^2} - 0{,}049] = 22{,}73\,\text{kN/cm}^2 \quad \text{nach Gl. 2.94}$$

Die Lage der plastischen Gelenke in den Gurten wird auf der sicheren Seite mit $|N_1| = |N_2| = 679\,\mathrm{kN}$ bestimmt.

$$N_{\mathrm{pl},1,2,k} = 36,0 \cdot 24 = 864\,\mathrm{kN}$$

$$M_{\mathrm{pl.N1,2,k}} = \frac{24 \cdot 1,5^2}{4} \cdot 24 \cdot [1 - (1,1 \cdot 679/864)^2] = 81,9\,\mathrm{kNcm} \quad \text{nach Gl. 2.95}$$

$$c_1 = c_2 = \frac{2}{0,299} \cdot \sqrt{81,9/(0,5 \cdot 22,73)} = 17,96\,\mathrm{cm}$$

Mit der Zugfeldbreite g nach Gl. 7.42a, 7.42b erhält man

$$g = 147 \cdot 0,954 - (300 - 2 \cdot 17,96) \cdot 0,299 = 61,3\,\mathrm{cm}$$

$$Z_R = 61,3 \cdot 0,5 \cdot 22,73 = 697\,\mathrm{kN} \qquad\qquad \text{nach Gl. 2.98}$$

$$V_{Z,d} = 697 \cdot 0,299/1,1 = 189\,\mathrm{kN}$$

Damit ist Grenzquerkraft $V_{R,d}$

$$V_{R,d} = 92,6 + 0,85 \cdot 189 = 253\,\mathrm{kN} \quad \text{nach Gl. 2.90}$$

Nachweis:

$$V/V_{R,d} = 112/253 = 0,44 < 1$$

Schubtragfähigkeit im Feld (1):

$$V = 224\,\mathrm{kN} \quad My < 672\,\mathrm{kNm}$$

In Anlehnung an den Anhang A zu [28] wird – obwohl etwas unverständlich – die Lage des plastischen Gelenkes im Druckflansch (c_1) ebenfalls aus Gl. 2.96, und nicht über Gl. 7.49 wie beim Nachweis der Endquersteifen, bestimmt. Es werden lediglich andere Gurtnormalkräfte N_i berücksichtigt. An der Kraft $V_{P,d}$ und an σ_Z hat sich nichts geändert. Mit $N_1 = -N_2 = 67.200/148,5 = 452,5\,\mathrm{kN}$ wird

$$M_{\mathrm{pl,N1,2,k}} = \frac{24 \cdot 1,5^2}{4} \cdot 24 \cdot [1 - (1,1 \cdot 452,5/864)^2] = 324 \cdot 0,667 = 216\,\mathrm{kNcm}$$

$$c_1 = c_2 = \frac{2}{0,299} \cdot \sqrt{216/(0,5 \cdot 22,73)} = 29,2\,\mathrm{cm}$$

$$g = 147 \cdot 0,954 - (300 - 2 \cdot 29,2) \cdot 0,299 = 68\,\mathrm{cm}$$

$$Z_R = 68 \cdot 0,5 \cdot 22,73 = 773\,kN \quad V_{Z,d} = 773 \cdot 0,299/1,1 = 210\,\mathrm{kN}$$

Nachweis:

$$\frac{224}{92,6 + 0,85 \cdot 210} = 0,83\,(0,85) < 1$$

(Klammerwert mit Z_R aus Endquersteifennachweis)

Nachweis der Zwischenquersteifen: Die Einzellasten werden über (oberflanschbündige) Querträger direkt in die Steifen eingeleitet. Ein örtlicher Beulnachweis ist nicht erforderlich.

Es wird lediglich das Knicken nach Gl. 2.103 mit $V_{Z,d} \leq 210\,\text{kN}$ untersucht

$$A_S = 22 \cdot 1{,}0 = 22\,\text{cm}^2$$

$$i = 0{,}289 \cdot 22 = 6{,}36\,\text{cm}$$

$$\overline{\lambda}_K = 147/(6{,}36 \cdot 92{,}9) = 0{,}249$$

$$\iota_c = 0{,}975$$

Nachweis:

$$\frac{1{,}1 \cdot 210}{0{,}975 \cdot 24 \cdot 22} = 0{,}45 < 1$$

Nachweis der Endquersteifen (Abb. 2.53): Als Endquersteife wird ein HE200B gewählt. Für diesen ist

$$M_{pl,k}^{④} = 1{,}1 \cdot 180 = 198\,\text{kNm} \quad N_{pl,k} = 1{,}1 \cdot 1986 = 2185\,\text{kN}$$

Für den Nachweis der Steife ist die Zugfeldbreite (über c_1) iterativ neu zu bestimmen. Ausgehend von den Werten für den Nachweis der Schubtragfähigkeit im Feld (1) liefert der 1. Iterationsschritt:

$$M_{pl,N_1,k}^{②} = 324 \cdot \left[1 - \left(\frac{773 \cdot 0{,}954}{864} \right)^2 \right] = 88\,\text{kNcm} \qquad \text{nach Gl. 2.105}$$

$$M_{pl,N_2,k}^{③} = 324 \cdot \left[1 - \left(\frac{(68 - 29{,}2 \cdot 0{,}299) \cdot 0{,}5 \cdot 22{,}73 \cdot 0{,}954}{864} \right)^2 \right]$$

$$= 144{,}8\,\text{kNcm} \qquad \text{nach Gl. 2.106}$$

$$c_1 = \frac{2}{0{,}299} \cdot \sqrt{\frac{88 + 144{,}8}{2 \cdot 0{,}5 \cdot 22{,}73}} = 21{,}4\,\text{cm} < 29{,}2\,\text{cm} \qquad \text{nach Gl. 2.104}$$

$$g = 147 \cdot 0{,}954 - (300 - 21{,}4 - 29{,}2) \cdot 0{,}299 = 65{,}7\,\text{cm}$$

Abb. 2.53 Schweißtechnische Details

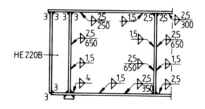

Mit dieser Zugfeldbreite liefert ein 2. Iterationsschritt den Wert

$$c_1 = 22,1\,\mathrm{cm}$$

Die Iteration darf abgebrochen und mit einem mittleren Wert $c_{1m} = c_1 = (21,4 + 22,1)/2 = 21,8\,\mathrm{cm}$ weitergerechnet werden.

Er liefert $g = 65,8\,\mathrm{cm}$ und $Z_R = 748\,\mathrm{kN}$. Damit wird

$$M_{\mathrm{pl,N_2,k}}^{③} = 144,7\,\mathrm{kNcm}$$

Das aufnehmbare plastische Moment im Steifenquerschnitt beträgt

$$M_{\mathrm{pl,N,k}}^{④} = 1,1 \cdot 19.800 \cdot (1 - 1,1 \cdot 224/2185) = 19.324\,\mathrm{kNcm}\quad\text{nach Gl. 2.110}$$

Somit kann die Endquersteife eine in Richtung der Trägerachse wirkende Gesamtkraft bei

$$c_S = 147 - (300 - 29,2) \cdot 0,313 = 62,2\,\mathrm{cm}$$

$$H_{\mathrm{R,S,k}} = 2 \cdot (144,7 + 19324)/62,2 = 626\,\mathrm{kN}\qquad\text{nach Gl. 2.109}$$

aufnehmen. Die anteilige Horizontalkomponente der Zugbandkraft ist nach Gl. 7.52 und $d = 22 - 2 \cdot 1,6 = 18,8\,\mathrm{cm}$

$$H_k = (62,2 \cdot 0,954 - 18,8 \cdot 0,299) \cdot 0,5 \cdot 22,73 \cdot 0,954 = 582\,\mathrm{kN}\quad\text{nach Gl. 2.107}$$

Nachweis:

$$H_k/H_{\mathrm{R,S,k}} = 582/626 = 0,93 < 1$$

Für den Steifensteg muss noch Gl. 2.111 überprüft werden:

$$s_S = 0,95\,\mathrm{cm} \geq \sqrt[3]{\frac{0,587 \cdot 18,8 \cdot 19.800}{62,2 \cdot 21 \cdot 10^3}} = 0,55$$

$$< \frac{\sqrt{3} \cdot 582}{24 \cdot 18,8} = 2,23$$

Der Steg der Endquersteife wird mittels 2Bl 10×170 verstärkt (Schweißnahtanschluss am Flansch).

Die Längskraft der Endsteife beträgt mit den Gln. 4.48 und 4.47

$$V_{\mathrm{Z,d}}' = (21,8 \cdot 0,299 + 62,2 \cdot 0,954) \cdot 0,5 \cdot 22,73 \cdot 0,299/1,1 = 203\,\mathrm{kN}$$

$$V_{\mathrm{S,d}} = 92,6 + 0,85 \cdot 203 = 265\,\mathrm{kN}$$

Nachweis:

$$V/V_{S,d} = 224/265 = 0,84 < 1$$

Konstruktive Ausbildung (Nähte): Halsnähte zwischen Steg und Gurt ($a \geq 1,5$ mm)
Im Zugbereich c_1, c_2 gilt

$$a_c \geq 0,5 \cdot t = 0,5 \cdot 5 = 2,5 \text{ mm}$$

außerhalb Zugfeldbereich

$$\left.\begin{aligned} a_a &\geq \frac{V}{2 \cdot h \cdot \tau_{W,R,d}} = \frac{224}{2 \cdot 147 \cdot 0,95 \cdot 21,8} = (0,04) \\ a_a &\geq 0,5 \cdot a_c \qquad\qquad\qquad = (1,25 \text{ mm}) \end{aligned}\right\} \quad a_a = 1,5 \text{ mm}$$

Kehlnähte im Bereich c_S (mit $c_1 \approx c_2$)

$$a_c \geq 0,5 \cdot t = 2,5 \text{ mm}$$

$$c_S \approx 147 - (300 - 25) \cdot 0,313 = 61 \text{ cm}$$

mit $(c_1 + c_2)/2 \approx 25$ cm
Alle anderen Nähte sind konstruktiv gewählt, Abb. 2.53.

Literatur

1. DIN EN 1993 (12.2010): Eurocode 3 – Bemessung und Konstruktion von Stahlbauten (mit jeweiligen NA). Teil 1-1: Allgemeine Bemessungsregeln und Regeln für den Hochbau
2. DIN EN 1993-1-3 (12.2010): Eurocode 3 – Bemessung und Konstruktion von Stahlbauten (mit jeweiligen NA) Teil 1-3: Ergänzende Regeln für kaltgeformte Bauteile und Bleche
3. DIN EN 1993-1-5 (12.2010): Eurocode 3 – Bemessung und Konstruktion von Stahlbauten (mit jeweiligen NA) Teil 1-5: Plattenförmige Bauteile
4. DIN 18800 (11.2008): Stahlbauten, Teil 3: Stabilitätsfälle, Plattenbeulen
5. Lohse, Laumann, Wolf: Stahlbau 1 – Bemessung von Stahlbauten nach Eurocode, Verlag Springer Vieweg 2016
6. Kindmann, R., Laumann, J.: Ermittlung von Eigenwerten und Eigenformen für Stäbe und Stabwerke. Stahlbau 73 (2004), Heft
7. Laumann, J.: Zur Berechnung der Eigenwerte und Eigenformen für Stabilitätsprobleme des Stahlbaus. Fortschritt-Berichte VDI, Reihe 4, Nr. 193, VDI-Verlag, Düsseldorf 2003
8. Kindmann, R.: Stahlbau, Teil 2, Stabilität und Theorie II. Ordnung, Verlag Ernst & Sohn 2008
9. Feldmann, Markus: Stahlbau III, Umdruck zur Vorlesung und Seminar, RWTH Aachen, 2011
10. Kuhlmann U.: Stahlbau Kalender 2012: Eurocode 3 – Grundnorm, Brücken, Verlag Ernst & Sohn 2012
11. Kuhlmann U.: Stahlbaukalender 2015: Eurocode 3 – Grundnorm, Leichtbau Verlag Ernst & Sohn 2015

12. Braun, B.:Stability of steel plates under combined loading, Dissertation, No 2010-3, Institut für Konstruktion und Entwerfen, Universität Stuttgart, 2010
13. Hanswille, G. Vortrag Stahlbauseminar Münster/Rheine 2017
14. Naumes, J., Geilser, K., Bartsch, M.: Vereinfachtes Verfahren für den Beulnachweis bei Ausnutzung plastischer Querschnittsreserven durch Einführung einer wirksamen Blechdicke, Stahlbau 83 (2014), Heft 8
15. Naumes, J., Geilser, K., Bartsch, M.: Vereinfachtes Verfahren für den Beulnachweis bei Ausnutzung plastischer Querschnittsreserven durch Einführung einer wirksamen Blechdicke – Erläuterungen und Beispiele, Stahlbau 84 (2015), Heft 8
16. PraxisRegelnBau: Forschungsbericht, Verbesserung der Praxistauglichkeit der Baunormen durch Pränormative Arbeit – Teilantrag 3: Stahlbau, Fraunhofer IRB Verlag, Stuttgart 2015
17. FE Beul Vers. 8.18, Finite Elemente Plattenprogramm, Fa. Dlubal
18. Wendehorst Bautechnische Zahlentafeln: 35. Aufl. 2015, Wiesbaden, Springer Vieweg
19. Köppel, K., Scheer, J.: Beulwerte ausgesteifter Rechteckplatten. Band I, Verlag Ernst & Sohn, Berlin 1968
20. Köppel, K., Möller, K.\,H.: Beulwerte ausgesteifter Rechteckplatten. Band II, Verlag Ernst & Sohn, Berlin 1968
21. Lindner/Habermann: Zur Weiterentwicklung der Beulnachweise für Platten bei mehrachsiger Beanspruchung. Der Stahlbau 11 (1988) und Der Stahlbau 11 (1989)
22. Petersen, Ch.: Stahlbau. 4 Aufl. 2013, Wiesbaden, Springer Vieweg
23. Petersen, Ch.: Statik und Stabilität der Baukonstruktion. 2. Aufl. Braunschweig 1982
24. Kuhlmann, U., Schmidt-Rasche, C., Frickel, J.: Untersuchungen zum Beulnachweis nach DIN EN 1993-1-5, Berichte der Bundesanstalt für Straßenwesen, Brücken und Ingenieurbau, Heft B140, 2017
25. Stahlbau-Handbuch: Für Studium und Praxis, Bd. 1A, Bd 1B, 3. Aufl., Bd. 2, 2. Aufl. Köln 1993/1996/1985
26. Kindmann, R. Kraus, M.: Finite Elemente Methoden im Stahlbau, Verlag Ernst & Sohn, 2007
27. Rockey/Evans/Porter: A Design Method for Predicting the Collapse Behaviour of Plate Girders. Proc. Instn. Civ, Engrs, Part 2, 1978
28. Rockey/Skaloud: The Ultimate Load Behaviour of Plate Girders in Shear. IABSE Proceedings, London 1971
29. DASt-Ri 015 (7.90) Träger mit schlanken Stegen
30. DASt-Ri 016 (7.88) Bemessung und konstruktive Gestaltung von Tragwerken aus dünnwandigen kalt geformten Bauteilen
31. Kuhlmann, U., Schmidt-Rasche, C., Frickel, J., Pourostad, V.:Untersuchungen zum Beulnachweis nach DIN EN 1993-1-5, BAST Bericht Heft B 140, Oktober 2017

Fachwerke

3

3.1 Einführung

Fachwerke als Träger oder sonstige Tragkonstruktionen haben nach wie vor eine große Bedeutung und werden eingesetzt, wenn

- große Stützweiten frei zu überspannen oder
- örtlich hohe Einzellasten abzuleiten sind,
- gewichtssparend zu konstruieren ist oder
- ästhetische Gesichtspunkte der Architektur eine filigrane Tragkonstruktion erfordern.

Sie werden daher vorzugsweise eingesetzt als

- Haupt- und Nebenträger des Hoch- und Brückenbaus (s. Abb. 3.1a, b),
- Horizontal- und Vertikalverbände von Tragwerken zur Ableitung von Wind- und Seitenkräften
- bzw. zur Stabilisierung von Biegeträgern und Rahmenriegeln (s. Abb. 3.1c),
- Vergitterung von Druckstäben (Stützen) im Mast- und Turmbau (s. Abb. 3.1d).

Fachwerke werden aus geraden, ein- oder mehrteiligen Stäben zusammengesetzt, die ein Netz bilden, indem von einem Grunddreieck ausgehend jeder neu hinzugefügte Knotenpunkt mit zwei neuen Stäben angeschlossen wird (Fachwerk 1. Art). Darüber hinaus vorgesehene Stäbe machen das Fachwerk *innerlich statisch unbestimmt*. Die *Netzlinien* schneiden sich in der Regel in den Knotenpunkten und die Fachwerkstäbe werden dort statisch als *gelenkig* verbunden angesehen. Bei Belastung nur in den Systemknoten erhalten die Stäbe unter diesen Voraussetzungen nur Zug- oder Druckkräfte. Die Annahme gelenkiger Knotenpunkte trifft im realen Fachwerk bei den stahlbaumäßigen Stabanschlüssen der Fachwerkfüllstäbe über Schrauben oder Schweißnähte und der Durchlaufwirkung der

© Springer Fachmedien Wiesbaden GmbH, ein Teil von Springer Nature 2020
W. Lohse, J. Laumann, C. Wolf, *Stahlbau 2*, https://doi.org/10.1007/978-3-8348-2116-4_3

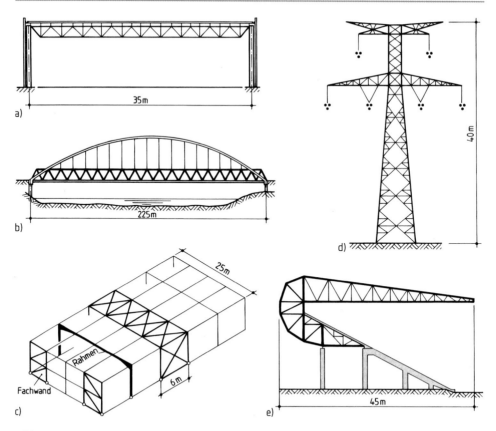

Abb. 3.1 Fachwerke: **a** als Dachträger im Hallenbau, **b** als Versteifungsträger einer Eisenbahn-Bogenbrücke, **c** als Wind- und Stabilisierungsverband, **d** im Mastbau, **e** in Stadionüberdachungen

meist über eine größere Knotenzahl ohne Unterbrechung durchlaufenden Gurte nur bedingt zu und ist auch bei Bolzengelenken wegen der Gelenkreibung nicht ganz erfüllt.

Aufgrund der Stabverlängerungen und -verkürzungen verformt sich das belastete Fachwerk insgesamt. Durch Knotenverdrehungen und Stabverschränkungen entstehen zwangsläufig neben den Stabnormalkräften auch Biegemomente (und vernachlässigbare Querkräfte). Bei schlanken Stäben und (konstruktiv) kleinen Knotenpunkten bleiben die Zusatzmomente aber gering und erzeugen auch nur mäßige *Nebenspannungen* an den Stabenden. Bei vorwiegend ruhender Belastung werden Spannungsspitzen plastisch abgebaut. Bei völliger Durchplastizierung der Stabendquerschnitte verhält sich das Tragwerk wie ein ideales Fachwerk.

Bei nicht vorwiegend ruhender Belastung (Kranbahnträger, Brücken) sind diese Nebenspannungen jedoch in die Betriebsfestigkeitsuntersuchung einzubeziehen. Im Rahmen dieses Werkes sollen vorzugsweise *ebene* Fachwerkträger des Hochbaus behandelt werden. Hier können sie in allen Stützweitenbereichen anstelle von Vollwandträgern verwendet werden.

Der Materialbedarf für Fachwerke ist kleiner als bei Vollwandkonstruktionen, doch ist der Fertigungsaufwand höher, sodass in jedem Fall untersucht werden muss, welche der beiden Bauweisen wirtschaftlicher ist. Bei der Entscheidung spielen aber auch ästhetische und bauliche Fragen eine Rolle: Vollwandträger wirken mit ihren großen Flächen ruhiger, das Filigran des Fachwerks erscheint hingegen leichter, lichtdurchlässiger und begünstigt das Durchführen von Rohrleitungen, Laufstegen usw. Auch die Probleme des Korrosionsschutzes (große Beschichtungsflächen) und dessen Unterhaltung (Zugänglichkeit), des konstruktiven Brandschutzes (Verkleidung) und der Verstärkung bei erhöhten Lasten sind bei der Planung zu berücksichtigen. Die Entscheidung für den Fachwerkträger anstelle eines Vollwandträgers kann auch abhängig sein von der erforderlichen Hebekraft bei der Montage (Gewicht) oder von der erforderlichen Biegesteifigkeit (Verformungen).

3.2 Fachwerksysteme

3.2.1 Grundformen

Fachwerkträger oder Fachwerkbinder (kurz: Fachwerke) bestehen aus einem oberen und unteren Begrenzungsstab, dem *Obergurt* und *Untergurt*, sowie aus Vertikal- und Diagonalstäben (Pfosten und Streben), den *Füllstäben*. Typische *Grundformen* wie in Abb. 3.2 werden nach dem Trägerumriss benannt. *Parallelfachwerke* (Abb. 3.2a) verwendet man im Hochbau als Pfetten, Dachträger, Verbände und Windträger, als Binder für Pultdächer, als Kranbahnträger und als Unterzüge unter Bindern, Decken und Mauern. Träger mit *geneigten Obergurten* sind ausschließlich Formen für *Dachbinder*.

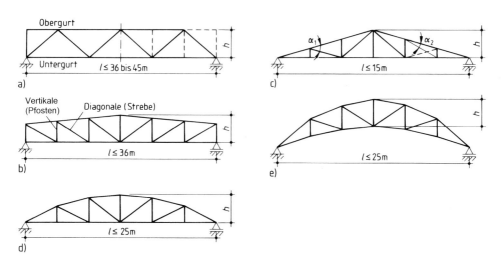

Abb. 3.2 Grundformen der Fachwerke: **a** Parallelfachwerk (ausgebildet als Strebenfachwerk), **b** Trapezfachwerk (ausgebildet als Pfostenfachwerk), **c** Dreieckfachwerk, **d** Parabelträger (in umgekehrter Lage als Fischbauchträger), **e** Sichelträger

Die *Netzhöhe* der Fachwerkträger wird wirtschaftlich zu $h \approx l/8$ bis $l/12$ angenommen, in Ausnahmefällen bis herab auf $l/15$ (große Durchbiegung). Bei Dreieckfachwerken muss h jedoch wesentlich höher ausgeführt werden, weil sonst die Winkel zwischen den Stäben zu spitz sind (Abb. 3.2c). Dreiecksbinder kommen daher nur für steile Dachneigungen in Frage, doch führt dann die im Bild gezeigte schematische Anordnung der Füllstäbe zu Transportproblemen (s. u.). *Parabel-* und *Sichelträger* (Abb. 3.2d,e) sind veraltet und kommen heute nicht mehr in Betracht, weil die Knicke in den Gurten und in der Dacheindeckung ihre Ausführung zu teuer machen.

Eingesetzt werden Fachwerkbinder als Einfeld-, Durchlauf-, Gelenk- und Kragträger sowie als Riegel in Rahmensystemen.

Zum Entwurf von Fachwerken können folgende Regeln dienen:

1. An den Lasteinleitungsstellen sollen Knotenpunkte des Fachwerknetzes angeordnet werden, da die Stäbe andernfalls querbelastet und dadurch zusätzlich auf Biegung beansprucht werden (z. B. Binderobergurte infolge unmittelbarer Auflagerung der Dachhaut oder durch Pfettenauflagerung zwischen den Knoten, Untergurte durch Deckenträger oder Kranbahnen).
2. Die Gurte sollen innerhalb der vorgefertigten Teilstücke des Fachwerks geradlinig sein, da sonst an den Knickstellen (s. Abb. 3.2d, e) teure Werkstattstöße erforderlich sind.
3. Engmaschige Systemnetze sind zu vermeiden, weil sie den Werkstattaufwand vergrößern (ggf. kann hierzu von Punkt 1 abgewichen werden).
4. Druckstäbe sollen mit Rücksicht auf ihre Knicksicherheit möglichst kurz, Zugstäbe möglichst lang sein.
5. Fachwerkstäbe dürfen nicht unter zu spitzen Winkeln zusammentreffen ($\alpha \geq 30°$), weil sonst die Schweißnähte der Stabanschlüsse schlecht zugänglich sind oder aber lange, hässliche Knotenbleche entstehen (s. Abb. 3.2c).
6. Gekrümmte Stäbe sind wegen ihrer Biegebeanspruchung, Knickempfindlichkeit und teuren Herstellung zu vermeiden.

Da das Fachwerknetz von den Stabschwerlinien gebildet wird, ist die *Konstruktionshöhe* des Fachwerks größer als die *Netzhöhe* h. Um das Fachwerk in möglichst großen Teilstücken in der Werkstatt vorfertigen und zur Baustelle befördern zu können, darf die Konstruktionshöhe die zulässigen *Lademaße* nicht überschreiten. Diese richten sich nach der Transportmöglichkeit (Schiene oder Straße, Beschaffenheit des Fahrzeugs, Werkstücklänge, Sondertransport mit Lademaßüberschreitung). Bei normalem Bahntransport mit $h \leq 2,90$ m kommt man bei Fachwerken nach Abb. 3.2a, b und d auf max $l \approx 25$ bis 35 m.

Überschreitet die Konstruktionshöhe bei großen Stützweiten die Transportbreite, dann müssen die Füllstäbe lose geliefert und auf der Baustelle mit Hilfe geschraubter Verbindungen eingebaut werden. Aus diesen Gründen wählt man *bei Dreieckbindern* das Bindersystem so, dass es sich leicht in zwei schmale, transportfähige Fachwerkscheiben

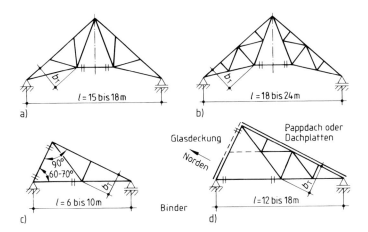

Abb. 3.3 Dreieckbinder als Dachtragwerke mit Montagestoß (II): **a** und **b** Polenceau-Binder, **c** und **d** Sheddach-Binder

zerlegen lässt, welche bei der Montage im Firstpunkt sowie durch ein Zugband miteinander verbunden werden (s. Abb. 3.3a, b). Die Höhenlage des Zugbandes kann sich der Form der Unterdecke anpassen. In ähnlicher Weise können auch Shedbinder entworfen werden (s. Abb. 3.3c, d).

3.2.2 Anordnung der Füllstäbe

Bei *Pfostenfachwerken* (Abb. 3.2b) lässt man die Diagonalen nach der Mitte zu fallen, weil so die langen Diagonalen Zug, die kurzen Vertikalen Druck erhalten. Bei *Dreieck-Fachwerken* richtet sich die Anordnung der Diagonalen auch nach den Neigungswinkeln der Stäbe untereinander (Abb. 3.2c $\alpha_2 \neq \alpha_1$), wobei Ausfachungen mit möglichst vielen gleichen Winkeln (Abb. 3.3b) ruhiger wirken als solche mit unterschiedlichen Winkeln (Abb. 3.3a). *Strebenfachwerke* (Abb. 3.2a) haben abwechselnd steigende und fallende Diagonalen. Zwar ist jede zweite Diagonale gedrückt und muss entsprechend kräftig bemessen werden, doch spart man gegenüber dem Pfostenfachwerk die stark auf Druck beanspruchten Vertikalstäbe und praktisch jeden zweiten Gurtknoten ein, sodass das Strebenfachwerk meist wirtschaftlicher als das Pfostenfachwerk ist.

Sind am belasteten Gurt zwischen den Hauptknotenpunkten weitere Einzellasten aufzunehmen oder soll die Knicklänge des Druckgurtes verkleinert werden, kann man *Zwischenpfosten* oder *Zwischenfachwerke* einschalten (s. Abb. 3.2a, 3.4a, 3.5a, c). Andernfalls erhält der Gurt nicht nur Normalkräfte, sondern auch Biegemomente und muss als biegesteifer Querschnitt dimensioniert werden (s. Abb. 3.5b). Trotz des hierdurch verursachten größeren Stahlbedarfs für den Gurt ist diese Ausführung wegen der kleineren Zahl der Knotenpunkte in der Regel wirtschaftlicher.

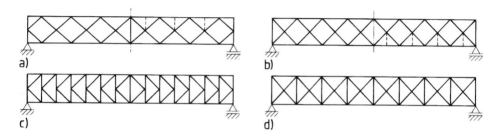

Abb. 3.4 Parallelgurtfachwerke: **a** und **b** Rautenfachwerk, **c** K-Fachwerk, **d** mit gekreuzten Diagonalen

Zwei oder mehrere sich kreuzende Strebenzüge bilden ein *Rautenfachwerk*. Das System nach Abb. 3.4b ist 1-fach statisch unbestimmt, das System nach Abb. 3.4a wäre ohne den (unschönen) Stabilisierungsstab in der Mitte labil. Rautenfachwerke wurden als Haupttragwerke weitgespannter Brücken sowie für Windverbände verwendet. Wegen der hohen Fertigungskosten durch die große Zahl der Stabkreuzungspunkte werden sie heute nur noch in Ausnahmefällen ausgeführt.

Ebenfalls vornehmlich für Verbände werden das *K-Fachwerk* mit seinen kurzen Druckstäben (Abb. 3.4c) oder die Ausfachung mit *gekreuzten Diagonalen* (Andreaskreuz, Abb. 3.4d) gewählt. In der Regel bemisst man die gekreuzten Diagonalen bei vorwiegend ruhender Belastung nur auf *Zug*, sodass die nach der Mitte zu steigenden und an sich auf Druck beanspruchten Streben als ausgeknickt und nicht vorhanden anzusehen sind (druckweiche Diagonalen); es entsteht dann statisch ein Pfostenfachwerk wie in Abb. 3.2b.

Bei Umkehr der Lastrichtung werden die anderen Diagonalen wirksam. Bei raschem Wechsel der Lastrichtung, wie bei Verbänden im Kranbahnbau und Brückenbau, müssen die Diagonalen hingegen *drucksteif* ausgeführt werden und es wird ihnen jeweils die halbe Feldquerkraft auf Zug und Druck zugewiesen.

3.2.3 Beispiele für Dachbinder

Trapezbinder (mit oder ohne Zwischenfachwerk, Abb. 3.5a, b) weisen parallele Gurte auf und die Dachneigung wird durch einen Knick im Gesamtfachwerk hergestellt. Erhält der Binderuntergurt Druckkräfte, z. B. bei Kragarmen oder infolge Windsog, dann kann man ihn mit *Kopfstreben* schräg gegen die Pfetten abstützen, um seitliches Ausknicken zu verhindern. Da die Pfetten meist orthogonal zum Obergurt verlaufen, müssen die zur Befestigung der Kopfstreben dienenden Füllstäbe ebenfalls senkrecht zum Obergurt angeordnet werden (Abb. 3.5c).

Laternen oder *Firstoberlichter* auf den Dachbindern dienen zum Belichten oder Entlüften der darunter befindlichen Räume. Die Glasflächen können in den Dachflächen der

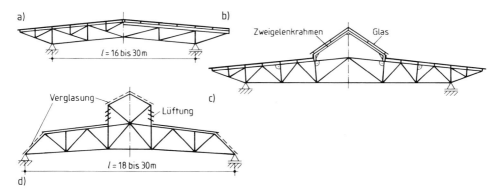

Abb. 3.5 Dachbinder: **a** bis **b** mit biegesteifem Obergurt und Zwischenfachwerk (**a**), **c** mit Firstoberlicht und Kopfstrebenpfetten, **d** Trapezbinder mit Lüftungslaterne

Laternen oder in ihren Seitenwänden liegen; auch in den Seitenflächen der Dachbinder können Lichtbänder angeordnet werden (Abb. 3.5d). Feste oder bewegliche Lüftungsvorrichtungen (Jalousien) werden stets in den senkrechten Seitenflächen der Laterne eingebaut. Der Binderobergurt ist im Bereich der Firstlaterne auf deren Stützweite knicksicher auszubilden oder durch einen Verband seitlich abzustützen. Sollen (in Ausnahmefällen) fachwerkartige Dachaufbauten in das statische System miteinbezogen werden, ist das Fachwerkbildungsgesetz zu beachten. I. d. R. werden statisch unabhängige Systeme (z. B. Zweigelenkrahmen, Abb. 3.5c) ausgebildet oder vorgefertigte Standardfabrikate verwendet.

Vordachbinder (Abb. 3.6) werden an höher geführte Gebäude oder an Stützen angehängt. Der obere Lagerpunkt wird meist waagerecht in der Geschossdecke verankert. Der untere Auflagerpunkt erhält ein Lager, das den (schrägen) Druck D aufnehmen muss. Falls der gedrückte Untergurt nicht seitlich durch einen Untergurtverband oder durch Kopfstreben gegen die Pfetten abgestützt wird, ist seine *Knicklänge* senkrecht zur Binderebene gleich der ganzen Untergurtlänge (Endpunkt gehalten). Bei größeren Ausladungen wird das freie Ende durch eine Stütze oder Aufhängung abgefangen.

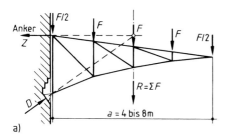
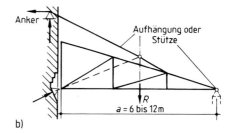

Abb. 3.6 Vordachbinder

Abb. 3.7 Querschnitt eines
Flugzeughangars

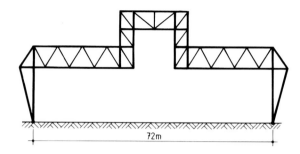

3.2.4   Sonderformen der Fachwerke

Solche kommen z. B. vor bei Tribünenüberdachungen (Abb. 3.1e), als Dachträger bei
Sport- und Mehrzweckhallen und bei Flugzeughangars (Abb. 3.7). Für ihre äußere Gestaltung sind architektonische oder zweckbedingte Gesichtspunkte maßgebend, während
hinsichtlich der Querschnittswahl der Stäbe und der Anordnung der Füllstäbe die grundsätzlichen Regeln gelten.

3.3   Fachwerkstäbe – Kräfte, Querschnittswahl und Bemessung

3.3.1   Ermittlung der Stabkräfte

3.3.1.1   Allgemeines

Heutzutage erfolgt die Ermittlung von Stabkräften in Fachwerken üblicherweise unter
Verwendung von Stabwerksprogrammen, was schon allein aufgrund der Vielzahl der zu
untersuchenden Lastfälle und Lastfallkombinationen aus wirtschaftlichen Gesichtspunkten geboten ist. Trotzdem sollen an dieser Stelle einige grundlegende Zusammenhänge –
auch für eine Handrechnung – erläutert werden, um das Verständnis zu erhalten bzw. zu
fördern und nach wie vor einfache Kontrollen zu ermöglichen. Auf die zeichnerische Ermittlung, wie sie früher z. B. durch Anwendung des *Cremonaplans* üblich war, wird nicht
weiter eingegangen.

Für die Berechnung der Stabkräfte, egal mit welcher Methode, werden bei ruhender
Belastung in der Regel alle *Knotenpunkte als reibungsfreie Gelenke* angesehen, sodass die
Stabkräfte (in diesem Fall nur Normalkräfte) am *idealen Fachwerk* nach der Fachwerktheorie ermittelt werden können. Bei dynamischer Belastung (im Brückenbau) sind die
Nebenspannungen aus den Stabendmomenten mit zu erfassen; die Schnittkraftermittlung
erfolgt dann zweckmäßigerweise über Stabwerksprogramme unter der Annahme biegesteifer Stabanschlüsse.

3.3.1.2   Statisch bestimmte Fachwerke

Bei statisch bestimmten Fachwerken können die Stabkräfte mittels Handrechnung nach einem der folgenden Verfahren ermittelt werden.

Knotengleichgewichtsverfahren

Nach Bestimmung der Auflagerkräfte wird das Gleichgewicht von Knoten zu Knoten fortschreitend über $\sum H = 0$ und $\sum V = 0$ so formuliert, dass jeweils nur zwei Stabkräfte unbekannt sind.

Rittersches Schnittverfahren

Nach Kenntnis der Auflagerkräfte wird durch das Fachwerk ein Schnitt geführt, bei dem drei Stabkräfte frei werden, deren Wirkungslinie sich nicht in einem Punkt schneiden. Aus den Momentengleichgewichtsbedingungen um jeweils den Schnittpunkt der Wirkungslinien zweier Stabkräfte erhält man direkt die dritte Stabkraft.

Schubweicher Ersatzstab

Betrachtet man einen Fachwerkträger zunächst als (schubweichen Ersatz-)Stab und bestimmt für diesen die Momenten- und Querkraftverläufe, so können für parallelgurtige Fachwerke sowie Pult- und Satteldachbinder anschließend die Stabkräfte daraus ermittelt werden. Dies ist sicherlich die anschaulichste Methode, bei der das Moment – geteilt durch den inneren Hebelarm – umgerechnet wird in Zug- und Druckkräfte für die Gurte und die Querkraft – über die Winkelfunktionen – zu Normalkräften in den Füllstäben führt. Das Beispiel in Abb. 3.8 erläutert dieses Prinzip für ein Strebenfachwerk und in Tab. 3.1 sind Bestimmungsgleichungen für andere Ausfachungsformen zusammengestellt.

Ebenfalls angegeben sind in Tab. 3.1 die Ersatzschubsteifigkeit S^* und die Ersatzbiegesteifigkeit EI^*, die zur Ermittlung der effektiven Biegesteifigkeit nach Gl. 3.1 benötigt werden. Diese berücksichtigt die Stabverlängerungen und -verkürzungen *aller* Stäbe und kann zur Ermittlung der Durchbiegung des Trägers oder bei der Berechnung statisch unbestimmter Fachwerke (s. a. Abschn. 3.3.1.3) genutzt werden. Verwendung findet Sie auch bei der Ermittlung der Stabilisierungslasten für Verbände, s. Abschn. 3.7.

$$(EI)_{\text{eff}} \approx \frac{1}{\dfrac{1}{EI^*} + \left(\dfrac{\rho}{L}\right)^2 \cdot \dfrac{1}{S^*}} \approx (0{,}7 \div 0{,}8) \cdot (EA_{\text{G}}) \cdot \frac{a_{\text{g}}^2}{2} \qquad (3.1)$$

mit

A_{G} gemittelte Gurtfläche zwischen Ober- und Untergurt
a_{g} Abstand der Gurtschwerachsen (Fachwerkhöhe)
ρ nach [4]: $\rho = \pi$ für Gleichstreckenlast und $\rho = 3{,}46$ für mittige Einzellast

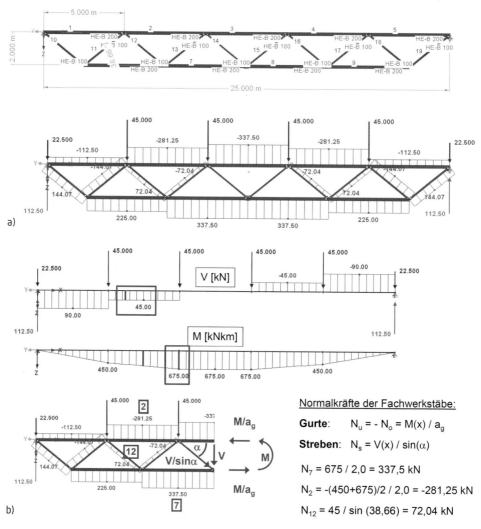

Abb. 3.8 Beispielhafte Stabkraftermittlung für ein parallelgurtiges ideales Strebenfachwerk: **a** mit Stabwerksprogramm [5] und **b** mit der Methode des (schubweichen) Ersatzstabes

3.3.1.3 Statisch unbestimmte Fachwerke

Fachwerke können *äußerlich* oder *innerlich* statisch bestimmt oder unbestimmt sein. Auch sind Kombinationen möglich. Die äußerliche statische Unbestimmtheit ergibt sich aus der Zahl der *Auflagerwertigkeiten a*. Überzählige Auflagerkräfte können bei regelmäßigen Fachwerkträgern mit den üblichen Mitteln der Baustatik ermittelt werden. Wenn dabei die Biege- und Schubsteifigkeit des Fachwerkträgers über eine effektive Steifigkeit $(EI)_{eff}$ nach Gl. 3.1 erfasst wird, lässt sich die Berechnung erheblich vereinfachen. Die damit ermittelten überzähligen Lagerreaktionen werden als äußere Kräfte auf das dann statisch

Tab. 3.1 Stabkräfte, Schubsteifigkeit S^* und Biegesteifigkeit EI^* parallelgurtiger Fachwerke

M_i, M_j Ordinate der M-Linie an der Stelle i bzw. j Q_{ij}, Q_{ik} Ordinate der Q-Linie im Bereich ij bzw. jk (Q = Querkraft)				$S^* =$	$EI^* =$
	$O_i = -\dfrac{M_i}{h}$ $U_j = \dfrac{M_j}{h}$	$D_i = -\dfrac{Q_{ij}}{\sin\alpha}$ $D_j = \dfrac{Q_{jk}}{\sin\alpha}$		$EA_D \cdot \sin^2\alpha \cdot \cos\alpha$	$h^2 \Big/ \left(\dfrac{1}{EA_U} + \dfrac{1}{EA_O} \right)$
	$O_i = -\dfrac{M_i}{h}$ $U_j = \dfrac{M_j}{h}$	$D_i = -\dfrac{Q_{ij}}{\sin\alpha}$ $D_j = \dfrac{Q_{jk}}{\sin\alpha}$	$V_i = -F_i^o$ $V_j = F_j^u$		
	$U_i = -O_j = \dfrac{M_j}{h}$	$D_i = -\dfrac{Q_{ij}}{\sin\alpha}$	$V_j = Q_{ij} - F_j^o$	$1 \Big/ \left(\dfrac{1}{EA_D \cdot \sin^2\alpha \cdot \cos\alpha} + \dfrac{\tan\alpha}{EA_V} \right)$	
	$U_j = -O_i = \dfrac{M_j}{h}$	$D_i = \dfrac{Q_{ij}}{\sin\alpha}$	$V_j = -Q_{ij} - F_j^u$		
	$U_i = -O_i = \dfrac{M_j}{h}$	$D_i^u = -D_i^o = \dfrac{Q_{ij}}{2\sin\alpha}$	$V_j^o = \dfrac{Q_{ij}}{2} - F_j^o$ $V_j^u = -\dfrac{Q_{ij}}{2} + F_j^u$	$1 \Big/ \left(\dfrac{1}{EA_D \cdot \sin^2\alpha \cdot \cos\alpha} + \dfrac{\tan\alpha}{EA_V} \right)$	
	$U_i = -O_i = \dfrac{M_j}{h}$	$D_i^o = -D_i^u = \dfrac{Q_{ij}}{2\sin\alpha}$	$V_i^o = -\dfrac{Q_{ij}}{2} - F_i^o$ $V_i^u = \dfrac{Q_{ij}}{2} + F_i^u$	$2 \Big/ \left(\dfrac{1}{EA_D \cdot \sin^2\alpha \cdot \cos\alpha} + \dfrac{\tan\alpha}{EA_V} \right)$	

äußerlich bestimmte Fachwerk angesetzt. Die Zahl der statischen Unbestimmtheit eines Fachwerkes kann mit Gl. 3.2 ermittelt werden:

$$n = a + m - 2k \qquad (3.2)$$

mit

n Zahl der statischen Unbestimmtheit

a Zahl der Auflagerwertigkeiten

m Zahl der in Knoten angeschlossenen Stäbe

k Zahl der Knoten einschließlich Auflagerknoten

Bei $n = 0$ ist das Fachwerk statisch bestimmt, bei $n \geq 1$ n-fach statisch unbestimmt und bei $n < 0$ labil und damit nicht ausführbar. Die unzulässige Labilität eines Fachwerkes in Teilbereichen wird durch Gl. 3.2 nicht erfasst und ist stets zu überprüfen (hierbei gilt die einfache Regel, dass Dreiecke stabil und Vierecke labil sind). Bei innerlicher statischer Unbestimmtheit werden n Stabkräfte entfernt und ihre Normalkräfte als statisch unbestimmte Größen eingeführt. Die Stabwerksberechnung erfolgt zweckmäßigerweise nach dem *Kraftgrößenverfahren*, wobei Einzelverformungen mit Hilfe der Arbeitsgleichung 3.3 ermittelt werden.

$$\overline{1} \cdot \delta = \sum_i \left(\frac{N\,\overline{N}}{EA} \cdot l \right)_i \tag{3.3}$$

mit

$(N, A, l)_i$ wirkliche Stabkraft, Fläche und Netzlänge des Stabes i
$\overline{N}_i$ virtuelle Stabkraft des Stabes

Natürlich gilt bei statisch unbestimmten Fachwerken umso mehr, dass die Ermittlung der Stabkräfte üblicherweise mit Stabwerksprogrammen wie z. B. [5] erfolgt.

3.3.2 Stabquerschnitte

Die *Profilhöhe* der Fachwerkstäbe sollte grundsätzlich klein sein im Verhältnis zu ihrer Stablänge ($h/l \leq 1/10$), damit Nebenspannungen begrenzt bleiben und die Berechnung über ein ideales Fachwerk (mit reibungsfreien Gelenken) noch vertretbar ist.

Die *Stabquerschnitte* sollten zur Fachwerkebene symmetrisch sein. Bei Stäben, deren Schwerachse außerhalb der Fachwerkebene liegt (Tab. 3.2b, 3), muss die Ausmittigkeit der Stabkraft bei der Bemessung des Querschnitts entsprechend den Berechnungsvorschriften berücksichtigt werden. Stets muss man damit rechnen, dass ein unsymmetrischer Querschnitt größer als ein symmetrischer wird. Er kann u. U. aber trotzdem wirtschaftlich sein, falls mit ihm Herstellungskosten eingespart werden können. Die *Querschnittsform* ist im Wesentlichen bestimmt durch die Größe und Art (Zug oder Druck) der aufzunehmenden Kraft sowie die Verbindungsart der Stäbe in den Knotenpunkten. Genietete Träger werden – abgesehen von Ausnahmen wie z. B. beim Ersetzen denkmalgeschützter Bauten – nicht mehr hergestellt. Fachwerkträger werden heute möglichst vollständig geschweißt und nur noch an evtl. erforderlichen Montagestößen verschraubt. Fachwerke als Verbände oder bei mobilen Geräten wie bei Rüst- und Behelfskonstruktionen werden demgegenüber überwiegend verschraubt. Des Weiteren ist die Profilwahl noch davon abhängig, ob notwendige Knotenbleche *einwandig* oder *zweiwandig* auszuführen sind. Bei *geschweißten Fachwerken* wählt man vorzugsweise einteilige Querschnitte, bei *geschraubten Fachwerken* ein- und mehrteilige Querschnitte. In Tab. 3.2 ist eine Auswahl üblicher Querschnittsformen für Fachwerkstäbe zusammengestellt.

Tab. 3.2 Auswahl üblicher Querschnittsformen für Fachwerkstäbe

Einwandig	Unmittelbare Stabverbindungen	Zweiwandig

a) Gurtstäbe

b) Füllstäbe

3.3.2.1 Gurtstäbe

Gurtstäbe werden nach der größten Beanspruchung bemessen und in der Regel über die ganze Trägerlänge mit diesem Profil durchgeführt; am Baustellenstoß kann jedoch ggf. ein Profilwechsel vorgenommen werden. *Verstärkungen* der Querschnitte sind wegen des Arbeitsaufwandes zu vermeiden oder auf kurze Strecken zu beschränken.

3.3.2.2 Füllstäbe

Füllstäbe werden jeder für sich für die jeweilige Stabkraft bemessen. Zugstäbe erhalten die gleiche steife Querschnittsform wie Druckstäbe, um sie bei Transport und Montage gegen Beschädigungen zu schützen. Schlaffe Querschnitte nach Tab. 3.2b, 5 und 19 sind auf Sonderfälle, wie z. B. R-Träger, zu beschränken. Die Stäbe sollen nach Möglichkeit *einteilige Querschnitte* aufweisen. Gegenüber mehrteiligen Stäben haben sie den Vorteil, dass sie von allen Seiten leicht zugänglich und darum leicht zu unterhalten sind und dass ihre Beschichtungsflächen i. Allg. kleiner sind. Außerdem verursacht ihre Herstellung geringere Lohnkosten, weil die bei mehrteiligen Stäben notwendigen Verbindungen zwischen den Knotenpunkten entfallen. Hinzu kommt, dass der Zwischenraum bei mehrteiligen Stäben wegen Erhaltungsmaßnahmen entweder ausreichend breit sein muss (Abb. 3.9a, b) oder bei erhöhter Korrosionsgefahr mit einem durchgehenden Futter auszufüllen ist (Abb. 3.9c). Bei „einwandigen" Fachwerken können die Füllstäbe mit Flankenkehlnähten oder Stumpfnähten entweder unmittelbar an die Stege der Gurtprofile oder aber an entsprechende Knotenbleche angeschweißt werden (s. z. B. Abb. 3.20). Bei „zweiwandigen" Fachwerken sind zwei solcher Anschlussebenen vorhanden.

Die Verdoppelung der Anschlussmöglichkeiten gegenüber einwandigen Fachwerken erlaubt den Anschluss großer Stabkräfte; im Hochbau kommen zweiwandige Fachwerke

$$50 \text{ mm} \leq \min a = 50 + \frac{h - 100}{12} \cdot 5 \leq 300 \text{ mm}$$

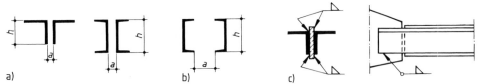

Abb. 3.9 Konstruktive Anforderungen hinsichtlich Korrosionsschutz bei mehrteiligen Stäben nach DIN EN ISO 12944-3 [2] (s. a. Band 1)

bei sehr weit gespannten oder sehr schwer belasteten Fachwerken vor, sie stellen aber im Brückenbau den Regelfall dar. Häufiger ausgeführt wird die unmittelbare Stabverbindung, bei der die Füllstäbe stumpf gegen die Gurte stoßen und mit Stumpfnähten und/oder umlaufenden Kehlnähten an die Gurte geschweißt werden (knotenblechfreie Fachwerke).

Die in Tab. 3.2 dargestellten Querschnittsformen sind für geschweißte Fachwerke geeignet. Muss am Baustellenstoß ein Füllstab angeschraubt werden, so ist sein Profil zweckentsprechend zu wählen (Tab. 3.2b, 3, 4, 6, 7). Die gleichen Stabquerschnitte kommen für Gurte und Füllstäbe in Betracht, wenn ein Fachwerk nicht geschweißt, sondern geschraubt werden soll.

3.3.3 Bemessung der Fachwerkstäbe

Band 1 enthält alle grundsätzlichen Angaben zur Bemessung und den notwendigen Tragsicherheitsnachweisen. Nachfolgend wird auf die Besonderheiten für Fachwerkstäbe eingegangen.

3.3.3.1 Zugstäbe

Weil für die Dimensionierung lediglich die Größe der Querschnittsfläche maßgebend ist, kann die Wahl der Querschnittsform ausschließlich aufgrund konstruktiver Aspekte, wie z. B. günstige Anschlussmöglichkeiten, vorgenommen werden.

Lässt sich der Stab ohne Bearbeitung an die Knotenpunkte anschweißen, entsteht kein Querschnittsverlust; muss das Stabende jedoch geschlitzt oder ausgeklinkt werden, ist der geschwächte Querschnitt unter Berücksichtigung des Querschnittsverlustes ΔA nachzuweisen (s. z. B. Abb. 3.2b). Am geschraubten Baustellenstoß eines Zuggurtes kann man den Lochabzug klein halten, indem man die Bohrungen gegeneinander versetzt (Abb. 3.17).

Wenn ein Stab aus einem Einzelwinkel (Tab. 3.2b, 3) besteht, darf die Ausmitte des Kraftangriffs unberücksichtigt bleiben, wenn die entsprechenden Regelung nach Band 1, Abschn. 4.3, beachtet werden.

Zum Versteifen der Zugstäbe gegen Beschädigung bei Transport und Montage werden zweiteilige Stäbe zwischen den Knotenpunkten durch eingeschweißte Futter in der Art der Bindebleche von Druckstäben in 1200 bis 2000 mm Abstand miteinander verbunden. Je schwächer der Stab ist, umso enger werden die Verbindungen gesetzt. In schweren Fachwerken und bei Tragwerken mit nicht ruhender Belastung werden mehrteilige Zugstäbe wie Druckstäbe mit Bindeblechen an den Stabenden und in den Drittelpunkten versehen.

3.3.3.2 Druckstäbe

Allgemein
Für die Querschnittswahl der Druckstäbe ist neben konstruktiven Gesichtspunkten besonders die ausreichende Knicksteifigkeit maßgebend. Für die **_Knicklänge L_{cr}_** planmäßig mittig gedrückter Stäbe mit unverschieblich gehaltenen Stabenden gelten nach DIN EN 1993-1-1 [1], Anhang BB.1, im Allgemeinen die folgenden Annahmen für Tragwerke des Hochbaus:

- **Gurte in der Ebene**: L_{cr} = Abstand der Anschlüsse (= Systemlänge L) oder genauere Berechnung. Für Gurte mit I- oder Hohlquerschnitten darf $0{,}9\,L$ angenommen werden.
- **Gurte aus der Ebene**: L_{cr} = Abstand der seitlichen Halter (= Systemlänge L), die z. B. durch an Verbände angeschlossene Druckpfosten gebildet werden oder genauere Berechnung. Für Gurte mit Hohlquerschnitten darf $L_{cr} = 0{,}9\,L$ angenommen werden.
- **Füllstäbe:** in und aus der Ebene L_{cr} = Abstand der Anschlüsse (= Systemlänge L). Wenn die Verbindungen zu den Gurten und die Gurte dieses aufgrund ihrer Steifigkeit und Festigkeit zulassen (z. B. falls geschraubt Mindestanschluss mit 2 Schrauben), darf $L_{cr} = 0{,}9\,L$ angenommen werden.

Gitterstäbe aus Winkelprofilen
Wenn die Gurte eine ausreichende Endeinspannung für Gitterstäbe aus Winkelprofilen darstellen und die Endverbindungen solcher Gitterstäbe ausreichend steif sind (falls geschraubt mindestens zwei Schrauben), dürfen die Exzentrizitäten vernachlässigt und die Endeinspannungen bei der Bemessung der Winkelprofile als druckbelastete Bauteile berücksichtigt werden, was in Summe durch Ansatz der effektiven Schlankheitsgrade nach Gl. 3.4 erfolgt.

$$\overline{\lambda}_{eff,v} = 0{,}35 + 0{,}7\overline{\lambda}_v \quad \text{für Biegeknicken um die } v\text{-}v \text{ Achse}$$
$$\overline{\lambda}_{eff,y} = 0{,}50 + 0{,}7\overline{\lambda}_y \quad \text{für Biegeknicken um die } y\text{-}y \text{ Achse} \qquad (3.4)$$
$$\overline{\lambda}_{eff,z} = 0{,}50 + 0{,}7\overline{\lambda}_z \quad \text{für Biegeknicken um die } z\text{-}z \text{ Achse}$$

Erfolgt der Anschluss dagegen nur mit einer Schraube, so ist das Exzentrizitätsmoment zu berücksichtigen und für die Knicklänge ist der Abstand der Anschlüsse anzunehmen.

Füllstäbe aus Hohlprofilen

Die Knicklänge eines Verstrebungselements mit Hohlquerschnitt, das ohne Ausschnitte und Endkröpfungen an den Gurten angeschweißt wird, darf für Biegeknicken in und aus der Ebene mit $0,75 L$ angenommen werden. Wird davon Gebrauch gemacht, so ist eine gleichzeitige Abminderung der Knicklänge der Gurte auf $0,9 L$ nicht zulässig.

Sich kreuzende Stäbe

Da in [1] keine konkreten Angabe hierzu enthalten sind, werden zur Orientierung nachfolgend und in Tab. 3.3 die Regelungen nach DIN 18800-2 [3] wiedergegeben. Bei sich *kreuzenden Stäben* müssen beide Stäbe miteinander unmittelbar oder über Knotenbleche verbunden sein, wobei die Verbindung rechtwinklig zur Fachwerkebene mit 10 % von max $|N|$ zu bemessen ist, sofern beide Stäbe durchlaufen. Für das Ausweichen in der Fachwerkebene ist als Knicklänge die Netzlänge bis zum Knotenpunkt der sich kreuzenden Stäbe anzunehmen. Die Knicklängen für das Ausweichen rechtwinklig zur Fachwerkebene dürfen in Abhängigkeit von der konstruktiven Ausbildung gemäß Tab. 3.3 bestimmt werden.

Hinweise zur Querschnittswahl und Konstruktion

Man strebt gleiche Knicksicherheit um beide Knickachsen an. Für $L_{cr,y} \approx L_{cr,z}$ sind dann Querschnitte mit $i_y \approx i_z$ zweckmäßig (Tab. 3.2a, 2, 3, 10, 11). Bei $L_{cr,y} > L_{cr,z}$ sind Querschnitte nach Tab. 3.2a, 5 oder 1/2 IPE-Profile günstig, für $L_{cr,z} > L_{cr,y}$ verwendet man Profile nach Tab. 3.2a, 4, 7, 12. Treten zu den Normalkräften (Zug oder Druck) noch *Biegemomente* aus exzentrischen Anschlüssen oder aus Querbelastung der Stäbe zwischen den Knotenpunkten hinzu, sind unsymmetrische Querschnitte äußerst unwirtschaftlich und es kommen nur Profile gemäß Tab. 3.2a, 5, 13 oder Tab. 3.2b, 7 in Betracht. Für sie ist der Tragsicherheitsnachweis „Druck mit einachsiger Biegung" zu führen (s. Band 1).

Es sei daran erinnert, dass erforderlichenfalls, immer aber bei T-förmigen Querschnitten und Einzelwinkeln, der *Biegedrillknicknachweis* zu führen ist und dass die *grenz-c/t-Werte* für volles Mitwirken der einzelnen Blechteile auf Druck einzuhalten sind, um einen Beulnachweis zu vermeiden (mindestens Querschnittsklasse 3).

3.3.4   Berechnungsbeispiele

3.3.4.1   Dachbinder

Für den symmetrischen Dachbinder gemäß Abb. 3.10 werden an dieser Stelle die Stabkräfte ermittelt und die erforderlichen Bauteilnachweise für die Tragsicherheit geführt. In Abschn. 3.4.4.1 finden sich dazu ergänzend die Nachweise zu den Anschlussdetails und die Hinweise zur konstruktiven Durchbildung (s. a. Abb. 3.37). Die Pfetten der Dachkonstruktion sind in den Knotenpunkten angeordnet und der Binderabstand beträgt 6,0 m.

Tab. 3.3 Knicklängen s_K ($= L_{cr}$) von Fachwerkstäben mit konstanten Querschnitten für das Ausweichen rechtwinklig zur Fachwerkebene nach DIN 18800-2 [3]

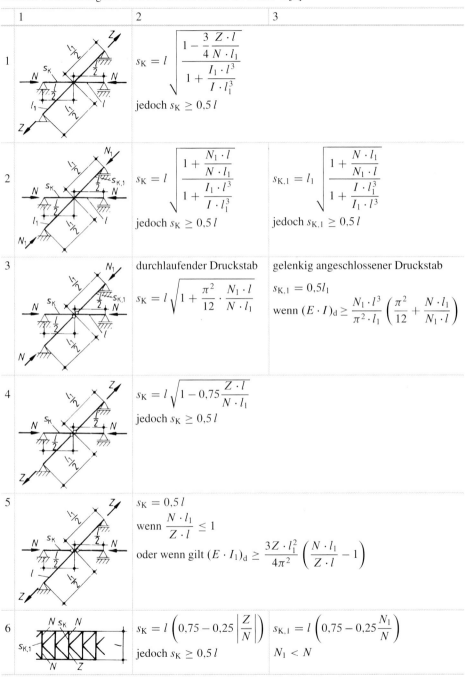

	1	2	3
1		$s_K = l \sqrt{\dfrac{1 - \dfrac{3}{4}\dfrac{Z \cdot l}{N \cdot l_1}}{1 + \dfrac{I_1 \cdot l^3}{I \cdot l_1^3}}}$ jedoch $s_K \geq 0{,}5\,l$	
2		$s_K = l \sqrt{\dfrac{1 + \dfrac{N_1 \cdot l}{N \cdot l_1}}{1 + \dfrac{I_1 \cdot l^3}{I \cdot l_1^3}}}$ jedoch $s_K \geq 0{,}5\,l$	$s_{K,1} = l_1 \sqrt{\dfrac{1 + \dfrac{N \cdot l_1}{N_1 \cdot l}}{1 + \dfrac{I \cdot l_1^3}{I_1 \cdot l^3}}}$ jedoch $s_{K,1} \geq 0{,}5\,l$
3		durchlaufender Druckstab $s_K = l \sqrt{1 + \dfrac{\pi^2}{12} \cdot \dfrac{N_1 \cdot l}{N \cdot l_1}}$	gelenkig angeschlossener Druckstab $s_{K,1} = 0{,}5 l_1$ wenn $(E \cdot I)_d \geq \dfrac{N_1 \cdot l^3}{\pi^2 \cdot l_1}\left(\dfrac{\pi^2}{12} + \dfrac{N \cdot l_1}{N_1 \cdot l}\right)$
4		$s_K = l \sqrt{1 - 0{,}75\,\dfrac{Z \cdot l}{N \cdot l_1}}$ jedoch $s_K \geq 0{,}5\,l$	
5		$s_K = 0{,}5\,l$ wenn $\dfrac{N \cdot l_1}{Z \cdot l} \leq 1$ oder wenn gilt $(E \cdot I_1)_d \geq \dfrac{3Z \cdot l_1^2}{4\pi^2}\left(\dfrac{N \cdot l_1}{Z \cdot l} - 1\right)$	
6		$s_K = l\left(0{,}75 - 0{,}25\left|\dfrac{Z}{N}\right|\right)$ jedoch $s_K \geq 0{,}5\,l$	$s_{K,1} = l\left(0{,}75 - 0{,}25\dfrac{N_1}{N}\right)$ $N_1 < N$

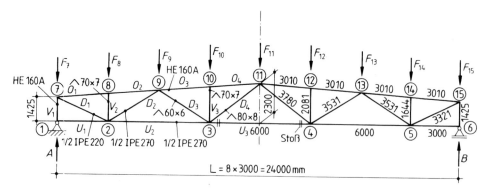

Abb. 3.10 Fachwerknetz eines Dachbinders mit Stablängen, Stabquerschnitten und Knotennummern, alle Bauteile S235

Lasten

Ständige Last: $g = 0,85\,\text{kN/m}$
                (Eigengewicht Binder, Dachaufbau und Installationslasten)

Schnee: $s = 0,8 \cdot 0,9375 = 0,75\,\text{kN/m}^2$ (SLZ 2, $h = 316\,\text{m}$)

Wind: Wegen der geringen Dachneigung treten nur entlastende Sogkräfte auf.

               Hinweis: Für leichte Dachkonstruktionen ist zu prüfen ist, ob dadurch Druckkräfte im Untergurt entstehen, was hier aber nicht der Fall ist.

Für die Bemessung des Binders wird die Lastkombination „Volllast" maßgebend. Mit den Sicherheitsbeiwerten für die Einwirkungen erhält man die folgenden Bemessungswerte der Knotenlasten:

$$F_8 \div F_{14} = (1,35 \cdot 0,85 + 1,0 \cdot 1,5 \cdot 0,75) \cdot 6,0 \cdot 3,0 = 40,9 \approx 41\,\text{kN}$$

$$F_7 = F_{15} = 0,5 \cdot 41,0 = 20,5\,\text{kN}$$

$$A = B = 4 \cdot 41,0 = 164\,\text{kN}$$

Ermittlung der Stabkräfte

Die Kräfte werden mit Hilfe eines Stabwerksprogramms ermittelt und in Abb. 3.11 wiedergegeben. Zum Vergleich werden ausgewählte Kräfte nachfolgend auch über die Schnittgrößen am Ersatzstab berechnet (s. a. Abb. 3.8 und Tab. 3.1). Unter Berücksichtigung des um $4,17°$ geneigten Obergurtes erhält man identische Stabkräfte:

$$M_{11} = (164 - 20,5) \cdot 12 - 41 \cdot (9 + 6 + 3) = 984,0\,\text{kNm}$$

$$\Rightarrow N_{U3} = 984/2,3$$

$$= 472,83\,\text{kN}$$

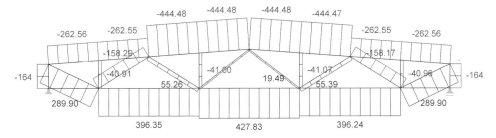

Abb. 3.11 Stabkräfte als Normalkräfte [kN] einer Stabwerksberechnung [5]

$$M_{10} = 143{,}5 \cdot 9 - 41 \cdot (6 + 3) = 922{,}5 \, \text{kNm}$$

$$\Rightarrow N_{O3} = N_{O4}$$

$$= 922{,}5/2{,}081/\cos(4{,}17°) = 444{,}47 \, \text{kN}$$

$$M_8 = 143{,}5 \cdot 3 = 430{,}5 \, \text{kNm}$$

$$\Rightarrow N_{O1} = 430{,}5/1{,}644/\cos(4{,}17°) = 262{,}56 \, \text{kN}$$

$$\Rightarrow N_{D1} = 262{,}56 \cdot \cos(4{,}17°)/\cos(25{,}41°) = 289{,}91 \, \text{kN}$$

Bemessung der Fachwerkstäbe

Da die Berechnungsgrundlagen bereits in Band 1 (auch an Beispielen) behandelt wurden, werden hier nur einige Stäbe exemplarisch nachgewiesen.

Obergurt

Durchlaufend HEA 160, S235 mit min $N = O_{3,4} = -445 \, \text{kN}$

maßgebend :

$$L_{\text{cr,z}} = 301 \, \text{cm}, \quad \lambda_z = 301/3{,}98 = 75{,}63, \quad \overline{\lambda}_z = 75{,}63/93{,}9 = 0{,}81$$

Knicklinie $c \Rightarrow \chi_c = 0{,}66$

$N_{\text{pl.Rd}} = 38{,}8 \cdot 23{,}5/1{,}1 = 829 \, \text{kN}$

Nachweis: $445/(0{,}66 \cdot 829) = 0{,}81 < 1$

Untergurt

Durchlaufend 1/2 IPE 270 mit Laschenstößen im Stab U_3, M20, 4.6, SLP (s. a. Abb. 3.40). Auf der sicheren Seite wird der Nachweis mit voller Stabkraft $U_3 = 428 \, \text{kN}$ in der 2. vertikalen Schraubenreihe geführt.

$$A_{\text{net}} = 23{,}0 - 2{,}1(2 \cdot 1{,}02 + 0{,}66) = 17{,}33 \, \text{cm}^2$$

$$A/A_{\text{net}} = 23{,}0/17{,}33 = 1{,}33 > 1{,}1$$

$$N_{\text{t.Rd}} = 0{,}9 \cdot 17{,}33 \cdot 36/1{,}25 = 449 \, \text{kN}$$

Nachweis: $N/N_{\text{t.Rd}} = 428/449 = 0{,}95 < 1$

Druckdiagonalen

$$D_2 = -158\,\text{kN} \quad 1/2\,\text{IPE } 270$$

$$\textit{maßgebend}: \quad L_{\text{cr},z} = 353\,\text{cm} \quad \lambda_z = 353/3{,}02 = 117$$

Querschnittseinstufung für Druck

Die Gurte fallen nach Band 1, Tab. 9.1, in Klasse 1. Für den halben Steg gilt:

$$c = 13{,}5 - 1{,}02 - 1{,}5 = 10{,}98\,\text{cm}$$

$$c/t = 10{,}98/0{,}66 = 16{,}64 > \text{grenz } c/t = 14 \text{ für Klasse 3}$$

Somit erfolgt die Einstufung für den Steg in Klasse 4 und es muss die effektive Querschnittsfläche bestimmt werden (eine Erhöhung des Grenzwertes gemäß Band 1, Gl. 2.43, ist bei Stabilitätsnachweisen nicht zulässig). Nach Abschn. 2.7.2.2 gilt:

$$\psi = 1{,}0 \Rightarrow k_{\text{ff}} = 0{,}43$$

$$\overline{\lambda}_{\text{P}} = \left(\overline{b}/t\right) / \left(28{,}4\varepsilon\sqrt{k_\sigma}\right) = 16{,}64/\left(28{,}4 \cdot 1\sqrt{0{,}43}\right) = 0{,}894 > 0{,}748$$

$$\rho = \left(\overline{\lambda}_{\text{P}} - 0{,}188\right)/\overline{\lambda}_{\text{p}}^2 = (0{,}894 - 0{,}188)/0{,}894^2 = 0{,}883 < 1{,}0$$

$$A_{\text{eff}} = A - c(1 - \rho) \cdot t_{\text{w}} = 23{,}0 - 10{,}98(1 - 0{,}883) \cdot 0{,}66 = 23{,}0 - 0{,}85 = 22{,}1\,\text{cm}^2$$

Bei T-Querschnitten, insbesondere aus IPE-Profilen, besteht die Gefahr des Biegedrillknickens. Es wird daher der ideelle Schlankheitsgrad λ_{TF} für Biegedrillknicken nach Band 1, Gl. 6.14, berechnet und mit dem für das Knicken um die schwache Achse verglichen (Kennwerte nach [6]):

$$A = 23\,\text{cm}^2 \quad I_z = 210\,\text{cm}^4 \quad I_{\text{T}} = 7{,}95\,\text{cm}^4 \quad I_\omega = 0$$

$$i_z = 3{,}02\,\text{cm} \quad i_{\text{p}} = 4{,}92\,\text{cm} \quad i_{\text{M}} = 5{,}50\,\text{cm} \quad C_{\text{M}} = 0$$

$$\beta_z = \beta_\omega = 1 \quad \text{(Gabellagerung)}$$

$$c^2 = 0 + 0{,}039 \cdot 7{,}95/210 \cdot 353^2 = 184\,\text{cm}^2$$

$$\lambda_{\text{TF}} = \frac{1{,}0 \cdot 353}{3{,}02} \cdot \sqrt{\frac{184 + 5{,}5^2}{2 \cdot 184} \cdot \left\{1 + \sqrt{1 - \frac{4 \cdot 184 \cdot 4{,}92}{(184 + 5{,}5^2)^2}}\right\}} = 119 > 117$$

$$\overline{\lambda} = \frac{\lambda}{\lambda_1}\sqrt{\frac{A_{\text{eff}}}{A}} = \frac{119}{93{,}9}\sqrt{\frac{22{,}1}{23{,}0}} = 1{,}24 \Rightarrow \chi_{\text{c}} = 0{,}415$$

$$N_{\text{pl,Rd}} = 22{,}1 \cdot 23{,}5/1{,}1 = 472\,\text{kN}$$

Nachweis: $158/(0{,}415 \cdot 472) = 0{,}81 < 1$

Unter Volllast ist D_4 ein Zugstab mit geringer Normalkraft. Solche Stäbe sollten daher auch für eine angemessene Druckkraft bemessen werden, die sich aus einem extremen

Lastbild (z. B. Teilschneelast) ergeben könnte. Daher wird dieser Stab auch für eine gleich große Druckkraft von 20 kN bemessen.

$$D_4 = (\pm)20\,\text{kN} \quad L\,80 \times 8 \quad L_{\text{cr}} = 378\,\text{cm} \quad \min i = 1{,}55\,\text{cm}$$

$$\lambda = 378/1{,}55 = 244$$

Für Winkelprofile wird Biegedrillknicken maßgebend, wenn die Stablänge $s \leq b^2/t$ ist.

$$378 > 8{,}0^2/0{,}8 = 80 \Rightarrow \text{ Biegeknicken maßgebend}$$

$$\overline{\lambda}_{\text{eff,z}} = 0{,}50 + 0{,}7\overline{\lambda}_z = 0{,}5 + 0{,}7 \cdot \underbrace{244/93{,}9}_{2{,}60} = 2{,}32 \Rightarrow \chi_c = 0{,}151$$

$$N_{\text{pl,Rd}} = 12{,}3 \cdot 23{,}5/1{,}1 = 263\,\text{kN}$$

Nachweis: $20/(0{,}151 \cdot 263) = 0{,}60 < 1$

Zugdiagonalen

$$D_1 = 290\,\text{kN} \quad 1/2\,\text{IPE}\,220$$

Bei dem gewählten Anschluss im Knoten 7 mit einem 12 mm breitem Schlitz im Flansch (s. Abb. 3.37a) ist folgende Fläche anzusetzen:

$$A = (11{,}0 - 1{,}2) \cdot 0{,}92 + 8{,}0 \cdot 0{,}59 = 9{,}02 + 4{,}72 = 13{,}74\,\text{cm}^2$$

$$\sigma = 290/13{,}74 = 21{,}1\,\text{kN/cm}^2$$

Nachweis: $\sigma/\sigma_{\text{R,d}} = 21{,}1/23{,}5 = 0{,}90 < 1$

$$D_3 = 56\,\text{kN} \quad L\,60 \times 6 \quad \text{(konstruktiv)}$$

Pfosten

Der Pfosten V_1 wird durch die – im Bereich des Fachwerkbinders abgesetzte – Stütze (HEA 160) gebildet. Für eine solche Stütze können die Knicklängen nach [7] bestimmt werden; bei $l_1 = 6{,}5\,\text{m}$ (HEA 300), $l_2 = 1{,}5\,\text{m}$ (HEA 160) und $N_1 = N_2$ erhält man für $L_{\text{cr,2}} = 3{,}54 \cdot 1{,}5 = \sim 5{,}30\,\text{m}$.

Aufgrund der exzentrischen Lasteinleitung entsteht das Moment

$$M_e = (A - F_7) \cdot h/2 = (164 - 20{,}5) \cdot 0{,}152/2 = 10{,}9\,\text{kNm}.$$

Das Moment aus Wind beträgt am Übergang zum stärkeren Profil $M_W = 4{,}73\,\text{kNm}$ (auf eine Umrechnung des Momentes M_e mit $\gamma_{\text{F,Q}} = 1{,}35$ wird hier verzichtet). Der Pfosten wird auf „Druck mit einachsiger Biegung" nachgewiesen (s. Band 1, Abschn. 6.4.1.1),

wobei von einer ausreichenden Verdrehbehinderung durch die Wandverkleidung ausgegangen wird, sodass Biegedrillknicken ausgeschlossen ist ($\Rightarrow \chi_{LT} = 1,0$):

$$\bar{\lambda} = 530/(6,57 \cdot 93,9) = 0,86 \quad \chi_b = 0,687 \quad \beta_m = 1 \quad \Delta n = 0,1$$

$$N_{pl,Rk} = 911\,kN \quad M_{pl,y,Rk} = 57,6\,kNm$$

$$n_y = \frac{N_{Ed}}{\chi_y \cdot N_{pl,Rk}/\gamma_{M1}} = \frac{164}{0,687 \cdot 911/1,1} = 0,288$$

$$C_{my} = 0,9 \quad \text{für seitlich verschiebliche Systeme}; \bar{\lambda}_y - 0,2 = 0,86 - 0,2 = 0,66 < 0,8$$

$$k_{yy} = C_{my}\left(1 + \min\left\{\bar{\lambda}_y - 0,2; 0,8\right\} \cdot n_y\right) = 0,9\,(1 + 0,66 \cdot 0,288) = 1,071$$

$$\text{Nachweis: } \frac{N_{Ed}}{\chi_y N_{Rk}/\gamma_{M1}} + k_{yy}\frac{M_{y,Ed}}{\chi_{LT}M_{y,Rk}/\gamma_{M1}} = 0,288 + 1,07\underbrace{\frac{10,90 + 4,73}{1,0 \cdot 57,6/1,1}}_{0,319} = 0,607 < 1$$

$$V_2, V_3 \quad L\,70 \times 7 \quad \text{(konstruktiv)}$$

Durchbiegung

Es wird die Mittendurchbiegung unter Verwendung der angenäherten Biegesteifigkeit nach Gl. 3.1 abgeschätzt für die charakteristischen Werte der Gleichstreckenlast
($\gamma_F = 1,0$). Mit Rücksicht auf die parabolische Momentenverteilung wird als maßgebende Binderhöhe die Systemlänge von Pfosten V_3 angenommen.

$$A_G = (38,8 + 23)/2 = 30,9\,cm^2 \quad h = 208,1\,cm$$

$$(EI)_{eff} \approx 0,8 \cdot 21 \cdot 10^3 \cdot 30,9 \cdot 208,1^2/(2 \cdot 10^4) = 1124 \cdot 10^3\,kNm^2$$

$$q_k = (0,85 + 0,75) \cdot 6,0 = 9,6\,kN/m$$

$$\max M = 9,6 \cdot 24,0^2/8 = 691,2\,kNm$$

$$\max f \approx \frac{\max M \cdot l^2}{9,6(EI)_{eff}} = \frac{691,2 \cdot 24^2}{9,6 \cdot 1124 \cdot 10^3} = 0,037\,m = 37\,mm$$

Der genaue Wert (mit Hilfe des Stabwerksprogrammes) beträgt max $f = 35$ mm. Die Abschätzung mit Gl. 3.4 ist demnach genügend genau. Wegen der geringen Durchbiegung
wird die Werkstattzeichnung für die Sollform erstellt und eine parabolische Überhöhung
für ($g + s$) erst bei der Fertigung erreicht, s. Abb. 3.37g.

3.3.4.2 Nebenbinder Dachkonstruktion Industriebau

Es wird der Nebenbinder einer Dachkonstruktion im schweren Industriebau untersucht,
s. Abb. 3.12. Die Gurte und Diagonalen sind so gewählt, dass sich die Flansche direkt miteinander über Stumpf- bzw. Kehlnähte verbinden lassen (s. a. Abb. 3.41). Das Trapezblech
spannt von Nebenbinder zu Nebenbinder und gibt das Eigengewicht der Dacheindeckung
und die Schneelast als Einfeld- bzw. Zweifeldträger direkt an den durchlaufenden Obergurt des Binders ab, sodass dieser auch auf Biegung beansprucht wird. Zur Auflagerung

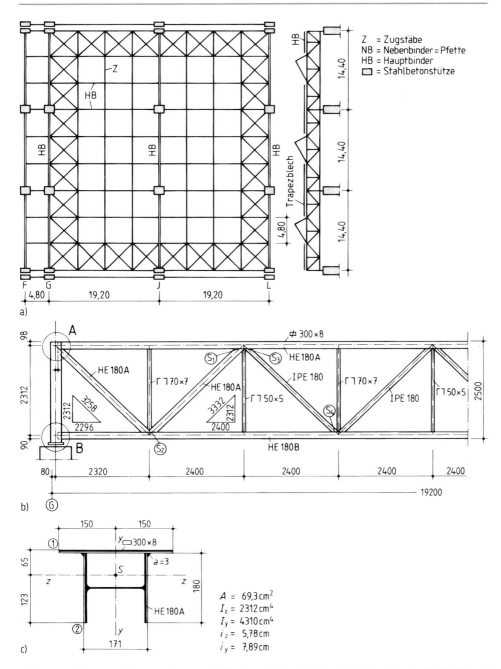

Abb. 3.12 Dachdraufsicht und Längsschnitt einer Industriehalle (**a**), Nebenbinder S235 (**b**) und Querschnitt des Obergurtes (**c**)

des Trapezbleches ist der Obergurt des Binders mit einem Blech 8×300 abgedeckt, s. Abb. 3.12c.

Lasten

Auf den Nebenträger wirken folgende Lasten ein:

Ständige Einwirkungen		
Dacheindeckung einschl. Kies	$1{,}25\,\mathrm{kN/m^2}$	
Stahleigengewicht	$0{,}50\,\mathrm{kN/m^2}$	$1{,}4\,\mathrm{kN/m^2}$
Installation, Schutzeinrichtungen	$0{,}90\,\mathrm{kN/m^2}$	
Summe der ständigen Last	$2{,}65\,\mathrm{kN/m^2}$	
Veränderliche Einwirkungen		
Schnee (SLZ 2, $h = 316\,\mathrm{m}$)	$0{,}75\,\mathrm{kN/m^2}$	
Fördereinrichtungen (Untergurt)	$16{,}0\,\mathrm{kN/m}$	

Als maßgebend erweist sich die Lastkombination mit Berücksichtigung der Einwirkungen aus Fördereinrichtungen als führende Veränderliche, sodass die folgenden Bemessungslasten zu berücksichtigen sind:

Obergurt
$$q_{\mathrm{o}} = 1{,}25(1{,}35 \cdot 1{,}25 + 1{,}5 \cdot 0{,}5 \cdot 0{,}75) \cdot 4{,}8$$
$$= 13{,}5\,\mathrm{kN/m}$$

innere Knoten Obergurt $\quad P_{\mathrm{o}} = 1{,}35 \cdot 1{,}4 \cdot 4{,}8 \cdot 2{,}4 \approx 22\,\mathrm{kN}$

äußere Knoten Obergurt $\quad P_{\mathrm{o}}/2 = 11\,\mathrm{kN}$

innere Knoten Untergurt $\quad P_{\mathrm{u}} = 1{,}5 \cdot 16{,}0 \cdot 2{,}4 \approx 58\,\mathrm{kN}$

Ermittlung der Schnittgrößen und Knicklasten

Zur Berücksichtigung der Biegebeanspruchung der durchlaufenden Gurte ist es naheliegend, die Schnittgrößen mit einem Stabwerksprogramm zu ermitteln. In Abb. 3.13 sind die resultierenden Normalkräfte und Biegemomente sowie die Knickfiguren für das Ausweichen in der Systemebene und senkrecht dazu dargestellt. Der Anschluss der Diagonalen an die Gurte wurde dabei als gelenkig angenommen.

Mithilfe der jeweiligen Knickbeiwerte können die Knicklasten bzw. Knicklängenbeiwerte für den Obergurt wie nachfolgend angegeben bestimmt werden. Bedingt durch die veränderliche Drucknormalkraft im durchlaufenden Obergurt ergeben sich für die äußeren (geringer beanspruchten) Stäbe größere Knickbeiwerte und für die inneren (stärker beanspruchten) kleinere. Dieser günstige Effekt darf bei der Bemessung berücksichtigt werden (s. a. Abschn. 3.3.3.2).

$$N_{\mathrm{cr,Y,6}} = \alpha_{\mathrm{cr,Y}} \cdot N_6 = 10{,}426 \cdot 408{,}5 = 4259\,\mathrm{kN}$$

$$\Rightarrow \beta_{\mathrm{Y,6}} = \frac{\pi^2 E I}{L_6^2 \cdot N_{\mathrm{cr,Y,6}}} = \frac{\pi^2 \cdot 21.000 \cdot 2312}{240^2 \cdot 4259} = 1{,}953; \quad \beta_{\mathrm{Y,9}} = 1{,}953 \cdot \frac{408{,}5}{872{,}1} = 0{,}904$$

Bemessungslasten und resultierende Momente M_Y [kNm]

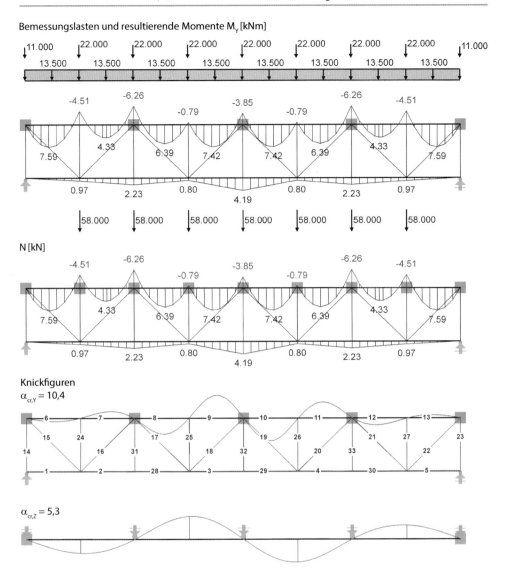

Abb. 3.13 Ergebnisse der Stabwerksberechnung [5] für den Nebenbinder gemäß Abb. 3.12

Bemessung der Fachwerkstäbe

Die Berechnungsgrundlagen sind bereits in Band 1 (auch an Beispielen) behandelt und Ihre Anwendung mit dem Beispiel in Abschn. 3.3.4.1 verdeutlicht worden. Daher wird an dieser Stelle lediglich auf den Biegeknicknachweis für den Obergurt näher eingegangen. Vor dem Hintergrund der Schnittgrößenermittlung mit einem Stabwerksprogramm [5] und dem zusammengesetzten Querschnitt gemäß Abb. 3.12c ist es sinnvoll, den Nachweis mit dem *Ersatzimperfektionsverfahren* zu führen. Auf der sicheren Seite liegend werden hier-

Geometrische Ersatzimperfektionen in Form von Vorkrümmungen in und aus der Ebene

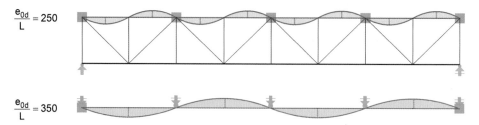

Resultierende Bemessungsmomente [kNm] nach Theorie II. Ordnung in und aus der Ebene

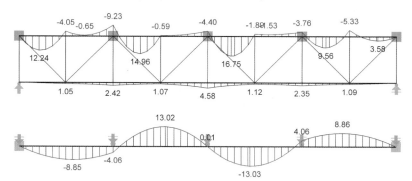

Abb. 3.14 Ansatz geometrischer Ersatzimperfektionen und resultierende Bemessungsmomente nach Theorie II. Ordnung [5] für den Nebenbinder gemäß Abb. 3.12

zu die Vorkrümmungen in und aus der Ebene gemäß Abb. 3.14 gleichzeitig berücksichtigt mit dem jeweiligen Stichmaß nach Band 1, Tab. 2.12, für eine elastische Querschnittsausnutzung (Knicklinien b und c). Für die folgende Spannungsberechnung werden auf der sicheren Seite liegend die jeweiligen Maximalwerte der Biegemomente in Ansatz gebracht, auch wenn sie nicht exakt an identischen Stellen des Obergurtes auftreten. Dies berücksichtigend kann trotz der rechnerisch leichten Überschreitung des Bemessungswertes der Streckgrenze die Tragsicherheit als nachgewiesen betrachtet werden.

$$\max |\sigma_{\text{o}}| = \left| \frac{-872}{69,3} + \frac{1675}{2312} \cdot (-6,5) - \frac{1303}{4310} \cdot 15 \right| = |-12,58 - 4,71 - 4,53|$$

$$= 21,82 \, \frac{\text{kN}}{\text{cm}^2}$$

$$\max |\sigma_{\text{u}}| = \left| \frac{-872}{69,3} + \frac{-923}{2312} \cdot 12,3 - \frac{406}{4310} \cdot 8,55 \right| = |-12,58 - 4,91 - 0,81|$$

$$= 17,57 \, \frac{\text{kN}}{\text{cm}^2}$$

$$\max |\sigma| \, / \sigma_{\text{Rd}} = 21,82/ \, (23,5/1,1) = 1,02$$

3.4   Knotenpunkte und Anschlussdetails für Fachwerke mit offenen Querschnitten

3.4.1   Knotenpunkte

Wirtschaftliche Fachwerke erfordern eine sorgfältige Detailausbildung der Knotenpunkte, bei denen dann gleichzeitig auch die statischen Verhältnisse mit ausreichender Genauigkeit geklärt sind. Man muss sich jedoch im Klaren sein, dass der tatsächliche Beanspruchungszustand in den Knotenpunkten rechnerisch nur näherungsweise erfasst werden kann und alle „Nachweise" daher den Beanspruchungszustand lediglich abschätzen. Hierzu entwickelt man ein sinnvolles mechanisches Modell, welches die Gleichgewichtsbedingungen erfüllen muss und mögliche Verformungen hinreichend genau berücksichtigt. Dabei sind *einfache* Tragmodelle gegenüber *komplizierten* zu bevorzugen.

3.4.1.1   Kräfte im Knotenpunkt

In den Knotenpunkten werden die Fachwerkstäbe zusammengeführt und für ihre Stabkraft angeschlossen (s. a. Abb. 3.15). Die Kraft der im Knoten *endenden Stäbe* geht voll an den Knotenpunkt über, sodass dessen Bauteile (Gurtstege, Knotenbleche) dann die Aufgabe haben, für die Weiterleitung und Verteilung der eingeleiteten Kräfte zu sorgen. Im Knoten *durchlaufende Gurtstäbe* beanspruchen den Knoten nur mit der größten Differenz zwischen ihrer rechten und linken Stabkraft, z. B. $R = U_1 - U_2$. Trägt der Gurt unmittelbar die äußere Knotenlast, so ist dies bei der Bestimmung von R zu berücksichtigen (Abb. 3.15a, c). Die größte Anschlusskraft max R tritt in der Regel nicht bei Vollbelastung, sondern bei Teilbelastung des Fachwerks auf, sodass nicht die maximalen Gurtstabkräfte für die Bildung der Differenz maßgebend werden (max $R \neq$ max U_1 − max U_2). Bei wechselnden Verkehrslasten (Kranbahnen, Brücken) muss die Einflusslinie für R aufgestellt und ausgewertet werden; im Hochbau begnügt man sich näherungsweise mit einem Zuschlag zur Differenz der maximalen Gurtkräfte:

$$\text{max } R \approx 1{,}2 \text{ bis } 1{,}5 \quad (\text{max } U_1 - \text{max } U_2) \tag{3.5}$$

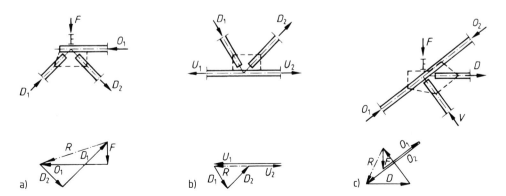

Abb. 3.15 Resultierende Anschlusskräfte R in Knotenpunkten

Die Weiterleitung und Verteilung der im Knoten eingeleiteten Kräfte ist nur möglich, wenn die Tragfähigkeit des Knotens insgesamt gewährleistet ist. Für einen Knotenpunkt gibt es grundsätzlich zwei Versagensmöglichkeiten: entweder kann ein einzelner Stab mit einem Stück Knotenblech aus dem Knoten herausreißen oder es reißt der ganze Knoten durch. Beim Nachweis müssen beide Fälle untersucht werden. Da sich die Kraftwirkungen innerhalb des Knotens auf sehr engem Raum abspielen, gilt hier an sich die *Technische Biegelehre* nicht mehr, doch wird man sich ihrer mangels besserer, einfacher Methoden bedienen müssen, um die zu erwartenden Beanspruchungen wenigstens abschätzen zu können.

3.4.1.2 Knotenbleche

Angeschweißte Knotenbleche (Abb. 3.16a, b) und deren Anschlussnähte werden durch die Schubkraft $T = \Delta O$ und ein Moment $M_K = T \cdot e$ beansprucht. Wegen des etwas unsicheren Spannungszustandes beim Anschluss der Diagonalen am ausgeschnittenen Knotenblech sollte dieses kräftig sein und der Diagonalstab nicht zu dicht an den Obergurt geführt werden. Bei einer geschraubten Variante verwendet man besser gedoppelte U-Profile wie in Abb. 3.16c. In diesem Falle müssen die Schrauben im Obergurt lediglich die Differenzkraft ΔO übertragen.

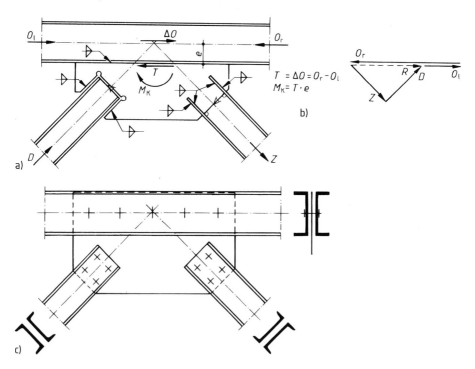

Abb. 3.16 Anschlussmöglichkeiten von I-Füllstäben an ein Knotenblech: **a** mit ausgeschnittenem Knotenblech, **b** mit ausgeschnittenem Steg und geschlitzten Flanschen, **c** geschraubte Ausführung

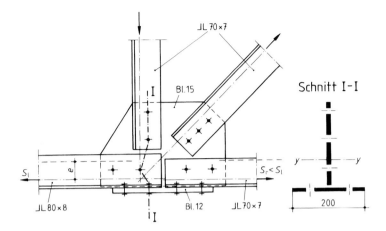

Abb. 3.17 Stoßdeckung eines Gurtstabes durch Knotenblech und Lasche, kritischer Schnitt im Knotenblech

3.4.1.3 Stoß oder Knick eines Gurtes im Knotenpunkt

Wird ein *durchlaufender* Gurt im Knotenpunkt *gestoßen*, darf das *Knotenblech* nur dann zur *Stoßdeckung* herangezogen werden, wenn dafür der Spannungsnachweis erbracht wird; wegen der doppelten Aufgabe muss die Dicke des Knotenblechs gegenüber der Wanddicke des Gurtstabes fast immer vergrößert werden. Eine volle Stoßdeckung allein durch das Knotenblech wird man nicht erreichen. Beim Baustellenstoß nach Abb. 3.17 wird die anteilige Kraft der anliegenden Winkelschenkel direkt durch das 15 mm dicke Knotenblech übertragen, während die abliegenden Winkelschenkel durch ein Zulageblech gedeckt werden. Um die Exzentrizität *e* der Stabkraft *S* im kritischen Schnitt I-I des Knotenbleches möglichst klein zu halten, ist dieses dicker als die Winkel und breiter als der größere Untergurtstab gewählt. Im Schnitt I-I wird das Blech auf Zug und Biegung untersucht. Die Bohrungen im Untergurtstab kann man so gegeneinander versetzt anordnen, dass nur die Löcher in den an- bzw. abliegenden Schenkeln abzuziehen sind.

Bei *geknickten* Gurten entstehen Umlenkkräfte, die man fallweise durch Laschen- oder Winkelbeilagen auffangen kann. Diese sind so anzuordnen, dass sie sich an die zu verstärkenden Gurte anpressen, s. Abb. 3.18.

3.4.2 Konstruktive Durchbildung

3.4.2.1 Allgemeine Grundsätze

Sofern es der statische Nachweis des Knotenpunktes erlaubt, ist man aus Kostengründen bestrebt, möglichst *knotenblechfreie* Fachwerke zu entwickeln. Hierzu wählt man die Gurt- und Füllstäbe so, dass sie sich unmittelbar miteinander verbinden lassen. Dabei muss jedoch auch darauf geachtet werden, dass sich die aus ihrer Ebene heraus sehr weichen

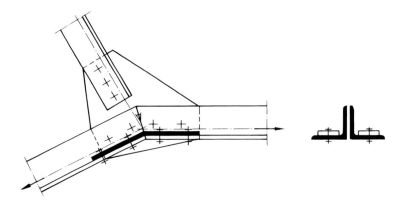

Abb. 3.18 Verstärkung eines geknickten Zuggurtes

Fachwerke transportieren und montieren lassen. Deshalb werden zumindest die Knotenpunkte so kräftig ausgebildet, dass eine gewisse Seitensteifigkeit vorhanden ist. Dabei sind die Stabanschlüsse häufig etwas länger als statisch erforderlich.

Kleine Knotenbleche lassen sich erzielen, wenn man von dem Grundsatz abweicht, dass sich Netzlinien in einem Punkt schneiden sollen. Der Vorteil dieser Lösung wird beim Vergleich der Abb. 3.19a, b offensichtlich. Dieser Weg ist aber nur dann zu empfehlen, wenn der Gurt wegen Querbelastung zwischen den Knotenpunkten ohnehin auf Biegung beansprucht wird und als biegesteifer Querschnitt bemessen ist, denn das bei der Lösung b entstehende *Exzentrizitätsmoment* $M = R_h \cdot h/2$ wirkt auf den *Gurt* ein und muss bei der Berechnung seiner Biegemomente berücksichtigt werden. Andererseits ist zu beachten, dass auch bei der mittigen Lösung *a* das gleiche Moment entsteht, welches nun aber in der *Anschlussnaht* des Knotenblechs zusammen mit R_v eine Spannung σ_w erzeugt, die mit der Schubspannung τ_w den Vergleichswert $\sigma_{w,v}$ liefert. Demgegenüber bleibt der Schweißanschluss des Knotenblechs in Abb. 3.19b momentenfrei (s. a. Abb. 3.16).

Von der Möglichkeit, am biegesteifen Gurt auf mittige Zusammenführung der Systemlinien zu verzichten und mit dieser Maßnahme kleine Knotenpunkte zu schaffen, ist bei dem Binder in Abb. 3.20 und bei dem Vertikalverband für einen Skelettbau (s. Abb. 3.21)

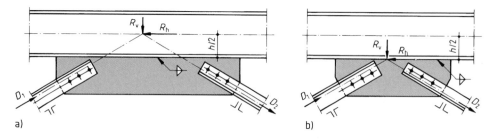

Abb. 3.19 Zur Lage der Netzlinien **a** zentrische Stabanschlüsse, **b** exzentrische Stabanschlüsse

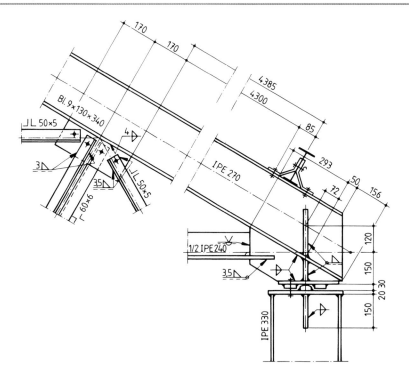

Abb. 3.20 Dachbinder mit biegesteifem Obergurt und exzentrischem Systemlinienschnittpunkt

Gebrauch gemacht worden. In den Punkten A und C des Verbandes geht die Systemlinie der Diagonalen durch den Schnittpunkt der Anschlussnähte der Knotenbleche. Die bei Zerlegung der Stabkräfte D entstehenden Komponenten D_v und D_h wirken genau in Längsrichtung der Schweißnähte. Genauere Untersuchungen zeigen, dass die Stabkraft die Knotenblechanschlussnähte sowohl auf Zug als auch auf Abscheren beansprucht. Der über die Schweißnahtlänge gemittelte Vergleichswert $\sigma_{w,v}$ wird dennoch hinreichend genau erfasst, wenn eine Zerlegung der Stabkraft in Richtung der Nähte erfolgt und die Komponenten über Spannungen $\tau_\parallel$ abgeleitet werden. Das Trägerstück HE 120 B verdübelt den Stützenfuß mit dem Fundament, um die Komponente D_{1h} anzuschließen.

Einspringende Ecken sind *stets* zu vermeiden, da sie hohe Kerbspannungen im Eckausschnitt erzeugen, die aufgrund des mehrachsigen Spannungszustandes auch bei ruhender Beanspruchung kaum abgebaut werden können. Im Brückenbau ist das Knotenblech daher in den Stabquerschnitt zu integrieren und an den Übergängen mit großen Radien auszurunden (Abb. 3.22 und 3.27).

3.4.2.2   Geschweißte Fachwerke
Frühere Bedenken gegen vollständig geschweißte *ein- und zweiwandige* Fachwerke wegen möglicher Überlagerungen von Neben-, Schweißeigen- und Kerbspannungen bestehen auch bei dynamisch belasteten Trägern (Kranbahnen, Eisenbahnbrücken) heute

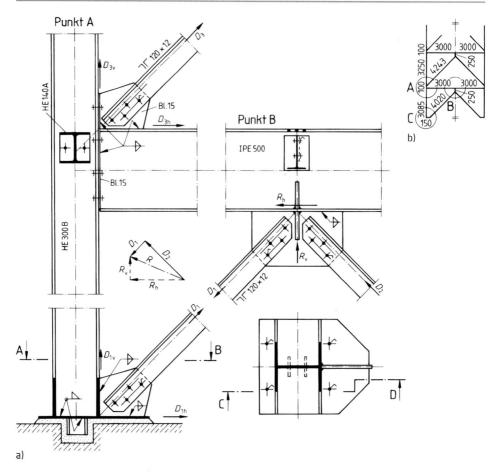

Abb. 3.21 Anschlüsse von Verbandsstäben im Stahlskelettbau

nicht mehr, wenn „schweißgerecht" konstruiert und den Erfordernissen der Betriebsfestigkeit ausreichend Beachtung geschenkt wird. *Knotenblechfreie Fachwerke* des Hallenbaus mit „normaler" Belastung erzielt man, wenn für die Gurte ein T-Querschnitt mit so hohem Steg gewählt wird, dass die Schweißnähte für den Anschluss der Füllstäbe Platz finden, s. Abb. 3.23 und 3.25.

Weil sich meistens zu beiden Stegseiten Schweißnähte gegenüberliegen, soll die Stegdicke in diesen Fällen $t \geq 6$ mm sein, damit zwischen dem Einbrand der Schweißnähte noch ausreichend dicker, unversehrter Bauteilwerkstoff verbleibt. Erfüllt der Steg alleine nicht die statischen und konstruktiven Anforderungen oder sind die Gurte nicht T-förmig, müssen *Knotenbleche* angeordnet werden. Sie sind entweder mit Kehlnähten am Gurt angeschlossen (Abb. 3.19) oder sie bilden, mit Stumpfnähten angeschweißt, die Verbreiterung des Gurtsteges (s. Abschn. 3.4.4.1, Knoten 2). Man bemüht sich, den Knoten gut auszusteifen, indem man einen Füllstab, meist den Druckstab, über die Anschlussnaht

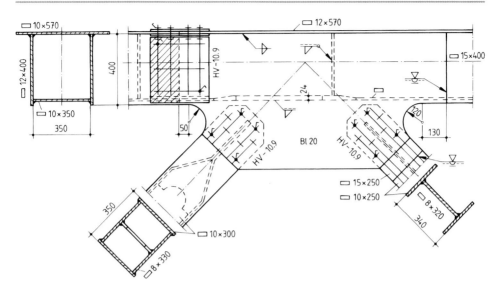

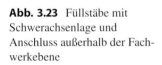

Abb. 3.22 Knotenpunkt eines geschweißten Fachwerks mit geschraubtem Diagonalanschluss und Gurtstoß

Abb. 3.23 Füllstäbe mit Schwerachsenlage und Anschluss außerhalb der Fachwerkebene

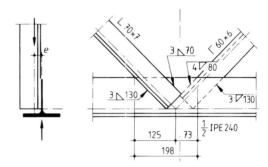

des Knotenblechs hinweg möglichst weit in den Knoten hineinführt. Sich kreuzende Nähte sind hierbei zu unterbrechen. Hat der Füllstab einen Querschnitt aus Winkelstählen, dann muss die Anschlussnaht des Knotenblechs im Kreuzungsbereich blecheben bearbeitet werden. Der hohen Kosten wegen verzichtet man oft darauf und lässt den Füllstab doch vorher enden (s. Abschn. 3.4.4.1, Knoten 2 mit Knotenblech). Besitzt der Gurt ein zusammengesetztes Profil, fügt man das Knotenblech grundsätzlich stumpf in die Wände des Querschnitts ein. Nahtkreuzungen bzw. die Bearbeitung von Nähten werden so vermieden; zudem sind die Nahtlängen kürzer.

Füllstäbe aus gerade abgeschnittenen *Einzelwinkeln*, die mit Kehlnähten abwechselnd vorn und hinten am Gurtsteg angeschweißt sind (s. Abb. 3.23), verursachen geringe Herstellungskosten, doch führt die ausmittige Lage der Stabschwerachse außerhalb der Fachwerkebene wegen der zusätzlichen Biegebeanspruchung der Diagonalen zu etwas schwereren Stabquerschnitten. Mittig wirkt die Beanspruchung der Füllstäbe, wenn sie aus

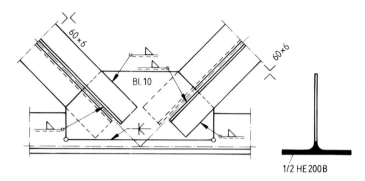

Abb. 3.24 Füllstabanschluss an ein eingeschweißtes Knotenblech

parallel oder über Eck gestellten und darum leichter zu erhaltenden *Doppelwinkeln* bestehen (s. Abb. 3.24). Die Tragfähigkeit der Querschnitte ist gut, aber die *Bindebleche* zwischen den Knotenpunkten bringen zusätzliche Herstellungskosten mit sich. An den Enden der Winkel und in den Knotenpunkten angebrachte *Bohrungen* ermöglichen es, das Fachwerk in der Werkstatt vor dem Schweißen ohne besondere Vorrichtungen in der richtigen Form zusammenzuschrauben. Einteilige Querschnitte sind in geschweißten Fachwerken jedoch stets vorzuziehen.

Der *T-Querschnitt* hat eine bessere Knicksteifigkeit als der Einzelwinkel, aber die Bearbeitung der Stabenden durch Ausklinken des Steges und Schlitzen des Flansches wie in Abb. 3.25 ist noch lohnintensiver. In statischer Hinsicht ist dieser Anschluss jedoch eine optimale Lösung.

Der Anschluss von Füllstäben aus Formstählen bei *einwandiger* Knotenblechausbildung kann nach Abb. 3.16a, b erfolgen, wobei *a* die einfachere Lösung darstellt. Eine andere, knotenblechfreie Lösung durch direkte Verschweißung der schräg geschnittenen Flansche zeigt das Beispiel in Abschn. 3.4.4.2. Obwohl die Profile häufig per Hand gebrannt werden müssen, da manche Säge-Bohranlagen Gehrungsschnitte nur durch den Steg ausführen können, lassen sich solche Fachwerke auch dann wirtschaftlich herstellen, wenn einige Profile aus konstruktiven Gründen größer gewählt werden müssen als

Abb. 3.25 Anschluss von Füllstäben aus halbierten I-Querschnitten

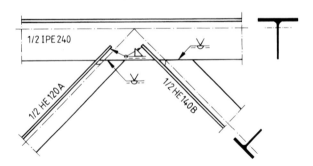

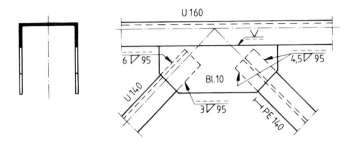

Abb. 3.26 Knotenpunkt eines zweiwandigen Fachwerks aus Formstählen

statisch erforderlich. Einfache, mittige Anschlüsse erhält man bei *zweiwandiger* Knotenblechausführung (Abb. 3.22 und 3.26). Eine Bearbeitung der Stabenden ist im Hochbau i. d. R. nicht erforderlich. Abb. 3.27 zeigt die Regelausführung eines geschweißten Fachwerkes einer Eisenbahnbrücke. Auf die Alternative mit eingeschraubten Diagonalen wird in Abschn. 3.4.2.4 eingegangen.

Unmittelbare Füllstabanschlüsse an die Gurte über Stumpfnähte sind möglich, wenn die quer zum Gurt wirkende vertikale Kraftkomponente D_v den Flansch des Gurtes nicht

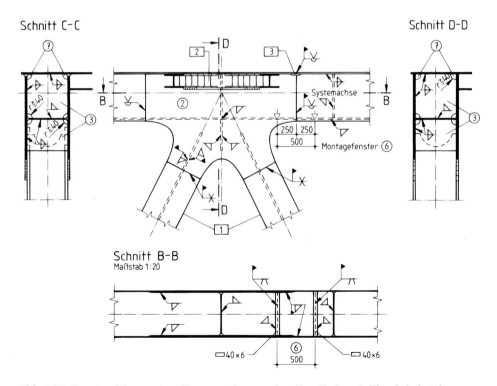

Abb. 3.27 Regelausführung eines Knotenpunktes geschweißter Fachwerk-Eisenbahnbrücken

Abb. 3.28 Aussteifungen direkt angeschlossener Füllstäbe

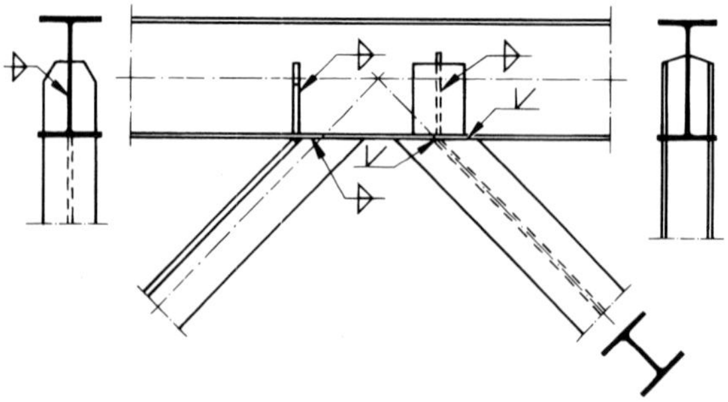

Abb. 3.29 Durchdringung
von Füllstäben bei unmittelba-
rem Gurtanschluss, Ausgleich
der vertikalen Stabkraft-
komponente

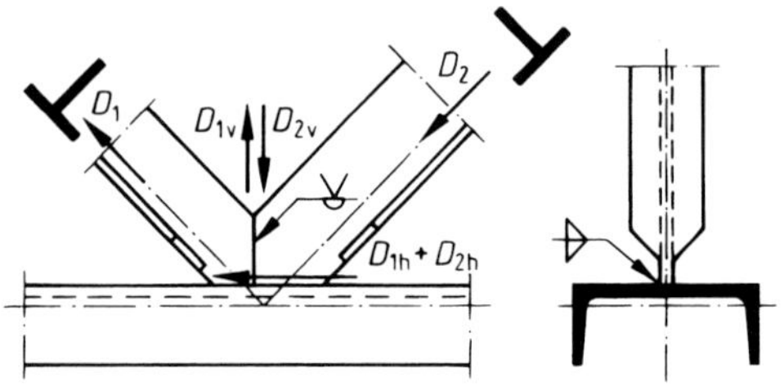

zu stark verformt und damit die Tragfähigkeit der Verbindung insgesamt beeinträchtigt,
s. Abb. 3.39. In der Regel wird D_v mittels *Krafteinleitungsrippen* an den Gurtsteg abgegeben, der sie über Schub im Steg aufnimmt. Die Form der Krafteinleitungsrippe passt man
dem Füllstabquerschnitt und dessen räumlicher Lage an, s. Abb. 3.28. Bei einem flach
liegenden Gurtprofil wie in Abb. 3.29 kann D_v von dem dünnen Steg praktisch überhaupt
nicht getragen werden. Hier muss man die Füllstäbe vor Erreichen des Gurts direkt miteinander verbinden, damit sich die Vertikalkomponenten D_{1v} und D_{2v} in der vertikalen
Stumpfnaht ausgleichen, ohne den Gurt zu belasten; die horizontale Verbindungsnaht leitet dann nur noch die Summe der horizontalen Kraftkomponenten tangential in den Gurt
ein.

3.4.2.3 Geschraubte (genietete) Fachwerke

Genietete Fachwerke, bei denen auch die Stabquerschnitte aus Breitflachstählen, Winkeln
oder U-Profilen zusammengesetzt sind, werden heute nicht mehr hergestellt. Dennoch
zählen sie zu einem nicht unerheblichen Teil des derzeitigen Baubestandes. Sie werden
hier nicht mehr behandelt.

Auch vollständig geschraubte Fachwerke werden nur noch in Ausnahmefällen (z. B.
bei mobilen Geräten) ausgeführt. Die Schraubtechnik beschränkt sich daher auf solche
Fachwerke, die in großen Einheiten oder als Ganzes aufgrund der örtlichen Gegebenhei-
ten nicht montiert oder wegen ihrer Höhe nicht transportiert werden können. Hier werden
die Füllstäbe erst auf der Baustelle mit den Gurten verbunden, wobei im Hochbau in
der Mehrzahl der Fälle die Schraube das wirtschaftlichste Verbindungsmittel ist. Die Anschlüsse der Füllstäbe erfolgt an Knotenbleche, die man ca. 25 % dicker wählt als die an
den Knotenblechen anliegenden und mit diesen verbundenen Wände der Fachwerkstäbe.

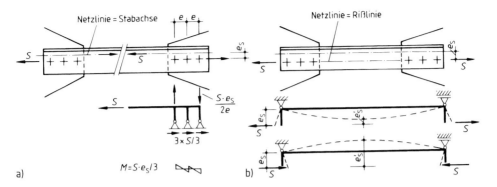

Abb. 3.30 Lage des Stabanschlusses. **a** Netzlinie = Stabachse, **b** Netzlinie = Schraubenrisslinie

Übliche Stabquerschnitte sind Doppelwinkel oder U-Profile, zwischen die aus Unterhaltungsgründen ein mindestens 15 mm dickes Knotenblech gesteckt wird, s. Tab. 3.1b, 4, 6, 7 und Abb. 3.17. Die Fachwerknetzlinien legt man bei Winkelprofilen entweder in die Schwerachse der Profile oder auf die Schraubenrisslinie, s. Abb. 3.30; letztere Möglichkeit eignet sich jedoch nicht bei den Gurtstäben, da dann auf den gesamten Knoten ein Moment $\Delta S \cdot e_S$ (ΔS = Differenz der Gurtkräfte, e_S = Abstand Stabachse-Risslinie) entfällt. Im ersten Fall bleibt der Stab momentenfrei bis auf den Anschlussbereich. Auf die Schrauben entfallen quer zur Stabkraft gerichtete Kräfte (s. Abb. 3.30a). Im anderen Fall entfallen diese Schraubenkräfte, jedoch erhält der Stab ein konstantes Moment $S \cdot e_S$.

Bei Zugstäben wird dieses zur Mitte hin wegen der Stabverformung fast völlig abgebaut, bei Druckstäben jedoch nach Theorie II. Ordnung noch vergrößert. Weitere Details s. vorangehende Abschnitte.

3.4.2.4   Gemischte Bauweise

Neben den vollständig geschweißten Fachwerken werden häufig Mischformen ausgebildet, indem z. B. für die Gurte geschweißte offene oder geschlossene Querschnitte gewählt und die Füllstäbe an ein- oder angeschweißte Knotenbleche auf der Baustelle angeschraubt werden (s. Abb. 3.20). Fachwerke als Verbände werden überwiegend geschraubt. Hier bilden häufig Deckenträgerstirnplatten und Knotenbleche bzw. Fußplatten und Knotenbleche eine Einheit (s. Abb. 3.21).

Ein typisches Beispiel der Mischbauweise zeigt der hohe Fachwerkträger nach Abb. 3.22 (bei großen Lasten und/oder dynamischen Einwirkungen lehnt man sich an die kerbspannungsarmen Bauweisen des Eisenbahnbrückenbaus an). Der Obergurt ist hier ein geschlossener *Kastenquerschnitt*; der neben dem Knoten befindliche Baustellenstoß ist durch eine Öffnung zwischen den Knotenblechen zugänglich. Der entstandene Querschnittsverlust wird durch eine Vergrößerung der Dicke des Bodenblechs ähnlich wie in Abb. 1.24 gedeckt. Beiderseits der Öffnung wird der Hohlquerschnitt durch Schottbleche luftdicht verschlossen. Die *Zugdiagonale* hat einen geschweißten I-Querschnitt; der Lochabzug im geschraubten Anschluss wird von einem dickeren Flanschstück ausgeglichen, das mit einer Stumpfnaht in Sondergüte angeschweißt ist. Die Druckdiagonale ist wegen besserer Knicksicherheit wieder als Kastenquerschnitt ausgebildet. Die Seitenwände wurden zur einfacheren Herstellung des Schraubenanschlusses zu einem offenen I-Querschnitt zusammengezogen; die Umlenkkräfte an den Knickstellen werden von einem Längsschott aufgenommen, doch muss der Knickwinkel in jedem Fall möglichst klein gehalten werden. Die *Knotenbleche* liegen in der Ebene der Gurtseitenwände. Weil sie neben ihrer Funktion als Knotenblech zugleich noch Bestandteil des Gurtes sind, werden sie $\sim 6\,\text{mm}$ dicker als die Gurtseitenwände ausgeführt. Bei nicht vorwiegend ruhender Belastung muss der Übergang der Knotenblechkante zum Gurt mit besonders großem Radius ausgerundet werden, weil hier durch Kerbwirkung Spannungserhöhungen entstehen, die die Betriebsfestigkeit erheblich herabsetzen können. Damit nicht noch die Eigenspannungen der Stumpfnaht hinzukommen, ist diese um $\geq 100\,\text{mm}$ seitlich versetzt.

3.4.2.5 Überhöhung

Bei Stützweiten $\geq 20\,\text{m}$ gleicht man die Durchbiegung der Fachwerke durch eine Überhöhung des Fachwerknetzes aus. Wenn Betriebseinrichtungen, wie Krananlagen, Förderanlagen, Wasserabfluss usw., von der Durchbiegung gefährdet werden, überhöht man für $g + p$, sonst genügt i. Allg. eine Überhöhung für $g + p/2$. Die Ober- und Untergurtknoten werden um das jeweils gleiche Überhöhungsmaß nach oben lotrecht verschoben (Abb. 3.31). Gegenüber dem nicht überhöhten Bindersystem ändern sich hierbei die Stablängen und die Winkel zwischen den Stäben.

Bei geschweißten Fachwerkträgern des Hochbaus erfolgt die Konstruktionsarbeit i. Allg. am nicht überhöhten Fachwerk. Die Überhöhung des Fachwerkes wird in der Werkstatt durch Vorkrümmen der Gurte hergestellt. Bei Anschlüssen von I-förmigen Füllstäben über Knotenbleche schneidet man zweckmäßigerweise das Knotenblech aus wie in Abb. 3.16a; man erspart sich hierdurch die aufwendige Stabbearbeitung bei Anschlüssen über geschlitzte Flansche und ausgeschnittene Stege (s. z. B. Abb. 3.16b). Das Ausschneiden der Knotenbleche erfolgt erst beim Zusammenbau.

Bei geschraubten Fachwerken des Hochbaus muss fallweise, im Brückenbau stets das überhöhte Fachwerk konstruiert und gefertigt werden wie in Abb. 3.31. Die Längen der Diagonalen werden mit Gl. 3.6 bestimmt.

$$l'_s = \sqrt{a^2 + (h \pm \Delta \ddot{u})^2} \qquad (3.6)$$

Abb. 3.31 Überhöhung des Fachwerknetzes

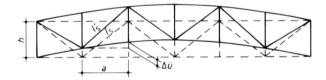

3.4.3 Auflager und Anschlüsse

Fachwerkträger des Hochbaus schließen an Stahl- oder Stahlbetonstützen und massive Wände an oder liegen auf diesen auf.

3.4.3.1 Auflager auf massiven Wänden, Stützen und Konsolen

Die als *Balken* gelagerten Fachwerke erhalten ein *festes* und ein in Längsrichtung *verschiebliches* Lager. Beide werden als *Linienkipplager* ausgebildet, wenn man ein Auswandern der Wirkungslinie der Auflagerkraft zur Vorderkante der Lagerplatte vermeiden will, was sich sowohl auf die Stützkonstruktion als auch auf den Fachwerkknoten auswirkt. Auf das verschiebliche Lager verzichtet man häufig aus Vereinfachungsgründen und nimmt unvermeidbare Zwängungen stillschweigend in Kauf oder weist sie rechnerisch nach. *Flächenlager* kommen nur bei kleinen Auflagerkräften in Betracht; andernfalls verwendet man verformungsfähige Elastomerlager, wie sie aus dem Brückenbau bekannt sind.

Festlager

Ein mögliches *Flächenlager* besteht aus der mit dem Binder verschweißten Lagerplatte, die mit Mörtelfuge auf der Auflagerbank ruht und mit ihr konstruktiv verankert wird (s. Abb. 3.32a). Der Schwerpunkt der Lagerplatte sollte senkrecht unter dem Systempunkt des Auflagers liegen.

Bei offenen Gebäuden sowie bei hohen Dächern erhalten die Auflager der Dachbinder zur Sicherung gegen Abheben durch Wind Zuganker, die in ausreichend tief eingebaute Ankerwinkel oder -barren eingehängt werden. Die Ankerkanäle werden zusammen mit

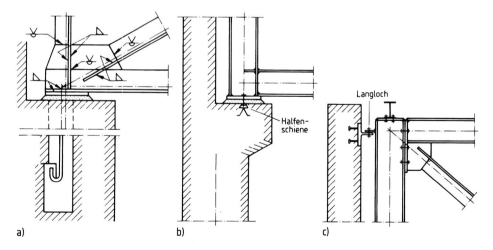

Abb. 3.32 Fachwerklagerungen und Anschlüsse: **a** Flächenlager mit Zuganker, **b** Verankerung durch Halfenschiene, **c** horizontale Halterung des Obergurtes

Abb. 3.33 Linienkipplager

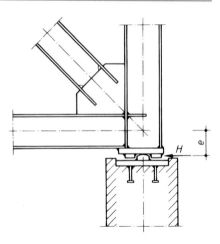

der Lagerfuge vergossen. Solche statisch notwendigen Zuganker sind mit ihrer Verankerung nachzuweisen. Sind die *Horizontalkräfte* klein, können sie den Ankern zugewiesen werden, andernfalls ist das Lager mit der Auflagerbank durch eine Schubknagge zu verbinden (s. Abb. 3.21). Geringe horizontal- und Vertikalkräfte können auch von eingelassenen Halfenschienen (Abb. 3.32b) übernommen werden.

Bei *Linienkipplagern*, die in bekannter Weise aus Zentrierleisten gebildet werden, übernehmen Anschlagknaggen die Horizontallast H (Abb. 3.20 und 3.33). In Fertigteilstützen betoniert man werkseitig die Auflagerplatten mit den angeschweißten Kopfbolzen und der Zentrierleiste ein. Wegen der Fertigungstoleranzen bei Ortbeton oder Mauerwerk wird man diese erst nachträglich in ausgesparte Taschen einlassen und nach dem Ausrichten mit einem schnellbindenden und schwindarmen Kunstharzmörtel vergießen oder wenigstens die Zentrierleiste erst vor der Stahlbaumontage mit der Lagerplatte verschweißen. Das Exzentrizitätsmoment aus $H \cdot e$ (Abb. 3.33) kann bei kleiner Ausmittigkeit vernachlässigt werden oder man verteilt es im Verhältnis der Biegesteifigkeiten auf die Fachwerkstäbe.

Bewegliche Lager

Diese werden i. Allg. wegen der oft geringen Auflagerlasten als *Gleitlager* ausgebildet; hier genügen ähnliche Konstruktionen wie bei den Festlagern, wobei die Beweglichkeit über *Langlöcher* in der Lagerplatte oder Löcher mit großem Lochspiel und Abdeckscheiben in der Fußplatte des Trägers hergestellt wird (s. Abb. 3.34). Die seitliche Führung kann über an die Lagerplatte angeschweißte Leitbleche erfolgen. *Edelstahlplatten*, die mit dem Binderauflagerknoten verschweißt werden, oder mit Spezialklebern auf die Lagerplatte geklebte *Teflonscheiben* reduzieren die Gleitreibung fast auf die Größe der Rollreibung. Durch besondere Maßnahmen, die mit dem Hersteller dieser hochwertigen Lager abzustimmen sind, können auch große Lagerdrücke problemlos übertragen werden. *Kipplager* als Gleitlager entstehen aus Festlagern durch Weglassen der die Längsverschiebung behindernden Anschlagknaggen.

Abb. 3.34 Seitliche Führung
durch Leitbleche

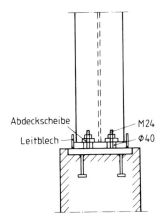

Bewehrte Elatomerlager mit rechteckiger Grundfläche (150/200, 200/300 mm ...) be-stehen aus mehreren waagerechten, 5 mm dicken Schichten des Kunstgummis *Neoprene* mit dazwischen einvulkanisierten 2 mm dicken *Stahlblechen*, die die Querdehnung des Kunststoffs verhindern und dadurch die lineare Zusammendrückung des Lagerkörpers unterbinden. Elastische *Verdrehungen* und *Horizontalverschiebungen* des Auflagers um jeweils 2 Achsen sind jedoch möglich, wobei die horizontale Steifigkeit zur Aufnahme von Horizontallasten (Wind) ausreicht. Die bewehrten Gummilager nehmen demzufolge eine Stellung zwischen festen und beweglichen Linienkipplagern ein und werden meist unter beiden Auflagern des Trägers angeordnet. Seitenführungen können die Bewegungen in einer Richtung begrenzen.

Bei besonders großen und schweren Hochbaukonstruktionen, deren Abmessungen, Lasten und Formänderungen den Brücken vergleichbar sind, werden die *festen* und *be-weglichen* Lager wie im *Brückenbau* durchgebildet. Für bewegliche Lager kommen bei Stützweiten >25 m neben Kunststoff-Gleitlagern auch *Rollenlager* in Betracht, weil wegen ihrer niedrigen Rollreibung ($\mu = 0{,}03$) die Horizontalbelastung der Stützkonstruktionen durch Reibungskräfte gering bleibt.

Bei der direkten Auflagerung des Auflageruntergurtknotens auf Wände oder Stützen werden die *Windlasten* aus dem Dachverband entweder direkt an die über das Auflager hinausragende Wand (Stütze) abgegeben oder über Längsverbände zwischen den Bindern in die Auflager geleitet. In jedem Falle sind genaue Montageanweisungen zur sicheren Errichtung einer ersten, in sich stabilen Montageeinheit (Binder, Pfetten, Verbände) er-forderlich. Werden Verbandslasten direkt am Obergurtknoten abgegeben, so ist darauf zu achten, dass Längsverschiebungen in Fachwerkebene aufgrund der Trägerneigung z. B. über einen Langlochanschluss am Auflager möglich sind, Abb. 3.32c.

Vordachverankerungen

Einen möglichen Anschluss eines Vordaches an eine massive Wand zeigt Abb. 3.35. Am oberen Lager B des *Kragbinders* werden die Vertikallast B_v durch ein Flächenlager, die Zugkraft B_h durch Rundstahlanker übernommen, die durch die Mauer hindurch an einem

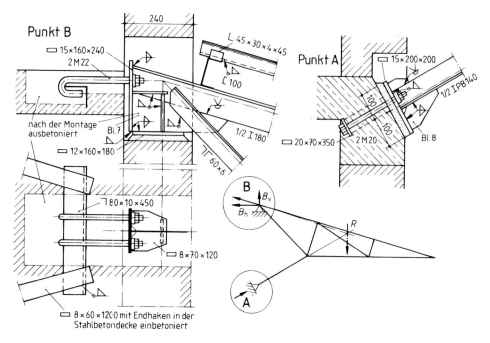

Abb. 3.35 Auflagerpunkte eines Kragbinders

Ankerwinkel 80×10 befestigt sind, der seinerseits durch angeschweißte und einbetonierte Flach- oder Rundstähle in der Decke zu verankern ist. Am Punkt A steht das Flächenlager senkrecht auf der Wirkungslinie von A. Auch hier muss das Lager mit Rücksicht auf Zugkräfte infolge Unterwind verankert werden; durch eine in die Deckenscheibe einbindende Rundstahlbewehrung ist der Auflagerquader gegen Herausreißen zu sichern.

3.4.3.2 Anschlüsse an Stahlstützen

Eine *zentrische Auflagerung* über eine Lasteinleitungsplatte und Stegsteifen zeigt Abb. 3.20. Bei den heute üblichen Binderformen (Abb. 3.2a, b) mit Zugdiagonalen an den Trägerenden erfolgt der Anschluss i. Allg. am Obergurtknoten wegen der einfacheren Montageverhältnisse. Dabei wird der Endpfosten von der Stütze gebildet und entfällt für den Fachwerkträger. Bei nicht zu hohen Auflagerlasten oder relativ kräftigen Stützen ist ein exzentrischer Anschluss über ein Stirnblech am Obergurt und Endknotenblech auf einfachste Weise möglich, s. Abb. 3.37a. Will man das Anschlussmoment für die Stütze vermeiden, bietet sich die Lösung nach Abb. 3.36 an. Bei Verwendung von SL-Verbindungen in der Stirnplatte wird die gesamte Auflagerkraft über Kontakt durch den verlängerten Obergurt abgegeben, der dann in der Lage sein muss, auch noch das Moment $V \cdot h/2$ aufzunehmen. Mit diesen drei Bildern sind nur die üblichen Anschlussvarianten erfasst. Aufgrund der konstruktiven Möglichkeiten im Stahlbau sind zahlreiche Sonderformen möglich.

Abb. 3.36 Zentrische Lasteinleitung der Auflagerkräfte
eines Dachbinders

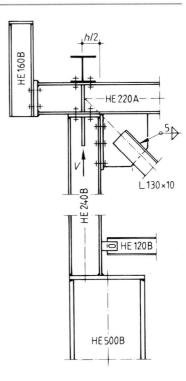

3.4.4   Beispiele

3.4.4.1   Dachbinder – Fortsetzung Abschn. 3.3.4.1

Für den symmetrischen Dachbinder gemäß Abb. 3.37 wurden in Abschn. 3.3.4.1 bereits
die Stabkräfte ermittelt und die notwendigen Bauteilnachweise geführt. An dieser Stelle
werden die maßgebenden Nachweise der Anschlüsse, Knotenpunkte und Stöße erläutert
(s. Abb. 3.37–3.40).

Knoten 7 (s. Abb. 3.37a)

Zunächst wird der Anschluss der Diagonale D_1 an das Knotenblech untersucht. Dabei
wird der Steg des halben IPE 220 mittels durchgeschweißter Stumpfnaht an das Blech
angeschlossen ($a = \min t = 5,9\,\mathrm{mm}$), sodass hierfür kein gesonderter Nachweis zu
führen ist. Der Anschluss des geschlitzten Flansches erfolgt durch beidseits ausgeführte Doppelkehlnähte mit $a = 3\,\mathrm{mm}$ über eine Länge von 120 mm. Zur Ermittlung der
Schweißnahtspannung sowie der Schubspannung im Flansch wird die gesamte Stabkraft
gemäß der Teilflächen auf Steg und Gurt verteilt:

$$N_{\mathrm{Fl}} = 290 \cdot 9{,}02/13{,}74 = 190\,\mathrm{kN}$$
$$A_{\mathrm{W}} = 4 \cdot 0{,}3 \cdot 12{,}0 = 14{,}4\,\mathrm{cm}^2$$

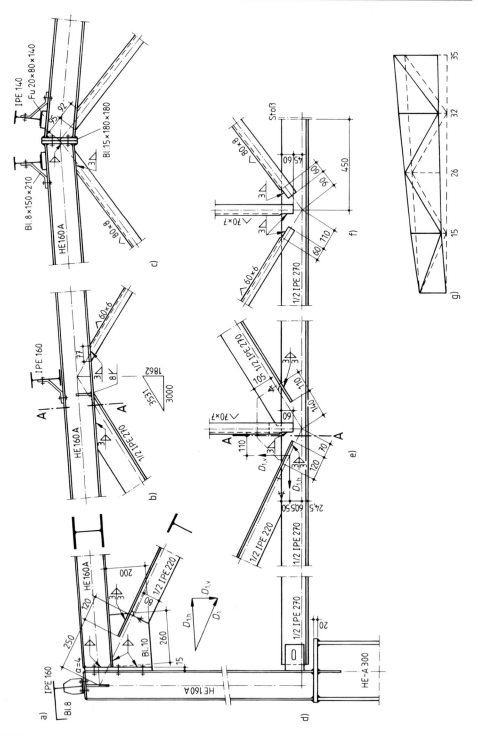

Abb. 3.37 Konstruktive Durchbildung des Dachbinders aus Abschn. 3.3.4.1: **a** bis **f** Knotenpunkte
g Werkstattüberhöhung

$$\tau_{\parallel} = \frac{190}{14{,}4} = 13{,}2\,\frac{kN}{cm^2} \leq \frac{f_u/\sqrt{3}}{\beta_w \cdot \gamma_{M2}} = \frac{36{,}0}{\sqrt{3}} = 20{,}78\,\frac{kN}{cm^2} = \tau_{\parallel Rd}$$

$$\tau_{Fl} = \frac{190/2}{0{,}92 \cdot 12} = 8{,}61\,\frac{kN}{cm^2} \leq \frac{f_y/\sqrt{3}}{\gamma_{M0}} = \frac{23{,}5/\sqrt{3}}{1{,}0} = 13{,}57\,\frac{kN}{cm^2}$$

Für das 10 mm dicke Knotenblech mit 3 mm dicken Anschlusskehlnähten zum Obergurt und zur Stirnplatte hin wird die Stabkraft in die entsprechenden Komponenten zerlegt:

$$Z_h \approx 260\,kN \quad Z_V \approx 150\,kN$$

Damit betragen die Schubspannungen in den Schweißnähten

$$\tau_{\parallel,h} = 260/(2 \cdot 0{,}3 \cdot 26) = 16{,}7\,kN/cm^2 \quad \Rightarrow \tau_{\parallel,h}/\tau_{\parallel Rd} = 0{,}80 < 1$$

$$\tau_{\parallel,v} = 150/(2 \cdot 0{,}3 \cdot 20) = 12{,}5\,kN/cm^2 \quad \Rightarrow \tau_{\parallel,v}/\tau_{\parallel Rd} = 0{,}60 < 1$$

Im Knotenblech gilt für die Schubspannungen

$$\tau = 190/(2 \cdot 0{,}66 \cdot 12) = 16{,}7 \cdot 0{,}6/1{,}0 = 10{,}0\,kN/cm^2$$

$$\Rightarrow \tau/\tau_{R,d} = 10{,}0/13{,}6 = 0{,}74 < 1$$

Der Anschluss des Obergurtes an die Stütze erfolgt über die Stirnplatte konstruktiv mit 6 Schrauben M20 4.6. Überprüft wird nur die Abscherbeanspruchung, da die Lochleibung offensichtlich unkritisch ist:

$$F_{v.Rd} = 60{,}3\,kN > F_{v.Ed} = (164 - 20{,}5)/6 = 23{,}9\,kN$$

Knoten 2 (s. Abb. 3.37e)

Der Anschluss der Diagonalen D_1 erfolgt prinzipiell wie in Knoten 1, weshalb hierzu nur der Nachweis der Schubspannungen im 6,6 mm dicken Steg des Untergurtes geführt wird:

$$\tau = 190/(2 \cdot 0{,}66 \cdot 12) = 12{,}0\,kN/cm^2 \Rightarrow \tau/\tau_{Rd} = 0{,}88 < 1$$

Das Prinzip und die Erläuterungen gelten auch für den Anschluss der Diagonalen D_2. Anhand der Kraft, die auf den Flansch entfällt, wird die erforderliche Schweißnahtlänge ermittelt:

$$N_{Fl} = 158 \cdot (23 - 10{,}5 \cdot 0{,}66)/23 = 110\,kN$$

$$erf\ l_W = 110/(4 \cdot 0{,}3 \cdot 20{,}78) = 4{,}41\,cm$$

Aus konstruktiven Gründen wird die Nahtlänge auf $l_W = 110$ mm festgelegt. Die daraus resultierenden Schubspannungen im Untergurtsteg sind kleiner als beim Anschluss von D_1.

Abb. 3.38 Beanspruchung in
Knoten 2 ohne Knotenblech

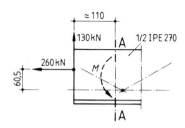

Ausgleich der Knotenkräfte

Es wird zunächst die konstruktiv einfachste Lösung ohne Knotenblech im Schnitt A-A untersucht. Auf diesen Schnitt wirkt von links nur D_1, da $U_1 = 0$. Der Angriffspunkt von D_1 wird auf der Schwerlinie und der halben Flanschanschlusslänge angenommen. Die Stabkraft wird in eine Vertikal- und Horizontalkomponente zerlegt. Mit Rücksicht auf den Näherungscharakter der Beanspruchungsverhältnisse können geometrische Daten aus der Zeichnung abgemessen werden. Im Schnitt A-A sind folgende Schnittgrößen wirksam (s. a. Abb. 3.38):

$$N = D_{1h} \approx 260\,\text{kN}; \quad V = D_{1v} \approx 130\,\text{kN};$$

$$M = D_{1h} \cdot 6{,}05 - D_{1v} \cdot 12{,}0 = 260 \cdot 6{,}05 - 130 \cdot 12{,}0 = 143\,\text{kNcm}$$

$$\sigma = 260/23 + 143/32{,}8 = 15{,}7\,\text{kN/cm}^2$$

$$S_y = (13{,}5 - 2{,}97)^2 \cdot 0{,}66/2 = 10{,}53^2 \cdot 0{,}66/2 = 36{,}6\,\text{cm}^3$$

$$\max \tau = \frac{D_{1v} \cdot S_y}{I_y \cdot s} = \frac{130 \cdot 36{,}6}{346 \cdot 0{,}66} = 20{,}8\,\text{kN/cm}^2$$

$$\left(\tau_m = \frac{130}{(13{,}5 - 0{,}5) \cdot 0{,}66} = 15{,}2\,\text{kN/cm}^2 \right)$$

Da die Schubspannungen weit über der Grenzschubspannung liegen, wird der Steg mit einem Knotenblech $t = 8\,\text{mm}$ so verstärkt, dass die Diagonale D_2 ohne Stegschrägschnitt angeschlossen werden kann. Für den verstärkten Knotenpunkt sind die Nachweise offensichtlich erfüllt.

Knoten 9 (Abb. 3.37b)

Im Knoten 9 schließt die Diagonale D_2 stumpf an den Obergurt an. Dabei verursacht die Flanschkraft von D_2 eine Beigebeanspruchung des Unterflansches von O_2. Die Spannungen werden am Beginn der Ausrundung kontrolliert, wobei eine Lastausbreitung unter $2 \times 45°$ im unteren Flansch des Obergurtes unterstellt wird (s. Abb. 3.39a). Die Flanschkraft von D_2 beträgt

$$D_{2,\text{Fl}} = 158 \cdot 13{,}5 \cdot 1{,}02/23 = 95\,\text{kN}$$

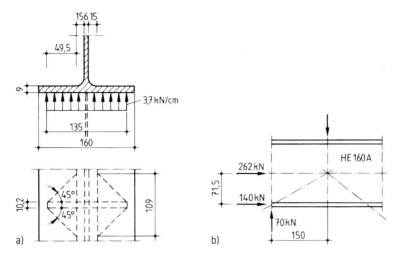

Abb. 3.39 Beanspruchung in Knoten 9: **a** Biegung im Obergurtflansch, **b** Kräfte im Knotenlager

und die Vertikalkomponente

$$D_{2,\text{Flv}} = 95 \cdot 1862/3531 = 50\,\text{kN} \quad p = 50/13,5 = 3,7\,\text{kN/cm}$$

Am Beginn der Ausrundung ist

$$b' = 1,02 + 2 \cdot 4,95 = 10,9\,\text{cm} \Rightarrow W = 10,9 \cdot 0,92/6 = 1,472\,\text{cm}^3$$
$$M = 3,7 \cdot 4,95^2/2 = 45,33\,\text{kNcm} \Rightarrow \sigma = 45,33/1,472 = 30,8\,\text{kN/cm}^2 \gg \sigma_{\text{Rd}}$$

Da die Grenzspannung deutlich überschritten ist, werden zur Abstützung des Flansches Lasteinleitungsrippen vorgesehen. Im Schnitt A-A, ca. 150 mm links vom Knoten, wirken auf den Obergurt die in Abb. 3.39b eingezeichneten Kräfte und verursachen im Knoten das folgende Moment, welches vernachlässigbar klein ist:

$$M = 70 \cdot 15 - 140 \cdot 7,15 = 49\,\text{kNcm}$$

Firststoß (Abb. 3.37c)
Der Stoß der beiden Binderhälften im Firstpunkt erfolgt über Stirnplatten und HV-Schrauben M16, 10.9. Die Schweißnähte werden mit $a = 3$ mm ausgeführt.

Untergurtstoß (Abb. 3.40)
Der Untergurt U_3 wird erst auf der Baustelle eingebaut und dabei Laschenstöße gemäß Abb. 3.40 ausgeführt. Die folgende Berechnung zeigt, dass der Schwerpunkt der Stoßdeckungsteile nur ca. 9 mm von der Stabschwerachse abweicht und dementsprechend

Abb. 3.40 Untergurtstoß
neben Knoten 3 und 4

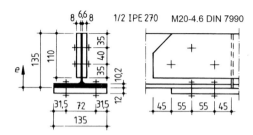

vernachlässigt werden kann:

$$A = 1{,}2 \cdot 13{,}5 + 2 \cdot 0{,}8 \cdot 11 = 16{,}2 + 17{,}6 = 33{,}8 \, \text{cm}^2$$

$$e = [-0{,}6 \cdot 16{,}2 + (13{,}5 - 5{,}5) \cdot 17{,}6]/33{,}8 = 3{,}88 \, \text{cm}$$

$$\Delta e = 3{,}88 - 2{,}97 = 0{,}91 \, \text{cm}$$

Für den Nachweis des Nettoquerschnitts ist das Profil maßgebend:

$$A_{\text{net}} = 23{,}0 - 2{,}1 \cdot (2 \cdot 1{,}02 + 0{,}66) = 23{,}0 - 5{,}67 = 17{,}33 \, \text{cm}^2$$

$$A/A_{\text{net}} = 23/17{,}33 = 1{,}33 \gg 1{,}1 \quad \text{(s. Band 1, Tab. 2.6)}$$

$$\Rightarrow N_{\text{t,Rd}} = 0{,}9 \cdot 17{,}33 \cdot 36/1{,}25 = 449{,}2 \, \text{kN} > N_{\text{t,Ed}} = 428 \, \text{kN}$$

Für die Nachweise der geschraubten Verbindungen wird die Stabkraft anhand der Teilflächen auf den Steg und den Flansch aufgeteilt:

$$N_{\text{St}} = 428 \cdot 0{,}66 \cdot 12{,}48/23 = 153 \, \text{kN} \Rightarrow N_{\text{Fl}} = 428 - 153 = 275 \, \text{kN}$$

Bei den gewählten Loch- und Randabständen wird für die Schrauben im Flansch Abscheren maßgebend:

$$F_{\text{vEd}} = 275/4 = 69{,}0 \Rightarrow F_{\text{vEd}}/F_{\text{vRd}} = 69/75{,}4 = 0{,}92 < 1$$

Für den Steg wird auch die Grenzlochleibungskraft ermittelt:

$$\left. \begin{aligned} e_2 &= 35 \, \text{mm} > 1{,}5 d_0 = 1{,}5 \cdot 22 = 33 \, \text{mm} \\ p_2 &= L = \sqrt{55^2 + 40^2} = 68 \, \text{mm} > 3{,}0 d_0 = 3 \cdot 22 = 66 \, \text{mm} \end{aligned} \right\} k_1 = 2{,}5$$

$$p_1 = 110 \, \text{mm} > 3{,}75 d_0 = 3{,}75 \cdot 22 = 83 \, \text{mm}$$

$$\Rightarrow \alpha_b = e_1/3 d_0 = 45/3/22 = 0{,}682 < f_{\text{ub}}/f_u = 500/360 = 1{,}39$$

$$F_{\text{b,Rd}} = 2 \cdot 0{,}8 \cdot 2{,}0 \cdot 2{,}5 \cdot 0{,}682 \cdot 36/1{,}25 = 157{,}1 \, \text{kN}$$

$$> 2 \cdot F_{\text{v,Rd}} = 2 \cdot 75{,}4 = 150{,}8 \quad \text{(2-schnittig)}$$

$$F_{\text{vEd}} = 153/3 = 51{,}0 \, \text{kN} \Rightarrow F_{\text{vEd}}/(2 F_{\text{vRd}}) = 51{,}0/150{,}8 = 0{,}34 < 1$$

3.4.4.2   Nebenbinder – Fortsetzung Abschn. 3.3.4.2

Für den Nebenbinder gemäß Abb. 3.12 wurden in Abschn. 3.3.4.2 bereits die Stabkräfte ermittelt und die notwendigen Bauteilnachweise geführt. Ergänzend hierzu sind Abb. 3.41 die Details zur konstruktiven Durchbildung wiedergegeben, die aufgrund der Ausführung mit $a = \min t$ keiner weiteren Nachweise bedürfen.

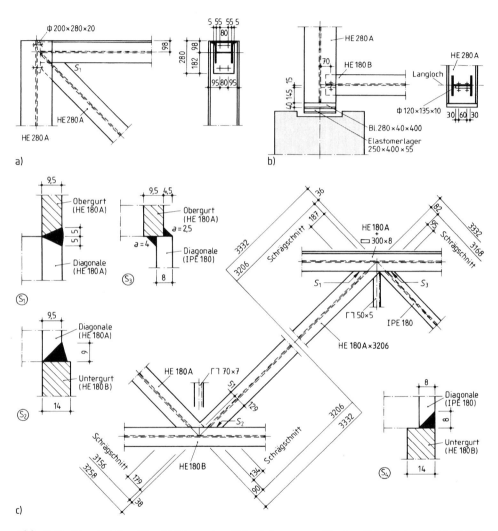

Abb. 3.41 Konstruktive Durchbildung des Nebenträgers aus Abschn. 3.3.4.2 (s. a. Abb. 3.12): **a** Knoten A, **b** Auflagerpunkt B, **c** Anschluss der Füllstäbe mit Schweißnahtdetails

3.5 Fachwerke aus Hohlprofilen

3.5.1 Einführung

Im Rahmen dieses Abschnittes werden *ebene Fachwerke aus Hohlprofilen in knoten-blechfreier Ausführung* mit direkten Stabverbindungen nach Abb. 3.42 unter *ruhender Beanspruchung* behandelt. Ihr Einsatz unter Verwendung von *Kreishohlprofilen (KHP)* – üblich ist auch die Bezeichnung (Rund)Rohre – oder *Rechteckhohlprofilen (RHP)* – einschließlich der Sonderform der *Quadrathohlprofile (QHP)* – ist auch im Stahlhoch-bau immer mehr verbreitet. *Kreishohlprofile* (nahtlos oder geschweißt) wurden früher vor allem im Mast- und Kranbau aber auch für Energiebrücken im Industriebau einge-setzt. Im Stahlhochbau fanden und finden sie u. a. Verwendung als Raumfachwerke, u. U. mit Knotenverbindungen durch Kugeln oder mechanischen Verbindungselementen (s. a. Abschn. 3.5.5.6). *Rechteckhohlprofile* werden aus *Rohren* durch Kalt- oder Warmverfor-mung hergestellt. Gegenüber den *Kreishohlprofilen* haben sie den Vorteil der wesentlich einfacheren Verarbeitung.

Während die komplizierten Verschneidungskurven bei Kreishohlprofilen wirtschaft-lich nur über numerisch gesteuerte Brennanlagen hergestellt werden, die gleichzeitig auch die Fugenvorbereitung (bei großen Wanddicken) erzeugen, können Rechteckhohlprofile mit den üblichen Sägen getrennt werden. Beide Querschnittsformen haben gegenüber den

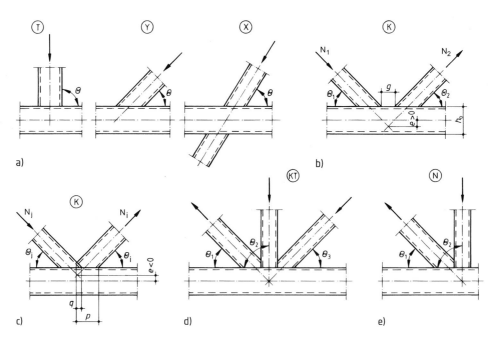

Abb. 3.42 Knotenpunkte von Fachwerken aus Rechteckrohren: **a** T-, Y- und X-Knoten, **b** K-Knoten mit Spalt **c** K-Knoten mit Überlappung **d** KT-Knoten, **e** N-Knoten

offenen Querschnitten eine Reihe von Vorteilen, die die höheren Materialkosten i. Allg. ausgleichen:

- Bei mittigem Druck besitzen Kreishohlprofile und Quadrathohlprofile wegen $i=$ konst. und Einordnung in Knicklinie a bzw. a_0 (warmgefertigt, sonst Linie c) gegenüber Walzprofilen mit gleicher Fläche (Metergewicht) die höchste Tragfähigkeit (im mittelschlanken Bereich ist $\chi_a \approx 1{,}20 \cdot \chi_c$).
- Hohlprofile sind unempfindlich gegenüber Torsion (wölbfreier Querschnitt mit großem Drillwiderstand $G \cdot I_T$)
- geringe Oberfläche (Beschichtungsfläche) bei luftdichter Verschweißung (ca. 40 % weniger als bei Walzprofilen mit ähnlichen Abmessungen)
- kleiner aerodynamischer Kraftbeiwert c_f
- günstiger Einsatz der Stähle S355 J0/J2 H
- geringeres Gewicht und damit geringere Transport- und Montagekosten (auch wegen der größeren Seitensteifigkeit).

Diesen Vorteilen stehen neben den höheren Materialpreisen jedoch auch einige Nachteile gegenüber, die sich insbesondere dann bemerkbar machen, wenn – wegen ungenügender Kenntnisse über das spezifische Tragverhalten dieser Konstruktionen – falsche Bemessungskriterien zugrunde gelegt werden. Diese führen dann zu:

- Hohen Fertigungskosten, insbesondere bei Knoten mit überlappenden Füllstäben und hier wiederum insbesondere bei Kreishohlprofilen, wenn die Stabenden von Hand gebrannt oder durch mehrere Sägeschnitte hergestellt werden müssen
- Unnötigem Materialverbrauch, wenn als Dimensionierungskriterium die erforderliche Querschnittsfläche beim *Nachweis des Stabes* (Zug oder Druck) zugrunde gelegt wird. Ein minimiertes Konstruktionsgewicht führt in der Regel zu Konstruktionen mit den größten Gesamtkosten.

Die hier beispielhaft genannten, jedoch vermeidbaren Nachteile hängen damit zusammen, dass die Tragfähigkeit des Fachwerkträgers viel mehr von der *Gestaltfestigkeit* des *Knotens* abhängig ist als von der Tragfähigkeit der Einzelstäbe.

Bei Fachwerken aus Hohlprofilen mit direkten Stabanschlüssen erfahren speziell die Wandungen der Gurtquerschnitte Querbiegemomente, die zu einem frühzeitigen *Plastizieren*, *Beulen* oder *Stegkrüppeln* führen. Besonders betroffen hiervon sind Rechteckhohlprofile, die die direkt eingeleiteten Lasten quer zur Wand nicht über Membrankräfte, sondern über Biegemomente und Querkräfte abtragen müssen. Die bei diesen Profilen typischen Versagensfälle sind (s. a. Abb. 3.43):

a) Flanschversagen des Gurtstabes (plastisches Versagen des Flansches) oder Plastizierung des Gurtstabes (plastisches Versagen des Gurtquerschnitts)

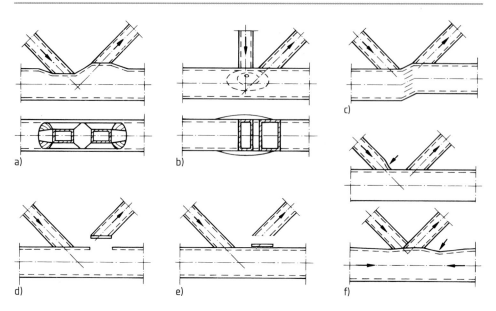

Abb. 3.43 Versagensformen von Fachwerkknoten aus Rechteck-Hohlprofilen: **a** Flanschversagen des Gurtstabes, **b** Seitenwandversagen des Gurtstabes, **c** Schubversagen des Gurtstabes, **d** Durchstanzen, **e** Versagen der Strebe, **f** Lokales Beulversagen

b) Seitenwandversagen des Gurtstabes (oder Stegblechversagen) durch Fließen, plastisches Stauchen oder Instabilität (Krüppeln oder Beulen der Seitenwand oder des Stegbleches) unterhalb der druckbeanspruchten Strebe

c) Schubversagen des Gurtstabes

d) Durchstanzen der Wandung eines Gurthohlprofils (Rissinitiierung führt zum Abriss der Strebe vom Gurtstab)

e) Versagen der Strebe durch eine verminderte effektive Breite (Risse in den Schweißnähten oder in den Streben)

f) Lokales Beulversagen der Streben oder der Hohlprofilgurtstäbe im Anschlusspunkt

Neben den in den vorangehenden Abschnitten beschriebenen und auch hier gültigen Regeln zur wirtschaftlichen Konstruktion der Fachwerke sind daher für Fachwerke aus Hohlprofilen nachfolgende Grundsätze zu beachten (s. a. DIN EN 1993-1-8, Abs. 7 [1] und [8]):

- In Gruppen zusammengefasste Füllstäbe weisen gleiche Außenabmessungen bei variabler Wanddicke auf
- Knotenverbindungen mit Spalt haben zwar eine kleinere Gestaltfestigkeit als Knoten mit überlappenden Stäben, verursachen aber geringere Fertigungskosten
- Verbindungen mit Kehlnähten (ohne Fugenvorbereitung) bei K-Knoten erfordern ein wesentlich höheres Schweißnahtvolumen als Stumpfnähte (mit Fugenvorbereitung)
- Die Breite von Hohlprofilfüllstäben sollten kleiner sein als die der Hohlprofilgurte, um Hohlkehlnähte zu vermeiden

- Gurtstäbe sollten große, Füllstäbe möglichst kleine Wanddicken aufweisen (Ausnahme: Knoten mit Überlappung)
- Für Gurtstäbe (Index o) sollte $15 \leq b_o/t_o \leq 25$ sein
- Bei nicht ausreichender Gestaltfestigkeit von Knoten mit Spalt ist ein Knoten mit Überlappung (erreichbar durch Abänderung der Fachwerkgeometrie und bei Einhaltung der hierdurch u. U. bedingten Exzentrizität der Füllstabachsen) günstiger als ein Knoten mit Verstärkungsblechen (s. a. Tab. 3.11).

Für Fachwerke aus Rund- oder Rechteckhohlprofilen sind folgende Nachweise zu führen:

- *Nachweis der Einzelstäbe* unter Zug- und Druckkräften (s. hierzu Abschn. 3.3.3). Biegemomente aus Lasten zwischen den Knotenpunkten sind dabei stets zu berücksichtigen, während die Momente aus Stabexzentrizitäten bei Streben oder zugbeanspruchten Gurten nur erfasst werden müssen, wenn die Exzentrizität e nach Abb. 3.42 nicht die Bedingung nach Gl. 3.7 erfüllt. Bei druckbeanspruchten Gurten ist die Exzentrizität in jedem Fall zu berücksichtigen, wobei das resultierende Moment auf die beiden angeschlossenen Gurtstäbe nach ihrer relativen Steifigkeit I/L zu verteilen ist.
- *Nachweis der Gestaltfestigkeit* des Knotens unter Berücksichtigung der Knotengeometrie und *Nachweis der Nähte*.

Auf die Nachweise zur Gestaltfestigkeit, die seit einiger Zeit weitgehend in DIN EN 1993-1-8, Abs. 7 [1] geregelt sind, wird in den folgenden Abschnitten näher eingegangen.

3.5.2 Nachweise zur Gestaltfestigkeit

3.5.2.1 Vorbemerkungen
Die Entwicklung der Nachweise zur Gestaltfestigkeit ist in der Vergangenheit vor allem durch die langjährige Arbeit des CIDECT (Comité International pour le Dévelopement et l'Etude de la Construction Tubulaire – Internationales Kommitee für Forschung und Entwicklung von Hohlprofilkonstruktionen) vorangetrieben und in eigenen Schriften wie z. B. [8] veröffentlicht worden. Seit einiger Zeit sind die Nachweise nun in DIN EN 1993-1-8, Abs. 7 [1] geregelt und Tab. 3.4 gibt eine Übersicht über die vielfältigen Varianten. In diesem Abschnitt liegt der Fokus auf den reinen Hohlprofilkonstruktionen, weshalb vor allem auf die fett gedruckten Varianten in den folgenden Abschnitten näher eingegangen wird.

3.5.2.2 Allgemeine Anforderungen und Regeln
In DIN EN 1993-1-8, Abs. 7 und Abs. 5.1.5 [1] sind die folgenden Regeln zur Gültigkeit und Anwendung definiert:

- Der Nennwert der Streckgrenze von warm- oder kaltgefertigten Hohlprofilen sollte $460 \, \text{N/mm}^2$ im Endprodukt nicht überschreiten. Für Endprodukte mit einem Nennwerte

Tab. 3.4 Übersicht zu den in DIN EN 1993-1-8, Kap. 7 [1] geregelten Anschlüssen

Nr.	Geschweißte Anschlüsse von	Abschnitte und wichtige Tabellen nach DIN EN 1993-1-8
1	KHP-Bauteilen	7.4
1.1	**KHP-Streben an KHP-Gurtstäbe**	7.4.2
1.2	Blechen an KHP-Bauteile	7.4.2, Tabelle 7.3
1.3	I-, H- oder RHP-Streben an KHP-Gurtstäbe	7.4.2, Tabelle 7.4
1.4	KHP-Streben an KHP-Gurtstäbe bei speziellen Konstruktionen	7.4.2, Tabelle 7.6
1.5	Abminderungsbeiwerte für räumliche Konstruktionen	7.4.3, Tabelle 7.7
2	RHP-Bauteilen	7.5
2.1	**QHP- oder KHP-Streben an QHP-Gurtstäbe**	7.5.2.1
2.2	RHP- oder KHP-Streben an RHP-Gurtstäbe	7.5.2.1, Tabellen 7.11 und 7.12 sowie Tabelle 7.14 (Biegung)
2.3	Blechen oder I-, oder H-Profilstreben an RHP-Gurtstäbe	7.5.2.1, Tabelle 7.13
2.4	Bei speziellen Konstruktionen	7.5.2.1, Tabellen 7.15 und 7.16
2.5	Verstärkte Anschlüsse	7.5.2.2, Tabellen 7.17 und 7.18
2.6	Abminderungsbeiwerte für räumliche Konstruktionen	7.5.3, Tabelle 7.19
3	KHP- oder RHP-Streben an I- oder H-Profil Gurtstäbe	7.6
4	KHP- oder RHP-Streben an U-Profil Gurtstäbe	7.7

der Streckgrenze größer als 355 N/mm^2 sind in der Regel angegebenen Tragfähigkeiten mit dem Abminderungsbeiwert 0,9 zu reduzieren.

- Die Wanddicke von Hohlprofilen soll mindestens 2,5 mm betragen und bei Gurtstäben nicht größer als 25 mm sein (es sei denn, es werden entsprechende Maßnahmen zur Sicherstellung geeigneter Werkstoffeigenschaften in Dickenrichtung getroffen).
- Der Anschlusswinkel θ zwischen Gurt und Strebe muss $\geq 30°$ sein und die Spaltweite $g \geq t_1 + t_2 (t_i = $ Strebenwanddicke).
- Bei Anschlüssen mit Überlappung sollte eine ausreichende Überlappung vorhanden sein, um die Querkraftübertragung von einer Strebe zur anderen zu ermöglichen, was durch Einhaltung der Bedingung für das Überlappungsverhältnis λ_{ov} nach Gl. 3.8 gewährleistet ist (unabhängig davon, sollte die Verbindung zwischen den Streben und der Oberfläche des Gurtstabes auf Abscherung überprüft werden, wenn die Streben rechteckige Profile sind mit $h_i < b_i$ und/oder $h_j < b_j$).
- Wenn überlappende Streben unterschiedliche Wanddicken und/oder unterschiedliche Werkstofffestigkeiten aufweisen, sollte die Strebe mit dem geringeren Wert $t_i \cdot f_{yi}$ die andere Strebe überlappen. Bei unterschiedliche Breiten, sollte die Strebe mit der geringeren Breite die Strebe mit der größeren Breite überlappen.
- Das Verhältnis von Stabsystemlänge zur Bauteilhöhe soll im Hochbau > 6 sein, damit die Biegemomente aus der Anschlusssteifigkeit der Stäbe vernachlässigbar sind.
- Momente aus der Knotenexzentrizität dürfen beim Nachweis der Knotentragfähigkeit vernachlässigt werden, wenn die Bedingungen nach Gl. 3.7 eingehalten sind.
- Bei Druckbeanspruchung sind Querschnitte der Klasse 1 oder 2 zu verwenden.

Weiter sind die Bedingungen nach Gl. 3.7 und 3.8 einzuhalten:

$$-0{,}55 \le e/d_o \le 0{,}25 \quad \text{und} \quad -0{,}55 \le e/h_o \le 0{,}25 \tag{3.7}$$

mit

e \quad Knotenexzentrizität nach Abb. 3.42

d_o, h_o Durchmesser bzw. Höhe des Gurtes in der Fachwerkebene

$$25\,\% \le \lambda_{ov} \le \lambda_{ov,lim} \tag{3.8}$$

mit

$\lambda_{ov} = \frac{q}{p} \cdot 100\,[\%]$ \quad Überlappungsverhältnis mit q und p nach Abb. 3.42c

$\lambda_{ov,lim} = \begin{cases} 80\,\% & \text{falls die verdeckte Naht der überlappten Strebe geschweißt ist} \\ 60\,\% & \text{in anderen Fällen} \end{cases}$

Die in den folgenden Abschnitten behandelten Nachweise zu Gestaltfestigkeit berücksichtigen als einwirkende Spannungen im Gurtstab zum einen die größte Druckspannung $\sigma_{0,Ed}$ nach Gl. 3.9 und zum anderen die Druckspannung $\sigma_{p,Ed}$ nach Gl. 3.10 ohne die Anteile aus den Horizontalkomponenten der Strebenkräfte (dies ist i. Allg. die Spannung im Gurt mit der kleineren Druckkraft). Mit den Spannungen werden die entsprechenden Ausnutzungsgrade nach Gl. 3.11 ermittelt.

$$\sigma_{0,Ed} = \frac{N_{0,Ed}}{A_0} + \frac{M_{0,Ed}}{W_{el,0}} \tag{3.9}$$

$$\sigma_{p,Ed} = \frac{N_{p,Ed}}{A_0} + \frac{M_{0,Ed}}{W_{el,0}} \tag{3.10}$$

mit $N_{p,Ed} = N_{0,Ed} - \sum_{i>0} N_{i,Ed} \cos\theta_i$

$$n = \frac{\sigma_{0,Ed}}{f_{y,0}/\gamma_{M5}}; \quad n_p = \frac{\sigma_{p,Ed}}{f_{y,0}/\gamma_{M5}} \tag{3.11}$$

mit

γ_{M5} Teilsicherheitsbeiwert für Knotenanschlüsse in Fachwerken mit Hohlprofilen ($\gamma_{M5} = 1{,}0$ nach NA DIN EN 1993-1-8 [1])

Der Nachweis der Gestaltfestigkeit wird über die *Grenztragfähigkeiten der Streben* $N_{i,Rd}$ gemäß der folgenden Abschnitte geführt. Dabei haben die Zahlenindices i und j folgende Bedeutungen: i ist der Zahlenindex zur Bestimmung von Bauteilen eines Anschlusses, wobei $i = 0$ für die Bezeichnung des Gurtstabes und $i = 1, 2$ oder 3 für die Bezeichnung der Streben gelten. Bei Anschlüssen mit zwei Streben bezeichnet $i = 1$ im Allgemeinen die Druckstrebe und $i = 2$ die Zugstrebe, siehe Abb. 3.42b. Bei einer einzelnen Strebe wird $i = 1$ verwendet, unabhängig ob druck- oder zugbelastet. i und j sind die Zahlenindices bei überlappenden Anschlüssen, i bezeichnet die überlappende Strebe und j die überlappte Strebe (siehe Abb. 3.42c).

3.5.2.3 Anschlüsse von KHP-Streben an KHP-Gurtstäbe

Die Knotentragfähigkeit wird nachgewiesen über die minimalen *Grenzkräfte der Streben* nach Tab. 3.5 für das Plastizieren (und ggf. das Durstanzen) des Gurtflansches. Andere Versagensformen sind durch die Anwendungsgrenzen für die Anschlussgeometrie nach Tab. 3.6 ausgeschlossen. Werden die Streben an den Anschlüssen gleichzeitig auch durch Biegemomente beansprucht, ist in der Regel die Interaktionsbedingung nach Gl. 3.12 zu erfüllen, wobei die Grenzmomente ebenfalls nach Tab. 3.5 zu bestimmen sind.

$$\frac{N_{i,Ed}}{N_{i,Rd}} + \left[\frac{M_{ip,i,Ed}}{M_{ip,i,Rd}}\right]^2 + \frac{M_{op,i,Ed}}{M_{op,i,Rd}} \leq 1{,}0 \tag{3.12}$$

mit

M_{ip} bzw. M_{op} Biegemoment in (ip) oder senkrecht zur (op) Fachwerkebene

In DIN EN 1993-1-8, Abs. 7.4 [1]. finden sich zusätzliche Angaben zur Tragfähigkeit von geschweißten Anschlüssen von Blechen an KHP-Bauteile sowie von I-, H- oder RHP-Streben an KHP-Gurtstäbe. Weiter finden sich Angaben zu räumlichen Anschlüssen von Kreishohlprofilen.

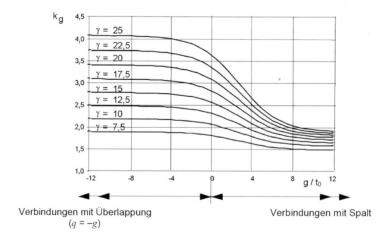

Abb. 3.44 Grafische Darstellung des Beiwerts k_g nach Tab. 3.5

Tab. 3.5 Tragfähigkeiten von KHP-Streben bei geschweißtem Anschluss an KHP-Gurtstäbe

Flanschversagen des Gurtstabes nach Abb. 3.43a

T- und Y-Anschluss

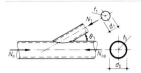

$$N_{1,\mathrm{Rd}} = \frac{\gamma^{0,2} k_{\mathrm{p}} f_{\mathrm{y0}} t_0^2}{\sin\theta_1} \left(2,8 + 14,2\beta^2\right) / \gamma_{\mathrm{M5}}$$

X-Knoten

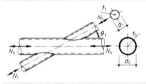

$$N_{1,\mathrm{Rd}} = \frac{k_{\mathrm{p}} f_{\mathrm{y0}} t_0^2}{\sin\theta_1} \frac{5,2}{(1 - 0,81\beta)} / \gamma_{\mathrm{M5}}$$

K- und N-Knoten mit Spalt/Überlappung

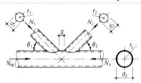

$$N_{1,\mathrm{Rd}} = \frac{_{\mathrm{p}} k_{\mathrm{g}} f_{\mathrm{y0}} t_{\mathrm{o}}^2}{sin\theta_1} \left[1,8 + 10,2\frac{d_1}{d_0}\right] / \gamma_{\mathrm{M5}}$$

$$N_{2,\mathrm{Rd}} = \frac{\sin\theta_1}{\sin\theta_2} N_{1,\mathrm{Rd}}$$

T-, X- und Y-Anschluss (für M_{op} auch K- und N-Anschluss)

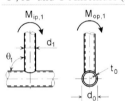

$$M_{\mathrm{ip},1,\mathrm{Rd}} = 4,85 \frac{f_{\mathrm{y0}} t_0^2 d_1}{\sin\theta_1} \sqrt{\gamma} \beta k_{\mathrm{p}} / \gamma_{\mathrm{M5}}$$

$$M_{\mathrm{op},1,\mathrm{Rd}} = \frac{f_{\mathrm{y0}} t_0^2 d_1}{\sin\theta_1} \cdot \frac{2,7 k_{\mathrm{p}}}{1 - 0,81\beta} / \gamma_{\mathrm{M5}}$$

Durchstanzen des Gurtstab-Flansches nach Abb. 3.43d für den Fall $d_{\mathrm{i}} \leq (d_0 - 2t_0)$
bei T-, Y- und X- sowie K-, N- und KT-Knoten mit Spalt

$$N_{\mathrm{i},\mathrm{Rd}} = \frac{f_{\mathrm{y0}} t_0 \pi d_{\mathrm{i}}}{\sqrt{3}} \cdot \frac{1 + \sin\theta_{\mathrm{i}}}{2\sin^2\theta_{\mathrm{i}}} / \gamma_{\mathrm{M5}}$$

$$M_{\mathrm{ip},1,\mathrm{Rd}} = \frac{f_{\mathrm{y0}} t_0 d_1^2}{\sqrt{3}} \cdot \frac{1 + 3\sin\theta_1}{4\sin^2\theta_1} / \gamma_{\mathrm{M5}}$$

$$M_{\mathrm{op},1,\mathrm{Rd}} = \frac{f_{\mathrm{y0}} t_0 d_1^2}{\sqrt{3}} \cdot \frac{3 + \sin\theta_1}{4\sin^2\theta_1} / \gamma_{\mathrm{M5}}$$

Beiwerte

$\gamma = d_0/(2t_0)$, n_{p} nach Gl. 3.11
$k_{\mathrm{g}} =$
$\gamma^{0,2} \left(1 + \dfrac{0,024\gamma^{1,2}}{1 + \exp\left(0,5g/t_0 - 1,33\right)}\right)$
s. a. Abb. 3.44

$k_{\mathrm{p}} = \begin{cases} 1,0 & \text{für } n_{\mathrm{p}} \leq 0 \text{ (Zug)} \\ \left[1 - 0,3 n_{\mathrm{p}}\left(1 + n_{\mathrm{p}}\right)\right] \leq 1,0 & \text{für } n_{\mathrm{p}} > 0 \text{ (Druck)} \end{cases}$

$\beta = \begin{cases} d_1/d_0 & \text{für T-, Y-, X-Knoten} \\ \left(d_1 + d_2\right)/(2d_0) & \text{für K-, N-Knoten} \end{cases}$

Tab. 3.6 Gültigkeitsbereich für geschweißte Anschlüsse von KHP-Streben an KHP-Gurtstäbe

Durchmesserverhältnis	$0{,}2 \le d_i/d_0 \le 1{,}04$
Gurtstäbe	$10 \le d_0/t_0 \le 50$ (allgemein) bzw. 40 (für X-Anschlüsse)
Streben	$d_i/d_0 \le 50$
Spalt	$g \ge t_1 + t_2$

3.5.2.4 Anschlüsse von QHP- oder KHP-Streben an QHP-Gurtstäbe

Ebenso wie bei den Konstruktionen mit KHP-Gurtprofilen wird der Nachweis über die Grenztragfähigkeit der Streben geführt. Diese kann bei Einhaltung des Gültigkeitsbereichs nach Tab. 3.7 sowie der zusätzlichen Bedingungen nach Tab. 3.8 als Minimalwert der unterschiedlichen Grenzzustände nach Tab. 3.9 ermittelt werden. Bei zusätzlicher Biegebeanspruchung der Streben ist ein Interaktionsnachweis erforderlich, der ebenso wie eine Vielzahl weiterer Anschlussvarianten in DIN EN 1993-1-8, Kap. 7 [1] behandelt wird (s. a. Tab. 3.2). Zur einfacheren Anwendung des sehr umfangreichen Formelapparates wird die Verwendung von Bemessungshilfen oder Bemessungssoftware empfohlen, wie sie z. B. von der Firma *Vallourec* in [9] veröffentlicht sind.

3.5.3 Nachweis und Ausführung der Schweißnähte

Die Schweißnähte in Hohlprofilanschlüssen werden i. d. R. über den ganzen Profilumfang als durchgeschweißte Nähte, Kehlnähte oder Mischformen ausgeführt. Bei Anschlüssen mit *teilweiser Überlappung* braucht jedoch der unsichtbare Bereich des überlappten Stabes nicht verschweißt zu werden, wenn die Längskräfte in den Streben derart ausgewogen sind, dass ihre Kraftkomponenten rechtwinklig zur Gurtstabachse um nicht mehr als 20 % differieren, s. Abb. 3.45.

Abb. 3.45 Anschlussnähte beim K-Knoten mit Überlappung

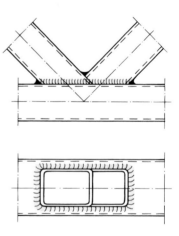

Tab. 3.7 Gültigkeitsbereich für geschweißte Anschlüsse von RHP- oder KHP-Streben an RHP-Gurtstäbe nach DIN EN 1993-1-8, Tab. 7.8 [1]

Anschlusstyp	Anschlussparameter ($i = 1$ oder 2, $j = $ überlappte Strebe)					
	b_i/b_0 oder d_i/d_0	b_i/t_i und h_i/t_i oder d_i/t_i		h_0/b_0 und h_i/t_i	b_0/t_0 und h_0/t_0	Spaltweite oder Überlappungsgrad
		Druck	Zug			
T-, Y- oder X-Knoten	$b_i/b_0 \geq 0{,}25$	$b_i/t_i \leq 35$ und	$b_i/t_i \leq 35$ und	$\geq 0{,}5$ jedoch $\leq 2{,}0$	≤ 35 und Klasse 1 oder 2	–
K-und N-Knoten mit Spalt	$b_i/b_0 \geq 0{,}35$ und $\geq 0{,}1 + 0{,}01 b_0/t_0$	$h_i/t_i \leq 35$ und Klasse 1 oder 2	$h_i/t_i \leq 35$			$0{,}5(1 − \beta) \leq g/b_0 \leq 1{,}5(1 − \beta)^a$ $g \geq t_1 + t_2$
K-und N-Knoten mit Überlappung	$b_i/b_0 \geq 0{,}25$	Klasse 1			Klasse 1 oder 2	
KHP-Strebe	$0{,}4 \leq d_i/b_0 \leq 0{,}8$	Klasse 1	$d_i/t_i \leq 50$	Wie oben, aber mit d_i und d_j anstelle von b_i und b_j		Einhaltung Gl. 3.8
Beiwerte	$\beta = (b_1 + b_2)/(2b_0)$					

^{a} Für $g/b_0 > 1{,}5(1 − \beta)$ und $g > (t_1 + t_2)$ ist der Anschluss wie zwei getrennte T- oder Y-Anschl. zu behandeln

Tab. 3.8 Zusätzliche Bedingungen für die Verwendung von Tab. 3.9

Querschnitt der Strebe	Anschlusstyp	Anschlussparameter	
Quadratisches Hohlprofil	T, Y oder X	$b_i/b_0 \leq 0{,}85$	$b_0/t_0 \geq 10$
	K-Spalt oder N-Spalt	$0{,}6 \leq \dfrac{b_1 + b_2}{2b_1} \leq 1{,}3$	$b_0/t_0 \geq 15$
KHP	T, Y oder X		$b_0/t_0 \geq 10$
	K-Spalt oder N-Spalt	$0{,}6 \leq \dfrac{d_1 + d_2}{2d_1} \leq 1{,}3$	$b_0/t_0 \geq 15$

Nach DIN 1993-1-8 [1], 7.3.1(4) sollte die Tragfähigkeit der Schweißnaht je Längeneinheit am Umfang einer Strebe normalerweise nicht kleiner als die Zugtragfähigkeit des Bauteilquerschnitts je Längeneinheit am Umfang sein. In [19] wird hierzu ausgeführt: „*Mit dieser Forderung wird ein vorzeitiges, sprödes Versagen der Schweißnähte im Anschluss verhindert und insbesondere bei zugeanspruchten Querschnittsteilen mit ungleichmäßigen Spannungsverteilungen sichergestellt, dass eine Umverteilung der Spannungen durch Fließen zu weniger beanspruchten Querschnittsteilen ermöglicht wird, ohne ein vorzeitiges Versagen der Schweißnähte*". Weitere Hintergründe werden in [20] und

Tab. 3.9 Tragfähigkeiten von QHP- oder KHP-Streben bei geschweißtem Anschluss an QHP-Gurtstäbe nach DIN EN 1993-1-8, Tab. 7.10 [1]

Anschlusstyp	Tragfähigkeit ($i = 1$ oder 2, $j =$ überlappter Füllstab)
T-, Y- und X-Knoten	Flanschversagen des Gurtstabs $\beta \leq 0{,}85$
	$N_{1,\mathrm{Rd}} = \dfrac{k_\mathrm{n} f_{y0} t_0^2}{(1 - \beta) \sin \theta_1} \cdot \left[\dfrac{2\beta}{\sin \theta_1} + 4\sqrt{(1 - \beta)} \right] / \gamma_{\mathrm{M5}}$ $\beta = b_1/b_\mathrm{o}$
K- und N-Knoten mit Spalt	Flanschversagen des Gurtstabs $\beta \leq 1{,}0$
	$N_{i,\mathrm{Rd}} = \dfrac{8{,}9 \gamma^{0{,}5} k_\mathrm{n} f_{y0} t_0^2}{\sin \theta_1} \cdot \left[\dfrac{b_1 + b_2}{2b_0} \right] / \gamma_{\mathrm{M5}}$ $\gamma = b_\mathrm{o}/(2 \cdot t_\mathrm{o})$; $\beta = (b_1 + b_2)/(2 \cdot b_\mathrm{o})$

Tab. 3.9 (Fortsetzung)

Anschlusstyp	Tragfähigkeit ($i = 1$ oder 2, $j = $ überlappter Füllstab)
K- und N-Knoten mit Überlappung[a]	Versagen der Strebe
In Strebe i Druckkraft und in Strebe j Zugkraft oder umgekehrt	$25\% \le \lambda_{ov} < 50\%$: $$N_{i,Rd} = f_{yi}t_i \left[b_{eff} + b_{e,ov} + 2h_i \tfrac{\lambda_{ov}}{50} - 4t_i \right] / \gamma_{M5}$$ $50\% \le \lambda_{ov} < 80\%$: $$N_{i,Rd} = f_{yi}t_i \left[b_{eff} + b_{e,ov} + 2h_i - 4t_i \right] / \gamma_{M5}$$ $\lambda_{ov} \ge 80\%$: $$N_{i,Rd} = f_{yi}t_i \left[b_i + b_{e,ov} + 2h_i - 4t_i \right] / \gamma_{M5}$$
KHP-Streben	Multiplikation der obigen Grenzwerte mit $\pi/4$ und Ersetzung von b_1 und h_1 durch d_1 und b_2 sowie h_2 durch d_2
Beiwerte	
$$b_{eff} = \frac{10}{b_0/t_0} \frac{f_{y0}t_0}{f_{yi}t_i} b_i \le b_i$$ $$b_{e,ov} = \frac{10}{b_j/t_j} \frac{f_{yj}t_j}{f_{yi}t_i} b_i \le b_i$$	n nach Gl. 3.11 $$k_n = \begin{cases} 1{,}0 & \text{für } n \le 0 \text{ (Zug)} \\ [1{,}3 - 0{,}4n/\beta] \le 1{,}0 & \text{für } n > 0 \text{ (Druck)} \end{cases}$$

[a] Nur die überlappende Strebe i braucht nachgewiesen zu werden. Der Ausnutzungsgrad (d. h. die Tragfähigkeit des Anschlusses dividiert durch die plastische Beanspruchbarkeit der Strebe) der überlappten Strebe j ist in der Regel mit dem Ausnutzungsgrad der überlappenden Strebe gleichzusetzen (s. a. Tab. 3.7)

Tab. 3.10 Mindestnahtdicken für umlaufend auszuführende Schweißnähte nach [21]

Stahl	S235	S275	S355	S420	S460
$a_i/t_i \le$	0,92	0,96	1,10	1,42	1,48

[21] erläutert. Nach [21] ergeben sich in diesem Zusammenhang in Abhängigkeit von der Wanddicke t_i der Hohlprofilstreben sowie deren Stahlgüte die in Tab. 3.10 angegebenen Mindestnahtdicken für umlaufend auszuführende Schweißnähte.

Die Nahtart hängt ab vom Anschlusswinkel θ sowie von den Durchmesser- bzw. Breitenverhältnissen (d_i/d_o) bzw. (b_i/b_o). Sie werden ausgeführt als durchgeschweißte Nähte (HV-Naht, HV-Naht mit Kehlnaht) oder als reine Kehlnähte. In DIN EN 1090-2 [22], Anhang E, werden Hinweise für die Ausführung geschweißter Verbindungen von Hohlprofilen gegeben, von denen ein Beispiel hier wiedergegeben wird mit Abb. 3.46.

Bei Kreishohlprofilen kann die räumliche Verschneidungskurve auch durch mehrere gerade Sägeschnitte ersetzt werden, s. Abb. 3.47. Dabei soll die Anzahl der geraden Schnitte so gewählt werden, dass die größte Spaltbreite nicht mehr als 4 mm beträgt [4].

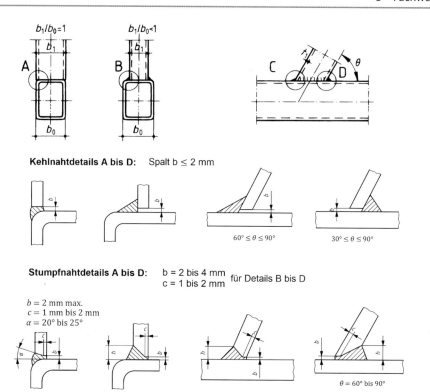

Kehlnahtdetails A bis D: Spalt b ≤ 2 mm

$60° ≤ \theta ≤ 90°$ $30° ≤ \theta ≤ 90°$

Stumpfnahtdetails A bis D: b = 2 bis 4 mm   für Details B bis D
                                    c = 1 bis 2 mm

b = 2 mm max.
c = 1 mm bis 2 mm
α = 20° bis 25°

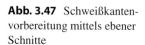

θ = 60° bis 90°

Abb. 3.46 Empfehlungen zur Schweißnahtausführung bei warm gefertigten Hohlprofilen nach [22]

Abb. 3.47 Schweißkanten-
vorbereitung mittels ebener
Schnitte

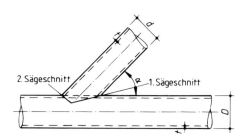

2. Sägeschnitt   1. Sägeschnitt

3.5.4   Berechnungsbeispiele

3.5.4.1   Überlappter N-Knoten im Untergurt eines Fachwerkträgers

Es soll die Gestaltsfestigkeit nachwiesen werden für einen überlappten N-Knoten im Untergurt (Zuggurt) eines Fachwerkträgers, der aus warmgewalzten Hohlprofilen nach DIN
EN 10210 [10] in der Stahlgüte S355 gefertigt ist (s. Abb. 3.48). Mit den gegebenen geometrischen Verhältnissen wird zunächst geprüft, ob die Gültigkeitsbereiche nach Tab. 3.7
eingehalten sind.

Abb. 3.48 Geometrie und
Beanspruchung im N-Knoten
mit Überlappung

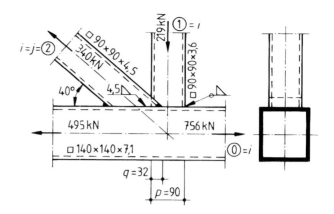

Die Überlappungsbreite q (= Spaltbreite g bei $q > 0$) kann nach Gl. 3.13 ermittelt werden:

$$q = \left(e + \frac{h_o}{2}\right) \cdot \frac{\sin(\theta_1 + \theta_2)}{\sin\theta_1 \cdot \sin\theta_2} - \frac{h_1}{2 \cdot \sin\theta_1} - \frac{h_2}{2 \cdot \sin\theta_2} \tag{3.13}$$

Mit $e = 0$, $\theta_1 = 90°$, $\theta_2 = 40°$, $h_o = 140\,\text{mm}$ und $h_1 = h_2 = 90\,\text{mm}$ ergibt sich:

$$q = 70 \cdot \frac{\sin 130}{\sin 90 \cdot \sin 40} - \frac{90}{2 \cdot \sin 90} - \frac{90}{2 \cdot \sin 40} = -32\,\text{mm}$$

Damit beträgt der Überlappungsgrad nach Gl. 3.8:

$$\lambda_{ov} = \frac{32}{90} \cdot 100 = 35{,}6\,\% > 25\,\% \text{ und } < 60\,\%$$

Für die Profilbreiten- und -dickenverhältnisse gilt:

$$b_1/b_0 = b_2/b_0 = 90/140 = 0{,}64 > 0{,}25$$
$$(b_1 - 4t_1)/t_1 = (90 - 4 \cdot 3{,}6)/3{,}6 = 21 < 33\varepsilon = 33 \cdot 0{,}81 = 26{,}73 \Rightarrow \text{QK 1}$$
$$b_2/t_2 = 90/4{,}5 = 20 < 35$$
$$(b_0 - 4t_0)/t_0 = (140 - 4 \cdot 7{,}1)/7{,}1 = 15{,}7 < 33\varepsilon = 26{,}73 \Rightarrow \text{QK 1}$$

Damit erfüllt der Knoten alle Anforderungen nach Tab. 3.7 und die Gestaltfestigkeit des Knotens wird nachgewiesen über die Grenzkraft der überlappenden Strebe (Pfosten mit $i = 1$) nach Tab. 3.9. Die wirksame Breite des Zuggurtes ist:

$$b_{\text{eff}} = \frac{10}{b_0/t_0} \frac{f_{y0}t_0}{f_{yi}t_i} b_i = \frac{10}{140/7{,}1} \cdot \frac{7{,}1}{3{,}6} \cdot 90 = 97{,}6 \overset{!}{\leq} \underline{90}$$

Die wirksame Breite des überlappenden Druckstabes (Pfosten) darf nur mit

$$b_{e,ov} = \frac{10}{b_j/t_j} \frac{f_{yj}t_j}{f_{yi}t_i} b_i = \frac{10}{90/4,5} \cdot \frac{4,5}{3,6} \cdot 90 = 56,25 \, \text{mm} \leq b_i = 90 \, \text{mm}$$

in Rechnung gestellt werden. Bei einem Überlappungsgrad von $35,6\% < 50\%$ ist die Grenzkraft des überlappenden Pfostens ($i = 1$):

$$N_{i,Rd} = f_{yi}t_i \left[b_{eff} + b_{e,ov} + 2h_i \frac{\lambda_{ov}}{50} - 4t_i \right] / \gamma_{M5}$$

$$= 35,5 \cdot 0,36 \underbrace{\left[9 + 5,625 + 2 \cdot 9 \cdot \frac{35,6}{50} - 4 \cdot 0,36 \right]}_{26,00} / 1,0 = 332,3 \, \text{kN}$$

Nachweis: $N_{i,Ed}/N_{i,Rd} = 219/332,3 = 0,66 < 1$

Für die überlappte Strebe j soll der zulässige Ausnutzungsgrad (d. h. die Tragfähigkeit des Anschlusses dividiert durch die plastische Beanspruchbarkeit der Strebe) gleichgesetzt werden, sodass sich die Grenztragfähigkeit mit Gl. 3.14 ergibt

$$N_{j,Rd} = \frac{N_{j,pl,Rd}}{N_{i,pl,Rd}} \cdot N_{i,Rd} = \frac{15,2 \cdot 35,5}{12,3 \cdot 35,5} \, 332,3 = 410,6 \, \text{kN} \qquad (3.14)$$

Nachweis: $N_{j,Ed}/N_{j,Rd} = 340/410,6 = 0,83 < 1$

Schweißnähte

Die Streben werden umlaufend mit dem Gurtprofil verschweißt. Die erforderliche Schweißnahtdicke der Druckstrebe wird aus der Grenzkraft bestimmt mit Gl. 3.15:

$$\frac{A_i}{t_i} \cdot a_{w,i} \cdot f_{vw,d} \geq N_{i,Rd} \qquad i = 1, \ldots, n \qquad (3.15)$$

Nach $a_{w,1}$ umgestellt wird

$$a_{w,1} \geq \frac{N_{1,Rd} \cdot t_1}{A_1 \cdot f_{vw,d}} = \frac{337,6 \cdot 3,6}{12,3 \cdot 26,2} = 3,8 \, \text{mm} < 4,0$$

Für die Kehl- bzw. Stumpfnaht der Zugstrebe wird mit der projizierten Nahtlänge $l'_w = U = 35,2 \, \text{cm}$ gerechnet:

$$A_w = 35,2 \cdot 0,45 = 15,84 \, \text{cm}^2$$

$$\sigma_w = 340/15,84 = 21,5 \, \text{kN/cm}^2 \Rightarrow \sigma_w/f_{vw,d} = 0,82 < 1$$

3.5.4.2 K-Knoten mit Spalt im Obergurt eines Fachwerkträgers

Für den K-Knoten gemäß Abb. 3.49 mit Spalt ($g = 52$ mm) und exzentrischen Staban-schlüssen soll die Gestaltfestigkeit des Knotens nachgewiesen. Es kommen warmgewalzte Hohlprofile nach DIN EN 10210 [10] in der eher unüblichen Güte S235 zum Einsatz. Die Exzentrizität e des Anschlusses wird mit Gl. 3.16 bestimmt:

$$e = \left(\frac{h_1}{2 \cdot \sin \theta_1} + \frac{h_2}{2 \cdot \sin \theta_2} + g \right) \cdot \frac{\sin \theta_1 \cdot \sin \theta_2}{\sin (\theta_1 + \theta_2)} - \frac{h_o}{2} \qquad (3.16)$$

$$e = \left(\frac{45}{\sin 75°} + \frac{50}{\sin 40°} + 52 \right) \cdot \frac{\sin 40° \cdot \sin 75°}{\sin 115°} - 100 = 21 \text{ mm}$$

Da $e / h_o = 21/200 = 0{,}105$ zwischen den Grenzwerten nach Gl. 3.7 liegt, darf das daraus resultierende Moment beim Nachweis der Knotentragfähigkeit vernachlässigt werden.

Mit den gegebenen geometrischen Verhältnissen wird weiter geprüft, ob die Gültig-keitsbereiche nach Tab. 3.7 sowie die zusätzlichen Bedingungen nach Tab. 3.8 eingehalten sind:

$$\left. \begin{array}{l} b_1/b_0 = 90/200 = 0{,}45 \\ b_2/b_0 = 100/200 = 0{,}50 \end{array} \right\} > \left\{ \begin{array}{l} 0{,}35 \\ 0{,}1 + 0{,}01 \cdot 200/8 = 0{,}35 \end{array} \right.$$

$b_1/t_1 = 90/3{,}6 = 25 < 35$

$(b_1 - 4t_1)/t_1 = (90 - 4 \cdot 3{,}6)/3{,}6 = 21 < 33\varepsilon = 33{,}0 \Rightarrow$ QK 1

$b_2/t_2 = 100/4{,}0 = 25 < 35$

$b_0/t_0 = 200/8{,}0 = 25 < 35$ und > 15

$(b_0 - 4t_0)/t_0 = (200 - 4 \cdot 8{,}0)/8{,}0 = 21{,}0 < 33\varepsilon = 33{,}0 \Rightarrow$ QK 1

$g = 52$ mm $> t_1 + t_2 = 3{,}6 + 4{,}0 = 7{,}0$ mm   (Schweißbarkeit gewährleistet)

Abb. 3.49 Geometrie und Beanspruchung im K-Knoten mit Spalt

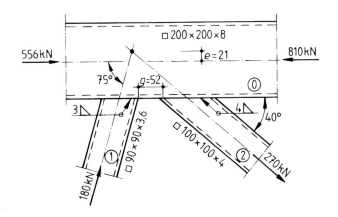

$$\beta = (b_1 + b_2)/(2b_o) = (90 + 100)/400 = 0{,}475 < 1{,}0$$

$$g/b_o = 52/200 = 0{,}26 \geq 0{,}5 \cdot (1 - \beta) = 0{,}5 \cdot (1 - 0{,}475) = 0{,}26$$

$$\text{und } g/b_o = 0{,}26 < 1{,}5 \cdot (1 - 0{,}475) = 0{,}79$$

$$0{,}6 \leq \frac{b_1 + b_2}{2b_1} = \frac{90 + 100}{2 \cdot 90} = 1{,}06 \leq 1{,}3$$

Damit darf die Gestaltfestigkeit des Knotens nach Tab. 3.9 nachgewiesen werden.

Druckstrebe ($i = 1$)

Mit

$$\gamma = b_0/2t_0 = 200/16 = 12{,}5 \quad \text{und}$$

$$\sigma_0 = 810/59{,}8 = 13{,}54 \, \text{kN/cm}^2 \text{ sowie}$$

$$n = \sigma_0/f_{y0} = 13{,}54/23{,}5 = 0{,}58$$

wird

$$k_n = 1{,}3 - 0{,}4 \cdot 0{,}58/0{,}475 = 0{,}81 \quad \text{und}$$

$$N_{1,\text{Rd}} = \frac{8{,}9 \cdot 12{,}5^{0{,}5} \cdot 0{,}81 \cdot 23{,}5 \cdot 0{,}8^2}{\sin 75°} \cdot 0{,}475 = 188{,}5 \, \text{kN}$$

Nachweis: $N_1/N_{1,\text{Rd}} = 180/188{,}5 = 0{,}95 < 1$

Zugstrebe ($i = 2$)

Bei gleichen Vorwerten γ und k_n ist

$$N_{2,\text{Rd}} = N_{1,\text{Rd}} \cdot \frac{\sin 75°}{\sin 40°} = 188{,}5 \cdot 1{,}503 = 283 \, \text{kN}$$

Nachweis: $N_2/N_{2,\text{Rd}} = 270/283 = 0{,}95 < 1$

Schweißnähte

Der Anschluss der Streben an den Gurt erfolgt über umlaufende Kehl- bzw. Stumpfnähte.
Die Nahtdicken werden nach Tab. 3.10 wie folgt gewählt:

$$a_{w,1} = 3{,}0 \, \text{mm} \approx 0{,}92 \cdot 3{,}6 = 3{,}3 \, \text{mm}$$

$$a_{w,2} = 4{,}0 \, \text{mm} > 0{,}92 \cdot 4{,}0 = 3{,}68 \, \text{mm}$$

3.5.5 Konstruktive Details und Ergänzungen

3.5.5.1 Stöße und Anschlüsse

Geschweißte Stöße von Hohlprofilen

Werkstattstöße von Kreishohlprofilen werden bei gleichen Durchmessern stumpf geschweißt; damit die Nahtwurzel nicht durchbricht und einwandfrei durchschweißt werden kann, sieht man einen Einlegering vor, Abb. 3.50a. Auch Überschiebemuffen werden gelegentlich verwendet, Abb. 3.50b. Bei Rohren unterschiedlicher Dicke verwendet man eine kräftige Stirnplatte, an die die Rohrenden mittels HV-Nähten angeschweißt werden, Abb. 3.50c. Die Umformung des größeren Rohres auf den Durchmesser des kleineren Rohres ist lohnintensiv, aber möglich (Abb. 3.50d). Bei quadratischen oder rechteckigen Hohlprofilen gelten die Ausführungen in analoger Weise.

Geschraubte Baustellenstöße

Um geschweißte Baustellenstöße zu vermeiden, können Hohlprofile über *Stirnplatten-anschlüsse* miteinander verbunden werden. Bei Zugbeanspruchung verwendet man voll vorgespannte HV-Schrauben und verteilt sie gleichmäßig über den Umfang, s. Abb. 3.51a, b. Für die Stirnplattendicke wählt man den 1,5fachen Schraubendurchmesser und schließt sie mit Kehlnähten der Dicke $a_i = t_i$ an die Hohlprofile an. Der erforderliche Mindestabstand erf w der Schraubenachse von der Profilwandung errechnet sich aus Gl. 3.17 und Abb. 3.51c. Werden zugbeanspruchte Stirnplattenverbindungen mit Schrauben nur an zwei gegenüberliegenden Rändern (oben und unten oder seitlich) ausgeführt, dimen-

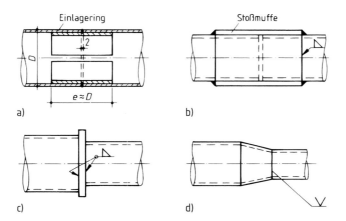

Abb. 3.50 Geschweißte Stöße von Kreishohlprofilen mittels **a** Einlegering und Stumpfnaht, **b** Überschiebmuffe und Kehlnähten, **c** Zwischenplatte und HV-Nähten, **d** Konusrohr und Stumpfnähten

Abb. 3.51 Geschraubte Stöße
von Rund- und Rechteckrohren
über Stirnplatten und HV-
Schrauben

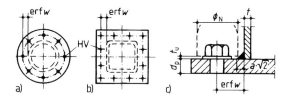

sioniert man die Stirnplatte nach [4].

$$\text{erf } w = a \cdot \sqrt{2} + \frac{\varnothing_N}{2} - t_u \quad \text{(auf volle 5 mm gerundet)} \tag{3.17}$$

mit

$\varnothing_N$ Außendurchmesser des Steckschlüsseleinsatzes

Größere Kräfte kann ein *Laschenstoß* gemäß Abb. 3.52 aufnehmen. Um die Grenzkraft des Zugstabes voll anschließen zu können, wird der Kraftanteil, der am Schlitz des Rohres entsteht, durch *Vorbinden* vor Beginn des Schlitzes mit Kehlnähten an das Stoßblech eingeleitet. Diese konstruktive Idee lässt sich auch beim Anschluss einer Zugdiagonalen an ein Knotenblech verwerten, s. Abb. 3.53a. Bei größeren Rohrdurchmessern ist es empfehlenswert, die Stoßbleche kreuzförmig in die Rohrenden einzufügen; die Verdoppelung der Anschlussflächen gestattet es, eine große Schraubenzahl auf kurzer Anschlusslänge unterzubringen. Der luftdichte Verschluss der Stäbe erfolgt entweder durch Zukümpeln, durch Anschweißen von Halbkugelschalen (Abb. 3.52) oder mit einem Deckel (Abb. 3.55).

3.5.5.2 Anschlüsse an Knotenbleche

Bei *Kreishohlprofilen* sollte die Verwendung von aufgesetzten Knotenblechen wegen der ungünstigen, linienförmigen Lastabtragung auf die Rohrwand grundsätzlich vermieden werden. Das in einen Schlitz des Gurtrohres gesteckte Knotenblech, Abb. 3.53b, ist günstiger, jedoch verursacht der Schlitz einen beträchtlichen Querschnittsverlust und einen erheblichen Fertigungsaufwand.

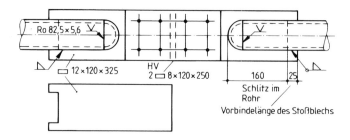

Abb. 3.52 Geschraubter Laschenstoß von Kreishohlprofilen bei Zugbeanspruchung

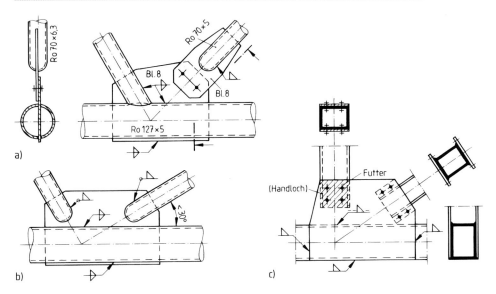

Abb. 3.53 Anschluss von Diagonalen an Knotenbleche bei **a** bis **b** Kreishohlprofilen, **c** Rechteckrohren

Bei *rechteckigen oder quadratischen Hohlprofilen* kann man seitlich an die Gurte angeschweißte Knotenbleche vorsehen, zwischen die man die Füllstäbe steckt und verschraubt, (Abb. 3.53c). Haben die Füllstäbe eine geringere Breite als das Gurtprofil, sind Futterbleche vorzusehen. Diese können auch breiter als der Füllstab ausgeführt werden. Sie verursachen in den Rohrseitenwänden dann keinen Querschnittsverlust wie bei der direkten Verschraubung der Hohlprofilwände; bei diesen sind Handlöcher für die Verschraubung vorzusehen. Eine Berechnungsanweisung für solche Anschlüsse enthält [8]. Grundsätzlich sind Hohlprofilfachwerke mit Knotenblechen ästhetisch unbefriedigend und in der Regel auch teurer als direkte Stabverbindungen. Man sollte sie daher nur in Ausnahmefällen ausführen.

Rohranschlüsse mit abgeplatteten Rohrenden

Bei kleinen und mittleren Spannweiten und mäßiger Last lassen sich geschraubte und geschweißte Stabanschlüsse durch Vollabflachung (z. B. mittels Abplattwerkzeugen oder Pressen und Sägen) oder Teilabflachung (= Andrücken) im warmen oder kalten Zustand herstellen, s. Abb. 3.54. Den Vorteilen der Fertigung stehen die Nachteile verminderter Tragfähigkeit gegenüber. Diese haben ihre Ursache in der linienförmigen Lasteinleitung bei geschweißten Anschlüssen, den schweißtechnischen Problemen von Nähten in kalt verformten Bereichen, dem u. U. zu berücksichtigenden Festigkeitsverlust bei Warmformgebung und der örtlichen Knick(Beul-)gefahr bei zu langer Abflachung, s. auch [8]. Normative Regelungen stehen hierzu noch aus, sodass gegebenenfalls Eignungsprüfungen über die Abplattbarkeit des Rohrwerkstoffes durchzuführen sind [4] und eine behördli-

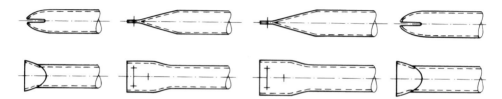

Abb. 3.54 Einfache Anschlüsse über Rohrabplattungen

che „Zustimmung im Einzelfall" einzuholen ist. Bei symmetrischen Füllstäben enthält [8] einen Berechnungsvorschlag zur Bestimmung der Beanspruchbarkeit der Knotenverbindung.

3.5.5.3 Auflagerungen, Bauteilanschlüsse

Bei *direkter* Auflagerung der Untergurte von *Rohrfachwerken* ist ein *Rohrsattel*, Abb. 3.55a, b so herzustellen, dass Abplattungen des Untergurtes vermieden werden. Quadratische (rechteckige) Untergurtstäbe geben die Auflagerkraft über angeschweißte Flanschplatten an die Mörtelfuge ab (Abb. 3.56a, b). Zur Vermeidung einer möglichen Stegbeulung kann man angeschweißte oder durch einen Rohrschlitz gesteckte Lasteinlei-

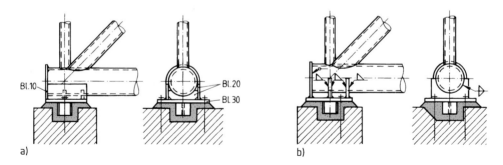

Abb. 3.55 Auflagerpunkte von Rohrbindern über Rohrsattel

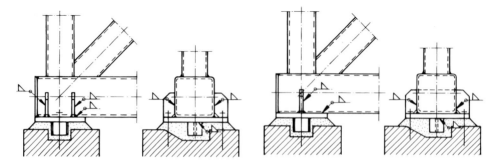

Abb. 3.56 Auflagerpunkte von Fachwerken aus Rechteckhohlprofilen

Abb. 3.57 Anschlüsse an Rohrbinder: **a** bis **b** Pfettenanschluss, **c** seitlicher Trägeranschluss

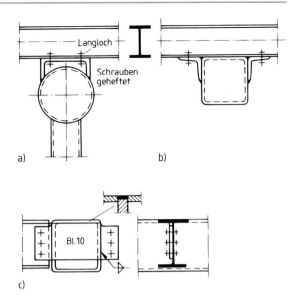

tungsrippen vorsehen. Auch sind aus architektonischen Gründen Sonderkonstruktionen möglich, z. B. über in den Knoten eingeschweißte Stahlgussformteile. An *Obergurte angrenzende Bauteile* wie Pfetten oder Deckenträger werden über Lagersättel aus U-Profilen oder L-Profilen (bei Gurten aus Kreishohlprofilen u. U. mit angehefteten Schrauben und Löchern mit großem Lochspiel in den Flanschen – aus Montagegründen) direkt (Abb. 3.57a, b) oder durch eingeschweißte/übergesteckte Laschen mittelbar verbunden, Abb. 3.57c. An den *Untergurt* anzuschließende Träger (Pfetten bei über der Dacheindeckung liegenden Fachwerken) werden über Abhängekonstruktionen, z. B. nach Abb. 3.58, mit dem Untergurt verbunden.

Abb. 3.58 Pfettenanschluss am Fachwerkuntergurt

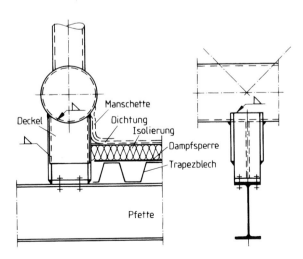

Der konstruktiven Gestaltung sind hier keine Grenzen gesetzt. Der Anschluss an Stützen erfolgt in gleicher Weise wie bei Fachwerken aus offenen Profilen (s. z. B. Abb. 3.32 und 3.37); die Stirnplatten sind breiter als der Fachwerkobergurt, fallweise ist eine Stützenverbreitung im Anschlussbereich erforderlich.

3.5.5.4   Verstärkte Knotenverbindungen

Fachwerke aus rechteckigen oder quadratischen Hohlprofilen sollten prinzipiell so ausgelegt werden, dass Verstärkungsmaßnahmen zwischen den Füllstäben oder der Gurte im Knotenbereich nicht erforderlich sind. In Ausnahmefällen ist dies jedoch nicht vermeidbar, wenn aus optischen Gründen ein spezieller Gurtquerschnitt gleichbleibend über die Fachwerkträgerlänge ausgeführt werden soll. In diesem Fall bieten sich verschiedene Möglichkeiten an, die sich an der denkbaren Versagensform des Knotens orientiert, s. Tab. 3.11. Beim Knoten mit Überlappung wird durch die Einschaltung eines Zwischenbleches die teilweise, gestaltfestigkeitsmindernde Überlappung der Füllstäbe vermieden; die Vertikalkomponenten der Diagonalkräfte werden innerhalb der Zwischenplatte ausgeglichen und beanspruchen den Gurt nicht auf Schub. Bei Knoten mit Spalt kann ein „Schubversagen des Steges" oder eine „Plastizierung des Gurtstabflansches" maßgebend sein. In diesen Fällen sind Stegverstärkungen durch Lamellenbleche oder Gurtunterlegbleche anzuordnen. Der Gestaltfestigkeitsnachweis dieser verstärkten Knoten wird unter Berücksichtigung der maßgebenden Versagensform und der veränderten geometrischen Daten (Wandstärke, Strebenbreite) nach DIN EN 1993-1-8, Abs. 7.5.2.2 [1] geführt, s. a. Tab. 3.4.

Tab. 3.11 Verstärkungen der Knoten nach Versagensart des unausgesteiften Knotens

Maßgebende Versagensart der unausgesteiften Knoten		
Mitwirkende Breite	Schubversagens des Gurtstabes	Gurtplastizieren, Versagen der Strebe oder Durchstanzen
$t_p \geq \max \begin{cases} 2\,t_1 \\ 2\,t_2 \end{cases}$	$L_p \geq 1{,}5 \left(\dfrac{h_1}{\sin \theta_1} + g + \dfrac{h_2}{\sin \theta_2} \right)$	$L_p \geq \max \begin{cases} 2\,t_1 \\ 2\,t_2 \end{cases} \quad b_p > b_0 - 2\,t_0$

3.5.5.5 Biegesteife Knotenverbindungen

Diese werden benötigt, wenn *Rahmentragwerke* oder *Vierendeelträger* hergestellt werden sollen, wie z. B. beim *PREON*-System von *Vallourec*. Die Gestaltsfestigkeit der Knoten ist bei RHP nach DIN EN 1993-1-8, Abs. 7.5 [1] zu ermitteln, für KHP sind die Nachweise in Abschn. 3.5.2.3 mit angegeben. Bei der Bestimmung der Schnittgrößen ist hierbei zu beachten, dass die Knoten nicht als „starr" angenommen werden können sondern durch Drehfedern mit der Drehfedersteifigkeit $C = M/\varphi$ ersetzt werden müssen. Diese Nachgiebigkeit der Knoten bewirkt vor allem eine größere Verformung der Tragwerke [4].

3.5.5.6 Besondere Bauweisen

Die Querschnittsform des Rohres erleichtert schiefwinklige Anschlüsse, weswegen sich Rohrkonstruktionen für *Raumfachwerke* besonders eignen. *Dreigurtbinder* mit Diagonalen in allen drei Seitenwänden sind torsionssteif und finden Anwendung für Dachträger (Abb. 3.59), Rohr- und Transportbrücken usw. Fügt man eine große Anzahl regelmäßiger Körper, wie Würfel, Tetraeder und Oktaeder, deren Kanten durch Rohrstäbe gebildet werden, zu einem plattenartig wirkenden Tragwerk zusammen, so müssen in den Knotenpunkten viele Stäbe miteinander verbunden werden (Abb. 3.60).

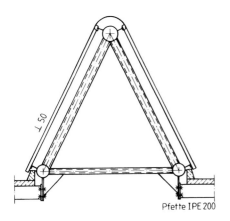

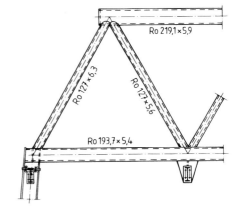

Abb. 3.59 Dreigurt-Fachwerkbinder

Abb. 3.60 Raumfachwerk aus Oktaedern

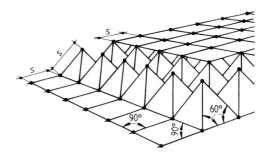

Abb. 3.61 Stabanschlüsse
über Hohlkugeln

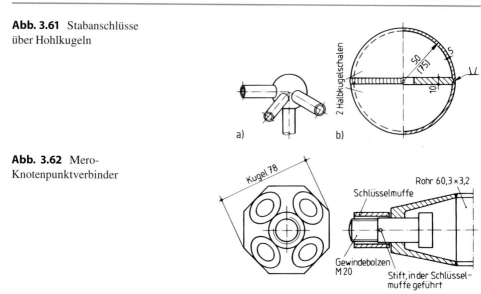

Abb. 3.62 Mero-
Knotenpunktverbinder

Bei der *Oktaplatte* (*Mannesmann*) [15] werden 6 in der Ebene und 3 räumlich ankommende Stäbe an eine Kugel aus S355 angeschweißt (Abb. 3.61). Die Bauweise eignet sich wegen ihrer architektonischen Wirkung zur Überdachung repräsentativer Räume. Eine geschraubte Verbindung ist von der Firma *Mero*, Würzburg, entwickelt worden (z. B. [16]): In kegelstumpfförmigen Anschweißenden der Rohre stecken Gewindebolzen, die mit der Schlüsselmuffe in die Gewindelöcher der Verbindungskugel eingeschraubt werden (Abb. 3.62). Aus den serienmäßig in Einheitslängen gelieferten Rohren können Raumfachwerke, Dreigurtträger, Lehrgerüste, Arbeitsgerüste, ortsfeste und fahrbare Hebezeuge usw. baukastenartig zusammengesetzt werden. Andere Hersteller haben ähnliche Knotenverbindungen entwickelt, u. a. auch für quadratische Hohlprofile.

3.6   Unterspannte Träger

Werden auf Biegung beanspruchte Träger durch einen oder mehrere kurze Pfosten auf die Knickpunkte eines unterhalb des Trägers liegenden und mit den Trägerenden verbundenen Zugbandes abgestützt, so entstehen einfach oder mehrfach unterspannte, 1fach statisch unbestimmte Träger (Abb. 3.63). Sie werden als Gerüstträger, Pfetten und Leitern (oft in Leichtbauweise), als Brücken für Rohrleitungen, Förderanlagen und leichten Verkehr sowie im Waggonbau verwendet. Besonders geeignet ist die Unterspannung für die nachträgliche *Verstärkung* überlasteter Träger. Die Systemlinien schneiden sich in einem Punkt (Abb. 3.63a), jedoch kann man das Zugband am Auflager auch ausmittig anschließen, wenn sich die Konstruktion dadurch vereinfacht (Abb. 3.63c und 3.64). Die Unterspannung wird planmäßig auf Zug beansprucht und in der Regel vorgespannt, sodass negative

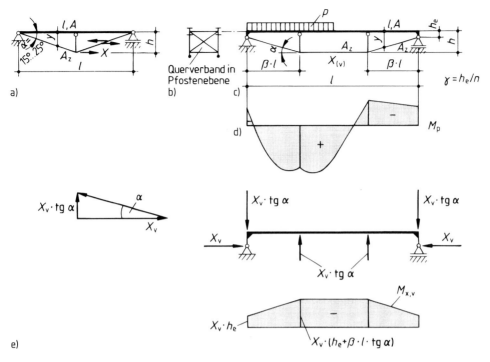

Abb. 3.63 System unterspannter Binder: **a** einfach unterspannt, **b** Querverband zur Knicksicherung des Pfostens, **c** zweifach unterspannter Träger mit exzentrischem Zugbandanschluss, **d** Momentenverteilung bei einseitiger Last, **e** Momente aus Vorspannung X_V

Momente gemäß Abb. 3.63e den Momenten aus Last im Streckträger (z. B. Abb. 3.63d) entgegenwirken. Durch die Horizontalkraft der Unterspannung erfährt der Streckträger zusätzlich eine Druckbeanspruchung, welche für die Pfosten aus der Vertikalkomponente entsteht.

Die *Horizontalkomponente der Zugbandkraft* als statisch überzählige Größe errechnet sich bei Belastung mit einer Streckenlast p nach Gl. 3.18, wobei der *Zähler Z* für verschiedene Laststellungen Tab. 3.12 entnommen werden kann. Durch Überlagern lassen sich hieraus weitere Lastkombinationen bilden.

$$X = \frac{p \cdot l^2}{24\,h} \cdot \frac{Z}{N} \qquad (3.18)$$

Mit den Bezeichnungen nach Abb. 3.63c lautet der Nenner N zu Gl. 3.18:

$$N = (1 - 2\beta) + \frac{2}{3}\beta\left(1 + \gamma + \gamma^2\right) + \frac{1}{h^2}\left[\frac{l}{A} + \frac{l}{A_Z}\left(1 + 2\beta\left(\frac{1}{\cos^3\alpha} - 1\right)\right)\right]$$

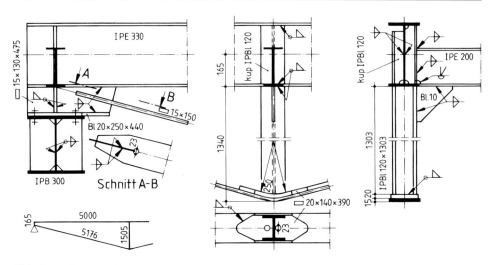

Abb. 3.64 Konstruktion eines unterspannten Trägers

Tab. 3.12 Zählerwert Z zu Gl. 3.18 für verschiedene Streckenlasten

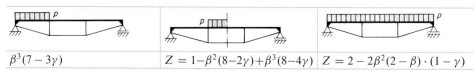

$\beta^3(7-3\gamma)$	$Z = 1-\beta^2(8-2\gamma)+\beta^3(8-4\gamma)$	$Z = 2 - 2\beta^2(2-\beta)\cdot(1-\gamma)$

Die *Biegemomente* des Balkens ergeben sich nach Gl. 3.19:

$$M_p = M_0 - X \cdot y + M_{xv} \tag{3.19}$$

mit

M_0 = Biegemoment des einfachen Balkens auf 2 Stützen
M_{xv} = Moment aus aufgebrachter Vorspannkraft X_V (Abb. 3.63e)

   Mit $\beta = 0{,}5$ gelten die Formeln auch für den einfach verspannten Träger (Abb. 3.63a). Liegt das Zugband nicht unter, sondern über dem Träger, so erhält er Druck und es entsteht der versteifte Stabbogen, der ebenfalls mit den Gln. 3.18 und 3.19 berechnet werden kann.
   Die Unterspannung und die Pfosten werden in Trägerebene biegeweich ausgeführt, damit sie von Biegemomenten aus der Verformung des Streckträgers möglichst frei bleiben. Das Zugband wird aus Rundstahl mit Gelenkbolzen und eventuell mit Spannschloss oder aus Flach- oder Profilstählen hergestellt. Ein Spannschloss ermöglicht, die Momentenverteilung durch Vorspannung in wirtschaftlich günstiger Weise zu beeinflussen. Das untere Pfostenende muss gegen seitliches Ausweichen gesichert werden. Bei zwei parallel nebeneinanderliegenden Trägern gewährleistet ein *Querverband in Pfostenebene* (Abb. 3.63b)

oder ein Halbrahmen aus Pfosten und Querträger (Abb. 3.64) die Querstabilität. Bei nur einer Tragwerksebene muss der Pfosten biegesteif am Streckträger angeschlossen und dieser gegen Verdrehen gesichert werden, indem man ihn z. B. als torsionssteifen Hohlquerschnitt ausbildet. An der *Umlenkstelle* ist das Zugband mit großem Radius ausgerundet; die Umlenkkräfte werden von der Fußplatte des Pfostens übernommen. Die Bohrungen neben dem Pfostensteg dienen dem Wasserabfluss.

3.7   Verbände – Ermittlung von Stabilisierungskräften

Verbände sind Fachwerkkonstruktionen, die zur Aussteifung und Stabilisierung von Tragwerken verwendet werden. Abb. 3.1c zeigt entsprechende Dach- und Wandverbände im Hallenbau. Sie dienen zur Ableitung von planmäßigen Beanspruchungen wie z. B. Windlasten und zur Abstützung und Stabilisierung angrenzender Bauteile wie beispielsweise dem ebenfalls in Abb. 3.1c dargestellten Rahmen. In Abschn. 6.3.3 wird auf die Bemessung eines Rahmenriegels unter Berücksichtigung angrenzender Bauteile eingegangen. In diesem Abschnitt liegt das Augenmerk auf der Bestimmung der sogenannten *Stabilisierungskräfte*, die von dem auszusteifenden Bauteil auf den Verband (oder andere abstützende Bauteile) einwirken. Zur Ermittlung der *Stabilisierungskräfte* existieren unterschiedliche Modelle. Allen gemein ist, dass das abzustützende Bauteil als imperfektes System mit Vorverformung betrachtet wird, für welches entsprechende *Stabilisierungskräfte* (nach Theorie II. Ordnung) bestimmt werden können (s. z. B. Tab. 3.13). Das prinzipielle Vorgehen folgt damit der Systematik des Ersatzimperfektionsverfahrens. In den folgenden Abschnitten werden unterschiedliche Modelle betrachtet und in Abschn. 3.7.2 für ein Beispiel miteinander verglichen.

Tab. 3.13 Geometrische Ersatzimperfektionen in Form von Vorkrümmungen und äquivalente stabilisierende Ersatzkräfte aussteifender Systeme nach DIN EN 1993-1-1 [1]

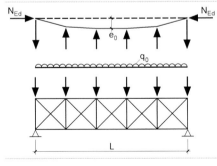

Geometrische Ersatzimperfektionen:
$$e_0 = \alpha_m \cdot L/500 \text{ mit } \alpha_m = \sqrt{0,5\,(1 + 1/m)}$$
m: Anzahl auszusteifender Bauteile

Stabilisierende Ersatzkräfte:
$$q_0 = N_{Ed} \cdot \left(e_0 + \delta_q\right) \cdot 8/L^2$$
δ_q: Verformung des Verbandes infolge der Last q_0 sowie weiterer äußerer Einwirkungen (bei Berechnung nach Th. II. Ordnung zu vernachlässigen)

3.7.1 Berechnungsmodelle

3.7.1.1 Druckstab mit konstanter Normalkraft – DIN EN 1993-1-1

Grundlage des Modells, welches auf *Gerold* [11] zurückgeht, ist die Annahme eines Druckstabs mit konstanter Normalkraftbeanspruchung, der durch einen Verband zu stabilisieren ist. Dieses Modell liegt auch den Regelungen nach DIN EN 1993-1-1 [1], Abs. 5.3.3, zum Ansatz geometrischer Ersatzimperfektionen in Form von Vorkrümmungen sowie äquivalenten stabilisierenden Ersatzkräften für aussteifende Systeme zugrunde, die in Tab. 3.13 zusammengefasst sind.

Der *Stich e_0 der anzusetzenden Vorkrümmung* ergibt sich aus einem Grundwert multipliziert mit einem *Abminderungsfaktor α_m*, der die Anzahl auszusteifender Bauteile berücksichtigt. Der Grundwert von L/500 entspricht dem Wert, der bereits nach DIN 18800-2 [3] für mehrteilige Druckstäbe anzusetzen war und die Formulierung des Abminderungsfaktor ist ebenfalls hieraus bekannt. Statt der direkten Berücksichtigung der Vorkrümmung kann daraus auch eine äquivalente Ersatzlast q bestimmt werden, die von der einwirkenden Normalkraft N_{Ed} abhängig ist. ***Die Kraft N_{Ed} wird innerhalb der Spannweite L des aussteifenden Systems konstant angenommen.*** Für nicht konstante Kräfte ist die Annahme konservativ, wie auch das Beispiel in Abschn. 3.7.2 zeigt. Wird das aussteifende System zur Stabilisierung des druckbeanspruchten Flansches eines Biegeträgers mit konstanter Höhe verwendet, kann die Kraft N_{Ed} mit Gl. 3.20 ermittelt werden, wobei eine planmäßig wirkende Drucknormalkraft anteilig im Verhältnis der Gurtfläche zur Gesamtfläche zusätzlich zu berücksichtigen ist. Sollen durch den Verband mehrere Bauteile stabilisiert werden, ist die Summe der Normalkräfte $\sum N_{Ed}$ über die Anzahl m der Bauteile (einschließlich der Gurte des Verbandes) zu bilden.

$$N_{Ed} = M_{Ed}/a_g \tag{3.20}$$

mit

M_{Ed} das maximale einwirkende Biegemoment des Trägers und
a_g der Abstand der Gurtmittellinien des Querschnitts (= innerer Hebelarm)

Zur Bestimmung der *Ersatzlast q_0* ist zusätzlich zu der Vorkrümmung e_0 die Verformung δ_q des Verbandes nach Theorie I. Ordnung infolge der Last q_0 sowie weiterer äußerer Einwirkungen anzusetzen. Dies erfordert eine iterative Berechnung und führt zu einer näherungsweisen Ermittlung des Gleichgewichts am verformten System. Wenn hierzu eine Berechnung nach (direkter) Theorie II. Ordnung erfolgt, darf $\delta_q = 0$ angesetzt werden.

Für eine händische Berechnung nach Theorie II. Ordnung wird der Verband dazu als **schubweicher Druckstab** betrachtet (s. a. Abschn. 3.3.1.2). Im Gegensatz zu einem Vollquerschnitt wird bei dem „Fachwerkträger Verband" der Steg lediglich durch die Füllstäbe gebildet, weshalb der Stab vergleichsweise schubweich ist und die Schubverformungen für die Gleichgewichtsbildung am verformten System zu berücksichtigen sind. In Tab. 3.14 sind für den schubweichen (Ersatz-)Druckstab die Bestimmungsgleichun-

Tab. 3.14 Schnittgrößen Theorie II. Ordnung für schubweichen (Ersatz-)Druckstab

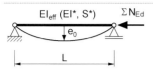

Vergrößerungsfaktor:

$$\alpha = \frac{1}{1 - \dfrac{\sum N_{\text{Ed}}}{N_{\text{cr}}}} \quad \text{mit } N_{\text{cr}} = \frac{\pi^2 (EI)_{\text{eff}}}{(L_{\text{cr}} = L)^2}$$

$(EI)_{\text{eff}}$ nach Gl. 3.1 und Tab. 3.1

Sinusförmige Vorkrümmung:

$$\max M^{\text{II}} = \alpha \cdot M^{\text{I}} = \alpha \cdot \sum N_{\text{Ed}} \cdot e_0$$

$$\max V^{\text{II}} = \frac{\pi \cdot \max M^{\text{II}}}{L}$$

Parabelförmige Vorkrümmung:

$$\max M^{\text{II}} = \alpha \cdot M^{\text{I}} = \alpha \cdot \sum N_{\text{Ed}} \cdot e_0 = \alpha \cdot \frac{q_0 \cdot L^2}{8}$$

$$\text{mit} \quad q_0 = \frac{\sum N_{\text{Ed}} \cdot e_0 \cdot 8}{L^2}$$

$$\max V^{\text{II}} = \alpha \cdot \frac{q_0 \cdot L}{2}$$

$$= \alpha \cdot \frac{\sum N_{\text{Ed}} \cdot e_0 \cdot 4}{L} = \frac{4 \cdot \max M^{\text{II}}}{L}$$

gen zur Ermittlung der Schnittgrößen nach Theorie II. Ordnung zusammengestellt für den Ansatz der Vorkrümmung als Sinushalbwelle oder Parabel. Aus der Querkraft ergeben sich die Beanspruchungen für die Füllstäbe des Verbandes (für die Diagonalen durch Berücksichtigung der Neigung), das Moment führt bei Teilung durch den Abstand der (Fachwerk-)Gurte zu Druck- bzw. Zugbeanspruchungen derselben. Die Schnittgrößen aus äußerer Beanspruchung, wie z. B. Windlasten, sind ebenfalls mit dem angegebenen Vergrößerungsfaktor zu multiplizieren und mit jenen infolge der Stabilisierungslasten zu überlagern.

3.7.1.2 Druckstab mit veränderlicher Normalkraft – Petersen

Petersen betrachtet in [7] das Modell nach *Gerold* [11] und leitet dazu ein Modell ab, welches einen veränderlichen Druckkraftverlauf und unterschiedliche Querschnittshöhen für den zu stabilisierenden Binder berücksichtigt. Dazu wird der vorverformte Druckgurt des Binders durch eine Stabgelenkkette ersetzt gemäß Abb. 3.65, sodass sich die Stabilisierungskräfte in den *Knotenpunkten k* des Verbandes nach Gl. 3.21 ergeben.

$$H_k = \alpha \cdot \frac{32 \cdot (n-k) \cdot k}{n^3} \cdot \frac{\max h}{h_k} \cdot \frac{e_0}{L} \cdot \max N_{\text{Ed}} = \alpha \cdot \beta_k \cdot \frac{\max h}{h_k} \cdot \frac{e_0}{L} \cdot \max N_{\text{Ed}}$$

$$(3.21)$$

mit

n	Anzahl Felder des Verbandes
k	betrachteter Knoten des Verbandes
h_k, $\max h$	Höhe des Binders im Knoten k bzw. Maximalwert
$\max N_{\text{Ed}}$	maximale Druckbeanspruchung des Gurtes (z. B. nach Gl. 3.20 infolge des maximalen Momentes)
β_k	Hilfswert, $\beta_k = 32 \cdot (n-k) \cdot k / n^3$ (s. a. Tab. 3.15)

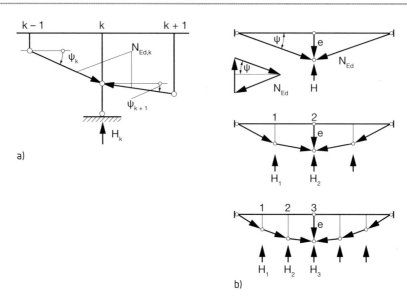

Abb. 3.65 Stabilisierungskräfte nach Petersen [7] im Knoten k (**a**) und für Beispiele (**b**) bei Abbildung des Druckgurtes als Stabgelenkkette

Der Vergrößerungsfaktor α kann mit den Angaben in Tab. 3.14 bestimmt werden. Für die Knicklänge gilt dabei $L_{cr} = 0,7\,L$, wenn der Druckgurt eines Binders mit parabelförmiger Biegebeanspruchung (und damit parabelförmigem Druckkraftverlauf) zu stabilisieren ist. Sind mehrere Binder zu stabilisieren, sind die Kräfte nach Gl. 3.21 über die Anzahl m aufzusummieren bzw. $\sum \max N_{Ed,i}$ in Gl. 3.21 einzusetzen, sofern die Binder identisch ausgebildet sind.

Für den Faktor β_k gemäß Gl. 3.21 ist in Tab. 3.15 ebenso eine Auswertung enthalten wie für dessen Aufsummierung $\sum \beta_k / 2$. Dieser Wert strebt für $m = \infty$ gegen $8/3 = 2{,}667$, sodass für Träger mit gleichbleibender Höhe die maximale Stabilisierungsquerkraft am Auflager des Verbandes mit Gl. 3.22 angegeben werden kann. Im Vergleich mit Tab. 3.14 ist dies der niedrigste Wert.

$$\max V^{II} = \alpha \cdot \frac{\sum N_{Ed} \cdot e_0 \cdot 2{,}667}{L} \tag{3.22}$$

Tab. 3.15 β-Faktoren nach Gl. 3.21 in Abhängigkeit von der Feldanzahl n von Verbänden

n	2	3	4	5	6
$\beta_k\,(n)$	$\beta_1 = 4$	$\beta_{1,2} = 64/27 = 2{,}370$	$\beta_{1,3} = 1{,}5$ $\beta_2 = 2$	$\beta_{1,4} = 128/125 = 1{,}024$ $\beta_{2,3} = 192/125 = 1{,}536$	$\beta_{1,5} = 20/27 = 0{,}7407$ $\beta_{2,4} = 32/27 = 1{,}185$ $\beta_3 = 36/27 = 1{,}333$
$\sum \beta_k / 2 =$	2	2,370	2,5	2,56	2,593

3.7.1.3 Vollwandträger mit durchschlagender Biegebeanspruchung

Zur Ermittlung der Stabilisierungskräfte für Vollwandträger mit durchschlagender Biegebeanspruchung, wie sie z. B. als Rahmenriegel vorkommen, wurde von *Krahwinkel* in [12] ein Ingenieurmodell aus den Differentialgleichungen des Biegetorsionsproblems nach Theorie II. Ordnung mit Wölbkrafttorsion abgeleitet und von *Kindmann/Krahwinkel* in [13] entsprechende Näherungsformeln für die Bemessung stabilisierender Konstruktionen angegeben (da diese eine iterative Berechnung erfordern, wird auf den Abdruck der Formeln hier verzichtet). Auch *Stroetmann* befasst sich in [17] und [18] mit der Problematik.

Im Unterschied zu den Modellen von *Gerold/EC3* und *Petersen* wird der biegebeanspruchte Träger nicht auf ein vereinfachtes Druckstabmodell zurückgeführt sondern das räumliche Tragverhalten berücksichtigt. Die vergleichenden Untersuchungen von *Krahwinkel* zeigen, dass durch die Vernachlässigung der Verdrehung des Querschnitts beim Druckstabmodell die Stabilisierungslasten auf der unsicheren Seite liegen können, wenn die Mindestdrehbettung nach Gl. 3.23 nicht erreicht wird. Zu beachten ist allerdings, dass sich der Verlauf der Querkraft im abstützenden Bauteil deutlich von dem beim „Modell Druckstab" unterscheidet, s. Abb. 3.66. Dadurch, dass die Maximalwerte nicht außen auftreten und in der Regel eine Überlagerung mit Querkräften aus äußeren (Wind-)Lasten erfolgt, wird eine Bemessung nach dem Druckstabmodell im Allgemeinen auch dann auf der sicheren Seite liegen, wenn keine Drehbettung vorliegt. Bei Überschreiten der Mindestdrehbettung können die Stabilisierungslasten nach dem Druckstabmodell weit auf der sicheren Seite liegen.

$$\text{vorh } c_\vartheta > \min c_\vartheta = q_{z,Ed} \cdot a_g \tag{3.23}$$

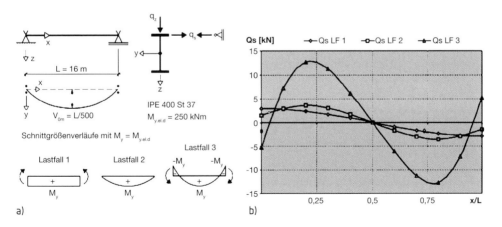

Abb. 3.66 Beispiel zum Einfluss des Momentenverlaufs (**a**) auf die Stabilisierungsquerkräfte Q_S (**b**) nach [13]

Soll eine möglichst exakte Ermittlung der Stabilisierungslasten einschließlich aller Aussteifungen erfolgen, so empfiehlt sich eine Abbildung und Berechnung des biegebeanspruchten Trägers nach der Biegetorsionstheorie II. Ordnung mit Wölbkrafttorsion mithilfe eines geeigneten FE-Programms wie z. B. FE-STAB-FZ [14].

3.7.2   Berechnungsbeispiel Rahmenriegel

In Abschn. 6.3.3 wird der Biegedrillknicknachweis für einen Rahmenriegel unter Berücksichtigung der Aussteifung durch angrenzende Bauteile geführt. An dieser Stelle sollen für den zugehörigen Dachverband (s. Abb. 3.67) die entsprechenden Stabilisierungskräfte nach den zuvor erläuterten Methoden berechnet und miteinander verglichen werden.

In Abb. 3.68 sind zunächst die Stabilisierungsquerkräfte Q_S dargestellt, die sich mit FE-STAB-FZ [14] ergeben, wenn der Biegedrillknicknachweis für <u>einen</u> Rahmenriegel mit dem Ersatzimperfektionsverfahren gemäß Abschn. 6.3.3.3 geführt wird. Dabei wurden folgende Aussteifungen berücksichtigt und ein vierwelliger Ansatz für die Vorkrümmung v_0 anhand der resultierenden Eigenform vorgenommen (s. a. Abb. 6.30 und 6.31):

$$S^* = 11.796 \, \text{kN am Obergurt und } C_D = 60,44 \, \text{kNm/m}$$

Daneben ist der Verlauf der Stabilisierungsquerkräfte angegeben, wenn eine parabelförmige Vorkrümmung gemäß Tab. 3.13 mit folgendem Stich angesetzt wird:

$$e_0 = \alpha_m \cdot L/500 = 0,77 \cdot 2000/500 = 3,08 \, \text{cm}$$

mit $\alpha_m = \sqrt{0,5\,(1 + 1/m)} = \sqrt{0,5\,(1 + 1/5,5)} = 0,77$
bei $m = 11/2 = 5,5$ auszusteifenden Riegeln/Verband

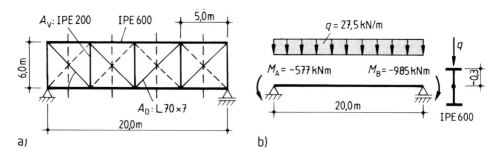

Abb. 3.67 Dachverband einer Stahlhalle (**a**) und Beanspruchung der Rahmenriegel (**b**) (s. a. Abb. 6.29)

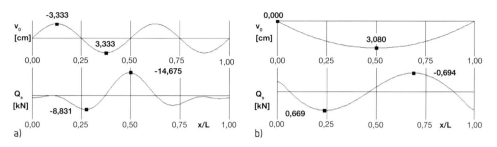

Abb. 3.68 Stabilisierungsquerkräfte Q_S für den Riegel in Abb. 3.67 mit $S^* = 11.796\,\text{kN}$ am Obergurt und $C_D = 60{,}44\,\text{kNm/m}$: **a** mit v_0 gemäß BDK-Nachweis Riegel (s. a. Abb. 6.32) und **b** mit v_0 für Verbandsbemessung gemäß Tab. 3.13

Der Verlauf gleicht dem in Abb. 3.66 für den Lastfall 3, wobei die Werte deutlich geringer ausfallen. Dies liegt u. a. an der starken Drehbettung, die bei dem System in Abb. 3.66 nicht vorhanden ist. Würde man diese auf 1/10 des ursprünglichen Wertes reduzieren, würde der Verzweigungslastfaktor α_{cr} von 2,53 auf 1,23 absinken und gleichzeitig der Maximalwert der Stabilisierungsquerkräfte nahezu um den Faktor 10 auf 6,24 kN ansteigen (nicht dargestellt, Form wie in Abb. 3.68b).

Für Vergleiche mit den zuvor erläuterten Berechnungsmodellen sei noch darauf hingewiesen, dass die Kräfte in Abb. 3.68 für <u>einen</u> Riegel gelten. Bei m = 5,5 auszusteifenden Riegeln/Verband ergibt sich folgender Vergleichswert:

$$\sum \max Q_s = 5{,}5 \cdot 0{,}694 = 3{,}82\,\text{kN bzw.} \quad \sum \max Q_s = 31{,}2\,\text{kN für } C_D = 6{,}04\,\text{kNm/m}$$

Modell DIN EN 1993-1-1

Als erstes werden zum Vergleich die Stabilisierungskräfte nach Abschn. 3.7.1.1 ermittelt, wobei die Drucknormalkraft aus dem maximalen Feldmoment des Riegels (s. Abb. 6.30) bestimmt wird:

$$\sum N_{Ed} = m \cdot M_{Ed}/a_g = 5{,}5 \cdot 601{,}5/\,(0{,}6 - 0{,}019) = 5{,}5 \cdot 1035{,}3 = 5694\,\text{kN}$$

Unter Berücksichtigung der effektiven Biegesteifigkeit des Verbandes nach Gl. 3.1 sowie der Beziehungen nach Tab. 3.13 und 3.14 folgt damit:

$$(EI)_{\text{eff}} \approx \frac{1}{\dfrac{1}{EI^*} + \left(\dfrac{\rho}{L}\right)^2 \cdot \dfrac{1}{S^*}} = \frac{1}{\dfrac{1}{58.968.000} + \left(\dfrac{\pi}{20}\right)^2 \cdot \dfrac{1}{11.796^*}} = 474.229\,\text{kNm}^2$$

$$\text{mit } EI^* = \frac{EA_G \cdot h^2}{2} = \frac{21.000 \cdot 156 \cdot 6{,}0^2}{2} = 58.968.000\,\text{kNm}^2$$

$$\alpha = \frac{1}{1 - \dfrac{\sum N_{\text{Ed}}}{N_{\text{cr}}}} = \frac{1}{1 - \dfrac{5694}{11701}} = 1{,}948$$

$$\text{mit } N_{\text{cr}} = \frac{\pi^2 \, (EI)_{\text{eff}}}{(L_{\text{cr}} = L)^2} = \frac{\pi^2 \cdot 474.229}{20^2} = 11.701 \,\text{kN}$$

$$\max V_{\text{par}}^{\text{II}} = \alpha \cdot \frac{\sum N_{\text{Ed}} \cdot e_0 \cdot 4}{L} = 1{,}948 \cdot \frac{5694 \cdot 3{,}08 \cdot 4}{2000} = 1{,}948 \cdot 35{,}08 = 68{,}3 \,\text{kN}$$

Für eine sinusförmige Vorkrümmung ist der Wert deutlich geringer:

$$\max V_{\text{sin}}^{\text{II}} = \frac{\pi}{4} \cdot \max V_{\text{par}}^{\text{II}} = \frac{\pi}{4} \cdot 68{,}3 = 53{,}7 \,\text{kN}$$

Modell Petersen

Die maximale Stabilisierungsquerkraft kann bei Anwendung von Gl. 3.22 einfach wie folgt umgerechnet werden:

$$\max V_{\text{Petersen}}^{\text{II}} = \frac{2{,}667}{4} \cdot \max V_{\text{par}}^{\text{II}} = \frac{2{,}667}{4} \cdot 68{,}3 = 45{,}5 \,\text{kN}$$

Berücksichtigt man zusätzlich eine Reduzierung der Knicklänge, ergeben sich folgende Werte:

$$\alpha = \frac{1}{1 - \dfrac{\sum N_{\text{Ed}}}{N_{\text{cr}}}} = \frac{1}{1 - \dfrac{5694}{23.880}} = 1{,}313$$

$$\text{mit } N_{\text{cr}} = \frac{\pi^2 \, (EI)_{\text{eff}}}{(L_{\text{cr}} = 0{,}7L)^2} = \frac{\pi^2 \cdot 474.229}{(0{,}7 \cdot 20)^2} = 23.880 \,\text{kN}$$

$$\max V_{\text{Petersen}}^{\text{II}} = \alpha \cdot \frac{\sum N_{\text{Ed}} \cdot e_0 \cdot 2{,}667}{L} = 1{,}313 \cdot \frac{5694 \cdot 3{,}08 \cdot 2{,}667}{2000} = 1{,}313 \cdot 23{,}39$$
$$= 30{,}7 \,\text{kN}$$

Vergleich und Fazit

In Tab. 3.16 sind die zuvor ermittelten Ergebnissen noch einmal zusammengestellt. Für die Ergebnisse mit FE-STAB-FZ [14] zeigt sich, dass die Größe der Stabilisierungsquerkräfte maßgeblich von der Größe des Verzweigungslastfaktors und damit von der zusätzlich zur Schubfeldsteifigkeit vorhanden Drehbettung abhängig ist. Die Mindestdrehbettung nach *Krahwinkel* [12] ergibt sich mit Gl. 3.23 wie folgt:

$$\min c_\vartheta = q_{\text{z,Ed}} \cdot a_{\text{g}} = 27{,}5 \cdot (0{,}6 - 0{,}019) = 15{,}97 \,\text{kNm/m}$$

Tab. 3.16 Maximale Stabilisierungsquerkräfte für den Verband in Abb. 3.67 ermittelt nach unterschiedlichen Verfahren und Modellen

Verfahren/Modell	max V^{II} [kN]	%
FE-STAB-FZ mit $S^* = 11.796\,\mathrm{kN}$ und $C_D = 60{,}44\,\mathrm{kNm/m}$ ($\Rightarrow \alpha_{\mathrm{cr}} = 2{,}53$)	3,82	12,2
wie vor aber $C_D = 6{,}04\,\mathrm{kNm/m}$ ($\Rightarrow \alpha_{\mathrm{cr}} = 1{,}23$)	31,2	100
Modell nach DIN EN 1993-1-1 mit v_0 als Parabel	68,3	219
wie vor aber v_0 als Sinushalbwelle	53,7	172
Modell nach Petersen	45,5	146
wie vor, aber $L_{\mathrm{cr}} = 0{,}7L$	30,7	98,4

Dieser Wert wird mit vorh $c_D = 60{,}44\,\mathrm{kNm/m}$ weit überschritten. Reduziert man ihn auf 1/10 (was damit weit unter der Grenze von Krahwinkel läge), ergeben sich für das konkrete Beispiel Stabilisierungskräfte auf dem Niveau des Modells von *Petersen*. Die Kräfte nach DIN EN 1993-1-1 liegen im Vergleich dazu weit auf der sicheren Seite. Ein Verallgemeinerung lässt sich daraus aber nicht ableiten. Für eine Handrechnung wird empfohlen, die Mindestdrehbettung nach Gl. 3.23 einzuhalten und die Stabilisierungskräfte nach *Petersen* zu ermitteln.

Literatur

1. DIN EN 1993 (12.2010): Eurocode 3 – Bemessung und Konstruktion von Stahlbauten (mit jeweiligen NA).
   Teil 1-1: Allgemeine Bemessungsregeln und Regeln für den Hochbau,
   Teil 1-2: Baulicher Brandschutz,
   Teil 1-3: Kaltgeformte Bauteile und Bleche,
   Teil 1-4: Nichtrostender Stahl,
   Teil 1-5: Bauteile aus ebenen Blechen mit Beanspruchungen in der Blechebene,
   Teil 1-7: Ergänzende Regeln zu ebenen Blechfeldern mit Querbelastung,
   Teil 1-8: Bemessung und Konstruktion von Anschlüssen und Verbindungen,
   Teil 1-9: Ermüdung,
   Teil 1-10: Auswahl der Stahlsorten im Hinblick auf Bruchzähigkeit und Eigenschaften in Dickenrichtung,
   Teil 1-11: Bemessung und Konstruktion von Tragwerken mit stählernen Zugelementen,
   Teil 1-12: Zusätzliche Regeln zur Erweiterung von EN 1993 auf Stahlgüten bis S700,
   Teil 2: Stahlbrücken,
   Teil 6: Kranbahnträger
2. DIN EN ISO 12944: Beschichtungsstoffe – Korrosionsschutz von Stahlbauten durch Beschichtungssysteme
3. DIN 18800 (11.2008): Stahlbauten.
   Teil 1: Bemessung und Konstruktion,
   Teil 2: Stabilitätsfälle, Knicken von Stäben und Stabwerken,
   Teil 3: Stabilitätsfälle, Plattenbeulen,
   Teil 7: Ausführung und Herstellerqualifikation

4. Stahlbau Handbuch – Für Studium und Praxis. Band 1 Teil A, 3. Aufl./Band 1 Teil B, 3. Aufl./Band 2, 2. Aufl., Stahlbau-Verlagsgesellschaft, Köln 1993/1996/1985

5. DLUBAL, Stabwerksprogramm RSTAB

6. Stroetmann, R.: Stahlbau. Vismann, U. (Hrsg.). Wendehorst Bautechnische Zahlentafeln, 36. Auflage. Springer Fachmedien, Wiesbaden 2018, S. 501–737

7. *Petersen, C.*: Statik und Stabilität der Baukonstruktionen, 2. Auflage 1982, Vieweg-Verlag, Braunschweig

8. Packer, J. A., Wardenier, J., Kurobane, Y., Dutta, D., Yeomans, N.: Knotenverbindungen aus rechteckigen Hohlprofilen unter vorwiegend ruhender Beanspruchung. CIDECT-Reihe: Konstruieren mit Stahlprofilen. Verlag TÜV-Rheinland, Köln

9. Weynand, Klaus e.a.: Bemessungshilfen für Hohlprofilanschlüsse mit MSH Profilen nach EN 1993 und EN10210, Vallourec

10. DIN EN 10210: Warmgefertigte Hohlprofile für den Stahlbau. Teil 1: Allgemeines, Teil 2: Technische Lieferbedingungen

11. Gerold, W.: Zur Frage der Beanspruchung von stabilisierenden Verbänden und Trägern, Stahlbau 32 (1963), Heft 9, S. 278–281

12. Krahwinkel, M.: Zur Beanspruchung stabilisierender Konstruktionen im Stahlbau, Dissertation, VDI-Verlag Düsseldorf 2001, Reihe 4, Nr. 166

13. Kindmann, R., Krahwinkel, M.: Bemessung stabilisierender Verbände und Schubfelder. Stahlbau 70 (2001), Heft 11, S. 885–899

14. FE-STAB-FZ: Programm zur Analyse von Stäben nach der Biegetorsionstheorie II. Ordnung mit Fließzonen, Laumann, J., Wolf, C., Kindmann, R.

15. Fröhlich, J.: Oktaplatte in Rohrkonstruktion. In: Stahlbau. Stahlbau 28 (1959), Heft 9, S. 255–256

16. Kurrer, K. E.: Zur Komposition von Raumfachwerken von Föppl bis Mengeringhausen. Stahlbau 73 (2004), Heft 8, S. 603–623

17. Friemann, H., Stroetmann, R.: Zum Nachweis ausgesteifter biegedrillknickgefährdeter Träger. Stahlbau 67 (1998), Heft 12, S. 936–955

18. Stroetmann, R.: Zur Stabilitätsberechnung räumlicher Tragsysteme mit I-Profilen nach der Methode der finiten Elemente. Veröffentlichung des Instituts für Stahlbau und Werkstoffmechanik der Technischen Universität Darmstadt, Heft 61, 1999

19. Ungermann, D., Schneider, S.: Stahlbaunormen. DIN EN 1993-1-8: Bemessung von Anschlüssen. Stahlbau-Kalender 2019, Hrsg.: Prof. Dr.-Ing. U. Kuhlmann. Ernst & Sohn, Berlin, 2019

20. Puthli, R., Ummenhofer, T., Wardenier, J., Pertermann, I.: Anschlüsse mit Hohlprofilen nach DIN EN 1993-1-8:2005. Stahlbau-Kalender 2011, Hrsg.: Prof. Dr.-Ing. U. Kuhlmann. Ernst & Sohn, Berlin, 2011

21. Ungermann, D., Puthli, R., Ummenhofer, T., Weynand, K.: Eurocode 3 – Bemessung und Konstruktion von Stahlbauten. Band 2: Anschlüsse. DIN EN 1993-1-8 mit Nationalem Anhang. Kommentar und Beispiele (Beuth Kommentar). bauforumstahl e. V., Düsseldorf, 2015

22. DIN EN 1090-2 (09/2019): Ausführung von Stahltragwerken und Aluminiumtragwerken – Teil 2: Technische Regeln für die Ausführung von Stahltragwerken

Kranbahnen

4

4.1 Allgemeines

Kranbahnträger als fest verbundener Bestandteil einer baulichen Anlage (Halle, Freianlage ...) sind die *Fahrwege von Kranen* und unterliegen daher den bauaufsichtlich eingeführten Bestimmungen (z. B. Landesbauordnung – LBO), d. h. den einschlägigen DIN-Vorschriften und sonstiger Richtlinien. Die *Krananlage* selbst dient zum *Heben und Fördern* von Lasten (Fördertechnik) und ist nicht baugenehmigungspflichtig. Ihre „Abnahme" fällt in den Zuständigkeitsbereich der hierfür anerkannten Sachverständigen, welche durch die Berufsgenossenschaften (Unfallverhütungsvorschriften) oder die Technischen Überwachungsvereine (TÜV) bestellt werden. Siehe hierzu auch [24].

Bereits hier wird erkennbar, dass die Kranbahnträger wegen der unterschiedlichen Zuständigkeiten eine Sonderstellung einnehmen im *allgemeinen Trägerbau*.

Da bei der Planung der baulichen Anlage sehr häufig zuverlässige Daten über die letztendlich eingesetzten (herstellerspezifischen) Krane noch nicht vorhanden sind, ist eine frühzeitige Abstimmung der notwendigen „Annahmen" dringend erforderlich. Dies trifft insbesondere für *ein- oder mehrschiffige Hallen* zu, bei denen *gleichzeitig* mehrere Krane betrieblich genutzt werden sollen. Für *Regelfälle* können Angaben der maßgebenden Norm (aktuell DIN EN 1993-6 [5] und DIN EN 1991-3 [1], früher DIN 4132 [11] in Kombination mit DIN 15018 [12]) entnommen werden; aber auch diese Regelungen bedürfen einer sorgfältigen Überprüfung auf der Grundlage betrieblicher Bedingungen, die der Betreiber der Krananlage festlegen muss.

Für den entwerfenden Ingenieur von Kranbahnträgern sind jedoch in erster Linie die statischen und konstruktiven Gesichtspunkte von Bedeutung, und auch hier zeigen sich wesentliche Unterschiede zu den sonstigen Biegeträgern des Hochbaus.

Während letztere i. d. R. *ruhend* und durch *ortsfeste* Lasten beansprucht werden, unterliegen die Kranbahnträger einer *zeitlich* und *örtlich* veränderlichen Einwirkung, die durch die Größe und momentane Stellung der *Radlasten* der Krananlage bedingt ist. Neben den

© Springer Fachmedien Wiesbaden GmbH, ein Teil von Springer Nature 2020
W. Lohse, J. Laumann, C. Wolf, *Stahlbau 2*, https://doi.org/10.1007/978-3-8348-2116-4_4

Tab. 4.1 Wesentliche Normen für Krane und Kranbahnen

	Früher	Aktuell
Bemessung von Kranen	DIN 15018	EN 13001
Bemessung von Kranbahnen	DIN 4132 mit Anpassungs-Richtlinie Stahlbau	EN 1993-6
Stahlbau Grundnorm	DIN 18800	EN 1993-1-1
Einwirkungen auf Kranbahnen	DIN 4132 DIN 15015	EN 1991-3
Weitere Einwirkungen	DIN 1055 (alt)	EN 1991
Ermüdung	DIN 4132	EN 1991-3 EN 1993-1-9 EN 1993-6

vertikalen Raddrücken werden aus der *Fahrdynamik* der Krananlage auch *horizontale*, quer zur Trägerachse gerichtete Kräfte fallweise wirksam und beanspruchen den Träger auf *zweiachsige Biegung* und *Torsion*. Ferner reagiert der Kranbahnträger beim Heben und Senken der Lasten, aber auch beim Fahren der Krananlage mit *Schwingungen*, die eine Erhöhung der Beanspruchungen zur Folge haben.

Wegen der sehr häufig wechselnden Beanspruchungen des Kranbahnträgers (einschließlich seiner Unterstützung) genügen auch die bisher behandelten *Festigkeitsnachweise* nicht mehr, um die *Tragsicherheit* gegenüber Versagen zu gewährleisten. Es müssen zusätzliche Nachweise geführt werden, die das *Verhalten der Stähle* unter *schwingender Beanspruchung* erfassen.

Diese Nachweise sind mit Begriffen wie *Betriebsfestigkeit*, *Dauerfestigkeit* etc. verbunden und werden wegen ihrer Bedeutung in Kap. 5 behandelt. Bevor auf die statische Behandlung der Kranbahnträger eingegangen wird, erscheint es wichtig, einige grundlegende Begriffe und allgemeine Gesichtspunkte der konstruktiven Gestaltung von Kranbahnträgern zu erläutern.

Wegen des umfangreichen Inhalts der einschlägigen Normen und Vorschriften für Berechnung, Durchbildung und Ausführung der Kranbahnen (und Krane) ist eine erschöpfende Behandlung im Rahmen des Buches nur anteilig möglich. Die Grundlagen werden soweit dargestellt, wie es für das Verständnis notwendig ist. Während diese sich in früheren Ausgaben auf DIN 15018 [12] – Krane – und auf DIN 4132 [11] sowie DIN 18800 [8, 13] – Kranbahnen, Stahltragwerke stützen, erfolgt nun die Behandlung der wesentlichen Themen auf Basis der aktuellen Eurocodes. Diese sind DIN EN 1993-6 [5] sowie DIN EN 1991-3 [1] mit den zugehörigen nationalen Anwendungsdokumenten. Weitere vertiefte Hintergrundinformationen sind der aktuellen Literatur wie [16–30] zu entnehmen. In Tab. 4.1 sind die früher und aktuell gültigen Regeln für Kran und Kranbahnträger angegeben.

DIE KUNST DES HEBENS

chwere Motoren zum Schweben brin-
en und präzise auf den Punkt an ihren
nbauort dirigieren: Kein Kunststück,
ondern Arbeitsalltag unserer Kunden.
ofitieren auch Sie von richtungs-
eisenden ABUS Kranlösungen.

4.2 Krane – Einteilung und Begriffe

Krananlagen werden nach *Bauart* und *Verwendungszweck* unterschiedlich benannt.

Bauart (DIN EN 13001, DIN EN 15011)

Im Zusammenhang mit den Kranbahnträgern soll hier nur auf die *Brückenkrane* eingegangen werden, die für alle möglichen Verwendungszwecke in Hallen oder Freianlagen eingesetzt werden. Sie bestehen aus der *Laufkatze*, in oder an der das *Hubwerk* mit der *Lastaufnahmeeinrichtung* (Anschlagmittel) angebracht ist. Die Laufkatze ist auf dem (den) *Brückenträger(n)* – auch *Kranträger* genannt – verfahrbar, welcher die *Stützweite* der Kranbahnträger überbrückt. An den Enden der Brückenträger sind die *Kopfträger* angebracht, die das *Fahrwerk* (Laufräder) und den *Antrieb* der gesamten *Krananlage* aufnehmen. Ausführungen sind in Abb. 4.1 dargestellt.

Bei geringen *Hublasten* und Stützweiten läuft die Katze auf dem Unterflansch des Brückenträgers (*Unterflanschkatze*) und die Kopfträger hängen an der Kranbahn (*Hänge- oder Deckenkran*). Bei größeren Stützweiten und Lasten läuft die Katze auf *zwei* Brückenträgern und die Kopfträger belasten den Kranbahnträger von oben. Eine solche Anlage heißt

Abb. 4.1 Typische Krankonstruktionen. **a** 2-Brücken Unterflanschkran, **b** 1 Brückenkran, **c** 2-Brückenkran, **d** Säulenschwenkkran

Abb. 4.2 Zweiträger-Brückenlaufkran; Begriffe, Abmessungen, Anfahr- und Lichtraummaße

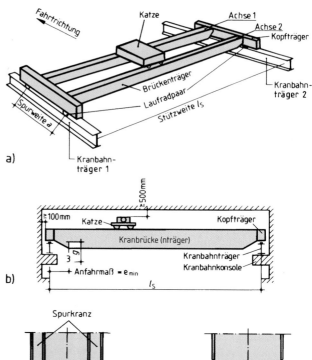

Abb. 4.3 Kranlaufräder. **a** mit Spurkranz, **b** spurkranzlos

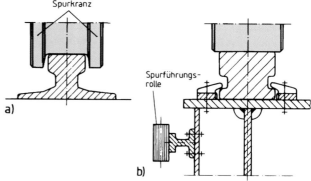

Zweiträger-Brückenlaufkran und ist in Abb. 4.2 schematisch dargestellt. Alle weiteren Ausführungen beziehen sich auf diesen Typ der Krananlage und es wird der Regelfall behandelt, bei dem je Kopfträger nur *zwei Räder* vorhanden sind. (Bei Krananlagen mit sehr hohen Hublasten und Stützweiten sind im Kopfträger Fahrwerke mit mehreren Rädern, z. T. als Zwillinge in Radschwingen, untergebracht – siehe [12] DIN 15018-1 bzw. DIN EN 13001 [39–41] bzw. Angaben des Herstellers.)

Die *Laufräder* aus Gussstahl (GS) oder Gusseisen (GGG), mitunter auch aus Kunststoff, werden mit oder ohne (beidseitigen) Spurkränzen ausgeführt. Bei spurkranzlosen Rädern erfolgt die *seitliche Führung* über separate *horizontale Führungsrollen*, die Spurführungskräfte werden seitlich an die Kranschiene oder an Führungsschienen unterhalb des Kranbahnträgers abgegeben, Abb. 4.3. Letztere Führungsart schont Rad und Schiene (Verschleiß) und wird bevorzugt bei hoher Betriebsbeanspruchung.

Tab. 4.2 Zuordnung der Kranschienen zum Laufraddurchmesser

d_1 in mm	200, 250	315	400, 500, 630	800	1000	1250
Kran-	A 45	A 45, A 55	A 55, A 75	A 65, A 100	A 75, A 100	A 100
schienen	–		F 100		F 120	–

Die *zulässige Radlast R der Laufräder* wird berechnet nach DIN EN 13001-3-3 [41] (früher DIN 15070) in Abhängigkeit von der Zugfestigkeit des Laufradwerkstoffes, des Raddurchmessers, der Breite des Schienenkopfes und dessen Ausrundungsradius sowie der Beiwerte für die Laufraddrehzahl und der relativen Betriebsdauer. Eine Zuordnung der Laufräder zu den Kranschienen erfolgt in DIN 15072; eine bevorzugte Kombination ist der Tab. 4.2 zu entnehmen.

Für die Auslegung des Kranbahnträgers sind die *Horizontallasten quer zur Fahrbahn* von ausschlaggebender Bedeutung. Diese entstehen beim Anfahren und Bremsen der Gesamtanlage als *Massenkräfte* H_T und als *Schräglaufkräfte* S, H_S aus der Spurführungs-mechanik der fahrenden Krananlage. (Massenkräfte K_a beim Beschleunigen der Katze sind für die Kranbahnträger von untergeordneter Bedeutung.) Während die Massenkräfte H_T nur von der *Antriebsart* der Krananlage abhängig sind, spielt bei den Schräglaufkräf-ten S, H_S auch die Art der Radlagerung (in Richtung der Brückenträger, d. h. quer zum Kranbahnträger) eine entscheidende Rolle.

Man unterscheidet:

W = Laufradpaar, mechanisch oder elektrisch drehzahlgekoppelt

E = Laufradpaar, einzeln gelagert oder einzeln angetrieben

F = Festlager von Laufrad und Krantragwerk bzgl. der seitlichen Verschiebbarkeit

L = Loslager von Laufrad und Krantragwerk bzgl. der seitlichen Verschiebbarkeit

(„Laufradpaar", s. Abb. 4.2 = 2 Räder einer Kranachse, d. h. 1 Rad je Kranbahnträger)

Die *häufigste Bauart* ist das *System EFF* in beiden Achsen und Spurkranzführung, bei der die Kraftverhältnisse recht einfach angebbar sind, s. Abb. 4.12 und 4.16a, b.

Zur vollständigen Charakterisierung eines Kranes ist neben der Bauart auch die Angabe des *Verwendungszweckes* notwendig.

Verwendungszweck bisher (DIN 15001-2), neu (DIN EN 1991-3 [1], Anhang B)

Beim „Arbeiten" eines Kranes entstehen beim Hubvorgang und beim Fahren (infolge der Massenträgheit) Schwingungen in der Kranbrücke und der Kranbahn, die sich gegenüber der statisch vorhandenen Last beanspruchungserhöhend auswirken. Dabei spielt die Art des Betriebes eine entscheidende Rolle.

Durch die Einordnung der Krane in *Hubklassen* früher H1 bis H4, heute nach [1] HC1 bis HC4 wird die Stoßwirkung beim Aufnehmen und Absetzen der Hublast erfasst. Die dabei im Kranbahnträger bzw. dessen Unterstützung/Abhängung hervorgerufenen Schwingungen werden über *Schwingbeiwerte* φ_i berücksichtigt. (Mit einem Hublastbei-

Tab. 4.3 Beispiel zum Bezug von Kranarten in Hubklassen (HC) und Beanspruchungsklassen (S) nach DIN EN 1991-3 [1] und DIN 15001

Kranart		Hubklassen	Beanspruchungs-klassen (EC 1-3)	Beanspruchungs-gruppen (DIN 4132)
Maschinenhauskrane		HC1	S1, S2	B2, B3
Lagerkrane	Unterbrochener Betrieb	HC2	S4	B4
Lagerkrane, Traversen-krane, Schrottplatzkrane	Dauerbetrieb	HC3, HC4	S6, S7	B5, B6
Werkstattkrane		HC2, HC3	S3, S4	B3, B4
Brückenkrane, Fall-werkkrane	Greifer- oder Magnetbetrieb	HC3, HC4	S6, S7	B5, B6
Verladebrücken, Halb-portalkrane, Vollportal-krane mit Laufkatze oder Drehkran	Hakenbetrieb	HC2	S4, S5	B4, B5
	Greifer- oder Magnetbetrieb	HC3, HC4	S6, S7	B5, B6

wert ψ_H dagegen werden die Hublasten bei der Dimensionierung des Kranes vervielfältigt; er ist abhängig von der Hubgeschwindigkeit V_H.)

Über die Anzahl der *Spannungsspiele* (N1 bis N4) während der geplanten *Nutzungszeit* des Kranes sowie über die *Verteilung* der dabei aufzunehmenden Hublastgröße – sie wurde als *Spannungskollektiv* S_0 bis S_3 bezeichnet – erfolgte die Zuordnung zu einer der *Beanspruchungsgruppen B1 bis B6*. Zwischen dem Verwendungszweck des Kranes, der Hubklasse H_i und der Beanspruchungsgruppe B_i bestanden aus der praktischen Erfahrung gewisse Abhängigkeiten, welche beispielhaft in DIN 15018, Bl. 1 zusammengestellt war und heute in DIN EN 1991-3 [1] Anhang B.

Aktuell erfolgt die Einstufung der Krane nach DIN EN 1991-3 Anhang B in vier Hubklassen HC 1 bis HC 4 sowie in 10 Beanspruchungsklassen S0 (leichter Betrieb) bis S 9 (schwerer Kranbetrieb), siehe Tab. 4.3 und 4.4. Dort ist auch der Zusammenhang zwischen den früheren und aktuellen Kraneinstufungen angegeben.

Arbeitsbereich

Im Grundriss wird der Arbeitsbereich einer Krananlage durch die *Anfahrmaße* der Laufkatze (quer) sowie der Kranbrücke und der Abmessungen der Endanschläge (längs) begrenzt. Diese sind den Herstellerangaben zu entnehmen.

Soll der Kran aus einer Halle herausfahren (Freianlage), so wird in der Giebelwand eine Öffnung vorgesehen, die durch einen flexiblen Vorhang, einen verfahrbaren Abschlussschildwagen oder eine Kranklappe geschlossen wird.

Sicherheitsabstände

Die Umhüllende der kraftbewegten Teile von Kranen müssen zur Vermeidung von Quetsch- und Schergefahren zu Teilen der Umgebung des Kranes hin einen Sicher-

Tab. 4.4 Einstufung von ausgewählten Kranen in Beanspruchungsklassen nach DIN EN 1991 1-3 [1]

Zeile	Art des Krans	Hubklasse HC	Beanspruchungs-klasse (S)
1	Handbetriebene Kräne	1	0,1
2	Montagekräne	1,2	0,1
3	Maschinenhauskräne	1	1,2
4	Lagerkräne – mit diskontinuierlichem Betrieb	2	4
5	Lagerkräne, Traversenkräne, Schrottplatzkräne – mit kontinuierlichem Betrieb	3,4	6,7
6	Werkstattkräne	2,3	3,4
7	Brückenlaufkräne, Anschlagkräne – mit Greifer- oder Magnetarbeitsweise	3,4	6,7
8	Gießereikräne	2,3	6,7
9	Tiefofenkräne	3,4	7,8
10	Stripperkräne, Beschickungskräne	4	8,9
11	Schmiedekräne	4	6,7
12	Transportbrücken, Halbportalkräne, Portalkräne mit Katz oder Drehkran – mit Lasthakenarbeitsweise	2	4,5
13	Transportbrücken, Halbportalkräne, Portalkräne mit Katz oder Drehkran – mit Greifer- oder Magnetarbeitsweise	3,4	6,7
14	Förderbandbrücke mit festem oder gleitendem Förderband	1	3,4

Tab. 4.5 Angaben zu den Sicherheitsabständen bei Krananlagen

Allgemeine Sicherheitsabstände zu kraftbewegten Teilen	Sicherheitsabstände zwischen Kran und Geländer

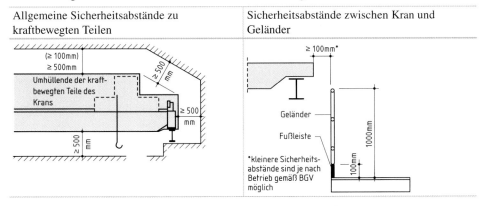

heitsabstand nach allen Seiten von 500 mm (allgemein) haben. Kleinere Abstände sind möglich, s. Tab. 4.5 bzw. [31] und [24].

Berechnung

Auf die Berechnung und konstruktive Gestaltung des Krantragwerkes wird nicht eingegangen. Sie erfolgt nach den bekannten Grundsätzen des Stahlbaus und nach DIN 15018 bzw. DIN EN 13001-1 und EN ISO 12100.

4.3 Kranschienen – Formen, Befestigung und Stöße

Formen und Werkstoffe

Die Kranschiene unterliegt – je nach Betriebsbedingungen – einem mehr oder weniger starkem Verschleiß und wird daher nach der Möglichkeit ihrer Auswechslung ausgewählt, wenn nicht andere Gesichtspunkte (z. B. die Spurführung) ausschlaggebend sind.

Flach- bzw. Vierkantschienen (Abb. 4.4a) mit Querschnitten $b \times h = 50 \times 30$, 40 bis 60×30, 40, 50 bis 70×50 mm und abgeschrägten oder abgerundeten oberen Kanten (seltener gewölbt) können auf den Kranbahnträgerobergurt nur *aufgeschweißt* werden und kommen daher nur in Betracht, bei Krananlagen mit geringen bis mittleren Hubklassen und Beanspruchungsgruppen z. B. der Klassen S0 bis S3. Es sind Werkstoffe mit der Eignung zum Schmelzschweißen zu wählen, wie z. B. S 355 oder E 355 nach DIN EN 10025, wobei aufgrund der hohen Verschleißfestigkeit S355 gegenüber S235 als Werkstoff vorzuziehen ist.

Kranschienen Form A (Abb. 4.4c) mit Fußflansch nach DIN 536-1 für allgemeine Verwendung haben Kopfbreiten von 45 bis 120 mm.

Kranschienen Form F (flach) nach DIN 536-2 sind 80 mm hoch, haben Kopfbreiten von 100 oder 120 mm und werden für spurkranzlose Laufräder (vorzugsweise bei Hüttenwerkskranen mit hohen Raddrücken) verwendet, bei denen – durch eine besondere Spurführung – so geringe Horizontalkräfte auftreten, dass die schmale Schiene (am Fuß) nicht kippen kann (Abb. 4.4d).

Die Kennzahl in der Kranschienenbezeichnung gibt die Kopfbreite der Schiene an.

Sonderschienen Q (quadratisch) und R (rechteckig) sowie *Eisenbahnschienen* (Profil 533) werden nur noch eingesetzt bei der Sanierung von Altanlagen.

Profilschienen (A/F) werden eingesetzt für Krananlagen mit hoher Beanspruchung, bei denen eine Auswechslung auch innerhalb der Lebensdauer der Krananlage in Betracht gezogen werden muss. Man bezieht sie in möglichst großen Längen, u. U. auch über Sonderwalzungen, um die teuren Schienenstöße (unverbunden oder voll verschweißt) zu vermeiden. Die Schienen bestehen aus verschleißfestem Stahl mit einer Zugfestigkeit von $f_u \geq 690$ N/mm² bzw. $f_u \geq 880$ N/mm². Auch bei diesen Schienen ist eine Abnutzung von 25 % für die Berechnung zu berücksichtigen (im Grenzzustand der Ermüdung 12,5 %).

Abb. 4.4 Kranschienen.
a, b Flachschienen, abgeschrägt oder abgerundet,
c Form A mit Fußflansch,
d Form F

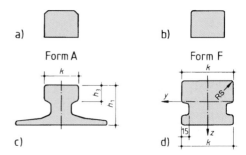

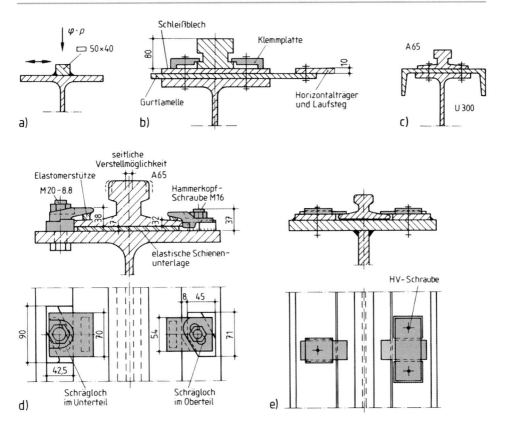

Abb. 4.5 Befestigung von Kranschienen. **a** aufgeschweißt, **b** aufgeschraubt mit Klemmplatten (Form F), **c** direkte Verschraubung (Form A), **d** elastische und einstellbare Befestigung System Gantrex, **e** aufgeschraubt mit (Führungs-)Bettlamellen

Befestigung

Kranschienen können *schubfest* oder *schwimmend* mit dem Kranbahnträger – Obergurt verbunden werden. Im ersten Fall darf die Schiene dann mit zum „tragenden Querschnitt" des Kranbahnträgers gerechnet werden, wobei 25 % des Schienenkopfes als abgefahren anzusehen sind. (Die statischen Querschnittswerte der abgefahrenen Schiene können auch aus [16] entnommen werden.) Auch wenn die Schiene bei schubstarrer Verbindung nicht zum Querschnitt des Kranbahnträgers gerechnet wird, sind die Verbindungsmittel auf die anteilige Schubkraft zu bemessen. Gemäß nationalem Anhang zu DIN EN 1993-6 [5] werden starre Schienenbefestigungen nur bei Kranen der Klasse S0 bis S3 empfohlen.

Flachschienen werden vorzugsweise mit durchlaufenden Nähten mit dem Obergurt verschweißt (Abb. 4.5a). Unterbrochene Nähte sind möglich, wenn keine Korrosionsgefahr besteht und nur geringe Radlasten vorhanden sind. Aber auch in diesem Fall ist von der Nahtunterbrechung wegen der hohen Kerbwirkung und der Rissegefahr abzuraten.

Abb. 4.6 Einstellbare Befestigung System Gantrex. © GANTREX GmbH, Aachen

Schienen der *Formen F* sind nur *aufklemmbar* (Abb. 4.5b); bei mehrteiligen Klemmen kann die untere Klemmplatte (mit oder ohne seitlichem Spalt) auf den Obergurt geschraubt oder geschweißt werden (nicht jedoch bei Kranbahnen der Beanspruchungsklasse S5 bis S9). Um das Einarbeiten der Kranschiene in den Obergurt zu vermeiden, wird ein 6 bis 12 mm dickes *Schleißblech* als Kranschienenunterlage verwendet (bei Kranen der Beanspruchungsgruppen B4 bis B6 ist dies z. B. vorgeschrieben), welches auch bei einer mit dem Obergurt verschweißten Ausführung nicht zum Querschnitt gerechnet werden darf.

Schienen der *Formen A* können mittels vorgespannter HV-Schrauben schubfest mit dem Kranbahnträger verbunden werden (Abb. 4.5c).

Diese Befestigungsart ist heute eher selten. Das Auswechseln der Schiene ist aufwendiger als bei der heute i. Allg. gebräuchlichsten Schienenbefestigung durch ein- oder mehrteilige Klemmen. *Spezialklemmen* mit seitlicher Verstellmöglichkeit sind zwar teuer, erleichtern aber das Verlegen und Ausrichten der Schiene, Abb. 4.5d und 4.6. Der wechselseitige Abstand der zur Aufnahme der Seitenkräfte aufgeschraubten oder aufgeschweißten Führungsknaggen beträgt ca. 500 bis 800 mm, Abb. 4.7b. Die Lagerung der Kranschiene in *Bettlamellen*, die zum tragenden Querschnitt des Kranbahnträgers gerechnet werden können, bringt eine gute seitliche Führung (Abb. 4.5e); für Freianlagen ist diese Lagerung aus Korrosionsgründen ungeeignet.

Bei aufgeklemmten Schienen muss das *Wandern* verhindert werden, z. B. durch eine Schraubengruppe in der Mitte jeder Schienenlänge (Abb. 4.5) oder mit Anschlagknaggen am Trägerflansch, die in Ausschnitte des Schienenfußes eingreifen. Beim Einsatz

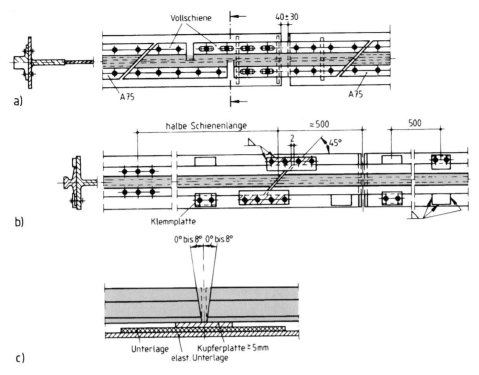

Abb. 4.7 Schienenstöße. **a** Stufenstoß an der Dehnfuge, **b** seitliche Führung am Schrägstoß, **c** Stumpfstoß

von aufgeklemmten Profilschienen der *Form A* gehört es zum Stand der Technik, *Kran-schienen-Unterlagen* aus mindestens 6 mm dicken, längsgerillten elastischen Hartgummi-Unterlagen mit einer *Shore-A-Härte* 90 zu verwenden (Abb. 4.5d, e). Dies hat mehrere Vorteile: Der Lauf des Kranes wird ruhiger, daher geräuschärmer und schont Gurt, Schiene und Spurkränze (Verschleiß). Die Radlastverteilung unter dem Schienenfuß wird gleich-mäßiger und die örtliche, senkrechte Druckbeanspruchung $\overline{\sigma}_z$ des Trägersteges darf um 25 % abgemindert werden, was sich aus einer um $1/3$ vergrößerten Lasteinleitungsbreite ergibt. Allerdings wächst die Querbiegebeanspruchung des Trägergurtes und macht be-sondere Maßnahmen zu seiner Stützung erforderlich. Spezialunterlagen mit Stahleinlagen in der Mitte der Unterlage konzentrieren die Radlasten (quer) zum Steg, womit zusätzliche Stützungsmaßnahmen des Obergurtes entfallen können.

Schienenstöße werden gegen den Trägerstoß ca. 500 mm versetzt angeordnet. Bei *unverbundenem* Schienenstoß ist auf eine gute seitliche Führung der Schienenenden zu achten; zur Erzielung guter Laufeigenschaften des Krans wird ein *Schrägstoß* unter 45° (möglichst mit abgeschrägten Spitzen) ausgeführt, Abb. 4.7a, b. Bei größeren Dehnun-gen an der Dehnfuge sieht man einen *Stufenstoß* vor, der innerhalb eines auswechselbaren Schienenteilstückes liegt. Hier hat sich auch die Vollschiene aus vergütetem Stahl bewährt, Abb. 4.7a, b.

Volldurchgeschweißte Stumpfstöße sind bei allen Schienenarten möglich und heute allgemein üblich. Beste Ergebnisse sind mit der *Abbrennstumpfschweißung* und dem aluminothermischen Gießschmelzschweißen (*Thermitschweißung*) mit nachträglicher Bearbeitung des Schweißstoßes erreichbar. Die *Lichtbogen-Handschweißung* hat sich bei Reparaturarbeiten bewährt. Die Schweißstoßvorbereitung zeigt Abb. 4.7c; die Schiene wird auf 250 bis 300 °C vorgewärmt und auf dieser Temperatur während der Schweißzeit gehalten.

Montagetoleranzen

Die zulässigen Toleranzen für die Fertigung können DIN EN 1090-2 und VDI Ri. 3576 [35] entnommen werden. An die *Lagegenauigkeit* jeder Schiene werden nach der Montage i. Allg. folgende Anforderungen gestellt: Abweichungen von der Solllage in Höhen- und Seitenrichtung $\leq \pm 10$ mm; Stichmaß auf 2 m Messlänge in der Höhe $\leq \pm 2$ mm, im Grundriss $\leq \pm 1$ mm. Die Spurweite s darf vom Sollmaß höchstens abweichen:

bei $s \leq 16$ m: $\Delta s = \pm 5$ mm
bei $s > 16$ m: $\Delta s = \pm [5 + 0{,}25(s - 16)]$

mit s in m, Δs in mm

4.4   Kranbahnträger, konstruktive Gestaltung

Für die Querschnitte der Kranbahnträger wählt man heute im Normalfall *Vollwandträger*, während *Fachwerkträger* die Ausnahme bilden, z. B. als Ersatz einer in dieser Ausführungsart bestehenden Kranbahn.

Walzprofile

Bei den im Hallenbau überwiegend *kurzen Stützweiten* (z. B. 5,0 bis 7,5m) und mäßigen Radlasten verwendet man *Walzprofile* mit HEA oder HEB Querschnitt (Abb. 4.8a, b); IPE-Profile besitzen nur eine sehr geringe Seitensteifigkeit $E I_z$ und müssen daher i. d. R. am Obergurt durch aufgeschweißte U-Profile (Abb. 4.8c) oder besser durch angeschweißte L-Profile (Abb. 4.8d) verstärkt werden. Dies ist fallweise auch bei den Breitflanschträgern erforderlich. Im Fall c) und f) können sich jedoch Unsicherheiten hinsichtlich der Kontaktwirkung und der Inspektionsmöglichkeiten ergeben, weshalb Fall hier vorzuziehen ist. Eine größere Biegetrag- und Seitensteifigkeit ist auch durch aufgeschweißte Zusatzlamellen erreichbar, wobei die Ausführung nach Abb. 4.8e vorzuziehen ist. Im Fall f) wölbt sich die Gurtlamelle beim Schweißvorgang nach oben und durch die direkte Radlasteinleitung entstehen in den Nähten nicht unerhebliche Querschubspannungen. Bei den Fällen c), und f) ist ebenfalls der Kontakt problematisch. Auf die Einbeziehung evtl. vorgesehener Blechlamellen in den tragenden Querschnitt wurde bereits in Abschn. 4.3 verwiesen.

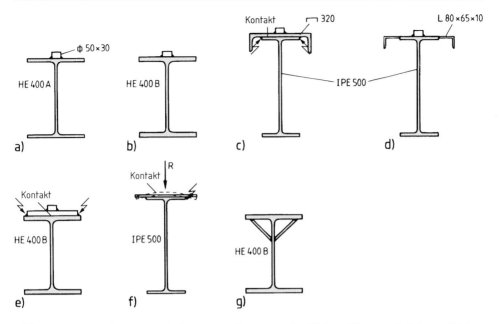

Abb. 4.8 Querschnitt der Kranbahnträger. **a**, **b** unverstärkte Walzprofile, **c**, **e**, **f** nicht empfohlene Verstärkungen, **d**, **g** eher empfohlene Verstärkungen

Die *Flankenkehlnähte* der Gurtlamellen fallen grundsätzlich wegen der Torsionsbeanspruchung des Obergurtes aus exzentrischer Radlasteinleitung und der Horizontalkräfte relativ kräftig aus, so dass man häufig einem geschweißten Vollwandträger mit einteiliger Gurtausbildung den Vorzug gibt. Seitlich in den Steg und an den Gurt eingeschweißte *Schrägbleche* (Abb. 4.8g) ergänzen den direkt belasteten Gurt zu einem (zweizelligen) Hohlquerschnitt großer Drillsteifigkeit und damit erheblicher Torsionsbeanspruchung, jedoch sind die Hohlräume (insbesondere die Halskehlnähte bei Schweißprofilen) nicht kontrollierbar. Andere Versteifungsarten zur Erzielung einer ausreichenden Seitensteifigkeit, z. B. nach [33], sollte man hinsichtlich der Vermeidung von Schweißnahtanhäufungen und auch mit Rücksicht auf die zahlreichen Betriebsfestigkeitsnachweise kritisch überprüfen. Die seitliche Aussteifung der Obergurte über Verbände wird bei den geschweißten Vollwandträgern behandelt. Aus Walzprofilen hergestellte Kranbahnträger werden i. Allg. als *Durchlaufträger über 2 Felder*, seltener über 3 Felder ausgeführt. Über mehr als 3 Felder ausgebildete Durchlaufträger und *Gelenkträger* erfordern aufwendige Stoß- und Gelenkausbildungen; sie sind meist unwirtschaftlicher als der schwerere Zweifeldträger. In statischer Hinsicht bietet dieser gegenüber dem einfachen *Einfeldträger* kaum Vorteile, zumal über der Mittelstütze u. U. ein ungünstiger Kerbfall durch die fallweise am Obergurt angeschweißten Lasteinleitungsrippen entsteht. Jedoch ist die für die Dimensionierung des Kranbahnträgers häufig maßgebende *Durchbiegung*, welche man aus betrieblichen Gründen auf $l/800$ bis $l/500$ (vertikal) und $l/1000$ bis $l/600$ (horizontal) beschränkt, beim Zweifeldträger wesentlich geringer als beim Einfeldträger. Man ermittelt sie näherungsweise in Feldmitte oder an der Stelle von max M_{Feld} infolge Radlast. Auch stehen Behelfe in Form von Einflusslinien zur Verfügung [16]. Die Berechnung der *Schnitt- und Auflagergrößen* von Zweifeldträgern erfolgt auf einfachste Weise nach den überarbeiteten Tafelwerten in [16].

Geschweißte Vollwandträger

Bei *größeren Stützweiten* und/oder *hohen Radlasten* werden Kranbahnträger mit geschweißtem Vollwandquerschnitt, Abb. 4.9, und i. d. R. als *Einfeldträger* ausgeführt. Ihre Dimensionierung erfolgt zunächst nach den Regeln des Abschnittes 1, wobei die bereits erwähnten Beanspruchungen des Obergurtes aus Seitenkraft und Radlasteinleitung zu berücksichtigen sind. Hier gibt es sowohl gute Gründe für torsionssteife als auch für torsionsweiche Ausführung, wobei im 2. Fall eine gewisse Selbstzentrierung der Radlasteinleitung erwartet wird. Eine sorgfältig durchgebildete Konstruktion ist sowohl wirtschaftlich als auch von betrieblich hohem Nutzen. Dies betrifft nicht nur die Wahl der Einzelquerschnittsteile (Gurt, Stegblech) und ihrer Verbindungen, sondern auch die *zusätzlichen Maßnahmen* zur Erzielung einer allen Anforderungen genügenden Lösung. Als solche sind beispielhaft die Stegblechaussteifungen (quer, u. U. auch längs), ihrer Anschlüsse an Zug- und Druckgurt bzw. den Steg und die Anbindung evtl. erforderlicher Horizontalverbände zu nennen. Der Ausbildung des Obergurtes kommt hierbei eine besondere Bedeutung zu. Wird der Trägerobergurt nicht durch einen *Horizontalverband* seitlich gehalten, wählt man breite und möglichst dicke Gurte (Abb. 4.9). Direkt befahrene einteilige Gurte dürfen im Zugbereich nicht dicker als 50 mm und im Druckbereich $\leq$ 80 mm sein, geeignete Maßnahmen beim Schweißen (Vorwärmen) vorausgesetzt. Die Nahtform der *Halsnaht* zur Verbindung von Gurt und Steg wählt man im Hinblick auf die Betriebsfestigkeitsuntersuchung. Den direkt befahrenen Gurt verbindet man zweckmäßig über eine K-Naht mit Doppelkehlnaht, da hierdurch nur eine „mäßige Kerbwirkung" entsteht; den nicht direkt belasteten Gurt kann man jedoch mit den einfacheren Kehlnähten anschließen.

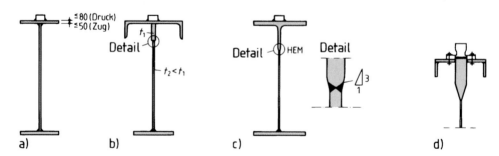

Abb. 4.9 Querschnitte geschweißter Kranbahnträger

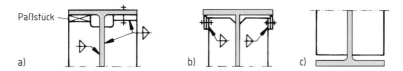

Abb. 4.10 Anschlussmöglichkeiten der Querstreifen

Anstelle breiter und dicker Flachstähle kann man als Obergurt auch U-Profile (Abb. 4.7b) oder die Flansche von HE-B, M-Profilen (mit Trennung deutlich unterhalb der Stegausrundung, Abb. 4.7c) bzw. den nicht genormten Profilen wie IPBS, IPBSP, HL, HX, HD verwenden. Sonderprofile, auf denen die Schiene (Form F) direkt aufliegt, sind zwar ideal hinsichtlich der Radlasteinleitung, erfordern jedoch einen erheblichen Aufwand beim Anschweißen der seitlichen Lamellen. Zur Einleitung der hohen Radlasten kann man das Stegblech am Obergurt auch verstärkt ausführen (Abb. 4.9b).

Werden (ausnahmsweise und nicht direkt befahrene) abgestufte Gurte ausgebildet, so ist auf einen sorgfältigen Anschluss der Gurtplattenenden zu achten (Abb. 1.8).

Die *Stegblechhöhe* wählt man nach statischen Gesichtspunkten so, dass die Durchbiegung zwischen $l/1000$ bis $l/500$ beträgt. Seine *Dicke* fällt größer aus als die Richtwerte nach Kap. 1, da für den Beulsicherheitsnachweis auch quer gerichtete Druckspannungen aus der Radlast zu berücksichtigen sind, s. Abb. 4.28. Die *Quersteifen* werden enger gesetzt als sonst üblich mit Rücksicht auf die Beulgefahr, aber auch um die Verdrehung des Gurtes aus Torsion klein zu halten. Sie sollten ebenso wie auch Schienenklemmplatten bei Kranbahnen der Betriebsgruppen S5 bis S9 nicht an die von Kranradlasten befahrene Gurte geschweißt werden. Möglichkeiten ihrer Befestigung an den Gurt zeigt Abb. 4.10. Wegen der ungünstigen Kerbwirkung von Kehlnähten quer zu zugbeanspruchten Teilen verzichtet man manchmal auch auf ihre Befestigung am Untergurt (Abb. 4.10c).

Ist die *Durchbiegung* des Kranbahnträgers > 10 mm, erhält er teilweise eine *Überhöhung* für ständige Last und der gemittelten Radlasten $R_m = (\max R + \min R)/2$ ohne Schwingbeiwert.

Kranbahnverbände

Bei großen Stützweiten und/oder schwerem Betrieb lässt sich der Obergurt nicht *seitensteif* ausbilden. Die Seitenkräfte werden dann von einem in Obergurtebene oder dicht darunter angeordneten *Horizontalverband* oder *Horizontalträger* (vollwandig) aufgenommen. Er übernimmt auch die *Kippstabilisierung* des Kranbahnträgers. Das liegende Stegblech des Vollwandträgers dient gleichzeitig als *Laufsteg* (Abb. 4.11 und 4.47); bei fachwerkartiger Ausführung ist hierfür eine Abdeckung mit Riffelblech oder Gitterrosten erforderlich (Abb. 4.63). Den Innengurt des Horizontalverbandes bildet stets der Kranbahnträger; der *Außengurt* ist ein besonderes Konstruktionsteil, welches als Teil des Verbandes nicht nur Normalkräfte übernimmt, sondern vom Eigengewicht des Verbandes und Laufsteges sowie der zugehörigen Nutzlast auch auf Biegung beansprucht wird. Im Hallenin-

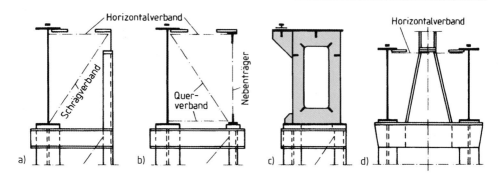

Abb. 4.11 Stützung des Außengurtes des Horizontalverbandes. **a** durch einen Schrägverband, **b** durch einen Fachwerknebenträger, **c** vollwandiger Kastenträger, **d** Horizontalverband bei Zwillingsträgern

neren kann der Außengurt in kurzen Abständen entweder an der Dachkonstruktion abgehängt oder von Zwischenstielen (einer Fachwand) gestützt werden. Ist dies nicht möglich, hat er die gleiche (große) Stützweite wie der Kranbahnträger. Bei kleinen Abständen der Abstützung (Abhängung) genügt ein U-Profil, bei größeren wird der Gurt mit Rücksicht auf die Knickgefahr und Durchbiegung durch einen schräg liegenden Fachwerkverband (Abb. 4.11a) oder meist von einem leichten Fachwerk-*Nebenträger* unterstützt. In diesem Fall sieht man auch einen *unteren* Horizontalverband (Abb. 4.11b) vor. Kranbahnträger, Nebenträger und Horizontalverbände bzw. oberer Horizontalverband und Querverband bilden eine konstruktive Einheit mit großer Torsionssteifigkeit. Bei zwei Horizontalverbänden sind am Auflager und mehrfach innerhalb der Trägerlänge zur Erhaltung der Querschnittsform und zur Einleitung von Windlasten Schrägverstrebungen erforderlich. Ersetzt man die Fachwerke durch Vollwandträger, so entsteht ein *Hohlkastenquerschnitt* (Abb. 4.11c), der in regelmäßigen Abständen durch Querschotte (mit oder ohne Mannloch) versteift ist.

Auf gleicher Höhe nebeneinander liegende Kranbahnen benachbarter Schiffe verbindet man durch einen begehbaren, gemeinsamen Verband (Abb. 4.11d).

Fachwerk-Kranbahnträger werden als Neukonstruktion kaum noch ausgeführt und sind aufgrund der Ermüdung nicht zu empfehlen. Sie werden nach Kap. 3 konstruiert; die Stabkräfte bestimmt man i. Allg. mit Hilfe der Einflusslinien. Zwängungsspannungen aus den durchlaufenden Gurten und biegesteifen Stabanschlüssen müssen beim Betriebsfestigkeitsnachweis erfasst werden, s. DIN EN 1993-6 [5].

Legt man die Schienen unmittelbar auf den Obergurt, rufen die Radlasten Biegespannungen im Gurt sowie recht große Zwängungsspannungen in allen Stäben hervor (Abb. 4.12a). Bei mittelbarer Lasteinleitung wird die Radlast über einen Schienenträger ohne Gurtbiegung an die Fachwerknoten abgegeben (Abb. 4.12); die Zwängungsspannungen sind dann kleiner.

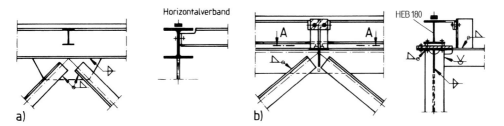

Abb. 4.12 Fachwerk-Kranbahnträger. **a** unmittelbare Schienenlagerung, **b** mittelbare Lagerung über gesonderten Schienenträger

4.5 Berechnungsgrundlagen für Kranbahnträger

Für die Berechnung der Kranbahnträger gilt DIN EN 1993-6 [5], und DIN EN 1991-3 [1]. Sie sind abgestimmt auf die Berechnung der Krane DIN EN 13001 [36] siehe auch Tab. 4.1. Diese Normenreihe ersetzt damit die bisherige DIN 4132 [11] in Zusammenhang mit DIN 15018 [12], die noch auf dem Konzept der „zulässigen Spannungen" mit einem einzigen, globalen Sicherheitsfaktor für Einwirkungen und Widerstände ($\gamma = \gamma_F \cdot \gamma_M$) basiert. Mit der „Anpassungsrichtlinie Stahlbau" [13] war es jedoch möglich, alle *Tragsicherheitsnachweise* mit Ausnahme des *Betriebsfestigkeitsnachweises* nach dem Teilsicherheitskonzept, der DIN 18800 [8], zu führen.

Die verschiedenen Kranarten sind nach den Hubmöglichkeiten in 4 *Hubklassen* HC1 bis HC4 und nach den *Spannungsspielbereichen* und *Spannungskollektiven in 10 Beanspruchungsklassen* S0 bis S9 (und letzteres nicht nur im Betriebsfestigkeitsnachweis) einzuordnen, siehe auch Tab. 4.3 und 4.4. Die Klassifizierung der Krane ist für die Berechnung *und* Konstruktion der Kranbahnen von Bedeutung.

Die Krananlage gibt über die Laufräder *vertikale* (z. T. außermittig angreifende) Lasten und *horizontale* Lasten *quer* und *längs* zur Fahrbahn an die Schiene und von hier auf den Träger und dessen Unterstützung ab. Weitere Einwirkungen sind wie üblich anzusetzen. Mit der Ermittlung der *charakteristischen Werte* der Einwirkungen befassen sich die folgenden Unterabschnitte.

4.5.1 Einwirkungen

Die Einwirkungen für die Bewegung vom Kranbahnträger sind geregelt in DIN EN 1991-3 [1].

Neben den äußeren Lasten aus Eigengewicht, Wind, Schnee, Erdbeben, Temperatur sind aus der Kranfahrt folgende Lasten zu berücksichtigen, die nachfolgend näher erläutert werden:

- Vertikale veränderliche Radlasten Q_C, Q_H, (R)
- Horizontale Radlasten quer zur Fahrbahn als Massenkräfte H_T

- Horizontale Radlasten quer zur Fahrbahn als Spurführungskräfte S bzw. H_S
- Horizontale Radlasten längs der Fahrbahn H_L aus Beschleunigung und Bremsen (i. d. R. durch Pufferkräfte H_B abgedeckt)
- Horizontale Radlasten längs der Fahrbahn aus Pufferanprall H_B (F_{Pu})
- Prüflasten Q_T

4.5.1.1 Ständige Einwirkungen

Neben dem Eigengewicht der Bauteile nach DIN EN 1991-1 gehören dazu auch die ständigen Wirkungen von planmäßigen Baumaßnahmen (Vorspannung) und von ungewollten Änderungen der Stützbedingungen.

4.5.1.2 Veränderliche, lotrechte Einwirkungen (Lasten) von Kranlaufrädern

Für die Berechnung der Kranbahn benötigt man die größten und kleinsten Raddrücke des Laufkrans (max R, min R), siehe Abb. 4.13. Man erhält sie von der Lieferfirma des Krans über den Bauherrn. Notfalls kann man sie gemäß [1] ermitteln. Die Radlasten sind in jeweils ungünstigster Stellung anzusetzen. Sie wirken bei den Beanspruchungsgruppen S1 bis S2 in Schienenkopfmitte, ab S3 (und nur im Betriebsfestigkeitsnachweis) mit einer Ausmitte von $\pm 1/4$ der Schienenkopfbreite (Abb. 4.15a). Die Radlasten werden zur Berücksichtigung der Schwingungen infolge Fahrens oder Hebens der Nutzlast mit den Schwingbeiwerten φ_i erhöht.

Wirken gleichzeitig mehrere Krane, ist – gemäß NA zu DIN 1993-6 – für den Kran mit dem größten Wert $\varphi \cdot R$ mit dessen Schwingbeiwert und für die übrigen mit dem Schwingbeiwert der Hubklasse HC1 zu rechnen. Für die Bemessung von Unterstützungs- und Aufhängekonstruktionen dürfen Schwingbeiwerte $\varphi > 1{,}1$ um den Wert 0,1 reduziert werden.

Die maximalen und minimalen Radlasten $\sum Q_{r,max}$ des belasteten (a) bzw. unbelasteten Kranes (b) und die hierzu gehörenden Radlasten auf dem minderbelasteten Kranbahnträger (a) bzw. dem mehrbelasteten Kranbahnträger (b) ergeben sich aus

Q_{C1} Eigengewicht der Krankonstruktion ohne Katze

Q_{C2} Eigengewicht der Katze und

Q_H Hublast

bei extremaler Kraftstellung. Diese erhält man aus dem Anfahrmaß der Katze (= geringstmögliche Entfernung des Kranhakens von der Schiene des Kranbahnträgers). Für den belasteten Kran mit der Kranstützweite l_S – siehe Abb. 4.13 – ergibt sich z. B.

a) *belasteter Kran*

$$\sum Q_{r,max} = \varphi_i \cdot [Q_{C1}/2 + Q_{C2} \cdot (1 - \xi_e)] + \varphi_j \cdot Q_H \cdot (1 - \xi_e) \qquad (4.1a)$$

$$\sum Q_r^{max} = \varphi_i \cdot [Q_{C1}/2 + Q_{C2} \cdot \xi_e] + \varphi_j \cdot Q_H \cdot \xi_e \qquad (4.1b)$$

$$\sum Q_r = \sum Q_{r,max} + \sum Q_r^{max} \qquad (4.1c)$$

Abb. 4.13 Verteilung der
Kranlasten min/max auf den
Kranbahnträger 1 und 2

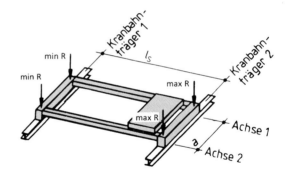

mit

$$\xi_e = e_{min} / l_S$$

$\sum Q_{r,max}$ größte Radlastsumme des mehrbelasteten Kranbahnträgers
$\sum Q_r^{max}$ zugehörige Radlastsumme des minderbelasteten Kranbahnträgers
$\sum Q_r$ Gesamtgewicht der Krananlage einschl. Hublast

Die Vergrößerungsfaktoren φ_i, φ_j ergeben sich entsprechend des zu untersuchenden Grenz-
zustandes aus den Lastgruppen nach Tab. 4.6 bis 4.8. So ist z. B. die Eigenlast mit φ_1 und
die Hublast mit φ_2 oder φ_3 zu vervielfältigen. Der Vergrößerungsfaktor φ_4 bezieht sich auf
beide Lastarten.

Die Radlasten $Q_{r,min}$ und Q_r^{min} des unbelasteten Krans (b) ergeben sich analog mit
$Q_H = 0$ aus Gln. 4.1b und 4.1a. In Abhängigkeit der Katzstellung resultieren hieraus
unterschiedliche maximale und minimale Radlasten. Für einen typischen Brückenkran
mit zwei Achsen folgt:

$$max\ R = 1/2 \sum Q_{r,max} \qquad (4.2a)$$

$$zug.\ min\ R = 1/2 \sum Q_r^{max} \qquad (4.2b)$$

Ohne Schwingbeiwert φ werden z. B. Grundbauten, Bodenpressungen und Formänderungen nachgewiesen. Es ist daher zweckmäßig, den Schwingbeiwert φ (ebenso wie die
Teilsicherheitsbeiwert γ_F bzw. $\psi \cdot \gamma_F$) nicht sofort zu berücksichtigen, sondern erst bei den
entsprechenden Nachweisen.

Die charakteristische vertikale Radlasten errechnen sich mit den o. g. Angaben oder aus
Krandatenblättern aus den Einzellastanteilen erhöht mit den jeweiligen Schwingbeiwerten
φ_i für die jeweilige Beanspruchungsart. Alternativ kann für eine vereinfachte Berechnung
Gl. 4.3b verwendet werden. Die Schwingbeiwerte können Abschn. 4.5.2 entnommen werden.

$$max\ R = Q_r = \varphi_1 \cdot Q_c + \varphi_2 \cdot Q_H \qquad (4.3a)$$

bzw. vereinfacht zu

$$max\ R = Q_r = \varphi_2 \cdot (Q_c + Q_H) \qquad (4.3b)$$

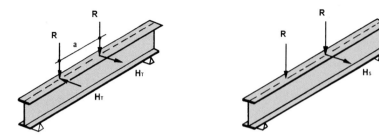

Abb. 4.14 Typische resultierende Einwirkungen infolge Kranbetrieb, *links* mit Massenkräften H_T, *rechts* mit Schräglaufkraft H_S (Seitenlasten siehe Abschn. Abschn. 4.5.1.3)

Typische Beanspruchungssituationen für den Kranbahnträger aus Kranbetrieb sind in Abb. 4.14 dargestellt. Aus der Kranfahrt resultieren neben den vertikalen Radlasten u. a. auch Horizontallasten aus Massenkräften H_T und aus Schräglauf H_S.

Hinsichtlich des **Lastansatzes** bestehen zur Zeit Widersprüche zwischen DIN EN 1991-3 (Einwirkungen) [1] und DIN EN 1993-6 (Bemessung von Kranbahnen) [5]. Während in der Einwirkungsnorm [1] pauschal immer eine Lastausmitte der vertikalen Radlast von b/4 angegeben wird ist dies gemäß der Bemessungsnorm nur für den Ermüdungsnachweis erforderlich, siehe Abb. 4.15. Nach Meinung des Verfassers sowie nach [20] ist es aufgrund der Angabe in [5] und zugehörigem NA ausreichend, die vertikalen Radlasten für den Ermüdungsnachweis ab S3 mit der o. g. Ausmitte anzusetzen.

Gemäß [5] Abs. 6.3.2.2 darf zusätzlich bei Schienen ohne elastische Unterlage im Grenzzustand der Tragfähigkeit der Lastansatz im Schubmittelpunkt berücksichtigt werden, siehe Abb. 4.15c. Dies wird damit begründet, dass der Lastangriffspunkt der Radlast bei dem sich verdrehenden Träger in Richtung Schienenkante wandert. Da hierzu keine genaueren Untersuchungen vorliegen und sich der Einfluss vom Lastangriff z_q der Last signifikant auf das Biegedrillknicken auswirkt (auf das kritische Moment M_{cr}), sollten hier die jeweiligen Randbedingungen mit besonderer Sorgfalt geprüft oder der Lastangriff an der Oberkante der Schiene gewählt werden.

Hinweise zum Lastansatz finden sich nur in der schwedischen Richtlinie 70, siehe Abb. 4.15c, wonach der Lastangriff z. B. bei $1/4 \cdot$ Trägerhöhe unterhalb des Schubmittelpunktes angesetzt werden sollte.

Radlasten aus mehreren Kranen

Arbeiten zwei Krane vorwiegend als Kranpaar planmäßig zusammen, so sind sie wie *ein* Kran zu behandeln. Im Übrigen sind (lotrechte) Radlasten in ungünstigster Stellung von höchstens 3 Kranen je Kranbahn, 4 Kranen je Hallenschiff oder in mehrschiffigen Hallen zu berücksichtigen. Andere Regelungen sind mit dem Bauherrn zu vereinbaren. Weitere Hinweise hierzu finden Sie in Abschn. 4.5.3.

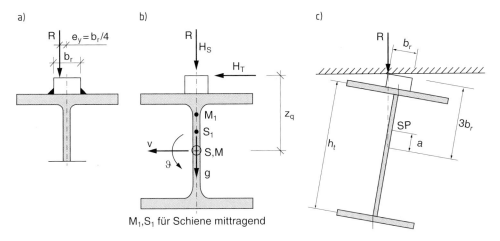

Abb. 4.15 Zum Ansatz der vertikalen Radlasten

4.5.1.3 Veränderliche Einwirkungen (Lasten) quer zur Fahrbahn

Waagerechte Kräfte quer zur Fahrbahn entstehen als *Massenkräfte* beim Beschleunigen (Bremsen) von Katze oder Kranbrücke bzw. als *Führungskräfte* der Kranbrücke beim *Schräglauf*. Sie hängen im Wesentlichen ab vom *Kraftschlussbeiwert f*, Schräglaufkräfte auch noch vom *Schräglaufwinkel α*.

Die Größe dieser Kräfte ist vom Bauherrn anzugeben. Wenn diese Werte zum Zeitpunkt der Bearbeitung der Kranbahn noch nicht vorliegen, muss man sie unter Benutzung der Formeln, die in DIN 15018 oder [1] angegeben sind, selbst berechnen. Dazu muss von der Bauart des Laufkrans bekannt sein, ob Laufradpaare drehzahlgekoppelt (W) oder einzeln gelagert bzw. einzeln angetrieben sind (E) und ob es sich bezüglich der seitlichen Lagerung des Laufrads im Kopfträger um ein Festlager (F) oder ein Loslager (L) handelt.

Massenkräfte aus Katzfahren

Diese können zwar für die Berechnung von Hallenrahmen von Bedeutung sein, sind jedoch für die Bemessung der Kranbahn i. Allg. nicht maßgebend. Sie werden daher hier nicht näher behandelt.

Massenkräfte H_T aus Anfahren (Bremsen) der Kranbrücke

Um ein Durchrutschen der Räder (wegen des damit verbundenen hohen Verschleißes von Rad und Schiene) zu vermeiden, wird das Antriebsmoment der Räder so ausgelegt, dass bei einem (experimentell bestimmten) Kraftschlussbeiwert $f = 0{,}2$ (Reibbeiwert) und kleinster Radlast min R die Krananlage problemlos bewegt werden kann ($M_A \leq f \cdot$ min $R \cdot d/2$, M_A = Antriebsmoment, d = Raddurchmesser). Die Summe der längsgerichteten Antriebskräfte des Krans berechnet sich daher aus der Summe der *kleinsten* Raddrücke der auf beiden Kranbahnseiten angetriebenen Räder (Abb. 4.16).

$$K = \mu \cdot m_w \cdot Q_{r,min} \tag{4.4}$$

Abb. 4.16 Horizontale Massenkräfte H_T aus Anfahren und Bremsen (System IFF)

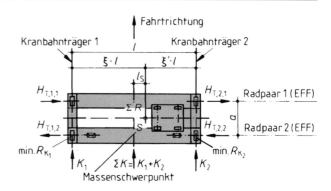

Hier bedeuten:

$\mu = 0{,}2\ (0{,}5)$ Reibbeiwert Stahl auf Stahl (Gummi auf Stahl)

m_w Anzahl der einzeln angetriebenen Räder

$Q_\mathrm{r,min}$ minimale Last je Rad des unbelasteten Krans

Gl. 4.4 gilt für die Antriebsart (E); bei Antriebsart (W) ist in Gl. 4.4 „min" vor die Klammer zu setzen.

I. d. R. werden die Antriebe je Kranbahnseite gleich ausgelegt, so dass die gesamte Antriebskraft der Krananlage K in der Mitte der Kranstützweite wirkt und gegenüber dem Massenschwerpunkt der Gesamtanlage (einschl. Hublast) bei extremer Katzstellung (rechts oder links) den Hebelarm l_S (Abb. 4.16) hat. Er berechnet sich aus Gln. 4.5a und 4.5b mit $l =$ Kranstützweite

$$l_\mathrm{S} = (\xi_1 - 0{,}5) \cdot l \tag{4.5a}$$

$$\xi_1 = \frac{\sum Q_\mathrm{r,max}}{\sum Q_\mathrm{r}} \tag{4.5b}$$

$$\xi_2 = 1 - \xi_1 \tag{4.5c}$$

wobei $\xi \cdot l$ die Lage des Massenschwerpunktes bezogen auf den linken Kranbahnträger ist (Gesetz der Hebelarme). $\sum Q_\mathrm{r,max}$ ist die Summe der Radlasten auf dem mehrbelasteten Kranbahnträger, $\sum R$ die Summe aller Radlasten, jeweils mit Hublast, aber ohne Schwingbeiwert. Das beim Anfahren (Bremsen) entstehende Moment $M = l_\mathrm{S} \cdot K$ aus dem exzentrischen Angriff der Kräfte K bezogen auf S (= Masseschwerpunkt) wird in ein horizontales Kräftepaar mit dem Hebelarm a (bei mehr als zwei Rädern je Kranbahn s. Norm) aufgelöst und – entsprechend der möglichen Reibkräfte zwischen Rad und Schiene – proportional zu ξ_1 bzw. $\xi_2 = 1 - \xi_1$ auf die beiden Kranbahnseiten verteilt (Abb. 4.16), sofern alle Laufradpaare Festlager sind:

$$H_\mathrm{T,1} = \varphi_5 \cdot \xi_2 \cdot K \cdot l_\mathrm{S}/a \tag{4.6a}$$

$$H_\mathrm{T,2} = \varphi_5 \cdot \xi_1 \cdot K \cdot l_\mathrm{S}/a \tag{4.6b}$$

Man beachte, dass in den Angaben der Kranlieferanten in „min R" i. Allg. auch ein Hublastanteil enthalten ist und damit sowohl die Antriebskraft K als auch die Massenkräfte H_T nach Gln. 4.4, 4.6a und 4.6b (auf der sicheren Seite) etwas zu groß ausfallen.

Falls diese Massenkräfte, durch den Kranbetrieb bedingt, regelmäßig wiederholt in einem bestimmten Kranbahnbereich auftreten, sind sie zusammen mit den (lotrechten) Raddrücken als **eine** veränderliche Einwirkung einzustufen und daher auch bei der Betriebsfestigkeitsuntersuchung zu berücksichtigen.

Beim **Bremsen** wirken alle Kräfte in Abb. 4.16 und der dort angegebenen Fahrtrichtung in umgekehrter Richtung.

Die Massenkräfte aus Anfahren und Bremsen der Krananlage werden i. Allg. für die Dimensionierung des Kranbahnträgers nicht maßgebend, sondern wirken sich erst bei den *Kranbahnstützen* aus. Ungünstiger für den Kranbahnträger sind die waagerechten Seitenlasten aus Schräglauf.

Spurführungskräfte S, H_S aus Schräglauf

Gleisfahrzeuge bewegen sich nie ideal in Richtung der Fahrbahnachse und verursachen durch ihren *Schräglauf* Kräfte in den Radaufstandsflächen quer zur Fahrbahn. Dies gilt auch für Krananlagen, wobei durch die Elastizität der beteiligten Tragglieder (Krananlage, Kranbahn, Unterstützung) ein sehr komplizierter Zusammenhang besteht. Die normativen Regelungen [früher [19], heute DIN EN 13001] müssen daher Vereinfachungen vornehmen, die es dem entwerfenden Ingenieur erlauben, auf einfache Weise zuverlässige Annahmen über mögliche Einwirkungen zu treffen. In diesem Sinne unterstellen die Normen [1] eine Starrkörperbewegung der Krananlage mit „hinterer Freilaufstellung", bei der der Kran nur durch das vorderste Führungsmittel (Spurkranz oder Führungsrolle) geführt wird und alle anderen Räder frei laufen (Abb. 4.13a).

Die **Führungskraft S**, die am vordersten (Formschlüssigen) Führungsmittel waagerecht und rechtwinklig zur Kranbahnachse wirkt, wird (für die üblichen Systeme (EFF) und (WFF)) nach Gl. 4.7 bestimmt:

$$S = f \cdot \lambda_{S,j} \cdot \sum Q_r \tag{4.7}$$

mit

$$f = 0{,}3(1 - \exp(-250\alpha)) \le 0{,}3 \tag{4.8}$$

Kraftschlussbeiwert in Abhängigkeit vom Schräglaufwinkel α [1, 19]

$\lambda_{i,j,k}$ Kraftbeiwert
i Schienenachse
j Radpaarachse
k Richtung der Kraft (L = längs, T = quer)
$\sum Q_r$ Summe aller Radlasten einschl. Hublast, ohne Schwingbeiwert

Die Führungskraft S erzeugt in den Radaufstandsflächen die Reaktionskräfte $H_{Si,i}$ (und beim System WFF noch vernachlässigbar kleine Längskräfte $L_{Sk,i}$) mit $i =$ Schienenachse und $j =$ Radpaarachse, die mit S im Gleichgewicht stehen ($\sum H = 0$). Sie werden nach Gl. 4.9 bestimmt

$$
H_{S,1,j,L} = f \cdot \lambda_{S,1,j,L} \cdot \sum Q_r \quad H_{S,2,j,L} = f \cdot \lambda_{S,2,j,L} \cdot \sum Q_r
$$
$$
H_{S,1,j,T} = f \cdot \lambda_{S,1,j,T} \cdot \sum Q_r \quad H_{S,2,j,L} = f \cdot \lambda_{S,2,j,T} \cdot \sum Q_r
$$

$$(4.9)$$

und wirken bei Schrägfahrt nach Abb. 4.17a in die in den Teilbildern Abb. 4.17b–e angegebenen Richtungen. Die Größenverhältnisse und Richtungen kehren sich um bei Katzstellung am Kranbahnträger 1 und Spurführung am Kranbahnträger 2. Die Kräfte können bei beiden Katzstellungen auch in umgekehrter Richtung wirken, wenn die Spurführung durch Spurkränze (Abb. 4.17b, e) oder Doppelrollen (Abb. 4.17b) erfolgt. Eine **Überlagerung** mit den Massenkräften H_M ist erforderlich, falls *nicht* mit dem größten Kraftschlussbeiwert max $f = 0,3$ gerechnet wird. Sie kann dann näherungsweise durch eine 10 %ige Erhöhung der Kräfte S und H_S nach Gln. 4.7 und 4.9 erfolgen.

Die Berechnung der Horizontalkräfte nach Gln. 4.7–4.9 vereinfachen sich für den wichtigen **Sonderfall des Laufkrans mit zwei Radpaaren (Spurkranzführung) und der Bauart (EFF)** sowie max $f = 0,3$, Abb. 4.17b:

Mit $m = e_1 = 0$, $n = 2$ und $e_2 = h$ wird

$$
S = \frac{0,3}{2} \cdot \sum R \tag{4.7a}
$$

$$
H_{S,1,1} = \frac{0,3}{2} \cdot \sum \min R \qquad\qquad H_{S,1,2} = 0
$$
$$
H_{S,2,1} = S - H_{S,1,1} = \frac{0,3}{2} \cdot \sum \max R \quad H_{S,2,2} = 0
$$

$$(4.9a)$$

Es wirkt dann nur an den vorderen Kranrädern eine von der Summe der größten Raddrücke auf dem mehrbelasteten Krahnbahnträger abhängige Horizontalkraft, s. Beispiel in Abschn. 4.8.

Liegen andere Verhältnisse als hier behandelt vor, erfolgt die Berechnung nach DIN 15018-1/-2, heute DIN EN 13001. Bei Verkehr von **mehreren** Kranen sind jeweils nur die für den *Kranbahnträger* ungünstigsten waagerechten Seitenlasten von **einem** Kran zu berücksichtigen. Für die *Kranbahnunterstützungen* jedoch sind Lasten quer zur Fahrbahn in jeweils ungünstigster Stellung zu berücksichtigen von höchstens zwei Kranen je Kranbahn und vier Kranen in mehrschiffigen Hallen, s. hierzu auch DIN 4132 bzw. das Nachfolgedokument DIN EN 1993-6 bzw. Tab. 4.10.

Die Horizontallasten sind i. d. R. bei Spurführungskränzen an OK Schiene anzusetzen, siehe Abb. 4.18a. Anders verhält es sich bei Anordnung von zusätzlichen Führungsmitteln, Abb. 4.18b.

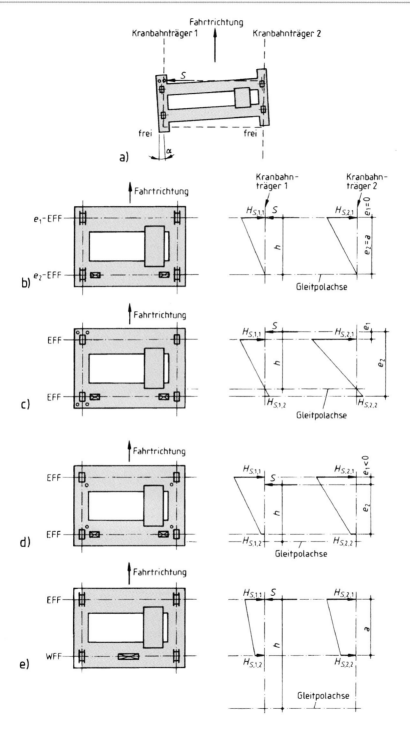

Abb. 4.17 Spurführungskräfte S, H_S aus Schräglauf. **a** Starrkörperbewegung mit Freilaufstellung, **b–e** Kraftwirkung in Abhängigkeit von der Spurführung und Antriebsart

Abb. 4.18 Angriff der
Horizontalkraft H_S für Kranbahnträger mit **a** Spurführung
mittels Spurkränzen oder **b** mit
zusätzlichen Führungsmitteln

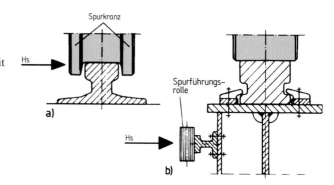

4.5.1.4 Veränderliche Einwirkungen (Lasten) in Richtung der Fahrbahn (längs)

Sie entstehen beim Anfahren oder Bremsen des Krans und wirken in Höhe der Schienenoberkante (SO) in der Größe

$$L = 1,5 \cdot f \cdot \sum R_{\mathrm{KrB}} \tag{4.10}$$

mit

$f = 0,2$ Reibungsbeiwert Stahl auf Stahl und

$\sum R_{\mathrm{KrB}}$ bei Kranen mit Einzelantrieb (Zentralantrieb) die Summe der kleinsten (größten)
ruhenden Lasten aller angetriebenen oder gebremsten Räder des unbelasteten
Krans auf einer Fahrbahnseite.

Es sind höchstens zwei ungünstigste Krane zu berücksichtigen.

4.5.1.5 Veränderliche Einwirkungen auf Laufstege, Wind, Schnee und Wärmewirkung

Verkehrslast auf Laufstegen
Wandernde Einzellast $P = 3\,\mathrm{kN}$; an Geländern eine waagerechte Holmkraft $P_\mathrm{H} = +0{,}3\,\mathrm{kN}$. Diese Lasten können bei Bauteilen, die von Kranlasten beansprucht werden,
außer Acht bleiben.

Windlast, Schneelast, Wärmewirkung Lastannahmen s. DIN EN 1991.

4.5.1.6 Außergewöhnliche Einwirkungen aus Pufferanprall

Die beim unbeabsichtigten Anprall von Kranen an die Endanschläge (Puffer) auftretenden
Kräfte rufen insbesondere in der Anprallkonstruktion und in den Längsaussteifungen der
Kranbahn(hallen)-Stützen erhebliche Beanspruchungen hervor. Für die Dimensionierung
des Kranbahnträgers sind sie ohne Bedeutung.

Pufferendkräfte sind vom Bauherrn anzugeben oder müssen notfalls selbst nach DIN EN 13001-2 bzw. nach [1] berechnet werden.

Die Anfahrgeschwindigkeit des Krans gegen den Anschlag ist 85 % der Nennfahrgeschwindigkeit v_F ($v = 0{,}85 \cdot v_F$). Bei Einrichtungen zum selbsttätigen Herabsetzen der Geschwindigkeit darf v entsprechend verringert werden, jedoch $v \geq 0{,}7 \cdot v_F$. Das notwendige Arbeitsvermögen der Puffer ist

$$E = m \cdot v^2 / 2 \qquad (4.11)$$

Die Masse m errechnet sich aus der Summe der größten Raddrücke einer Kranbahnseite bei Katze in äußerster Stellung, aber ohne frei auspendelnde Nutzlasten. Die Pufferendkraft P_u in Abhängigkeit von E kann den Angaben der Hersteller entnommen werden.

Zur Abschätzung ihrer Größenordnung kann für ein Federelement aus zelligem Polyurethan-Elastomer mittlerer Dicke angenommen werden

$$P_u \approx 74 \cdot E^{0{,}54} \qquad (4.12)$$

und bei weicheren (dickeren) Puffern

$$P_u \geq 50 \cdot E^{0{,}6} \qquad (4.13)$$

in kN mit E in kNm.

Bei dreieckförmiger Pufferkennlinie ist P_u mit dem Schwingbeiwert $\varphi = 1{,}25$ zu vervielfachen.

Nach [1, Abschn. 2.11.1] wird die Pufferkraft aus Krananprall definiert zu $H_{B,1} = \varphi_7 \cdot v_1 \cdot \sqrt{m_c \cdot S_B}$ mit φ_7 = Schwingbeiwert nach Tab. 4.6, m_c = Masse Kran + Hublast in [kg], $v_1 = 70\,\%$ Fahrgeschwindigkeit in [m/s], S_B = Federkonstante des Puffers.

4.5.2 Dynamische Vergrößerungsfaktoren und Lastgruppen

Dynamische Vergrößerungsfaktoren φ_i
Während bisher die dynamischen Einflüsse aus dem Kranbetrieb gemäß [11] für den Kranbahnträger bzw. dessen Unterstützung – unabhängig von der Lastart – global und nur in Abhängigkeit von der Hubklasse festgelegt waren, ist nach den aktuelle Regelwerken zusätzlich auch die Lastart zu berücksichtigen. In Tab. 4.6 sind die wesentlichen dynamischen Vergrößerungsfaktoren φ_1 bis φ_7 nach [1] zusammengestellt. Bei den üblichen Hubgeschwindigkeiten von $6\,\text{m/min} = 0{,}1\,\text{m/s}$ ergibt sich z. B. für φ_2 einen Wert von $1{,}15 < \varphi_2 \leq 1{,}6$. (Weitere dynamische Vergrößerungsfaktoren sind zu berücksichtigen beim Fahren auf unebenen Fahrwegen (φ_4), für Prüflasten (φ_6) und beim Anprall des Kranes an Puffer (φ_7).)

Nach [1] NA dürfen die Schwingbeiwerte φ für Unterstützungen und Aufhängungen um 0,1, jedoch maximal bis auf $\varphi = 1{,}0$ abgemindert werden. Beim Verkehr mehrerer

Tab. 4.6 Dynamische Vergrößerungsfaktoren (Schwingbeiwerte) für Kranlasten [1]

Ursache	Anzuwenden auf	Dynam. Vergröß.-faktor	Berechnung des Vergrößerungsfaktors
Anheben der Hublast vom Boden	Eigengewicht des Krans Q_c	φ_1	$\varphi_1 = 1 \pm a, 0 < a < 0{,}1$
Transferieren der Hublast vom Boden	Hublast Q_h	φ_2	$\varphi_2 = \varphi_{2,\min} + \beta_2 \cdot v_a$ v_a – Hubgeschwindigkeit [m/s] nach Art des Hubwerkes β_2 – Beiwert
Plötzliches Loslassen der Hublast oder eines Anteils der Hublast	Hublast Q_h	φ_3	$\varphi_3 = 1 - \frac{\Delta m}{m} \cdot (1 + \beta_3)$ Δm – losgelassene Teilhubmasse m – Gesamthubmasse $\beta_3 = 0{,}5$: Greiferkran, $\beta_3 = 1{,}0$: Magnetkran
Kranfahren auf Schienen oder Fahrbahnen	Eigengewicht des Kranes einschl. Hublast Q_c, Q_h	φ_4	$\varphi_4 = 1{,}0$ bei Kranschienentoleranzen nach [5]
Anfahren und Bremsen (Antriebskräfte)	Antriebskräfte H_L, H_T	φ_5	$\varphi_5 = 1{,}0$: Fliehkräfte $1{,}0 \leq \varphi_5 \leq 1{,}5$: Stetige Antriebskraft $1{,}5 \leq \varphi_5 \leq 2{,}0$: plötzliche Antriebskraftveränderung $\varphi_5 = 3{,}0$ Antriebe mit beträchtlichem Spiel
Dynamische Prüflast	Dynamische Prüflast $\hat{=}$ 110 % von Q_h	φ_6	$\varphi_6 = 0{,}5(1 + \varphi_2)$
Statische Prüflast	Statische Prüflast $\hat{=}$ 125 % von Q_h	φ_6	$\varphi6 = 1{,}0$
Pufferkraft	Pufferkräfte H_{B1}	φ_7	$\varphi_7 = 1{,}25$ für $0 \leq \xi \leq 0{,}5$ $\varphi_7 = 1{,}25 + 0{,}7 \cdot (\xi - 0{,}5)$ für $0{,}5 \leq \xi \leq 1$ ξ abhängig von Pufferkennlinie
$\varphi_{\text{fat},1}$	Eigengewicht des Krans bei Ermüdungsnachweis	Q_c	$\varphi_1 = (1 + \varphi_1)/2$
$\varphi_{\text{fat},2}$	Hublast bei Ermüdungsnachweis	Q_h	$\varphi_2 = (1 + \varphi_2)/2$

	HC1	HC2	HC3	HC4
$\varphi_{2,\min}$	1,05	1,10	1,15	1,20
β_2	0,17	0,34	0,51	0,68

Krane gilt in Lastgruppe 1 für den Kran mit dem größten Einfluss dessen Schwingbeiwert φ_2, für die übrigen Krane die Schwingbeiwerte der Hubklasse HC1.

Die Schwingbeiwerte werden in Abhängigkeit der Einwirkungen und den Hubklassen HC berücksichtigt, siehe hierzu Tab. 4.6. Mit diesen Beiwerten sind die jeweiligen Radlasten, aber auch anteilig die Horizontallast H_L, H_T und H_B zu erhöhen. Hierdurch

Tab. 4.7 Vereinfachte Schwingbeiwerte für wesentliche Bemessungssituationen nach [37]

φ_i	Berücksichtigter Einfluss auf:	
φ_1	Q_c	Regelfall Brückenkran: $\varphi_1 = 1{,}1$
φ_2	Q_h	<table><tr><td>HC</td><td>1</td><td>2</td><td>3</td><td>4</td></tr><tr><td>φ_2</td><td>1,1</td><td>1,2</td><td>1,3</td><td>1,4</td></tr></table> für max. Hubgeschwindigkeit $v_h = 12{,}5\,\mathrm{m/min}$
φ_3	Q_h	$\varphi_3 = 1{,}0$ (Vereinfachung) Plötzliches Loslassen der Nutzlast wird nicht betrachtet
φ_4	Q_h, Q_c	$\varphi_4 = 1{,}0$, falls die in EN 1090-2 spezifizierten Maßabw. für Kranschienen eingehalten werden. Sonst: siehe EN 13 001-2
φ_5	H_L, H_T	$\varphi_5 = 1{,}0$ Fliehkräfte $1{,}0 \leq \varphi_5 \leq 1{,}5$ Stetige Veränderung der Kräfte $1{,}5 \leq \varphi_5 \leq 2{,}0$ Plötzliche Veränderung der Kräfte $\varphi_5 = 3{,}0$ Antrieb mit beträchtlichem Spiel Regelfall Brückenkran: $\varphi_5 = 1{,}5$ Dieser Schwingbeiwert ist teilweise in den ausgewiesenen Antriebskräften H_L und H_T bereits enthalten
φ_7	H_B	
$\varphi_{\mathrm{fat},1}$	Q_c	Regelfall Brückenkran: $\varphi_{\mathrm{fat},1} = 1{,}05$ (für $\varphi_1 = 1{,}1$)
$\varphi_{\mathrm{fat},2}$	Q_h	<table><tr><td>HC</td><td>1</td><td>2</td><td>3</td><td>4</td></tr><tr><td>$\varphi_{\mathrm{fat},2}$</td><td>1,05</td><td>1,09</td><td>1,13</td><td>1,17</td></tr></table>

Q_c, Q_h: vertikale Radlasten
H_L, H_T, H_B: horizontale Radlasten

ergibt sich eine deutlich größere Anzahl an Schwingbeiwerten gemäß Eurocode als nach der früheren DIN 4132. Um den Rechenaufwand zu verringern können folgende Vereinfachungen getroffen werden gemäß Tab. 4.7.

Teilsicherheitsbeiwerte

In Anlehnung an die ursprüngliche Einordnung der Lasten in *Haupt(H)*- *und Zusatz(Z)*-*Lasten* sieht der Eurocode folgende Regelungen vor:

- In Verbindung mit den veränderlichen Einwirkungen (Q) quer und/oder längs zur Kranbahn nach Abschn. 4.5.1.3–4.5.1.5 gilt (Lastgruppe 1–7 nach DIN EN 1991-3 Tab. 2.2)

$$\gamma_{F,G} = 1{,}35 \quad \text{und} \quad \psi \cdot \gamma_{F,Q} = 0{,}9 \cdot 1{,}5 = 1{,}35 \tag{4.14a}$$

Die Lasten aus dem Kranbetrieb werden dabei mit den vorgenannten Schwingbeiwerten versehen und zu Lastgruppen zusammengefasst. Eine Lastgruppe wird dann als eine einzelne veränderliche Einwirkung gewertet.

- Pufferanprall ist eine außergewöhnliche Einwirkung (Lastgruppe 9,10 nach DIN EN 1991-3 Tab. 4.2), und es gilt

$$\gamma_{F,G} = \gamma_{F,A} = 1,0 \quad \text{und} \quad \gamma_{F,Q} = \gamma_{F,A} = 1,0 \tag{4.14b}$$

Aus den charakteristischen Werten der Einwirkungen erhält man deren Bemessungswerte durch Vervielfältigung mit den angegebenen Teilsicherheitswerten γ_F. Es empfiehlt sich, diese erst bei den „Nachweisen" in der Zahlenberechnung zu berücksichtigen. Tab. 4.8 enthält eine Zusammenstellung der vorwiegend bemessungsrelevanten Lastgruppen mit den jeweiligen Schwingbeiwerten. Die nach DIN EN 1991-3 zusätzlich zu betrachtende Lastgruppen sind in Tab. 4.9 aufgeführt. Diese werden in der Regel bei üblichen Krankonstruktionen nicht bemessungsrelevant.

4.5.3   Einwirkungen aus mehreren Kranen

Sofern eine Kranbahn oder eine Hallenkonstruktion von mehreren Kranen befahren wird, kann die Anzahl der jeweils gleichzeitig zu berücksichtigenden Kranbrücken gemäß Tab. 4.10 angenommen werden. Hierbei sind die in der Korrektur zum NA DIN 1993-6 günstigen Werte berücksichtigt. Auch wurde im NA die aus DIN 4132 bekannte Regelung wieder eingeführt, dass bei gleichzeitig wirkenden Kranen der erste Kran (mit den größten Radlasten) mit dessen Schwingbeiwerten und alle übrigen Kane mit dem Schwingbeiwert der Hubklasse HC1 angesetzt werden dürfen.

4.5.4   Beispiele

Die Beispiele behandeln die Ermittlung der Einwirkungen von **4-Rad-Brückenkranen** auf Kranbahnen.

Beispiel 1 (Abb. 4.19)
Für einen Kran mit einer Traglast von 125 kN (12,5 t) und dem System (IFF) in beiden Kranachsen sind die waagerecht auf die Kranbahn wirkenden Lasten zu berechnen. Die Stützweite des Kranes beträgt $l = 16$ m und der Radstand in den Kopfträgern ist $a = 2,6$ m. Nach Angaben des Herstellers der Krananlage (Zahlen hier fiktiv) treten bei äußerster Katzstellung am rechten Kranbahnträger (2) folgende Raddrücke (Abb. 4.19) auf (erster Index: Kranbahnachse, zweiter Index: Radpaarachse):

$$
\begin{array}{ll}
\max Q_{r2,1} = 76\,\text{kN} & \min Q_{r1,1} = 14\,\text{kN} \\
\max Q_{r2,2} = 84\,\text{kN} & \min Q_{r1,2} = 22\,\text{kN} \\
\hline
\sum \max Q_r = 160\,\text{kN} & \sum \min Q_r = 36\,\text{kN} \\
\end{array}
$$

$$\sum (\max Q_r + \min Q_r) = 160 + 36 = 196\,\text{kN}$$

(Lasten incl. Hublast, ohne Schwingbeiwert)

Tab. 4.8 Einstufung von wesentlichen Lastgruppen für die Bemessung von Kranbahnträgern

		GZT		Prüflast[a]	Außergewöhnlich	GZG		Ermüdung
		LG1	LG5	LG8	LG9	LG101	LG102	LG14
Eigengewicht des Krans	Q_c	φ_1	$\varphi_4\ (1.0)$	φ_1	1	1	1	$\varphi_{fat.1}$
Hublast	Q_h	φ_2	$\varphi_4\ (1.0)$	–	1	1	1	$\varphi_{fat.2}$
Anfahren/Bremsen der Kranbrücke	H_L, H_T	φ_5	–	φ_5	–	–	1	–
Schräglauf der Kranbrücke	H_S	–	1	–	–	1	–	–
Wind in Betrieb	F_w	1	1	1	–	1	1	–
Prüflast[a]	$Q_T{}^a$	–	–	φ_6	–	–	–	–
Pufferkraft	H_B	–	–	–	φ_7	–	–	–
Teilsicherheitsbeiwerte, Materialwiderstände	γ_M	Querschnitt 1,0; Stabilität 1,1; Verbindung 1,25		1,0	Querschnitt 1,0; Stabilität 1,0; Verbindung 1,15	1,0		1,00 (4 Inspektionen); 1,15 (3 Inspektionen); 1,35 (2 Inspektionen); 1,60 (1 Inspektion); Auf 25 Jahre bezogen
Teilsicherheitsbeiwerte der Einwirkungen	γ_Q	$\gamma_Q = 1,35$		$\gamma_{Ff,Test} = 1,0$	$\gamma_A = 1,0$	$\gamma_{Q,ser} = 1,0$		$\gamma_{Ff} = 1,0$

Kombinationsbeiwerte für Lasten aus Kranbetrieb

$\psi_0 = 1,0$, $\psi_1 = 0,9$, $\psi_2 = \dfrac{\text{Krangewicht}}{\text{Krangewicht+Hublast}}$

Schwingbeiwerte siehe Tab. 4.6 und 4.7

Lastgruppen mit günstig wirkenden Schwingbeiwerten entfallen hier.

[a] LG 8, Prüflast wird nur in seltenen Fällen maßgebend, siehe [20] und [38]

Tab. 4.9 Weitere Lastgruppen mit dynamischen Faktoren gemäß [1] und [5] NA

		Symbol	Abschnitt gemäß EN 1991-3	LG					
				ULS					Außergewöhnlich
				2	3	4	6	7	10
1	Eigengewicht des Krans	Q_c	2.6	φ_1	1	φ_4	φ_4	1	1
2	Hublast	Q_h	2.6	φ_3	–	φ_4	φ_4	η [a]	1
3	Beschleunigung der Kranbrücke	H_L, H_T	2.7	φ_5	φ_5	φ_5	–	–	–
4	Schräglauf der Kranbrücke	H_S	2.7	–	–	–	–	–	–
5	Beschleunigen oder Bremsen der Laufkatze oder Hubwerk	H_{T3}	2.7	–	–	–	1	–	–
6	Wind in Betrieb	F_W^*	Anhang A	1	1	1	–	–	–
7	Prüflast	Q_T	2.10	–	–	–	–	–	–
8	Pufferkraft	H_B	2.11	–	–	–	–	–	–
9	Kippkraft	H_{TA}	2.11	–	–	–	–	–	1

ANMERKUNG Zu Wind außerhalb Betrieb, siehe Anhang A zu DIN EN 1991-3.

[a] η ist der Anteil der Hublast, der nach Entfernen der Nutzlast verbleibt, jedoch nicht im Eigengewicht des Krans enthalten ist.

Tab. 4.10 Berücksichtigung mehrerer Krane [1]

			Vertikale Kraneinwirkung	Horizontale Kraneinwirkung
Kranbahn			3	1 Es ist festzustellen, ob es ungünstiger ist, wenn 2 Krane zusammenarbeiten, um schwere Lasten zu heben
Kranunterkonstruktion	Einschiffige Halle		4 – 3 Krane hintereinander und 1 Kran auf einer weiteren Kranbahn – 2 Krane hintereinander und 2 auf einer weiteren Kranbahn – 2 Krane hintereinander und 2 übereinander auf 2 weiteren Kranbahnen	2 – Stellung der Krane wie für eine einschiffige Halle und 2 weitere Krane in einem weiteren Hallenschiff – 6 Krane über mehrere Hallenschiffe verteilt
	Mehrschiffige Halle		6 Es ist festzustellen, ob es ungünstiger ist, wenn 2 Krane zusammenarbeiten, um schwere Lasten zu heben	4 Die ungünstigste Kombination unter Berücksichtigung der Bedingungen oberhalb

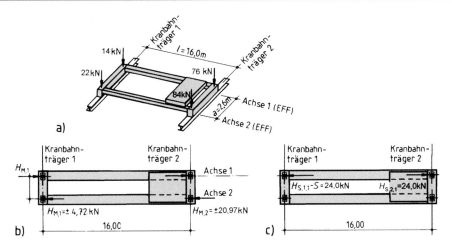

Abb. 4.19 Krananlage zum Beispiel 1. **a** Abmessungen und Raddrücke, **b** Massenkräfte aus Anfahren oder Bremsen, **c** Führungskräfte aus Schräglauf

Angetrieben und gebremst ist die Achse 2, die Nennfahrgeschwindigkeit beträgt $v_F = 50\,\text{m/min}$.

1. Massenkräfte aus Anfahren des Kranes

$$K = K_1 + K_2 = \mu \cdot \sum Q^*_{r,min} \quad \text{nach Gl. 4.4}$$

Mit

$$\sum Q^*_{r,min} = m_w \cdot Q_{r,min} = 2 \cdot 22\,\text{kN} = 44\,\text{kN}$$
$$K = K_1 + K_2 = 0{,}2 \cdot 44\,\text{kN} = 8{,}8\,\text{kN}$$

(Da in min $Q_{r,1,2}$ auch ein geringer Anteil der Hublast enthalten ist, fällt die Antriebskraft etwas zu hoch aus.)

$$\xi_1 = \sum Q_{r,max} / \sum Q_r = 160/(160 + 36) = 0{,}8163$$
$$\xi_2 = 1 - \xi_1 = 1 - 0{,}8163 = 0{,}1837$$

Lage des Massenschwerpunktes: $l_s = (0{,}8163 - 0{,}5) \cdot 16{,}0 = 5{,}06\,\text{m}$

Moment infolge exzentrischem Massenschwerpunkt $M = K \cdot l_s = 8{,}8 \cdot 5{,}06 = 44{,}528\,\text{kNm}$

Nach Gl. 4.8 werden die waagerechten Kräftepaare in den Radaufstandsflächen (Abb. 4.13b)

$$H_{T,1} = \varphi_5 \cdot \xi_2 \cdot M/a = 1{,}5 \cdot 0{,}1837 \cdot 44{,}528/2{,}60 = 4{,}72\,\text{kN}$$
$$H_{T,1} = \varphi_5 \cdot \xi_1 \cdot M/a = 1{,}5 \cdot 0{,}8163 \cdot 44{,}528/2{,}60 = 20{,}97\,\text{kN}$$

2. Führungskräfte aus Schräglauf

Diese sind abhängig von der Kranführung. Hier wird Spurkranzführung angenommen und mit $f = 0,3$ gerechnet. Eine Überlagerung mit den Kräften H_T ist dann nicht erforderlich. Nach Gln. 4.7 und 4.9 wird

$$S = 0,5 \cdot f \cdot \sum Q_r = H_{S,1,1,T} + H_{S,2,1,T} = 0,5 \cdot 0,3 \cdot 196 \, \text{kN} = 29,4 \, \text{kN}$$

$$H_{S,1,1,T} = 0,5 \cdot f \cdot \sum Q_{r,(\text{max})} = 0,5 \cdot 0,3 \cdot 36 \, \text{kN} = 5,4 \, \text{kN}$$

$$H_{S,2,1,T} = 0,5 \cdot f \cdot \sum Q_{r,\text{max}} = 0,5 \cdot 0,3 \cdot 160 \, \text{kN} = 24 \, \text{kN}$$

Die Resultierende am linken Kranbahnträger ist $S - H_{S1,1} = 29,4 - 5,4 = 24,0 \, \text{kN} = H_{S2,1}$. Diese Kräfte wirken entweder beide nach außen oder beide nach innen (Abb. 4.19c).

3. Bremskraft längs

$$H_{L,i} = \varphi_5 \cdot K / n_r = 1,5 \cdot 8,8/2 = 6,6 \, \text{kN}$$

4. Pufferanprallkraft

$$H_{B,1} = \varphi_7 \cdot v_1 \cdot \sqrt{m_c \cdot S_B}$$

Die auf der mehrbelasteten Kranbahnseite zu bremsende Masse ist damit

$$m_c = 160 \, \text{kN}/10 \, \text{m/s}^2 = 16 \, \text{t}$$

Anprallgeschwindigkeit $v = 0,70 v_F = 0,70 \cdot 50/60 = 0,583 \, \text{m/s}$
    Notwendiges Arbeitsvermögen der Puffer nach Gl. 4.11:

$$E_{\text{kin}} = \frac{1}{2} \cdot m \cdot v_1^2 = \frac{1}{2} \cdot 16 \cdot 0,583^2 = 2,72 \, \text{t} \cdot \text{m}^2/\text{s}^2 = 2,72 \, \text{t} \cdot \frac{\text{m}}{\text{s}^2} \, \text{m} = 2,72 \, \text{kNm}$$

Mit der Federkonstante des Puffers z. B. $S_B = 1000 \, \text{kN/m}$ und einem $\xi_B = 0,5$ ergibt sich:

$$H_{B,1} = 1,25 \cdot 0,583 \cdot \sqrt{16 \cdot 1000} = 92,18 \, \text{kN}$$

Die Kraftverteilung erfolgt entsprechend der relativen Lage des Masseschwerpunktes:

$$F_{x1} = \xi_2 \cdot H_{B1} = 0,1837 \cdot 92,18 = 16,93 \, \text{kN}$$

$$F_{x2} = \xi_1 \cdot H_{B1} = 0,8163 \cdot 92,18 = 75,25 \, \text{kN}$$

Beispiel 2 (Abb. 4.20)

Die Krananlage des Beispiels 1 sei jetzt durch Rollen geführt, die jeweils 30 cm vor den Radachsen angebracht sind (Abb. 4.20a). Alle anderen Kenndaten wie zuvor. Es sollen berechnet werden die

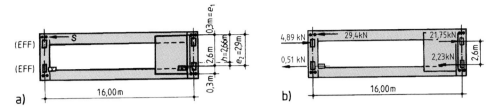

Abb. 4.20 Horizontalkräfte bei Rollenführung. **a** Abmessungen, **b** Kräfte

Führungskräfte aus Schräglauf

Mit Abb. 4.17c und 4.19a gilt $n = 2$, $m = 0$ sowie

$$e_1 = 0,3\,\text{m} \quad e_2 = 2,9\,\text{m}$$

Der Gleitpolabstand von den vordersten Rollen ist nach Gl. 4.8
nach Tab. 2.8 DIN EN 1991-3

$$h = \frac{m\xi_1\xi_2 l^2 + \sum e_\text{j}^2}{\sum e_\text{j}} = \frac{\sum e_\text{j}^2}{\sum e_\text{j}} = \frac{(0,3 + 2,9)^2}{(0,3 + 2,9)} = 3,2\,\text{m}$$

Tab. 2.9 DIN EN 1991-3

$$\lambda_{\text{S,j}} = 1 - \frac{\sum e_\text{j}}{n\,h} = 1 - \frac{(0,3 + 2,9)}{2 \cdot 3,2} = 0,50$$

$$\lambda_{\text{S,1,1,T}} = \frac{\xi_2}{n} \cdot \left(1 - \frac{e_1}{n}\right) = \frac{0,1837}{2} \cdot \left(1 - \frac{0,3}{3,2}\right) = 0,0832$$

$$\lambda_{\text{S,1,2,T}} = \frac{\xi_2}{n} \cdot \left(1 - \frac{e_2}{n}\right) = \frac{0,1837}{2} \cdot \left(1 - \frac{2,9}{3,2}\right) = 0,0086$$

$$\lambda_{\text{S,2,1,T}} = \frac{\xi_1}{n} \cdot \left(1 - \frac{e_1}{n}\right) = \frac{0,8163}{2} \cdot \left(1 - \frac{0,3}{3,2}\right) = 0,3699$$

$$\lambda_{\text{S,2,2,T}} = \frac{\xi_1}{n} \cdot \left(1 - \frac{e_2}{n}\right) = \frac{0,8163}{2} \cdot \left(1 - \frac{2,9}{3,2}\right) = 0,038$$

Die Führungskraft S nach Gl. 4.7 mit $f = 0,3$ ist
Gln. 2.6–2.10 nach DIN EN 1991-3

$$S = 0,3 \cdot 0,50 \cdot 196\,\text{kN} = 29,4\,\text{kN}$$

$$H_{\text{S,1,1,}T} = 0,3 \cdot 0,0832 \cdot 196\,\text{kN} = 4,89\,\text{kN}$$

$$H_{\text{S,1,2,}T} = 0,3 \cdot 0,0086 \cdot 196\,\text{kN} = 0,51\,\text{kN}$$

$$H_{\text{S,2,1,}T} = 0,3 \cdot 0,3699 \cdot 196\,\text{kN} = 21,75\,\text{kN}$$

$$H_{\text{S,2,2,}T} = 0,3 \cdot 0,038 \cdot 196\,\text{kN} = 2,23\,\text{kN}$$

Kontrolle: $\sum H = 0 = 29,40 - 4,89 - 0,51 - 21,75 - 2,23 = 0,02 \approx 0$

Die errechneten Lasten wirken wie in Abb. 4.20b eingezeichnet oder – bei gleicher Katzstellung – in umgekehrter Richtung.

4.5.5 Tragsicherheitsnachweise

Die Tragsicherheitsnachweise für Kranbahnträger umfassen

- den allgemeinen Querschnittsnachweis
- den Stabilitätsnachweis und
- die Betriebsfestigkeitsuntersuchung.

Der allgem. Spannungsnachweis sichert gegen den Grenzzustand der Materialfestigkeit (Fließen) ab. Für ihn gilt DIN EN 1993-1-1 Abschn. 6.2, wobei i. d. R. das Nachweisverfahren *Elastisch-Elastisch* zum Zuge kommt und die Beanspruchungen unter den Bemessungswerten der Einwirkungen (das sind Normal- und Schubspannungen) den Grenzspannungen gegenübergestellt werden. Dabei müssen die örtlichen Beanspruchungen aus der Radlasteinleitung in den Obergurt und Steg mit erfasst werden.

(Plastische Nachweisverfahren sind erlaubt, wenn im Gebrauchstauglichkeitszustand mit $\gamma_F = \gamma_M = 1,0$ und den Lastgruppen des GZT der charakteristische Wert der Streckgrenze nicht überschritten wird, siehe z. B. [23].)

Zum *Stabilitätsnachweis* gehört der **Biegedrillknicknachweis** und der Nachweis ausreichender **Beulsicherheit**. Diese werden nach DIN EN 1993-1-1 bzw. DIN EN 1993-6 Anhang A und DIN EN 1993-1-5 geführt. Im Falle des Biegedrillknickens kann anstelle des *Ersatzstabverfahrens* (das nur bedingt anwendbar ist) auch ein genauerer Nachweis mit Hilfe der *Wölbkrafttorsion Theorie II. Ordnung* geführt werden [17, 20, 23, 29]. Werden dabei die örtlichen Beanspruchungen mit erfasst, so erübrigt sich der Spannungsnachweis. Für eine Handrechnung sind diese Verfahren jedoch sehr mühsam und auch nur näherungsweise möglich. Hier empfiehlt sich die Anwendung von speziellen EDV-Programmen. Man begnügt sich in der Praxis jedoch sehr häufig mit einer einfachen Näherungsberechnung (Abschn. 4.5.5.2). Die *Betriebsfestigkeitsuntersuchung* ist nicht nur bei Kranbahnträgern von Interesse und wird daher in einem gesonderten Abschnitt (Abschn. 5.5) behandelt. Die Tab. 4.11 gibt Aufschluss darüber in welcher Bemessungssituation welche Lasten und Faktoren zu berücksichtigen sind.

4.5.5.1 Querschnittsnachweis

Der Nachweis gegen Fließen ist für die in Abschn. 4.5.2 angegebenen Einwirkungskombinationen unter Berücksichtigung der besonderen Kraftwirkungen bei Kranen zu führen (s. Abschn. 2 [14] bzw. DIN EN 1993):

Dabei sind die globalen und lokalen Spannungen zu berücksichtigen. Betrachtet man den oberen Stegbereich des in Abb. 4.21 dargestellten Kranbahnträgers, so ergeben sich

Tab. 4.11 Übersicht notwendiger Nachweise für Kranbahnträger [36]

Nachweis	GZT	GZG	Ermüdung
Global	**Querschnittsnachweis** – elastisch oder – elastisch/plastisch **Biegedrillknicken**	**Querschnittsnachweis** elastisch (LG's aus GZT $\gamma_F = 1{,}0$) (nur wenn im GZT Nach- weis plastisch)	**Ermüdungsnachweis** nach Kerbfall
Lokal	**Querschnittsnachweis** elastisch mit Radlast- pressung Beulnachweis	–	**Ermüdungsnachweis** nach Kerbfall für: – Radlastpressung – Stegbiegung $\geq$ S3 – Verbindungsmittel
Zusätzliche Nachweise	**Pufferanprall** in der außergewöhnli- chen LFK **Anschlüsse**	Begrenzung der **Verfor- mungen** Begrenzung der **Platten- schlankheit**	Nachweis der **Gesamt- schädigung**
Berücksichtigung der H-Last	Schräglauf H_S Anfahren/Bremsen H_L, H_T	Schräglauf H_S Anfahren/Bremsen H_L, H_T	–
Exzentrische Radlasteinleitung	–	–	$b_r/4$ für S3 bis S9 b_r: Schienenbreite
Schwingbeiwert	φ_i	$\varphi = 1{,}0$	$\varphi_{fat1,2}$

folgende Spannungsanteile nach Gl. 4.15

$$\sigma_v = \sqrt{\sigma_{x,Ed}{}^2 + \sigma_{oz,Ed}{}^2 - \sigma_{x,Ed} \cdot \sigma_{oz,Ed} + 3 \cdot (\tau_{xz,Ed} + \tau_{oxz,Ed})^2} \leq f_y/\gamma_{M0} \qquad (4.15)$$

mit

$\sigma_{x,Ed}$ Bemessungswert der Normalspannung in Längsrichtung, siehe Abb. 4.22

$\sigma_{oz,Ed}$ lokale Radlastspannung (Druckspannung), siehe Abb. 4.21

$\tau_{xz,Ed}$ Schubspannung aus Querkraft

$\tau_{o,xz,Ed}$ lokale Schubspannung aus Radlasteinleitung

Aufgrund der Vorzeichen in Gl. 4.15 führt eine Überlagerung der lokalen (immer ne-gativen) Druckspannungen aus der Radlasteinleitung σ_{oz} mit globalen Spannungsanteile insbesondere bei oberseitiger Zugspannung σ_x zu einer signifikanten Vergrößerung der Vergleichsspannung. Dies ist insbesondere im Bereich der Stützstellen von Durchlaufträgern der Fall (negative Momentenbeanspruchung). Zusätzlich sind hierbei ggf. Spannungen aus der Torsion infolge der exzentrischen Kranlasten zu beachten (z. B. Lastansatz von H_S an OK Schiene). Um auf umfangreiche Berechnungen unter Beachtung der Wölbkrafttorsoin zu verzichten, können die nachfolgend aufgeführten Vereinfachungen verwenden werden. Für genauere Berechnungen können bei Berücksichtigung schubfest verbundener Kranschienen die Querschnittsbeiwerte gemäß Tab. 4.12 entnommen werden.

Tab. 4.12 Querschnittwerte von I-Träger mit schubfest verbundenen Rechteckschiene [19]

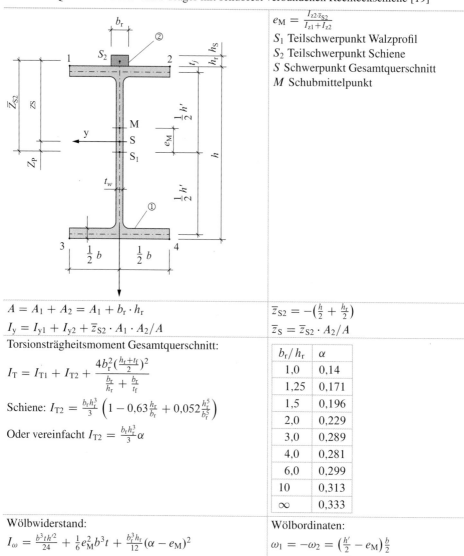

$$e_M = \frac{I_{z2} \cdot \bar{z}_{S2}}{I_{z1} + I_{z2}}$$

S_1 Teilschwerpunkt Walzprofil
S_2 Teilschwerpunkt Schiene
S Schwerpunkt Gesamtquerschnitt
M Schubmittelpunkt

$A = A_1 + A_2 = A_1 + b_r \cdot h_r$

$I_y = I_{y1} + I_{y2} + \bar{z}_{S2} \cdot A_1 \cdot A_2 / A$

Torsionsträgheitsmoment Gesamtquerschnitt:

$$I_T = I_{T1} + I_{T2} + \frac{4 b_r^2 \left(\frac{h_r + t_f}{2}\right)^2}{\frac{b_r}{h_r} + \frac{b_r}{t_f}}$$

Schiene: $I_{T2} = \frac{b_r h_r^3}{3}\left(1 - 0{,}63 \frac{h_r}{b_r} + 0{,}052 \frac{h_r^5}{b_r^5}\right)$

Oder vereinfacht $I_{T2} = \frac{b_r h_r^3}{3} \alpha$

$\bar{z}_{S2} = -\left(\frac{h}{2} + \frac{h_r}{2}\right)$

$\bar{z}_S = \bar{z}_{S2} \cdot A_2 / A$

b_r / h_r	α
1,0	0,14
1,25	0,171
1,5	0,196
2,0	0,229
3,0	0,289
4,0	0,281
6,0	0,299
10	0,313
∞	0,333

Wölbwiderstand:

$$I_\omega = \frac{b^3 t h'^2}{24} + \frac{1}{6} e_M^2 b^3 t + \frac{b_r^3 h_r}{12}(\alpha - e_M)^2$$

Wölbordinaten:

$\omega_1 = -\omega_2 = \left(\frac{h'}{2} - e_M\right)\frac{b}{2}$

$\omega_4 = -\omega_3 = \left(\frac{h'}{2} + e_M\right)\frac{b}{2}$

Aus der zweiachsigen Biegung mit Wölbkrafttorsion resultiert die in Abb. 4.22 dargestellte Spannungsverteilung. Man erkennt deutlich die an der oberen Flanschkante relutierende maximale Normalspannung. Günstigere Ergebnisse können bei Verwendung plastischer Querschnittstragfähigkeit erzielt werden, siehe auch Teilwerk 1, Kap. 2. Im Eurocode wird dies zwar für Querschnitte der Klasse 1 und 2 zugelassen, es steht jedoch für die Berücksichtigung aller Schnittgrößen z. Zt. nur die lineare Interaktive in der einge-

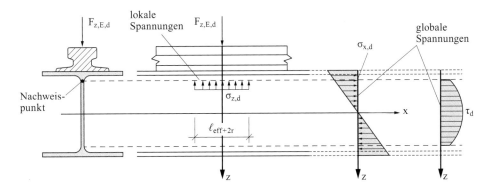

Abb. 4.21 Spannungsverteilung am Kranbahnträger mit globalen und lokalen Anteilen

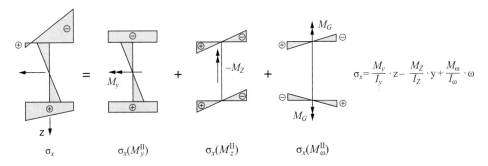

$$\sigma_x = \frac{M_y}{I_y} \cdot z - \frac{M_z}{I_z} \cdot y + \frac{M_\omega}{I_\omega} \cdot \omega$$

σ_x $\quad\quad$ $\sigma_x(M_y^{II})$ $\quad\quad$ $\sigma_x(M_z^{II})$ $\quad\quad$ $\sigma_x(M_\omega^{II})$

Abb. 4.22 Normalspannungsanteile bei zweiachsiger Biegung mit Wölbkrafttorsion

führten Fassung zur Verfügung:

$$\text{mit} \quad \frac{M_y}{M_{y,Rd}} + \frac{M_z}{M_{z,Rd}} + \frac{M_\omega}{M_{\omega,Rd}} \le 1{,}0 \tag{4.16}$$

Alternativ wird das Teilschnittgrößenverfahren nach [22] und mit Ergänzung nach [23] empfohlen, da hier alle auftretenden Schnittgrößen inklusive der Wölbkrafttorsion berücksichtigt werden können.

Vereinfachte Spannungsnachweise
Spannungen aus waagerechten Seitenlasten. Die an Schienenoberkante wirkende waagerechte Kranseitenlast (i. Allg. aus Schräglauf) – hier mit H_{Sd} bezeichnet – hat gegenüber dem Trägerschwerpunkt (bzw. Schubmittelpunkt) den Hebelarm z_S und verursacht neben dem Biegemoment M_z noch das Torsionsmoment $M_x = M_T = H_{S,d} \cdot z_S$. Statt einer genaueren Torsionsberechnung weist man M_z näherungsweise nur dem Obergurtquerschnitt (einschl. der evtl. mit ihm schubfest verbundenen Schiene) zu, während M_y wie üblich

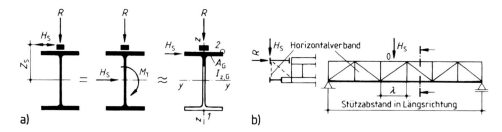

Abb. 4.23 Wirkung der Kranseitenkräfte. **a** Aufnahme von H_S durch Kranbahnträger-Obergurt, **b** Aufnahme durch Horizontalverband

vom Gesamtquerschnitt übernommen wird, Abb. 4.23. Somit lauten die Spannungen:

$$\text{im Punkt 1:}\quad \sigma_1 = \frac{M_y}{W_{y,u}} \quad \text{und} \tag{4.17}$$

$$\text{im Punkt 2:}\quad \sigma_2 = \frac{|M_y|}{W_{y,o}} + \frac{M_z}{W_{z,\text{Gurt}}} \tag{4.18}$$

und der Nachweis

$$\frac{\sigma_{1,2}}{f_{y,d}} \leq 1 \tag{4.19}$$

Bei den Beanspruchungen ist der Index „d" weggelassen.

In Gln. 4.17 und 4.18 werden M_y, M_z unter Beachtung der Lastgruppen gemäß Tab. 4.8 bestimmt mit den Teilsicherheitsbeiwerten γ und den Schwingbeiwerten φ_i.

Am Beginn der Ausrundung bzw. am Rand des Stegblechs ist die **Vergleichsspannung** σ_v infolge $\sigma_{x,\tau}$ und $\overline{\sigma}_z$ (aus der Radlasteinleitung) nachzuweisen.

Nur bei kleinen Stützweiten ist der Obergurt des unverstärkten Kranbahnträgers in der Lage, das von H_S verursachte Moment M_z zu übernehmen. Bei mittleren Stützweiten muss man deswegen den Obergurt bezüglich der z-Achse häufig verstärken (Abb. 4.8c–g). Bei großen Stützweiten reicht auch diese Maßnahme nicht aus und es wird notwendig, den Obergurt mit einem waagerechten *Verband* (Schlingerverband) seitlich abzustützen. Eine zwischen den Knotenpunkten auf den durchlaufenden Gurt einwirkende Last H_S erzeugt das Biegemoment $M_z \approx H_S \cdot \lambda/5$ (Abb. 4.23b). Da der Kranbahnträger-Obergurt zugleich Gurt des Verbandes ist, muss der in Abb. 4.23a angelegte Gurtquerschnitt auch die Gurtstabkraft O übernehmen; im Punkt 2 ist dann

$$\sigma_2 = \frac{|O|}{A_{\text{Gurt}}} + \frac{|M_y|}{W_{y,o}} + \frac{M_z}{W_{z,\text{Gurt}}} \tag{4.18a}$$

Verbindungsmittel (Nähte, Schrauben) werden wie bekannt nachgewiesen (s. Teil 1).

Spannungen aus Radlasteinleitung

1. Zentrische Radlasteinleitung darf außer im Grenzzustand der Ermüdung immer angenommen werden, siehe auch Abb. 4.15. Am *oberen* Rand des Trägersteges mit der Dicke
t_w entstehen unter der Radlast $F_{z,Ed}$ die Druckspannung $\sigma_{oz,Ed}$ und Schubspannungen
$\tau_{oxz,Ed}$ (Abb. 4.24), gleichzeitig erfährt der Gurt (infolge der elastischen Zusammendrückung des Steges) eine zusätzliche Biegebeanspruchung, die nach DIN EN 1993-6 jedoch
unberücksichtigt bleiben darf. Anstelle der „genauen" σ_z-Verteilung kann über die Lastverteilungsbreite l_{eff} eine konstante Spannung von

$$\text{Schweißprofil:} \quad \sigma_{oz,Ed} = \frac{F_{z,Ed}}{l_{eff} \cdot t_w} \qquad \text{Walzprofil:} \quad \sigma_{oz,Ed} = \frac{F_{z,Ed}}{(l_{eff} + 2r) \cdot t_w} \qquad (4.20)$$

mit:

l_{eff} effektive Lastverteilungsbreite gemäß Tab. 4.13

r Ausrundungsradius

t_w Stegdicke

ermittelt werden.

Die Ermittlung der effektiven Lastausbreitungslänge an der Obergurtunterkante kann
gemäß Tab. 4.13 gemäß [5] unter Beachtung der lastverteilenden Wirkung des Obergurts
erfolgen, siehe auch [17]. Bei gewalzten Querschnitten kann zusätzlich eine Verteilung
über die Ausrundungsradien berücksichtigt werden, siehe auch Abb. 4.25. Für eine vereinfachte Berechnung kann [37] und Gl. 4.22 herangezogen werden.

Bei aufgeschweißter Rechteckschiene kann das Trägheitsmoment I_{rf} des zusammengesetzten Querschnitts wie folgt bestimmt werden.

$$I_{rf} = \frac{h_r^3 \cdot b_{fr} + t_f^3 + b_{eff}}{12} + A_r \cdot \left(\frac{h_r + t_f}{2}\right)^2 \cdot \left(1 - \frac{A_r}{A_r + (b_{eff} \cdot t_f)}\right) \qquad (4.21)$$

Abb. 4.24 Lokale Spannun-
gen $\sigma_{oz,Ed}$ und $\tau_{ox,z,Ed}$ und im
oberen Stegblechbereich infol-
ge Radlasteinleitung [5]

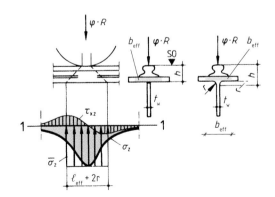

Tab. 4.13 Effektive Lastausbreitungslänge l_{eff} [5]

Fall	Beschreibung	Effektive Lastausbreitungslänge l_{eff}
a	Kranschiene schubstarr am Flansch befestigt	$l_{eff} = 3{,}25 \cdot \left(\dfrac{I_{rf}}{t_w}\right)^{1/3}$
b	Kranschiene nicht schubstarr am Flansch befestigt	$l_{eff} = 3{,}25 \cdot \left(\dfrac{I_r + I_{f,eff}}{t_w}\right)^{1/3}$
c	Kranschiene auf einer mind. 6 mm dicken nachgiebigen Elastomerunterlage	$l_{eff} = 4{,}25 \cdot \left(\dfrac{I_r + I_{f,eff}}{t_w}\right)^{1/3}$

mit

$I_{f,eff}$ Trägheitsmoment des Flansches um die horizontale Schwerelinie des Flansches mit der effektiven Breite b_{eff}

I_r Trägheitsmoment der abgenutzten Schiene um dessen horizontale Schwerelinie

I_{rf} Trägheitsmoment des zusammengesetzten Querschnitts um dessen horizontale Schwerelinie bestehend aus Schiene und Flansch mit der effektiven Breite b_{eff}

$b_{eff} = b_{fr} + h_r + t_f \leq b$

Abb. 4.25 Effektive Lastausbreitungslänge l_{eff} [5, 16] unter Radlasten

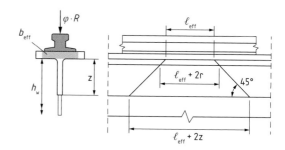

mit

b_{eff} effektive Flanschbreite b_{eff}

A_r Fläche der abgenutzten Schiene

Für schubfest verbundene Kranschienen Typ a kann bei üblichen Kranbahnträgern auch die vereinfachte Lastausbreitung gemäß der Richtlinie Stahlbau verwendet werden. Die effektive Lastausbreitungslänge l_{eff} berücksichtigt die günstige Lastverteilung des Obergurts. Für aufgeschweißte Rechteckschienen kann folgende Näherung für die Profilreihen HEA, HEB und HEM verwendet werden [37]:

$$l_{eff} = 1{,}5 \, (h_r + t_f) + 4 \, \text{cm} \tag{4.22}$$

mit

h_r Höhe der abgenutzten Schiene

t_f Flanschdicke

Abb. 4.26 Gurttorsion und Stegbiegung bei exzentrischer Radlasteinleitung. **a** Verformungen des Trägers zwischen den Stegblechquersteifen, **b** Schubspannungen τ und Stegblech-Biegespannungen $\overline{\sigma}_{z,B}$ infolge M_G

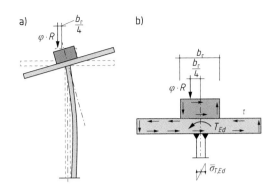

Die zugehörige Schubspannung darf vereinfacht über

$$\tau_{\text{oxz,Ed}} = 0{,}2 \cdot \sigma_{\text{oz,Ed}} \tag{4.23}$$

bestimmt werden.

In Gl. 4.20 ist $F_{z,\text{Ed}}$ der größtmögliche Wert; h und t_w in cm. h bezieht sich auf die Oberkante der verschlissenen Kranschiene ($\approx 25\,\%$ der Schienenkopfhöhe abgefahren). Bei Verwendung elastischer Kranschienenunterlagen dürfen die Spannungen $\sigma_{\text{oz,Ed}}$ (und damit auch die Schubspannungen $\tau_{\text{oxz,Ed}}$) um 25 % abgemindert werden, wenn gleichzeitig besondere Maßnahmen zur Stützung des Gurtes gegen Querbiegung getroffen werden (s. Abschn. 4.3).

2. Exzentrische Radlasteinleitung ist bei den Beanspruchungsgruppen ab S3 bis S9 zu unterstellen, wobei mit einem Hebelarm der Radlast ($\varphi \cdot R$) von 1/4 der Schienenkopfbreite zu rechnen ist (Abb. 4.26). Diese Lastausmitte ist jedoch nur beim Nachweis der Ermüdung zu berücksichtigen. Neben den Spannungen $\sigma_{\text{oz,Ed}}$ entstehen im Steg zusätzliche Biegespannungen $\sigma_{\text{T,Ed}}$ und im Gurt Torsionsschubspannungen aus $M_{\text{TGurt}} = T_{\text{Ed}}/2$. Die Biegebeanspruchung des Steges, welche nur im Betriebsfestigkeitsnachweis zu berücksichtigen ist, kann nach [5] wie folgt bestimmt werden (Abb. 4.26b):

$$\sigma_{\text{T,Ed}} = \pm \frac{6 \cdot T_{\text{Ed}}}{a \cdot t_w^2} \cdot \eta \cdot \tanh(\eta) \tag{4.24}$$

$$\eta = \sqrt{\frac{0{,}75 \cdot a \cdot t_w^3}{I_t} \cdot \frac{\sinh^2\left(\pi \cdot \frac{h_w}{a}\right)}{\sinh\left(\frac{2\pi h_w}{a}\right) - \frac{2\pi h_w}{a}}} \tag{4.25}$$

$$T_{\text{Ed}} = F_{z,\text{Ed}} \cdot b_r/4 \tag{4.26}$$

Dabei bedeuten:

a Quersteifenabstand
h_w Stegblechhöhe

Tab. 4.14 Querschnittswerte von A- und F-Schienen mit 25%iger Abnutzung des Kopfs

Schiene	Breite b_r [cm]	Torsionsträgheits-moment I_T [cm^4]
A 45	4,5	30,8
A 55	5,5	69,3
A 65	6,5	136,0
A 75	7,5	243,0
A 100	10,0	499,0
A 120	12,0	951,0
A 150	15,0	2336,0
F 100	10,0	427,0
F 120	12,0	637,0

t_w Blechdicke des Steges

I_t Torsionsträgheitsmoment des Flansches (einschließlich der Schiene, falls sie schubstarr befestigt ist)

b_r Schienenkopfbreite

Das Torsionsträgheitsmoment des Teilquerschnitts aus Gurt und schubstarr verbundener Rechteckschiene ergibt sich zu

$$I_T = I_{T,Gurt} + I_{T,Schiene} = \frac{b_f h_f^3}{3} + \frac{b_r h_r^3}{3} \tag{4.27}$$

Für das Torsionsträgheitsmoment der Schiene mit 25 % abgefahrenen Schienenkopf darf vereinfachend $I_{T,Netto} \approx 0{,}78 \cdot I_{T,Brutto}$ gesetzt werden, I_T s. [16] oder Tab. 4.14. Wegen der Torsionsbeanspruchung des Gurtes bei exzentrischem Lastangriff erhalten die Verbindungsnähte zwischen aufeinander liegenden Gurtplatten hohe Schubspannungen. Deswegen soll der Obergurtquerschnitt möglichst einteilig ausgeführt werden, auch wenn dann relativ dicke, schweißtechnisch etwas ungünstige Gurtplatten verwendet werden müssen. Für die Halsnähte zur Verbindung von Gurt und Steg kommt wegen der günstigen Kerbfalleinordnung im Betriebsfestigkeitsnachweis nur die K-Naht mit Doppelkehlnaht in Betracht.

4.5.5.2 Stabilitätsnachweise

Biegedrillknicken

Der Kranbahnträger wird vorzugsweise infolge der Radlasten um die y-Achse und bei gleichzeitiger Einwirkung der Kranseitenlasten auch erheblich um die z-Achse verbogen und um die Längsachse tordiert (Längskräfte spielen für den Kranbahnträger keine nennenswerte Rolle), siehe auch Abb. 4.21. Im Fall der einachsigen Biegung liegt das

Kippen vor, bei zweiachsiger Biegung einschließlich Verdrillung dagegen die *Wölbkraft-torsion nach Theorie II. Ordnung* siehe [14], Kap. 6, Diese kann im Rahmen dieses Werkes nicht näher betrachtet werden. Die *Biegedrillknicknachweise* werden im Teil 1 des Werkes ausführlich behandelt. Für den Stabilitätsnachweis von Kranbahnträgern stehen folgen Verfahren zur Verfügung:

- Nachweis Druckgurt als Druckstab mit Querbiegung, siehe auch [14] und folg. Seiten
- Erweitertes Interaktionsverfahren nach DIN EN 1993-6 Anhang A, siehe [14] Abs. 6.4.1.2
- Verfahren nach Petersen, Statik und Stabilität [18]
- Berechnung nach der Biegetorsionstheorie II. Ordnung unter Berücksichtigung geometrischer Ersatzimperfektionen und anschließendem Querschnittsnachweis siehe z. B. [23].

In Abb. 4.27 sind die auftretenden Belastungen, Imperfektionen und Schnittgrößen bei Berechnung nach der Biegetorsionstheorie II. Ordnung beispielhaft dargestellt gemäß [23]. Hierbei kann mit den Schnittgrößen Theorie II. Ordnung die elastische oder plastische Querschnittstragfähigkeit nach [22] bzw [23]. nachgewiesen werden. Diese Methode liefert zwar die günstigsten Ergebnisse, ist jedoch für eine Handrechnung kaum geeignet.

Nachweis Druckgurt als Druckstab

Daher soll hier ein Weg beschrieben werden, wie mit Hilfe des Ersatzstabverfahrens nach DIN EN 1993-1-1 im Fall der **zweiachsigen Biegung** die Tragsicherheit nachgewiesen werden kann. Wie im Spannungsnachweis Gl. 4.18 wird das Biegemoment M_z infolge der Kranseitenlast allein dem Obergurtquerschnitt (Abb. 4.28 und 4.23) zugewiesen, womit die Torsionsbeanspruchung abgegolten sein soll. Aus den Biegenormalspannungen infolge M_y wird für den maßgebenden Obergurtquerschnitt die Gurtnormalkraft

$$N_G = \frac{M_y}{I_y} \cdot S_G \qquad (4.28)$$

bestimmt (S_G = statisches Moment = Flächenmoment 1. Grades des Gurtquerschnittes um die y-Achse). Anhand des N_G-Verlaufs über die Länge des Kranbahnträgers ermittelt man mit den üblichen Hilfsmitteln unter Beachtung der Lagerungsbedingungen die Knicklänge $L_{cr,z}$ des vom Restquerschnitt isoliert betrachteten Gurtquerschnittes Für diesen gedachten Druckstab mit Biegung um die z-Achse wird der *Ersatzstabnachweis für Biegeknicken* geführt, s. Abschn. 6, Teilwerk 1 und Beispiele in Abschn. 4.6. Das Vorgehen wird nachfolgend für Kranbahnträger näher erläutert.

Der Biegedrillknicknachweis eines einfeldrigen Kranbahnträgers darf als Nachweis gegen Biegeknicken eines Druckstabes mit einer Querschnittsfläche aus Druckgurt und 1/5

Abb. 4.27 Beispiel nach
[23] System, Schnittgrößen
nach Biegetorsionstheorie II.
Ordnung, Querschnittstragfähigkeit

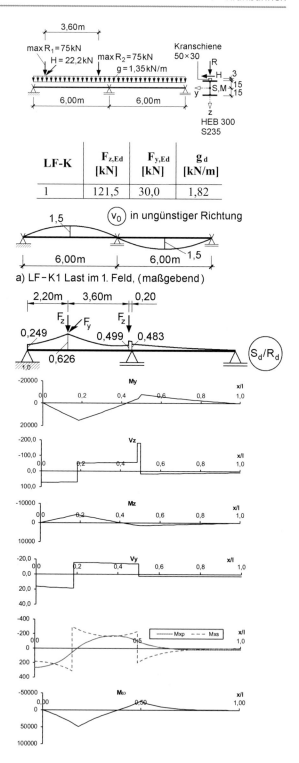

LF-K	$F_{z,Ed}$ [kN]	$F_{y,Ed}$ [kN]	g_d [kN/m]
1	121,5	30,0	1,82

a) LF–K1 Last im 1. Feld, (maßgebend)

Abb. 4.28 Biegedrillknicknachweis (Kippnachweis)

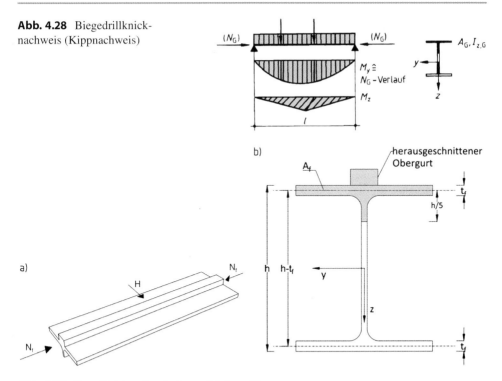

Abb. 4.29 Zum Knicknachweis des gedrückten Obergurtes

des Steges geführt werden. Die nachzuweisende Drucknormalkraft berechnet sich aus dem Biegemoment infolge vertikaler Einwirkungen dividiert durch den Abstand zwischen den Flanschschwerpunkten, siehe Abb. 4.29.

Die Torsionsmomente dürfen vernachlässigt werden, wenn das aus der H-Last resultierende Moment M_z allein dem Obergurt zugewiesen wird. Die Knicklänge des Obergurtes in der z-Achse bestimmt sich durch die Auflagerpunkte. Horizontal in der y-Ebene ist die Knicklänge vom Abstand der Gabellagerungen abhängig. Ist ein Horizontalverband angeordnet ist diese zwischen den Verbandspfosten zu ermitteln, siehe. Eventuell sind weitere Normalkräfte zu berücksichtigen. Der Biegedrillknicknachweis des gedanklich herausgeschnittenen Obergurtes kann wie folgt geführt werden:

$$\frac{N_{f,Ed} \cdot \gamma_{M1}}{\chi_z \cdot A_f \cdot f_y} + \frac{k_{zz} \cdot M_{z,Ed} \cdot \gamma_{M1}}{W_{f,z} \cdot f_y} \leq 1,0 \qquad (4.29)$$

mit

χ_z Abminderungsfaktor für Biegeknicken in z-Richtung
k_{zz} Interaktionsbeiwert, siehe [14]
$N_{f,Ed}$ $\frac{M_{y,Ed}}{(h-t_f)}$

Tab. 4.15 Effektive Imperfektionsbeiwert α der Knicklinien nach DIN EN 1993-1-1 Tab. 6.1

Knicklinie	a	b	c	d
Imperfektionsbeiwert α	0,21	0,34	0,49	0,76

Der gedanklich herausgeschnittene Querschnitt ist für Ausweichen senkrecht zur z-Achse einer Knicklinie zuzuordnen, siehe [14] Tab. 6.7. Walzprofile mit aufgeschweißter Schiene sind wie Schweißprofile zu behandeln. Der zughörige Imperfektionsbeiwert α ist folgender Tab. 4.15 zu entnehmen.

Der bezogene Schlankheitsgrad $\overline{\lambda}_z$, bestimmt sich wie folgt:

$$\overline{\lambda}_z = \frac{L_c}{i_{z,f} \cdot \lambda_1} \qquad (4.30)$$

mit

$\lambda_1 = \pi \cdot \sqrt{\frac{E}{f_y}}$

L_c Knicklänge des Ersatzdruckstabes ggf. unter Beachtung der seitlichen Halterungen

$\quad = 1,0 \cdot l$ Einfeldträger

$\quad = 0,85 \cdot l$ Mehrfeldträger (ident. Feldlängen)

$i_{z,f} = \sqrt{\frac{I_f}{A_f}}$

Der Abminderungsfaktor für Biegeknicken χ_z, ergibt sich zu:

$$\chi_z = \frac{1}{\phi + \sqrt{\phi^2 - \overline{\lambda}_z^2}} \leq 1,0$$

mit

$\phi = 0,5 \left[1 + \alpha \cdot \left(\overline{\lambda}_z - 0,2 \right) + \overline{\lambda}_z^2 \right]$

$\overline{\lambda}_z$ bezogener Schlankheitsgrad

α Imperfektionswert abhängig von der Knicklinie nach Tab. 4.15

Der Interaktionsbeiwert k_{zz}, kann in Abhängigkeit der Querschnittsklasse ermittelt werden mit:

QKL 3:

$$k_{zz} = C_{mz}\left(1 + 0,6 \cdot \overline{\lambda}_z \frac{N_{OG,Ed} \cdot \gamma_{M1}}{\chi_z \cdot A_{OG} \cdot f_y}\right) \leq C_{mz}\left(1 + 0,6 \cdot \frac{N_{OG,Ed} \cdot \gamma_{M1}}{\chi_z \cdot A_{OG} \cdot f_y}\right) \qquad (4.31)$$

QKL 1+2:

$$k_{zz} = C_{mz}\left(1 + (2 \cdot \overline{\lambda}_z - 0,6) \cdot \frac{N_{OG,Ed} \cdot \gamma_{M1}}{\chi_z \cdot A_{OG} \cdot f_y}\right) \leq C_{mz}\left(1 + 1,4 \cdot \frac{N_{OG,Ed} \cdot \gamma_{M1}}{\chi_z \cdot A_{OG} \cdot f_y}\right) \quad (4.32)$$

mit $C_{mz} = 0,9$ (für QKL 1 bis 3)

Stegblechbeulung
Für die kompakten Gurte der Kranbahnträger besteht i. d. R. keine Beulgefahr, so dass der Beulsicherheitsnachweis auf den Steg – und hier vorwiegend auf *geschweißte* Blechträger – beschränkt bleibt. Die Nachweise nach DIN EN 1993-1-5 sind im Kap. 2 ausführlich behandelt.

Allgemeine Betrachtung auf Spannungsebene:

Die *senkrechten Druckspannungen* $\sigma_{oz,Ed}$ aus der unmittelbaren Radlasteinleitung erhöhen die Beulgefahr des Stegbleches und müssen beim Nachweis neben den Schub- und Biegenormalspannungen mit berücksichtigt werden, siehe Abs. 2. Hierzu benötigt man die *ideale Beulspannung* σ_{yPi} eines Stegbleches, welches nur am oberen Rand über eine beschränkte Länge durch Normalspannungen belastet ist. Sie kann nach wie folgt bestimmt werden, Abb. 4.30.

Unter der konzentrierten Last $F\ (= \varphi \cdot R)$, die an einem Längsrand mittig und auf eine Breite c konstant verteilt werden kann

$$F = c \cdot p = \sigma_y^* \cdot t_w \cdot c \qquad (4.33)$$

beult ein Stegblech mit den Abmessungen $a \times b_G$, wenn die Last den Wert

$$F_{cr,y} = k_{\sigma y} \cdot \sigma_e \cdot (a \cdot t_w) = \sigma_{cr,y} \cdot (a \cdot t_w) \qquad (4.34)$$

erreicht.

Abb. 4.30 Stegblechbeulung infolge σ_y (aus Radlast)

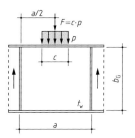

Hierin bedeuten:

k_{σ_y} Beulbeiwert für eine Einzellast in der Mitte des oberen Stegblechrandes nach
          Abschn. 2.2.2 und Tab. 2.5
σ_e Euler'sche Bezugsspannung nach Gl. 2.6b
a, t_w Abmessungen des Stegbleches

Da die (rechnerische) Last auf die Beulfeldlänge a (= Abstand der Quersteifen) bezogen ist, muss die Radlast F ebenfalls auf die Länge „a" bezogen werden.

$$\sigma_y = \varphi \cdot R / (a \cdot t_w) \tag{4.35}$$

Dies gilt jedoch nicht für die Berechnung von $\overline{\lambda}_p$ und ι_{ffy} (s. Beispiel 4).

Die Grenzbeulspannung $\sigma_{y,p,R,d}$ ist gegebenenfalls unter Berücksichtigung eines *knickstab-ähnlichen Verhaltens* des Stegbleches unter der σ_y-Beanspruchung zu bestimmen, s. Abschn. 2.5.4. Bei ausgesteiften Stegblechen (durch Längs- und/oder Quersteifen) sind die Beulwerte $k_{\sigma,\tau}$ der Literatur zu entnehmen, siehe Abs. 2.

Nachweis nach DIN EN 1993-1-5:
Die senkrechten Druckspannungen aus der unmittelbaren Radlasteinleitung erhöhen die Beulgefahr des Stegbleches und müssen beim Nachweis neben den Schub- und Biegenormalspannungen mit berücksichtigt werden. Hierbei werden 3 Typen der Lasteinleitung unterschieden, siehe auch Abb. 4.31 und DIN EN 1993-1-5:

• Lasteinleitung über einen Flansch
• Lasteinleitung über beide Flansche
• Lasteinleitung ohne Quersteifen in Nähe des Trägerendes

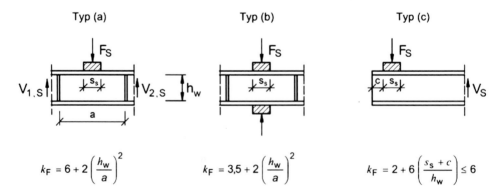

Abb. 4.31 Beulwerte für die 3 Typen der Lasteinleitung [3, Bild 6.1]

Zudem wird die Nachweisführung in 2 mögliche Fälle unterteilt, Fall a), bei dem der Beulnachweis für nur eine einzelne Radlast geführt wird, und Fall b), bei dem der Beulnachweis für zwei oder mehrere nahe zusammenstehende Radlasten geführt werden muss.

Die Länge, über die die Querlast in den Steg eingeleitet wird, bezeichnet man als starre Lasteinleitungslänge s_s. l_{eff} kann hierbei gemäß Tab. 4.13 bestimmt werden.

$$\text{Fall a): } s_s = l_{eff} - 2 \cdot t_f \quad \text{Fall b): } s_s: \text{ Abstand der Radlasten} \tag{4.36}$$

Der Beulwert k_F, abhängig von den o. g. Lasteinleitungstypen, ist in Abb. 4.31 direkt angegeben.

Damit ergibt sich die kritische Beullast zu:

$$F_{cr} = 0{,}9 \cdot k_F \cdot E \cdot t_w^3 / h_w \tag{4.37}$$

mit

h_w lichte Höhe des Stegblechs zwischen den Gurten
t_w Stegdicke
k_F Beulwert gemäß Abb. 4.31

Anschließend ist unter Beachtung der wirksamen Lastausbreitungslänge l_y die Quetschgrenze F_y zu bestimmen, die das plastische Stauchen umfasst. Zur Berechnung von l_y werden dimensionslose Hilfsparameter ermittelt:

$$m_1 = \frac{f_{yf} \cdot b_f}{f_{yw} \cdot t_w} \quad \text{bzw. für } f_{y,w} = f_{y,f} \; m_1 = \frac{b_f}{t_w} \tag{4.38}$$

mit $f_{y,w}$ Streckgrenze des Stegblechs, $f_{y,f}$ Streckgrenze des Gurtblechs (i. d. R. gleich)

$$m_2 = 0{,}02 \cdot \left(\frac{h_w}{t_f} \right)^2 \quad \text{für } \overline{\lambda}_F > 0{,}5 \tag{4.39}$$

$$m_2 = 0 \quad \text{für } \overline{\lambda}_F \leq 0{,}5 \tag{4.40}$$

Für die Typen a und b gemäß Abb. 4.30 folgt:

$$l_y = s_s + 2 \cdot t_f \cdot (1 + \sqrt{m_1 + m_2}) \leq a \tag{4.41}$$

Und für Typ c gemäß Abb. 4.31 ist der kleinere Wert aus folgenden Bedingungen zu verwenden:

$$l_y = l_e + t_f \sqrt{\frac{m_1}{2} + \left(\frac{l_e}{t_f} \right)^2 + m_2}$$

$$l_y = l_e + t_f \sqrt{m_1 + m_2}$$

$$l_e = \frac{k_F E t_w^2}{2 f_{yw} h_w} \leq s_s + c$$

Die Quetschgrenze ergibt sich damit zu:

$$F_y = f_{yw} \cdot l_y \cdot t_w$$

Dies führt zu einem Schlankeitswert von

$$\overline{\lambda}_F = \sqrt{\frac{l_y \cdot t_w \cdot f_{yw}}{F_{cr}}} = \sqrt{\frac{F_y}{F_{cr}}} \qquad (4.42)$$

und einem möglichen Abminderungsfaktor für die Lastausbreitungslänge, falls $\overline{\lambda}_F > 0,5$
von

$$\chi_F = 0,5/\overline{\lambda}_F \leq 1,0 \qquad (4.43)$$

Der Bemessungswert der Beanspruchbarkeit des Stegblechs unter Radlast beträgt:

$$F_{Rd} = \frac{f_{yw} \cdot L_{eff} \cdot t_w}{\gamma_{M1}} \qquad (4.44)$$

mit $L_{eff} = \chi_F \cdot l_y$.

Damit wird das Versagen durch Beulen auf Grund von Lasteinleitungsspannungen
nachgewiesen durch:

$$\eta_2 = F_{Ed}/F_{Rd} \leq 1,0 \qquad (4.45)$$

mit F_{Ed}: Bemessungswert der einwirkenden Radlast. Bei zwei nahe beieinander stehende
Radlasten ist die Summe aus beide für F_{Ed} einzusetzen.

Um die Interaktion zwischen Beulen infolge Lasteinleitungsspannungen und infolge
Biegenormalspannungen zu berücksichtigen, wird in einem zweiten Schritt der Nachweis
geführt mit

$$\eta_2 + 0,8 \cdot \eta_1 \leq 1,4 \qquad (4.46)$$

Dabei ist η_1 zu ermitteln aus:

$$\eta_1 = \frac{M_{y,Ed}}{M_{y,Rd}} = \frac{M_{y,Ed} \cdot \gamma_{M0}}{f_y \cdot W_{y,eff}} \qquad (4.47)$$

4.6 Nachweise im Grenzzustand der Gebrauchstauglichkeit

Verformungsbegrenzungen

Die in [5] und im NA zu [5] empfohlenen, d. h. nicht zwingend einzuhaltenden Verformungen dienen in erster Linie einem verschleißarmen und störungsfreien Kranbetrieb.
Die Verformungen werden i. d. R. mit Schwingbeiwerten $\varphi_i = 1$ geführt. Die empfohlenen Grenzwerte können der Tab. 4.16–4.18 entnommen werden. Für die horizontalen

Tab. 4.16 Empfohlene Verformungsbegrenzungen, Zusammenfassung

Fall	Verformungen		Grenzwert
	Vertikalverformung		
A	Durchbiegung	δ_v	$\leq l/500$ ≤ 25 mm
B	Relativer Unterschied der Durchbiegungen beider Kranbahnträger	$\Delta\delta_v$	$\leq S/600$
C	Durchbiegung infolge Nutzlast bei einer Unterflansch-Laufkatze	δ_{pay}	$\leq l/500$
	Horizontalverformungen		
C	Horizontalauslenkung Oberkante Kranschiene	$\delta_{h,K}$	$\leq l/600$
D	Horizontalverschiebung der Stütze in Höhe Kranbahnauflagerung	$\delta_{h,S}$	HC1 $\leq h/250$ HC2 $\leq h/300$ HC3 $\leq h/350$ HC4 $\leq h/400$
E	Relativer Unterschied der Horizontalverschiebung benachbarter Stützen	$\Delta\delta_{h,S}$	$\leq h/600$
F	Spuränderungsmaß	ΔS	≤ 10 mm

l Stützweite des Kranbahnträgers
S Kranbrückenspannweite (Spurweite)
h Stützenhöhe bis Oberkante Kranschiene

Tab. 4.17 Empfehlungen für Verformungsbeschränkung von Kranbahnträgern [5]

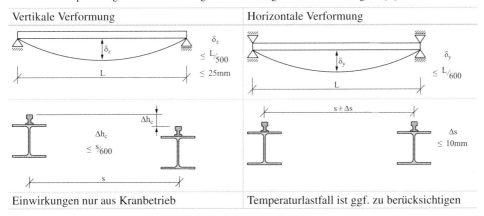

Vertikale Verformung	Horizontale Verformung
Einwirkungen nur aus Kranbetrieb	Temperaturlastfall ist ggf. zu berücksichtigen

ANMERKUNG Horizontale Verformungen und Abweichungen von Kranbahnträgern werden bei der Berechnung gemeinsam berücksichtigt. Die zulässigen Verformungen und Toleranzen sind abhängig von der Detailausbildung und den Abständen der Kranführungsmittel. Unter der Voraussetzung, dass das Spiel zwischen Spurkranz und Kranschiene (oder zwischen anderen Führungsmitteln und dem Kranbahnträger) ausreichend ist, um die erforderlichen Toleranzen aufzunehmen, können nach Vereinbarung zwischen dem Kranhersteller und dem Bauherrn auch größere Verformungsgrenzwerte für die einzelnen Projekte vereinbart werden.

Tab. 4.18 Empfehlungen für Verformungsbeschränkung von Unterkonstruktionen [5]

Horizontale Verschiebung eines Tragwerks	Differenz der horizontalen Verschiebung eines Tragwerks

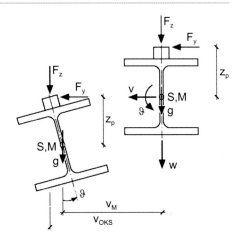

HC	δ_y
1	$h_c/250$
2	$h_c/300$
3	$h_c/350$
4	$h_c/400$

$\Delta\delta_y \leq L/600$ (Krane)

$\leq L/400$ $\begin{bmatrix} \text{Wind} \\ \text{ohne} \\ \text{Kran} \end{bmatrix}$

Abb. 4.32 Verformung des Kranbahnträgers an Oberkante Schiene v_{oks}

Verformung im Fall D gemäß Tab. 4.16 müssen nach NA nur die Lasten aus Kranbetrieb berücksichtigt werden. Trotzdem ist zu empfehlen, die horizontale Stützenauslenkung aus horizontalen Lasten möglichst gering zu halten, um den Kranbetrieb nicht zu gefährden.

Für die horizontalen Verformung bezieht sich die Verformungsempfehlung des Kranbahnträgers auf Oberkante Schiene. Dabei ist neben dem eigentlichen Verschiebungsanteil v auch die Verdrehung des Trägers zu beachten, siehe hierzu Abb. 4.32.

Schwingungen des Kranbahnträgeruntergurtes (horizontal)

Zur Vermeidung von Schwingungen des Kranbahnträgeruntergurtes sollte dessen Schlankheit $c/i_{z,g} \leq 250$ sein (c Abstand der seitlichen Stützung, $i_{z,g}$ Trägheitsradius des Untergurtes).

Begrenzung des Stegblechatmens

Die Schlankheit von Stegblechen ist zu begrenzen, um übermäßiges Stegblechatmen, das zu Ermüdungsschäden an oder im Bereich von Steg-Flansch-Anschlüssen führen kann, zu vermeiden. Dazu muss für Stege ohne Längssteifen folgende Bedingung erfüllt sein:

$$\frac{b}{t_\mathrm{w}} < 120 \tag{4.48}$$

mit

b kleinere Seitenlänge des Stegbleches
t_w Stegblechdicke

Für alle anderen Fälle oder einer genaueren Betrachtung kann der Nachweis ebenfalls in der häufigen Lastkombination geführt werden mit:

$$\sqrt{\left(\frac{\sigma_\mathrm{x,Ed}}{k_\sigma \cdot \sigma_\mathrm{E}}\right)^2 + \left(\frac{1{,}1 \cdot \tau_\mathrm{Ed}}{k_\tau \cdot \sigma_\mathrm{E}}\right)^2} < 1{,}1 \tag{4.49}$$

mit

b kleinere Seitenlänge des Stegblechs
k_σ, k_τ linear-elastische Beulwerte siehe Kap. 2
σ_E $= \frac{190.000}{(b/t_\mathrm{w})^2}$
τ_Ed Schubspannung im Steg (Häufige LFK)
$\sigma_\mathrm{x,Ed}$ Normalspannung im Steg (Häufige LFK)

Weitere Hinweise befinden sich in Kap. 2.

4.7   Kranbahnträger mit Unterflanschlaufkatze und Hängekrane

4.7.1   Allgemeines

Kranbahnträger für Unterflanschlaufkatzen und Hängekrane werden direkt durch die Kranräder auf den Unterflanschen befahren. Dabei kommen für das Verfahren oder anheben einzelner Lasten Katzträger zum Einsatz (Abb. 4.33a) und für größere Betriebsanlagen werden untergehängte Brückenkrane (Hängekrane) verwendet, Abb. 4.33b. Deren Kranbahnträger werden z. B. an Fachwerk- oder Deckenkonstruktionen untergehängt. Besonderer Augenmerk bei der konstruktiven Ausbildung ist dabei auf die Aufhängung und Lastweiterleitung zu legen. Ggf. sind für die direkt beanspruchte Unterkonstruktion auch Ermüdungsnachweise zu führen, z. B. bei Fachwerkträgern gemäß DIN EN 1993-1-9

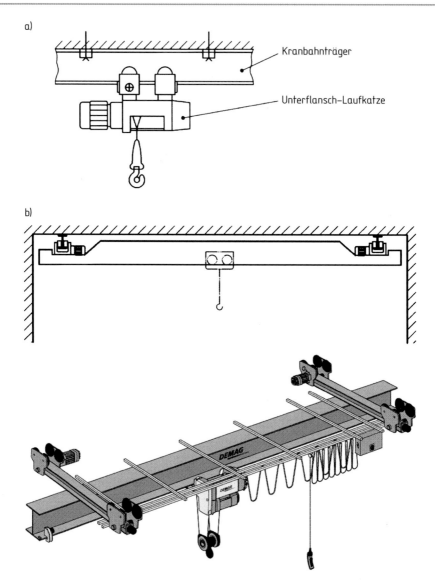

a)

Kranbahnträger

Unterflansch-Laufkatze

b)

Abb. 4.33 **a** Unterflanschlaufkatze, **b** Hängekrane

unter Beachtung der Knotensteifigkeit oder Nutzung zusätzlicher K-Faktoren, siehe auch DIN EN 1993-6, Abs. 5.9.

Eine weitere Besonderheit gegenüber den aufgesetzten Kranen liegt in den Zusatz-spannungen, die sich aus der lokalen Flanschbiegung aus dem Fahren der Räder auf dem Unterflansch ergeben. Diese werden in Abschn. 4.7.3 näher erläutert. aus Verschleißgrün-den ist die Verwendung höherfester Stähle mit S355 zu empfehlen, statt S235.

Abb. 4.34 Horizontallasten bei **a** Unterflanschlaufkatze, **b** Hängekran, **c** Verteilung je Kranbahnträger

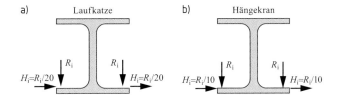

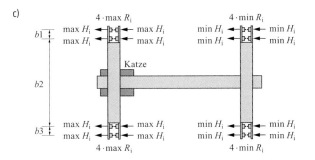

4.7.2 Einwirkung

Die vertikalen Radlasten und Schwingbeiwerte werden analog zu denen für aufgesetzte Krananlagen ermittelt, siehe Abschn. 4.5, wobei sich die Punktlasten R auf beide Flansche verteilen. Ein wesentlicher Unterschied liegt in der Ermittlung der Horizontallasten. Sofern keine genaueren Krandatenblätter vorliegen, dürfen diese je Rad wie folgt ermittelt werden, siehe auch Abb. 4.34.

$$\text{Hängekrane:} \qquad H_i = \frac{1}{10} R_i \qquad (4.50)$$

$$\text{Unterflanschlaufkatze:} \qquad H_i = \frac{1}{20} R_i \qquad (4.51)$$

mit $R_i = G_{k,i} + Q_{k,i}$

Die Seitenlasten müssen nicht zusätzlich mit Schwingbeiwerten erhöht werden. Im Grenzzustand der Ermüdung darf auf den Ansatz der Horizontallasten verzichtet werden.

4.7.3 Lokale und globale Spannungen

Wie in Abschn. 4.7.1 bereits angegeben, treten infolge der Kraneinwirkungen neben den globalen auch lokale Spannungen aus Flanschbiegung infolge der Radlasten auf. Diese wurden bereits in [23, 24] und [25, 26] näher betrachtet. Aus der direkten Lasteinleitung ergeben sich im Unterflansch lokale Spannungskomponenten σ_x, σ_y und τ. Je näher die

Abb. 4.35 Spannung σ_x und
σ_y aus lokaler Flanschbiegung

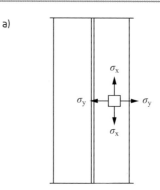

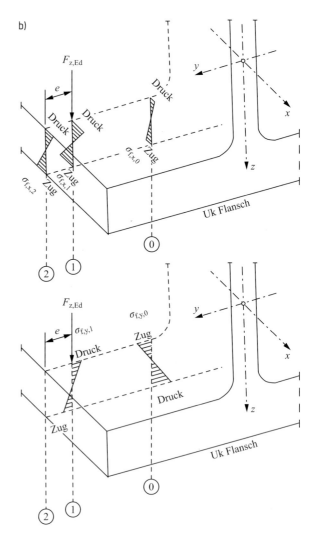

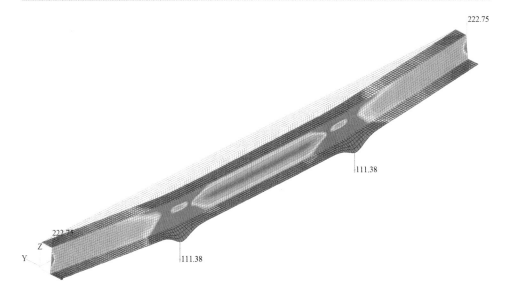

Abb. 4.36 Kranbahnträger mit Unterflanschbiegung, Spannungen und Verformung

Last am freien Rand liegt, je größer ist die entstehende Querbiegung, siehe Abb. 4.35. Eine typische Spannungsverteilung und die Verformungsfigur sind in Abb. 4.36 dargestellt. Die Grundlagen aus [25] sind auch in DIN EN 1993-3-6 überführt worden auf Basis der aktuellen Sicherheitskonzepte.

4.7.4 Nachweise nach Eurocode

Es sind grundsätzlich die vorgenannten Regelungen für Kranbahnträger mit aufgesetztem Kran auch auf Träger für Unterflanschkrane zu übertragen. Zusätzlich sind gemäß DIN EN 1993-6 [5] folgende Zusatznachweise zu führen:

1. Im Grenzzustand der Tragfähigkeit (GZT) ist die Tragfähigkeit des Untergurtes unter Beachtung der lokalen Flanschbiegung über die Grenzkraft $F_{z,Rd}$ nachzuweisen.
2. Im Grenzzustand der Gebrauchstauglichkeit (GZG) ist der Vergleichsspannungsnachweis unter Beachtung der lokalen und globalen Spannungskomponenten zu führen (gemäß NAD mit 75 % der lokalen Spannungen bei Überlagerung).
3. Im Grenzzustand der Ermüdung dürfen die lokalen Spannungen aus Flanschbiegung bei Überlagerung mit den globalen Spannungen ebenfalls auf 75 % reduziert werden.

Im GZT ist gemäß [5], Abs. 6.7 nachzuweisen, dass die einwirkende halbe Radlast (bei Verteilung auf 2 Räder gemäß Abb. 4.37) $F_{z,Ed}$ ($\gamma_F \cdot \varphi$-fach) die Grenzkraft $F_{z,Rd}$ nicht

Tab. 4.19 Effektive Länge l_{eff} bei Unterflanschbiegung (siehe auch Abb. 4.37)

Fall	Position Radlast	l_{eff} bei Unterflanschbiegung
a	Rad an einem ungestützten Flanschende	$2(m+n)$
b	Rad außerhalb der Trägerendbereiche	$4\sqrt{2}(m+n)$ für $x_{\text{w}} \geq 4\sqrt{2}(m+n)$
		$2\sqrt{2}(m+n) + 0{,}5x_{\text{w}}$ für $x_{\text{w}} < 4\sqrt{2}(m+n)$
c	Rad im Abstand $x_{\text{e}} \leq 2\sqrt{2}(m+n)$ von einem Prellbock, am Trägerende	$2(m+n)[\frac{x_{\text{e}}}{m} + \sqrt{1 + (\frac{x_{\text{e}}}{m})^2}]$ aber $\leq 2\sqrt{2}(m+n) + x_{\text{e}}$ für $x_{\text{w}} \geq 2\sqrt{2}(m+n) + x_{\text{e}}$
		$2(m+n)[\frac{x_{\text{e}}}{m} + \sqrt{1 + (\frac{x_{\text{e}}}{m})^2}]$ aber $\leq 2\sqrt{2}(m+n) + \frac{x_{\text{w}}+x_{\text{e}}}{2}$ für $x_{\text{w}} < 2\sqrt{2}(m+n) + x_{\text{e}}$
d	Rad im Abstand am gestützten Flanschende, das entweder von unten oder durch eine angeschweißte Stirnplatte gelagert ist siehe Abb. 4.39	$2\sqrt{2}(m+n) + x_{\text{e}} + \frac{2(m+n)^2}{x_{\text{e}}}$ für $x_{\text{w}} \geq 2\sqrt{2}(m+n) + x_{\text{e}} + \frac{2(m+n)^2}{x_{\text{e}}}$
		$\sqrt{2}(m+n) + \frac{(x_{\text{e}}+x_{\text{M}})}{2} + \frac{(m+n)^2}{x_{\text{e}}}$ für $x_{\text{w}} < 2\sqrt{2}(m+n) + x_{\text{e}} + \frac{2(m+n)^2}{x_{\text{e}}}$

mit

x_{e} der Abstand Trägerende bis zur Schwerlinie des Rades;

x_{w} der Radabstand

n, m siehe Abb. 4.37 und 4.38

überschreitet, gemäß Gl. 4.52

$$F_{z,\text{Ed}} \leq F_{z,\text{Rd}} = \frac{l_{\text{eff}} t_f^2 f_y / \gamma_{\text{M0}}}{4m} \left[1 - \left(\frac{\sigma_{\text{f,Ed}}}{f_y / \gamma_{\text{M0}}} \right)^2 \right] \tag{4.52}$$

mit

l_{eff} effektive Länge des Flansches, siehe Tab. 4.19

m Hebelarm von der Radlast zum Übergang Flansch-Steg, siehe Abb. 4.37

Walzprofile: $m = 0{,}5\,(b - t_{\text{w}}) - 0{,}8r - n$

Geschweißte Profile: $m = 0{,}5\,(b - t_{\text{w}}) - 0{,}8\sqrt{2}a - n$

t_f Flanschdicke

$\sigma_{\text{f,Ed}}$ die Spannung in der Schwerachse des Flansches infolge globaler Beanspruchung

b Flanschbreite

r Ausrundungsradius (Walzprofil)

a Kehlnahtdicke (geschweißtes Profil)

n der Abstand der Schwerlinie der Last zur äußeren Flanschkante, siehe Abb. 4.37

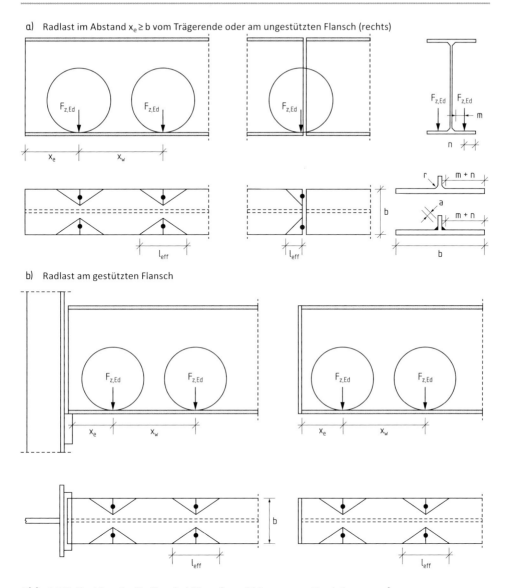

Abb. 4.37 Position der Radlast bei Unterflanschbiegung zur Ermittlung von l_{eff}

Die effektive Länge l_{eff} des Flansches (nicht zu verwechseln mit l_{eff} für σ_{oz}-Spannungen gemäß Tab. 4.13) ergibt sich in Abhängigkeit von der Position der Radlast im Feld oder Endbereich nach Abb. 4.37 sowie Tab. 4.19 und berücksichtigt die mögliche Lastausbreitung.

Im GZG ist unter Berücksichtigung der charakteristischen Radlasten R und Seitenlasten H der Vergleichsspannungsnachweis an den Stellen 0, 1, 2 des Untergurtes gemäß Abb. 4.38 zu führen. Dabei ist die anteilige charakteristische Radlast $F_{z,Ed}$ unter Beach-

Abb. 4.38 Bemessungstabellen bei Unterflanschbiegung

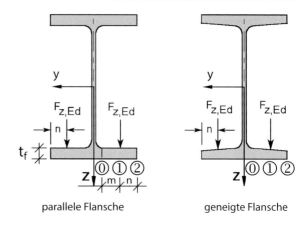

parallele Flansche   geneigte Flansche

tung der Schwingbeiwerte zu berücksichtigen. Die Koeffizienten c_x, c_y können Tab. 4.20 bzw. 4.21 entnommen werden für folgende Stellen:

Stelle 0 Flanschanschnitt
Stelle 1 Bereich Lasteinleitungspunkt
Stelle 2 Flanschaußenkante

Die lokalen Spannungsanteile ergeben sich wie folgt

$$\sigma_{ox,Ed} = c_x F_{z,Ed}/t^2 \tag{4.53a}$$

$$\sigma_{oy,Ed} = c_y F_{z,Ed}/t^2 \tag{4.53b}$$

Der Hilfsbeiwert μ zur Bestimmung von c_x und c_y berechnet sich zu:

$$\mu = 2n/(b - t_w) \tag{4.54}$$

Da die Verwendung der Gleichungen von Tab. 4.20 recht aufwändig ist, kann für die Handrechnung die nachfolgende Tab. 4.21 verwendet werden.

Tab. 4.20 Gleichungen zur Bestimmung von c_{xi} und c_{yi} an den Stellen 0, 1 und 2

Stelle	Profil mit parallelen Flanschen	Profil mit geneigten Flanschen
0	$c_{x0} = 0{,}050 - 0{,}580\mu + 0{,}148e^{3{,}015\mu}$ $c_{y0} = -2{,}110 + 1{,}977\mu + 0{,}0076e^{6{,}530\mu}$	$c_{x0} = -0{,}981 - 1{,}479\mu + 1{,}120e^{1{,}322\mu}$ $c_{y0} = -1{,}096 + 1{,}095\mu + 0{,}192e^{-6{,}000\mu}$
1	$c_{x1} = 2{,}230 - 1{,}490\mu + 1{,}390e^{-18{,}33\mu}$ $c_{y1} = 10{,}108 - 7{,}408\mu - 10{,}108e^{-1{,}364\mu}$	$c_{x1} = 1{,}810 - 1{,}150\mu + 1{,}060e^{-7{,}700\mu}$ $c_{y1} = 3{,}965 - 4{,}835\mu - 3{,}965e^{-2{,}675\mu}$
2	$c_{x2} = 0{,}730 - 1{,}580\mu + 2{,}910e^{-6{,}000\mu}$ $c_{y2} = 0$	$c_{x2} = 1{,}990 - 2{,}810\mu + 0{,}840e^{-4{,}690\mu}$ $c_{y2} = 0$

Vorzeichenkonvention: c_{xi} und c_{yi} sind positiv bei Zugspannungen an der Flanschunterseite.

Tab. 4.21 Koeffizienten zur Berechnung der Spannungen nahe der äußeren Flanschkante

μ	Parallele Flansche					Geneigte Flansche				
	cx0	cx1	cx2	cy0	cy1	cx0	cx1	cx2	cy0	cy1
0,10	0,192	2,303	2,169	−1,898	0,548	0,149	2,186	2,235	−0,881	0,447
0,15	0,196	2,095	1,676	−1,793	0,759	0,163	1,971	1,984	−0,854	0,585
0,20	0,204	1,968	1,290	−1,687	0,932	0,182	1,807	1,757	−0,819	0,676
0,25	0,219	1,872	0,984	−1,577	1,069	0,208	1,677	1,548	−0,779	0,725
0,30	0,242	1,789	0,737	−1,463	1,172	0,240	1,570	1,353	−0,736	0,737
0,35	0,272	1,711	0,533	−1,343	1,244	0,280	1,479	1,169	−0,689	0,718
0,40	0,312	1,635	0,362	−1,216	1,287	0,328	1,399	0,995	−0,641	0,671
0,45	0,364	1,560	0,215	−1,077	1,303	0,384	1,326	0,827	−0,590	0,599
0,50	0,428	1,485	0,085	−0,923	1,293	0,449	1,258	0,666	−0,539	0,507

Abb. 4.39 Verstärkung am Trägerende bei Unterflansch- biegung

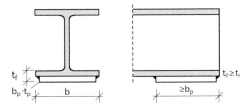

Unterflanschbiegung an freien Trägerenden

An freien rechtwinkligen Trägerenden mit unverstärktem Flansch ist zusätzlich nachzu- weisen:

$$\sigma_{\text{oy,end,Ed}} = (5{,}6 - 3{,}225\mu - 2{,}8\mu^3) F_{\text{z,Ed}}/t_{\text{f}}^2 \qquad (4.55)$$

Alternativ kann auf diesen Zusatznachweis am Trägerende verzichtet werden, wenn eine Verstärkung gemäß Abb. 4.39 angeordnet wird.

Die vorgenannte lokalen Spannungsanteile im Untergurt sind anschließend mit den globalen Spannungskomponenten zu überlagern mit

$$\sigma_{\text{v,Ed}} = \sqrt{\sum (\sigma_{\text{x,Ed,ser}})^2 + (\sigma_{\text{y,Ed,ser}})^2 - \sum (\sigma_{\text{x,Ed,ser}})(\sigma_{\text{y,Ed,ser}}) + 3(\tau_{\text{Ed,ser}})^2}$$
$$\leq f_{\text{y}}/\gamma_{\text{M,ser}} \qquad (4.56)$$

mit

$$\sum \sigma_{\text{x,Ed,ser}} = \sigma_{\text{x,Ed,ser}} + 0{,}75\sigma_{\text{0x,Ed,ser}}$$
$$\sigma_{\text{y,Ed,ser}} = 0{,}75\sigma_{\text{0y,Ed,ser}}$$
$$\gamma_{\text{M,ser}} = 1{,}0$$

Dabei dürfen bei den Überlagerungen lokale Spannungsanteile gemäß NAD auf 75 % re- duziert werden im GZG und im Grenzzustand der Ermüdung.

4.8 Berechnungsbeispiele

Beispiel 3 (Abb. 4.40 und 4.41)
Ein zweifeldiger Kranbahnträger (Abb. 4.40 und 4.41) mit konstanter Stützweite von $l = 6,0$ m wird von einem Brückenkran mit 100 kN Tragkraft befahren. Es handelt sich um einen spurkranzgeführten Kran der Bauart (IFF) in beiden Kranträgerachsen mit einer Stützweite von 24,0 m und einem Radstand $a = 3,6$ m, Hubklasse HC2, Beanspruchungsgruppe S3. Die Radlasten betragen $Q_c = 25$ kN (je Rad) und $Q_h = 75$ kN (je Rad auf mehrbelasteter Seite). Es sollen alle wesentlichen Nachweise nach Abschn. 4.5.4 geführt werden. Das Trägereigengewicht (HE 300 B) einschl. Flachschiene 50×40 beträgt rd. 1,35 kN/m.

Schwingbeiwerte
nach Tab. 4.6, 4.7

$$\varphi_1 = 1,1$$

$$\varphi_2 = 1,10 + 0,34 \cdot 40/60 = 1,33$$

$$\varphi_3 = 1 - \frac{\Delta m}{m}(1 + \beta_3) = 1,0$$

$$\varphi_4 = 1,0$$

$$\varphi_5 = 1,5$$

$$\varphi_7 = 1,25 + 0,7(0,5 - 0,5) = 1,25 \quad \text{mit } \xi_B = 0,5$$

Lastermittlung und Schnittgrößen
1. Massenkräfte aus Anfahren des Kranes (siehe Gl. 4.4)

$$K = K_1 + K_2 = \mu \cdot \sum Q_{r,min}^*$$

Mit: $\sum Q_{r,min}^* = m_w \cdot Q_{r,min} = 2 \cdot 25$ kN $= 50$ kN

Abb. 4.40 Kranbahnträger-Querschnitt

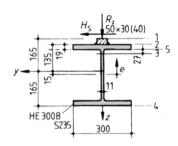

Abb. 4.41 Statisches System

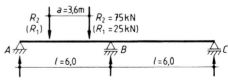

Da Einzelradantrieb

$$K = K_1 + K_2 = 0{,}2 \cdot 50\,\text{kN} = 10{,}0\,\text{kN}$$

$$\xi_1 = \sum Q_{\text{r,max}} / \sum Q_\text{r} = 150/(150 + 50) = 0{,}75$$

$$\xi_2 = 1 - \xi_1 = 1 - 0{,}75 = 0{,}25$$

Lage des Masseschwerpunktes: $l_\text{s} = (0{,}75 - 0{,}5) \cdot 24{,}0 = 6{,}0\,\text{m}$
Moment infolge exzentrischem Masseschwerpunkt

$$M = K \cdot l_\text{s} = 10{,}0 \cdot 6{,}0 = 60\,\text{kNm}$$

Kräftepaare in den Radaufstandsflächen (siehe Gl. 4.6a und 4.6b)

$$H_{\text{T,1}} = \varphi_5 \cdot \xi_2 \cdot M/a = 1{,}5 \cdot 0{,}25 \cdot 60/3{,}60 = 6{,}25\,\text{kN}$$

$$H_{\text{T,1}} = \varphi_5 \cdot \xi_1 \cdot M/a = 1{,}5 \cdot 0{,}75 \cdot 60/3{,}60 = 18{,}75\,\text{kN}$$

Bremskraft längs

$$H_{\text{L,i}} = \varphi_5 \cdot K/n_\text{r} = 1{,}5 \cdot 10/2 = 7{,}5\,\text{kN}$$

2. Führungskräfte aus Schräglauf (siehe Gln. 4.7–4.9)

$$S = 0{,}5 \cdot f \cdot \sum Q_\text{r} = H_{\text{S,1,1,}T} + H_{\text{S,2,1,}T} = 0{,}5 \cdot 0{,}3 \cdot 200\,\text{kN} = 30\,\text{kN}$$

$$H_{\text{S,1,1,}T} = 0{,}5 \cdot f \cdot \sum Q_{\text{r,(max)}} = 0{,}5 \cdot 0{,}3 \cdot 50\,\text{kN} = 7{,}50\,\text{kN}$$

$$H_{\text{S,2,1,}T} = 0{,}5 \cdot f \cdot \sum Q_{\text{r,max}} = 0{,}5 \cdot 0{,}3 \cdot 150\,\text{kN} = 22{,}5\,\text{kN}$$

Betrachtung der Lastgruppen 1 und 5
1. Schnitt- und Auflagergrößen Für die Bemessung in Lastgruppe 5 des Kranbahnträgers wird von den waagerechten Lasten die Kraft $H_{\text{S2,1,T}}$ ($= S - H_{\text{S11}}$) aus Schräglauf maßgebend:

$$H_{\text{S,2,1,}T} = H_\text{s} = 0{,}5 \cdot 0{,}30 \cdot (75 + 75) = 22{,}5\,\text{kN}$$

Charakteristische Werte der vertikalen Radlasten für Lastgruppe 1 und 5:

LG 1: $R = \varphi_1 \cdot Q_\text{c} + \varphi_2 \cdot Q_\text{h} = 1{,}1 \cdot 25 + 1{,}33 \cdot 50 = 94\,\text{kN}$
LG 5: $R = \varphi_4 \cdot Q_\text{c} + \varphi_4 \cdot Q_\text{h} = 1{,}0 \cdot 25 + 1{,}0 \cdot 50 = 75\,\text{kN}$

Charakteristische Werte der horizontalen Radlasten für Lastgruppe 1 und 5:

LG 1: $H = \varphi_5 \cdot H_\text{T} = \pm 18{,}75\,\text{kN}$ (φ_5 bereits bei Lastermittlung eingeflossen)
LG 5: $H = 1{,}0 \cdot H_\text{S} = 1{,}0 \cdot 22{,}5 = 22{,}5\,\text{kN}$

Abb. 4.42 Zweifeldträger mit
zwei Einzellasten

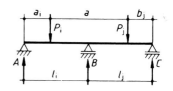

Das maximale Feld- und Stützmoment aus den Radlasten sowie die größten Auflagerdrücke werden nach [16] oder [28] bestimmt. Weitere Schnittgrößen aus Einzellasten
werden aus den Gleichgewichtsbedingungen unter Verwendung des Stützmomentes M_B
nach Gl. 4.57 und Abb. 4.42 ermittelt, für Streckenlasten nach [16].

$$M_B = -\frac{1}{2 \cdot (l_i + l_j)} \left[\frac{\sum P_i \cdot a_i \cdot (l_i^2 - a_i^2)}{l_i} + \frac{\sum P_j \cdot b_j (l_j^2 - b_j^2)}{l_j} \right] \qquad (4.57)$$

Exemplarisch werden einige Lastfälle vorgerechnet.

Veränderliche Lasten lotrecht für Lastgruppe 5 – d. h. Berücksichtigung von $\varphi_4 = 1{,}0$ Für
gleich große Radlasten ($\beta = Q_{r2,2}/Q_{r2,1} = 75/75 = 1{,}0$) können die Werte nach [16]
oder [20] mit $\alpha = a/l = 3{,}6/6{,}0 = 0{,}6$ verwendet werden.

Maximales Feldmoment $M_{y,1}$ *(Abb. 4.43b, rechts)* Das erste Rad steht hierbei in der Entfernung x_1 vom Auflager A mit $x_1 = 0{,}3479 \cdot 6{,}0 \approx 2{,}10$ m

$$M_{y,1} = 0{,}21 \cdot 75 \cdot 6{,}0 = 94{,}5 \, \text{kNm}$$

$$A_v = 94{,}5/2{,}1 = 45{,}0 \, \text{kN} = V_{1,1}$$

$$V_{1,r} = 45{,}0 - 75 = -30{,}0 \, \text{kN}$$

$$M_{y,2} = 45 \cdot (2{,}1 + 3{,}6) - 75 \cdot 3{,}6 = -13{,}5 \, \text{kNm}$$

$$M_{y,B} = 45 \cdot 6{,}0 - 75 \cdot (3{,}9 + 0{,}3) = -45 \, \text{kNm}$$

$$C_v = -45/6{,}0 = -7{,}5 \, \text{kN} = V_{B,r}$$

$$B_v = 2 \cdot 75 + 7{,}5 - 45 = 112{,}5 \, \text{kN}$$

$$V_{B,1} = -112{,}5 + 7{,}5 = -105{,}0 \, \text{kN}$$

Für diese Laststellung werden die Schnittgrößen aus der Kranseitenlast $H_S = 25 \, \text{kN}$
bestimmt. Je nach Fahrtrichtung greift H_S am ersten oder zweiten Rad an. Das größte
Moment M_z entsteht bei Fahrt nach links mit H_S am ersten Rad (Abb. 4.43c, rechts)

$$M_{z,B} = -\frac{22{,}5 \cdot 2{,}1 \cdot (6{,}0^2 - 2{,}1^2)}{4 \cdot 6{,}0^2} = -10{,}37 \, \text{kNm} \quad \text{nach Gl. 4.37}$$

$$A_h = (22{,}5 \cdot 3{,}9 - 10{,}37)/6{,}0 = 12{,}9 \, \text{kN}$$

$$C_h = -10{,}37/6{,}0 = -1{,}73 \, \text{kN}$$

$$B_h = 22{,}5 + 1{,}73 - 12{,}9 = 11{,}33 \, \text{kN}$$

$$M_{z,1} = 12{,}9 \cdot 2{,}1 = 27{,}09 \, \text{kNm}$$

Das größte Moment M_z für die Lastgruppe 5 entsteht, wenn (für $a/l = 0$) H_S bei $\overline{x}_1 = 0{,}4323 \cdot l \approx 2{,}60$ m rechts von A steht und beträgt max $M_z = 0{,}4149 \cdot 6{,}0 \cdot (22{,}5/2) = 28{,}0$ kNm. Das zugehörige (relativ) größte Moment $M_y = 93{,}3$ kNm wird erreicht, wenn die 2. Radlast in $\overline{x}_1$ steht und die erste Radlast auf dem Nachbarträger vor A. Die Unterschiede sind vernachlässigbar klein.

Auf gleiche Weise wie zuvor erhält man die Momente und Querkräfte, die zum *betragsmäßig größtem Stützmoment* max $|M_B|$ führen (Abb. 4.43d). Die *größte Auflagerkraft A* stellt sich ein, wenn das 1. Rad direkt über A steht (Abb. 4.43e).

Maximale Querkraft $V_{B,1}$ für Lastgruppe 1 mit $\varphi_1 = 1{,}1$ und $\varphi_2 = 1{,}33$ (Abb. 4.43f)
Laststellung: 2. Rad unmittelbar links von B

$$M_{y,B} = -\frac{1}{2 \cdot (6+6)}\left[\frac{94 \cdot 2{,}40 \cdot (6^2 - 2{,}40^2)}{6{,}0}\right]$$

$$= -47{,}38\,\text{kNm}$$

$$A_V = \frac{94 \cdot 3{,}6 - 47{,}38}{6{,}0} = 48{,}5\,\text{kN}$$

$$C_V = \frac{-47{,}38}{6{,}0} = -7{,}9\,\text{kN}$$

$$V_{B,li} = 48{,}5 - 94 \cdot 2 = -139{,}5\,\text{kN}$$

$$B_V = 94 \cdot 2 - 48{,}5 + 7{,}9 = 147{,}4\,\text{kN}$$

$$V_{B,re} = -139{,}5\,\text{kN} + 147{,}4 = 7{,}9\,\text{kN}$$

$$M_{y,1} = 48{,}5 \cdot 2{,}40 = 116{,}4\,\text{kNm}$$

Maximale Schnittgrößen und Bemessungswerte

Die Bemessungswerte ergeben sich aus den charakteristischen Werten durch Multiplikation mit den Teilsicherheitsbeiwerten γ_F entsprechend der unterstellten Einwirkungskombination (EK).

EK1: $1{,}35 \cdot$ Lastgruppe 1 $+ 1{,}35 \cdot$ Eigengewicht der Kranbahn

$$\max M_{y1} = (3{,}40 + 118{,}45) \cdot 1{,}35 = 164{,}5\,\text{kNm}$$

$$\max M_{B,y} = -(6{,}08 + 100{,}67) \cdot 1{,}35 = -144{,}1\,\text{kNm}$$

$$\max V_{Bz,li} = -(5{,}06 + 139{,}5) \cdot 1{,}35 = -195{,}16\,\text{kN}$$

$$\max M_{z1} = 23{,}6 \cdot 1{,}35 = 31{,}86\,\text{kNm}$$

$$\max M_{z,B} = -9{,}0 \cdot 1{,}35 = -12{,}5\,\text{kNm}$$

$$\max V_y = 13{,}1 \cdot 1{,}35 = 17{,}7\,\text{kN}$$

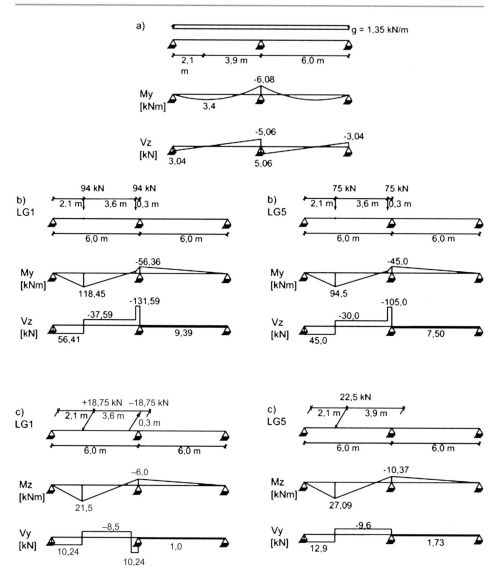

Abb. 4.43 Beispielhaft ausgewählte Schnittgrößen und Laststellungen beim Zweifeldträger. **a** aus Eigengewicht, **b** max M_{yF}, **c** zu max $M_{y,F}$ gehörendes Moment M_z aus Schräglauf, **d** max $|MB|$ aus Radlasten, zugehöriges Moment M_z, **e** größte Auflagerlast A aus Radlast, zugehöriges Feldmoment, **f** größte Querkraft V_{B1} aus Radlasten, zugehöriges Moment M_y

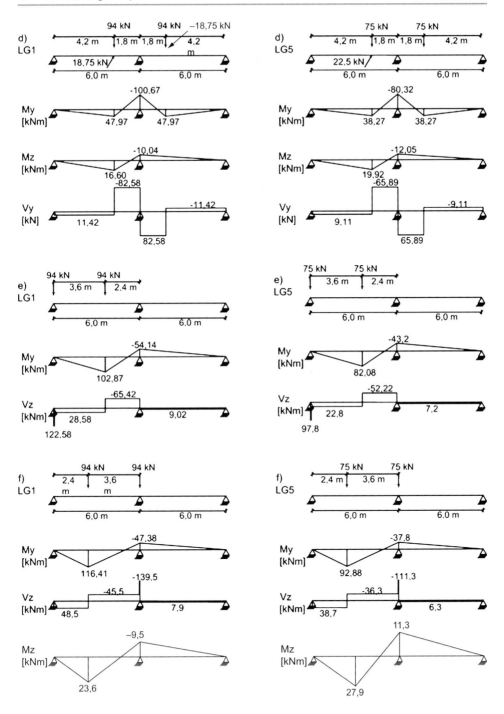

Abb. 4.43 (Fortsetzung)

EK5: $1{,}35 \cdot$ Lastgruppe $5 + 1{,}35 \cdot$ Eigengewicht der Kranbahn

$$\max M_{y1} = (3{,}40 + 94{,}5) \cdot 1{,}35 = 132{,}2\,\text{kNm}$$
$$\max M_{B,y} = -(6{,}08 + 80{,}32) \cdot 1{,}35 = -116{,}64\,\text{kNm}$$
$$\max V_{Bz,li} = -(5{,}06 + 111{,}3) \cdot 1{,}35 = -157{,}1\,\text{kN}$$
$$\max V_{z,1} = 1{,}35 \cdot (0{,}21 + 40) = 54{,}28\,\text{kN}$$
$$\max M_{z1} = 27{,}90 \cdot 1{,}35 = 37{,}67\,\text{kNm}$$
$$\max M_{z,B} = -12{,}05 \cdot 1{,}35 = -16{,}27\,\text{kNm}$$
$$\max V_y = 12{,}9 \cdot 1{,}35 = 17{,}42\,\text{kN}$$

2. Querschnittswerte (Abb. 4.39)

Die Schiene Bl 50×40 wird – bei 25%iger Abnutzung (50×30) – zum tragenden Querschnitt gerechnet.

$$A = 149 + 5{,}0 \cdot 3{,}0 = 149 + 15 = 164\,\text{cm}^2$$

Lage des Schwerpunktes von Trägermitte aus

$$e = 15 \cdot (15 + 1{,}5)/164 \approx 1{,}5\,\text{cm}$$

Trägheitsmoment (Flächenmoment 2. Grades) Gesamtquerschnitt

$$I_y = 25.170 + 5 \cdot 3^3/12 + 149 \cdot 1{,}5^2 + 15 \cdot (16{,}5 - 1{,}5)^2 = 28.892\,\text{cm}^4$$

Mit $z_o = z_u = 16{,}5\,\text{cm}$ werden die Widerstandsmomente

$$W_{y1} = W_{y4} = 28.892/16{,}5 = 1751\,\text{cm}^3$$

und unterhalb des oberen Flansches $z_5 = 13{,}5 - 1{,}9 = 11{,}6\,\text{cm}$ bzw. unterhalb der Ausrundung $z_3 = 13{,}5 - 1{,}9 - 2{,}7 = 8{,}9\,\text{cm}$ und am Rand des oberen Flansches $z_2 = 13{,}5\,\text{cm}$

$$W_{y2} = 2140\,\text{cm}^3, \quad W_{y3} = 3246\,\text{cm}^3, \quad W_{y5} = 2491\,\text{cm}^3$$

Das Widerstandsmoment des maßgebenden Obergurtquerschnittes wird errechnet:

$$I_{z,OG} = 1{,}9 \cdot 30^3/12 + 5{,}24 \cdot 1{,}1^3/12 + 3{,}0 \cdot 5{,}0^3/12 = 4307\,\text{cm}^4$$
$$W_{z,OG} = 4307/15 = 287\,\text{cm}^3$$

Für den Biegedrillknicknachweis (BDK) ist die Fläche des Obergurtes zuzüglich 1/5 des Steges sowie dessen Trägheitsradius erforderlich:

$$A_{OG} = 1{,}9 \cdot 30 + 5{,}24 \cdot 1{,}1 + 3 \cdot 5 = 77{,}76\,\text{cm}^2$$
$$i_{z,OG} = \sqrt{\frac{I_{z,OG}}{A_{OG}}} = \sqrt{\frac{4307}{77{,}76}} = 7{,}44\,\text{cm}$$

Zur genaueren Schubspannungsberechnung und zum Nachweis der Schweißnähte werden noch die statischen Momente (Flächenmomente 1. Grades) benötigt

$$S_{y2} = 15 \cdot (16{,}5 - 1{,}5) = 225\,\text{cm}^3 \quad \textit{(am oberen Rand des Flansches)}$$

$$S_{y3} \approx 225 + 30 \cdot 1{,}9 \cdot (13{,}5 - 1{,}9/2) = 940\,\text{cm}^3 \quad \textit{(unterhalb des oberen Flansches)}$$

3. Allgemeiner Schubspannungsnachweis
Spannungen in den Fasern gemäß Abb. 4.40 M_z wird vereinfacht dem Obergurt zugewiesen.

3.1 Nachweis für die Schnittgrößen im Feld
   EK1

$$M_{y1} = 164{,}5\,\text{kNm}, \qquad M_{z1} = 31{,}86\,\text{kNm}, \qquad V_{z,1} = 69\,\text{kN}$$

$$\sigma_{x,Ed_1} = \frac{-16.450}{1751} + \frac{-3186}{287} = -9{,}39 - 11{,}10 = -20{,}49\,\frac{\text{kN}}{\text{cm}^2} < 23{,}5\,\frac{\text{kN}}{\text{cm}^2}$$

$$\sigma_{x,Ed_3} = \frac{-16.450}{3246} = 5{,}1\,\text{kN/cm}^2$$

$$\sigma_{z,Ed_3} = -6{,}34\,\text{kN/cm}^2 \quad \text{(siehe 3.3)}$$

$$\tau_{Ed} = \frac{V_{z,Ed}}{A_w} = \frac{76}{28{,}82} = 2{,}64\,\text{kN/cm}^2$$

$$\tau_{oxz,Ed} = 1{,}27\,\text{kN/cm}^2 \quad \text{(siehe 3.3)}$$

$$\sigma_v = \sqrt{5{,}1^2 + 6{,}34^2 - 5{,}1 \cdot 6{,}34 + 3(2{,}64 + 1{,}27)^2} = 8{,}93\,\text{kN/cm}^2$$

$$\eta = \frac{\sigma_v}{f_{yd}} = \frac{8{,}93}{23{,}5} = 0{,}37 < 1{,}0$$

   EK5

$$M_{y1} = 174{,}69\,\text{kNm}, \qquad M_{z1} = 37{,}67\,\text{kNm}, \qquad V_{z,1} = 54{,}28\,\text{kN}$$

$$\sigma_{x,Ed_1} = 22{,}37\,\frac{\text{kN}}{\text{cm}^2} < 23{,}5\,\frac{\text{kN}}{\text{cm}^2}$$

$$\sigma_{x,Ed_3} = 5{,}38\,\frac{\text{kN}}{\text{cm}^2}$$

$$\sigma_{z,Ed} = -5{,}06\,\text{kN/cm}^2 \quad \text{(siehe 3.3)}$$

$$\tau_{Ed} = \frac{V_{z,Ed}}{A_w} = \frac{54{,}28}{28{,}82} = 1{,}88\,\text{kN/cm}^2$$

$$\tau_{oxz,Ed} = 1{,}0\,\text{kN/cm}^2 \quad \text{(siehe 3.3)}$$

$$\sigma_v = \sqrt{5{,}38^2 + 5{,}06^2 - 5{,}38 \cdot 5{,}06 + 3(1{,}88 + 1{,}0)^2} = 7{,}2\,\text{kN/cm}^2$$

$$\eta = \frac{7{,}2}{23{,}5} = 0{,}31 < 1{,}0$$

Im Feldbereich hat die σ_z-Spannung aufgrund der Vorzeichen i. d. R. keinen negativen Einfluss auf die Vergleichsspannung σ_v.

3.2. Nachweis über Stütze B Aufgrund des folgenden Kriteriums ist nach Abschn. 2.5.6, Gl. 2.39a und 2.39b kein Schubbeulnachweis für das unausgesteifte Stegblech zu führen.

$$\frac{h_w}{t_w} \leq 72\frac{\varepsilon}{\eta} \Leftrightarrow \frac{30 - 2 \cdot 1,9}{1,1} = 23,81 \leq 72 \cdot \frac{1,0}{1,0} = 72$$

Mit

$$A_f/A_w = (30 \cdot 1,9 \cdot 2)\,/\,((30 - 2 \cdot 1,9) \cdot 1,1) = 3,96 > 0,6$$

(vgl. DIN EN 1993-1-1 Abschn. 6.2.6 (5)) bzw. [14], Gl. 2.35

EK1

$$\tau_{Ed} = \frac{V_{z,Ed}}{A_w} = \frac{195,16}{28,82} = 6,77\,\text{kN/cm}^2$$

$$\tau_{oxz,Ed} = 1,27\,\text{kN/cm}^2 \quad (\text{siehe } 3.3)$$

$$\sigma_{x,Ed_1} = \frac{14.410}{1751} + \frac{1250}{287} = 8,23 + 4,35 = 12,6\,\text{kN/cm}^2 < 23,5\,\text{kN/cm}^2$$

$$\sigma_{x,Ed_3} = \frac{14.410}{3246} = 4,44\,\text{kN}$$

$$\sigma_{z,Ed} = -6,34\,\text{kN/cm}^2 \quad (\text{siehe } 3.3)$$

$$\sigma_v = \sqrt{4,44^2 + 6,34^2 - 4,44(-6,34) + 3(6,77 + 1,27)^2} = 16,8\,\text{kN/cm}^2 < 23,5\,\text{kN/cm}^2$$

$$\eta = 16,8/23,5 = 0,71 < 1,0$$

EK5

$$\tau_{Ed} = \frac{V_{z,Ed}}{A_w} = \frac{207,90}{28,82} = 7,21\,\text{kN/cm}^2$$

$$\sigma_{x,Ed_1} = 8,73 + 5,67 = 14,4\,\text{kN/cm}^2$$

$$\sigma_{x,Ed_3} = \frac{15.728}{3246} = 4,85\,\text{kN/cm}^2$$

$$\sigma_{z,Ed} = -5,06\,\text{kN/cm}^2$$

$$\tau_{oxz,Ed} = 1,0\,\text{kN/cm}^2 \quad (\text{siehe } 3.3)$$

$$\sigma_v = 16,62\,\text{kN/cm}^2$$

$$\eta = 16,62/23,5 = 0,71 < 1,0$$

3.3. Lokale Spannungen im Steg infolge Radlasten auf dem Oberflansch (Lasteinleitungsspannungen) Spannung am Übergang Ausrundungsradius-Steg, siehe Gl. 4.20:

$$\sigma_{OZ,Ed} = \frac{F_{z,Ed}}{(l_{eff} + 2r) \cdot t_w}$$

Im GZT ist keine exzentrische Lasteinleitung zu berücksichtigen, siehe Tab. 4.11.

Ermittlung von l_{eff} (siehe Tab. 4.13)

Fall a) Kranschiene schubstarr am Flansch befestigt

$$l_{\text{eff}} = 3{,}25 \left[I_{\text{rf}}/t_{\text{w}}\right]^{1/3}$$

Zur Ermittlung von I_{rf} benötigen wir die effektive Breite

$$b_{\text{eff}} = b_{\text{fr}} + h_{\text{r}} + t_{\text{f}} = 5 + 3 + 1{,}9 = 9{,}9\,\text{cm} \le b = 30\,\text{cm}$$

Mit Gl. 4.21 folgt:

$$\text{reduzierte Schienenfläche } A_{\text{r}} = 3{,}0 \cdot 5 = 15{,}0\,\text{cm}^2$$

$$I_{\text{rf}} = \left(3{,}0^3 \cdot 5 + 1{,}9^3 \cdot 9{,}9\right)/12 + 15{,}0$$

$$\cdot \left(\frac{3{,}0 + 1{,}9}{2}\right)^2 \cdot \left(1 - \frac{15{,}0}{15{,}0 - 9{,}9 \cdot 1{,}9}\right)$$

$$= 67\,\text{cm}^4$$

$$l_{\text{eff}} = 3{,}25\,[67/1{,}1]^{1/3} = 12{,}8\,\text{cm}$$

Die Lasteinleitungslänge darf bei Walzprofilen um den Ausrundungsradius im Walzprofil verlängert werden. Damit ergibt sich

$$l_{\text{eff}} = 12{,}8 + 2 \cdot r = 12{,}8 + 2 \cdot 2{,}7 = 18{,}2\,\text{cm}$$

EK1:

$$F_{\text{z,Ed}} = -1{,}35 \cdot 94 = -126{,}9\,\text{kN}$$

$$\sigma_{\text{oz,Ed}} = \frac{F_{\text{z,Ed}}}{l_{\text{eff}} t_{\text{w}}} = \frac{-126{,}9}{18{,}2 \cdot 1{,}1} = -6{,}34\,\text{kN/cm}^2$$

Nach DIN EN 1993-6 Abschn. 5.7.2 (1) sind zusätzliche lokale Schubspannungen anzusetzen:

$$\tau_{\text{oxz,Ed}} = \pm 0{,}2 \cdot 6{,}34 = \pm 1{,}27\,\text{kN/cm}^2$$

Nachweise:

$$\frac{|\sigma_{\text{oz,Ed}}|}{f_{\text{y}}/\gamma_{\text{M0}}} = \frac{6{,}34}{23{,}5/1{,}0} = 0{,}24 < 1{,}0$$

$$\frac{|\tau_{\text{oxz,Ed}}|}{f_{\text{y}}/\left(\gamma_{\text{M0}} \cdot \sqrt{3}\right)} = \frac{1{,}27}{23{,}5/\left(1{,}0 \cdot \sqrt{3}\right)} = 0{,}10 < 1{,}0$$

EK5:

$$F_{z,Ed} = -1,35 \cdot 75 = 101,3 \, kN$$

$$\sigma_{oz,Ed} = \frac{F_{z,Ed}}{l_{eff} t_w} = \frac{-101,3}{18,2 \cdot 1,1} = -5,06 \, kN/cm^2$$

$$\tau_{oxz,Ed} = \pm 0,2 \cdot 5,06 = \pm 1,01 \, kN/cm^2$$

Nachweise:

$$\frac{|\sigma_{oz,Ed}|}{f_y/\gamma_{M0}} = \frac{5,06}{23,5/1,0} = 0,22 < 1,0$$

$$\frac{|\tau_{oxz,Ed}|}{f_y/\left(\gamma_{M0} \cdot \sqrt{3}\right)} = \frac{1,01}{23,5/\left(1,0 \cdot \sqrt{3}\right)} = 0,07 < 1,0$$

3.4 Nachweis der Schweißnähte Es werden die Kehlnähte zur Verbindung der Schiene mit dem Gurt unter Berücksichtigung der örtlichen Radlastleitung nachgewiesen. Bei vorgewärmter Schiene sind Kehlnähte $a = 5 \, mm$ möglich. Bei einer Lastverteilungsbreite (von $l_{eff} = 12,8 \, cm$) wird nach Gl. 4.20, 4.23 und Beachtung des richtungsbezogenen Verfahrens [14], Abschn. 3.3 und 5.2.

EK1

$$l = 12,8 - 2 \cdot 1,9 = 9 \, cm$$

$$\sigma_\perp = \frac{(22,5 + 94) \cdot 1,35}{9 \cdot 0,5 \cdot 2 \cdot \sqrt{2}} = 12,4 \, kN/cm^2$$

$$\tau_\perp = \frac{(94,0 - 22,5) \cdot 1,35}{9 \cdot 0,5 \cdot 2 \cdot \sqrt{2}} = 7,6 \, kN/cm^2$$

$$\tau_\parallel = 0,2 \cdot 12,4 = 2,48 \, kN/cm^2$$

Aus der größten Querkraft $V_{Bz,li} = -195,2 \, kN$ ergibt sich zusätzlich

$$\tau_\parallel = \frac{V \cdot S}{I_y \cdot 2 \cdot a} = \frac{195,2 \cdot 225}{28.892 \cdot 2 \cdot 0,5} = 1,52 \, kN/cm^2$$

Nachweis nach DIN EN 1993-1-8 Abschn. 4.5.3.2 (6)

$$\left[\sigma_\perp^2 + 3\left(\tau_\perp^2 + \tau_\parallel^2\right)\right]^{0,5} \leq f_u/(\beta_w \gamma_{M2}) \quad \text{und} \quad \sigma_\perp \leq 0,9 f_u/\gamma_{M2}$$

Mit

$$\beta_w = 0,8; \quad f_u = 36 \, kN/cm^2 (S235); \quad \gamma_{M2} = 1,25$$

$$\sigma_{vwd} = \sqrt{12,4^2 + 3 \cdot 7,6^2 + 3(2,48 + 1,52)^2} = 19,4 \, kN/cm^2$$

$$\leq 36/(0,8 \cdot 1,25) = 36 \, kN/cm^2$$

und

$$\sigma_\perp = 12,4\,\text{kN/cm}^2 \le 0,9 \cdot 36/1,25 = 25,92\,\text{kN/cm}^2$$

Die Nahtdicke von 5 mm wurde aus schweißtechnischen Gründen und im Hinblick auf die Betriebsfestigkeit gewählt.

4. Beulnachweis des Stegbleches unter der Radlast
Beanspruchbarkeit unter Querbelastung

Länge der starren Lasteinleitung $s_s = l_{\text{eff}} - 2t_f = 12,8 - 2 \cdot 1,9 = 9,0\,\text{cm}$
Höhe $\quad h_w = 30 - 2 \cdot 1,9 = 26,2\,\text{cm}$
Beulfelddicke $\quad t_w = 1,1\,\text{cm}$
Beulfeldmaß $\quad a = 600\,\text{cm}$

Mit Abschn. 2.7.2.3, Abb. 2.46 oder Abb. 2.5 kann der Beulwert ermittelt werden für Lasten die einseitig über einen Flansch eingeleitet werden und im Gleichgewicht mit Querkräften im Steg stehen

$$k_F = 6 + 2 \cdot \left(\frac{h_w}{a}\right)^2 = 6 + 2 \cdot \left(\frac{26,2}{600}\right)^2 = 6,0$$

Ermittlung des Abminderungsfaktors χ_F für die wirksame Lastausbreitungslänge (Gl. 2.68 folg.) mit

$$F_{\text{cr}} = 0,9 \cdot k_F \cdot E \cdot \frac{t_w^3}{h_w} = 0,9 \cdot 6,0 \cdot 21.000 \cdot \frac{1,1^3}{26,2} = 5761\,\text{kN}$$

Und damit

$$\overline{\lambda}_F = \sqrt{\frac{l_y t_w f_{yw}}{F_{\text{cr}}}}$$

Ermittlung von l_y gemäß Gl. 2.72 folgende:

$$m_1 = \frac{f_{yf} b_f}{f_{yw} t_w} = \frac{23,5 \cdot 30}{23,5 \cdot 1,1} = 27,3$$

Annahme: $\overline{\lambda}_F > 0,5$ damit

$$m_2 = 0,02 \cdot \left(\frac{h_w}{t_f}\right)^2 = 0,02 \cdot \left(\frac{26,2}{1,9}\right)^2 = 3,80$$

Damit ergibt sich

$$l_y = s_s + 2 \cdot t_f \cdot \left(1 + \sqrt{m_1 + m_2}\right) = 9 + 2 \cdot 1,9 \cdot \left(1 + \sqrt{27,3 + 3,8}\right) = 34\,\text{cm}$$

$$\overline{\lambda}_F = \sqrt{\frac{34 \cdot 1,1 \cdot 23,5}{5761}} = 0,3906 < 0,5 \quad \text{Falsche Annahme!}$$

Mit $\overline{\lambda}_F \leq 0,5$ ist $m_2 = 0$ und damit ergibt sich

$$l_y = 9 + 2 \cdot 1,9 \cdot \left(1 + \sqrt{27,3}\right) = 32,7\,\text{cm}$$

und

$$\overline{\lambda}_F = \sqrt{\frac{32,7 \cdot 1,1 \cdot 23,5}{5761}} = 0,38$$

sowie der Abminderungsfaktor

$$\chi_F = \frac{0,5}{\overline{\lambda}} = \frac{0,5}{0,38} = 1,32 \quad \text{aber} \quad \text{max. } \chi_F \leq 1,0$$

d. h. keine Abminderung der Lastausbreitungslänge l_{eff}

$$l_{\text{eff}} = \chi_F \cdot l_y = l_y = 32,7\,\text{cm}$$

Beulnachweis für Querspannungen (Kap. 6.6 DIN EN 1993-1-5)
   LK1

$$\eta_2 = \frac{F_{\text{Ed}}}{\frac{f_y \cdot l_{\text{eff}} \cdot t_w}{\gamma_{M1}}} = \frac{94 \cdot 1,35}{\frac{23,5 \cdot 32,7 \cdot 1,1}{1,1}} = 0,17 \leq 1,0$$

Ausnutzung des Querschnitts infolge des Biegemomentes

$$\eta_1 = \frac{M_{yEd}}{\frac{f_y \cdot W_{y,el}}{\gamma_{M0}}} = \frac{16.450}{\frac{23,5 \cdot 1751}{1,1}} = 0,44 \leq 1,0$$

Interaktion zwischen Biegung und Querkraft (Kap. 7.2 DIN EN 1993-1-5)

$$\eta_2 + 0,8 \cdot \eta_1 = 0,17 + 0,8 \cdot 0,44 = 0,52 \leq 1,4$$

Alternativ kann der Beulnachweis mit reduzierten Spannungen gemäß Abschn. 2.5 unter kombinierter Beanspruchung geführt werden.

5. Stabilitätsnachweise

Maßgebend ist die Laststellung mit dem maximalen Feldmoment. Es ist das *Kippen* (bei einachsiger Biegung) und das *Biegedrillknicken* (bei zweiachsiger Biegung bei gleichzeitiger *Torsion*) nachzuweisen. Für den zweiten Fall wird (näherungsweise) unterstellt, dass die Torsionsmomente vernachlässigt werden dürfen, wenn das Moment M_z allein dem Obergurt zugewiesen wird. Unter dieser Voraussetzung ist der Tragsicherheitsnachweis nach Gl. 6.62, Teil 1 bzw. Abschn. 4.5.5.2 möglich. Für den ersten Fall gilt Gl. 6.35, Teil 1 des Werkes. In beiden Fällen muss das *ideale Biegedrillknickmoment* M_{cr} bekannt sein, welches mit den Formeln der Gl. 6.35 im Teil 1 des Werkes wegen der Last- und Lagerungsbedingungen nicht errechnet werden kann. Zum Vergleich wird dieses nach unterschiedlichen Methoden ermittelt, siehe Abschn. 4.5.5.2.

1. Alternatives Ersatzstabverfahren nach EC 3-6 Anhang A oder
2. Druckgurt als Druckstab oder
3. Biegetorsionstheorie II. Ordnung

1. Biegedrillknicknachweis gemäß Anhang A zu [5]

M_{cr} nach Abschn. 6.3.2.1, Teil 1 des Werkes.

Einzellasten sind hier nicht erfasst. Näherungsweise wird aus der Momentenfläche für EK 1 in 3.1 eine Gleichstrecken-Ersatzlast q_E so bestimmt, dass die maximalen Feldmomente M_y ungefähr gleich sind, Abb. 4.44 und 4.45. Bei der gegebenen Lastkombination wird das Stützmoment

$$M_B = -1{,}35(6{,}08 + 56{,}36) = -84{,}3 \,\text{kNm}$$

Die Ersatzlast

$$A = q_E \cdot 6{,}0/2 - 84{,}3/6{,}0 = 3 \cdot q_E - 14{,}02$$

$$\max M = \frac{A^2}{2 \cdot q_E} = \frac{(3 \cdot q_E - 14{,}02)^2}{2 \cdot q_E} = 164{,}5 \,\text{kNm}$$

$$q_E = 45{,}6 \,\text{kN/m}$$

Abb. 4.44 Ersatzsystem zur Bestimmung des idealen Biegedrillknickmomentes $M_{cr,y}$

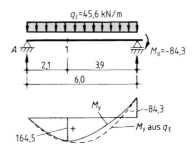

Vorwerte: [14, 16]

$$z_M = r_y = 0 \qquad z_q = -30/2 - 3{,}0 = -18 \, \text{cm}$$

$$I_\omega = 1688 \cdot 10^3 \, \text{cm}^6 \qquad I_T = 185 \, \text{cm}^4 \quad \text{nach [16] ohne Schiene}$$

$$EI_z = 21 \cdot 10^3 \cdot 8560 \cdot 10^{-4} = 17.976 \, \text{kNm}^2$$

$$GI_T = 8{,}1 \cdot 10^3 \cdot 185 \cdot 10^{-4} = 150 \, \text{kNm}^2$$

$$c^2 = \frac{1688 \cdot 10^3 + 0{,}039 \cdot 600^2 \cdot 185}{8560} = 500 \, \text{cm}^2 \quad \text{nach Gl. 6.37, Teil 1}$$

$$N_{cr,z} = \frac{\pi^2 EI_z}{L^2} = \frac{\pi^2 17.976}{6^2} = 4930 \, \text{kN}$$

Mit Werk 1 [14], Abschn. 6.3.2.2 kann $M_{cr,y}$ bestimmt werden:

$$M_0 = q_z \cdot \frac{L^2}{8} = 45{,}6 \cdot \frac{6^2}{8} = 205{,}30 \, \text{kNm}$$

$$M_{cr,0} = \zeta_0 \cdot N_{cr,z} \cdot \left(\zeta_0 \cdot 0{,}4 \cdot z_q + \sqrt{(\zeta_0 \cdot 0{,}4 \cdot z_q)^2} \right)$$

$$\Psi = M_B/M_0 = -84{,}3/164{,}5 = -0{,}41 \quad k = M_A/M_B = 0$$

$$\text{gemäß [14] Tab. 6.15} \quad \xi_0 = 1{,}44$$

$$M_{cr,0} = 1{,}44 \cdot 4930 \cdot \left[1{,}44 \cdot 0{,}4 \cdot (-18) + \sqrt{(1{,}44 \cdot 0{,}4 \cdot (-18))^2 + 500} \right]$$

$$= 101.384 \, \text{kNcm}$$

$$\max |M_{cr}| = M_{cr,0} \cdot \max |M| / M_0 = 101.384 \cdot 164{,}5/205{,}3 = 81.275 \, \text{kNcm}$$

Die plastischen Momente des Querschnittes ohne Schiene wird [16] entnommen

$$M_{pl,y} = 439{,}1 \, \text{kNm} \quad M_{pl,z} = 204{,}5 \, \text{kNm}$$

Nachweis nach Abschn. 6.3.3.3, 6.3.4 und 6.4.1.2, Teilwerk 1 [14]

$$\overline{\lambda}_{LT} = \sqrt{M_{pl,y} M_{cr,y}} = \sqrt{439{,}1/812{,}75} = 0{,}74 < 0{,}4$$

Mit der Knickspannungslinie c für $h/b < 2$ und [14], Tab. 6.20 wird der Abminderungs-faktor $\chi_{LT} = 0{,}801$ folgt der Nachweis:

$$\frac{M_y}{\chi_{LT} \cdot M_{pl,y,d}} = \frac{164{,}5}{0{,}801 \cdot 439{,}1/1{,}1} = 0{,}51 < 1{,}0$$

Interaktionsnachweis für EK 1 aus M_y und M_z nach [14], Gl. 6.58. Dabei wird vereinfacht der Wer von M_z verdoppelt und der Torsionsanteil vernachlässigt und $C_{my} = 0{,}9$ gesetzt für Einzellasten.

$$\frac{M_{y,Ed}}{\chi_{LT} M_{y,Rk}/\gamma_{M1}} + \frac{C_{my} \cdot M_{z,Ed}}{M_{z,Rk}/\gamma_{M1}} + \frac{k_w \cdot k_{zw} \cdot k_\alpha \cdot M_{\omega,Ed}}{M_{\omega,Rk}/\gamma_{M1}} \leq 1$$

Abb. 4.45 Radlaststellung zum Ersatzsystem

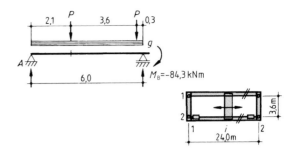

bzw. vereinfacht:

$$\frac{M_{y,Ed}}{\chi_{LT}M_{y,Rk}/\gamma_{M1}} + \frac{C_{my} \cdot 2M_{z,Ed}}{M_{z,Rk}/\gamma_{M1}} + \leq 1$$

$$0{,}51 + \frac{0{,}9 \cdot 2 \cdot 31{,}86}{204{,}5/1{,}1} = 0{,}82 < 1{,}0$$

Für die EK5 kann der Nachweis in gleicher Form geführt werden.

Eine alternative Berechnung (Variante 3) mit dem Programm KSTAB nach der Biegetorsionstheorie II. Ordnung unter Berücksichtigung geometrischer Ersatzimperfektionen liefert hier deutlich günstigere Ergebnisse mit einer Ausnutzung von ca. 60 % (Nachweis elastisch-platisch) mit dem TSV [22].

Alternativ: 2. „Einachsige Biegung mit Normalkraft"
Anstelle des Nachweises über das ideale Biegedrillknickmoment soll hier auch der in Abschn. 4.5.5.2 skizzierte *Ersatzstabnachweis* für den *isoliert betrachteten Druckgurt*, Abb. 4.45, bei „einachsiger Biegung mit Normalkraft" (LK 1) gezeigt werden. Dabei wird die maßgebende Normalkraft N_G aus den Biegespannungen infolge M_y bestimmt und die Biegung um die z-Achse (M_z) berücksichtigt (Abb. 4.28 und 4.29).

Querschnittswerte des Druckgurtes (Abb. 4.46) Zum Druckgurt wird 1/5 der Stegfläche hinzugerechnet; unter Berücksichtigung der Ausrundungen ($A_{Steg} \approx A - 2 \cdot b_f \cdot t_f$) erhält man den in (Abb. 4.46) dargestellten Querschnitt mit

$$I_{z,OG} = 4307\,cm^4 \quad \text{(siehe 2., Querschnittswerte)}$$
$$W_{z,OG} = 287\,cm^3$$
$$A_{OG} = 77{,}76\,cm^2$$
$$i_{z,OG} = 7{,}44\,cm$$

Abb. 4.46 Maßgebender
Druckgurt und Beanspruchung

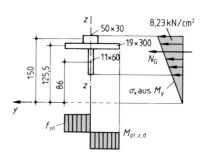

Die größte Druckkraft aus M_y ist nach Gl. 4.29
$EK1$

$$N_{\mathrm{OG,Ed}} = \frac{M_{\mathrm{y,Ed}}}{h - t_{\mathrm{f}}} = \frac{16.450}{(30 - 1,9)} = 586\,\mathrm{kN}$$

$$M_{\mathrm{z,Ed}} = 31,86\,\mathrm{kNm}$$

Knicklänge des Druckstabes

$$L_{\mathrm{cr}} = 0,85 \cdot 6,0\,\mathrm{m} = 5,1\,\mathrm{m}$$

Knicklinie c aufgrund der mittragenden Schiene (Geschweißtes Profil)

$$\lambda_1 = 93,9 \cdot \sqrt{\frac{235}{235}} = 93,9$$

mit Gl. 4.30:

$$\overline{\lambda}_{\mathrm{z}} = \frac{510}{7,44 \cdot 93,9} = 0,73$$

Imperfektionsbeiwert $\alpha = 0,49$ (KSL c) Tab. 6.6, Werk 1 [14]

$$\phi = 0,5 \cdot \left[1 + \alpha \cdot \left(\overline{\lambda}_{\mathrm{z}} - 0,2 \right) + \overline{\lambda}_{\mathrm{z}}^2 \right]$$
$$= 0,5 \cdot \left[1 + 0,49 \cdot (0,73 - 0,2) + 0,73^2 \right] = 0,896$$
$$\chi_{\mathrm{z}} = \frac{1}{\phi + \sqrt{\phi^2 - \overline{\lambda}_{\mathrm{z}}^2}} = \frac{1}{0,896 + \sqrt{0,896^2 - 0,73^2}} = 0,706$$
$$N_{\mathrm{OG},Rd} = \frac{\chi_{\mathrm{z}} \cdot A_{\mathrm{OG}} \cdot f_{\mathrm{y}}}{\gamma_{\mathrm{M1}}} = \frac{0,706 \cdot 77,76 \cdot 23,5}{1,1} = 1172,8\,\mathrm{kN}$$

Zusätzliche Interaktion mit dem Biegemoment $M_{\mathrm{z,Ed}}$ nach Gl. 4.29.

Ermittlung von k_{zz} mit Gl. 4.32; $k_{yz} = 0$ aufgrund einachsiger Biegung.

$$N_{cr,z} = \frac{\pi^2}{L_{cr}} E\,I_{z,OG} = \frac{\pi^2}{5,10} 210.000 \cdot 4307 \cdot 10^{-8} \cdot 10^3 = 17.503,45\,\text{kN}$$

Hilfswert $C_{mz} = 0,9$ nach Gl. 4.31

$$k_{zz} = C_{mz} \cdot \left(1 + (2 \cdot \overline{\lambda}_z - 0,6) \cdot \frac{N_{OG,Ed}}{N_{OG,Rd}}\right)$$

$$= 0,9 \cdot \left(1 + (2 \cdot 0,73 - 0,6) \cdot \frac{586}{1172,8}\right) = 1,291$$

$$k_{zz} \leq C_{mz} \cdot \left(1 + 1,14 \cdot \frac{N_{OG,Ed}}{N_{OG,Rd}}\right) = 0,9 \cdot \left(1 + 1,14 \cdot \frac{586}{1172,8}\right) = 1,41$$

Nachweis mit $k_{zz} = 1,29$ und Gl. 4.29

$$\frac{586}{1172,8} + 1,29 \cdot \frac{3047 \cdot 1,1}{287 \cdot 23,5} = 1,14 > 1,0 \quad \text{Nachweis nicht erfüllt!}$$

Dieser vereinfachter Nachweis liegt i. d. R. auf der sicheren Seite, erfordert jedoch einen deutlich geringeren Berechnungsaufwand.

Beispiel 4 (Abb. 4.47–4.49)

Auf einem geschweißten, einfeldigen Kranbahnträger S 235 JR G2 mit $l = 18\,\text{m}$ Stützweite verkehren zwei Krane der Hubklasse HC3. Die Betriebsbedingungen erfordern eine Einstufung in die Beanspruchungsgruppe S5. Der Kran 2 hat vier Laufradpaare, der Kran 1 nur zwei. Die Krane können „Puffer an Puffer" verkehren, arbeiten jedoch nicht als „Tandem" und sind daher wie zwei Krane zu behandeln. Beide Krane sind rollengeführt, alle Achsen System (EFF). Die Kranschiene A75 ist aufgeklemmt (Klemmplatte verschraubt) und liegt auf einer elastischen Schienenunterlage; sie wird nicht zum tragenden Querschnitt gerechnet. Der Querschnitt, das statisches System und die Lastanordnung gehen aus Abb. 4.47–4.49 hervor. Die Höhe des Kranbahnträgers beträgt $l/12$ (18/12 = 1,5 m).

Wegen der *hohen Radlasten* wird als Obergurt 1/2 IPBS 1000 gewählt. Seine *seitliche Aussteifung* übernimmt ein vollwandiger *Nebenträger*, der gleichzeitig als Laufsteg dient. Die Beanspruchung des Kranbahnträgers aus Seitenlasten ist daher vernachlässigbar klein. Die *Quersteifen* sind mit dem Obergurt nicht direkt, sondern über seitlich angeschweißte Bleche (indirekt) verbunden. Am Zuggurt erfolgt die Verbindung ebenfalls über Bleche und Schrauben. Hier sind die Steifen auch großzügig ausgeschnitten. Die *Längssteife* unmittelbar unterhalb des kompakten Druckgurtes wird wegen ihrer Nähe zur y-Achse ebenfalls nicht zum Querschnitt gerechnet. Weitere konstruktive Hinweise werden an entsprechender Stelle gegeben.

Für diesen Träger sind die Nachweise nach Abschn. 4.5.5 zu führen.

Abb. 4.47 Querschnitt eines
einfeldrigen, geschweißten
Kranbahnträgers

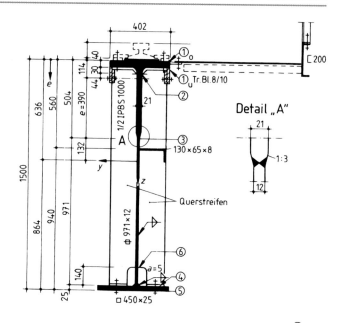

Abb. 4.48 Trägeransicht

Abb. 4.49 Laststellung bei
Tandembetrieb

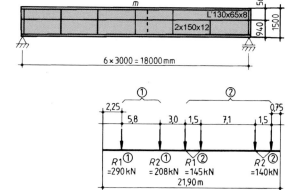

1. Radlasten, Schwingbeiwerte, Seitenlast H_S

Die Schwingbeiwerte φ werden vereinfacht gemäß Tab. 4.7 berücksichtigt und die Lastgruppe LG1 mit $\varphi_4 = 1{,}0$ und LG5 mit $\varphi_2 = 1{,}3$ gemäß Tab. 4.6.

$$\text{Kran 1:} \quad R_1^1 = 290\,\text{kN} \qquad \varphi \cdot R_1^1 = 1{,}3 \cdot 290 = 377\,\text{kN}$$
$$\varphi \cdot R_1^1 d = 1{,}35 \cdot 377 = 509\,\text{kN}$$
$$R_2^1 = 208\,\text{kN} \qquad \varphi \cdot R_2^1 \approx 1{,}3 \cdot 208 = 270\,\text{kN}$$
$$\varphi \cdot R_2^1 d = 1{,}35 \cdot 270 = 365\,\text{kN}$$
$$\text{Kran 2:} \quad R_1^2 = 145\,\text{kN}(2\times) \qquad \varphi \cdot R_1^2 = 1{,}1 \cdot 145 = 159{,}5\,\text{kN}$$
$$\varphi \cdot R_1^2 d = 1{,}35 \cdot 159{,}5 = 215\,\text{kN}$$
$$R_2^1 = 140\,\text{kN}(2\times) \qquad \varphi \cdot R_2^2 = 1{,}1 \cdot 140 = 154\,\text{kN}$$
$$\varphi \cdot R_2^2 d = 1{,}35 \cdot 154 = 208\,\text{kN}$$

Bei Kranen gleicher Hubklasse ist für den Kran mit der höheren Radlast dessen Schwingbeiwert, hier $\varphi = 1{,}3$ (HC3), für den Kran mit den kleineren Radlasten mit $\varphi = 1{,}1$ (H1) zu rechnen. Die Schwingbeiwerte werden hier sofort berücksichtigt. Als **Seitenlast** ist nur die ungünstigste Last eines Kranes anzusetzen, hier $H_S^1 = 60\,\text{kN}$, in der LG5, die häufig bemessungsrelevant wird. In LG1 wären die entgegengesetzt gleichgroßen Seitenlasten H_T zu berücksichtigen. Das wird hier aus Platzgründen nicht weiter verfolgt.

2. Querschnittswerte
(Exemplarische Ermittlung)
   1/2 IPB S 1000/400:

$$A_G = 524/2 = 262\,\text{cm}^2 \Big\} \quad e = \frac{S_{y,G}}{A_G} = \frac{10.220}{262} = 39\,\text{cm}$$
$$S_{y,G} = 10.220\,\text{cm}^4$$
$$I_{y,G} = I_y/2 - A_G \cdot e_G^2 = I_y/2 - S_y^2/A_G = 909.800/2 - 262 \cdot 39^2 \approx 56.400\,\text{cm}^4$$
$$A = 262 + 1{,}2 \cdot 97{,}1 + 2{,}5 \cdot 45 = 262 + 116{,}5 + 112{,}5 = 491\,\text{cm}^2$$
$$e = \frac{\sum S_{yi}}{A} = \frac{262 \cdot (50{,}4 - 39) + 116{,}5 \cdot (50{,}4 + 97{,}1/2) + 112{,}5 \cdot (150 - 2{,}5/2)}{491}$$
$$= 63{,}6\,\text{cm}$$
$$I_y = 56.400 + 262 \cdot (63{,}6 - 11{,}4)^2 + 116{,}5 \cdot (97{,}1^2/12 + 35{,}35^2) + 112{,}5 \cdot 85{,}15^2$$
$$= 1.823.107\,\text{cm}^4$$

Über $W_y = I_y/z$. und $S_y = \sum A_i \cdot z_i$ werden die Widerstandsmomente und Flächenmomente 1. Grades (statisches Moment) in den einzelnen Schnitten ermittelt.

Schnitt		W_y [cm^3]	S_y [cm^3]
1	O	28.665	–
	U	30.590	
2		32.210	10.271
3		138.114	13.676
4		21.729	9579
5		21.100	–
6		26.082	–

$S_y = 13.803\,\text{cm}^3$ (auf Schwerachse bezogen)

In allen Querschnittswerten sind Lochschwächungen nicht berücksichtigt.

3. Schnitt- und Auflagergrößen

Neben den veränderlichen Lasten aus den Laufrädern sind anzusetzen

Ständige Last: Trägereigengewicht einschl. Laufsteg, $g = 5{,}20\,\text{kN/m}$

Veränderliche Last: Laufsteg (= Wartungssteg), $p = 1{,}85\,\text{kN/m}$

Von den insgesamt sechs Radlasten können aufgrund der Radlastabstände zur Bestimmung von max M_y nur vier (jeweils zwei von beiden Kranen) auf der Stützweite von 18 m platziert werden. Für diese vier Räder wird zunächst eine *Culmann'sche Laststellung* angenommen mit einer maximalen Radlast unmittelbar in „m" (= Trägermitte). Nach Bestimmung der Lage der Radlastresultierenden bzgl. „m" (= a) wird die gesamte Lastgruppe um das halbe Maß (= $a/2$) – hier nach rechts – verschoben. Für diese Laststellung wird das größte Moment erwartet. Die Momente aus g und (p) werden vereinfachend in Trägermitte errechnet.

Lage der Radlastresultierenden bzgl. „m": $\varphi \cdot R_2^1$ in m, (Abb. 4.40)

$$\sum R = 377 + 270 + 2 \cdot 159{,}5 = 966\,\text{kN}$$

$$a' = [270 \cdot 5{,}8 + 159{,}5 \cdot (8{,}8 + 10{,}3)]/966 = 4{,}78\,\text{m}$$

$$a = 5{,}8 - 4{,}78 = 1{,}02\,\text{m} \quad a/2 = 0{,}51\,\text{m}$$

Mit $\varphi \cdot R_2^1$ in m' und den in Abb. 4.50 eingetragenen Hebelarmen ergeben sich folgende Schnittgrößen:

Streckenlasten

$$A_g = B_g = 47\,\text{kN} \qquad M_{g,m} = 211\,\text{kNm}$$

$$(A_p = B_p = 16{,}65\,\text{kN} \quad M_{p,m} = 75\,\text{kNm})$$

Radlasten

$$A = 966 \cdot 9{,}51/18 \approx 510{,}5\,\text{kN} \quad B = 966 - 510{,}5 = 455{,}5\,\text{kN}$$

$$M_{m'} = 510{,}5 \cdot 9{,}51 - 377 \cdot 5{,}8 = 2668\,\text{kNm}$$

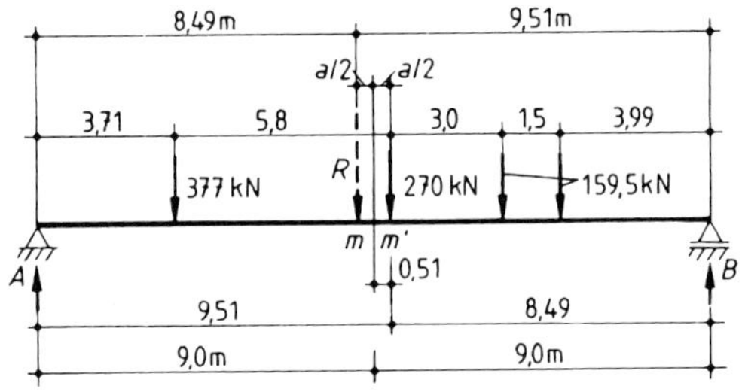

Abb. 4.50 Culmann'sche Laststellung zur Bestimmung von max M_y

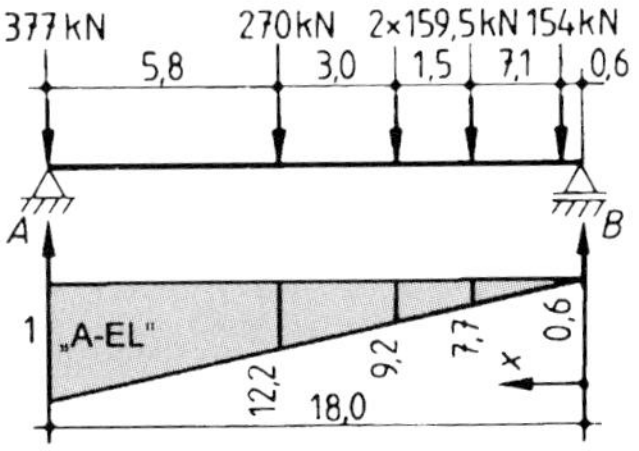

Abb. 4.51 Laststellung bei der größten Auflagerkraft A

Die größte Querkraft ergibt sich aus der Einflusslinie für den Auflagerdruck A (Abb. 4.51)

$$A = 370 + [270 \cdot 12{,}2 + 159{,}5 \cdot (9{,}2 + 7{,}7) + 154 \cdot 0{,}6]/18 \approx 715\,\text{kN}$$

4. Spannungen und Nachweise

Vorab werden die Spannungen aus der *örtlichen Radlasteinwirkung* bestimmt. Die auftretenden Spannungen sind nach DIN EN 1993-6 Abschn. 5.7. zu bestimmen, siehe Abschn. 4.5.5. Dabei werden die vertikalen Druckspannungen, die Schubspannungen und die lokalen Biegespannungen im Steg aus dem Torsionsmoment infolge seitlicher Exzentrizität berücksichtigt.

Spannungen aus zentrischer Radlasteinleitung Es ist zunächst die Lastverteilungsbreite l_{eff} zu ermitteln gemäß Tab. 4.13 für eine nicht schubfest verbundene Schiene mit elastischer Unterlage. Dabei ist die Schienenabnutzung im GZT durch einen 25 % abgefahrenen Schienenkopf zu berücksichtigen. l_{eff} wird zunächst bis zur Flanschunterkante ermittelt und darf bis zum Ausrundungsradius weiter unter 45° verteilt werden (Abb. 4.52a).
Schiene A75: $I_r = 388\,\text{cm}^4$ Trägheitsmoment der 25 % abgenutzten Schiene. Fußbreite $b_{\text{fr}} = 7{,}5\,\text{cm}$

An UK Flansch:

$$l_{\text{eff}} = 4{,}25 \cdot \left(\frac{I_r + I_{\text{f.eff}}}{t_w} \right)^{1/3} = 4{,}25 \cdot \left(\frac{388 + 101{,}9}{2{,}1} \right)^{1/3} = 26{,}2\,\text{cm}$$

Und an UK Ausrundungsradius:

$$c = l_{\text{eff}} + 2r = 26{,}2 + 2 \cdot 3{,}0 = 32{,}2\,\text{cm}$$

Abb. 4.52 Örtliche Radlasteinleitung. **a** Laststellung und
Abmessungen, **b** Lastausbreitung

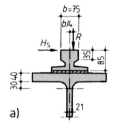

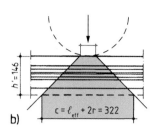

Mit $b_{eff} = 7,5 + 7,6 + 4,0 = 19,1\,cm < b_f = 40\,cm$

$$I_{f,eff} = \frac{19,1 \cdot 4,0^3}{12} = 101,9\,cm^4$$

Trägheitsmoment des Flansches um die horizontale Schwerelinie

Am Übergang Ausrundungsradius-Steg ergeben sich die Spannungen aus der lokalen Radlasteinleitung gemäß Gl. 4.20 und Abb. 4.52b zu:

$$\sigma_{z,d} = \frac{509}{32,2 \cdot 2,1} = 7,53\,kN/cm^2$$

$$\tau_{oxz,d} = 0,2 \cdot 7,53 = 1,51\,kN/cm^2$$

Biegespannungen im Stegblech aus exzentrischer Radlasteinleitung Ab Beanspruchungs-klasse S3 ist für den Betriebsfestigkeitsnachweis die exzentrische Radlaststellung mit 1/4 der Schienenkopfbreite zu berücksichtigen, siehe Abb. 4.26. Die Ermittlung der hieraus resultierenden Zusatzspannungen wird hier exemplarisch dargestellt. Die aussteifende Wirkung der Steglängssteife wird hier näherungsweise durch Ansatz einer konstanten Stegblechdicke $t_S = 21\,mm$ erfasst. Mit $h_S = b_G \approx 1435\,mm$ und $a = 3000\,mm$ (Quersteifenabstand) ist

$$r\alpha = \pi \cdot h_w/a = \pi \cdot 143,5/300 = 1,5027 \quad \text{nach Gl. 4.24}$$

Zur Berechnung des Drillwiderstandes des Obergurtes wird der Flansch einschl. der Ausrundungen nach Abb. 4.53 angesetzt

$$I_{T,Gurt} \approx \frac{1}{3} \cdot \sum (b \cdot t^3)_i = \frac{1}{3} \cdot (4,02 \cdot 4,0^3) + 4,0 \cdot 3^3) = 854\,cm^4$$

und die Schiene über

$$I_{T,Schiene} = 0,78 \cdot 311 = 243\,cm^4$$

berücksichtigt.

$$I_T = 894 + 243 = 1137\,cm^4$$

Abb. 4.53 Gurt-Ersatzquer-
schnitt für $I_{\mathrm{T,Gurt}}$

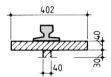

Ferner gilt nach Gl. 4.25

$$\eta = \sqrt{\frac{0{,}75 \cdot 300 \cdot 2{,}1^3}{1137} \cdot \frac{\sinh^2(1{,}5027)}{\sinh(2 \cdot 1{,}5027) - 2 \cdot 1{,}5027}} = 1{,}088$$

und mit T_{Ed} nach Gl. 4.26

$$T_{\mathrm{Ed}} = 377 \cdot 7{,}5/4 = 707 \,\mathrm{kNcm}$$

wird die Stegblechbiegespannung $\sigma_{\mathrm{T,Ed}}$ Gl. 4.24,

$$\sigma_{\mathrm{T,Ed}} = \pm\frac{6 \cdot 707}{300 \cdot 2{,}1^2} \cdot 1{,}088 \cdot \tanh \cdot (1{,}088) = \pm 2{,}78 \,\mathrm{kN/cm}^2$$

Der Ansatz eines zusätzlichen Torsionsmomentes aus der am Schienenkopf angreifenden
Seitenlast H_{S} ist beim Betriebsfestigkeitsnachweis nicht erforderlich.

Spannungsnachweise nach Abschn. 4.5.5.1 Die veränderliche Last auf dem Laufsteg bleibt
hier unberücksichtigt. Die Schnittgrößen müssen noch mit den Sicherheitsbeiwerten für
die Einwirkungen erhöht werden.
  Feld:

$$\max M_{\mathrm{d}} = 1{,}35 \cdot (211 + 2668) = 3887 \,\mathrm{kNm}$$

$$V_{\mathrm{z,d}} \quad \text{hier vernachlässigbar klein}$$

Schnitt 1_{o}:

$$\max \sigma_{\mathrm{x,1}} = 388.700/28.665 = 13{,}56 \,\mathrm{kN/cm}^2$$

$$\max \sigma_{\mathrm{x1}}/f_{\mathrm{yd}} = 13{,}56/23{,}5 = 0{,}58 < 1$$

Schnitt 2:

$$\sigma_{\mathrm{x2}} = 388.700/32.210 = 12{,}1 \,\mathrm{kN/cm}^2$$

$$\sigma_{\mathrm{z,2}} = 7{,}53 \,\mathrm{kN/cm}^2 < f_{\mathrm{yd}}$$

$$\sigma_{\mathrm{v2}} = \sqrt{12{,}1^2 + 7{,}53^2 - 12{,}1 \cdot 7{,}53} = 10{,}58 \,\mathrm{kN/cm}^2$$

$$\sigma_{\mathrm{v2}}/f_{\mathrm{yd}} = 0{,}45 < 1$$

Schnitt 3:

$$l_{\text{eff}} = 26,2 + 2 \cdot (50,4 - 4,0) = 119 \, \text{cm}$$

$$\sigma_{z,3} = \frac{509}{119 \cdot 1,2} = 3,56 \, \text{kN/cm}^2$$

Schnitt 4:

$$\sigma_{x,4} = 388.700/21.729 = 17,89 \, \text{kN/cm}^2$$

Schnitt 5:

$$\max \sigma_{x,5} = 388.700/21.100 = 18,42 \, \text{kN/cm}^2$$

$$\max \sigma_{x,5}/\sigma_{R,d} = 18,42/23,5 = 0,78 < 1$$

Auflager A

$$\max V_{z,d} = 1,35 \cdot (47 + 715) = 1029 \, \text{kN}$$

$$\max \tau_{xz} = \frac{1029 \cdot 13.803}{1.823.107 \cdot 1,2} = 6,49 \, \text{kN/cm}^2$$

$$\frac{\max \tau_{xz}}{\tau_{R,d}} = \frac{6,49}{13,56} = 0,48 < 1$$

5. Beulsicherheitsnachweise für das Stegblech in Trägermitte ($\tau \approx 0$)
Der Beulsicherheitsnachweis für *ausgesteifte* Blechfeder wird in Kap. 2 näher behandelt. Hier wird er exemplarisch für das Stegblech mit einer Längsrippe und Querrippen im Abstand von $a = 3,0$ m geführt. Die Längssteife erfüllt zwar nicht die Mindestanforderungen an die Steifigkeit gemäß [3] mit $\gamma \geq 25$, wird hier aber trotzdem zum besseren Vergleich mit früheren Ausgaben beibehalten. Der Nachweis für die Längsspannungen wäre auch ohne die Längssteife erfüllt.

Vorbemerkung
Zur *Vereinfachung* der geometrischen Verhältnisse wird zunächst die (rechnerische) Lage der Längssteife in den Versprung der Stegblechdicken verlegt und die in Abb. 4.54a angegebenen Beulfeldabmessungen unterstellt. Des Weiteren muss bei Anwendung der Beulwerttafeln [43, 44] zum Nachweis des *Gesamtfeldes* mit einer konstanten Stegblechdicke t^* gerechnet werden. Diese wird mit Hilfe [18] Fachliteratur bestimmt oder gemäß Abschn. 2.3.2: Mit den Parametern $\min t / \max t = 12/21 \approx 0,6$, $\eta = 430/1400 \approx 0,3$, $\psi = \sigma_2/\sigma_1 = -19,73/13,31 \approx -1,5$ und $\alpha = 3000/1400 = 2,14$ liest man den Beulwert $k_\sigma \approx 27$ aus der entsprechenden Tabelle ab; die ideale Beulspannung ist hier mit $\max t$ zu bestimmen. Die gleiche Beulspannung erhält man mit einer über die Stegblechhöhe konstanten Ersatzblechdicke $t^* = $ konst. aus Tab. 2.1 und $b_i = 2 \cdot b_D = 2 \cdot 564 = $

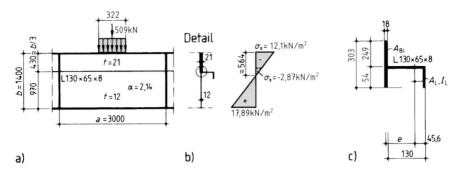

Abb. 4.54 Stegblech-Beulfeld. **a** Abmessungen, **b** Längsspannungen σ_x, **c** Längssteifenquerschnitt

1128 mm (b_D = Breite der Druckzone, Abb. 4.54b) durch einen Vergleich der beiden Beulspannungen, Gln. 2.6a und 2.6b:

$$\sigma_{\mathrm{cr,x}} = 27 \cdot 1{,}898 \cdot \left(\frac{100 \cdot 21}{1400}\right)^2 = 23{,}9 \cdot 1{,}898 \cdot \left(\frac{100 \cdot t^*}{1128}\right)^2$$

$$t^* = 21 \cdot \frac{1128}{1400} \cdot \sqrt{27/23{,}9} = 17{,}98 \approx 18\,\mathrm{mm}$$

Alle weiteren Berechnungen werden mit dieser Ersatzblechdicke t^* fortgeführt.

Die Spannungen σ_x (Abb. 4.50b) werden über die Beulfeldlänge als konstant unterstellt.

Nachweis der Einzelfelder

Die Überprüfung, ob Einzelfeldbeulen nachzuweisen ist, erfolgt vereinfacht über die c/t-Verhältnisse, siehe [14], Kap. 2:

Oberes Blech:

$$\text{vorh. } c_1/t_1 = 430/21 = 20{,}5 < \text{grenz } c_1/t_1 = \frac{42}{0{,}67 + 0{,}33 \cdot 0{,}237} = 56{,}1$$

$$\text{QK3 erfüllt}$$

Mit dem Spannungsverhältnis $\Psi = 2{,}87/12{,}1 = 0{,}237$

Unteres Blech: fast komplett im Zugbereich, QK ist offensichtlich eingehalten.

Mit dem Spannungsverhältnis $\Psi = 2{,}87/12{,}1 = 0{,}237$

Kein genauerer Beulnachweis für die Einzelfelder erforderlich, da die Querschnittsklasse 3 (QK3) erfüllt ist.

Nachweis des Gesamtfeldes mit k_σ und $t = t^{*1}$

Querschnittswerte der Längssteife Die anrechenbare Stegblechbreite (Abb. 4.54c) erhält man nach Tab. 2.7 bzw. Abb. 2.14.

Einzelbeulspannung $\sigma_{cr,x,p}$ unter Beachtung der Steife
Spannungsverhältnisse:

$$\Psi_1 = 2{,}87/12{,}1 = 0{,}237 \quad \Psi_2 = -17{,}89/2{,}87 = 6{,}23$$

Breiten für die Bruttoquerschnittswerte:

$$b_{1,\text{inf}} = \frac{423 - 0{,}237}{5 - 0{,}237} \cdot 430 = 249\,\text{mm}$$
$$b_{2,\text{sub}} = 0{,}4 \cdot (564 - 430) = 53{,}6\,\text{mm}$$

oberes Blech:

$$\sigma_E = 1{,}898 \cdot \left(\frac{100 \cdot 1{,}8}{43}\right)^2 = 33{,}23\,\text{kN/cm}^2$$

Beulwert:

$$k_{\sigma 1} = \left(\frac{8{,}2}{1{,}05 + 0{,}237}\right) = 6{,}37$$

kritische Beulspannung:

$$\sigma_{cr,x} = 6{,}37 \cdot 33{,}23 = 211{,}7\,\text{kN/cm}^2$$

Steifenflächen, Trägheitsmoment:

$$A_{sl,1} = A_L + A_{B1} = 15{,}1 + 1{,}8 \cdot 30{,}3 = 15{,}1 + 54{,}5 = 69{,}6\,\text{cm}^2$$
$$I_{sl,1} = I_L + \frac{A_L \cdot A_{B1}}{A_L + A_{B1}} \cdot e^2 = 263 + \frac{15{,}1 \cdot 54{,}5}{69{,}1} \cdot (13 + 1{,}8/2 - 4{,}56)^2 = 1302\,\text{cm}^4$$

Teilschwerpunkte der Steife:

$$e_2 = \frac{15{,}1(13 + 1{,}8/2) - 4{,}56}{69{,}6} = 2{,}03\,\text{cm}$$
$$e_1 = 13 + 1{,}8/2 - 4{,}56 - 2{,}03 = 7{,}31$$

---

[1] Führt man die Berechnung *ohne* Längssteife fort, stellt man fest, dass bei den vorliegenden Verhältnissen für die Längsspannungen σ_x allein ausreichende Beulsicherheit vorhanden ist.

Plattenparameter

$$\delta = \frac{A}{b \cdot t} = \frac{15,1}{140 \cdot 1,8} = 0,06 \qquad \gamma = 10,92 \cdot \frac{I}{b \cdot t^3} = 10,92 \cdot \frac{1439}{140 \cdot 1,8^3} = 19,2$$

$$\alpha = 2,14 \qquad\qquad\qquad \psi = -1,48$$

Unter Ansatz einer elastischen Bettung aus der Beulsteife ergibt sich mit Gln. 2.11 und 2.12:

$$a_c = 4,33 \sqrt[4]{\frac{I_{sl,1} \cdot b_1^2 \cdot b_2^2}{t^3 \cdot b}} = 4,33 \sqrt[4]{\frac{1302 \cdot 43^2 \cdot 97^2}{1,8^3 \cdot 140}} = 314\,\text{cm} > a = 300\,\text{cm}$$

Kritische Knickspannung der Steife, siehe auch Abschn. 2.3.2

$$\begin{aligned}
\sigma_{cr,sl1} &= \frac{\pi^2 \cdot E \cdot I_{sl,1}}{A_{sl,1} \cdot a^2} + \frac{E \cdot t^3 \cdot b \cdot a^2}{4 \cdot \pi^2 (1 - v^2) A_{sl,1} \cdot b_1^2 \cdot b_2^2} \\
&= \frac{\pi^2 \cdot 21.000 \cdot 1302}{69,6 \cdot 300^2} + \frac{21.000 \cdot 1,8^3 \cdot 140 \cdot 300^2}{4 \cdot \pi^2 (1 - 0,3^2) 43^2 \cdot 97^2} = 78,2\,\text{kN/cm}^2
\end{aligned}$$

$$\text{für } a < a_c$$

Kritische Beulspannung der ausgesteiften Platte

$$\sigma_{cr,x,p} = 12,1 \cdot \frac{78,2}{2,87} = 329,7\,\text{kN/cm}^2$$

Verzweigungslastfaktor:

$$\sigma_{cr,x} = \frac{\sigma_{cr,x}}{\sigma_{x,Ed}} = \frac{329,7}{12,1} = 27,25$$

Alternativ: Ermittlung der Beulwerte des Gesamtfeldes mit k_σ nach [43] und $t = t^{*1}$

Für eine Längssteife im oberen Drittelpunkt der Beulfeldhöhe entnimmt man der Übersicht II in [43], dass bei dem vorhandenen δ und bereits bei einem (ungünstigeren) $\psi = -1,0$ schon ein $\gamma = 1$ ausreichend ist, um den Größtwert von $k_{\sigma x} = 52,7$ zu erreichen; damit ist die ideale Beulspannung des Gesamtfeldes mindestens so groß wie jene des ungünstigsten, oberen Einzelfeldes. Einen genaueren $k_{\sigma x}$-Wert liest man der den vorliegenden Parametern am nächsten liegenden Tafel in [43] ab.

Einzelbeulspannung σ_{xPi} Näherungsweise gilt für $\psi = -1,25$, $\delta = 0,05$ und $\gamma \approx \gamma^* = 3$ nach [43]

$$k_{\sigma x}^* \geq 57,06$$

Dieser Wert darf nach [8], Teil 3 (601), (602) wie folgt erhöht werden:

$$\frac{\sigma^*_{Pi}}{\sigma^*_{Ki}} = k^*_\sigma \cdot \alpha^2 \cdot \frac{1+\delta}{1+\gamma} = 57{,}06 \cdot 2{,}14^2 \cdot \frac{1+0{,}06}{1+19{,}2} = 13{,}71$$

$$k_{\sigma x} = k^*_{\sigma x}\left[1 + \frac{\sigma^*_{Ki}}{\sigma_{Pi}} \cdot \left(\frac{1+\gamma}{1+\gamma^*}-1\right)\right] = 57{,}06 \cdot \left[1 + \frac{1}{13{,}71} \cdot \left(\frac{1+19{,}2}{1+3}-1\right)\right]$$

$$= 57{,}06 \cdot 1{,}295 = 73{,}9$$

Die Einzelbeulspannung σ_{xPi} erhält man nach dem in Kap. 2 beschriebenen Rechengang:

$$\sigma_e = 1{,}898 \cdot \left(100 \cdot \frac{1{,}8}{140}\right)^2 = 3{,}14\,\text{kN/cm}^2$$

$$\sigma_{xPi} = 73{,}9 \cdot 3{,}14 \qquad\qquad = 232\,\text{kN/cm}^2$$

mit $\sigma_{x,Pi} = \sigma_{cr,x,p}$ (wird für die weitere Berechnung verwendet).

Verzweigungslastfaktor:

$$\alpha_{cr,x} = \frac{\sigma_{cr,x}}{\sigma_{x,Ed}} = \frac{232}{12{,}1} = 20{,}63$$

Einzelbeulspannung σ_z Die örtliche Radlast $F_{z,Ed} = \varphi \cdot R^1_1 \gamma_F = 509\,\text{kN}$ erzeugt am oberen Stegblechlängsrand über die Lastverteilungsbreite von $c \approx 34\,\text{cm}$ (siehe Pkt. 4 des Beispiels) örtlich begrenzte Druckspannung, die im Beulnachweis mit σ_y bezeichnet werden. Die zur Beulung führende Spannung wird mit Abb. 2.5 und Tab. 2.5 bestimmt.

Die Längsrippe wird vernachlässigt und $\Psi_Z = 1{,}0$ gesetzt. Des Weiteren wird das Ausbreitmaß vereinfacht mit $c = 32{,}2\,\text{cm}$ angesetzt (keine Rückrechnung auf die Länge der starren Lasteinleitung nach [3, Abschn. 6.5.2]).

Mit $c/a = 32{,}2/300 = 0{,}11$ und $\alpha = 2{,}14$ erhält man durch lineare Interpolation aus Tab. 2.5

$$k_\sigma z = 1{,}15 \quad \text{und nach Abb. 2.5}$$

$$\sigma_{cr,z} = 1{,}15 \cdot 3{,}14 \cdot 300/32{,}2 = 32{,}62\,\text{kN}$$

Verzweigungslastfaktor:

$$\alpha_{cr,z} = \frac{\sigma_{cr,z}}{\sigma_{z,Ed}} = \frac{32{,}62}{8{,}78} = 3{,}83 \qquad \text{auf der sicheren Seite } \Psi_Z = 1{,}0$$

Modifizierter Schlankheitsgrad $\overline{\lambda}_P$

Mit Gl. 2.26 kann näherungsweise der Verzweigungslastfaktor α_{cr} für das Beulfeld unter der Gesamtbeanspruchung ermittelt werden. Alternativ empfiehlt sich eine Berechnung nach der Methode der finiten Elemente mit einem geeigneten Programm (FE Berechnung $\alpha_{cr} = 6,84$).

$$\frac{1}{\alpha_{cr}} = \frac{1+\psi_x}{4\alpha_{cr,x}} + \frac{1+\psi_z}{4\alpha_{cr,z}} + \left[\left(\frac{1+\psi_x}{4\alpha_{cr,x}} + \frac{1+\psi_z}{4\alpha_{cr,z}} \right)^2 + \frac{1-\psi_x}{2\alpha_{cr,x}^2} + \frac{1-\psi_z}{2\alpha_{cr,z}^2} + \frac{1}{\alpha_{cr,\tau}^2} \right]^{1/2}$$

$$= 0,262$$

damit $\alpha_{cr} = 3,823$.

Mit den Gln. 2.20 und 2.21 folgt:

Vergleichsspannung

$$\sigma_{v,Ed} = \sqrt{12,8^2 + 8,78^2 - 8,78 \cdot 12,8} = 10,83 \,\text{kN/cm}^2$$

$$\alpha_{ult,k} = \frac{f_y}{\sigma_{v,Ed}} = \frac{23,5}{10,83} = 2,17$$

$$\overline{\lambda_P} = \sqrt{\frac{2,17}{3,82}} = 0,752$$

Ermittlung des Abminderungsfaktors ρ_x für die Wirkung der Längsspannung σ_x:
Überprüfung knickstabähnliches Verhalten, siehe Abschn. 2.5.4:

$$\sigma_{cr,sl} = \frac{\pi^2 \cdot 21.000 \cdot 1302}{69,6 \cdot 300^2} = 42,9 \,\text{kN/cm}^2$$

$$\sigma_{cr,c} = 42,9 \cdot 564/(564 - 430) = 180,6 \,\text{kN/cm}^2 \quad \text{(vereinfacht ermittelt)}$$

$$\xi_x = \frac{\sigma_{cr,px}}{\sigma_{cr,c}} - 1 = \frac{232}{180,56} - 1 = 1,28 > 1,0$$

Mit Abb. 2.26 und Gl. 2.29 folgt, dass plattenartiges Verhalten vorliegt.

Gemäß Tab. 2.10 mit $\Psi = -17,89/12,1 = -1,479$:
Für $\overline{\lambda_P} = 0,752 \leq 0,5 + \sqrt{0,085 - 0,055 \cdot (-1,479)} = 0,91$ wird $\rho_x = 1,0$.

Ermittlung des Abminderungsfaktors ρ_z für die Wirkung der Querspannung σ_z:
Mit Tab. 2.10 und $\Psi = 1,0$ folgt:

Für örtliche Radlasten ist der Abminderungsfaktor ρ_z mit den Gleichungen nach DIN EN 1993-1-5 Anhang B zu ermitteln

$$\Phi_z = 0,5(1 + \alpha_p(\overline{\lambda_P} - \overline{\lambda_0}) + \overline{\lambda_P}) = 0,5(1 + 0,34(0,752 - 0,8) + 0,752) = 0,868$$

$$\rho_z = \frac{1}{\varphi + \sqrt{\varphi^2 - \lambda_p}} = 1,1 > 1,0 \quad \text{und damit } \rho_z = 1,0$$

$$\sigma_{z,R,d} = 1,0 \cdot 23,5/1,1 = 21,36 \,\text{kN/cm}^2$$

Knickstabähnliches Verhalten liegt nicht vor.

Vereinfachter Nachweis nach Gl. 2.27b:

$$\frac{\sigma_{v,Ed}}{\rho \cdot f_y / \gamma_{M1}} \leq 1,0$$

$$\frac{10,83}{23,5/1,1 \cdot 1,0} = 0,51 < 1,0$$

Nachweis des oberen Einzelfeldes

Aufgrund der realen Abmessungsverhältnisse (insbesondere $t = 21\,\text{mm}$) ist eine Beulgefährdung augenscheinlich ausgeschlossen. Da hier jedoch Randdruckspannungen σ_y an **beiden** Längsrändern auftreten, soll die prinzipielle Vorgehensweise in diesem Fall vorgeführt werden. Auf der sicheren Seite wird weiterhin mit $t = t^* = 18\,\text{mm}$ gerechnet. Für die Beanspruchungsverhältnisse infolge σ_y werden folgende Annahmen getroffen (Abb. 4.55a)

1. Infolge der Schubspannungen aus der nichtlinearen (realen) σ_z-Verteilung nehme die Radlastwirkung linear über die Stegblechhöhe ab. Es wird die konservative Lastausbreitung im Stegblech unter 25° angenommen.

$$F_z(y) = F_{z,0}(1 - z/b) \tag{4.58}$$

2. Diese Last verteile sich auf eine Breite von

$$c(z) = c_0 + z \cdot 2 \cdot \tan 25° \tag{4.59}$$

Mit $F_{z,0} = 509\,\text{kN}$, $c_o = 32,2\,\text{cm}$ und $b = 140\,\text{cm}$ folgt

$$z = 0: \qquad F_z(0) = 509\,\text{kN} \qquad c(0) = 32,2\,\text{cm}$$

$$(\sigma_z = 509/(32,2 \cdot 1,8) = -8,78\,\text{kN/cm}^2)$$

$$z = 43\,\text{cm}: \quad F_z(43) = 352\,\text{kN} \quad c(43) = 72,2\,\text{cm}$$

$$(\sigma_z = 352/(72,2 \cdot 1,8) = -2,71\,\text{kN/cm}^2)$$

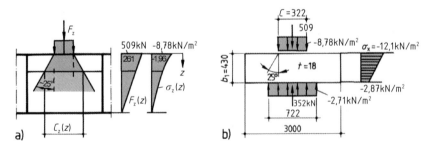

Abb. 4.55 Oberes Teilfeld. **a** Spannungsverteilung σ_z, **b** Abmessungen und Beanspruchungen

Die Spannungen σ_{x3} am unteren Längsrand des Einzelbeulfeldes betragen

$$\sigma_{x3} = 2{,}87\,\text{kN/cm}^2$$

Vorwerte

$$\alpha = 300/43 \approx 7{,}0 \quad \sigma_{\text{e}} = 1{,}898 \cdot \left(100 \cdot \frac{1{,}8}{43}\right)^2 = 33{,}26\,\text{kN/cm}^2$$

Einzelbeulspannung $\sigma_{\text{cr,x}}$

$$\psi = 2{,}87/12{,}1 = 0{,}23 \quad k_\sigma = \frac{8{,}4}{0{,}23 + 1{,}1} = 6{,}3 \qquad \text{nach Tab. 2.3}$$

$$\sigma_{\text{cr,x}} = 6{,}3 \cdot 33{,}26 = 209{,}5\,\text{kN/cm}^2$$

Verzweigungslastfaktor:

$$\alpha_{\text{cr,x}} = \frac{\sigma_{\text{cr,x}}}{\sigma_{\text{x,Ed}}} = \frac{209{,}5}{12{,}1} = 17{,}31$$

Einzelbeulspannung $\sigma_{\text{cr,z}}$ Die Berechnung nach [44] gilt nur für den Lastangriff an *einem* Längsrand. Die Auswertung wird für beide Längsränder getrennt durchgeführt und die *gemeinsame* Wirkung beider Randspannung über die *Dunkerley'sche Gerade* (= einfachste, auf der sicheren Seite liegende *Interaktionsbeziehung*) erfasst. Es werden die Bezeichnungen nach [44] verwendet (y statt z).

Rand oben

$$c/a = 0{,}11 \quad \alpha = 7{,}0$$

$$k_{\sigma\text{y}} \text{ nach } [44]$$

$$k_{\sigma\text{y}} = 0{,}46$$

$$\sigma_{\text{y,Pi,o}} = 0{,}46 \cdot 33{,}26 \cdot \frac{300}{32{,}2} = 142{,}5\,\text{kN/cm}^2$$

$$\sigma_{\text{y,o}} = 8{,}78\,\text{kN/cm}^2$$

Rand unten

$$c/a = 74/300 = 0{,}25 \quad \alpha = 1{,}0$$

$$k_\sigma\text{yz} = 0{,}62$$

$$\sigma_{\text{y,Pi,o}} = 0{,}62 \cdot 33{,}26 \cdot \frac{300}{72{,}2} = 85{,}7\,\text{kN/cm}^2$$

$$\sigma_{\text{y,u}} = 2{,}71\,\text{kN/cm}^2$$

Abb. 4.56 Interaktion über Dunkerley'sche Gerade

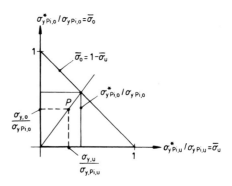

Die Dunkerley'sche Gerade ist in Abb. 4.56 dargestellt. Hierin bedeuten $\sigma^*_{y,Pi,o,(u)}$ die idealen Beulspannungen am oberen (unteren) Rand, wenn gleichzeitig Spannungen $\sigma_{y,o,(u)}$ wirken. Bei den vorhandenen Spannungsverhältnissen erhält man die ideale Beulspannung $\sigma^*_{y,Pi,o}$ aus dem Schnittpunkt der beiden Geraden; letztere ergibt sich aus der Verbindung des Koordinatenursprungs mit dem Punkt P. Man erhält

$$\frac{1}{\sigma^*_{y,Pi,o}} = \frac{1}{\sigma_{y,Pi,o}} + \frac{\sigma_{y,u}/\sigma_{y,o}}{\sigma_{y,Pi,u}} \tag{4.60}$$

$$\frac{1}{\sigma^*_{y,Pi,o}} = \frac{1}{142,5} + \frac{2,71/8,78}{85,7} \qquad \sigma^*_{yPi,o} = 94,2\,\text{kN/cm}^2$$

Für *schmale* Platten mit *quergerichteten* Spannungen σ_y kann *knickstabähnliches Verhalten* vorliegen, wenn der Wichtungsfaktor $\xi \geq 0$ ist, vgl. Abschn. 2.5.4. Er ist abhängig vom Verhältnis der Beul- zur Knickspannung.

$$\xi_x = \frac{\sigma_{cr,pz}}{\sigma_{cr,c}} - 1 = \frac{94,2}{33,26} - 1 = 1,83 > 1,0$$

Mit Abb. 2.26 und Gl. 2.29 folgt, dass plattenartiges Verhalten vorliegt.

Verzweigungslastfaktor:

$$\alpha_{cr,z} = \frac{\sigma_{cr,z}}{\sigma_{z,Ed}} = \frac{94,2}{8,78} = 10,7 \qquad \text{mit } \Psi_Z = 1,0$$

Verzweigungslastfaktor und Beulschlankheitsgrad der Gesamtbeanspruchung gemäß Gl. 2.26:

$$\alpha_{cr} = 7{,}20$$

$$\overline{\lambda_P} = \sqrt{\frac{2{,}17}{7{,}2}} = 0{,}549$$

$$\Phi_z = 0{,}5(1 + \alpha_p(\overline{\lambda_p} - \overline{\lambda_0}) + \overline{\lambda_P}) = 0{,}5(1 + 0{,}34(0{,}549 - 0{,}8) + 0{,}549) = 0{,}74$$

$$\rho_z = \frac{1}{\varphi + \sqrt{\varphi^2 - \lambda_p}} = 1{,}35 > 1{,}0 \quad \text{und damit } \rho_z = 1{,}0$$

$$\sigma_{z,R,d} = 1{,}0 \cdot 23{,}5/1{,}1 = 21{,}36 \, \text{kN/cm}^2$$

Vereinfachter Nachweis nach Gl. 2.27b:

$$\frac{\sigma_{v,Ed}}{\rho \cdot f_y/\gamma_{M1}} \leq 1{,}0$$

$$\frac{10{,}83}{23{,}5/1{,}1 \cdot 1{,}0} = 0{,}51 < 1{,}0$$

Der Nachweis ist, wie zu erwarten war, erfüllt. Der Rechengang für das *untere Einzelfeld* ist offensichtlich entbehrlich, da hier (in *x*-Richtung) praktisch nur Zugspannungen vorliegen.

Neben dem Nachweis ausreichender Beulsicherheit ist nach [3], bei Platten mit Steifen, die Längssteife auch noch als Druckstab mit Vorkrümmung nach Theorie II. O. nachzuweisen. Darauf kann hier verzichtet werden.

4.9 Kranbahnauflagerungen, Stützen, Verbände

4.9.1 Auflagerungen, Konsolen

Die *Auflager* der Kranbahnträger (auf Stützen oder Konsolen) müssen die lotrechten und waagerechten Auflagerlasten der Kranbahnträger aufnehmen. Zum *Ausrichten* der Kranbahn in Seiten- und Höhenlage sind an allen Befestigungsstellen *Futterbleche* (mit Langlöchern) vorzusehen; diese werden in mehreren Dicken (2, 4, ... mm) angefertigt und bei der Montage (oder nach eingetretener Stützenverschiebung) fallweise feinstufig eingebaut.

Auch bei der Auflagerung auf Stahlbetonstützen (ähnlich wie bei Konsolen) sind Ausrichtmöglichkeiten einzuplanen (Abb. 4.57). Kranbahnträger, Horizontalverband und Nebenträger können nur gemeinsam ausgerichtet werden.

Eine *Zentrierung* der Trägerauflagerung ist fallweise zweckmäßig, eine Auflagerung auf spezielle Neoprenauflager lärmschonend und schwingungsdämpfend.

Die *Seitenkräfte* des Kranbahnträgers werden über Haltekonstruktionen (Abb. 4.57 und 4.59) in Höhe des Kranbahnträgerobergurtes an die Stützen abgegeben. Diese sollen

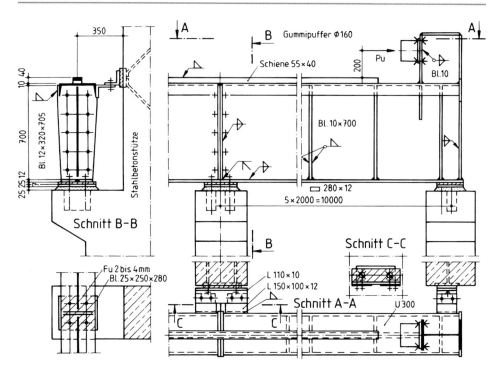

Abb. 4.57 Kranbahnträger auf Stahlbetonkonsolen

sowohl konstruktiv einfach sein als auch die Tragfähigkeit nicht merklich beeinträchtigen. Dies ist insbesondere bei Durchlaufträgern über den Mittelstützen zu beachten, bei denen der Obergurt Zugspannungen erhält. Hier sind seitlich an die Gurte angeschweißte Bleche unvorteilhaft. Bei *freiaufliegenden Trägern* kann man das Auflager nach Abb. 4.58 ausbilden; man erreicht zentrische Belastung der Stütze, und die Längsverschiebung am Kranschienenstoß infolge der Endtangentenverdrehung der Träger wird kleiner. Seitliche Führungen verhindern das Kippen des Trägers. Dehnungsfugen der Kranbahn werden in gleicher Weise ausgeführt, doch entfallen die Anschlagsknaggen der oberen Lagerstelle. Die für den Kranbahnträger am Auflager stets notwendigen (waagerechten) Halterungen sind hier nicht dargestellt.

Konsolen

Bei mäßigen Auflagerlasten und i. d. R. bei Hallenrahmen werden die Kranbahnträger auf *Konsolen* aufgelegt (Abb. 4.59). Der Konsolenanschluss wird durch die Auflagerlast und das Kragmoment beansprucht. Die Konsolen und ihr Anschluss werden nach konstruktiven Gesichtspunkten ausgelegt und sollten nicht zu „weich" ausgeführt werden. Auch sie unterliegen einer dynamischen Beanspruchung und tragen zum Schwingungsverhalten des Kranbahnträgers bei.

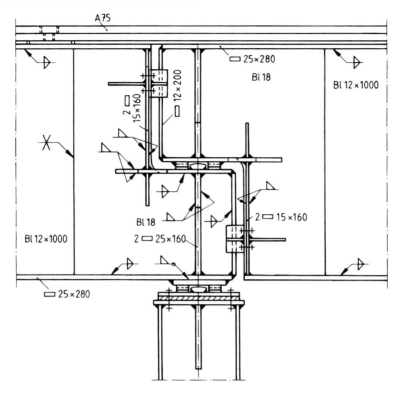

Abb. 4.58 Auflagerung von einfeldrigen Kranbahnträgern auf einer (schmalen) Stütze

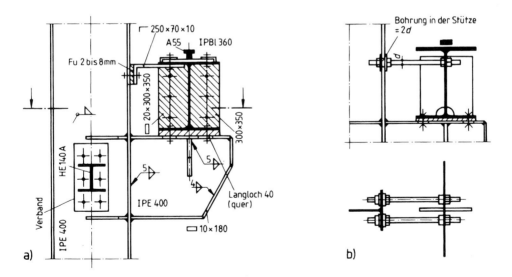

Abb. 4.59 Auflagerung einer Kranbahn auf einer Stützenkonsole

Jedes Kranbahnende erhält einen mit einem federnden Puffer bestückten *Prellbock*, dessen Anschluss an den Kranbahnträger biegefest sein muss. Der *Puffer* muss die Bewegungsenergie des anprallenden Krans mit hoher Dämpfung bei möglichst niedriger Endkraft elastisch aufnehmen. Geeignet sind z. B. Puffer aus Gummi oder aus Polyurethan-Zellkunststoff mit umhüllender Schutzhaut (Abb. 4.57).

4.9.2 Kranbahnstützen

In *Freianlagen* (z. B. als Lagerplatzkrane) werden die Kranbahnstützen im *Fundament* eingespannt und übernehmen außer den Kranlasten (lotrecht und waagerecht) nur noch die Lasten aus Wind auf Kranbahn und Stütze. Schneelasten spielen keine Rolle.

In *Gebäuden* (Hallen) kommen hierzu i. Allg. außerdem noch die Lasten aus der Dach- und Wandkonstruktion, Schneelasten und Wind auf die Wände. Je nach statischem System des gesamten Hallenquerschnittes sind die Stützen gebäudeaussteifend ausgebildet und entweder im Fundament (Abb. 4.60a) oder im Dachriegel als *Rahmenstiel* (Abb. 4.60c) eingespannt. Übernehmen die Stützen keine aussteifende Funktion, so sind sie am Stützenkopf und -fuß gelenkig angeschlossen und erhalten Biegemomente lediglich aus Kranseitenlasten, exzentrischer Vertikallasteinleitung und (als Außenstützen) aus Wind. Auf die üblichen statischen Systeme der Hallenquerschnitte wird nicht eingegangen. Erst aus diesen ist angebbar, welche der Kranseitenlasten (Kräfte aus Anfahren bzw. Bremsen – H_T oder Schräglauf – S, H_S) für die Dimensionierung der Stützen maßgebend sind. Hierbei ist wichtig, dass die Seitenlast aus Schräglauf entweder gleichzeitig nach außen oder innen wirkt, während die Lastresultierenden aus den Kräftepaaren $H_{Ti,k}$ infolge Anfahren und Bremsen auf beide Kranbahnträger in die gleiche Richtung weisen. Für drei typische Fälle sind die maßgebenden horizontalen Stützenlasten dem Abb. 4.60 zu entnehmen; Kombinationen der Systeme b, c sinngemäß.

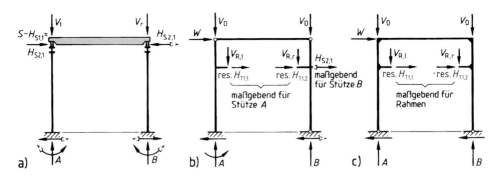

Abb. 4.60 Belastungen von Kranbahnstützen. **a** Freianlage ohne Stützenkopfkopplung, **b** Einspannstütze mit angehängter Pendelstütze, **c** Zweigelenkrahmen

Querschnitte (Abb. 4.61)

Die Querschnittswahl ist abhängig von den aufzunehmenden Stützenlasten und dem statischen System. *Walzprofile* aus Breitflanschträgern (HE-Reihe) besitzen eine größere Steifigkeit um die z-Achse als IPE-Querschnitte und eignen sich daher bei frei stehenden Stützen mit oder ohne Einspannung. Sie werden für die überwiegende Zahl der Hallenkonstruktionen verwendet. Wegen der Beschränkung der Stützenkopfauslenkungen zur Gewährleistung eines verschleißarmen Kranbetriebs sind Walzprofile (wie auch geschweißte Vollstützen) spannungsmäßig nicht ausnutzbar, was zur Folge hat, dass man sie i. Allg. nach Theorie I. Ordnung berechnen darf. Bei höheren Lasten (z. B. in Maschinen- und Gießhallen) verwendet man vorzugsweise geschweißte *Vollwand- oder Hohlkastenquerschnitte* bzw. *Fachwerk stützen*.

Vollwand- und Hohlkastenstützen. Bei leichtem Betrieb lagern die Kranbahnträger bei Vollwandquerschnitten auch hier auf Konsolen, während bei schwerem Betrieb der Stützenquerschnitt – auch bei Verwendung von Walzprofilen – in Höhe des Kranbahnauflagers *abgesetzt* ist (Abb. 4.62a). In diesem Fall lagert der Kranbahnträger auf dem u. U. verstärkt ausgebildeten Innengurt (Abb. 4.61a–c). Zur Erhöhung seiner *Knicksicherheit* verwendet man vorzugsweise quer gestellte Walzprofile (Abb. 4.61b) und steift das Stegblech durch Querrippen oder Querschotte bei Hohlquerschnitten aus (Abb. 4.61a–c). Dadurch bleibt die Querschnittsform erhalten, und die *Drillknickgefahr* ist weitestgehend ausgeschlossen. Bei schweren Kranlasten und großen Knicklängen werden Kastenquerschnitte ausgebildet, bei denen die Knick- und *Biegedrillknickgefahr* aufgrund der großen Steifigkeiten ausgeschlossen ist.

Fachwerkstützen. Diese eignen sich vorzugsweise als quer zur Kranbahn eingespannte Stützen, wobei der kräftige Innengurt (Pfosten) die Kranlast unmittelbar trägt. Bei *zweiwandige* Fachwerkausbildung legt man die Füllstäbe direkt (innen oder außen) an die Flansche der Pfosten, was allerdings gewisse Exzentrizitäten der Stabachse zur Folge hat. Auch ist bei dieser (lohngünstigen) Lösung eine Anpassung der Gurtprofile eingeschränkt. Diese Nachteile entfallen bei der *einwandigen* Ausführung mit mittig liegenden, einteili-

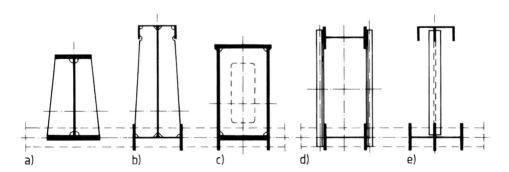

Abb. 4.61 Querschnitte von Kranbahnstützen. **a** bis **b** Vollwandquerschnitt, **c** Kastenquerschnitt, **d** bis **e** Fachwerkstütze

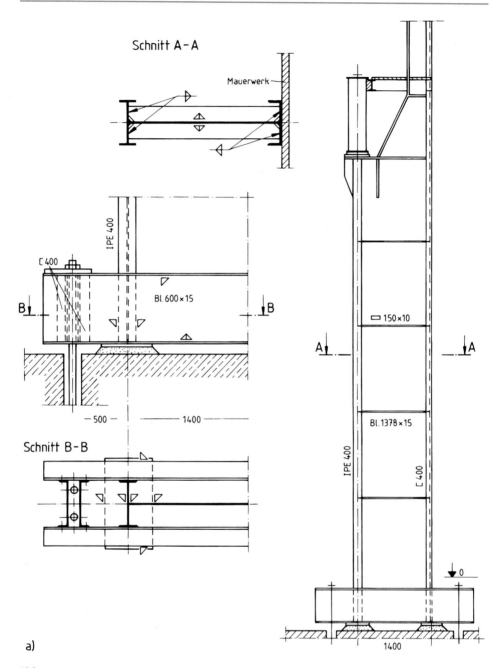

Schnitt A–A

Schnitt B–B

a)

Abb. 4.62 Konstruktive Ausbildung von Kranbahnstützen. **a** geschweißte Vollwandstütze mit Profilgurten, **b** verstärkte Walzprofilstütze mit HD-Grundquerschnitt, **c** Kastenquerschnitt, **d** Fachwerkstütze

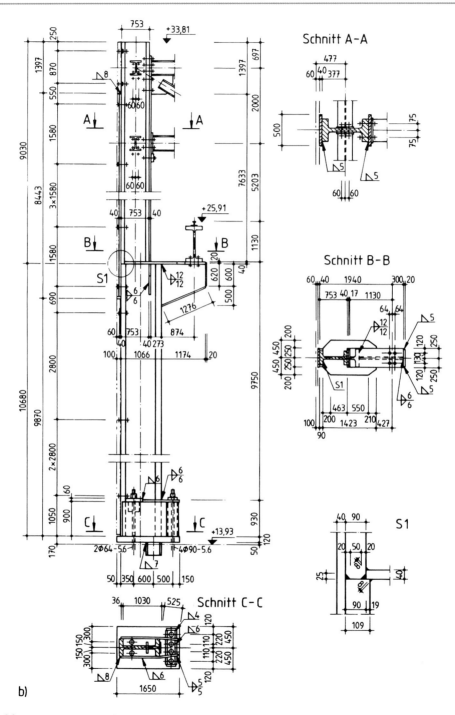

Abb. 4.62 (Fortsetzung)

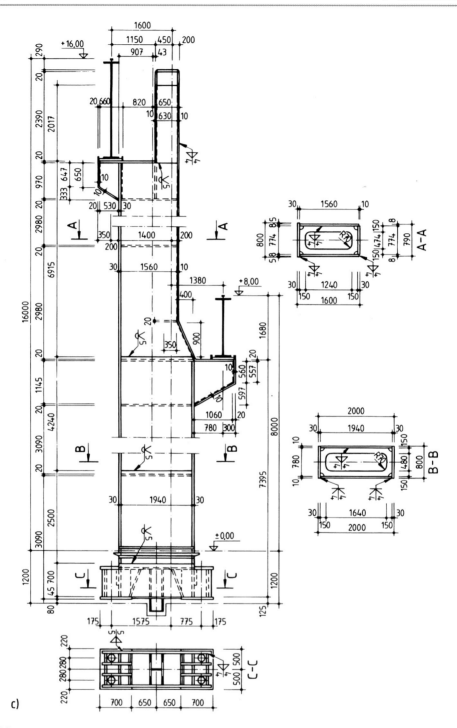

c)

Abb. 4.62 (Fortsetzung)

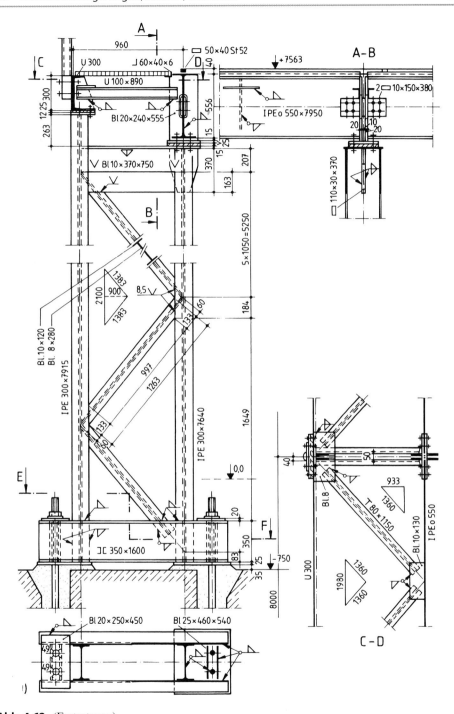

Abb. 4.62 (Fortsetzung)

gen Füllstäben und Anschlüssen über Knotenbleche. Der Fertigungsaufwand jedoch ist deutlich größer.

In statischer Hinsicht behandelt man die Stützen wie *Fachwerke* (s. Kap. 1) und weist die Knicksicherheit der Einzelstäbe nach dem Ersatzstabverfahren wie üblich nach.

Die Knicklänge der Fachwerkpfosten beim Ausknicken aus der Stabebene entspricht der Stützenhöhe; die Knicklänge in der Stützenebene ist gleich dem Abstand der Fachwerkknoten und damit viel kleiner als für die andere Knickachse. Durch richtige Profilwahl und zweckmäßige Anordnung der Füllstäbe kann man ungefähr gleiche Schlankheit des Druckstabes für beide Hauptachsen erreichen. Für den Pfosten der Kranbahnstütze nach Abb. 4.62d aus IPE 300 ist z. B. $\lambda_y = 772/12{,}5 = 62$ und $\lambda_z = 210/3{,}35 = 63$. Falls erforderlich, kann die Knicklänge s_{Ky} für Ausknicken aus der Ebene bei genauer Berechnung reduziert werden, weil die Druckkraft nicht konstant ist, sondern wegen der Wirkung der am Stützkopf angreifenden Horizontalkräfte von oben nach unten anwächst. Alternativ hierzu ist eine Behandlung nach *Theorie II. Ordnung* in Anlehnung an den Berechnungsgang für *mehrteilige Druckstäbe* (s. Teil 1) möglich. Abb. 4.62 stellt Beispiele ausgeführter Hallenstützen dar.

Fußeinspannung

Vollwandstützen können – insbesondere aus Walzprofilen – bei geringen Einspannmomenten in Köcher eingespannt werden, wobei man aufgrund starker Schubbeanspruchungen durch Anordnung von Rippen und/oder Druckverteilungsplatten für klare Einspannverhältnisse im Köcher sorgt (Abb. 4.63a, c, d). In Technik 1 [14], Kap. 7 werden die Berechnungsmethoden hierzu näher erläutert. Grundsätzlich kann zwischen dem Verfahren der platten (Abb. 4.63c) mit Zerlegung des Biegemoments in ein horizontales Kräftepaar und dem Modelll der rauen Schalung mit Zerlegung in ein vertikales Kräftepaar durch die Verzahnung unterschieden werden.

Geschweißte Vollwandstützen, Kastenstützen und Fachwerkstützen werden immer über entsprechend ausgebildete Stützenfüße (Abb. 4.62) in das Blockfundament eingespannt. Auch hier ist es zweckmäßig, klar definierte Hebelarme bei der Auflösung des Einspannmomentes in ein vertikales Kräftepaar zu schaffen (Abb. 4.63b). Die Horizontalkräfte nimmt man über Reibung in der Vergussfuge auf oder sieht Schubdollen vor, weist sie aber niemals den Ankerschrauben zu (s. Teil 1, 7.3.2.6).

Vollwandige Pendelstützen lagert man bei geringen Lasten flächig über eine Vergussfuge auf das Fundament auf (s. Teil 1, Abschn. 7.3.1); bei größeren Lasten sieht man eine Zentrierung vor (vgl. „Stützenköpfe", Teil 1, 7.3.3).

4.9.3 Verbände in Kranbahnebene

Da die Kranbahnstützen nur in Querrichtung (rechtwinklig zur Kranachse) eingespannt werden und demgemäß in Längsrichtung wie Pendelstützen wirken, ist für die Standsicherheit in jedem Kranbahnabschnitt zwischen zwei Dehnfugen ein *vertikaler Verband* in

Abb. 4.63 Stützeneinspannung. **a** über Köcherfundamente, **b** über Fußtraverse, **c** Köchermodell „glatte" Schalung, **d** Köchermodell „raue" Schalung

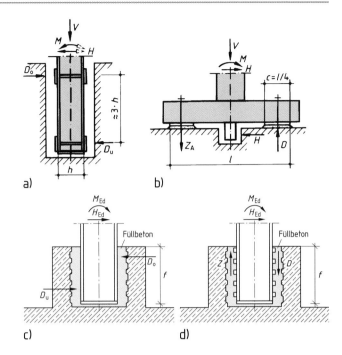

Kranbahnebene notwendig. Er wird zweckmäßig in der Mitte des Kranbahnabschnittes eingebaut; dadurch ist die von der Längendehnung der Kranbahn (bei Temperaturänderungen in Freianlagen) verursachte Schiefstellung der Stützen am Kranbahnende am kleinsten.

Der Verband wird von den Bremskräften H_B der gebremsten Räder der zwei schwersten Laufkrane oder von der Pufferendkraft P_u beansprucht, sofern diese maßgebend ist (s. Abschn. Einwirkungen). Sind die Verbandspfosten gleichzeitig Gebäudestützen, entfallen auf den Verband fallweise auch noch die anteiligen Lasten aus Wind auf die Giebelwände. Innerhalb von Hallen ist die Längsaussteifung der Kranbahnen und der Hallenlängswände i. Allg. eine Einheit. Ist die Wandverbandsebene von der Kranbahnachse zu weit entfernt, ist eine waagerechte Verbindung (z. B. ein Horizontalverband zwischen dem Kranbahnträger und der Wandebene) anzuordnen, um eine Verdrehung der Stützen um ihre Stabachse zu verhindern. Bei *gekreuzten Diagonalen* wird die Strebenkraft $D = \pm H/2 \cdot \cos\alpha$ (Abb. 4.64a), wenn beide Diagonalen drucksteif sind. Die Knicklänge für Knicken senkrecht zur Fachwerkebene hängt u. a. auch von der Stoßausbildung an der Kreuzungsstelle der Streben ab und kann nach DIN EN 1993-1-1 berechnet werden.

Das K-Fachwerk behindert den Querverkehr unter der Kranbahn weniger als das Strebenkreuz. Damit der Verband von lotrechten Kranbahnlasten frei bleibt, muss sich der Kranbahnträger im Verbandsfeld ungehindert durchbiegen können. Die Bremskraft H kann entweder durch Anschläge unmittelbar an den Strebenknoten abgegeben oder aber

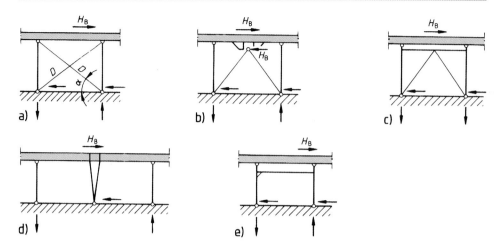

Abb. 4.64 Kranbahnverbände und -rahmen

über die Trägerauflager in einen waagerecht unterhalb der Kranbahn angebrachten Fachwerkstab eingeleitet werden (Abb. 4.64b, c).

Der Verkehrsraum unter der Kranbahn wird frei, wenn man den Bremsverband als Rahmen (Portal) ausführt. Das Rahmensystem ist so zu wählen, dass wie bei Fachwerkverbänden keine Beanspruchungen aus lotrechten Lasten entstehen (Abb. 4.64e, zur konstruktiven Gestaltung s. Kap. 6 „Rahmentragwerke").

In allen Fällen ist es sinnvoll, den Verband (oder das Portal) als eigenständige Konstruktion auszuführen und den Kranbahnträger nicht mit einzubeziehen. Dann liegen auch klare statische Verhältnisse vor.

Literatur

1. DIN EN 1991-3(12/01) Eurocode 1: Grundlagen der Tragwerksplanung und Einwirkungen auf Tragwerke, Teil 3: Einwirkungen infolge von Kranen und anderen Maschinen
2. DIN EN 1993 (12.2010): Eurocode 3 – Bemessung und Konstruktion von Stahlbauten (mit jeweiligen NA). Teil 1-1: Allgemeine Bemessungsregeln und Regeln für den Hochbau
3. DIN EN 1993-1-5 (12.2010): Eurocode 3 – Bemessung und Konstruktion von Stahlbauten (mit jeweiligen NA) Teil 1-5: Plattenförmige Bauteile
4. DIN EN 1993-1-9 (02/01) Eurocode 3: Bemessung und Konstruktion von Stahl bauten (mit jeweiligem NA) Teil 1.9: Ermüdung
5. DIN EN 1993-6 (12/10) Eurocode 3: Bemessung und Konstruktion von Stahlbauten (mit jeweiligem NA), Teil 6: Kranbahnen
6. DIN 536-1 (9.91) Kranschienen; Form A (mit Fußflansch); Maße, statische Werte, Stahlsorten
7. DIN 536-2 (12.74) Kranschienen; Form F (flach); Maße, statische Werte, Stahlsorten
8. DIN 18800 (11.2008): Stahlbauten, Teil 1–4
9. ISO 11660-5, Krane-Zugänge, Geländer und Schutzabdeckungen

10. prCEN/TS 13001-3-3, Krane – Konstruktion allgemein – Teil 3–3: Grenzzustände und Nachweise; Laufrad/Schiene/Kontakt

11. DIN 4132 (2.81) Kranbahnen, Stahltragwerke; Grundsätze für Berechnung, bauliche Durchbildung und Ausführung

12. DIN 15018-1 (11.84) Krane, Stahltragwerke; Berechnung

13. Anpassungsrichtlinie Stahlbau DIN 18800 Teil 1 bis 4 (11.90), korr. Ausg. 10.98, sowie Anpassung der Fachnormen. Mitteilungen Institut für Bautechnik, 29. Jahrgang, Sonderheft Nr. 11/2, 3. Aufl.

14. Lohse W., Laumann, J., Wolf, C.: Stahlbau 1 – Bemessung von Stahlbauten nach Eurocode, Verlag Springer Vieweg 2016

15. Kindmann, R.: Stahlbau, Teil 2, Stabilität und Theorie II. Ordnung, Verlag Ernst & Sohn 2008

16. Wendehorst Bautechnische Zahlentafeln:. 35. Aufl. 2015, Wiesbaden, Springer Vieweg

17. Petersen, Ch.: Stahlbau. 4 Aufl. 2013, Wiesbaden, Springer Vieweg

18. Petersen, Ch.: Statik und Stabilität der Baukonstruktion. 2. Aufl. Braunschweig 1982

19. Osterrieder, P., Richter, S.: Krahnbahnträger aus Walzprofil Vieweg Verlag 1999

20. Seeßelberg, C.: Kranbahnen, Bemessung und Konstruktive Gestaltung nach Eurocode, 5. Auflage 2016 Beuth Verlag GmbH Berlin

21. Kindmann, R. Kraus, M.: Finite Elemente Methoden im Stahlbau, Verlag Ernst & Sohn, 2007

22. Kindmann, R.; Frickel, J.: Elastische und plastische Querschnittstragfähigkeit: Grundlagen, Methoden, Berechnungsverfahren, Beispiele. 1. Auflage. New York: John Wiley & Sons, 2002.

23. Laumann, J.: Wirtschaftliche Bemessung von Kranbahnträgern unter Berücksichtigung örtlicher Spannungen infolge Radlasteinleitung, Stahlbau 75 (2006), Heft 12 S. 1004–1012, Verlag Ernst & Sohn

24. v. Berg, D.: Krane und Kranbahnen, B. G. Teubner, Stuttgart, 1987.

25. Hannover, H.O., Reichwald, R: Lokale Biegespanung von Trägern- und Unterflanschen, Fördern und Heben, 32 (1982) Nr. 6 und 8

26. FEM 9.341: Örtliche Trägerbeanspruchung 10/83

27. Oxfort, J.: Zur Biegebeanspruchung des Stegblechanschlusses ... Der Stahlbau 50 (1981)

28. Oxfort/Bitzer: VDI-Konstruktion und Berechnung von Kranbahnen nach DIN 4132. Köln

29. Laumann, J.: Zur Berechnung der Eigenwerte und Eigenformen für Stabilitätsprobleme des Stahlbaus. Fortschritt-Berichte VDI, Reihe 4, Nr. 193, VDI-Verlag, Düsseldorf 2003

30. PraxisRegelnBau: Forschungsbericht, Verbesserung der Praxistauglichkeit der Baunormen durch Pränormative Arbeit – Teilantrag 3: Stahlbau, Fraunhofer IRB Verlag, Stuttgart 2015

31. Merkblatt 354: Planung von Hallenlaufkranen für leichten und mittleren Betrieb

32. Merkblatt 154: Entwurf und Berechnung von Kranbahnen nach DIN 4132

33. Hofmann/Sahmel/Veit: Grundlagen der Gestaltung geschweißter Konstruktionen. 9. Aufl. Düsseldorf 1993

34. VDI-Richtlinien 2388 (7.95) Krane in Gebäuden, Planungsgrundlagen

35. VDI-Richtlinien 3576 (12.76) Schienen für Krananlagen; Schienenverbindungen, Schienenbefestigungen, Toleranzen

36. DIN EN 13001-1 Krane – Konstruktion allgemein, Teil 1: Allgemeine Prinzipien und Anforderungen

37. Feldmann, M. Laumann, J. Hennes, P., Müller, C.: Richtlinie Stahlbau, 2018, IK-Bau NRW

38. Seeßelberg, C.: Kranbahnen: Herausforderung beim Umgang mit Bestandskranbahnen – Hinweise zu Prüflasten, Vortragsunterlagen, Haus der Technik Essen, März. 2018

39. DIN EN 13001-1 Krane – Konstruktion allgemein, Teil 1: Allgemeine Prinzipien und Anforderungen (2015)

40. DIN EN 13001-2 Krane – Konstruktion allgemein, Teil 2: Lasteinwirkungen (2014)

41. DIN EN 13001-3 Krane – Konstruktion allgemein, Teil 3-3: Grenzzustände und Sicherheits-
    nachweis von Laufrad/Schiene-Kontakten (2014)
42. DIN EN 15011 Kran-Brücken und Portale 09/2014
43. Klöppel, K., Scheer, J. und Klöppel, K., Möller, K.-H.: Beulwerte ausgesteifter Rechteckplatten,
    Bd. I und II, Berlin
44. Protte, W.: Zum Scheiben- und Beulproblem längsversteifter Stegblechfelder bei örtlicher Last-
    einleitung. Der Stahlbau 45, Verlag Ernst & Sohn (1976)

Dauerfestigkeit und Betriebsfestigkeit 5

5.1 Allgemeines

Eine Reihe von Tragwerken, wie z. B. Krane, Kranbahnen, Straßen- und Eisenbahnbrücken aber auch Maschinen, Fahrzeuge, Flugzeuge etc. unterliegen während ihrer Nutzungsdauer *sich häufig ändernden Einwirkungen* (Belastungen), sowohl in Größe als auch in zeitlicher Folge; sie sind daher „nicht vorwiegend ruhend" beansprucht. Für solche Tragwerke muss neben den bekannten Festigkeitsnachweisen (für die „als ruhend" unterstellten Einwirkungen) und den Stabilitätsnachweisen die Betriebssicherheit unter Berücksichtigung der häufigen Lastwechsel nachgewiesen werden. Dies erfolgt über die sogenannten *Betriebsfestigkeitsnachweise (Ermüdungsnachweise)*, die im deutschen Normenwesen noch in den einschlägigen *Fach-* bzw. *Anwendungsnormen* (z. B. DIN 4132 [11], 15018 [10]) geregelt waren, während der Eurocode 3 einen separaten Teil mit DIN EN 1993-1-9 [15] und zugehörigen NA enthält. Zusätzlich enthalten die Eurocode-Teile zu speziellen Bauteilen, wie z. B. DIN EN 1993-6 (Kranbahnen) [18] oder DIN EN 1993-2 (Stahlbrücken) [14], weitere Angaben zu den Ermüdungsnachweisen. Zum besseren Verständnis der geforderten Nachweise wird in den zwei folgenden Abschnitten auf die notwendigen Grundlagen eingegangen. Mit deren Kenntnis lassen sich auch die wesentlichen Grundsätze einer *ermüdungsgerechten Gestaltung*, insbesondere der *Schweißkonstruktionen*, ableiten. Eine detaillierte Behandlung der *Ermüdungsproblematik* kann der einschlägigen Literatur [28–41], entnommen werden. Tabellenwerte finden sich z. B. in [27].

Typische Bauwerke bzw. Bauteile für die ein Ermüdungs- bzw. Betriebsfestigkeitsnachweis erforderlich wird, sind

- Straßen- und Eisenbahnbrücken
- Krane und Kranbahnträger
- Maste, Schornsteine und Windräder
- Industrieanlagen unter Maschinenbetrieb.

© Springer Fachmedien Wiesbaden GmbH, ein Teil von Springer Nature 2020
W. Lohse, J. Laumann, C. Wolf, *Stahlbau 2*, https://doi.org/10.1007/978-3-8348-2116-4_5

Hochbauten werden dabei in der Regel für eine Nutzungsdauer von 50 Jahren bemessen (Kranbahnen 25 Jahre) und Brückenbauwerke für 100 Jahre.

Hinsichtlich der Beanspruchung wird zwischen vorwiegend ruhenden und nicht ruhenden Einwirkungen unterschieden. Hierbei gelten z. B. übliche Nutzlasten auf Decken nach DIN 1991-1-1 sowie Schnee- [DIN 1991-1-3] und Windlasten [DIN 1991-1-4] auf üblichen Hochbauten (die nicht schwingungsanfällig sind) als vorwiegend ruhend im Sinne der Ermüdung.

Typische nicht vorwiegend ruhende Einwirkungen die relevanten Einfluss auf die Betriebsfestigkeit haben, sind häufig wechselnde Lasten, wie z. B. aus

- Eisenbahn- und Straßenverkehr (DIN EN 1991-2 [16])
- Kranfahrten (DIN EN 1991-3 [13])
- Windlasten, die Schwingungen erzeugen (z. B. bei sehr schlanken Bauteilen DIN EN 1991-1-4)
- dynamische Maschinenlasten (DIN EN 1991-3).

Die vorgenannten nationalen Normen und der aktuelle Eurocode 3 basieren auf den gleichen Grundlagen, wie die Wöhlerlinien und die Miner-Regel, die nachfolgend näher erläutert werden. Die Eurocodes weisen jedoch aufgrund aktueller Forschungsergebnisse geänderte Ermüdungsfestigkeitskurven auf hinsichtlich der Neigungen und Knickpunkte der Dauerfestigkeit. Auch hat sich das grundsätzliche Nachweiskonzept wesentlich geändert, was nachfolgend näher erklärt wird.

5.2 Das Verhalten der Stähle bei dynamischer Beanspruchung

5.2.1 Einführung

Belastet man mehrere, völlig gleichartige, mit bestimmten Konstruktionsmerkmalen (Löcher, Schweißnähte usw.) behaftete Probestäbe in einer Dauerschwing-Prüfmaschine pulsierend zwischen einer fest eingestellten *Unterspannung* σ_u und *Oberspannung* σ_o (Abb. 5.1b), so tritt nach gewissen *Lastspielzahlen N* plötzlich der Bruch ein. Dabei liegt die vorgegebene Oberspannung z. T. deutlich unter der im statischen Zugversuch (am gleichen Probenmaterial) ermittelten Zugfestigkeit f_u bzw. Fließgrenze f_y. Die *Bruchflächen* dieser Probekörper weisen (mehr oder weniger deutlich) zwei unterschiedliche Zonen auf, nämlich eine glatte, metallisch blanke und von sogenannten Rast(= Ruhe)linien durchzogene Dauerbruchfläche und eine grobe, zerklüftete Restbruchfläche (Gewaltbruchfläche). Die Rastlinien konzentrieren sich um die Ausgangsstelle des Dauerbruchs (Abb. 5.1a).

Dieses Bruchverhalten erklären sich die Metallurgen wie folgt: Der – global betrachtete – isotrope Werkstoff Stahl ist in Wirklichkeit ein heterogenes Haufwerk mit örtlichen Fehlstellen im kristallinen Gitteraufbau (Versetzungen) und an den Korngrenzen (Anhäufungen von Fremdatomen). Der hierdurch bedingte submikroskopische Eigenspannungs-

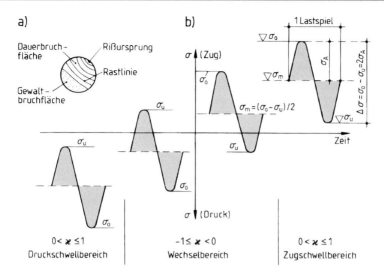

Abb. 5.1 Dauerschwingversuch. **a** Bruchbild, **b** Beanspruchung und Begriffe

zustand überlagert sich mit den äußeren, realen Lastspannungen, die aufgrund konstruktiv bedingter *Kerbwirkungen* an diesen Fehlstellen z. T. deutlich über den rechnerischen Nennspannungen (aus der Festigkeitsberechnung) liegen können. Dies führt entweder zu plastischen Gleitungen oder zu einer Materialverfestigung mit dem Verlust der duktilen Eigenschaft. In beiden Fällen kommt es bei häufig wiederholter Belastung zu einem submikroskopischen Anriss; die hohen Spannungsspitzen im *Kerbgrund* (Rissspitze) lösen dann die Werkstoffzerrüttung aus. Ähnliche Auswirkungen haben die Aufstauungen von Versetzungen an den Gleitebenen, die sich häufig entlang der Korngrenzen ausbilden. Ist die Werkstoffzerrüttung genügend weit fortgeschritten (Dauerbruchfläche), kommt es im verbleibenden Restquerschnitt zu einem Gewaltbruch. Im (statischen) Zugversuch dagegen „plastizieren Spannungsspitzen aus dem Werkstoff heraus" (Spannungsausgleich durch Fließen) und es kommt zu einem frühzeitig erkennbaren Verformungsbruch (entlang der Gleitlinien) mit deutlicher Einschnürung in der Umgebung der Bruchfläche.

Grundlegende Erkenntnisse über die *Werkstoffermüdung* liefern *Dauerschwingversuche*, deren Durchführung und Auswertung u. a. in DIN 50100 geregelt sind. Sie gehen zurück auf die Untersuchungen von A. *Wöhler* (1819–1914).

5.2.2   Wöhlerlinie, Dauerfestigkeitsschaubild

Zur Aufstellung einer Wöhlerlinie benötigt man eine größere Anzahl gleichwertiger Proben, die unter vorher festgelegten Versuchsbedingungen solange (pulsierend) belastet werden, bis sie entweder zu Bruch gehen bzw. bei einer definierten Grenzlastspielzahl kein Bruch mehr eintritt. Die wesentlichen Begriffe (Bezeichnungen) gehen aus Abb. 5.1b her-

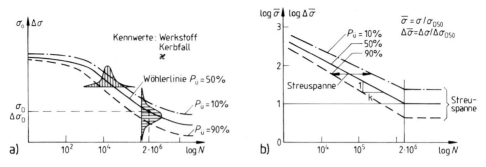

Abb. 5.2 Wöhlerlinie. **a** im halblogarithmischen, **b** im doppellogarithmischen Maßstab

vor. Ferner gilt für das Spannungsverhältnis κ

$$\kappa = \sigma_\mathrm{u}/\sigma_\mathrm{o} = \min|\sigma|/\max|\sigma| \quad -1 \leq \kappa \leq 1 \qquad (5.1)$$

mit

σ_u, $\min|\sigma|$ die betragsmäßig kleinere Spannung (*Unterspannung*)
σ_o, $\max|\sigma|$ die betragsmäßig größere Spannung (*Oberspannung*)

Die *Mittelspannung* wird mit σ_m bezeichnet, die *Spannungsschwingbreite* $\Delta\sigma$ entspricht dem doppeltem Wert des *Spannungsausschlages* σ_A.

Auf jedem „Spannungsniveau" werden ca. 4 bis 6 Versuche durchgeführt; die Versuchsauswertung erfolgt mit den Mitteln der mathematischen Statistik und Wahrscheinlichkeitsrechnung. Siehe auch [23]. Die Versuche sind u. U. langwierig und teuer; mit speziellen Versuchs- und Auswertungsmethoden kann der Aufwand indes begrenzt werden.

Die bekannte graphische Darstellung ist die Wöhlerlinie, wobei die gemessenen Lastspielzahlen N im logarithmischen Maßstab (horizontal) und die Oberspannung σ_o bzw. die Schwingbreite $\Delta\sigma$ (zunächst) im metrischen Maßstab (vertikal) aufgetragen werden. Das Streuband der Versuchsergebnisse zeigt die in Abb. 5.2a (schematisch) dargestellte Charakteristik. Die Verbindung der Mittelwerte aller Versuchsergebnisse (Überlebungswahrscheinlichkeit $P_\mathrm{ü} = 50\,\%$) stellt die Wöhlerlinie dar; daneben werden noch die Kurven mit $P_\mathrm{ü} = 10\,\%$ bzw. $P_\mathrm{ü} = 90\,\%$ ermittelt. Ab ca. $N = 10^2$ bis 10^3 Lastspielen nimmt die ertragbare Oberspannung gegenüber der Bruchspannung (z. B. Zugfestigkeit) merklich ab. Die ertragbaren Spannungen zwischen 10^3 bis 10^6 Lastspielen zählt man zum Zeitfestigkeitsbereich, Spannungen oberhalb von $N = 10^6$ zum Dauerfestigkeitsbereich. Für die üblichen Baustähle ist der Spannungsabfall etwa ab $N = 2 \cdot 10^6$ nur noch unwesentlich, sodass man diesen Spannungswert als *Dauerfestigkeit* σ_D ($\Delta\sigma_\mathrm{D}$) bezeichnet. Sie ist demnach jene Spannung σ_D (Spannungsschwingbreite $\Delta\sigma$), die bei einem bestimmten Spannungsverhältnis κ „beliebig oft ohne Bruch" ertragen werden kann. Die hierzu gehörende Lastspielzahl tritt zufälligerweise bei den Haupttraggliedern von Eisenbahnbrücken auf, deren Nutzungsdauer früher mit 50 Jahren angesetzt wurde. Bei 120 Zugüberfahrten/

Abb. 5.3 Dauerfestigkeitsschaubild nach Smith

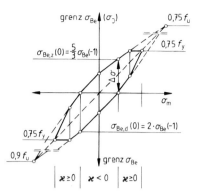

Tag und 333 Tagen/Jahr (S3-Verkehr) ist $N = 120 \cdot 333 \cdot 50 \approx 2 \cdot 10^6$, ein Wert, der auch in den Anfängen der Dauerfestigkeitsuntersuchungen bei Eisenbahnbrücken mit weniger Verkehr und länger angesetzter Nutzungsdauer erreicht wurde. Der Eurocode 3 legt die Dauerfestigkeit dagegen bei $N = 5 \cdot 10^6$ bis 10^8 Lastspielen fest, im Maschinenbau gelten Lastspielzahlen bis $N = 10^7$.

Bei der Auswertung zahlloser (international durchgeführter) Versuche hat sich gezeigt, dass eine vereinfachte Darstellung im doppellogarithmischen Maßstab und Normierung aller Wöhlerlinien möglich ist, wenn die Spannungen auf den Spannungswert σ_{D50} ($P_{\ddot{u}} = 50\,\%$, $N = 2 \cdot 10^6$) bezogen werden. Man erhält dann die normierten Wöhlerlinien, die allein durch den Wert σ_{D50} und der Neigung $1 : k$ festliegen (Abb. 5.2b) und nahezu einheitliche Streubreiten aufweisen. Dabei ist der Neigungsfaktor k bei den unterschiedlichen Konstruktionstypen (Lochstäbe, Schweißnähte usw.) relativ konstant; bei Bauteilen mit Schweißnähten gilt z. B. für die Wöhlerlinie $k \approx 3{,}75$.

Sind die Wöhlerlinien für alle Beanspruchungsarten (κ) bzw. die zugehörigen σ_D-Werte bekannt, erfolgt ihre Darstellung im sogenannten *Dauerfestigkeitsschaubild*. Die frühere Form nach *Moore/Kommers/Jaspers* ist heute nicht mehr üblich, man bevorzugt die Darstellung nach *Smith*. Sie hat u. a. den Vorteil, dass man die Grenzlinien durch wenige Punkte und deren geradlinige Verbindung approximieren und formelmäßig angeben kann [11], dies gilt auch für die unter Abschn. 5.3 behandelte Betriebsfestigkeit σ_{Be}, Abb. 5.3. Charakteristische Punkte sind u. a. die σ_D (σ_{Be})-Werte für $\kappa = 0$ (Schwellfestigkeit) $\sigma_{D,d(z),\kappa=0}$, $\sigma_{Be,d(z),\kappa=0}$ bei Druck- und Zugbeanspruchung sowie für $\kappa = -1$ (Wechselfestigkeit σ_W ($\sigma_{Be,-1}$)). Aus der Darstellung ist – neben den Spannungswerten – auch direkt die Schwingbreite $\Delta\sigma_D$ ($\Delta\sigma_{Be}$) ablesbar, wobei diese im Wechselbereich ($\kappa < 0$) – also bei unterschiedlichen Vorzeichen von σ_o und σ_u – annähernd konstant ist. Dies gilt um so mehr und dann auch im Schwellbereich ($\kappa > 0$), je stärker die *Kerbwirkung* (der Konstruktion) ist. Beim ungestörten Vollstab aus den üblichen Baustählen (mit Walzhaut) gelte näherungsweise für das Verhältnis $\sigma_{D,\kappa}/f_u$ die Werte der Tab. 5.1. Aus ihr wird deutlich, dass die Verwendung des höherwertigen Stahls S 355 bei dynamisch beanspruchten Bauteilen mit kleinen κ-Werten – insbesondere $\kappa < 0$ – nur unwesentliche Vorteile gegenüber S 235 bringt.

Tab. 5.1 Verhältnis der Dauer-festigkeit zur Zugfestigkeit der üblichen Baustähle (ungestör-ter Vollstab)

	f_u [N/mm^2]	$\sigma_{\mathrm{D},\kappa}/f_\mathrm{u}$		
		$\kappa = 0$		$\kappa = -1$
		σ_0 (Zug)	σ_0 (Druck)	
S235	360	0,75	0,9	0,45
S355	510	0,55	0,7	0,35

5.2.3 Einflüsse der Konstruktion und des Werkstoffes

Die Ermüdungsfestigkeit von Stahlkonstruktionen ist von einer Vielzahl von Einflüssen abhängig und daher einer allgemein gültigen Regelung nur schwer zugänglich. Neben der „Belastungsgeschichte" (s. Betriebsfestigkeit), der Spannungsart, dem Spannungs-verhältnis κ bzw. der Schwingbreite $\Delta\sigma$ und den unter 5.1.1 erwähnten metallurgischen Gesichtspunkten hat jedoch die *Kerbwirkung der Konstruktion* einen dominierenden Ein-fluss und liefert entscheidende Hinweise für ein ermüdungsgerechtes Konstruieren.

Kerbwirkung
Die Wirkung von *Kerben* aller Art (Werkstofffehler, Lochschwächungen, Schweißnähte etc.) wird deutlich am *Kraftfluss* des gekerbten Flachstahls nach Abb. 5.4; den Kraft-fluss kann man sich anschaulich vorstellen als *Strömungslinien* innerhalb einer von einer Flüssigkeit durchströmten Röhre, deren Wandung durch die äußere Kontur des Flachstah-les gebildet ist: Je stärker diese Strömungslinien an einer Fehlstelle abgelenkt werden (Abb. 5.4a), desto höher ist die Kraftflussstörung bzw. Kerbwirkung.

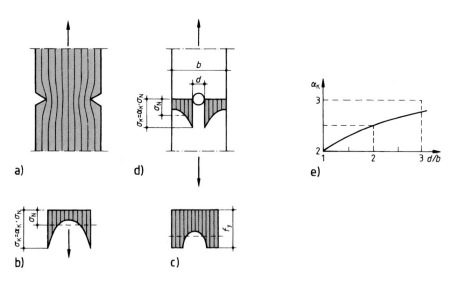

Abb. 5.4 Kraftflussstörungen. **a** durch Spitzkerben, **b** elastische, **c** plastische Spannungsverteilung, **d** Spannungsverteilung im Lochstab, **e** Kerbfaktor α_K

Abb. 5.5 Vorspanndiagramm
in Stirnplattenverbindungen

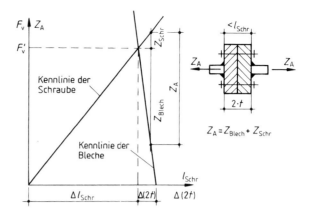

Im *Kerbgrund* treten – je nach *Kerbschärfe* – hohe Spannungsspitzen (Abb. 5.4b) auf, die bei „statischer Belastung" durch Fließen (Abb. 5.4c) abgebaut werden können. Bei häufig wiederholter Belastung und insbesondere bei Lastumkehr (Wechselbereich $\iota < 0$) führen die hohen Spannungen jedoch zu einem (scharfen) Anriss mit verstärkter Kerbwirkung. Der Riss schreitet fort und führt schließlich im Restquerschnitt zum Gewaltbruch. Der *Lochstab* nach Abb. 5.4d hat gegenüber der Spitzkerbe nur eine vergleichsweise schwache Kerbwirkung.

Schraubenverbindungen

In Anschlüssen und Stößen mit *Scher-Lochleibungsbeanspruchung* liegen i. Allg. mehrere Löcher neben- und hintereinander und sind bei dynamischer Beanspruchung durch *Passschrauben* ausgefüllt. Der Kerbfaktor $\alpha_K = \sigma_K/\sigma_N$ fällt dann geringer aus als beim unausgefüllten Einzelloch (Abb. 5.4d).

In *axial* beanspruchten Schrauben wirkt sich die Kerbe im Gewindegrund (vgl. Abb. 5.4a) besonders schädlich aus und führt daher zu einer sehr geringen Ermüdungsfestigkeit einer solchen Verbindungsart; man sollte sie grundsätzlich vermeiden. Eine Ausnahme bilden *vorgespannte* Stirnplattenverbindungen mit hochfesten Schrauben, weil hier nur ein kleiner Teil der äußeren Zugkraft auf die Schraube entfällt, während der größere Rest dem Abbau der Klemmkraft (F_v) zukommt, s. Vorspanndiagramm, Abb. 5.5. Aus diesem Grund sind biegesteife Stöße von Kranbahnträgern aus Walzprofilen durchaus als HV-Stirnplattenstöße möglich, sofern hierfür ein Ermüdungsnachweis geführt wird. Siehe hierzu auch Abschn. 6.3.3 und Teil 1.

Schweißnähte [32, 33, 43–45]

Bei geschweißten Konstruktionen haben sowohl die „tragenden" Schweißnähte als auch solche Nähte, die ein Anschweißteil lediglich befestigen und u. U. selbst überhaupt nicht oder nur gering beansprucht werden, einen entscheidenden Einfluss auf die Ermüdungsfestigkeit des Schweißteils. Dabei spielen sowohl die Kraftflussstörungen bzw. Umlenkungen als auch die Gefügeänderungen im Übergangsbereich von Schweißzusatzwerkstoff zum Grundwerkstoff und in der Wärmeeinflusszone (WEZ) eine Rolle. Insofern stellt jede Naht eine mehr oder minder starke Kerbe dar, deren Einfluss von der Beanspruchungsart, ihrer Lage zur Beanspruchungsrichtung, von der Beschaffenheit der Naht in der Wurzel/am Einbrand/an der Oberfläche und natürlich auch von Schweißnahtfehlern bestimmt wird. Dennoch liegt ein Ermüdungsbruch nur selten direkt im Nahtquerschnitt, sondern nimmt lediglich von der Nahtwurzel bzw. dem Nahtübergang seinen Anfang und pflanzt sich dann im Grundwerkstoff fort. Hinsichtlich der *Schweißverfahren* gilt Folgendes: Die WIG-Schweißung liefert besonders gute Wurzellagen; beim E-Hand Verfahren eignet sich die basisch umhüllte Elektrode für die Innenlagen (gute Zähigkeitseigenschaften des Schweißgutes), während die saure oder rutilsaure Elektrode eine glattere Nahtoberfläche und einen guten Nahtübergang gewährleistet. Die UP- und MAG-Schweißung neigt zur schädlichen Nahtüberhöhung. Als Schweißposition sollte für Werkstattnähte möglichst immer die Wannenlage angestrebt werden.

Für die Schweißnahtgrundtypen gelten bei fehlerfreier Schweißung folgende Aussagen:

Stumpfnähte In unbearbeiteten Stumpfnähten (= Normalgüte) liegen nur geringe Kraftflussstörungen und nur mäßig erhöhte Spannungen in der Nahtwurzel und am Nahtübergang vor (Abb. 5.6a). Bei Ausführung in Sondergüte (blechebene Bearbeitung) werden die gleichen Ermüdungsfestigkeiten wie im Grundmaterial erzielt. Ausführung bei Blechdickenunterschieden s. Abb. 1.10b.

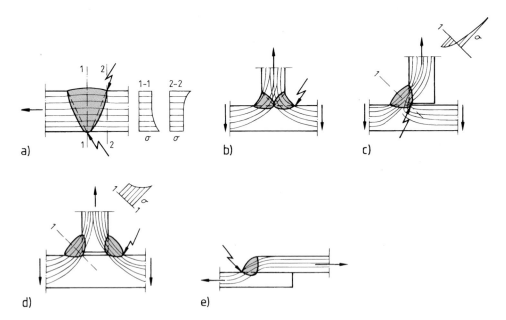

Abb. 5.6 Kraftflussstörungen und -umlenkungen in Schweißverbindungen, Spannungsverteilungen und Rissausgangspunkte

D-HV-Nähte (*K-Nähte*) Die Kraftumlenkung bei Beanspruchung nach Abb. 5.6b ist ähnlich wie in Doppelkehlnähten; es treten jedoch keine ausgeprägten Spannungsspitzen auf, sodass die Naht hinsichtlich ihres Ermüdungsverhaltens eher zu den Stumpfnähten gerechnet wird. Beim Kreuzstoß und bei Schubbeanspruchung ist sie der Stumpfnaht gleichwertig.

Kehlnähte (Abb. 5.6c–e) Kehlnähte beim T- oder Kreuzstoß und beim Überlappungsstoß sind durch eine besonders starke Kraftumlenkung gekennzeichnet mit entsprechend hoher Abminderung der ertragbaren Beanspruchung im Ermüdungsfestigkeitsnachweis. Nahtüberwölbungen und Endkrater wirken sich zusätzlich schädlich aus. Eine Verbesserung der Nahtgüte an der Oberfläche (Abarbeitung zur Hohlnaht) und am Nahtansatz bringt eine gewisse Steigerung der Festigkeit; die Kerbwirkung in der Nahtwurzel aber verbleibt. Neuere Untersuchungen in [43–45] liefern hier günstigere Ergebnisse als die bisherige Normung und Literatur, z. B. zur Befestigung von Kranschienen.

Schweißnahtfehler Alle Nahtfehler setzen die Ermüdungsfestigkeit herab. Daher wird man *Einbrandkerben*, *Wurzel- und Oberflächenfehler* (Nahtrückfall, Nahtüberhöhung) und *Bindefehler* sowie *Poren* und *Schlackeneinschlüsse* in Abstimmung mit dem Schweißfachingenieur durch geeignete Maßnahmen beseitigen.

Diese allgemeinen Ausführungen sollen an Beispielen geschweißter Vollwandträger sowie an Knoten geschweißter Fachwerkträger zusätzlich erläutert werden.

Geschweißte Vollwandträger
Vollwandträger mit Gurtplattenabstufungen (Abb. 1.1b, 1.4–1.10, 1.30) und Quersteifen (Abb. 1.12–1.15, 4.47) weisen alle Merkmale auf, die auf das Ermüdungsverhalten der Schweißnähte und des von ihnen beeinflussten Grundwerkstoffes von Bedeutung sind. Nähte, die eine statische Funktion – also durch Spannungen σ oder τ beansprucht werden – sind:

Hals- und Flankenkehlnähte Sie verbinden den Steg mit dem Gurt und Gurtlamellen untereinander und werden vorzugsweise auf „Schub" beansprucht. Bei ununterbrochener Ausführung ist ihr Einfluss bei dynamischer Beanspruchung trotz der deutlichen Kraftumlenkung relativ gering, eine (D)-HV-Naht mit der notwendigen Fugenverarbeitung bringt dann nur unwesentliche Vorteile. Dies gilt jedoch nicht für die Halsnähte von direkt befahrenen Gurten bei Kranbahnträgern. Sehr nachteilig wirken sich die Kerben an den Nahtenden unterbrochener Nähte aus, die bei fehlender Korrosionsbeanspruchung möglich sind. Man sollte sie daher bei dynamischer Beanspruchung möglichst vermeiden. Flankenkehlnähte *müssen* grundsätzlich und ohne Nahtunterbrechung um die Stirnflächen umlaufend verschweißt werden, da sonst der schädliche Einfluss des Endkraters die Ausnutzung der statischen Funktion der zusätzlichen Gurtlamelle nicht erlaubt. Für das Lamellenende ist eine Ausführung in Anlehnung an Abb. 1.6 vorzusehen, wobei die Gurtlamelle mit Neigung 1 : 3 abzuschrägen ist und die Kehlnaht – möglichst bearbeitet (Sondergüte) – im Bereich $> 5 \cdot t$ mit mindestens $a \geq 5 \cdot t_R$ auszuführen ist. Andernfalls fällt die Abminderung der ertragbaren Spannungen (durch die stärkere Kraftflussstörung) wesentlich deutlicher aus.

Stumpfstöße in Gurten und Stegblechen Gurtstumpfnähte in Sondergüte, aber auch schon in Normalgüte haben auf die Ermüdungsfestigkeit einen geringeren Einfluss als die Halsnähte. Bei Dickenwechsel (Abb. 1.10) oder Breitenwechsel (Abb. 1.4c) ist auf eine mäßige Kraftumlenkung zu achten (flache Neigungen). Stegausschnitte zur Vermeidung von Nahtkreuzungen (Abb. 1.18) sind schädlich, eine Ausführung nach (Abb. 1.20) besser. Man verwendet Auslaufbleche (s. Teil 1) und Schweißleisten (Abb. 1.19). Liegen Gurtplatten übereinander, so sind die Nähte an der Wurzel und der Oberfläche blecheben zu bearbeiten.

Nicht oder nur gering beansprucht werden Nähte, die Aussteifungs- und Anschlussteile mit dem tragenden Querschnitt verbinden. Ihr Einfluss auf die Ermüdungsfestigkeit ist dennoch erheblich. Anordnung, Ausführung und Nahtart bedürfen einer sorgfältigen Prüfung.

Nähte längs zur Kraftrichtung, die Teile auf oder seitlich an den tragenden Querschnitt anschließen, z. B. als Knotenbleche, Schienenbefestigung (Abb. 4.5) usw., setzen sowohl als Stumpf-, mehr jedoch noch als Kehlnähte die Ermüdungsfestigkeit des Grundwerkstoffes stark herab. Man versucht sie zu vermeiden oder an Stellen geringer Beanspruchung zu legen. Eckige Kanten sollen abgeschrägt oder abgerundet, Kehlnähte im Endbereich des Anschlussteils kerbfrei bearbeitet werden.

Nähte quer zur Kraftrichtung und insbesondere bei Zugbeanspruchung haben den stärksten Abminderungseinfluss auf die Ermüdungsfestigkeit. Sie sind erforderlich zum Anschluss der zur Erzielung einer ausreichenden Beulsicherheit notwendigen Quersteifen an die Stege und Gurte. Die Bearbeitung der Nahtübergänge der ringsum laufenden Nähte bewirkt eine gewisse Verbesserung. Hierzu sind Ausschnitte in den Steifen (Abb. 1.14 und 1.15) erforderlich. Man kann diese Nähte auch vermeiden bei Anschluss der Quersteifen nach Abb. 1.15, 4.10 und 4.47, s. auch Abschn. 4.3, 4.4.

Fachwerkträger

Neben den Schweißnähten und Anschlussteilen, wie sie bei den Vollwandträgern auftreten, ist der Ausbildung der Knotenpunkte (Knotenbleche) besondere Aufmerksamkeit zu widmen. Einspringende Ecken stören den Kraftfluss in erheblichem Maße und sind grundsätzlich zu vermeiden. Aus diesem Grund werden Knotenbleche mit großen Radien ausgerundet und in den Querschnitt integriert (Abb. 3.16 und 3.24). Der Anschluss der Stäbe erfolgt nach Möglichkeit über Stumpfnähte; falls diese nicht ausführbar sind, bevorzugt man (D)HV (K)-Nähte anstelle der Kehlnähte mit großer Kerbwirkung. Exzentrizitäten in den Anschlüssen (z. B. einseitig an das Knotenblech angeschweißte Winkel) sollen vermieden werden. Um der idealen Fachwerktheorie (reibungsfreie Gelenke) gerecht zu werden, sind kurze Anschlüsse mit geringerer Steifigkeit anzustreben. Das *Einschweißen* eines ausgerundeten Knotenbleches (ähnlich Abb. 3.16) sollte (wegen der hohen Kerbwirkung von Nähten quer zur Kraftrichtung) dem *direkten Anschluss* von Fachwerkfüllstäben an die Stege der Gurte (Abb. 3.20, 3.22) bevorzugt werden.

a) Fachwerksyystem mit Knotengelenken im GZT ohne Ermüdung

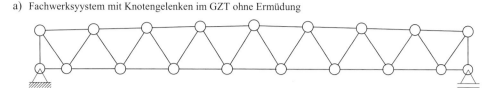

b) Fachwerksyystem ohne Knotengelenke im GZT mit Ermüdung

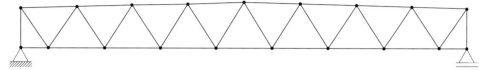

Abb. 5.7 Fachwerkträger, Systemidealiserung: **a** im GZT ohne Ermüdung **b** mit Ermüdung

Bei *Fachwerken aus Hohlprofilen* mit direkten Stabanschlüssen kann durch entsprechende Wahl der Wanddickenverhältnisse, der Spaltbreite oder des Überlappungsgrades bei K-Knoten bzw. Einhaltung weitere Abmessungsbeschränkungen bei N-Knoten die Ermüdungsfestigkeit beeinflusst werden, s. [39]. Auch in Eurocode 3 Teil 1-9 [15] und Teil 6 [18] finden sich besondere Hinweise für Fachwerke und deren Knotenpunkte. So kann z. B. der Einfluss der Knotensteifigkeit (bei gelenkiger Systemidealisierung) über Zusatzfaktoren k berücksichtigt werden. Bei Brückenbauwerken oder anderen stark auf Ermüdung beanspruchten Konstruktionen sollte jedoch die Anschlusssteifigkeit bei der Schnittgrößenermittlung direkt berücksichtigt werden, da die lokal entstehenden Spannungsspitzen für die Ermüdung von besonderer Bedeutung sind, siehe Abb. 5.7. Auch sollte bei Fachwerken als Unterkonstruktion von z. B. Kranbahnen überprüft werden, ob diese durch den Kran nicht ebenfalls ermüdungsrelevant beansprucht werden. Abb. 5.8 zeigt hierzu einen Schadensfall an einem Fachwerkknotenblech mit untergehängtem Kranbahnträger.

Werkstoffe

Im Stahlbau kommen im Wesentlichen die Stähle S235 und S355 nach DIN EN 10025 und von den schweißgeeigneten Feinkornbaustählen S355N nach DIN EN 10113 zur Anwendung; S355 und S355N zählen zu den höherfesten Stählen. Hinsichtlich des Ermüdungsverhaltens der genannten Stähle gilt allgemein, dass höherfeste Stähle – insbesondere im Wechselbereich ($\kappa < 0$) – deutlich kerbempfindlicher sind als der (für den Hochbau übliche) S235, Abb. 5.9. Bei geschweißten Konstruktionen nimmt daher der Vorteil der höheren (statischen) Streckgrenze bzw. Bruchfestigkeit mit wachsendem Anteil der veränderlichen Einwirkung wie bei Kranen, Kranbahnen und Eisenbahnbrücken stark ab, sodass hier ihr Einsatz (fallweise) nicht wirtschaftlich ist und der Betriebsfestigkeitsnachweis ein Gebot der Sicherheit wird. Überwiegt dagegen die Beanspruchung aus den ständigen Einwirkungen – dies gilt für vorgenannte Tragwerke bei großen Stützweiten – ist ein wirtschaftlicher Einsatz höherfester Stähle möglich.

Abb. 5.8 Rissbildung an einem Knotenblech (Fachwerkträger)

Abb. 5.9 Dauerfestigkeit der Baustähle S235 und S355 im Moore/Kommers/Jaspers-Diagramm

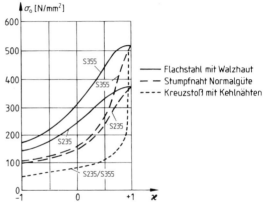

5.3 Betriebsfestigkeit

Die (früher übliche) Dimensionierung dynamisch beanspruchter Stahltragwerke wie Krane, Kranbahnen und Brücken nach Maßgabe der (kerbfallabhängigen) *Dauerfestigkeitsspannung* σ_D ($\Delta\sigma_D$) bei $N_D = 2 \cdot 10^6$ Lastspielen führt u. U. zu unwirtschaftlichen Konstruktionen, da die realen Betriebsbedingungen sich deutlich unterscheiden von dem in Abschn. 5.2.2 beschriebenen Wöhlerversuch mit z. B. stets gleichbleibender Oberspannung σ_o bzw. Spannungsschwingbreite $\Delta\sigma$. Unter der *Betriebsfestigkeit* versteht man daher die Ermüdungsfestigkeit eines Bauteils, dass

- einer zeitlich, größenmäßig und in der Häufigkeit unregelmäßigen Folge von Beanspruchungen unterliegt, deren
- mehr oder weniger selten auftretende Höchstwerte weit über σ_D ($\Delta\sigma_D$) liegen und
- dessen Nutzungsdauer, angegeben durch den Höchstwert der Lastspielzahlen (max N) begrenzt ist.

Auf die theoretischen Hintergründe der in deutschen Normen und im EC 3 verankerten Betriebsfestigkeitsnachweise kann im Rahmen dieses Werkes nicht detailliert eingegangen werden. Die nachfolgenden Erläuterungen haben daher nur prinzipiellen Charakter und dienen dem allgemeinen Verständnis der geforderten Nachweise.

5.3.1 Das Beanspruchungskollektiv

Misst man an einem bestehenden Tragwerk, z. B. am Kranbahnträger einer Stahlbaufirma (Werkstattkran), über einen längeren Zeitraum die Spannungen σ an der meistbeanspruchten Stelle, erhält man etwa ein Diagramm nach Abb. 5.10a, welches die wirklichen Betriebsbedingungen widerspiegelt. Diese lassen sich dann näherungsweise auf die gesamte Nutzungsdauer einer solchen Krananlage extrapolieren und mittels speziell entwickelter *Klassierungsmethoden* (= Zählverfahren zur Bestimmung der Lastspielzahlen) statistisch auswerten. Man erhält die Verteilungsfunktion der Beanspruchung in Form eines Stufendiagramms (Abb. 5.10b), wenn die gemessenen Spannungen in Stufen (von – bis) eingeteilt und die zugehörigen Lastspielzahlen n_i aufgetragen werden. Hieraus wird die Summenhäufigkeitskurve ermittelt, also die Anzahl der Spannungsspiele, bei der eine Spannungsstufe σ_i, erreicht oder überschritten wurde. Sie stellt das *Spannungskollektiv* der beobachteten Kranbahn (Abb. 5.10c) dar. Es ist gekennzeichnet durch seinen funktionalen Verlauf (i. d. R. eine Gauß'sche Verteilung), seinen *Völligkeitsgrad* (*p*), den *Kollektivumfang* (max $N = \sum n_i$) und den *Kollektivhöchstwert* (max σ, max $\Delta\sigma$).

Die hier qualitativ beschriebenen Messungen und Auswertungen wurden an repräsentativen Tragwerken (u. a. an Kranen und Eisenbahnbrücken) durchgeführt und bilden eine der Grundlagen der einschlägigen Bestimmungen.

Mit entsprechenden Prüfmaschinen lassen sich die in Abb. 5.10a dargestellten, realen Betriebsbedingungen auch nahezu exakt oder in simulierten *Mehrstufenversuchen* nachvollziehen und stützen die für eine Norm notwendigen Vereinfachungen. Die Bestimmung der *Lebensdauer* aller unterschiedlichen Konstruktionstypen mit unterschiedlichen Spannungskollektiven ist indes versuchstechnisch nicht möglich. – Es muss auch darauf hin-

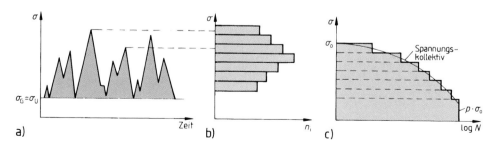

Abb. 5.10 Betriebsbeanspruchung eines Werkstattkranes. **a** Spannungsfolge, **b** Verteilungs-Stufendiagramm, **c** Spannungskollektiv

gewiesen werden, dass die Übertragbarkeit der an Kleinproben gewonnenen Erkenntnisse auf Großteile bzw. ganze Tragwerke nicht unproblematisch ist, da die in Großbauteilen vorhandenen Schweißeigenspannungen einen nicht unerheblichen Einfluss auf die Ermüdungsfestigkeit haben.

Als brauchbare und wegen ihrer Einfachheit bevorzugte *rechnerische Methode* zur Vorhersage der Betriebsfestigkeit σ_{Be} bzw. $\Delta\sigma_{Be}$ hat sich die *lineare Schädigungshypothese* nach *Palmgren/Miner* erwiesen.

In [15] sind die Ermittlungen der ermüdungsrelevanten Lastkenngrößen und Nachweisformate in Anhang A angegeben. Als Zahlverfahren werden die Rainflow-Methode oder die Reservoir-Methode vorgeschlagen.

5.3.2 Lineare Schädigungsberechnung nach *Palmgren/Miner*

Die *Zeitfestigkeit* $\sigma_Z(N_Z)$ eines bestimmten Kerbfalles und Spannungsverhältnis κ lässt sich im doppellogarithmischen Maßstab durch den Wert $\sigma_D(N_D)$ und das Steigungsmaß $1:k$ auf einfachste Weise beschreiben. σ_D wird i. Allg. bei $N_D = 2 \cdot 10^6$ Lastspielen und für eine Überlebenswahrscheinlichkeit $P_{\ddot{u}} = 90\,\%$ festgelegt; der Neigungskoeffizient k schwankt je nach Kerbfall zwischen $3{,}0 \leq k \leq 7{,}0$. Im Bereich $N > 2 \cdot 10^6$ wird die Zeitfestigkeitsgerade mit einer flacheren Neigung $k' = 2k - 1$ verlängert, da auch Spannungen unter σ_D zur Schädigung beitragen. Die Zeitfestigkeitsgerade gibt an, unter welcher Spannung σ_Z im (einstufigen) Wöhlerversuch nach N_Z Lastwechseln der Bruch eintritt, Abb. 5.11b.

Die lineare Schädigungshypothese geht nun davon aus, dass bei einer *mehrstufigen Beanspruchung* (Abb. 5.11a) jede Spannung σ_i, die n_i-mal auftritt, einen (linearen) Schädigungsanteil am Bruchversagen bewirkt, der durch den Quotienten n_i/N_i gebildet wird. Hierbei ist N_i die der Spannung σ_i zugeordnete Bruchlastspielzahl auf der Zeitfestigkeitsgeraden.

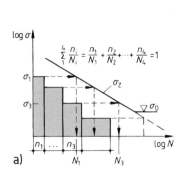 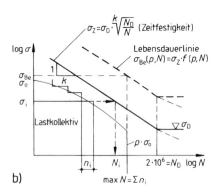

Abb. 5.11 Schädigungsberechnung nach Palmgren/Miner. **a** Mehrstufenkollektiv, **b** schadensgleiches Einstufenkollektiv

Bei einem gegebenen Spannungskollektiv, welches durch die Spannungen σ_i und n_i beschrieben wird, ist der Bruch zu erwarten, wenn Gl. 5.2 erfüllt ist.

$$\sum_{i=1}^{m} \frac{n_i}{N_i} = \int_{0}^{\max N} \frac{d\,n\,(\sigma)}{N\,(\sigma_Z)} = 1 \tag{5.2}$$

In dieser Gleichung ist insbesondere die Zahl 1 auf der rechten Seite umstritten, da in Versuchen sowohl kleinere als auch größere Werte gemessen wurden.

Aus der Beziehung Gl. 5.2 und der Gleichung der Zeitfestigkeitsgeraden $\sigma_Z(N_Z)$, s. Abb. 5.9b, lässt sich bei gegebenen Lastkollektiv ein schadensgleiches *Einstufenkollektiv* mit gleicher Lastspielzahl max N ableiten. Die hierzu gehörende Kollektivhöchstspannung heißt *Betriebsfestigkeit* σ_{Be} ($\Delta\sigma_{Be}$); sie ist bei $p = 1$ (Einstufenkollektiv) identisch mit σ_Z und bei $p = $ konst. $\neq 1$ nur noch abhängig vom Kollektivumfang max N. In Abb. 5.11b stellt sie sich als *Lebensdauerlinie* $\sigma_{Be}(p, N)$ dar und verläuft parallel zur Zeitfestigkeitsgeraden mit einem Abstand, der allein durch den Völligkeitsgrad p bestimmt ist. Der hier beschriebene Sachverhalt soll an einem Zahlenbeispiel verdeutlicht werden.

Beispiel 1 (Abb. 5.12)
Für eine geplante Konstruktion wird ein Spannungskollektiv (mit $\kappa \approx 0$) errechnet, welches sich durch drei Spannungsspitzenwerte auszeichnet, die im Verhältnis $\sigma_1 : \sigma_2 : \sigma_3 = 1 : 1,2 : 1,4$ stehen. Die hierzu gehörenden Verhältnisse der Lastwechselzahlen n_i sind $n_3 : n_2 : n_1 = 1 : 1,75 : 2,25$. Das maßgebende Konstruktionsdetail hat bei $N_D = 2 \cdot 10^6$ eine Dauerfestigkeit $\sigma_D = 11,0\,\text{kN/cm}^2$, die Zeitfestigkeitsgerade σ_Z die Steigung $1 : k = 1 : 3,75$.

Gesucht ist die Lebensdauerlinie für Lastkollektive, die die angegebene Charakteristik aufweisen.

Abb. 5.12 Spannungskollektiv, Zeitfestigkeit σ_Z, Betriebsfestigkeit σ_{Be}

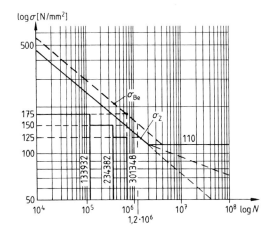

Bei einem frei gewähltem Wert $\sigma_1 = 12{,}5\,\text{kN/cm}^2$ wird $\sigma_2 = 1{,}2 \cdot 12{,}5 = 15{,}0\,\text{kN/cm}^2$ und $\sigma_3 = 1{,}4 \cdot 12{,}5 = 17{,}5\,\text{kN/cm}^2$.

Die Zeitfestigkeitsgerade ist durch folgende Gleichungen – vgl. Abb. 5.9b – beschreibbar.

$$\sigma_Z(N_Z) = 11{,}0 \cdot \left(\frac{2 \cdot 10^6}{N_Z} \right)^{1/3{,}75} \quad \text{bzw.} \tag{5.3a}$$

$$N_Z(\sigma_Z) = N_D \left(\frac{\sigma_D}{\sigma_Z} \right)^k = 2 \cdot 10^6 \cdot \left(\frac{11{,}0}{\sigma_Z} \right)^{3{,}75} \tag{5.3b}$$

Aus Gl. 5.3b werden die zu σ_i ($i = 1$ bis 3) im Einstufenversuch möglichen Lastwechselzahlen N_i bestimmt.

$$\sigma_1 = 12{,}5\,\text{kN/cm}^2: \quad N_1 = 2 \cdot 10^6 \cdot (11{,}0/12{,}5)^{3{,}75} = 1{,}238 \cdot 10^6$$

$$\sigma_2 = 15{,}0\,\text{kN/cm}^2: \quad N_2 = 2 \cdot 10^6 \cdot (11{,}0/15{,}0)^{3{,}75} = 0{,}625 \cdot 10^6$$

$$\sigma_3 = 17{,}5\,\text{kN/cm}^2: \quad N_3 = 2 \cdot 10^6 \cdot (11{,}0/17{,}5)^{3{,}75} = 0{,}351 \cdot 10^6$$

Mit den Verhältniswerten der Lastwechselzahlen wird die *Miner*-Regel Gl. 5.2 angeschrieben und nach n_3 aufgelöst.

$$\sum_{i=1}^{3} \frac{n_i}{N_i} = \frac{1}{10^6} \cdot \left[\frac{(2{,}25 \cdot n_3)}{1{,}238} + \frac{(1{,}75 \cdot n_3)}{0{,}625} + \frac{(1{,}0 \cdot n_3)}{0{,}351} \right] = 1$$

$$n_3 = 133.932 \quad n_2 = 1{,}75 \cdot n_3 = 234.382 \quad n_1 = 2{,}25 \cdot n_3 = 301.348$$

Damit ist der Kollektivumfang max $N = \sum_{i=1}^{3} n_i = 669.662 \approx 0{,}67 \cdot 10^6$. Im einstufigem Wöhlerversuch ($p = 1$) wäre die hierzu mögliche, schadensgleiche Spannung nur

$$\sigma_Z(0{,}67 \cdot 10^6) = 11{,}0 \cdot \left(\frac{2 \cdot 10^6}{0{,}67 \cdot 10^6} \right)^{1/3{,}75} = 14{,}73\,\text{kN/cm}^2$$

Bei dem gegebenen Spannungskollektiv kann jedoch mit max $N = 0{,}67 \cdot 10^6$ Lastspielen die zum Bruch führende größte Oberspannung $\sigma_0 = \sigma_3 = 17{,}5\,\text{kN/cm}^2$ betragen. Damit ist ein Punkt der Lebensdauerlinie gefunden; sie verläuft insgesamt parallel zu $\sigma_Z(N_Z)$. Der Schnittpunkt mit der zur N-Achse parallelen Geraden $\sigma_D = 11{,}0\,\text{kN/cm}^2$ wird rückwärts aus Gl. 5.3b errechnet.

$$0{,}67 \cdot 10^6 = N_{D,Be} \cdot \left(\frac{11{,}0}{17{,}5} \right)^{3{,}75} \quad N_{D,Be} = 3{,}822 \cdot 10^6$$

Damit lautet die Geradengleichung für die Betriebsfestigkeit

$$\sigma_{Be} = \sigma_D \cdot \left(\frac{N_{D,Be}}{N_Z} \right)^{1/3{,}75} = 11{,}0 \cdot \left(\frac{3{,}822 \cdot 10^6}{N_Z} \right)^{1/3{,}75} \tag{5.3c}$$

Aufgrund der geplanten Nutzungsdauer wird mit einer Gesamtlastspielzahl von $1,2 \cdot 10^6$ Lastspielen gerechnet (ungefähr doppelt soviel wie beim frei gewählten Kollektiv). Bei Einhaltung einer vereinbarten Sicherheit von $\gamma_{Be} = 4/3 = 1,33$ ist die größtmögliche Oberspannung gesucht.

$$\max \sigma_3 \leq \sigma_{Be}/\gamma_{Be} = \left[11,0 \cdot \left(\frac{3,822 \cdot 10^6}{1,2 \cdot 10^6} \right)^{1/3,75} \right] \cdot \frac{1}{1,33} = 11,26 \, \text{kN/cm}^2$$

Mit dieser Grenzspannung kann jetzt das Tragwerk dimensioniert werden.

Auf der in diesem Abschnitt skizzierten Grundlage basieren alle neueren Betriebsfestigkeitsnachweise. Die speziellen Regelungen für Kranbahnen (DIN 4132 und [27]) sowie die Bestimmungen von EC 3 [31] werden nachfolgend behandelt.

5.4 Nachweis der Werkstoffermüdung nach Eurocode 3-1-9

5.4.1 Einführung

Der Nachweis einer *ermüdungssicheren* Konstruktion nach [15] ist wesentlich allgemeiner gehalten als der für Kranbahnen [18]. Aus diesem Grund sind auch die Ausführungen über die allgemeinen Zusammenhänge der *Werkstoffermüdung* in den vorangegangenen Abschnitten von besonderer Bedeutung. Ohne deren Kenntnis ist die Führung der geforderten Nachweise kaum möglich, da sie auf die theoretischen Grundlagen direkt zurückgreifen. Die Nachweise unterscheiden sich gegenüber [11] sowohl in formeller als auch inhaltlicher Hinsicht. Die wesentlichen Unterschiede zu [15] und [18] sind:

- Berechnung mit *Spannungsschwingbreiten* $\Delta\sigma$, $\Delta\tau$ anstelle von $\sigma_{o,u}$, $\tau_{o,u}$
- Wegfall von genormten *Spannungsspektren* (= Spannungskollektiven)
- Wegfall von Formeln oder Tabellen von Grenzwerten der Beanspruchbarkeiten (z. B. grenz σ_{Be})
- konstante Spannungsschwingbreiten unabhängig von der Mittelspannung σ_m und deren Vorzeichen und dem Spannungsverhältnis κ, Abb. 5.16
- keine Unterscheidung hinsichtlich der Werkstoffe (S235, S355)

In Abb. 5.13 ist die Betriebsfestigkeit für eine Stumpfnaht nach [15] und [18] zum Vergleich dargestellt.

In DIN EN 1993-1-9 [15] sind für verschiedenste Anwendungsfälle die Ermüdungsnachweise geregelt. Diese sehr umfangreichen Regelungen können für spezielle baupraktische Bereiche wie Verbindungen und Kranbahnträger deutlich reduziert werden. In diesem Werk können aufgrund des Umfanges nur die wesentlichen Punkte reduziert dargestellt werden. Weitere Informationen finden sich in der Literatur, z. B. [35, 36, 41–44].

Abb. 5.13 Betriebsfestigkeit
für Stumpfnaht Sondergüte
S235 nach DIN 4132 (K0, B6)
und EC 3 (K 112), (Fe 360)

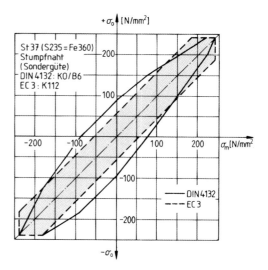

Grundsätzlich kann der Ermüdungsnachweis nach [15] mit Hilfe einer Schädigungsberechnung oder auf Basis einer schadenäquivalenten Spannungsschwingbreite geführt
werden. Hierbei wird grundsätzlich zwischen den Konzepten

1. der Schadenstoleranz und
2. der ausreichenden Sicherheit gegen Ermüdung ohne Vorankündigung

unterschieden. Im Fall 1. wird vorausgesetzt, dass Schädigungen infolge Ermüdung z. B.
als Rissbildung durch regelmäßige Inspektionen und Wartungen erkannt und saniert werden. Daher ist die Einsehbarkeit der Konstruktion sowie die Festlegung von Inspektionsintervallen von besonderer Bedeutung. Im Fall 2. wird hingegen der Nachweis geführt,
ohne dass regelmäßige Inspektionen erforderlich werden, weshalb hier gegen ein Ermüdungsversagen ohne Vorankündigung bemessen wird. Dies ist z. B. bei nicht einsehbaren
Konstruktionen der Fall.

Sofern möglich, sollte immer so konstruiert werden, dass ermüdungsbeanspruchte
Konstruktionen leicht zugänglich und einsehbar sind, sodass das Verfahren der Schadenstoleranz verwendet werden kann. Dies ist bereits im Tragwerksentwurf zu beachten.

Der Ermüdungsnachweis wird grundsätzlich, wie die üblichen Nachweise, durch Ge-
genüberstellung von Beanspruchungen und Beanspruchbarkeiten gefällt.

$$E_\mathrm{d} \leq S_\mathrm{d} \tag{5.4}$$

Sowohl die Einwirkungen als auch die Widerstände werden mit Teilsicherheitsbeiwerten
beaufschlagt, deren Größe von verschiedenen Faktoren, wie Art der Lastermittlung, die
Einsehbarkeit etc. abhängen, siehe folgende Absätze. Die Ermüdungsbelastung kann für
spezielle Tragwerke wie z. B. Brücken oder Kranbahnträger der DIN EN 1991-3 [13]

entnommen werden. Alternativ kann die Bestimmung nach Anhang A von DIN EN 1993-1-9 [15] erfolgen.

5.4.2 Teilsicherheitsbeiwerte

Der Ermüdungsnachweis wird mit den Spannungsschwingbreiten der Nennspannungen $\Delta\sigma$, $\Delta\tau$ – das sind die unter den wirklich vorhandenen Einwirkungen auftretenden, größten Spannungsdifferenzen aus Ober- und Unterspannung (s. Abschn. 5.1) – gegen den Bemessungswert der Ermüdungsfestigkeit geführt.

Demnach gilt für den Teilsicherheitsbeiwert für die Einwirkungen

$$\gamma_{Ff} = 1{,}0 \tag{5.5}$$

falls nicht anderweitig festgelegt.

Beim *Teilsicherheitsbeiwert für den Widerstand* (Ermüdungsfestigkeit) ist zu unterscheiden, ob ein Ermüdungsschaden sich nur örtlich auswirkt ("schadenstolerantes Bauteil") oder zu einem Versagen des gesamten Tragwerkes führt ("nichtschadenstolerante Bauteile").

Dabei spielt auch die Zugänglichkeit und damit die Wartung einer evtl. kritischen Kerbstelle eine Rolle. Die Eckwerte der Ermüdungsfestigkeit, s. Abschn. 5.4.5, sind durch den *Teilsicherheitsbeiwert* γ_{Mf} (f = fatigue) nach Tab. 5.2 zu dividieren; für Normalspannungen gilt z. B.

$$\Delta\sigma_{R,d} = \Delta\sigma_R/\gamma_{Mf} \quad \Delta\sigma_{D,d} = \Delta\sigma_D/\gamma_{Mf} \quad \Delta\sigma_{C,d} = \Delta\sigma_C/\gamma_{Mf} \tag{5.6}$$

Hierin bedeuten:

$\Delta\sigma_R$	Ermüdungs(zeit)festigkeit (nach Abschn. 5.4.5)
$\Delta\sigma_D$	Dauerfestigkeit bei $N = 5 \cdot 10^6$ Spannungsspielen (nach Abschn. 5.4.5)
$\Delta\sigma_C$	Ermüdungsfestigkeit bei $N = 2 \cdot 10^6$ Spannungsspielen
$\Delta\sigma_{R,d}$, $\Delta\sigma_{D,d}$, $\Delta\sigma_{C,d}$	deren Bemessungswerte

Für Schubspannungen gilt Gl. 5.6 sinngemäß. Für Kranbahnträger stehen in [18] gesonderte $\gamma_{M,f}$-Werte zur Verfügung, siehe Abschn. 5.5.

Tab. 5.2 Teilsicherheitsbeiwert $\gamma_{M,f}$ für die Ermüdungsfestigkeit nach EC 3

Zugänglichkeit	Schadenstolerant	Nicht schadenstolerant
Zugänglich	1,0	1,25
Schlecht zugängl.	1,15	1,35

5.4.3   Ermüdungsbelastung, Spannungsspektren

Die *Ermüdungsbelastung* beschreibt eine Reihe typischer Belastungsereignisse in Größe und relativer Häufigkeit, wie sie die *charakteristischen* Betriebslasten während der geplanten Nutzungsdauer hervorrufen. Die hieraus resultierenden Spannungen dürfen mittels (vereinfachter) *elastischer* Berechnung unter schadensgleichen Lasten bestimmt oder gemessen werden. Bei der Berechnung sind dynamische Auswirkungen in Form von Schwingbeiwerten, wie sie für die statischen Nachweise benutzt werden, zu berücksichtigen. Aus den berechneten (gemessenen) Nennspannungsschwingbreiten infolge eines Belastungszyklus und dessen zeitlichen Verlaufs ist das *Spannungsspektrum* über spezielle Zählverfahren, z. B. *Rainflow-Methode* [38], abzuleiten. Dies entspricht dem Spannungskollektiv nach den Abschn. 5.2.1 und 5.3.2.

Für spezielle Baugruppen (Brücken, Kranbahnen usw.) sind detaillierte Angaben im jeweiligen Regelwerk enthalten.

5.4.4   Kerbfälle

Offene Querschnitte
Die typischen Kerbfälle bei offenen Querschnitten werden in 5 Gruppen (Tabellenform) eingeteilt, die ein ähnliches Ermüdungsverhalten zeigen, siehe auch Abb. 5.14:

- nicht geschweißte Bauteile (mit oder ohne Schraubenverbindungen)
- zusammengesetzte, geschweißte Querschnitte (Längsnähte)
- Bauteile mit Quernähten
- Bauteile mit angeschweißten, nicht tragenden Teilen längs oder quer zur Kraftrichtung (Laschen und Steifen)
- geschweißte Verbindungen mit Kraft übertragenden Nähten.

Innerhalb dieser Gruppen werden die *Kerbfälle* für Normalspannungen $\Delta\sigma$ und 2 *Kerbfälle* für Schubspannungen $\Delta\tau$ unterschieden. Ihre Bezeichnung erfolgt nach der Größe der Ermüdungsfestigkeit in N/mm^2 bei $N = 2 \cdot 10^6$ Spannungsspielen, also $\Delta\sigma_C$ bzw. $\Delta\tau_C$ (z. B. Kerbfall 160, 140, 125, ..., 36).

Bei den Schubspannungen gelten der

- *Kerbfall 100*: Für Schubspannungen im Grundwerkstoff, in durchgeschweißten Stumpfnähten und für das Abscheren bei Passschrauben in SL-Verbindungen.
- *Kerbfall 125–80*: Für Schubspannungen in Kehlnähten und nicht durchgeschweißten Stumpfnähten.

Gruppe	Detail	Kerbfall
1	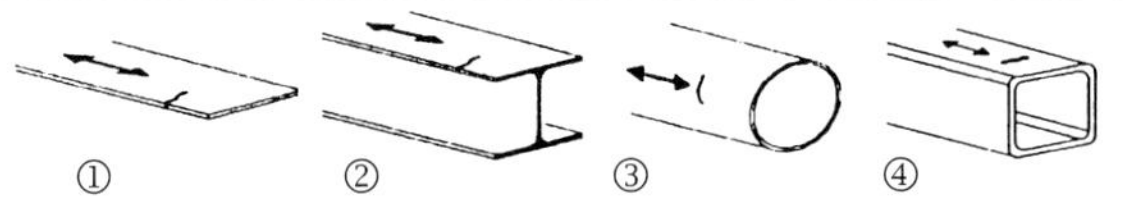	160 Schraub- anschluß 112-50
2	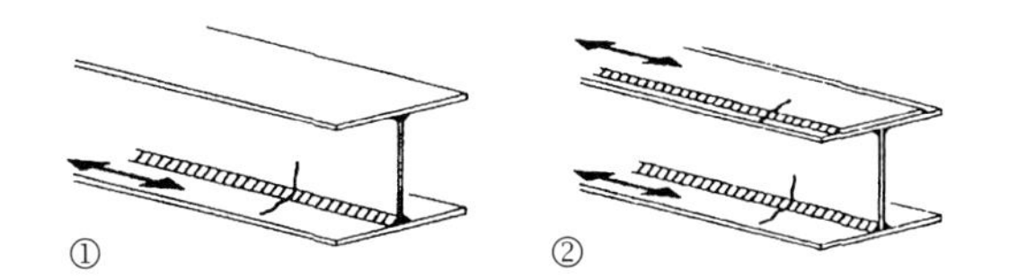	125
3	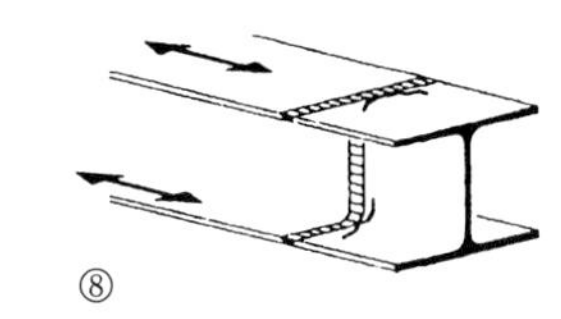	63
4	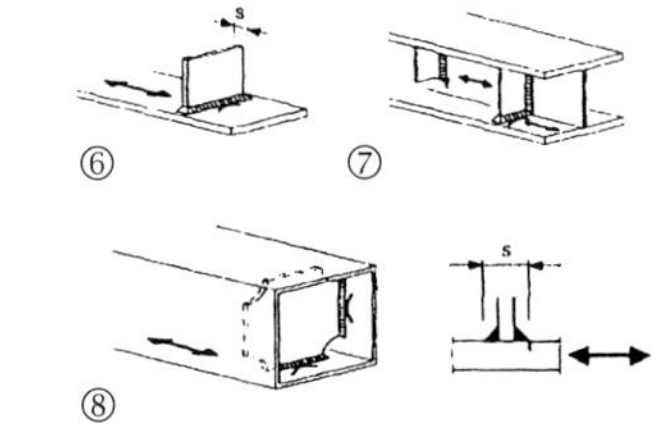	71-80
5	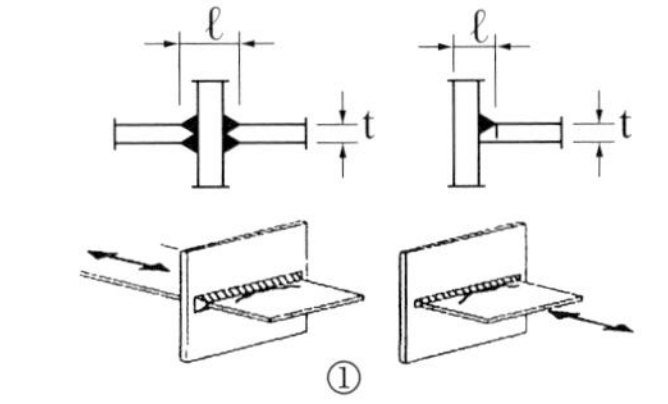	40-80

Abb. 5.14 Typische Kerbfälle in den 5 Gruppen, siehe auch Tab. 5.8

Ähnlich wie in DIN 4132 [11] sind die Konstruktionsdetails bildlich dargestellt, beschrieben und gewisse Anforderungen hinsichtlich der Ausführung angegeben. Durch Pfeile in den Abbildungen ist Ort und Richtung der Spannungen gekennzeichnet, auf die sich die Ermüdungsfestigkeiten beziehen.

Hohlprofile
Hier werden 2 Kerbgruppen unterschieden:

- Hohlprofilquerschnitte mit Längs- und Quernähten
- Hohlprofilanschlüsse in Fachwerken (K- und N-Ausschlüsse)

5.4.5   Ermüdungsfestigkeitskurven und Nachweise

5.4.5.1   Ermüdungsfestigkeitskurven für offene Profile

Die Ermüdungsfestigkeitskurven der unterschiedlichen Kerbfälle werden (im doppellogarithmischen Maßstab $\log \Delta\sigma$, $\Delta\tau - \log N$) als ein- bzw. zweifach geknickte, untereinander parallele Geraden dargestellt, siehe Abb. 5.15. Das Steigungsmaß k (in [15] als m bezeichnet) beträgt einheitlich 3 bzw. 5. Diese Geraden lassen sich formelmäßig auf 3 Arten angeben über

$$\log N = \log a - k \cdot \log \Delta\sigma_R, \tag{5.7a}$$

$$N = \frac{10^{\log a}}{\Delta\sigma_R^{k}}, \tag{5.7b}$$

$$\Delta\sigma_R = \sqrt[k]{\frac{10^{\log a}}{N}} \tag{5.7c}$$

Hierin bedeuten:

N Gesamtzahl der Spannungsspiele

$\Delta\sigma_R$ Ermüdungsfestigkeit

$k\,(m)$ Neigung der Geraden ($k = 3$ bzw. 5), u. a. abhängig von N

$\log a$ Konstante nach Tab. 5.3, abhängig vom Kerbfall und der Neigung $k\,(m)$

Abb. 5.15 Spannungsschwingbreite $\Delta\sigma_R$, $\Delta\tau_R$ und Dauerfestigkeit $\Delta\sigma_D$, $\Delta\tau_D$ nach [15]

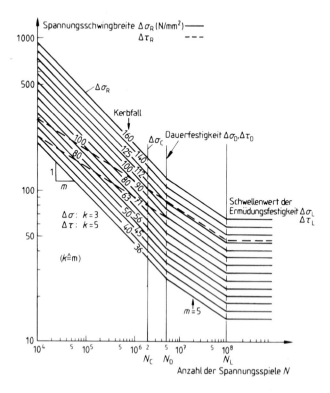

Tab. 5.3 Zahlenwerte zu den Ermüdungsfestigkeitskurven für Längs- und Schubspannungen nach EC 3 (offene Profile)

Zahlenwerte für die Ermüdungsfestigkeitskurven für Längsspannungen

Kerbfall $\Delta\sigma_C$ [N/mm^2]	log a für $N < 10^8$		Dauerfestigkeit [$N \geq 5 \cdot 10^6$] $\Delta\sigma_D$ [N/mm^2]	Schwellenwert der Ermüdungsfestigkeit $N = 10^8$ $\Delta\sigma_L$ [N/mm^2]
	$N \leq 5 \cdot 10^6$ [$k = 3$]	$N \geq 5 \cdot 10^6$ [$k = 5$]		
160	12,901	17,036	117	64
140	12,751	16,786	104	57
125	12,601	16,536	93	51
112	12,451	16,286	83	45
100	12,301	16,036	74	40
90	12,151	15,786	66	36
80	12,001	15,536	59	32
71	11,851	15,286	52	29
63	11,701	15,036	46	26
56	11,551	14,786	41	23
50	11,401	14,536	37	20
45	11,251	14,286	33	18
40	11,101	14,036	29	16
36	10,951	13,786	26	14

Zahlenwerte für die Ermüdungsfestigkeitskurven für Schubspannungen

Kerbfall $\Delta\tau_C$ [N/mm^2]	log a für $N < 10^8$ [$k = 5$]	Schwellenwert der Ermüdungsfestigkeit [$N = 10^8$]
100	16,301	46
80	15,801	36

Diese Gleichungen gelten sinngemäß auch für die Schubspannungen $\Delta\tau_R$ Die Ermüdungsfestigkeitskurven für $\Delta\sigma_R$ und $\Delta\tau_R$ sind in Abb. 5.15 graphisch dargestellt. In Abb. 5.15 sind neben der Konstanten log a auch die Werte der Ermüdungsfestigkeit $\Delta\sigma_C$ ($\Delta\tau_C$), der Dauerfestigkeit $\Delta\sigma_D$ ($\Delta\tau_D$) und der *Schwellenwert* der Ermüdung (bei $N = 10^8$ Spannungsspielen) angegeben. Ab dieser Lastspielzahl nimmt die Ermüdungsfestigkeit nicht mehr ab, bzw. die zugehörige Spannung $\Delta\sigma_L$ ($\Delta\tau_L$) kann beliebig oft ertragen werden. Die Ermüdungsfestigkeitskurven gelten sowohl für das Grundmaterial als auch für die Schweißnähte und werden auch als „modifizierte" Wöhlerlinien bezeichnet, siehe auch Abb. 5.2.

5.4.5.2 Ermüdungsfestigkeitsnachweis

Für Tragwerke, die durch sehr häufig wiederholte Spannungsschwankungen beansprucht werden, ist nach Eurocode 3 ein entsprechender Nachweis erforderlich, wenn eine der folgenden Bedingungen erfüllt ist:

$$\Delta\sigma \geq \frac{26}{\gamma_{Mf}} \quad [N/mm^2], \tag{5.8a}$$

$$N \geq 2 \cdot 10^6 \cdot \left[\frac{36}{\gamma_{Mf} \cdot \Delta\sigma_{E,2}}\right]^3, \tag{5.8b}$$

$$\Delta\sigma \geq \frac{\Delta\sigma_D}{\gamma_{Mf}} \tag{5.8c}$$

Hierin bedeutet neben den erläuterten Begriffen:

$\Delta\sigma$ größte Spannungsschwingbreite in N/mm^2.

$\Delta\sigma_{E,2}$ schadensgleiche, periodische (= einstufige) Spannungsschwingbreite nach der Miner-Regel für $N = 2 \cdot 10^6$ Lastspiele

Voraussetzung für die Anwendung von DIN EN 1993-1-3 [13] ist, dass die Spannungsschwingbreiten begrenzt sind auf

$$\Delta\sigma \leq 1,5 f_y \quad \text{und} \tag{5.9a}$$

$$\Delta\tau \leq 1,5 \frac{f_y}{\sqrt{3}} \tag{5.9b}$$

Die Überprüfung der Gl. 5.8b erfordert bereits eine Schädigungsberechnung (s. Beispiel 4). Im Extremfall ist hier – in annähernder Übereinstimmung mit DIN 4132 [11] – ein Nachweis erforderlich für $N > 10^4$ Spannungsspiele.

Gemäß DIN EN 1993-1-9 [15] stehen die folgenden drei Variationen zur Verfügung für den Ermüdungsnachweis:

1. Nachweis auf Basis der Dauerfestigkeit $\Delta\sigma_D$
2. Nachweis mit äquivalenten Spannungsschwingbreiten $\Delta\sigma_E$
3. Nachweis unter direkter Anwendung der Schadensakkumulation.

Dabei wird für übliche Bauteile wie Kranbahnträger oder Straßenbrücken in der Regel bei der Neuplanung die Variante 2 (Nachweis mit äquivalenten Spannungsschwingbreiten) verwendet. Während sich für die Überprüfung von Bestandskonstruktionen Variante 3 besonders eignet. Wird das Ziel einer unendlichen Lebensdauer verfolgt, so ist Variante 1 nachzuweisen.

Nachweis der Dauerfestigkeit
Sofern die Bedingung

$$\Delta\sigma_{max,Ed} < \frac{\Delta\sigma_D}{\gamma_{Mf}} \tag{5.10}$$

mit

$\Delta\sigma_{\text{max,Ed}}$ maximale Spannungsschwingbreite des Beanspruchungskollektivs
$\Delta\sigma_{\text{D}}/\gamma_{\text{Mf}}$ Bemessungswert der Dauerfestigkeit, γ_{Mf} siehe Tab. 5.2

erfüllt wird, kann von einer unendlichen Lebensdauer ausgegangen werden.

Am Anfang der Berechnungen muss noch unterschieden werden, ob das Spannungs-spektrum aus periodischen, d. h. einstufigen Beanspruchungen (s. „Wöhlerversuch") be-steht oder unregelmäßig, d. h. mehrstufig ist.

Periodische Beanspruchung ($\triangleq$ Spannungskollektiv mit $p = 1$)
In diesem Fall ist der Nachweis einfach und ohne Auswertung der linearen Schädigungs-hypothese (Miner-Regel) möglich. Er lautet:

$$\Delta\sigma \leq \frac{\Delta\sigma_{\text{R}}}{\gamma_{\text{Mf}}} \quad \Delta\tau \leq \frac{\Delta\tau_{\text{R}}}{\gamma_{\text{Mf}}} \tag{5.11}$$

mit

Δ_{τ}^{σ} Nennspannungsschwingbreite
$\Delta_{\tau}^{\sigma}R$ Ermüdungsfestigkeit für den maßgebenden Kerbfall und die Gesamtzahl der erwar-teten Spannungsspiele N nach Gl. 5.7c

Nachweis unter Anwendung der Schadensakkumulation (Nichtperiodische Beanspruchung)
Bei einem unregelmäßigen Spannungsspektrum (Spannungskollektiv mit $p \neq 1$, s. Abschn. 5.2.1 und 5.3.2) oder, wenn noch keine Ermüdungslastmodelle nach DIN EN 1991 vorliegen, ist in jedem Fall eine Auswertung der Miner-Regel Gl. 5.2 erforderlich, falls nicht über „genormte" Spektren eine derartige Auswertung bereits vorgenommen wurde.

Der Nachweis kann auf Basis von Gl. 5.2 über die Schadenssumme D_{d} geführt werden. Direkte Auswertung der Miner-Regel Gl. 5.2 in der Form

$$D_{\text{d}} = \sum_{i=1}^{n} \frac{n_{\text{Ei}}}{N_{\text{Ri}}} \leq 1 \tag{5.12}$$

mit

n_{Ei} Anzahl der Spannungsspiele mit der Spannungsschwingbreite $\gamma_{\text{Ff}} \cdot \Delta\sigma_{\text{i}}$
N_{Ri} Anzahl der Spannungsspiele der Spannungsschwingbreite $\gamma_{\text{Mf}} \cdot \Delta\sigma_{\text{i}}$; entsprechend der Ermüdungsfestigkeitskurven (Abb. 5.15) für den maßgebenden Lastfall bzw. nach Gln. 5.7a–5.7c und Tab. 5.3

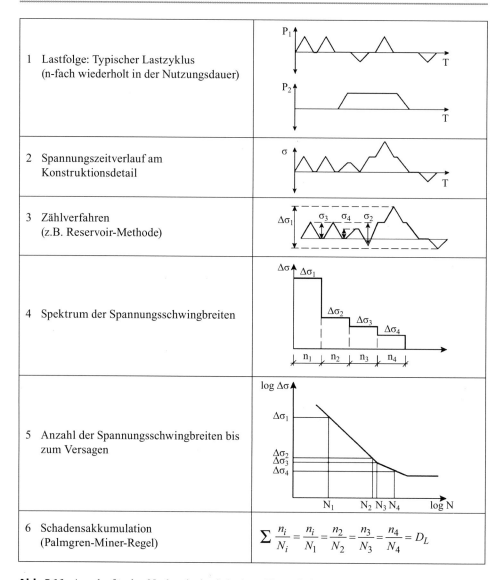

1	Lastfolge: Typischer Lastzyklus (n-fach wiederholt in der Nutzungsdauer)
2	Spannungszeitverlauf am Konstruktionsdetail
3	Zählverfahren (z.B. Reservoir-Methode)
4	Spektrum der Spannungsschwingbreiten
5	Anzahl der Spannungsschwingbreiten bis zum Versagen
6	Schadensakkumulation (Palmgren-Miner-Regel)

$$\sum \frac{n_i}{N_i} = \frac{n_i}{N_1} = \frac{n_2}{N_2} = \frac{n_3}{N_3} = \frac{n_4}{N_4} = D_L$$

Abb. 5.16 Angabe für den Nachweis der Schadensakkumulation [15]

Mit Hilfe geeigneter Zählverfahren wie der Rainflow- oder Reservoir-Methode (siehe auch DIN EN 1993-1-9, Anhang A) können die Spektren der Spannungsschwingbreiten $\Delta\sigma_i$, n_{Ei} ermittelt werden.

Typische Last-Zeit-Verläufe, die Reservoir-Methode, das Spektrum der Spannungsschwingbreiten sowie deren Anzahl bis zum Versagen können Abb. 5.16 entnommen werden.

Nachweis mit schädigungsäquivalenter Spannungsschwingbreite

Diese Nachweisform entspricht direkt dem Berechnungsgang im Beispiel des Abschn. 5.2.2. Es wird über die Auswertung der Miner-Regel Gl. 5.2 ein Ersatzspektrum mit periodischen Schwingungen und der Spannungsschwingbreite $\Delta_\tau^\sigma E$ ermittelt, dass bei gleicher Gesamtzahl der erwarteten Spannungsspiele $\sum n_i = N$ zur gleichen Schädigung führt wie das tatsächliche Spannungsspektrum. Diese Spannungsschwingbreite wird verglichen mit der um den Sicherheitsbeiwert γ_{Mf} abgeminderten Ermüdungsfestigkeit $\Delta_\tau^\sigma R$ bei N Lastspielen für den maßgebenden Kerbfall.

Der Ermüdungsfestigkeitsnachweis lautet dann

$$\gamma_{Ff} \cdot \Delta\sigma_{E,2} \leq \frac{\Delta\sigma_C}{\gamma_{Mf}} \tag{5.13a}$$

$$\gamma_{Ff} \cdot \Delta\tau_{E,2} \leq \frac{\Delta\tau_C}{\gamma_{Mf}} \tag{5.13b}$$

Auf der sicheren Seite dürfen die Gln. 5.13a und 5.13b mit einer durchgehenden Geraden der Neigung $k = 3$ (für Längsspannungen) bzw. $k = 5$ (für Schubspannungen) ausgewertet werden. (Die Bedeutung der Begriffe ist im Text erklärt.)

Gleichzeitige Wirkung von Längs- und Schubspannungen

Eine gleichzeitige Auswirkung von Längs- und Schubspannungen ist zu berücksichtigen.

Für das Grundmaterial und immer für Schweißnähte, ist der Ermüdungsnachweis zunächst für die einzelnen Komponenten getrennt nach Gln. 5.14 oder 5.15 zu führen. Für die kombinierte Auswirkung gelten dann folgende Kriterien:

$$\left(\sum \frac{n_i}{N_i}\right)_{\Delta\sigma} + \left(\sum \frac{n_i}{N_i}\right)_{\Delta\tau} \leq 1 \quad \text{bzw.} \tag{5.14}$$

$$\left(\frac{\gamma_{Ff} \cdot \Delta\sigma_{E,2}}{\Delta\sigma_C/\gamma_{Mf}}\right)^3 + \left(\frac{\gamma_{Ff} \cdot \Delta\tau_{E,2}}{\Delta\tau_C/\gamma_{Mf}}\right)^5 \leq 1 \tag{5.15}$$

Die Begriffe in beiden Gleichungen erklären sich durch die vorangehenden Erläuterungen. Die Spannungsschwingbreiten $\Delta\sigma_E$, $\Delta\tau_E$ sind unter Beachtung der Ermüdungslasten inklusive eventueller Schwingbeiwerte sowie bauteilspezifischer Schadensäquivalenzfaktoren λ gemäß DIN EN 1991 zu berechnen.

Für Kranbahnträger können die Werte der Tab. 5.5 entnommen werden. Für Straßenbrücken setzt sich λ aus vier Anteilen zusammen, die DIN EN 1993-2 entnommen werden können.

$$\lambda = \lambda_1 \cdot \lambda_2 \cdot \lambda_3 \cdot \lambda_4 \leq \lambda_{max} \tag{5.16}$$

Der Bemessungswert der Spannungsschwingbreite folgt damit zu

$$\gamma_{Ff} \cdot \Delta\sigma_{E,2} = \lambda \cdot \Delta\sigma(\gamma_{Ff} \cdot Q_k) \cdot \varphi_2 \tag{5.17}$$

mit

$\Delta\sigma$ bzw. $\Delta\tau$ Spannungsschwingbreiten infolge der Ermüdungslasten $\gamma_{\text{Ff}} \cdot Q_{\text{k}}$

φ_2 schadensäquivalenter Schwingbeiwert (Straßenbrücken, $\varphi_2 = 1{,}0$)

Beispiel 2 (Abb. 5.17)

Die Handhabung des Eurocodes 3 soll anhand eines Spannungsspektrums mit der gleichen Charakteristik des Beispiels 1 (Abschn. 5.3.2) gezeigt werden. Für dieses soll $\kappa = 0$ gelten, sodass die Spannungsschwingbreiten $\Delta\sigma_i = \sigma_o - \sigma_u = \sigma_i$ sind.

Mit der Dauerfestigkeit $\sigma_D = 11{,}0\,\text{kN/cm}^2 = 110\,\text{N/mm}^2$ liegt nach EC 3 ungefähr der Kerbfall K 112 mit $\Delta\sigma_C = 112\,\text{N/mm}^2$ vor. Für diesen gilt nach Tab. 5.3

$$\log a = 12{,}451 \quad \text{mit } k = 3 \text{ für } N \leq 5 \cdot 10^6$$

Es wird ein von den tatsächlichen Einwirkungen hervorgerufenes Spannungsspektrum untersucht mit folgenden (angenommenen) Werten

$$\Delta\sigma_1 = 90\,\text{N/mm}^2 \qquad n_1 = 5{,}953 \cdot 10^5$$
$$\Delta\sigma_2 = 108\,\text{N/mm}^2 \qquad n_2 = 3{,}402 \cdot 10^5$$
$$\Delta\sigma_3 = 126\,\text{N/mm}^2 \qquad n_3 = 2{,}646 \cdot 10^5$$

$$\sum_{i=1}^{3} n_i = 1{,}2 \cdot 10^6 = N$$

(N ist die erwartete Summe aller Spannungsspiele.)

Abb. 5.17 Nachweis der Ermüdungsfestigkeit nach Eurocode 3-1-9

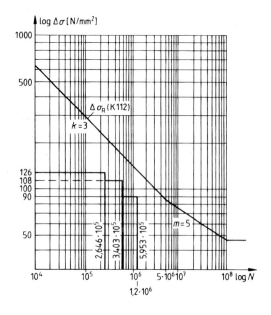

Obwohl nach den Gln. 5.8a und 5.8c bereits feststeht, dass ein Ermüdungsfestigkeitsnachweis erforderlich ist, soll Gl. 5.8b überprüft werden. Die Geradengleichung für die Ermüdungsfestigkeit lautet nach Gl. 5.7b

$$N_i = \frac{10^{12,451}}{\Delta\sigma_{R,i}^3}$$

und liefert für $\Delta\sigma_i = \Delta\sigma_{R,i}$ ($i = 1, 2, 3$) folgende Spannungsspiele:

$$N_1 = \frac{10^{12,451}}{90^3} = 3{,}875 \cdot 10^6 < 5 \cdot 10^6 \quad N_2 = 2{,}242 \cdot 10^6 \quad N_3 = 1{,}412 \cdot 10^6$$

Der Schädigungsquotient des gegebenen Spannungsspektrums beträgt demnach

$$\sum_{i=1}^{3} \frac{n_i}{N_i} = \frac{5{,}953}{38{,}75} + \frac{3{,}402}{22{,}42} + \frac{2{,}646}{14{,}12} = 0{,}493 \quad \text{n. Abb. 5.16}$$

Die gleiche Schädigung ruft ein einstufiges Spannungsspektrum bei $\sum n_i = N = 2 \cdot 10^6$ Lastspielen hervor mit der Spannungsschwingbreite $\Delta\sigma_{E,2}$, also

$$0{,}493 = \frac{2 \cdot 10^6}{\frac{10^{12,451}}{\Delta\sigma_{E,2}^3}} \quad \Delta\sigma_{E,2} = 88{,}6 \, \text{N/mm}^2$$

Bei einem unterstellten Sicherheitsbeiwert $\gamma_{Mf} = 1{,}25$ nach Tab. 5.2 gilt mit Gl. 5.8b

$$N = 1{,}2 \cdot 10^6 > 2 \cdot 10^6 \left[\frac{36}{1{,}25 \cdot 88{,}6} \right]^3 = 6{,}87 \cdot 10^4$$

wie zu erwarten war.

Nachweis mittels der Schadensumme bei $\gamma_{Mf} = 1{,}25$ Für die γ_{Mf}-fachen Spannungsschwingbreiten $\gamma_{Mf} \cdot \Delta\sigma_i$, gilt mit Gl. 5.7b

$$1{,}25 \cdot \Delta\sigma_1 = 1{,}25 \cdot 90 = 112{,}5 \, \text{N/mm}^2, \quad N_1 = \frac{10^{12,451}}{112{,}5^3} = 1{,}984 \cdot 10^6$$

$$\text{bzw.} \quad N_2 = 1{,}148 \cdot 10^6 \quad \text{und} \quad N_3 = 0{,}723 \cdot 10^6$$

Die Schadenssumme unter Berücksichtigung des Sicherheitsbeiwertes beträgt

$$\sum_{i=1}^{3} \frac{n_i}{N_i} = \frac{5{,}953}{19{,}84} + \frac{3{,}402}{11{,}48} + \frac{2{,}646}{7{,}23} = 0{,}96 < 1$$

Alternativ: Nachweis mit schadensgleicher Spannungsschwingbreite Wie bei der Überprüfung von Gl. 5.8c wird $\Delta\sigma_E$ bei $N = 1{,}2 \cdot 10^6$ Spannungsspielen und gleichem Schädigungsquotient bestimmt

$$0{,}493 = \frac{1{,}2 \cdot 10^6}{10^{12{,}451}} \cdot (\Delta\sigma_E)^3, \quad \Delta\sigma_E = 105{,}1\,\text{N/mm}^2.$$

Für die gleiche Anzahl von Spannungsspielen beträgt die Ermüdungsfestigkeit nach Gl. 5.7c

$$\Delta\sigma_R = \sqrt[3]{\frac{10^{12{,}451}}{1{,}2 \cdot 10^6}} = 133\,\text{N/mm}^2.$$

Nachweis: $\Delta\sigma_E = 105{,}1\,\text{N/mm}^2 < \dfrac{\Delta\sigma_R}{\gamma_{Mf}} = \dfrac{133}{1{,}25} = 106{,}4\,\text{N/mm}^2.$

5.5   Ermüdungsnachweis für Kranbahnträger

5.5.1   Allgemeines

Im folgenden Abschnitt sollen die normativen Entwicklungen beim *Ermüdungsnachweis für Kranbahnen* vorgestellt werden. Diese basieren auf der Neustrukturierung des Eurocodes 3, die in einem eigenständigen Teil 19 [15]. Niederschlag gefunden haben.

Zusätzlich ist für den Nachweis EN 1993-3-6 [18] zu beachten und die Konstruktion muss nach DIN EN 1090 ausgeführt werden. Weitere Bedingungen sind:

- Baustähle nach DIN EN 1993-1-1
- Begrenzung der Spannungsschwingbreite auf $\Delta\sigma \leq 1{,}5 f_y$ und $\Delta\tau \leq 1{,}5 f_y/\sqrt{3}$
- kein Temperatureinfluss ($T \leq 150\,^\circ\text{C}$)
- ausreichender Korrosionsschutz
- Berücksichtigung der 1/2 Abnutzung des Schienenkopfes mit $1/2 \cdot 25\,\% = 12{,}5\,\%$ bei der Berechnung der Radlasteinteilungsspannung und der Querschnittskennwerte
- Ansatz der lokalen Lasteinleitungsspannungen $\sigma_{OZ,Ed}$ und $\tau_{OXZ,Ed}$ siehe Kap. 4
- Berücksichtigung der Stegbiegungen $\sigma_{T,Ed}$ infolge exzentrischer Radlasteinleitung mit 1/4 der Schienenbreite (b/4) bei den Beanspruchungsklassen S_3 bis S_9, siehe Abb. 5.18a und Kap. 4
- Biegung und Torsion aus Radlastexzentrizität gemäß Abb. 5.18a, b ist ab Beanspruchungsklasse S3 zu berücksichtigen
- Schienenschweißnahtspannungen werden gemäß Abb. 5.18b berücksichtigt
- Starre Schienenbefestigungen sind nur bei Beanspruchungsklasse bis S3 zu empfehlen [18, NA]

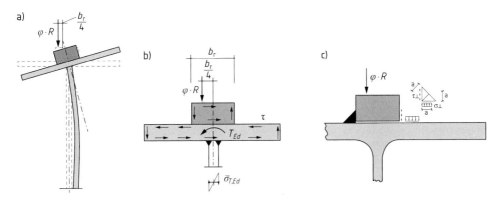

Abb. 5.18 a,b Lokale Stegbiegung und Gurttorsion bei Beanspruchungsklassen S3–S9, **c** Aufteilung der Schienenschweißnahtspannungen

- Für das direkte Anschweißen von Steifen an den Kranbahnträgerobergurt sind die Beanspruchungsklasse S5 bis S9 als hohe Ermüdungsbelastung gemäß [13] und [18], Anhang B, einzustufen

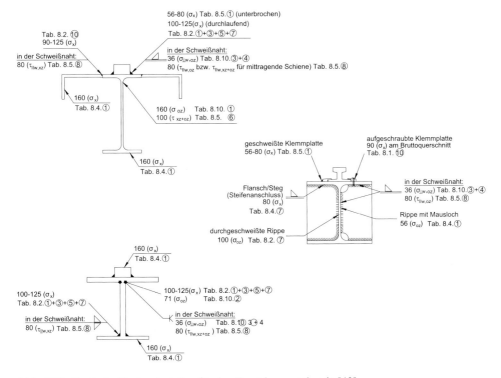

Abb. 5.19 Typische Nachweisstellen für den Ermüdungsnachweis [42]

Typische Nachweisstellen für den Ermüdungsnachweis können der Abb. 5.19 entnommen werden. Entgegen dem Eurocode 3-6 selbst darf gemäß NA DIN EN 1993-3-6 von 07.2017 [18] **nicht** auf einen Ermüdungsnachweis verzichtet werden, wenn die Lastwechselzahl mit mehr als 50 % der Nutzlast $C_0 = 10.000$ nicht überschreitet. D. h. der Nachweis ist auch in den Fällen mit $C_0 = 0$ zu führen.

5.5.2 Ermüdungsbelastung

λ-Werte

Die Ermüdungsbelastung ist in DIN EN 1991-1-9 geregelt: Es erfolgt zunächst die Einordnung des Kranes in eine der 10 Klassifizierungsgruppen S_0 bis S_9 – siehe auszugsweise Tab. 4.3 und 5.4 – womit die *Charakteristik des Spektrums der Spannungsschwingbreiten* $(\Delta\sigma_i - n_i)$ beschrieben ist. Daher lässt sich der *Schädigungsgrad* aus der *Miner-Regel* Gl. 5.12 errechnen und kann gleichgesetzt werden mit dem Schädigungsgrad aus einem Einstufenversuch mit der Spannungsschwingbreite $\Delta\sigma_E$ und der Lastspielzahl n_E.

Ausgehend von der Geradengleichung Gl. 5.3b gilt unter Verwendung der Spannungsschwingbreiten $\Delta\sigma$ (anstelle der absoluten Spannungswerte σ) im Zeitfestigkeitsbereich

$$N = N_C \cdot \left(\frac{\Delta\sigma_C}{\Delta\sigma} \right)^m \tag{5.18}$$

mit

m Steigung der Wöhlerlinie

$\Delta\sigma_C$ Ermüdungsfestigkeit bei $N_C = 2 \cdot 10^6$ Lastspielen

Die Schädigungsberechnung liefert dann folgenden Vergleich:

$$\sum_i \frac{n_i}{N_i \cdot \left(\frac{\Delta\sigma_C}{\Delta\sigma_i} \right)^m} = \frac{n_E}{N_C \cdot \left(\frac{\Delta\sigma_C}{\Delta\sigma_E} \right)^m} \tag{5.19}$$

Der Quotient hinter dem Gleichheitszeichen ist der Schädigungsgrad der *schädigungsäquivalenten Spannungsschwingbreite* $\Delta\sigma_E$. Durch Auflösung nach $\Delta\sigma_E$ erhält man

$$\Delta\sigma_E = \left[\frac{1}{n_E} \cdot \sum \left(n_i \cdot \Delta\sigma_i^m \right) \right]^{\frac{1}{m}} \tag{5.20}$$

Als Referenzwert der Spannungsspiele hat man $n_E = 2 \cdot 10^6$ gewählt und die zugehörige Spannungsschwingbreite mit $\Delta\sigma_{E,2}$ bezeichnet. In Gln. 5.25a und 5.25b wird schließlich noch $\Delta\sigma_i$ auf den größten Spannungsausschlag $\Delta\sigma_{max}$ im gegebenen Spannungsspektrum bezogen:

$$\Delta\sigma_{E,2} = \Delta\sigma_{max} \cdot \left[\frac{1}{2 \cdot 10^6} \cdot \sum \left(n_i \cdot \left(\frac{\Delta\sigma_i}{\Delta\sigma_{max}} \right)^m \right) \right]^{\frac{1}{m}} = \lambda \cdot \Delta\sigma_{max} \tag{5.21}$$

Tab. 5.4 Klassifizierung der Ermüdungseinwirkungen nach DIN EN 1991-3 [13]

Klasse des Lastkollektivs		Q_0 $kQ \leq$ $0{,}0313$	Q_1 $0{,}0313 <$ $kQ \leq$ $0{,}0625$	Q_2 $0{,}0625 <$ $kQ \leq$ $0{,}125$	Q_3 $0{,}125 <$ $kQ \leq$ $0{,}25$	Q_4 $0{,}25 <$ $kQ \leq$ $0{,}5$	Q_5 $0{,}5 <$ $kQ \leq$ $1{,}0$
Klasse der Gesamtzahl von Arbeitsspielen							
U_0	$C \leq 1{,}6 \cdot 10^4$	S_0	S_0	S_0	S_0	S_0	S_0
U_1	$1{,}6 \cdot 10^4 < C \leq 3{,}15 \cdot 10^4$	S_0	S_0	S_0	S_0	S_0	S_1
U_2	$3{,}15 \cdot 10^4 < C \leq 6{,}30 \cdot 10^4$	S_0	S_0	S_0	S_0	S_1	S_2
U_3	$6{,}30 \cdot 10^4 < C \leq 1{,}25 \cdot 10^5$	S_0	S_0	S_0	S_1	S_2	S_3
U_4	$1{,}25 \cdot 10^5 < C \leq 2{,}5 \cdot 10^5$	S_0	S_0	S_1	S_2	S_3	S_4
U_5	$2{,}5 \cdot 10^5 < C \leq 5{,}00 \cdot 10^5$	S_0	S_1	S_2	S_3	S_4	S_5
U_6	$5{,}00 \cdot 10^5 < C \leq 1{,}00 \cdot 10^6$	S_1	S_2	S_3	S_4	S_5	S_6
U_7	$1{,}00 \cdot 10^6 < C \leq 2{,}00 \cdot 10^6$	S_2	S_3	S_4	S_5	S_6	S_7
U_8	$2{,}00 \cdot 10^6 < C \leq 4{,}00 \cdot 10^6$	S_3	S_4	S_5	S_6	S_7	S_8
U_9	$4{,}00 \cdot 10^6 < C \leq 8{,}00 \cdot 10^6$	S_4	S_5	S_6	S_7	S_8	S_9

Dabei ist
kQ ein Lastkollektivbeiwert für alle Arbeitsvorgänge des Krans;
C die Gesamtzahl von Arbeitsspielen während der Nutzungsdauer des Krans.
ANMERKUNG Die Klassen S_i werden in EN 13001-1 durch den Lasteinwirkungs-Verlaufspara-
meter s bestimmt. Dieser ist definiert als:
$s = \nu k$ mit
k der Spannungsspektrumfaktor;
ν die Anzahl der Lastspiele C bezogen auf $2{,}00 \cdot 10^6$ Lastspiele.
Die Klassifizierung basiert auf einer Gesamtnutzungsdauer von 25 Jahren.

Tab. 5.5 λ-Werte entsprechend der Klassifizierung des Kranes

Klassen S	S_0	S_1	S_2	S_3	S_4	S_5	S_6	S_7	S_8	S_9
Normalspannungen	0,198	0,250	0,315	0,397	0,500	0,630	0,794	1,00	1,260	1,587
Schubspannungen	0,379	0,436	0,500	0,575	0,660	0,758	0,871	1,00	1,149	1,320

λ stellt dabei den schädigungsäquivalenten Beiwert in Abhängigkeit von der Klassifizierungsgruppe S_0 bis S_9 dar (siehe Tab. 5.5), der den bisherigen λ-Wert (nach [25]) ersetzt.
Dieser λ-Wert wird im Ermüdungsnachweis auf der Einwirkungsseite berücksichtigt.

Ermüdungsbelastung

Die ermüdungswirksamen Einwirkungen werden unter Berücksichtigung des zuvor behandelten λ-Wertes und dem Ansatz von dynamischen Vergrößerungsfaktoren $\varphi_{fat,i}$ – siehe Tab. 4.7 – ermittelt. Da für das Eigengewicht des Kranes und dessen Hublast unterschiedliche Werte anzusetzen sind, empfiehlt sich nach [18] die Ermittlung der maßgebenden Radlasten i nach Gl. 5.22:

$$Q_{E,2,i} = \lambda \cdot [\varphi_{fat,1} \cdot Q_{C,i} + \varphi_{fat,2} \cdot Q_{H,i}] \tag{5.22}$$

mit

$Q_{C,i}$ Radlast i aus Kraneigengewicht (einschl. Katze)

$Q_{H,i}$ Radlast i aus Hublast

λ schadensäquivalenter Beiwert nach Tab. 5.5

Nach [13] gilt für die Schwingbeiwerte $\varphi_{fat,1,2}$

$$\varphi_{fat,1} = (1 + \varphi_1)/2 \quad \text{und} \quad \varphi_{fat,2} = (1 + \varphi_2)/2 \qquad (5.23)$$

Die im Ermüdungsnachweis anzusetzenden Spannungsschwingbreiten $\Delta\sigma_{max}$ ergeben sich aus dem statischen System des Kranbahnträgers unter Wirkung der Radlasten $Q_{E,2,i}$, bei Einfeldträgern durch direkte Ermittlung der Spannungen $\max \sigma = \Delta\sigma_{max}$ aus $Q_{E,2,i}$ und bei Durchlaufträgern über die Spannungsdifferenz durch Auswertung der Einflusslinie an der Stelle eines bestimmten Kerbdetails, vgl. Bsp. 2. (Das Eigengewicht des Kranbahnträgers spielt in $\Delta\sigma_{max}$ keine Rolle, da es sich in der Spannungsdifferenz $\Delta\sigma_{max} = \max |\sigma| - \min |\sigma|$ herauskürzt.)

    Bei nicht geschweißten Konstruktionen sowie geschweißten spannungsarme geglühten Konstruktionen darf bei Druckbeanspruchungen der Mittelspannungseinfluss auf die Ermüdungsfestigkeit berücksichtigt werden, in dem eine reduzierte Spannungsschwingbreite des Zuganteils, sowie 60 % des Druckanteils angesetzt wird.

Beispiel 3

Für den Kran des Beispiels 1 aus Abschn. 4.5.4 sollen bei einer Klassifizierungsgruppe S_4 die Ermüdungs(rad)lasten bestimmt werden. Die Schwingbeiwerte $\varphi_{fat,i}$ ergeben sich aus Gl. 5.23 zu

$$\varphi_{fat,1} = (1 + 1,1)/2 = 1,05 \quad \text{und} \quad \varphi_{fat,2} = (1 + 1,2)/2 = 1,1$$

Der λ-Wert z. B. für Normalspannungen beträgt nach Tab. 5.5 $\lambda_{\sigma,S_4} = 0,5$; damit sind folgende Radlasten für den mehrbelasteten Kranbahnträger 2 anzusetzen:

$$\text{Radlasten:} \quad Q_{C2,(1)} = 18,36 \,\text{kN}, \quad Q_{H2,(1)} = 56,41 \,\text{kN},$$
$$Q_{C2,(2)} = 20,29 \,\text{kN}, \quad Q_{H2,(2)} = 62,34 \,\text{kN}$$

$$Q_{E,2,(1)} = 0,5 \cdot [1,05 \cdot 18,36 + 1,1 \cdot 56,41] = 40,7 \,\text{kN} \quad \text{Rad (1)}$$

$$Q_{E,2,(2)} = 0,5 \cdot [1,05 \cdot 20,29 + 1,1 \cdot 62,34] = 44,9 \,\text{kN} \quad \text{Rad (2)}$$

$$\sum Q_{E,2} = \qquad\qquad\qquad\qquad\qquad\qquad\qquad 85,6 \,\text{kN}$$

Bei einem einfeldrigen Kranbahnträger mit $l = 6,0$ m Stützweite erhält man das maximale Feldmoment, wenn die größte Radlast 2,38 m links vom rechten Auflager steht (Culmann'sche Laststellung, vgl. Bsp. 4, Abschn. 4.8). Das größte Feldmoment ist dann $\max M_{y,d}^E \cong 81,0$ kNm und die Spannungsschwingbreite $\Delta\sigma_{E,2}$ errechnet sich aus

$$\Delta\sigma_{E,2} = \max M_{y,d}^E / W_y$$

5.5.3 Ermüdungsnachweis, Teilsicherheitsbeiwerte

Der Ermüdungsfestigkeitsnachweis ist für Normal- und Schubspannungen sowohl für das Grundmaterial als auch für die Halsnähte geschweißter Querschnitte zu führen. Dabei sind die Spannungen aus der normalen Biegetragwirkung (fallweise) zu überlagern mit den lokalen Spannungen aus der örtlichen Radlasteinleitung (zentrisch bei S_0-S_2, exzentrisch bei S_3-S_9). Wird die Kranbahn nur durch einen Kran befahren, so lauten die Nachweise für einzeln wirkende *Längs- und Schubspannungen*

$$\gamma_{Ff} \cdot \Delta\sigma_{E,2} \leq \Delta\sigma_C / \gamma_{Mf} \qquad (5.24a)$$

$$\gamma_{Ff} \cdot \Delta\tau_{E,2} \leq \Delta\tau_C / \gamma_{Mf} \qquad (5.24b)$$

Wirken beide Spannungskomponenten gleichzeitig, ist ein *Interaktionsnachweis* erforderlich, siehe auch Gl. 5.15:

$$D_i = \left[\frac{\gamma_{Ff} \cdot \Delta\sigma_{E,2}}{(\Delta\sigma_C / \gamma_{Mf})} \right]^3 + \left[\frac{\gamma_{Ff} \cdot \Delta\tau_{E,2}}{(\Delta\tau_C / \gamma_{Mf})} \right]^5 \leq 1 \qquad (5.24c)$$

In Gln. 5.24a–5.24c ist

γ_{Ff} Teilsicherheitsbeiwert für Einwirkungen nach Tab. 4.8 (i. Allg. $\gamma_{Ff} = 1{,}0$)

γ_{Mf} Teilsicherheitsbeiwert für Widerstände nach Tab. 5.6

$\Delta\sigma_{E,2}$ schädigungsäquivalente Spannungsschwingbreite

$\Delta\sigma_C, \Delta\tau_C$ Ermüdungsfestigkeit bei $N_C = 2 \cdot 10^6$ Lastspielen.

Die Exponenten für den kombinierten Nachweis aus Normal- und Schubspannungen gemäß Gl. 5.24c entsprechen den Neigungen der Wöhlerlinien. Die schädigungsäquivalente Spannungsschwingbreiten ergeben sich unter Beachtung der Angaben in Abschn. 5.5.2 zu:

$$\Delta\sigma_{E2} = \left| \sigma_{p,max} - \sigma_{p,min} \right| \equiv \varphi_{fat} \cdot \lambda_i \cdot \Delta\sigma \qquad (5.25a)$$

$$\Delta\tau_{E2} = \left| \tau_{p,max} - \tau_{p,min} \right| \equiv \varphi_{fat} \cdot \lambda_i \cdot \Delta\tau \qquad (5.25b)$$

Tab. 5.6 Teilsicherheitsbeiwert γ_{Mf} in Abhängigkeit der Inspektionsintervalle, NA [18]

Teilsicherheitsbeiwert γ_{Mf}	Anzahl der Inspektionsintervalle	Bei Nutzungsdauer 25 Jahre
1,00	4	6,25 Jahren
1,15[*]	**3**	**8 Jahren**
1,35	2	12,5 Jahren
1,60	1	25

[*] sofern keine genaueren Angaben vorliegen

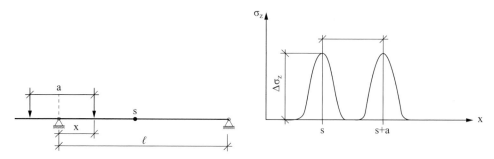

Abb. 5.20 Bsp. von 2 Spannungswechseln infolge eines Arbeitsspiels eines Krans [42]

mit

φ_{fat} Schadensäquivalenter dynamischer Faktor, Gl. 5.23
λ_i Schadensäquivalenter Beiwert zur Berücksichtigung des entsprechenden genormten Ermüdungslastspektrums und der absoluten Anzahl der Lastspiele im Verhältnis
zu $N = 2{,}0 \cdot 10^6$ Lastspielen, siehe Tab. 5.5
σ_p, τ_p Einwirkende Normal- oder Schubspannung im ermüdungskritischen Detail

Bewirkt die Überfahrt eines Kranes unter jedem Rad je ein Spannungsspiel, so sind die
Einzelteile nach Gl. 5.24c zu addieren (vgl. Bsp. 2, Kerbdetail (1) (örtl. Radlasteinlei-
tung)). Beim Verkehr mehrerer Krane sind ähnlich wie in [11], Gl. 5.11, sowohl die
Spannungen aus den einzelnen Kranen, als auch die Spannungen aus ihrer gemeinsamen
Wirkung zu berücksichtigen, siehe [18] und Abschn. 5.5.4.

Ist an einer Stelle im Tragwerk die Anzahl der Spannungswechsel größer als die Anzahl der Arbeitsspiele (siehe Abb. 5.20), so ist für diesen Fall in DIN EN 1991-3 Tab. 2.11
für die Arbeitsspielzahl C die entsprechende Anzahl der Spannungswechsel zur Kranklas-
sifizierung einzusetzen.

Die Teilsicherheitsbeiwerte γ_{Mf} nach Tab. 5.2 sind abhängig von der Art des Versagens
(plötzlich, ohne Vorwarnung bzw. Schaden rechtzeitig erkennbar = schadenstolerant) und
der Höhe der Schadensfolge.

Abweichend davon werden die Teilsicherheitsbeiwerte γ_{Mf} von Kranbahnträgern gemäß Tab. 5.6 nicht nach den vorgenannten Kriterien bestimmt, da sie i. d. R. schadenstolerant konzipiert wurden.

Gemäß NA zu DIN EN 1993-3-6 wird der Teilsicherheitsbeiwert γ_{Mf} in Abhängigkeit
der Inspektionsintervallen festgelegt, siehe Tab. 5.6. Im Regelfall kann für die Bemessung von $\gamma_{Mf} = 1{,}15$ bei 3 Inspektionsintervallen bei einer Lebensdauer von 25 Jahren
ausgegangen werden.

5.5.4 Ermüdungsnachweis beim Verkehr mehrerer Krane

Wird eine Kranbahn durch mehrere unabhängige Krane befahren, ist die Gesamtschädigung zu berücksichtigten. Hierzu wird zunächst analog zum vorgehenden Abschnitt die Schädigung infolge des jeweiligen Krans ermittelt. Die Berücksichtigung mehrerer Krane erfolgt dann durch Addition der Einzelschädigungen nach Palmgren-Miner zu:

$$\sum_i D_i + D_{dup} \leq 1 \tag{5.26}$$

Dabei ist

D_i die Schädigung infolge eines einzelnen unabhängig wirkenden Krans i;

D_{dup} die zusätzliche Schädigung infolge der Kombination von zwei oder mehr Kranen, die zeitweise zusammenwirken.

Die Schädigung D_i infolge eines Krans ergibt sich gemäß der vorherigen Abschnitte zu:

$$D_i = \left[\frac{\gamma_{Ff} \cdot \Delta\sigma_{E2,i}}{\Delta\sigma_C / \gamma_{Mf}} \right]^3 + \left[\frac{\gamma_{Ff} \cdot \Delta\tau_{E2,i}}{\Delta\tau_C / \gamma_{Mf}} \right]^5 \tag{5.27}$$

Die zusätzliche Schädigung D_{dup} infolge der Kombination von 2 oder mehr zeitweise zusammenwirkender Krane:

$$D_{dup} = \left[\frac{\gamma_{Ff} \cdot \Delta\sigma_{E2,dup}}{\Delta\sigma_C / \gamma_{Mf}} \right]^3 + \left[\frac{\gamma_{Ff} \cdot \Delta\tau_{E2,dup}}{\Delta\tau_C / \gamma_{Mf}} \right]^5 \tag{5.28}$$

mit

$\Delta\sigma_{E2,dup}$ die schadensäquivalente Längsspannungsschwingbreite zweier oder mehrerer zusammenwirkender Krane;

$\Delta\tau_{E2,dup}$ die schadensäquivalente Schubspannungsschwingbreite zweier oder mehrerer zusammenwirkender Krane.

Für die Berechnung der Spannungen sind die Lasten des Krans mit den größten Lasten (einschließlich Schwingbeiwert) voll anzusetzen in der entsprechenden Hubklasse und für die weiteren Krane darf die Hubklasse HC1 für die Schwingbeiwerte berücksichtigt werden. Sofern zwei Krane in erheblichem Ausmaß gemeinsam betrieben werden, so sollen Sie nach DIN EN 1993-6 wie ein einzelner Kran betrachtet werden. Leider ist das „erhebliche Ausmaß" nicht näher definiert, weshalb empfohlen wird zumindest bei stärkerem Tandembetrieb von über 50 % der Fälle davon auszugehen [35].

Gemäß NA zu [18] dürfen bei Verkehr mehrerer Krane die Spannungsschwingbreiten mit dem schadensäquivalenten Beiwert λ_{dup} wie folgt ermittelt werden:

a) Bei 2 Kranen: λ_i für die 2 Beanspruchungsklassen niedrigere Stufe S_{i-2} des Krans mit der niedrigsten Einstufung

b) Bei > 2 Kranen: λ_i für die 3 Beanspruchungsklassen niedrigere Stufe S_{i-3} des Krans
     mit der niedrigsten Einstufung.

Fall a) bedeutet, dass für das Teilkollektiv aus dem Zusammenwirken der Krane ein Wert
von 25 % angenommen wird, also bei jedem vierten Arbeitsspiel ein ungünstiges Zusammenwirken der Krane stattfindet. Fall b) führt hingegen zu einem Kollektivumfang von
12,5 % der Arbeitsspiele des Einzelkrans.

5.5.5 Ermüdungsfestigkeit, Kerbfallkatalog

Die Ermüdungsfestigkeitskurven für Längs- und Schubspannungen nach [15] können
Abb. 5.13 entnommen werden (Steigungsmaßbezeichnung m). Mit der rechnerischen
Erfassung der Ermüdungsfestigkeitskurven über Gl. 5.3c und dem Steigungsmaß für

$$\text{Längsspannungen} \quad m = 3 \qquad\qquad N \leq 5 \cdot 10^6$$
$$m = 5 \quad 5 \cdot 10^6 < N \leq 10^8$$

sowie für

$$\text{Schubspannungen} \quad m = 5 \quad N < 10^8$$

kann die Tab. 5.3 ($\log a$-Werte, $\Delta\sigma_D$, $\Delta\sigma_C$) entfallen.

Kerbfallkatalog
Der Kerbfallkatalog in [15] wurde für Kranbahnen in [18] gestrafft. Auszüge enthält
Tab. 5.7. Das Kerbdetail (die Kerbgruppe) wird definiert durch die Ermüdungsfestigkeit
$\Delta\sigma_C$ bzw. $\Delta\tau_C$ bei $N = 2 \cdot 10^6$ Lastspielen ($=$ Zahl in der Spalte „Kerbgruppe"). Einen
Auszug enthält die Tab. 5.8. Die Kerbgruppen werden wie folgt unterteilt:

- ungeschweißte (auch gelochte) Details
- geschweißte zusammengesetzte Querschnitte
- querlaufende Stumpfnähte
- angeschweißte Anschlüsse und Steifen
- geschweißte Anschlüsse
- Hohlprofile

Neuere Untersuchungen in [43–45] ergeben günstigere Kerbfälle für nicht voll durchgeschweißte Nähte zwischen Schiene und Gurt, siehe Tab. 5.7.
     Für die lokalen Normal- und Schubspannungen aus *örtlicher Radlasteinleitung* gelten
die Werte $\Delta\sigma_C$, $\Delta\tau_C$ nach Tab. 5.7.
     Eine übersichtliche Darstellung der bei einer Kranbahnkonstruktion nachzuweisenden
Konstruktionsdetails (Kerbfälle) kann man Tab. 5.7, Abb. 5.19 und [35] entnehmen.

Tab. 5.7 Kerbgruppen für den Nachweis der örtlichen Radlasteinleitung in den Steg

Lokale Spannungen						
	Walzprofil	Voll durch-geschweißt	Kehlnähte D-HY-Naht	Voll durch-geschweißt	Kehlnähte D-HY-Naht	Aufge-schweißte Schiene
$\Delta\sigma_C$	160	71 (100)	36 (50)	71 (100)	36 (50)	36 (57)
$\Delta\tau_C$	80					

( ) neue Untersuchungen nach [43–45]

5.5.6 Berechnungsbeispiele

Allgemeine Hinweise

Will man den Berechnungsaufwand in einem erträglichen und gleichzeitig ausreichend sicheren Rahmen halten, so muss man nach einer gewissen *Systematik* vorgehen, bei der auch der Gesamtüberblick nicht verloren geht. Nachfolgend skizziertes Ordnungsprinzip hat sich bewährt:

1. Untersuchung der Konstruktion auf Kerbfälle, die über die *gesamte* Trägerlänge wirksam sind.
2. Festlegung kerbwirksamer *Details*, die nur an *bestimmten* Trägerstellen auftreten.
3. Sortierung von 1. und 2. nach Trägerstellen; Einordnung in die maßgebenden Kerbfälle unter Angabe der nachzuweisenden Spannungen (z. B. tabellarisch).
4. Bestimmung noch fehlender Schnittgrößen sowie relevanter Einflusslinien
5. Zusammenstellung der maßgebenden Schnittgrößen und Spannungen der ortsgebundenen Kerbdetails sowie den ortsunabhängigen Kerbdetails (örtlicher Radlasteinleitung).
6. Führung der notwendigen Nachweise für die Kerbfälle nach Punkt 3, falls solche nicht offensichtlich wegen geringer Spannungen unterbleiben können:
   Bestimmung von $\Delta\sigma_{E,2}$, $\Delta\tau_{E,2}$ (z. T. bereits über die Schnittgrößen möglich) Angabe von $\Delta\sigma_c$, $\Delta\tau_c$. Nachweise nach Gl. 5.25a, 5.25b.
7. Ggf. weitere Nachweise nach Gl. 5.24a–5.24c für Kerbdetails in denen mehrere Spannungswechsel infolge eines Lastspiels auftreten.

Für die Kranbahnträger aus *Walzprofilen*, bei denen i. Allg. nur wenige Kerbfälle durch Schweißnähte auftreten, wird der Betriebsfestigkeitsnachweis i. d. R. nicht maßgebend.

Zur Vereinfachung nachfolgender Berechnungen sind die häufig vorkommenden Kerbfälle für Kranbahnträger in Abb. 5.19 zusammengefasst.

Tab. 5.8 Kerbgruppenkatalog nach [15] – Auszug

Zeile	Kerb-gruppe	Konstruktionsdetail	Beschreibung	Anforderung
1	160	**Anmerkung:** Die der Kerbgruppe 160 zugeordnete Ermüdungsfestigkeitskurve ist die höchste. Keine Kerbgruppe kann eine höhere Ermüdungsfestigkeit bei irgendeiner Anzahl an Spannungsschwingspielen erreichen	*Gewalzte und gepresste Erzeugnisse* 1) Bleche und Flachstähle; 2) Walzprofile; 3) nahtlose Hohlprofile	1) bis 3): – Scharfe Kanten, Oberflächen- und Walzfehler sind durch Schleifen ohne örtlich relevante Schwächung zu beseitigen. – Ausbessern durch Schweißen ist nicht zulässig
7	90	10) Einschnittige Verbindung mit hochfesten vorgespannten Schrauben 11) Verbindungselemente mit runden Löchern unter Biegung und Normalkraft	Spannungen sind bei vorgespannten Verbindungen am Bruttoquerschnitt und bei allen anderen Verbindungen am Nettoquerschnitt zu ermitteln	*Bei geschraubten Verbindungen (Kerbfall 6) bis 10)) gilt im Allgemeinen:* – Lochabstand vom Rand in Kraftrichtung: $e_1 \geq 1,5\,d$ – Lochabstand vom Rand senkrecht zur Kraftrichtung: $e_2 > 1,5\,d$ – Lochabstand in Kraftrichtung: $p_1 \geq 2,5\,d$ – Lochabstand senkrecht zur Kraftrichtung: $p_2 > 2,5\,d$
9	80	12) Einschnittige Verbindung mit Passschrauben		
12	100 $m = 5$		15) Schrauben in ein- oder zweischnittigen Scher-Lochleibungsverbindungen (Gewindeteil liegt nicht in der Scherfläche) Passschrauben oder Schrauben ohne Lastumkehr (Güten 5.6, 8.8 oder 10.9)	15) – Schubspannungen sind mit dem Schaftquerschnitt zu ermitteln

Tab. 5.8 (Fortsetzung)

Zeile	Kerbgruppe	Konstruktionsdetail	Beschreibung	Anforderung
13	125		*Durchgehende Längsnähte* 1) Vollmechanisch beidseitig durchgeschweißte Nähte. 2) Vollmechanisch geschweißte Kehlnähte. Die Enden von aufgeschweißten Gurtplatten sind gem. Kerbfall 5) oder 6) in Tab. NA/9.g zu behandeln	1) und 2): Es dürfen keine Schweißnahtansatzstellen vorhanden sein, ausgenommen bei Durchführung einer Reparatur mit anschließender Überprüfung der Reparaturschweißung
14	112		3) Vollmechanisch geschweißte – Doppelkehlnähte – beidseitig durchgeschweißte Nähte mit Ansatzstellen. 4) Vollmechanisch einseitig durchgeschweißte Naht mit nicht unterbrochener Schweißbadsicherung, aber ohne Ansatzstellen	4) Weist dieser Kerbfall Ansatzstellen auf, ist er der Kerbgruppe 100 zuzuordnen
15	100		5) Von Hand geschweißte – Kehlnähte – durchgeschweißte Nähte. 6) Von Hand oder vollmechanisch einseitig durchgeschweißte Nähte, speziell bei Hohlkästen	6) Zwischen Flansch und Stegblech ist eine sehr gute Passgenauigkeit erforderlich. Dabei ist das Stegblech so anzuschrägen, dass die Wurzel ausreichend erfasst wird

Tab. 5.8 (Fortsetzung)

Zeile	Kerb-gruppe	Konstruktionsdetail	Beschreibung	Anforderung
16	112	Die Kerbgruppe ist für Blechdicken $t > 25$ mm mit folgendem Faktor zu multiplizieren: $(25/t)^{0,2}$	*Ohne Schweißbadsicherung* 1) Querstöße in Blechen oder Flachstählen. 2) Vor dem Zusammenbau geschweißte Flanschstöße und Stegstöße in geschweißten Blechträgern. 2a) Voll durchgeschweißte Querstöße in Walzprofilen ohne Freischnitt im Rundungsbereich. 3) Querstöße in Blechen oder Flachstählen, abgeschrägt in Breite oder Dicke mit einer Neigung $\leq 1 : 4$	*1), 2), 2a) und 3):* – Alle Nähte blecheben in Lastrichtung geschliffen. – Schweißnahtan- und -auslaufstücke sind zu verwenden und anschließend zu entfernen. Blechränder sind blecheben in Lastrichtung zu schleifen. – Beidseitige Schweißung mit Inspektion durch zerstörungsfreie Prüfung. 2a) Walzprofile mit den gleichen Abmessungen ohne Toleranzabweichungen
20	63		8) Voll durchgeschweißte Querstöße in Walzprofilen ohne Freischnitt im Rundungsbereich	*8)* – Schweißnahtan- und -auslaufstücke sind zu verwenden und anschließend zu entfernen. Blechränder sind blecheben in Lastrichtung zu schleifen. – Beidseitige Schweißung

Tab. 5.8 (Fortsetzung)

Zeile	Kerbgruppe	Konstruktionsdetail	Beschreibung	Anforderung
29	90	$\frac{r}{\ell} \geq \frac{1}{3}$ oder $r > 150$ mm	4) An den Rand eines Bleches oder Trägerflansches angeschweißtes Knotenblech	4) Am Knotenblech muss ein gleichmäßiger Übergang hergestellt werden, und zwar vor dem Schweißen mit dem Radius r durch maschinelle Bearbeitung oder Brennschneiden und nach dem Schweißen durch Schleifen der Schweißzone parallel zur Lastrichtung, so dass der Schweißnahtübergang der Quernaht vollständig entfernt ist. 15 mm vor Anfang und Ende des Knotenbleches müssen Kehlnähte in DHV-Nähte überführt werden
	71	$\frac{1}{6} \leq \frac{r}{\ell} \leq \frac{1}{3}$		
	50	$\frac{r}{\ell} < \frac{1}{6}$		
30	40		5) An den Rand eines Bleches oder Trägerflansches angeschweißtes Knotenblech ohne Ausrundungsradius	

Tab. 5.8 (Fortsetzung)

Zeile	Kerb-gruppe	Konstruktionsdetail	Beschreibung	Anforderung
31	80	$s \leq 50$ mm	*Quersteifen* 6) An Blech angeschweißte Quersteife. 7) Vertikalsteifen an einen Walzträger oder geschweißten Blechträger geschweißt. 8) Am Steg oder Flansch angeschweißte Querschotte in Kastenträgern. Nicht zulässig für Hohlprofile. Die Kerbgruppen sind auch für Ringsteifen zulässig	6) *und* 7) Die Schweißnahtenden sind sorgfältig auszuschleifen, um Einbrandkerben zu entfernen. 7) Die Schwingbreite muss mit den Hauptspannungen berechnet werden, wenn die Steife am Stegblech endet. – Die Spannungen aus Querbiegung im Stegblech sind gegebenenfalls zu berücksichtigen. – Die Stirnseite der Steifen, auch im Bereich der Eckausschnitte, sind zu umschweißen
71		$50 < s \leq 80$ mm		

Tab. 5.8 (Fortsetzung)

Zeile	Kerb-gruppe	Konstruktionsdetail			Beschreibung	Anforderung
33	80	$l < 50$	für alle t		*Kreuz- und T-Stöße*	1) Nach Prüfung frei von Diskontinuitäten und Exzentrizitäten außerhalb der Toleranzen nach EN 25817, Qualität C.
	71	$50 < l \leq 80$	für alle t		1) Riss am Schweißnahtübergang in voll durchgeschweißten und allen nicht durchgeschweißten Nähten	2) Es sind 2 Ermüdungsnachweise erforderlich: Zum einen der Nachweis gegen Riss der Schweißnahtwurzel nach 9.6 (6) mit Kerbgruppe 36* für $\Delta\sigma_w$ und Kerbgruppe 80 für $\Delta\tau_w$, zum anderen den Nachweis des Nahtübergangs mit Bestimmung der Spannungsschwingbreite in den belasteten Blechen.
	63	$80 < l \leq 100$	für alle t			Die Ausmittigkeit der belasteten Bleche muss $\leq 15\,\%$ der Dicke des Zwischenblechs sein
	56	$100 < l \leq 120$	für alle t			
		$l > 120$	$t \leq 20$			
	50	$120 < l \leq 200$	$t > 20$			
		$l > 200$	$20 < t \leq 30$			
	45	$200 < l \leq 300$	$t > 30$			
		$l > 300$	$30 < t \leq 50$			
	40	$l > 300$	$t > 50$			
		[mm]				

Tab. 5.8 (Fortsetzung)

Zeile	Kerb-gruppe	Konstruktionsdetail		Beschreibung	Anforderung
37		$t_c < t$	$t_c \geq t$	*Gurtlamellen auf Walzprofilen und geschweißten Blechträgern:*	5) Wenn die Lamellen breiter sind als der Flansch, ist eine Stirnnaht, die sorgfältig ausgeschliffen wird, um Einbrandkerben zu entfernen, erforderlich. Die minimale Länge der Lamelle beträgt 300 mm. Bei kürzeren Anschlüssen siehe Kerbfall 1) in Tab. NA/9.g
	56*	$t \leq 20$	–	5) Endbereiche von einlagig oder mehrlagig aufgeschweißten Gurtplatten mit und ohne Stirnnaht	
	50	$20 < t \leq 30$	$t \leq 20$		
	45	$30 < t \leq 50$	$20 < t \leq 30$		
	40	$t > 50$	$30 < t \leq 50$		
	36	–	$t > 50$		
	[mm]				
38	56	6)		6) Gurtlamellenende auf Walzprofilen und geschweißten Blechträgern	6) Die Stirnnaht ist blecheben zu schleifen. Falls $t_c > 20$ mm, ist zusätzlich die Stirnkante der Lamelle mit einer Neigung < 1 : 4 auszubilden. 7) Die Spannungsschwingbreite ist auf die Schweißnahtdicke bezogen zu berechnen
39	80 $m = 5$	7) 8)		7) Durchgehende Kehlnähte, HY- und DHY-Nähte, die einen Schubfluss übertragen, wie z. B. Halskehlnähte zwischen Stegblech und Flansch bei geschweißten Blechträgern. 8) Mit Kehlnähten geschweißte Laschenverbindung	8) – Die Spannungsschwingbreite ist auf die Schweißnahtdicke bezogen unter Berücksichtigung der Gesamtlänge der Schweißnaht zu berechnen. – Schweißnahtenden müssen > 10 mm vom Blechende entfernt sein

Beispiel 4 (Abb. 4.40, 5.21)

Für den im Beispiel 3 (Abschn. 4.8) dimensionierten Kranbahnträger der Beanspruchungsgruppe S3 sind die Betriebsfestigkeitsnachweise zu führen.

Die Beanspruchung des Kranbahnträgers infolge Radlast zum Nachweis gegen Ermüdungsversagen entsprechend der Lastgruppe 14 ergibt sich nach Gln. 5.22, 5.23 und Tab. 4.8 wie folgt:

$$Q_{E2,i} = \lambda \cdot \left[\frac{(1 + 1,1)}{2} \cdot 25 + \frac{(1 + 1,33)}{2} \cdot 75 \right] = \lambda \cdot 114 \, \text{kN}$$

Obwohl der (erfahrene) Ingenieur aufgrund der bereits ermittelten Spannungen auf Anhieb erkennen kann, dass Betriebsfestigkeitsnachweise für den Querschnitt – mit Ausnahme der Nachweise für die örtliche Radlasteinleitung in die Flankenkehlnähte zwischen Schiene und Obergurt bzw. in den Steg – nicht maßgebend sind, sollen diese zur Verdeutlichung der beschriebenen Systematik und zur prinzipiellen Handhabung der Norm weitgehendst geführt werden.

1. *Kerbdetails die über die gesamte Trägerlänge wirksam sind:*
   - durchlaufende Kehlnähte zwischen Schiene und Gurt; Schnitt 2–2 in Abb. 5.21a: (1)
   - örtliche Radlasteinleitung in die Kehlnähte (1) u. in den Steg, Schnitt 3–3 in Abb. 5.21a: (2)
2. *Kerbdetails die nur örtlich wirksam:*
   - Ununterbrochene (d. h. umlaufende) Doppelkehlnaht zum Anschluss der (ausgeschnittenen) Steifen an die Flansche (3) und an den Steg (4); an allen Auflagern; Schnitt 5–5, 3–3, Abb. 5.21b
3. *Sortierung nach Trägerstellen, Kerbfälle, nachzuweisende Spannungen* (Tab. 5.9)
4. *Ermittlung der Einflusslinie für Biegemoment und Querkraft an den maßgebenden Stellen*
5. Zusammenstellung der maßgebenden Schnittgrößen und Spannungen der ortsgebundenen Kerbdetails sowie den ortsunabhängigen Kerbdetails (örtlicher Radlasteinleitung).

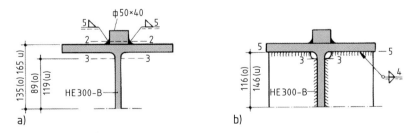

Abb. 5.21 Gurtquerschnitt mit Schienen- und Steifenanschluss

Spannungen aus örtlicher Radlasteinleitungen

Die lokalen Spannungen aus Radlasteinleitung ergeben sich unter Berücksichtigung einer 12,5 %igen Schienenkopfabnutzung mit $l_{\text{eff}} = 13,37$ cm zu:

Steg:

$$\Delta\overline{\sigma}_{0z,3} = \frac{114}{(13,37 + 2 \cdot 1,9 + 2 \cdot 2,7) \cdot 1,1} = 4,60 \,\text{kN/cm}^2$$

$$\Delta\tau_{0xz,3} = 0,2 \cdot 4,60 = 0,92 \,\text{kN/cm}^2$$

$$\Delta\sigma_{0z,3} = \Delta\overline{\sigma}_{0z,3} + \Delta\sigma_{\text{T,Ed}} = 4,6 + 5,95 = 10,55 \,\text{kN/cm}^2$$

Schweißnaht:

$$\Delta\overline{\sigma}_{0z,2} = \frac{114}{13,37 \cdot 2 \cdot 1,0} = 4,26 \,\text{kN/cm}^2$$

Die Schweißnahtspannung vergrößert sich aufgrund der exzentrischen Radlasteinleitung nochmals um:

$$\Delta\sigma_{0z,2} = 2 \cdot 4,26 \cdot \frac{0,75 \cdot 5,0 + 0,8 \cdot 0,5}{5,0 + 0,8} = 6,10 \,\text{kN/cm}^2$$

$$\Delta\tau_{0xz,2} = 0,2 \cdot 6,10 = 1,22 \,\text{kN/cm}^2$$

Exzentrische Radlasteinleitung

Die Stegbiegung $\sigma_{\text{T,Ed}}$ aus exzentrischer Radlasteinleitung ist nur bei Ermüdungsnachweisen der Beanspruchungsklassen $\geq$ S3 zu berücksichtigen und ergibt sich nach Gln. 4.24–4.26 zu:

$$\Delta\sigma_{\text{T,Ed}} = \frac{6}{a \cdot t_{\text{w}}^2} \cdot T_{\text{Ed}} \cdot \eta \cdot \tanh(\eta)$$

$$= \frac{6}{600 \cdot 1,1^2} \cdot 142,5 \cdot 5,05 \cdot \tanh(5,05) = 5,95 \,\text{kN/cm}^2$$

mit

$$T_{\text{Ed}} = 114 \cdot 5,0/4 = 142,5 \,\text{kN cm}$$

$$I_{\text{T}} = \frac{30 \cdot 1,9^3}{3} + \frac{5 \cdot 3,3^3}{3} = 128,5 \,\text{cm}^4$$

$$\eta = \sqrt{\frac{0,75 \cdot 600 \cdot 1,1^3}{128,5} \cdot \frac{\sinh^2(\pi \cdot 26,2/600)}{\sinh(2 \cdot \pi \cdot 26,2/600) - (2 \cdot \pi \cdot 26,2/600)}} = 5,05$$

Feldbereich

Die Momente und Querkräfte aus den Radlasten ergeben sich bei einer Radlaststellung entsprechend der Einflusslinie nach Abb. 5.22.

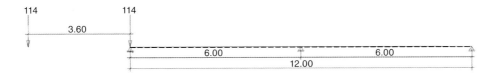

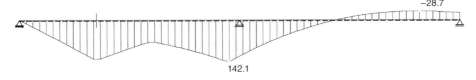

114
114
3.60
6.00
6.00
12.00
Einflußlinie für M an der Stelle x = 2.10 in Feld 1
−28.7
142.1
Einflußlinie für Q an der Stelle x = 2.10 in Feld 1
−47.1
67.6

Abb. 5.22 Einflusslinie für Biegemoment und Querkraft bei $x = 2{,}10\,\mathrm{m}$

Längsspannungen:
$\min M_{\mathrm{y,F}} = M_{\mathrm{y,g}} + M_{\mathrm{y,QE2}} = 3{,}41 - 28{,}7 = -25{,}29\,\mathrm{kNm}$
zugehörige Spannungen:

$$\sigma_{\mathrm{x,2,min\,M_{y,F}}} = \frac{2529}{2140} = 1{,}18\,\mathrm{kN/cm^2}$$
$$\sigma_{\mathrm{x,3,min\,M_{y,F}}} = \frac{2529}{3246} = 0{,}78\,\mathrm{kN/cm^2}$$
$$\sigma_{\mathrm{x,4,min\,M_{y,F}}} = \frac{-2529}{1751} = -1{,}44\,\mathrm{kN/cm^2}$$

$\max M_{\mathrm{y,F}} = M_{\mathrm{y,g}} + M_{\mathrm{y,QE2}} = 3{,}41 + 142{,}1 = 145{,}51\,\mathrm{kNm}$
zugehörige Spannungen:

$$\sigma_{\mathrm{x,2,max\,M_{y,F}}} = \frac{-14.551}{2140} = -6{,}80\,\mathrm{kN/cm^2}$$
$$\sigma_{\mathrm{x,3,max\,M_{y,F}}} = \frac{14.551}{3246} = -4{,}48\,\mathrm{kN/cm^2}$$
$$\sigma_{\mathrm{x,4,max\,M_{y,F}}} = \frac{14.551}{1751} = 8{,}30\,\mathrm{kN/cm^2}$$

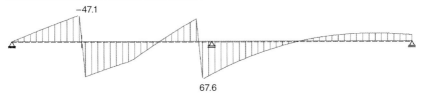

Spannungsschwingbreite unter Berücksichtiung des um 60 % reduzierten Druckanteils:

$$\Delta\sigma_{x,2} = |1{,}18| + 0{,}6 \cdot |-6{,}80| = 5{,}26 \, \text{kN/cm}^2$$

$$\Delta\sigma_{x,3} = |0{,}78| + 0{,}6 \cdot |-4{,}48| = 3{,}47 \, \text{kN/cm}^2$$

$$\Delta\sigma_{x,4} = |8{,}30| + 0{,}6 \cdot |-1{,}44| = 9{,}16 \, \text{kN/cm}^2$$

Schubspannungen:

Spannungs-punkt	$Q_{E2,1}$ bei x [m]	V_z [kN]	Spannungs-schnitt	$\tau_{xz} = \frac{V_z \cdot S_y}{I_y \cdot (t|\sum a)}$ $\left[\text{kN/cm}^2\right]$
1	< 2,1	−47,1	2	$\tau_{xz,1,2} = \frac{-47{,}1 \cdot 225}{28.892 \cdot 2 \cdot 1{,}0} = -0{,}19 \, \text{kN/cm}^2$
			3	$\tau_{xz,1,3} = \frac{-47{,}1 \cdot 970}{28.892 \cdot 1{,}1} = -1{,}43 \, \text{kN/cm}^2$
2	≥ 2,1	62,8	2	$\tau_{xz,2,2} = \frac{62{,}8 \cdot 225}{28.892 \cdot 2 \cdot 1{,}0} = +0{,}25 \, \text{kN/cm}^2$
			3	$\tau_{xz,2,3} = \frac{62{,}8 \cdot 970}{28.892 \cdot 1{,}1} = +1{,}92 \, \text{kN/cm}^2$

Spannungs-punkt	$Q_{E2,1}$ bei x [m]	V_z [kN]	Spannungs-schnitt	$\tau_{xz} = \frac{V_z \cdot S_y}{I_y \cdot (t|\sum a)}$ $\left[\text{kN/cm}^2\right]$
3	< 5,7	−40,2	2	$\tau_{xz,3,2} = \frac{-40{,}2 \cdot 225}{28.892 \cdot 2 \cdot 1{,}0} = -0{,}16 \, \text{kN/cm}^2$
			3	$\tau_{xz,3,3} = \frac{-40{,}2 \cdot 970}{28.892 \cdot 1{,}1} = -1{,}23 \, \text{kN/cm}^2$
4	≥ 5,7	67,7	2	$\tau_{xz,4,2} = \frac{67{,}7 \cdot 225}{28.892 \cdot 2 \cdot 1{,}0} = +0{,}26 \, \text{kN/cm}^2$
			3	$\tau_{xz,4,3} = \frac{67{,}7 \cdot 970}{28.892 \cdot 1{,}1} = +2{,}06 \, \text{kN/cm}^2$

Je Kranfahrt ergeben sich zwei lokale Spannungszyklen, die sich in ihrer Größe unterscheiden:

In der Schweißnaht:

$$\Delta\tau_{xz,I,2} = |\tau_{xz,4,2} - \tau_{xz,1,2}| + 2 \cdot \tau_{0xz,2} = |0{,}26 - (-0{,}19)| + 2 \cdot 1{,}22 = 2{,}89 \, \text{kN/cm}^2$$

$$\Delta\tau_{xz,II,2} = |\tau_{xz,2,2} - \tau_{xz,3,2}| + 2 \cdot \tau_{0xz,2} = |0{,}25 - (-0{,}16)| + 2 \cdot 1{,}22 = 2{,}85 \, \text{kN/cm}^2$$

Im Stegansatz:

$$\Delta\tau_{xz,I,3} = |\tau_{xz,4,3} - \tau_{xz,1,3}| + 2 \cdot \tau_{0xz,3} = |2{,}06 - (-1{,}43)| + 2 \cdot 0{,}92 = 5{,}33 \, \text{kN/cm}^2$$

$$\Delta\tau_{xz,II,3} = |\tau_{xz,2,3} - \tau_{xz,3,3}| + 2 \cdot \tau_{0xz,3} = |1{,}92 - (-1{,}23)| + 2 \cdot 0{,}92 = 4{,}99 \, \text{kN/cm}^2$$

Stütze B

Die Momente und Querkräfte aus den Radlasten ergeben sich bei einer Radlaststellung entsprechend der Einflusslinie nach Abb. 5.23.

Längsspannungen:

$$\min M_{y,B} = M_{y,g} = -6{,}08 \, \text{kNm}$$

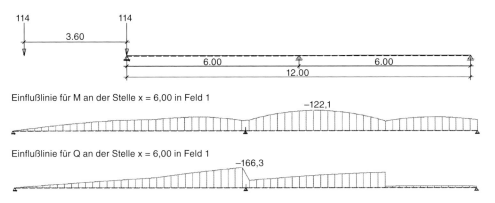

Abb. 5.23 Einflusslinie für Biegemoment und Querkraft bei $x = 6,00\,\mathrm{m}$

zugehörige Spannungen:

$$\sigma_{x,2,\min M_{y,B}} = \frac{608}{2140} = 0,28\,\mathrm{kN/cm^2}$$

$$\sigma_{x,3,\min M_{y,F}} = \frac{608}{3246} = 0,19\,\mathrm{kN/cm^2}$$

$$\sigma_{x,5,\min M_{y,B}} = \frac{608}{2491} = 0,24\,\mathrm{kN/cm^2}$$

$\max M_{y,B} = M_{y,g} + M_{y,QE2} = -6,08 - 122,1 = -128,18\,\mathrm{kNm}$
zugehörige Spannungen:

$$\sigma_{x,2,\max M_{y,B}} = \frac{12.818}{2140} = 5,99\,\mathrm{kN/cm^2}$$

$$\sigma_{x,3,\min M_{y,F}} = \frac{12.818}{3246} = 3,95\,\mathrm{kN/cm^2}$$

$$\sigma_{x,5,\max M_{y,B}} = \frac{12.818}{2491} = 5,15\,\mathrm{kN/cm^2}$$

Spannungsschwingbreite unter Berücksichtiung des um 60 % reduzierten Druckanteils:

$$\Delta\sigma_{x,2} = |5,99 - 0,28| = 5,71\,\mathrm{kN/cm^2}$$

$$\Delta\sigma_{x,3} = |3,95 - 0,19| = 3,76\,\mathrm{kN/cm^2}$$

$$\Delta\sigma_{x,5} = |5,15 - 0,24| = 4,91\,\mathrm{kN/cm^2}$$

Schubspannungen:

Spannungs-punkt	$Q_{E2,1}$ bei x [m]	V_z [kN]	Spannungs-schnitt	$\tau_{xz} = \frac{V_z \cdot S_y}{I_y \cdot (t \mid \sum a)}$ $\left[\text{kN/cm}^2\right]$
1	< 6,0	−116,3	2	$\tau_{xz,1,2} = \frac{-116,3 \cdot 225}{28.892 \cdot 2 \cdot 1,0} = -0,46\,\text{kN/cm}^2$
			3	$\tau_{xz,1,3} = \frac{-116,3 \cdot 970}{28.892 \cdot 1,1} = -3,55\,\text{kN/cm}^2$
2	≥ 6,0	−58,0	2	$\tau_{xz,2,2} = \frac{-58,0 \cdot 225}{28.892 \cdot 2 \cdot 1,0} = -0,23\,\text{kN/cm}^2$
			3	$\tau_{xz,2,3} = \frac{-58,0 \cdot 970}{28.892 \cdot 1,1} = -1,77\,\text{kN/cm}^2$
3	< 9,6	−123,6	2	$\tau_{xz,3,2} = \frac{-123,6 \cdot 225}{28.892 \cdot 2 \cdot 1,0} = -0,48\,\text{kN/cm}^2$
			3	$\tau_{xz,3,3} = \frac{-123,6 \cdot 970}{28.892 \cdot 1,1} = -3,78\,\text{kN/cm}^2$
4	≥ 9,6	−9,6	2	$\tau_{xz,4,2} = \frac{-9,6 \cdot 225}{28.892 \cdot 2 \cdot 1,0} = -0,04\,\text{kN/cm}^2$
			3	$\tau_{xz,4,3} = \frac{-9,6 \cdot 970}{28.892 \cdot 1,1} = -0,29\,\text{kN/cm}^2$

Je Kranfahrt ergeben sich zwei lokale Spannungszyklen, die sich in ihrer Größe unterscheiden:

In der Schweißnaht:

$$\Delta\tau_{xz,I,2} = |\tau_{xz,4,2} - \tau_{xz,1,2}| + 2 \cdot \tau_{0xz,2}$$
$$= |(-0,04) - (-0,46)| + 2 \cdot 1,22 = 2,86\,\text{kN/cm}^2$$
$$\Delta\tau_{xz,II,2} = |\tau_{xz,2,2} - \tau_{xz,3,2}| + 2 \cdot \tau_{0xz,2}$$
$$= |(-0,23) - (-0,48)| + 2 \cdot 1,22 = 2,69\,\text{kN/cm}^2$$

Im Stegansatz:

$$\Delta\tau_{xz,I,3} = |\tau_{xz,4,3} - \tau_{xz,1,3}| + 2 \cdot \tau_{0xz,3}$$
$$= |(-0,29) - (-3,55)| + 2 \cdot 0,92 = 5,10\,\text{kN/cm}^2$$
$$\Delta\tau_{xz,II,3} = |\tau_{xz,2,3} - \tau_{xz,3,3}| + 2 \cdot \tau_{0xz,3}$$
$$= |(-1,77) - (-3,78)| + 2 \cdot 0,92 = 3,85\,\text{kN/cm}^2$$

Stütze B – Auflagerkraft:
$\Delta B = 200,3\,\text{kN}$
Kraft pro Rippe:

$$\text{vertikal } F_1 = 78,4\,\text{kN}, \qquad \text{horizontal } F_2 = 25,8\,\text{kN}$$

Spannung in Rippe:

$$\Delta\sigma_z = \frac{78,4}{11,75 \cdot 2,0} = 3,34\,\text{kN/cm}^2 \qquad \Delta\sigma_y = \frac{78,4 \cdot 8,58 \cdot 6}{2 \cdot 20,8^2} = 4,66\,\text{kN/cm}^2$$

Doppelkehlnaht am unteren Rand:

$$\Delta\sigma_{\perp,w} = \frac{78,4}{11,75 \cdot 2 \cdot 0,6} = 5,56\,\text{kN/cm}^2 \qquad \Delta\tau_{\|,w} = \frac{25,66}{11,75 \cdot 2 \cdot 0,6} = 1,82\,\text{kN/cm}^2$$

Doppelkehlnaht am Steg:

$$\Delta\sigma_{\perp,w} = \frac{78,4 \cdot 8,58 \cdot 6}{2 \cdot 0,6 \cdot 20,8^2} = 7,77\,\text{kN/cm}^2 \qquad \Delta\tau_{\|,w} = \frac{78,4}{20,8 \cdot 2 \cdot 0,6} = 3,14\,\text{kN/cm}^2$$

Doppelkehlnaht am oberen Rand:

$$\Delta\tau_{\|,w} = \frac{25,66}{11,75 \cdot 2 \cdot 0,6} = 1,82\,\text{kN/cm}^2$$

Endauflager
Die Querkräfte aus den Radlasten ergeben sich bei einer Radlaststellung x ähnlich den Einflusslinien nach Abb. 5.22 oder 5.23.
Schubspannungen:

Spannungs-punkt	$Q_{E2,1}$ bei x [m]	V_z [kN]	Spannungs-schnitt	$\tau_{xz} = \frac{V_z \cdot S_y}{I_y \cdot (t|\sum a)}$ [kN/cm^2]
1	< 0	−13,7	3	$\tau_{xz,1,3} = \frac{-13,7 \cdot 970}{28.892 \cdot 1,1} = -0,42\,\text{kN/cm}^2$
2	≥ 0	114,0	3	$\tau_{xz,2,3} = \frac{114 \cdot 970}{28.892 \cdot 1,1} = +3,48\,\text{kN/cm}^2$

Spannungs-punkt	$Q_{E2,1}$ bei x [m]	V_z [kN]	Spannungs-schnitt	$\tau_{xz} = \frac{V_z \cdot S_y}{I_y \cdot (t|\sum a)}$ [kN/cm^2]
3	< 3,6	36,4	3	$\tau_{xz,3,3} = \frac{36,4 \cdot 970}{28.892 \cdot 1,1} = +1,11\,\text{kN/cm}^2$
4	≥ 3,6	144,8	3	$\tau_{xz,4,3} = \frac{144,8 \cdot 970}{28.892 \cdot 1,1} = +4,42\,\text{kN/cm}^2$

Je Kranfahrt ergeben sich zwei lokale Spannungszyklen, die sich in ihrer Größe unterscheiden:
Im Stegansatz:

$$\Delta\tau_{xz,I,3} = |\tau_{xz,4,3} - \tau_{xz,1,3}| + 2 \cdot \tau_{0xz,3} = |4,42 - (-0,42)| + 2 \cdot 1,84 = 8,52\,\text{kN/cm}^2$$
$$\Delta\tau_{xz,II,3} = |\tau_{xz,2,3} - \tau_{xz,3,3}| + 2 \cdot \tau_{0xz,3} = |3,48 - 1,11| + 2 \cdot 1,84 = 6,05\,\text{kN/cm}^2$$

6. *Nachweise* (nach Tab. 5.9)

Tab. 5.9 Zusammenstellung der zu untersuchenden Kerbfälle

Lage	Spannungsschnitt	Kerbfall	Anmerkungen
lokal	Schienenschweißnaht (2)	$36\,(\sigma_{\perp,\mathrm{w,oz}})$ $80\,\left(\tau_{\parallel,\mathrm{w,oz}} + \tau_{\parallel,\mathrm{w,xz}}\right)$	
Feld	Oberflansch (2) Oberkante	$100{-}125\,(\sigma_{\mathrm{x}})$	nicht maßgebend siehe Zwischenauflager
	Stegansatz (3)	$160\,(\sigma_{\mathrm{x}})$ $160\,(\sigma_{\mathrm{oz}})$ $100\,(\tau_{\mathrm{xz+oz}})$	nicht maßgebend siehe Zwischenauflager
	Unterflansch (4)	$160\,(\sigma_{\mathrm{x}})$	nicht maßgebend
Zwischen-Auflager	Oberflansch (5) Unterkante	$80\,(\sigma_{\mathrm{x}})$	
	Oberflansch (2) Oberkante	$100{-}125\,(\sigma_{\mathrm{x}})$	nicht maßgebend siehe Oberflansch Unterkante
	Stegansatz (3)	$80\,(\sigma_{\mathrm{x}})$ $56\,(\sigma_{\mathrm{oz}})$ $100\,(\tau_{\mathrm{xz+oz}})$	
	Unterflansch (4) Unterkante	$90\,(\sigma_{\mathrm{x}})$	nicht maßgebend
	Auflagersteife	$80\,(\sigma_{\mathrm{x}})$ $36\,(\sigma_{\perp,\mathrm{w}})$ $80\,\left(\tau_{\parallel,\mathrm{w,xz}}\right)$	
End-Auflager	Stegansatz (3)	$56\,(\sigma_{\mathrm{oz}})$ $100\,(\tau_{\mathrm{xz+oz}})$	$\frac{1}{2}$ Lasteinleitungslänge für σ_{oz}
	Auflagersteife	$80\,(\sigma_{\mathrm{x}})$ $36\,(\sigma_{\perp,\mathrm{w}})$ $80\,\left(\tau_{\parallel,\mathrm{w,xz}}\right)$	nicht maßgebend

Lokal, Schieneschweißnaht (örtliche Radlasteinleitung)

Der Kerbfall für senkrechte Schweißnahtspannungen ist $\Delta\sigma_{\mathrm{c}} = 36\,\mathrm{N/mm^2}$ und für die Schubspannung in der Schweißnaht $\Delta\sigma_{\mathrm{c}} = 80\,\mathrm{N/mm^2}$.

Die lokale senkrechte Spannung aus örtlicher Radlasteinleitung ergibt sich zu:

$$\Delta\sigma_{\perp,\mathrm{w,oz}} = 6{,}10\,\mathrm{kN/cm^2}$$

Da die Kranschiene als mittragend angesetzt wird, müssen die Schienenschweißnähte neben den lokalen Schubspannungen aus Radlasteinleitung ebenfalls Schubspannungen aus globaler Tragwirkung übertragen. Je Arbeitsspiel des Krans ergeben sich zwei Schwingbreiten unterschiedlicher Größe. Dabei treten die größten Schwingbreiten aus globaler und lokaler Schubbeanspruchung am Mittelauflager auf:

$$\Delta\tau_{\mathrm{xz,I}} = 2{,}86\,\mathrm{kN/cm^2} \qquad \text{und} \qquad \Delta\tau_{\mathrm{xz,II}} = 2{,}69\,\mathrm{kN/cm^2}$$

Die schadensäquivalente Spannungsschwingbreite ergibt sich für die Beanspruchungs-klasse (BK) von S3 mit $\lambda_\sigma = 0{,}397$ und $\lambda_\tau = 0{,}575$ zu:

$$\Delta\sigma_{E,2} = 0{,}397 \cdot 6{,}1 = 2{,}42\,\text{kN/cm}^2$$

$$\frac{\gamma_{Ff} \cdot \Delta\sigma_{E,2}}{\Delta\sigma_c/\gamma_{Mf}} = \frac{1{,}0 \cdot 2{,}42}{3{,}6/1{,}15} = 0{,}77 < 1$$

$$\Delta\tau_{E,2,I} = 0{,}575 \cdot 2{,}86 = 1{,}64\,\text{kN/cm}^2 \quad \text{und} \quad \Delta\tau_{E,2,II} = 0{,}575 \cdot 2{,}69 = 1{,}55\,\text{kN/cm}^2$$

$$\frac{\gamma_{Ff} \cdot \Delta\tau_{E,2,I}}{\Delta\tau_c/\gamma_{Mf}} = \frac{1{,}0 \cdot 1{,}64}{8{,}0/1{,}15} = 0{,}24 < 1 \qquad \frac{\gamma_{Ff} \cdot \Delta\tau_{E,2,I}}{\Delta\tau_c/\gamma_{Mf}} = \frac{1{,}0 \cdot 1{,}55}{8{,}0/1{,}15} = 0{,}24 < 1$$

Aufgrund der zwei Spannungsspitzen je Kranfahrt und den gleichzeitig wirkenden Normal- und Schubspannungen werden nachfolgend die kombinierten Schädigungen gebildet:

$$D = \sum D_{\sigma,w} + \sum D_{\tau,w} = 2 \cdot \left(\frac{\gamma_{Ff} \cdot \Delta\sigma_{E,2}}{\Delta\sigma_c/\gamma_{Mf}} \right)^3 + \left(\frac{\gamma_{Ff} \cdot \Delta\tau_{E,2,I}}{\Delta\tau_c/\gamma_{Mf}} \right)^5 + \left(\frac{\gamma_{Ff} \cdot \Delta\tau_{E,2,I}}{\Delta\tau_c/\gamma_{Mf}} \right)^5$$

$$= 2 \cdot 0{,}77^3 + 0{,}24^5 + 0{,}24^5 = 0{,}91 < 1$$

Alternativ kann zur Berücksichtigung der zwei Spannungsspitzen je Kranfahrt die Beanspruchungsklasse (BK) von S3 auf S4 mit $\lambda_\sigma = 0{,}5$ und $\lambda_\tau = 0{,}66$ erhöht werden. Die Schubspannungen können darüberhinaus vereinfacht mit zwei Schwingbreiten von $\max\Delta\tau_{xz}$ berücksichtigt werden:

$$\Delta\sigma_{E,2} = 0{,}5 \cdot 6{,}1 = 3{,}05\,\text{kN/cm}^2$$

$$\frac{\gamma_{Ff} \cdot \Delta\sigma_{E,2}}{\Delta\sigma_c/\gamma_{Mf}} = \frac{1{,}0 \cdot 3{,}05}{3{,}6/1{,}15} = 0{,}97 < 1$$

$$\max\Delta\tau_{E,2} = 0{,}66 \cdot 2{,}86 = 1{,}89\,\text{kN/cm}^2$$

$$\frac{\gamma_{Ff} \cdot \max\Delta\tau_{E,2}}{\Delta\tau_c/\gamma_{Mf}} = \frac{1{,}0 \cdot 1{,}89}{8{,}0/1{,}15} = 0{,}27 < 1$$

$$D = \sum D_{\sigma,w} + \sum D_{\tau,w} = 0{,}97^3 + 0{,}27^5 = 0{,}91 < 1$$

Zwischenauflager, Oberfansch-Unterkante (Längsspannungen im Bereich der Steife)

Die Quersteife im Bereich des Zwischenauflagers führt zum Kerbfall $\Delta\sigma_c = 80\,\text{N/mm}^2$ an der Unterkante des Oberflansches.

Die Längsspannung aus aus globaler Tragwirkung ergibt sich zu:

$$\Delta\sigma_{x,5} = 4{,}91\,\text{kN/cm}^2$$

Mit $\lambda_\sigma = 0{,}397$ für die BK S3 ergibt sich die schadensäquivalente Spannungsschwingbreite zu:

$$\Delta\sigma_{E,2} = 0{,}397 \cdot 4{,}91 = 1{,}95\,\text{kN/cm}^2$$

$$\frac{\gamma_{Ff} \cdot \Delta\sigma_{E,2}}{\Delta\sigma_c/\gamma_{Mf}} = \frac{1{,}0 \cdot 1{,}95}{8{,}0/1{,}15} = 0{,}28 < 1$$

Da in diesem Detail keine weiteren Spannungskomponenten wirken, ist die Ermüdungssicherheit für die Oberflansch Unterkante gegeben.

Zwischenauflager, Stegansatz (örtliche Radlasteinleitung, Längs- und Schubspannugnen)

Im Bereich des Stegansatzes gilt für das Walzprofil normalerweise der Kerbfall 160. Aufgrund der eingeschweißten Quersteife mit Aussparung im Ausrundungsradius ist für die örtliche Radlasteinleitung jedoch der Kerbfall $\Delta\sigma_c = 56\,\text{N/mm}^2$ maßgebend. Für die Spannungskomponenten aus globaler Tragwirkung gilt der Kerbfall $\Delta\sigma_c = 80\,\text{N/mm}^2$ für Längsspannungen und $\Delta\sigma_c = 100\,\text{N/mm}^2$ für Schubspannungen.

Die lokale senkrechte Spannung aus örtlicher Radlasteinleitung ergibt sich unter der Annahme, dass diese auf der sicheren Seite liegend nur vom Steg abgetragen wird zu:

$$\Delta\sigma_{oz} = 10{,}55\,\text{kN/cm}^2$$

Im Stegansatz treten weiterhin je Arbeitsspiel des Krans zwei Schwingbreiten globaler und lokaler Schubbeanspruchung am Mittelauflager auf:

$$\Delta\tau_{xz,I} = 5{,}10\,\text{kN/cm}^2 \qquad \text{und} \qquad \Delta\tau_{xz,II} = 3{,}85\,\text{kN/cm}^2$$

Die zugehörige Spannungsschwingbreite der Längsspannung aus globaler Tragwirkung ist:

$$\Delta\sigma_{x,3} = 3{,}76\,\text{kN/cm}^2$$

Zur Berücksichtigung der zwei Spannungsspitzen der örtlichen Radlasteinleitung und der Schubspannung je Arbeitsspiel wird die Summe der Einzelschädigungen betrachtet, so dass sich folgende schadensäquivalente Spannungsschwingbreiten für die Beanspruchungsklasse (BK) S3 mit $\lambda_\sigma = 0{,}397$ und $\lambda_\tau = 0{,}575$ ergeben:

$$\Delta\sigma_{E,2,x} = 0{,}397 \cdot 3{,}76 = 1{,}49\,\text{kN/cm}^2$$

$$\frac{\gamma_{Ff} \cdot \Delta\sigma_{E,2,x}}{\Delta\sigma_c/\gamma_{Mf}} = \frac{1{,}0 \cdot 1{,}49}{8{,}0/1{,}15} = 0{,}21 < 1$$

$$\Delta\sigma_{E,2,oz} = 0{,}397 \cdot 10{,}55 = 4{,}19\,\text{kN/cm}^2$$

$$\frac{\gamma_{Ff} \cdot \Delta\sigma_{E,2,oz}}{\Delta\sigma_c/\gamma_{Mf}} = \frac{1{,}0 \cdot 4{,}19}{5{,}6/1{,}15} = 0{,}86 < 1$$

$$\Delta\tau_{E,2,I} = 0{,}575 \cdot 5{,}1 = 2{,}93\,\text{kN/cm}^2 \quad \text{und} \quad \Delta\tau_{E,2,II} = 0{,}575 \cdot 3{,}85 = 2{,}21\,\text{kN/cm}^2$$

$$\frac{\gamma_{Ff} \cdot \Delta\tau_{E,2,I}}{\Delta\tau_c/\gamma_{Mf}} = \frac{1{,}0 \cdot 2{,}93}{10{,}0/1{,}15} = 0{,}34 < 1 \qquad \frac{\gamma_{Ff} \cdot \Delta\tau_{E,2,I}}{\Delta\tau_c/\gamma_{Mf}} = \frac{1{,}0 \cdot 2{,}21}{10{,}0/1{,}15} = 0{,}25 < 1$$

Aufgrund der zwei Spannungsspitzen je Kranfahrt und den gleichzeitig wirkenden Normal- und Schubspannungen werden nachfolgend die kombinierten Schädigungen gebildet:

$$D = \sum D_{\sigma,x} + \sum D_{\sigma,oz} + \sum D_\tau$$

$$= \left(\frac{\gamma_{Ff} \cdot \Delta\sigma_{E,2,x}}{\Delta\sigma_c/\gamma_{Mf}}\right)^3 + 2 \cdot \left(\frac{\gamma_{Ff} \cdot \Delta\sigma_{E,2,oz}}{\Delta\sigma_c/\gamma_{Mf}}\right)^3 + \left(\frac{\gamma_{Ff} \cdot \Delta\tau_{E,2,I}}{\Delta\tau_c/\gamma_{Mf}}\right)^5 + \left(\frac{\gamma_{Ff} \cdot \Delta\tau_{E,2,I}}{\Delta\tau_c/\gamma_{Mf}}\right)^5$$

$$= 0{,}21^3 + 2 \cdot 0{,}86^3 + 0{,}34^5 + 0{,}25^5 = 1{,}29 > 1$$

Alternativ kann zur Berücksichtigung der zwei Spannungsspitzen je Kranfahrt die Beanspruchungsklasse (BK) von S3 auf S4 mit $\lambda_\sigma = 0{,}5$ und $\lambda_\tau = 0{,}66$ erhöht werden. Die Schubspannungen können darüberhinaus vereinfacht mit zwei Schwingbreiten von max $\Delta\tau_{xz}$ berücksichtigt werden:

$$\Delta\sigma_{E,2,x} = 0{,}397 \cdot 3{,}76 = 1{,}49\,\text{kN/cm}^2$$

$$\frac{\gamma_{Ff} \cdot \Delta\sigma_{E,2,x}}{\Delta\sigma_c/\gamma_{Mf}} = \frac{1{,}0 \cdot 1{,}49}{8{,}0/1{,}15} = 0{,}21 < 1$$

$$\Delta\sigma_{E,2,oz} = 0{,}5 \cdot 10{,}55 = 5{,}275\,\text{kN/cm}^2$$

$$\frac{\gamma_{Ff} \cdot \Delta\sigma_{E,2,oz}}{\Delta\sigma_c/\gamma_{Mf}} = \frac{1{,}0 \cdot 5{,}275}{5{,}6/1{,}15} = 1{,}08 > 1$$

$$\text{max}\,\Delta\tau_{E,2} = 0{,}66 \cdot 5{,}1 = 3{,}37\,\text{kN/cm}^2$$

$$\frac{\gamma_{Ff} \cdot \text{max}\,\Delta\tau_{E,2}}{\Delta\tau_c/\gamma_{Mf}} = \frac{1{,}0 \cdot 3{,}37}{10{,}0/1{,}15} = 0{,}39 < 1$$

$$D = \sum D_{\sigma,x} + \sum D_{\sigma,oz} + \sum D_\tau = 0{,}21^3 + 1{,}08^3 + 0{,}39^5 = 1{,}28 > 1$$

Der Nachweis der lokalen Lasteinleitung wird am Stegansatz nicht erfüllt. Abhilfe kann die Vergrößerung der Stegdicke bzw. die Vergrößerung der Lasteinleitungslänge durch Erhöhen der Schiene erreicht werden. So erhält man durch Einsatz einer 50×50 mm Schiene statt der 50×40 mm Schiene folgende Schädigung:

$$D = \sum D_{\sigma,x} + \sum D_{\sigma,oz} + \sum D_\tau = 0{,}21^3 + 2 \cdot 0{,}70^3 + 0{,}34^5 + 0{,}25^5 = 0{,}70 < 1$$

Zwischenauflager, Auflagersteife (Steifenkraft und Steifenschweißnähte)
Die Auflagerkraft wird im Bereich der Kranbahnträgerkonsole teilweise in den Steg sowie den Quersteifen eingeleitet, wobei die Lasteinleitung in den Steg an Träger-Unterkante

nicht maßgebend wird. Nachfolgend werden deshalb nur die Quersteifen zur Übertragung der Auflagerkräfte betrachtet.

Da die örtliche Radlasteinleitung über den Stegansatz nachgewiesen ist und dieser deutlich steifer als der Quersteifenanschluss ist wird angenommen, dass die Quersteife nur von der Unterkante aus infolge der Auflagerkraft belastet wird. Als dreiseitig angeschlossene Steife ergeben sich somit folgende Einwirkungen:

Spannung in Rippe:

$$\Delta\sigma_z = \frac{78,4}{11,75 \cdot 2,0} = 3,34\,\text{kN/cm}^2 \qquad \Delta\sigma_y = \frac{78,4 \cdot 8,58 \cdot 6}{2 \cdot 20,8^2} = 4,66\,\text{kN/cm}^2$$

Doppelkehlnaht am unteren Rand:

$$\Delta\sigma_{\perp,w} = \frac{78,4}{11,75 \cdot 2 \cdot 0,6} = 5,56\,\text{kN/cm}^2 \qquad \Delta\tau_{\parallel,w} = \frac{25,66}{11,75 \cdot 2 \cdot 0,6} = 1,82\,\text{kN/cm}^2$$

Doppelkehlnaht am Steg:

$$\Delta\sigma_{\perp,w} = \frac{78,4 \cdot 8,58 \cdot 6}{2 \cdot 0,6 \cdot 20,8^2} = 7,77\,\text{kN/cm}^2 \qquad \Delta\tau_{\parallel,w} = \frac{78,4}{20,8 \cdot 2 \cdot 0,6} = 3,14\,\text{kN/cm}^2$$

Doppelkehlnaht am oberen Rand:

$$\Delta\tau_{\parallel,w} = \frac{25,66}{11,75 \cdot 2 \cdot 0,6} = 1,82\,\text{kN/cm}^2$$

Aufgrund der geringen Spannungsamplitude im Steifenquerschnitt für die Auflagerkräfte kann der Kerbfall $\Delta\sigma_c = 80\,\text{N/mm}^2$ vernachlässigt werden. Weiterhin werden die Kerbfälle für die Beanspruchung der Schweißnähte senkrecht zur Nahtachse mit $\Delta\sigma_c = 36\,\text{N/mm}^2$ und parallel auf Schub mit $\Delta\sigma_c = 80\,\text{N/mm}^2$ nachgewiesen.

Die Auflagerkraft wird nicht durch lokale Spannungsspitzen der einzelnen Kranachsen beansprucht, weshalb die schadensäquivalente Spannungsschwingbreiten für die Beanspruchungsklasse (BK) S3 mit $\lambda_\sigma = 0,397$ und $\lambda_\tau = 0,575$ bestimmt werden kann:

Doppelkehlnaht am unteren Rand:

$$\Delta\sigma_{E,2} = 0,397 \cdot 5,56 = 2,21\,\text{kN/cm}^2 \qquad \Delta\tau_{E,2} = 0,575 \cdot 1,82 = 1,05\,\text{kN/cm}^2$$

$$\frac{\gamma_{Ff} \cdot \Delta\sigma_{E,2,x}}{\Delta\sigma_c/\gamma_{Mf}} = \frac{1,0 \cdot 2,21}{3,6/1,15} = 0,71 < 1 \qquad \frac{\gamma_{Ff} \cdot \Delta\tau_{E,2}}{\Delta\tau_c/\gamma_{Mf}} = \frac{1,0 \cdot 1,05}{8,0/1,15} = 0,15 < 1$$

$$D = \sum D_{\sigma,w} + \sum D_{\tau,w} = 0,71^3 + 0,15^5 = 0,36 < 1$$

Doppelkehlnaht am Steg:

$$\Delta\sigma_{E,2} = 0,397 \cdot 7,77 = 3,08\,\text{kN/cm}^2 \qquad \Delta\tau_{E,2} = 0,575 \cdot 3,14 = 1,81\,\text{kN/cm}^2$$

$$\frac{\gamma_{Ff} \cdot \Delta\sigma_{E,2,x}}{\Delta\sigma_c/\gamma_{Mf}} = \frac{1,0 \cdot 3,08}{3,6/1,15} = 0,98 < 1 \qquad \frac{\gamma_{Ff} \cdot \Delta\tau_{E,2}}{\Delta\tau_c/\gamma_{Mf}} = \frac{1,0 \cdot 1,81}{8,0/1,15} = 0,26 < 1$$

$$D = \sum D_{\sigma,w} + \sum D_{\tau,w} = 0,98^3 + 0,26^5 = 0,94 < 1$$

Doppelkehlnaht am oberen Rand:

$$\Delta \tau_{E,2} = 0{,}575 \cdot 1{,}82 = 1{,}05 \, \text{kN/cm}^2$$

$$\frac{\gamma_{Ff} \cdot \Delta \tau_{E,2}}{\Delta \tau_c / \gamma_{Mf}} = \frac{1{,}0 \cdot 1{,}05}{8{,}0/1{,}15} = 0{,}15 < 1$$

Endauflager, Stegansatz (örtliche Radlasteinleitung, Längs- und Schubspannugnen)
Im Bereich des Stegansatzes gilt für das Walzprofil normalerweise der Kerbfall 160. Aufgrund der eingeschweißten Kopfplatte ist für die örtliche Radlasteinleitung jedoch der Kerbfall $\Delta \sigma_c = 56 \, \text{N/mm}^2$ maßgebend. Für die Spannungskomponenten aus globaler Tragwirkung gilt der Kerbfall $\Delta \sigma_c = 80 \, \text{N/mm}^2$ für Längsspannungen und $\Delta \sigma_c = 100 \, \text{N/mm}^2$ für Schubspannungen.

Die lokale senkrechte Spannung aus örtlicher Radlasteinleitung liegt der Annahme zu Grunde, dass die Radlast nur von einem Träger abgetragen wird, sodass sich die Lasteinleitungslänge halbiert:

$$\Delta \overline{\sigma}_{0z} = \frac{114}{(13{,}37 \cdot 0{,}5 + 1{,}9 + 2{,}7) \cdot 1{,}1} = 9{,}2 \, \text{kN/cm}^2$$

Die Stegbiegung aus exzentrischer Radlasteinleitung kann im Bereich des Endauflagers vernachlässigt werden, da die Stegverdrehung durch die Auflagersteife behindert wird.

Im Stegansatz treten weiterhin je Arbeitsspiel des Krans zwei Schwingbreiten globaler und lokaler Schubbeanspruchung auf:

$$\Delta \tau_{xz,I} = 8{,}52 \, \text{kN/cm}^2 \qquad \text{und} \qquad \Delta \tau_{xz,II} = 6{,}05 \, \text{kN/cm}^2$$

Zur Berücksichtigung der zwei Spannungsspitzen aus örtlicher Radlasteinleitung und Schubspannung je Arbeitsspiel wird die Summe der Einzelschädigungen betrachtet, so dass sich folgende schadensäquivalente Spannungsschwingbreiten für BK S3 mit $\lambda_\sigma = 0{,}397$ und $\lambda_\tau = 0{,}575$ ergeben:

$$\Delta \sigma_{E,2,oz} = 0{,}397 \cdot 9{,}2 = 3{,}65 \, \text{kN/cm}^2$$

$$\frac{\gamma_{Ff} \cdot \Delta \sigma_{E,2,oz}}{\Delta \sigma_c / \gamma_{Mf}} = \frac{1{,}0 \cdot 3{,}65}{5{,}6/1{,}15} = 0{,}75 < 1$$

$$\Delta \tau_{E,2,I} = 0{,}575 \cdot 8{,}52 = 4{,}90 \, \text{kN/cm}^2 \quad \text{und} \quad \Delta \tau_{E,2,II} = 0{,}575 \cdot 6{,}05 = 3{,}48 \, \text{kN/cm}^2$$

$$\frac{\gamma_{Ff} \cdot \Delta \tau_{E,2,I}}{\Delta \tau_c / \gamma_{Mf}} = \frac{1{,}0 \cdot 4{,}90}{10{,}0/1{,}15} = 0{,}56 < 1 \qquad \frac{\gamma_{Ff} \cdot \Delta \tau_{E,2,I}}{\Delta \tau_c / \gamma_{Mf}} = \frac{1{,}0 \cdot 3{,}48}{10{,}0/1{,}15} = 0{,}40 < 1$$

Aufgrund der zwei Spannungsspitzen je Kranfahrt und den gleichzeitig wirkenden Normal- und Schubspannungen werden nachfolgend die kombinierten Schädigungen gebildet:

$$D = \sum D_{\sigma,oz} + \sum D_\tau = 2 \cdot \left(\frac{\gamma_{Ff} \cdot \Delta\sigma_{E,2,oz}}{\Delta\sigma_c/\gamma_{Mf}}\right)^3 + \left(\frac{\gamma_{Ff} \cdot \Delta\tau_{E,2,I}}{\Delta\tau_c/\gamma_{Mf}}\right)^5 + \left(\frac{\gamma_{Ff} \cdot \Delta\tau_{E,2,I}}{\Delta\tau_c/\gamma_{Mf}}\right)^5$$
$$= 2 \cdot 0{,}75^3 + 0{,}56^5 + 0{,}40^5 = 0{,}91 < 1$$

Alternativ kann zur Berücksichtigung der zwei Spannungsspitzen je Kranfahrt die Beanspruchungsklase (BK) von S3 auf S4 mit $\lambda_\sigma = 0{,}5$ und $\lambda_\tau = 0{,}66$ erhöht werden. Die Schubspannungen können darüberhinaus vereinfacht mit zwei Schwingbreiten von max $\Delta\tau_{xz}$ berücksichtigt werden:

$$\Delta\sigma_{E,2,oz} = 0{,}5 \cdot 9{,}2 = 4{,}6 \, \text{kN/cm}^2$$
$$\frac{\gamma_{Ff} \cdot \Delta\sigma_{E,2,oz}}{\Delta\sigma_c/\gamma_{Mf}} = \frac{1{,}0 \cdot 4{,}6}{5{,}6/1{,}15} = 0{,}94 < 1$$
$$\text{max } \Delta\tau_{E,2} = 0{,}66 \cdot 8{,}52 = 5{,}62 \, \text{kN/cm}^2$$
$$\frac{\gamma_{Ff} \cdot \text{max } \Delta\tau_{E,2}}{\Delta\tau_c/\gamma_{Mf}} = \frac{1{,}0 \cdot 5{,}62}{10{,}0/1{,}15} = 0{,}65 < 1$$
$$D = \sum D_{\sigma,oz} + \sum D_\tau = 0{,}94^3 + 0{,}65^5 = 0{,}95 < 1$$

Beispiel 5 (Abb. 4.47–4.49)

Betriebsfestigkeitsnachweise für den geschweißten Kranbahnträger des 4. Beispiels in Abschn. 4.8. Der Kranbahnträger ist in die Beanspruchungsgruppe S5 eingeordnet.

In den Schnitten (1) bis (6), Abb. 5.24, liegen verschiedene Kerbfälle vor. Mit Ausnahme der Anschlussdetails für die Quersteifen sind diese über die gesamte Trägerlänge wirksam. Vernachlässigt man beim Quersteifenanschluss den Unterschied der Beanspruchungen zwischen Feldmitte m (= Trägermitte, Ort einer Quersteife) und dem Ort des

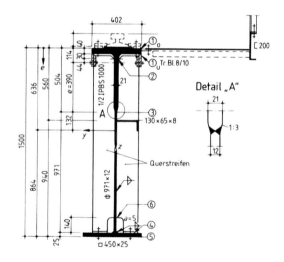

Abb. 5.24 Querschnitt des einfeldrigen, geschweißten Kranbahnträgers aus Abschn. 4.8

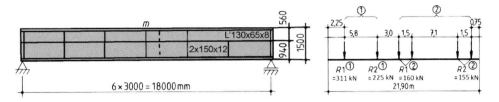

Abb. 5.25 Trägeransicht und engste mögliche Laststellung der Krane

größten Biegemomentes können alle maßgebenden Schnittgrößen und Spannungen aus örtlicher Radlasteinleitung als bekannt vorausgesetzt werden.

Die Zusammenstellung der Kerbfälle mit Angabe der nachzuweisenden Spannungen und der Grenzspannungen $\Delta\sigma_c$, $\Delta\tau_c$ erfolgt wiederum tabellarisch, s. Tab. 5.10. Die Nachweise erfolgen exemplarisch in Feldmitte vereinfacht mit den maßgebenden Schnittgrößen der jeweiligen Krane.

Die Beanspruchungen des Kranbahnträgers infolge Radlast der beiden Krane zum Nachweis gegen Ermüdungsversagen entsprechend der Lastgruppe 14 ergeben sich nach Gln. 5.22, 5.23 und Tab. 4.8 wie folgt:

Kran 1 (2 Achsen, 30 to):

$$Q_{E2,1} = \lambda \cdot \left[\frac{(1+1,1)}{2} \cdot 140 + \frac{(1+1,19)}{2} \cdot 150 \right] = \lambda \cdot 311 \, \text{kN}$$

$$Q_{E2,2} = \lambda \cdot \left[\frac{(1+1,1)}{2} \cdot 58 + \frac{(1+1,19)}{2} \cdot 150 \right] = \lambda \cdot 225 \, \text{kN}$$

Kran 2 (4 Achsen, 20 to):

$$Q_{E2,1} = Q_{E2,2} = \lambda \cdot \left[\frac{(1+1,1)}{2} \cdot 45 + \frac{(1+1,26)}{2} \cdot 100 \right] = \lambda \cdot 160 \, \text{kN}$$

$$Q_{E2,3} = Q_{E2,4} = \lambda \cdot \left[\frac{(1+1,1)}{2} \cdot 40 + \frac{(1+1,26)}{2} \cdot 100 \right] = \lambda \cdot 155 \, \text{kN}$$

1. *Kerbdetails die über die gesamte Trägerlänge wirksam sind:*
   - Örtliche Radlasteinleitung in den Steg (2+3),
   - Längssteife im Steg,
   - Halskehlnaht Steg-Untergurt (4)
2. *Kerbdetails die nur örtlich wirksam:*
   - Ununterbrochene (d. h. umlaufende) Doppelkehlnaht zum Anschluss der (ausgeschnittenen) Steifen an an den Steg (2+6) sowie über Schrauben an die Gurte (1u+4); an allen Auflagern und im Abstand a,
   - Aufgeschraubte Klemmplatte der Schienenbefestigung (1o),
   - Angeschweißte seitliche Halterung (1o)
3. *Sortierung nach Trägerstellen, Kerbfälle, nachzuweisende Spannungen* (Tab. 5.10)

Tab. 5.10 Zusammenstellung der zu untersuchenden Kerbfälle

Lage	Spannungsschnitt	Kerbfall	Anmerkungen
Feld	Oberflansch (1o)	90 (σ_x)	nicht maßgebend
	Oberflansch (1u)	90 (σ_x)	nicht maßgebend
	Stegansatz (2)	160 (σ_x) 56 (σ_{oz}) 100 (τ_{xz+oz})	
	Stumpfnaht Steg (3)	90$-$125 (σ_x) 71 (σ_{oz}) 100 (τ_{xz+oz}) 36 $(\sigma_{\perp,w})$ 80 $(\tau_{\parallel,w,xz})$	nicht maßgebend
	Steg im Bereich der Längssteife (3)	56 (σ_x)	nicht maßgebend
	Steg-UK-Steife (6)	80 (σ_x)	nicht maßgebend
	Unterflansch (4)	90 (σ_x)	nicht maßgebend
	Unterflansch (5)	90 (σ_x)	
End-Auflager	Steg-UK-Steife (6)	56 (σ_{oz}) 100 (τ_{xz+oz})	nicht maßgebend
	Steifenanschluss (6)	36 $(\sigma_{\perp,w})$ 80 $(\tau_{\parallel,w,xz})$	
	Stegansatz (4)	71 (σ_{oz}) 100 (τ_{xz+oz})	$\frac{1}{2}$ Lasteinleitungslänge für σ_{oz}
	Halskehlnaht (4)	36 $(\sigma_{\perp,w})$ 80 $(\tau_{\parallel,w,xz})$	$\frac{1}{2}$ Lasteinleitungslänge für σ_{oz}

4. *Ermittlung der Einflusslinie für Biegemoment und Querkraft an den maßgebenden Stellen*

Für die nachfolgenden Ermüdungsnachweise werden die Krane anders als im Grenzzustand der Tragfähigkeit unabhängig voneinander betrachtet, da ein Tandembetrieb ausgeschlossen ist. Dennoch wäre es geometrisch möglich, dass beide Krane unter Volllast nebeneinander stehen. Unter der Annahme, dass es sich bei Kran 1 um einen Entladekarn und bei Kran 2 um einen Beschickungskran handelt kann jedoch davon ausgegangen werden, dass der im GZT maßgebende Fall (beide Kräne in einem Feld) nur äußerst selten auftreten, könnte und nicht dem Standardbetrieb entspricht, also nicht ermüdungsrelevant ist. Andernfalls wäre zusätzlich die Schädigung D_{dup} aus gemeinsamer Wirkung in Gl. 5.28 neben den Einzelschädigungen D_i der Krane 1 und 2 zu berücksichtigen.

Unter Berücksichtigung der Radlasten aus Lastgruppe 14 ergeben sich folgende maßgebende Beanspruchungsorte und Biegemomente der beiden Krane:

$$\text{Kran 1:} \quad \max M_{y,QE2} = 1804 \, \text{kNm} \qquad \text{bei } x = 7{,}77 \, \text{m}$$

$$\text{Kran 2:} \quad \max M_{y,QE2} = 1604 \, \text{kNm} \qquad \text{bei } x = 7{,}20 \, \text{m}$$

Zum Vergleich würde sich bei gemeinsamer Wirkung der Krane in einem Feld ein max $M_{y,QE2} = 2353\,\text{kNm}$ bei $x = 9{,}42\,\text{m}$ ergeben.

Obwohl die maßgebenden Beanspruchungen aus Kran 1 und 2 an unterschiedlichen Orten auftreten, werden diese vereinfachend wie an einem identischen Lastort wirkend angesetzt. Da der Schnitt mit Quersteife in Feldmitte die meisten relevanten Kerbfälle beinhaltet, werden die Nachweise auf der sicheren Seite liegend mit den maßgebenden Beanspruchungen der Krane 1 und 2 an den Stellen $x = 7{,}20$ bzw. $7{,}77\,\text{m}$ geführt.

Die Einflusslinie des Einfeldträger für die Querkraft wird für jeden Kran einzeln ermittelt:

Die maßgebenden Auflagerkräfte ergeben sich für die beiden Krane wie folgt:

$$\text{Kran 1:} \quad \max A_{QE2} = 463\,\text{kN}$$

$$\text{Kran 2:} \quad \max A_{QE2} = 529\,\text{kN}$$

Da es sich bei dem statischen System um einen Einfeldträger handelt kann die minimale Einwirkung für Biegemoment und Auflagerkraft mit 0 angenommen werden.

5. Zusammenstellung der maßgebenden Schnittgrößen und Spannungen der ortsgebundenen Kerbdetails sowie der ortsunabhängigen Kerbdetails (örtlicher Radlasteinleitung).

Spannungen aus örtlicher Radlasteinleitungen
Die lokalen Spannungen aus Radlasteinleitung ergeben sich auf der sicheren Seite liegend unter Berücksichtigung einer 25 %igen Schienenkopfabnutzung mit $l_{\text{eff}} = 27{,}5\,\text{cm}$ zu:

Kran 1, Achse 1:
Steg:

$$\Delta\sigma_{0z,2} = \frac{311}{(27{,}5 + 2 \cdot 4{,}0 + 2 \cdot 3{,}0) \cdot 2{,}1} = 3{,}66\,\text{kN/cm}^2$$

$$\Delta\tau_{0xz,2} = 0{,}2 \cdot 3{,}66 = 0{,}73\,\text{kN/cm}^2$$

Stumpfnaht Steg:

$$\Delta\sigma_{0z,3} = \frac{311}{(27{,}5 + 2 \cdot 50{,}4) \cdot 1{,}2} = 2{,}02\,\text{kN/cm}^2$$

$$\Delta\tau_{0xz,3} = 0{,}2 \cdot 2{,}02 = 0{,}40\,\text{kN/cm}^2$$

Exzentrische Radlasteinleitung:

$$\Delta\sigma_{T,Ed} = \frac{6}{a \cdot t_w^2} \cdot T_{Ed} \cdot \eta \cdot \tanh(\eta)$$

$$= \frac{6}{300 \cdot 2{,}1^2} \cdot 583{,}1 \cdot 1{,}1 \cdot \tanh(1{,}1) = 2{,}33\,\text{kN/cm}^2$$

mit

$$T_{Ed} = 311 \cdot 7{,}5/4 = 583{,}1\,\text{kNcm}$$

$$I_T = \frac{40{,}2 \cdot 4{,}0^3}{3} + 243 = 1101\,\text{cm}^4$$

$$\eta = \sqrt{\frac{0{,}75 \cdot 300 \cdot 2{,}1^3}{1101} \cdot \frac{\sinh^2\left(\pi \cdot 143{,}5/300\right)}{\sinh\left(2 \cdot \pi \cdot 143{,}5/300\right) - \left(2 \cdot \pi \cdot 143{,}5/300\right)}} = 1{,}11$$

Kran 1, Achse 2:

Steg:

$$\Delta\sigma_{0z,2} = \frac{255}{(27{,}5 + 2 \cdot 4{,}0 + 2 \cdot 3{,}0) \cdot 2{,}1} = 2{,}93\,\text{kN/cm}^2$$

$$\Delta\tau_{0xz,2} = 0{,}2 \cdot 2{,}93 = 0{,}59\,\text{kN/cm}^2$$

Stumpfnaht Steg:

$$\Delta\sigma_{0z,3} = \frac{255}{(27{,}5 + 2 \cdot 50{,}4) \cdot 1{,}2} = 1{,}66\,\text{kN/cm}^2$$

$$\Delta\tau_{0xz,3} = 0{,}2 \cdot 1{,}66 = 0{,}33\,\text{kN/cm}^2$$

Exzentrische Radlasteinleitung:

$$\Delta\sigma_{T,Ed} = \frac{6}{a \cdot t_w^2} \cdot T_{Ed} \cdot \eta \cdot \tanh\left(\eta\right)$$

$$= \frac{6}{300 \cdot 2{,}1^2} \cdot 478{,}1 \cdot 1{,}1 \cdot \tanh\left(1{,}1\right) = 1{,}91\,\text{kN/cm}^2$$

mit

$$T_{Ed} = 255 \cdot 7{,}5/4 = 478{,}1\,\text{kNcm}$$

Kran 2, Achse 1+2:

Steg:

$$\Delta\sigma_{0z,2} = \frac{160}{(27{,}5 + 2 \cdot 4{,}0 + 2 \cdot 3{,}0) \cdot 2{,}1} = 1{,}84\,\text{kN/cm}^2$$

$$\Delta\tau_{0xz,2} = 0{,}2 \cdot 1{,}84 = 0{,}37\,\text{kN/cm}^2$$

Stumpfnaht Steg:

$$\Delta\sigma_{0z,3} = \frac{160}{(27{,}5 + 2 \cdot 50{,}4) \cdot 1{,}2} = 0{,}59\,\text{kN/cm}^2$$

$$\Delta\tau_{0xz,3} = 0{,}2 \cdot 0{,}59 = 0{,}12\,\text{kN/cm}^2$$

Exzentrische Radlasteinleitung:

$$\Delta\sigma_{T,Ed} = \frac{6}{a \cdot t_w^2} \cdot T_{Ed} \cdot \eta \cdot \tanh(\eta)$$

$$= \frac{6}{300 \cdot 2{,}1^2} \cdot 300 \cdot 1{,}1 \cdot \tanh(1{,}1) = 1{,}20\,\text{kN/cm}^2$$

mit

$$T_{Ed} = 160 \cdot 7{,}5/4 = 300{,}0\,\text{kNcm}$$

Kran 2, Achse 3+4:
Steg:

$$\Delta\sigma_{0z,2} = \frac{155}{(27{,}5 + 2 \cdot 4{,}0 + 2 \cdot 3{,}0) \cdot 2{,}1} = 1{,}78\,\text{kN/cm}^2$$

$$\Delta\tau_{0xz,2} = 0{,}2 \cdot 1{,}78 = 0{,}36\,\text{kN/cm}^2$$

Stumpfnaht Steg:

$$\Delta\sigma_{0z,3} = \frac{155}{(27{,}5 + 2 \cdot 50{,}4) \cdot 1{,}2} = 0{,}58\,\text{kN/cm}^2$$

$$\Delta\tau_{0xz,3} = 0{,}2 \cdot 0{,}58 = 0{,}12\,\text{kN/cm}^2$$

Exzentrische Radlasteinleitung:

$$\Delta\sigma_{T,Ed} = \frac{6}{a \cdot t_w^2} \cdot T_{Ed} \cdot \eta \cdot \tanh(\eta)$$

$$= \frac{6}{300 \cdot 2{,}1^2} \cdot 290{,}6 \cdot 1{,}1 \cdot \tanh(1{,}1) = 1{,}16\,\text{kN/cm}^2$$

mit

$$T_{Ed} = 155 \cdot 7{,}5/4 = 290{,}6\,\text{kNcm}$$

Kran 1, Auflager:
Da die Auflagerkraft nicht allein vom Stegansatz übertragen werden kann, muss diese anteilig von den Steifen aufgenommen werden. Es wird angenommen, dass ca. 85 % von der Auflagerkraft von den Steifen aufgenommen wird und 15 % über den Stegansatz eingeleitet werden müssen.
Die Auflagerung des Kranbahnträgers erfolgt auf 120 mm breiten Zentrierungen. Die Steifen im Auflagerbereich werden mit einer Blechdicke von 30 mm ausgeführt.
Steg-UK-Steife:

$$\Delta\sigma_{0z,6} = \frac{0{,}15 \cdot 463}{(12{,}0 + 2 \cdot 2{,}5 + 14{,}0) \cdot 1{,}2} = 1{,}87\,\text{kN/cm}^2$$

$$\Delta\tau_{0xz,6} = 0{,}2 \cdot 1{,}87 = 0{,}37\,\text{kN/cm}^2$$

$$\Delta\tau_{xz,6} = \frac{463 \cdot 10.871}{1.823.107 \cdot 1{,}2} = 2{,}30\,\text{kN/cm}^2$$

Stegansatz:

$$\Delta\sigma_{0z,4} = \frac{0{,}15 \cdot 463}{(12{,}0 + 2 \cdot 2{,}5) \cdot 1{,}2} = 3{,}4\,\mathrm{kN/cm^2}$$

$$\Delta\tau_{0xz,4} = 0{,}2 \cdot 3{,}4 = 0{,}68\,\mathrm{kN/cm^2}$$

$$\Delta\tau_{xz,4} = \frac{463 \cdot 9579}{1.823.107 \cdot 1{,}2} = 2{,}03\,\mathrm{kN/cm^2}$$

Annahme: Schweißnahtdicke Stegansatz entspricht Stegdicke ($a = 6\,\mathrm{mm}$)

Kran 2, Auflager:
Steg-UK-Steife:

$$\Delta\sigma_{0z,6} = \frac{0{,}15 \cdot 529}{(12{,}0 + 2 \cdot 2{,}5 + 14{,}0) \cdot 1{,}2} = 2{,}13\,\mathrm{kN/cm^2}$$

$$\Delta\tau_{0xz,6} = 0{,}2 \cdot 2{,}13 = 0{,}43\,\mathrm{kN/cm^2}$$

$$\Delta\tau_{xz,6} = \frac{529 \cdot 10.871}{1.823.107 \cdot 1{,}2} = 2{,}63\,\mathrm{kN/cm^2}$$

Stegansatz:

$$\Delta\sigma_{0z,4} = \frac{0{,}15 \cdot 529}{(12{,}0 + 2 \cdot 2{,}5) \cdot 1{,}2} = 3{,}89\,\mathrm{kN/cm^2}$$

$$\Delta\tau_{0xz,4} = 0{,}2 \cdot 3{,}89 = 0{,}78\,\mathrm{kN/cm^2}$$

$$\Delta\tau_{xz,4} = \frac{529 \cdot 9579}{1.823.107 \cdot 1{,}2} = 2{,}32\,\mathrm{kN/cm^2}$$

Alternativ wäre eine Lasteinleitung über eine angeschweißte Kopfplatte mit Überstand an der Trägerunterkante möglich. Dies hat den Vorteil, dass die Konsole keine exzentrische Belastung erfährt. Für diese Konstruktionsweise sind insbesondere die Stegnähte auf Ermüdung nachzuweisen. Diese Ausführung kann bei schwerem Kranbetrieb jedoch ungünstig sein.

Feldbereich
Die Momente und Querkräfte aus den Radlasten ergeben sich bei einer Radlaststellung entsprechend der Einflusslinien nach Abb. 5.26 und 5.27. Nachfolgend werden die relevanten Spannungsschwingbreiten in den maßgebenden Spannungspunkten bestimmt.

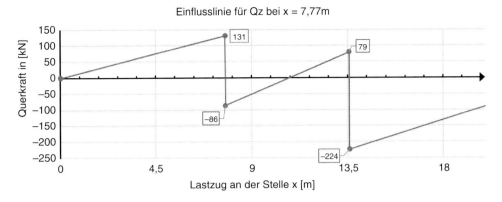

Abb. 5.26 Einflusslinie für die Querkraft des Kran 1 bei $x = 7,77$ m

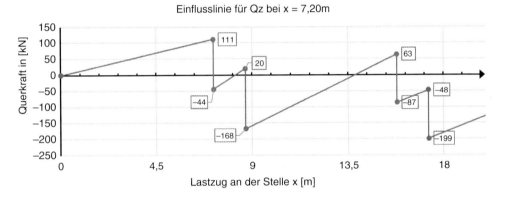

Abb. 5.27 Einflusslinie für die Querkraft des Kran 2 bei $x = 7,2$ m

Kran 1

Längsspannungen:

$$\Delta M_y = 1804\,\text{kNm}$$

Spannungsschwingbreite unter Berücksichtiung des um 60 % reduzierten Druckanteils:

$$\Delta\sigma_{x,1o} = 0,6 \cdot \left|\frac{180.400}{28.665}\right| = 3,78\,\text{kN/cm}^2$$

$$\Delta\sigma_{x,1u} = 0,6 \cdot \left|\frac{180.400}{30.590}\right| = 3,54\,\text{kN/cm}^2$$

$$\Delta\sigma_{x,2} = 0,6 \cdot \left|\frac{180.400}{32.210}\right| = 3,36\,\text{kN/cm}^2$$

$$\Delta\sigma_{x,3} = 0,6 \cdot \left|\frac{180.400}{138.114}\right| = 0,78\,\text{kN/cm}^2$$

$$\Delta\sigma_{x,6} = \left|\frac{180.400}{26.082}\right| = 6{,}92\,\text{kN/cm}^2$$

$$\Delta\sigma_{x,4} = \left|\frac{180.400}{21.729}\right| = 8{,}30\,\text{kN/cm}^2$$

$$\Delta\sigma_{x,5} = \left|\frac{180.400}{21.100}\right| = 8{,}55\,\text{kN/cm}^2$$

Schubspannungen:

Über den Zeitverlauf entstehen insbesondere für Querkräfte unterschiedliche Schnittgrößen und dementsprechend auch unterschiedliche Spannungsschwingbreiten. Die Ermittlung und Auszählung der Spannungsschwingbreiten erfolgt nach der Reservoir-Zählmethode, siehe Abb. 5.28, 5.29 und 5.16. Der Zeitverlauf eines Arbeitsspiels wird unter Einbeziehung des vorhergehenden Arbeitsspiels gedanklich mit Wasser gefüllt. Das entstandene Reservoir wir anschließend am tiefsten Punkt entleert. Die Veränderung des Wasserstands entspricht der größten Schwingbreite eines Arbeitsspiels. Die nach dem Ablassen verbleibenden kleineren Reservoirs werden zusätzlich an der untersten Stelle entleert. Die dabei entstehenden weiteren Wasserstandsänderungen entsprechen den zusätzlichen untergeordneten Schwingbreiten.

Detail	Q_{E2} bei x [m]	V_z [kN]	Spannungsschnitt	τ_{oxz} $\left[\frac{\text{kN}}{\text{cm}^2}\right]$	$\overline{\tau}_{xz} = \frac{V_z \cdot S_y}{I_y \cdot (t\,\mid\,\sum a)}$ $\left[\frac{\text{kN}}{\text{cm}^2}\right]$	$\tau_{xz} = \tau_{oxz} + \overline{\tau}_{xz}$ $\left[\frac{\text{kN}}{\text{cm}^2}\right]$
1	$< 7{,}77$	-131	2	$-0{,}73$	$\frac{-131\cdot10.271}{1.823.107\cdot2,1} = -0{,}35$	$\tau_{xz,1,2} = -0{,}73 - 0{,}35 = -1{,}08$
			3	$-0{,}40$	$\frac{-131\cdot13.676}{1.823.107\cdot1,2} = -0{,}82$	$\tau_{xz,1,3} = -0{,}40 - 0{,}82 = -1{,}22$
2	$\geq 7{,}77$	86	2	$+0{,}73$	$\frac{86\cdot10.271}{1.823.107\cdot2,1} = 0{,}23$	$\tau_{xz,2,2} = 0{,}73 + 0{,}23 = 0{,}96$
			3	$+0{,}40$	$\frac{86\cdot13.676}{1.823.107\cdot1,2} = 0{,}54$	$\tau_{xz,2,3} = 0{,}40 + 0{,}54 = 0{,}94$
3	$< 13{,}57$	-79	2	$-0{,}59$	$\frac{-79\cdot10.271}{1.823.107\cdot2,1} = -0{,}21$	$\tau_{xz,3,2} = -0{,}59 - 0{,}21 = -0{,}80$
			3	$-0{,}33$	$\frac{-79\cdot13.676}{1.823.107\cdot1,2} = -0{,}49$	$\tau_{xz,3,3} = -0{,}33 - 0{,}49 = -0{,}82$
4	$\geq 13{,}57$	224	2	$+0{,}59$	$\frac{224\cdot10.271}{1.823.107\cdot2,1} = 0{,}60$	$\tau_{xz,4,2} = 0{,}59 + 0{,}60 = 1{,}19$
			3	$+0{,}33$	$\frac{224\cdot13.676}{1.823.107\cdot1,2} = 1{,}40$	$\tau_{xz,4,3} = 0{,}33 + 1{,}40 = 1{,}73$

Je Kranfahrt ergeben sich zwei lokale Spannungszyklen, die sich in ihrer Größe unterscheiden:

Im Stegansatz (2):

$$\Delta\tau_{xz,I,2} = |\tau_{xz,4,2} - \tau_{xz,1,2}| = |(1{,}19) - (-1{,}08)| = 2{,}27\,\text{kN/cm}^2$$

$$\Delta\tau_{xz,II,2} = |\tau_{xz,2,2} - \tau_{xz,3,2}| = |(0{,}96) - (-0{,}80)| = 1{,}76\,\text{kN/cm}^2$$

Im Übergang Stumpfnaht (3):

$$\Delta\tau_{xz,I,3} = |\tau_{xz,4,3} - \tau_{xz,1,3}| = |(1{,}73) - (-1{,}22)| = 2{,}95\,\text{kN/cm}^2$$

$$\Delta\tau_{xz,II,3} = |\tau_{xz,2,3} - \tau_{xz,3,3}| = |(0{,}94) - (-0{,}82)| = 1{,}76\,\text{kN/cm}^2$$

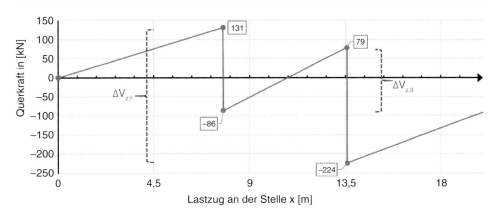

Abb. 5.28 Schwingbreiten nach der Reservoirmehtode für Querkraft des Kran 1 bei $x = 7,77\,\mathrm{m}$

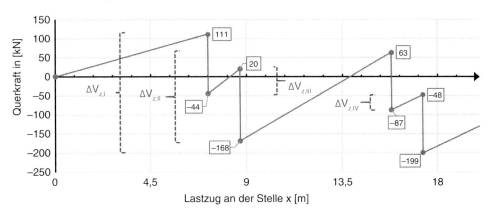

Abb. 5.29 Schwingbreiten nach der Reservoirmethode für Querkraft des Kran 2 bei $x = 7,20\,\mathrm{m}$

Kran 2
Längsspannungen:

$$\Delta M_y = 1604\,\mathrm{kNm}$$

Spannungsschwingbreite unter Berücksichtiung des um $60\,\%$ reduzierten Druckanteils:

$$\Delta\sigma_{x,1o} = 0,6 \cdot \left|\frac{160.400}{28.665}\right| = 3,36\,\mathrm{kN/cm}^2$$

$$\Delta\sigma_{x,1u} = 0,6 \cdot \left|\frac{160.400}{30.590}\right| = 3,15\,\mathrm{kN/cm}^2$$

$$\Delta\sigma_{x,2} = 0,6 \cdot \left|\frac{160.400}{32.210}\right| = 2,99\,\mathrm{kN/cm}^2$$

$$\Delta\sigma_{x,3} = 0,6 \cdot \left|\frac{160.400}{138.114}\right| = 0,69\,\mathrm{kN/cm}^2$$

$$\Delta \sigma_{x,6} = \left| \frac{160.400}{26.082} \right| = 6{,}15 \, \text{kN/cm}^2$$

$$\Delta \sigma_{x,4} = \left| \frac{160.400}{21.729} \right| = 7{,}38 \, \text{kN/cm}^2$$

$$\Delta \sigma_{x,5} = \left| \frac{160.400}{21.100} \right| = 7{,}60 \, \text{kN/cm}^2$$

Schubspannungen:

De-tail	Q_{E2} bei x [m]	V_z [kN]	Span-nungs-schnitt	τ_{oxz} $\left[\frac{kN}{cm^2}\right]$	$\overline{\tau}_{xz} = \frac{V_z \cdot S_y}{I_y \cdot (t \mid \sum a)}$ $\left[\frac{kN}{cm^2}\right]$	$\tau_{xz} = \tau_{oxz} + \overline{\tau}_{xz}$ $\left[\frac{kN}{cm^2}\right]$
1	$< 7{,}20$	-111	2	$-0{,}37$	$\frac{-111 \cdot 10.271}{1.823.107 \cdot 2{,}1} = -0{,}30$	$\tau_{xz,1,2} = -0{,}37 - 0{,}30 = -0{,}67$
			3	$-0{,}12$	$\frac{-111 \cdot 13.676}{1.823.107 \cdot 1{,}2} = -0{,}69$	$\tau_{xz,1,3} = -0{,}12 - 0{,}69 = -0{,}81$
2	$\geq 7{,}20$	44	2	$+0{,}37$	$\frac{44 \cdot 10.271}{1.823.107 \cdot 2{,}1} = 0{,}12$	$\tau_{xz,2,2} = 0{,}37 + 0{,}12 = 0{,}49$
			3	$+0{,}12$	$\frac{44 \cdot 13.676}{1.823.107 \cdot 1{,}2} = 0{,}28$	$\tau_{xz,2,3} = 0{,}12 + 0{,}28 = 0{,}40$
3	$< 8{,}7$	-20	2	$-0{,}37$	$\frac{-20 \cdot 10.271}{1.823.107 \cdot 2{,}1} = -0{,}05$	$\tau_{xz,3,2} = -0{,}37 - 0{,}05 = -0{,}42$
			3	$-0{,}12$	$\frac{-20 \cdot 13.676}{1.823.107 \cdot 1{,}2} = -0{,}13$	$\tau_{xz,3,3} = -0{,}12 - 0{,}13 = -0{,}25$
4	$\geq 8{,}7$	168	2	$+0{,}37$	$\frac{168 \cdot 10.271}{1.823.107 \cdot 2{,}1} = 0{,}45$	$\tau_{xz,4,2} = 0{,}37 + 0{,}45 = 0{,}87$
			3	$+0{,}12$	$\frac{168 \cdot 13.676}{1.823.107 \cdot 1{,}2} = 1{,}05$	$\tau_{xz,4,3} = 0{,}12 + 1{,}05 = 1{,}17$
5	$< 15{,}8$	-63	2	$-0{,}36$	$\frac{-63 \cdot 10.271}{1.823.107 \cdot 2{,}1} = -0{,}17$	$\tau_{xz,5,2} = -0{,}36 - 0{,}17 = -0{,}53$
			3	$-0{,}12$	$\frac{-63 \cdot 13.676}{1.823.107 \cdot 1{,}2} = -0{,}39$	$\tau_{xz,5,3} = -0{,}12 - 0{,}39 = -0{,}51$
6	$\geq 15{,}8$	87	2	$+0{,}36$	$\frac{87 \cdot 10.271}{1.823.107 \cdot 2{,}1} = 0{,}23$	$\tau_{xz,6,2} = 0{,}36 + 0{,}23 = 0{,}59$
			3	$+0{,}12$	$\frac{87 \cdot 13.676}{1.823.107 \cdot 1{,}2} = 0{,}54$	$\tau_{xz,6,3} = 0{,}12 + 0{,}54 = 0{,}66$
7	$< 17{,}3$	48	2	$-0{,}36$	$\frac{48 \cdot 10.271}{1.823.107 \cdot 2{,}1} = 0{,}13$	$\tau_{xz,7,2} = -0{,}36 + 0{,}13 = -0{,}23$
			3	$-0{,}12$	$\frac{48 \cdot 13.676}{1.823.107 \cdot 1{,}2} = 0{,}30$	$\tau_{xz,7,3} = -0{,}12 + 0{,}30 = 0{,}18$
8	$\geq 17{,}3$	199	2	$+0{,}36$	$\frac{199 \cdot 10.271}{1.823.107 \cdot 2{,}1} = 0{,}53$	$\tau_{xz,8,2} = 0{,}36 + 0{,}53 = 0{,}89$
			3	$+0{,}12$	$\frac{199 \cdot 13.676}{1.823.107 \cdot 1{,}2} = 1{,}24$	$\tau_{xz,8,3} = 0{,}12 + 1{,}24 = 1{,}36$

Je Kranfahrt ergeben sich zwei lokale Spannungszyklen, die sich in ihrer Größe unterscheiden:

Im Stegansatz (2):

$$\Delta \tau_{xz,I,2} = |\tau_{xz,8,2} - \tau_{xz,1,2}| = |(0{,}89) - (-0{,}67)| = 1{,}56 \, \text{kN/cm}^2$$

$$\Delta \tau_{xz,II,2} = |\tau_{xz,4,2} - \tau_{xz,5,2}| = |(0{,}87) - (-0{,}53)| = 1{,}40 \, \text{kN/cm}^2$$

$$\Delta \tau_{xz,III,2} = |\tau_{xz,2,2} - \tau_{xz,3,2}| = |(0{,}49) - (-0{,}42)| = 0{,}91 \, \text{kN/cm}^2$$

$$\Delta \tau_{xz,IV,2} = |\tau_{xz,6,2} - \tau_{xz,7,2}| = |(0{,}59) - (-0{,}23)| = 0{,}82 \, \text{kN/cm}^2$$

Im Übergang Stumpfnaht (3):

$$\Delta\tau_{xz,I,3} = |\tau_{xz,8,3} - \tau_{xz,1,3}| = |(1,36) - (-0,81)| = 1,17\,\text{kN/cm}^2$$

$$\Delta\tau_{xz,II,3} = |\tau_{xz,4,3} - \tau_{xz,5,3}| = |(1,17) - (-0,51)| = 1,68\,\text{kN/cm}^2$$

$$\Delta\tau_{xz,III,3} = |\tau_{xz,2,3} - \tau_{xz,3,3}| = |(0,40) - (-0,25)| = 0,65\,\text{kN/cm}^2$$

$$\Delta\tau_{xz,IV,3} = |\tau_{xz,6,3} - \tau_{xz,7,3}| = |(0,66) - (0,18)| = 0,48\,\text{kN/cm}^2$$

6. *Nachweise* (nach Tab. 5.10)

Feld, Stegansatz (örtliche Radlasteinleitung, Längs- und Schubspannugnen)
Im Bereich des Stegansatzes gilt für das Walzprofil normalerweise der Kerbfall 160. Aufgrund der eingeschweißten Quersteife mit Aussparung im Ausrundungsradius ist für die örtliche Radlasteinleitung jedoch der Kerbfall $\Delta\sigma_c = 56\,\text{N/mm}^2$ maßgebend. Für die Spannungskomponenten aus globaler Tragwirkung gilt der Kerbfall $\Delta\sigma_c = 80\,\text{N/mm}^2$ für Längsspannungen und $\Delta\sigma_c = 100\,\text{N/mm}^2$ für Schubspannungen.
Die lokale senkrechte Spannung aus örtlicher Radlasteinleitung ergibt sich unter der Annahme, dass diese auf der sicheren Seite liegend nur vom Steg abgetragen wird zu:
Kran 1, Achse 1

$$\Delta\sigma_{oz} = \Delta\sigma_{oz,2} + \Delta\sigma_{T,Ed} = 3,66 + 2,33 = 5,99\,\text{kN/cm}^2$$

Kran 2, Achse 1+2

$$\Delta\sigma_{oz} = \Delta\sigma_{oz,2} + \Delta\sigma_{T,Ed} = 1,84 + 1,20 = 3,04\,\text{kN/cm}^2$$

Kran 1, Achse 2

$$\Delta\sigma_{oz} = \Delta\sigma_{oz,2} + \Delta\sigma_{T,Ed} = 2,93 + 1,91 = 4,84\,\text{kN/cm}^2$$

Kran 2, Achse 3+4

$$\Delta\sigma_{oz} = \Delta\sigma_{oz,2} + \Delta\sigma_{T,Ed} = 1,78 + 1,16 = 2,94\,\text{kN/cm}^2$$

Im Stegansatz treten weiterhin je Arbeitsspiel des Krans zwei Schwingbreiten globaler und lokaler Schubbeanspruchung auf:

Kran 1
$\Delta\tau_{xz,I} = 2,27\,\text{kN/cm}^2$
$\Delta\tau_{xz,II} = 1,76\,\text{kN/cm}^2$

Kran 2
$\Delta\tau_{xz,I} = 1,56\,\text{kN/cm}^2$
$\Delta\tau_{xz,II} = 1,40\,\text{kN/cm}^2$
$\Delta\tau_{xz,III} = 0,91\,\text{kN/cm}^2$
$\Delta\tau_{xz,IV} = 0,82\,\text{kN/cm}^2$

Die zugehörige Spannungsschwingbreite der Längsspannung aus globaler Tragwirkung ist:

Kran 1   Kran 2

$\Delta\sigma_x = 3{,}36\,\text{kN/cm}^2$ $\Delta\sigma_x = 2{,}99\,\text{kN/cm}^2$

Zur Berücksichtigung der zwei Spannungsspitzen der örtlichen Radlasteinleitung und der Schubspannung je Arbeitsspiel wird die Summe der Einzelschädigungen betrachtet, so dass sich folgende schadensäquivalente Beiwerte für die Beanspruchungsklasse (BK) S5 ergeben:

$$\lambda_\sigma = 0{,}63 \quad \text{und} \quad \lambda_\tau = 0{,}758$$

Ermüdungsnachweis Kran 1:

  Längsspannungen

$$\Delta\sigma_{E,2,x} = 0{,}63 \cdot 3{,}36 = 2{,}12\,\text{kN/cm}^2$$

$$\frac{\gamma_{Ff} \cdot \Delta\sigma_{E,2,x}}{\Delta\sigma_c/\gamma_{Mf}} = \frac{1{,}0 \cdot 2{,}12}{8{,}0/1{,}15} = 0{,}30$$

$$\sum D_{\sigma,x} = D_{\sigma,x} = 0{,}3^3 < 1$$

  Radlasteinleitung

$\Delta\sigma_{E,2,oz,1} = 0{,}63 \cdot 5{,}99 = 3{,}77\,\text{kN/cm}^2$ $\Delta\sigma_{E,2,oz,2} = 0{,}63 \cdot 4{,}84 = 3{,}04\,\text{kN/cm}^2$

$\dfrac{\gamma_{Ff} \cdot \Delta\sigma_{E,2,oz,1}}{\Delta\sigma_c/\gamma_{Mf}} = \dfrac{1{,}0 \cdot 3{,}77}{5{,}6/1{,}15} = 0{,}77 < 1$ $\dfrac{\gamma_{Ff} \cdot \Delta\sigma_{E,2,oz,2}}{\Delta\sigma_c/\gamma_{Mf}} = \dfrac{1{,}0 \cdot 3{,}04}{5{,}6/1{,}15} = 0{,}62 < 1$

$D_{\sigma,oz,1} = 0{,}77^3$ $D_{\sigma,oz,2} = 0{,}62^3$

$$\sum D_{\sigma,oz} = D_{\sigma,oz,1} + D_{\sigma,oz,2} = 0{,}77^3 + 0{,}62^3 = 0{,}69 < 1$$

  Schubspannung

$\Delta\tau_{E,2,I} = 0{,}758 \cdot 2{,}27 = 1{,}72\,\text{kN/cm}^2$ $\Delta\tau_{E,2,II} = 0{,}758 \cdot 1{,}76 = 1{,}33\,\text{kN/cm}^2$

$\dfrac{\gamma_{Ff} \cdot \Delta\tau_{E,2,I}}{\Delta\tau_c/\gamma_{Mf}} = \dfrac{1{,}0 \cdot 1{,}72}{10/1{,}15} = 0{,}20 < 1$ $\dfrac{\gamma_{Ff} \cdot \Delta\tau_{E,2,I}}{\Delta\tau_c/\gamma_{Mf}} = \dfrac{1{,}0 \cdot 1{,}33}{10/1{,}15} = 0{,}15 < 1$

$D_{\tau,I} = 0{,}20^5$ $D_{\tau,II} = 0{,}15^5$

$$\sum D_{\sigma,oz} = D_{\tau,I} + D_{\tau,II} = 0{,}20^5 + 0{,}15^5 = 0{,}0004 < 1$$

Die kombinierte Schädigung aus den verschiedenen Spannungsarten für den Kran 1 im Feld am Stegansatz bestimmt sich wie folgt:

$$D_1 = \sum D_{\sigma,x} + \sum D_{\sigma,oz} + \sum D_{\tau,w}$$
$$= 0{,}3^3 + 0{,}77^3 + 0{,}62^3 + 0{,}20^5 + 0{,}15^5 = 0{,}72 < 1$$

Ermüdungsnachweis Kran 2:

   Längsspannungen

$$\Delta\sigma_{E,2,x} = 0{,}63 \cdot 2{,}99 = 1{,}88\,\text{kN/cm}^2$$

$$\frac{\gamma_{Ff} \cdot \Delta\sigma_{E,2,x}}{\Delta\sigma_c / \gamma_{Mf}} = \frac{1{,}0 \cdot 1{,}88}{8{,}0/1{,}15} = 0{,}27$$

$$\sum D_{\sigma,x} = D_{\sigma,x} = 0{,}27^3 < 1$$

   Radlasteinleitung

$$\Delta\sigma_{E,2,oz,1+2} = 0{,}63 \cdot 3{,}04 = 1{,}92\,\text{kN/cm}^2 \qquad \Delta\sigma_{E,2,oz,3+4} = 0{,}63 \cdot 2{,}94 = 1{,}85\,\text{kN/cm}^2$$

$$\frac{\gamma_{Ff} \cdot \Delta\sigma_{E,2,oz,1+2}}{\Delta\sigma_c / \gamma_{Mf}} = \frac{1{,}0 \cdot 1{,}92}{5{,}6/1{,}15} = 0{,}39 < 1 \qquad \frac{\gamma_{Ff} \cdot \Delta\sigma_{E,2,oz,3+4}}{\Delta\sigma_c / \gamma_{Mf}} = \frac{1{,}0 \cdot 1{,}85}{5{,}6/1{,}15} = 0{,}38 < 1$$

$$D_{\sigma,oz,1+2} = 2 \cdot 0{,}39^3 \qquad\qquad\qquad D_{\sigma,oz,3+4} = 2 \cdot 0{,}38^3$$

$$\sum D_{\sigma,oz} = D_{\sigma,oz,1+2} + D_{\sigma,oz,3+4} = 2 \cdot 0{,}39^3 + 2 \cdot 0{,}38^3 = 0{,}23 < 1$$

   Schubspannung

$$\Delta\tau_{E,2,I} = 0{,}758 \cdot 1{,}56 = 1{,}18\,\text{kN/cm}^2 \qquad \Delta\tau_{E,2,II} = 0{,}758 \cdot 1{,}40 = 1{,}06\,\text{kN/cm}^2$$

$$\frac{\gamma_{Ff} \cdot \Delta\tau_{E,2,I}}{\Delta\tau_c / \gamma_{Mf}} = \frac{1{,}0 \cdot 1{,}18}{10/1{,}15} = 0{,}14 < 1 \qquad \frac{\gamma_{Ff} \cdot \Delta\tau_{E,2,I}}{\Delta\tau_c / \gamma_{Mf}} = \frac{1{,}0 \cdot 1{,}06}{10/1{,}15} = 0{,}12 < 1$$

$$D_{\tau,I} = 0{,}14^5 \qquad\qquad\qquad\qquad D_{\tau,II} = 0{,}12^5$$

$$\Delta\tau_{E,2,III} = 0{,}758 \cdot 0{,}91 = 0{,}69\,\text{kN/cm}^2 \qquad \Delta\tau_{E,2,IV} = 0{,}758 \cdot 0{,}82 = 0{,}62\,\text{kN/cm}^2$$

$$\frac{\gamma_{Ff} \cdot \Delta\tau_{E,2,III}}{\Delta\tau_c / \gamma_{Mf}} = \frac{1{,}0 \cdot 0{,}69}{10/1{,}15} = 0{,}08 < 1 \qquad \frac{\gamma_{Ff} \cdot \Delta\tau_{E,2,IV}}{\Delta\tau_c / \gamma_{Mf}} = \frac{1{,}0 \cdot 0{,}62}{10/1{,}15} = 0{,}15 < 1$$

$$D_{\tau,III} = 0{,}08^5 \qquad\qquad\qquad\qquad D_{\tau,IV} = 0{,}07^5$$

$$\sum D_{\sigma,oz} = D_{\tau,I} + D_{\tau,II} + D_{\tau,III} + D_{\tau,IV}$$
$$= 0{,}14^5 + 0{,}12^5 + 0{,}08^5 + 0{,}07^5 = 0{,}00008 < 1$$

Die kombinierte Schädigung aus den verschiedenen Spannungsarten für den Kran 1 im Feld am Stegansatz bestimmt sich wie folgt:

$$D_2 = \sum D_{\sigma,x} + \sum D_{\sigma,oz} + \sum D_{\tau,w} = 0{,}27^3 + 0{,}23 + 0{,}00008 = 0{,}25 < 1$$

Da auf dem Kranbahnträger beide Kranbrücken fahren muss die Gesamtschädigung aus beiden Kranen berücksichtigt werden. Dies erfolgt über eine Addition der Einzelschädigungen nach Palmgren-Miner:

$$\sum_{i} D_i + D_{dup} = 0{,}72 + 0{,}25 = 0{,}97 < 1$$

Feld, Unterflansch (Längsspannung)

Im Bereich des Stegansatzes gilt für den Flansch aufgrund der Bohrung für die Befestigung der Quersteife der Kerbfall $\Delta\sigma_c = 90\,\text{N/mm}^2$.

Die zugehörige Spannungsschwingbreite der Längsspannung aus globaler Tragwirkung ist:

Kran 1

$$\Delta\sigma_x = 8{,}55\,\text{kN/cm}^2$$

$$\Delta\sigma_{E,2,x} = 0{,}63 \cdot 8{,}55 = 5{,}39\,\text{kN/cm}^2$$

$$\frac{\gamma_{Ff} \cdot \Delta\sigma_{E,2,x}}{\Delta\sigma_c/\gamma_{Mf}} = \frac{1{,}0 \cdot 5{,}39}{9{,}0/1{,}15} = 0{,}69$$

$$D_1 = \sum D_{\sigma,x} = D_{\sigma,x} = 0{,}69^3 < 1$$

Kran 2

$$\Delta\sigma_x = 7{,}66\,\text{kN/cm}^2$$

$$\Delta\sigma_{E,2,x} = 0{,}63 \cdot 7{,}66 = 4{,}83\,\text{kN/cm}^2$$

$$\frac{\gamma_{Ff} \cdot \Delta\sigma_{E,2,x}}{\Delta\sigma_c/\gamma_{Mf}} = \frac{1{,}0 \cdot 4{,}83}{9{,}0/1{,}15} = 0{,}62$$

$$D_2 = \sum D_{\sigma,x} = D_{\sigma,x} = 0{,}62^3 < 1$$

Da auf dem Kranbahnträger beide Kranbrücken fahren muss die Gesamtschädigung aus beiden Kranen berücksichtigt werden. Dies erfolgt über eine Addition der Einzelschädigungen nach Palmgren-Miner:

$$\sum_i D_i + D_{dup} = 0{,}69^3 + 0{,}62^3 = 0{,}57 < 1$$

Endauflager, Stegansatz (Örtliche Lasteinleitung)

Im Bereich des Stegansatzes am Unterflansch gilt in Querrichtung für den zusammengesetzten Querschnitt der Kerbfall $\Delta\sigma_c = 71\,\text{N/mm}^2$ und in der Schweißnaht $\Delta\sigma_c = 36\,\text{N/mm}^2$ sowie für Schubspannungen $\Delta\sigma_c = 100\,\text{N/mm}^2$ und in der Schweißnaht $\Delta\sigma_c = 80\,\text{N/mm}^2$.

Da die Doppelkehlnaht mit $a_w = 6\,\text{mm}$ ausgeführt wird, entspricht die Summe der Nahtdicken der Stegdicke, so dass die Spannungen sowohl für den Stegansatz wie für die Schweißnähte identisch sind.

Der Nachweis für die Lasteinleitung sieht wie folgt aus:

Kran 1

$$\Delta\sigma_{oz} = 3{,}40\,\text{kN/cm}^2$$

$$\Delta\sigma_{E,2,oz} = 0{,}63 \cdot 3{,}40 = 2{,}14\,\text{kN/cm}^2$$

$$\frac{\gamma_{Ff} \cdot \Delta\sigma_{E,2,oz}}{\Delta\sigma_c/\gamma_{Mf}} = \frac{1{,}0 \cdot 2{,}14}{3{,}6/1{,}15} = 0{,}68$$

$$\sum D_{\sigma,oz} = D_{\sigma,oz} = 0{,}68^3 < 1$$

Kran 2

$$\Delta\sigma_{oz} = 3{,}89\,\text{kN/cm}^2$$

$$\Delta\sigma_{E,2,oz} = 0{,}63 \cdot 3{,}89 = 2{,}45\,\text{kN/cm}^2$$

$$\frac{\gamma_{Ff} \cdot \Delta\sigma_{E,2,oz}}{\Delta\sigma_c/\gamma_{Mf}} = \frac{1{,}0 \cdot 2{,}45}{3{,}6/1{,}15} = 0{,}78$$

$$\sum D_{\sigma,oz} = D_{\sigma,oz} = 0{,}78^3 < 1$$

zugehörige Schubspannugnen:

Kran 1

$$\Delta\tau_{xz} = 2{,}03 + 2 \cdot 0{,}68 = 3{,}39\,\text{kN/cm}^2$$

$$\Delta\tau_{E,2,xz} = 0{,}758 \cdot 3{,}39 = 2{,}57\,\text{kN/cm}^2$$

$$\frac{\gamma_{Ff} \cdot \Delta\tau_{E,2,xz}}{\Delta\tau_c/\gamma_{Mf}} = \frac{1{,}0 \cdot 2{,}57}{8/1{,}15} = 0{,}37$$

$$\sum D_\tau = D_\tau = 0{,}37^5 < 1$$

Kran 2

$$\Delta\tau_{xz} = 2{,}32 + 2 \cdot 0{,}78 = 3{,}88\,\text{kN/cm}^2$$

$$\Delta\tau_{E,2,xz} = 0{,}758 \cdot 3{,}88 = 2{,}94\,\text{kN/cm}^2$$

$$\frac{\gamma_{Ff} \cdot \Delta\tau_{E,2,xz}}{\Delta\tau_c/\gamma_{Mf}} = \frac{1{,}0 \cdot 2{,}94}{8/1{,}15} = 0{,}42$$

$$\sum D_\tau = D_\tau = 0{,}42^5 < 1$$

Da auf dem Kranbahnträger beide Kranbrücken fahren muss die Gesamtschädigung aus beiden Kranen berücksichtigt werden. Dies erfolgt über eine Addition der Einzelschädigungen nach Palmgren-Miner:

$$\sum_i D_i + D_{dup} = 0{,}68^3 + 0{,}78^3 + 0{,}37^5 + 0{,}42^5 = 0{,}81 < 1$$

Endauflager, Auflagersteife (Steifenkraft und Steifenschweißnähte)
Die Auflagerkraft wird im Bereich der Kranbahnträgerkonsole teilweise in den Steg (15 %) sowie den Quersteifen (85 %) eingeleitet.

Für Krane der Beanspruchungsklassen >S4 ist zu beachten, dass Quersteifen nicht an den befahrenen Gurt anzuschweißen sind sonder über Druckkontakt angeordnet werden. In diesem Beispiel fällt die Schienenbefestigung zusammen mit dem Quersteifenanschluss, so dass die Quersteife ober- und unterseitig mittels Schraubverbindung an den gurt angeschlossen wird. Die Steife kann als dreiseitig angeschlossene Steife betrachtet werden wobei nachfolgend nur die Schweißnaht zwischen Quersteife und Steg nachgewiesen wird:

Kran 1

Steifenkraft $\Delta A' = \dfrac{0{,}85 \cdot 463}{2} = 196{,}8\,\text{kN}$

Schubspannung $\Delta\tau_{\parallel,w}$

$$\Delta\tau_{\parallel,w} = \frac{196{,}8}{126{,}5 \cdot 2 \cdot 0{,}6} = 1{,}29\,\text{kN/cm}^2$$

$$\Delta\tau_{E,2,w} = 0{,}758 \cdot 1{,}29 = 0{,}98\,\text{kN/cm}^2$$

$$\frac{\gamma_{Ff} \cdot \Delta\tau_{E,2,w}}{\Delta\tau_c/\gamma_{Mf}} = \frac{1{,}0 \cdot 0{,}98}{8/1{,}15} = 0{,}14$$

$$\sum D_{\tau,w} = D_{\tau,w} = 0{,}14^5 < 1$$

Kran 2

Steifenkraft $\Delta A' = \dfrac{0{,}85 \cdot 529}{2} = 224{,}8\,\text{kN}$

Schubspannung $\Delta\tau_{\parallel,w}$

$$\Delta\tau_{\parallel,w} = \frac{224{,}8}{126{,}5 \cdot 2 \cdot 0{,}6} = 1{,}48\,\text{kN/cm}^2$$

$$\Delta\tau_{E,2,w} = 0{,}758 \cdot 1{,}48 = 1{,}12\,\text{kN/cm}^2$$

$$\frac{\gamma_{Ff} \cdot \Delta\tau_{E,2,w}}{\Delta\tau_c/\gamma_{Mf}} = \frac{1{,}0 \cdot 1{,}12}{8/1{,}15} = 0{,}16$$

$$\sum D_{\tau,w} = D_{\tau,w} = 0{,}16^5 < 1$$

Normalspannung $\Delta\sigma_{\perp,w}$

Versatzmoment

$\Delta M_e = 196{,}8 \cdot (10/2 + 5) = 1968\,\text{kNcm}$

$\Delta\sigma_{\perp,w} = \dfrac{1968 \cdot 6}{2 \cdot 0{,}6 \cdot 126{,}5^2} = 0{,}61\,\text{kN/cm}^2$

$\Delta\sigma_{E,2,w} = 0{,}63 \cdot 0{,}61 = 0{,}38\,\text{kN/cm}^2$

$\dfrac{\gamma_{Ff} \cdot \Delta\sigma_{E,2,w}}{\Delta\tau_c/\gamma_{Mf}} = \dfrac{1{,}0 \cdot 0{,}38}{3{,}6/1{,}15} = 0{,}12$

$\sum D_{\sigma,w} = D_{\sigma,w} = 0{,}12^3 < 1$

Normalspannung $\Delta\sigma_{\perp,w}$

Versatzmoment

$\Delta M_e = 224{,}8 \cdot (10/2 + 5) = 2248\,\text{kNcm}$

$\Delta\sigma_{\perp,w} = \dfrac{2248 \cdot 6}{2 \cdot 0{,}6 \cdot 126{,}5^2} = 0{,}70\,\text{kN/cm}^2$

$\Delta\sigma_{E,2,w} = 0{,}63 \cdot 0{,}7 = 0{,}44\,\text{kN/cm}^2$

$\dfrac{\gamma_{Ff} \cdot \Delta\sigma_{E,2,w}}{\Delta\tau_c/\gamma_{Mf}} = \dfrac{1{,}0 \cdot 0{,}44}{3{,}6/1{,}15} = 0{,}14$

$\sum D_{\sigma,w} = D_{\sigma,w} = 0{,}14^3 < 1$

Da auf dem Kranbahnträger beide Kranbrücken fahren muss die Gesamtschädigung aus beiden Kranen berücksichtigt werden. Dies erfolgt über eine Addition der Einzelschädigungen nach Palmgren-Miner:

$$\sum_i D_i + D_{dup} = 0{,}12^3 + 0{,}14^3 + 0{,}14^5 + 0{,}16^5 = 0{,}0005 < 1$$

Literatur

1. DIN 536-1 (9.91) Kranschienen; Form A (mit Fußflansch); Maße, statische Werte, Stahlsorten
2. DIN 536-2 (12.74) Kranschienen; Form F (flach); Maße, statische Werte, Stahlsorten
3. DIN EN ISO 13918 (12.98) Schweißen – Bolzen und Keramikringe zum Lichtbogenschweißen
4. DIN 18800-1 (11.90) Stahlbauten; Bemessung und Konstruktion
5. DIN 18800-l/Al (2.96) Änderung Al
6. DIN 18800-2 (11.90) Stabilitätsfälle, Knicken von Stäben und Stabwerken
7. DIN 18800-3 (11.90) Stabilitätsfälle, Plattenbeulen
8. DIN 18800-7 (09/02) Stahlbauten; Ausführung und Herstellerqualifikation
9. DIN 18801 (9.83) Stahlhochbau; Bemessung, Konstruktion, Herstellung
10. DIN 15018-1 (11.84) Krane, Stahltragwerke; Berechnung; DIN 15018-2 (11.84) Grundsätze für die bauliche Durchbildung und Ausführung
11. DIN 4132 (2.81) Kranbahnen, Stahltragwerke; Grundsätze für Berechnung, bauliche Durchbildung und Ausführung
12. DIN EN 1991-1 (12/2010) Allgemeine Einwirkungen
13. DIN EN 1991-3 (12.2010): Eurocode 3 – Einwirkungen auf Tragwerke (mit jeweiligen NA) Teil 1-3: Einwirkungen infolge Kranen und Maschinen
14. DIN EN 1993 (12.2010): Eurocode 3 – Bemessung und Konstruktion von Stahlbauten (mit jeweiligen NA). Teil 1-1: Allgemeine Bemessungsregeln und Regeln für den Hochbau
15. DIN EN 1993-1-9 (12.2010): Eurocode 3 – Bemessung und Konstruktion von Stahlbauten (mit jeweiligen NA) Teil 1-9: Ermüdung
16. DIN EN 1991-2 (12.2010): Eurocode 3 – Einwirkungen auf Tragwerke (mit jeweiligen NA) Teil 2: Verkehrslasten auf Brücken
17. DIN EN 1993-1-8 (12.2010): Eurocode 3 – Bemessung und Konstruktion von Stahlbauten (mit jeweiligen NA) Teil 1-8: Bemessung von Anschlüssen
18. DIN EN 1993-6 (12.2010): Eurocode 3 – Kranbahnen (mit jeweiligen NA)

19. VDI-Richtlinien 2388 (7.95) Krane in Gebäuden, Planungsgrundlagen

20. VDI-Richtlinien 3576 (12.76) Schienen für Krananlagen; Schienenverbindungen, Schienenbefestigungen, Toleranzen

21. *Obretinow/Wagner*: Die Europäische Krannorm (EN 13001).Verbindung zu den Eurocodes und grundlegende Änderungen gegenüber DIN 15018. Der Stahlbau 69 (2000).

22. *Sedlacek/Schneider*: Neue europäische Regelwerke für die Bemessung von Kranbahnträgern. Der Stahlbau 69 (2000).

23. *Sedlacek/Müller*: Die Neuordnung des Eurocodes 3 für die EN-Fassung und der neue Teil 1.9 – Ermüdung. Der Stahlbau 69 (2000).

24. *Merkblatt 354*: Planung von Hallenlaufkranen für leichten und mittleren Betrieb

25. *Merkblatt 154*: Entwurf und Berechnung von Kranbahnen nach DIN 4132

26. *Beuth-Kommentare*: Stahlbauten. Erläuterungen zu DIN 18800 Teil 1 bis Teil 4, 3. Auflage 1998, Beuth Verlag GmbH

27. Vismann, U. (Hrsg.) Wendehorst Bautechnische Zahlentafeln:. 35. Aufl. 2015, Wiesbaden, Springer Vieweg

28. *Petersen, Ch.*: Stahlbau. 2. Aufl. Braunschweig 1990 und 4. Auflage, 2013 Springer Verlag

29. *v. Berg, D.*: Krane und Kranbahnen, 2. Aufl. 1989. Stuttgart. B. G. Teubner

30. *Oxfort/Bitzer*: VDI-Konstruktion und Berechnung von Kranbahnen nach DIN 4132. Köln

31. *Rose, G.*: Ein Beitrag zur Berechnung von Kranbahnen. Der Stahlbau 27 (1958)

32. *Radaj, D.*: Gestaltung und Berechnung von Schweißkonstruktionen. Ermüdungsfestigkeit. Düsseldorf 1985

33. *Neumann, A.*: Schweißtechnisches Handbuch für Konstrukteure, Teil 1 bis 3, 5. Aufl. Düsseldorf 1985

34. Kindmann, R., Krahwinkel, M.: Stahl- und Verbundkonstruktionen, Verlag Springer Vieweg 2018

35. Seeßelberg, C.: Kranbahnen, 5. Aufl. 2016, Bauwerk Beuth Verlag GmbH Berlin

36. Kuhlmann, U.: Stahlbaukalender 2006 und 2012 Verlag Ernst & Sohn

37. Kindmann, R., Stracke, M.: Verbindungen im Stahl- und Verbundbau, Verlag Ernst & Sohn

38. Petersen, Ch.: Stahlbau. 4 Aufl. 2013, Wiesbaden, Springer Vieweg

39. Lohse, Laumann, Wolf: Stahlbau 1 – Bemessung von Stahlbauten nach Eurocode, Verlag Springer Vieweg 2016

40. Wagenknecht, G.: Stahlbau-Praxis, Band 2, Bauwerk-Verlag 2005

41. Geißler, K., Prokop, I. et al: Verbesserung der Praxistauglichkeit der Baunormen durch pränormative Arbeit – Teilantrag 3: Stahlbau. Stuttgart: Fraunhofer IRB 2015.

42. Laumann, J., Feldmann, M., Hennes, P. Müller, C.: Richtlinie Stahlbau, Stand 2019, IK-Bau NRW, bauforumstahl und VPI

43. Euler, M., Kuhlmann, U.: Aufgeschweißte Flach- und Vierkantschienen von Kranbahnträgern, Stahlbau 87 (2018), Heft 11, Verlag Ernst & Sohn

44. Feldmann, M., et al.: Auswertung von Ermüdungsversuchsdaten zur Überprüfung von Kerbfallklassen nach EC 3-1-9, Stahlbau 88 (2019), Heft 10, Verlag Ernst & Sohn

45. Kuhlmann, U., et al.: Versuchsbasierte Ermüdungsfestigkeit von Konstruktionsdetails mit Radlastumleitung, Stahlbau 84 (2019), Heft 9, Verlag Ernst & Sohn

Rahmentragwerke

6

6.1 Einführung

Rahmentragwerke finden im Stahlbau vielfach Anwendung wie die Beispiele aus dem *Hochbau* (s. Abb. 6.1) und dem *Brückenbau* (s. Abb. 6.2) verdeutlichen. Sie sind dadurch gekennzeichnet, dass die horizontal (oder schräg) liegenden *Rahmenriegel* mit den vertikal (oder geneigt) angeordneten *Stielen* biegesteif verbunden werden. Dadurch sind Rahmen in der Lage, neben vertikalen auch horizontale Lasten abzutragen und können zur Aussteifung von Tragwerken dienen. Vielfach und insbesondere im Industriehochbau (Apparategerüste) werden auch Mischsysteme mit teilweiser Stabilisierung in Rahmenebene über Verbände ausgeführt (vgl. Abb. 6.1c).

Abb. 6.1 Rahmentragwerke im Hochbau: **a** Hallenbau, **b** Geschossbau, **c** Industriebau

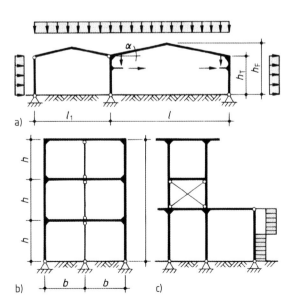

© Springer Fachmedien Wiesbaden GmbH, ein Teil von Springer Nature 2020
W. Lohse, J. Laumann, C. Wolf, *Stahlbau 2*, https://doi.org/10.1007/978-3-8348-2116-4_6

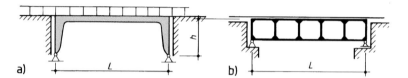

Abb. 6.2 Rahmentragwerke im Brückenbau: **a** Zweigelenkrahmen, **b** Vierendeelträger

6.1.1 Systeme

Der wesentliche Unterschied zwischen Rahmen und einfachen Träger-Stützenkonstruktionen liegt in der **biegesteifen Gestaltung der Trägeranschlüsse an die Stützen** (= *Rahmenecken*, s. Abschn. 6.4). Dadurch sind Rahmen in der Lage, außer vertikalen Lasten auch horizontale Belastungen in der Rahmenebene wie z. B. infolge Wind oder Kranseitenlasten abzutragen.

Zum anderen führt die biegesteife Verbindung und die damit einhergehende elastische Einspannung der Riegel in die Stiele dazu, dass sich die maximale Momentenbeanspruchung der Riegel verringert, sodass diese mit kleineren Profilen und somit wirtschaftlicher ausgeführt werden können (s. Abb. 6.3b). Die Durchbiegung der Riegel ist wegen der entlastenden Wirkung der aus den lotrechten Lasten hervorgerufenen negativen Einspannmomente ebenfalls geringer als bei gelenkigem Anschluss. Dadurch können auch größere Stützenabstände als bei einfachen Trägerkonstruktionen wirtschaftlich ausgeführt werden.

Allerdings muss die Einspannung bei den Riegeln mit dem Nachteil erkauft werden, dass die Rahmenstützen zusätzlich zu den Druckkräften noch die Riegeleinspannmomente weiterleiten müssen und daher größere Querschnittsabmessungen erhalten als mittig belastete Pendelstützen. Wenn nun etwa aus architektonischen Gründen – z. B. bei Außenstützen hinter einer Glasfassade – dünne Stützen erforderlich sind, werden hier die Riegel gelenkig angeschlossen, wodurch das Stielmoment bis auf das verbleibende Moment aus der Anschlussexzentrizität reduziert wird. Das Rahmentragwerk wird dann ins

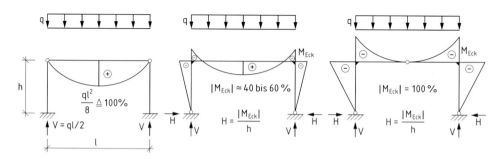

Abb. 6.3 Momentenverläufe und Auflagerkräfte für **a** Träger auf zwei Stützen, **b** Zweigelenkrahmen, **c** Dreigelenkrahmen

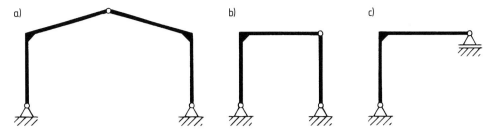

Abb. 6.4 Statisch bestimmte Rahmentragwerke: **a** Dreigelenkrahmen, **b** und **c** einhüftige Rahmen

Gebäudeinnere verlegt. Die Riegel in den Feldern mit gelenkigen Anschlüssen sind natürlich stärker auszubilden.

Nur in Ausnahmefällen handelt es ich bei Rahmentragwerken um statisch bestimmte Systeme. In Abb. 6.4 sind mit dem *Dreigelenkrahmen* (a) und den *einhüftigen Rahmen* (b und c) solche Systeme dargestellt, die aber im Stahlbau aufgrund Ihrer nachfolgend angeführten Nachteile eher selten Anwendung finden. Vorteile bieten die statisch bestimmten System im Hinblick auf mögliche Stützensenkungen, da daraus keine Zwangsbeanspruchungen resultieren.

Im Hinblick auf die maximale Momentenbeanspruchung im Riegel infolge Auflast bietet der *Dreigelenkrahmen* gegenüber dem Träger auf zwei Stützen nur geringe bis keine Vorteile und weist dazu noch sehr große horizontale Lagerkräfte auf (s. a. Abb. 6.3). Der *einhüftige Rahmen* ist zur horizontalen Aussteifung ungeeignet, da er vergleichsweise weich ist und große Verformungen zulässt.

Wesentlich typischer ist die Anwendung von *Zweigelenkrahmen* wie in Abb. 6.1a dargestellt. Sie bieten im Hinblick auf die maximale Momentenbeanspruchung im Riegel infolge Auflast gegenüber dem Träger auf zwei Stützen deutliche Vorteile bei gleichzeitig deutlich geringeren Spreizkräften als der Dreigelenkrahmen (s. Abb. 6.3). Um die Verformungen infolge von Horizontalkräfte zu verringern, können zusätzlich die Fußpunkte eingespannt werden. Bei Hallen mit Kranbahnen ist dieser Aufwand zum Teil erforderlich, um die strengen Grenzwerte einzuhalten.

Durch Aneinanderreihung von Rahmen oder Anpendelung wie in Abb. 6.1a lässt sich für *mehrschiffige Hallen* eine nahezu unbegrenzte Zahl statischer Varianten konstruieren, wie mit Abb. 6.5 angedeutet wird. Im *Geschossbau* werden, wie in Abb. 6.1b gezeigt, **Rahmensysteme zusätzlich übereinander angeordnet**, wobei nicht alle Knotenpunkte biegesteif ausgeführt sein müssen. Man spricht in diesem Zusammenhang auch von *Stockwerkrahmen*.

Berücksichtigung der Anschlusssteifigeit

Wie in Band 1, Abschn. 2.5.1, erläutert, sind Anschlüsse in Abhängigkeit Ihrer Rotationssteifigkeit zu klassifizieren. Sollte es sich danach um *verformbare Anschlüsse* handeln, müsste die Rotationssteifigkeit durch Relativfedern in der statischen Berech-

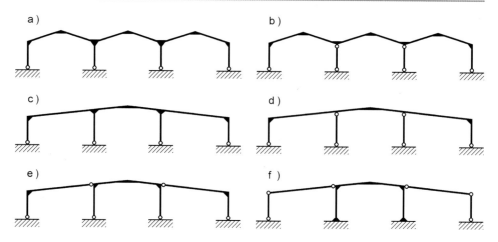

Abb. 6.5 Beispiele für mehrschiffige Hallenrahmen [12]

nung berücksichtigt werden, was letztendlich die Kenntnis des Anschlusslayouts vor der Schnittgrößenberechnung und ggf. ein iteratives Vorgehen erfordern würde. Auf dieses aufwendige Vorgehen kann i. d. R. bei ausgesteiften Rahmenecken verzichtet werden (s. a. Abschn. 6.4.1).

6.1.2 Querschnitte

Als Querschnitte kommen zunächst alle Walzprofile in Frage, wobei vorzugsweise auf Biegung beanspruchte Tragglieder als IPE- oder HEA-Profile gewählt werden (s. Abb. 6.6a). Für Stäbe mit großen Druckkräften (i. d. R. sind dies die Stiele) eignen sich Querschnitte der HEB- oder HEM-Reihe. Fallweise werden auch nicht genormte Sonderreihen wie IPEo, IPEv, HE-AA oder HD, HL und HX-Querschnitte gewählt. Bei großen Stützweiten im Hallenbau oder hohen Beanspruchungen im Industriebau werden aus Blechen zusammengesetzte, offene oder geschlossene Querschnitte verwendet. Zur Steigerung der Wirtschaftlichkeit können die offenen Schweißprofile voutenförmig ausgebildet und damit an den Momentenverlauf angepasst werden (s. Abb. 6.6b).

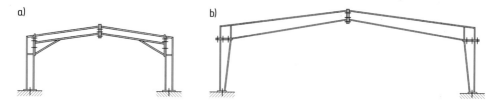

Abb. 6.6 Ausführung von Zweigelenkrahmen **a** mit Walzprofilen und Vouten in den Rahmenecken, **b** mit durchgängig gevouteten Schweißprofilen (s. a. [12])

6.1.3 Hinweise zur Bemessung des Tragwerks

Für die Bemessung von Rahmentragwerken gelten zunächst einmal die üblichen Anforderungen an die Tragsicherheit (z. B. Nachweis ausreichender Querschnittstragfähigkeit, ggf. unter Berücksichtigung von Stabilitätsproblemen) und die Gebrauchstauglichkeit (z. B. Begrenzung der horizontalen und vertikalen Verformungen), deren grundsätzliche Regelungen und Nachweise in Band 1 dargestellt sind. Im Folgenden soll auf die Besonderheiten bei der Bemessung von Rahmentragwerken näher eingegangen werden, wobei ggf. auch Inhalte aus Band 1 noch einmal wiederholt werden, wenn es sinnvoll erscheint.

Auch wenn es heutzutage aufgrund leistungsfähiger Programme wie z. B. RSTAB [4] möglich ist und bereits häufig Anwendung findet, die Stabwerke als 3D-Modelle einzugeben und zu berechnen, wird hier bewusst die „klassische" Vorgehensweise, das Gesamttragwerk in 2D-Modelle zu untergliedern, verwendet um die auftretenden Effekte und Phänomene besser erklären zu können. Außerdem erfordert die exakte Abbildung aller Rand- und Übergangsbedingungen innerhalb eines 3D-Modells sehr viel Aufwand und ist durchaus fehleranfällig. Zum anderen stößt die vollständige Behandlung am 3D-Modell spätestens für den *Biegedrillknicknachweis* an Ihre Grenzen, weil die Stabwerksprogramme in der Regel keine finiten Elemente mit 7 Freiheitsgraden aufweisen und damit nicht in der Lage sind, die Wölbkrafttorsion zu erfassen.

Wie bereits angedeutet, werden bei der klassischen Vorgehensweise 2D- oder 1D-Modelle (einzelne Stäbe) gedanklich aus dem Gesamtsystem „herausgeschnitten" und für sich betrachtet, sofern dies ohne zu große Genauigkeitsverluste auf der sicheren Seite möglich ist. So wird z. B. das Tragsystem einer einfachen Halle wie es Abb. 6.7 zeigt, in folgende Bauteile und Systeme unterteilt, die unter Berücksichtigung des Lastabtragungsprinzips „nacheinander" bemessen werden können:

1. Dach- und Wandverkleidung (nicht dargestellt)
2. Rahmen und Giebelwandstützen
3. Dach- und Wandverbände sowie Druckrohre (oder Zugbänder) zur Kraftdurchleitung

Dieses Prinzip stößt jedoch an seine Grenzen, wenn es um die korrekte Abbildung des räumlichen Tragverhaltens der einzelnen Bauteile/Teilsysteme für den Nachweis des Biegeknickens senkrecht zur Bauteilebene oder des Biegedrillknickens geht, da hier die Wechselwirkung der einzelnen Elemente – z. B. zwischen Dachverband und Rahmenriegel – eine entscheidende Rolle spielt. Um diese abbilden zu können, werden in der Regel die abstützenden oder aussteifenden Elemente für das stabilitätsgefährdete Bauteil/Teilsystem durch Federn oder Lager idealisiert und im Gegenzug entsprechende Stabilisierungskräfte für die Bemessung der aussteifenden Bauteile berücksichtigt (s. Abschn. 6.3 und 3.7).

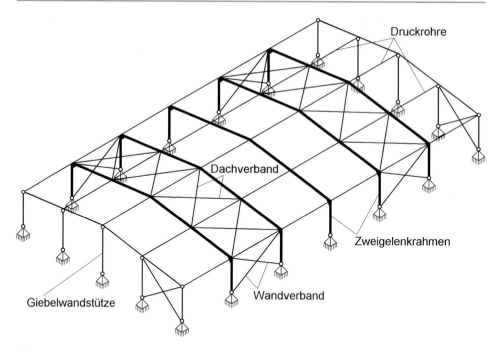

Abb. 6.7 Typische Bauteile und Teilsysteme des Tragwerks einer einfachen Stahlhalle [14]

Zur Bemessung von (Rahmen-)Tragwerken unter Berücksichtigung der Stabilität können nach DIN EN 1993-1-1 [1] „die Einflüsse aus Theorie II. Ordnung und Imperfektionen nach einer der folgenden Methoden berücksichtigt werden":

a) beide Einflüsse vollständig im Rahmen der Berechnung des Gesamttragwerkes
b) teilweise durch Berechnung des Gesamttragwerkes und teilweise durch Stabilitätsnachweise einzelner Bauteile
c) in einfachen Fällen durch Ersatzstabnachweise, wobei Knicklängen entsprechend der Knickfigur bzw. Eigenform des Gesamttragwerks verwendet werden

Die unterschiedlichen Methoden und Vorgehensweisen werden für das Beispiel eines Zweigelenkrahmens mit Abb. 6.8 nach [9] verdeutlicht. Im Kommentar zur DIN EN 1993-1-1 [7] finden sich weiterführende Hinweise sowie Erläuterungen zu den Hintergründen. Nach Meinung der Verfasser ist, wie bereits oben erwähnt, die Methode a) für Rahmensysteme auf untypische Fälle ohne Biegedrillknickgefahr beschränkt (z. B. Konstruktionen mit Hohlprofilen). Empfohlen wird das Vorgehen nach Methode b), weil die Schnittgrößenermittlung nach Theorie II. Ordnung heutzutage mit den üblichen Stabstatikprogrammen der Standard ist. Dies ist auch der Grund, warum Methode c) im Zusammenhang mit der Rahmenbemessung an Bedeutung verloren hat. Auch hier würde man sich zur Ermittlung der Knicklängen wahrscheinlich der programmgestützten Ermittlung bedie-

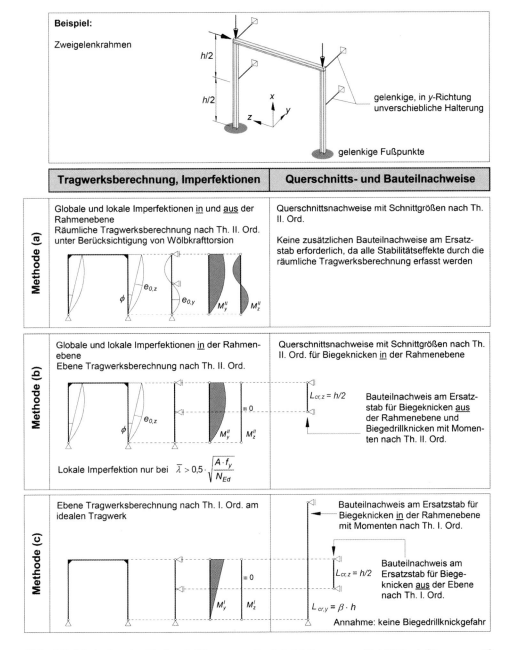

Abb. 6.8 Methoden der Nachweisführung zur Berücksichtigung von Stabilitätseinflüssen gemäß [1] am Beispiel eines Zweigelenkrahmens nach [9]

Tab. 6.1 Typische Vorgehensweis zur Bemessung von Rahmentragwerken

Schritt	Bezeichnung/Vorgehen	Hinweise
1	**Nachweis der Tragsicherheit in der Rahmenebene**	
	Ermittlung der Beanspruchungen und Schnittgrößen in der Rahmenebene mit anschließendem Nachweis der Querschnittstragfähigkeit sowie ggf. des Biegeknickens in der Rahmenebene	*Der Nachweis des Biegeknickens erfolgt für verschiebliche Rahmensysteme üblicherweise mit dem Ersatzimperfektionsverfahren, da nahezu alle Stabwerksprogramme in der Lage sind, Schnittgrößen nach Theorie II. Ordnung zu ermitteln*
2	**Nachweis der Tragsicherheit für Ausweichen aus der Rahmenebene**	
	Nachweis des Biegeknickens senkrecht zur Rahmenebene sowie des Biegedrillknickens an einem Ersatzsystem unter Berücksichtigung aussteifender Bauteile und Elemente sowie der Stabendmomente M_y infolge der Rahmenberechnung nach Theorie II. Ordnung	*Sofern ein geeignetes Stabwerksprogramm mit 7 Freiheitsgraden zur Abbildung der Wölbkrafttorsion zur Verfügung steht (z. B. FE-STAB-FZ [13]), wird der Nachweis vorzugsweise mit dem Ersatzimperfektionsverfahren unter Berücksichtigung der Aussteifungen geführt.* *Alternativ könnte mit dem Programm zunächst das kritische Biegemoment M_{cr} unter Berücksichtigung der Aussteifungen ermittelt und davon ausgehend der Nachweis mit dem χ_{LT}-Verfahren geführt werden. Steht kein Programm zur Verfügung, wird i. d. R. M_{cr} mit Lösungen aus der Literatur (z. B. [15]) bestimmt und das χ_{LT}-Verfahren angewendet*

nen, sodass dann auch direkt das Ersatzimperfektionsverfahren für die Bemessung in der Rahmenebene angewendet werden kann. In Tab. 6.1 ist die typische Vorgehensweise der gestuften Bemessung mit folgenden Teilschritten kurz zusammengefasst:

1. Nachweis der Tragsicherheit in der Rahmenebene
2. Nachweis der Tragsicherheit für Ausweichen aus der Rahmenebene

In den folgenden Abschnitten wird dieses näher erläutert und mit entsprechenden Beispielen unterlegt.

6.2 Bemessung in der Rahmenebene

6.2.1 Tragwerksverformung, Abgrenzungskriterien, Imperfektionen

Wichtig für die statische Berechnung und Bemessung von Rahmensystemen ist die Frage, ob Einflüsse der Tragwerksverformungen (Einflüsse aus Theorie II. Ordnung) zu berücksichtigen sind oder nicht. Zur Beantwortung der Frage kann zunächst unterschieden werden zwischen Rahmen mit in Rahmenebene *unverschieblichen* oder *verschieblichen* Knoten (s. a. Abb. 6.9), wobei im Stahlbau i. d. R. letztere vorliegen.

Abb. 6.9 Verschieblichkeit von Rahmen: **a** Rahmen mit (seitlich) unverschieblichen und **b** mit seitlich verschieblichen Knotenpunkten

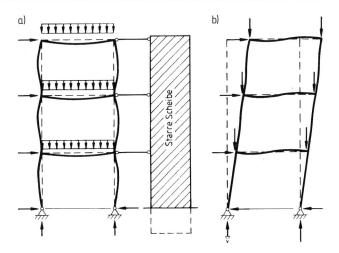

Als Kriterium für die Einstufung eines ausgesteiften Rahmens in ein unverschiebliches System kann das Verhältnis der *Steifigkeit der Aussteifungselemente* (wie z. B. Scheiben, Verbände usw.) zur Steifigkeit des auszusteifenden Rahmens (Systems) herangezogen werden. Nach DIN 18800-2 [2] ist ein Rahmen als unverschieblich anzusehen, wenn die Steifigkeit der Aussteifungselemente mindestens 5-mal so groß ist wie die Steifigkeit des Rahmens im betrachteten Stockwerk. Zur Auswertung der entsprechenden Gl. 6.1 können die ebenfalls in [2] angegebenen Formeln zur Bestimmung von S_{Ausst} der Tab. 6.2 entnommen werden.

$$S_{\text{Ausst}} \geq 5 \cdot S_{\text{Ra}} \tag{6.1}$$

Nach DIN EN 1993-1-1 [1] wird eine solche Definition/Unterscheidung nicht gesondert vorgenommen sondern nur mit den in Band 1, Abschn. 2.5.1, angegebenen Abgrenzungskriterien gearbeitet. Dort heißt es u. a.: *„Wenn Tragwerksverformungen als Folge von Normalkräften zu einer Vergrößerung der Beanspruchungen führen, sind die Gleichge-*

Tab. 6.2 Steifigkeit S_{Ausst} einzelner Aussteifungselemente nach DIN 18800-2 [2]

Wandscheibe (z. B. Mauerwerk)		Verband (eine Diagonale wirksam)	
	$S_{\text{Ausst}} = G \cdot t \cdot l$		$S_{\text{Ausst}} = EA \cdot \sin\alpha \cdot \cos^2\alpha$
Bei Mauerwerk nach DIN 1053 (alle Teile) ist für den Schubmodul G ein Drittel des nach der Norm anzusetzenden Elastizitätsmoduls E anzunehmen		Bei ausreichender Vorspannung des Verbandes kann der doppelte Wert angesetzt werden	

wichtsbedingungen am verformten System aufzustellen (Theorie II. Ordnung). Ihr Einfluss ist vernachlässigbar, wenn der Zuwachs der maßgebenden Schnittgrößen infolge der nach Theorie I. Ordnung (lineare Baustatik) ermittelten Verformungen nicht größer als 10 % (elastische Berechnung) bzw. 15 % (plastische Berechnung) ist." In Abschn. 6.2.4.1 werden Hinweise zum Abgrenzungskriterium für die plastische (Tragwerks-)berechnung gegeben, die ergänzend zu berücksichtigen sind.

Da es heutzutage absoluter Standard ist, Schnittgrößen mit Hilfe von Stabwerksprogrammen zu berechnen und diese i. d. R. in der Lage sind, das Gleichgewicht am verformten System nach (*Elastizitäts-*)Theorie II. Ordnung zu bestimmen (s. z. B. [4]), hat die Bedeutung der Abgrenzungskriterien gegenüber früher stark nachgelassen. In den Zeiten, als dies noch nicht der Fall war, ging es vor allem darum, möglichst im Vorhinein (und nach Möglichkeit durch vereinfachte Regeln) abschätzen zu können, ob die Berechnung nach Theorie II. Ordnung erforderlich ist oder nicht.

Geometrische Ersatzimperfektionen

Zur Erfassung geometrischer und struktureller Imperfektionen sind bei Tragwerken mit *verschieblichen* Knoten *globale Anfangsschiefstellungen* wie in Abb. 6.10a angedeutet oder entsprechende Ersatzlasten zu berücksichtigen. Liegen darüber hinaus sehr große Druckkräfte vor (Stabkennzahl $\varepsilon > 1{,}6$), so ist für die betroffenen Stäbe zusätzlich eine *Vorkrümmungen* anzunehmen (*s.* Abb. 6.10b). Für entkoppelte Stäbe (beidseitig gelenkig angeschlossen/gelagert) ist ebenso wie für druckbeanspruchte Stäbe in Tragwerken mit *unverschieblichen* Knoten eine *Vorkrümmungen* zu berücksichtigen, falls der Nachweis mit dem *Ersatzimperfektionsverfahren* (direkte Theorie II. Ordnung) geführt werden soll. Grundsätzlich gilt, dass die geometrischen Ersatzimperfektionen jeweils so anzusetzen sind, dass sie zu einer Vergrößerung der zu untersuchenden Beanspruchung führen. Bei Betrachtung des Gesamtsystems sind sie daher so anzunehmen, dass sie möglichst „affin" (= ähnlich) zu der zur niedrigsten Knicklast gehörenden Knickfigur sind.

In Band 1, Abschn. 2.5.2 werden alle Vorgaben zu *geometrischen Ersatzimperfektionen* nach DIN EN 1993-1-1 [1] wiedergegeben und ausführlich erläutert (Form, Größe etc.), sodass an dieser Stelle auf weitere Angaben verzichtet und an den jeweiligen Stellen in den folgenden Abschnitten darauf zurückgegriffen wird.

Abb. 6.10 Übersicht zu geometrischen Ersatzimperfektionen: **a** globale Anfangsschiefstellung, **b** zusätzliche Vorkrümmung, **c** reine Vorkrümmung (vgl. Band 1, Abschn. 2.5.2.2)

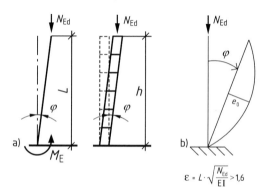

6.2.2 Nachweise mit Abminderungsfaktoren – Ersatzstabverfahren

Das eigentliche Nachweisverfahren wird ausführlich und detailliert in Band 1 beschrieben, weshalb an dieser Stelle lediglich ergänzende Erläuterungen zur Anwendung des Verfahrens für Rahmentragwerke gegeben werden. Will man die Einzelstäbe (i) eines Rahmentragwerkes mit Hilfe des *Ersatzstabverfahrens* nachweisen, werden die jeweiligen Knicklängen $L_{cr,i}$ oder Knicklasten $N_{cr,i}$ zur Ermittlung der bezogenen Schlankheiten und den davon abhängigen Abminderungsfaktoren benötigt. Heutzutage werden – sofern nicht direkt das Ersatzimperfektionsverfahren Anwendung findet – die Knicklasten i. d. R. mit Hilfe von geeigneten Stabwerksprogrammen ermittelt. Wichtig dabei ist, dass die für die einzelnen Stäbe jeweils maßgebenden Eigenformen und Knicklasten zugrunde gelegt werden (s. a. Band 1, Abschn. 6.2.3.5). Abb. 6.11 zeigt als Beispiel einen Zweigelenkrahmen mit gelenkig angeschlossenem, einhüftigen Rahmen. Dargestellt sind die ersten beiden Eigenformen mit den jeweiligen kritischen Lastfaktoren $\alpha_{cr,i}$, die zur Berechnung der folgenden Knicklasten herangezogen werden (Berechnung erfolgt mit [4]):

- Stütze 1: $N_{cr,1} = \alpha_{cr} \cdot N_{Ed,1} = 9{,}033 \cdot 125{,}5 = 1134\,\text{kN}\ (\Rightarrow \beta = 3{,}71)$
- Stütze 2: $N_{cr,2} = \alpha_{cr} \cdot N_{Ed,2} = 9{,}033 \cdot 146{,}9 = 1327\,\text{kN}\ (\Rightarrow \beta = 3{,}43)$
- Stütze 3: $N_{cr,3} = \alpha_{cr,2} \cdot N_{Ed,3} = 16{,}56 \cdot 27{,}60 = 457{,}0\,\text{kN}\ (\Rightarrow \beta = 0{,}811)$

In der Literatur finden sich für eine Vielzahl von Systemen entsprechende Lösungsansätze zur Ermittlung der Knicklasten oder Knicklängenbeiwerte β, meist in Form von Diagrammen oder Näherungsformeln, s. z. B. [6]. In Abb. 6.13 und 6.14 sind Diagramme

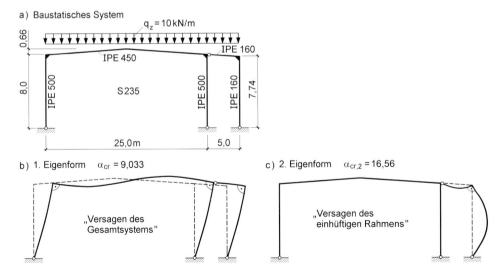

Abb. 6.11 Biegeknicken eines Zweigelenkrahmens mit gelenkig angeschlossenem, einhüftigen Rahmen [24]

aus [2] zur Bestimmung der Verzweigungslasten und Knicklängen von verschieblichen bzw. unverschieblichen Rahmen wiedergegeben. Voraussetzung für die Anwendung ist, dass die Stützen eines Geschosses gleich hoch und gleichartig gelagert sind. Bei mehrgeschossigen Rahmen wird zunächst der Systemeigenwert iterativ durch Zuordnung der Riegelsteifigkeiten auf das jeweils obere und untere Geschoss bestimmt. Die Anwendung des Verfahrens wird anhand des Beispiels in Abschn. 6.2.2.1 demonstriert. Vorhandene Pendelstützen können wie folgt berücksichtigt werden:

- Ansatz von Horizontalkräften der Pendelstützen infolge ihrer Schiefstellung
- Bei der Ermittlung von α_{cr} und β_j nach Abb. 6.13 ist N gemäß Gl. 6.2 zu verwenden

$$N = \sum N_j + \sum N_{P,i} \cdot l_S / l_{P,i} \qquad (6.2)$$

6.2.2.1   Beispiel: Zweistöckiger Rahmen mit Pendelstützen

Für den in Abb. 6.12a dargestellten, zweigeschossigen Rahmen mit Pendelstützen sollen der Verzweigungslastfaktor und die Knicklängen der Stützen mit Hilfe des Diagramms in Abb. 6.13 ermittelt werden, wobei mit etwas vereinfachten Zahlenwerten gearbeitet wird:

$$E I_R = 21 \cdot 10^3 \cdot 11.770 \approx 25\,\mathrm{MNm}^2$$
$$E I_S = 21 \cdot 10^3 \cdot 5700 \approx 12\,\mathrm{MNm}^2$$

Unter Berücksichtigung der Pendelstiele erhält man für jeden Stiel

$$P = 18 \cdot 6{,}0/2 + 30 + 110/2 = 0{,}084 + 0{,}055 \approx 0{,}14\,\mathrm{MN}$$

Für die beiden Riegelanschlüsse gilt $\alpha = 4$.

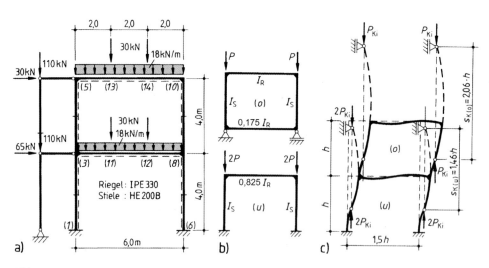

Abb. 6.12 Zweistöckiger Rahmen mit Fußeinspannungen und Pendelstützen: **a** System mit Bemessungslasten, **b** Aufteilung der Steifigkeiten, **c** geometrische Deutung der Knicklängen

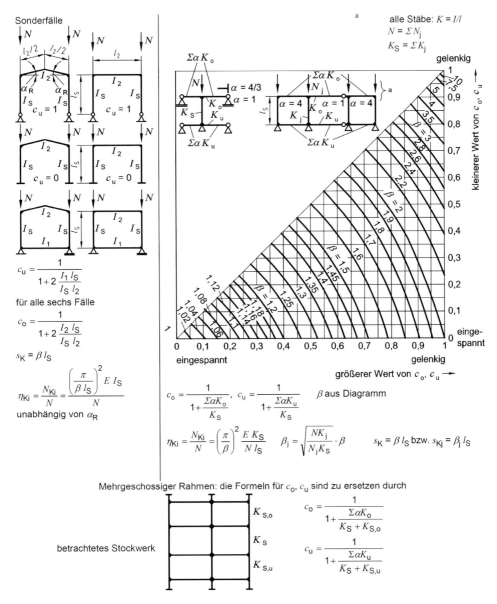

Abb. 6.13 Diagramm zur Bestimmung des Verzweigungslastfaktors η_{Ki} $(=\alpha_{cr})$ und der Knicklängen s_K $(=L_{cr})$ für Stiele verschieblicher Rahmen mit $\varepsilon_{Riegel} \leq 0{,}3$ [2]

Das obere Stockwerk ist wegen der geringeren Normalkraft wesentlich weniger knickgefährdet als das untere. Die Steifigkeit des mittleren Riegels wird daher geteilt und anteilsmäßig den beiden Stockwerken zugewiesen, wobei die Aufteilung so erfolgen muss, dass sich für oben und unten der gleiche Verzweigungslastfaktor ergibt. Dies erfordert in der Regel ein iteratives Vorgehen, welches hier in zwei Schritten wiedergegeben wird.

Sonderfälle

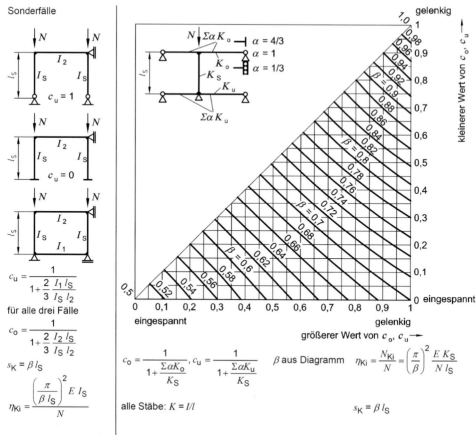

für alle drei Fälle

$$c_u = \frac{1}{1 + \frac{2}{3}\frac{I_1\, l_S}{I_S\, l_2}}$$

$$c_o = \frac{1}{1 + \frac{2}{3}\frac{I_2\, l_S}{I_S\, l_2}}$$

$$s_K = \beta\, l_S$$

$$\eta_{Ki} = \frac{\left(\frac{\pi}{\beta\, l_S}\right)^2 E\, I_S}{N}$$

$$c_o = \frac{1}{1 + \frac{\Sigma\alpha K_o}{K_S}},\quad c_u = \frac{1}{1 + \frac{\Sigma\alpha K_u}{K_S}}$$

β aus Diagramm

$$\eta_{Ki} = \frac{N_{Ki}}{N} = \left(\frac{\pi}{\beta}\right)^2 \frac{E\, K_S}{N\, l_S}$$

alle Stäbe: $K = I/l$

$$s_K = \beta\, l_S$$

Zerlegung eines unverschieblichen Rahmens in einstielige Teilrahmen, für die das Diagramm angewendet werden kann

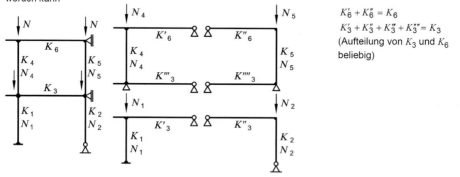

$K'_6 + K''_6 = K_6$

$K'_3 + K''_3 + K'''_3 + K''''_3 = K_3$

(Aufteilung von K_3 und K_6 beliebig)

Abb. 6.14 Diagramm zur Bestimmung des Verzweigungslastfaktors η_{Ki} ($= \alpha_{cr}$) und der Knicklängen s_K ($= L_{cr}$) für Stiele unverschieblicher Rahmen mit $\varepsilon_{Riegel} \leq 0{,}3$ [2]

1. Schritt: Annahme gleicher Riegelsteifigkeiten für oben untern

Stockwerk (o): $c_o = \dfrac{1}{1 + \dfrac{4 \cdot 25/6}{2 \cdot 12/4}} = 0{,}265$ $c_u = \dfrac{1}{1 + \dfrac{4 \cdot 25/6}{2 \cdot 12/4 + 2 \cdot 12/4}} = 0{,}419$

$\quad$ Diagr.: $\Rightarrow \beta_{(o)} = 1{,}33 \Rightarrow \eta_{\text{Ki.}(o)} = \left(\dfrac{\pi}{1{,}33 \cdot 4}\right)^2 \cdot \dfrac{2 \cdot 12}{4 \cdot 0{,}14} = 29{,}89$

Stockwerk (u): $c_o = c_{u,(0)} = 0{,}419$ $c_u = 0$

$\quad$ Diagr.: $\Rightarrow \beta_{(u)} = 1{,}22 \Rightarrow \eta_{\text{Ki.}(u)} = \left(\dfrac{\pi}{1{,}22 \cdot 4}\right)^2 \cdot \dfrac{2 \cdot 12}{4 \cdot 0{,}14} = 17{,}76 \ll \eta_{\text{Ki.}(o)}$

2. Schritt: Verteilung der Riegelsteifgkeit gemäß Abb. 6.12b

Stockwerk (o) $c_0 = $ wie im 1. Schritt $c_u = \dfrac{1}{1 + \dfrac{4 \cdot 0{,}175 \cdot 25/6}{2 \cdot 12/4}} = 0{,}673$

$\quad$ Diagr.: $\Rightarrow \beta_{(o)} = 1{,}60 \Rightarrow \eta_{\text{Ki.}(0)} = \left(\dfrac{\pi}{1{,}60 \cdot 4}\right)^2 \cdot \dfrac{12}{0{,}14} = 20{,}65$

Stockwerk (u) $c_0 = \dfrac{1}{1 + \dfrac{4 \cdot 0{,}825 \cdot 25/6}{2 \cdot 12/4}} = 0{,}304$ $c_u = 0$

$\quad$ Diagr.: $\Rightarrow \beta_{(u)} = 1{,}135 \Rightarrow \eta_{\text{Ki.}(u)} = \left(\dfrac{\pi}{1{,}135 \cdot 4}\right)^2 \cdot \dfrac{12}{2 \cdot 0{,}14} = 20{,}52 \sim \eta_{\text{Ki.}(o)}$

Die Knicklängen der Einzelstiele werden aus den $\beta_{(o,u)}$-Werten wie folgt bestimmt:

$$L_{\text{cr},(o)} = s_{K,(o)} = \sqrt{\dfrac{2 \cdot 0{,}14 \cdot 12}{0{,}084 \cdot 2 \cdot 12}} \cdot 1{,}60 \cdot h = 2{,}07 \cdot h$$

$$L_{\text{cr},(u)} = s_{K,(u)} = \sqrt{\dfrac{4 \cdot 0{,}14 \cdot 12}{2 \cdot 0{,}084 \cdot 2 \cdot 12}} \cdot 1{,}135 \cdot h = 1{,}46 \cdot h$$

Die geometrische Deutung der Knicklängen geht aus Abb. 6.12c hervor.

6.2.3   Ersatzimperfektionsverfahren – Direkte Theorie II. Ordnung

Das *Ersatzimperfektionsverfahren* ist heutzutage das Standardverfahren zum Nachweis der Biegeknicksicherheit in der Rahmenebene bei verschieblichen Systemen. Da alle üblichen Stabstatikprogramme in der Lage sind, die Schnittgrößen nach Theorie II. Ordnung zu ermitteln, besteht der Mehraufwand lediglich in dem Ansatz der geometrischen Ersatzimperfektionen. Demgegenüber spart man die Ermittlung der Knicklängen sowie die zusätzlichen *Nachweise mit Abminderungsfaktoren* ein und ist daher mit dem *Ersatzimperfektionsverfahren* i. d. R. wesentlich schneller. Wie in Band 1, Abschn. 6.2.5 erläutert, gliedert sich das Verfahren in folgende Teilschritte:

1. Ansatz geometrischer Ersatzimperfektionen
2. Schnittgrößenermittlung nach Theorie II. Ordnung
   (Gleichgewicht am verformten System)
3. Nachweis der Querschnittstragfähigkeit (elastisch oder plastisch)

Der Ansatz geometrischer **Ersatz**imperfektionen ist deshalb notwendig, weil bei der Schnittgrößenermittlung weiterhin ideal elastisches Materialverhalten zugrunde gelegt wird und somit die traglastmindernden Effekte wie Eigenspannungen oder die Ausbreitung von Fließzonen nicht direkt erfasst werden können. Dies geschieht indirekt durch den Ansatz geometrischer Ersatzimperfektionen oder äquivalenter Ersatzlasten, wie sie z. B. in Abb. 6.10 dargestellt sind. In Band 1, Abschn. 2.5.2, sind alle Vorgaben zu *geometrischen Ersatzimperfektionen* nach DIN EN 1993-1-1 [1] wiedergegeben und ausführlich erläutert (Form, Größe etc.).

Für die Schnittgrößenermittlung nach Theorie II. Ordnung werden heutzutage üblicherweise kommerzielle Stabstatikprogramme wie z. B. RSTAB [4] verwendet. In der Literatur finden sich eine Vielzahl von Näherungsverfahren, wie z. B. das in Band 1, Abschn. 6.2.5.2, beschriebene *Ersatzbelastungsverfahren*.

Die erforderlichen Gleichungen zum Nachweis der Querschnittstragfähigkeit finden sich ebenfalls in Band 1, Kap. 2. Dabei ist zu beachten, dass nach dem Nationalen Anhang statt γ_{M0} der Wert $\gamma_{M1} = 1{,}1$ für die Querschnittsnachweise zu verwenden ist, weil es sich im Rahmen des Ersatzimperfektionsverfahrens um Stabilitätsnachweise handelt.

6.2.3.1 Beispiel: Zweigelenkrahmen einer mehrschiffigen Halle

Für den Zweigelenkrahmen einer mehrschiffigen Halle gemäß Abb. 6.15 soll die Biegeknicksicherheit in der Rahmenebene mit dem Ersatzimperfektionsverfahren nachgewiesen werden. Hierzu werden geometrische Ersatzimperfektionen angesetzt und die Schnittgrößen nach Theorie II. Ordnung näherungsweise mit dem Ersatzbelastungsverfahren (EBV) nach Band 1, Abschn. 6.2.5.2, ermittelt. Anschließend werden Nachweise zur Querschnittstragfähigkeit für die Rahmenstäbe geführt (die Pendelstiele und Dachträger der Seitenschiffe werden an dieser Stelle nicht nachgewiesen, sie sind aber ausreichend bemessen). Die angegebenen Lasten sind Bemessungswerte der Einwirkungen, wobei das Eigengewicht des Rahmens vereinfachend in q enthalten ist. Alle Stiele haben die gleiche Höhe $h_i = h = 8{,}0$ m.

Geometrische Ersatzimperfektionen und äquivalente Ersatzlasten

Für die Stielhöhen $h_i = h = \text{const} = 8{,}0$ m und $m = 6$ Stiele mit $N_i > 0{,}5 \sum N_i / i$ ergeben sich mit Band 1, Gl. 2.14, die folgenden zu berücksichtigenden Anfangsschief-

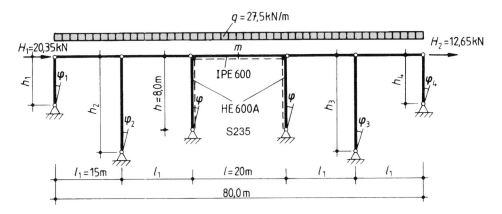

Abb. 6.15 Abmessungen, Querschnitte und Einwirkungen einer mehrschiffigen Halle

stellungen für alle Stiele:

$$\alpha_h = \frac{2}{\sqrt{h}} = \frac{2}{\sqrt{8}} = 0,707 > \frac{2}{3}$$

$$\alpha_m = \sqrt{0,5\left(1 + \frac{1}{m}\right)} = \sqrt{0,5\left(1 + \frac{1}{6}\right)} = 0,764$$

$$\rightarrow \quad \varphi = \varphi_0 \cdot \alpha_h \cdot \alpha_m = \frac{1}{200} \cdot 0,707 \cdot 0,764 = \frac{1}{370}$$

Eine Vorkrümmung braucht wegen $\varepsilon < 1,6$ nicht berücksichtigt zu werden, da bei Zwei-gelenkrahmen ε_{cr} stets kleiner als $\pi/2$ ist und angehängte Pendelstützen ε_{cr} verringern.

Für die weitere Berechnung wird das System zunächst vereinfacht, indem die Vorver-drehungen φ_i durch gleichwertige Abtriebskräfte ($N_i \cdot \varphi_i$) ersetzt und die 4 Pendelstiele mit ihren Normalkräften aus der Dachlast zu einem einzigen Pendelstab zusammengefasst werden (s. Abb. 6.16 und vergleiche Band 1, Tab. 6.10). Dabei ist zu beachten, dass aus Gleichgewichtsgründen die Abtriebskräfte stets als Kräftepaar an beiden Stabenden an-zusetzen sind. Weiter werden in den Rahmeneckpunkten *Knotenlasten V* angesetzt, die aus der Dachlast der direkt benachbarten Hallenschiffe resultieren. Es ergeben sich die folgenden Werte:

$$P_1 = P_4 = P_2/2 = P_3/2 = V = q \cdot l_1/2 = 27,5 \cdot 15/2 = 206,25 \,\text{kN}$$

$$N = V + q \cdot l/2 = 206,25 + 27,5 \cdot 20/2 = 481,25 \,\text{kN}$$

$$\sum P_i = 6 \cdot 206,25 = 1237,5 \,\text{kN}$$

$$N_{ges} = 2 \cdot N + \sum P_i = 2 \cdot 481,25 + 1237,5 = 2200 \,\text{kN} = q \cdot 80\,\text{m}$$

$$H = H_1 + H_2 + 2 \cdot N \cdot \varphi + \sum P_i \cdot \varphi_i$$

$$= 20,35 + 12,65 + 2200/370 = 33 + 5,95 = 38,95 \,\text{kN}$$

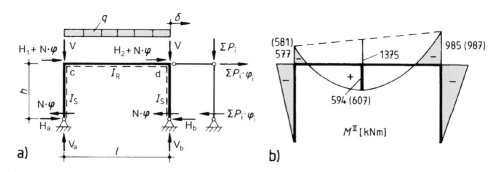

Abb. 6.16 Statisch gleichwertiges Ersatzsystem mit äquivalenten Ersatzlasten (**a**) und resultierender Momentenverteilung nach Theorie II. Ordnung (**b**)

Schrittgrößen nach Theorie II. Ordnung

Zunächst werden die Auflagerkräfte und Schnittgrößen nach Theorie I. Ordnung bestimmt. Unter Berücksichtigung des *Steifigkeitsparameters* c nach Band 1, Tab. 6.10, ergeben sich infolge der **Vertikalbelastung** die folgenden Werte sowie die in Abb. 6.17a dargestellten Zustandslinien.

$$c = \frac{I_s}{I_R \cdot h} \cdot \sqrt{l^2/4} = \frac{141.200}{92.080 \cdot 8} \cdot \sqrt{20^2/4} = 1,9168$$

$$V_a = V_b = N = 481,25 \,\text{kN}$$

$$H_a = H_b = \frac{q \cdot l^2}{32 \cdot h} \cdot \frac{8}{3 + \frac{1}{c}} = \frac{27,5 \cdot 20^2}{32 \cdot 8} \cdot \frac{8}{3 + \frac{1}{1,9168}} = 97,61 \,\text{kN}$$

$$M_c = M_d = -97,61 \cdot 8,0 = -780,9 \approx 781 \,\text{kNm}$$

$$M_m = 27,5 \cdot \frac{20,0^2}{8} - 780,9 = 594,1 \approx 594 \,\text{kNm}$$

Infolge der **Horizontalbelastung** ergeben sich die folgenden Rahmeneckmomente:

$$M_c = -M_d = \frac{38,95}{2} \cdot 8 = 155,8 \approx 156 \,\text{kNm}$$

Die entsprechenden Zustandslinien sind in Abb. 6.17b dargestellt, die zugehörigen Normal- und Querkräfte sind vergleichsweise klein.

Um den Einfluss der Theorie II. Ordnung (= Gleichgewicht am verformten System) zu erfassen, wird ähnlich der horizontalen Ersatzlasten infolge der Anfangsschiefstellungen eine zusätzliche Horizontallast angesetzt, die sich aus der Stützenschiefstellung nach Theorie II. Ordnung in Kombinationen mit der Summe der Vertikalkräfte wie folgt ergibt (s. a. Band 1, Ersatzbelastungsverfahren für verschiebliche Systeme):

$$\varphi^I_{H=1} = \frac{h^2}{6 \cdot EI_s}(1 + c) = \frac{800^2}{6 \cdot 21.000 \cdot 141.200}(1 + 1,9168) = \frac{1}{9531}$$

$$\alpha = \frac{1}{1 - q} = \frac{1}{1 - 0,2385} = 1,3133$$

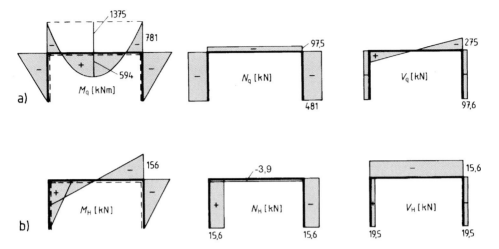

Abb. 6.17 Schnittgrößen nach Theorie I. Ordnung aus symmetrischer Vertikallast (**a**) sowie antimetrischer Horizontallast (**b**)

mit

$$\varepsilon_i = L_i \cdot \sqrt{\frac{N_i}{(EI)_i}} = 800 \cdot \sqrt{\frac{481 + 15{,}6}{21.000 \cdot 141.200}} = 0{,}3274 < \frac{\pi}{2}$$

$$q = \sum N_i \cdot \varphi^I_{i,H=1} + 0{,}072 \cdot \varepsilon^2 = 2200/9531 + 0{,}072 \cdot 0{,}3274^2 = 0{,}2385$$

$$\varphi^{II} = \varphi^I_{H=1} \cdot H \cdot \alpha = \frac{38{,}95}{9531} \cdot 1{,}3133 = \frac{1}{186}$$

$$\Delta H = \sum N_i \cdot \varphi^{II} = 2200/186 = 11{,}81 \, \text{kN}$$

$$\Delta M_c = -\Delta M_d = \frac{11{,}81}{2} \cdot 8 = 47{,}23 \approx 48 \, \text{kNm}$$

Die endgültige Momentenlinie wird damit durch die nachfolgenden Werte vollständig beschrieben und ist in Abb. 6.16b dargestellt. Die Klammerwerte stellen die Ergebnisse mit Hilfe eines Stabwerksprogramms dar. Die Abweichung der Näherungsberechnung beträgt für die maßgebende Stelle d lediglich 0,3 %.

$$M_c^{II} = -781 + 156 + 48 = -577 \, \text{kNm} \quad (-581 \, \text{kNm})$$

$$M_d^{II} = -781 - 156 - 48 = -985 \, \text{kNm} \quad (-987 \, \text{kNm})$$

$$M_m^{II} = M_m^I = 594 \, \text{kNm} \quad (607 \, \text{kNm})$$

Nachweis der Querschnittstragfähigkeit

Der Nachweis der Querschnittstragfähigkeit wird nach dem Verfahren Elastisch-Elastisch durch einen Spannungsnachweis geführt und dabei der Teilsicherheitsbeiwert $\gamma_{M1} = 1{,}1$ für Stabilitätsnachweise berücksichtigt.

Für den Rahmenriegel werden an dieser Stelle die Nachweise nur für die Feldmitte geführt, weil in der Rahmenecke schon aus Gründen des Anschlusses an die Stütze sinnvollerweise eine Voute auszubilden ist (s. a. Abb. 6.56). In Abschn. 6.4.4.2, Beispiel 4, werden hierzu die notwendigen Nachweise geführt und in Abschn. 6.3.3.2 der aufgeweitete Voutenquerschnitt im Zuge des Biegedrillknicknachweises berücksichtigt. Für den normalen Riegelquerschnitt IPE 600 ergeben sich die Spannungswerte und Nachweise in Feldmitte wie folgt:

$$\sigma_{Ed} = |N|/A + M/W = (97{,}6 + 3{,}9)/156 + 60.700/3070 = 20{,}42 \, kN/cm^2$$

$$\sigma_{Ed}/\sigma_{Rd} = 20{,}42/23{,}5 \cdot 1{,}1 = 0{,}96 < 1$$

Unabhängig von der konstruktiven Ausbildung der Voute werden für den Nachweis des Stützenquerschnitts HEA 600 auf der sicheren Seite die Schnittgrößen direkt in der Rahmenecke (Punkt d) verwendet:

$$\tau_{m,Ed} = V/A_{Steg} = (97{,}6 + 19{,}5)/70{,}2 = 1{,}67 \, kN/cm^2$$

$$\tau_{Ed}/\tau_{Rd} = 1{,}67/23{,}5 \cdot (3)^{0,5} \cdot 1{,}1 = 0{,}14 \ll 1$$

$$\sigma_{Ed} = |N|/A + M/W = (481 + 15{,}6)/226 + 98.700/4787 = 2{,}20 + 20{,}62$$
$$= 22{,}82 \, kN/cm^2$$

$$\sigma_{Ed}/\sigma_{Rd} = 22{,}8/23{,}5 \cdot 1{,}1 = 1{,}07 > 1$$

Die leichte Überschreitung kann toleriert werden, weil der Nachweis ungünstig für den theoretischen Knotenpunkt und nicht für die Unterkante der Voute geführt worden ist.

6.2.4 Fließgelenktheorie

6.2.4.1 Vorbemerkungen, Methoden, Abgrenzungskriterien

Sofern die Querschnitte an den maßgebenden Stellen anhand Ihrer c/t-Werte in Klasse 1 eingestuft werden können und auch die weiteren Voraussetzungen nach Band 1, Abschn. 8.2.2, erfüllt sind, ist es prinzipiell auch bei Rahmentragwerken möglich, diese nach dem Verfahren Plastisch-Plastisch zu bemessen. Die genaueste Methode zur Berücksichtigung der plastischen Systemtragfähigkeit wäre die *Fließzonentheorie*, die aufgrund der dafür notwendigen FE-Programme wie z. B. *ABAQUS* oder *ANSYS* und den erforderlichen Spezialkenntnissen allerdings fast ausschließlich im Forschungsbereich Anwendung findet. Baupraktisch nutzbar ist demgegenüber die *Fließgelenktheorie*, wobei auch diese vertiefter Kenntnisse zur sicheren und sinnvollen Anwendung bedarf, wenn die Systeme nach Theorie II. Ordnung zu berechnen sind (s. a. Abschnitt *Abgrenzungskriterien, Theorie II. Ordnung*). Hinzu kommen die Anforderungen an die Gebrauchstauglichkeit, die ein volles Ausnutzen der plastischen Systemtragfähigkeit begrenzen können, was insgesamt dazu führt, dass eine planmäßige Bemessung und Auslegung von Rahmentragwerken nach der Fließgelenktheorie eher die Ausnahme bildet. Trotzdem sollen in diesem Kapitel

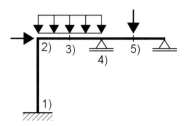

1) an Einspannstellen
2) an Rahmenecken
3) im Bereich von max M unter verteilten Lasten
4) an Innenauflagern
5) unter Einzellasten
6) bei Querschnittsschwächungen (= red M_{pl})

Abb. 6.18 Typische Stellen für das Auftreten von Fließgelenken (FG)

ausgewählte Grundlagen und Prinzipien dargestellt werden, um die Gesamtbetrachtung abzurunden und Methoden für den Fall zur Verfügung zu stellen, dass z. B. bei der Umnutzung von Gebäuden vorhandene Tragreserven des Systems erschlossen werden sollen.

Methoden zur Anwendung der Fließgelenktheorie
Wie in Band 1, Abschn. 8.2.3, erläutert, stehen zur Anwendung der Fließgelenktheorie im Wesentlichen die folgenden Methoden zur Verfügung:

a) Schrittweise elastische Berechnung
b) Anwendung des Prinzips der virtuellen Verrückungen (P. d. v. V.)
     auf Fließgelenkketten

Bei Methode a) werden die Belastungen gesteigert, bis an einer Stelle des Systems die plastische Querschnittstragfähigkeit – in der Regel das plastische Grenzmoment M_{pl} – voll ausgenutzt ist. Dann werden an dieser Stelle ein Fließgelenk sowie die zugehörigen plastischen Stabendmomente eingeführt und die Laststeigerung für das neue statische System fortgesetzt. Diese Vorgehen wird solange wiederholt, bis das System kinematisch oder bei einer Berechnung nach Theorie II. Ordnung instabil wird. Man erhält auf diese Weise bei richtiger Berechnung „automatisch" die maßgebende Grenzlast und es können die üblichen Methoden der Stabstatik verwendet werden. Weitere Erläuterungen zur Anwendung finden sich in Abschn. 6.2.4.2.

Bei Methode b) werden durch Einführung von Fließgelenken kinematische Ketten gebildet und für diese mit Hilfe der *virtuellen Arbeit* die zugehörigen Grenzlasten bestimmt. Dabei ist es wichtig, dass die Fließgelenke an den maßgebende Stellen eingeführt werden und zwar gerade nur so viele, dass das Gesamtsystem oder ein Teilsystem einfach kinematisch werden. In Abb. 6.18 sind typische Stellen für das Auftreten von Fließgelenken dargestellt. In der Regel sind mehre (sinnvolle) Ketten zu betrachten und auszuwerten, um die maßgebende Grenzlast als Minimum zu ermitteln. Die Methode wird in Abschn. 6.2.4.3 weiter erläutert und angewendet.

Abgrenzungskriterien, Theorie II. Ordnung
Die Frage, ob Einflüsse der Tragwerksverformungen (Einflüsse aus Theorie II. Ordnung) zu berücksichtigen sind oder nicht, bedarf bei Anwendung der Fließgelenktheorie zu-

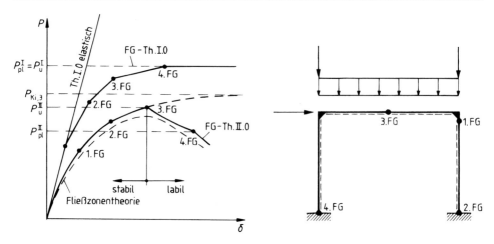

Abb. 6.19 Lastverformungsdiagramm für ein Rahmensystem bei Anwendung der Fließgelenktheorie I. oder II. Ordnung

sätzlicher Überlegungen, weil sich mit jedem entstandenen/eingeführten Fließgelenk das statische System und damit auch seine Seitensteifigkeit verändern. Aus Sicht der Verfasser sollte daher ergänzend zu den in Abschn. 6.2.1 wiedergegebenen Abgrenzungskriterien aus Band 1, Abschn. 2.5.1, für das statische System unmittelbar vor Ausbildung des letzten Fließgelenks (Methode b) bzw. jedes Zwischensystems (Methode a) folgendes überprüft und eingehalten werden:

1. Das System muss sich im stabilen Gleichgewicht befinden ($\alpha_{cr} > 1$)
2. Wenn die Einflüsse aus der Tragwerksverformung auf die maßgebenden Schnittgrößen größer als 10 % sind, muss nach Theorie II. Ordnung gerechnet werden.

Die Verschärfung nach 2. wird in Anlehnung an DIN 18800-1 [2] empfohlen, da die Veränderung der Seitensteifigkeit des Systems gegenüber der Anfangssteifigkeit durch die 15 %-Regel nicht immer auf der sicheren Seite liegend erfasst wird (s. a. [7]). Die Notwendigkeit der Überprüfung der ersten Bedingung wird mit dem Beispiel in Abb. 6.19 verdeutlicht, in dem die Lastverformungskurven nach Fließgelenktheorie I. und II. Ordnung für einen Rahmen mit eingespannten Stielen dargestellt sind.

Bei der *FG-Theorie I. Ordnung* fällt die plastische Grenzlast (P_{pl}^{I}) stets zusammen mit der Traglast (P_{u}^{I}), weil die Normalkräfte und Verformungen des Tragwerkes auf das Gleichgewicht keinen Einfluss haben. Ist dieser Einfluss jedoch nicht vernachlässigbar (Theorie II. Ordnung), kann es sein, dass die vom Tragwerk maximal aufnehmbare Last $P_{u}^{II} = P_u$ (= echte Traglast) bereits erreicht wird, bevor das Tragwerk zur kinematischen Kette wird, weil zuvor das *Gleichgewicht labil* wird. Für das Beispiel in Abb. 6.19 ist dies nach Einführung des dritten Fließgelenkes der Fall. Das vierte Gelenk könnte nur theoretisch im *labilen Gleichgewichtszustand* durch Vergrößerung der Verformung δ bei gleichzeitiger Reduktion der Belastung erreicht werden.

Hinweise zur Anwendung der FGT II. Ordnung und Abgrenzungskriterien

Eine Berechnung nach der Fließgelenktheorie II. Ordnung ist nach Meinung der Verfasser, wenn überhaupt, dann nur bei Anwendung von *Methode a* (schrittweise elastische Berechnung) einigermaßen sinnvoll möglich. Allerdings wird auch hier der Aufwand bei vielen verschiedenen Lasten und Lastfallkombinationen extrem hoch, weil es keine vollautomatisierten Berechnungsalgorithmen hierzu in den üblichen Stabwerksprogrammen gibt. In RSTAB [4] kann zur Unterstützung die Definition von Stabnichtlinearitäten vom Typ „plastisches Gelenk" genutzt werden, wobei diese vom Programm bei Erreichen einzelner plastischer Grenzschnittgrößen nur an der Stabenden automatisch eingeführt werden. Der Anwender muss also die Lage von Knoten/Stabenden an die Stellen möglicher Fließgelenke anpassen (s. a. Abb. 6.18).

Methode b (Anwendung des P. d. v. V. auf Fließgelenkketten) ist nach Meinung der Verfasser nur für Berechnungen nach Theorie I. Ordnung geeignet und wird deshalb im weiteren Verlauf auch nur dahingehend betrachtet und behandelt. Umso wichtiger ist also die Überprüfung der vorgenannten Abgrenzungskriterien, wozu nach Meinung der Verfasser weiterhin auch die folgenden Methoden nach DIN 18800-2 [2] genutzt werden können.

Stockwerkrahmen, deren Stiele höchstens an den Stabenden Fließgelenke aufweisen, dürfen nach Theorie I. Ordnung (unter Einschluss der Anfangsschiefstellung φ) berechnet werden, wenn für jedes Stockwerk r die Bedingung nach Gl. 6.3 eingehalten ist.

$$\varphi_r \leq 0,1 \cdot (V_r^H + \varphi \cdot N_r)/N_r \qquad (6.3)$$

Hierin bedeuten:

V_r^H Stockwerksquerkraft nur aus äußeren Horizontallasten

N_r Summe aller in Stockwerk r übertragenen Vertikallasten

φ_r Stieldrehwinkel im Stockwerk r nach Fließgelenktheorie I. Ordnung

Hierbei ist zu beachten, dass bei einer Handrechnung und Anwendung der *Arbeitsgleichung* in Verbindung mit dem *Reduktionssatz* der Baustatik nicht jedes beliebige, statisch bestimmte System zur Berechnung von φ_r der Berechnung zugrunde gelegt werden darf. Die richtigen Stabdrehwinkel erhält man nur, wenn von folgendem System ausgegangen wird: An allen Stielen mit Fließgelenken mit *Ausnahme des sich zuletzt bildenden Fließgelenkes* werden reibungsfreie Gelenke eingeführt. Ist das Restsystem noch r-fach statisch unbestimmt, werden weitere geeignete Gelenke eingeführt und die Überlagerung der wirklichen M-Flächen mit den virtuellen $\overline{M}$-Flächen vorgenommen. Zur Bestimmung der Lage des letzten Fließgelenkes gibt es baustatische Verfahren. Man kann sie auch durch Probieren finden durch eine willkürliche Annahme des letzten Fließgelenkes und Berechnung von φ_r. Die richtige Lage des letzten Fließgelenkes zeichnet sich durch $\max |\varphi_r|$ aus.

Für den häufigen Fall des *einstöckigen Zweigelenkrahmens* mit oder ohne angehängte Pendelstiele gemäß Abb. 6.20 genügt die Erfüllung der Bedingungen nach Gl. 6.4 für eine

Abb. 6.20 Zweigelenkrahmen mit Bezeichnungen zur Auswertung des Kriteriums nach Gl. 6.4

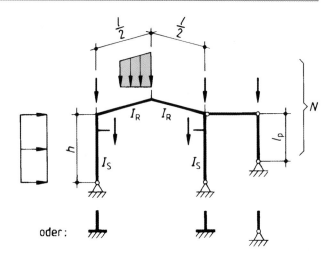

Berechnung nach Theorie I. Ordnung, wenn in den Stielen höchstens an den Stabenden Fließgelenke auftreten. Das Kriterium liegt fallweise stark auf der sicheren Seite.

$$\frac{\alpha}{1 + \dfrac{I_\mathrm{S} \cdot l}{I_\mathrm{R} \cdot h}} \cdot \frac{E\,I_\mathrm{S}}{N \cdot h^2} \geq 10 \tag{6.4}$$

mit

$\alpha = 3\ (6)$ für gelenkige (eingespannte) Fußpunkte des Rahmens
N Summe aller Vertikallasten; für $l_\mathrm{P} \neq h$ gilt $N_\mathrm{P} := N_\mathrm{P} \cdot h / l_\mathrm{P}$

6.2.4.2 Schrittweise elastische Berechnung

Die schrittweise elastische Berechnung kann mit den üblichen Methoden der Stabstatik durchgeführt werden, wobei die Nutzung von entsprechenden FE-Programmen wie z. B. RSTAB [4] die Anwendung vereinfacht bzw. erst sinnvoll gestaltet für den Fall, dass mehrere Lastfälle und Lastfallkombinationen zu berücksichtigen sind oder eine Berechnung nach Theorie II. Ordnung erforderlich ist. Das prinzipielle Vorgehen wird in Band 1, Abschn. 8.2.3.2, anhand eines beidseitig eingespannten Trägers erläutert. Hier soll das Beispiel in Tab. 6.4 zur Veranschaulichung dienen. Die Berechnung gliedert sich sinnvoller Weise in folgende Teilschritte, die solange wiederholt werden, bis das Gesamtsystem oder ein Teilsystem kinematisch werden:

1. Ermittlung der Momentenverteilung unter normierten Lasten (maximale Last $P = 1$, andere im Verhältnis dazu) für das aktuelle statische System des Teilschritts
2. Ermittlung von ΔP_i als möglicher Steigerungsfaktors, bei dem die plastische Querschnittstragfähigkeit an einer markanten Stelle j des Systems erreicht wird (i. d. R. $M_j = M_{\mathrm{pl},j}$) unter Berücksichtigung der folgenden Punkte:
   a) wirkende Momente $M_{j,i-1}$ aus dem vorhergehenden Teilschritt
   b) jeweilige $M_{\mathrm{pl},j}$ an den markanten Stellen (s. a. Abb. 6.18)

Tab. 6.3 Ergebnisse nach Theorie I. und II. Ordnung für das Beispiel in Tab. 6.4

Schritt	Theorie I. Ordnung				Theorie II. Ordnung	
	P_i [kN]	δ_i [cm]	$\delta_i / h / 1{,}35$	α_{cr}	P_i [kN]	δ_i [cm]
1	115,6	2,20	1/307	95,5	114,9	2,21
2	140,4	3,47	1/194	40,7	138,8	3,47
3	151,8	4,29	1/157	30,6	150,5	4,35
4	160,0	8,06	1/83,7	4,01	156,5	8,03

3. Ermittlung der resultierenden Momentenverteilung infolge $P_i = P_{i-1} + \Delta P_i$, wobei an den Stellen, an denen in vorhergehende Schritten plastische Gelenke eingeführt wurden, die entsprechende Stabendmomente zu berücksichtigen sind
4. Sofern für diese Last noch keine kinematische Kette erreicht wird: Einführung eines (weiteren) Gelenks an der zuvor ermittelten Stelle und Wiedereinstieg bei Schritt 1

Spätestens nach Erreichen einer Fließgelenkkette oder bereits in Teilschritt 3 muss überprüft werden, ob die plastische Querschnittstragfähigkeit unter Berücksichtigung weiterer Schnittgrößen wie N und V an jeder Stelle eingehalten ist (hierzu werden zunächst die Zustandslinien ermittelt). Ist dies nicht der Fall, müssen die reduzierten Grenzmomente $M_{pl,N,V}$ bestimmt und die Berechnung entsprechend korrigiert werden. Genaugenommen würde dies zu einem iterativen Prozess führen, der aber auf der sicheren Seite nach der ersten Korrektur abgebrochen werden kann.

Als weiteres muss für das letzte System vor Erreichen der kinematischen Kette (oder in den jeweiligen Teilschritten) überprüft werden, ob eine Berechnung nach Theorie II. Ordnung erforderlich ist (s. Abschn. 6.2.4.1). Dies wäre grundsätzlich möglich, würde aber dazu führen, dass aufgrund des nichtlinearen Zusammenhangs die ΔP_i-Werte nicht mehr durch direkte Umrechnung aus den normierten Lastfällen sondern iterativ bestimmt werden müssten. In Tab. 6.3 sind die Ergebnisse einer solchen Berechnung für das betrachtete Beispiel angegeben. Es zeigt sich, dass eine Berechnung nach Theorie I. Ordnung ausreichend ist.

6.2.4.3 Prinzip der virtuellen Verrückungen (P. d. v. V.) angewendet auf Fließgelenkketten

Stabwerke mit unverschieblichen Knoten
Sie werden prinzipiell genauso behandelt wie Durchlaufträger: In der Regel liegt *unvollständiges Versagen* eines Einzelstabes, in seltenen Fällen mehrerer Stäbe gleichzeitig vor. Die *plastische Grenzlast* (Index „pl") ist auf einfache Weise angebbar und identisch mit der Traglast (Index „u"). Das Restsystem ist u. U. *r*-fach statisch unbestimmt und wird unter Ansatz von Doppelmomenten an Stellen von Fließgelenken – z. B. mit dem Kraftgrößenverfahren – „elastisch" weiter behandelt.

Tab. 6.4 Ermittlung der plastischen Grenzlast mit Hilfe einer schrittweise elastischen Berechnung nach Theorie I. Ordnung für einen Rahmen mit eingespannten Stielenden

System und Querschnittskennwerte	I-Profile S235 $h/b/t_w/t_f$ [mm]	$M_{pl,Rd}$ [kNm]	$N_{pl,Rd}$ [kN]	$V_{pl,Rd}$ [kN]	EI [kNm²]
	① 310/150/9/10	$150 = M_{pl}$	1318	354	18.022
	② 420/200/9,5/11	$300 = 2M_{pl}$	1923	513	49.132

Schritt/ Gelen-ke	System und Momentenverteilung für 1-Last	Momentenverteilung für Last P_i unter Berücksichtigung der pl. Stabendmomente
1/0	$\Delta P_1(-1,298) = -150$ $\Rightarrow \Delta P_1 = 150/1,298 = 115,6\,\text{kN}$	$P_1 = P_0 + \Delta P_1 = 0 + 115,6 = 115,6\,\text{kN}$
2/1	$\Delta P_2 \cdot 1,104 = (150 - 122,6)$ $\Rightarrow \Delta P_2 = 27,4/1,104 = 24,82\,\text{kN}$	$P_2 = P_1 + \Delta P_2 = 115,6 + 24,82 = 140,4\,\text{kN}$
3/2	$\Delta P_3 \cdot 2,818 = (300 - 267,8)$ $\Rightarrow \Delta P_3 = 32,2/2,818 = 11,43\,\text{kN}$	$P_3 = P_2 + \Delta P_3 = 140,4 + 11,43 = 151,8\,\text{kN}$
4/3	$\Delta P_4(-7,500) = (150 - 88,88)$ $\Rightarrow \Delta P_4 = 61,12/7,5 = 8,150\,\text{kN}$	$P_4 = P_3 + \Delta P_4 = 151,8 + 8,15 = 160,0\,\text{kN}$

Stabwerke mit verschieblichen Knoten

Diese Tragwerkstypen können nach unterschiedlichen statischen Methoden unter Beachtung der Traglastsätze (*Statischer Satz*, *Kinematischer Satz* und *Eindeutigkeitssatz*) behandelt werden. Das meistverwendete Verfahren ist die *Kombination kinematischer Elementarketten*. Ist n die Zahl der statischen Unbestimmten und p die Zahl der möglichen Fließgelenke, so gibt es $m = p - n$ unabhängige *Elementarketten* (s. a. Band 1, Abschn. 8.2.4.2). Dabei gilt, dass bei biegesteifen Knoten mit nur zwei Stäben nur 1 Fließgelenk und bei Knoten mit s biegesteif angeschlossenen Stäben theoretisch s Fließgelenke auftreten können. Im ersten Fall tritt das Fließgelenk im Stab mit min M_{pl} auf, wobei sich in seltenen Fällen bei Berücksichtigung der gleichzeitig im Fließgelenk wirkenden Normal- und Querkräften der Ort des Fließgelenks vom einen auf den anderen Stab verlagern kann.

Die m unabhängigen Elementarketten für Rahmensysteme sind (s. a. Abb. 6.21):

a) Riegel- bzw. Trägerketten
b) Seitenverschiebungs- (= Rahmen-)ketten und
c) Knotenketten.

Durch diese Ketten sind m unabhängige Gleichgewichtsbedingungen formulierbar. Die *maßgebende Bruchkette*, die zur minimalen Traglast (u) führt, geht entweder aus den ersten beiden Elementarketten oder einer *linearen Kombination* aller oder einiger Elementarketten hervor (die Knotenkette ist ein rein theoretischer Versagensmechanismus und kommt als Bruchkette nicht in Frage). Unter den möglichen kombinierten Ketten kommen nur solche in Betracht, bei denen sich (rein geometrisch) mindestens ein Fließgelenk „schließen" lässt und sich äußere Arbeitsanteile addieren. In Abb. 6.21 ist neben den Elementarketten Riegelkette (a) und Seitenverschiebungskette (b) auch eine solche Kombinationskette (c) dargestellt für ein einfaches Beispiel. Maßgebend ist jene Kette, die – je nach praktischer Aufgabenstellung – zur *kleinsten Traglast* (u) oder zum *größten erforderlichen* M_{pl} führt, wobei für die Berechnung selbst i. d. R. die Lastverhältnisse und Tragfähigkeiten der Einzeltragglieder untereinander in ein festes Verhältnis gesetzt werden (*normiertes Tragwerk*).

Der allgemein geschilderte Sachverhalt soll mit den folgenden Beispielen verdeutlicht werden.

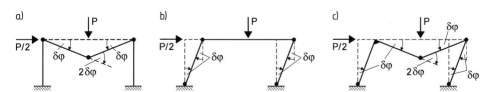

Abb. 6.21 Beispiele typischer Fließgelenkketten: **a** Riegelkette, **b** Seitenverschiebungskette und **c** Kombinationskette

Einführungsbeispiel

Für den Rahmen in Tab. 6.4 sollen für die in Abb. 6.21 dargestellten Fließgelenkketten die jeweiligen plastischen Grenzlasten ermittelt werden für $M_{pl} = M_{pl,Stiele}$ und $M_{pl,Riegel} = 2 M_{pl}$.

Riegelkette:

$$\delta W_a = P \cdot \delta\varphi \cdot l$$
$$\delta W_i = -M_{pl} \cdot \delta\varphi - 2 \cdot M_{pl} \cdot 2 \cdot \delta\varphi - M_{pl} \cdot \delta\varphi = -6 \cdot M_{pl} \cdot \delta\varphi$$
$$\delta W = (P \cdot l - 6 \cdot M_{pl}) \cdot \delta\varphi = 0 \quad \Rightarrow \quad P = 6 \cdot M_{pl}/l$$

Seitenverschiebungskette:

$$\delta W_a = P/2 \cdot \delta\varphi \cdot l$$
$$\delta W_i = -4 \cdot M_{pl} \cdot \delta\varphi$$
$$\delta W = (P \cdot l/2 - 4 \cdot M_{pl}) \cdot \delta\varphi = 0 \quad \Rightarrow \quad P = 8 \cdot M_{pl}/l$$

Kombinationskette:

$$\delta W_a = P/2 \cdot \delta\varphi \cdot l + P \cdot \delta\varphi \cdot l = 1,5 \cdot P \cdot \delta\varphi \cdot l$$
$$\delta W_i = -M_{pl} \cdot \delta\varphi - 2 \cdot M_{pl} \cdot 2 \cdot \delta\varphi - 3 \cdot M_{pl} \cdot \delta\varphi = -8 \cdot M_{pl} \cdot \delta\varphi$$
$$\delta W = (1,5 \cdot P \cdot l - 8 \cdot M_{pl}) \cdot \delta\varphi = 0 \quad \Rightarrow \quad P = 5,33 \cdot M_{pl}/l$$

Für die Kombinationskette ergibt sich die minimale Grenzlast, die damit maßgebend wird und identisch ist zur schrittweise elastischen Berechnung (s. Abschn. 6.2.4.2):

$$P_{pl} = P_u = 5,33 \cdot M_{pl}/l = 5,33 \cdot 150/5 = 160\,kN$$

Beispiel: 3-stieliger Rahmen mit Fußeinspannung

Für den in Abb. 6.22a dargestellten, 3-stieligen Rahmen mit Fußeinspannung, soll der Tragsicherheitsnachweis in Rahmenebene nach der Fließgelenktheorie geführt werden (beide I-Querschnitte können in Klasse 1 eingestuft werden). Für die angegebenen Bemessungslasten lässt sich der folgende Verzweigungslastfaktor ermitteln, sodass nach Band 1, Gl. 2.10b, eine Berechnung nach Theorie II. Ordnung nicht erforderlich ist (s. a. Hinweis am Ende des Beispiels):

$$\alpha_{cr} = 47,2 \gg 15$$

Die anzunehmende Anfangsschiefstellung der Stiele ist über eine Ersatzlast H_0 in H erfasst. Da Ihr Anteil vernachlässigbar klein ist, wird auf den aus Gleichgewichtgründen entgegengesetzt gerichteten Ansatz an den Stielfüßen verzichtet.

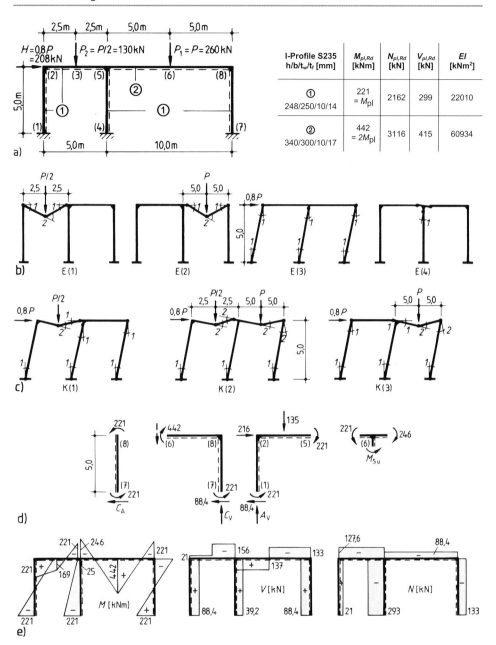

Abb. 6.22 3-stieliger Rahmen mit Fußeinspannung: **a** Abmessungen, Lasten, Querschnittsgrößen, **b** Elementarketten, **c** kombinierte Ketten, **d** Schnittführung zur Bestimmung unbekannter Schnittgrößen, **e** vollständige Zustandsgrößen

Beim vorliegenden System sind in den Punkten (1) bis (8) Fließgelenke (FG) möglich, wobei im Knoten (5) FG in allen ankommenden Stäben, also 3 FG, zu berücksichtigen sind. Die Gesamtzahl p der FG beträgt demnach $p = 10$. Das System ist $n = 6$fach statisch unbestimmt, sodass sich die Anzahl m der unabhängigen Elementarketten ergibt zu $m = p - n = 10 - 6 = 4$. Zu diesen 4 Elementarketten gehören nach folgender Berechnung 15 Kombinationen (einschließlich der Elementarketten, d. h. 11 weitere), von denen aber nur einige zu untersuchen sind:

$$k = 2^m - 1 = 24 - 1 = 15$$

Als Elementarketten werden zwei Riegelketten (1), (2) und je eine Rahmen- und Knotenkette (3), (4) gewählt. Sie beinhalten die Gleichgewichtsbedingungen an 3 Knoten – ($\sum M$)$_i$ = 0 – und das Gleichgewicht – $\sum H = 0$, s. Abb. 6.22b. Bei Kette (2) ist zu beachten, dass das FG im schwächeren Stiel auftritt. In Abb. 6.22c sind nur jene Kombinationen der Ketten (1) bis (4) angegeben, die von statischem Interesse sind ($\delta_v A_a$, $\delta_v A_i$).

Ermittlung der plastischen Grenzlast

Für die verschiedenen Ketten werden die virtuellen äußeren und inneren Arbeiten bei einer virtuellen Gelenkverdrehung von $\vartheta = 1$ formuliert und entsprechend der Aussage des Prinzips der virtuellen Verrückungen (P. d. v. V.) gleichgesetzt (s. Band 1, Gl. 8.9). Dabei addieren sich generell alle Arbeitsbeträge in den plastischen Gelenken, während in $\delta_v A_a$ die Richtung von Kraft und Weg zu berücksichtigen sind, z. B. bei Kragarmen.

Zur Vereinfachung der Berechnung werden die Last im Knoten (6) mit P bezeichnet und die anderen beiden Lasten zu ihr in Beziehung gesetzt (s. Abb. 6.22a). Für das Verhältnis der vollplastischen Momente der Querschnitte zueinander ergibt sich ein Faktor von 2, wobei im Nachhinein zu prüfen ist, ob die vollplastischen Momente aufgrund der Wirkung von N und V ggf. abzumindern sind ($M_{\mathrm{pl,N,V}}$).

Als Erstes werden die Berechnungen für die 3 Elementarketten ausgeführt:

E-Kette (1)

$$\left. \begin{array}{l} \delta_v A_a = (1 \cdot 2{,}5) \cdot P/2 = 1{,}25P \\ \delta_v A_i = M_{\mathrm{pl}} \cdot (1 + 2 + 1) = 4M_{\mathrm{pl}} \end{array} \right\} \quad P_u^{(E1)} = \frac{4 \cdot 221}{1{,}25} \approx 707\,\mathrm{kN}$$

E-Kette (2)

$$\left. \begin{array}{l} \delta_v A_a = (1 \cdot 5{,}0) \cdot P = 5P \\ \delta_v A_i = 2 \cdot M_{\mathrm{pl}} \cdot (1 + 2) + M_{\mathrm{pl}} \cdot 1 = 7M_{\mathrm{pl}} \end{array} \right\} \quad P_u^{(E2)} = \frac{7 \cdot 221}{5} \approx 309\,\mathrm{kN}$$

E-Kette (3)

$$\left. \begin{array}{l} \delta_v A_a = (1 \cdot 5{,}0) \cdot 0{,}8 \cdot P = 4P \\ \delta_v A_i = M_{\mathrm{pl}} \cdot 6 \cdot 1 = 6M_{\mathrm{pl}} \end{array} \right\} \quad P_u^{(E3)} = \frac{6 \cdot 221}{4} \approx 331\,\mathrm{kN}$$

Diese 3 Ketten werden nun in Verbindung mit der Knotenkette (4) so kombiniert (= addiert), dass die äußere Arbeit möglichst groß und die innere Arbeit durch Schließung von FG möglichst klein wird. Die dabei wegfallenden Arbeitsbeträge sind von der Summe der inneren Arbeiten abzuziehen:

K-Kette (1) = E(1) + E(3): Das FG im Knoten (2) wird geschlossen; da es in beiden Elementarketten auftritt, ist die hier geleistete Arbeit also 2 mal abzuziehen.

$$\left. \begin{aligned} \delta_v A_a &= (1{,}25 + 4) \cdot P = 5{,}25 P \\ \delta_v A_i &= (4 + 6 - 2 \cdot 1) \cdot M_{pl} = 8 M_{pl} \end{aligned} \right\} P_u^{(K1)} = \frac{4 \cdot 221}{1{,}25} \approx 377\,\text{kN}$$

K-Kette (2) = E(1) + E(2) + E(3) + E(4);
Kn (2): $-2M_{pl}$, Kn (5): $-(1 \cdot 2 - 1 + 1)M_{pl} = -2M_{pl}$

$$\left. \begin{aligned} \delta_v A_a &= (1{,}25 + 5 + 4) \cdot P = 10{,}25 P \\ \delta_v A_i &= (4 + 7 + 6 - 4) \cdot M_{pl} = 13 M_{pl} \end{aligned} \right\} P_u^{(K2)} \approx 280\,\text{kN}$$

K-Kette (3) = E(2) + E(3) + E(4);
Kn (5): $-(1 \cdot 2 - 1 + 1) = -2M_{pl}$

$$\left. \begin{aligned} \delta_v A_a &= (5 + 4) \cdot P = 9 P \\ \delta_v A_i &= (7 + 6 - 2) \cdot M_{pl} = 11 M_{pl} \end{aligned} \right\} P_u^{(K3)} = \frac{11 \cdot 221}{9} \approx 270\,\text{kN} = P_u$$

Damit steht fest, dass die kombinierte Kette K(3) maßgebend ist und bei Ansatz des unverminderten Wertes von M_{pl} die plastische Grenzlast P_{pl} (= Traglast $P_{u,1}$) = 270 kN beträgt.

Ermittlung der Zustandslinien und Überprüfung der plastischen Querschnittstragfähigkeit

Mit Ausnahme des Punktes (3) und im Knoten (5) unten sind in allen Punkten FG entstanden. Mit $7 = n + 1 = 6 + 1$ liegt somit ein „vollständiges Versagen" vor. Mit Kenntnis der Momente in den 7 FG lassen sich alle anderen Schnittgrößen bestimmen. Hierzu werden einige Schnitte geführt und die Gleichgewichtsbedingungen für noch unbekannte Momente, Normal- und Querkräfte angeschrieben, s. Abb. 6.22d. Die daraus resultierenden Zustandsgrößen unter der Traglast $P_u = 270$ kN sind in Abb. 6.22e dargestellt.

Anhand der Zustandsgrößen (s. Abb. 6.22e) und der aufnehmbaren „vollplastischen Schnittgrößen" wird mit den Bedingungen aus Band 1, Tab. 2.23, überprüft, ob in einigen FG die „vollplastischen Momente" abgemindert werden müssen:

Profil 1, Knoten (5):

$$|V|/V_{\text{pl,Rd}} = 156/299 = 0{,}522 > 0{,}5 \Rightarrow \rho = (2 \cdot 0{,}522 - 1)^2 = 0{,}002 \sim 0$$

$$\Rightarrow \text{ vernachlässigbar}$$

$$|N|/N_{\text{pl,Rd}} = 128/2162 = 0{,}059 < 0{,}25 \text{ und}$$

$$|N|/(V_{\text{pl,Rd}} \cdot 3^{0{,}5}) = 128/(299 \cdot 3^{0{,}5}) = 0{,}247 < 0{,}5$$

$$\Rightarrow \text{ kein Abminderung des plastischen Grenzmomentes erforderlich}$$

Profil 1, Knoten (4):

$$|V|/V_{\text{pl,Rd}} = 39{,}2/299 = 0{,}131 \ll 0{,}5$$

$$|N|/N_{\text{pl,Rd}} = 293/2162 = 0{,}136 < 0{,}25 \text{ und}$$

$$|N|/(V_{\text{pl,Rd}} \cdot 3^{0{,}5}) = 293/(299 \cdot 3^{0{,}5}) = 0{,}566 > 0{,}5$$

$$\Rightarrow \text{ Abminderung erforderlich: } a = 1 - (2162 - 299 \cdot 3^{0{,}5})/2162 = 0{,}240$$

$$\Rightarrow M_{\text{pl,N,Rd}} = (1 - 0{,}136)/(1 - 0{,}5 \cdot 0{,}240)221 = 0{,}982 \cdot 221 = 216{,}9 \, \text{kNm}$$

Berücksichtigt man dieses leicht reduzierte Moment in der Arbeitsgleichung der 3. Kombinationskette (es ändert sich nur die innere Arbeit $\delta_v A_i$), so ergibt sich folgende Grenzlast:

$$P_{\text{u,2}} = 10{,}982 \cdot 221/9 \approx 269{,}7 \, \text{kN} = 0{,}999 \cdot P_{\text{u,1}} > 260 \, \text{kN} = P_{\text{Ed}}$$

Da sich die Grenzlast nur marginal vermindert hat, ist eine weitere Iteration überflüssig und die Tragsicherheit nach dem Verfahren Plastisch-Plastisch nachgewiesen.

Hinweis zur Theorie II. Ordnung und Abgrenzungskriterien
Bereits zu Beginn wurde festgestellt, dass das Abgrenzungskriterium nach Band 1, Gl. 2.10b eingehalten ist. Mit Bezug auf die Hinweise in Abschn. 6.2.4.1 soll nun zusätzlich überprüft werden, ob die Abgrenzung auch für das System unmittelbar vor Erreichen des sich zuletzt bildenden Fließgelenkes zutreffend ist. Maßgebend hierfür ist der Drehwinkel der Stiele nach Gl. 6.3 infolge der plastischen Berechnung nach Theorie I. Ordnung. Für die richtige Berechnung dieses Drehwinkels ist es notwendig, die Lage des sich zuletzt bildenden FG zu kennen, die aus der bisherigen Berechnung aber nicht hervorgeht.

Mit Hilfe einer qualitativen, elastischen Berechnung bei den gegebenen Lasten und „Nachvollzug des Systemwandels" bei Erreichen der vollplastischen Momente in bestimmten Punkten des Tragwerkes und Laststufen wird man feststellen, dass sich das letzte FG im Knoten (2) bildet. Man kann dies auch dadurch überprüfen, dass bei beliebiger Wahl des sich zuletzt bildenden Fließgelenkes der gesuchte Stabdrehwinkel maximal werden muss.

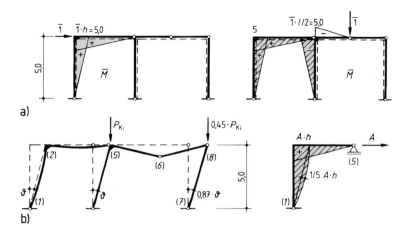

Abb. 6.23 Rahmen gemäß Abb. 6.22a: **a** virtuelle Kraftpläne, **b** statisches System zur Bestimmung der Knicklast bei Anwendung des Reduktionssatzes der Baustatik

Zur Bestimmung des Drehwinkels φ der Stiele und der Durchbiegung im Punkt (6) wird daher bei Anwendung der „Arbeitsgleichung" von dem in Abb. 6.23a dargestellten Gelenksystem und den virtuellen Kraftzuständen ausgegangen. Die Auswertung des Arbeitsintegrals $\sum \int (M\overline{M}/EI\,ds)$ liefert für die Punkte (6) und (2)

$$(6):\quad EI_c \cdot \delta_v = 10.880\,\text{kNm}^3 \quad \Rightarrow \quad \delta_v = 18{,}7\,\text{cm}$$

$$(2):\quad EI_c \cdot \delta_h = 7679\,\text{kNm}^3 \quad \Rightarrow \quad \delta_h = 13{,}2\,\text{cm}$$

Mit $V_r^H + \varphi_0 \cdot N_r = 208\,\text{kN}$ und $N_r = 130 + 260 = 390\,\text{kN}$ folgt:

$$\varphi_r = 13{,}2/500 = 0{,}026 < 0{,}1 \cdot 208/390 = 0{,}053$$

Damit ist die Zulässigkeit einer Berechnung nach Theorie I. Ordnung nachgewiesen.

Obwohl dies bereits mit der vorgehenden Untersuchung indirekt nachgewiesen ist, soll noch explizit überprüft werden, ob bei Erreichen der kinematischen Bruchkette das System im *stabilen Gleichgewicht* ist (s. a. Abb. 6.19). Der Nachweis erfolgt über die *ideale Knicklast* des Systems unmittelbar vor Ausbildung des letzten Fließgelenkes. In diesem Zustand liegen für das statische System die in Abb. 6.23b dargestellten Normalkraftverhältnisse vor, sodass im ausgeknickten Zustand auf den einhüftigen Rahmen (1) – (2) – (5) die folgende Abtriebskraft A wirkt und die dargestellte Momentenlinie verursacht:

$$A = P_{Ki} \cdot h + 0{,}45 \cdot P_{Ki} \cdot 0{,}87 \cdot \vartheta = 1{,}329 \cdot P_{Ki} \cdot h$$

Der unbekannte Drehwinkel ϑ wird mit Hilfe der Arbeitsgleichung – vgl. Abb. 6.23a – bestimmt:

$$EI_S \cdot \overline{1} \cdot \delta/h = EI_S = \left(\sum \int M\overline{M}\,dx \right) / h$$

$$EI_S \cdot \vartheta = \left(2 \cdot \frac{1}{3} \cdot 1{,}392 \cdot P_{Ki} \cdot h + \frac{1}{3} \cdot \frac{1}{5} \cdot 1{,}392 \cdot P_{Ki} \cdot \vartheta \cdot h \right) \cdot h$$

$$= 1{,}021 P_{Ki} \cdot \vartheta \cdot h^2$$

Die Auflösung nach ϑ liefert

$$\vartheta = [EI_S - 1{,}021 \cdot P_{Ki} \cdot h^2] = 0$$

Die Gleichung ist mehrdeutig lösbar, nämlich für $\vartheta = 0$ und P_{Ki} beliebig bzw. für $\vartheta \neq 0$ und Klammerausdruck $= 0$. Letztere Bedingung liefert den 1. Eigenwert (= Knicklast)

$$P_{Ki} = \frac{EI_S}{1{,}021 \cdot h^2} = \frac{21.945}{1{,}021 \cdot 5{,}0^2} = 860\,kN$$

Der Verzweigungslastfaktor a_{cr} ergibt sich damit zu

$$\alpha_{cr} = \frac{(1{,}0 + 0{,}45) \cdot P_{Ki}}{P_u + P_u/2} = \frac{1{,}45 \cdot 860}{1{,}5 \cdot 260} = 3{,}2 > 1$$

und das System befindet sich also bei Erreichen der plastischen Grenzlast (= Traglast) P_u im stabilen Gleichgewicht. Hinweis: Im Vergleich zu einer genauen Berechnung liegt der näherungsweise ermittelte Wert für α_{cr} etwa 4,5 % auf der sicheren Seite.

6.2.5   Nachweise zur Gebrauchstauglichkeit

Im Grenzzustand der Gebrauchstauglichkeit ist vor allem nachzuweisen, dass die Verformungen des Tragwerkes entsprechend festgelegte Grenzen nicht überschreiten. Wie bereits in Band 1, Abschn. 2.7 erläutert, sind in DIN EN 1993-1-1 keine konkreten Vorgaben enthalten und in EN 1990 Anhang A1, A1.4 wird darauf verwiesen, dass die Gebrauchstauglichkeitskriterien entsprechend den Nutzungsanforderungen und in Absprache mit dem Bauherrn festzulegen sind. Wiederholend werden hier in Tab. 6.5 auszugsweise die Werte nach Band 1, Tab. 2.27, wiedergegeben, die auf den Angaben in DIN V ENV 1993-1-1 [8] beruhen und als Anhaltswerte dienen können. Für Rahmentragwerke mit Kranbahnen sind zusätzlich die Vorgaben nach DIN EN 1993-6 [1] zu berücksichtigen, s. Kap. 4.

Tab. 6.5 Empfohlene Grenzwerte für Verformungen nach [8] (Auszug aus Band 1, Tab. 2.27)

Grenzwerte für Durchbiegungen		
Bauteil	**Grenzwerte**	
	δ_{max}	δ_2
Dächer, allgemein	$L/200$	$L/250$
Dächer, wenn die Durchbiegung das Aussehen des Gebäudes beeinträchtigen kann	$L/250$	
Dächer mit häufiger Begehung (nicht nur zur Instandsetzung)	$L/250$	$L/300$
L = Stützweite des Bauteils, bei Kragarmen = doppelte Bauteillänge		
Entwässerung:		
Neigung des Daches < 5 %:	Überprüfen, dass Regenwasser sich nicht in Lachen sammeln kann	
Neigung des Daches < 3 %:	Zusätzlich überprüfen, dass durch „Wassersackbildung" kein Versagen auftreten kann	

Grenzwerte für Horizontalverschiebungen	
Mehrgeschossige Gebäude	**Eingeschossige** Gebäude

$$\delta_1 \leq h_1/300$$
$$\delta_2 \leq h_2/300$$
$$\delta_0 \leq h_0/500$$

Gebäude	$\delta \leq h/300$
Portalrahmen ohne Kranbahn	$\delta \leq h/150$

6.3 Bemessung für Ausweichen aus der Rahmenebene

6.3.1 Vorbemerkungen

Wie bereits in Band 1, Abschn. 6.3.1, erläutert, wird der *Biegedrillknicknachweis* – aus Mangel an besseren Methoden – für aus dem Tragwerk herausgelöst gedachte, gerade Stäbe geführt (s. a. Abb. 6.24 und 6.8). Neben der Berücksichtigung der Randbedingungen ist es dabei entscheidend, die Momentenverteilung für M_y entsprechend der am Gesamtsystem abzubilden. Die *Stabendschnittgrößen* müssen dabei nach Theorie II. Ordnung bestimmt werden, falls die Abgrenzungskriterien eine Berechnung nach Theorie I. Ordnung nicht zulassen (dann wird man natürlich auch den Biegeknicknachweis und die Nachweise der Anschlüsse unter Verwendung der Schnittgrößen nach Theorie II. Ordnung führen).

Der Tragsicherheitsnachweis selber kann wie üblich entweder mit dem χ_{LT}-*Verfahren* oder mit dem *Ersatzimperfektionsverfahren* geführt werden. In Band 1, Abschn. 6.3, wer-

Abb. 6.24 Ersatzsysteme zur Nachweisführung beim Biegedrillknicken (Band 1, Abb. 6.25)

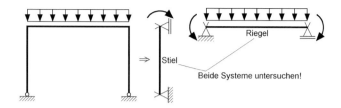

den sowohl die Verfahren selber als auch Ihre Hintergründe sowie die spezifischen Vor- und Nachteile grundsätzlich erläutert. Hier sei ergänzend darauf hingewiesen, dass es zur Größe der anzusetzenden geometrischen Ersatzimperfektionen (Vorkrümmungen v_0), welche grundsätzlich in DIN EN 1993-1-1 [1] in Kombination mit dem zugehörigen nationalen Anhang geregelt und in Band 1, Abschn. 2.5.2.6, wiedergegeben sind, aktuell eine gewisse Kontroverse in der Fachwelt gibt und für die Neuauflage des Eurocodes Veränderungen zu erwarten sind. Bis dahin empfehlen die Autoren, für den Nachweis der plastischen Querschnittstragfähigkeit das nachweislich sehr exakte *Teilschnittgrößenverfahren* nach *Kindmann/Frickel* [21] zu verwenden und dabei in Anlehnung an die Regelungen in DIN 18800-2 [2] die plastischen Grenzmomente auf $1{,}25\,M_{\mathrm{el}}$ zu beschränken. Umgesetzt wird dies z. B. in FE-STAB-FZ [13], indem die jeweiligen Momente (M_y, M_z oder M_ω) mit dem Faktor $\alpha_{\mathrm{pl,i}}/1{,}25$ multipliziert werden, sofern $\alpha_{\mathrm{pl,i}} > 1{,}25$ ist.

6.3.2 Stabilisierende Wirkung angrenzender Bauteile

Für eine wirtschaftliche Bemessung ist es unerlässlich, für den Biegedrillknicknachweis die *stabilisierende Wirkung angrenzender Bauteile*, die eine Verdrehung ϑ und/oder eine seitliche Verformung v behindern oder gänzlich verhindern, zutreffend zu erfassen und rechnerisch zu berücksichtigen. Aus diesem Grund sind im Folgenden für eine Auswahl an Aussteifungsmöglichkeiten Formeln zur Ermittlung der resultierenden Federsteifigkeiten zusammengestellt, für weitere Varianten s. z. B. [22]. Ihre Anwendung wird anhand der folgenden Beispiele ebenso demonstriert wie auch ihre Auswirkungen auf die Stabilitätsgefahr. Werden dabei entsprechende Mindeststeifigkeiten erreicht, ist es zum Teil möglich, das „räumliche Versagen" zutreffend in ein ebenes Biegeknickproblem zu überführen oder ein Stabilitätsversagen vollständig auszuschließen (s. a. Band 1, Abschn. 6.3.4).

6.3.2.1 Abstützende Wirkung von Verbänden

Da Verbände statisch als *Fachwerksysteme* wirken, ist es naheliegend, ihre abstützende Wirkung durch ihre *Ersatzschubsteifigkeit* S^* zu erfassen (s. Abb. 6.25), welche in Tab. 3.1 für parallelgurtige Fachwerke angegeben ist (s. Abschn. 3.3.1.2). Die für die Verbände entstehenden Stabilisierungskräfte werden in Abschn. 3.7 behandelt (s. a. [19] und [11]).

Bei Verbänden mit wenigen Feldern oder großen Abständen zwischen den Knotenpunkten ist es allerdings zutreffender, die abstützende Wirkung durch Einzelfedern C_y

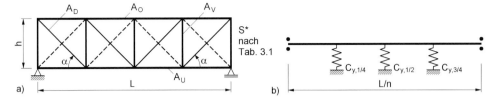

Abb. 6.25 Wirkung von Verbänden: Schubsteifigkeit S* (**a**) oder Einzelfedern C_y (**b**)

Tab. 6.6 k-Faktoren nach Gl. 6.5 in Abhängigkeit von der Gefahrenanzahl n von Verbänden

$n = 2$	$n = 3$	$n = 4$	$n = 5$	$n = 6$
$k_{1/2} = 4$	$k_{1/3} = 3$	$k_{1/4} = 2,667;$ $k_{2/4} = 2$	$k_{1/5} = 2,5;$ $k_{2/5} = 1,667$	$k_{1/6} = 2,4;$ $k_{2/6} = 1,5;$ $k_{3/6} = 1,333$

abzubilden, wie Untersuchungen von *Krahwinkel* [20] gezeigt haben. Die Federsteifigkeit C_y ist für jede Stützstelle individuell verschieden, da der Widerstand, den der aussteifende Verband einer Verschiebung in y-Richtung entgegensetzt, in Feldmitte am geringsten ist und zu den Auflagern hin zunimmt. Die Berechnung der Federsteifigkeit C_y als Reziprokwert der Verschiebung v des Verbandes in y-Richtung infolge einer Einzellast $F_y = „1"$ an der betrachteten Stützstelle führt zu einer Überschätzung der vorhandenen Steifigkeit, weil Lasten in den übrigen Knotenpunkten zusätzliche Verformungen an der betrachteten Stützstelle verursachen. Die Annahme eines konstanten Verlaufs der Stabilisierungslasten in Trägerlängsrichtung liegt für die Berechnung der Federsteifigkeiten auf der sicheren Seite. Werden die Einzellasten F_y in den Knoten des Verbandes zu einer Gleichstreckenlast q_y verschmiert, so kann für die Federsteifigkeiten C_y an der jeweiligen Stelle $\xi = x/L$ für Verbände mit n Feldern folgende Gleichung nach [11] angegeben werden (s. a. Tab. 6.6):

$$C_y = \frac{S^*}{L} \cdot \frac{2}{n \cdot (\xi - \xi^2)} = \frac{S^*}{L} \cdot k \qquad (6.5)$$

mit $k = 2/[n \cdot (\xi - \xi^2)]$, $\xi = x/L$ und $n =$ Anzahl der Verbandsgefache (Tab. 6.6).

6.3.2.2 Drehbehinderung durch Pfetten oder Flächenelemente

Durch senkrecht zum auszusteifenden Bauteil verlegte Elemente, wie z. B. Pfetten oder Trapezbleche, liegt eine Behinderung der Verdrehung ϑ vor (s. Abb. 6.26a), die durch diskrete Drehfedern C_ϑ oder kontinuierliche Drehbettungen c_ϑ rechnerisch erfasst werden kann. Bei der Ermittlung der Federsteifigkeiten mit Gl. 6.6 gemäß DIN EN 1993-1-1 [1], Anhang BB (Symbole nach DIN EN 1993-1-3), sind drei Nachgiebigkeiten zu berücksichtigen. Mit Abb. 6.26b wird das Modell der hintereinandergeschalteten Federn verdeutlicht. Durch die Addition der Reziprokwerte ergibt sich im Endeffekt eine Gesamtsteifigkeit, die geringer ist als der kleinste Einzelwert. Bei flächigen Eindeckungen, z. B. mit Trapezprofilblechen, bildet in der Regel die Verformbarkeit des Anschlusses „das schwächste Glied

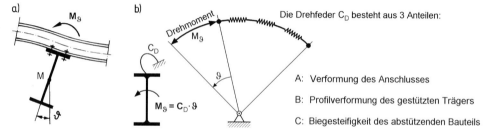

Abb. 6.26 Drehbehinderung durch senkrecht verlegtes Bauteil (**a**) und zu berücksichtigende Federanteile (**b**)

in der Kette".

$$C_D = 1 \Big/ \left(\frac{1}{C_{D,A}} + \frac{1}{C_{D,B}} + \frac{1}{C_{D,C}} \right) \tag{6.6}$$

mit

$C_{D,C}$ theoretische Drehbettung aus der Biegesteifigkeit des abstützenden Bauteils bei Annahme einer starren Verbindung mit dem Träger
  $C_{D,C} = 2 \cdot E\,I_{\mathrm{eff}}/a$ für Ein- und Zweifeldträger
  $C_{D,C} = 4 \cdot E\,I_{\mathrm{eff}}/a$ für Durchlaufträger mit drei oder mehr Feldern
$C_{D,B}$ Drehbettung aus der Profilverformung des gestützten Trägers
$C_{D,A}$ Drehbettung aus der Verformung des Anschlusses

Theoretische Drehbettung $C_{D,C}$ aus der Biegesteifigkeit des abstützenden Bauteils

Die zu Gl. 6.6 angegebenen Formeln für die theoretische Drehbettung aus der Biegesteifigkeit des abstützenden Bauteils gelten für die Annahme, dass sich die auszusteifenden Bauteile gegenläufig verdrehen können, sodass sich abschnittsweise konstante Biegemomentenbeanspruchungen ergeben, wie Abb. 6.27 verdeutlicht. Ist das nicht zu erwarten, weil z. B. Träger in einem Dach mit Dachneigung auszusteifen sind, so können die Drehfedersteifigkeiten nach [23] mit dem Faktor 1,5 multipliziert werden.

Drehbettung $C_{D,B}$ aus der Profilverformung des gestützten Trägers

Der Drehbettungsanteil aus der Profilverformung ist von der Art der Übertragung des Momentes zwischen dem zu stabilisierenden Träger und dem angrenzenden Bauteil abhängig. Wenn die flächenhafte Kontaktwirkung, die nur schwer zu erfassen ist, und die Abtragung über Torsionsmomente im Gurt unberücksichtigt bleiben, ergeben sich nach [23] die in Abb. 6.28 angegebenen Verhältnisse und die Federsteifigkeit kann mit Gl. 6.7 ermittelt werden.

$$C_{D,B} = \frac{E}{4(1 - \mu^2)} \cdot \frac{1}{\frac{h}{s^3} + c_1 \frac{b}{t^3}} = 5770 \frac{1}{\frac{h}{s^3} + c_1 \frac{b}{t^3}} \quad \left[\frac{\mathrm{kNm}}{\mathrm{m}} \right] \tag{6.7}$$

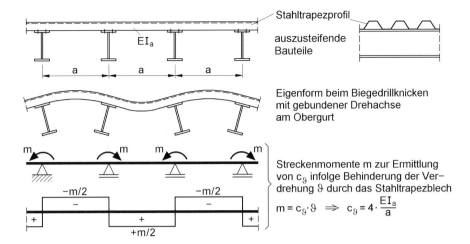

Abb. 6.27 Drehbettung c_ϑ durch Stahltrapezprofile nach [14]

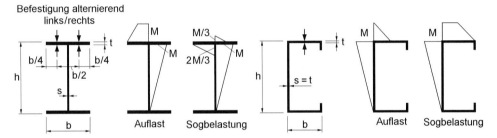

Abb. 6.28 Momentenzustände zur Ermittlung von $C_{D,B}$ infolge Profilverformung nach [23]

mit

h, s, b, t Profilabmessungen gemäß Abb. 6.28 in [cm]

c_1 für I-Profile bei Auflast oder Sogbelastung $c_1 \cong 0{,}5$

für C-Profile o. ä. bei Auflast $c_1 = 0{,}5$

für C-Profile o. ä. bei Sogbelastung $c_1 = 2{,}0$

Drehbettung $C_{D,A}$ aus der Verformung des Anschlusses

Die Steifigkeit ist von vielen Faktoren sowie der konkreten Ausbildung des Anschlusses abhängig. Für Trapezprofile kann sie nach DIN EN 1993-1-3 [1] mit Gl. 6.8 ermittelt werden.

$$C_{D,A} = C_{100} \cdot k_{ba} \cdot k_t \cdot k_{bR} \cdot k_A \cdot k_{bT} \tag{6.8}$$

mit

C_{100} Drehbettung nach Tab. 6.7 für $b_A = 100\,\text{mm}$

k_{ba} Einfluss der Gurtbreite b_a des abzustützenden Bauteils:

$$k_{ba} = \begin{cases} (b_a/100)^2 & \text{für } b_a < 125\,\text{mm} \\ 1{,}25(b_a/100)^2 & \text{für } 125\,\text{mm} \leq b_a < 200\,\text{mm} \end{cases}$$

k_t Einfluss der Blechstärke t_{nom} des Profilbleches:

$$k_t = \begin{cases} (t_{nom}/0{,}75)^{1{,}1} & \text{für } t_{nom} > 0{,}75\,\text{mm und Positivlage} \\ (t_{nom}/0{,}75)^{1{,}5} & \text{für } t_{nom} > 0{,}75\,\text{mm und Negativlage} \\ (t_{nom}/0{,}75)^{1{,}5} & \text{für } t_{nom} < 0{,}75\,\text{mm} \end{cases}$$

k_{bR} Einfluss des Rippenabstandes b_R des Profilbleches:

$$k_{bR} = \begin{cases} 1{,}0 & \text{für } b_R \leq 185\,\text{mm} \\ 185/b_R & \text{für } b_R > 185\,\text{mm} \end{cases}$$

k_A Einfluss der Auflagerkraft A [kN/m] zwischen Gurt und Profilblech:
$A < 0$: $k_A = 1{,}0$
$A \leq 12\,\text{kN/m}$ (bei größeren Werten ist mit $A = 12\,\text{kN/m}$ zu rechnen):

$$t_{nom} = 0{,}75\,\text{mm:} \quad k_A = \begin{cases} 1{,}0 + (A - 1) \cdot 0{,}08 & \text{für Positivlage} \\ 1{,}0 + (A - 1) \cdot 0{,}16 & \text{für Negativlage} \end{cases}$$

$$t_{nom} = 1{,}00\,\text{mm:} \quad k_A = 1{,}0 + (A - 1) \cdot 0{,}095$$

Zwischenwerte zwischen $0{,}75\,\text{mm} < t_{nom} < 1{,}0\,\text{mm}$ dürfen interpoliert werden. Für $t_{nom} > 1\,\text{mm}$ ist mit 1 mm zu rechnen.

k_{bT} Einfluss der Breite b_T des anliegenden Profilblechgurtes:

$$k_{bT} = \begin{cases} 1{,}0 & \text{für } b_T \leq b_{T,max} \\ \sqrt{b_{T,max}/b_T} & \text{für } b_T > b_{T,max} \end{cases}$$

mit $b_{T,max}$ nach Tab. 6.7.

6.3.3 Beispiel: Zweigelenkrahmen einer Stahlhalle

Für den Zweigelenkrahmen einer Stahlhalle (s. a. Abschn. 6.2.3.1) sollen die Biegedrill-knicknachweise für den Rahmenriegel und die Stütze unter Berücksichtigung der aussteifenden Wirkung der angrenzende Bauteile geführt werden. Die nachfolgend beschriebene

Tab. 6.7 Drehfedersteifigkeit C_{100} für Trapezblechprofile nach DIN EN 1993-1-3 [1]

Lage der Profilbleche		Befestigung am		Abstand der Befestigungen		Scheibendurchmesser	C_{100}	$b_{T,max}$
Positiv[a]	Negativ[a]	Untergurt	Obergurt	$e = b_R$	$e = 2b_R$	mm	kNm/m	mm
Bei Auflast								
×		×		×		22	5,2	40
×		×			×	22	3,1	40
	×		×	×		K_a	10,0	40
	×		×		×	K_a	5,2	40
	×		×	×		22	3,1	120
	×		×		×	22	2,0	120
Bei abhebender Last								
×		×		×		16	2,6	40
×		×			×	16	1,7	40

Dabei ist b_R der Rippenstand, b_T die Breite des an der Pfette angeschlossenen Untergurtes des Trapezblechprofils.

K_a steht für eine Stahlabdeckplatte mit $t \geq 0{,}75$ mm, siehe Darstellung:

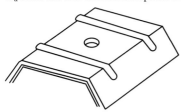

Die angegebenen Werte gelten bei Schraubendurchmesser $\varnothing = 6{,}3$ mm, Unterlegscheibendicke $t_w \geq 1{,}0$ mm.

Profilbefestigung am Untergurt:

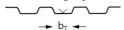

Profilbefestigung am Obergurt:

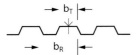

[a] Die Lage des Profilblechs ist positiv, wenn der schmalere Gurt auf der Pfette liegt, und negativ, wenn der breitere Gurt auf der Pfette liegt.

Konstruktion ist mit Ihren Details in Abb. 6.29 dargestellt. Die Halle ist 72 m lang und der Abstand zwischen den einzelnen Zweigelenkrahmen, die über die Hallenbreite von 20 m spannen, beträgt in Längsrichtung 6,0 m ($=$ Einflussbreite der Rahmen). Die Dachlast wird über ein *Trapezblech* auf die im Abstand von $a = 2{,}5$ m angeordneten *Durchlaufpfetten* IPE 200 übertragen und von dort in die Rahmenriegel eingeleitet. Somit spannt

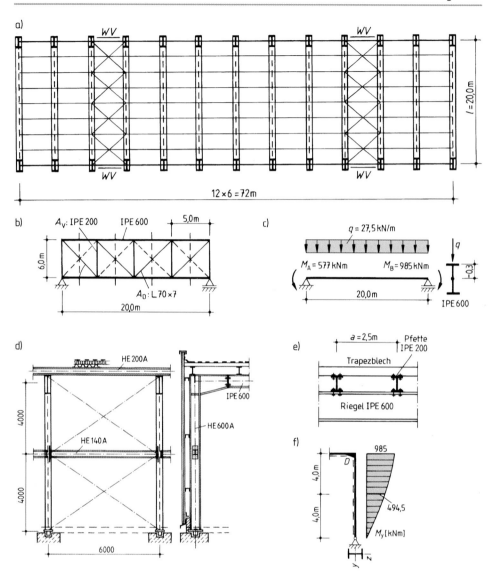

Abb. 6.29 Stahlhalle: Draufsicht (**a**), Dachverband (**b**), Rahmenriegel (**c**), Wandverband und Übergang Stütze/Riegel mit Voute (**d**), Dachaufbau (**e**), Stütze (**f**)

das Trapezblech von Pfette zu Pfette und kann zur *Stabilisierung der Rahmenriegel* als „Scheibe" nicht herangezogen werden, weil die „Längsrandglieder eines Schubfeldes" (Verbindungen zu den Traufpfetten) nicht vorhanden sind (s. Abb. 6.29e).

Damit kann zur Stabilisierung des Rahmenriegels nur die *Schubsteifigkeit* der Verbände sowie der *Drehbettungswiderstand* der Pfetten herangezogen werden. Von letzteren wird angenommen, dass auch an den Stoßstellen der Pfetten eine biegesteife Verbindung vorliegt. Die Ebene des Dachverbandes wird im Schwerpunkt des oberen Flansches des Rahmenriegels angenommen. Die stabilisierende Wirkung der Dachverbände wird durch Ihre Ersatzschubsteifigkeit oder diskrete Einzelfedern an den Stellen der Druckpfosten erfasst. Bei ausreichender Schubsteifigkeit der Verbände darf von einer gebundenen Drehachse am Obergurts des Rahmenriegels ausgegangen werden. Kommt hierzu noch ein ausreichender *Drehbettungswiderstand* durch die Pfetten, wäre ein Biegedrillknicken des Rahmenriegels ausgeschlossen. Sind die genannten Bedingungen nicht erfüllt, kann der Biegedrillknicknachweis unter Berücksichtigung der stabilisierenden Wirkungen der „Schubsteifigkeit des Verbandes" und der „Drehbettung der Pfetten" geführt werden.

Für die Rahmenstützen wird unterstellt, dass sie in halber Stielhöhe durch den Wandverband „seitlich unverschieblich" gehalten sind (der Nachweis der „Unverschieblichkeit" kann bei der gewählten Konstruktion entfallen).

6.3.3.1 Bestimmung der Federsteifigkeiten für den Rahmenriegel

Schubsteifigkeit des Verbandes

Die Schubsteifigkeit des Verbandes wird mit Hilfe der Formeln in Tab. 3.1 unter Berücksichtigung der Abmessungen und Profile gemäß Abb. 6.29 nachfolgend ermittelt.

Mit $\alpha = \arctan(6/5) = 50{,}2°$ sowie $A_D = 9{,}4\,\text{cm}^2$ (L70x7) und $A_v = 28{,}5\,\text{cm}^2$ (IPE 200) gilt:

$$S^* = \cfrac{1}{\cfrac{1}{E A_D \cdot \sin^2 \alpha \cdot \cos \alpha} + \cfrac{\tan \alpha}{E A_V}}$$

$$= \cfrac{21.000}{\cfrac{1}{9{,}4 \cdot \sin^2(50{,}2) \cdot \cos(50{,}2)} + \cfrac{\tan(50{,}2)}{28{,}5}} = 64.879\,\text{kN}$$

Damit entfällt auf einen Rahmenriegel die folgende Schubsteifigkeit (die Giebelwände sind als Fachwände ausgebildet und bedürfen keiner Stabilisierung):

$$\text{vorh } S = 2 \cdot 64.879/11 = 11.796\,\text{kN}$$

Der Querschnitt des Rahmenriegels wird vereinfachend über seine Länge als konstant angenommen (IPE 600, $h = 0{,}6\,\text{m}$) und hat folgende Steifigkeiten

$$E I_\omega = E C_M = 598\,\text{kNm}^4 \quad E I_Z = 7119\,\text{kNm}^2 \quad G I_T = 134\,\text{kNm}^2$$

Nach DIN EN 1993-1-1, Anhang BB [1] liegt eine gebundene Drehachse vor, wenn die vorhandene Schubsteifigkeit den folgenden Wert erreicht (s. a. Band 1, Abschn. 6.3.4.3):

$$S \geq \left(E I_\omega \cdot \frac{\pi^2}{L^2} + G I_T + E I_z \cdot \frac{\pi^2}{L^2} \cdot 0{,}25 \cdot h^2 \right) \cdot \frac{70}{h^2}$$

$$= \left(593 \cdot \frac{\pi^2}{20^2} + 134 + 7119 \cdot \frac{\pi^2}{20^2} \cdot 0{,}25 \cdot 0{,}6^2 \right) \cdot \frac{70}{0{,}6^2} = 31.975\,\text{kN} \tag{6.9}$$

Dieser Wert wird nicht erreicht. Hierzu ist zu erläutern, dass die o. g. Mindestschubstei-figkeit von *Fischer* [16] hergeleitet worden ist mit der Maßgabe, dass dadurch das ideale Biegedrillknickmoment auf 95 % desjenigen Wertes angehoben wird, der bei einer ge-bundenen Drehachse erreicht wird (s. a. [7]). Ein anderer bekannter Ansatz von *Heil* [17] verwendet die Bedingung, dass ein bezogener Schlankheitsgrad $\overline{\lambda}_{LT} \leq 0{,}4$ vorliegt und damit $\chi_{LT} = 1{,}0$ gelten würde. Dies führt zu folgender Formulierung für die Mindeststei-figkeit:

$$\text{erf } S = 10{,}18 \cdot \frac{M_{\text{pl,y}}}{h} - 4{,}31 \cdot \frac{E I_z}{L^2} \cdot \left[\sqrt{1 + 1{,}86 \cdot \frac{\overline{c}^2}{h^2}} - 1 \right] \approx 10{,}2 \cdot \frac{M_{\text{pl,y}}}{h} \quad (6.10)$$

$$\text{mit } \overline{c}^2 = \frac{\pi^2 E I_\omega + G I_T \cdot L^2}{E I_z}$$

Danach wäre mit $M_{\text{pl,y}} = 825\,\text{kNm}$

$$\text{erf } S \approx 10{,}2 \cdot \frac{825}{0{,}6} = 14.025\,\text{kN}$$

Somit läge auch nach *Heil* keine ausreichende Schubsteifigkeit vor, um das Biegedrillkni-cken allein aufgrund dessen auszuschließen.

Dies wäre auch schon deswegen nicht möglich, weil es sich um einen Träger mit wech-selnden Vorzeichen handelt. Somit wäre selbst bei vollständig gebundener Drehsachse am *Obergurt* wegen der im Randbereich gedrückten *Untergurte* ein zusätzlicher Nachweis ausreichender Drehbettung oder ein Biegedrillknicknachweis mit Berücksichtigung der konkreten Steifigkeiten notwendig, wie er im Folgenden geführt wird.

Hinweise zur Mindestschubsteifigkeit

Sowohl die Herleitungen von *Fischer* [16] als auch die nach *Heil* [17] gehen vom ga-belgelagerten Einfeldträger mit Gleichstreckenlast unter Ansatz einer einwelligen Sinus-halbwelle für die Verformungen ϑ und v aus. Weicht das reale System davon ab, weil es Momentenverläufe mit wechselnden Vorzeichen oder mehrwellige Eigenformen aufweist, führen die vorgenannten Gleichungen unter Umständen zu Ergebnissen auf der unsicheren Seite, s. z. B. [18].

Drehbettung aus den Pfetten

Die hier aufgrund der durchlaufenden Pfetten in diskreten Punkten vorliegende Drehbe-hinderung wird über den Pfettenabstand $e = 2{,}5\,\text{m}$ „verschmiert", sodass sich $C_{\text{D,C}}$ wie folgt ergibt:

$$C_{\text{D,C}} = 4 \cdot E I_{\text{eff}}/a/e = 4 \cdot 21.000 \cdot 1940 \cdot 10^{-4}/6{,}0/2{,}5 = 1087\,\text{kNm/m}$$

Neben der Biegesteifigkeit der abstützenden Bauteile ist zur Ermittlung der vorhandenen Drehbettung zusätzlich die Nachgiebigkeit der Anschlüsse zwischen den abstützenden und dem auszusteifenden Bauteil zu berücksichtigen. Bei der vorliegenden Ausbildung der Pfettenanschlüsse an die Rahmenriegel kann von $c_{D,A} = \infty$ ausgegangen werden.

Als dritter Anteil ist in dem Federmodell nach Abschn. 6.3.2.2 die Profilverformung des auszusteifenden Riegels zu erfassen. Bei diskreter Drehbettung mit $k = 7$ Pfetten im Feld, Gurtbreite $b = 22{,}0\,\text{cm}$, Gurtdicke $t = 1{,}9\,\text{cm}$ und Stegdicke $s = 1{,}2\,\text{cm}$ erhält man mit Gl. 6.7:

$$C_{D,B} = \frac{7 + 2 \cdot 0{,}5}{20} \cdot 5770 \frac{1}{\dfrac{h}{s^3} + c_1 \dfrac{b}{t^3}} = 0{,}4 \cdot \frac{5770}{\dfrac{60}{1{,}2^3} + 0{,}5\dfrac{22}{1{,}9^3}} = 64 \frac{\text{kNm}}{\text{m}}$$

Für die hintereinander geschalteten Federn ergibt sich somit der folgende Gesamtwert:

$$C_D = 1/\left(\frac{1}{C_{D,A}} + \frac{1}{C_{D,B}} + \frac{1}{C_{D,C}}\right) = 1/\left(0 + \frac{1}{64} + \frac{1}{1087}\right) = 60{,}44\,\text{kNm/m}$$

Nach DIN EN 1993-1-1, Anhang BB [1], liegt eine ausreichende Drehbehinderung vor, wenn die vorhandene Drehbettung den folgenden Wert erreicht (s. a. Band 1, Abschn. 6.3.4.4):

$$C_D > \frac{M_{pl,k}^2}{E\,I_z} \cdot K_\vartheta \cdot K_v \tag{6.11}$$

Mit $K_v = 0{,}35$ für eine elastische Berechnung sowie $K_\vartheta = 3{,}5$ für den vorliegenden Momentenverlauf bei freier Drehachse (s. a. Band 1, Tab. 6.21) ergibt sich die folgende Mindestdrehbettung:

$$C_D > \frac{825^2}{7119} \cdot 3{,}5 \cdot 0{,}35 = 117\,\text{kNm/m}$$

Da diese größer als die vorhandene ist, kann der Nachweis nicht über die Einhaltung von Mindeststeifigkeiten erbracht werden und muss explizit – unter Berücksichtigung der vorhandenen Steifigkeiten – mit dem χ_{LT}-Verfahren (s. Abschn. 6.3.3.2) oder dem Ersatzimperfektionsverfahren (s. Abschn. 6.3.3.3) geführt werden.

6.3.3.2 Nachweis Rahmenriegel mit dem χ_{LT}-Verfahren

Ermittlung des idealen Biegedrillknickmomentes M_{cr}
Als wichtige Eingangsgröße für den Nachweis mit dem χ_{LT}-Verfahren wird das ideale Biegedrillknickmoment M_{cr} benötigt. Um die vorhandenen Aussteifungen exakt berücksichtigen zu können, wird mit dem Programm FE-STAB-FZ [13] der erste Eigenwert des Systems ermittelt unter Ansatz der in Abschn. 6.3.3.1 berechneten Werte für S und C_D

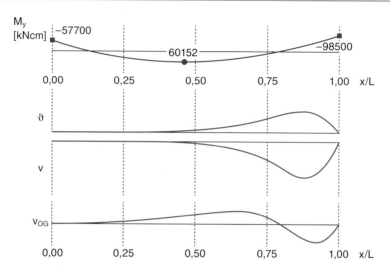

Abb. 6.30 Momentenverteilung und resultierende Eigenform für das System in Abb. 6.29c ermittelt mit FE-STAB-FZ [13] für Drehbettung und Schubfeldsteifigkeit nach Abschn. 6.3.3.1

sowie der in Abb. 6.29c angegebenen Belastung mit q_z am Obergurt und den Stabend-momenten, die sich aus der Schnittgrößenberechnung am Rahmen ergeben haben. Der Rahmenriegel wird als gerader Stab ohne Vouten idealisiert. In Abb. 6.30 sind die Mo-mentenverteilung und die Eigenform dargestellt, die zu folgendem Eigenwert gehört:

$$\alpha_{cr} = 2{,}53$$

Bei Ansatz von Einzeldrehfedern anstelle der kontinuierlichen Drehbettung wäre der Wert mit $\alpha_{cr} = 2{,}52$ nur unwesentlich kleiner (= 99,6 %), weshalb der Ansatz einer kontinuier-licher Drehbettung gerechtfertigt ist.

Etwas anders verhält es sich, wenn zusätzlich die Schubsteifigkeit des Verbandes mit Gl. 6.5 umgerechnet wird in Einzelfedersteifigkeiten für die Punkte, in denen die Pfetten als Druckpfosten des Verbandes wirken:

$$C_{y,1/2} = S/L \cdot 2 = 11.796/20 \cdot 2 = 1180\,\text{kN} \quad \text{in Feldmitte und}$$
$$C_{y,1/4} = C_{y,3/4} = S/L \cdot 2{,}667 = 11.796/20 \cdot 2{,}667 = 1573\,\text{kN} \quad \text{in den Viertelspunkten}$$

Mit diesen Einzelfedern am Obergurt ergibt sich die in Abb. 6.31 dargestellte Eigenform und der zugehörige Eigenwert ist mit $\alpha_{cr} = 2{,}30$ deutlich kleiner (= 90,9 %) als mit kon-tinuierlich angenommener Schubfeldwirkung. Entsprechende Untersuchungen von *Krah-winkel* [20] bestätigen, dass bei nicht engmaschigen Verbänden der Ansatz von Einzel-federn zutreffender ist als die kontinuierliche Schubfeldsteifigkeit. Im Folgenden wird der Eigenwert verwendet, um die idealen Biegedrillknickmomente für die maßgebenden

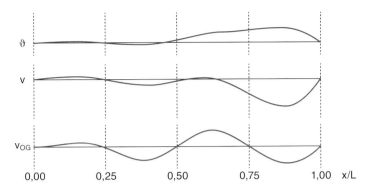

Abb. 6.31 Eigenform für das System in Abb. 6.29c ermittelt mit FE-STAB-FZ [13] für Einzelfedern

Nachweisstellen nach folgender Formel zu ermitteln:

$$M_{\mathrm{cr}}(x) = \alpha_{\mathrm{cr}} \cdot M_{\mathrm{y}}(x) \tag{6.12}$$

Nachweis für das maximale Feldmoment

Das Vorgehen folgt den Erläuterungen in Band 1, Abschn. 6.3.3, wobei für den Riegelquerschnitt IPE 600 bei reiner Biegebeanspruchung die Querschnittsklasse 1 gilt (s. Band 1, Tab. 9.1) und somit das plastische Grenzmoment angesetzt werden kann:

$$M_{\mathrm{cr}} = \alpha_{\mathrm{cr}} \cdot M_{\mathrm{y}} = 2{,}30 \cdot 601{,}5 = 1383 \, \mathrm{kNm}$$

$$\overline{\lambda}_{\mathrm{LT}} = \sqrt{\frac{W_{\mathrm{y}} \cdot f_{\mathrm{y}}}{M_{\mathrm{cr}}}} = \sqrt{\frac{825}{1383}} = 0{,}77 \approx 0{,}78$$

Mit $h/b = 600/220 = 2{,}7 > 2$ ist die *Knicklinie c* zugrunde zu legen bei der Ermittlung von χ_{LT}:

$$\chi_{\mathrm{LT}} = 0{,}776 \quad \text{und} \quad 1/f = 1{,}047 \quad \text{nach Band 1, Tab. 6.20.}$$

Für den vorliegenden Momentenverlauf wird dabei auf der sicheren Seite $k_{\mathrm{c}} = 0{,}91$ angenommen, sodass sich folgender, modifizierter Abminderungsfaktor ergibt:

$$\chi_{\mathrm{LT,mod}} = \frac{\chi_{\mathrm{LT}}}{f} = 0{,}776 \cdot 1{,}047 = 0{,}812 \leq \begin{cases} 1{,}0 \\ 1/\overline{\lambda}_{\mathrm{LT}}^{2} = 1/0{,}77^{2} = 1{,}69 \end{cases}$$

$$M_{\mathrm{b,Rd}} = \frac{\chi_{\mathrm{LT}} \cdot W_{\mathrm{y}} \cdot f_{\mathrm{y}}}{\gamma_{\mathrm{M1}}} = \frac{0{,}812 \cdot 825}{1{,}1} = 609 \, \mathrm{kNm}$$

$$\frac{M_{\mathrm{Ed}}}{M_{\mathrm{b,Rd}}} = \frac{601{,}5}{609} = 0{,}99 < 1$$

Der Nachweis ist knapp erfüllt und die Tragsicherheit damit nachgewiesen.

Nachweis für das maximale Eckmoment

Um den Nachweis führen zu können, wird die Querschnittsklassifizierung (s. Band 1, Abschn. 2.6.2) sowie das entsprechende Grenzmoment für den aufgevouteten Querschnitt am Stützenanschitt (s. Abb. 6.58) benötigt:

$$\text{Gurte: } c/t = (300 - 10 - 2 \cdot 4)/2/20 = 7,05 < 9,0 \Rightarrow \text{QK 1}$$

$$\text{Steg: } c/t = (1000 - 20 - 2 \cdot 4)/10 = 97,2 > 83 \text{ aber} < 124 \Rightarrow \text{QK 3}$$

$$\Rightarrow W_y = W_{y,el} = 7273 \, \text{cm}^3 \text{ (s. Abschn. 6.4.4.2, Beispiel 4)}$$

Die weiteren Nachweisschritte werden analog zum Querschnitt in Feldmitte geführt:

$$M_{cr} = \alpha_{cr} \cdot M_y = 2,3 \cdot 985 = 2266 \, \text{kNm}$$

$$\overline{\lambda}_{LT} = \sqrt{\frac{W_y \cdot f_y}{M_{cr}}} = \sqrt{\frac{7273 \cdot 23,5 \cdot 100^{-1}}{2266}} = \sqrt{\frac{1709}{2266}} = 0,87 \approx 0,88$$

Mit $h/b = 1020/300 = 3,4 \gg 2$ ist für den geschweißten Querschnitt die *Knicklinie c* zugrunde zu legen bei der Ermittlung von χ_{LT}:

$$\chi_{LT} = 0,634 \quad \text{und} \quad 1/f = 1,046 \quad \text{nach Band 1, Tab. 6.20.}$$

Für den vorliegenden Momentenverlauf wird wie zuvor auf der sicheren Seite $k_c = 0,91$ angenommen, sodass sich folgender, modifizierter Abminderungsfaktor ergibt:

$$\chi_{LT,mod} = \frac{\chi_{LT}}{f} = 0,634 \cdot 1,046 = 0,663 \leq \begin{cases} 1,0 \\ 1/\overline{\lambda}_{LT}^2 = 1/0,87^2 = 1,32 \end{cases}$$

$$M_{b,Rd} = \frac{\chi_{LT} \cdot W_y \cdot f_y}{\gamma_{M1}} = \frac{0,663 \cdot 1709}{1,1} = 1030 \, \text{kNm}$$

$$\frac{M_{Ed}}{M_{b,Rd}} = \frac{985}{1030} = 0,96 < 1$$

Der Nachweis ist erfüllt und die Tragsicherheit damit nachgewiesen.

6.3.3.3 Nachweis Rahmenriegel mit dem Ersatzimperfektionsverfahren

Alternativ zu dem Nachweis mit dem χ_{LT}-Verfahren kann dieser mit dem *Ersatzimperfektionsverfahren* (EIV) geführt werden. Dies bietet sich besonders an, wenn – wie hier der Fall – aussteifende Elemente rechnerisch zu berücksichtigen sind und hierzu ein entsprechendes FE-Programm wie z. B. *FE-STAB-FZ* [13] mit Stabelementen mit 7 Freiheitsgraden (zur Abbildung der Wölbkrafttorsion) Verwendung finden soll. Für den Nachweis der Querschnittstragfähigkeit ist in *FE-STAB-FZ* das *Teilschnittgrößenverfahren* nach *Kindmann/Frickel* [21] implementiert, wobei die in Abschn. 6.3.1 erwähnte Beschränkung der plastischen Grenzmomente für den Biegedrillknicknachweis Berücksichtigung findet.

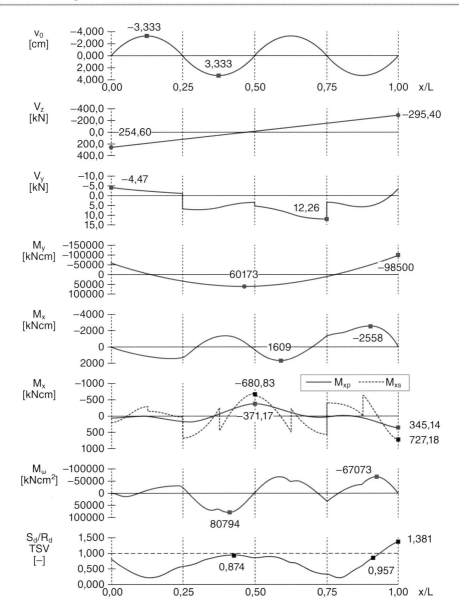

Abb. 6.32 Nachweis mit dem Ersatzimperfektionsverfahren für das System in Abb. 6.29c mit Einzelfedern, ermittelt mit FE-STAB-FZ [13]: Geometrische Ersatzimperfektionen, Schnittgrößen Th. II. Ordnung, Plastische Querschnittsausnutzung S_d/R_d

In Abb. 6.32 ist oben der Ansatz der geometrischen Ersatzimperfektionen dargestellt, der sich an der Eigenform gemäß Abb. 6.31 orientiert. Der Stich der sinusförmigen Vorkrümmungen wird nach Band 1, Tab. 2.13, wie folgt angesetzt:

$$v_0 = 2 \cdot L/300 = 2 \cdot 500/300 = 3{,}33 \, \text{cm}$$

Der Grundwert von $L/300$ gilt sowohl für den IPE 600 bei plastischer Querschnittsaus-nutzung als auch für den geschweißten Voutenquerschnitt bei elastischer Ausnutzung. Da der bezogene Schlankheitsgrad für beide Fälle im Bereich zwischen 0,7 und 1,3 liegt (s. Abschn. 6.3.3.2), ist der Grundwert zu verdoppeln. Für L wird der Abstand zwischen den Nulldurchgängen der Eigenform (= Abstand der seitlichen Stützung am Obergurt) verwendet.

Unter der Darstellung der Vorkrümmung v_0 über die Riegellänge von $L = 20\,\text{m}$ ($x/L = 0$ bis 1) sind in Abb. 6.32 die resultierenden Nachweisschnittgrößen nach Theorie II. Ordnung wiedergegeben. Diese beziehen sich auf die verformte Stabachse und die um ϑ verdrehten Hauptachsen des Querschnitts, sodass aus der Biegung M_y auch Biegung M_z um die schwache Achse resultiert (s. Band 1, Abb. 6.24). Dazu kommen vor allem die Torsionsschnittgrößen M_ω und $M_x = M_{xp} + M_{xs}$ sowie die Querkräfte V_z und V_y (die mi-nimale Normalkraft ist nicht dargestellt). Unter Berücksichtigung aller Schnittgrößen wird mit dem Teilschnittgrößenverfahren (TSV) der Nachweis der plastischen Querschnitts-tragfähigkeit geführt und ein Ausnutzungsgrad S_d/R_d als Reziprokwert eines möglichen Steigerungsfaktors für jede Stelle des Riegels (genaugenommen an den jeweiligen Enden der finiten Elemente) angegeben. Ist $S_d/R_d \leq 1$, so ist der Nachweis erfüllt. Dies gilt für den gesamten Bereich des Querschnitts IPE 600 (bei einer Voutenlänge von ca. 1,8 m für $x/L = 1,8/20 = 0,09$ bis $x/L = 0,91$). Für den Voutenbereich werden am rechten Auflager die folgenden Spannungsnachweise geführt (nur die maßgebenden):

Für den Steg: $\tau(V_z) \sim \tau_{\text{m,Ed}} = V_z/A_{\text{Steg}} = 295,4/96 = 3,08\,\text{kN/cm}^2$

$\tau(M_{xp}) = M_{xp}/I_T \cdot t = 345/192 \cdot 1,0 = 1,80\,\text{kN/cm}^2$

mit $I_T = \sum b_i \cdot t_i^3/3 = (2 \cdot 30 \cdot 2^3 + 96 \cdot 1^3)/3 = 192\,\text{cm}^4$

$\tau_{\text{Ed}}/\tau_{\text{Rd}} = (3,08 + 1,8)/23,5 \cdot (3)^{0,5} \cdot 1,1 = 0,40 < 1$

Für die Gurte: $\tau(M_{xs}) \sim \tau_{\text{m,Ed}} = M_{xs}/a_g/A_{\text{Gurt}} = 727/100/60 = 0,12\,\text{kN/cm}^2$

$\tau(M_{xp}) = M_{xp}/I_T \cdot t = 345/192 \cdot 2,0 = 3,60\,\text{kN/cm}^2$

$\tau_{\text{Ed}}/\tau_{\text{Rd}} = (0,12 + 3,6)/23,5 \cdot (3)^{0,5} \cdot 1,1 = 0,30 < 0,5$

$\Rightarrow \sigma_v$ nicht erforderlich

$\sigma_{\text{Ed}} = M_y/W_y = 98.500/7273 = 13,54\,\text{kN/cm}^2$

$\sigma_{\text{Ed}}/\sigma_{\text{Rd}} = 13,54/23,5 \cdot 1,1 = 0,63 < 1$

Damit ist der Biegedrillkicknachweis für den Rahmenriegel auch mit dem EIV erbracht.

6.3.3.4   Nachweis der Rahmenstütze mit Abminderungsfaktoren

Durch die übliche Ausbildung des Anschlusses der Verbandsdiagonalen an den Verbands-pfosten sowie die Anbindung des Pfostens an den Steg des Rahmenstiels über eine hohe, biegesteife Stirnplatte, darf dieser Punkt im Verband als seitlich unverschieblich und in der Längsachse des Stieles als unverdrehbar angesehen werden (vgl. Abb. 6.29d). Damit ist die Knicklänge um die schwache Achse ($L_{\text{cr,z}} = 4,0\,\text{m}$) identisch mit dem Abstand der benachbarten Gabellager. Der Nachweis der Stütze wird für die kombinierte Beanspru-

chung aus Druck und Biegung mit Abminderungsfaktoren gemäß Band 1, Abschn. 6.4.1
geführt:

Einfluss der Drucknormalkraft

$$N_{cr,z} = \frac{\pi^2 EI_z}{L_{cr,z}^2} = \frac{\pi^2 \cdot 21.000 \cdot 11.271}{4^2} = 14.600 \, kN$$

$$\overline{\lambda}_z = \sqrt{\frac{A \cdot f_y}{N_{cr,z}}} = \sqrt{\frac{5322}{14.600}} = 0{,}60, \quad h/b > 1{,}2 \ \Rightarrow \ \text{Knicklinie b} \ \Rightarrow \ \chi_z = 0{,}837$$

$$n_z = \frac{N_{Ed}}{\chi_z \cdot N_{Rk}/\gamma_{M1}} = \frac{497}{0{,}837 \cdot 5322/1{,}1} = 0{,}123 > 0{,}1$$

Einfluss des Biegemomentes

$$M_{cr} = \zeta \cdot N_{cr,z} \cdot (0{,}5 \cdot z_q + \sqrt{0{,}25 \cdot z_q^2 + c^2})$$
$$= (1{,}77 - 0{,}5 \cdot 0{,}77) \cdot 14.600 \cdot \sqrt{0{,}102} = 6448 \, kNm$$

mit

$$c^2 = \frac{I_\omega + 0{,}039 \cdot L^2 \cdot I_T}{I_z} = \frac{8.978.000 + 0{,}039 \cdot 400^2 \cdot 398}{11.271} = 1017 \, cm^2 \quad \text{und}$$

$$\psi = 494{,}5/985 \approx 0{,}5$$

$$\overline{\lambda}_{LT} = \sqrt{\frac{W_y \cdot f_y}{M_{cr}}} = \sqrt{\frac{1257}{6448}} = 0{,}44$$

$$\Rightarrow \chi_{LT} = 0{,}984 \quad \text{für KL b bei } h/b = 590/300 = 1{,}97 < 2$$

$$\frac{M_{Ed}}{M_{b,Rd}} = \frac{985}{1124} = 0{,}876 < 1 \quad \text{mit } M_{b,Rd} = \frac{\chi_{LT} \cdot W_y \cdot f_y}{\gamma_{M1}} = \frac{0{,}984 \cdot 1257}{1{,}1} = 1124 \, kNm$$

Kombinierte Beanspruchung

$$k_{zy} = 1 - \frac{0{,}1 \min\{\overline{\lambda}_z; 1\}}{C_{mLT} - 0{,}25} \cdot n_z = 1 - \frac{0{,}1 \cdot 0{,}6}{0{,}8 - 0{,}25} \cdot 0{,}123 = 0{,}987$$

mit $c_{mLT} = 0{,}6 + 0{,}4\psi = 0{,}6 + 0{,}4 \cdot 0{,}5 = 0{,}8 > 0{,}4$

$$\frac{N_{Ed}}{\chi_z N_{Rk}/\gamma_{M1}} + k_{zy} \frac{M_{y,Ed}}{\chi_{LT} M_{y,Rk}/\gamma_{M1}} = 0{,}123 + 0{,}987 \cdot 0{,}876 = 0{,}99 < 1$$

Somit liegt auch für den Rahmenstiel eine ausreichende Tragsicherheit vor.

6.3.4 Beispiel: Rahmenriegel mit verschiedenen Aussteifungsvarianten

Es soll die stabilisierende Wirkung unterschiedlicher Aussteifungsvarianten untersucht werden. Hierzu werden für das Ausgangssystem in Tab. 6.8 – welches den Riegel eines Zweigelenkrahmens simulieren soll – mithilfe von FE-Berechnungen mit [13] die Verzweigungslasten q_{cr} bestimmt für unterschiedliche Varianten der konstruktiven Durchbildung und Aussteifung. Gut zu erkennen ist, dass die Berücksichtigung von Vouten oder Stirnplatten wenig Einfluss auf die Verzweigungslast hat. Vollständige Wölbeinspannun-

Tab. 6.8 Verzweigungslasten q_{cr} für unterschiedliche Varianten der konstruktiven Durchbildung und Aussteifung für den Riegel eines Zweigelenkrahmens

Nr.	Variante	q_{cr} [kN/m]	[%]
1	Ausgangssystem		
		1,97	100
	IPE 360, S235, Lastangriff am Obergurt, $M_A = M_B = -0,6qL^2/8$		
2	Vouten		
	Anordnung von Vouten aus coupierten IPE 360 mit $h_V = 690$ mm und $L_V = L/10 = 2$ m	1,99	101
3	Stirnplatten = Wölbfedern		
	Anordnung von Stirnplatten $d_p = 20$ mm an den Auflagern und in Feldmitte $\Rightarrow$ Wölbfedersteifigkeiten $C_\omega = \dfrac{1}{3} \cdot G \cdot t_p^3 \cdot b_p \cdot a_g$ $= \dfrac{1}{3} \cdot 8100 \cdot 2^3 \cdot 17 \cdot (36-2)$ $= 12.752.900 \text{ kNcm}^3$	2,04	104
4	Wölbeinspannungen		
	Realisierung von Wölbeinspannungen bei $x = 2$ m und $x = 18$ m z. B. durch in die Trägerkammern eingeschweißte U-Profile	2,77	141

Tab. 6.8 (Fortsetzung)

Nr.	Variante	q_{cr} [kN/m]	[%]
5a	Federnde diskrete Stützungen in S infolge eines Verbandes	3,24	165

Ø 20 mm
Ø 88,9 × 3,2
5,0 m
Druckweiche Diagonalen
5,0 m 5,0 m 5,0 m 5,0 m
20,0 m

Schubfeldsteifigkeit $S^* = 20.653$ kN des Verbandes verteilt auf $n = 5$ zu stabilisierende Binder und umgerechnet nach Gl. 6.7 in folgende Einzelfedersteifigkeiten:

$C_{y,Feldmitte} = 4{,}13$ kN/cm

$C_{y,Viertelspunkt} = 5{,}51$ kN/cm

Nr.	Variante	q_{cr} [kN/m]	[%]
5b	Unverschiebliche diskrete Stützungen in S		
	Annahme von unverschieblichen Stützungen ($C_y = \infty$) im Schwerpunkt des Trägers in den Viertelspunkten	3,77	191
5c	Federnde diskrete Stützungen am OG	4,91	249
5d	Unverschiebliche diskrete Stützungen am OG	5,47	277
5e	Gebundene Drehachse am OG	6,44	327
5f	Gebundene Drehachse am OG und Voutenausbildung	7,05	358
6	Drehbettung $C_D = 5{,}9$ kNm/m durch Trapezprofile	6,67	339
6a	Drehbettung und federnde diskrete Stützungen am OG sowie Vouten	14,2	721
6b	Drehbettung und federnde diskrete Stützungen am OG sowie Vouten und Stirnplatten	14,6	739
6c	Drehbettung und unverschiebliche diskrete Stützungen am OG	14,7	746
6e	Drehbettung und gebundene Drehachse am OG	18,1	917

gen bei $x = 2$ m und $x = 18$ m würden zwar bereits zu einer nennenswerten Erhöhung von q_{cr} führen, werden aber nicht ausgeführt.

Wesentlich realistischer ist dagegen der Ansatz der stützenden Wirkung eines mehr oder weniger steifen Verbandes bis hin zur gebundenen Drehsachse am Obergurt, wodurch sich q_{cr} etwa um den Faktor 3,3 gegenüber dem Ausgangssystem steigern lässt. Ähnlich hoch fällt der Faktor aus, wenn eine realistische Drehbettung infolge eines Trapezbleches in Ansatz gebracht wird. Durch die Kombination von Drehbettung und Verbandswirkung kann q_{cr} noch einmal verdoppelt werden und erreicht bei Drehbettung und gebundener Drehachse am Obergurt fast den zehnfachen Wert des Ausgangssystems.

Mit diesem Beispiel wird verdeutlicht, wie wichtig die Berücksichtigung (vorhandener) angrenzender Bauteile für eine wirtschaftliche Bemessung beim Biegedrillknicken ist.

6.4   Rahmenecken und biegesteife Stöße

6.4.1   Allgemeines

In Rahmenecken(-knoten) werden die horizontal (geneigt) angeordneten *Rahmenriegel* mit den vertikal (geneigt) stehenden *Rahmenstielen biegesteif* zusammengefügt siehe Abb. 6.33. Damit die in der statischen Berechnung als *starr* unterstellte Knotenverbindung tatsächlich auch gewährleistet ist, sind i. d. R. besondere konstruktive Maßnahmen erforderlich. Diese ergeben sich aber auch aus der zwangsläufigen Schnittkraftumlenkung vom Riegel $(N, M, V)_R$ auf den Stiel $(N, M, V)_S$ siehe Abb. 6.34. Sie findet auf einem begrenzten Stabwerksbereich (Knoten) statt und erzeugt daher einen nicht nur sehr hohen, sondern gleichzeitig auch komplexen Beanspruchungszustand im Rahmeneck. Dies macht i. Allg. *Versteifungen* erforderlich in Form von *Rippen* zur Ein- und Fortleitung der Flanschkräfte oder *Vouten* zur Vergrößerung des Kraftumlenkungsbereiches. Sie sind *lohnintensiv*, sodass es nicht an Versuchen fehlt, sogenannte *steifenlose Rahmenecken* auszuführen. Gemäß DIN EN 1993-1-8 [1] sind sowohl die Ausbildung von biegesteifen als auch von biegeweichen Anschlüssen möglich, siehe hierzu Abb. 6.33 und Teilwerk 1, Abs. 2.

Eine zu starke Ausdünnung dieser hochbeanspruchten Tragwerkspunkte halten die Verfasser nicht unbedingt für sinnvoll aus folgenden Gründen:

- Die Stabilität des Gesamttragwerkes hängt im hohen Maße von der Steifigkeit der Knotenpunkte ab.
- Alle Nachweise für Rahmenecken basieren auf mechanischen Rechenmodellen, die mit den praktischen Ausführungen nur bedingt übereinstimmen. Konstruktive Reserven sind bei zu schwacher Ausbildung nicht vorhanden.

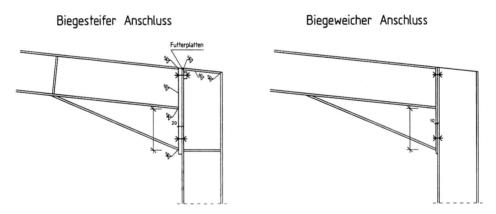

Abb. 6.33 Beispiele für biegesteife und biegeweiche Rahmenecken

Abb. 6.34 Beziehung der
Knotenschnittgrößen

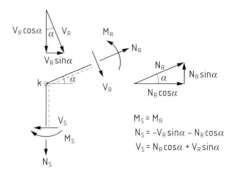

$$M_S = M_R$$
$$N_S = -V_R \sin\alpha - N_R \cos\alpha$$
$$V_S = N_R \cos\alpha + V_R \sin\alpha$$

- Unversteifte Rahmenecken müssen in der statischen Berechnung als nachgiebige Knotenverbindungen (drehelastisch-drehplastische Federn) berücksichtigt werden. Die Rahmensteifigkeit nimmt u. U. deutlich ab, der Berechnungsaufwand jedoch beträchtlich zu.
- Infolge der abgeminderten Biegesteifigkeit im Rahmeneck nehmen die Feldschnittgrößen (des Riegels) entsprechend zu.
- Aus vorhergenannten Gründen sind die Riegel und fallweise auch die Stiele kräftiger auszubilden und kompensieren durch höheren Materialeinsatz Einsparungen an Lohnkosten in den Knotenpunkten.

Aus den genannten Gründen werden daher die *ausgesteiften* Rahmenecken vorab ausführlicher behandelt.

6.4.2 Grundformen ausgesteifter Rahmenecken

6.4.2.1 Geschweißte Rahmenecken

In Abb. 6.35 sind einige typische Konstruktionsprinzipien von geschweißten Rahmenecken dargestellt. Sie werden in der Werkstatt (in Ausnahmefällen auf der Baustelle/Einbauort) hergestellt. Die dann fallweise erforderlichen Schraubstöße (z. B. aus Transport- oder Montagegründen) liegen im Rahmenriegel oder -stiel. Die unterschiedlichen Ausführungsformen sollen nur in ihren wichtigsten Merkmalen beschrieben werden.

In Ausführung a) und b) sind die Verbindungen der Riegel mit den Stielen *ohne Voute* dargestellt. Das Eckblech wird u. U. dicker ausgeführt (a) oder das Rahmeneck durch eine *Schrägsteife* verstärkt. Beide Ausführungen sind nur bei mäßigen Schnittgrößen möglich. Eine Stegblechverstärkung sollte stets bis an die Flansche des zu verstärkenden Stabes geführt werden (Detail „A"), da die hohen Schubkräfte im Eckblech über die Flansche (und Aussteifungsrippen) eingeleitet werden. Die hier zugelegten Steglaschen werden der Ausrundung angepasst und müssen am Flansch angeschweißt werden. Die Beilagen müssen dick genug sein, um die Schweißnaht aus dem Bereich evtl. Seigerungszonen in der

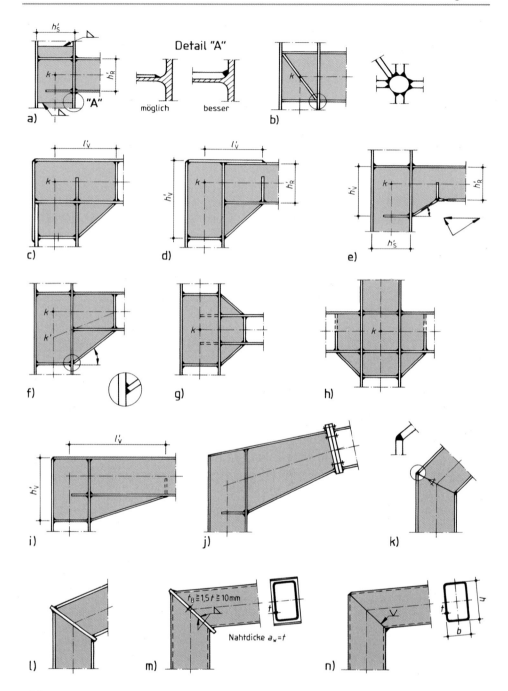

Abb. 6.35 Geschweißte Rahmenecken. **a** ohne Eckverstärkung, **b** mit Schrägsteife, **c** bis **f** mit einseitiger Voute, **g** bis **h** mit beidseitiger Voute, **i** bis **j** mit langer Voute im Hallenbau, **k** bis **l** mit Gehrungsschnitt, **m** bis **n** mit Gehrungsschnitt bei Hohlprofilen

Ausrundung herauszuhalten; als statisch wirksame Dicke der Beilagen darf jedoch nur die Dicke der Anschlussschweißnähte angesetzt werden.

Bei Schrägsteifen werden Anhäufungen von Schweißnähten vermieden, wenn im Kreuzungspunkt der Flansche und Rippen ein Rund- oder Vierkantstahl eingeschweißt wird. Eine solche schweißgerechte Ausführung ist indes teuer. Im Teilbild c), d) sind Verbindungen oberer Rahmenriegel mit den Stützen schematisch dargestellt. Im Fall c) läuft der Rahmenriegel über die Stütze, im häufigeren Fall d) dagegen die Stütze durch. In den *Knickpunkten* der Flansche sind Rippen angeordnet, die eine (übermäßige) Verbiegung der Flansche infolge der Kraftresultierenden aus den Flanschkräften (s. e) verhindern. Wie auch in den Bildern e), f) und g) (sowie i) und j)) ist der Rahmenriegel (Stiel) *voutenförmig* von der Höhe h'_R (= Flanschabstand des ursprünglichen Riegelquerschnittes) auf die künstliche Höhe h'_V aufgezogen, um den Hebelarm der inneren (Flansch-)Kräfte aus dem Riegelmoment zu vergrößern. Dadurch reduzieren sich die Schubspannungen im Eckblech und die Flanschanschlussgrößen zur Dimensionierung der erforderlichen Schweißnähte (bzw. Schrauben bei geschraubtem Riegelanschluss). Bei g) und h) sind beidseitige Vouten (im Riegel bzw. Stiel) angeordnet. Teilbild i) und j) stellt Rahmenecken mit „langen Vouten" dar, die im Hallenbau üblich sind. Soll die lange Voute nicht nur örtlich (im Rahmeneck) wirksam werden, sondern auch in die Steifigkeitsverhältnisse der Rahmenberechnung eingehen, so wählt man ihre Länge $h'_V \approx (1/12$ bis $1/8) \cdot l$ und ihre Höhe $h'_V \approx (1,5$ bis $2,0) \cdot h'_R$, l = Hallenstützweite, h'_R = Riegelhöhe, s. Abb. 6.35i. Der Voutenbereich wird dann als gesonderter Stab mit entsprechender Voutensteifigkeit rechnerisch erfasst; dadurch verringern sich die Verformungen und die Riegelfeldmomente.

Zur Vermeidung von Eckverstärkungen werden auch Stöße über *Gehrungsschnitte* (k, l) mit oder ohne Zwischenblech bei geringer Beanspruchung ausgeführt. Diese Verbindungsart ist auch geeignet bei Hohlprofilen m), n), Ausführungsregeln hierzu s. [1]. Auf weitere Einzelheiten der unterschiedlichen Ausführungsformen soll nicht detaillierter eingegangen, sondern die Problematik aller konstruktiven Lösungen durch wenige Grundregeln festgehalten werden:

1) Geschweißte Rahmenecken weisen örtlich und fallweise eine Anhäufung von Schweißnähten auf, die zu räumlichen Spannungszuständen mit der Gefahr einer *Versprödung* neigen.
   Eine sorgfältige Auswahl der Werkstoffgüten [39] und Schweißfolgepläne (eine Aufgabe des Schweißfachingenieurs (SFI)) ist unbedingt erforderlich.
2) Je nach Ausbildungsform werden Bleche (Flansche) durch direkte Verbindungen über Kehl-, K- oder Stumpfnähte kraftschlüssig angeschlossen und verursachen hohe Beanspruchungen in Dickenrichtung der Teile, an die angeschlossen werden soll. Für diese besteht dann eine *Rissegefahr* infolge *Doppelungen* oder eines *Terrassenbruches*. Über eine Güteprüfung der Werkstoffe (Durchschallen, Strahlen) und entsprechende Auswahl der Schweißnähte kann dieser Gefahr vorgebeugt werden.

3) Die Schweißtechnik verursacht zwangsläufig infolge der Wärmeeinbringung und des unterschiedlichen Abkühlungsverhaltens innerhalb der Schweißkonstruktion geometrische Verformungen, die z. B. bei durchlaufenden Stielen im Anschlusspunkt der Riegel zu deutlichen Knicken führen können.

Bei Beachtung dieser Gesichtspunkte lassen sich ausreichend tragfähige Detaillösungen finden. Die hier aufgeführten Grundsätze gelten natürlich auch für Rahmenecken, die im Kreuzungspunkt der Stäbe verschraubt werden, aber vergleichbare Anschlussdetails aufweisen.

In den Berechnungs- und Ausführungsbeispielen wird auf weitere Besonderheiten fallweise hingewiesen.

6.4.2.2   Geschraubte Rahmenecken

Die üblichen geschraubten Konstruktionsformen sind natürlich den geschweißten Rahmenecken sehr ähnlich; aus diesem Grund sind in Abb. 6.36 nur einige Fälle aufgeführt.

In Teilbild a), b) ist die *übergreifende Zuglasche* am Stiel (Riegel) angeschweißt und mit dem Riegel (Stiel) verschraubt. Die Querkraftübertragung erfolgt im Fall a) über eine am Riegel angeschweißte und mit dem Stiel verschraubte Stirnplatte. Die vertikalen Schrauben sollten wegen der unterschiedlichen Steifigkeit der Zuglasche und des auf Biegung beanspruchten Stirnbleches zur Biegemomentenübertragung nicht herangezogen werden. Im Bild c) erfolgt der Riegelanschluss über eine *typisierte, überstehende Stirnplatte* [28, 29], die jetzt wesentlich steifer als im Fall a) auszubilden ist. Als Schrauben

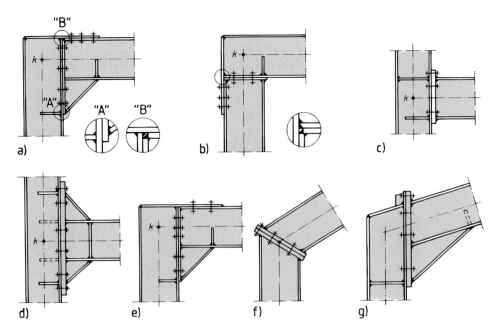

Abb. 6.36 Geschraubte Rahmenecken

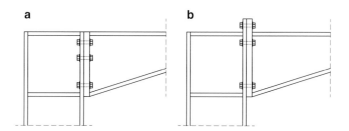

Abb. 6.37 Rahmenecken mit **a** bündiger Stirnplatte, **b** überstehender Stirnplatte

kommen hier nur *vorgespannte, hochfeste Schrauben* in Frage. Bei Verwendung *roher Schrauben* (heutzutage eher selten) benötigt man wesentlich mehr Verbindungsmittel und muss den Riegel dadurch mit einer größeren Voute versehen, e). Bei wechselnden Momenten sind fallweise *Doppelvouten*, Teilbild d) vorteilhaft. Verschraubte *Gehrungsstöße* werden wiederum mit *biegesteifen Stirnplatten* ausgeführt. Für Zweigelenkrahmen aus IPE-Profilen kann man sich sowohl statisch als auch konstruktiv an die vorhergehenden Abschnitte halten.

Häufig werden in aktuellen Konstruktionen Rahmenecken mit Vouten, Kopfplatten und mehreren innenliegenden Schraubenreihen angeordnet, siehe Abb. 6.37a. Diese können dann mit dem sogenannten T-Stummel-Model nach DIN EN 1993-1-8 [1] bemessen werden. Sofern geometrisch möglich, bieten sich überstehende Stirnplatten an siehe Abb. 6.37b, was i. d. R. zu dünneren Platten und geringeren Schraubenausnutzungen führt aufgrund der größeren Hebelarme. Hierzu sind jedoch die Störkanten im Dachbereich zu beachten.

Häufig sind die Flansche im Verhältnis zur erforderlichen Plattendicke zu dünn. Dann bieten sich zur Verstärkung Futter- bzw. Hinterlegplatten an, siehe Abb. 6.38. Deren Stärke sollte entsprechend der Plattendicke gewählt werden.

Teilweise wird das Versagen der Stütze infolge Schubbeanspruchung maßgebend. Dann können als Verstärkungsmaßnahmen Schrägsteifen oder Stegverstärkungen angeordnet werden, siehe Abb. 6.39 und 6.40. Hierbei ist zu beachten, dass gemäß DIN EN 1993-1-8 [1], Abs. 6.2.6.1 auch bei beidseitigen Stegblechen nur die Dicke von einer Seite für die Schubfläche A_{vc} angerechnet werden sollte.

Abb. 6.38 Verstärkung von Stützenflanschen mit Hinterleg-(Futter-)platten

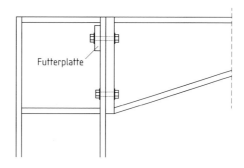

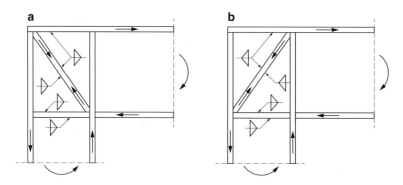

Abb. 6.39 Verstärkung von Stützenstegen mit Diagonalsteifen [32]

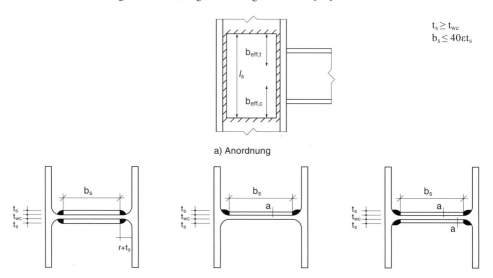

Abb. 6.40 Verstärkung von Stützenstegen mit zusätzlichen Stegblechen und Vorgaben gemäß [1]

6.4.2.3 Rahmenecken mit Gurtausrundungen

Voll geschweißte Rahmenecken mit Gurtausrundungen (Abb. 6.41) wurden früher (bei geringeren Lohnkosten) häufig aus optischen Gründen ausgeführt. Durch die kontinuierliche Kraftumlenkung der Flanschkräfte entstehen in ihnen radial gerichtete Umlenkkräfte, die die Flansche auf Querbiegung beanspruchen. Am Innengurt sind aus diesen Gründen – insbesondere bei kleineren Krümmungsradien – relativ dicht angeordnete Kraftumlenkungsrippen erforderlich (b, d, . . . , f), es sei denn, man hält den Druckflansch bei großer Dicke recht schmal und verstärkt das Stegblech (c). Bei großen Ausrundungsradien genügt u. U. eine Rippe in Richtung der Winkelhalbierenden (a). Die Ausführung des Baustellenschweißstoßes in Abb. 6.41f wird durch die vorgesehenen Montagewinkel erleichtert.

Solche Lösungen führt man heute nur noch selten, z. B. bei sehr hohen oder dynamischen Beanspruchungen aus.

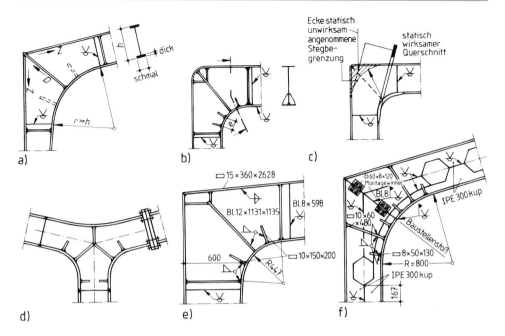

Abb. 6.41 Rahmenecken mit Gurtausrundungen

6.4.3   Beanspruchungen in ausgesteiften Rahmenecken

6.4.3.1   Berechnungsmodelle für Eckbleche und Aussteifungen

Die im Rahmenknoten vom Riegel und Stiel ankommenden Schnittgrößen stehen unter-
einander und fallweise mit den im Knoten angreifenden äußeren Lasten im Gleichgewicht.
Im einfachsten Fall ohne äußere Knotenlasten (Abb. 6.42) entsprechen sich daher folgende
Schnittgrößen (R = Riegel, S = Stiel):

$$N_R \triangleq V_S$$
$$V_R \triangleq N_S \tag{6.13}$$
$$M_{RK} \triangleq M_{SK} \text{ bzw. } N_{Fl,h}^{M_R} \to N_{Fl,v}^{M_S}$$

Fasst man die Biegemomente schließlich jeweils als ein Flanschkräftepaar (N, N, h = horizontal, v = vertikal) auf, so findet im Rahmeneck eine reine Kraftumlenkung statt. Der
tatsächliche Beanspruchungszustand ist äußerst kompliziert; unter Beachtung der Gleichgewichtsbedingungen und eines mechanisch plausiblen Verzerrungszustandes lassen sich
jedoch *einfache Tragmodelle* ableiten, die auch in einer hinreichend genauen Übereinstimmung mit Versuchen bzw. neueren FEM-Methoden stehen. Bei diesem *Berechnungsmodell* werden die im Rahmeneck vorhandenen Stegbleche gedanklich von den Flanschen gelöst und an den Schnittkanten die freigesetzten Reaktionskräfte (nach *d'Alembert*

Abb. 6.42 Knotenschnittgrößen im Rahmeneck

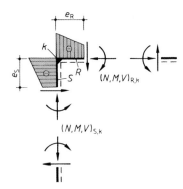

(1717–1787) gegengleich) angetragen. Die Flansche bzw. Steifen seien gelenkig miteinander verbunden.

Von den Biegemomenten und Normalkräften wird vereinfachend angenommen, dass
sie allein von den Flanschen aufgenommen (übertragen) werden, während die Querkräfte ohnehin nur in den Stegen vorhanden sind. Nach dieser Aufteilung werden die Kräfte
an den entsprechenden Teilflächen als „äußere Lasten" angesetzt und längs der vertikalen und horizontalen bzw. schrägen Ränder die Gleichgewichtsbedingungen aufgestellt.
Man erhält die zuvor erwähnten Reaktionskräfte im Eckblech des Rahmenknotens, aus
denen sich die Beanspruchungen (σ), τ errechnen lassen. Dabei werden natürlich nicht
die Schnittgrößen im *Systempunkt* (k) zugrunde gelegt, sondern die Größen am jeweiligen *Rahmeneckanschnitt*. Mit den in Rahmenecken üblicherweise vorhandenen Knotenschnittgrößen (Index k) (Abb. 6.42) und $e_{R,S}$ = Abstand des Anschnittes im Riegel bzw.
Stiel ergeben sich die Schnittgrößen am Anschnitt (R, S), falls keine (oder vernachlässigbare) Knotenlasten angreifen:

$$M_R := M_{R,k} - V_R \cdot e_R \quad N_R := N_{R,k} \quad V_R := V_{R,k}$$
$$M_S := M_{S,k} - V_S \cdot e_S \quad N_S := N_{S,k} \quad V_S := V_{S,k} \tag{6.14}$$

Für 4 *typische Fälle* werden die Beanspruchungen abgeleitet bzw. angeschrieben.

Wichtig: Für alle Ableitungen werden die mit Richtungssinn eingetragenen Knotenschnittgrößen (abweichend von den üblichen Bezeichnungen) als *positiv* betrachtet.

Fall 1 – Knieeck ohne Voute (Abb. 6.43)
Im Teilbild a) sind die Abmessungen und b) die bereits aufgeteilten Schnitt- und Reak-
tionskräfte eingetragen. Die Höhen h' beziehen sich auf die Flanschabstände, s_E ist die
Blechdicke im Eckblech. Die Anschnittmomente sind

$$M_R = M_{R,k} - V_{R,k} \cdot h'_R/2 \quad M_S = M_{S,k} - V_{s,k} \cdot h'_R/2 \tag{6.15}$$

Abb. 6.43 Berechnungsmodell für Rahmenecken mit
flanschparallelen Stielen und
Riegeln

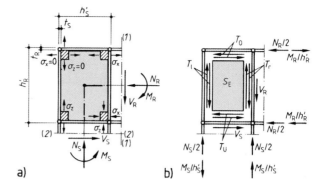

Das horizontale Kräftegleichgewicht (Abb. 6.43b) liefert

$$oben: \quad T_\mathrm{o} = M_\mathrm{R}/h'_\mathrm{R} - N_\mathrm{R}/2 = \frac{M_\mathrm{R,k}}{h'_\mathrm{R}} - V_\mathrm{R} \cdot \frac{h'_\mathrm{S}}{2 \cdot h'_\mathrm{R}} - \frac{N_\mathrm{R}}{2}$$

$$unten: \quad T_\mathrm{u} = M_\mathrm{R}/h'_\mathrm{R} + N_\mathrm{R}/2 - V_\mathrm{S} = \frac{M_\mathrm{R,k}}{h'_\mathrm{R}} - V_\mathrm{R} \cdot \frac{h'_\mathrm{S}}{2 \cdot h'_\mathrm{R}} + \frac{N_\mathrm{R}}{2} - V_\mathrm{S}$$

(6.16)

Mit $V_\mathrm{S} = N_\mathrm{R}$, Gl. 6.13, wird

$$T_\mathrm{o} = T_\mathrm{u} \tag{6.17}$$

Aus dem Gleichgewicht der vertikalen Kräfte folgt analog

$$links: \quad T_\mathrm{l} = M_\mathrm{S}/h'_\mathrm{S} - N_\mathrm{S}/2 = \frac{M_\mathrm{S,k}}{h'_\mathrm{S}} - V_\mathrm{S} \cdot \frac{h'_\mathrm{S}}{2 \cdot h'_\mathrm{S}} - \frac{N_\mathrm{S}}{2}$$

$$rechts: \quad T_\mathrm{R} = M_\mathrm{S}/h'_\mathrm{S} + N_\mathrm{S}/2 - V_\mathrm{R} = \frac{M_\mathrm{S,k}}{h_\mathrm{S}} - V_\mathrm{S}\frac{h'_\mathrm{S}}{2h'_\mathrm{S}} + \frac{N_\mathrm{S}}{2} - V_\mathrm{R}$$

(6.18)

$$T_\mathrm{o} = \frac{M_\mathrm{R}}{h'_\mathrm{R}} - \frac{N_\mathrm{R}}{2}$$

$$T_\mathrm{u} = \frac{M_\mathrm{R}}{h'_\mathrm{R}} + \frac{N_\mathrm{R}}{2} - V_\mathrm{S}$$

$$T_\mathrm{r} = \frac{M_\mathrm{S}}{h'_\mathrm{S}} + \frac{N_\mathrm{S}}{2} - V_\mathrm{R}$$

$$T_\mathrm{l} = \frac{M_\mathrm{S}}{h'_\mathrm{S}} - \frac{N_\mathrm{S}}{2}$$

$$\tau_\mathrm{E} = t_\mathrm{o,u}/s_\mathrm{E} = T_\mathrm{o,u}/(h'_\mathrm{S} \cdot s_\mathrm{E}) = \left[\frac{M_\mathrm{k}}{h'_\mathrm{R} \cdot h'_\mathrm{S}} - \frac{1}{2} \cdot \left(\frac{V_\mathrm{R}}{h'_\mathrm{R}} + \frac{N_\mathrm{R}}{h'_\mathrm{S}} \right) \right]/s_\mathrm{E} \tag{6.19}$$

Es wird angenommen, dass die Schubkräfte T sich gleichmäßig über die entsprechenden
Breiten/Längen des Eckbleches verteilen – dann sind die Normalspannungen in den Steifen bzw. Flanschen an den kraftfreien Rändern identisch Null, wie es auch sein muss –

und man erhält die Schubflüsse:

$$t = t_{o,u} = T_{o,u} / h_S' = \frac{M_k}{h_R' \cdot h_S'} - \frac{1}{2} \cdot \left(\frac{V_R}{h_R'} + \frac{N_R}{h_S'} \right) = t_{l,r} \tag{6.20}$$

Somit gilt auch für die im Eckblech wirksamen Schubspannungen τ_E

$$\tau_E = t / s_E = \text{konst} \tag{6.21}$$

das (notwendige) mechanische Gesetz von der „Gleichheit zugeordneter Schubspannungen". Damit ist der Beanspruchungszustand im Eckbereich vollständig beschrieben. Für den Tragsicherheitsnachweis gegen Fließen wird in einigen Abhandlungen angenommen, dass im rechten unteren Eckbereich des Eckbleches (Abb. 6.43a) aus Kontinuitätsgründen natürlich eine vollständige Schnittkraftaufteilung allein auf die Flansche noch nicht stattgefunden haben kann und im (eng schraffierten) Einheitselement aus Sicherheitsgründen auch noch Normalspannungen aus N und M (theoretisch) vorhanden sind. Teilt man jedoch die Schnittgrößen konsequent auf und berücksichtigt das Fließvermögen des Werkstoffes, so hält es der Verfasser nicht für notwendig, die erwähnten Restspannungen im *Vergleichsspannungsnachweis* zu berücksichtigen, da sie dort ja (zusätzlich noch) in dem 3fach eingehenden Schubspannungsanteil enthalten wären.

Die Kräfte in den horizontalen *Steifen des Stieles* ergeben sich aus T_o bzw. T_u. Diese können gemäß Teil 1, Abschn. 8.3.1 bemessen werden.

Der Nachweis im Eckfeld der Stütze (Schubfeld) kann auf Spannungsebene geführt werden mit

$$\tau_E \leq \tau_{Rd} = \frac{f_y}{\gamma_{M0} \cdot \sqrt{3}} \tag{6.22}$$

oder auf Basis der Schubkräfte unter Verwendung der Komponentenmethode nach DIN EN 1993-1-8 (Abs. 6.2.6) siehe Abschn. 6.3.4.

Zusätzlich ist in jedem Fall die Beulsicherheit des Schubfeldes unter Schubspannung zu überprüfen nach DIN EN 1993-1-5. Hierzu können unter Beachtung von Kap. 2 die Grenzwerte der Schubfeldabmessungen wie folgt festgelegt werden.

$$\begin{aligned} h_w / t_w &\leq 72 \frac{\varepsilon}{\eta} = 60 \sqrt{235 / f_y} \\ &= 60 \qquad \text{für S235} \\ &= 48{,}8 \qquad \text{für S355} \end{aligned} \tag{6.23}$$

mit h_w kleinere Seitenlänge des Schubfeldes, t_w = Blechdicke des Schubfeldes, $\eta = 1{,}2$ gemäß DIN EN 1993-1-5 [1].

Unter Betrachtung der Komponentenmethode nach DIN EN 1993-1-8 [1] kann auch die günstigere Bedingen zur Begrenzung der Schlankheit des Stützenstegs verwendet werden mit

$$d_c / t_w = (h - 2 + f - 2r) / t_w \leq 69\varepsilon \tag{6.24}$$

Fall 2 – Knieeck mit Voute (Abb. 6.44 und 6.45)

Diese Konstruktionsform mit einer 45°-Voute – insbesondere nach Abb. 6.45 – trifft man überwiegend im Industriehochbau an, wo ästhetische Anforderungen an „elegante" Knotenpunkte hinter jenen der Zweckmäßigkeit und Kosten stehen. Mechanisch etwas allgemeiner ist die Ausführungsform in Abb. 6.44; der Riegel ist auf eine Höhe von h_V' aufgezogen. Das Voutendreieck wird aus einem Riegelreststück hergestellt und mit diesem verschweißt. Die Verbindungsmittel zwischen Riegel und Stiel sollen hier nicht betrachtet werden, siehe hierzu die späteren Abschnitte.

Die aus Abb. 6.42 ableitbaren Anschnittgrößen (Schnitt 1–1 bzw. 3–3 und 2–2) sind in Abb. 6.44 bereits auf die Teilflächen (Flansch, Steg) verteilt. Die Gleichgewichtsbedingungen werden verkürzt und in ihrer endgültigen Form angeschrieben.

Fall 2a – Abb. 6.44

Der gedrückte Riegelunterflansch läuft hier nicht bis zur Stütze durch und wird durch die unter 45° geneigte Schrägsteife ersetzt. Dadurch hat das Eckblech „B" einen geneigten (unteren) Rand. Die Gleichgewichtsbedingungen für die beiden Eckbleche (A, B) und die Ecksteifen werden getrennt aufgestellt und ausgewertet. Da die Systemlinie durch die Voute im Eckbereich einen Knick erfährt, entsteht durch die Normalkraft des Riegels ein „Versatzmoment" ($k \to k'$), welches aus Vereinfachungsgründen vernachlässigt wird. Im Schnitt 2–2 ist dann

$$M_S = M_{S,k} - V_S \cdot h_V'/2 \tag{6.25}$$

Abb. 6.44 Berechnungsmodell für Rahmenecken mit Voute

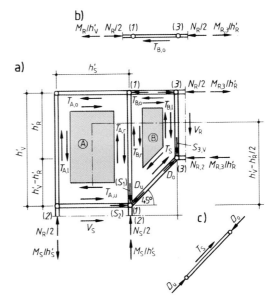

Gleichgewicht am Eckblech A: Mit den Bezeichnungen des Abb. 6.44 und den Schritt-größen am Anschnitt in 1–1 bzw. 2–2 gelten für die Kräfte $T_{A,o}$ und $T_{A,u}$ die Gl. 6.16, wenn h'_R durch h'_V ersetzt wird. Schnittgrößen

Für $T_{A,l}$ und $T_{A,r}$ gilt Gl. 6.18 mit $h'_R := h'_V$. Der Schubfluss t_A wird nach Gl. 6.20 mit h'_V (anstelle h'_R) bestimmt und die Schubspannungen betragen

$$\tau_{E,A} = t_A / s_{E,A} \tag{6.26}$$

Gleichgewicht am Eckblech B: Hierzu betrachten wir Abb. 6.44b mit

$$M_{R,3} = M_{R,k} - V_R \cdot \left(\frac{h'_S}{2} - h'_V - h'_R \right) \tag{6.27}$$

Aus dem Gleichgewicht längs des oberen Flansches zwischen (1)–(3) folgt

$$T_{B,o} = \frac{M_{R,3}}{h'_R} - \frac{M_R}{h'_V} = [M_k - V_R \cdot (h'_S/2 + h'_V)] \cdot \frac{h'_V - h'_R}{h'_V \cdot h'_R} \quad \text{mit } M_R \text{ nach Gl. 6.15.} \tag{6.28}$$

Dann ist die Schubkraft T_S am schrägen Rand wegen $\sum H = 0$ (betragsmäßig)

$$T_S = T_{B,o} \cdot \sqrt{2} \tag{6.29}$$

Die Momentengleichgewichtsbedingung der Schubkräfte fordert

$$T_{B,l} = T_{B,o} \cdot \frac{h'_R}{h'_V - h'_R} \tag{6.30}$$

und das Vertikalkraftgleichgewicht

$$T_{B,r} = T_{B,l} + T_S/\sqrt{2} = T_{B,l} + T_{B,o} \tag{6.31}$$

Damit ist das Gleichgewicht im Eckblech „B" erfüllt.

Allerdings ist wegen der schräg gerichteten Kraft T_S der Schubfluss längs der Ränder nicht konstant. Man begnügt sich rechnerisch mit einem mittleren Schubfluss (gemittelte Schubspannung) aus

$$t_{B,u} = t_{B,o} = [M_k - V_R \cdot (h'_S/2 + h'_V)]/(h'_V \cdot h'_R) \tag{6.32a}$$

und

$$t_{B,l} = t_{B,o} \cdot h'_R / h'_V \quad t_{B,r} = t_{B,o} \cdot h'_V / h'_R \tag{6.32b}$$

Ein *Rundschnitt* im Punkt (1) liefert

$$D_u = \left[\frac{M_k}{h'_V} - \frac{1}{2} \cdot \left(V_R \cdot \frac{h'_S}{h'_V} - N_R\right)\right] \cdot \sqrt{2} \qquad (6.33)$$

$$S_2 = D_u/2 \qquad (6.34)$$

und das Gleichgewicht längs der Schrägsteife

$$D_o = D_u + T_{B,o} \cdot \sqrt{2}. \qquad (6.35)$$

Die Steifenkraft $S_{3,V}$ erhält man aus

$$S_{3,V} = T_{B,r} + V_R \qquad (6.36)$$

Fall 2b – Abb. 6.45

Diese übliche Ausführung führt den Riegel bis an den Stiel heran. Aus Vereinfachungs-gründen wird auf eine Mitwirkung des kleinen, dreieckförmigen Eckbleches verzichtet, es stützt die Schrägsteife lediglich gegen Knicken. Die Formeln des Falles 2a können weitgehend übernommen werden mit folgenden, hier nicht abgeleiteten Änderungen.

Eckblech A: – Wie im Fall 2a
Eckblech B:

$$\begin{aligned}
T_{B,u} &= T_{B,o} = S_{3,h} & \text{nach Gl. 6.24} \\
T_{B,l} &= T_{B,r} & \text{nach Gl. 6.30} \\
D_u &= D_o & \text{nach Gl. 6.33} \\
S_2 &= S_{3,V} & \text{nach Gl. 6.34} \\
t_{B,o} &= t_{B,l} = T_{B,o}/(h'_V - h'_R) & (6.37)
\end{aligned}$$

Abb. 6.45 Variante zu
Abb. 6.44

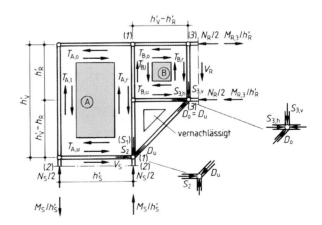

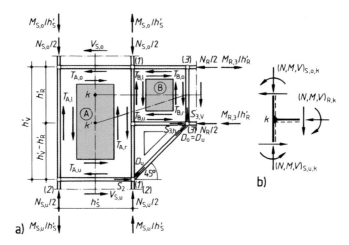

Abb. 6.46 Berechnungsmodell für Rahmenecken mit über das Rahmeneck durchlaufendem Stiel

Fall 2c – T-Eck mit einseitiger Voute – Abb. 6.46

Diese Ausführung wird in mehrstöckigen Rahmen benötigt. Das Knotengleichgewicht lautet

$$N_{S,u} = N_{S,o} + V_R \tag{6.38a}$$

$$V_{S,u} = V_{S,o} + N_R \tag{6.38b}$$

$$M_{R,k} = M_{S,k,o} + M_{S,k,u} \tag{6.38c}$$

Das Anschnittmoment in den Stielen bezogen auf k' ist

$$M_{S,o} = M_{S,k,o} - V_{S,o} \cdot h'_V/2 \tag{6.39}$$

$$M_{S,u} = M_{S,k,o} - V_{S,u} \cdot h'_V/2 \tag{6.40}$$

M_R nach Gl. 6.15, $M_{R,3}$ nach Gl. 6.23.
   Eckblech A:

$$T_{A,l} = T_{A,r} = (M_{S,o} + M_{S,u})/h'_S - V_R/2 \tag{6.41a}$$

$$T_{A,o} = T_{A,u} = M_R/h'_V - N_R/2 - V_{S,o} \tag{6.41b}$$

Alle anderen Schnitt- und Steifenkräfte wie im Fall 2b.

Fall 3 – T-Eck mit Doppelvoute – Abb. 6.47

Solche Ecken trifft man im schweren Apparategerüstbau und bei Kesselgerüsten oder Vierendeelträgern (Abb. 6.2b) an. Die dreieckigen Eckbleche werden wie zuvor vernachlässigt.

Abb. 6.47 Berechnungsmodell für Rahmenecken mit
beidseitiger Riegelvoute

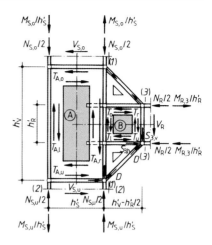

Eckblech A

$$T_{A,l} = T_{A,r} \quad \text{nach Gl. 6.41a}$$
$$T_{A,o} = T_{A,u} = T_{A,l} \cdot h'_S / h'_V \tag{6.42}$$

Eckblech B

$$T_{B,l} = T_{B,r} = 2M_R / h'_V - V_R \tag{6.43}$$
$$T_{B,o} = T_{B,u} \quad \text{nach Gl. 6.28}$$
$$\tag{6.44}$$

Steifen

$$D = (M_R / h'_V + N_R / 2) \cdot \sqrt{2} \tag{6.45a}$$
$$Z = D - N_R \cdot \sqrt{2} \tag{6.45b}$$

M_R nach Gl. 6.15, $M_{R,3}$ nach Gl. 6.27

Fall 4 – Knieeck mit Schrägsteife (Abb. 6.48)
Wenn im *Fall* I das Eckblech mit der Dicke s_E nicht ausreicht, um die Schubkräfte T_o, T_1 –
Gln. 6.16 und 6.18 – zu übertragen und will man das Einschweißen einer Stegverstärkung
wie in Abb. 6.35a oder 6.40 vermeiden, kann man die nicht aufnehmbaren Differenzschub-
kräfte ΔT_R und ΔT_S über eine Druckstrebe aufnehmen. Die vom Eckblech mit s_E unter
Berücksichtigung der Grenzschubspannung $\tau_{R,d}$ aufnehmbaren Schubkräfte T_R bzw. T_S

$$T_R = \tau_{R,d} \cdot s_E \cdot h'_V \tag{6.46a}$$
$$T_S = \tau_{R,d} \cdot s_E \cdot h'_R \tag{6.46b}$$

Abb. 6.48 Berechnungsmodell für Rahmenecken mit
Schrägsteife

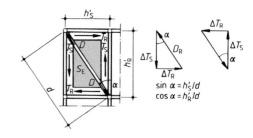

werden von T_o bzw. T_1 abgezogen und liefern

$$\Delta T_R = T_o - T_R \tag{6.46c}$$

$$\Delta T_S = T_1 - T_S \tag{6.46d}$$

Mit $D_R = \Delta T_R / \sin\alpha$, $D_S = \Delta T_S / \cos\alpha$ und den geometrischen Beziehungen in
Abb. 6.48 wird

$$D = (D_R + D_S)/2 = d \cdot (t - \tau_{R,d} \cdot s_E) \tag{6.47}$$

mit

d Diagonalenlänge
t Schubfluss nach Gl. 6.20

Aus Sicherheitsgründen kann man $\tau_{R,d}$ über den Vergleichsspannungsnachweis, Gl. 2.20,
s. Teil 1, noch reduzieren, wenn die Normalspannungen aus N und M, zumindest teilweise berücksichtigt werden. Auch kann die aufnehmbare Schubspannung durch die Grenzbeulspannung (s. Kap. 2) begrenzt sein, die aber durch das Einziehen der Steife wesentlich
angehoben wird und dann kaum noch maßgebend ist. Für die dreiseitig gelagerte Steife
muss u. U. der Beulnachweis geführt werden, wenn die grenz(b/t)-Werte nach Tafel 2.14,
Teil 1 nicht eingehalten sind.

Abschließend sei noch auf die Berechnung bei durchlaufenden Riegeln hingewiesen,
Abb. 6.49: Dieser Fall lässt sich stets zurückführen auf den einfachen Fall des *Knieeckes*,
da er sich zusammensetzt aus einer reinen *Durchlaufwirkung*, Teilbild b) und einer *Rah-
meneckwirkung*, Teilbild c). Hier wirken nur noch im rechten (oder linken) Riegel die
Differenzschnittkräfte

$$\Delta[(N, V, M)_R]_l^r \quad \text{bzw.} \quad (N_S - 2V_{R,l}, M, V)_S \tag{6.48}$$

mit

$[\ ]_l^r$ Differenz der Riegelschnittgrößen rechts $-$ links

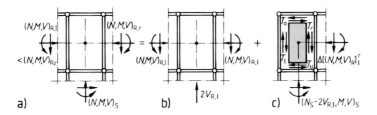

a)   b)   c)

Abb. 6.49 Rahmeneck bei durchlaufendem Riegel

6.4.3.2 Umlenkkräfte bei ausgerundeten Rahmenecken

Ausgerundete Rahmenecken sind wie *Träger mit starker Krümmung* zu behandeln. Da hierbei die Dehnungen über die Höhe des gekrümmten Trägers infolge der Biegemomente nicht mehr linear verteilt sind, ergeben sich nichtlineare Spannungsverteilungen σ_x über die Trägerhöhe (Abb. 6.50a). Gleichzeitig erfolgt eine stetige Umlenkung der Flanschkräfte (Abb. 6.50b), die eine Verbiegung der Flansche (Abb. 6.50c) bewirken und ihre „mittragende Breite" verringern.

Will man diese nicht so kräftig ausbilden (Abb. 6.41c), dass sie in der Lage sind, die Querbiegebeanspruchungen ohne Verlust an mittragender Breite aufzunehmen, ordnet man in relativ kleinen Abständen kurze Rippen senkrecht zu den Flanschen an, die eine Kraft R aufnehmen müssen

$$R = N_G \cdot e/r \tag{6.49}$$

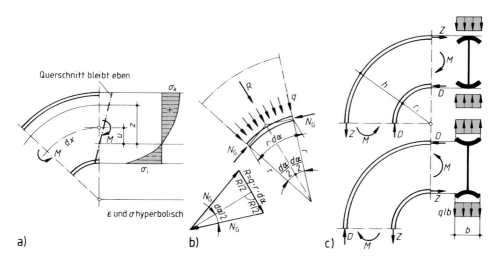

a)   b)   c)

Abb. 6.50 Beanspruchungen gekrümmter Stäbe. **a** Spannungsverteilung, **b** Umlenkkräfte, **c** Flanschverformungen

Hierin bedeuten:

N_G gemittelte Flanschkraft

e Abstand der Rippen

r Krümmungsradius des Rahmenecks

Bezüglich der Spannungsnachweise für den gekrümmten Stab wird auf die 17. Auflage des Teiles 2 dieses Werkes verwiesen.

6.4.4 Beanspruchungen der Verbindungsmittel

Die Verbindungen der Riegel mit Stielen erfolgt entweder nur über Schweißnähte (Abb. 6.35) oder über gemischte Anschlusssysteme (z. B. angeschweißte Stirnplatten und Verschraubung), Abb. 6.36 und 6.37.

Schweißverbindungen
Sie werden aus den zuvor errechneten Schnittgrößen (Schub- und Steifenkräfte) nach den bekannten Methoden nachgewiesen. Beispiele hierzu sind im Teil 1, Abschn. 3 enthalten, weitere folgen in Abschn. 6.4.4.2.

Schraubenverbindungen
Je nach Anschlusstyp werden die Schrauben auf *Abscheren* und *Lochleibung* oder auf *Zug* beansprucht. Es kommen alle *Schraubengüten* und *Verbindungsarten*, s. Teil 1, Abschn. 3, zur Anwendung. In der Regel werden geschraubte Stirnplattenanschlüsse mit relativ *dünnen* Stirnplatten und dann *rohen Schrauben* oder aber, *biegesteifen Anschlüsse* mit *dickeren Stirnplatten* und *hochfesten, vorgespannten Schrauben* ausgeführt. Beim Rahmeneck mit *Zuglaschen* (Abb. 6.36a, b) sollte man möglichst eine SLP- oder GV(GVP)-Verbindung wählen, damit ein Knick im Rahmeneck, der dann als zusätzliche Imperfektion (z. B. über eine zusätzliche Stielverdrehung $\varphi_{o,A}$) berücksichtigt werden müsste, vermieden wird. Bei *Rahmenecken mit Vouten* erfolgen die Stoßausbildung und deren Nachweis in Anlehnung an die „typisierten Verbindungen". Hierbei muss man sich vergewissern, ob im vorliegenden Fall die Voraussetzungen für die in [28, 29] unterstellten Berechnungsmodelle tatsächlich auch erfüllt sind.

Zur Berechnung biegesteifer Verbindungen stehen verschiedene Berechnungsmethoden zur Verfügung. Eine früher gebräuchliche Methode war die lineare Verteilung der Momentebeanspruchung auf die Schrauben, wobei sich die jeweilige Zugkraft Z_i der Schraube aus deren Abstand zum Druckpunkt D ergibt, siehe Abb. 6.51a).

Aktuell wird dieses Modell kaum noch verwendet, da es den real im Querschnitt und Anschluss vorhandenen Spannungsverlauf nur bedingt abbildet. So werden z. B. Schrauben auf Zug aktiviert, die infolge der Momentenbeanspruchung des Querschnitts eigentlich im Druckspannungsbereich liegen, was kritisch zu sehen ist. Sofern dieses Verfahren

Abb. 6.51 a lineare Verteilung der Schraubenkräfte und
b aktuelles Anschlussmodell
(T-Stummel)

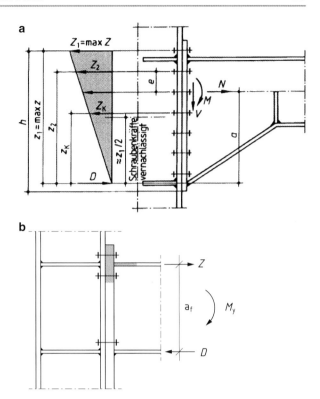

Anwendung findet, sollten nur die Schrauben im Zugspannungsbereich in Ansatz gebracht und keine vorgespannten hochfesten Schrauben verwendet werden.

Neue Berechnungsmodelle gehen hingegen von dem Grundgedanken aus, die Kräfte direkt dort zu übertragen, wo sie im Bauteil bzw. Querschnitt wirken. Hieraus würde sich eine Hauptübertragung des Moments über den Zug- und Druckgurt ergeben, während der Steg hier in den Hintergrund tritt, siehe Abb. 6.51b). Während die Zugkomponente Z über die oberen Schrauben übernommen werden kann, erfolgt die Übertragung der Druckkomponente D über Druckkontakt. Dies wird in aktuellen Berechnungsmethoden, wie dem sogenannten T-Stummel-Modell berücksichtigt, unter Verwendung hochfester Schrauben der Güte 10.9 oder 8.8.

Die Größe der *Zugbeanspruchung* der Schrauben bei Wahl dünner Stirnplatten hängt im starken Maß vom *Druckpunkt* (= Drehpunkt) der als starr unterstellten Rahmenecke ab. Liegt dieser nicht durch die Anordnung einer Drucksteife wie in Abb. 6.36a,d–f fest, so bildet sich eine mehr oder weniger breite (hohe) Druckzone aus. Eine Berechnung nach dem Modell der „klaffenden Fuge" führt nur dann zu zutreffenden Ergebnissen, wenn der Anschluss relativ steif ist und von einem *ebenen Dehnungsverhalten* in der Anschlussebene ausgegangen werden kann. Dies ist jedoch in der Regel nicht der Fall. Die Berechnung nach [41] liefert dann genauere Ergebnisse, ist jedoch sehr aufwendig und daher nicht weiter behandelt.

Einige Beispiele mit festliegendem Druckpunkt und Verbindungen mit biegesteifen Stirnplatten enthält bereits Teilwerk 1, Abschn. 3 [39].

Auf die theoretischen Hintergründe und die besonderen *Versagensmechanismen* bei biegesteifen Stirnplattenverbindungen mit vorgespannten Schrauben wird in den folgenden Abschnitten ausführlich eingegangen.

Dabei werden die Verfahren auf Basis der älteren typisierten Verbindungen [28, 38] und alternativ nach den aktuellen Eurocode vorgestellt [1, 29]. Beide Methoden führen zu teilweise abweichenden Ergebnissen, was an den unterschiedlichen Modellen liegt, jedoch sind beide ausreichend in der Praxis erprobt und sind bzw. waren bauaufsichtlich eingeführt.

6.4.4.1 Traglastberechnung der typisierten, biegesteifen Stirnplattenverbindungen mit vorgespannten Schrauben [28, 38]

Biegesteife Stirnplattenverbindungen können nach unterschiedlichen Berechnungsmodellen behandelt werden: Das *erste Berechnungsmodell* wurde in [38] erstmalig entwickelt und in [28] auf die neue nationale Normungsgeneration [2] umgestellt. Die diesem Modell zugrunde liegenden Abmessungsverhältnisse und konstruktiven Bedingungen werden bereits in Teil 1, Abschn. 8 behandelt, und in Tab. 8.5 ist angegeben, bis zu welchen Trägerhöhen bei Walzprofilen mit einem der 4 unterschiedlichen Anschlusstypen das elastische Grenzmoment des Trägerquerschnittes erreicht werden kann.

Das *zweite Berechnungsmodell* basiert auf DIN EN 1993-1-8 [1], verwendet in [29] jedoch die gleichen Stirnplattenabmessungen wie [28]. Dieses Berechnungsmodell ist in seiner Handhabung aufwendiger und sinnvollerweise mit EDV-Unterstützung einsetzbar. In seiner ursprünglichen Form behandelt das Modell unausgesteifte Träger-Stützenverbindungen und wird daher erst in Abschn. 6.4.5 behandelt.

Damit biegesteife Stirnplattenverbindungen auch noch „per Hand" berechnet werden können, ist das (einfachere) erste Berechnungsmodell nachfolgend ausführlich behandelt.

Prinzipiell unterscheidet man die tragfähigeren und steiferen *überstehenden Stirnplattenverbindungen* von den weniger tragfähigen und deutlich weicheren *bündigen Stirnplattenverbindungen*. Beide werden ausgeführt mit 2 bzw. 4 vertikalen Schraubenreihen, siehe Teil 1, Tab. 8.5 bzw. Abb. 6.52. Bei Verwendung dieser Verbindungsart als Trägerstoß (Abb. 6.40) liegen auf beiden Seiten des Stoßes gleiche elastisch-plastische Verhältnisse vor. Stößt der Träger jedoch auf eine Stütze (Abb. 6.58) – und hierfür waren die Verbindungen in [2] ursprünglich gedacht – unterscheiden sich die Verhältnisse insofern, als nur am Trägerende eine Stirnplatte vorhanden ist und diese ihr Gegenstück im Stützenflansch findet, der hierfür und je nach Ausführungsart eine notwendige Dicke aufweisen muss, um mit der Stirnplatte als gleichwertig betrachtet werden zu können (siehe Teil 1, Tab. 8.5). Werden die hier angegebenen Stützenflanschdicken nicht erreicht, müssen im Fall einer ursprünglich *rippenlos* geplanten Ausführung in die Stütze in Höhe der Trägerflansche Rippen eingeschweißt werden, womit die notwendige Stützenflanschdicke dann kleiner sein kann als ohne Steifen. War die Stütze bereits ausgesteift geplant, müssen dann bei

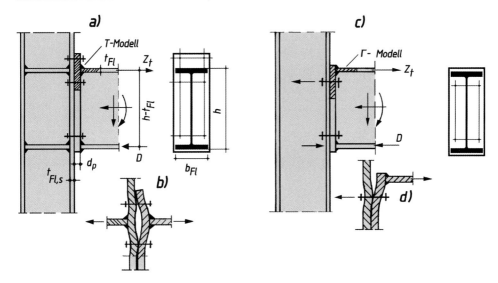

Abb. 6.52 Biegesteife Stirnplattenverbindung. **a** überstehend, mit ausgesteifter Stütze, **b** Verformungen am T-Modell, **c** bündig, mit unausgesteifter Stütze, **d** Verformungen am L-Modell

zu dünnen Stützenflanschdicken unter die zugbeanspruchten Schrauben *Futterstücke* mit der Dicke $t_{Fu} \geq 0{,}5d_p$ angeordnet werden (Abb. 6.38). Stützenflanschdicken $t_{Fl,S} < 0{,}5d_p$ sollten auf jeden Fall vermieden werden bzw. eine Berechnung dann nach Abschn. 6.4.5 erfolgen (d_p = Stirnplattendicke). Versuche haben gezeigt, dass die Spannungen in der Stütze aus deren Normalkraft und Biegemoment keinen nennenswerten Einfluss auf die Anschlusstragfähigkeit haben, jedoch mit abnehmender Stützenflanschdicke die Verformungen im Anschluss größer werden. Die den typisierten Stirnplattenverbindungen zugrunde liegenden Berechnungsmodelle zur Ermittlung der möglichen Anschlussmomente basieren auf umfangreichen Versuchen und den hieraus entwickelten Traglastberechnungen.

Das Berechnungsmodell geht davon aus, dass das gesamte Riegelmoment M_R allein über die Flanschkräfte $Z_t = M_R/(h - t_{Fl})$ und $D_t = -Z_t$ abgesetzt werden kann. Die Riegelquerkraft wird allein den Schrauben im Druckbereich zugewiesen. Die Flanschzugkraft ruft eine Biegeverformung der Stirnplatte und eine ähnliche im Stützenflansch hervor (Abb. 6.52b, d) und in den Schrauben entstehen – neben den bereits vorhandenen, aber hier nicht berücksichtigten Vorspannkräften – zusätzliche Zugkräfte. Beim Erreichen des Anschlusstragmomentes können verschiedene Tragmechanismen mit Plastizierungen in der Stirnplatte und/oder im Riegelzugflansch bzw. mit einem Bruchversagen der Schrauben auftreten. Der maßgebende Mechanismus hängt von den gewählten Parametern ab. Die Wirkung einer Vorspannung der Schrauben (Vorspannkraft F_V) bleibt in den folgenden Betrachtungen (zunächst) unberücksichtigt und wird erst in Abschn. 6.4.4.3 weiter verfolgt. Zunächst wird der einfachere Fall der überstehenden Stirnplatte behandelt.

Überstehende Stirnplatte

In Abb. 6.53 ist das *T-Modell* des Zugflansches mit der über a_{Fl} angeschweißten Stirnplatte dargestellt. Die (rechnerisch über Versuche ermittelten) reduzierten Hebelarme sind e_1 und c_1 (Abb. 6.53a) und bilden mit den in Abb. 6.53b eingetragenen Kräften und Schnittgrößen das wirksame statische System. Unabhängig von der maßgebenden Versagensform (Tab. 6.9) gelten die nachfolgenden Gleichgewichtsbedingungen (Abb. 6.53b):

$$\sum H = 0: \quad Z_t + 2 \cdot K - 2 \cdot n \cdot Z = 0 \tag{6.50}$$

$$\sum M = 0: \quad K \cdot e_1 - M_{II} = 0 \quad \text{bzw.} \quad K = M_{II}/e_1 \tag{6.51}$$

$$Z_t \cdot c_1 - 2 \cdot (M_I + M_{II}) = 0 \quad \text{bzw.} \quad Z_t = 2 \cdot (M_I + M_{II})/c_1 \tag{6.52}$$

Nach Ersatz von K in Gl. 6.50 durch Gl. 6.51 folgt

$$Z_t = 2 \cdot (n \cdot Z - M_{II}/e_1) \tag{6.53}$$

mit n = Anzahl der vertikalen Schraubenreihen des Stirnplattenanschlusses (also $n = 2$ bzw. 4). Hiervon ausgehend, können 3 *Versagensformen* eintreten (Tab. 6.9):

Fall a): Sind die Stirnplattendicke und der Schraubendurchmesser optimal aufeinander abgestimmt, bildet sich im Schnitt I ein Fließgelenk und die Schrauben erreichen ihre Bruchkraft. Für das Moment im Schnitt II gilt dann $M_{II} \leq M_{II,pl,d}$ (*Optimale Verbindung*).

Fall b): Bei „zu weicher" Stirnplatte entstehen Fließgelenke in den Schnitten I und II, während die Schraubenbruchkraft nicht erreicht wird, d. h. $n \cdot Z \leq n \cdot F_{t,Rd}$ (*nicht optimale Verbindung*).

Fall c): Bei „zu schwachen" Schrauben versagen diese alleine ohne Ausbildung von Fließgelenken in der Stirnplatte (*nicht optimale Verbindung*).

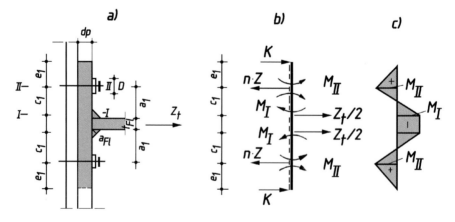

Abb. 6.53 Statische Beziehungen am T-Modell. **a** Abmessungen und Bezeichnungen, **b** Kräfte und Schnittgrößen, **c** M-Linie

Tab. 6.9 Formelzusammenstellung zur Berechnung überstehender Steinplattenverbindung

Überstehende Stirnplatte nach [28, 38]	
Vorwerte	Grenzschnittgrößen
e_1 oberer Stirnplattenabstand	$M_{\mathrm{I,pl,d}} = 1{,}1 \cdot b_{\mathrm{P}} \cdot d_{\mathrm{P}}^2 \cdot f_{\mathrm{yd}}/4$ (T6.9.1)
a_1 Abstand der obersten Schraube vom Riegelflansch	$M_{\mathrm{II,pl,d}} = 1{,}1 \cdot (b_{\mathrm{P}} - n \cdot d_{\mathrm{L}}) \cdot d_{\mathrm{P}}^2 \cdot f_{\mathrm{yd}}/4$ (T6.9.2)
D Scheibendurchmesser	$V_{\mathrm{pl,d}} = b_{\mathrm{P}} \cdot d_{\mathrm{P}} \cdot f_{\mathrm{yd}}/\sqrt{3}$ (T6.9.3)
d_{L} Lochdurchmesser	$F_{\mathrm{t,Rd}} =$ Grenzzugkraft der Schraube (siehe Teil 1 Tab. 3.18)
$d_{\mathrm{P}}, b_{\mathrm{P}}$ Stirnplattendicke und -breite	$N_{\mathrm{t,Rd}} = k_2 \cdot f_{\mathrm{ub}} \cdot A_{\mathrm{sp}/\gamma 12}/\gamma_{\mathrm{M2}}$
$f_{\mathrm{yd}} = f_{\mathrm{y}}/\gamma_{\mathrm{M0}}$	$k_2 = 0{,}63$ für Senkschrauben
	$k_2 = 0{,}90$ für übliche Schrauben
a_{Fl} Dicke der Flanschkehlnaht $c_1 = a_1 - a_{\mathrm{Fl}} \cdot \sqrt{2}/3 - (D + d_{\mathrm{P}})/4$ verkürzter Hebelarm n Anzahl der vertikalen Schraubenreihen W_{y} elast. Widerstandsmoment des Trägers	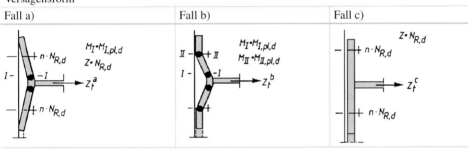

Versagensform		
Fall a)	Fall b)	Fall c)

Zugkraft Z_{t}		
a)	b)	c)
$Z_{\mathrm{t}}^{\mathrm{a}} = \dfrac{2}{e_1 + c_1} \cdot [n \cdot F_{\mathrm{t,Rd}} \cdot e_1 + M_{\mathrm{I,pl,d}}]$	$Z_t^{\mathrm{b}} = 2 \cdot (M_{\mathrm{I,pl,d}} + M_{\mathrm{II,pl,d}})/c_1$	$Z_{\mathrm{t}}^{\mathrm{c}} = 2 \cdot n \cdot F_{\mathrm{t,Rd}}/c_1$

Bedingungen		
$Z_{\mathrm{t}} \le 2 \cdot V_{\mathrm{pl,d}}$ für alle 3 Fälle		
$(n \cdot N_{\mathrm{R,d}} - Z_{\mathrm{t}}^{\mathrm{a}}/2) \cdot e_1 \le M_{\mathrm{II,pl,d}}$	$Z_{\mathrm{t}}^{\mathrm{b}} \le 2 \cdot (n \cdot F_{\mathrm{t,Rd}} - M_{\mathrm{II,pl,d}}/e_1)$	$M_{\mathrm{I,pl,d}} + M_{\mathrm{II,pl,d}} \ge Z_{\mathrm{t}}^{\mathrm{c}} \cdot c_1/2$

Anschlussmomente	
$M_{\mathrm{y,A,R,d}} = Z_{\mathrm{t}} \cdot (h - t_{\mathrm{Fl}}) \cdot W_{\mathrm{y}} \cdot f_{\mathrm{yd}}$	$h =$ Riegelhöhe
$M_{\mathrm{y,A,k}} = (h - t_{\mathrm{Fl}}) \cdot n' \cdot 0{,}8 \cdot F_{\mathrm{p,c}}$	$n' = 4$ 2 vertikale Schraubenreihen
	$n' = 7{,}2$ 4 vertikale Schraubenreihen

Die Formeln der plastischen Grenzmomente in den Schnitten I und II, Gln. T6.9.1 und T6.9.2, gehen aus Tab. 6.9 hervor. Der Faktor „1,1" soll die verhinderte Querdehnung der Stirnplatte abschätzen. Die Querkraft wird vernachlässigt.

Führt man die maßgebenden Grenzschnittgrößen ($F_{t,Rd}$, $M_{I,pl,d}$ und $M_{II,pl,d}$ – siehe Tab. 6.9) entsprechend der Versagensform in die Gleichgewichtsbedingungen Gln. 6.50–6.52 ein, lässt sich die mögliche Flanschzugkraft Z_t bestimmen.

Im *Fall a* erhält man durch Gleichsetzung von Z_t aus Gln. 6.53 und 6.52

$$2 \cdot (n \cdot F_{t,Rd} - M_{II}/e_1) = 2 \cdot \left(M_{I,pl,d} + M_{II}\right)/c_1$$

bzw. das Moment im Schnitt II zu

$$M_{II} = \frac{e_1 \cdot c_1}{e_1 + c_1} \cdot \left(n \cdot F_{t,Rd} - M_{I,pl,d}\right)/c_1 \tag{6.54}$$

Gl. 6.54 wird in Gl. 6.53 eingesetzt und nach Z_t^a auflöst:

$$Z_t^a = \frac{2}{e_1 + c_1} \cdot \left[n \cdot F_{t,Rd} \cdot e_1 + M_{I,pl,d}\right] \tag{6.55}$$

Damit die Bedingung $M_{II} \leq M_{II,pl,d}$ erfüllt ist, muss die errechnete Zugkraft nach Gl. 6.55 die Gl. 6.56 erfüllen

$$Z_t^a \geq 2 \cdot \left(n \cdot F_{t,Rd} - M_{II,pl,d}/e_1\right) \tag{6.56}$$

Im *Fall b* ergibt sich die Zugkraft Z_t^b aus Gl. 6.52 durch Einführung der plast. Grenz-schnittgrößen (Gln. T6.9.1, T6.9.2)

$$Z_t^b = 2 \cdot \left(M_{I,pl,d} + M_{II,pl,d}\right)/c_1 \tag{6.57}$$

Hierbei darf ein Schraubenbruch nicht eintreten ($n \cdot Z \leq n \cdot N_{R,d}$), was über Gln. 6.50 und 6.51 auf die Bedingung führt

$$Z_t^b \leq 2 \cdot \left(n \cdot F_{t,Rd} - M_{II,pl,d}/e_1\right) \tag{6.58}$$

Im letzten **Fall c** gilt schließlich die einfache Beziehung

$$Z_t^c = 2 \cdot n \cdot F_{t,Rd} \tag{6.59}$$

mit der Bedingung

$$Z_t^c \leq 2 \cdot \left(M_{I,pl,d} + M_{II,pl,d}\right)/c_1 \tag{6.60}$$

Die maßgebende Flanschzugkraft ist der kleinste Wert aus den Gln. 6.55, 6.57 und 6.59.

In *allen drei Fällen* darf natürlich auch die *Schubtragfähigkeit der Stirnplatte* nicht überschritten werden Gl. T6.9.3, siehe Tab. 6.9.

Das mögliche Grenzanschlussmoment $M_{y,A,R,d}$ ergibt sich aus der maßgebenden Zugkraft Z_t und dem Hebelarm der inneren Kräfte und soll das *elastische Grenzmoment* des Trägers nicht überschreiten.

$$M_{y,A,R,d} = Z_t \cdot (h - t_{Fl}) \leq M_{y,el,R,d} = W_y \cdot f_{y/\gamma AO} \tag{6.61}$$

Schließlich wird in [28] noch gefordert, dass im *Gebrauchszustand* die Verformungen im Anschlussbereich in elastischen Größenordnungen bleiben. Diese Bedingung gilt als erfüllt, wenn das Anschlussmoment infolge der Gebrauchslasten das Moment $M_{y,A,k}$ nach Gl. 6.62 nicht überschreitet.

$$M_{y,A,k} = (h - t_{Fl}) \cdot n' \cdot 0,8 \cdot F_{p,c} \tag{6.62}$$

n' siehe Tab. 6.9
$F_{P,C}$ Vorspannkraft früher nach DIN 18800-7, aktuell nach DIN EN 1993-1-8, siehe Teilwerk 1, Tab. 3.22

Alle notwendigen Berechnungsformeln zu den 3 Tragmechanismen sind in Tab. 6.9 nochmals in übersichtlicher Form zusammengestellt.

Bündige Stirnplatte

Wie bereits erwähnt, verhalten sich bündige Stirnplattenverbindungen (Abb. 6.52c) wesentlich weicher als die zuvor behandelten überstehenden Stirnplattenverbindungen. Diese Nachgiebigkeit wäre dann in der statischen Berechnung des Gesamttragwerkes (z. B. über Drehfedern) rechnerisch zu erfassen. (Mit den Rechenmodellen des Eurocode 3 [1] – siehe Abschn. 6.4.5 – lassen sich auch die Rotations(= Drehfeder)-steifigkeiten der Verbindung angeben.)

In Abb. 6.54 ist das *L-Modell* des Zugflansches und der Stirnplatte dargestellt. Auch hier wurden verkürzte (c_1) bzw. verlängerte (c_3) Hebelarme aus Versuchen abgeleitet.

Abb. 6.54 Statische Beziehungen am L-Modell.
a Abmessungen und Bezeichnungen, **b** Kräfte und Schnittgrößen, **c** M-Linie

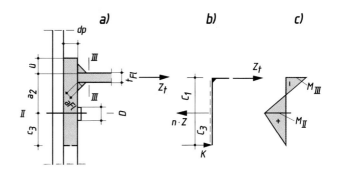

Wie zuvor gelten – unabhängig von der Versagensart – folgende Gleichgewichtsbedingungen:

$$\sum H = 0: \qquad Z_t + K - n \cdot Z = 0 \qquad\qquad\qquad\qquad\qquad (6.63)$$

$$\sum M = 0: \qquad\qquad K \cdot c_3 - M_{II} = 0 \quad \text{bzw.} \quad K = M_{II}/c_3 \qquad (6.64)$$

$$Z_t \cdot c_1 - M_{II} - M_{III} = 0 \quad \text{bzw.} \quad Z = (M_{II} + M_{III})/c_1 \qquad (6.65)$$

Aus Gln. 6.63 und 6.64 folgt

$$Z_t = n \cdot Z - M_{II}/c_3 \qquad\qquad\qquad\qquad\qquad (6.66)$$

mit n = Anzahl der vertikalen Schraubenreihen

Es sind 4 Versagensformen möglich (Tab. 6.10)

Fall a): Bei *optimaler Abstimmung* von Stirnplattendicke und Schraubendurchmesser bildet sich im Schnitt III ein Fließgelenk und die Schraube geht zu Bruch. Im Schnitt III ist das plastische Moment unter Berücksichtigung der gleichzeitig wirkenden Zugkraft Z_t anzusetzen, Gl. T6.10.4, Tab. 6.10. Das Moment im Schnitt II ist dann kleiner als der zugehörende plastische Wert.

Fall b): Ist die Stirnplatte „relativ weich", bilden sich im Schnitt II und im Zugflansch (III) gleichzeitig Fließgelenke. Die Schraubenkraft bleibt hierbei unter der Bruchkraft.

Fall c): Bei „sehr dünnem" Zugflansch ist dessen plastisches Moment bei gleichzeitiger Zugkraft Z_t vernachlässigbar klein ($M_{III} = 0$). Der Flansch erreicht höchstens seine Grenzzugkraft, – Gl. T6.10.5 –, bei gleichzeitigem Bruchversagen der Schrauben. Auch hier darf in II kein Fließgelenk entstehen ($M_{II} \leq M_{II,pl,d}$).

Fall d): Bei einer „dünnen" Stirnplatte und gleichzeitig „dünnem" Zugflansch plastizieren Stirnplatte und Flansch (mit $M_{III} = 0$), ohne Bruchversagen der Schrauben.

Für die einzelnen Versagenszustände werden in die Gleichgewichtsbeziehungen die Grenzschnittgrößen nach Tab. 6.10 eingeführt und die Beziehungen nach Z_t aufgelöst.

Der Rechengang wird nur noch verkürzt wiedergegeben und die maßgebenden Formeln in Tab. 6.10 übersichtlich zusammengestellt.

Fall a): Durch Gleichsetzen von Gln. 6.66 und 6.65 mit $n \cdot Z = n \cdot N_{R,d}$ und $M_{III} = M_{III,pl,Zt,d}$ erhält man das Moment im Schnitt II zu

$$M_{II} = \left[n \cdot F_{t,Rd} \cdot c_1 - M_{III,pl,Zt,d} \right] \cdot \frac{c_3}{c_1 + c_3} \qquad (6.67)$$

Gl. 6.67 wird in Gl. 6.66 eingesetzt und die Beziehung nach Z_t^a aufgelöst.

$$Z_t^a = \frac{Z_{pl,Fl,d}^2}{2 \cdot M_{III,pl,d}} \cdot \left[\sqrt{(c_1 + c_3)^2 + \frac{4 \cdot M_{III,pl,d}}{Z_{pl,Fl,d}^2} \cdot \left(M_{III,pl,d} + n \cdot F_{t,Rd} \cdot c_3 \right)} - (c_1 + c_3) \right]$$

$$\qquad\qquad\qquad\qquad\qquad\qquad\qquad\qquad\qquad\qquad\qquad (6.68)$$

Tab. 6.10 Formelzusammenstellung zur Berechnung bündiger Stirnplattenverbindung

Bündige Stirnplatte nach [28, 38]

Vorwerte		Grenzschnittgrößen	
	ü Stirnplattenüberstand a_2 Schraubenabstand vom Zugflansch n Anzahl der vertikalen Schraubenreihen c_1, c_3 Hebelarme $f_{yd} = f_y/\gamma_{M0}$ alle anderen Vorwerte s. Tafel 6.1	$M_{I,pl,d},\ M_{II,pl,d},\ V_{pl,d}$	siehe Tab. 6.1
		$M_{II,pl,d} = 1{,}1 \cdot \dfrac{b_{Fl} \cdot t_{Fl}^2}{4} \cdot f_{yd}$	(T6.10.3)
		$M_{III,pl,Z_t,d} = M_{III,pl,d} \cdot \left[1 - \left(\dfrac{Z_t}{Z_{pl,Fl,d}} \right)^2 \right]$	(T6.10.4)
		$Z_{pl,Fl,d} = b_{Fl} \cdot t_{Fl} \cdot f_{yd}$	(T6.10.5)

$c_1 = e_4 - ü - t_{Fl} - (D/2 + d_P)/2$ (T6.10.1)   Fließgelenk

$c_3 = D/2 + d_P$ (T6.10.2)   Gelenk

Versagensform	Grenzkraft Z_t	Bedingungen
Fall a) 	$Z_t^a = k \cdot \left[\sqrt{(c_1 + c_3)^2 + \dfrac{4 M_{III,pl,d}}{Z_{pl,Fl,d}^2} \cdot (M_{III,pl,d} + n \cdot N_{R,d} \cdot c_3)} - (c_1 + c_3) \right]$	$Z_t^a \geq n \cdot N_{R,d} - M_{II,pl,d}/c_3$
Fall b) 	$Z_t^b = k \cdot \left[\sqrt{\dfrac{4 M_{III,pl,d}(M_{II,pl,d} + M_{III,pl,d})}{Z_{pl,Fl,d}^2} + c_1^2} - c_1 \right]$	$Z_t^b \leq n \cdot N_{R,d} - M_{II,pl,d}/c_3$

Tab. 6.10 (Fortsetzung)

Versagensform	Grenzkraft Z_t	Bedingungen
Fall c)	$Z_t^c = \frac{c_3}{c_1+c_3} \cdot n \cdot N_{R,d} \leq Z_{pl,Fl,d}$	$Z_t^c \leq M_{II,pl,d}/c_1$
Fall d)	$Z_t^d = \frac{Z_{II,pl,d}}{c_1} \leq Z_{pl,Fl,d}$	$Z_t^d \leq n \cdot N_{R,d} - M_{II,pl,d}/c_3$

$Z_t \leq V_{pl,d}$ (für alle 4 Fälle)

Anschlussmoment $M_{y,A,R,d} = Z_t \cdot (h - t_{Fl}) \leq W_y \cdot f_{yd}$ $M_{y,A,k} = (h - a_2 - t_{Fl}) \cdot n' \cdot 0,8 F_v$

$n' = 2,2$ vertikale Schraubenreihen

$n' = 3,6$ 4 vertikale Schraubenreihen

Aus der Bedingung $M_{II} \leq M_{II,pl,d}$ erhält man

$$\left(n \cdot F_{t,Rd} - Z_t^a \right) \cdot c_3 \leq M_{II,pl,d} \tag{6.69}$$

Fall b): Mit $M_{II} = M_{II,pl,d}$ und $M_{III} = M_{III,pl,Zt,d}$ erhält man

$$Z_t^b = \frac{Z_{pl,Fl,d}^2}{2 \cdot M_{III,pl,d}} \cdot \left[\sqrt{c_1^2 + \frac{4 \cdot M_{III,pl,d} \cdot \left(M_{II,pl,d} + M_{III,pl,d} \right)}{Z_{pl,Fl,d}^2}} - c_1 \right] \tag{6.70}$$

Damit die Schraubenkraft unter ihrer Bruchlast bleibt, muss gelten

$$n \cdot N_{R,d} \geq Z_t^b + M_{II,pl,d}/c_3 \tag{6.71}$$

In den beiden letzten Fällen ergeben sich einfache Beziehungen für die möglichen Zug-kräfte:

$$Z_t^c = \frac{c_3}{c_1 + c_3} \cdot n \cdot F_{t,Rd} \leq Z_{pl,Fl,d} \tag{6.72}$$

mit

$$Z_t^c \cdot c_1 \leq M_{II,pl,d} \tag{6.73}$$

bzw.

$$Z_t^d = \frac{M_{II,pl,d}}{c_1} \leq Z_{pl,Fl,d} \tag{6.74}$$

mit

$$Z_t^d \leq n \cdot F_{t,Rd} - M_{II,pl,d}/c_3 \tag{6.75}$$

In Ausnahmefällen ist zu prüfen, ob das plastische Moment der Stirnplatte im Schnitt I kleiner ist als das plastische Moment des Zugflansches ($M_{I,pl,d} \leq M_{III,pl,Zt,d}$). In den Fällen a) und b) ist dann das kleinere plastische Moment zu berücksichtigen. Die Gln. 6.68 und 6.70 vereinfachen sich dann.

Das *Grenz-Anschlussmoment* ergibt sich wie zuvor bei den überstehenden Stirnplatten-verbindungen unter Beibehaltung der dort beschriebenen zusätzlichen Forderungen. Alle maßgebenden Formeln sind in Tab. 6.10 nochmals zusammengestellt.

6.4.4.2 Berechnungs- und Konstruktionsbeispiele
Für einige der zuvor allgemein besprochenen Rahmenecken werden die Tragsicherheits-nachweise nachfolgend geführt. In allen Beispielen wird ein S 235 vorausgesetzt.

Beispiel 1 (Abb. 6.55)

Die voll verschweißte Rahmenecke mit Zuglasche ist ohne Voute nachzuweisen und eventuell durch eine Diagonalsteife zu verstärken.

Mit den bereits errechneten Anschnittmomenten im Riegel und Stiel werden am eingezeichneten Einheitselement (Beginn der Ausrundung) die Normalspannungen σ_x (aus Riegel) und σ_x (aus Stiel) errechnet.

Riegel: $W_y' = 529\,\text{cm}^3$

$$\sigma_x = 46/45{,}9 + 8050/529 = 16{,}2\,\text{kN/cm}^2 < f_{yd} = 23{,}5\,\text{kN/cm}^2$$

$$\tau \cong \frac{75}{0{,}66 \cdot (27 - 2 \cdot 1{,}02)} = 4{,}55\,\text{kN/cm}^2 < \tau_{Rd} = 23{,}5/\sqrt{3} = 13{,}6\,\text{kN/cm}^2$$

Stiel: $W_y' = 628\,\text{cm}^3$

$$\sigma_x = 75/65{,}3 + 8100/628 = 14{,}0\,\text{kN/cm}^2 < f_{yd} = 23{,}5\,\text{kN/cm}^2$$

$$\tau = 46/(0{,}85(18 - 2 \cdot 1{,}4)) = 3{,}56\,\text{kN/cm}^2 < \tau_{Rd} = 13{,}56\,\text{kN/cm}^2$$

mit $A_f/A_w \geq 0{,}6$

Der Vergleichsspannungsnachweis ist offensichtlich erfüllt.

Die wirksamen Schubkräfte und Schubflüsse ergeben sich mit den Gln. 6.16–6.20 zu

$$T_o = 80{,}5/0{,}265 - 46/2 = 281\,\text{kN} \quad T_u = 80{,}5/0{,}265 + 46/2 - 46 = 281\,\text{kN}$$

$$t_o = 281/16{,}6 = 16{,}9\,\text{kN/cm}$$

$$T_l = 81/0{,}166 - 75/2 = 450\,\text{kN} \quad T_r = 81/0{,}166 + 75/2 - 75 = 450\,\text{kN}$$

$$t_r = 450/26{,}5 = 17{,}0\,\text{kN/cm}$$

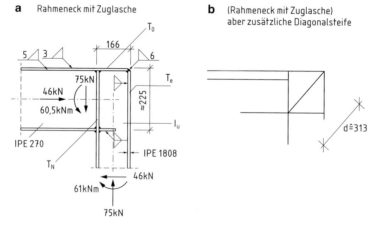

a Rahmeneck mit Zuglasche

b (Rahmeneck mit Zuglasche) aber zusätzliche Diagonalsteife

Abb. 6.55 Rahmeneck mit **a** Zuglasche und **b** zusätzlicher Schrägsteife

Hinweis: Zur Veranschaulichung werden hier alle Schubkräfte und Schubflüsse ermittelt. In der Praxis reicht es gemäß Gl. 6.20 nur an einem Rand des Schubfeldes den Schubfluss zu berechnen, da diese umlaufend gleich sind.

Mit $t \approx 17,0\,\text{kN/cm}$ und der Diagonalsteiflänge $d = 31,3\,\text{cm}$ wird die Druckkraft der erforderlichen Diagonalsteife (Abb. 6.55b) nach Gl. 6.47

$$D = 31,3 \cdot (17,0 - 10,6 \cdot 0,85) = 250\,\text{kN}$$

Es werden Steifen Bl 10×80 mit 15 mm Eckverschnitt gewählt

$$A_{\text{st}} = 2 \cdot 1,0 \cdot (8,0 - 1,5) = 13,0\,\text{cm}^2$$
$$\sigma = 250/13,0 = 19,2\,\text{kN/cm}^2 \quad \sigma/f_{\text{yd}} = 0,82 < 1$$

Der Anschluss der Zuglasche erfolgt über die Längsnähte ($a = 3\,\text{mm}$) am Stielsteg und über eine Stirnkehlnaht ($a = 6\,\text{mm}$) am Stielflansch über eine Laschenbreite von 15 cm

$$A_{\text{w}} \approx 2 \cdot 0,3 \cdot (18 - 2 \cdot 1,4) + 0,6 \cdot 15 = 18,0\,\text{cm}^2$$
$$\tau = T_{\text{o}}/A_{\text{W}} = 281/18,0 = 15,6\,\text{kN/cm}^2$$
$$\tau/\tau_{\text{w,R,d}} = 15,6/20,8 = 0,75 < 1 \text{ mit } \tau_{\text{w,Rd}} = f_{\text{ywd}} = \frac{f_{\text{u}}}{\sqrt{3} \cdot \beta_{\text{w}} \cdot \gamma_{\text{M2}}} = \frac{36,0}{\sqrt{3} \cdot 0,8 \cdot 1,25}$$

Alle anderen Nähte sind konstruktiv gewählt.

Beispiel 2 (Abb. 6.56)

Ein oberer Rahmenknoten einer Gerüstkonstruktion aus S 235 (ähnlich Abb. 6.17a) weist bei einer elastischen Berechnung nach Theorie II. Ordnung unter den γ_{F}-fachen Lasten die in Abb. 6.56 (Knoten k) angegebenen Schnittgrößen auf. Für den Knie-Knoten mit Voute und Zuglasche (Fall 2b nach Abschn. 6.4.3.1) sind die Tragsicherheitsnachweise zu führen.

Mit den angegebenen Abmessungen wird $(h'_{\text{S}}/2 + h'_{\text{V}} - h'_{\text{R}}) = 32,4\,\text{cm}$ und die Anschnittgrößen in (1)–(1), (2)–(2) und (3)–(3) betragen

$$M_{\text{R}} = 128 - 122 \cdot 0,185/2 \approx 117\,\text{kNm} \quad N_{\text{R}} = 54\,\text{kN} \quad V_{\text{R}} = 122\,\text{kN}$$
$$M_{\text{R3}} = 128 - 122 \cdot 0,324 = 88,5\,\text{kNm} \qquad\qquad\qquad\qquad \text{nach Gl. 6.27}$$
$$M_{\text{S}} = 128 - 54 \cdot 0,55/2 \approx 113\,\text{kNm} \quad N_{\text{S}} = 122\,\text{kN} \quad V_{\text{S}} = 54\,\text{kN}.$$

Die Querschnitte (Riegel, Stiel) sind ausreichend dimensioniert und werden hier nicht mehr nachgewiesen. Auch auf eine Untersuchung des Eckbleches B nach Abb. 6.45 kann offensichtlich verzichtet werden.

Abb. 6.56 Konstruktive Durchbildung einer geschraubten Rahmenecke

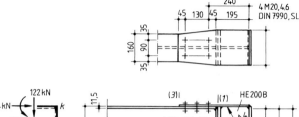

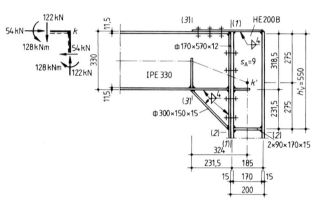

Nachweis für Eckblech A ($h'_R \rightarrow h'_V$)

$$T_{A,o} = T_{A,u} = 117/0,55 - 54/2 = 186\,\text{kN}$$

$$\tau_{A,o} = 186/(18,5 \cdot 0,9) = 11,2\,\text{kN/cm}^2$$

$$T_{A,r} = T_{A,l} = 113/0,185 - 122/2 = 550\,\text{kN}$$

$$\tau_{A,r} = 550/(55 \cdot 0,9) = 11,1\,\text{kN/cm}^2$$

$$\tau_A/\tau_{Rd} = 11,2/13,6 = 0,8 < 1 \quad \text{mit } \tau_{Rd} = \frac{f_y}{\sqrt{3}\gamma_{M0}} = \frac{23,5}{\sqrt{3} \cdot 1,0} = 13,6\,\text{kN/cm}^2$$

Beulen Sofern die Bedingung gemäß Gl. 6.23 eingehalten ist, kann auf einen genauen Schubbeulnachweis verzichtet werden.

$$h_w/t_w = 170/9 = 18,9 < 60$$

Damit erübrigt sich ein weiterer Beulnachweis.

Nachweis der Voutensteife Die Druckkraft im Voutenflansch wird über Gl. 6.33 bestimmt.

$$D = [128/0,55 - 0,5 \cdot (122 \cdot 0,185/0,55 - 54)] \cdot \sqrt{2} = 338\,\text{kN}$$

$$\sigma = 338/(1,5 \cdot 15) = 15,02\,\text{kN/cm}^2 \quad \sigma/\sigma_{Rd} = 15,02/23,5/1,0 = 0,64 < 1,0$$

Bei den gewählten Abmessungen ist ein Beulen ausgeschlossen.

Nachweis der Zuglasche, Schrauben und Nähte Die Zuglasche sowie ihre Anschlussmittel müssen eine Kraft von $Z = T_{A,o} = 186\,\text{kN}$ übertragen. In der letzten Schraubenreihe der Zuglasche (links von Schnitt (1)–(1)) ist bei $\Delta d = 2\,\text{mm}$ und $d = 20\,\text{mm}$

$$A \approx 20 \cdot 1,2 = 24\,\text{cm}^2 \quad A_{\text{net}} = 24 - 2 \cdot 2,2 \cdot 1,2 = 18,72\,\text{cm}^2$$

$$N_{t,Rd} = \min \begin{cases} N_{pl,Rd} &= A \cdot f_y/\gamma_{M0} = 24 \cdot 23,5/1,0 = 564\,\text{kN} \\ N_{u,Rd} &= 0,9 \cdot A_{\text{net}} \cdot f_u/\gamma_{M2} = 0,9 \cdot 18,72 \cdot 36/1,25 = 485\,\text{kN} \end{cases}$$

Damit gilt

$$N/N_{t,Rd} = 186/485 = 0,38 < 1,0$$

Bei einer einschnittigen Verbindung beträgt die charakteristische Abscherkraft

$$F_{v,Rd} = 60,3\,\text{kN}$$
$$F_{Ed} = 186/4 = 46,5\,\text{kN} \quad F_{Ed}/F_{v,Rd} = 46,5/60,3 = 0,77 < 1$$

Die Schubspannungen in der Anschlussnaht zwischen Zuglasche und Stützensteg betragen

$$\tau_{\parallel} = 186/(2 \cdot 18,5 \cdot 0,4) = 12,6\,\text{kN/cm}^2 < 20,8\,\text{kN/cm}^2$$
$$< \tau_{w,Rd} = \frac{f_u}{\sqrt{3} \cdot \beta_w \cdot \gamma_{M2}} = \frac{36,0}{\sqrt{3} \cdot 0,8 \cdot 1,25}$$

Anschluss der Riegelquerkraft Der Anschluss ist konstruktiv gewählt; bei einer – nach den Schlosserarbeiten – relativ ebenen Stirnplatte sind auch weniger Schrauben möglich.

Alle anderen Nähte sind konstruktiv gewählt.

Beispiel 3 (Abb. 6.57)

Das T-Rahmeneck eines Apparategerüstes soll in den wesentlichen Punkten nachgewiesen werden. Die Bemessungswerte der Schnittgrößen im Systempunkt k gehen aus Abb. 6.57b, alle Abmessungen aus Abb. 6.57a hervor.

Die Berechnung wird verkürzt und ohne Kommentare wiedergegeben. In den maßgebenden Anschnitten (Fall 3 gemäß Abschn. 6.4.3.1) betragen die Momente

$$M_R = 240 - 60 \cdot 0,28/2 = 232\,\text{kNm}$$
$$M_{R,3} = 240 - 60 \cdot (0,18 + 0,2) = 217\,\text{kNm}$$
$$M_{S,o} = 80 - 60 \cdot 0,8/2 = 56\,\text{kNm}$$
$$M_{S,u} = 160 - 150 \cdot 0,8/2 = 100\,\text{kNm}$$

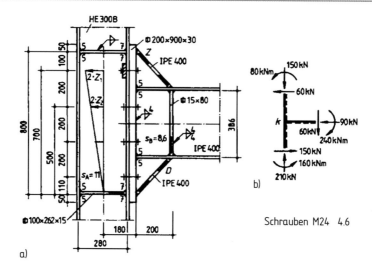

Abb. 6.57 Rahmeneck mit nicht vorgespannten Schrauben

Nachweis Eckblech „B"

$$T_{B,l} = T_{B,r} = 2 \cdot 232/0,386 - 60 = 520 \, \text{kN} \qquad \text{nach Gl. 6.43}$$

$$T_{B,o} = T_{B,u} = 217/0,386 - 232/0,8 = 272 \, \text{kN} \quad \text{nach Gl. 6.28}$$

$$\tau_{B,l} = 520/(38,6 \cdot 0,86) = 15,7 \, \text{kN/cm}^2$$

$$\tau_{B,o} = 272/(20 \cdot 0,86) = 15,8 \, \text{kN/cm}^2$$

Verteilt man die horizontalen Schubkräfte auf die Scherflächen ober- und unterhalb des Riegelflansches und die Schubkraft $T_{B,l}$ über die gesamte Voutenhöhe, so halbieren sich die Schubspannungen im Eckblech B und liegen dann deutlich unterhalb $\tau_{R,d} = 13,6 \, \text{kN/cm}^2$.

Die Kräfte in den Voutenflanschen betragen

$$D = (232/0,8 + 90/2) \cdot \sqrt{2} = 473 \, \text{kN} \quad \text{nach Gl. 6.45a}$$

$$Z = 473 - 90 \cdot \sqrt{2} = 346 \, \text{kN} \qquad \qquad \text{nach Gl. 6.45b}$$

Mit den Flanschabmessungen des IPE 400 ist

$$\sigma = 473/(1,35 \cdot 18) = 19,5 \, \text{kN/cm}^2 \quad \sigma/f_{yd} = 19,5/23,5 = 0,83 < 1$$

Der verlängerte, untere Riegelflansch ($S_{3,h}$) und die Vertikalsteife ($S_{3,v}$) müssen die Kräfte

$$S_{3,h} = S_{3,v} = 473/\sqrt{2} = 334 \, \text{kN} \quad \text{nach Gl. 6.34}$$

aufnehmen. Mit einem Eckverschnitt der Breite $r = 21$ mm ist

$$\sigma = \frac{334}{2 \cdot (8{,}0 - 2{,}1) \cdot 1{,}5} = 18{,}9\,\text{kN/cm}^2 \quad \sigma/f_{yd} = 0{,}80 < 1$$

Alle Anschlussnähte sind konstruktiv gewählt und werden nicht weiter nachgewiesen.

Nachweis Eckblech „A" Das Eckblech „A" wird durch die Stielsteifen begrenzt. Die Schubkräfte betragen

$$T_{A,l} = T_{A,r} = (56 + 100)/0{,}28 - 60/2 \qquad = 527\,\text{kN} \quad \text{nach Gl. 6.41a}$$
$$T_{A,o} = T_{A,u} = 527 \cdot 0{,}28/0{,}8 \qquad\qquad = 184\,\text{kN} \qquad \text{nach Gl. 6.42}$$
$$\tau = 527/(1{,}1 \cdot 80) = 184/(1{,}1 \cdot 28) \quad = 6{,}0\,\text{kN/cm}^2$$

Eine Stegverstärkung des Stieles ist damit nicht erforderlich.

Nachweis der Schrauben Bei der gewählten Stirnplattendicke darf der Voutenbereich als „starr" und ein Drehpunkt in Höhe der unteren Stielsteife angenommen werden. Die Dehnungen der Schrauben nehmen daher linear mit ihrem Abstand von Drehpunkt zu (Abb. 6.57). Die größte Schraubenzugkraft Z_1 wird unter Berücksichtigung dieser Schraubenkraftverteilung und bei Vernachlässigung der Schraubenkräfte unterhalb der Riegelachse wie folgt bestimmt:

$$Z_2/Z_1 = 500/700 \quad Z_2 = 0{,}714 \cdot Z_1$$

Die Momentengleichgewichtsbedingung um den Druckpunkt liefert mit den entsprechenden Hebelarmen

$$2 \cdot (Z_1 \cdot 0{,}7 + Z_2 \cdot 0{,}5) = 232 - 90 \cdot 0{,}8/2 = 196\,\text{kN m}$$
$$Z_1 = 93\,\text{kN} < F_{t,Rd} = 101{,}7\,\text{kN}$$

Damit ist der Nachweis der Grenzzugkraft $F_{t,Rd}$ der Schrauben eingehalten.

Die Druckkraft der unteren Riegelsteife (Anschnitt 30 mm) wird hier aus $\sum H = 0$ errechnet:

$$2 \cdot (Z_1 + Z_2) + N_R = S_2 \quad S_2 = 409\,\text{kN}$$
$$A_{st} = 2 \cdot 1{,}5 \cdot (10 - 3{,}0) = 21\,\text{cm}^2$$
$$\sigma = 409/21 = 19{,}5\,\text{kN/cm}^2 \quad \sigma/f_{yd} = 19{,}5/23{,}5 = 0{,}83 < 1$$

Beispiel 4 (Abb. 6.58)

Für den in Beispiel 2 berechneten Rahmen sind die Tragsicherheitsnachweise für die Voute sowie die Anschlussmittel zu führen.

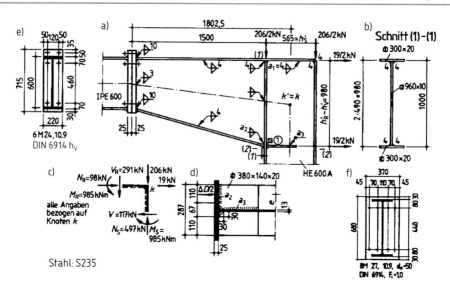

Abb. 6.58 Konstruktive Ausbildung der Voute des Rahmenriegels aus Beispiel 2

Mit den in Abb. 6.58 angegebenen Abmessungen beträgt die Voutenlänge l'_V ca. $1{,}8/20{,}0 \approx l/11$ und die Voutenhöhe h'_V ca. $0{,}98/0{,}6 \approx 1{,}63 \cdot h'_R$. Im Knoten D wirken die in Teilbild c) eingetragenen Knotenschnittgrößen (k-Werte). Außerdem müssen hier die äußeren Knotenlasten mit berücksichtigt werden. Die geringe Neigung im Voutenbereich darf vernachlässigt werden, das Eckblech wird nach Fall 1 behandelt. In den Anschnitten (1)–(1) und (2)–(2) betragen die Schnittgrößen:

$$M_R = 985 - 291 \cdot 0{,}565/2 = 903\,\text{kNm} \quad N_R = 98\,\text{kN} \quad V_R = 291\,\text{kN}$$
$$M_S = 985 - 117 \cdot 0{,}98/2 = 928\,\text{kNm} \quad N_S = 497\,\text{kN} \quad V_S = 117\,\text{kN}$$

Nachweise für den Voutenquerschnitt (1)–(1) Mit dem in Abb. 6.58b dargestellten Querschnitt ist

$$A_V = 2 \cdot 2{,}0 \cdot 30 + 96 \cdot 1{,}0 = 216\,\text{cm}^2 \qquad A_{Vz} = 96\,\text{cm}^2$$
$$I_{y,V} = 1{,}0 \cdot 96^3/12 + 2 \cdot 60 \cdot 49^2 = 361.848\,\text{cm}^4 \quad W_{y,V} = 7237\,\text{cm}^3$$

Die Spannungen betragen

$$\sigma = 98/216 + 90.300/7237 = 12{,}93\,\text{kN/cm}^2 \quad \sigma/f_{y,d} = 12{,}93/23{,}5 = 0{,}55 < 1$$
$$\tau_m = 291/96 = 3{,}03\,\text{kN/cm}^2 \qquad \tau/\tau_{Rd} = 3{,}03/13{,}6 = 0{,}22 < 1$$

($\tau_{Rd} = f_{y,d}/\sqrt{3}$, σ_v-Nachweis ist offensichtlich eingehalten)

In den Verbindungsnähten zwischen dem Stegblech und den Flanschen ist die Schubspannung unter Beachtung des Flächenmomentes 1. Grades mit $S_y = 30 \cdot 2{,}0 \cdot 49 =$

$2940 \, \text{cm}^3$

$$\tau_\| = \frac{291 \cdot 2940}{361.848 \cdot 2 \cdot 0,4} = 2,95 \, \text{kN/cm}^2$$

vernachlässigbar klein.

Eine (überschlägige) Überprüfung der gewählten Stegblechdicke mit Gl. 1.6 und Tab. 2.3 liefert

$$t_\text{W} \geq \sqrt{\frac{291 \cdot 1,1}{86,91 \sqrt{6,98 \cdot 23,5}}} = 0,54 \, \text{cm} < 1,0 \, \text{cm}$$

$$\text{mit } \alpha = (1500 - 2,25)/960 = 1,56 > 1 \qquad k_\tau = 5,34 + 4,00/1,56^2 = 6,98$$

sodass kein genauerer Beulnachweis erforderlich wird.

Nachweis des Eckbleches ($t_\text{w} = 13 \, \text{mm}$) Mit $h'_\text{V} = 98 \, \text{cm}$ anstelle von h'_R sind die Schubkräfte im Eckblech unter Berücksichtigung der äußeren Knotenlasten, die gleichmäßig auf die Flansche/Steifen verteilt werden,

$$T_\text{o} = 903/0,98 - 98/2 - 19/2 = 863 \, \text{kN}$$

$$T_\text{u} = 903/0,98 + 98/2 - 117 + 19/2 = 863 \, \text{kN} = T_\text{o} \quad \text{nach Gl. 6.16}$$

$$T_\text{l} = T_\text{r} = 928/0,565 - 497/2 + 206/2 = 1497 \, \text{kN} \qquad \text{nach Gl. 6.18}$$

und die Schubspannungen

$$\tau_\text{E} = \tau_\text{o} = \tau_\text{u} = 863/(1,3 \cdot 56,5) = 11,75 \, \text{kN/cm}^2$$

$$(\tau_\text{l} = \tau_\text{r} = 1497/(1,3 \cdot 98) = 11,75 \, \text{kN/cm}^2)$$

$$\tau/\tau_\text{R,d} = 11,75/13,6 = 0,86 < 1$$

Beulnachweis Das Eckblech ist spannungsmäßig stark ausgenutzt. Unter Beachtung von Gl. 6.23 kann auf einen Schubbeulnachweis verzichtet werden.

$$h_\text{w}/t_\text{w} \cong 540/13 = 41,5 < 60$$

$\rightarrow$ Kein genauerer Nachweis erforderlich.

Nachweis der Anschlussnähte Die Zugkraft T_o im oberen Voutenflansch wird allein den Kehlnähten $a_1 = 4 \, \text{mm}$ zugewiesen. Mit der Nahtlänge $l_1 = 56,5 - 2,5 = 54,9 \, \text{cm}$ ist

$$\tau_\| = 863/(2 \cdot 0,4 \cdot 54) \approx 20,0 \, \text{kN/cm}^2$$

$$< f_\text{y,wd} = \frac{f_\text{u}}{\sqrt{3} \cdot \beta_\text{w} \cdot \gamma_\text{M2}} = \frac{36,0}{\sqrt{3} \cdot 0,8 \cdot 1,25} = 20,8 \, \text{kN/cm}^2$$

Der untere Flansch ist mit einer Kraft von

$$D = 903/0{,}98 + 98/2 = 970 \, \text{kN}$$

über die Kehlnähte a_2 anzuschließen; eine Kontaktwirkung wird nicht unterstellt. Die Schweißnahtlänge l_2 beträgt $l_2 = 2 \cdot 30 - 1{,}0 = 59 \, \text{cm}$. Mit der Scherfestigkeit $f_{ywd} = 20{,}8 \, \text{kN/cm}^2$ nach dem „vereinfachten Verfahren" für Kehlnähte wird

$$\text{erf} \, a_2 = 970/(59 \cdot 20{,}8) = 0{,}79 \, \text{cm}.$$

Der Anschluss wird mit $a_2 = 8$ mm ausgeführt.

Durch Verwendung des „richtungsbezogenen Verfahrens" könnten weitere Reserven genutzt werden, siehe hierzu Teilwerk 1, Kap. 3.

Ein Teil der Kraft D wird direkt in den Stielsteg eingeleitet. Die Restkraft muss von den horizontalen Stielsteifen (Abb. 6.58d) übernommen werden. Diese Kraft wird aufgrund der geometrischen Verhältnisse zu

$$\Delta D = 970 \cdot 2 \cdot 11/28{,}7 \approx 744 \, \text{kN} \quad \Delta D/2 = 372 \, \text{kN}$$

bestimmt. Diese Kraft gelangt über die 8 mm (a_2) dicken Nähte am Stielflansch über die Nähte a_3 in den Steg. Bei einem vereinfachten Nachweis müssen diese auch noch ein Versatzmoment $(\Delta D/2) \cdot e$ aufnehmen. Mit $e = (14{,}0 - 11{,}0/2) = 8{,}5$ cm ist $\Delta M = 372 \cdot 8{,}5 = 3162 \, \text{kNcm}$. Bei einem Steifenausschnitt von 30 mm und $a_3 = 10$ mm wird

$$A_{W,3} = 2 \cdot (38{,}0 - 3{,}0) \cdot 1{,}0 = 70 \, \text{cm}^2$$
$$W_{W,3} = 2 \cdot 1{,}0 \cdot 35^2/6 = 408 \, \text{cm}^3$$

Die Schweißnahtspannungen betragen:

$$\tau_{\parallel} = 372/70 = 5{,}31 \, \text{kN/cm}^2 \quad \tau_{\perp} = 3162/408 = 7{,}75 \, \text{kN/cm}^2.$$

Der Vergleichswert nach Gl. 3.45, Teil 1 liefert

$$\sigma_{w,v} = \sqrt{5{,}31^2 + 7{,}75^2} = 9{,}4 \, \text{kN/cm}^2 \quad 9{,}4/20{,}7 = 0{,}45 < 1.$$

Tatsächlich sind die Spannungen etwas geringer, da sich auch die Nähte am Flansch an der Aufnahme des Versatzmomentes beteiligen. Im Stützensteg sind die Schubspannungen

$$\tau = (2 \cdot 5{,}31) \cdot 1{,}3/1{,}0 = 13{,}8 \, \text{kN/cm}^2 \approx f_{y,d}/\sqrt{3} = 13{,}6 \, \text{kN/cm}^2$$

Kürzer sollten die Steifen also auf keinen Fall ausgebildet werden.

Es verbleibt noch der Nachweis für den *typisierten Stirnplattenanschluss* am Voutenende. Er wird ausgeführt als Typ IH3E mit voll vorgespannten Schrauben M 24, 10.9 nach

DIN EN 14399-4. Die Vorspannkraft beträgt für diese Schraube $F_{p,C} = 247\,\text{kN}$ und die Grenzzugkraft $F_{t,Rd} = 254,2\,\text{kN}$ (siehe Teil 1, Tab. 3.18, 3.22). Die Unterlegscheibe hat einen Außendurchmesser von $D = 44\,\text{mm}$ und ist $t_s = 4\,\text{mm}$ dick. Die Stirnplattendicke ist mit $d_p = 25\,\text{mm}$ angegeben, der Lochdurchmesser mit $d_L = 26\,\text{mm}$. Alle anderen Abmessungen gehen aus Abb. 6.58e hervor. Das elastische Grenzmoment des Riegelquerschnittes IPE 600 beträgt mit $f_{yd} = 23,5\,\text{kN/cm}^2$ und $W_y = 3070\,\text{cm}^3$

$$M_{el,R,d} = 3070 \cdot 23,5/100 = 721,4\,\text{kNm}$$

Mit den angegebenen Abmessungen und der Grenzspannung f_{yd} erhält man zunächst nach Tab. 6.9 folgende

Vorwerte:

$$e_1 = 35\,\text{mm}, \quad a_1 = 50\,\text{mm}, \quad b_p = 220\,\text{mm},$$
$$d_p = 25\,\text{mm}, \quad a_{Fl} = 10\,\text{mm}, \quad n = 2$$
$$c_1 = 50 - 10\sqrt{2}/3 - (44 + 25)/4 = 28,0\,\text{mm}$$
$$M_{I,pl,d} = 1,1 \cdot 22 \cdot 2,5^2 \cdot 23,5/4 = 888,6\,\text{kNcm}$$
$$M_{II,pl,d} = 1,1 \cdot (22 - 2 \cdot 2,6) \cdot 2,5^2 \cdot 23,5/4 = 678,6\,\text{kNcm}$$
$$V_{pl,d} = 2,5 \cdot 22 \cdot 23,5/\sqrt{3} = 746\,\text{kN}$$

Es werden nun nacheinander die möglichen Zugkräfte entsprechend der drei Versagensformen gemäß Tab. 6.9 errechnet und die Grenzbedingungen kontrolliert. Maßgebend ist die kleinste Flanschzugkraft Z_t.

Fall a): $Z_t^a = \frac{2}{3,5+2,8} \cdot [2 \cdot 254,2 \cdot 3,5 + 888,6] = 847\,\text{kN} < 2 \cdot 746\,\text{kN} \; (\leq 2 \cdot V_{pl,d})$
$(2 \cdot 254,2 - 847/2) \cdot 3,5 = 297,2\,\text{kNcm} < 678,6\,\text{kNcm}$ (Bedingung erfüllt)
Fall b): $Z_t^b = 2 \cdot (888,6 + 678,6)/2,8 = 1119,4\,\text{kN} > 847\,\text{kN}$
(Die Bedingung für Z_t^b – Gl. 6.58 – wird nicht eingehalten).
Fall c): $Z_t^c = 2 \cdot 2 \cdot 254,2 = 1016,8\,\text{kN} > 847\,\text{kN}$
(Auch hier ist die Bedingung Gl. 6.60 nicht eingehalten)

Damit beträgt die kleinste Zugkraft $Z_t = 847\,\text{kN}$ und das Anschlusstragmoment ergibt sich zu

$$M_{y,A,R,d} = 847 \cdot (60 - 1,9)/100 = 492,1\,\text{kNm}$$

Im Gebrauchszustand mit $\gamma_F = 1,0$ soll das vorhandene Moment den Wert

$$M_{y,A,k} = (60 - 1,9) \cdot 4 \cdot 0,8 \cdot 247/100 = 459,2\,\text{kNm}$$

nicht überschreiten.

Im Stoß liegen mit vereinfacht $\gamma_F = 1,35$ folgende Bemessungswerte der Schnittgrößen vor:

$$M_{St,k} = -460/1,35 = -340,7\,kNm$$
$$V_{Z,d} = 220\,kN$$

Die Querkraft wird den zwei Schrauben im Druckbereich zugewiesen ($2 \cdot F_{v,Rd} = 2 \cdot 217,1 = 434,2\,kN > 220\,kN$).
Mit

$$|M_{St,d}|/M_{y,A,R,d} = 460/492,1 = 0,93 < 1$$

ist die Tragsicherheit des Anschlusses nachgewiesen. (Auf den Nachweis der Anschlussschweißnähte ist hier verzichtet.)

Es wäre auch ein *bündiger Stirnplattenanschluss* nach Typ IH2E und 4 vertikalen Schraubenreihen – siehe Abb. 6.58f – möglich gewesen, allerdings mit Schrauben M 27, 10.9. In diesem Fall erweist sich die Versagensform Fall c nach Tab. 6.10 als maßgebend.
Mit

$$d_p = 50\,mm, \qquad D = 50\,mm, \qquad t_w = 5\,mm \qquad und$$
$$e_4 = 110\,mm, \qquad \ddot{u} = 30\,mm, \qquad a_2 = 80\,mm \qquad sowie$$
$$F_{t,Rd} = 330,5\,kN \qquad und \qquad F_{p,c} = 321\,kN$$

erhält man

$$c_1 = 110 - 30 - 19 - (50/2 + 50)/2 = 23,5\,mm$$
$$c_3 = 50/2 + 50 = 75\,mm$$
$$Z_t^c = \frac{7,5}{2,35 + 7,5} \cdot 4 \cdot 330,5 = 1006,6\,kN$$
$$M_{y,A,R,d} = 1006,6 \cdot (60 - 1,9)/100 = 584,8\,kNm > 460\,kNm$$
$$M_{y,A,k} = (60 - 8 - 1,9/2) \cdot 3,6 \cdot 0,8 \cdot 321/100 = 471,9\,kNm > 340,7\,kNm = M_{y,d}/\gamma_F$$

Der bündige Stirnplattenanschluss ist jedoch wesentlich weicher als der Anschluss mit überstehender Stirnplatte.

Alternativ zu Abb. 6.58 wären auch Ausführungen nach Abb. 6.59a, b möglich (Darstellung nur qualitativ).

Beispiel 5 (Abb. 6.60)
Der Rahmenknoten 8 von Beispiel 4 soll über eine biegesteife Stirnplattenverbindung und mit durchlaufendem Stiel nachgewiesen werden.

Die gewählte Ausführung weicht u. a. mit Rücksicht auf die vorhandenen Schnittgrößen (unter γ_F-facher Last) in einigen Abmessungen von der typisierten Form [28] ab. Für

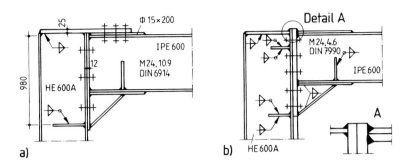

Abb. 6.59 Konstruktive Alternativen zu Abb. 6.58

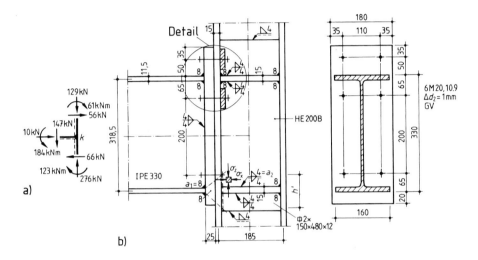

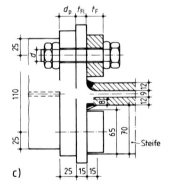

Abb. 6.60 Rahmeneck mit HV-Stirnplattenanschluss und Aussteifungsrippen. **a** Schnittgrößen, **b** konstruktive Ausbildung, **c** Stirnplattendetail und Stegverstärkung

den Anschluss ist daher die Grenztragfähigkeit zu ermitteln. Zunächst jedoch werden das Eckblech und die Steifen nachgewiesen. Es liegt ein T-Knoten ohne Voute (Kombination von Fall 1 und Fall 2 c) vor.

Nachweis des Eckbleches und der Steifen Die im Riegel und Stiel vorhandenen Schnittgrößen in den Rahmeneckanschnitten betragen

$$\left.\begin{array}{ll} M_R = 184 - 147 \cdot 0{,}185/2 = 170{,}0\,\text{kNm} & N_R, V_R \\ M_{S,o} = 61 - 56 \cdot 0{,}3185/2 = 52{,}0\,\text{kNm} & N_{S,o}, V_{S,o} \\ M_{S,u} = 123 - 66 \cdot 0{,}3185/2 = 112{,}5\,\text{kNm} & N_{S,u}, V_{S,o} \end{array}\right\} \text{ s. Knoten } k$$

Die Schubkräfte errechnen sich mit Gln. 6.41a und 6.41b

$$T_{A,l} = T_{A,r} = (52 + 112{,}5)/0{,}185 - 147/2 = 816\,\text{kN}$$

$$T_{A,o} = T_{A,u} = 170/0{,}3185 - 10/2 - 56 = 473\,\text{kN}$$

und die Schubspannungen zu

$$\tau = \tau_1 = \tau_0 = \frac{816}{31{,}85 \cdot 0{,}9} = \frac{473}{18{,}5 \cdot 0{,}9} \approx 28{,}5\,\text{kN/cm}^2$$

Sie liegen damit weit über der Fließschubspannung von $\tau_{Rd} = f_{y,d}/\sqrt{3} = 13{,}57\,\text{kN/cm}^2$. Das Stegblech des Rahmenstiels wird daher durch eine beidseitige Blechbeilage von $2 \times t = 2 \times 12\,\text{mm}$ verstärkt (Abb. 6.60c). Die Dicke der Stegblechverstärkung sollte immer mindestens der Stützenstegdicke entsprechen. Davon ist gemäß DIN EN 1993-1-8 Abs. 6.26.1 (6) nur eines anrechenbar. Mit $\sum s = 0{,}9 + 1{,}2 = 2{,}1$ cm betragen die Schubspannungen

$$\tau = 28{,}5 \cdot 0{,}9/2{,}1 = 12{,}2\,\text{kN/cm}^2 \quad \tau/\tau_{Rd} = 12{,}2/13{,}57 = 0{,}9 < 1{,}0$$

Aufgrund der Bedingung Gl. 6.24 mit

$$h_w / \sum t_w \cong 134/2{,}1 = 63{,}8 < 69 \cdot \varepsilon = 69$$

kann auf einen genauen Schubbeulnachweis verzichtet werden.

Die Blechbeilagen werden so weit geführt, dass ihr Ende außerhalb des Riegelanschlusses liegt. Dies entspricht DIN-EN-1993-1-8 Abs. 6.2.6.1 (10). Unter gleichzeitiger Wirkung der (zumindest zu einem Teil) noch vorhandenen Normalspannung aus den Schnittgrößen des unteren Stieles und eines direkt in den Steg fließenden Anteils aus dem unteren Riegelflansch wird die Vergleichsspannung nachgewiesen. Die Querschnittswerte des verstärkten Stieles sind

$$A = 78{,}1 + 2 \cdot 1{,}2 \cdot 15 = 114\,\text{cm}^2$$

$$I_y = 5700 + 2 \cdot 1{,}2 \cdot 15^3/12 = 6375\,\text{cm}^4$$

$$W = 6375/(10 - 1{,}5 - 1{,}8) = 951\,\text{cm}^3$$

Abb. 6.61 Beanspruchung der Stielrippen

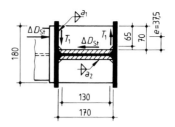

und die Normalspannung

$$\sigma_z = 276/114 + 11.250/951 = 14{,}25 \, \text{kN/cm}^2$$

Es wird unterstellt, dass von der Druckkraft im Riegelflansch

$$D = 170/0{,}3185 + 10/2 = 539 \, \text{kN}$$

aufgrund der Steifenbreite von $2 \times 6{,}5 \, \text{cm}$ (Abb. 6.61) ein Anteil D_S direkt in den Steg eingeleitet wird

$$D_S = 539 \cdot (1 - 2 \cdot 6{,}5/18) = 150 \, \text{kN}$$

und sich vom Beginn der Stirnplatte aus unter $45°$ nach oben und unten ausbreitet (Abb. 6.60b) und am Beginn der Ausrundung im Stielquerschnitt sich auf eine Höhe von h' verteilt. Mit $t_{Fl} = 15 \, \text{mm}$, $r_{Fl} = 18 \, \text{mm}$, $t_R = 11{,}5 \, \text{mm}$ und $d_p = 25 \, \text{mm}$ ist

$$h' = 11{,}5 + 2 \cdot (25 + 15 + 18) \approx 127{,}5 \, \text{mm}$$

Die Druckspannung σ_x beträgt dann mit $\sum s' = 0{,}9 + 2 \cdot 1{,}2 = 3{,}3 \, \text{cm}$

$$\sigma_x = 150/(3{,}3 \cdot 12{,}75) = 3{,}56 \, \text{kN/cm}^2$$

Die Schubspannung wird aus bereits erwähnten Gründen nur mit 75 % berücksichtigt.

$$\sigma_v = \sqrt{3{,}56^2 + 14{,}25^2 - 3{,}56 \cdot 14{,}25 + 3 \cdot (0{,}75 \cdot 10{,}3)^2} = 18{,}5 \text{kN/cm}^2$$
$$\sigma_v/f_{y,d} = 0{,}79 < 1$$

Der verbleibende Druckkraftanteil des Riegelflansches

$$\Delta D_{St} = 539 - 150 = 389 = 2 \cdot 195 \, \text{kN}$$

wird von den Steifen übernommen.

$$\sigma_{St} = 195/(1{,}5 \cdot 6{,}5) = 20 \, \text{kN/cm}^2$$
$$\sigma_v/f_{y,d} = 0{,}85 < 1$$

Ihr Anschluss erfolgt über Flanschkehlnähte $a_1 = 8\,\text{mm}$ und Stegkehlnähte $a_2 = 4\,\text{mm}$. Das Versatzmoment von D_S bezüglich des Steges wird in ein Kräftepaar T_1 aufgelöst. Mit $e = 3{,}75\,\text{cm}$ ist $T_1 = 195 \cdot 375/17{,}0 = 43\,\text{kN}$.

Die Spannungen in den Schweißnähten sind unter Verwendung des „vereinfachten Nachweisverfahrens"

a_1:

$$\sigma_\perp = 195/(2 \cdot 0{,}8 \cdot 6{,}5) = 18{,}75\,\text{kN/cm}^2$$

$$\tau_\parallel = 18{,}75 \cdot 43/195 = 4{,}10\,\text{kN/cm}^2$$

$$\sigma_v = \sqrt{18{,}75^2 + 4{,}10^2} = 19{,}2\,\text{kN/cm}^2 \quad \sigma_v/f_{yw,d} = 19{,}2/20{,}8 = 0{,}92 < 1$$

$$\text{mit } f_{yw,d} = \frac{36}{\sqrt{3} \cdot 0{,}8 \cdot 1{,}25} = 20{,}8\,\text{kN/cm}^2$$

a_2:

$$\tau_\parallel = 195/(2 \cdot 0{,}4 \cdot 13{,}0) = 18{,}75\,\text{kN/cm}^2$$

Nachweis des biegesteifen Stirnplattenanschlusses Mit den Abmessungen der Stirnplatte nach Abb. 6.59b und den Rechenanweisungen der Tab. 6.9 werden zunächst wieder alle benötigten Vorwerte bestimmt:

$$a_1 = 50\,\text{mm}, \quad a_{Fl} = 8\,\text{mm}, \quad e_1 = 35\,\text{mm}, \quad d_p = 25\,\text{mm}, \quad D = 37\,\text{mm}$$

$$c_1 = 50 - 8 \cdot \sqrt{2}/3 - (37 + 25)/4 = 30{,}7\,\text{mm}, \quad f_{yd} = f_{yk}/\gamma_{M0} = 23{,}5$$

$$M_{I,pl,d} = 1{,}1 \cdot 18 \cdot 2{,}5^2 \cdot 23{,}5/4 = 727\,\text{kNcm}$$

$$F_{t,Rd} = 176{,}4\,\text{kN}, \quad F_{p,c} = 172\,\text{kN}$$

Bei der vorliegenden konstruktiven Ausbildung wird die Versagensform a) nach Tab. 6.9 maßgebend:

$$Z_t = Z_t^a = \frac{2}{3{,}5 + 3{,}07} \cdot [2 \cdot 176{,}4 \cdot 3{,}5 + 727] = 597{,}2\,\text{kN}$$

(Die Bedingungen für die Zugkraft Z_t^a sind eingehalten)

Das Anschlusstragmoment beträgt damit

$$M_{y,A,R,d} = 597{,}2 \cdot (33 - 1{,}15)/100 = 190{,}2\,\text{kNm}$$

Mit dem Bemessungswert des Anschlussmomentes $M_{A,d} = 170\,\text{kNm}$ und

$$M_{A,d}/M_{y,A,R,d} = 170/190{,}2 = 0{,}89 < 1$$

ist die Tragsicherheit des Anschlusses nachgewiesen.

Die Riegelquerkraft $V_{E,d} = 147\,kN$ wird von den unteren Schrauben sicher übertragen. Der Nachweis auf Abscheren lautet

$$\frac{V_{Ed}/n}{F_{v,Rd}} = \frac{147/2}{150,8} = 0,49 < 1$$

Im Gebrauchszustand beträgt das Anschlussmoment $M_{A,k} = 170/1,35 = 125,9\,kNm$; es soll kleiner sein als

$$M_{y,A,k} = (33 - 1,15) \cdot 4 \cdot 0,8 \cdot 160/100 = 163,1\,kNm$$
$$M_{A,k}/M_{y,A,k} = 125,9/163,1 = 0,77 < 1.$$

Wegen der gegenüber [28, 29] etwas vergrößerten Schraubenabstände wird der Stützenflansch durch möglichst große Futterbleche der Dicke $t_F = d_p = 25\,mm$ unterstützt (Abb. 6.60c). Dies wäre auch erforderlich bei strenger Auslegung der Anwendungsregeln nach [28, 38], s. Tab. 8.5, Teil 1: $t_{Fl} = 15\,mm < 0,8 \cdot d = 0,8 \cdot 20 = 16\,mm$.

Schließlich noch ein Hinweis zur „Überfestigkeit": Für den nachgewiesenen Riegelstoß spielt eine eventuelle Überfestigkeit des Riegelmaterials in diesem Falle keine Rolle, da die Tragfähigkeit im FG des Knotens 8 nicht durch den Querschnitt, sondern durch das Tragmoment des Anschlusses bestimmt ist, von dem eine ausreichende Rotationsfähigkeit angenommen werden darf; das Anschlusstragmoment ist im Übrigen rund 20 % höher als das vorhandene γ-fache Moment.

6.4.4.3 Tragverhalten vorgespannter Schraubenverbindungen unter achsialer Zugkraft

Die Beanspruchbarkeit der Schrauben auf Zug wird bereits im Teil 1 in den Abschn. 3.2.3 und 8.3.4 behandelt, wobei beim Einsatz der hochfesten Schrauben der Festigkeitsklassen 8.8 und 10.9 die Schrauben (i. d. R.) vorzuspannen sind. Ihr Einsatz bei den biegesteifen Stirnplattenverbindungen wird in Abschn. 6.4.4.1 ausführlich behandelt.

Bei allen Nachweisen für die *zugbeanspruchte, vorgespannte Schraube* fällt auf, dass in der auf die Schraube entfallenden Zugkraft N – siehe Teil 1, Gl. 3.15 – die Vorspannkraft $F_{P,C}$ der Schraube nicht berücksichtigt wird. Dies hängt damit zusammen, dass bei der *vorgespannten Verbindung* tatsächlich nur ein kleiner Anteil aus der *äußeren Zugkraft* als zusätzliche Belastung (über $F_{P,C}$ hinaus) auf die Schraube entfällt. (Besonders günstig wirkt sich dieser Umstand dann aus, wenn die äußere Zugkraft aus einer häufig sich ändernden Einwirkung resultiert.)

Der beschriebene Sachverhalt soll in den folgenden Ausführungen näher erläutert werden.

In Abb. 6.62a ist eine zunächst nicht vorgespannte Schraube dargestellt, welche die zwei Bleche mit der Klemmlänge l_k zusammenhält. Spannt man diese Schraube mit einer Vorspannkraft F_V vor, breitet sich die gleich große Druckkraft D_k in den Blechen – ausgehend vom äußeren Rand der Unterlegscheibe – annähernd unter einem Winkel von

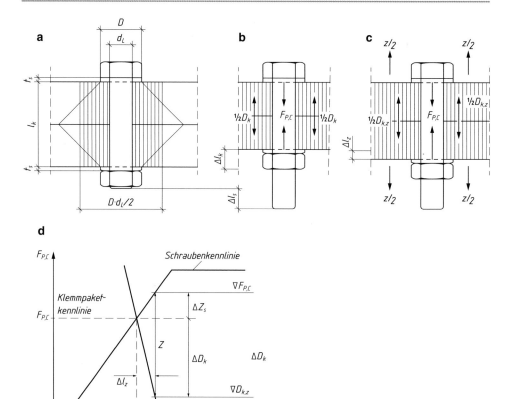

Abb. 6.62 Last-Verformungsverhalten vorgespannter Verbindungen. **a** spannungsloser Zustand, Bezeichnungen, **b** mit $F_{P,C}$ vorgespannte Verbindung, **c** zusätzlich einwirkende Zugkraft Z, **d** Last-Verformungsdiagramm

45° kegelförmig aus. Dieser Druckkegel kann vereinfachend durch einen etwa gleichwertigen Hohlzylinder mit dem Außendurchmesser $(D + l_k/2)$ erfasst werden. Bei diesem Vorspannvorgang verlängert sich die Schraube um das Maß

$$\Delta l_s = \frac{F_{P,C} \cdot (l_k + 2t_s)}{E \cdot A_{Sch}} = \frac{F_{P,C}}{c_s} \tag{6.76}$$

mit

$$c_s = \frac{E \cdot A_{Sch}}{(l_k + 2t_s)} \tag{6.77}$$

Gleichzeitig werden die Bleche einschließlich der Scheiben um das Maß

$$\Delta l_k = \frac{F_{P,C} \cdot l_k}{E \cdot \pi \cdot \left[(D + l_k/2)^2 - d_L^2\right]/4} + \frac{F_{P,C} \cdot 2t_s}{E \cdot \pi \cdot \left(D^2 - d_L^2\right)/4} = \frac{F_{P,C}}{C_k} \tag{6.78}$$

mit

$$c_k = \frac{E \cdot \pi/4}{\frac{2t_s}{(D^2-d_L^2)} + \frac{l_k}{(D+l_k/2)^2-d_L^2}} \tag{6.79}$$

zusammengedrückt, Abb. 6.62b.

Wird nun auf diese vorgespannte Verbindung eine äußere Zugkraft Z aufgebracht, verlängert sich die Schraube um das gleiche Maß Δl_Z, wie das zusammengedrückte Blechpaket entlastet wird, Abb. 6.62c. Überträgt man diese geometrische Bedingung des statisch unbestimmten Systems in das Verspannungsdiagramm, Abb. 6.62d, so lässt sich hier ablesen, welcher Anteil der Zugkraft Z auf die Schraube und welcher auf das Blechpaket entfällt. (Das Verspannungsdiagramm ist die graphische Darstellung der Gln. 6.76 und 6.78 – vgl. auch Teil 1, Abb. 3.19.)

Bei dem geschilderten Vorgang wächst die Zugkraft auf $F_{P,C}$ an und die Druckkraft im Blechpaket fällt auf die Klemmkraft $D_{k,z}$ ab. Diese jetzt wirksamen Kräfte lassen sich wie folgt bestimmen:

$$\Delta l_Z = \frac{\Delta Z_s}{c_s} = \frac{\Delta D_k}{c_k} \tag{6.80a}$$

$$\Delta D_k = \Delta Z_s \cdot \frac{c_k}{c_s} \tag{6.80b}$$

mit

$$Z = \Delta Z_s + \Delta D_k \tag{6.81}$$

Wir setzen ΔD_k nach Gl. 6.80b in Gl. 6.81 ein und lösen nach ΔZ_S auf:

$$\Delta Z_s = \frac{c_s}{c_s + c_k} \cdot Z \tag{6.82a}$$

$$\Delta D_k = \frac{c_k}{c_s + c_k} \cdot Z \tag{6.82b}$$

Die resultierenden Kräfte sind dann

$$F_{P,C} = F_{P,C} + \frac{c_s}{c_s + c_k} \cdot Z \quad \text{und} \tag{6.83a}$$

$$D_{k,z} = F_{P,C} - \frac{c_k}{c_s + c_k} \cdot Z \tag{6.83b}$$

$$Z_{\text{krit}} = \frac{c_s + c_k}{c_k} \cdot F_{P,C} \tag{6.84}$$

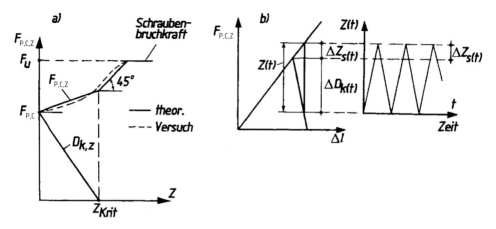

Abb. 6.63 Resultierende Schraubenkraft und verbleibende Klemmkraft einer vorgespannten Verbindung und äußerer Zugbeanspruchung. **a** resultierende Schraubenkraft, kritische Zugkraft, **b** Schwingbreite der Schraubenkraft bei zeitlich veränderlicher Zugkraft

Wenn infolge der äußeren Zugkraft Z die Klemmkraft bei $Z = Z_{\text{krit}}$ auf Null abgesunken ist, muss die Schraube eine darüber hinaus wirkende Zugkraft allein übernehmen; es entsteht eine Klaffung zwischen den Blechen, bis schließlich die Schraube bei $F_{\text{P,C,Z}} = F_{\text{u}}$ zu Bruch geht, Abb. 6.63a.

Ist die Zugkraft Z schließlich eine zeitlich veränderliche Größe, Abb. 6.63b, ist nur ein geringer Anteil hiervon nach Gl. 6.82a ermüdungswirksam.

Diese (etwas vereinfachten) Zusammenhänge sollen auf die Stirnplattenverbindung des Beispiels 11 zahlenmäßig angewendet werden.

Beispiel 6 (Abb. 6.58)
Für den in Beispiel 1 nachgewiesenen Stirnplattenstoß mit Schrauben M 24, 10.9, DIN EN 14399-4 wird die effektive Schraubenkraft berechnet. Aus dem Anschlussmoment von $M_{\text{St,d}} = -460\,\text{kNm}$ und dem Abstand der Flanschschwerpunkte – siehe Abb. 6.58 – entfällt auf jede der 4 Zugschrauben eine rechnerische Kraft von $N = Z = \frac{1}{4} \cdot 46.000/(60 - 1{,}9) = 198\,\text{kN}$.

Unterstellt man eine unendlich steife Stirnplatte – dies ist gleichbedeutend mit der Vernachlässigung der Abstützkräfte K der Stirnplatte, siehe Teil 1, Abb. 3.17 – lautet der Nachweis für die Schrauben mit der Grenzzugkraft $F_{\text{t,Rd}} = 254{,}2\,\text{kN}$ (Tab. 3.18, Teil 1)

$$\frac{N}{F_{\text{t,Rd}}} = \frac{198}{254{,}2} = 0{,}78 < 2$$

(Die Vorspannkraft $F_{\text{P,C}} = 247\,\text{kN}$ bleibt unberücksichtigt). Durchstanzen wird hier offensichtlich nicht maßgebend, siehe Teil 1, Gl. 3.17.

Mit den Abmessungen der Unterlegscheiben und der Stirnplattendicke erhält man für die Schraube und den Ersatzdruckzylinder folgende *Federsteifigkeiten* c_s und c_k

$$(l_k + 2 \cdot t_s) = (2 \cdot 25 + 2 \cdot 4) = 58\,\text{mm}$$

$$A_{\text{Sch}} = \pi \cdot 24^2/4 = 452{,}4\,\text{mm}^2$$

$$c_s = 21 \cdot 10^3 \cdot 4{,}524/5{,}8 = 16{,}38 \cdot 10^3\,\text{kN/cm} \qquad \text{nach Gl. 6.77}$$

$$c_k = \frac{21 \cdot 10^3 \cdot \pi/4}{\dfrac{2 \cdot 0{,}4}{(4{,}4^2 - 2{,}5^2)} + \dfrac{2 \cdot 2{,}5}{(4{,}4 + 2 \cdot 2{,}5/2)^2 - 2{,}5^2}} = 90{,}67 \cdot 10^3\,\text{kN/cm} \quad \text{nach Gl. 6.79}$$

und die Zugkraft Z verteilt sich auf die Schraube und das Klemmpaket nach Gl. 6.82a, 6.82b:

$$\Delta Z_s = \frac{16{,}38}{16{,}38 + 90{,}67} \cdot 198 = 30{,}3\,\text{kN} \quad \Delta D_k = \frac{90{,}67}{16{,}38 + 90{,}67} \cdot 198 = 167{,}7\,\text{kN}$$

(Kontrolle $\Delta Z_s + \Delta D_k = 30{,}3 + 167{,}7 = 198\,\text{kN} = Z$)

Dies bedeutet, dass von der äußeren Zugkraft rd. nur 12 % als Mehrbelastung auf die vorgespannte Schraube entfällt.

Die resultierende Schraubenkraft (einschließlich Vorspannung) ist dann

$$F_{P,C} = 247 + 30{,}3 = 277{,}3\,\text{kN} = 1{,}12 \cdot F_{P,C}$$

Im Anschluss selbst verbleibt noch eine kleine Klemmkraft, da die kritische Zugkraft

$$Z_{\text{krit}} = \frac{16{,}38 + 90{,}67}{90{,}67} \cdot 220 = 259{,}7\,\text{kN} = 1{,}18 \cdot F_V$$

größer ist als die Zugkraft/Schraube $Z = 198\,\text{kN}$.

Schließlich soll die effektive Schraubenkraft noch für den Fall ermittelt werden, wenn der Anschluss (mit $M_{St,d} = M_{y,A,R,d}$) voll ausgenutzt wäre.

Bei der Versagensform a) nach Tab. 6.9 ist die (äußere) Stützkraft/Schraube im Schnitt II-II des statischen Systems – siehe Abb. 6.53a,b – gerade so groß wie die Grenzzugkraft $F_{t,Rd} = 254{,}2\,\text{kN} = 1{,}03 F_{P,C}$. (Diese, auf die vorgespannte Verbindung einwirkende Zugkraft enthält dann auch die zuvor vernachlässigte Abstützkraft K aus der Stirnplattenverformung.)

Wir setzen diese Kraft als äußere Zugkraft Z (vgl. Abb. 6.62c) auf die vorgespannte Verbindung an und ermitteln die effektive Schraubenkraft aus der Vorspannung F_V und zusätzlicher Beanspruchung aus Z nach Gl. 6.83a:

$$F_{P,C,Z} = F_{P,C} + \frac{16{,}38}{16{,}38 + 90{,}67} \cdot 1{,}03 \cdot F_{P,C} = 1{,}16 \cdot F_{P,C} = 286{,}5\,\text{kN}.$$

Auch jetzt verbleibt gerade noch eine geringe Klemmkraft in der Verbindung ($1{,}16 F_{P,C} < 1{,}18 F_{P,C} = Z_{\text{krit}}$)

6.4.5   Komponentenmethode

6.4.5.1   Allgemeines

Mit der sogenannten Komponentenmethode nach DIN EN 1993-1-8, Abs. 6 [1] können sowohl ausgesteifte, als auch steifenlose Rahmenecken bemessen werden. Hierdurch liegen Regelungen für eine große Variation an Rahmeneckenausbildungen vor, mit und ohne Steife, mit mehreren Schraubenreihen, überstehend oder bündig, siehe z. B. Abb. 6.64, 6.65 und 6.71. Der Anschluss wird dabei in seine definierte Grundkomponente zerlegt und deren Einzeltragfähigkeit überpüft, siehe hierzu die nachfolgenden Abschnitte. Grundlage für die Bemessung des Schraubanschlusses bildet das sogenannte T-Stummel-Model, siehe hierzu die folgenden Abschnitte.

Gleichzeitig wird festgelegt, ob es sich um eine biegeweiche oder biegesteife Rahmenecke handelt, siehe z. B. Abb. 6.33. Dies hat u. a. Einfluss auf den Schnittgrößenverlauf des Rahmensystems, da sich bei biegeweichen Ecken die Schnittgrößen Richtung Feld umlagern, siehe hierzu Abschn. 6.2.2 und Teilwerk 1.

6.4.5.2   Vereinfachtes T-Stummel-Modell für Träger und Stützen-Verbindungen

Bei typischen Verbindungen mit zugbeanspruchten Schrauben, wie z. B. biegesteife Trägerstöße mit Stirnplattenverbindungen Typ IH1 und IH3, siehe Abb. 6.65a, b, wird das Moment vereinfacht in eine Zug- und Druckkomponente in den Flanschen des I-Querschnitts zerlegt.

$$D = -Z = \frac{M_y}{z} \tag{6.85}$$

Hierdurch wird dem Grundsatz Rechnung getragen, dass die Kräfte direkt in dem Bauteil übertragen werden, in dem Sie wirken. Bei I-Querschnitten überwiegt die Übertragung von Momenten in den Flanschen, während der Steg i. d. R. von untergeordneter Bedeutung ist, und zur Querkraftübertragung dient. Die Druckkomponente D wird direkt über Druckkontakt im Obergurt übergeben über die Stirnplatten. Die Zugkomponente Z wirkt im unteren Flansch. Sie muss über Biegung in den Stirnplatten und Zugkräfte in den Schrauben übertragen werden, siehe die gestrichelten Linien in Abb. 6.65. Ggf. treten in Abhängigkeit der Nachgiebigkeit zusätzliche Abstützkräfte K bzw. Q auf, siehe Abb. 6.52 und 6.66. Während sich beim überstehenden Stoß (Abb. 6.65a) i. d. R. deutlich geringere Biegemomente in der Platte und dünne Stirnplatten ergeben, folgen bei bündigen Stirnplatten (Abb. 6.65b) aufgrund der ungünstigeren Hebelarme kräftigere Platten.

Die Bemessung erfolgt mit den äquivalenten T-Stummel-Modell. Dabei sind zahlreiche Versagensmechanismen zu untersuchen, denen u. a. verschiedene Fließmuster zugrunde liegen. Diese für die Handrechnung sehr aufwendige Methode ist in Abschn. 6.4.5.4 angegeben. Eine für die Handrechnung deutlich kürzere Methode bietet das vereinfachte Modell gemäß Abb. 6.67 und 6.71, bei der der Lastabtrag über den Steg des Trägers beim T-Stummel vernachlässigt wird. Des Weiteren werden hierbei die Abstützkräfte K vernachlässigt und die gesamte Zugkraft verteilt sich gleichmäßig auf die Schrauben.

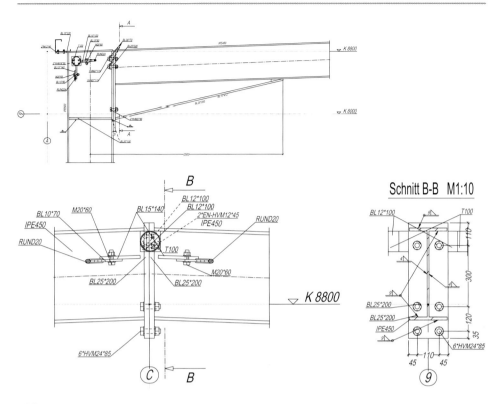

Abb. 6.64 Beispiele für biegesteife Rahmenecke und Firststoß

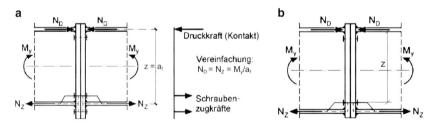

Abb. 6.65 Trägerstoß mit **a** überstehendem und **b** bündigen Stirnplattenstoß. (**a** Anschluss Typ IH3, **b** Anschluss Typ IH1) [32, 42]

Aufgrund dieser Vereinfachungen werden nur noch zwei Fälle maßgebend, siehe Abb. 6.68. Unter Beachtung der Bezeichnungen gemäß Abb. 6.69 kann die Tragfähigkeit des T-Stummel wie folgt bestimmt werden:

$$F_{t,Ed} = \frac{Z}{4} \le \begin{cases} F_{T,1-2,Rd/2} = \frac{M_{pl,1,Rd}}{2m} & \text{Modus 1--2} \\ F_{T,3,Rd/4} = F_{t,Rd} & \text{Modus 3} \end{cases} \qquad (6.86)$$

Abb. 6.66 Kräfte in einem
Zugstoß und Versagens-
formen. Gleichgewicht:
$F = 2 \cdot (N - Q)$, Schraubenzugkraft: $N = F/2 + Q$,
Q: Abstützkraft. Mögliche
Versagensarten: a) Schraube auf Zug, b) Blechbiegung,
c) Durchstanzen der Schrauben

Abb. 6.67 Vereinfachtes
T-Stummel-Modell für Trä-
gerstöße mit überstehenden
Stirnplatten (Vernachlässi-
gung der Übertragung über den
Steg)

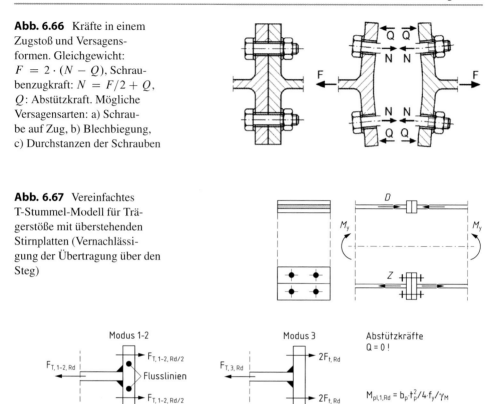

Abb. 6.68 Vereinfachtes T-Stummel-Modell ohne Steganteil und ohne Abstützkräfte

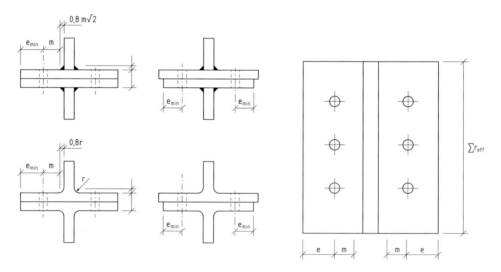

Abb. 6.69 Bezeichnungen in Stirnplattenverbindungen bei Berechnung nach EC 3-1-8 [1]

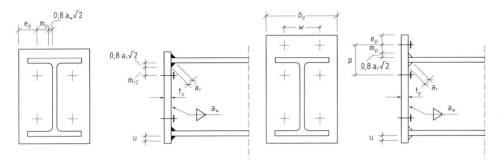

Abb. 6.70 Bezeichnungen in Stirnplattenverbindungen für Typ IH1 und IH3 nach [29, 36]

Während in Modus 1–2 ein Fließen des Flansches mit oder ohne Schraubenversagen geprüft wird, kann als alternativer Fall auch reines Schraubenversagen maßgebend werden, siehe Abb. 6.70.

Die Momententragfähigkeit des Anschlusses ergibt sich dann zu

$$M_{j,\mathrm{Rd}} = \min(F_{\mathrm{Rd},i}) \cdot z \tag{6.87}$$

z Hebelarm (Typ IH1: Abstand Mitte unterer Trägerflansch zur oberen Schraubenreihe, Typ IH3: Abstand Flanschmitten des Trägers)

In jedem Fall sollte zunächst überprüft werden, dass der Flansch des I-Querschnitts in der Lage ist, die Zugkomponente Z aus dem Biegemoment zu übertragen.

$$Z \leq N_{\mathrm{fRd}} = b_{\mathrm{f}} \cdot t_{\mathrm{f}} \cdot f_{\mathrm{y}}/\gamma_{\mathrm{M0}} \tag{6.88}$$

Abb. 6.71 Träger-
Stützenverbindung nach [36]

Abb. 6.72 α-Werte zur Bestimmung von ℓ_{eff} für die
Stirnplatte

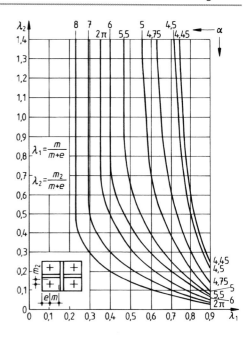

In gleicher Weise können nach [36] vereinfacht auch biegesteife Träger-Stützen-Verbindungen bemessen werden, siehe z. B. Abb. 6.71, wobei für die Grenztragfähigkeit der
Einzelkomponenten $\min(F_{\text{Rd},i})$ gemäß Tab. 6.11 zu ermitteln und in Gl. 6.87 einzusetzen
ist. Hierbei sind die folgenden Bedingungen zu beachten:

- Nachweisverfahren Elastisch-Elastisch bzw. Elastisch-Plastisch
- vorwiegend ruhende Belastung
- durchlaufende Stütze
- Übertragungsparameter $\beta = 1$
- am Anschluss wirkende Normalkräfte im Träger $N_{\text{j,Ed}} \leq 0{,}05 \cdot N_{\text{pl,Rd}}$
  mit
  $N_{\text{pl,Rd}}$ plastische Beanspruchbarkeit des Trägers
- gleiche Trägerhöhen und -lagen bei beidseitigem Träger-Stützenanschluss
- Träger- und Stützenprofile: genormte I oder H Walzträger und ähnliche geschweißte I
  oder H Profile
- Schrauben:
  - Hochfeste Schrauben der Festigkeitsklassen 8.8 oder 10.9
  - Schrauben mit oder ohne Vorspannung
  - Scheiben jeweils unter Schraubenkopf und Mutter
- Einhaltung von Schrauben- und Randabständen
- α-Werte zur Bestimmung von ℓ_{eff} nach Abb. 6.72

Tab. 6.11 Formelzusammenstellung zur Berechnung der Komponententragfähigkeit $F_{Rd,i}$ und Steifigkeitskoeffizienten k_j nach [36]

Tragfähigkeit	Steifigkeit
Stützensteg mit Schubbeanspruchung	

$$F_{Rd,1} = \frac{V_{wp,Rd}}{\beta} \quad \text{mit } V_{wp,Rd} = \frac{0,9 \cdot A_{vc} f_{y,wc}}{\sqrt{3} \cdot \gamma_{M0}}$$

mit:

- A_{vc} Schubfläche der Stütze

Nicht ausgesteift: $k_1 = \dfrac{0,38 \cdot A_{vc}}{\beta \cdot z}$

Ausgesteift: $k_1 = \infty$

Der Übertragungsparametzer β kann näherungsweise wie folgt angenommen werden:

β = 1 bei einseitigem Trägeranschluss

    = 0 bei beidseitigem Trägeranschluss und sich aufhebenden Momenten $M_{b1,Ed} = M_{b2,Ed}$

    = 1 bei beids. Trägeranschluss ($M_{b1,Ed} > 0$ und $M_{b2,Ed} > 0$) oder ($M_{b1,Ed} < 0$ und $M_{b2,Ed} < 0$)

    = 2 bei beids. Trägeranschluss ($M_{b1,Ed} > 0$ und $M_{b2,Ed} < 0$) oder ($M_{b1,Ed} < 0$ und $M_{b2,Ed} > 0$)

Stützensteg mit Querdruckbeanspruchung

$$F_{c,wc,Rd} = \frac{\omega \, k_{wc} \, \rho \, b_{eff,c,wc} \, t_{wc} \, f_{y,wc}}{\gamma_{M1}}$$

mit

- $b_{eff,c,wc} = t_{fb} + 2\sqrt{2}a_f + 5(t_{fc} + s) + s_p$

  mit

    a_f Schweißnahtdicke Trägerflansch an Stirnblech

    $s = r_c$ für gewalztes Profil bzw. $s = \sqrt{2}\,a_{fc}$ für geschweißtes Profil

    s_p Länge, die mit der Annahme einer Ausbreitung von 45° durch das Stirnblech ermittelt wird

- t_{wc} Dicke Stützensteg

- $\omega = 1$ für $\beta = 0$

  $\omega = \dfrac{1}{\sqrt{1 + 1,3(b_{eff,c,wc}t_{wc} / A_{vc})^2}}$ für $\beta = 1,0$

  $\omega = \dfrac{1}{\sqrt{1 + 5,2(b_{eff,c,wc}t_{wc} / A_{vc})^2}}$ für $\beta = 2,0$

- $k_{wc} = 1,0$ wenn $\sigma_{com,Ed} \leq 0,7 \cdot f_{y,wc}$

  $k_{wc} = 1,7 - \sigma_{com,Ed} / f_{y,wc}$ wenn $\sigma_{com,Ed} > 0,7 \cdot f_{y,wc}$

  mit $\sigma_{com,Ed}$: Längsdruckspannung im Stützensteg

- $\rho = 1,0$ für $\overline{\lambda}_p \leq 0,72$

  $\rho = (\overline{\lambda}_p - 0,2) / \overline{\lambda}_p^2$ für $\overline{\lambda}_p > 0,72$

  wobei

$$\overline{\lambda}_p = 0,932 \sqrt{\frac{b_{eff,c,wc} \cdot d_c \cdot f_{y,wc}}{E \cdot t_{wc}^2}}$$

Nicht ausgesteift:

$$k_2 = \frac{0,7 \cdot b_{eff,c,wc}t_{wc}}{d_c}$$

Ausgesteift: $k_2 = \infty$

mit

d_c Höhe des Stützensteges zwischen den Ausrundungen

Tab. 6.11 (Fortsetzung)

Stützensteg mit Querzugbeanspruchung

$$F_{t,wc,Rd} = \frac{\omega b_{eff,t,wc} t_{wc} f_{y,wc}}{\gamma_{M0}}$$

mit

- ω siehe Stützensteg mit Querdruck-
     beanspruchung, wobei dort $b_{eff,c,wc}$ durch
     $b_{eff,t,wc}$ zu ersetzen ist

- $b_{eff,t,wc}$ maßgebende wirksame Länge ℓ_{eff} des
     äquivalenten T-Stummels für den Stützen-
     flansch mit Biegebeanspruchung

Nicht ausgesteift:

$$k_3 = \frac{0,7 \cdot b_{eff,t,wc} t_{wc}}{d_c}$$

Ausgesteift: $k_3 = \infty$

Stützenflansch mit Biegebeanspruchung

$$F_{t,fc,Rd} = \min(F_{T,1,Rd}; F_{T,2,Rd}; F_{T,3,Rd})$$

mit

- $F_{T,1,Rd} = \dfrac{4M_{pl,1,Rd}}{m}$

  $F_{T,2,Rd} = \dfrac{2M_{pl,2,Rd} + n\sum F_{t,Rd}}{m+n}$

  $F_{T,3,Rd} = \sum F_{t,Rd}$

- $M_{pl,1,Rd} = 0,25\sum \ell_{eff,1}\, t_{fc}^2\, f_{y,fc} / \gamma_{M0}$

  $M_{pl,2,Rd} = 0,25\sum \ell_{eff,2}\, t_{fc}^2\, f_{y,fc} / \gamma_{M0}$

- $F_{t,Rd}$ Bemessungswert der Zugtragfähigkeit einer
     Schraube

- $n = e_{min}$ jedoch $n \le 1,25m$

- $\ell_{eff,1} = \min(\ell_{eff,cp}; \ell_{eff,nc})$

  $\ell_{eff,2} = \ell_{eff,nc}$

für Typ IH1:

- $\sum F_{t,Rd} = 2 \cdot F_{t,Rd}$

- $\ell_{eff,cp} = 2\pi m$

- nicht ausgesteift: $\ell_{eff,nc} = 4m + 1,25e$

  ausgesteift: analog Stirnblech, wobei $m_p = m$

für Typ IH3:

- $\sum F_{t,Rd} = 4 \cdot F_{t,Rd}$

- $\ell_{eff,cp} = \min(4\pi m; 2\pi m + 2p)$

- nicht ausgesteift: $\ell_{eff,nc} = \min(8m + 2,5e; 4m + 1,25e + p)$

  ausgesteift: analog Stirnblech, wobei $m_p = m$

$$k_4 = \frac{0,9 \cdot \ell_{eff,1} \cdot t_{fc}^3}{m^3}$$

mit

t_{fc} Dicke Stützenflansch

m, e und e_{min} gemäß Abbildung

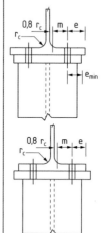

Tab. 6.11   (Fortsetzung)

Stirnblech mit Biegebeanspruchung	

$F_{t,ep,Rd} = \min(F_{T,1,Rd}; F_{T,2,Rd}; F_{T,3,Rd})$
mit
 	
- $F_{T,1,Rd} = \dfrac{4 M_{pl,1,Rd}}{m}$
 	
  $F_{T,2,Rd} = \dfrac{2 M_{pl,2,Rd} + n \sum F_{t,Rd}}{m+n}$
 	
  $F_{T,3,Rd} = \sum F_{t,Rd}$
 	
- $M_{pl,1,Rd} = 0,25 \sum \ell_{eff,1} \, t_p^2 \, f_{y,p} / \gamma_{M0}$
 	
  $M_{pl,2,Rd} = 0,25 \sum \ell_{eff,2} \, t_p^2 \, f_{y,p} / \gamma_{M0}$
 	
- $n = e_p$ jedoch $n \le 1,25m$
 	
- $\ell_{eff,1} = \min(\ell_{eff,cp}; \ell_{eff,nc})$
 	
  $\ell_{eff,2} = \ell_{eff,nc}$
 	
für Typ IH1:
 	
- $\sum F_{t,Rd} = 2 \cdot F_{t,Rd}$
 	
- $\ell_{eff,cp} = 2\pi m_p$
 	
  $\ell_{eff,nc} = \alpha m_p$
 	
  α-Werte nach Abb. 6.72
 	
für Typ IH3:
 	
- $\sum F_{t,Rd} = 4 \cdot F_{t,Rd}$
 	
- $\ell_{eff,cp} = \min(4\pi m_p; 2\pi m_p + 2w)$
 	
  $\ell_{eff,nc} = \min(8m_p + 2,5e_p; 4m_p + 1,25e_p + w; b_p)$
 	
mit
 	
m_p, p, e_p, w und b_p nach Bild 14.4 Stirnblechverbindung
Typ IH1 (links) und IH3 (rechts) Abb. 6.69 und 6.70
t_p Dicke Stirnblech
	$k_5 = \dfrac{0,9 \cdot \ell_{eff,1} \cdot t_p^3}{m_p^3}$

Trägersteg mit Zugbeanspruchung	
$F_{t,wb,Rd} = b_{eff,t,wb} t_{wb} f_{y,wb} / \gamma_{M0}$ mit: - $b_{eff,t,wb}$ maßgebende wirksame Länge ℓ_{eff} des äquivalenten T-Stummels für das Stirnblech	Kann vernachlässigt werden

Trägerflansch und -steg mit Druckbeanspruchung	
$F_{c,fb,Rd} = M_{c,Rd} / (h_b - t_{fb})$ mit - $M_{c,Rd}$ Bemessungswert der Momententragfähigkeit des Trägers - h_b Höhe des angeschlossenen Trägers - t_{fb} Flanschdicke des angeschlossenen Träger	Kann vernachlässigt werden

6.4.5.3 Rippenlose Lasteinleitung

In Teilwerk 1 wird im Abschn. 8.3.1 gezeigt, welche konzentrierten Kräfte in die Trägerflansche/-stege rippenlos eingeleitet werden können, ohne allzu große Deformationen in den von der Krafteinleitung betroffenen Träger-/Stützenteilen hervorzurufen. Diese Regeln können natürlich auch auf die örtlichen Kräfte bei Rahmenecken angewendet werden. Man kann dann nachweisen, dass Verstärkungen durch Rippen fallweise nicht erforderlich sind. Über die Nachgiebigkeit des so entwickelten Rahmenknotens erhält man allerdings keine Auskunft.

Unter Einhaltung einer vom Ingenieurstandpunkt vertretbaren „Sicherheitsspanne" sind rippenlose Rahmenecken mit den in Teil 1 angegebenen Grenzkräften bei örtlicher Beanspruchung nach Auffassung des Verfassers möglich, wenn bei der „Rahmenberechnung" die Biegesteifigkeit der im Knoten zusammentreffenden Stäbe örtlich entsprechend abgemindert wird, siehe hierzu auch die nachfolgenden Ausführungen und Teilwerk 1, Kap. 2.

6.4.5.4 Allgemeines T-Stummel Modell

In DIN EN 1993-1-8 ist geregelt, wie das *Grenzmoment* M_{Rd} und die *Rotationssteifigkeit* S_{j} von Träger-Stützenverbindungen ermittelt werden können. Hier soll der allgemeine Fall vorgestellt werden. Dabei wird das aufnehmbare Grenzmoment durch schrittweise Bestimmung der Grenztragfähigkeiten aller am Stoß beteiligten Komponenten (Stützensteg- und Flansch, Trägersteg- und Flansch, Stirnplatte sowie Schrauben) ermittelt. Die Drehfedersteifigkeit S_{j} wird analog über eine „Reihenschaltung von Einzelfeldern" bestimmt. Die Berechnungen für den allgemeinen Fall sind sehr umfangreich und daher für die Handrechnung wenig geeignet. Sie bieten jedoch den Vorteil, dass Träger-Stützenverbindungen mit deutlich unterschiedlichsten Ausführungsvarianten bemessen werden können, siehe z. B.: Abb. 6.64 und 6.73.

Die Grundkomponenten zur Bestimmung des Anschlussmoments sind in Tab. 6.12 zusammengefasst.

Es werden folgende Indizes und Abkürzungen verwendet: c = column (Stütze), b = beam (Träger), f = flange (Flansch), w = web (Steg), c = compression (Druck), t = tension (Zug), p = panel/plate (Feld/Platte), f = force (Kraft), B = bolt (Schraube).

In typischen Träger-Stützen Verbindungen sind die nachfolgend aufgeführten Grundkomponenten zu betrachten. Anschließend werden die Kräfte $F_{\mathrm{t,i}}$ über die jeweiligen Versagensmechanismen für jeden T-Stummel festgelegt und das *Grenzmoment* M_{Rd} über Gl. 6.89 errechnet. Der Hebelarm h_{i} der jeweiligen Reihe ergibt sich gemäß Abb. 6.73 über den Abstand zum Druckpunkt.

$$M_{\mathrm{Rd}} = \sum_{r=1}^{i} h_{\mathrm{r}} \cdot F_{\mathrm{tr,Rd}} \qquad (6.89)$$

Hierin bedeuten:

r 1, 2, ..., *i* Nummer der Schraubenreihe

h Abstand der Schraubenreihe *r* vom Trägerdruckflansch; falls die Schubtragfähigkeit
  maßgebend ist, gilt für $h_{\mathrm{r}} = (h - t_{\mathrm{f}})$.

Tab. 6.12 Grundkomponenten zur Bestimmung des Anschlussgrenzmomentes M_{Rd} in Träger-Stützen-Verbindungen nach [1]

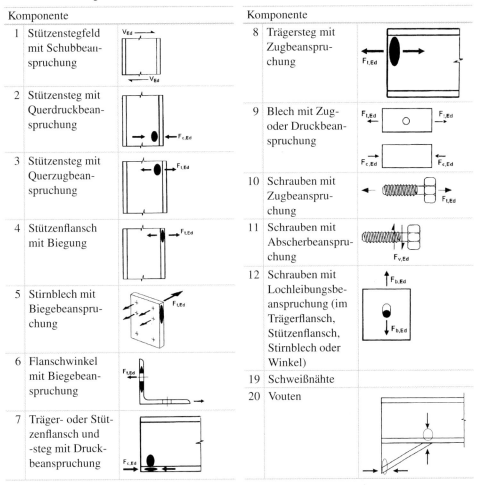

Komponente		Komponente	
1	Stützenstegfeld mit Schubbeanspruchung	8	Trägersteg mit Zugbeanspruchung
2	Stützensteg mit Querdruckbeanspruchung	9	Blech mit Zug- oder Druckbeanspruchung
3	Stützensteg mit Querzugbeanspruchung	10	Schrauben mit Zugbeanspruchung
4	Stützenflansch mit Biegung	11	Schrauben mit Abscherbeanspruchung
5	Stirnblech mit Biegebeanspruchung	12	Schrauben mit Lochleibungsbeanspruchung (im Trägerflansch, Stützenflansch, Stirnblech oder Winkel)
6	Flanschwinkel mit Biegebeanspruchung	19	Schweißnähte
7	Träger- oder Stützenflansch und -steg mit Druckbeanspruchung	20	Vouten

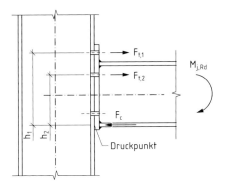

Abb. 6.73 Träger-Stützenverbindung mit Lage des Druckpunktes zur Berechnung der Biegetragfähigkeit

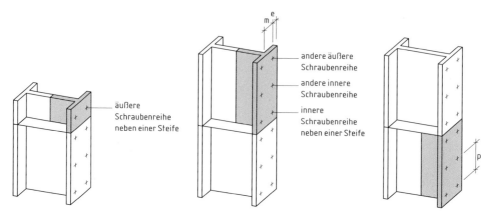

Abb. 6.74 Varianten der T-Stummel für Stützenflansche

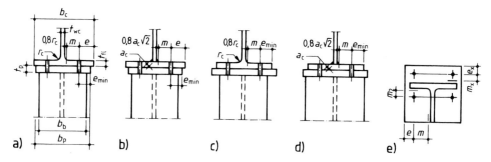

Abb. 6.75 Bezeichnungen in Stützen- und Stirnplattenverbindungen bei Berechnung nach EC 3

Die Ermittlung der Tragfähigkeiten der einzelnen Komponenten sind nachfolgend zusammengefasst. Ausführliche Hintergrundinformationen hierzu finden sich u. a. in [29, 42]. Eine wesentliche Aufgabe ist es zunächst, die effektiven bzw. wirksamen Längen der einzelnen T-Stummel zu ermitteln. Hierbei wird zwischen nicht ausgesteiften und ausgesteiften Stützenflanschen unterschieden. Die erforderlichen Bezeichnungen können z. B. den Abb. 6.74 und 6.75 entnommen werden.

Die wirksamen Längen für Stirnplatten und Stützenflansche können dann mit Hilfe der Tab. 6.13–6.17 und Abb. 6.72 ermittelt werden. In Tab. 6.14 und 6.15 sind zusätzlich die möglichen Fließmuster in nicht ausgesteiften Stützenflanschen dargestellt, aus denen sich die effektive Länge ergibt.

Der Beiwert α kann Abb. 6.72 entnommen werden. Die Tragfähigkeit des einzelnen T-Stummels $F_{t,Rd}$ ergibt sich in Abhängigkeit der jeweiligen Versagensart mit Tab. 6.17. Dabei werden Modus 1 bis 3 unterschieden. Der kleinste Werte ist für die weitere Berechnung maßgebend und die T-Stummel jeweils getrennt für den Stützenflansch und die Stirnplatte zu ermitteln.

$$M_{bp,Rd} = \frac{1}{4} \cdot \frac{l_{eff,i} \cdot t_{bp}^2 \cdot f_{y,k,bp}}{\gamma_M}$$

Tab. 6.13 Wirksame Länge der Fließlinien l_{eff} in Stirnplatten

		1	2	3	4
		Schraubenreihe einzeln		Schrauben als Gruppe	
		Fließkegel (kreisförmiges Muster) $l_{\text{eff,cp}}$	Fließlinie (nicht kreisförmiges Muster) $l_{\text{eff,nc}}$	Fließkegel (kreisförmiges Muster) $l_{\text{eff,cp}}$	Fließlinien (nicht kreisförmiges Muster) $l_{\text{eff,nc}}$
1	Schraubenreihe oberhalb des Zugflansches (äußere Schraubenreihe neben einer Steife)	$\text{MIN}\{2\pi m_x;$ $\pi m_x + w;$ $\pi m_x + 2e\}$	$\text{MIN}\{4m_x + 1{,}25e_x;$ $e + 2m_x + 0{,}625e_x;$ $0{,}5b_p; 0{,}5w + 2m_x +$ $0{,}625e_x\}$	–	–
2	1. Reihe unter dem Zugflansch (innere Schraubenreihe neben einer Steife)	$2\pi m$	αm	$\pi m + p$	$0{,}5p + \alpha m -$ $(2m + 0{,}625e)$
3	Andere innere Schraubenreihe	$2\pi m$	$4m + 1{,}25e$	$2p$	p
	Andere äußere Schraubenreihe	$\text{MIN}\{2\pi m;$ $\pi m_x + 2e\}$	$4m + 1{,}25e$	$\pi m + p$	$2m + 0{,}625e +$ $0{,}5p$
	Versagensart (1)	$l_{\text{eff,1}} = l_{\text{eff,nc}}$ und $l_{\text{eff,1}} \leq l_{\text{eff,cp}}$		$\sum l_{\text{eff,1}} = \sum l_{\text{eff,nc}}$ und $\sum l_{\text{eff,1}} \leq \sum l_{\text{eff,nc}}$	
	Versagensart (2)	$l_{\text{eff,2}} = l_{\text{eff,nc}}$		$\sum l_{\text{eff,2}} = \sum l_{\text{eff,nc}}$	

Tab. 6.14 Wirksame Länge der Fließlinien l_{eff} in nicht ausgesteiften Stützenflanschen

Lage der Schraubenreihe	Schraubenreihe einzeln betrachtet		Schraubenreihe als Teil einer Gruppe von Schraubenreihen	
	Kreisförmiges Muster $l_{\text{eff,cp}}$	Nicht kreisförmiges Muster $l_{\text{eff,nc}}$	Kreisförmiges Muster $l_{\text{eff,cp}}$	Nicht kreisförmiges Muster $l_{\text{eff,nc}}$
Innere Schraubenreihe	$2\pi m$	$4m + 1{,}25e$	$2p$	p
Äußere Schraubenreihe	Der kleinere Wert von: $2\pi m$ $\pi m + e_1$	Der kleinere Wert von: $4m + 1{,}25e$ $2m + 0{,}625e + e_1$	Der kleinere Wert von: $\pi m + p$ $2e_1 + p$	Der kleinere Wert von: $2m + 0{,}625 + 0{,}5p$ $e_1 + 0{,}5p$
Modus 1	$l_{\text{eff,1}} = l_{\text{eff,nc}}$, jedoch $l_{\text{eff,1}} \leq l_{\text{eff,cp}}$		$\sum l_{\text{eff,1}} = \sum l_{\text{eff,nc}}$, jedoch $\sum l_{\text{eff,1}} \leq \sum l_{\text{eff,cp}}$	
Modus 2	$l_{\text{eff,2}} = l_{\text{eff,nc}}$		$\sum l_{\text{eff,2}} = \sum l_{\text{eff,nc}}$	

Tab. 6.15 Fließlinienmuster und -längen in nicht ausgesteiften Flanschen mit Stirnplatten-Anschlüssen

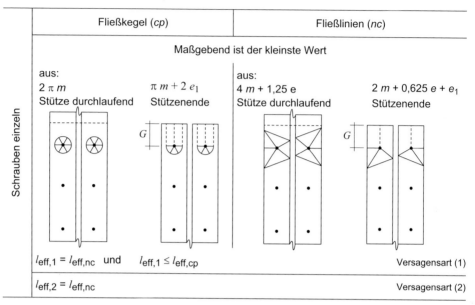

Fließkegel (cp)	Fließlinien (nc)

Maßgebend ist der kleinste Wert

Schrauben einzeln

aus:

$2\,\pi\,m$ — Stütze durchlaufend $\pi\,m + 2\,e_1$ — Stützenende

aus:

$4\,m + 1{,}25\,e$ — Stütze durchlaufend $2\,m + 0{,}625\,e + e_1$ — Stützenende

$l_{eff,1} = l_{eff,nc}$ und $l_{eff,1} \leq l_{eff,cp}$ Versagensart (1)

$l_{eff,2} = l_{eff,nc}$ Versagensart (2)

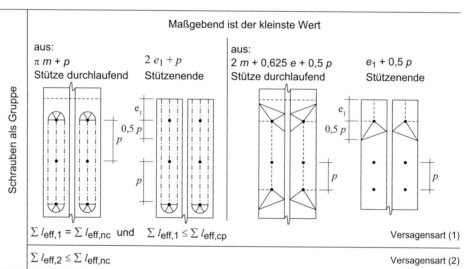

Maßgebend ist der kleinste Wert

Schrauben als Gruppe

aus:

$\pi\,m + p$ — Stütze durchlaufend $2\,e_1 + p$ — Stützenende

aus:

$2\,m + 0{,}625\,e + 0{,}5\,p$ — Stütze durchlaufend $e_1 + 0{,}5\,p$ — Stützenende

$\Sigma\,l_{eff,1} = \Sigma\,l_{eff,nc}$ und $\Sigma\,l_{eff,1} \leq \Sigma\,l_{eff,cp}$ Versagensart (1)

$\Sigma\,l_{eff,2} \leq \Sigma\,l_{eff,nc}$ Versagensart (2)

Tab. 6.16 Wirksame Länge der Fließlinien l_{eff} in ausgesteiften Stützenflanschen

Lage der Schraubenreihe	Schraubenreihe einzeln betrachtet		Schraubenreihe als Teil einer Gruppe von Schraubenreihen	
	Kreisförmiges Muster	Nicht kreisförmiges Muster	Kreisförmiges Muster	Nicht kreisförmiges Muster
	$l_{eff,cp}$	$l_{eff,nc}$	$l_{eff,cp}$	$l_{eff,nc}$
Innere Schraubenreihe neben einer Steife	$2\pi m$	αm	$\pi m + p$	$0{,}5p + \alpha m - (2m + 0{,}625e)$
Andere innere Schraubenreihe	$2\pi m$	$4m + 1{,}25e$	$2p$	p
Andere äußere Schraubenreihe	Der kleinere Wert von: $2\pi m$ $\pi m + 2e_1$	Der kleinere Wert von: $4m + 1{,}25e$ $2m + 0{,}625e + e_1$	Der kleinere Wert von: $\pi m + p$ $2e_1 + p$	Der kleinere Wert von: $2m + 0{,}625 + 0{,}5p$ $e_1 + 0{,}5p$
Äußere Schraubenreihe neben einer Steife	Der kleinere Wert von: $2\pi m$ $\pi m + e_1$	$0{,}5p + \alpha m - (2m + 0{,}625e)$	Nicht relevant	Nicht relevant
Modus 1	$l_{eff,1} = l_{eff,nc}$, jedoch $l_{eff,1} \le l_{eff,cp}$		$\sum l_{eff,1} = \sum l_{eff,nc}$, jedoch $\sum l_{eff,1} \le \sum l_{eff,cp}$	
Modus 2	$l_{eff,2} = l_{eff,nc}$		$\sum l_{eff,2} = \sum l_{eff,nc}$	

α ist Abb. 6.11 zu entnehmen

e_1 ist der Abstand von der Mitte der Verbindungsmittel in der Endreihe zum benachbarten freien Ende des Stützenflanschs, gemessen in der Richtung der Achse des Stützenprofils (siehe Zeile 1 und Zeile 2 in Abb. 6.9)

Die weiteren zu betrachtenden Grundkomponenten gemäß Tab. 6.12 sind nachfolgend zusammengefasst und in Tab. 6.21 näher dargestellt.

Komponente 1: Schubversagen im Stützensteg $V_{wp,Rd}$

A_{vc} Schubfläche der Stütze gemäß DIN EN 1993-1-1 siehe Teilwerk 1 Kap. 2

Für gewalzte I-Querschnitte gilt:

$$A_{vc} = Ac - 2 \cdot (b \cdot t)_{fc} + (t_w + 2 \cdot r)_c \cdot t_{fc} \tag{6.90}$$

$$V_{wp,Rd} = \frac{0{,}9 \cdot A_v \cdot f_{y,k}}{\gamma_M \cdot \sqrt{3}} + V_{wp,add,Rd} \tag{6.91}$$

Tab. 6.17 Versagensarten beim T-Stummel Modell und Tragfähigkeit $F_{T,Rd}$

	Flanschversagen (1)	Schrauben- und Flansch-versagen (2)	Schraubenversagen (3)
Versagensart			
$F_{T,Rd} =$	Ohne Futterplatten: $\dfrac{4M_{pl,l_1,Rd}}{m}$ Mit Futterplatten: $\dfrac{4M_{pl,l_1,Rd}+2M_{bp,Rd}}{m}$	$\dfrac{2M_{pl,l_2,Rd}+n\cdot s\sum F_{t,Rd}}{m+n}$	$\sum F_{t,Rd}$

$$M_{pl,li,Rd} = \frac{1}{4}\cdot\frac{l_{eff,i}\cdot t_{fc}^2\cdot f_{y,k}}{\gamma_M} \qquad\text{(T6.17.1)}$$

$$l_{eff,i} \quad i = 1,2,\dots \qquad\qquad\qquad \text{nach Tab. 6.16}$$

$$F_{t,Rd} = \frac{0{,}9\cdot f_{u,b,k}\cdot A_{Sp}}{1{,}25} \qquad\text{(T6.17.2)}$$

$$n = e\,\text{mim,}\quad \text{jedoch} \le 1{,}25\cdot m \quad m \text{ s. Abb. 6.75}$$

Sofern die Schubtragfähigkeit überschritten ist, können Stegsteifen oder zusätzliche Stegbleche angeordnet werden, siehe z. B. Abb. 6.7 und 6.8. Um auf einen genaueren Schubbeulnachweis zu verzichten, sollten die Bedingungen gemäß Gln. 6.23 und 6.24 eingehalten werden. Die Schlankheit des Stützensteges ist auf $d_c/t_w \le 69\varepsilon$ zu begrenzen. Unter Berücksichtigung zusätzlicher Stegsteifen in der Zug- und Druckzone der Stütze kann die Schubtragtragfähigkeit um folgenden Anteil vergrößert werden:

$$V_{wp,add,Rd} = \frac{4\cdot M_{pl,fc,Rd}}{d_s} \le \frac{2\cdot M_{pl,fc,Rd}+2\cdot M_{pl,St,Rd}}{d_s} \qquad (6.92)$$

mit

d_s Achsabstand zwischen den Stegsteifen
$M_{pl,fc,Rd}$ plastische Biegetragfähigkeit eines Stützenflansches
$M_{pl,St,Rd}$ plastische Biegetragfähigkeit eines Stegsteife

Komponente 2: Druckversagen im Stützensteg $F_{c,wc,Rd}$ (Querdruck)
Geschraubte Stirnblechverbindung:

$$b_{eff,c,wc} = t_{fb} + 2\cdot\sqrt{2}\cdot a_{fp} + 2\cdot t_p + 5\cdot(t+r)_{fc} \qquad (6.93a)$$

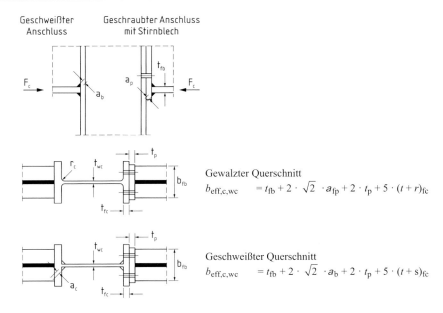

Abb. 6.76 Zur Bestimmung von $b_{\text{eff,c,wc}}$ bei gewalzten und geschweißten Querschnitten

Geschweißter Anschluss (Abb. 6.76):

$$b_{\text{eff,c,wc}} = t_{\text{fb}} + 2 \cdot \sqrt{2} \cdot a_{\text{b}} + 5 \cdot (t_{\text{fc}} + s) \tag{6.93b}$$

$$F_{\text{c,wc,Rd}} = \omega \cdot t_{\text{wc}} \cdot \rho b_{\text{eff,c,wc}} \cdot f_{\text{y,wc}} / \gamma_{\text{M1}} \tag{6.94}$$

mit

ω Interaktionsbeiwert zur Berücksichtigung der Schubspannungen, siehe Tab. 6.18

$b_{\text{eff,c,wc}}$ wirksame Breite des Stützensteges für Querdruck, siehe auch Abb. 6.61

a, c, r, t, s gemäß Abb. 6.61

ρ Abminderungsbeiwert für Plattenbeulen, siehe Tab. 6.20

In Gl. T6.12.2 ist die Anrechenbarkeit von „$2 \cdot t_{\text{p}}$" geometrisch zu prüfen, s. Abb. 6.62c.

    Bei dünnen Stegen ist aufgrund der Beulgefahr die Grenztragfähigkeit $F_{\text{c,wc,Rd}}$ noch durch den Faktor ρ abzumindern, siehe Tab. 6.20.

    (2) Überschreitet die maximale Längsdruckspannung $\sigma_{\text{com,Ed}}$ im Steg (am Ende des Ausrundungsradius bei einem gewalzten Profil oder am Schweißnahtübergang bei einem geschweißten Profil) infolge Druckkraft und Biegemoment in der Stütze den Wert $0{,}7 f_{\text{y,wc}}$, so ist deren Auswirkung auf die Tragfähigkeit zu berücksichtigen, indem der Wert für $F_{\text{c,wc,Rd}}$ nach Gl. 6.94 mit dem folgenden Beiwert k_{wc} abgemindert wird:

- falls $\sigma_{\text{com,Ed}} \leq 0{,}7 f_{\text{y,wc}}$: $k_{\text{wc}} = 1$
- falls $\sigma_{\text{com,Ed}} > 0{,}7 f_{\text{y,wc}}$: $k_{\text{wc}} = 1{,}7 - \sigma_{\text{com,Ed}} / f_{\text{y,wc}}$

Tab. 6.18 Beiwert ω für die Interaktion mit Schubbeanspruchungen

Übertragungsparameter β	Abminderungsbeiwert ω
$0 \leq \beta \leq 0{,}5$	$\omega = 1$
$0{,}5 < \beta < 1$	$\omega = \omega_1 + 2(1 - \beta)(1 - \omega_1)$
$\beta = 1$	$\omega = \omega_1$
$1 < \beta < 2$	$\omega = \omega_1 + (\beta - 1)(\omega_2 - \omega_1)$
$\beta = 2$	$\omega = \omega_2$

$$\omega_1 = \frac{1}{\sqrt{1 + 1{,}3(b_{\mathrm{eff,c,wc}} t_{\mathrm{wc}} / A_{\mathrm{vc}})^2}},$$

$$\omega_2 = \frac{1}{\sqrt{1 + 5{,}2(b_{\mathrm{eff,c,wc}} t_{\mathrm{wc}} / A_{\mathrm{vc}})^2}}$$

A_{vc} Schubfläche der Stütze, siehe Gl. 6.90,
β Übertragungsparameter, siehe Tab. 6.19.

Tab. 6.19 Übertragungsparameter β Näherungswerte nach [1]

Ausführung der Anschlüsse	Einwirkung	Wert β
	$M_{\mathrm{b1,Ed}}$	$\beta = 1$
	$M_{\mathrm{b1,Ed}} = M_{\mathrm{b2,Ed}}$	$\beta = 0$ [a]
	$M_{\mathrm{b1,Ed}} / M_{\mathrm{b2,Ed}} > 0$	$\beta = 1$
	$M_{\mathrm{b1,Ed}} / M_{\mathrm{b2,Ed}} < 0$	$\beta = 2$
	$M_{\mathrm{b1,Ed}} + M_{\mathrm{b2,Ed}} = 0$	$\beta = 2$

[a] In diesem Falle ist β der genaue Wert.

Tab. 6.20 Abminderungsfaktor ρ für Plattenbeulen

Schlankheitsgrad $\overline{\lambda}_{\mathrm{p}}$	Abminderungsfaktor ρ
$\leq 0{,}72$	$1{,}0$
$> 0{,}72$	$\rho = (\overline{\lambda}_{\mathrm{p}} - 0{,}2) / \overline{\lambda}_{\mathrm{p}}^2$

Mit $\overline{\lambda}_{\mathrm{p}} = 0{,}932 \sqrt{\dfrac{b_{\mathrm{eff,c,wc}} d_{\mathrm{wc}} f_{\mathrm{y,wc}}}{E t_{\mathrm{wc}}^2}}$ (Plattenschlankheitsgrad)

Stütze mit gewalztem I- oder H-Querschnitt:

$d_{\mathrm{wc}} = h_{\mathrm{c}} - 2(t_{\mathrm{fc}} + r_{\mathrm{c}})$

Stütze mit geschweißtem I- oder H-Querschnitt:

$d_{\mathrm{wc}} = h_{\mathrm{c}} - 2(t_{\mathrm{fc}} + \sqrt{2} a_{\mathrm{c}})$

Komponente 3: Zugversagen im Stützensteg $F_{t,wc,Rd}$ (Querzug)

A_{vc} Schubfläche der Stütze gemäß DIN EN 1993-1-1 siehe Teilwerk 1 Kap. 2

$$F_{t,wc,Rd} = \omega \cdot t_{wc} \cdot b_{eff,t,wc} \cdot f_{y,wc} / \gamma_{M0} \tag{6.95}$$

mit

$b_{eff,t,wc}$ bei geschweißter Verbindung wie bei Querdruck,
bei geschraubter Verbindung gleich Wert von l_{eff} für den Stützenflansch
ω siehe Tab. 6.18

Komponente 7: Druckversagen im Riegelflansch $F_{c,fb,Rd}$

$$F_{c,fb,Rd} = M_{pl,b,d} / (h - t)_b \tag{6.96}$$

Mit

h_b Höhe und t_{fb} Flanschdicke des angeschlossenen Trägers
$M_{c,Rd}$ Biegetragfähigkeit des Trägers

Komponente 8: Zugversagen im Riegelsteg $F_{t,wb,Rd}$

Über die plastischen Momente $M_{pl,li,Rd}$, Gl. T6.17.1 wird die aufnehmbare Kraft im Stützenflansch und der Kopfplatte je Schraubenreihe bestimmt. Sie darf nicht größer sein als $V_{wp,Rd}$ und die Zugtragfähigkeit im Stützensteg $F_{t1,wc,Rd}$. Dies wird wie die mögliche Druckkraft im Stützensteg, Gl. 6.95, jedoch mit $b_{eff} = l_{eff}$ bestimmt.

$$F_{t,wb,Rd} = \mathrm{MIN} \left[\frac{b_{eff,t,wb} \cdot t_{wb} \cdot f_{y,wb}}{\gamma_{M0}}; \frac{l_{eff} \cdot \sum a_w \cdot f_{1,w,Rd}}{\sqrt{2}} \right] \tag{6.97}$$

mit

$b_{eff,t,wb}$ effektive Breite des Trägersteges mit Zug; diese eff. Breite ist mit der wirksamen Länge des äquivalenten T-Stummelmodells gleichzusetzen
l_{eff} wirksame Länge des äquivalenten T-Stummel-Modells für die Stirnbleche
t_{wb} Dicke des Trägerstegs
a_w Nahtdicke der Stegnaht
$f_{y,wb}$ Streckgrenze des Trägerstegs
$f_{1,w,Rd}$ Beanspruchung der Kehlnaht

Komponente 9: Zug- oder Druckversagen des Blechs

Die Nachweise finden sich umfangreich erläutert im Teilwerk 1, Kap. 2. Hierbei sind ggf. die Nettoquerschnitte zu berücksichtigen (Zugnachweis).

Komponenten 10, 11, 12: Zug oder Abscherversagen der Schrauben sowie Lochleibung des Blechs

Die hierfür erforderlichen üblichen Nachweise können dem Teilwerk 1, Kap. 3 entnommen werden. Die Querkräfte werden i. d. R. den Schrauben im Druckbereich des Anschlusses zugewiesen, um Interkationen zwischen Zug- und Abscheren zu vermeiden.

Komponente 19: Schweißnähte

Um möglichst günstige Schweißnahtdicken zu erhalten, wird das richtungsbezogene Nachweisverfahren gemäß Teilwerk 1, Kap. 3 empfohlen.

Komponente 20: Vouten

Die Ermittlung der maßgebenden Kräfte können den vorhergehenden Ausführungen entnommen werden. Des Weiteren sind die Komponenten 7 und 8 in analoger Weise zu beachten, wobei der Anteil des Trägersteges zur Tragfähigkeit bei Druckbeanspruchung auf 20 % zu begrenzen ist, sofern die Gesamthöhe aus Träger und Voute > 600 mm beträgt. Weiterhin sind folgende Voraussetzungen nach EC3-1-8 Abs. 6.2.6.7 zu beachten:

- die Stahlgüte der Voute sollte gleich derer des Trägers sein
- die Stegdicke und Flanschabmessungen sollten denen des Trägers entsprechen
- der Winkel zwischen Vouten- und Trägerflansch sollte $\leq 45°$ sein
- die Länge der steifen Auflagerung s_s darf mit der Schnittlänge des Voutenflansches parallel zum Trägerflansch angesetzt werden
- die Tragfähigkeit des Trägersteges ist auf Querdruck nachzuweisen analog zum Stützensteg, ggf. sind Rippen anzuordnen

6.4.5.5 Ausgewählte Träger-Stützenverbindungen nach Eurocode 3

Von den sehr umfangreichen Anweisungen soll hier der wichtige Fall der *überstehenden Stirnplattenverbindung* verkürzt vorgestellt und in einem Beispiel erläutert werden. Dabei wird das aufnehmbare Grenzmoment M_{Rd} durch schrittweise Bestimmung der Grenztragfähigkeiten aller am Stoß beteiligten Komponenten (Stützensteg- und Flansch, Trägersteg- und Flansch, Stirnplatte sowie Schrauben) ermittelt. Die Drehfedersteifigkeit S_j wird analog über eine „Reihenschaltung von Einzelfeldern" bestimmt.

Die Berechnungsschritte sind in Tab. 6.13 bildlich dargestellt. Zunächst sind die globalen und lokalen Grenztragfähigkeiten zu bestimmen.

Globale Grenztragfähigkeiten – (I), Tab. 6.21

Danach ist die Momententragfähigkeit begrenzt durch:

- Schubversagen im Stützensteg $V_{wp,Rd}$ mit Gl. 6.91 (s. a. Abb. 6.61)
- Druckversagen im Stützensteg $F_{wc,Rd}$ Gl. 6.94

Danach werden die

Lokale Grenztragfähigkeiten – (II–IV), Tab. 6.21

der Einzelkomponenten bestimmt. Die Untersuchungen beziehen sich dabei auf Einzelschnitte in den Schraubenreihen (1)/(II) und (2)/(III) sowie auf das Zusammenwirken beider Schraubenreihen (1) und (2)/(IV). Im Vordergrund der Betrachtung steht dabei die Grenztragfähigkeit von T-Modellen (vgl. Abb. 6.53), welche durch eine der in Tab. 6.17 dargestellten Versagensformen kollabieren können. Diese Untersuchungen sind für den Stützenflansch und die Kopfplatte in den jeweils maßgebenden Bruchlinien, Tab. 6.13, 6.14 und 6.15 durchzuführen. Gleichzeitig werden die Stegzugkräfte in Höhe der Schraubenreihen sowohl für die Stütze als auch für den Riegel kontrolliert.

Schraubenreihe (1), (2) Beide Schraubenreihen sind getrennt zu behandeln. Die möglichen Bruchlinien jeder Schraubenreihe gehen aus der oberen Hälfte der Tab. 6.15 für den *Stützenflansch* und aus Tab. 6.13 (Reihe 1, 2, Spalte 1, 2) für die *Kopfplatte* hervor. Die hierfür notwendigen Abstände e, e_{min} und m sowie e_x, m_x und m_2 für die Kopfplatte sind Abb. 6.75 zu entnehmen; für die Kopfplatte benötigt man schließlich noch den Beiwert α, der aus Abb. 6.72 mittels der Parameter λ_1 und λ_2 bestimmt wird. Bei der Versagensart (2) (Tab. 6.17) sind Fließkegelmuster (= Kreismuster) nicht möglich. Über die plastischen Momente $M_{pl,li,Rd}$, Gl. T6.17.1 wird die aufnehmbare Kraft im Stützenflansch und der Kopfplatte je Schraubenreihe bestimmt. Sie darf nicht größer sein als $V_{wp,Rd}$ und die Zugtragfähigkeit im Stützensteg $F_{t1,wc,Rd}$. Diese wird wie die mögliche Druckkraft im Stützensteg, Gl. 6.95, jedoch mit $b_{eff} = l_{eff}$ bestimmt.

Schraubenreihe (1) *und* (2) *zusammen als Gruppe* Für beide Schraubenreihen als Gruppe müssen die gleichen Berechnungen wie zuvor, jedoch nur für den Stützenflansch (T-Modell) und Stützensteg (Zug) durchgeführt werden. Die möglichen Bruchlinien (mit Einzellängen $l_{eff,i}$) erhält man aus der unteren Hälfte von Tab. 6.14 und 6.15.

Anschließend werden die Kräfte F_{t1} und F_{t2} bzw. $F_{t(1+2)}$ über die Bedingungen in Tab. 6.11 festgelegt und das *Grenzmoment* M_{Rd} über Gl. 6.98 errechnet:

$$M_{Rd} = \sum_{r=1}^{2} h_r \cdot F_{tr,Rd} \qquad (6.98)$$

Hierin bedeuten:

r 1, 2 Nummer der Schraubenreihe

h Abstand der Schraubenreihe r vom Trägerdruckflansch; falls die Schubtragfähigkeit maßgebend ist, gilt für $h_r = (h - t_f)_b$.

Bisher wurde der *Einfluss der Stielschnittgrößen* $(N, M)_{cd}$ vernachlässigt. Er wird auf einfache Weise erfasst, indem die plastischen Momente der Stielflansche (Tab. 6.17) um

Tab. 6.21 Maßgebende Stellen zur Bestimmung des Anschlussgrenzmomentes M_{Rd} in steifenlosen Rahmenecken nach EC 3 (überstehende Stirnplattenverbindungen betrachtet)

	1	2	3	
	Schub im Stützensteg	Druck im Stützensteg	Druck im Trägerflansch	
I	$F_{t1,Rd}$ $F_{t2,Rd}$	$F_{t1,Rd}$ $F_{t2,Rd}$	$F_{t1,Rd}$ $F_{t2,Rd}$	
	$F_{t1,Rd} + F_{t2,Rd} \leq V_{wp,Rd}$	$F_{t1,Rd} + F_{t2,Rd} \leq F_{c,wc,Rd}$	$F_{t1,Rd} + F_{t2,Rd} \leq F_{c,fb,Rd}$	

Schraubenreihe (1)

	T-Modell Flansch	Zug im Stützensteg	T-Modell Kopfplatte	
II	$1-$ $F_{t1,Rd}$	$1-$ $F_{t1,Rd}$	$1-$ $F_{t1,Rd}$	
	$F_{t1,Rd} \leq F_{t1,fc,Rd}$	$F_{t1,Rd} \leq F_{t1,fc,Rd}$	$F_{t1,Rd} \leq F_{t1,\,ep,Rd}$	

	1	2	3	4

Schraubenreihe (2)

	T-Modell Flansch	Zug im Stützensteg	T-Modell Platte	T-Modell Kopfplatte
III	$2-$ $F_{t2,Rd}$	$2-$ $F_{t2,Rd}$	$2-$ $F_{t2,Rd}$	$2-$ $F_{t2,Rd}$
	$F_{t2,Rd} \leq F_{t2,fc,Rd}$	$F_{t2,Rd} \leq F_{t2,wc,Rd}$	$F_{t2,Rd} \leq F_{t2,ep,Rd}$	$F_{t2,Rd} \leq F_{t2,wb,Rd}$

	1	2

Schraubenreihe (1) und (2) als Gruppe

	T-Modell Stützflansch	Zug im Stützensteg
IV	1 $F_{t1,Rd}$ $+$ 2 $F_{t2,Rd}$	1 $F_{t1,Rd}$ $+$ 2 $F_{t2,Rd}$
	$F_{t1,Rd} + F_{t2,Rd} \leq F_{t\,(1+2),fc,Rd}$	$F_{t1,Rd} + F_{t2,Rd} \leq F_{t\,(1+2),wc,Rd}$

Maßgebend für $F_{t2,Rd}$ ist die kleinere Kraft aus

$V_{wp,Rd} - F_{t1,Rd}$	$F_{c,wc,Rd} - F_{t1,Rd}$	$F_{c,fb,Rd} - F_{t1,Rd}$	
$F_{t2,fc,Rd}$	$F_{t2,wc,Rd}$	$F_{t2,ep,Rd}$	$F_{t2,wb,Rd}$
$F_{t(1+2),fc,Rd} - F_{t1,Rd}$	$F_{t(1+2),wc,Rd} - F_{t1,Rd}$		

Tab. 6.22 Steifigkeitskoeffizienten zur Berechnung der Rotationssteifigkeit

Schub im Stützensteg	$k_1 = 0{,}38 A_{vc}/z_b$; $z_b = (h - t_f)_b$
Druck im Stützensteg	$k_2 = 0{,}7 \cdot b_{eff} \cdot t_{wc}/d_c$; $d_c = h_c - 2 \cdot (t_f + r)_c$
Biegung im Stützenflansch	$k_3 = 0{,}85 \cdot l_{eff} \cdot (t_{fc}/m)^3$
Zug im Stützensteg	$k_4 = 0{,}7 \cdot b_{eff} \cdot t_{wc}/d_c$
Biegung in der Stirnplatte	$k_5 = 0{,}85 \cdot l_{eff} \cdot (t_p/m_{(x)})^3$
Nachgiebigkeit der Einzelschrauben	$k_7 = 1{,}6 A_S/L_b$ $L_b = (t_{fc} + t_p) + 2 \cdot t_{B,w} + 0{,}5 \cdot (k + m)_b$ $t_{B,w}$ Scheibendicke k, m Kopf- und Mutterhöhe
Nachgiebigkeit der Schrauben gemeinsam (1 + 2)	$k_{eq} = \dfrac{\sum k_{eff,r} \cdot h_r}{z}$ $k_{eff,r} = 1/\sum_i k_{i,r}, i = 3, 4, 5, 7$ $z = \sum_r (k_{eff,r} \cdot h_r^2)/\sum_r (k_{eff,r} \cdot h_r)$
Rotationssteifigkeit S_j	$S_j = \dfrac{E \cdot z^2}{\mu \sum_i 1/k_i}, i = 1, 2 \text{ und } i := e_q$ $\mu = 1{,}0 M_d \le (2/3) \cdot M_{Rd}$ $\mu = (1{,}5 \cdot M_d/M_{Rd})^{2{,}7}: M_d > (2/3)M_{Rd}$

einen Wert k_{fc} abgemindert werden, wenn die größte Spannung σ_{cd} aus $(N, M)_{cd}$ im Stielflansch den Wert von $180\,\text{N/mm}^2$ überschreitet.

$$k_{fc} = \left(2 \cdot f_{yc} - 180 - \sigma_{cd}\right) / \left(2 \cdot f_{yc} - 360\right)$$

f_{yc} Fließgrenze in N/mm^2 des Stützenquerschnittes

Rotationssteifigkeit

Die Drehfedersteifigkeit der Knotenverbindung bestimmt sich über die Einzelsteifigkeiten der Knotenkomponenten und dem Gesetz über die Hintereinanderschaltung von Federn. Die Berechnung erfolgt nach Tab. 6.22; die geometrischen Kenngrößen gehen aus der Definition der Einzelsteifigkeiten hervor bzw. aus den Zahlen im Beispiel 7.

Beispiel 7 (Abb. 6.77)

Der in Abb. 6.42 dargestellte, ausgesteifte Rahmenknoten soll ohne Steifen, Stegblechverstärkung und Futterbleche nach DIN EN 1993-1-8 untersucht werden. Er ist in Abb. 6.77 nochmals und mit den Bezeichnungen nach Eurocode dargestellt. Die Stielschnittgrößen sollen vernachlässigt werden und es wird mit $f_y = 235\,\text{N/mm}^2$ gerechnet.

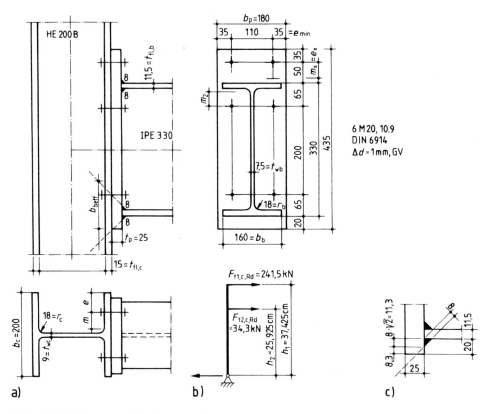

Abb. 6.77 Nicht ausgesteifte Rahmenecke

Es werden alle Berechnungsschritte durchgeführt, obwohl einige aufgrund der Abmessungen offensichtlich überflüssig sind.

1.   *Globale Grenztragfähigkeiten*
1.1 Schub im Stützensteg:

$$A_v = 78,1 - 2 \cdot 20 \cdot 1,5 + (0,9 + 2 \cdot 1,8) \cdot 1,5 = 24,85 \, \text{cm}^2$$

$$V_{wp,Rd} = 0,9 \cdot 24,85 \cdot 23,5/(1,0 \cdot \sqrt{3}) = 303,4 \, \text{kN}$$

1.2 Druck im Stützensteg ($\varrho = 1$, kein Stegkrüppeln):

$$b_{eff} = 1,15 + 2 \cdot 0,8 \cdot \sqrt{2} + (2,5 + 0,87) + 5 \cdot (1,5 + 1,8) = 23,28 \, \text{cm}$$

$$\text{(s. Abb. 6.77c)}$$

$$\omega_1 = \frac{1}{\sqrt{1 + 1,3 \cdot (23,28 \cdot 0,9/24,85)^2}} = 0,721$$

$$F_{wc,Rd} = 0,721 \cdot 0,9 \cdot 23,28 \cdot 23,5/1,0 = 355,0 \, \text{kN}$$

1.3 Druck im Riegelflansch:

$$M_{pl,d} = \alpha_{pl} \cdot W_{el}\, f_{y,k}/\gamma_M = 1{,}128 \cdot 713 \cdot 23{,}5 \cdot 10^{-2}/1{,}0 = 189{,}0\,\text{kNm}$$

$$F_{c,fb,Rd} = 18.900/(33 - 1{,}15) = \mathbf{593{,}4\,kN}$$

2. *Lokale Beanspruchungen*
2.1 Schraubenreihe (1): $e = 4{,}5\,\text{cm}$, $n = e_{min} = 3{,}5\,\text{cm}$

T-Modell im Stützenflansch:

$$m = [(20 - 0{,}9 - 2 \cdot 0{,}8 \cdot 1{,}8) - 2 \cdot 4{,}5]/2 = 3{,}61\,\text{cm} \quad \text{(Abb. 6.75 und 6.77)}$$

$$\left.\begin{aligned}l_{eff} &= 2 \cdot \pi \cdot 3{,}61 = 22{,}68\,\text{cm } 1\\ &= 4 \cdot 3{,}61 + 1{,}25 \cdot 4{,}5 = 20{,}06\,\text{cm}\end{aligned}\right\} \quad \text{(Tab. 6.13)}$$

(Muster mit e_1 hier nicht möglich)

$$l_{eff,1} = l_{eff,2} = 20{,}06\,\text{cm}$$

$$M_{pl,l_1,Rd} = M_{pl,l_2,Rd} = (20{,}06 \cdot 1{,}5^2 \cdot 23{,}5)/(1{,}1 \cdot 4) = 241{,}06\,\text{kNcm}$$

$$B_{t,Rd} = (0{,}9 \cdot 100 \cdot 2{,}45)/1{,}25 = 176{,}4\,\text{kN}$$

Versagen (1) $F_{t_1,c,Rd} = 4 \cdot 265{,}2/3{,}61 = 293{,}9\,\text{kN}$
Versagen (2) $F_{t_1,c,Rd} = (2 \cdot 265{,}2 + 3{,}5 \cdot 2 \cdot 176{,}4)/(3{,}61 + 3{,}5) = \mathbf{248{,}3\,kN}$
Versagen (3) $F_{t_1,c,Rd} = 2 \cdot 176{,}4 = 352{,}8\,\text{kN}$
Zug im Stützensteg:

$$b_{eff} = l_{eff,1} = 20{,}06\,\text{cm}$$

$$\omega_1 = \frac{1}{\sqrt{1 + 1{,}3 \cdot (20{,}06 \cdot 0{,}9/24{,}85)^2}} = 0{,}77$$

$$F_{t_1 wc,Rd} = 0{,}77 \cdot 0{,}9 \cdot 20{,}06 \cdot 23{,}5/1{,}1 = 297{,}0\,\text{kN}$$

T-Modell in der Kopfplatte:

$$e_x = 3{,}5\,\text{cm}$$

$$m_x = 5{,}575 - 1{,}15/2 - 0{,}8 \cdot 0{,}8 \cdot \sqrt{2} = 4{,}09\,\text{cm}$$

$$\left.\begin{aligned}l_{eff} &= 2 \cdot \pi \cdot 4{,}09 = 25{,}7\,\text{cm}\\ &= \pi \cdot 4{,}09 + 11{,}0 = 23{,}85\,\text{cm}\\ &= \pi \cdot 4{,}09 + 2 \cdot 3{,}5 = 19{,}85\,\text{cm}\end{aligned}\right\} \text{(cp)}$$

$$\left.\begin{aligned}&= 4 \cdot 4{,}09 + 1{,}25 \cdot 3{,}5 = 20{,}74\,\text{cm}\\ &= 3{,}5 + 2 \cdot 4{,}09 + 0{,}625 \cdot 3{,}5 = 13{,}87\,\text{cm}\\ &= 0{,}5 \cdot 18 = 9{,}0\,\text{cm}\end{aligned}\right\} \text{(nc)}$$

$$= 0{,}5 \cdot 11 + 2 \cdot 4{,}09 + 0{,}625 \cdot 3{,}5 = 15{,}87\,\text{cm}$$

$$l_{eff1} = l_{eff2} = 9{,}0\,\text{cm}$$

$$M_{pl,l_1,Rd} = M_{pl,l_2,Rd} = (9{,}0 \cdot 2{,}5^2 \cdot 23{,}5)/(1{,}0 \cdot 4) = 330{,}5\,\text{kNcm}$$

Versagen (1) $F_{t_1,p,Rd} = 4 \cdot 330,5/4,09 = 323,2\,kN$

Versagen (2) $F_{t_1,p,Rd} = (2 \cdot 300,4 + 3,5 \cdot 2 \cdot 176,4)/(4,09 + 3,5) = 249,8\,kN$

Maßgebend: Stützenflansch $F_{t_1,p,Rd} = \mathbf{249,8\,kN}$

2.2 *Schraubenreihe (2): e, n wie bei (1)*

T-Modell Stützenflansch, Zug im Stützensteg: wie bei Reihe (1) T-Modell in der Kopfplatte:

$$e = 3,5\,cm$$

$$m = (11,0 - 0,75 - 2 \cdot 0,8 \cdot 0,4 \cdot \sqrt{2})/2 = 4,67\,cm$$

$$m_2 = 5,925 - 1,15/2 - 0,8 \cdot 0,8 \cdot \sqrt{2} = 4,44\,cm$$

$$\left.\begin{array}{l} \lambda_1 = 4,67/(4,67 + 3,5) = 0,571 \\ \lambda_2 = 4,44/(4,67 + 3,5) = 0,54 \end{array}\right\} \quad \alpha = 5,3 \quad \text{(nach Abb. 6.75)}$$

$$l_{eff} = 2 \cdot \pi \cdot 4,67 = 29,34\,cm$$

$$= 5,3 \cdot 4,67 = 24,75\,cm$$

$$M_{pl,l_1,Rd} = M_{pl,l_2,Rd} = (24,75 \cdot 2,5^2 \cdot 23,5)7(1,0 \cdot 4) = 908,8\,kNcm$$

Versagen (1) $F_{t_2,p,Rd} = 4 \cdot 908,8/4,67 = 707,7\,kN$

Versagen (2) $F_{t_2,p,Rd} = (2 \cdot 908,8 + 3,5 \cdot 2 \cdot 176,4)/(4,67 + 3,5) = 373,6\,kN$

Zug im Stützensteg > Zug im Trägersteg:

$$F_{t_2,wb,Rd} = 0,75 \cdot 24,75 \cdot 23,5/1,0 = 436,2\,kN$$

2.3 *Schraubenreihe (1) + (2) als Gruppe*

T-Modell im Stützenflansch:

$$e = 4,5\,cm, \quad m = 3,61\,cm, \quad n = 3,5\,cm = e_1$$

$$l_{eff} = \pi \cdot 3,61 + 11,5 = 22,84\,cm$$

$$= 2 \cdot 3,61 + 0,625 \cdot 4,5 + 0,5 \cdot 11,5 = 15,7\,cm$$

$$\sum l_{eff_{1,2}} = 2 \cdot 15,78 = 31,56\,cm$$

$$M_{pl,l_{1,2},Rd} = (31,56 \cdot 1,5^2 \cdot 23,5)/(1,0 \cdot 4) = 417,2\,kNcm$$

Versagen (1) $F_{t_{(1+2)},c,Rd} = 4 \cdot 417,2/3,61 = 462,3\,kN$

Versagen (2) $F_{t_{(1+2)},c,Rd} = (2 \cdot 417,2 + 3,5 \cdot 4 \cdot 176,4)/(3,61 + 3,5) = 464,7\,kN$

Zug im Stützensteg:

$$b_{eff} = 31,56\,cm$$

$$\omega_1 = \frac{1}{\sqrt{1 + 1,3 \cdot (31,56 \cdot 0,9/24,85)^2}} = 0,609$$

$$F_{t_{(1+2)},wc,Rd} = 0,609 \cdot 0,9 \cdot 31,56 \cdot 23,5/1,0 = 406,5\,kN$$

T-Modell Kopfplatte: Durch Trägersteg ausgesteift! Versagensform als Gruppe nicht möglich.

3. *Maßgebende Anschlussgrößen, Grenzmoment*

Aus dem Vergleich der einzelnen Kräfte ist ersichtlich, dass

$$F_{t_1,c,Rd} = \mathbf{248,3\,kN} \quad \text{und}$$

$$F_{t_{(1+2)},c,Rd} \leq V_{wp,Rd} - F_{t_1,c,Rd} = 303,4 - 248,3 = \mathbf{55,1\,kN}$$

für die Beanspruchbarkeit des Anschlusses maßgebend sind.
Das Momentengleichgewicht nach Abb. 6.77b liefert mit den Hebelarmen $h_1 = 374,25$ mm und $h_2 = 259,25$ mm das Anschlussgrenzmoment

$$M_{R,d} = F_{t_1,c,Rd} \cdot h_1 + F_{t_{(1+2)},c,Rd} \cdot h_2$$

$$= 248,3 \cdot 0,37425 + 55,1 \cdot 0,25925 = \mathbf{107,2\,kNm}$$

4. *Rotationssteifigkeit Steifigkeitsparameter der Einzelkomponenten*

k_1: $z_b = 33 - 1,15 = 31,85\,cm,$

   $k_x = 0,38 \cdot 24,85/31,85 = 0,296\,cm$

k_2: $d_c = 20 - 2 - (1,5 + 1,8) = 13,4\,cm,$

   $k_2 = 0,7 - 23,28 \cdot 0,9/13,4 = 1,095\,cm$

   $k_{3,(1,2)} = 0,85 \cdot 15,78 \cdot (1,5/3,61)^3 = 0,962\,cm$

   $k_{4,(1,2)} = 0,7 \cdot 15,78 \cdot 0,9/13,4 = 0,742\,cm$

k_5: $k_{5,(1)} = 0,85 \cdot 9,0 \cdot (2,5/4,09)^3 = 1,747\,cm$

   $k_{5,(2)} = 0,85 \cdot 24,75 \cdot (2,5/4,67)^3 = 3,227\,cm$

k_7: $t_{B,w} = 0,4\,cm, \quad k_b = 1,3\,cm, \quad m_b = 1,6\,cm \quad [5]$

   $L_B = 1,5 + 2,5 + 2 \cdot 0,4 + 0,5 \cdot (1,3 + 1,6) = 6,25\,cm$

   $k_7 = 1,6 \cdot 2,45/6,25 = 0,672\,cm$

k_{eq}: $k_{eff,(1)} = 1/(1/0,962 + 1/0,742 + 1/1,747 + 1/0,672) = 0,225\,cm$

   $k_{eff,(2)} = 1/(1/0,962 + 1/0,742 + 1/3,227 + 1/0,672) = 0,239\,cm$

$$z = \frac{0,225 \cdot 37,425^2 + 0,239 \cdot 25,925^2}{0,225 \cdot 37,425 + 0,239 \cdot 25,925} = 32,55\,cm$$

   $k_{eq} = (0,225 \cdot 37,425 + 0,239 \cdot 25,925)/32,55 = 0,449\,cm$

Mit diesen Vorwerten wird die Rotationssteifigkeit zu

$$S_j = \frac{21 \cdot 10^3 \cdot 32,55^2}{\mu \cdot (1/0,296 + 1/1,095 + 1/0,449)} = \frac{34,13}{\mu}\,kNm/mrad$$

$M < 2/3 M_{Rd}$: $S_j = 34,13\,kNm/mrad$

$M = 0,75 M_{Rd}$: $\mu = (1,5 \cdot 0,75)^{2,7} = 1,374$ $S_j = 24,83\,kNm/mrad$

$M = M_{Rd}$: $\mu = (1,5 \cdot 1,0)^{2,7} \approx 3,0$ $S_{j,Rd} = 11,38$

(mrad $= 10^{-3}$ rad)

Abb. 6.78 Rotationsstei-
figkeits-Charakteristik des
Knotens nach Abb. 6.77

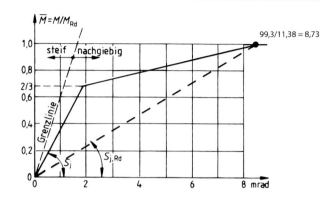

Mit dem Verhältnis

$$\frac{S_j}{(EI/L)_B} = \frac{34.130}{(21 \cdot 10^3 \cdot 11.770 \cdot 10^{-4}/6,0)} = 8,28 < 25$$

ist der Knoten als „nachgiebig" mit der Drehfedercharakteristik nach Abb. 6.78 zu
behandeln.

Es zeigt sich, dass eine derart aufwendige Berechnung des Knotens und der anschließen-
den Rahmenberechnung unter Einbeziehung einer bilinearen Federcharakteristik nur über
spezielle EDV-Programme durchführbar ist.
    Der hier für den Sonderfall des Anschlusstyps IH3 vorgeführte Rechengang ist in [29]
für die bereits in [28] bzw. [38] festgelegten Verbindungstypen insgesamt neu ausgewertet.

6.5 First- und Trägerstöße

Biegesteife First- und Trägerstöße in Rahmensystemen, siehe z. B. Abb. 6.79, können
ebenfalls mit den Hilfsmitteln der vorhergehenden Abschnitte bemessen werden. Es entfallen jedoch die Nachweise der Stützenstege und -flansche. Sofern bauseitig möglich,
empfiehlt sich der unten überstehende Stirnplattenanschluss (Analog Typ IH3.1)und die
Verwendung der typisierten Verbindungen [29]. Ist dies nicht möglich können auch bündige Stirnplattenverbindungen (Typ IH1.1) verwendet werden.
    Die Schweißverbindung zwischen Träger und Stirnplatte können gemäß der Richtlinie
Stahlbau [36] ohne weiteren Nachweis ausgeführt werden, sofern die Bedingungen gemäß
Tab. 6.23 eingehalten werden für die Schweißnahtdicke in Abhängigkeit der Profilreihe
und Stahlgüte.

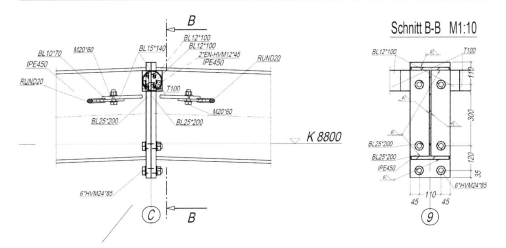

Abb. 6.79 Beispiel eines biegesteifen Firststoßes

Tab. 6.23 Schweißnaht-
abmessungen vereinfachter
Trägerstöße [36]

a	S235	S355	S460
IPE	$0{,}55 \cdot t$	$0{,}7 \cdot t$	$0{,}75 \cdot t$
HEA	$0{,}55 \cdot t$	$0{,}7 \cdot t$	$0{,}75 \cdot t$
HEB	$0{,}55 \cdot t$	$0{,}65 \cdot t$	$0{,}75 \cdot t$
HEM	$0{,}5 \cdot t$	$0{,}65 \cdot t$	$0{,}7 \cdot t$

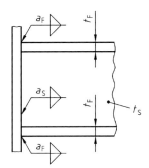

Weiterhin ist nach DIN EN 1993-1-8 [1] der Nachweis gegen Durchstanzen der Platte zu führen. Wann der Nachweis auf Durchstanzen maßgebend wird, kann der Tab. 6.24 entnommen werden. Bei allen nicht dargestellten Varianten mit $t_p \geq 8$ mm (andere Schraubenfestigkeitsklasse, Stahlgüte oder Blechdicke) wird das Durchstanzen nicht maßgebend. Dann ist nur die Zugtragfähigkeit gem. der vorherigen Kapitel nachzuweisen.

Tab. 6.24 Übersicht wann Durchstanzen vor dem Zugversagen maßgebend wird ($\checkmark$ = Durchstanzen ist maßgebend) [36]

Schraube		M16	M20	M22	M24	M27		M30		M36		
SFK		10.9	10.9	10.9	10.9	8.8	10.9	8.8	10.9	5.6	8.8	10.9
t_p [mm]	8 S235	$\checkmark$	$\checkmark$	$\checkmark$	$\checkmark$	$\checkmark$	$\checkmark$	$\checkmark$	$\checkmark$	$\checkmark$	$\checkmark$	$\checkmark$
	S355			$\checkmark$	$\checkmark$		$\checkmark$		$\checkmark$		$\checkmark$	$\checkmark$
	S460				$\checkmark$		$\checkmark$		$\checkmark$			$\checkmark$
	10 S235	$\checkmark$	$\checkmark$	$\checkmark$			$\checkmark$		$\checkmark$		$\checkmark$	$\checkmark$
	S355						$\checkmark$		$\checkmark$		$\checkmark$	$\checkmark$
	S460								$\checkmark$			$\checkmark$
	12 S235			$\checkmark$			$\checkmark$		$\checkmark$			$\checkmark$
	S355											$\checkmark$
	S460											$\checkmark$
	15 S235								$\checkmark$			$\checkmark$

Bei allen nicht dargestellten Varianten mit $t_p \geq 8\,\text{mm}$ ist die Zugtragfähigkeit maßgebend.

6.6 Rahmenfüße

Die Stiele von Rahmentragwerken und der Fußpunkte werden zunächst genauso ausgebildet wie die Stützen gemäß Teilwerk 1 s. Abschn. 7.3.2.

6.6.1 Gelenkige Auflagerung

Gelenkige Stielfüße werden durch die vertikalen und horizontalen Auflagerkräfte des Rahmens beansprucht und führen bei jeder Änderung der Gebrauchslasten gewisse Drehbewegungen aus. Bei mäßigen Abmessungen der Stiele genügt dennoch eine flächige Auflagerung (Abb. 6.80), jedoch müssen die horizontalen Auflagerdrücke über sog. Schubdollen in das Fundament eingeleitet werden, s. Beispiel 7 in Abschn. 7.3.2.5, Teil 1.

Bei größeren Stielabmessungen verursacht eine Verdrehung φ eine ungleichförmige Pressung mit deutlicher Konzentration unter einem der Flansche (Abb. 6.81).

Strebt man eine zweifelsfreie Gelenkausführung mit konzentrierter Lasteinleitung an, bietet sich als eine der Möglichkeiten die Ausführung über eine Fußtraverse mit Zentrierleiste an (Abb. 6.82). Die Zentrierleiste wird wie in Teil 1, Abschn. 7.3.2 bemessen und die Lasttraverse auf Schub und Biegung (Vergleichsspannung) nachgewiesen.

6.6.2 Eingespannte Stielfüße

Eingespannte Stielfüße müssen neben den vertikalen und horizontalen Lasten noch das Einspannmoment vom Fuß auf das Fundament übertragen und werden wie eingespannte Stützenfüße durchgebildet. Berechnung und Konstruktion s. Teil 1, Abschn. 7.3.2.6. Da

Abb. 6.80 Verankerung von
Rahmenstielen bei mäßiger
Belastung

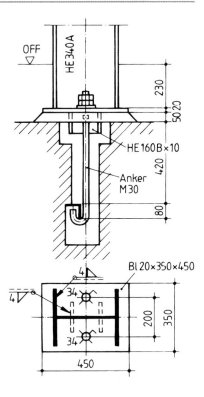

Abb. 6.81 Verformungen und
Pressungsverteilung in der
Fußplatte

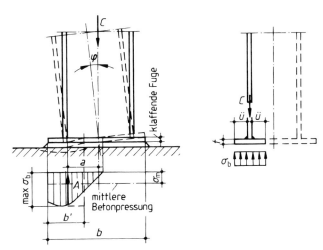

es sich hierbei um die biegefeste Verbindung zwischen Rahmenstiel und Fußkonstruktion
handelt, können auch die verschiedenen Möglichkeiten der Gestaltung von Rahmenecken
als Vorbilder für weitere Konstruktionen eingespannter Rahmenfüße dienen.

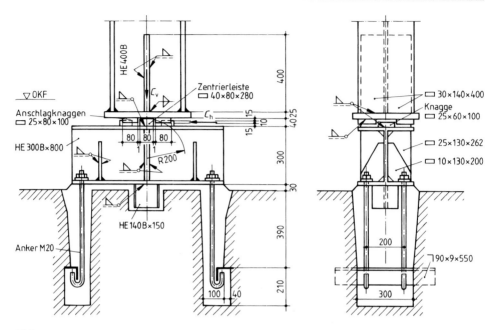

Abb. 6.82 Zentrische Lagerung eines Rahmenstiels

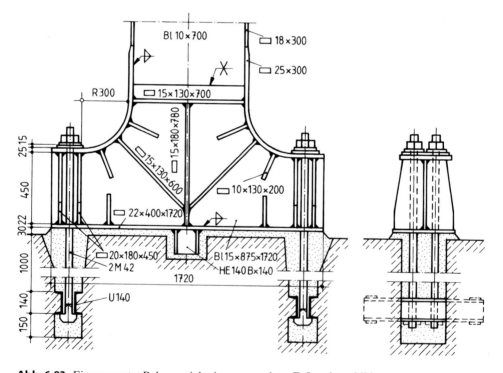

Abb. 6.83 Eingespannter Rahmenstiel mit ausgerundeter Fußpunktausbildung

Für den einwandigen Fuß nach Abb. 6.83 wurden z. B. Konstruktionselemente der Rahmenecken mit Gurtausrundung benutzt. Die Stegverstärkung in der Rahmenecke dient zugleich der Aufnahme der großen Querkräfte in den Kragarmen des Fußes. Die Anker werden selbstverständlich nicht an der Fußplatte, sondern oben auf der Fußkonstruktion verschraubt, damit ihre Kräfte über die beiderseitigen Aussteifungen einwandfrei in den Steg gelangen können. Diese Aussteifungen stützen zugleich die Fußplatte bei Druckbeanspruchung in der Auflagerfuge ebenso wie die benachbarten kurzen Aussteifungsbleche. Horizontalkräfte leitet der Dübel HE 140B in das Fundament, damit die Anker von ihnen nicht belastet werden.

Sehr üblich sind bei größeren Momentenbeanspruchungen die Ausbildung von eingespannten Stützenfüßen in Köcherfundamente oder bei kleineren Biegemomenten die Verwendung von überstehenden Fußplatten mit außenliegenden Zugankern, siehe Abb. 6.84. Deren Berechnung kann dem Teilwerk 1, Kap. 7 entnommen. Vertiefte Hinweise liefern auch [30–32, 34] und nach akt. EC3 [35].

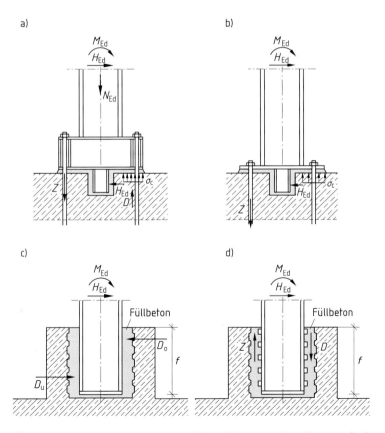

Abb. 6.84 Varianten von eingespannten Stützenfußausbildungen mit **a** Traverse, **b** überstehender Fußplatte, **c** Köcher Modell „glatte" Schalung, **d** Köcher Modell „raue" Schalung

Literatur

1. DIN EN 1993 (12.2010): Eurocode 3 – Bemessung und Konstruktion von Stahlbauten (mit jeweiligen NA). Teil 1-1: Allgemeine Bemessungsregeln und Regeln für den Hochbau, Teil 1-2: Baulicher Brandschutz, Teil 1-3: Kaltgeformte Bauteile und Bleche, Teil 1-4: Nichtrostender Stahl, Teil 1-5: Bauteile aus ebenen Blechen mit Beanspruchungen in der Blechebene, Teil 1-7: Ergänzende Regeln zu ebenen Blechfeldern mit Querbelastung, Teil 1-8: Bemessung und Konstruktion von Anschlüssen und Verbindungen, Teil 1-9: Ermüdung, Teil 1-10: Auswahl der Stahlsorten im Hinblick auf Bruchzähigkeit und Eigenschaften in Dickenrichtung, Teil 1-11: Bemessung und Konstruktion von Tragwerken mit stählernen Zugelementen, Teil 1-12: Zusätzliche Regeln zur Erweiterung von EN 1993 auf Stahlgüten bis S700, Teil 2: Stahlbrücken, Teil 6: Kranbahnträger

2. DIN 18800 (11.2008): Stahlbauten. Teil 1: Bemessung und Konstruktion, Teil 2: Stabilitätsfälle, Knicken von Stäben und Stabwerken, Teil 3: Stabilitätsfälle, Plattenbeulen, Teil 7: Ausführung und Herstellerqualifikation

3. Stahlbau Handbuch – Für Studium und Praxis. Band 1 Teil A, 3. Aufl./Band 1 Teil B, 3. Aufl./Band 2, 2. Aufl., Stahlbau-Verlagsgesellschaft, Köln 1993/1996/1985

4. DLUBAL, Stabwerkprogramm RSTAB und Zusatzmodul RSKNICK

5. Stroetmann, R.: Stahlbau. Vismann, U. (Hrsg.). Wendehorst Bautechnische Zahlentafeln, 36. Auflage. Springer Fachmedien, Wiesbaden 2018, S. 501–737

6. *Petersen, C.*: Statik und Stabilität der Baukonstruktionen, 2. Auflage 1982, Vieweg-Verlag, Braunschweig

7. Kuhlmann, U., M. Feldmann, J. Lindner, C. Müller, R. Stroetmann: Eurocode 3 – Bemessung und Konstruktion von Stahlbauten – Band 1: Allgemeine Regeln und Hochbau. DIN EN 1993-1-1 mit Nationalem Anhang – Kommentar und Beispiele. Berlin/Wien/Zürich: Beuth Verlag und Berlin: Verlag Ernst & Sohn, 2014

8. DIN V ENV 1993-1-1 (1993-04): Eurocode 3: Bemessung und Konstruktion von Stahlbauten – Teil 1-1: Allgemeine Bemessungsregeln, Bemessungsregeln für den Hochbau

9. Kuhlmann, U., Froschmeier, B., Euler, M.: Allgemeine Bemessungsregeln, Bemessungsregeln für den Hochbau – Erläuterungen zur Struktur und Anwendung von DIN EN 1993-1-1, Stahlbau 79 (2010), Heft 11, S. 779–792

10. Gerold, W.: Zur Frage der Beanspruchung von stabilisierenden Verbänden und Trägern, Stahlbau 32 (1963), Heft 9, S. 278–281

11. Stroetmann, R.: Zur Stabilitätsberechnung räumlicher Tragsysteme mit I-Profilen nach der Methode der finiten Elemente. Veröffentlichung des Instituts für Stahlbau und Werkstoffmechanik der Technischen Universität Darmstadt, Heft 61, 1999

12. Krahwinkel, M., Kindmann, R.: Stahl- und Verbundkonstruktionen, 3. Auflage, Springer Vieweg, Wiesbaden 2016

13. FE-STAB-FZ: Programm zur Analyse von Stäben nach der Biegetorsionstheorie II. Ordnung mit Fließzonen, Laumann, J., Wolf, C., Kindmann, R.

14. Kindmann, R.: Stahlbau – Teil 2: Stabilität und Theorie II. Ordnung. Verlag Ernst & Sohn, Berlin 2008

15. Roik, K., Carl, J., Lindner, J.: Biegetorsionsprobleme gerader dünnwandiger Stäbe. Verlag Ernst & Sohn, Berlin 1972

16. Fischer, M.: Zum Kipp-Problem von kontinuierlich seitlich gestützten Trägern. Stahlbau 45 (1976), S. 120–124

17. Heil, W.: Stabilisierung von biegedrillknickgefährdeten Trägern durch Trapezblechscheiben. Stahlbau 63 (1994), S. 169–178

18. Lindner, J.: Zur Aussteifung von Biegeträgern durch Drehbettung und Schubsteifigkeit. Stahlbau 77 (2008), Heft 6, S. 427–435

19. Friemann, H., Stroetmann, R.: Zum Nachweis ausgesteifter biegedrillknickgefährdeter Träger. Stahlbau 67 (1998), Heft 12, S. 936–955

20. Krahwinkel, M.: Zur Beanspruchung stabilisierender Konstruktionen im Stahlbau, Dissertation, VDI-Verlag Düsseldorf 2001, Reihe 4, Nr. 166

21. Kindmann, R., Frickel, J.: Elastische und plastische Querschnittstragfähigkeit; Grundlagen, Methoden, Berechnungsverfahren, Beispiele. Verlag Ernst & Sohn, Berlin 2002

22. Laumann, J.: Ermittlung von Federsteifigkeiten, Springer Fachmedien, Wiesbaden (erscheint voraussichtlich 2021)

23. Lindner, J., Scheer, J., Schmidt, H. Erläuterungen zur DIN 18800 Teil 1 bis Teil 4, 3. Auflage, Verlag Ernst & Sohn, Berlin 1998

24. Laumann, J.: Zur Berechnung der Eigenwerte und Eigenformen für Stabilitätsprobleme des Stahlbaus. Fortschritt-Berichte VDI, Reihe 4, Nr. 193, VDI-Verlag, Düsseldorf 2003

25. DIN 18801 (09.1983): Stahlhochbau; Bemessung, Konstruktion, Herstellung

26. DIN EN 1996-1-1: Bemessung und Konstruktion von Mauerwerksbauten – Teil 1-1: Allgemeine Regeln für bewehrtes und unbewehrtes Mauerwerk (02.2012) mit NA (02.2012, A1 03.2014)

27. Kuhlmann, U., Zizza, A.: Kommentar zu DIN EN 1993-1-1. In: Stahlbau-Kalender 2014. Berlin: Ernst & Sohn, 2014

28. Oberegge, O., Hockelmann, H.-P., Dorsch, L.: Bemessungshilfen für profilorientiertes Konstruieren. Stahlbau-Verlagsgesellschaft mbH, Köln 1997

29. Weynand, K., Oerder, S.: Typisierte Anschlüsse im Stahlhochbau nach EN 1993-1-8. Stahlbauverlagsgesellschaft mbH, Düsseldorf 2013

30. Kahlmeyer, E.: Stahlbau nach DIN 18800 (11.90), Werner-Verlag GmbH, Düsseldorf 1998

31. Kindmann, R., Laumann, J.: Erforderliche Einspanntiefen von Stahlstützen in Betonfundamenten, Stahlbau (2005), Heft 8

32. Kindmann, R., Stracke, M.: Verbindungen im Stahl- und Verbundbau, Verlag Ernst & Sohn, Berlin 2003

33. Kindmann, R., Wolf, C.: Ausgewählte Versuchsergebnisse und Erkenntnisse zum Tragverhalten von Stäben aus I- und U-Profilen. Stahlbau 73 (2004), S. 683–692

34. Laumann, J.: Vereinfachte Ermittlung der Einspanntiefe von Stahlstützen unter Berücksichtigung der Betonpressung und Querschnittstragfähigkeit, RUBSTAHL-Bericht 2-2005, Ruhr-Universität Bochum 2005

35. Laumann, J., Mainz, S.: Direkte Ermittlung der Einspanntiefe von I-förmigen Stahlquerschnitten in Betonfundamente, Stahlbau (2012), Heft 10 Verlag Ernst & Sohn

36. Laumann, J., Feldmann, M., Müller, C., Hennes, P.: Richtlinie Stahlbau, Vereinfachte Bemessung von Stahltragwerken nach DIN EN 1993, IK-Bau NRW Düsseldorf, 2018

37. Bauforumstahl (Hrsg), Ungermann, D., Puthli, R., Ummenhofer Th., Weynand, K.: Kommentar zu DIN EN 1993-1-8, 1. Auflage Berlin: Ernst & Sohn, 2015

38. DSTV/DASt: Typisierte Verbindungen im Stahlhochbau, 2. Auflage. DSTV, 1978

39. Lohse, W., Laumann, J., Wolf, C.: Stahlbau 1, 25. Auflage. Springer Vieweg, 2016

40. CIDECT: Konstruieren mit Stahlhohlprofilen-Knotenverbindungen aus rechteckigen Hohlprofilen unter vorwiegend ruhender Beanspruchung. TÜV Rheinland

41. Petersen, C.: Stahlbau, 4. Auflage. Springer Vieweg, 2013

42. Stahl-Informations-Zentrum: Merkblatt 322 Geschraubte Verbindungen im Stahlbau, Düsseldorf 2012

Stahlleichtbau – kaltgeformte dünnwandige Bauteile

7

7.1 Allgemeines

In Kap. 2 wurden bereits ausführlich die Phänomene des Plattenbeulens erläutert. Hier waren die Grundlagen ebene Platten mit Abmessungen von mindestens 3 mm Plattenstärke, die auf der Basis von DIN EN 1993-1-5 bemessen werden können. Eine weitere im Stahlbau häufig verwendete Bauart ist der Stahlleichtbau. Hierbei werden dünne Flachbleche durch Kaltverformung (Kanten der Bleche) in quasi beliebige Formen gebracht, siehe Abb. 7.1. Durch die Kantungen wird die Tragfähigkeit deutlich erhöht, sodass statt des wenig belastbaren Flachblechs große Tragfähigkeiten erreicht werden können. Hierbei werden i. d. R. Blechstärken von 0,5 bis 3 mm verwendet. Typische Anwendungsgebiete sind u. a.:

- Dach- und Wandverkleidungen als Trapezbleche
- Fassaden mit Kassettenprofilen
- Wand- und Traufriegel als C- oder CL-Profil
- Dachpfetten als Hut- oder Z-Querschnitte als Einfeld- oder Koppelpfetten

Gemäß DIN EN 1993-1-3/NA wird für solche Profile die Kernblechdicke t_{cor} für folgende Grenzen definiert:

$$0,45 \, mm \leq t_{cor} \leq 3 \, mm \tag{7.1}$$

Typische Dachkonstruktionen sind in Abb. 7.2 dargestellt. In Abb. 7.2a wird ein Trapezblech angeordnet mit oberseitiger Dämmung und Abklebung. Das Trapezblech wird dabei in der Regel als Durchlaufträger ausgebildet und spannt von Hallenbinder zu Hallenbinder. Alternativ ist in Abb. 7.2b eine Dachkonstruktion mit Z-Pfetten und oberseitigem Sandwichelement dargestellt. In diesem Fall spannt die Dacheindeckung in Dachneigung und liegt auf den Pfetten auf. Diese tragen dann in der Regel als Koppelpfettensystem die Lasten zu den Bindern ab. Umfangreiche Informationen zu Dachkonstruktionen finden sich in [37].

© Springer Fachmedien Wiesbaden GmbH, ein Teil von Springer Nature 2020
W. Lohse, J. Laumann, C. Wolf, *Stahlbau 2*, https://doi.org/10.1007/978-3-8348-2116-4_7

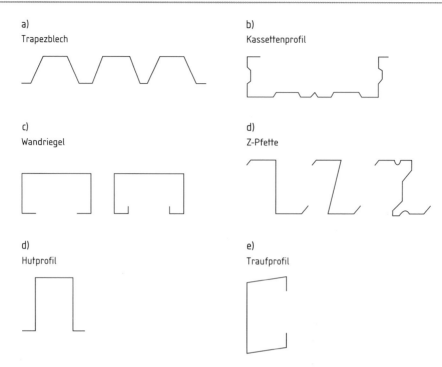

Abb. 7.1 Typische dünnwandige Bauteile, **a** Trapezblech, **b** Kassettenprofil, **c** Wandriegel als C-, CL-Profil, **d** Z-Pfetten, **e** Hutprofil, **f** Traufprofile

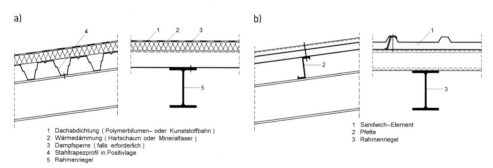

Abb. 7.2 a Dachaufbau mit Trapezblech, **b** Dachaufbau mit Z-Pfette und oberseitigem Sandwichelement [37]

Eine übliche Ausbildung einer Wandfassade ist in Abb. 7.3 dargestellt mit einer vertikalen Sandwichfassade, die die Lasten an horizontal gespannte Wandriegel abgibt. Diese tragen die Lasten dann i. d. R. an die Stützen ab.

Die Grenztragfähigkeit dieser dünnwandigen Bleche hängt von einer Vielzahl von Parametern ab, insbesondere auch von unvermeidbaren Vorbeulen, die aus dem Stabilitätsproblem des Plattenbeulens infolge Druck- oder Schubspannungen resultieren. Hinzu

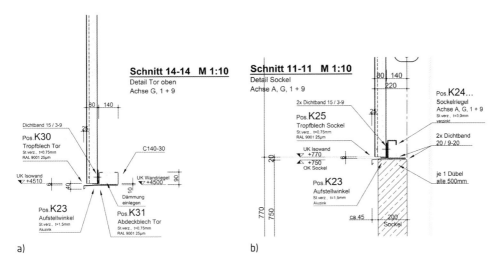

Abb. 7.3 a Wandfassade im Torbereich, **b** typisches Sockeldetail

kommen lokale Versagensmechanismen in den Bereichen von Auflagern oder Punktlasten sowie Knitterverhalten. Aufgrund der extremen Dünnwandigkeit und Nachgiebigkeit der angrenzenden Querschnittsteile kann nicht mehr von einer starren Lagerung der einzelnen Teilbleche für die Berechnung ausgegangen werden, sondern es ist deren Nachgiebigkeit in Federmodellen zu berücksichtigten. Deshalb ist DIN EN 1993-1-5 [3] nicht mehr gültig und es ist eine gesonderter Normenteil mit DIN EN 1993-1-3 [2] entwickelt worden, in dem sowohl die Bemessung von Trapezblechen als auch die von stabförmigen Bauteilen wie Wandriegel und Dachpfetten geregelt sind. Damit ersetzt der Eurocode die nationalen getrennten Regelungen für die Bemessung von Trapezblechen nach DIN 18807 und für dünnwandige Querschnitte nach DASt-Ri 015 und 016. Neben dem lokalen Beulversagen sind auch Regelungen für das globale Stabilitätsverhalten dünnwandiger Bauteile enthalten, siehe Abb. 7.4. Die Nachweisführung erfolgt analog zu DIN EN 1993-1-5 mit effektiven Querschnitten oder auf Basis reduzierter Spannungen. Für die Bemessung werden die Querschnitte aufgrund Ihrer Dünnwandigkeit in der Regel in die Querschnittsklasse 4 gemäß Tab. 7.1 eingestuft. Dabei erfolgt eine Berechnung mit effektiven reduzierten Querschnitten, da sich die gedrückten Querschnittsteile anteilig der Beanspruchung durch lokales Beulen entziehen.

Für die verschiedenen Abkantungsformen, Versteifungen etc. existieren besondere Begrifflichkeiten. Abb. 7.5 zeigt einen Auszug wesentlicher Details.

Es dürfen nur Materialen verwendet werden, die für eine Kaltumformung geeignet sind und damit insbesondere eine große Duktilität aufweisen. Hierzu stellt DIN EN 1993-1-3 und auch der NA eine Auswahl von Stahlsorten zur Verfügung. Hierbei wird i. d. R. die Basisstreckgrenze f_{yb} und die Zugfestigkeit f_u des Grundmaterials vor der Kaltumformung verwendet. Gemäß NA dürfen die in Tab. 3.1a der Norm angegeben Werte auch für

 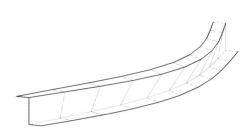

a) Lokales Beulen der Randlippe   b) Globales Stabilitätsversagen

Abb. 7.4 Lokales und globales Stabilitätsproblem bei dünnwandigen Bauteilen. **a** Lokales Beulen der Randlippe, **b** Globales Stabilitätsversagen

Tab. 7.1 Zuordnung der Querschnittsklassen und Nachweisverfahren

Quer-schnitts-klasse	Grenzzustände	Berechnung der		Erforderliches Rotations-vermögen
		Beanspruchungen E_d nach	Beanspruchbarkeiten R_d	
1	Fließgelenkkette, Fließzonen	Plastizitätstheorie	Plastizitätstheorie	Hoch
2	Durchplastizieren eines Querschnitts	Elastitzitätstheorie	Plastizitätstheorie	Gering
3	Fließbeginn	Elastitzitätstheorie	Elastitzitätstheorie	Keines
4	Lokales Beulen, Fließbeginn	Elastitzitätstheorie	Elastitzitätstheorie am effektiven Querschnitt	Keines

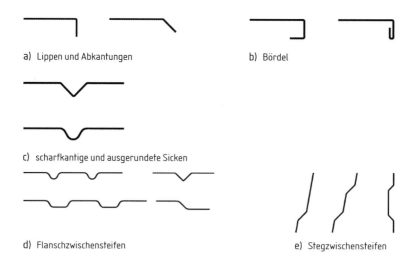

a) Lippen und Abkantungen   b) Bördel

c) scharfkantige und ausgerundete Sicken

d) Flanschzwischensteifen   e) Stegzwischensteifen

Abb. 7.5 Auswahl von Kantungen und Begrifflichkeiten

Tab. 7.2 Basisstreckgrenze f_{yb} und Zugfestigkeit f_u gemäß [2]

Stahlsorte	Norm	Sorte	f_{yb} in N/mm²	f_u in N/mm²
Warmgewalzte nicht legierte Baustähle; Teil 2: Technische Lieferbedingungen für nicht legierte Baustähle	EN 10025-2	S 235	235	360
		S 275	275	430
		S 355	355	510
Warmgewalzte Erzeugnisse aus Baustählen; Teil 3: Technische Lieferbedingungen normalisierter, gewalzter, schweißbarer Feinkornbaustähle	EN 10025-3	S 275 N	275	370
		S 355 N	355	470
		S 420 N	420	520
		S 460 N	460	550
		S 275 NL	275	370
		S 355 NL	355	470
		S 420 NL	420	520
		S 460 NL	460	550
Warmgewalzte Erzeugnisse aus Baustählen; Teil 4: Technische Lieferbedingungen thermomechanisch gewalzter, schweißbarer Feinkornbaustähle	EN 10025-4	S 275 M	275	360
		S 355 M	355	450
		S 420 M	420	500
		S 460 M	460	530
		S 275 ML	275	360
		S 355 ML	355	450
		S 420 ML	420	500
		S 460 ML	460	530

Stahlbleche nach DIN EN 10025 mit Blechdicken unter 3 mm verwendet werden, siehe Tab. 7.2. Weitere Angaben finden sich in [2].

Zusätzlich wird die durchschnittliche Streckgrenze f_{ya} in [2] angegeben, die z. B. bei reiner Zugbeanspruchung verwendet werden darf, oder wenn keinerlei Ausfallbereiche infolge Druckspannungen vorhanden sind. Hiermit wird die Streckgrenze des Materials unter Berücksichtigung der Festigkeitssteigerung im Bereich der Kaltumformungen bezeichnet. Diese kann aus Versuchen oder vereinfacht ermittelt werden mit:

$$f_{ya} = f_{yb} + \left(f_u - f_{yb}\right) \frac{k n t^2}{A_g} \text{ jedoch } f_{ya} \leq \frac{\left(f_u + f_{yb}\right)}{2} \tag{7.2}$$

mit

A_g die Bruttoquerschnittsfläche;

t die Bemessungskerndicke des Stahlwerkstoffs vor der Kaltumformung abzüglich aller metallischen Überzüge und organischen Beschichtungen, [2]

k ein verformungsabhängiger Zahlenwert:
  - $k = 7$ bei Rollprofilierung;
  - $k = 5$ bei anderen Profilierverfahren;

n Anzahl der Umbiegungen um 90° im Querschnitt mit einem Innenradius von $r \leq 5t$ (Umbiegungen unter 90° sind als Bruchteile von n einzubeziehen);

Die Eignung der Materialien zur Kaltumformung ist gekennzeichnet durch die Duktilität des Grundwerkstoffs [34]. Bei den gängigen Stahlsorten i. d. R. S320 oder S380 gemäß DIN EN 10025-2 bis DIN EN 10025-4 (siehe DIN EN 1993-1-3, Tab. 3.1a) ist diese Forderung erfüllt.

Bei einer Kaltumformung werden Metalle unterhalb der Rekristallisationstemperatur umgeformt. Hieraus resultiert eine Steigerung der Werkstofffestigkeit. Gleichzeitig verringert sich die Duktilität. Die Festigkeitssteigerung und der Duktilitätsverlust sind hierbei abhängig von der Dicke des Blechs und der Größe des Biegeradius' abhängig.

Ein weiteres Merkmal, welches im Zusammenhang mit einer Kaltumformung genannt werden muss, betrifft die Eigenspannungen. Diese entstehen während des Umformprozesses und können in vielen Fällen die Tragfähigkeit beeinflussen. Die Messung jener Eigenspannungen ist äußerst komplex und kaum schadensfrei möglich. Zur Erfüllung des Korrosionsschutzes wird für Blechdicken $t \leq 3$ mm ein feuerverzinktes Bandmaterial verwendet. Die Dicke üblicher Verzinkungen beträgt ca. $t_{zink} = 0{,}04$ mm.

7.2 Stahltrapezprofile

7.2.1 Aufbau

Profiltafeln, wie Well- und Trapezprofile, Kassettenprofile sind Raumabschließende Bauelemente. Diese werden aus Stahlbändern durch kaltumformen hergestellt. Abhängig von den Einsatzbedingungen, werden die Profile in Blechdicken von 0,50 bis 1,50 mm hergestellt.

Die Produktbezeichnungen sind so aufgebaut, dass die erste Zahl die Höhe des Profils angibt, die Zweite die Rippenbreite und die dritte Zahl die Nennblechdicke (z. B. 135/310/0,88). Trapezprofile, bei denen es auf die Tragfähigkeit ankommt, zeichnen sich optisch schon dadurch aus, dass diese eingearbeitete Gurt- und Stegsicken, wie in Abb. 7.6 (evtl. auch Quersicken) besitzen, durch deren versteifende Wirkung sich eine höhere Tragfähigkeit ergibt.

Trapezprofile werden sowohl als Dach- und Wandelemente eingesetzt. Dies erfolgt dann meist als zusammengesetzter Dach- oder Wandaufbau (z. B. Warm- oder Kaltdach, Abb. 7.6 zeigt einen Kaltdachaufbau). Für tragende Stahl-Profiltafeln nach DIN EN 1090-4 werden die Mindestnennblechdicken je nach Anwendung wie folgt unterschieden:

Abb. 7.6 Trapezprofil Hoesch gesickt und mit oberseitiger Dämmung und Abklebung [38]

Dächer:

als tragende Teile bei Stützweiten bis 1,0 m:	$t_N \geq 0,50$ mm
als tragende Teile bei Stützweiten über 1,0 m:	$t_N \geq 0,70$ mm

Decken:

als tragende Teile oder verlorene Schalung:	$t_N \geq 0,75$ mm

Wände und Wandbekleidungen:

generell:	$t_N \geq 0,50$ mm
Liner-Profile:	$t_N \geq 0,40$ mm

Für **Kantprofile** werden folgende Mindestblechdicken geregelt:

Pfetten und Wandriegel:	$t_N \geq 0,88$ mm
Distanzprofile im Dach:	$t_N \geq 1,50$ mm
Randversteifungsprofile:	$t_N \geq 1,00$ mm
Randprofile:	$t_N \geq 0,90$ mm

Es muss jedoch zusätzlich die Mindestblechdicke der befestigten Profiltafeln eingesetzt werden (Ausnahme: Randprofile).

Selbsttragende Profiltafeln nach DIN EN 14782:

Aluminium:	0,60 mm für Anwendungen im Dachdeckungsbereich
	0,40 mm für andere Anwendungen
Kupfer:	0,50 mm
Rostfreier Stahl:	0,40 mm
Stahl:	0,40 mm
Zink:	0,60 mm

Vollflächig unterstützte Profiltafeln nach DIN EN 14783:

Aluminium:	0,60 mm
Kupfer:	0,50 mm
Rostfreier Stahl:	0,40 mm
Stahl:	0,50 mm
Zink:	0,60 mm
Blei:	1,25 mm

Bei den Querschnittswerten wird zwischen einer positiven oder negativen Lage des Blechs unterschieden, da dieses nicht zwangsweise symmetrisch um die y-Achse ist, siehe Abb. 7.7. Sie werden als wasserführende Oberschale in der „Negativlage" eingebaut und als tragende Unterschale vorwiegend in der „Positivlage". Bei der Positivlage liegen die Trapezprofile auf dem Dach mit dem Längsstoß unten und in der Negativlage der Längsstoß oben (abhängig ob es sich um die wasserführende Fläche handelt).

Abb. 7.7 Trapezprofil in
a Positiv- und **b** Negativlage

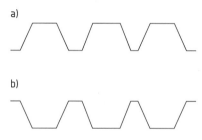

7.2.2 Befestigung und Verbindung

Befestigung an der Unterkonstruktion
Bei Trapezprofilen mit reiner vertikaler Belastung ist eine Befestigung in jedem zweiten Trapezblechuntergurt ausreichend. Wird dieses jedoch als Schubfeld eingesetzt, findet eine Befestigung in jedem Trapezblechuntergurt statt, sowie an allen vier Rändern des Schubfeldes. Ist dies nicht der Fall, dürfen für den Biegedrillknicknachweis der angrenzenden Riegel 20 % der Schubfeldsteifigkeit berücksichtigt werden. Abb. 7.8 zeigt einen üblichen Dachaufbau.

Die Befestigung erfolgt mit gewindefurchenden Schrauben in vorgebohrten Löchern oder mit Setzbolzen (Abb. 7.9). Letztere sind üblicher, da diese nur einen Arbeitsgang erfordern, zu beachten sind aber dann die Materialfestigkeit der Unterkonstruktion, sowie deren Dicke, was die Auswahl der Treibladung beeinflusst.

Befestigung der Profiltafeln untereinander
Die Längsstöße der Profiltafeln werden mit Blindnieten in vorgebohrten Löchern ausgeführt oder als üblichere Variante mit selbstbohrenden Blechschrauben, da dies wiederum nur einen Arbeitsgang erfordert (Abb. 7.10).

7.2.3 Bemessung

DIN EN 1993-1-3 [2] inklusive NA für Stahltrapezprofile gibt folgende Sicherheitsbeiwerte für die Widerstandsseite vor:

- Querschnittstragfähigkeit, begrenzt durch Erreichen der Streckgrenze im Querschnitt, wobei örtliches Beulen und Profilverformung auftreten dürfen: $\gamma_{M0} = 1{,}1$
- Tragfähigkeit begrenzt durch globales Stabilitätsversagen wie Knicken, Beulen: $\gamma_{M1} = 1{,}1$
- Tragfähigkeit von Nettoquerschnitten an Schraubenlöchern, aber auch allgemein Verbindungen: $\gamma_{M2} = 1{,}25$
- Nachweise im Grenzzustand der Gebrauchstauglichkeit: $\gamma_{M,ser} = 1{,}00$

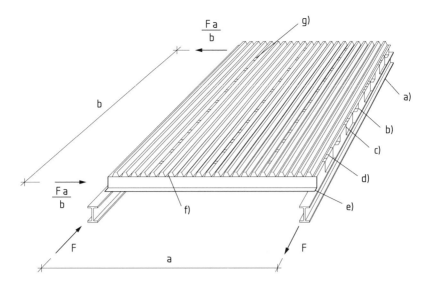

Abb. 7.8 Trapezprofil mit Befestigung in Längs- und Querrichtung. a) Unterkonstruktion (z. B. Dachriegel), b) Pfette, c) Schubknagge, d) Blech-Schubknaggen-Verbindung, e) Pfette, f) Blech-Pfetten-Verbindung, g) Überlappungsstoß der Profilbleche [3]

Abb. 7.9 Setzbolzen und Montage mit Setzgerät. Quelle: Hilti

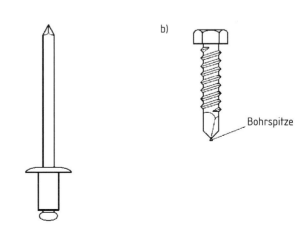

Abb. 7.10 Verbindungsmittel für Stahltrapezprofile untereinander und zur Befestigung auf der Unterkonstruktion aus Kaltprofilen. **a** Blindniete ⌀ 4,8 oder 5,0 mm, **b** Selbstbohrende Schraube ⌀ 4,22; 4,8; 5,5 oder 6,3 mm

Zusätzlich zu beachten ist, dass bauaufsichtliche Zulassungen und ETAs (Europäische Technische Zulassungen) für Verbindungselemente i. d. Regel $\gamma_M = 1{,}33$ verwenden. Dies hat allerdings keinen technischen Hintergrund, sondern ist eine Vereinheitlichung.

7.2.3.1 Allgemeines

Der rechnerische Nachweis von Trapezblechen wird in der Praxis i. d. R. mit tabellierten Tragfähigkeitswerten eines Herstellers ermittelt. Die Ermittlung dieser Werte liegt meist in der Hand einiger weniger spezialisierter Ingenieurbüros und Hochschulen. Als Widerstandsgröße gelten querschnittsbezogene Werte, welche für Biegung und Querkraft im Regelfall durch Bauteilversuche ermittelt werden (im Ausnahmefall auch durch Berechnung).

7.2.3.2 Versuchsgestützte Ermittlung von Bemessungswerten

Da als Trapezblechprofile meist Standardprodukte verwendet werden und die rechnerische Lösung nicht immer zu den erhofften wirtschaftlichen Ergebnissen führt, wird vorwiegend auf eine versuchsgestützte Bemessung zurückgegriffen. Der Anhang A der DIN EN 1993-1-3 [2] enthält detaillierte Angaben zur Versuchsdurchführung und dem Versuchsaufbau, mit dem die Beanspruchbarkeiten ermittelt werden. In Deutschland benötigen diese Ergebnisse dann noch einen Verwendbarkeitsnachweis. Die für Trapezblechprofile relevante Versuchsbeschreibung findet sich in A2 [2]. (Versuche an Profilblechen und Kassettenprofilen). Diese Versuchsdurchführung gilt nur für Trapezprofile, Wellprofile und Kassettenprofile.

Die Belastung darf, um eine gleichmäßige Verteilung zu simulieren, durch Luftsäcke, Unterdruck oder durch Linienlasten über Querträger eingeleitet werden, es ist darauf zu achten, dass diese Last senkrecht zur Blechebene angreift, siehe Abb. 7.11 bis 7.13.

Zur Erhaltung der Querschnittsform dürfen an den Auflagern und an den Stellen der Lasteinleitung Hilfskonstruktionen wie Querträger oder Holzblöcke angeordnet werden. Zudem sollten die Verbindungen zwischen Blech und Unterkonstruktion derer aus der praktischen Anwendung gleichen. Die Auflager sollten darüber hinaus als gelenkig und horizontal verschieblich konstruiert werden um Zwängungen zu vermeiden.

Die Versuche an den Trapezblechprofilen werden jeweils in Positiv- und Negativlage durchgeführt. Bei der Festlegung der Versuchsstützweite, orientiert man sich an üblichen Stützweiten aus der Praxis. Ergebnisse, wie die Biegesteifigkeit erhält man dann aus der Last-Verformungs-Kurve, indem man sich die benötigten Größen bei einer Grenzdurchbiegung von $\delta < L/150$ ableitet. Für weitere Angaben zu den Versuchen, wie zum Beispiel am Endauflager, sind in [2] zusätzliche Angaben enthalten. Nachfolgend ist exemplarisch ein Auszug aus einer Tragfähigkeitstabelle eines Profils des Herstellers HOESCH abgebildet, siehe Abb. 7.14 und 7.15. Dort sind die Beanspruchbarkeiten und Querschnittswerte in einem bauaufsichtlich zugelassenem Verwendbarkeitsnachweis abgebildet.

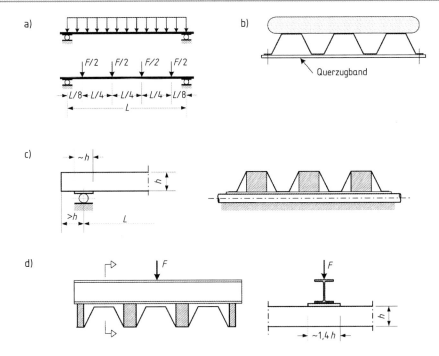

Abb. 7.11 Versuchsaufbau für Versuche an Einfeldsystemen. **a** Gleichförmig verteilte Belastung und Beispiel für alternative Streckenlast, **b** Verteilte Belastung eingetragen durch einen Luftsack (alternativ durch eine Unterdruckvorrichtung), **c** Beispielhafte Ausbildung der Auflager zur Vermeidung von Querschnittsverformungen, **d** Beispielhafte Realisierung einer Streckenlast [2]

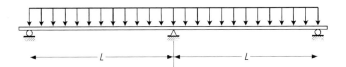

Abb. 7.12 Versuchsaufbau für Versuche an Zweifeldträgersystemen [1]

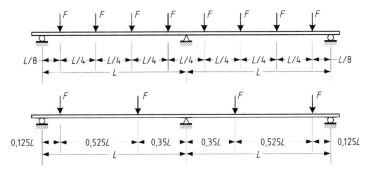

Abb. 7.13 Beispiele geeigneter Anordnungen alternativer Linienlasten [2]

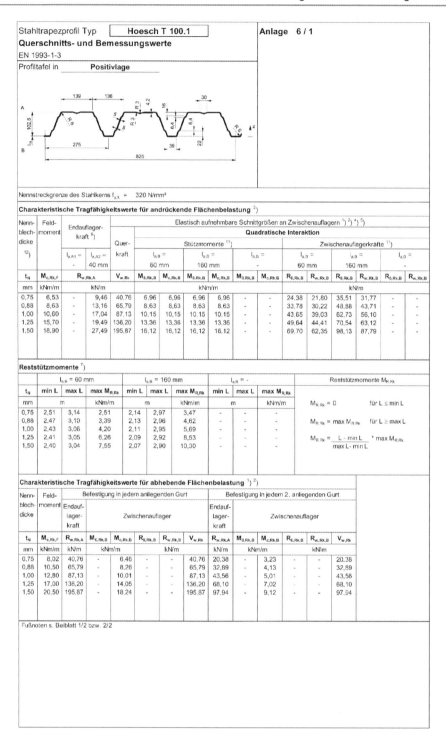

Abb. 7.14 Querschnitts- und Bemessungswerte, Stahltrapezprofil Typ Hoesch T100.1 [38]

Stahltrapezprofil Typ	Hoesch T 100.1	Anlage 6 / 2

Querschnitts- und Bemessungswerte

EN 1993-1-3

Profiltafel in Positivlage

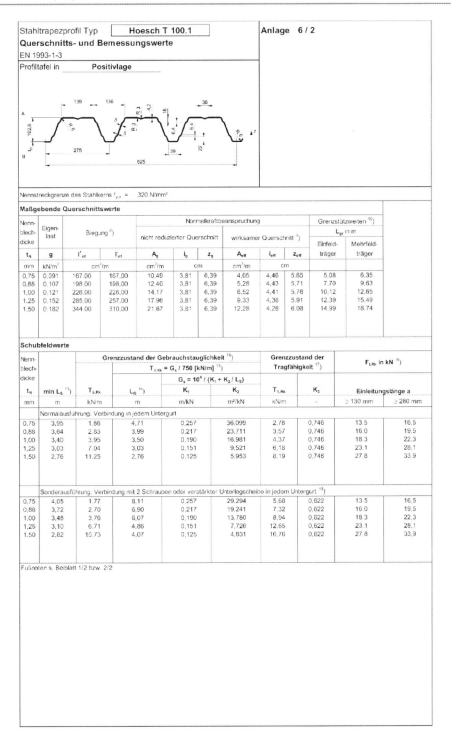

Nennstreckgrenze des Stahlkerns $f_{y,k}$ = 320 N/mm²

Maßgebende Querschnittswerte

Nennblechdicke	Eigenlast	Biegung [8]		Normalkraftbeanspruchung						Grenzstützweiten [10]	
				nicht reduzierter Querschnitt			wirksamer Querschnitt [9]			L_{gr} in m	
										Einfeldträger	Mehrfeldträger
t_N	g	I'_{ef}	I_{ef}	A_g	i_g	z_g	A_{eff}	i_{eff}	z_{eff}		
mm	kN/m²	cm⁴/m	cm⁴/m	cm²/m	cm	cm	cm²/m	cm	cm	m	m
0,75	0,091	167,00	167,00	10,49	3,81	6,39	4,05	4,46	5,65	5,08	6,35
0,88	0,107	198,00	198,00	12,40	3,81	6,39	5,28	4,43	5,71	7,70	9,63
1,00	0,121	226,00	226,00	14,17	3,81	6,39	6,52	4,41	5,76	10,12	12,65
1,25	0,152	285,00	257,00	17,96	3,81	6,39	9,33	4,36	5,91	12,39	15,49
1,50	0,182	344,00	310,00	21,67	3,81	6,39	12,28	4,28	6,08	14,99	18,74

Schubfeldwerte

Nennblechdicke	Grenzzustand der Gebrauchstauglichkeit [16]					Grenzzustand der Tragfähigkeit [17]		F_{LRk} in kN [19]	
	$T_{3,Rk} = G_s / 750$ [kN/m] [15]			$G_s = 10^4 / (K_1 + K_2 / L_s)$					
	min L_s [13]	$T_{2,Rk}$	L_0 [14]	K_1	K_2	$T_{1,Rk}$	K_3	Einleitungslänge a	
t_N								≥ 130 mm	≥ 280 mm
mm	m	kN/m	m	m/kN	m²/kN	kN/m	-		
Normalausführung: Verbindung in jedem Untergurt									
0,75	3,95	1,86	4,71	0,257	36,099	2,78	0,746	13,5	16,5
0,88	3,64	2,83	3,99	0,217	23,711	3,57	0,746	16,0	19,5
1,00	3,40	3,95	3,50	0,190	16,981	4,37	0,746	18,3	22,3
1,25	3,03	7,04	3,03	0,151	9,521	6,18	0,746	23,1	28,1
1,50	2,76	11,25	2,76	0,125	5,953	8,19	0,746	27,8	33,9
Sonderausführung: Verbindung mit 2 Schrauben oder verstärkter Unterlegscheibe in jedem Untergurt [18]									
0,75	4,05	1,77	8,11	0,257	29,294	5,68	0,622	13,5	16,5
0,88	3,72	2,70	6,90	0,217	19,241	7,32	0,622	16,0	19,5
1,00	3,48	3,76	6,07	0,190	13,780	8,94	0,622	18,3	22,3
1,25	3,10	6,71	4,86	0,151	7,726	12,65	0,622	23,1	28,1
1,50	2,82	10,73	4,07	0,125	4,831	16,76	0,622	27,8	33,9

Fußnoten s. Beiblatt 1/2 bzw. 2/2

Abb. 7.15 Erläuterung zu den Querschnitts- und Bemessungswerten [38]

7.2.3.3 Bleche mit vertikaler Beanspruchung

Trapezprofile auf Dächern mit reiner vertikaler Beanspruchung, tragen die Lasten senkrecht zur Trapezblechebene ab (Eigengewicht, Schnee, Wind) mit Plattenwirkung. Da die Profile eine hohe Längssteifigkeit aber eine geringe Quersteifigkeit aufweisen, sollte die Berechnung ausschließlich einachsig erfolgen. Die Berechnung erfolgt unter Berücksichtigung wirksamer Querschnitte unter Beachtung der Ausfallbereiche im Druckbereich und ist in Abschn. 7.5 näher erläutert.

Der Nachweis der Tragfähigkeit bei alleiniger Wirkung einer Querkraft (z. B. am Endauflager) und der Nachweis örtlicher Lasteinleitung sind ebenfalls zu beachten. Hierbei sind auch das Schubbeulen und Knittern zu berücksichtigen. Weitere Hinweise hierzu finden sich ebenfalls in Abschn. 7.5. Die Querkrafttragfähigkeit wird in der Regel nur bei abhebender Belastung maßgebend. Bei Andrückender Belastung dominiert hingegen der Effekt aus Querdruck infolge örtlicher Lasteinleitung oder infolge von Auflagerkräften.

7.2.3.4 Örtliche Lasteinleitung

Der Nachweis der örtlichen Lasteinleitung (siehe Abb. 7.16) bei alleiniger Wirkung der Auflagerkraft oder örtlicher Lasteinleitung wird wie folgt geführt:

$$\frac{F_{\mathrm{Ed}}}{R_{\mathrm{w,Rd}}} \leq 1,0 \tag{7.3}$$

mit

F_{Ed} Bemessungswert der einwirkenden Kraft (Auflager)

$R_{\mathrm{w,Rd}} = \frac{R_{\mathrm{w,Rk}}}{\gamma_{\mathrm{M}}}$ Bemessungswert der Beanspruchbarkeit des Steges unter örtlicher Lasteinleitung

Die Beanspruchbarkeit hängt stark vom Abstand der Lasteinleitungsstelle vom freien Rand oder weiteren Lasteinleitungsstellen, sowie von der Auflager- oder Lasteinleitungslänge ab. Daher finden sich in den Tragfähigkeitstabellen unterschiedliche Beanspruchbarkeiten für das Endauflager (Index A) oder das Zwischenauflager (Index B). Darüber hinaus unterscheidet man zwischen der tatsächlichen geometrischen vorhandenen Auflagerlänge ss und der wirksamen Auflagerlänge la. Als weiteres Maß dient der Überstand c, siehe Abb. 7.16.

Es besteht die konstruktive Forderung, dass von der Auflagervorderkante bis zum Profilende mindestens 40 mm vorhanden sein müssen (DIN EN 1090-4).

Abb. 7.16 Lokale Lasteinleitung und Lagerreaktionen [2]

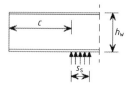

Es gibt aber noch eine weitere Bedingung, die überprüft, ob es sich bei einem Zwischenauflager um ein „echtes" Zwischenauflager handelt, also ein Auflager ohne signifikante Tangentenverdrehung. Dafür muss folgende Bedingung gelten:

$$\beta_V = \frac{|V_{Ed,1}| - |V_{Ed,2}|}{|V_{Ed,1}| + |V_{Ed,2}|} \leq 0{,}2 \tag{7.4}$$

Ist diese Bedingung erfüllt, entspricht die wirksame Auflagerlänge der vorhandenen Auflagerlänge (la = ss). Die Beanspruchbarkeiten müssen dann je nach wirksamer Auflagerlänge zwischen den vorhandenen $R_{w,Rk,B}$ interpoliert werden. Ist die vorhandene Auflagerlänge ss wie bei Rohren aber < 10 mm, wird dennoch ein la von 10 mm angesetzt.

$\beta_V \geq 0{,}3$ entspricht der wirksamen Auflagerlänge la = 10 mm. In diesem Fall sind die Tragfähigkeitswerte linear im Verhältnis der angegebenen Zwischenauflagerlänge la,B zu verringern $R_{w,Rk,B} = R_{w,Rk,B,laB} \cdot \frac{10mm}{la,B}$.

$0{,}2 \leq \beta_V \leq 0{,}3$ ergibt eine wirksame Auflagerlänge la linear interpoliert für $0{,}2 + 0{,}3$. Dabei kann zwischen den Werten für Rw,Rk,B interpoliert werden.

7.2.3.5 Interaktion

Im Vergleich zu den rechnerischen Interaktionsgleichungen lassen sich in den bauaufsichtlichen Zulassungen leichte Abweichungen finden, da meist bei der versuchsermittelten Beanspruchbarkeit die Interaktionsbeziehung untersucht wird und zu verbesserten Werten führt. Die genauen Interkationen können Abschn. 7.5 entnommen werden.

7.2.3.6 Momentenumlagerung und Reststützmoment

Am Zwischenauflager von Durchlaufträgern kann von einer Momentenumlagerung Gebrauch gemacht werden. In [2] wird gefordert, dass ein Reststützmoment durch Versuche bestätigt werden muss, was bei den meisten Profilen zutrifft. Dies bedeutet, dass sich nach dem Erreichen des elastisch aufnehmbaren Stützmoments ein geringeres Reststützmoment einstellt. Dieser neue Gleichgewichtszustand hat natürlich zur Bedingung, dass durch diese Umlagerung das vergrößerte Feldmoment nicht die elastische Tragfähigkeit überschreitet. Da aber bei weiterer Laststeigerung die Reststützmomente immer weiter abnehmen und die Feldmomente überproportional zunehmen, legen die Beanspruchbarkeitstabellen Rechenwerte für die Reststützmomente fest.

Das Reststützmoment ergibt sich dann zu:

$$M_{R,Rk} = 0 \quad \text{für } L \leq L_{min} \tag{7.5}$$

$$M_{R,Rk} = \frac{L - \min L}{\max L - \min L} \cdot \max M_{R,Rk}$$

$$M_{R,Rk} = \max M_{R,Rk} \quad \text{für } L \geq L_{max} \tag{7.6}$$

L_{min} und L_{max} ist der Zulassung der Trapezprofile zu entnehmen.
L ist hier die kürzeste der beiden benachbarten Stützweiten.

Nach dem Ansatz der Stützmomente ergeben sich dann mit Hilfe der Gleichgewichtsbedingungen die restlichen Schnittgrößen. Diese Ermittlung ist auch mit Stabwerksprogrammen möglich, indem man bei dem Durchlaufträger an den Zwischenstützen Momen-
tengelenke einfügt und dort dann die Reststützmomente einfügt.

Werden in den Beanspruchbarkeitstabellen keine Angaben zu Reststützmomenten gemacht, setzt man diese zu Null an. Dies bedeutet für die Berechnung, dass der Durchlaufträger in eine Einfeldträgerkette zerfällt.

7.3 Trapezblech als Scheibe

7.3.1 Allgemeines

In DIN EN 1993-1-3 wird zur Schubfeldbemessung auf die Empfehlungen der ECCS [39]
verwiesen. Dort wird das in Deutschland recht unbekannte Verfahren nach Bryan und
Davies beschrieben. Im deutschsprachigen Raum wird aber i. d. R. auf das bekannte Verfahren nach Schardt und Strehl zurückgegriffen. DIN EN 1993-1-3/NA [2] verweist auch
diesbezüglich auf die Veröffentlichungen von Schardt und Strehl [40], die DIN 18807-3,
sowie von Baehre und Wolfram [41] bezüglich der Bemessung von Schubfeldern.

Das Verfahren von Schardt und Strehl [40] vernachlässigt bei der Ermittlung der Schubfeldsteifigkeit die Nachgiebigkeit der umlaufenden Verbindungen mit der Unterkonstruktion und der Verbindung innerhalb des Schubfeldes.

Jedoch fordert die DIN EN 1993-1-3 entgegen der Empfehlung in DIN 18807-3, die
Berücksichtigung von Querbelastungen. Hierfür muss die Schubspannung aus Schubbeanspruchung (Scheibenwirkung) auf maximal $0{,}25 \cdot \frac{f_{yb}}{\gamma_{M1}}$ begrenzt sein.

7.3.2 Schubfeldnachweis nach Schardt und Strehl [40]

Es wird das System gemäß Abb. 7.8 und 7.18 betrachtet. Im Grenzzustand der Tragfähigkeit ist der Nachweis:

$$\frac{T_{V,Ed}}{T_{V,Rd}} \equiv \frac{T_{V,Ed}}{T_{1,Rd}} \leq 1{,}0 \qquad (7.7)$$

mit

$T_{V,Ed}$ \qquad Schubfluss infolge der Einwirkung im GZT

$T_{V,Rd} = T_{1,Rd}$ tabellierter Bemessungswert der Schubbeanspruchbarkeit

Für die Ermittlung des Schubflusses T im Trapezprofil fasst man das Schubfeld als Biegeträger auf, siehe Abb. 7.17. Die Querkraft V ergibt den konstanten Schubfluss.

$$T_k = \frac{V_k}{L_s} \qquad (7.8)$$

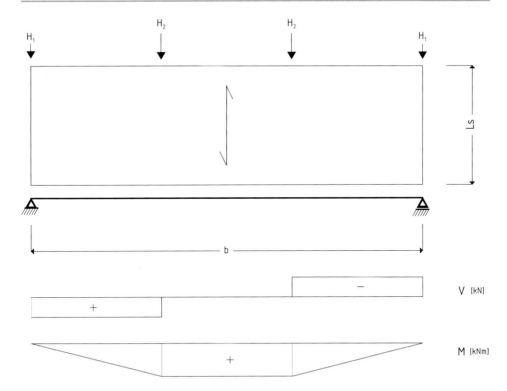

Abb. 7.17 Beispielhafte Darstellung von Schubfeldschnittgrößen

mit

T_k charakteristische Wert der Querkraft
L_s Schubfeldlänge

Ist der Dachaufbau, bzw. der Dämmstoff bituminös mit den obenliegenden Gurten der Trapezprofile verklebt, ist ein weiterer Nachweis im Grenzzustand der Gebrauchstauglichkeit zur führen. Dieser Nachweis begrenzt die Relativverschiebung der Obergurte auf h/20, sodass ein Versagen der Verklebung verhindert wird:

$$\frac{T_{V,Ed}}{T_{V,Cd}} = \frac{T_{V,Ed}}{T_{2,Rd}} \leq 1{,}0 \tag{7.9}$$

mit

$T_{V,Ed}$ Schubfluss infolge der Einwirkung im GZG
$T_{V,Cd} = T_{2,Rd}$ tabellierter Bemessungswert der Schubflussbeanspruchbarkeit

Im Grenzzustand der Gebrauchstauglichkeit ist jedoch folgender Nachweis immer zu führen (Grenzschubfluss zur Einhaltung des Gleitwinkels 1/750):

$$\frac{T_{V,Ed}}{T_{V,Cd}} = \frac{T_{V,Ed}}{T_{3,Rd}} \leq 1,0 \tag{7.10}$$

mit

$T_{V,Ed}$ Schubfluss infolge der Einwirkung im GZG

$$T_{V,Cd} = T_{3,Rd} = \frac{G_s \cdot \gamma_{s,max}}{\gamma_{M,ser}} = \frac{10^4}{K_1 + \frac{K_2}{L_s}} \cdot \frac{\gamma_{s,max}}{\gamma_{M,ser}} \tag{7.11}$$

mit

K_1, K_2 tabellierte Parameter nach Schardt und Strehl [40] bzw. gemäß Herstellerangabe

$\gamma_{M,ser} = 1,0$ Teilsicherheitsbeiwert

$\gamma_{s,max} = 1/750$ maximaler Gleitwinkel

Durch Einleitung der Schubkräfte aus der Unterkonstruktion quer zu den Profilrippen in die anliegenden Gurte werden die Stege der Trapezprofile an den Auflagern zusätzlich beansprucht. Die zusätzliche Auflagerkraft aus Schubfeldwirkung, muss sowohl als Zugkraft als auch als Druckkraft mit den Auflagerkräften aus der Biegebeanspruchung überlagert werden. Diese zusätzlichen Stegbelastungen bilden in sich eine Gleichgewichtsgruppe und sind nicht als zusätzliche Belastung der Unterkonstruktion zu verstehen.

    D. h. zur Endauflagerkraft aus Auflast muss noch $F_{V,Ed}$ addiert werden:

$$F_{V,Ed} = T_{V,Ed} \cdot K_3 \tag{7.12}$$

mit

$T_{V,Ed}$ Schubfluss infolge der Einwirkung im GZT

K_3 tabellierter Parameter n. Schardt/Strehl [40]

Für die Zugkräfte in der Verbindung am Querrand erhält man:

$$F_{t,Ed} = T_{V,Ed} \cdot K_3 \cdot e_Q \tag{7.13}$$

mit

$T_{V,Ed}$ Schubfluss infolge der Einwirkung im GZT

K_3 tabellierter Parameter nach Schardt/Strehl

e_Q Abstand Verbindung am Querrand oder Zwischenauflager (siehe Abb. 7.18)

Abb. 7.18 Definition der Abmessungen [42]

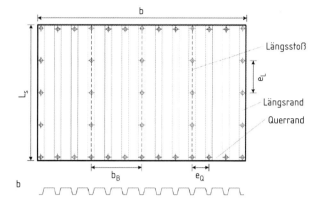

Bei Verbindungen ist im Falle einer kombinierten Beanspruchung aus Scher- und Zugkräften folgende Bedingung zu erfüllen:

$$\frac{F_{t,Ed}}{\min(F_{p,Rd}, F_{0,Rd})} + \frac{F_{v,Ed}}{\min(F_{b,Rd}, F_{n,Rd})} \leq 1,0 \qquad (7.14)$$

Zudem ist zu beachten, dass bei ausmittiger Lage der Befestigungen im Gurt Reduktionen der Zugbeanspruchbarkeiten stattfinden.

Für den speziellen Fall von kurzen Schubfeldern ($L_s \leq \min L_s$) entstehen zusätzliche Verformungen infolge Verwölbung des freien Querschnitts am Endauflager. Mit dem Grenzwert $\min L_s$, welcher in den Tabellen zu finden ist, werden die Beanspruchbarkeiten wie folgt abgemindert:

$$T'_{i,Rd} = T_{i,Rd} \cdot \left[2 \cdot \frac{L_s}{\min L_s} - \left(\frac{L_s}{\min L_s} \right)^2 \right] \leq T_{i,Rd} \qquad (7.15)$$

Für den Faktor K3 gilt diese Abminderung analog.

7.3.3 Schubfeldnachweis, alternative Ansätze

Wie bereits o. a., gibt es weitere Ansätze für die Bemessung von Schubfeldern nach Bryan und Davies. Dieser ist aber im deutschen Sprachraum wenig verbreitet und etwas schwieriger in der Handhabung. Kathage, Lindner, Misiek und Schilling [43] haben einen Anpassungsvorschlag für die Bemessung eines Schubfeldes nach Schardt und Strehl vorgestellt. In diesem Ansatz bleibt das Grundgerüst des Schardt und Strehl Verfahrens bestehen. Jedoch werden die Belastbarkeiten verändert, dabei berücksichtigt man das örtliche Beulen ebener Teilflächen und auch das globale Schubbeulen. Diese Beanspruchbarkeiten stammen aus dem Ansatz nach Bryan und Davies. Weitere Hinweise finden Sie in [21, 41–46].

Abb. 7.19 Beispiel für ein
bauseitiges Hinweisschild

7.3.4   Weitere Hinweise zur Ausbildung von Schubfeldern

- Kleine, nicht systematisch angeordnet Öffnungen bis zu etwa 3 % der Gesamtfläche dürfen ohne besonderen Nachweis angeordnet werden, vorausgesetzt, dass die Gesamtanzahl der Verbindungsmittel nicht reduziert wird.
- Öffnungen bis zu 15 % der rechnerisch berücksichtigen Fläche sind zulässig, wenn ein entsprechender Nachweis geführt wird.
- Flächen, die größere Öffnungen haben, sind in kleinere Flächen mit voller Schubfeldwirkung zu unterteilen.
- Die Kennzeichnung von Schubfeldern ist erforderlich, im Verlegeplan als „Schubfeld" und an der ausgeführten Konstruktion mit einem dauerhaften Hinweisschild, siehe z. B. Abb. 7.19.

7.4   Dachpfetten und Wandriegel

7.4.1   Allgemeines

Insbesondere im Hallenbau werden häufig Dachpfetten als kaltgeformte Z-Profile verwendet, siehe Abb. 7.2b und 7.20. Diese tragen die Dachlasten aus der Dacheindeckung (Eigengewichte, Schnee, Wind, Installationslasten) zu den Hallenbindern ab. Üblich sind

Abb. 7.20   Typische Hallenkonstruktion mit Dachpfette und Wandriegel [33]

Abb. 7.21 Neigung der Hauptachsen bei Z-Pfetten

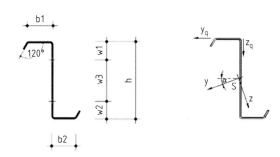

hierbei Pfettenabstände von 2,5–3,5 m. Gleichzeitig werden die Pfetten häufig zur Ge-
bäudeaussteifung herangezogen, indem Sie Zug- und oder Druckkräfte aus Wind und
Stabilisierung zu den Dachverbänden weiterleiten. Aufgrund der Dachneigungen und des
gedrehten Hauptachsensystems (Abb. 7.21) der Z-förmigen Bauteile sind diese i. d. R. für
zweiachsige Biegung und ggf. mit Normalkraft zu bemessen. Hierbei ist es sinnvoll, die
aussteifende Wirkung der Dacheindeckung z. B. als Drehbettung und oder Schubfeldsteifigkeit zu berücksichtigen.

Wandriegel werden in der Regel als Einfeldträger ausgebildet und spannen von Stütze
zu Stütze, siehe Abb. 7.20. Sie tragen die Lasten aus Wind auf die Fassade und ggf. Eigen-
gewichtslasten der Fassade ab. Die Wandverkleidung wird häufig als Sandwichelemente
ausgebildet. Für die Bemessung ist es sinnvoll die aussteifende Wirkung der jeweiligen
Fassaden in Form von Drehbettungen oder Schubfeldsteifigkeiten zu nutzen. Diese ist
jedoch häufig unterschiedlich in Abhängigkeit der Belastungsrichtung, ob Auflast oder
Soglast, siehe [2, 45, 46].

Z-Pfetten werden sowohl als Einfeldträger oder Durchlaufsystem konzipiert. Hierbei
wird die Durchlaufwirkung i. d. R. durch Ausbildung als Koppelpfette mit zwei Varianten
hergestellt, siehe auch Abb. 7.22:

1. Sleeve System (Einfeldsystem mit Zustatzstücken im Auflagerbereich)
2. Overlap System (Überkopplungssystem)

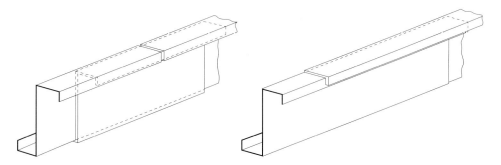

Abb. 7.22 Gelaschtes bzw. Sleeve-System/Überlapptes bzw. Overlap-System (v.l.) [30, 32]

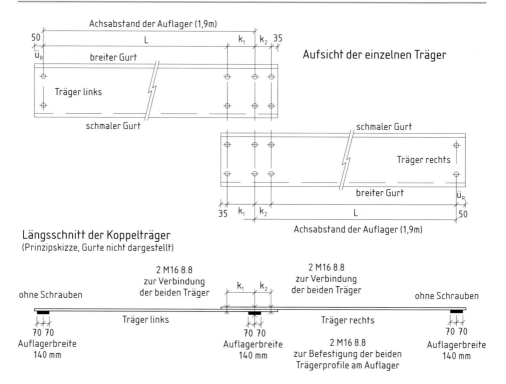

Abb. 7.23 Schraubanordnung Koppelträger (Overlap-System) [32]

Während beim Sleeve-System im Stützbereich eine zusätzliches Pfettenstück angeordnet wird, lässt man beim Overlapsystem die jeweiligen Pfettenstränge beidseitig der Pfetten übergreifen (wie bei einer Holz-Koppelpfette). Bei beiden Systemen werden die Pfetten im Kopplungsbereich seitlich am Steg verschraub. Die Koppelstelle wird dabei an den Auflagern angeordnet mit beidseitiger Überlappung. An den Auflagern erfolgt die Verbindung mit dem Pfettenhalter ebenfalls durch Verschraubung am Steg. Dieser wird häufig als Flachstahl auf den Hallenbinder aufgeschweißt oder als Winkel aufgeschraubt. Um lokales Stegkrüppeln im Auflagerbereich zu vermeiden, werden die Pfetten nicht direkt auf den Binder aufgelegt, sondern „schweben" über diesem und werden nur am Steg mit dem Pfettenhalter verbunden. Dieser muss dann die vertikalen und horizontalen Auflagerkräfte an die Binder ableiten.

Die Ausbildung eines gekoppelten Mehrfeldträgersystems kann mithilfe beider o. g. Varianten gemäß Abb. 7.22 erfolgen.

Das Kupplungsstück beim Sleeve-System kann ein Pfettenstück oder ein gesondert hergestelltes Blech sein. Bei der zweiten Variante werden die einzelnen Pfetten im Stoßbereich überlappt (Overlap-System), siehe Abb. 7.23 und 7.24. Dabei werden die Pfetten um 180° gegeneinander versetzt eingebaut. Voraussetzung dafür sind unterschiedliche Gurtbreiten.

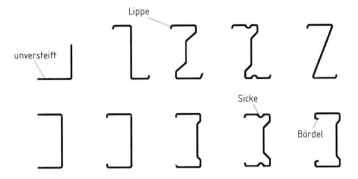

Abb. 7.24 Querschnittsformen kaltprofilierter Querschnitte [2, 30]

Bei der Systemberechnung treten, wie schon angemerkt, aufgrund der Dachneigung und der gedrehten Hauptachsen in der Regel 2-achsige Biegung und Torsion auf. Für die Schnittgrößenermittlung ist die Nachgiebigkeit und die geänderte Steifigkeit im Koppelbereich zu beachten. Für Biegung um die starke Achse wurde in [32] ein Modell entwickelt. Bei Biegung um die schwache und bei Torsion liefern [30] und [31] hilfreiche Informationen.

In Abb. 7.24 sind weitere typische Querschnittsformen von Kaltprofilen dargestellt. Die Teilflächen können mit Versteifungen in der Mitte oder an den Enden oder unversteift ausgeführt werden. Die mittigen Versteifungen werden als Sicken bezeichnet. Die Versteifungen der Ränder heißen Lippen oder Bördel, siehe auch [30].

7.4.2 Geometrische Randbedingungen

Mindestabmessungen und Schlankheiten

Die Abmessungen der einzelnen Querschnittteile müssen die in Abb. 7.25 und 7.26 angegebenen Grenzschlankheiten nach [2] erfüllen. Zusätzlich beschreiben die Grenzwerte den durch experimentelle Versuche abgesicherten Rahmen, für die die heutigen Bemessungsnormen ausgelegt sind [23].

Die in Abb. 7.26 angegeben c/t-Verhältnisse sind nicht mit denen nach DIN EN 1993-1-1 zu verwechseln, da in [2] nicht o. w. eine Aussage über die Querschnittsklasse getroffen werden kann mit den Angaben in [1]. I. d. R. sind kaltgeformte Querschnitte jedoch derart dünnwandig, dass sie in Querschnittsklasse 4 einzustufen sind. Die Wirksamkeit

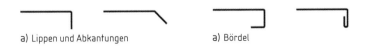

Abb. 7.25 Randversteifungen: **a** Lippen und Abkantungen, **b** Bördel

Querschnittsteilfläche	Maximalwert
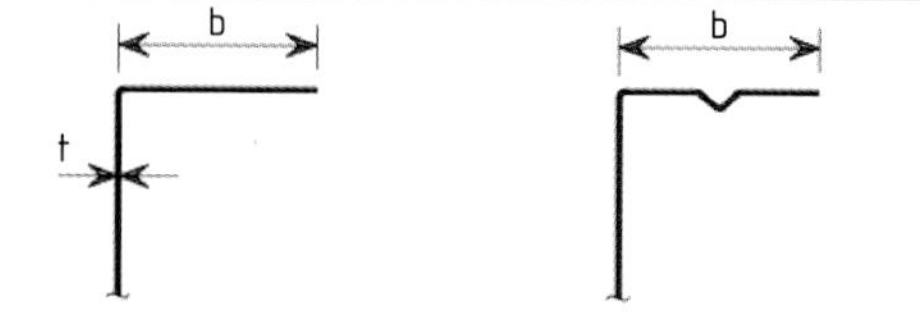	$b/t \leq 50$
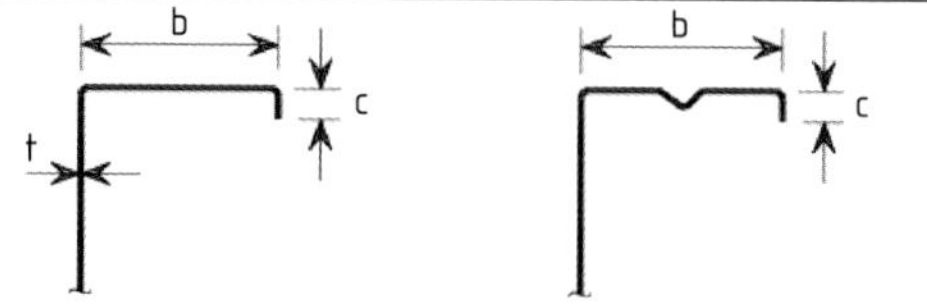	$b/t \leq 60$ $c/t \leq 50$
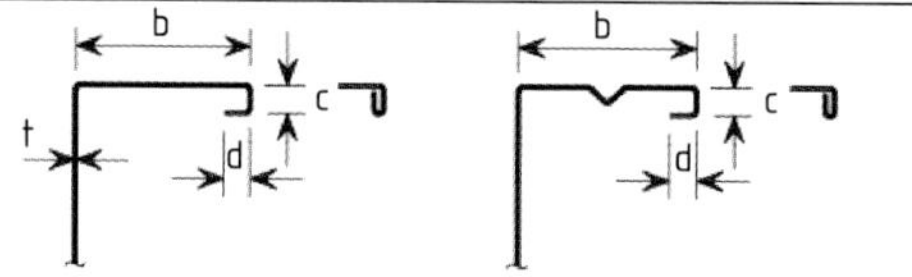	$b/t \leq 90$ $c/t \leq 60$ $d/t \leq 50$
	$b/t \leq 500$
	$45° \leq \phi \leq 90°$ $h/t \leq 500 \sin\phi$

Abb. 7.26 Grenzschlankheit gemäß [2]

der Randaussteifungen (Lippe, Bördel) ist zusätzlich zu überprüfen. Nur wenn, die in Abb. 7.26 angegebene Grenzen eingehalten werden, dürfen diese zur Aussteifung der angrenzenden Blechteile berücksichtigt werden.

$$\text{Lippen:} \quad 0{,}2 \leq c/b \leq 0{,}6 \tag{7.16}$$

$$\text{Bördel:} \quad 0{,}1 \leq d/b \leq 0{,}3 \tag{7.17}$$

Liegen die Werte oberhalb der Anwendungsgrenzen, unterliegen die Steifen selbst einer Beulgefährdung, weswegen dieses Geometrieverhältnis nicht zu empfehlen ist. Der baupraktische Bereich wird durch den oberen Grenzwert gekennzeichnet [2]. Zusätzlich muss der Winkel α zwischen der Randsteife und dem auszusteifenden, ebenen Blechelement $45° \leq \alpha \leq 135°$ betragen.

Abb. 7.27 Biegeradien kaltgeformter Querschnitte [2]

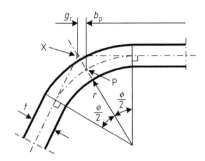

Einfluss der Eckausrundung
Aufgrund des Herstellungsprozesses ergeben sich an den Übergängen zwischen den einzelnen Teilflächen Biegeradien, siehe Abb. 7.27, die die nachfolgenden Grenzabmessungen erfüllen müssen. Hierdurch soll ein Reißen des Stahlkerns vermieden werden.
Andernfalls ist die Tragfähigkeit durch Versuche zu ermitteln.

$$r > 0{,}04 \cdot \frac{t \cdot E}{f_{y,b}} \tag{7.18}$$

Gemäß [2] darf der Einfluss ausgerundeter Ecken bei der Berechnung der Querschnittstragfähigkeit vernachlässigt werden, sofern der Innenradius ausreichend klein ist, gemäß
folgender Bedingungen. Bei Einhaltung der Gl. darf vereinfacht angenommen werden,
dass der Querschnitt aus ebenen Teilflächen mit scharfkantigen Ecken besteht, siehe
Abb. 7.28. Bei der Ermittlung der Bauteilsteifigkeit, ist jedoch die Eckausrundung und somit deren Einfluss immer zu berücksichtigen, da die Ausrundungen steifigkeitsmindernd
wirken.

$$r \le 5 \cdot t \tag{7.19}$$

$$r \le 0{,}10 \cdot b_p \tag{7.20}$$

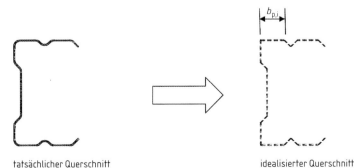

tatsächlicher Querschnitt   idealisierter Querschnitt

Abb. 7.28 Näherungsweise Berücksichtigung ausgerundeter Ecken [2]

7.5 Bemessung im Grenzzustand der Tragfähigkeit

7.5.1 Versagensmechanismen

Hintergründe zu den nachfolgende Bemessungsmethoden können [10, 11, 30, 34, 35] entnommen werden. Aus Platzgründen können diese hier nicht vollumfänglich dargestellt werden. Dünnwandige Bauteile sind aufgrund ihrer geringen Blechdicken und der damit verbundenen großen Schlankheit i. d. R. stark beulgefährdet. Sie entziehen sich anteilig bei Druckbeanspruchung in Plattenebene durch Druckspannungen der Belastung bei Erreichen der kritischen Beullast durch Ausbeulen. An dieser Stelle tritt eine Umlagerung der Spannungen zu den gelagerten Längsrändern auf. Die Hintergründe können Kap. 2 dieses Werks entnommen werden

Die in DIN EN 1993-1-3 [2] getroffenen Regeln bezüglich der Beulgefährdung basieren u. a. auf experimentellen Untersuchungen. Daher müssen die o. g. geometrischen Randbedingungen unbedingt eingehalten werden. Neben dem lokalen Beulen können die in Abb. 7.29 dargestellten Stabilitätsfälle auftreten:

1. **Lokales Blechbeulen**
2. **Forminstabilität des Querschnitts (distorsial buckling)**
3. **Instabilität des Gesamtbauteils durch Biegekicken oder Biegedrillknicken**

Als globale Instabilität ist das Biegeknicken bzw. Biegedrillknicken bei der Bemessung nachzuweisen. Tritt neben der lokalen auch eine globale Instabilität auf, sind diese zu überlagern. In diesem Fall ist vom sogenannten Gesamtstabilitätsproblem zu sprechen, welches bei der Bemessung zu berücksichtigten ist. Profile mit Randversteifung, wie Wandriegel, neigen zusätzlich dazu, dass die Versteifungen selbst ausbeulen.

Neben dem Beulen infolge von Druckspannungen ist ebenso das Beulen infolge von Schubspannungen (Schubbeulen) zu untersuchen. Anders als in DASt-Ri 016 dürfen die Schnittgrößen unter Verwendung der Querschnittswerte der Bruttoquerschnitte ermittelt

Abb. 7.29 Stabilitätsprobleme dünnwandiger Kaltprofile am Beispiel eines kaltgeformten C-Profils unter Druckbeanspruchung [2]

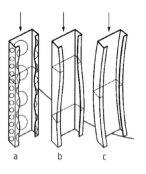

a   Lokales Blechbeulen
b   Forminstabilität des Querschnitts
c   Instabilität des Gesamtbauteils

werden, solange der Ausfallquerschnitt nicht mehr als 50 % des Gesamtquerschnitts beträgt.

Gemäß NA zu DIN EN 1993-1-3 sind die Teilsicherheitsbeiwerte der Widerstandseite abweichend von der Norm selbst wie folgt festgelegt, um den Besonderheiten dünnwandiger kaltgeformter Profile Rechnung zu tragen, siehe auch Abschn. 7.2.3.

$$\gamma_{M0} = 1{,}1 \text{ (statt 1,0) und } \gamma_{M1} = 1{,}1$$

und für Verbindungsmittel gilt in der Regel

$$\gamma_{M2} = 1{,}33 \text{ (statt 1,25).}$$

7.5.2   Wirksame Querschnitte

Um die im vorherigen Abschnitt beschriebene Problematik, hinsichtlich der Beulgefährdung wirklichkeitsnah zu erfassen, liegen gemäß DIN EN 1993-1-3 [2] bzw. DIN EN 1993-1-5 [3] zwei Nachweisformate für das Stabilitätsproblem Plattenbeulen vor. Dies sind die Methode der wirksamen Breiten und die Methode der reduzierten Spannungen. Beide werden in Kap. 2 dieses Werks näher erläutert. Für kaltgeformte dünnwandige Querschnitte wird i. d. R. die Methode der wirksamen Breiten bevorzugt, da es häufig zu wirtschaftlicheren Ergebnissen führt.

Neben dem lokalen Beulen der ebenen Teilbleche ist die Forminstabilität der Rand- und Zwischensteifen zu überprüfen. Dies entspricht nach [2] der Forminstabilität des Querschnitts. Es ist nachzuweisen, dass die Lippen, Bördel, Sicken selbst nicht vorab versagen. Durch Ihre teilweise geringe Biegesteifigkeit sind sie selber biegeknickgefährdet, siehe Abb. 7.29, Fall 2. Der einzelne Gurt kann sich im Gesamtprofil nicht beliebig verformen. Dieser erhält durch das angrenzende Blech eine Verschiebungs- und Drehbehinderung. In aktuellen Nachweisen werden daher die Gurte als elastisch gebettete Stäbe mit Federlagerung und -steifigkeit nachgewiesen.

Wirksame Breiten (Berechnungsablauf)
Der nachfolgende Berechnungsablauf ist in [30] ausführlich angegeben. Die Ermittlung des wirksamen Querschnitts erfolgt getrennt für die Querschnittsteile

- Obergurt
- Untergurt
- Steg

Für den Steg kann die wirksame Breite mithilfe des Beulwertes für zweiseitig gestützte Platten ermittelt werden, siehe Kap. 2.

Die Berechnung der wirksamen Breiten von mit Lippen versteiften Gurten muss iterativ durchgeführt werden. Das Modell ist in Abb. 7.30 dargestellt und in Abb. 7.31 der Berechnungsablauf.

Schritt 1 (Wirksamer Querschnitt für alle Plattenelemente)
In einem ersten Berechnungsschritt wird die wirksame Breite getrennt für die Teilflächen Gurt und Lippe unter Berücksichtigung der vollen Randlagerung (feste Auflager) an den Querschnittseckpunkten berechnet. Um dies zu erreichen wird der Wert der Federsteifigkeit der Randsteife mit „unendlich" angesetzt. Infolgedessen gelten die Gurte als beidseitig gelagerte Querschnittsteile. Für die Berechnung wird vorausgesetzt, dass mindestens eine Querschnittsfaser durch die Fließspannung f_y ausgenutzt wird. In Abhängigkeit des Spannungsverhältnisses ψ ergibt sich der Beulwert $k\sigma$ für zweiseitig gestützte Platten, siehe auch Kap. 2.

$$\psi \leq \frac{\sigma_2}{\sigma_1} \tag{7.21}$$

σ_1 Druckspannung, positiv
σ_2 Zugspannung, negativ

Mithilfe des Beulwertes und dem daraus resultierenden Beulschlankheitsgrad lässt sich der Abminderungsfaktor ρ für die wirksamen Breiten ermitteln, siehe Kap. 2. Die wirksame Breite der Lippe, die als einseitig gestützt gilt, lässt sich nach dem gleichen Prinzip ermitteln. Dabei ist jedoch der Abminderungsfaktor ρ für einseitig gestützte Querschnittsteile zu berücksichtigen. Das Biegeknicken der Steife und deren Auswirkungen auf die Tragfähigkeit wird in den weiteren Schritten berücksichtigt.

Schritt 2 (Kritische Knickspannung der Randsteife)
Die reduzierte Tragspannung der wirksamen Steife aus Berechnungsschritt 1 wird im zweiten Berechnungsschritt für das Biegeknicken der Randsteife ermittelt. Dazu wird zunächst die Federsteifigkeit der wirksamen Randsteife berechnet. Das Biegeknicken der Randsteife wird erfasst, indem der Abminderungsbeiwert für die Forminstabilität χ_d und der dafür benötigte bezogene Schlankheitsgrad λ_d ermittelt wird.

$$\chi_d = 1,0 \quad \text{wenn } \overline{\lambda}_d \leq 0,65 \tag{7.22}$$

$$\chi_d = 1,47 - 0,723 \cdot \overline{\lambda}_d \quad \text{wenn } 0,65 < \overline{\lambda}_d < 1,38 \tag{7.23}$$

$$\chi_d = \frac{0,66}{\overline{\lambda}_d} \quad \text{wenn } \overline{\lambda}_d \leq 1,38 \tag{7.24}$$

$$\overline{\lambda}_d = \sqrt{f_{y,b}/\sigma_{cr,s}} \tag{7.25}$$

$$\sigma_{cr,s} = \frac{2 \cdot \sqrt{K \cdot E \cdot I_s}}{A_s} \tag{7.26}$$

Abb. 7.30 Modell für Lippe
als Randstreife nach DIN EN
1993-1-3 [2]

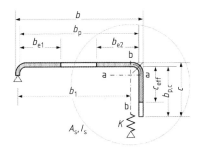

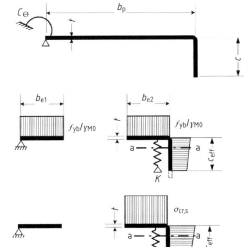

a) Bruttoquerschnitt und Randbedingungen

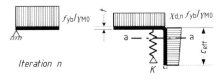

b) Schritt 1: Wirksamer Querschnitt mit $K = \infty$
auf der Grundlage $\sigma_{com,Ed} = f_{yb}/\gamma_{M0}$

c) Schritt 2: Ideale Knickspannung $\sigma_{cr,s}$ mit
der wirksamen Querschnittsfläche A_s aus
Schritt 1

d) Reduzierte Beanspruchbarkeit $\chi_d\, f_{yb}/\gamma_{M0}$ der
wirksamen Fläche der Randsteife A_s mit dem
auf $\sigma_{cr,s}$ basierenden Abminderungsfaktor χ_d

e) Schritt 3: Wiederholung von Schritt 1 mit der
wirksamen Fläche und abgeminderter
Druckspannung $\sigma_{com,Ed,i} = \chi_d\, f_{yb}/\gamma_{M0}$ mit χ_d aus
der vorangegangenen Iteration, bis
$\chi_{d,n} \approx \chi_{d,(n-1)}$, jedoch $\chi_{d,n} < \chi_{d,(n-1)}$

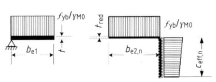

f) Festlegung eines Querschnitts mit den
effektiven Breiten b_{e2} , c_{eff} und der
abgeminderten Dicke t_{red} infolge von $\chi_{d,n}$

Abb. 7.31 Wirksame Breite von mit Lippe versteiften Gurten (iterativer Berechnungsablauf) [2, 30]

Schritt 3 (Reduzierte Tragspannung der Randsteife)

Im dritten Berechnungsschritt wird zunächst der Beulschlankheitsgrad λ_p mithilfe des Abminderungsfaktors χ_d reduziert.

$$\overline{\lambda}_{p,red} = \overline{\lambda}_p \cdot \sqrt{\chi_d} \qquad (7.27)$$

Mit diesem reduzierten Beulschlankheitsgrad lässt sich ein modifizierter Abminderungs-faktor ρ bestimmen. Die wirksame Breite des beidseits gelagerten Gurtes an der Randstei-fe kann nun wie unter Schritt 1 beschrieben, berechnet werden.

Die wirksame Breite des Gurtes an der Randsteife bleibt nach Berechnungsschritt 1 unverändert, da sie nicht vom Biegeknicken der Randsteife direkt beeinflusst ist.

Infolge des Ausknickens der Randsteife reduziert sich die aufnehmbare Grenzspan-nung für die Blechelemente, welche die Randsteife bilden. Die Druckbeanspruchung jener Bleche nimmt ebenso ab. Infolgedessen reduziert sich auch die Beulgefährdung und dies führt wiederum zu größeren wirksamen Breiten für die Teilflächen Gurt und Randsteife. Aus diesem Grund kann für die Teilflächen im Bereich der Randsteife die wirksame Breite iterativ verbessert werden.

Schritt 4 (Reduzierte Querschnittsfläche der Randsteife)

Eine Iteration (Wiederholung der Berechnungsschritte 2 und 3) kann so lange durch-geführt werden, bis der zu berechnende Abminderungsfaktor $\chi_{d,n}$ keine nennenswerten Unterschiede mehr aufweist.

$$\chi_{d,n} \approx \chi_{d,(n-1)} \qquad (7.28)$$

Mithilfe dieser Parameter ist es nun möglich die wirksame Querschnittsfläche zu ermit-teln. Dabei ist zu berücksichtigen, dass die Blechdicke t im Randsteifenbereich über den Abminderungsfaktor χ_d (Biegeknicken Randsteife) abgemindert wird.

$$t_{red} = t \cdot \frac{A_{s,red}}{A_s} \qquad (7.29)$$

$$A_{s,red} = \chi_d \cdot A_s \cdot \frac{f_{y,b}/\gamma_{m,0}}{\sigma_{com,Ed}} \qquad (7.30)$$

7.5.3 Normalkraftbeanspruchung

Bei einer reinen Zugbeanspruchung darf der Nachweis unter Beachtung des Brutto-querschnitts und der durchschnittlichen Streckgrenze f_{ya} unter Berücksichtigung der Festigkeitssteigerung in den Bereichen der Kaltverformung geführt werden, siehe auch Abschn. 7.1.

(1) Der Bemessungswert der Grenzzugkraft $N_{t,Rd}$ sollte wie folgt bestimmt werden:

$$N_{t,Rd} = \frac{f_{ya}A_g}{\gamma_{M0}} \quad \text{jedoch } N_{t,Rd} \leq F_{n,Rd} \tag{7.31}$$

Dabei ist

A_g die Gesamtquerschnittsfläche;

$F_{n,Rd}$ die Beanspruchbarkeit des Nettoquerschnittes bei mechanischen Verbindungsmitteln nach Teilwerk 1, Kap. 2

f_{ya} die durchschnittliche Streckgrenze, siehe Abschn. 7.1.

Bei Drucknormalkräften ist der Nachweis unter Beachtung der wirksamen Querschnitte zu führen.

Die Grenzdruckkraft ergibt sich zu.

$$N_{c,Rd} = A_{eff}^* f_{yb}/\gamma_{M0} \tag{7.32}$$

und

• wenn die wirksame Fläche A_{eff} gleich der Bruttoquerschnittsfläche A_g ist (Querschnitte ohne eine Abminderung):

$$N_{c,Rd} = A_g(f_{yb} + (f_{ya} - f_{yb})4(1 - \overline{\lambda}_e/\overline{\lambda}_{e0}))/\gamma_{M0} \text{ jedoch nicht mehr als } A_g f_{ya}/\gamma_{M0} \tag{7.33}$$

mit

A_{eff} die wirksame Querschnittsfläche nach Abschn. 7.5.2 für eine konstante Druckspannung von f_{yb};

f_{ya} die durchschnittliche Streckgrenze;

f_{yb} die Basisstreckgrenze;

• bei ebenen Elementen $\overline{\lambda}_e = \overline{\lambda}_p$ und $\overline{\lambda}_{e0} = 0{,}673$, siehe Abschn. 7.5.2;

• bei ausgesteiften Elementen $\overline{\lambda}_e = \overline{\lambda}_d$ und $\overline{\lambda}_{e0} = 0{,}65$, siehe Abschn. 7.5.2

Der Stabilitätsnachweis ist allerdings in einem separaten Nachweis zu führen (Beul-Biegeknicken unter Druckbeanspruchung). Dieser Nachweis basiert auf den Vorgaben der DIN EN 1993-1-1 [1], siehe auch Kap. 2.

$$N_{b,Rd} = \frac{\chi^* A_{eff}^* f_{yb}}{\gamma_{M1}} \tag{7.34}$$

Zusätzlich ist der Versatz e_N der Wirkungslinie für den wirksamen Querschnitt zu berücksichtigen, siehe Abb. 7.32. Hierdurch ergibt sich ein Zusatzmoment $\Delta M = N_{Ed} \cdot e_N$, welches in einem gesonderten Interaktionsnachweis aus Druck und Biegung zu berücksichtigen ist.

Abb. 7.32 Versatz e_N der Wirkungslinie der Drucknormalkraft am wirksamen Querschnitt [2]

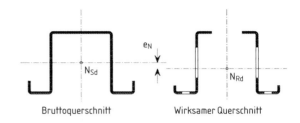

Bruttoquerschnitt   Wirksamer Querschnitt

Der allgemeine Nachweis bei reiner Normalkraft lautet

$$\frac{N_{Ed}}{N_{b,Rd}} \leq 1{,}0$$

N_{Ed} Bemessungswert der einwirkenden Normalkraft

7.5.4 Biegebeanspruchung

Der Nachweis der Tragfähigkeit bei alleiniger Wirkung eines Biegemomentes kann unter Berücksichtigung elastischer und teilplastischer Beanspruchbarkeiten ermittelt werden. Dabei wird zusätzlich unterschieden, ob die Teilplastizierung im Bereich des Druck- oder Zugflansches auftreten. Der Nachweis bei reiner Biegung lautet:

$$\frac{M_{Ed}}{M_{c,Rd}} \leq 1{,}0 \qquad\qquad (7.35)$$

M_{Ed} Bemessungswert des einwirkenden Biegemoments
$M_{c,Rd} = \frac{M_{c,Rk}}{\gamma_M}$ Bemessungswert der Biegebeanspruchbarkeit

Der Index c für „cross section" entspricht der Querschnittstragfähigkeit. Ggf. sind zusätzliche Stabilitätsnachweise zu führen.

Bei rechnerisch nach [2] ermittelten Widerstandswerten ergibt sich der Bemessungswert des Grenzbiegemomentes für Querschnitte mit $W_{eff} < W_{el}$, d. h. für Querschnitte, bei denen die Biegetragfähigkeit infolge lokalen Beulens druckbeanspruchter Teilflächen oder Ausknicken von Versteifungen reduziert werden müssen zu, siehe auch Abb. 7.33. Das Grenzmoment für einachsige Biegung folgt, sofern die Streckgrenze im Druckbereich zuerst erreicht wird, zu:

$$M_{c,Rd} = \frac{W_{eff} \cdot f_{yb}}{\gamma_M} \qquad\qquad (7.36)$$

f_{yb}: Basisstreckgrenze des Grundwerkstoffs vor dem Kaltwalzen
W_{el}: elastisches Widerstandsmoment ermittelt am Bruttoquerschnitt
W_{eff}: wirksames Widerstandsmoment, siehe Abb. 7.33

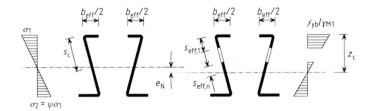

Abb. 7.33 Bruttoquerschnitt und wirksamer Querschnitt bei Biegebeanspruchung

Ist der Querschnitt hingegen voll wirksam ($W_{eff} = W_{el}$), darf $M_{c,Rd}$ wie folgt ermittelt werden:

$$M_{c,Rd} = \frac{1}{\gamma_{M0}} \cdot \left(W_{el} \cdot f_{yb} + \left(W_{pl} \cdot f_{ya} - W_{el} \cdot f_{yb} \right) \cdot 4 \cdot \left(1 - \frac{\lambda_{e,max}}{\lambda_{e0}} \right) \right) \leq \frac{W_{pl} \cdot f_{ya}}{\gamma_{M0}}$$

(7.37)

mit

$\overline{\lambda}_{e,max}$ die Schlankheit der Teilfläche, die das Maximum von $\overline{\lambda}_e / \overline{\lambda}_{e0}$ liefert;
  – bei zweifach gelagerten Teilflächen
    $\overline{\lambda}_e = \overline{\lambda}_p$ und $\overline{\lambda}_{e0} = 0{,}5 + \sqrt{0{,}25 - 0{,}055(3 + \psi)}$, wobei ψ das Spannungsverhältnis ist;
  – bei einseitig gelagerten Teilflächen
    $\overline{\lambda}_e = \overline{\lambda}_p$ und $\overline{\lambda}_{e0} = 0{,}673$, siehe Abschn. 7.5.2;
W_{pl}: plastisches Widerstandsmoment ermittelt

Die Gl. 7.37, welche zwischen elastischem und plastischem Widerstandsmoment interpoliert, ist mechanisch nicht direkt herleitbar, liegt aber auf der sicheren Seite. Zur weiteren Anwendung dieser Gleichung, siehe DIN EN 1993-1-3 Gl. 6.5 [2]. Des Weiteren sind die mittragenden Breiten gemäß DIN EN 1993-1-5 [3] zu beachten, siehe in diesem Werk Kap. 2. Die Abhängigkeit zwischen der Biegetragfähigkeit und der Schlankheit ist in Abb. 7.34 dargestellt.

Wird die Streckgrenze unter einachsiger Biegebeanspruchung zuerst auf der Biegezugseite erreicht, so dürfen plastische Reserven in der Zugzone ohne eine Dehnungsbeschränkung genutzt werden, bis die maximale Druckspannung den Wert

$$\sigma_{com,Ed} \leq \frac{f_{yb}}{\gamma_{M0}}$$

(7.38)

erreicht. Weitere Hinweise und Bedingungen hierzu finden sich in [1] Abs. 6.1.4.2. Für eine Handrechnung ist dieser Ansatz jedoch nicht zu empfehlen.

Abb. 7.34 Biegetragfähigkeit in Abhängigkeit der Schlankheit λ

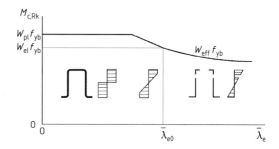

Der Stabilitätsnachweis bei einachsiger Biegung wird separat unter Verwendung des Abminderungsfaktors für das Biegedrillknicken geführt analog zu DIN EN 1993-1-1, siehe Teilwerk 1.

$$M_{b,Rd} = \frac{\chi_{LT}^* W_{eff,y}^* f_y}{\gamma_{M1}} \tag{7.39}$$

7.5.5 Querkraftbeanspruchung

Der Nachweis der Tragfähigkeit bei alleiniger Wirkung einer Querkraft (z. B. am Endauflager) kann angegeben werden zu:

$$\frac{V_{Ed}}{V_{b,Rd}} \equiv \frac{V_{Ed}}{V_{w,Rd}} \leq 1,0 \tag{7.40}$$

mit

V_{Ed} Bemessungswert der einwirkenden Querkraft
$V_{w,Rd} = \frac{V_{w,Rk}}{\gamma_M}$ Bemessungswert der Querkrafttragfähigkeit

Der Index b für „buckling" wird bei Stabilitätsnachweisen mit globalem Schubbeulen eingesetzt, dieser wird aber auch bei der Querkrafttragfähigkeit benutzt. Es wird der verwendete Index „b" aus [1] verwendet, während man bei den Tragfähigkeitstabellen den Index „w" benutzt.

(1) Der Bemessungswert der Querkrafttragfähigkeit $V_{b,Rd}$ kann bestimmt werden mit:

$$V_{b,Rd} = \frac{\frac{h_w}{\sin\phi} t f_{bv}}{\gamma_{M0}} \tag{7.41}$$

Dabei ist

f_{bv} die Grenzschubspannung unter Berücksichtigung lokalen Beulens nach Tab. 7.3;
h_w die Steghöhe zwischen den Mittelebenen der Gurte;
ϕ die Neigung des Steges in Bezug auf die Flansche, siehe Abb. 7.35.

Tab. 7.3 Schubbeulfestigkeit f_{bv}

Stegschlankheitsgrad	Am Auflager nicht ausgesteifter Steg	Am Auflager aus-gesteifter Steg[a]
$\overline{\lambda}_w \leq 0{,}83$	$0{,}58 f_{yb}$	$0{,}58 f_{yb}$
$0{,}83 < \overline{\lambda}_w < 1{,}40$	$0{,}48 f_{yb}/\overline{\lambda}_w$	$0{,}48 f_{yb}/\overline{\lambda}_w$
$\overline{\lambda}_w \leq 1{,}40$	$0{,}67 f_{yb}/\overline{\lambda}_w^2$	$0{,}48 f_{yb}/\overline{\lambda}_w$

[a] Aussteifung am Lager, z. B. durch Lagerknaggen oder Lager-
leisten zur Vermeidung von Stegverformungen und zur Aufnahme von von Lagerreaktionen

Abb. 7.35 Stegblech mit
Längsaussteifung

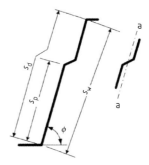

(2) Die bezogenen Stegschlankheit $\overline{\lambda}_w$ ist mit den Gln. (7.42a) und (7.42b) zu ermitteln:

- bei Stegen ohne Längsaussteifungen:

$$\overline{\lambda}_w = 0{,}346 \frac{s_w}{t} \sqrt{\frac{f_{yb}}{E}} \tag{7.42a}$$

- bei Stegen mit Längsaussteifungen, siehe Abb. 7.35:

$$\overline{\lambda}_w = 0{,}346 \frac{s_d}{t} \sqrt{\frac{5{,}34}{k_\tau} \frac{f_{yb}}{E}} \quad \text{jedoch } \overline{\lambda}_w \geq 0{,}346 \frac{s_p}{t} \sqrt{\frac{f_{yb}}{E}} \tag{7.42b}$$

mit

$$k_\tau = 5{,}34 + \frac{2{,}10}{t} \left(\frac{\sum I_s}{s_d} \right)^{1/3}$$

Dabei ist

I_s das Flächenmoment 2. Grades der Längssteife um die Achse a–a entsprechend der
Definition in Kap. 2;

s_d die Abwicklung der Steglänge nach Abb. 7.35;

s_p die Steglänge der breitesten ebenen Teilfäche im Steg, siehe Abb. 7.35;

s_w die Steglänge, wie in Abb. 7.35 dargestellt, zwischen den Eckpunkten der Gurte.

7.5.6 Örtliche Lasteinleitung

Der Nachweis der örtlichen Lasteinleitung bei alleiniger Wirkung der Auflagerkraft oder direkter Lasteinleitung wird wie folgt geführt:

$$\frac{F_{Ed}}{R_{w,Rd}} \leq 1{,}0 \tag{7.43}$$

mit

F_{Ed} Bemessungswert der einwirkenden Kraft (Auflager)

$R_{w,Rd} = \frac{R_{w,Rk}}{\gamma_M}$ Bemessungswert der Beanspruchbarkeit des Steges unter örtlicher Lasteinleitung

Der Nachweis ist für die Bemessung von Trapezblechen von besonderer Bedeutung, siehe Abschn. 7.2, während dieser Versagensfall bei Z-Pfetten häufig durch konstruktive Maßnahmen vermieden wird. Diese werden i. d. R. nicht direkt mit dem unteren Flansch auf das angrenzende Bauteil aufgelegt, sondern „schweben" quasi darüber, indem sie über die Verschraubung am Steg die Lasten an den Pfettenhalter abgeben. Dieser muss neben den vertikalen Lasten auch die horizontalen Komponenten z. B. infolge Dachschub übertragen.

7.5.7 Torsion

Dünnwandige Bauteile mit einem Z- oder C-Querschnitt werden aufgrund der verschobenen Hauptachsen und exzentrischer Lasteinleitung in Bezug auf den Schubmittelpunkt M vorwiegend planmäßig durch Torsion beansprucht. Hierzu können die folgenden Spannungsgleichungen genutzt werden, siehe auch Teilwerk 1.

$$\sqrt{\sigma_{tot,Ed}^2 + 3\tau_{tot,Ed}^2} \leq 1{,}1\frac{f_{y,a}}{\gamma_{m0}} \tag{7.44}$$

Dabei ist

$\sigma_{tot,Ed}$ die Summe der mit den jeweilig wirksamen Querschnitten berechneten Normalspannungen;

$\tau_{tot,Ed}$ die Summe der am Bruttoquerschnitt berechneten Schubspannungen.

(5) Für die Summe der am Bemessungswerte der Normalspannungen $\sigma_{tot,Ed}$ und die Summe der Bemessungswerte der Schubspannungen $\tau_{tot,Ed}$ gilt:

$$\sigma_{tot,Ed} = \sigma_{N,Ed} + \sigma_{My,Ed} + \sigma_{Mz,Ed} + \sigma_{w,Ed} \tag{7.45}$$

$$\tau_{tot,Ed} = \tau_{Vy,Ed} + \tau_{Vz,Ed} + \tau_{t,Ed} + \tau_{w,Ed} \tag{7.46}$$

Dabei ist

$\sigma_{My,Ed}$ die Biegenormalspannung infolge von $M_{y,Ed}$ (am wirksamen Querschnitt);

$\sigma_{Mz,Ed}$ die Biegenormalspannung infolge von $M_{z,Ed}$ (am wirksamen Querschnitt);

$\sigma_{N,Ed}$ die Normalspannung infolge von N_{Ed} (am wirksamen Querschnitt);

$\sigma_{w,Ed}$ die Wölbnormalspannung (am Bruttoquerschnitt);

$\tau_{Vy,Ed}$ die Schubspannung infolge Querkraft $V_{y,Ed}$ (am Bruttoquerschnitt);

$\tau_{Vz,Ed}$ die Schubspannung infolge Querkraft $V_{z,Ed}$ (am Bruttoquerschnitt);

$\tau_{t,Ed}$ die Schubspannung infolge primärer (St. Venant'scher) Torsion (am Bruttoquerschnitt);

$\tau_{w,Ed}$ die Wölbschubspannung (am Bruttoquerschnitt)

Die Wölbnormalspannungen werden gemäß DIN EN 1993-1-3 [2] am Bruttoquerschnitt und nicht am wirksamen Querschnitt ermittelt. Dabei ist kritisch anzumerken, dass sich infolge des Ausbeulens von Teilflächen die Hauptachsen und der Schubmittelpunkt in ihrer Lage ändern. Die damit eventuell verbundene erhöhte Torsionsbeanspruchung wird an dieser Stelle nicht erfasst.

7.5.8 Kombinierte Beanspruchung aus Biegung, Querkraft und lokaler Lasteinleitung

Im Vergleich zu den nachfolgend angegebenen Interaktionsgleichungen, können sich in den bauaufsichtlichen Zulassungen z. B. von Trapezblechen leichte Änderungen finden, da meist bei der versuchsermittelten Beanspruchbarkeit die Interaktionsbeziehung untersucht wird und zu verbesserten Werten führt.

Kombinierte Beanspruchung aus Biegung und lokaler Lasteinleitung oder Lagerreaktion
Der Nachweis wird vereinfacht über eine lineare Interaktion geführt.

$$\frac{M_{Ed}}{M_{c,Rd}} + \frac{F_{Ed}}{R_{w,Rd}} \leq 1{,}25 \tag{7.47}$$

Es werden jedoch häufig die Werte aus den Zulassungen verwendet, welche sich aus Versuchen ergeben, so dass der Nachweis dann wie folgt angewendet werden kann:

$$\frac{M_{Ed}}{M_{0,Rd}} + \frac{F_{Ed}}{R_{0,Rd}} \leq 1{,}00 \tag{7.48}$$

$M_{0,Rd}$ und $R_{0,Rd}$ können aus Versuchen ermittelt werden oder rechnerisch abgeleitet werden:

$$M_{0,Rd} = 1{,}25 \cdot M_{c,Rd}$$
$$R_{0,Rd} = 1{,}25 \cdot R_{w,Rd} \tag{7.49}$$

Kombinierte Beanspruchung aus Biegung und Querkraft

Dieser Nachweis muss nur geführt werden, für:

$$\frac{V_{Ed}}{V_{w,Rk}/\gamma_M} > 0{,}5 \tag{7.50}$$

D. h., wenn der Querkrafteinfluss oberhalb von 50 % liegt

$$\frac{M_{Ed}}{M_{c,Rk,B}/\gamma_M} + \left(2 \cdot \frac{V_{Ed}}{V_{w,Rk,B}/\gamma_M}\right)^2 \le 1 \tag{7.51}$$

7.5.9　Kombinierte Normalkraft- und Biegebeanspruchung

Bei gleichzeitiger Beanspruchung aus einer Zugnormalkraft und Biegung kann die vereinfachte lineare Interkation unter Verwendung der Bruttoquerschnitte oder ein Spannungsnachweis geführt werden, siehe Teilwerk 1. Tritt hingegen eine Drucknormalkraft mit Biegung auf, sind die wirksamen Querschnitte und die Zusatzmomente aus dem Versatz der Wirkungslinie e_N zu berücksichtigten, siehe auch Abschn. 7.5.3. Dabei wird die aufnehmbare Drucknormalkraft mit den wirksamen Breiten aus reiner Druckbeanspruchung und das aufnehmbare Moment mit dem wirksamen Querschnitt für reine Biegebeanspruchung berechnet.

$$\frac{N_{Ed}}{N_{c,Rd}} + \frac{M_{z,Ed} + N_{Ed}^* e_{Nz}}{M_{cz,Rd,com}} + \frac{M_{y,Ed} + N_{Ed}^* e_{Ny}}{M_{cy,Rd,com}} \le 1{,}0 \tag{7.52}$$

Der Stabilitätsnachweis für eine gleichzeitige auftretende Druck- und Biegebeanspruchung kann vereinfachend mithilfe der Interaktionsbeziehung nach DIN EN 1993-1-3 geführt werden.

$$\left(\frac{N_{Ed}}{N_{b,Rd}}\right)^{0{,}8} + \left(\frac{M_{Ed}}{M_{b,Rd}^*}\right)^{0{,}8} \le 1{,}0 \tag{7.53}$$

Dabei ist $M_{b,Rd}$ die Momententragfähigkeit nach Gl. 6.55 [2] für Beul-Biegedrillknicken.

Für Biegung um beide Achsen gilt für den Tragsicherheitsnachweis folgendes Kriterium [1]

$$\left(\frac{M_{y,Ed}}{M_{cy,Rd}}\right) + \left(\frac{M_{z,Ed}}{M_{cz,Rd}^*}\right) \le 1{,}0 \tag{7.54}$$

7.5.10 Kombinierte Beanspruchung aus Normalkraft, Biegung und Querkraft

Treten Normkräfte und Biegemomente gleichzeitig am Querschnitt mit einer Querkraft $V_{Ed} > 05V_{w,Rd}$ auf, so ist deren Einfluss zusätzlich in folgender Interkation zu berücksichtigen.

$$\frac{V_{Ed}}{V_{w,Rk}/\gamma_M} > 0,5 \tag{7.55}$$

D. h., wenn der Querkrafteinfluss oberhalb von 50 % liegt, folgt:

$$\frac{N_{Ed}}{N_{c,Rk,B}/\gamma_M} + \frac{M_{Ed}}{M_{c,Rk,B}/\gamma_M} + \left(1 - \frac{M_{fRd}}{M_{plRd}}\right)\left(2 \cdot \frac{V_{Ed}}{\frac{V_{w,Rk,B}}{\gamma_M}} - 1\right)^2 \leq 1 \tag{7.56}$$

Dabei ist

N_{Rd} die Tragfähigkeit des Querschnitts für Zug oder Druck nach Abschn. 7.5.3;

$M_{y,Rd}$ die Momententragfähigkeit des Querschnitts nach Abschn. 7.5.4;

$V_{w,Rd}$ die Bemessungsschubtragfähigkeit des Stegs nach Abschn. 7.5.5;

$M_{f,Rd}$ die plastische Momententragfähigkeit des Querschnitts, der nur aus den wirksamen Flächen der Flansche gebildet wird;

$M_{pl,Rd}$ die plastische Momententragfähigkeit des Querschnitts.

Bei Bauteilen und Profilblechen mit mehr als nur einem Steg ist $V_{w,Rd}$ die Summe der Stegtragfähigkeiten, siehe auch EN 1993-1-5.

7.5.11 Berechnungsbeispiel Z-Profil unter reiner Druckkraft

Das folgende Beispiel (Abb. 7.36) wurde in ähnlicher Form im Anhang A zur DASt-Ri 016 [29] berechnet. Hier wird es nach DIN EN 1993-1-3 [2] behandelt.

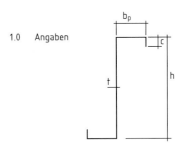

Abb. 7.36 Beispiel Z-Querschnitt, siehe auch [29]. Abmessungen: $b = 120$ mm, $bp = 118$ mm, $h = 102$ mm, $h_w = 100$ mm, $c = b_{pc,c} = 26$ mm, $t = 2$ mm, $r = 0$, $f_{yk} = 355$ N/mm^2

1.0   Angaben

Querschnittswerte des Bruttoquerschnitts

Die Berechnung der Querschnittswerte erfolgt nach der DASt-Ri 016 [29] und DIN EN 1993-1-3 [2] nach dem gleichen Prinzip, einzig die Berücksichtigung vorhandener Biegeradien wird unterschiedlich behandelt. Im Gegensatz zur DASt-016 Richtlinie sind die Ausrundungen für die Ermittlung der Querschnittssteifigkeiten gemäß [2] zwingend zu berücksichtigen. Infolgedessen ergeben sich kleinere Breiten b_p, aus welchen eine größere Beultragfähigkeit resultiert.

Wirksamer Querschnitt unter reinem Druck

Wirksame Breite des gedrückten Steges (beidseitig gestützte Platte)

Bei der Ermittlung der wirksamen Breiten für beidseitig gelagerte Teilflächen ist der Rechnungsablauf sehr ähnlich. Zu Beginn wird über das Spannungsverhältnis ψ der Beulwert k_σ ermittelt. Siehe Tab. 2.14. Mit diesem Beulwert wird in einem zweiten Schritt der bezogene Schlankheitsgrad λ_p berechnet. An dieser Stelle ist ein erster Unterschied zu verzeichnen. Sowohl [2] als auch [29] benutzen unterschiedliche Gleichungen zur Ermittlung des bezogenen Schlankheitsgrades. Die Ergebnisse sind jedoch identisch. Ebenso wird die Ermittlung des Beiwertes ρ identisch behandelt. Bei der Ermittlung der wirksamen Breiten ergeben sich nun erste große Unterschiede, wie die folgenden Gleichungen zeigen.

Für eine reine Druckbeanspruchung ($\psi = 1,0$) werden die gleichen Ergebnisse ermittelt. Je kleiner dieses Verhältnis jedoch wird, umso größer sind die jeweiligen Diskrepanzen in den Ergebnissen.

Zum Vergleich gemäß DASt-Ri 016 [29]:

$$b_{ef1} = k_1 \cdot \varrho \cdot b_p$$
$$k_1 = -0{,}04\psi^2 + 0{,}12\psi + 0{,}42$$
$$b_{ef2} = k_2 \cdot \varrho \cdot b_p$$
$$k_1 = 0{,}04\psi^2 - 0{,}12\psi + 0{,}58$$

Im nachfolgenden Abschnitt sind für das Beispiel A2 die wirksamen Breiten nach DASt-Ri 016 und DIN EN 1993-1-3 getrennt aufgeführt.

$$h_{e1,c} = h_{e2,c} = 24{,}62 \,\text{mm}$$

Wirksame Fläche der gedrückten Gurte mit Randsteife

Die Berechnung zur Bestimmung der wirksamen Breite des Gurtes erfolgt analog zur Ermittlung der wirksamen Breite des Steges. Bei der Bestimmung der wirksamen Breite der Teilfläche und der Randaussteifung werden allerdings weitere Unterschiede zwischen [2] und [29] ersichtlich. Die Ermittlung der wirksamen Lippenbreite ist davon eigentlich nicht betroffen, sowohl [2] als auch [29] berücksichtigen hierfür denselben Formelapparat. Da jedoch gemäß Eurocode ein Ausrundungsradius berücksichtigt wird, weicht auch die wirksame Lippenbreite ab.

Wirksame Lippenbreite

$$b_{e1,c} = b_{e2,c} = 21{,}36 \, \text{mm}$$

$$c_{eff,c} = 15{,}79 \, \text{mm}$$

Weitere Unterschiede bestehen bei der Berechnung des wirksamen Randquerschnitts. Bei der Ermittlung der Federsteifigkeit der Randsteife berücksichtigt [2] einen Faktor k_f. Dieser Wert berücksichtigt eine eventuelle Biegebeanspruchung der Gurte. Außerdem werden gemäß [2] die Abstände der Steg-Flansch-Verbindungen bis zum Schwerpunkt des wirksamen Bereichs der Randsteife von Flansch 1 bzw. von Flansch 2 berücksichtigt [2]. Die Ermittlung der kritischen Knickspannung bzw. die wirksame Querschnittsfläche A_s erfolgt nach dem gleichen Prinzip. Ein weiterer Unterschied zwischen [2] und [29] beinhaltet die Ermittlung des Abminderungswertes χ_d und die damit verbundene Berechnung der reduzierten Beanspruchbarkeit der wirksamen Fläche der Randsteife A_s. Weder die Fallunterscheidungen im Hinblick auf den bezogenen Schlankheitsgrad noch die Formeln zur Bestimmung von χ_d sind identisch.

Während nun gemäß [29] die wirksame Breite mit dem Faktor χ_d abgemindert wird, wird gemäß [2] eine reduzierte Beulschlankheit sowie ein Abminderungsbeiwert ρ ermittelt, siehe Abschn. 7.5.2. Mit diesen Werten wird nun die neue wirksame Breite bestimmt.

$$b_{e2,c} = 26{,}62 \, \text{mm} \tag{7.57}$$

$$c_{eff,c} = 19{,}72 \, \text{mm} \tag{7.58}$$

Gemäß [2] werden die Berechnungsergebnisse verbessert, indem die vorangegangenen Berechnungsschritte mit der durch χ_d abgeminderten Druckspannung neu ermittelt werden. Dieser Prozess wird solange durchgeführt, bis der Abminderungsbeiwert $\chi_{d,n}$ ungefähr $\chi_{d,(n-1)}$ ist.

Randsteife:

$$b_{e2,c} = 25{,}68 \, \text{mm} \tag{7.59a}$$

$$c_{eff,c} = 19{,}01 \, \text{mm} \tag{7.59b}$$

$$A_{eff,R} = 25{,}42 \, \text{mm}^2$$

Gurt:

$$b_{e1,c} = 21{,}36 \, \text{mm} \tag{7.60}$$

Steg:

$$b_{e1,c} = b_{e2,c} = 24{,}62 \, \text{mm}$$

Gesamter wirksamer Querschnitt:

$$A_{eff} = 143{,}63 \, \text{mm}^2$$

Es ergibt sich somit eine Drucktragfähigkeit von $N_{Rd} = 45{,}9 \, \text{kN}$

7.5.12 Berechnungsbeispiel Z-Profil bei reiner Biegung um die z-Achse

Das nachfolgende Berechnungsbeispiel (Abb. 7.37) ist von Mainz in [30] ausführlich dargestellt und wird hier in Grundzügen erläutert. Betrachtet wird der nachfolgend dargestellte Z-Querschnitt für den der effektive Querschnitt bei reiner Biegung um die z-Achse ermittelt wird.

Zunächst werden die Breiten und Dickenverhältnisse hinsichtlich der Anwendungsgrenzen von [2] überprüft.

$$h/t = 160/1{,}5 = 107 \leq 500$$
$$b/t = 71/1{,}5 = 47 \leq 60$$
$$c/t = 24{,}5/1{,}5 = 16 \leq 50$$

Lippe als Randaussteifung:

$$0{,}2 \leq c/b = 24{,}5/71 = 0{,}35 \leq 0{,}6$$

Damit kann die Lippe als Randaussteifung herangezogen werden.
Einfluss der Eckausrundung

$$r/t = 3/1{,}5 = 2 < 5 \text{ und } r/\min(b_\mathrm{p}; h_\mathrm{w}) = 3/64 = 0{,}047 < 0{,}1$$

Damit darf der Einfluss der Eckausrundung bei der Ermittlung der Querschnittstragfähigkeit vernachlässigt werden. Die so resultierenden Blechabmessungen für die weitere Berechnung sind in Tab. 7.4 zusammengestellt.

Querschnittswerte des Bruttoquerschnitts

Zunächst sind die Querschnittswerte des Bruttoquerschnitts zu ermitteln. Hier sei auf das Teilwerk 1 verwiesen, in denen auf die Ermittlung von Querschnittswerten näher eingegangen wird. Von besonderer Bedeutung für die Bemessung von Z-Querschnitten ist, dass das Hauptachsensystem und der Hauptachsendrehwinkel α beachtet werden, da hieraus in

Abb. 7.37 Beispiel Z-Querschnitt, Stahl S320, Blechdicke $t = 1{,}5$ mm, siehe auch [30]

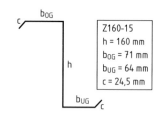

	h_s [mm]	$b_\mathrm{p,OG}$ [mm]	$b_\mathrm{p,UG}$ [mm]	$b_\mathrm{p,c}$ [mm]
Tab. 7.4 Blechabmessungen ohne Eckausrundung	158,5	69,5	62,5	23,75

Tab. 7.5 Ermittlung normierter Querschnittskennwerte [30]	1. A, $A_{\bar{y}}$, $A_{\bar{z}}$, $A_{\bar{y}\bar{z}}$, $A_{\bar{y}\bar{y}}$ und $A_{\bar{z}\bar{z}}$ im $\bar{y}$-$\bar{z}$-Koordinatensystem berechnen: $$A = \int_A dA \quad A_{\bar{y}} = \int_A \bar{y}\,dA$$
	2. Lage des Schwerpunktes $$\bar{y}_s = \frac{A_y}{A} \quad \bar{z}_s = \frac{A_z}{A}$$
	3. Querschnittswerte transformieren: $$A_{\bar{y}\bar{z}} = A_{\bar{y}\bar{z}} - \bar{y}_s \cdot \bar{z}_s \cdot A; \; A_{\bar{y}\bar{y}} = A_{\bar{y}\bar{y}} - \bar{y}_s^2 \cdot A; \; A_{\bar{z}\bar{z}} = A_{\bar{z}\bar{z}} - \bar{z}_s^2 \cdot A$$
	4. Hauptachsendrehwinkel α: $\alpha = \frac{1}{2} \cdot \arctan\left(\frac{2 \cdot A_{\bar{y}\bar{z}}}{A_{\bar{y}\bar{y}} - A_{\bar{z}\bar{z}}}\right)$
	5. Hauptträgheitsmomente I_y und I_z mit Transformationen berechnen: $$I_y = A_{zz} = A_{\bar{z}\bar{z}} \cdot \cos^2\alpha + A_{\bar{y}\bar{y}} \cdot \sin^2\alpha - 2 \cdot A_{\bar{y}\bar{z}} \cdot \cos\alpha \cdot \sin\alpha$$ $$I_z = A_{yy} = A_{\bar{y}\bar{y}} \cdot \cos^2\alpha + A_{\bar{z}\bar{z}} \cdot \sin^2\alpha - 2 \cdot A_{\bar{y}\bar{z}} \cdot \cos\alpha \cdot \sin\alpha$$
	6. Koordinaten transformieren: $$y = (\bar{y} - \bar{y}_s) \cdot \cos\alpha + (\bar{z} - \bar{z}_s) \cdot \sin\alpha$$ $$z = (\bar{z} - \bar{z}_s) \cdot \cos\alpha - (\bar{y} - \bar{y}_s) \cdot \sin\alpha$$

der Regel 2-achsige Beanspruchungen resultieren. Die wesentlichen Berechnungsschritte finden sich in Tab. 7.5.

Hauptachsendrehwinkel:

$$\alpha = \frac{1}{2} \cdot \arctan\left(\frac{2 \cdot A_{\bar{y}\bar{z}}}{A_{\bar{y}\bar{y}} - A_{\bar{z}\bar{z}}}\right) = \frac{1}{2} \cdot \arctan\left(\frac{2 \cdot (-871.348)}{659.266 - 2.080.846}\right) = 25,40$$

Die Hauptträgheitsmomente ergeben sich entsprechend zu:

$$I_z = A_{\bar{y}\bar{y}} \cdot \cos^2\alpha + A_{\bar{z}\bar{z}} \cdot \sin^2\alpha + 2 \cdot A_{\bar{y}\bar{z}} \cdot \sin\alpha \cdot \cos\alpha = 245.570 \, \text{mm}^4$$
$$I_y = A_{\bar{z}\bar{z}} \cdot \cos^2\alpha + A_{\bar{y}\bar{y}} \cdot \sin^2\alpha - 2 \cdot A_{\bar{y}\bar{z}} \cdot \sin\alpha \cdot \cos\alpha = 2.494.542 \, \text{mm}^4$$

Wirksamer Querschnitt unter reiner Biegung um die z-Achse

Die Spannungsverteilung infolge eines Biegemomentes M_z ist in Abb. 7.38 dargestellt. Hierbei ist zu beachten, dass die Druckspannungen positiv angegeben sind, wie es für Beulnachweise üblich ist.

Abb. 7.38 Z-Querschnitt unter einachsiger Biegung M_z [30] (Druck positiv)

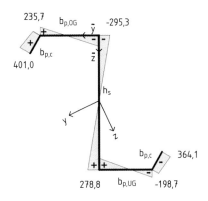

	b_{eff} [mm]	b_{e1} [mm]	b_{e2} [mm]	$b_{\text{e1,c}}$ [mm]	$b_{\text{e2,c}}$ [mm]
Tab. 7.6 Wirksame Breite Obergurt	30,89	12,36	18,53	12,36	57,14

A Wirksame Breite des Obergurtes (Tab. 7.6)
Spannungsverhältnis:

$$\psi = -\frac{\sigma_2}{\sigma_1} = -\frac{295,3}{235,7} = -1,25$$

$$-1 > \psi = -1,25 \geq -3$$

Länge des Zugbereichs des Obergurtes:

$$b_{\text{e,2,Og}} = b_{\text{e,2}} - \frac{b_{\text{e,2}}}{(1-\psi)} = 69,5 - \frac{69,5}{(1+1,25)} = 38,61 \text{ mm}$$

Berechnungsschritt 1:
Wirksamer Querschnitt mit Federsteifigkeit $K = \infty$

$$\sigma_{\text{com,Ed}} = f_{\text{y,b}} = 401 \text{ N/mm}^2$$

Beulwert:

$$k_\sigma = 5,98 \cdot (1,0 - \psi)^2 = 5,98 \cdot (1,0 + 1,25)^2 = 30,27$$

Beiwert:

$$\varepsilon = \sqrt{\frac{235}{f_\text{y}}} = \sqrt{\frac{235}{401}} = 0,766$$

Beulschlankheit (beidseitig gelagert):

$$\overline{\lambda}_\text{P} = \frac{b_\text{P}/t}{28,4 \cdot \varepsilon \cdot \sqrt{k_\sigma}} = \frac{69,5/1,5}{28,4 \cdot 0,766 \cdot \sqrt{30,27}} = 0,387$$

Abminderungsfaktor:

$$\rho = 1,0$$

B Wirksame Breite der Randlippe des Obergurtes
Beulwert k_σ:

$$\frac{b_{\text{p,c}}}{b_\text{p}} = \frac{23,75}{69,5} = 0,342 \leq 0,35$$

$$k_\sigma = 0,50$$

Beulschlankheit bei einseitiger Lagerung

$$\overline{\lambda}_P = \frac{b_P/t}{28,4 \cdot \varepsilon \cdot \sqrt{k_\sigma}} = \frac{23,75/1,5}{28,4 \cdot 0,766 \cdot \sqrt{0,5}} = 1,027 > 0,748$$

Abminderungsfaktor ρ:

$$\rho = \frac{\overline{\lambda}_p - 0,188}{\overline{\lambda}_p^2} = \frac{1,027 - 0,188}{1,027^2} = 0,795$$

Wirksame Lippenbreite:

$$c_{\text{eff,c}} = \rho \cdot b_{p,c} = 0,795 \cdot 23,75 = 18,88 \, \text{mm}$$

C Wirksame Breite des Untergurtes

Spannungsverhältnis des Untergurts:

$$\psi = -\frac{\sigma_2}{\sigma_1} = -\frac{198,7}{278,8} = -0,713$$

$$0 > \psi = -0,713 \geq -1$$

Länge des Zugbereichs im Untergurt:

$$b_{e,2,\text{Ug}} = b_{e,2} - \frac{b_{e,2}}{(1 - \psi)} = 62,5 - \frac{62,5}{(1 + 0,713)} = 26,01 \, \text{mm}$$

Das grundsätzliche Vorgehen erfolgt in gleicher Weise wie für den Obergurtbereich, weshalb auf der Darstellung der Zwischenschritte verzichtet wird.

Beulwert

$$k_\sigma = 7,81 - 6,29\psi + 9,78\psi^2 = 17,27$$

Beulschlankheit für ein beidseitig gelagertes Beulfeld:

$$\overline{\lambda}_p = \frac{b_p/t}{28,4 \cdot \varepsilon \cdot \sqrt{k_\sigma}} = \frac{62,5/1,5}{28,4 \cdot 0,766 \cdot \sqrt{17,27}} = 0,46 < 0,673$$

Damit ergibt sich der Abminderungsfaktor zu $\rho = 1,0$.

Die resultierenden Blechabmessungen sind in Tab. 7.7 aufgeführt.

	b_{eff} [mm]	b_{e1} [mm]	b_{e2} [mm]	$b_{e1,c}$ [mm]	$b_{e2,c}$ [mm]
Tab. 7.7 Wirksame Breite Untergurt	36,49	14,60	21,89	14,60	47,90

D Wirksame Breite der Lippe des Untergurtes
Da sich diese komplett unter Zugspannungen befindet wirkt sie voll mit.

Berechnungsschritt 2:
Nun wird das Biegeknicken der Randsteife (Forminstabilität) betrachtet unter Beachtung der Ergebnisse aus Berechnungsschritt 1.

Wirksame Fläche der Randsteife

$$A_s = t \cdot (b_{e,2} + c_{eff}) = 1{,}5 \cdot (12{,}36 + 18{,}88) = 46{,}88 \, \text{mm}^2$$

Mittellinienabstand zwischen Gurt und Achse a–a

$$e_s = \frac{(c_{eff,c} \cdot t) \cdot \frac{c_{eff,c}}{2}}{A_s} = \frac{(18{,}88 \cdot 1{,}5) \cdot \frac{18{,}88}{2}}{46{,}86} = 5{,}705 \, \text{mm}$$

Mittellinienabstand zwischen Lippe und Achse b–b

$$b_1 = b_{c,Og} - \left(\frac{b_{e,lc} \cdot t \cdot \frac{b_{e,lc}}{2}}{A_s} \right) = 69{,}5 - \left(\frac{12{,}36 \cdot 1{,}5 \cdot \frac{12{,}36}{2}}{46{,}86} \right) = 67{,}05 \, \text{mm}$$

Wirksames Trägheitsmoment Achse a–a

$$
\begin{aligned}
I_s &= \frac{1}{12} \cdot b_{e,2c} \cdot t^3 + b_{e,2c} \cdot t \cdot e_s^2 + \frac{1}{12} \cdot t \cdot c_{eff,c}^3 + c_{eff,c} \cdot t \cdot \left(\frac{c_{eff,c}}{2} - e_s \right)^2 \\
&= \frac{1}{12} \cdot 12{,}36 \cdot 1{,}5^3 + 12{,}36 \cdot 1{,}5 \cdot 5{,}705^2 + \frac{1}{12} \cdot 1{,}5 \cdot 18{,}88^2 \\
&\quad + 18{,}88 \cdot 1{,}5 \cdot \left(\frac{18{,}88}{2} - 5{,}705 \right)^2 \\
&= 1843{,}2 \, \text{mm}^4
\end{aligned}
$$

Federsteifigkeit der wirksamen Randsteife mit $b_1 = b_2$ und $k_f = 0$

$$
\begin{aligned}
K_1 &= \frac{E \cdot t^3}{4 \cdot (1 - v^2)} \cdot \frac{1}{b_1^2 \cdot h_w + b_1^3 + 0{,}5 \cdot b_1 \cdot b_2 \cdot h_w \cdot k_f} \\
&= \frac{210.000 \cdot 1{,}5^3}{4 \cdot (1 - 0{,}3^2)} \cdot \frac{1}{67{,}05^2 \cdot 158{,}5 + 67{,}05^3 + 0} = 0{,}192
\end{aligned}
$$

Nun folgt die Berechnung der kritischen Spannung der wirksamen elastisch gebetteten Randsteife unter Druckspannung.

$$\sigma_{cr,s} = \frac{2 \cdot \sqrt{K \cdot E \cdot I_s}}{A_s} = \frac{2 \cdot \sqrt{0{,}192 \cdot 210.000 \cdot 1843{,}2}}{46{,}86} = 367{,}96 \, \frac{\text{N}}{\text{mm}^2}$$

Bezogener Schlankheitsgrad

$$\overline{\lambda_d} = \sqrt{\frac{f_{y,b}}{\sigma_{cr,s}}} = \sqrt{\frac{401}{367,96}} = 1,0439$$

$$0,65 < \overline{\lambda_d} < 1,38$$

Abminderungsfaktor:

$$\chi_d = 1,47 - 0,723 \cdot 1,0439 = 0,715$$

Reduzierte wirksame Steifenfläche unter Beachtung des Knickens der Randversteifung:

$$A_{s,red} = \chi_d \cdot A_s \cdot \frac{\dfrac{f_{y,b}}{\gamma_{m,o}}}{\sigma_{com,Ed}} = 0,715 \cdot 46,86 \cdot 1,0 = 33,50$$

Berechnungsschritt 3:
Nun erfolgt eine iterative Berechnung zur Optimierung des wirksamen Querschnitts. Die reduzierte wirksame Steifenfläche unter Berücksichtigung des Knickens der Randversteifung folgt zu:

$$\overline{\lambda_{p,red}} = \overline{\lambda_p} \cdot \sqrt{\chi_d} = 0,387 \cdot \sqrt{0,715} = 0,327 < 0,673$$

e) Ermittlung der wirksamen Breite des Steges (Tab. 7.8)
Spannungsverhältnis im Stegbereich

$$\psi = -\frac{\sigma_2}{\sigma_1} = -\frac{295,3}{278,8} = -1,059$$

$$-1 > \psi = -1,059 \geq -3$$

Länge des Zugbereichs:

$$b_{e,2,Steg} = b_{e,2} - \frac{b_{e,2}}{(1-\psi)} = 158,5 - \frac{158,5}{(1+1,059)} = 81,52 \, \text{mm}$$

Beulwert

$$k_\sigma = 5,98(1-\Psi)^2 = 25,35$$

Tab. 7.8 Wirksame Breite des Stegs	b_{eff} [mm]	b_{e1} [mm]	b_{e2} [mm]	$b_{e1,c}$ [mm]	$b_{e2,c}$ [mm]
	71,01	28,40	42,61	28,40	124,13

Tab. 7.9　effektive Querschnittskennwerte

A [cm^2]	Schwerpunkt ys [cm]	Schwerpunkt zs [cm]	Hauptachsendreh-winkel α [°]	Iz [cm^4]	Iy [cm^4]
4,813	−0,058	7,907	24,12	21,79	232,97

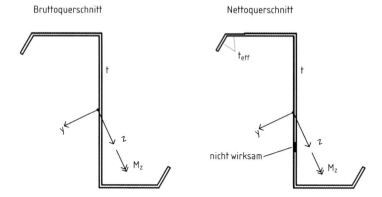

Abb. 7.39　Brutto- und Nettoquerschnitt, siehe auch [30]

Beulschlankheitsgrad

$$\overline{\lambda_\mathrm{p}} = \frac{h_\mathrm{w}/1,5}{28,4 \cdot \varepsilon \cdot \sqrt{k_\sigma}} = \frac{158,5/1,5}{28,4 \cdot 0,766 \cdot \sqrt{25,35}} = 0,964 > 0,673$$

Abminderungsfaktor ρ

$$\rho = \frac{\overline{\lambda_\mathrm{p}} - 0,055 \cdot (3 + \psi)}{\overline{\lambda_\mathrm{p}}^2} = \frac{0,964 - 0,055 \cdot (3 - 1,059)}{0,964^2} = 0,922$$

　　Die aus den Berechnungsschritten resultierenden wirksamen Breiten können nun zum Nettoquerschnitt zusammengefügt werden. Hierzu ist in Abb. 7.39 Vergleich der Brutto und der Nettoquerschnitt dargestellt. Die resultierenden Querschnittskennwerte sind in Tab. 7.9 zusammengefasst.

Literatur

1. DIN EN 1993 (12.2010): Eurocode 3 – Bemessung und Konstruktion von Stahlbauten (mit jeweiligen NA). Teil 1-1: Allgemeine Bemessungsregeln und Regeln für den Hochbau
2. DIN EN 1993-1-3 (12.2010): Eurocode 3 – Bemessung und Konstruktion von Stahlbauten (mit jeweiligen NA) Teil 1-3: Ergänzende Regeln für kaltgeformte Bauteile und Bleche
3. DIN EN 1993-1-5 (12.2010): Eurocode 3 – Bemessung und Konstruktion von Stahlbauten (mit jeweiligen NA) Teil 1-5: Plattenförmige Bauteile
4. DIN 18800 (11.2008): Stahlbauten, Teil 3: Stabilitätsfälle, Plattenbeulen

5. Lohse, Laumann, Wolf: Stahlbau 1 – Bemessung von Stahlbauten nach Eurocode, Verlag Springer Vieweg 2016

6. Kindmann, R., Laumann, J.: Ermittlung von Eigenwerten und Eigenformen für Stäbe und Stabwerke. Stahlbau 73 (2004), Heft

7. Laumann, J.: Zur Berechnung der Eigenwerte und Eigenformen für Stabilitätsprobleme des Stahlbaus. Fortschritt-Berichte VDI, Reihe 4, Nr. 193, VDI-Verlag, Düsseldorf 2003

8. Kindmann, R.: Stahlbau, Teil 2, Stabilität und Theorie II. Ordnung, Verlag Ernst & Sohn 2008

9. Feldmann, Markus: Stahlbau III, Umdruck zur Vorlesung und Seminar, RWTH Aachen, 2011

10. Kuhlmann U.: Stahlbau Kalender 2012: Eurocode 3 – Grundnorm, Brücken, Verlag Ernst & Sohn 2012

11. Kuhlmann U.: Stahlbaukalender 2015: Eurocode 3 – Grundnorm, Leichtbau Verlag Ernst & Sohn 2015

12. Braun, B.:Stability of steel plates under combined loading, Dissertation, No 2010-3, Institut für Konstruktion und Entwerfen, Universität Stuttgart, 2010

13. Hansville, G. Vortrag Stahlbauseminar Münster/Rheine 2017

14. Naumes, J., Geilser, K., Bartsch, M.: Vereinfachtes Verfahren für den Beulnachweis bei Ausnutzung plastischer Querschnittsreserven durch Einführung einer wirksamen Blechdicke, Stahlbau 83 (2014), Heft 8

15. Naumes, J., Geilser, K., Bartsch, M.: Vereinfachtes Verfahren für den Beulnachweis bei Ausnutzung plastischer Querschnittsreserven durch Einführung einer wirksamen Blechdicke – Erläuterungen und Beispiele, Stahlbau 84 (2015), Heft 8

16. PraxisRegelnBau: Forschungsbericht, Verbesserung der Praxistauglichkeit der Baunormen durch Pränormative Arbeit – Teilantrag 3: Stahlbau, Fraunhofer IRB Verlag, Stuttgart 2015

17. FE Beul Vers. 8.18, Finite Elemente Plattenprogramm, Fa. Dlubal

18. Wendehorst Bautechnische Zahlentafeln: 35. Aufl. 2015, Wiesbaden, Springer Vieweg

19. Köppel/Scheer und Köppel/Möller: Beulwerte ausgesteifter Rechteckplatten. Band I und II, Berlin

20. Lindner/Habermann: Zur Weiterentwicklung der Beulnachweise für Platten bei mehrachsiger Beanspruchung . Der Stahlbau 11 (1988) und Der Stahlbau 11 (1989)

21. Petersen, Ch.: Stahlbau. 4 Aufl. 2013, Wiesbaden, Springer Vieweg

22. Petersen, Ch.: Statik und Stabilität der Baukonstruktion. 2. Aufl. Braunschweig 1982

23. Kuhlmann, U., Schmidt-Rasche, C., Frickel, J.: Untersuchungen zum Beulnachweis nach DIN EN 1993-1-5, Berichte der Bundesanstalt für Straßenwesen, Brücken und Ingenieurbau, Heft B140, 2017

24. Stahlbau-Handbuch: Für Studium und Praxis, Bd. 1A, Bd 1B, 3. Aufl., Bd. 2, 2. Aufl. Köln 1993/1996/1985

25. Kindmann, R. Kraus, M.: Finite Elemente Methoden im Stahlbau, Verlag Ernst & Sohn, 2007

26. Rockey/Evans/Porter: A Design Method for Predicting the Collapse Behaviour of Plate Girders. Proc. Instn. Civ, Engrs, Part 2, 1978

27. Rockey/Skaloud: The Ultimate Load Behaviour of Plate Girders in Shear. IABSE Proceedings, London 1971

28. DASt-Ri 015 (7.90) Träger mit schlanken Stegen

29. DASt-Ri 016 (7.88) Bemessung und konstruktive Gestaltung von Tragwerken ausdünnwandigen kalt geformten Bauteilen

30. Mainz, S.: Zur Berechnung der Tragfähigkeit von dünnwandigen Koppelpfetten aus Kaltprofilen für Biegung und schwache Achse und Torsion, Dissertation 2017, HafenCity Universität Hamburg und FH-Aachen

31. Laumann, J., Mainz, S., Krahwinkel, M.: Traglastuntersuchungen an Koppelpfetten bei Biegung um die schwache Achse und Torsion, Stahlbau 86 (2017) Heft 11

32. Schardt, R., Schade, W.: Kaltprofilpfetten. Bericht 1, 1982 Institut für Statik, Technische Hochschule Darmstadt

33. Schrag Kantprofile GmbH: Pfetten und Riegel Katalog

34. Brune, B., Kalameya, J.: Kaltgeformte, dünnwandige Bauteile und Bleche aus Stahl nach DIN EN 1993-1-3: Hintergründe, Bemessung und Beispiele, Stahlbau-Kalender 2009, Verlag Ernst & Sohn 2009

35. Brune, B.: Stahlbaunormen – Kommentar zu DIN EN 1993-1-3: Allgemeine Bemessungsregeln – Ergänzende Regeln für kaltgeformte Bauteile und Bleche, Stahlbaukalender 2013, Verlag Ernst & Sohn

36. Kindmann, R., Frickel, J.: Elastische und plastische Querschnittstragfähigkeit; Grundlagen, Methoden, Berechnungsverfahren, Beispiele. Verlag Ernst & Sohn, Berlin 2002

37. Kindmann, R., Krahwinkel, M.: Stahl- und Verbundkonstruktionen, 3. Auflage. Springer Vieweg, 2016

38. www.hoesch-bau.com/de/dach/einschalig/hoesch-trapezprofil

39. ECCS Publication No. 88 (1995): European recommendations for the application of metal sheeting acting as a diaphragm

40. Schardt, R., Strehl, C.: Theoretische Grundlagen für die Bestimmung der Schubsteifigkeit von Trapezblechscheiben, Stahlbau 45 (1976), S. 97–108

41. Baehre, R., Wolfram, R.: Zur Schubfeldberechnung von Trapezblechen, Der Stahlbau 55 (1986), S. 175–179

42. Podleschny, R., Misiek, T.: Neue europäische Normen für den Metallleichtbau: Bemessung Konstruktion und Ausführung von Dach- und Wandbekleidungen, Stahlbaukalender (2014), S. 205

43. Kathage, K., Lindner, J., Misiek, Th., Schilling, S.: A proposal to adjust the design approach for the diaphragm reaction of shear panels according to Schardt and Strehl in line with European regulations, Steel Construction 6 (2013), S. 107–116

44. Lindner, J.: Zur Aussteifung von Biegeträgern durch Trapezprofile, Tagungsband 33. Stahlbauseminar 2011, Bauakademie Biberach, Wissenschaft und Praxis Band 163, 2011

45. Dürr, M., Podleschny, R., Saal, H.: Schubfeldsteifigkeit zweiseitig gelagerter Stahltrapezbleche. Stahlbau 75 (2006), S. 280–286

46. Seidel, F.; Lindner, J.: Aussteifung von biegedrillknickgefährdeten Biegeträgern durch zweiseitig gelagerte Trapezprofile. Stahlbau 80 (2011), Heft 11, S. 832–838

Stahlverbundbauweise im Hochbau

8

8.1 Einführung

Der *Stahlverbundbau* ist ca. 60 Jahre alt und hat sich in den letzten drei Jahrzehnten neben den vier klassischen Bauweisen in *Holz*, *Mauerwerk/Stein*, *Beton/Stahlbeton* und *Stahl* als jüngste Bauweise im Hochbau fest etabliert. Fast noch stärker gilt dies auch für den Brückenbau, auf den in diesem Kapitel aber nicht näher eingegangen wird. Im Hochbau findet der *Verbundbau* vorzugsweise Anwendung im *Skelettbau* (Geschoss- und Industriebau, Parkhausbau etc.), d. h. bei Träger- und Stützenkonstruktionen bzw. Decken. Dabei vereinigt die Bauweise die Vorteile der beiden eingesetzten Materialien *Stahl* und *Beton* durch Ausnutzung ihrer spezifischen Werkstoffeigenschaften:

Stahl ist ein homogener, ideal-elastisch/plastischer Werkstoff mit zeit- und alterungsunabhängigen Festigkeitseigenschaften, die allerdings bei Einwirkung hoher Temperaturen (z. B. im Brandfall) relativ rasch sehr stark reduziert werden. Aufgrund der hohen Festigkeiten ist ein relativ geringer Materialeinsatz möglich.

Beton hat dagegen ein nichtlineares Werkstoffgesetz (im Druckbereich), ist inhomogen und kann nur begrenzt auf Zug beansprucht werden (Zustand I = ungerissene Zugzone, Zustand II = gerissene Zugzone). Er ist unempfindlich gegen hohe Temperaturen (Brandfall) und vermag hierdurch, die mit ihm in Berührung stehenden oder von ihm umschlossenen Stahlteile dagegen zu schützen. Er verhindert fallweise mögliche Instabilitäten der „schlanken" Stahleinzelteile (Beulen) und erhöht den Biegedrillknickwiderstand im negativen Momentenbereich, insbesondere bei *kammergefüllten* Stahlverbundträgern. Nachteilig wirken sich die *zeitabhängigen Festigkeitseigenschaften* durch *Kriechen* und *Schwinden* aus. Sie bewirken einen größeren Rechenaufwand, wenn man die *Verbundtragglieder* genauer untersuchen muss, und führen zu gewissen Unsicherheiten in der statischen Berechnung, da die zeitabhängige Werkstoffgröße (E-Modul) doch relativ großen Streuungen unterworfen ist. Auch zählt Beton zu den nicht alterungsbeständigen Werkstoffen.

W. Lohse, J. Laumann, C. Wolf, *Stahlbau 2*, https://doi.org/10.1007/978-3-8348-2116-4_8

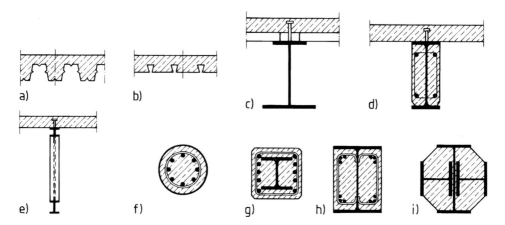

Abb. 8.1 Typische Verbundtragglieder: **a**, **b** Verbunddecken, **c**, **d** Verbund-Vollwandträger, **e** Verbund-Fachwerkträger, **f–i** Verbundstützen

Stahlverbund zeichnet sich durch einen hohen Grad industrieller Fertigung und Maßhaltigkeit (der Stahlbauteile) aus, ist relativ witterungsunabhängig herstell- und montierbar durch „stahlbaumäßige" Anschlüsse und verhilft zu kurzen, präzise planbaren Bauabläufen in nahezu „trockener" Bauweise.

Typische Verbundtragglieder sind in Abb. 8.1 dargestellt.

Verbunddecken (s. Abb. 8.1a, b) werden hergestellt aus profilierten Blechen (Trapezblechen) und Aufbeton. Das kalt geformte und speziell profilierte Blech dient entweder nur als verlorene Schalung, kann aber auch als Längsbewehrung angerechnet werden, wenn der Verbund durch entsprechende Maßnahmen gesichert ist. Die erforderlichen Kennwerte hierzu können aus den *Allgemeinen Bauartgenehmigungen* (aBG) der Hersteller entnommen werden (s. z. B. [14]).

Verbundträger (s. Abb. 8.1c, d, e) besitzen i. d. R. einen einfach- oder doppelsymmetrischen I-Querschnitt aus Walzprofilen oder Blechträgern, die mit der Ortbetonplatte (u. U. als Verbunddecke) schubstarr (oder elastisch) verbunden sind. Bei kammergefüllten Stahlprofilen (s. Abb. 8.1d) erhöht sich die Feuerwiderstandsklasse und Instabilitäten (Beulen, Biegedrillknicken) sind ausgeschlossen oder werden behindert. Der Verbund erfolgt über entsprechende Verbundmittel, wobei vorzugsweise *Kopfbolzendübel* zum Einsatz kommen. Neben der statischen Funktion übernimmt die Betondecke auch die bauphysikalischen Aufgaben des Schall-, Wärme- und Brandschutzes. Neben diesen Grundtypen kommen noch einige Sonderformen (z. B. Preflex-Träger, Fachwerkverbundträger) zum Einsatz, auf die hier nicht näher eingegangen wird.

Verbundstützen (s. Abb. 8.1f–i) werden aus betongefüllten Hohlprofilen (Kreis- oder kastenförmig) bzw. aus ein- oder ausbetonierten I-Querschnitten (auch Kreuzquerschnitten) hergestellt. Das Stahlprofil dient dabei auch als Schalung. Bei I-Querschnitten ist eine zusätzliche Bewehrung des Betonquerschnittes längs und durch Bügel erforderlich.

Alle Verbundtragglieder können sowohl vor Ort als auch industriell (werkstattmäßig vorgefertigt) hergestellt werden.

8.2   Werkstoffe und Verbundmittel

8.2.1   Beton (Index „c" wie concrete)

Für die Materialeigenschaften gelten die Vorgaben aus DIN EN 1992-1-1 [3]. Demnach ist für die Spannungs-Dehnungsbeziehung der Querschnittsbemessung ein Parabel-Rechteck-Diagramm oder ein bilineares Diagramm gemäß Abb. 8.2a zugrunde zu legen. Im Unterschied zu [3] definiert DIN EN 1994-1-1 [2] den Bemessungswert der Druckfestigkeit ohne den Faktor α_{cc} zur Berücksichtigung der Langzeitauswirkungen, s. Gl. 8.1. Stattdessen ist der Faktor in die jeweiligen Bemessungsformeln mit dem Wert 0,85 integriert, s. z. B. Tab. 8.11.

$$f_{cd} = f_{ck}/\gamma_c \tag{8.1}$$

γ_c Teilsicherheitsbeiwert für Beton, s. Tab. 8.1

In Tab. 8.2 sind die Werte der wichtigsten Kenngrößen nach [3] zusammengestellt für Betongüten von Normalbetonen, die durch die Regelungen in [2] abgedeckt sind. Der E-Modul E_{cm} (Sekantenwert zwischen $\sigma_c = 0$ und $0,4 f_{cm}$) hängt von den Elastizitätsmoduln seiner Bestandteile ab. In Tab. 8.2 sind Richtwerte für Betonsorten mit quarzithaltigen Gesteinskörnungen angegeben, zu anderen Zusammensetzungen s. [3]. Darüber hinaus gelten die Richtwerte nur für Kurzzeitbelastung, die Zeitabhängigkeit der Werkstoffeigenschaften (Kriechen und Schwinden) wird bei Bedarf durch *Kriech-* und *Schwindfunktionen* erfasst, deren Anwendung in Abschn. 8.3.3.3 erläutert wird.

Tab. 8.1 Teilsicherheitsbeiwerte der Werkstoffe und Verbundmittel

Bemessungssituation	Beton	Betonstahl	Baustahl		Profilbleche	Verbundmittel
	γ_c	γ_s	γ_{M0}	γ_{M1}	γ_{M0}, γ_{M1}	γ_v
Ständig oder vorübergehend	1,5	1,15	1,0	1,1	1,1	Stahl: 1,25 Beton: 1,5
Außergewöhnlich	1,3	1,0	1,0	1,0	1,0	1,0
Gebrauchstauglichkeit	1,0	1,0	1,0	1,0	1,0	

Tab. 8.2 Festigkeits- und Formänderungskennwerte für Normalbetone

Betonfestig-keitsklasse	C20/25	C25/30	C30/37	C35/45	C40/50	C45/55	C50/60	C55/67	C60/75
f_{ck} [N/mm^2]	20	25	30	35	40	45	50	55	60
f_{ctm} [N/mm^2]	2,2	2,6	2,9	3,2	3,5	3,8	4,1	4,2	4,4
E_{cm} [kN/cm^2]	3000	3100	3300	3400	3500	3600	3700	3800	3900
$n_0 = E_a/E_{cm}$ [–]	7,00	6,77	6,36	6,18	6,00	5,83	5,68	5,53	5,38
ε_{c2} [‰]	2							2,2	2,3
ε_{c3} [‰]	1,75							1,8	1,9
$\varepsilon_{cu2,3}$ [‰]	3,5							3,1	2,9

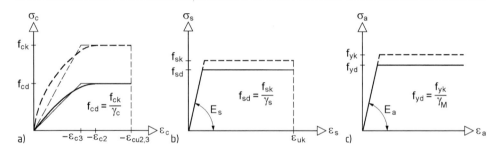

Abb. 8.2 Spannungs-Dehnungsbeziehungen der Verbundwerkstoffe: **a** Beton, **b** Betonstahl und **c** Baustahl

8.2.2 Betonstahl (Index „s" wie steel)

Für die schlaffe Bewehrung von Verbundbauteilen werden – wie im Stahlbetonbau üblich – Betonstähle der Güte B500 ($f_{sk} = 500\,\text{N/mm}^2$) verwendet. Eine mögliche Spannungs-Dehnungsbeziehung ist in Abb. 8.2b dargestellt, wobei aufgrund des oberen horizontalen Astes die Dehnungsgrenze wie bei den Baustählen nicht überprüft werden muss. Als weitere Vereinfachung darf nach [2] anstelle des Rechenwertes des Elastizitätsmoduls E_s (20.000 kN/cm^2) der Wert für Baustahl verwendet werden. Der Bemessungswert der Streckgrenze ergibt sich zu:

$$f_{sd} = f_{sk}/\gamma_s \tag{8.2}$$

γ_s Teilsicherheitsbeiwert für Betonstahl, s. Tab. 8.1

8.2.3 Baustahl (Index „a" wie acier)

Die Bemessungsregeln in [2] gelten für Baustähle mit Güten bis einschließlich S460, wobei in der Regel die Werkstoffeigenschaften nach EN 1993-1-1 [1] zu verwenden sind (s. a. Band 1). Abb. 8.2c zeigt die typischerweise angenommene Spannungs-Dehnungsbeziehung, wobei für den Bemessungswert der Streckgrenze gilt:

$$f_{yd} = f_{yk}/\gamma_M \tag{8.3}$$

γ_M Teilsicherheitsbeiwert für Baustahl, s. Tab. 8.1

8.2.4 Verbundmittel (Index „v")

Hier werden nur die üblichen *Kopfbolzendübel* nach DIN EN ISO 13918 [4] behandelt (s. Abb. 8.3), die durch automatische Bolzenschweißverfahren auf die Stahlprofile aufgeschweißt werden, s. a. DIN EN ISO 14555 [5].

Abb. 8.3 Kopfbolzendübel

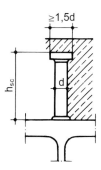

Sie sind hinreichend verformbar, wenn die Höhe des Dübels nach dem Aufschweißen $h_{sc} \geq 4d$ beträgt und der Verdübelungsgrad den Mindestanforderungen genügt (s. a. Tab. 8.13). Kopfbolzen mit $d = 19$ mm können bis zu Stahlprofilblechdicken von $t = 1{,}25$ mm durchgeschweißt werden, bei $d = 22$ mm ist ein Durchschweißen nicht möglich. Die Tragfähigkeit der Bolzen auf Schub in Vollbetonplatten ergibt sich als Minimalwert aus Beton- oder Dübelversagen gemäß Gl. 8.4. Eine Auswertung hierzu findet sich für $\alpha = 1$ in Tab. 8.3

$$P_{Rd} = \min \begin{cases} P_{Rd,1} = 0{,}8 \cdot f_u \cdot \pi \cdot d^2/4/\gamma_v & \text{(Dübelversagen)} \\ P_{Rd,2} = 0{,}29 \cdot \alpha \cdot d^2 \sqrt{E_{cm} \cdot f_{ck}}/\gamma_v & \text{(Betonversagen)} \end{cases} \qquad (8.4)$$

f_u Zugfestigkeit des Bolzenmaterials, höchstens 500 N/mm^2

γ_v Teilsicherheitsbeiwert für Verbundmittel nach Tab. 8.1

$\alpha = 0{,}2[(h_{sc}/d) + 1]$ für $3 \leq h_{sc}/d < 4$ und $\alpha = 1{,}0$ für $h_{sc}/d \geq 4$

8.2.4.1 Kopfbolzentragfähigkeit bei Profilblechen

Die mit Gl. 8.4 zu ermittelnden und in Tab. 8.3 angegebenen Tragfähigkeitswerte gelten bei Vollbetondecken. Bei Verbundträgern mit Profilblechen ist $P_{R,d}$ mit den nachfolgend angegebenen Abminderungsfaktoren zu multiplizieren und es darf für $P_{Rd,1}$ höchstens mit $f_u = 450$ N/mm^2 gerechnet werden.

Tab. 8.3 P_{Rd} für Kopfbolzendübel mit $h_{sc}/d \geq 4$ ($\alpha = 1$) in Vollbetonplatten

d	$P_{Rd,2}$ [kN]							$P_{Rd,1}$ [kN]	
[mm]	C20/25	C25/30	C30/37	C35/45	C40/50	C45/55	C50/60	$f_u =$ 450 N/mm^2	$f_u =$ 500 N/mm^2
25	**93,60**	**106,4**	**120,2**	**131,8**	*143,0*	*153,8*	*164,4*	141,4	*157,1*
22	**72,48**	**82,38**	**93,10**	**102,1**	*110,7*	*119,1*	*127,3*	109,5	*121,6*
19	**54,06**	**61,44**	**69,44**	**76,14**	*82,58*	*88,83*	*94,93*	81,66	*90,73*
16	**38,34**	**43,57**	**49,25**	**53,99**	*58,56*	*62,99*	*67,32*	57,91	*64,34*

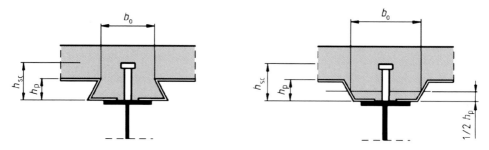

Abb. 8.4 Träger mit parallel zur Trägerachse verlaufenden Profilblechen [2]

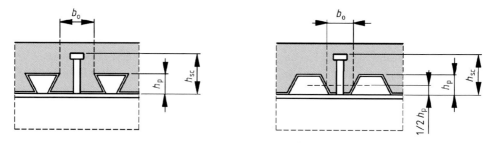

Abb. 8.5 Träger mit senkrecht zur Trägerachse verlaufenden Profilblechen [2]

Rippen parallel zur Trägerachse

Verwendet man Profilbleche mit *Rippen parallel zur Trägerachse* (z. B. als verlorene Schalung), so liegen die Dübel innerhalb einer durch die Profilblechgeometrie gebildeten Voute mit dem nach Abb. 8.4 definierten Maß b_o, wobei die Bedingungen hinsichtlich der Voutenabmessungen und der Bewehrung nach [2], Abschn. 6.6.5.4, einzuhalten sind, falls keine kraftschlüssige Verbindung der Bleche mit dem Träger ausgeführt wird. Werden die Bleche nicht gestoßen sondern gelocht oder durchgeschweißt ausgeführt, ergibt sich b_o aus der Profilblechgeometrie wie z. B. in Abb. 8.5 dargestellt. In beiden Fällen ist $P_\mathrm{R,d}$ mit dem Faktor k_ℓ nach Gl. 8.5 zu multiplizieren.

$$k_\ell = 0{,}6 \frac{b_\mathrm{o}}{h_\mathrm{p}} \left(\frac{h_\mathrm{sc}}{h_\mathrm{p}} - 1 \right) \leq 1{,}0 \quad \text{mit } h_\mathrm{sc} \leq h_\mathrm{p} + 75\,\text{mm} \tag{8.5}$$

Rippen senkrecht zur Trägerachse

Verlaufen die Rippen dagegen *rechtwinklig zur Trägerachse*, so liegen die Dübel in Rippenzellen, wie in Abb. 8.5 dargestellt. Sind die Profilbleche über dem Träger gestoßen (übliche Ausführung) ist die Tragfähigkeit nicht abzumindern. Für durchlaufende Bleche (gelocht oder durchgeschweißt) gilt der Abminderungsfaktor k_t nach Gl. 8.6, sofern die folgenden Bedingungen eingehalten sind:

- Profilblechhöhe $h_\mathrm{p} \leq 85\,\text{mm}$ und Rippenbreite $b_0 \geq h_\mathrm{p}$
- Dübeldurchmesser: $d \leq 20\,\text{mm}$ (durchgeschweißt) bzw. $d \leq 22\,\text{mm}$ (gelocht)

Tab. 8.4 Obere Grenzwerte $k_{t,max}$ für den Abminderungsfaktor k_t [2]

Anzahl der Dübel je Rippe	Blechdicke t des Profilbleches in mm	Durch die Profilbleche geschweißte Dübel mit Schaftdurchmessern d kleiner als 20 mm	Vorgelochte Profilbleche und Dübel mit Schaftdurchmessern von 19 mm und 22 mm
$n_r = 1$	$\leq 1{,}0$	0,85	0,75
	$> 1{,}0$	1,0	0,75
$n_r = 1$	$\leq 1{,}0$	0,70	0,60
	$> 1{,}0$	0,8	0,60

$$k_t = \frac{0{,}7}{\sqrt{n_r}} \frac{b_o}{h_p} \left(\frac{h_{sc}}{h_p} - 1 \right) \leq k_{t,max} \tag{8.6}$$

n_r Anzahl Kopfbolzendübel je Rippe (maximal 2)

$k_{t,max}$ nach Tab. 8.4

8.2.4.2   Zweiachsige Beanspruchung von Kopfbolzendübeln

Sofern Dübel sowohl aus dem Trägerverbund als auch aus dem Deckenverbund beansprucht werden, so ist in der Regel bei gleichzeitiger Wirkung dieser Schubkräfte die folgende Bedingung einzuhalten:

$$\frac{F_\ell^2}{P_{\ell,Rd}^2} + \frac{F_t^2}{P_{t,Rd}^2} \leq 1 \tag{8.7}$$

F_ℓ Längsschubkraft aus dem Träger

F_t rechtwinklig dazu wirkende Schubkraft aus der Verbundwirkung mit der Decke

$P_{\ell,Rd}$, $P_{t,Rd}$ die zugehörigen Längsschubtragfähigkeiten des Dübels

---

8.3   Verbundträger

8.3.1   Einführung

Einfeldrige Verbundträger werden als *Deckenträger* mit Stützweiten zwischen 6 bis 8 m (max. 12 m) und *Unterzüge* mit Stützweiten von 8 bis 18 m bei einem Deckenträgerraster (= Stützweite der Ortbeton- oder Verbunddecken) von 2,5 bis 4 m wirtschaftlich eingesetzt. Bei Trägerhöhen (einschließlich der Decke) mit einem Verhältnis zur Stützweite von $L/h = 18$ bis 20 (Deckenträger) bzw. $L/h = 15$ bis 18 (bei Unterzügen) bleiben die Verformungen bei den üblichen Einwirkungen ausreichend beschränkt. Als Stahlträger kommen IPE, HEA und HEB oder geschweißte Blechträger zum Einsatz, wobei durch die Verwendung höherfester Stähle (S355 oder S460) kleinere Querschnitte möglich sind. Dazu kommen eine Vielzahl von Varianten, z. B. zur Ausbildung von Flachdecken, die

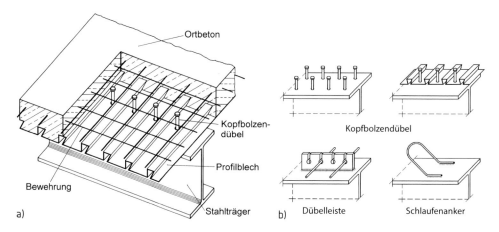

Abb. 8.6 Ausbildung eines Verbundträgers mit Verbunddecke (**a**) sowie Ausführungsvarianten zur Verdübelung (**b**)

hier nicht weiter behandelt werden (s. a. [13]). Abb. 8.6a zeigt die typische Ausbildung eines Verbundträgers in Kombination mit einer Verbunddecke.

Die Betondecke hat i. d. R. eine Stärke von 10 bis 18 cm und wird üblicherweise aus C 25/30 bis C 35/45 hergestellt. In Abhängigkeit der mittragenden Breite nach Gl. 8.9 wählt man sinnvoll $h \geq 8{,}0 + b_{\mathrm{eff}}/60$ (h, b_{eff} in cm). Ihre *vollständige* oder *teilweise Verdübelung* mit dem Stahlprofil erfolgt i. d. R. mittels der bereits behandelten Kopfbolzendübel, weil diese ein ausreichendes Verformungsvermögen aufweisen, um eine bei der Bemessung angenommene plastische Umlagerung von Längsschubkräften zu ermöglichen (s. a. Abschn. 8.3.6). Weitere Ausführungsvarianten zur Verdübelung sind in Abb. 8.6b dargestellt, welche hier aber nicht weiter behandelt werden.

Verbundarten

Bei der Berechnung wird immer vom Ebenbleiben des Querschnittes ausgegangen, d. h. ein *starrer Verbund* unterstellt, obwohl durch die Verformungen der Verbundmittel ein *nachgiebiger Verbund* vorliegt, s. Abb. 8.7.

Der Einfluss auf die Querschnittstragfähigkeit kann bei *vollständiger Verdübelung* jedoch vernachlässigt werden. Bei *teilweiser Verdübelung* ist der Schlupf in der Verbundfuge bei der Berechnung der Durchbiegungen im Gebrauchszustand ggf. zu berücksichtigen (s. Abschn. 8.3.8.3).

Herstellungsarten

Bei der *Herstellung* von Verbundträgern (*Belastungsgeschichte*) unterscheidet man drei Fälle (s. a. Abb. 8.8):

- Träger ohne Eigengewichtsverbund (Fall A)
- Träger mit Eigengewichtsverbund (Fall B)
- Träger mit Eigengewichtsverbund und Trägervorspannung (Fall C)

Abb. 8.7 Starrer und nachgiebiger Verbund

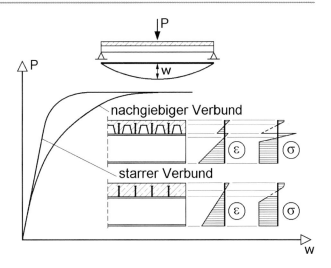

Im **Fall A** wird der Stahlträger während des Betonierens nicht unterstützt und muss sein
Eigengewicht und die Last des Frischbetons (einschließlich Schalung) sowie einer an-
gemessenen *Montagelast* (nach DIN EN 1991-1-6 NA [16]: $1{,}5\,\mathrm{kN/m^2}$ auf $3 \times 3\,\mathrm{m}$,
Restbereich $0{,}75\,\mathrm{kN/m^2}$) allein aufnehmen. Nur die Ausbau- und Nutzlasten wirken auf
den Verbundquerschnitt.

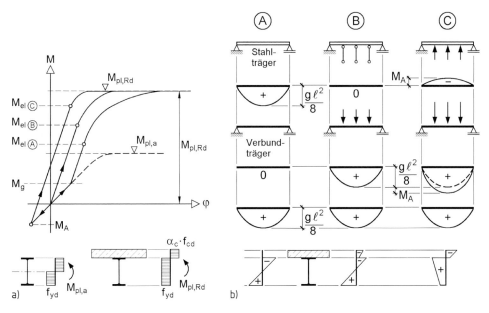

Abb. 8.8 Einfluss des Herstellungsverfahrens auf die Momenten-Rotationsbeziehung (**a**) sowie die
Momenten- und Spannungsverteilung aus Eigengewicht (**b**) bei Verbundträgern

Fall B: Während des Betonierens wird der Stahlträger (wie die Deckenplatte) durch Hilfsstützen von obengenannten Lasten weitestgehend frei, d. h. spannungslos gehalten. Nach dem Erhärten des Betons werden die Hilfsstützen entfernt und alle Lasten wirken auf den Verbundquerschnitt.

Schließlich kann noch ein **Fall C** betrachtet werden, bei dem die Hilfsstützen von Fall B angedrückt und der Stahlträger dadurch vorgespannt wird.

In allen Fällen hat das Herstellungsverfahren keinen Einfluss auf die plastische Grenztragfähigkeit, wohl aber auf die elastisch ermittelten Spannungen oder die Verformungen, wie mit Abb. 8.8 verdeutlicht wird.

8.3.2   Grundlagen der Bemessung

8.3.2.1   Übersicht

Wie im *Stahl- oder Stahlbetonbau* üblich, werden auch im *Verbundbau* Nachweise im Grenzzustand der Tragfähigkeit und der Gebrauchstauglichkeit geführt, hinzu kommen ggf. noch Nachweise im Grenzzustand der Ermüdung. Dabei sind verschiedene Bemessungssituationen (ständige, vorübergehende und außergewöhnliche Einwirkungen) zu berücksichtigen, wobei insbesondere auch der Bauablauf bei Verbundtragwerken eine entscheidende, bemessungsrelevante Situation darstellen kann.

Grenzzustand der Tragfähigkeit (GZT)
Im Grenzzustand der Tragfähigkeit sind für Verbundträger im Wesentlichen die folgenden Nachweise zu führen (s. a. Abb. 8.9):

- Nachweis der **Querschnittstragfähigkeit** in den kritischen Schnitten *(I-I, II-II und III-III)*
- Nachweis der **Verdübelung** zum Ausgleich des Längsschubes zwischen Stahl- und Betonquerschnitt *(IV-IV)*
- **Einleitung der Schubkräfte** in den Betongurt *(V-V und VI-VI)*
- **Biegedrillknicknachweise** für den Verbundträger im Stützbereich *(VII-VII)* sowie für den Stahlträger im Betonierzustand

Abb. 8.9 Typische Nachweisstellen im Grenzzustand der Tragfähigkeit

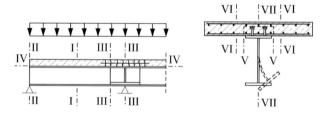

Grenzzustand der Gebrauchstauglichkeit (GZG)
Dieser wird überschritten

- bei zu großen Verformungen (Durchbiegungen),
- durch unangenehme Schwingungen (Nachweis der Eigenfrequenz) oder
- durch unzulässig große Risse im Beton.

Nähere Erläuterungen und die entsprechenden Nachweise sind in Abschn. 8.3.8 enthalten.

8.3.2.2 Querschnittsklassifizierung

Stahlquerschnitte werden gemäß DIN EN 1993-1-1 [1] anhand der Schlankheit ihrer Querschnittteile sowie der Spannungsverteilung (am Verbundquerschnitt ermittelt) in eine von 4 Klassen eingestuft. Querschnitte der Klasse 1 können vollplastisch beansprucht werden und besitzen darüber hinaus eine ausreichende Rotationsfähigkeit, sodass sie sich für die FG-Theorie bei statisch unbestimmten Systemen eignen (Verfahren P-P). Die Ausnutzung der plastischen Querschnitttragfähigkeit in Kombination mit einer elastischen Systemberechnung (Verfahren E-P) ist für Querschnitte der Klassen 1 und 2 zugelassen. Querschnitte der Klasse 3 dürfen nur elastisch bemessen werden (Verfahren E-E) und bei jenen der Klasse 4 ist zusätzlich das örtliche Beulen der Querschnittteile zu berücksichtigen (s. a. DIN EN 1993-1-1 [1]).

Die Grenzwerte zur Querschnittsklassifizierung sind in Tab. 8.5 zusammengestellt und den Tabellen in Band 1, Kap. 9, können die Einstufungen für die üblichen Walzprofilreihen entnommen werden. In den Stahlgüten S235 und S355 erfüllen alle Flansche der Walzprofilreihen IPE, HEB und HEM die Forderungen der Klasse 1; von den HEA-Profilen sind bei S355 die Flansche nicht ausreichend bei den Größen 180 bis 340. Bei Einfeldträgern und $N = 0$ sowie bei $\alpha \leq 0{,}5$ erfüllen auch alle Stege der IPE- und HE-Profile die Anforderungen an Klasse 1.

Sofern die Regelungen für die Dübelabstände nach Abschn. 8.3.6.5 eingehalten sind, kann für druckbeanspruchte Gurte mit Anschluss an Betongurte davon ausgegangen werden, dass das örtliche Beulen durch die Verdübelung verhindert wird, sie dürfen damit in die Klasse 1 eingestuft werden.

Bei Trägern mit Kammerbeton gemäß Tab. 8.5 darf ein Steg der Klasse 3 wie ein entsprechender Steg der Klasse 2 behandelt werden, wobei folgender Grenzwert einzuhalten ist:

$$d/t_w \leq 124 \cdot \varepsilon \tag{8.8}$$

8.3.2.3 Ermittlung von Schnittgrößen und Verformungen

Sowohl Schnittgrößen als auch Verformungen werden in der Regel mit einer *linearelastischen Tragwerksberechnung* ermittelt, wobei u. a. die Einflüsse aus der *Rissbildung im Beton*, aus dem *Kriechen und Schwinden*, aus der *Belastungsgeschichte* sowie aus *Vorspannmaßnahmen* zu berücksichtigen sind (s. a. Abb. 8.8). Detaillierte Angaben zur

Tab. 8.5 Grenzwerte für die Schlankheiten der Querschnittsteile (c/t) nach [1] sowie [2]

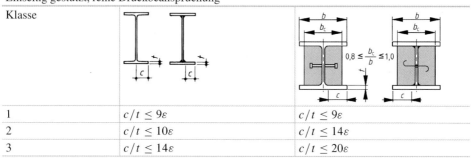

Zweiseitig gestützt

Klasse	1	2
	$\alpha = 1: c/t \leq 33\varepsilon$	$\alpha = 1: c/t \leq 38\varepsilon$
	$\alpha > 0,5: c/t \leq 396\varepsilon/(13\alpha - 1)$	$\alpha > 0,5: c/t \leq 456\varepsilon/(13\alpha - 1)$
	$\alpha \leq 0,5: c/t \leq 36\varepsilon/\alpha$	$\alpha \leq 0,5: c/t \leq 41,5\varepsilon/\alpha$

Klasse	3
	$\psi = 1: c/t \leq 42\varepsilon$
	$\psi > -1: c/t \leq 42\varepsilon/(0,67 + 0,33\psi)$
	$\psi \leq -1: c/t \leq 62\varepsilon(1 - \psi)\sqrt{-\psi}$

Einseitig gestützt, reine Druckbeanspruchung

Klasse		
1	$c/t \leq 9\varepsilon$	$c/t \leq 9\varepsilon$
2	$c/t \leq 10\varepsilon$	$c/t \leq 14\varepsilon$
3	$c/t \leq 14\varepsilon$	$c/t \leq 20\varepsilon$

$\varepsilon = \sqrt{235/f_y}\ [\text{N/mm}^2]$
α: Druckzonenhöhe
Regeln zur Verankerung des Kammerbetons s. [2]

rechnerischen Erfassung der Einflüsse oder zu erlaubten Vereinfachungen werden an entsprechender Stelle gemacht. Für die Schnittgrößenermittlung gilt u. a.:

- Einflüsse aus der Schubweichheit breiter Gurte (mittragende Breite) und aus dem lokalen Beulen von Stahlquerschnittsteilen müssen berücksichtigt werden, wenn sie die Schnittgrößenverteilung nennenswert beeinflussen (s. a. Abschn. 8.3.2.4).
- Einflüsse aus dem Kriechen und Schwinden, aus der Belastungsgeschichte oder aus Temperatureinwirkungen dürfen bei der Schnittgrößenermittlung für den Grenzzustand der Tragfähigkeit vernachlässigt werden, wenn alle Querschnitte die Bedingungen der Querschnittsklasse 1 oder 2 erfüllen und keine Biegedrillknickgefahr besteht.

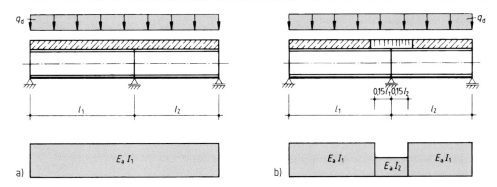

Abb. 8.10 Annahme der Biegesteifigkeiten bei Durchlaufträgern zur Bestimmung der Schnittgrö-ßen ohne (**a**) oder mit (**b**) Rissbildung im Stützbereich

• Einflüsse aus dem Verformungsverhalten (Schlupf, Abheben) der Verbundfuge dür-fen bei der Schnittgrößenermittlung vernachlässigt werden, wenn die Verdübelung den Vorgaben der Norm entspricht (s. a. Abschn. 8.3.6).
• Die Anwendung der Fließgelenktheorie ist zulässig, wenn die wirksamen Querschnit-te in Fließgelenken die Bedingungen der Querschnittsklasse 1 erfüllen sowie weitere Bedingungen nach [2] eingehalten sind.
• Schnittgrößen von Durchlaufträgern und Rahmentragwerken dürfen im Grenzzustand der Tragfähigkeit mit Hilfe einer linear-elastischen Tragwerksberechnung mit begrenz-ter Schnittgrößenumlagerung ermittelt werden, ggf. in Kombination mit einer Abmin-derung der Steifigkeiten im negativen Momentenbereich. Die Vorgehensweise wird nachfolgend erläutert.

Abb. 8.10 zeigt die beiden unterschiedlichen Modelle, mit denen die linear-elastische Schnittgrößenermittlung bei Durchlaufträgern wahlweise erfolgen kann:

1. Mit der konstanten Biegesteifigkeit $E_a I_1$ des ungerissenen Querschnittes oder
2. mit der Biegesteifigkeit $E_a I_2$ im gerissenen Zustand über den Stützen (mit einer Län-ge von 15 % der angrenzenden Felder), wenn das Verhältnis der an eine Innenstütze angrenzenden Stützweiten (l_{min}/l_{max}) nicht kleiner als 0,6 ist.

Tab. 8.6 Zulässige Momentenumlagerung von elastisch ermittelten Stützmomenten

	Betragsmäßige Abminderung in % für S235 bis S355/S420 bis S460				Betragsmäßige Erhöhung in %
Querschnittsklasse im negativen Momentenbereich	1	2	3	4	1 und 2
Elastische Berechnung ohne Berücksichtigung der Rissbildung	40/30	30/30	20/–	10/–	10
Elastische Berechnung mit Berücksichtigung der Rissbildung	25/15	15/15	10/–	–/–	20

Bei Trägern mit konstanter Höhe dürfen anschließend die Stützmomente um die in Tab. 8.6 angegebenen Prozentwerte abgemindert bzw. erhöht werden. Die Feldmomente sind dann aufgrund der Gleichgewichtsbedingungen entsprechend zu erhöhen bzw. abzumindern.

8.3.2.4 Mittragende Breite des Betongurtes

Um den Einfluss aus der Schubweichheit breiter Gurte zu erfassen, sind für die Beton-gurte vereinfachend *mittragende Breiten* gemäß Gl. 8.9 anzunehmen (s. a. Abb. 8.11a). Der Verlauf dieser Breiten in Trägerlängsrichtung hängt wesentlich von dem Abstand der Momentennullpunkte ab und kann für typische durchlaufende Verbundträger eben-so Abb. 8.11b entnommen werden wie die zugehörige *äquivalente Stützweite* L_e. Für die Tragwerksberechnung darf eine feldweise konstante mittragende Breite angenommen werden, die sich für Träger mit beidseitiger Auflagerung aus dem Wert $b_{eff,1}$ in Feldmitte ergibt und für Kragarme aus dem Wert $b_{eff,2}$ am Auflager. Beim Nachweis der Quer-schnittstragfähigkeit gilt für die mittragende Breite bei positiven Momenten der Wert in Feldmitte, bei negativen Momenten der Wert über der Stütze.

$$b_{eff} = b_0 + \sum \beta_i b_{ei} \tag{8.9}$$

b_0 Achsabstand zwischen den äußeren Dübelreihen (darf für die Schnittgrößenermittlung zu 0 angenommen werden)

b_{ei} die mittragende Breite der Teilgurte beidseits des Trägersteges, die mit $L_e/8$, jedoch nicht größer als die geometrische Teilgurtbreite b_i angenommen werden darf

β_i Abminderungsbeiwert für die mittragende Breite an Endauflagern:

$\beta_i = (0{,}55 + 0{,}025 L_e/b_{ei}) \leq 1{,}0$

In den Feldbereichen und an Zwischenauflagern gilt $\beta_i = 1$

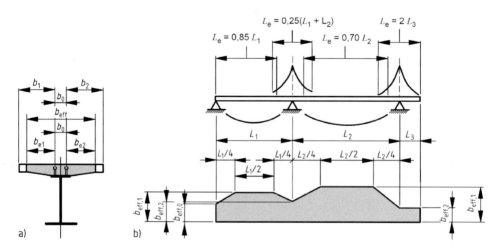

Abb. 8.11 Mittragende Gurtbreite (**a**) und äquivalente Stützweiten (**b**) bei Verbundträgern

8.3.3 Elastische Querschnittstragfähigkeit

8.3.3.1 Vorbemerkungen

Es wird vom Ebenbleiben der Querschnitte ausgegangen, was eine lineare Dehnungsverteilung zur Folge hat. Aufgrund des zeitabhängigen Verhaltens des Betons treten infolge *Kriechen und Schwinden* im Verlauf der Belastungsdauer jedoch Schnittgrößenumlagerungen vom Betonquerschnitt auf den Stahlquerschnitt auf. Der endgültige Beanspruchungszustand zum Zeitpunkt t kann dabei mit Hilfe von *Verteilungs- und Umlagerungsschnittgrößen* berechnet werden oder an einem *ideellen Gesamtquerschnitt*. Dieses allgemein übliche *Gesamtquerschnittsverfahren* wird im Folgenden beschrieben, wobei auf die Formelableitungen verzichtet wird.

8.3.3.2 Gesamtquerschnittsverfahren – Ideelle Querschnittswerte

Zur Ermittlungen von Dehnungen/Spannungen – sowie Verformungen im GZG – werden die entsprechenden Querschnittswerte für einen ideellen Gesamt(stahl)querschnitt berechnet. Dazu wird die *Betonfläche* A_c über das Verhältnis der E-Moduli in eine äquivalente Profilstahlfläche mit Hilfe von Gl. 8.10 umgerechnet (s. a. Tab. 8.2).

$$n_0 = E_a / E_{cm} \qquad (8.10)$$

Um zu einer einheitlichen Darstellung zu gelangen, wird die Gesamthöhe von Betongurt (mit der effektiven Dicke h_c) und ggf. vorhandenem Profilblech (mit der Höhe h_p) mit h bezeichnet, s. Abb. 8.12. Die Längsbewehrung mit der Gesamtfläche A_s wird mit dem Profilstahl zur Gesamtstahlfläche A_{st} zusammengefasst. Als Bezugsachse wird hier die Schwerachse des Betongurtes gewählt. Unter Berücksichtigung des Eigenträgheitsmomentes des Betondruckgurtes (ebenfalls abgemindert mit n) ergeben sich die in Tab. 8.7 zusammengestellten Formeln zur Bestimmung der relevanten Querschnittswerte. Die einzelnen Größen verstehen sich von selbst und benötigen keiner weiteren Erläuterung, der ideelle Gesamt(stahl)querschnitt hat den Index „i". Mit Rücksicht auf die Dimension der Schnittgröße M [kNm] empfiehlt sich die Verwendung der angegebenen Dimensionen. Zur Erfassung des Langzeitverhaltens von Beton (*Kriechen und Schwinden*) ist anstelle von n_0 die Reduktionszahl n_L nach Gl. 8.12 zu verwenden (s. a. Abschn. 8.3.3.3). Zur Vereinfachung der Berechnung kann die Bewehrung im Betondruckgurt vernachlässigt werden. Bei Zugbeanspruchung des Gurtes im Bereich negativer Momente wird i. d. R. vom Zustand II ausgegangen, sodass dann ein reiner Stahlquerschnitt aus Bewehrung und Profilstahl vorliegt.

8.3.3.3 Einfluss von Kriechen und Schwinden

Während Beton sich wie jeder andere Baustoff unter kurzfristiger Belastung quasi ideal elastisch verhält, entsteht bei länger andauernder Druckbelastung eine zusätzliche Verformung durch Kriechen und infolge des Wasserverlustes eine lastunabhängige Schwindverkürzung.

Tab. 8.7 Querschnittswerte von elastisch berechneten Verbundträgern

Stahlquerschnitt	Betonquerschnitt (c)
Baustahl (a): A_a, I_a, $z_{s,a}$	$A_c = b_{eff} \cdot h_c$, $A_{c,n} = A_c/n$
Bewehrungsstahl (s): A_s, $z_{s,s}$	$I_c = b_{eff} \cdot h_c^3/(12 \cdot 100^2)$, $I_{c,n} = I_c/n$
Gesamtstahlquerschnitt (st)	**Verbundquerschnitt** (i) mit E_a
$A_{st} = A_a + A_s$	$A_i = A_{st} + A_{c,n} = A_a + A_s + A_{c,n}$
$z_{s,st} = (A_a \cdot z_{s,a} + A_s \cdot z_{s,s})/A_{st}$	$z_{s,i} = A_{st} \cdot z_{s,st}/A_i = (A_a \cdot z_{s,a} + A_s \cdot z_{s,s})/A_i$
$I_{st} = I_a + A_a \cdot z_{s,a}^2 + A_s \cdot z_{s,s}^2 - A_{st} \cdot z_{s,st}^2$	$I_i = I_{st} + A_{st} \cdot z_{s,st}^2 + I_{c,n} - A_i \cdot z_{s,i}^2$
	$= I_a + A_a \cdot z_{s,a}^2 + A_s \cdot z_{s,s}^2 + I_{c,n} - A_i \cdot z_{s,i}^2$

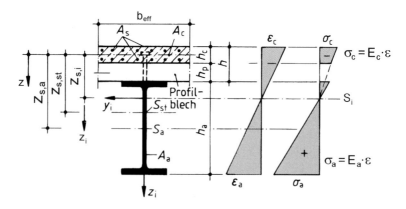

Abb. 8.12 Allgemeine Bezeichnungen eines Verbundträger-Querschnittes, Dehnungs- und Spannungsverteilung bei positiver Momentenbeanspruchung

Insgesamt setzen sich die Dehnungen zum Zeitpunkt t aus 5 Anteilen zusammen:

$$\varepsilon_c(t) = \varepsilon_{t0} + \varphi(t) \cdot \varepsilon_{t0} + \Delta\varepsilon_{t-t0} + \varphi_t \cdot \Delta\varepsilon_{t-t0} + \varepsilon_s(t) \qquad (8.11)$$

Der erste Anteil ist die elastische Verkürzung aus der Last zum Zeitpunkt t_0, der zweite Anteil die hierdurch bedingte Kriechverkürzung ($\varphi(t)$ beschreibt eine zeitabhängige *Kriechfunktion*). Der dritte Anteil erfasst die elastischen Dehnungen infolge der Lasten zwischen $(t - t_0)$ und der vierte die hieraus resultierenden, zusätzlichen Kriechverformungen. Der letzte Anteil schließlich wird durch das Schwinden verursacht.

Auf dieser Grundlage lassen sich zeitabhängige Reduktionszahlen $n(t)$ angeben, mit deren Hilfe der Spannungszustand zu jedem Zeitpunkt ermittelt werden kann. Auf die komplizierten Zusammenhänge wird hier nicht weiter eingegangen sondern auf die einschlägige Literatur verwiesen, s. z. B. [6] und [7]. Die Angaben in der Literatur zu den Kriechbeiwerten differieren relativ stark und es gibt Ansätze, bei denen zur Ermittlung der reduzierten Betonfläche und des Trägheitsmomentes unterschiedliche Faktoren anzusetzen sind. Da die resultierenden Unterschiede relativ gering sind, dürfen nach [2] beide Werte mit der folgenden, von der Beanspruchungsart abhängigen Reduktionszahl n_L nach

Gl. 8.12 bestimmt werden (der Index L kennzeichnet die jeweilige Beanspruchungsart und kann zur Verdeutlichung durch die in Klammern angegebene Abkürzung ersetzt werden, z. B. n_S für Schwinden).

$$n_L = n_0(1 + \psi_L \cdot \varphi(t, t_0)) \tag{8.12}$$

ψ_L ein von der Beanspruchungsart abhängiger *Kriechbeiwert*

       $\psi_L = 1{,}1$ für ständige Einwirkungen (P)

       $\psi_L = 0{,}55$ für zeitlich veränderliche Einwirkungen (PT)

               oder infolge Schwinden (S)

       $\psi_L = 1{,}5$ für eingeprägte Deformationen (D)

$\varphi(t, t_0)$ die *Kriechzahl* $\varphi(t, t_0)$ nach [3] in Abhängigkeit vom betrachteten Betonalter (t) und vom Alter bei Belastungsbeginn (t_0)

Die *Kriechzahl* $\varphi(t, t_0)$ wird im Wesentlichen durch die folgende Faktoren beeinflusst und kann für den Zeitpunkt $t = \infty$ (70 Jahre) z. B. aus Abb. 8.13 abgelesen werden:

- *wirksame Querschnittsdicke* $h_0 = 2A_c/u$, wobei A_c die Betonquerschnittsfläche und u die Umfangslänge der dem Trocknen ausgesetzten Querschnittsflächen sind
- *Relative Luftfeuchte* (Innenraum 50 %, Außenluft 80 %)
- *Betonfestigkeitsklasse und Betonart* (Normal- oder Leichtbeton)
- *Zementklasse*: S (slow), N (normal), R (rapid)

Lastfall Schwinden

Für den *Lastfall Schwinden* entsteht infolge der nicht ungehindert möglichen Verkürzung der Betonplatte eine Schwindnormalkraft N_{sh} nach Gl. 8.13, die von der Schwinddehnung $\varepsilon_{cs}(t)$ abhängig ist (s. Abb. 8.14). In [3] sind Angaben zur Ermittlung der Gesamtschwinddehnung ε_{cs} enthalten, welche zur Berechnung der Endschwindmaße $\varepsilon_{cs\infty}$ in Tab. 8.8 verwendet worden sind. Die resultierende Schwindnormalkraft N_{sh} ist im Betongurt als Zug und im Verbundquerschnitt als Druck wirksam. Aufgrund des inneren Hebelarms ist für den Verbundquerschnitt zusätzlich das Moment nach Gl. 8.14 zu berücksichtigen, wie mit Abb. 8.14 rechts verdeutlicht wird. Die Beanspruchungen, die einen Eigenspannungszustand darstellen, werden als *primäre Beanspruchungen* bezeichnet, aus denen bei statisch unbestimmten Systemen zusätzlich *sekundäre (Zwangs-)Beanspruchungen* resultieren (s. u.).

$$N_{sh} = \varepsilon_{cs}(t) \cdot n_0/n_S \cdot E_{cm} \cdot A_c \tag{8.13}$$

$$M_{sh} = N_{sh} \cdot z_{s,i} \tag{8.14}$$

$$w_{sh} = \frac{M_{sh} \cdot L^2}{8EI} \tag{8.15}$$

Mit Gl. 8.15 kann die Durchbiegung infolge des konstanten Schwindmomentes für den Einfeldträger bestimmt werden. Für mehrfeldrige Systeme ist zu berücksichtigen, dass das Schwindmoment als Lastmoment nur in den ungerissenen Feldbereichen wirksam ist und die daraus resultierenden Schnittgrößen unter Berücksichtigung der Durchlaufwir-

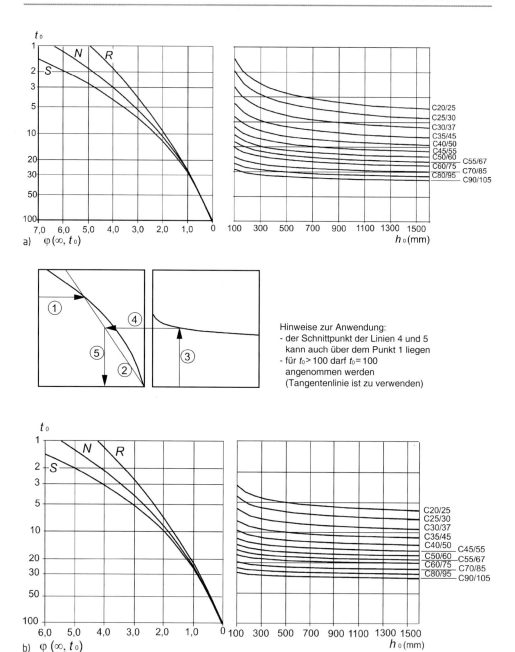

Abb. 8.13 Kriechzahl $\varphi(\infty, t_0)$ für Beton bei normalen Umgebungsbedingungen für (**a**) trockene Innenräume (RH = 50 %) oder (**b**) Außenluft (RH = 80 %) nach [3]

Tab. 8.8 Endschwindmaße $\varepsilon_{cs\infty} \cdot 10^{-5}$ für Normalbeton und Zementklasse N nach [3]

h_0 [mm]	RH = 50 % f_{ck} [N/mm²]									RH = 80 % f_{ck} [N/mm²]								
	20	25	30	35	40	45	50	55	60	20	25	30	35	40	45	50	55	60
100	57	55	53	52	50	49	48	47	46	33	32	32	32	31	31	31	31	31
200	49	47	46	45	44	43	42	42	41	28	28	28	28	28	28	28	28	28
300	43	42	41	40	40	39	38	38	38	25	25	25	25	25	26	26	26	27
500	41	40	39	38	37	37	37	36	36	24	24	24	24	24	24	25	25	26

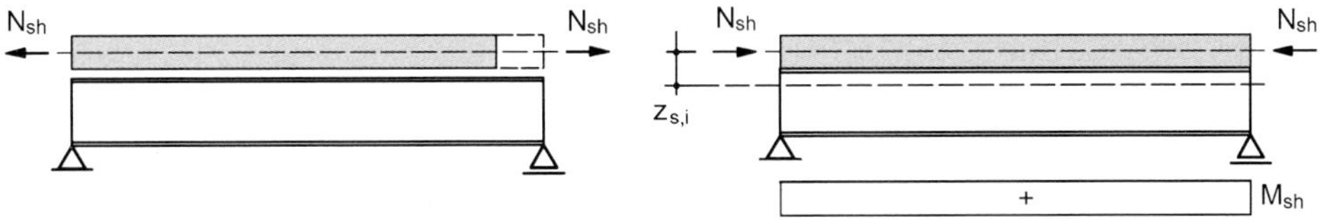

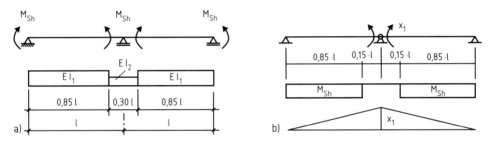

Abb. 8.14 Schwindverkürzung der Betonplatte und resultierende Beanspruchungen am einfeldrigen Verbundträger

Abb. 8.15 Zweifeldriger Verbundträger mit (primären) Schwindmomenten M_{sh} (**a**) und resultierenden Momentenlinien für das statisch bestimmte Ersatzsystem (**b**)

kung mit unterschiedlichen Biegesteifigkeiten in Feld- und Stützbereich zu ermitteln sind. In Abb. 8.15 sind links die entsprechende Beanspruchung für einen Zweifeldträger dargestellt und rechts die Momentenlinien für das statisch bestimmte Ersatzsystem.

Das „Zwangsmoment" über der Stütze kann unter Verwendung der ausgewerteten Integrale in Tab. 8.9 mit Gl. 8.16 bestimmt werden. Durch Überlagerung der beiden Verläufe in Abb. 8.15b ergibt sich die resultierende Momentenlinie für das statisch unbestimmte System.

$$M_{\text{Stütz,sh}} = X_1 = -\frac{0{,}361}{0{,}204 + 0{,}129 \cdot I_1/I_2} \cdot M_{sh} = -k_{M,sh} \cdot M_{sh} \qquad (8.16)$$

Soll infolge dessen die maximale Durchbiegung bestimmt werden, ist am statisch bestimmten Ersatzsystem eine „1"-Last an der entsprechenden Stelle anzunehmen und über das Produkt aus resultierendem Moment und Lastmoment zu integrieren (vgl. a. Tab. 8.9). Dieses Vorgehen wurde zum einen ausgewertet für das in Abb. 8.15 dargestellte System mit Schwindmomentenbeanspruchung und zum anderen für das gleiche statische System

Tab. 8.9 Ausgewertete Integrale nach [6] für das System in Abb. 8.15

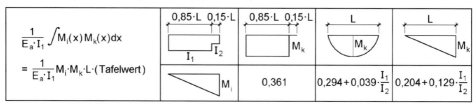

Tab. 8.10 Beiwerte k_i zur Bestimmung von Durchbiegungen für das System in Abb. 8.15

l_2/l_1	$k_{M,sh}$	$k_{M,q}$	$k_{w,sh}$	$k_{w,q}$
0,01	0,028	0,320	0,942	0,806
0,1	0,242	0,458	0,836	0,730
0,2	0,425	0,576	0,747	0,665
0,3	0,569	0,669	0,677	0,613
0,4	0,686	0,744	0,622	0,570
0,5	0,781	0,805	0,577	0,535
0,6	0,862	0,857	0,539	0,504
0,7	0,930	0,901	0,508	0,478
0,8	0,988	0,938	0,481	0,455
0,9	1,039	0,971	0,458	0,434
1	1,084	1,000	0,439	0,416

mit Beanspruchung durch eine Streckenlast q über beide Felder. Im Ergebnis können die maximalen Durchbiegungen mit den Gln. 8.17 und 8.18 und den Beiwerten aus Tab. 8.10 bestimmt werden. Mit Gl. 8.19 lässt sich das Stützmoment infolge der Gleichstreckenlast q ermitteln.

$$\max w(M_{sh}) = k_{w,sh} \cdot M_{sh} \cdot L^2/(8EI_1) \tag{8.17}$$

$$\max w(q) = k_{w,q} \cdot 5 \cdot q \cdot L^4/(384 \cdot EI_1) \tag{8.18}$$

$$M_{Stütz,q} = X_1 = -\frac{0{,}294 + 0{,}039 \cdot I_1/I_2}{0{,}204 + 0{,}129 \cdot I_1/I_2} \cdot \frac{q \cdot L^2}{8} = -k_{M,q} \cdot \frac{q \cdot L^2}{8} \tag{8.19}$$

mit Beiwerten k_i nach Tab. 8.10.

8.3.3.4 Spannungsermittlung und elastisches Grenzmoment

Mit den zeitabhängigen Schnittgrößen und den dazugehörigen Querschnittswerten nach Tab. 8.7 werden die Spannungen nach folgenden Gleichungen bestimmt:

$$\text{Stahl:} \quad \sigma_a = \frac{N_L}{A_{i,L}} + \frac{M_L + \Delta M(N_L)}{I_{i,L}} \cdot z_{i,st} - \frac{N_{Sh}}{A_{i,S}} + \frac{M_{Sh}}{I_{i,S}} \cdot z_{i,st} \tag{8.20}$$

$$\text{Beton:} \quad \sigma_c = \frac{N_L}{A_{i,L} \cdot n_L} + \frac{M_L + \Delta M(N_L)}{I_{i,L} \cdot n_L} \cdot z_{i,c} + \frac{N_{Sh}}{A_c} - \frac{N_{Sh}}{A_{i,S} \cdot n_S} + \frac{M_{Sh}}{I_{i,S} \cdot n_S} \cdot z_{i,c}$$

$$\tag{8.21}$$

N_L, M_L Schnittgrößen aus äußeren Einwirkungen

$\Delta M(N_L)$ Versatzmoment, wenn sich die Schwerpunktslage über die Zeit ändert

N_{Sh}, M_{Sh} Schnittgrößen infolge Schwinden

$z_{i,st}$, $z_{i,c}$ Abstände der betrachteten Stahl- oder Betonfaser von der ideellen Schwerachse zum betrachteten Zeitpunkt

n_L, n_S Reduktionszahlen nach Gl. 8.12

Unter Berücksichtigung der Bemessungswerte der Materialfestigkeiten kann für Querschnitte der *Klasse* 3 das elastische Grenzmoment mit Hilfe von Gl. 8.22 bestimmt werden.

$$M_{el,Rd} = M_{a,Ed} + k \cdot M_{c,Ed} \qquad (8.22)$$

$M_{a,Ed}$ Anteil des auf den Baustahlquerschnitt einwirkenden Bemessungsmomentes vor Herstellung des Verbundes

$M_{c,Ed}$ Anteil des auf den Verbundquerschnitt einwirkenden Bemessungsmomentes

k kleinster Faktor, der sich aus den für die jeweiligen Randfasern des Querschnitts maßgebenden Grenzspannungen nach Abschn. 8.2 ergibt, wobei bei Trägern ohne Eigengewichtsverbund der Einfluss aus der Belastungsgeschichte zu berücksichtigen ist

8.3.3.5 Beispiel einfeldriger Deckenträger

Für einen einfeldrig ausgeführten Deckenträger mit 16,0 m Stützweite mit dem in Abb. 8.16 dargestellten Querschnitt ist der Nachweis der Querschnittstragfähigkeit nach der Elastizitätstheorie zu führen (Spannungsermittlung für die Zeitpunkte $t_0 = 28d$ und $t = \infty$). Der Träger wird mit *Eigengewichtsverbund* hergestellt und befindet sich im Inneren eines Lagergebäudes. Das Bemessungsmoment in Feldmitte beträgt $M_{Ed} = 1490$ kNm.

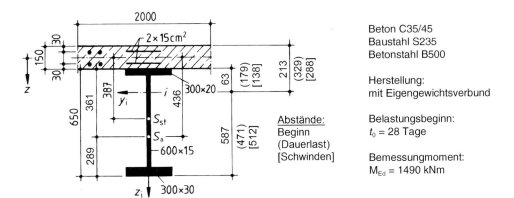

Abb. 8.16 Abmessungen und Angaben zum Verbundquerschnitt des Deckenträgers

Mittragende Breite des Betongurtes im Feld nach Abschn. 8.3.2.4

$$b_{\text{eff}} = b_0 + \sum \beta_i b_{\text{ei}} = 0 + 2 \cdot 1 \cdot 1{,}0 = 2{,}0 \,\text{m}$$

mit $b_{\text{ei}} = L_{\text{e}}/8 = 16/8 = 2{,}0 \,\text{m} \overset{!}{\leq} b_{\text{i}} = 1{,}0 \,\text{m}$ (s. Gl. 8.9)

Spannungsermittlung und Nachweis für den Zeitpunkt t_0 (Index 0)

Ideelle Querschnittswerte nach Tab. 8.7 unter Berücksichtigung von $n = n_0$
Querschnittswerte Baustahl, Gesamtstahl

$$A_{\text{a}} = 30 \cdot 2{,}0 + 60 \cdot 1{,}5 + 30 \cdot 3{,}0 = 60 + 90 + 90 = 240 \,\text{cm}^2$$

Die Schwerpunktlage des Stahlprofils beträgt mit Bezug auf

Unterkante Betongurt: $z'_{\text{s,a}} = (60 \cdot 1{,}0 + 90 \cdot 32{,}0 + 90 \cdot 63{,}5)/240 = 36{,}1 \,\text{cm}$
Schwerachse Betongurt: $z_{\text{s,a}} = 36{,}1 + 15/2 = 43{,}6 \,\text{cm}$

und das Eigenträgheitsmoment

$$I_{\text{a}} = 1{,}5 \cdot 60^3/12 + 60 \cdot (36{,}1 - 1{,}0)^2 + 90 \cdot (32{,}0 - 36{,}1)^2 + 90 \cdot (63{,}5 - 36{,}1)^2$$
$$= 170.002 \,\text{cm}^4 = 17{,}00 \,\text{cm}^2 \,\text{m}^2$$

Damit liegt folgender Gesamtstahlquerschnitt vor:

$$A_{\text{St}} = 240 + 2 \cdot 15 = 270 \,\text{cm}^2$$
$$z_{\text{s,St}} = 240 \cdot 43{,}6/270 = 38{,}7 \,\text{cm}$$
$$I_{\text{St}} = 17 + 240 \cdot 0{,}436^2 - 270 \cdot 0{,}387^2 = 22{,}19 \,\text{cm}^2 \,\text{m}^2$$

Betonquerschnitt zum Zeitpunkt t_0

$$n = n_0 = E_{\text{a}}/E_{\text{c}} = 21.000/3400 = 6{,}18 \quad \text{s. Gl. 8.10 und Tab. 8.2}$$
$$A_{\text{c}} = 200 \cdot 15 = 3000 \,\text{cm}^2$$
$$A_{\text{c,0}} = 3000/6{,}18 = 485{,}7 \,\text{cm}^2$$
$$I_{\text{c}} = 200 \cdot 15^3/(12 \cdot 100^2) = 5{,}625 \,\text{cm}^2 \,\text{m}^2$$
$$I_{\text{c,0}} = 5{,}625/6{,}18 = 0{,}911 \,\text{cm}^2 \,\text{m}^2$$

Querschnittswerte des Verbundquerschnittes

$$A_{\text{i,0}} = 270 + 485{,}7 = 755{,}7 \,\text{cm}^2$$
$$z_{\text{s,i,0}} = 270 \cdot 0{,}387/755{,}7 = 0{,}138 \,\text{m}$$
$$I_{\text{i,0}} = \underbrace{22{,}19 + 270 \cdot 0{,}387^2}_{62{,}6} + 0{,}911 - 755{,}7 \cdot 0{,}138^2 = 49{,}1 \,\text{cm}^2 \,\text{m}^2$$

Man erkennt, dass das Eigenträgheitsmoment des Betongurtes i. d. R. vernachlässigbar ist.

Spannungen und Nachweise für den Zeitpunkt t_0

Vereinfachend wird hier unterstellt, dass das Eigengewicht der gesamten Deckenkonstruktion erst zusammen mit der Nutzlast wirksam wird. Für die einzelnen Werkstoffe gelten mit Tab. 8.1 die folgenden Grenzspannungen:

$$f_{ad} = f_{yd} = f_{yk}/\gamma_{M0} = 23{,}5/1{,}0 = 23{,}5\,\text{kN/cm}^2$$

$$f_{sd} = f_{sk}/\gamma_s = 50/1{,}15 = 43{,}48\,\text{kN/cm}^2$$

In Anlehnung an die plastische Bemessung begrenzt man die Betonspannung auf

$$\alpha_{cc} \cdot f_{cd} = \alpha_{cc} \cdot f_{ck}/\gamma_c = 0{,}85 \cdot 3{,}5/1{,}5 = 0{,}85 \cdot 2{,}333 = 1{,}983\,\text{kN/cm}^2$$

Unter Berücksichtigung der in Abb. 8.16 eingetragenen Randabstände ergeben sich im Stahlprofil und im Betongurt folgende Spannungen (s. a. Abb. 8.17), die jeweils kleiner als die zugehörigen Grenzspannungen sind:

$$\left. \begin{aligned} \sigma_a^u &= 1490/49{,}1 \cdot 0{,}587 = 17{,}82\,\frac{\text{kN}}{\text{cm}^2} \\ \sigma_a^o &= 1490/49{,}1 \cdot (-0{,}063) = -1{,}92\,\frac{\text{kN}}{\text{cm}^2} \end{aligned} \right\} \quad \frac{\max |\sigma_a|}{f_{yd}} = \frac{17{,}82}{23{,}5} = 0{,}76 < 1 \quad \text{s. Gl. 8.20}$$

$$\left. \begin{aligned} \sigma_c^u &= \frac{1490}{(49{,}1 \cdot 6{,}18)} \cdot (-0{,}063) = -0{,}31\,\frac{\text{kN}}{\text{cm}^2} \\ \sigma_c^o &= \frac{1490}{(49{,}1 \cdot 6{,}18)} \cdot (-0{,}213) = -1{,}05\,\frac{\text{kN}}{\text{cm}^2} \end{aligned} \right\} \quad \frac{\max |\sigma_c|}{\alpha_{cc} \cdot f_{cd}} = \frac{1{,}05}{1{,}98} = 0{,}53 < 1 \quad \text{s. Gl. 8.21}$$

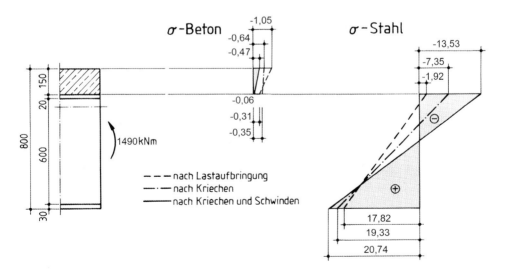

Abb. 8.17 Zeitabhängige Spannungsverteilungen

Spannungsermittlung und Nachweis für den Zeitpunkt $t = \infty$ (Index L)

Ideelle Querschnittswerte nach Tab. 8.7 unter Berücksichtigung von $n = n_L$

Querschnittswerte Baustahl, Gesamtstahl

   Die Werte bleiben unverändert.

Betonquerschnitt zum Zeitpunkt $t = \infty$

   Zur Berücksichtigung des Kriechens und Schwindens wird der zeitabhängige Reduktionsfaktor n_L nach Gl. 8.12 verwendet. Die dabei eingehende *Kriechzahl* $\varphi(t, t_0)$ wird aus Abb. 8.13a unter Ansatz der folgenden Faktoren abgelesen zu $\varphi(\infty, t_0) = 2{,}2$ (siehe Abb. 8.18):

- *wirksame Querschnittsdicke* $h_0 = 2A_c/u = 2 \cdot b_{\text{eff}} \cdot h/(2 \cdot b_{\text{eff}}) = h = 150\,\text{mm}$
- *Relative Luftfeuchte 50 % (Innenraum), Beton C35/45, Zementklasse N*

Mit dem Relaxationsbeiwert $\psi_L = 1{,}1$ für ständige Einwirkungen (P) ergeben sich die Reduktionszahl n_P sowie die davon abhängigen Betonkenngrößen zu:

$$n_P = 6{,}18(1 + 1{,}1 \cdot 2{,}2) = 21{,}14 \quad \text{s. Gl. 8.12}$$
$$A_{c,P} = 3000/21{,}14 = 141{,}9\,\text{cm}^2$$
$$I_{c,P} = 5{,}625/21{,}14 = 0{,}266\,\text{cm}^2\,\text{m}^2$$

Querschnittswerte des Verbundquerschnittes

$$A_{i,P} = 270 + 141{,}9 = 411{,}9\,\text{cm}^2$$
$$z_{s,i,P} = 270 \cdot 0{,}387/411{,}9 = 0{,}254\,\text{m}$$
$$I_{i,P} = 62{,}6 + 0{,}266 - 411{,}9 \cdot 0{,}254^2 = 36{,}3\,\text{cm}^2\,\text{m}^2$$

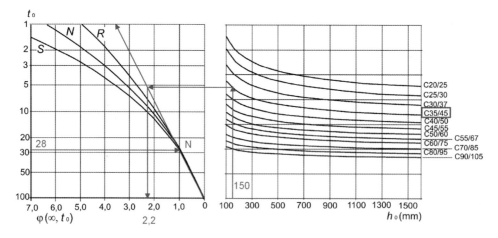

Abb. 8.18 Anwendung von Abb. 8.13a für das Beispiel

Für den Lastfall Schwinden (S) gelten $\psi_L = 0,55$ und damit die folgenden Werte:

$$n_S = 6,18(1 + 0,55 \cdot 2,2) = 13,66 \quad \text{s. Gl. 8.12}$$

$$A_{c,S} = 3000/13,66 = 219,6 \, \text{cm}^2$$

$$I_{c,S} = 5,625/13,66 = 0,412 \, \text{cm}^2 \, \text{m}^2$$

Querschnittswerte des Verbundquerschnittes

$$A_{i,S} = 270 + 219,6 = 489,6 \, \text{cm}^2$$

$$z_{s,i,S} = 270 \cdot 0,387/489,6 = 0,213 \, \text{m}$$

$$I_{i,S} = 62,6 + 0,412 - 489,6 \cdot 0,213^2 = 40,8 \, \text{cm}^2 \, \text{m}^2$$

Spannungen nach Kriechen und Schwinden ($t = \infty$)

Durch das Kriechen und Schwinden des Betons verlagert sich das Biegemoment teilweise auf den Stahlquerschnitt. Weiter entstehen durch das lastunabhängige Schwinden die folgenden Primärbeanspruchungen (s. a. Abb. 8.14) für das Endschwindmaß $\varepsilon_{cs\infty} = 48,5 \cdot 10^{-5}$ nach Tab. 8.8 für $h_0 = 150 \, \text{mm}$ und RH = 50 % und C35/45:

$$N_{sh} = 48,5 \cdot 10^{-5} \cdot (6,18/13,66) \cdot 3400 \cdot 3000 = 2238 \, \text{kN}$$

$$M_{sh} = 2238 \cdot 0,213 = 476,7 \, \text{kNm}$$

Unter Berücksichtigung dieser zusätzlichen Lasten und der jeweiligen Querschnittswerte und Abstände ergeben sich mit den Gln. 8.20 und 8.21 die folgenden Spannungen (s. a. Abb. 8.17), die jeweils kleiner als die zugehörigen Grenzspannungen sind:

$$\sigma_a^u = \underbrace{\frac{1490}{36,3} \cdot 0,471}_{19,33} \underbrace{- \frac{2238}{489,6} + \frac{476,7}{40,8} \cdot 0,512}_{+1,41}$$

$$= 20,74 \, \text{kN/cm}^2$$

$$\sigma_a^o = \underbrace{\frac{1490}{36,3} \cdot (-0,179)}_{-7,35} \underbrace{- \frac{2238}{489,6} + \frac{476,7}{40,8} \cdot (-0,138)}_{-6,18}$$

$$= -13,53 \, \text{kN/cm}^2$$

$$\sigma_c^u = \underbrace{\frac{1490}{36,3 \cdot 21,14} \cdot (-0,179)}_{-0,348} + \underbrace{\frac{2238}{3000} - \frac{2238}{489,6 \cdot 13,66} + \frac{476,7}{40,8 \cdot 13,66} \cdot (-0,138)}_{+0,293}$$

$$= -0,06 \, \text{kN/cm}^2$$

$$\sigma_c^o = \underbrace{\frac{1490}{36,3 \cdot 21,14} \cdot (-0,329)}_{-0,639} + \underbrace{\frac{2238}{3000} - \frac{2238}{489,6 \cdot 13,66} + \frac{476,7}{40,8 \cdot 13,66} \cdot (-0,288)}_{+0,165}$$

$$= -0,47 \, \text{kN/cm}^2$$

Klassifizierung des Querschnittes

Unabhängig von der Anbindung an den Betongurt ist der Druckgurt des Stahlprofils in Klasse 1 einzuordnen ($c/t \sim 7{,}5$). Für den Steg gilt im maßgebenden Endzustand:

$$\psi = -20{,}74/13{,}53 = -1{,}533$$

$$c/t = 60/1{,}5 = 40 \ll 62 \cdot 1 \cdot (1 + 1{,}533)\sqrt{1{,}533} = 194{,}4 \quad \text{s. Tab. 8.5}$$

Damit ist der Steg mindestens in Klasse 3 einzuordnen, was für den Nachweis E-E ausreichend ist.

8.3.4 Plastische Querschnittstragfähigkeit

Aufgrund der Fließfähigkeit des Bau- und Bewehrungsstahls ist es möglich, die Verbundquerschnitte plastisch zu bemessen, sofern diese aufgrund ihrer c/t-Werte in Klasse 2 oder besser eingestuft werden können (s. Tab. 8.5). Sofern sie in Klasse 1 eingestuft werden und damit zusätzlich ein ausreichendes Rotationsvermögen aufweisen, ist bei Einhaltung der weiteren Bedingungen nach [2], Abschn. 5.4.5, darüber hinaus eine Ausnutzung der plastischen Systemtragfähigkeit für statisch unbestimmte Tragwerke des Hochbaus nach der Fließgelenktheorie möglich. Dies war nach der *Verbundträgerrichtlinie* früher der Standard für Durchlaufträger während heutzutage eher die elastisch-plastische Bemessung unter Ausnutzung der Momentenumlagerung nach Abschn. 8.3.2.3 erfolgt.

Für alle beteiligten Werkstoffe wird mit einem bilinearen Werkstoffgesetz gemäß Abb. 8.2 gerechnet. Bei positiven Momenten kann der Bewehrungsstahl zur Vereinfachung vernachlässigt werden und Profilbleche parallel zur Trägerachse sind wegen der Beulgefahr nicht anrechenbar. Regelungen zur rechnerischen Berücksichtigung von eventuell vorhandenem Kammerbeton sind hier nicht aufgeführt, finden sich aber in [2], Abschn. 6.3.

8.3.4.1 Plastische Querkrafttragfähigkeit

Üblicherweise wird die Querkraft allein dem Steg des Stahlprofils zugewiesen. Nach [2] gilt für die plastische Querkrafttragfähigkeit:

$$V_{\mathrm{Rd}} = V_{\mathrm{pl,a,Rd}} = A_{\mathrm{V}} \cdot \tau_{\mathrm{Rd}} \tag{8.23}$$

$\tau_{\mathrm{Rd}} = f_{\mathrm{yd}}/\sqrt{3}\,4]$
$A_{\mathrm{v}} = h_{\mathrm{w}} \cdot t_{\mathrm{w}}$ für geschweißte I-Querschnitte
$A_{\mathrm{v}} = A_{\mathrm{a}} - 2b_{\mathrm{f}} \cdot t_{\mathrm{f}} + (t_{\mathrm{W}} + 2r) \cdot t_{\mathrm{f}}$ für gewalzte I-Querschnitte

Die Anwendung von Gl. 8.23 setzt voraus, dass Stegbeulen ausgeschlossen ist, für den Steg muss daher die Bedingung nach Gl. 8.8 erfüllt sein.

Für den Fall, dass die einwirkende Querkraft $V_{Ed} > 0{,}5 V_{Rd}$ ist, muss der Einfluss auf die Biegetragfähigkeit berücksichtigt werden. Dies kann durch eine reduzierte Streckgrenze im Stegbereich erfolgen, die nach folgender Gleichung zu ermitteln ist (s. a. Tab. 8.11):

$$\text{red } f_{yd} = (1 - \rho) f_{yd} \geq 0 \tag{8.24}$$

mit $\rho = (2 V_{Ed} / V_{Rd} - 1)^2$ für $V_{Ed} / V_{Rd} > 0{,}5$, sonst $\rho = 0$

8.3.4.2 Plastische Grenzmomente bei vollständiger Verdübelung

Das plastische Grenzmoment ergibt sich aus einer einfachen Berechnung anhand der in Abb. 8.19 (positives Moment) oder Abb. 8.20 (negatives Moment) dargestellten Spannungsverteilungen. Dabei ist die plastische Spannungsnulllinie dadurch festgelegt, dass die Summe der Zug- und Druckkräfte über den Gesamtquerschnitt Null sein muss. Für den häufigen (und einfachsten) Fall eines doppelsymmetrischen Stahlquerschnitts mit Nulllinie im Betongurt sowie einer Bezugslinie am *oberen* Betonrand (also anders als

Tab. 8.11 Plastische Grenzmomente für Verbundquerschnitte bei vollständiger Verdübelung

Positives Grenzmoment (Abb. 8.19)	
Fall 1: für $N_{pl,c} \geq (N_{pl,a} - \rho \cdot N_{pl,w})$	$N_{c,f} = 0{,}85 \cdot f_{cd} \cdot b_{eff} \cdot z_{pl} = N_{pl,a} - \rho \cdot N_{pl,w}$
$z_{pl} = \dfrac{N_{pl,a} - \rho \cdot N_{pl,w}}{0{,}85 \cdot f_{cd} \cdot b_{eff}} \leq h_c$	$M_{pl,Rd} = N_{pl,a} \cdot z_a - \rho \cdot N_{pl,w} \cdot z_w - N_{c,f} \cdot z_{pl}/2$
Fall 2: für $N_{pl,c} \leq (N_{pl,a} - \rho \cdot N_{pl,w} - N_f/2)$	$N_{c,f} = N_{pl,c}$
$z_{pl} = h + \dfrac{N_{pl,a} - \rho \cdot N_{pl,w} - N_{pl,c}}{2 f_{yd} \cdot b_f} \leq h + t_f$	$M_{pl,Rd} = N_{pl,a} \cdot z_a - \rho \cdot N_{pl,w} \cdot z_w - N_f \dfrac{z_{pl} - h}{t_f} \cdot \dfrac{z_{pl} + h}{2}$ $- N_{c,f} \dfrac{h_c}{2}$
Fall 3: $z_{pl} = h + t_f + \dfrac{N_{pl,a} - \rho \cdot N_{pl,w} - N_f - N_{pl,c}}{2(1 - \rho) f_{yd} \cdot t_w}$ $\alpha = (z_{pl} - h - t_f)/h_w$	$N_{c,f} = N_{pl,c}$ $M_{pl,Rd} = N_{pl,a} \cdot z_a - \rho \cdot N_{pl,w} \cdot z_w - N_f \left(h + \dfrac{t_f}{2} \right)$ $- N_w \left(\dfrac{z_{pl} + h + t_f}{2} \right) - N_{c,f} \dfrac{h_c}{2}$
Negatives Grenzmoment (Abb. 8.20)	
Fall 1: für $\sum N_{s,i} \leq (1 - \rho) \cdot N_{pl,w}$ $z_{pl} = h + t_f + \dfrac{N_{pl,a} - \rho \cdot N_{pl,w} - N_f - \sum N_{s,i}}{2(1 - \rho) f_{yd} \cdot t_w}$ $\alpha = (h + t_f + h_w - z_{pl})/h_w$	$M_{pl,Rd} = N_{pl,a} \cdot z_a - \rho \cdot N_{pl,w} \cdot z_w - N_f \left(h + \dfrac{t_f}{2} \right)$ $- N_w \left(\dfrac{z_{pl} + h + t_f}{2} \right) - \sum N_{s,i} \cdot z_{s,i}$
Fall 2: $z_{pl} = h + \dfrac{N_{pl,a} - \rho \cdot N_{pl,w} - \sum N_{s,i}}{2 f_{yd} \cdot b_f} \leq h + t_f$	$M_{pl,Rd} = N_{pl,a} \cdot z_a - \rho \cdot N_{pl,w} \cdot z_w - N_f \dfrac{z_{pl} - h}{t_f} \cdot \dfrac{z_{pl} + h}{2}$ $- \sum N_{s,i} \cdot z_{s,i}$

$N_{pl,a} = A_a \cdot f_{yd}$ $\qquad N_{pl,w} = t_w \cdot h_w \cdot f_{yd}$ $\qquad N_{s,i} = A_{s,i} \cdot f_{sd}$

$N_{pl,c} = 0{,}85 \cdot f_{cd} \cdot b_{eff} \cdot h_c$ $\qquad N_w = 2 \cdot t_w (z_{pl} - h - t_f) \cdot (1 - \rho) f_{yd}$ $\qquad N_f = 2 \cdot b_f \cdot t_f \cdot f_{yd}$

ρ nach Gl. 8.24

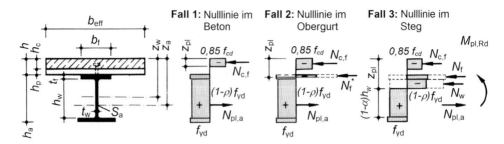

Abb. 8.19 Plastische Spannungsverteilungen für Verbundquerschnitte bei positiver Biegung ($N_{\mathrm{pl,w}}$ nicht dargestellt!)

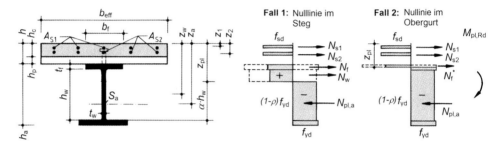

Abb. 8.20 Plastische Spannungsverteilungen für Verbundquerschnitte bei negativer Biegung ($N_{\mathrm{pl,w}}$ nicht dargestellt!)

in Abb. 8.12 und Tab. 8.7) gilt dann für das positive Grenzmoment:

$$N_{\mathrm{pl,a}} = A_{\mathrm{a}} \cdot f_{\mathrm{yd}} \overset{!}{=} z_{\mathrm{pl}} \cdot b_{\mathrm{eff}} \cdot 0{,}85 \cdot f_{\mathrm{cd}} \Rightarrow z_{\mathrm{pl}} = b_{\mathrm{eff}} \cdot 0{,}85 \cdot f_{\mathrm{cd}}/N_{\mathrm{pl,a}}$$
$$\Rightarrow M_{\mathrm{pl,Rd}} = N_{\mathrm{pl,a}} \cdot (z_{\mathrm{a}} - z_{\mathrm{pl}}/2)$$

Auf die Ableitung der Formeln für die anderen Fälle wird hier verzichtet. Die Ergebnisse sind in Tab. 8.11 angegeben unter Berücksichtigung einer ggf. notwendigen Abminderung der Grenzspannung im Steg aufgrund gleichzeitig wirkender Querkräfte.

Für den Fall positiver Biegung wird in Abb. 8.19 und Tab. 8.11 die wirkende Betondruckkraft mit $N_{\mathrm{c,f}}$ bezeichnet. Der Index f steht dabei für „full shear connection" also „vollständige Verdübelung". Dies bedeutet, dass eine ausreichend große Zahl an Verbundmitteln in der Längsfuge angeordnet wird, um die angenommene plastische Spannungsverteilung im Querschnitt auch zu gewährleisten. Zu einer ggf. möglichen „teilweisen Verdübelung" s. Abschn. 8.3.4.3 und 8.3.6.

Dehnungsbegrenzung des Betons bei positiver Momentenbeanspruchung
Bei positiver Momentenbeanspruchung ist es möglich, dass die Grenzdehnung im Betongurt erreicht wird, wenn die plastische Nulllinie zu weit in den Steg des Stahlträgers absinkt. Bei Verwendung der Stahlgüten S420 und S460 ist die vollplastische Mo-

mententragfähigkeit daher gemäß Gl. 8.25 abzumindern für $z_{pl}/(h + h_a) > 0,15$. Für $z_{pl}/(h + h_a) > 0,4$ ist die Momententragfähigkeit elastisch (s. Abschn. 8.3.3) oder dehnungsbeschränkt (s. [2], Abschn. 6.2.1.4) zu berechnen.

$$\text{red } M_{pl,Rd} = \beta \cdot M_{pl,Rd} \tag{8.25}$$

mit $\beta = 1,09 - 0,6 z_{pl}/(h + h_a) \le 1,0$ für $0,15 < z_{pl}/(h + h_a) \le 0,4$

Mindestbewehrung bei negativer Momentenbeanspruchung
Bei negativer Momentenbeanspruchung sind für die Bewehrung die Duktilitätsanforderungen der Klasse B oder C nach EN 1992-1-1 [3], Tabelle C.1 einzuhalten sowie innerhalb der mittragenden Breite die folgende Mindestbewehrung einzulegen:

$$A_s \ge \rho_s \cdot A_c \tag{8.26}$$

A_c Querschnittsfläche des Betongurtes innerhalb der mittragenden Breite

$$\rho_s = \delta \cdot \frac{f_y}{235} \cdot \frac{f_{ctm}}{f_{sk}} \cdot \sqrt{k_c} \tag{8.27}$$

$$\delta = 1,1 \text{ für P-P}; \quad \delta = 1,0 \text{ für E-P}$$

$$k_c = \frac{1}{1 + h_c/(2 \cdot z_o)} + 0,3 \le 1$$

z_o vertikaler Abstand zwischen Schwerachse Beton und Schwerachse Verbundquerschnitt (ungerissen, mit n_0 ermittelt, vgl. Abb. 8.12 und Tab. 8.7)

8.3.4.3 Plastische Grenzmomente bei teilweiser Verdübelung
Im Hochbau darf bei Verbundträgern **in den positiven Momentenbereichen** eine teilweise Verdübelung gemäß den Regelungen in Abschn. 8.3.6 ausgeführt werden. Dies ist wirtschaftlich angeraten, sofern die vollplastische Tragfähigkeit nicht ausgenutzt wird. Sofern duktile Verbundmittel wie z. B. Kopfbolzendübel verwendet werden, darf die Momententragfähigkeit M_{Rd} analog zu Abschn. 8.3.4.2 in kritischen Schnitten vollplastisch ermittelt werden, wobei jedoch für die Normalkraft des Betongurtes anstelle des Wertes $N_{c,f}$ der reduzierte Wert N_c nach Gl. 8.28 anzunehmen ist:

$$N_c = \eta \cdot N_{c,f} \tag{8.28}$$

mit η: Verdübelungsgrad nach Gl. 8.34

Mit Abb. 8.21 wird die Wirkung der teilweisen Verdübelung verdeutlicht. Anstelle der Ermittlung der Momententragfähigkeit nach Tab. 8.11 kann diese auch mit der linearen Interpolation zwischen den möglichen Grenzen nach Gl. 8.29 erfolgen.

$$M_{Rd} = M_{pl,a,Rd} + (M_{pl,Rd} - M_{pl,a,Rd}) \cdot \eta \tag{8.29}$$

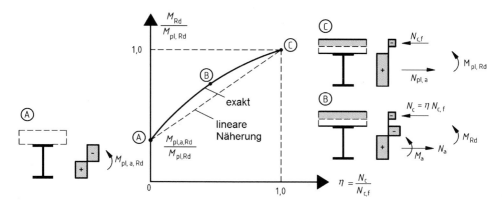

Abb. 8.21 Grenzmoment M_{Rd} bei teilweiser Verdübelung mit duktilen Verbundmitteln nach [2]

Dies hat den Vorteil, dass man durch Umstellen und Einsetzen von $M_{Rd} = M_{Ed}$ den statisch erforderlichen Verdübelungsgrad η mit Hilfe von Gl. 8.30 bestimmen kann. Zusätzlich ist der Mindestverdübelungsgrad nach Tab. 8.13 einzuhalten.

$$\text{erf } \eta = \frac{M_{Ed} - M_{pl,a,Rd}}{M_{pl,Rd} - M_{pl,a,Rd}} \tag{8.30}$$

8.3.4.4 Beispiel Deckenträger – Fortsetzung

M_{pl} mit Nulllinie im Betongurt (Standard)
Für den in Abschn. 8.3.3.5 elastisch nachgewiesenen Verbundträger (s. a. Abb. 8.16) soll das plastische Grenzmoment ($M > 0$) berechnet werden. Der Bewehrungsanteil darf vernachlässigt werden und ein Profilblech ist nicht vorhanden, sodass gilt:

$$h = h_c, h_p = 0$$

Da an der Stelle des maximalen Momentes (infolge Gleichstreckenlast in Feldmitte) keine Querkraft wirksam ist, gilt nach Gl. 8.24 $\rho = 0$, was bei den folgenden Berechnungen nach Tab. 8.11 entsprechend berücksichtigt wird:

$$N_{pl,a} = A_a \cdot f_{yd} = 240 \cdot 23,5/1,0 = 5640 \text{ kN}$$

$$N_{pl,c} = 0,85 \cdot f_{cd} \cdot b_{eff} \cdot h_c = 1,983 \cdot 200 \cdot 15 = 5950 \text{ kN}$$

$$N_{pl,c} > N_{pl,a} \Rightarrow \text{ plastische Nulllinie im Betongurt (Fall 1)}$$

$$z_{pl} = \frac{N_{pl,a} - \rho \cdot N_{pl,w}}{0,85 \cdot f_{cd} \cdot b_{eff}} = \frac{5640}{5950/15} = 14,22 \text{ cm} < h_c = 15,0 \text{ cm}$$

$$N_{c,f} = N_{pl,a} - \rho \cdot N_{pl,w} = 5640 \text{ kN}$$

$$M_{pl,Rd} = N_{pl,a} \cdot z_a - \rho \cdot N_{pl,w} \cdot z_w - N_{c,f} \cdot z_{pl}/2$$
$$= (5640 \cdot 51,0 - 5640 \cdot 14,22/2)/100 = 2479 \text{ kNm}$$

Dies bedeutet gegenüber der elastischen Berechnung eine Steigerung von etwa 50 % ($M_{el,Rd} = 23{,}5/20{,}74 \cdot 1490 = 1688\,\text{kNm}$ nach Gl. 8.22) und bei gleich bleibendem Bemessungsmoment eine Querschnittsausnutzung von lediglich 60 %:

$$M_{Ed}/M_{pl,Rd} = 1490/2479 = 0{,}60 < 1$$

Wirtschaftlich angeraten wäre insofern eine teilweise Verdübelung, wie sie in Abschn. 8.3.6.6 ermittelt wird.

M_{pl} mit Nulllinie im Flansch

In diesem Beispiel soll der Rechengang bei Lage der Nulllinie im Flansch gezeigt werden. Aus Vereinfachungsgründen wird der gleiche Stahlquerschnitt wie zuvor gewählt und die Deckenstärke auf ein baupraktisch unübliches Maß von $h_c = 10\,\text{cm}$ reduziert (s. Abb. 8.22).

Der Wert von z_a ändert sich um 5 cm auf:

$$z_a = 36{,}1 + 10 = 46{,}1\,\text{cm}$$

Die plastische Druckkraft im Betongurt beträgt

$$N_{pl,c} = 1{,}983 \cdot 200 \cdot 10 = 3967\,\text{kN}$$

während $N_{pl,a}$ des Stahlprofiles gleichgeblieben ist ($N_{pl,a} = 5640\,\text{kN}$), sodass die plastische Nulllinie nun im Bereich des Stahlquerschnitts liegen muss und von Fall 2 ausgegangen wird:

$$z_{pl} = h + \frac{N_{pl,a} - \rho \cdot N_{pl,w} - N_{pl,c}}{2\,f_{yd} \cdot b_f} = 10 + \underbrace{\frac{5640 - 3967}{2 \cdot 23{,}5 \cdot 30}}_{1{,}19\,\text{cm} < t_f = 2{,}0\,\text{cm}} = 11{,}19\,\text{cm}$$

Die Annahme war richtig, sodass die Nulllinie im Flansch liegt und sich das Grenzmoment ergibt zu:

$$N_{c,f} = N_{pl,c} = 3967\,\text{kN}$$

$$N_f = b_f \cdot t_f \cdot 2\,f_{yd} = 30 \cdot 2 \cdot 2 \cdot 23{,}5 = 2820\,\text{kN}$$

$$M_{pl,Rd} = N_{pl,a} \cdot z_a - \rho \cdot N_{pl,w} \cdot z_w - N_f \frac{z_{pl} - h}{t_f} \cdot \frac{z_{pl} + h}{2} - N_{c,f} \frac{h_c}{2}$$

$$= \left(5640 \cdot 46{,}1 - 2820 \frac{11{,}19 - 10}{2} \cdot \frac{11{,}19 + 10}{2} - 3967 \frac{10}{2} \right) / 100 = 2224\,\text{kNm}$$

Abb. 8.22 Querschnitt mit reduzierter Deckenstärke und plastischer Nulllinie im Flansch

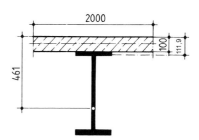

M_{pl} mit Nulllinie im Steg

Ergänzend soll auch die Variante demonstriert werden, dass die plastisches Nulllinie im Steg liegt. Zur Abkürzung der Berechnung wird der Querschnitt des vorhergehenden Beispiels mit $b_{eff} = 180\,cm$ gewählt und das Stahlprofil in S355 ausgeführt (s. Abb. 8.23). Die plastischen Grenznormalkräfte für den Stahlquerschnitt und den Betongurt betragen:

$$N_{pl,a} = 240 \cdot 35{,}5 = 8520\,kN$$

$$N_{pl,c} = 1{,}983 \cdot 180 \cdot 10 = 3570\,kN$$

Da $N_{pl,c} \ll N_{pl,a}$ wird von Fall 3 für die Lage der plastischen Nulllinie ausgegangen (s. a. Abb. 8.19) und die weiteren Werte entsprechend nach Tab. 8.11 ermittelt:

$$N_f = b_f \cdot t_f \cdot 2 f_{yd} = 30 \cdot 2 \cdot 2 \cdot 35{,}5 = 4260\,kN$$

$$z_{pl} = h + t_f + \frac{N_{pl,a} - \rho \cdot N_{pl,w} - N_f - N_{pl,c}}{2(1-\rho) f_{yd} \cdot t_w} = 10 + 2 + \frac{\overbrace{8520 - 4260}^{690\,kN = N_w} - 3570}{2 \cdot 35{,}5 \cdot 1{,}5}$$

$$= 18{,}48\,cm$$

$$N_w = t_w (z_{pl} - h - t_f) 2(1-\rho) f_{yd} = 1{,}5(18{,}48 - 10 - 2)2 \cdot 35{,}5 = 690\,kN$$

$$N_{c,f} = N_{pl,c} = 3570\,kN$$

$$M_{pl,Rd} = N_{pl,a} \cdot z_a - \rho \cdot N_{pl,w} \cdot z_w - N_f \left(h + \frac{t_f}{2} \right) - N_w \left(\frac{z_{pl} + h + t_f}{2} \right) - N_{c,f} \frac{h_c}{2}$$

$$= \left(8520 \cdot 46{,}1 - 4260 \left(10 + \frac{2}{2} \right) - 690 \left(\frac{18{,}48 + 10 + 2}{2} \right) - 3570 \frac{10}{2} \right) / 100$$

$$= 3175\,kNm$$

Da nun teilweise Druckspannungen im Steg vorliegen, ist für diesen die Querschnittsklassifizierung unter Berücksichtigung der Druckzonenhöhe vorzunehmen:

$$\alpha = (z_{pl} - h - t_f)/h_w$$

$$= (18{,}48 - 10 - 2)/60 = 0{,}108 < 0{,}5$$

Abb. 8.23 Querschnitt in S355 mit plastischer Nulllinie im Steg

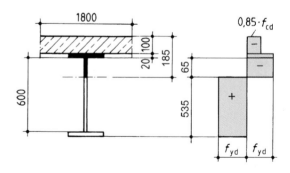

Damit kann die Einhaltung der Grenzschlankheit für die Querschnittsklasse 1 nach Tab. 8.5 nachgewiesen werden:

$$\frac{c}{t} = \frac{60}{1,5} = 40 \leq \frac{36\varepsilon}{\alpha} = 36\sqrt{\frac{235}{355}}/0,108 = 271$$

Für den druckbeanspruchten Gurt und damit den gesamten Querschnitt gilt ebenfalls die Querschnittsklasse 1, wie der folgende Nachweis unter Vernachlässigung der Schweißnähte zeigt:

$$\frac{c}{t} = \frac{(30 - 1,5)}{2 \cdot 2,0} = 7,13 \leq 9\varepsilon = 9\sqrt{\frac{235}{355}} = 7,32$$

M_{pl} bei negativer Momentenbeanspruchung

Zum Abschluss wird noch der Rechengang für negative Momente vorgeführt, bei der der (nicht anrechenbare) Betongurt Zugkräfte erhält, die nur durch die dann notwendige Längsbewehrung aufgenommen werden muss. Für den ursprünglichen Querschnitt des Deckenträgers soll das plastische Grenzmoment für $M < 0$ (negativ) bestimmt werden, Abb. 8.24 zeigt die plastische Spannungsverteilung.

Für die symmetrisch zur Schwerachse des Betongurtes angeordnete obere und untere Bewehrung (mit Erfüllung der Duktilitätsanforderungen) gilt:

$$f_{sd} = 50/1,15 = 43,48 \, \text{kN/cm}^2$$
$$A_{s1} = A_{s2} = 15 \, \text{cm}^2$$
$$N_{s1} = N_{s2} = 43,48 \cdot 15 = 652,2 \, \text{kN}$$

Einhaltung Mindestbewehrung:

$$\rho_s = \delta \cdot \frac{f_y}{235} \cdot \frac{f_{ctm}}{f_{sk}} \cdot \sqrt{\underbrace{k_c}_{\leq 1}} = 1,1 \cdot \frac{235}{235} \cdot \frac{3,2}{500} \cdot \sqrt{1} = 7,04 \cdot 10^{-3} \quad \text{s. Gl. 8.27}$$

$$A_s = 30 \, \text{cm}^2 \geq \rho_s \cdot A_c = 7,04 \cdot 10^{-3} \cdot 3000 = 21,1 \, \text{cm}^2 \quad \text{s. Gl. 8.26}$$

Abb. 8.24 Querschnitt des Deckenträgers mit plastischer Spannungsverteilung für $M < 0$

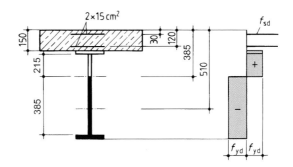

Die Lage der plastischen Nulllinie errechnet sich mit Hilfe von Tab. 8.11 wie nachfolgend angegeben. Die damit zusammenhängende Querschnittsklassifizierung wird hier nicht dargestellt (s. a. M_{pl} *mit Nulllinie im Steg*), der Steg lässt sich in Klasse 1 einstufen.

$$z_{pl} = h + t_f + \frac{N_{pl,a} - \rho \cdot N_{pl,w} - N_f - \sum N_{s,i}}{2(1-\rho)f_{yd} \cdot t_w}$$

$$= 15 + 2 + \frac{\overbrace{5640 - 2820}^{1516\,kN = N_w} - 2 \cdot 652}{2 \cdot 23{,}5 \cdot 1{,}5} = 38{,}50\,cm$$

Die im Steg noch verbleibende Zugkraft beträgt:

$$N_w = t_w(z_{pl} - h - t_f)2(1-\rho)f_{yd} = 1{,}5(38{,}5 - 15 - 2)2 \cdot 23{,}5 = 1516\,kN$$

Mit den errechneten Vorwerten und den Abständen nach Abb. 8.24 ergibt sich das plastische Grenzmoment (für $M < 0$) zu

$$M_{pl,Rd} = N_{pl,a} \cdot z_a - \rho \cdot N_{pl,w} \cdot z_w - N_f \left(h + \frac{t_f}{2}\right) - N_w \left(\frac{z_{pl} + h + t_f}{2}\right) - \sum N_{s,i} \cdot z_{s,i}$$

$$= \left(5640 \cdot 51{,}0 - 2820\left(15 + \frac{2}{2}\right) - 1516\left(\frac{38{,}5 + 15 + 2}{2}\right) - 652(3 + 12)\right)/100$$

$$= 1910\,kNm$$

Im Vergleich zum positiven Grenzmoment von $M_{pl,Rd} = 2479\,kNm$ entspricht dies nur etwas mehr als 75 %, was ein üblicher Wert bei durchlaufenden Verbundträgern mit gleichbleibendem Querschnitt ist. Nicht zuletzt deshalb ist es angeraten, bei elastischer Schnittgrößenermittlung von der möglichen Umlagerung nach Abschn. 8.3.2.3 Gebrauch zu machen, wenn die entsprechenden Bedingungen eingehalten sind.

8.3.5   Biegedrillknicken

8.3.5.1   Prinzip

Vor dem Erhärten des Betons sind im Bauzustand Biegedrillknicknachweise für den reinen Stahlquerschnitt unter Berücksichtigung des Eigengewichts von Stahl und Beton mit den üblichen Methoden nach [1] zu führen. Ggf. sind Montageverbände zur Abstützung der Druckgurte erforderlich und rechnerisch zu berücksichtigen.

Nach dem Erhärten des Betons kann bei Ausführung der Verdübelung nach Abschn. 8.3.6 davon ausgegangen werden, dass der anliegende Stahlgurt ausreichend gehalten ist und keine Biegedrillknickgefahr besteht, wenn für den Betongurt selbst keine Gefahr bezüglich eines seitlichen Ausweichens gegeben ist. Somit besteht nur bei Durchlaufträgern oder Rahmenriegeln mit negativen Momentenbereichen, bei denen der

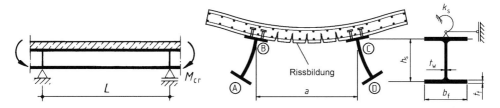

Abb. 8.25 Modell zur Ermittlung des idealen Biegedrillknickmomentes bei Verbundträgern im negativen Momentenbereich nach [2]

gedrückte Flansch (unten) gegen seitliches Ausweichen nicht gestützt ist, die Gefahr des Biegedrillknickens. Nach wie vor ist jedoch der (gezogene) Obergurt seitlich geführt und kann nicht ausweichen, sodass bei der Bestimmung des *idealen Biegedrillknickmomentes* M_{cr} von einer gebundenen Drehachse und einer elastischen Drehbettung k_s infolge der (gerissenen) Betonplatte ausgegangen werden kann. Der Zusammenhang wird mit Abb. 8.25 erläutert und in [2], Abschn. 6.4 sind Regelungen zur Bestimmung von k_s enthalten. Zur Ermittlung von M_{cr} können anschließend FE-Stabwerksprogramme mit 7 Freiheitsgraden wie z. B. FE-STAB-FZ [8] oder entsprechend aufbereitete Lösungen aus der Literatur, s. z. B. [9], verwendet werden. Der Nachweis selber darf für Durchlaufträger des Hochbaus mit Querschnitten der Klassen 1, 2 und 3 unter Berücksichtigung des Grenzmomentes M_{Rd} für negative Biegung mit dem χ_{LT}-Verfahren nach [2], Abschn. 6.4.2, erfolgen. Andernfalls ist der Nachweis für den Stahlquerschnitt und die zugehörigen Teilschnittgrößen nach [1] zu führen, wobei in beiden Fällen $\gamma_{M1} = 1{,}1$ für den Stahlquerschnitt zugrunde zu legen ist.

8.3.5.2 Vereinfachter Nachweis ohne direkte Berechnung
Für Durchlaufträger oder durchlaufende Rahmenriegel, die über die gesamte Länge als Verbundträger ausgebildet werden und deren Querschnitte die Anforderungen der Klassen 1, 2 oder 3 erfüllen, ist kein rechnerischer Biegedrillknicknachweis zu führen, wenn die folgenden Bedingungen eingehalten sind (s. a. [2], Abschn. 6.4.3):

1. Benachbarte Stützweiten unterscheiden sich bezogen auf die kleinere Stützweite um nicht mehr als 20 %. Bei Kragarmen ist die Kragarmlänge kleiner als 15 % der Stützweite des angrenzenden Endfeldes.
2. Die Träger werden nur durch Gleichstreckenlasten beansprucht und der Bemessungswert der ständigen Einwirkungen ist größer als 40 % des Bemessungswertes der Gesamtlast.
3. Die Verdübelung zwischen dem Stahlträgerobergurt und dem Betongurt wird nach Abschn. 8.3.6 ausgeführt.
4. Der Betongurt ist mit weiteren Trägern, die näherungsweise parallel zu dem jeweils betrachteten Träger verlaufen, so verbunden, dass eine kontinuierliche Aussteifung durch die in Abb. 8.25 dargestellte Rahmenwirkung (Punkte A bis D) aktiviert wird.

Tab. 8.12 Grenzprofilhöhen für die kein rechnerischer BDK-Nachweis erforderlich ist [2], NA	Profile der Reihe	Max. h [mm] für Baustahl			
		S235	S275	S355	S420/S460
	IPE	600	550	400	270
	HEA	800	700	650	500
	HEB	900	800	700	600
	Mit Kammerbeton	$+200\,\text{mm}$			$+150\,\text{mm}$

5. Bei Gurten aus Profilblechverbunddecken verläuft die Spannrichtung der Decke senkrecht zur Achse des betrachteten Verbundträgers.

6. An jedem Auflagerpunkt ist der Untergurt des Stahlquerschnitts seitlich gehalten und der Steg ausgesteift (Gabellagerung).

7. Es handelt sich um Träger mit Baustahlquerschnitten aus IPE- oder HE-Profilen (oder geschweißten Querschnitten mit ähnlichen Abmessungen) und die Profilhöhe h des Stahlquerschnitts ist nicht größer als die in Tab. 8.12 angegebenen Grenzhöhen.

8.3.6 Verbundsicherung – Nachweis und Ausbildung der Verdübelung

8.3.6.1 Einführung

Durch eine ausreichende Verdübelung der Betonplatte mit dem Stahlträger wird das Zusammenwirken beider Teile miteinander erreicht. Wäre die Betonplatte nicht mit dem Stahlträger verbunden, so entstünde bei einer Biegebeanspruchung in der Verbundfuge sowie am Trägerende eine gegenseitige Verschiebung, wie sie in Abb. 8.26a dargestellt ist. Bei Verbundträgern (mit voller Verdübelung) verschwindet diese Verschiebung dadurch, dass die Längsschubkräfte V_l in der Verbundfuge einen Dehnungsausgleich zwischen der Betonunterkante und der Stahlträgeroberkante bewirken (Abb. 8.26b). Diese Längsschubkräfte V_l müssen von den Verbundmitteln übertragen werden, die dazu in ausreichender Anzahl sowie sinnvoller Verteilung anzuordnen sind, wobei ein natürlicher Haftverbund nicht in Rechnung gestellt werden darf.

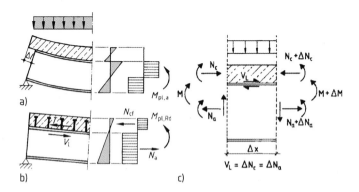

Abb. 8.26 Tragverhalten ohne (**a**) oder mit vollständiger und starrer Verdübelung (**b**) sowie zu übertragende Längsschubkräfte (**c**)

Die erforderliche Zahl an Verbundmitteln ist jeweils für die Bereiche zwischen benachbarten **kritischen Schnitten** zu ermitteln, zu denen die folgenden Stellen zählen:

- Stellen extremaler Biegemomente und Querkräfte
- Auflagerpunkte
- Angriffspunkte großer Einzellasten
- Querschnittsabstufungen im Stahlträger oder in der Betonplatte
  wie z. B. Deckendurchbrüche
- freie Enden von Kragarmen
- Einleitung von Längskräften

Die Schubkräfte in der Verbundfuge für den betrachteten Bereich können entsprechend Abb. 8.26c aus der Normalkraftänderung im Stahl- bzw. Betonquerschnitt ermittelt werden, wobei diese neben der Belastung davon abhängig ist, welche Art von Verdübelung vorliegt und wie die Schnittgrößen ermittelt werden. Bei vollständiger und starrer Verdübelung sowie elastischer Berechnung ergibt sich ein zum Querkraftverlauf affiner Schubkraftverlauf. Gelten die vorgenannten Randbedingungen nicht mehr (z. B. bei plastischer Querschnittsausnutzung), weicht der Verlauf der Längsschubkräfte mehr oder minder stark davon ab.

8.3.6.2 Duktilität der Verbundmittel

Eine besondere Rolle im vorgenannten Zusammenhang spielen auch die Verbundmittel selbst, denn sofern sie eine ausreichende Duktilität aufweisen, sind Relativverschiebungen möglich und Schubkraftspitzen können umgelagert werden. [2] schreibt hierzu vor: *„Verbundmittel müssen ein ausreichendes Verformungsvermögen aufweisen, um eine bei der Bemessung angenommene plastische Umlagerung von Längsschubkräften zu ermöglichen. Als duktil werden Verbundmittel mit einem Verformungsvermögen bezeichnet, das die Annahme eines ideal plastischen Verhaltens in der Verbundfuge bei der Berechnung des Tragwerks rechtfertigt.“* Das damit verbundene Kriterium, dass das charakteristische Verformungsvermögen δ_{uk} gemäß Abb. 8.27 mindestens 6 mm betragen muss, wird von Kopfbolzendübeln erfüllt, sofern die weiteren Bedingungen nach Tab. 8.13 eingehalten sind.

Abb. 8.27 Last-Verformungsverhalten von Verbundmitteln bei Längsschubbeanspruchung

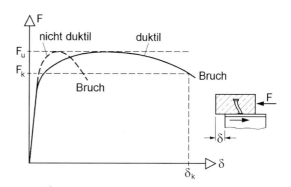

Tab. 8.13 Anforderungen zur Gewährleistung der Duktilität von Kopfbolzendübeln

	Querschnitt und Decke	Anforderungen	Mindestverdübelungsgrad
a	doppeltsymm.	**Dübel:** $16\,\text{mm} \leq d \leq 25\,\text{mm}$, $h_{sc} \geq 4d$	$L_e < 25$ m: $\eta \geq 1 - \left(\dfrac{355}{f_y}\right)(0{,}75 - 0{,}03 L_e) \geq 0{,}4$ $L_e \geq 25$ m: $\eta \geq 1$
b	einfachsymm. $A_u \leq 3 A_o$	**Dübel:** $16\,\text{mm} \leq d \leq 25\,\text{mm}$, $h_{sc} \geq 4d$	$L_e < 20$ m: $\eta \geq 1 - \left(\dfrac{355}{f_y}\right)(0{,}3 - 0{,}015 L_e) \geq 0{,}4$ $L_e \geq 20$ m: $\eta = 1$ *gilt für $A_u = 3 A_o$, für $A_u < 3 A_o$ darf mit Wert für a) linear interpoliert werden*
c	doppeltsymm. mit Profilblech	**Dübel:** $d = 19\,\text{mm}$, $h_{sc} \geq 4d$, max. 1 je Rippe angeordnet (zentr. oder altern. li./re. über ges. Länge) **Profilblech:** durchlauf., $h_p \leq 60\,\text{mm}$ und $b_o/h_p \geq 2$ (b_o u. h_p s. Abb. 8.47) N_c: ermittelt mit linearer Interpolation nach Abb. 8.21	$L_e < 25$ m: $\eta \geq 1 - \left(\dfrac{355}{f_y}\right)(1{,}0 - 0{,}04 L_e) \geq 0{,}4$ $L_e \geq 25$ m: $\eta = 1$

L_e [m]: Abstand der Momentennullpunkte, vereinfacht gemäß Abb. 8.11

8.3.6.3 Längsschubkräfte und erforderliche Dübelanzahl

Die Ermittlung der Längsschubkräfte erfolgt elastisch bei Querschnitten der Klassen 3 oder 4, nicht ausreichend duktilen Verbundmitteln oder bei nicht vorwiegend ruhender Beanspruchung (s. Abschn. 8.3.3). Bei Ansatz der plastischen Momententragfähigkeit für Querschnitte der Klassen 1 oder 2 ergibt sich die, aus der Differenz der Normalkräfte des Betongurtes oder des Stahlträgers zu ermittelnde, resultierende Längsschubkraft innerhalb der jeweils betrachteten kritischen Längen wie folgt (s. a. Abb. 8.28 und Abschn. 8.3.4):

a) Bereich zwischen Momentennullpunkten und **positiven** *Momentenmaxima:*

$$V_{l,Ed} = N_{c,f} \quad \text{bzw.} \quad V_{l,Ed} = \eta \cdot N_{c,f} \tag{8.31}$$

b) Bereich zwischen Momentennullpunkten und **negativen** *Momentenmaxima:*

$$V_{l,Ed} = \sum N_{s,i} \tag{8.32}$$

Die erforderliche Dübelanzahl je Bereich wird damit unter Berücksichtigung der Tragfähigkeit der Einzeldübel P_{Rd} (s. a. Gl. 8.4 und Tab. 8.3) wie folgt ermittelt:

$$n_{erf} = V_{l,Ed}/P_{Rd} \tag{8.33}$$

Mit n_f wird die erforderliche Dübelanzahl für eine **vollständige Verdübelung** im positiven Momentenbereich bezeichnet (**f**ull shear connection), also für $V_{l,Ed} = N_{c,f}$.

Der **Verdübelungsgrad** η beschreibt das Verhältnis der vorhandenen Dübelanzahl zur erforderlichen für eine vollständige Verdübelung:

$$\eta = n_{vorh}/n_f \tag{8.34}$$

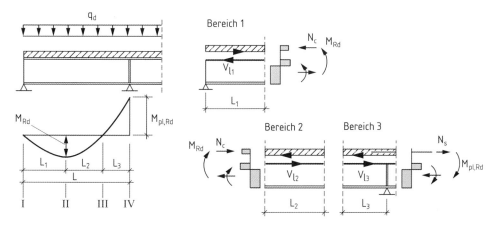

Abb. 8.28 Beispiel zur Ermittlung der Längsschubkräfte zwischen den kritischen Schnitten bei einem Durchlaufträger mit teilweiser Verdübelung im Feldbereich (*s. a.* [15])

Eine **teilweise Verdübelung** ist in den positiven Momentenbereichen zulässig, sofern die Anforderungen nach Tab. 8.13 eingehalten werden. Diese Verdübelungsart ist dann wirtschaftlich, wenn das Bemessungsmoment (deutlich) unter dem plastischen Grenzmoment liegt. Man kann dann die Dübelanzahl und damit die Kosten verringern. Der statisch erforderliche Verdübelungsgrad kann mit Gl. 8.30 in Abschn. 8.3.4.3 bestimmt werden.

8.3.6.4   Verteilung der Dübel in Längsrichtung

Die *Verteilung* der Verbundmittel innerhalb der kritischen Längen sollte i. Allg. entsprechend des Längskraftschubverlaufs vorgenommen werden, welcher bei Trägern mit gleichförmiger Belastung näherungsweise affin zum Querkraftverlauf angenommen werden kann. Praktisch erfolgt die Anpassung an den Verlauf, indem die, zwischen kritischen Schnitten erforderliche Dübelanzahl, im Verhältnis der Querkraftflächen auf die einzelnen Abstufungsbereiche aufgeteilt und in diesen mit jeweils konstantem Abstand angeordnet wird. Tab. 8.14 erläutert das Prinzip für einen Einfeldträger mit Gleichstreckenlast.

Dabei sollte bei Dübeln ohne ausreichende Duktilität ein Einschneiden der Dübeldeckungslinie in den Schubkraftverlauf von mehr als 10 % vermieden werden. Bei duktilen Verbundmitteln ist dagegen ein Einschneiden von bis zu 25 % vertretbar und es darf sogar eine *äquidistante Verteilung* zwischen den kritischen Schnitten vorgenommen werden, wenn

- im betrachteten Trägerbereich die Querschnitte an kritischen Schnitten die Bedingungen der Klasse 1 oder 2 erfüllen,
- der Verdübelungsgrad η die Bedingungen nach Tab. 8.13 erfüllt und

Tab. 8.14   Abstufung der Dübelverteilung für einen Einfeldträger mit Gleichstreckenlast

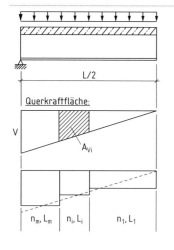

$$A_V = \frac{1}{2} V \cdot L$$

Allgemein

$$n_i = \frac{A_{Vi}}{A_V} \cdot n_{erf}, \qquad \sum n_i \geq n_{erf}$$

Für m flächengleiche Bereiche

$$n_i = \frac{n_{erf}}{m}, \qquad L_i = \frac{\sqrt{i} - \sqrt{i-1}}{\sqrt{m}} \cdot L$$

Beispiel für $m = 3$

$$n_i = \frac{n_{erf}}{3}, \qquad L_1 = \frac{1}{\sqrt{3}} \cdot L = 0{,}577 \cdot L$$

$$L_2 = \frac{\sqrt{2} - 1}{\sqrt{3}} \cdot L = 0{,}239 \cdot L$$

$$L_3 = \frac{\sqrt{3} - \sqrt{2}}{\sqrt{3}} \cdot L = 0{,}184 \cdot L$$

- das Verhältnis der vollplastischen Momententragfähigkeit des Verbundquerschnitts und des Baustahlquerschnitts die Bedingung nach Gl. 8.35 erfüllt.

$$M_{\text{pl,Rd}}/M_{\text{pl,a,Rd}} \leq 2,5 \qquad (8.35)$$

Durch die letzte Bedingung ist sichergestellt, dass trotz der äquidistanten Verteilung – und dem damit einhergehenden Einschneiden der Dübeldeckungslinie in den Schubkraftverlauf – eine ausreichende Momentendeckung vorliegt. Ist diese Bedingung nicht erfüllt, so sind zusätzliche Schnitte etwa in der Mitte zwischen zwei benachbarten kritischen Schnitten zu untersuchen.

8.3.6.5 Konstruktions- und Ausführungsregeln

Zur Ausbildung der Verbundsicherung sind in [2], 6.6.5, eine ganze Reihe an Konstruktions- und Ausführungsregeln enthalten. An dieser Stelle werden mit Abb. 8.29 die wesentlichen Angaben zu Dübelabständen, Flanschdicke und Betonüberdeckung wiedergegeben.

Weiter sind nach [2], 6.6.5.5, die folgenden Grenzabstände einzuhalten, wenn ein gedrückter Gurt, der normalerweise in die Klasse 3 oder 4 eingestuft werden müsste, in die Querschnittsklasse 1 oder 2 eingestuft wird, weil sich die Verdübelung mit dem Betongurt günstig auf das *örtliche Stabilitätsverhalten* auswirkt (s. a. Abschn. 8.3.2.2):

- $e_{\text{L}} \leq 22 t_{\text{f}} \sqrt{235/f_{\text{y}}}$ bei Betongurten mit vollflächig aufliegenden Vollbetonplatten
- $e_{\text{L}} \leq 15 t_{\text{f}} \sqrt{235/f_{\text{y}}}$ bei Betongurten mit senkrecht zur Trägerachse verlaufenden Profilblechen
- lichter Abstand zwischen der Außenkante des Druckgurtes und der äußeren Dübelreihe $\leq 9 t_{\text{f}} \sqrt{235/f_{\text{y}}}$

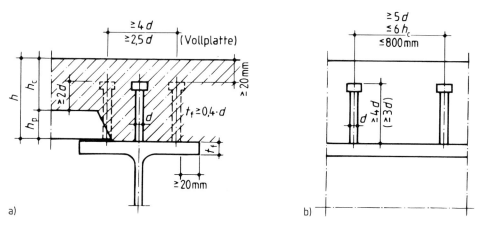

Abb. 8.29 Grenzwerte der Dübelabstände in Quer- (**a**) und Längsrichtung (**b**), Flanschdicke und Betonüberdeckung nach [2]

8.3.6.6   Beispiel Deckenträger – Fortsetzung

Für den Deckenträger in Abschn. 8.3.3.5 sollen unter Anwendung der plastischen Querschnittstragfähigkeit gemäß Abschn. 8.3.4.4 die Nachweise zur Verbundsicherung geführt werden und dabei Kopfbolzendübel $\varnothing$ 22 mit $h_{sc} = 125\,\text{mm}$ und $f_{u,b,k} = 450\,\text{N/mm}^2$ Verwendung finden.

Anforderungen zur Gewährleistung der Duktilität (s. a. Tab. 8.13)

Dübel: $h_{sc}/d = 125/22 = 5{,}7 > 4$ und $d \leq 25\,\text{mm}$

Für den Stahlquerschnitt gilt $A_u/A_o = 90/60 = 1{,}5 < 3{,}0$, sodass sich der **Mindestverdübelungsgrad** durch Interpolation der Fälle a) und b) ergibt.

a) $L_e = 16\,\text{m} < 25\,\text{m}$:

$$\eta \geq 1 - \left(\frac{355}{f_y}\right)(0{,}75 - 0{,}03 L_e) = 1 - \left(\frac{355}{235}\right)(0{,}75 - 0{,}03 \cdot 16) = 0{,}59 \geq 0{,}4$$

b) $L_e = 16\,\text{m} \leq 20\,\text{m}$:

$$\eta \geq 1 - \left(\frac{355}{f_y}\right)(0{,}3 - 0{,}015 L_e) = 1 - \left(\frac{355}{235}\right)(0{,}3 - 0{,}015 \cdot 16) = 0{,}91 \geq 0{,}4$$

Interpolation: $\eta \geq 0{,}59 + 0{,}5(0{,}91 - 0{,}59)/2{,}0 = 0{,}67$

Längsschubkräfte und erforderliche Dübelanzahl

Da die Ausnutzung der vollplastischen Momententragfähigkeit nur bei 60 % läge (s. Abschn. 8.3.4.4) wird hier der statisch erforderliche Grad für eine teilweise Verdübelung ermittelt gemäß Abschn. 8.3.4.3, wozu zunächst das plastische Grenzmoment des reinen Stahlquerschnitts berechnet wird:

$$A_o + A_w = 60 + 90 = 150\,\text{cm}^2 > A_u = 90\,\text{cm}^2 \Rightarrow z_{pl}\ \text{im Steg}$$

$$z_{pl} = \frac{A/2 - A_o}{t_w} = \frac{240/2 - 60}{1{,}5} = 40{,}0\,\text{cm ab UK OG}$$

$$M_{pl,a,Rd} = \left(A_u \cdot \left(h_w - z_{pl} + \frac{t_u}{2}\right) + A_o \cdot \left(z_{pl} + \frac{t_o}{2}\right) + t_w \cdot \left(\frac{z_{pl}^2}{2} + \frac{(h_w - z_{pl})^2}{2}\right)\right) f_{yd}$$

$$= \left(\underbrace{90 \cdot \left(60 - 40 + \frac{3}{2}\right)}_{1935} + \underbrace{60 \cdot \left(40 + \frac{2}{2}\right)}_{2460} + \underbrace{1{,}5 \cdot \left(\frac{40^2}{2} + \frac{(60-40)^2}{2}\right)}_{1500}\right)\frac{23{,}5}{1{,}0}$$

$$= 138.533\,\text{kNcm} = 1385\,\text{kNm}$$

$$\text{erf}\ \eta = \frac{M_{Ed} - M_{pl,a,Rd}}{M_{pl,Rd} - M_{pl,a,Rd}} = \frac{1490 - 1385}{2479 - 1385} = 0{,}10 \quad \text{s. Gl. 8.30}$$

Damit wird der Mindestverdübelungsgrad maßgebend und die zu verdübelnde Längsschubkraft beträgt:

$$V_{l,Ed} = \eta \cdot N_{c,f} = 0{,}67 \cdot 5640 = 3779\,\text{kN} \quad \text{s. Gl. 8.31}$$

Unter Berücksichtigung der maßgebenden Dübeltragfähigkeit $P_{Rd,2}$ nach Tab. 8.3 für die Betongüte C35/45 erhält man die erforderliche Dübelanzahl:

$$n_{erf} = V_{l,Ed}/P_{Rd} = 3779/102,1 = 37,0 = 37 \quad \text{s. Gl. 8.33}$$

Verteilung der Dübel und Ausführungsregeln

Von den Kriterien zur Zulässigkeit einer äquidistanten Verteilung nach Abschn. 8.3.6.4 ist lediglich noch das nach Gl. 8.35 zu prüfen:

$$M_{pl,Rd}/M_{pl,a,Rd} = 2479/1385 = 1,79 < 2,5$$

Damit ist eine äquidistante Verteilung der jeweils 37 Dübel je Trägerhälfte zulässig und die Grenzwerte der Dübelabstände nach Abb. 8.29 können bei einreihiger Anordnung ebenfalls eingehalten werden:

$$e_L = \frac{8000}{37} = 216\,\text{mm} \begin{cases} > 5d = 5 \cdot 22 = 110\,\text{mm} \\ < 6h_c = 6 \cdot 150 = 900\,\text{mm} \\ < 800\,\text{mm} \end{cases}$$

8.3.7 Schubsicherung – Überleitung des Längsschubes in den Betongurt

8.3.7.1 Einführung

Ausgehend von den Verbundmitteln erfolgt eine Überleitung der Längsschubkräfte in den Betongurt gemäß dem in Abb. 8.30 dargestellten Fachwerkmodell, bei dem die geneigten Druckstrebenkräfte D_c sowie die Zugkräfte Z_s in der erforderlichen Querbewehrung zusammen mit den Längsschubkräften V_l ein Gleichgewichtssystem bilden. Dementsprechend sind im Grenzzustand der Tragfähigkeit zum einen Nachweise zur Druckstrebentragfähigkeit zu führen und zum anderen ist die Menge der erforderlichen Querbewehrung zu ermitteln.

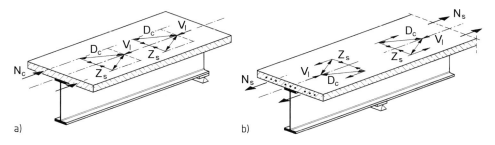

Abb. 8.30 Fachwerkmodell zur Überleitung der Längsschubkräfte in den Betongurt: **a** Zuggurt, **b** Druckgurt

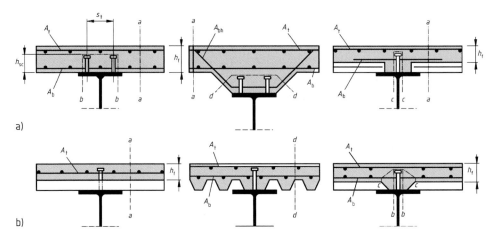

Abb. 8.31 Maßgebende Schnitte für die Überleitung des Längsschubes nach [2] bei **a** Vollbeton-platten und **b** Betongurten mit Profilblechen

Tab. 8.15 Anrechenbare Be-wehrung A_{sf}/s_f in kritischen Schnitten gemäß Abb. 8.31	Schnitt	a–a	b–b	c–c	d–d
	a) Vollbetonplatten	$A_t + A_b$	$2A_b$	$2A_b$	$2A_{bh}$
	b) Betongurte mit Profilblechen	A_t	$2A_b$	$2A_b$	$A_t + A_b$

Dabei ist gemäß Abb. 8.9b zu unterscheiden zwischen der Überleitung über die *Dübel-umrissfläche (Schnitt V-V)* und der Überleitung über den *Plattenanschnitt (Schnitt VI-VI)*, der auch Schulterschub genannt wird. Die jeweils maßgebenden Schnitte gemäß DIN EN 1994-1-1 [2], Abs. 6.6.6, werden hier mit Abb. 8.31 wiedergegeben, wobei im Fall von senkrecht zur Trägerachse verlaufenden Profilblechen auf den Nachweis im Schnitt b–b verzichtet werden darf, wenn für die Dübeltragfähigkeit der Abminderungsfaktor k_t nach Gl. 8.6 berücksichtigt wird. In Tab. 8.15 sind die jeweils anrechenbaren Bewehrungen zusammengestellt.

8.3.7.2 Nachweis der Schubkrafttragfähigkeit

Die in der Verbundfuge wirkende Längsschubkraft je Längeneinheit ist in Übereinstim-mung mit Abschn. 8.3.6 aus der erforderlichen Dübelanzahl unter Berücksichtigung der Verteilung der Dübel in Längsrichtung zu ermitteln. Bei äquidistanter Verteilung kann damit der *Bemessungswert der einwirkenden Längsschubspannung* wie folgt bestimmt werden:

$$v_{Ed} = V_{l,Ed}/(L_{crit} \cdot h_f)/m \tag{8.36}$$

L_{crit}: kritische Länge
   (z. B. Abstand zwischen Momentennullpunkten und -maxima)
h_f: für *Plattenanschnitt* Höhe der Betonplatte gemäß Abb. 8.31,
   für *Dübelumriss* Länge des untersuchten Schnitts
m: für *Plattenanschnitt* Anzahl der Gurte, für *Dübelumriss* $m = 1$

Für diese Längsschubspannung ist nachzuweisen, dass sie kleiner als die ***Längsschub-krafttragfähigkeit*** bezogen auf die zuvor beschriebenen maßgebenden Schnitte ist, wobei die Tragfähigkeit in der Regel gemäß der Vorgehensweise für Plattenbalken nach DIN EN 1992-1-1 [3], 6.2.4, zu ermitteln ist. Insofern könnte für den Nachweis des Plattenanschnitts von $V_{1,Ed}$ in Gl. 8.36 noch die Kraft abgezogen werden, die bereits von der Betonplatte über die Breite des Stahlträgerobergurtes aufgenommen wird. Auf der sicheren Seite kann aber auf den Abzug verzichtet werden.

Um das ***Versagen der Druckstreben*** im Gurt zu vermeiden, ist in der Regel die folgende Anforderung zu erfüllen:

$$v_{Ed} \leq v \cdot 0{,}85 \cdot f_{cd}/(\cot \theta_f + \tan \theta_f) \tag{8.37}$$

v: Abminderungsbeiwert für die Betonfestigkeit bei Schubrissen:

$$v = 0{,}75 \cdot (1{,}1 - f_{ck} \, [\text{N/mm}^2]/500) \leq 0{,}75$$

Hinweis: die obere Grenze ist bis C50/60 maßgebend

θ_f: Druckstrebenwinkel:
Vereinfachend dürfen die folgenden Werte verwendet werden:
$\cot \theta_f = 1{,}0$ *in Zuggurten*
$\cot \theta_f = 1{,}2$ *in Druckgurten*

Dazu ist die ***erforderliche Querbewehrung pro Abschnittslänge*** mit Gl. 8.38 zu bestimmen, um die Querzugkräfte Z_s gemäß Abb. 8.30 kurzschließen zu können.

$$(A_{sf}/s_f \cdot f_{sd}) \geq v_{Ed} \cdot h_f/\cot \theta_f \tag{8.38}$$

Auf die erforderliche Bewehrung angerechnet werden darf diejenige, welche die untersuchten Schnittlinien kreuzt, sodass die Querschnittsfläche durchlaufender Stäbe zweimal anzurechnen ist (s. Abb. 8.31 und Tab. 8.15). Für den Plattenanschnitt ist die erforderliche Bewehrung in der Regel hälftig auf die obere und untere Lage zu verteilen, wobei senkrecht zur Trägerachse angeordnete, durchlaufende Profilbleche mit mechanischem Verbund oder Reibungsverbund, angerechnet werden dürfen, sodass ggf. anstelle von Gl. 8.38 die folgende zu verwenden ist:

$$(A_{sf}/s_f \cdot f_{sd}) + A_{pe} \cdot f_{yp,d} \geq v_{Ed} \cdot h_f/\cot \theta_f \tag{8.39}$$

A_{pe}: wirksame Querschnittsfläche des Profilbleches je Längeneinheit quer zur Trägerrichtung
$f_{yp,d}$: Bemessungswert der Streckgrenze des Profilbleches

Weiter sind nach [3] die folgenden Grundsätze für die Bewehrung zu beachten:

- Bei kombinierter Beanspruchung durch Querbiegung und Längsschub ist in der Regel der größere erforderliche Stahlquerschnitt anzuordnen, der sich entweder als Schubbewehrung oder aus der erforderlichen Biegebewehrung für Querbiegung plus der Hälfte der Schubbewehrung ergibt
- Die Bewehrung ist nach den Regeln gemäß [3], Abs. 8.4, zu verankern.
  Für Randträger können dazu Steckbügel um die Kopfbolzendübel verwendet werden.
- Es ist die Mindestbewehrung nach [3], Abs. 9.2.2(5), einzuhalten und gleichmäßig zu verteilen. Bei Betongurten mit Profilblechen ist diese auf die Betonfläche oberhalb des Blechs zu beziehen.

8.3.7.3   Beispiel Deckenträger – Fortsetzung

Für den Deckenträger in Abschn. 8.3.3.5 sollen unter Anwendung der plastischen Querschnittstragfähigkeit gemäß Abschn. 8.3.4.4 an dieser Stelle die Nachweise zur Schubsicherung geführt und dabei die erforderliche Querbewehrung ermittelt werden.

Die wirksame Längsschubspannung ergibt sich mit Gl. 8.36 wie nachfolgend angegeben. Berücksichtigt wird dabei für $V_{\mathrm{l,Ed}}$ die teilweise Verdübelung und für L_{crit} die halbe Trägerlänge (Abstand zwischen Momentennullpunkt und Maximum). Vereinfachend und auf der sicheren Seite liegend wird die Spannung nur für die **Dübelumrissfläche** ermittelt, da sie kürzer ist als die zweifache Höhe am Plattenanschnitt (vgl. Abb. 8.3, 8.16 und 8.31):

$$v_{\mathrm{Ed}} = V_{\mathrm{l,Ed}}/(L_{\mathrm{crit}} \cdot h_{\mathrm{f}}) = 3779/(800 \cdot 28{,}3) = 0{,}167\,\mathrm{kN/cm}^2$$

mit $h_{\mathrm{f}} = 2 \cdot 12{,}5 + 1{,}5 \cdot 2{,}2 = 28{,}3\,\mathrm{cm} < 2 \cdot 15{,}0 = 30{,}0\,\mathrm{cm}$

Der **Nachweis für die Druckstreben** wird mit Gl. 8.37 geführt:

$$v_{\mathrm{Ed}} = 0{,}167\,\frac{\mathrm{kN}}{\mathrm{cm}^2} \leq \frac{\nu \cdot \alpha \cdot f_{\mathrm{cd}}}{\cot\theta_{\mathrm{f}} + \tan\theta_{\mathrm{f}}} = \frac{0{,}75 \cdot 1{,}983}{1{,}2 + 1{,}2^{-1}} = 0{,}731\,\frac{\mathrm{kN}}{\mathrm{cm}^2}$$

Die **statisch erforderliche Querbewehrung** ergibt sich nach Gl. 8.38 zu:

$$\frac{A_{\mathrm{sf}}}{s_{\mathrm{f}}} \geq \frac{1}{2} \cdot \frac{v_{\mathrm{Ed}} \cdot h_{\mathrm{f}}}{\cot\theta_{\mathrm{f}} \cdot f_{\mathrm{sd}}} = \frac{1}{2} \cdot \frac{0{,}167 \cdot 28{,}3}{1{,}2 \cdot 43{,}5} = 0{,}045\,\frac{\mathrm{cm}^2}{\mathrm{cm}} = 4{,}5\,\frac{\mathrm{cm}^2}{\mathrm{m}}$$

Der Faktor $1/2$ berücksichtigt dabei für den Dübelumriss, dass die untere Bewehrung zweimal angerechnet werden kann (s. a. Tab. 8.15) und für den Plattenanschnitt, dass sich die Längskraft auf zwei Gurte aufteilt (s. a. Gl. 8.36). Der so ermittelte Bewehrungsbedarf bezieht sich für den Plattenanschnitt auf die Summe aus oberer und unterer Bewehrung, sodass dort z. B. jeweils eine Matte R 257 A anzuordnen und entsprechend zu verankern ist. Im Bereich des Dübelumrisses kann nur die untere Lage angerechnet werden, sodass für diese eine entsprechende Zulage anzuordnen ist (z. B. ∅ 8 alle 25 cm ⇒ +2,01 cm²/m).

8.3.8 Gebrauchstauglichkeit

Im Grenzzustand der Gebrauchstauglichkeit (GZG) sind vor allem die folgenden Zustände zu betrachten und die zugehörigen Nachweise zu führen, auf die im Folgenden näher eingegangen wird:

- Begrenzung der Spannungen
- Begrenzung der Rissbreiten im Beton
- Begrenzung der Verformungen
- Schwingungsverhalten

8.3.8.1 Begrenzung der Spannungen

Für Tragwerke des Hochbaus ist eine *Begrenzung der Spannungen* <u>nicht</u> erforderlich, wenn im Grenzzustand der Tragfähigkeit kein Ermüdungsnachweis erforderlich ist und keine Vorspannung mit Hilfe von Spanngliedern und/oder planmäßig eingeprägten Deformationen erfolgt. Für andere Fälle sind die Regelungen in DIN EN 1994-1-1 [2], Abs. 7.2, zu beachten.

8.3.8.2 Begrenzung der Rissbreiten im Beton

Der Begriff der *Rissbreitenbeschränkung* ist im Stahlbetonbau der gebräuchliche, wenn es um die Einhaltung von Anforderungen an die Dauerhaftigkeit und das Erscheinungsbild im Zusammenhang mit der (unvermeidlichen) Rissbildung im Beton bei Zugbeanspruchung aus Last oder Zwang geht. In EN 1992-1-1 [3], Abs. 7.3 sind die entsprechenden Regelungen hierzu enthalten, die z. B. die zulässige Rissbreite w_k in Abhängigkeit von der maßgebenden Expositionsklasse und der Einwirkungskombination definieren.

Vereinfachend und auf der sicheren Seite liegend darf der Nachweis der Rissbreitenbeschränkung ohne direkte Berechnung erfolgen, wenn für Verbundtragwerke die nachfolgend aus [2] wiedergegebenen

- Anforderungen an die Mindestbewehrung und die
- Bedingungen für die Begrenzung der Stabdurchmesser der Bewehrung oder die Höchstwerte für Stababstände

eingehalten werden.

Mindestbewehrung

Wenn keine genauere Ermittlung der Mindestbewehrung nach [3] erfolgt, ist in der Regel in allen Betonquerschnittsteilen, die durch Zwangsbeanspruchungen (z. B. primäre und sekundäre Beanspruchungen aus Schwinden) und/oder direkte Beanspruchungen aus äußeren Einwirkungen auf Zug beansprucht werden, eine Mindestbewehrung erforderlich, die sich bei Verbundträgern ohne Spanngliedvorspannung mit Gl. 8.40 ergibt. Die

Mindestbewehrung ist über die Gurtdicke so zu verteilen, dass mindestens die Hälfte der Mindestbewehrung in der Plattenhälfte mit der größten Zugrandspannung liegt.

$$A_s \geq k \cdot k_s \cdot k_c \cdot f_{ct,eff} \cdot A_{ct}/\sigma_s \qquad (8.40)$$

k ein Beiwert zur Berücksichtigung von nichtlinear verteilten Eigenspannungen, der mit 0,8 angenommen werden darf

k_s ein Beiwert, der die Abminderung der Normalkraft des Betongurtes infolge Erstrissbildung und Nachgiebigkeit der Verdübelung erfasst und mit 0,9 angenommen werden darf

k_c ein Beiwert zur Berücksichtigung der Spannungsverteilung im Betongurt unmittelbar vor der Erstrissbildung (s. Gl. 8.27)

$f_{ct,eff}$ der Mittelwert der wirksamen Betonzugfestigkeit zum erwarteten Zeitpunkt der Erstrissbildung. Für $f_{ct,eff}$ dürfen die Werte f_{ctm} nach Tab. 8.2 angenommen werden, wobei jeweils die zum erwarteten Zeitpunkt der Rissbildung maßgebende Betonfestigkeitsklasse zugrunde zu legen ist.

Wenn nicht zuverlässig vorhergesagt werden kann, dass die Rissbildung bereits vor Ablauf von 28 Tagen eintritt, ist in der Regel von einer Mindestzugfestigkeit von $3 \, \text{N/mm}^2$ auszugehen

A_{ct} die Fläche der Betonzugzone unmittelbar vor Erstrissbildung unter Berücksichtigung der Zugbeanspruchungen aus direkten Einwirkungen und Zwangsbeanspruchungen aus dem Schwinden.

Näherungsweise darf die Fläche des mittragenden Betonquerschnitts angenommen werden.

σ_s die maximal zulässige Betonstahlspannung bei Erstrissbildung.

Vereinfachend darf die Streckgrenze der Bewehrung f_{sk} angenommen werden. Zur Einhaltung der Anforderungen an die Rissbreite sind die vom verwendeten Stabdurchmesser abhängigen Werte nach Tab. 8.16 bzw. Gl. 8.41. zu verwenden.

Tab. 8.16 Grenzdurchmesser für Betonrippenstähle und Höchstwerte der Stababstände nach [2]

Stahlspannung σ_s [N/mm²]	Grenzdurchmesser $\varnothing^*$ in mm für die maximal zulässige Rissbreite w_k			Höchstwerte der Stababstände in mm für die maximal zulässige Rissbreite w_k		
	$w_k = 0,4\,\text{mm}$	$w_k = 0,3\,\text{mm}$	$w_k = 0,2\,\text{mm}$	$w_k = 0,4\,\text{mm}$	$w_k = 0,3\,\text{mm}$	$w_k = 0,2\,\text{mm}$
160	40	32	25	300	300	200
200	32	25	16	300	250	150
240	20	16	12	250	200	100
280	16	12	8	200	150	50
320	12	10	6	150	100	–
360	10	8	5	100	50	–
400	8	6	4	–	–	–
450	6	5	–	–	–	–

Begrenzung der Stabdurchmesser oder der Stababstände

Bei Einhaltung der o. g. Mindestbewehrung darf der Nachweis der Begrenzung der Rissbreite auf zulässige Werte durch Begrenzung der Stabdurchmesser nach Gl. 8.41 oder durch Begrenzung der Stababstände nach Tab. 8.16 erfolgen. In beiden Fällen sind die Grenzwerte abhängig von der Betonstahlspannung σ_s und der maximal zulässigen Rissbreite.

$$\varnothing \leq \varnothing^* \cdot f_{ct,eff}/f_{ct,o} \tag{8.41}$$

$\varnothing^*$ der Grenzdurchmesser nach Tab. 8.16

$f_{ct,o}$ der Bezugswert für die Betonzugfestigkeit mit $f_{ct,o} = 2,9\,\text{N/mm}^2$

8.3.8.3 Begrenzung der Verformungen

In DIN EN 1990 [11], Abschn. A.1.4.3, werden die in Abb. 8.32 wiedergegebenen Durchbiegungsanteile definiert. Insbesondere wenn Verbundträger ohne Eigengewichtsverbund hergestellt werden, ist eine überhöhte Ausführung des Stahlträgers, auf den dann die Rohbaulasten wirken, unerlässlich. Aber auch mit Eigengewichtsverbund kann bei Trägern mit größeren Stützweiten eine Überhöhung erforderlich sein, um die zulässigen Maximalwerte einzuhalten. DIN EN 1994-1-1 [2] enthält zu diesen keine Vorgaben, weshalb in Tab. 8.17 Anhaltswerte gemäß DIN EN 1992-1-1 [3] aufgeführt sind. Neben dem Nachweis für w_{max} ist es zur Vermeidung von Schäden an Ausbauteilen notwendig, für die Verformungen aus Langzeitwirkung und dem nicht überhöhten Anteil aus Verkehrslasten einen zusätzlichen Nachweis zu führen. Nach DIN 18800-5 [10] sind Träger in der Regel

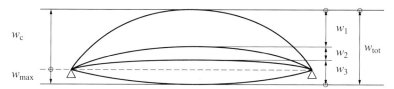

w_c	„Spannungslose Werkstattform" mit Überhöhung
w_{max}	Verbleibende Durchbiegung nach der Überhöhung
w_1	Durchbiegungsanteil aus ständiger Belastung (Eigengewicht Rohbau und Ausbau)
w_2	Durchbiegungszuwachs aus Langzeitwirkung der ständigen Belastung
w_3	Durchbiegungsanteil infolge veränderlicher Einwirkung

Abb. 8.32 Definition von Durchbiegungsanteilen nach [11]

Tab. 8.17 Empfohlene Maximalwerte der Verformungen im GZG nach [3], Abs. 7.4.1, unter quasi-ständiger Einwirkungskombination

Anforderung	w_{max}	$w_2 + w_3$
Wahrung des Erscheinungsbildes	$L/250$	–
Vermeidung von Schäden an angrenzenden Bauteilen, z. B. Trennwänden	$L/500$	$L/500$

Hinweis: Bei Kragarmen ist für L die 2,5fache Kragarmlänge anzusetzen

für die ständigen Einwirkungen einschließlich der Verformungen aus dem Kriechen und Schwinden des Betons zu überhöhen. Eventuell zu berücksichtigende Überhöhungen für veränderliche Einwirkungen sind im Einzelfall festzulegen.

Bei der Ermittlung der Durchbiegungen sind die folgenden Regelungen zu beachten:

- Die Berechnung erfolgt elastisch unter Berücksichtigung der *Rissbildung* sowie der Einflüsse *aus Kriechen und Schwinden* (s. a. Abschn. 8.3.3.2 und 8.3.3.3).
- Der Einfluss des *Schwindens* darf bei der Verwendung von Normalbeton vernachlässigt werden, wenn das Verhältnis von Stützweite zu Bauhöhe des Verbundquerschnitts den Wert 20 nicht überschreitet ($L/h \leq 20$).
- Die Einflüsse aus der *Nachgiebigkeit der Verdübelung* dürfen bei Einhaltung der Bedingungen in Abschn. 8.3.6 vernachlässigt werden, wenn zusätzlich der Verdübelungsgrad mindestens 50 % beträgt oder wenn im GZG die nach der Elastizitätstheorie ermittelte Längsschubkraft je Dübel den Bemessungswert P_{Rd} nicht überschreitet. Außerdem muss bei Verwendung von senkrecht zur Trägerachse verlaufenden Profilblechdecken die Rippenhöhe $h_p \leq 80$ mm sein.

Beispiel Deckenträger – Fortsetzung

Für den in Abschn. 8.3.3.5 beschriebenen Verbundträger mit Eigengewichtsverbund (s. a. Abb. 8.16) soll die Einhaltung der zulässigen Durchbiegung zum Zeitpunkt $t = \infty$ überprüft werden. Dabei können die für die Spannungsberechnung ermittelten, zeitabhängigen Querschnittswerte verwendet werden, sodass sich die folgenden Durchbiegungen für die einzelnen Beanspruchungen ergeben:

Ständige Einwirkungen:

Eigengewicht Verbundträger:

$$g_1 = 240/100^2 \cdot 78,5 + 2,0 \cdot 0,15 \cdot 25 = 1,9 + 7,5 = 9,4 \, \text{kN/m}$$

Ausbaulast: $g_2 = 2,55 \cdot 2 = 5,1 \, \text{kN/m}$

Gesamt: $g = 9,4 + 5,1 = 14,5 \, \text{kN/m}$

Durchbiegung: $w_g = \dfrac{5 \cdot g \cdot L^4}{384 E I_{i,P}} = \dfrac{5 \cdot 14,5 \cdot 16^4}{384 \cdot 21.000 \cdot 36,3} = 0,016 \, \text{m}$

Schwinden:

Durchbiegung: $w_{sh} = \dfrac{M_{sh} \cdot L^2}{8 E I_{i,S}} = \dfrac{476,7 \cdot 16^2}{8 \cdot 21.000 \cdot 40,8} = 0,018 \, \text{m}$

Veränderliche Einwirkungen:

Nutzlast Lager nach Angaben Bauherr: $q = 9,0 \cdot 2 = 18,0 \, \text{kN/m}$

quasi-ständiger Anteil (Kat. E): $\psi_2 \cdot q = 0,8 \cdot 18 = 14,4 \, \text{kN/m}$

Durchbiegung: $w_q = \dfrac{5 \cdot q \cdot L^4}{384 E I_{i,0}} = \dfrac{5 \cdot 14,4 \cdot 16^4}{384 \cdot 21.000 \cdot 49,1} = 0,012 \, \text{m}$

Gesamtdurchbiegung für $t = \infty$ und Nachweise:

$$w_\infty = 1{,}6 + 1{,}8 + 1{,}2 = 4{,}6\,\text{cm} = L/348 < w_{max} = L/250$$

$\Rightarrow$ keine Überhöhung erforderlich.

Auf den Nachweis für Ausbauteile kann verzichtet werden, weil für das Beispiel keine strengeren Vorgaben bestehen.

8.3.8.4 Schwingungsverhalten

Bei schlanken Verbundträgern kann ein Nachweis erforderlich werden, bei dem die Beschleunigung und der Schwingungsbereich unter Berücksichtigung der jeweiligen Nutzung so begrenzt werden, dass ein Unbehagen für die Nutzer oder Beschädigungen der Ausbauten verhindert werden. Zur ersten Beurteilung der Schwingungsanfälligkeit von Trägern wird in der Regel die Eigenfrequenz herangezogen, die sich für Einfeldträger und Durchlaufträger mit konstanter Stützweite, konstanter Biegesteifigkeit und gleichmäßiger Massebelegung m mit Gl. 8.42 ermitteln lässt. Für regelmäßig begangene Decken sollte die Eigenfrequenz $\geq 3\,$Hz sein und für Decken, auf denen rhythmisch gesprungen oder getanzt wird, $\geq 5\,$Hz.

$$f = \frac{\pi}{2}\sqrt{\frac{E\,I_{i,0}}{m \cdot L^4}} = \frac{5{,}6}{\sqrt{w_{0,\text{EFT}}\,[\text{cm}]}} \qquad (8.42)$$

Beispiel Deckenträger – Fortsetzung Abschn. 8.3.3.5

Durchbiegung:

$$w_g = \frac{5 \cdot g \cdot L^4}{384 E\,I_{i,0}} = \frac{5 \cdot 14{,}5 \cdot 16^4}{384 \cdot 21.000 \cdot 49{,}1} = 0{,}012\,\text{m}$$

Eigenfrequenz:

$$f = \frac{5{,}6}{\sqrt{1{,}2}} = 5{,}11\,\text{Hz}$$

Die Eigenfrequenz ist ausreichend hoch, zumal in dem Lagergebäude nicht von einer dynamischen Anregung auszugehen ist.

8.3.9 Beispiel Zweifeldträger Bürogebäude

Für den in Abb. 8.33 dargestellten Verbundträger sollen die notwendigen Nachweise zur Tragsicherheit sowie zu ausgewählten Aspekten der Gebrauchstauglichkeit geführt werden. Der zweifeldrige Träger wird in einem Bürogebäude mit einem Achsabstand von 3,0 m und mit Eigengewichtsverbund hergestellt. Zum Brandschutz und zum Zwecke

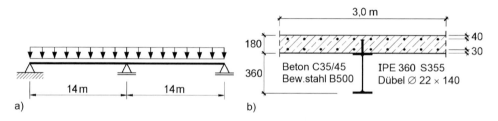

Abb. 8.33 System und Querschnitt Verbundträger Bürogebäude

eines erhöhten Beulwiderstandes werden die Kammern des Trägers ausbetoniert sowie planmäßig bewehrt und verdübelt (in Abb. 8.33 nicht dargestellt). Für die Querschnittstragfähigkeit wird der Kammerbeton in der Berechnung <u>nicht</u> angesetzt.

8.3.9.1 Lastannahmen

Ständige Einwirkungen

Eigengewicht g_1:	Betonplatte	$0,18 \cdot 3,0 \cdot 25 =$	$13,5 \, \text{kN/m}$
	Kammerbeton	$(36 \cdot 17 - 72,73)/100^2 \cdot 25 =$	$1,35 \, \text{kN/m}$
	Stahlträger		$\underline{0,57 \, \text{kN/m}}$
			$15,42 \, \text{kN/m}$
Eigengewicht g_2:	Ausbaulast	$1,5 \cdot 3,0 =$	$\underline{4,50 \, \text{kN/m}}$
			$g = 19,92 \, \text{kN/m}$
Bemessungswert		$g_d = 1,35 \cdot 19,92 =$	$26,90 \, \text{kN/m}$

Nutzlasten

Nutzlast Bürogebäude B2:	$2,0 \cdot 3,0 =$	$6,0 \, \text{kN/m}$
Trennwandzuschlag $g_w \leq 3 \, \text{kN/m}$:	$0,8 \cdot 3,0 =$	$\underline{2,4 \, \text{kN/m}}$
		$q = 8,4 \, \text{kN/m}$
Bemessungswert	$q_d = 1,5 \cdot 8,4 =$	$12,6 \, \text{kN/m}$
Bemessungswert Gesamt	$g_d + q_d = 26,9 + 12,6 =$	$39,5 \, \text{kN/m}$

8.3.9.2 Mittragende Breite (vgl. Abschn. 8.3.2.4)

Auf der sicheren Seite wird $b_0 = 0$ angenommen.
   Feldbereich:

$$L_e = 0,85 \cdot 14 = 11,9 \, \text{m}$$

$$b_{\text{eff}} = 2 \cdot \frac{11,9}{8} + 0 = 2,975 \, \text{m} < 3,0 \, \text{m}$$

Stützbereich:

$$L_e = 0,25 \cdot (14 + 14) = 7,0 \, \text{m}$$

$$b_{\text{eff}} = 2 \cdot \frac{7,0}{8} + 0 = 1,75 \, \text{m} < 3,0 \, \text{m}$$

8.3.9.3 Plastische Querschnittstragfähigkeit und Klassifizierung (vgl. Abschn. 8.3.4)

IPE 360, S355, $\gamma_a = 1,0$

$$N_{\text{pl,a,Rd}} = 72,73 \cdot 35,5 = 2582 \, \text{kN}, \quad V_{\text{pl,a,Rd}} = 720,3 \, \text{kN}, \quad M_{\text{pl,a,Rd}} = 361,8 \, \text{kNm}$$

$$b_f = 170 \, \text{mm}, \quad t_f = 12,7 \, \text{mm}, \quad t_w = 8,0 \, \text{mm}$$

Verbundquerschnitt Feldbereich

$$N_{\text{pl,c}} = 0,85 \cdot f_{\text{cd}} \cdot A_c = 0,85 \cdot 3,5/1,5 \cdot 297,5 \cdot 18 = 10.621 \, \text{kN} > N_{\text{pl,a}}$$

$\Rightarrow$ Fall 1, Nulllinie in der Betonplatte (Normalfall), $N_{\text{c,f}} = N_{\text{pl,a}}$

$$z_{\text{pl}} = \frac{N_{\text{pl,a}} - \rho \cdot N_{\text{pl,w}}}{0,85 \cdot f_{\text{cd}} \cdot b_{\text{eff}}} = \frac{2582 - 0}{10.621/0,18} \cdot 100 = 4,376 \, \text{cm} \leq h_c = 18 \, \text{cm}$$

$$z_a = h + h_a/2 = 18 + 36/2 = 36 \, \text{cm}$$

$$M_{\text{pl,Rd}} = N_{\text{pl,a}} \cdot z_a - \rho \cdot N_{\text{pl,w}} \cdot z_w - N_{\text{c,f}} \cdot z_{\text{pl}}/2$$
$$= (2582 \cdot 36 - 0 - 2582 \cdot 4,376/2)/100 = 873,0 \, \text{kNm}$$

Verbundquerschnitt Stützbereich

Vorhandene Bewehrung und Mindestbewehrung innerhalb der mittragenden Breite:

$$\text{oben } \varnothing 16/10 \Rightarrow A_{s1} = 1,75 \cdot 20,11 = 35,19 \, \text{cm}^2, \quad z_1 = 4,0 \, \text{cm}$$

$$\text{unten } \varnothing 12/10 \Rightarrow A_{s2} = 1,75 \cdot 11,31 = 19,79 \, \text{cm}^2, \quad z_2 = 18 - 3 = 15,0 \, \text{cm}$$

Mindestbewehrung für das Nachweisverfahren E-P:

$$\rho_s = \delta \cdot \frac{f_y}{235} \cdot \frac{f_{\text{ctm}}}{f_{\text{sk}}} \cdot \sqrt{\underbrace{k_c}_{\leq 1}} = 1,0 \cdot \frac{355}{235} \cdot \frac{3,2}{500} \cdot \sqrt{1} = 9,67 \cdot 10^{-3}$$

$$A_s \geq \rho_s \cdot A_c = 9,67 \cdot 10^{-3} \cdot 175 \cdot 18 = 30,5 \, \text{cm}^2$$
$$< \text{vorh } A_s = 35,19 + 19,79 = 54,98 \, \text{cm}^2$$

Plastisches Grenzmoment:

Annahme $V_{Ed}/V_{pl,a,Rd} \leq 0,5 \Rightarrow \rho = 0$ (nach Schnittgrößenermittlung zu überprüfen)

$$N_{s,1} = 35,19 \cdot 50/1,15 = 1530\,kN, \quad N_{s,2} = 19,79 \cdot 50/1,15 = 860,4\,kN$$

$$\sum N_{s,i} = 1530 + 860,4 = 2390\,kN$$

$$\gg N_{pl,w} = 0,8 \cdot (36 - 2 \cdot 1,27) \cdot 35,5/1,0 = 950,3\,kN$$

$\Rightarrow$ Fall 2, Nulllinie im Flansch

$$z_{pl} = h + \frac{N_{pl,a} - \rho \cdot N_{pl,w} - \sum N_{s,i}}{2 f_{yd} \cdot b_f} = 18 + \frac{2582 - 0 - 2390}{2 \cdot 35,5 \cdot 17} = 18,16\,cm$$

$$M_{pl,Rd} = N_{pl,a} \cdot z_a - \rho \cdot N_{pl,w} \cdot z_w - N_f \frac{z_{pl} - h}{t_f} \cdot \frac{z_{pl} + h}{2} - \sum N_{s,i} \cdot z_{s,i}$$

$$= \Big(2582 \cdot 36 - 0 - \underbrace{2 \cdot 17 \cdot 1,27 \cdot 35,5}_{N_f = 1533\,kN} \cdot \frac{0,16}{1,27} \cdot \frac{18,16 + 18}{2}$$

$$- 1530 \cdot 4 \quad 860,4 \cdot 15 \Big)/100$$

$$= 704,3\,kNm$$

Querschnittsklassifizierung (vgl. Abschn. 8.3.2.2):

Untergurt: vorh $c/t = 4,96 < 7,3 = $ grenz c/t für QK 1

Steg: vollständig überdrückt

         ohne Kammerbeton vorh $c/t = 37,3 > 34,1 = $ grenz c/t für QK 3

Aufgrund des Kammerbetons und vorh $c/t < 124\varepsilon = 124 \cdot (235/355)^{0,5} = 101$ wird der Steg und der gesamte Querschnitt in Klasse 2 eingestuft. Dabei wird davon ausgegangen, dass bei rechnerischer Berücksichtigung des Kammerbetons die plastische Nulllinie im Steg läge und dieser mindestens in Klasse 3 eingestuft und damit wie Klasse 2 behandelt werden darf (eine nicht dargestellte Berechnung bestätigt diese Annahme).

8.3.9.4 Schnittgrößenermittlung und Nachweis der Querschnittstragfähigkeit (vgl. Abschn. 8.3.2.3)

Die Schnittgrößen werden mit über den gesamten Durchlaufträger konstanten Steifigkeiten ermittelt und das Stützmoment anschließend umgelagert (Methode 1):

Ermittlung max M_1

$$\max M_1 = (0,07 \cdot 26,9 + 0,096 \cdot 12,6) \cdot 14^2 = 606,1\,kNm$$

Ermittlung min M_B und zug. V_B und M_1

$$\min M_B = -0,125 \cdot 39,5 \cdot 14^2 = -967,8\,\text{kNm}$$

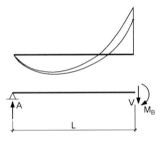

Bei Querschnittsklasse 2 darf um 30 % umgelagert werden:

$$\min M_B = -967,8 \cdot 0,7 = -677,4\,\text{kNm}$$

$$\text{zug. } A = \frac{(g+q)\cdot L}{2} + \frac{M_B}{L} = 39,5 \cdot \frac{14}{2} - \frac{677,4}{14} = 228,1\,\text{kN}$$

$$\text{zug. } V = A - (g+q)\cdot L = 228,1 - 39,5 \cdot 14 = -324,9\,\text{kN}$$

$$\text{zug. } M_1 = \frac{A^2}{2(g+q)} = \frac{228,1^2}{2 \cdot 39,5} = \underline{658,6\,\text{kNm}} > \max M_1$$

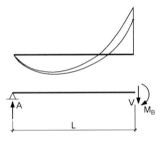

Nachweis Feldbereich

$$\frac{M_{\text{Ed}}}{M_{\text{pl,Rd}}} = \frac{658,6}{873,0} = 0,754 < 1$$

Nachweis Stützbereich

$$\frac{V_{\text{Ed}}}{V_{\text{pl,a,Rd}}} = \frac{324,9}{720,3} = 0,451 < 0,5 \;\Rightarrow\; \rho = 0 \;(\text{wie angenommen})$$

$$\frac{M_{\text{Ed}}}{M_{\text{pl,Rd}}} = \frac{677,4}{704,3} = 0,962 < 1$$

8.3.9.5 Biegedrillknicknachweis für Stützbereich (vgl. Abschn. 8.3.5)

Stützweiten identisch, $g_d/q_d = 26,9/39,5 = 0,68 > 0,4$, weitere Bedingungen eingehalten

$\Rightarrow$ IPE 360, S355: $h = 360\,\text{mm} \leq \text{grenz}\,h = 400\,\text{mm} + 200\,\text{mm}$ wg. Kammerbeton

8.3.9.6   Nachweis und Verteilung der Verdübelung (vgl. Abschn. 8.3.6)

Längsschub im positiven Momentenbereich
$V_{l,Ed} = N_{c,f} = 2582\,kN$ für eine vollständige Verdübelung

vollständige Verdübelung
Kopfbolzendübel $\varnothing\,22 \times 140 \Rightarrow h_{sc}/d = 140/22 = 6{,}36 > 4$

$$C\,35/40 \Rightarrow P_{Rd} = P_{Rd,2} = 102{,}1\,kN$$
$$\mathrm{erf}\,n = n_f = V_{l,Ed}/P_{Rd} = 2582/102{,}1 = 25{,}3 \Rightarrow 26\ \text{Dübel}$$

Statisch erforderliche Anzahl für eine teilweise Verdübelung

$$M_{Rd} = M_{pl,a,Rd} + (M_{pl,Rd} - M_{pl,a,Rd}) \cdot \eta \overset{!}{=} M_{Ed}$$
$$\Rightarrow\ \mathrm{erf}\,\eta = (M_{Ed} - M_{pl,a,Rd})/(M_{pl,Rd} - M_{pl,a,Rd})$$
$$= (658{,}6 - 361{,}8)/(873{,}0 - 361{,}8) = 0{,}581$$

Mindestverdübelungsgrad
Doppeltsymmetrischer Baustahlquerschnitt, $L_e = 11{,}9\,m < 25\,m$

$$\Rightarrow\ \eta \geq 1 - (355/f_y) \cdot (0{,}75 - 0{,}03 \cdot L_e)$$
$$= 1 - 1 \cdot (0{,}75 - 0{,}03 \cdot 11{,}9) = 0{,}607 > 0{,}4 > 0{,}581$$
$$\Rightarrow\ \mathrm{erf}\,n = 0{,}607 \cdot 25{,}3 = 15{,}4 \Rightarrow 16\ \text{Dübel}$$

Kontrolle: vorh $\eta = 16/25{,}3 = 0{,}632$

$$M_{Rd} = M_{pl,a,Rd} + (M_{pl,Rd} - M_{pl,a,Rd}) \cdot \eta$$
$$= 361{,}8 + (873{,}0 - 361{,}8) \cdot 0{,}632 = 685{,}1\,kNm > 658{,}6\,kNm = M_{Ed}$$

Äquidistante Verteilung
QK 2 und Mindestverdübelungsgrad eingehalten

$$M_{pl,Rd}/M_{pl,a,Rd} = 873{,}0/361{,}8 = 2{,}41 < 2{,}5$$

$\Rightarrow$ äquidistante Verteilung zulässig

Längsschub im negativen Momentenbereich

$$V_{l,Ed} = \sum N_{s,i} = 2390\,kN$$

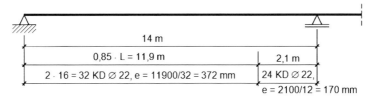

Abb. 8.34 Äquidistante Dübelverteilung (vgl. a. Abb. 8.28)

vollständige Verdübelung

$$\mathrm{erf}\, n = V_{\mathrm{l,Ed}}/P_{\mathrm{Rd}} = 2390/102{,}1 = 23{,}41 \;\Rightarrow\; 24\ \mathrm{D\ddot{u}bel}$$

Eine teilweise Verdübelung ist im negativen Momentenbereich nicht zulässig.

Dübelverteilung (äquidistant)

$$\min e = 5{,}0\, d = 110\,\mathrm{mm} < \mathrm{vorh}\, e < \max e = 6 h_{\mathrm{c}} = 1080\,\mathrm{mm}\ \mathrm{oder}\ 800\,\mathrm{mm}$$

Für den Stützbereich ergäbe sich bei einreihiger Anordnung eine Unterschreitung des Mindestabstandes in Längsrichtung ($e = 2100/24 = 87{,}5\,\mathrm{mm}$), weshalb die Dübel in diesem Bereich 2-reihig angeordnet werden (s. Abb. 8.34). Aus den Mindestabständen in Querrichtung nach Abb. 8.29 ergibt sich die folgende Mindestbreite für den Obergurt:

$$\min b_{\mathrm{f}} = 2 \cdot 20 + 2{,}5 \cdot 22 + 22 = 117\,\mathrm{mm} < \mathrm{vorh}\, b_{\mathrm{f}} = 170\,\mathrm{mm}$$

8.3.9.7 Einleitung des Längsschubes in den Betongurt (vgl. Abschn. 8.3.7)

Druckgurt (positiver Momentenbereich)
Längsschub

$$V_{\mathrm{l,Ed}} = n \cdot P_{\mathrm{R,d}} = 16 \cdot 102{,}1 = 1634\,\mathrm{kN} = \eta \cdot N_{\mathrm{cf}} = 0{,}632 \cdot 2582\,\mathrm{kN}$$

Kritische Länge

$$L_{\mathrm{crit}} = L_{\mathrm{e}}/2 = 11{,}9/2 = 5{,}95\,\mathrm{m}$$

Dübelumriss

$$h_{\mathrm{f}} = 2 \cdot h_{\mathrm{sc}} + 1{,}5 \cdot d = 2 \cdot 140 + 1{,}5 \cdot 22 = 313{,}0\,\mathrm{mm}$$
$$v_{\mathrm{Ed}} = V_{\mathrm{l,Ed}}/(L_{\mathrm{crit}} \cdot h_{\mathrm{f}}) = 1634/(595 \cdot 31{,}30) = 0{,}0877\,\mathrm{kN/cm}^{2}$$

Erforderliche Querbewehrung (untere Lage, $2A_b$ anrechenbar)

$$2 \cdot (A_{sf}/s_f \cdot f_{yd}) \geq v_{Ed} \cdot h_f/\cot\theta_f$$
$$\Rightarrow \text{ erf}(A_{sf}/s_f) = 0{,}5 \cdot v_{Ed} \cdot h_f/\cot\theta_f/f_{yd}$$
$$= 0{,}5 \cdot 0{,}0877 \cdot 31{,}30/1{,}2/(50/1{,}15) = 0{,}0263\,\text{cm}^2/\text{cm}$$
$$\text{erf } a_{sf} = 2{,}63\,\text{cm}^2/\text{m}$$

Nachweis der Druckstrebe

$$v = 0{,}75 \cdot (1{,}1 - f_{ck}\,[\text{N/mm}^2]/500) = 0{,}75 \cdot (1{,}1 - 35/500) = 0{,}773 \overset{(!)}{\leq} 0{,}75$$
$$v_{Ed} = 0{,}0877\,\frac{\text{kN}}{\text{cm}^2} \leq v \cdot f_{cd}/(\cot\theta_f + \tan\theta_f)$$
$$= 0{,}75 \cdot \underbrace{\frac{0{,}85 \cdot 3{,}5}{1{,}5}}_{1{,}983}/\left(1{,}2 + \frac{1}{1{,}2}\right) = 0{,}732\,\frac{\text{kN}}{\text{cm}^2}$$

Plattenanschnitt

$$h_f = h_c = 180\,\text{mm}$$
$$v_{Ed} = 0{,}5 \cdot V_{l,Ed}/(L_{crit} \cdot h_f) = 0{,}5 \cdot 1634/(595 \cdot 18{,}0) = 0{,}0763\,\text{kN/cm}^2$$

(auf eine Reduktion von $V_{l,Ed}$ um den Anteil b_a/b_{eff} wird auf der sicheren Seite verzichtet)

Erforderliche Querbewehrung (obere und untere Lage anrechenbar)

$$(A_{sf}/s_f \cdot f_{yd}) \geq v_{Ed} \cdot h_f/\cot\theta_f$$
$$\Rightarrow \text{ erf } a_{sf} = v_{Ed} \cdot h_f/\cot\theta_f/f_{yd} = 0{,}0763 \cdot 18{,}0/1{,}2/(50/1{,}15) \cdot 100 = 2{,}63\,\text{cm}^2/\text{m}$$

Anmerkung: Die Summe der erforderlichen Bewehrung in oberer und unterer Lage (je zur Hälfte einlegen) ist identisch zu der in der unteren Lage im Bereich des Dübelumrisses. Die Faktoren 2 bzw. 1/2 sowie die Länge h_f kürzen sich heraus.

Nachweis der Druckstrebe

$$v_{Ed} = 0{,}0763\,\frac{\text{kN}}{\text{cm}^2} \leq 0{,}732\,\frac{\text{kN}}{\text{cm}^2}$$

Zuggurt (negativer Momentenbereich)
Längsschub

$$V_{l,Ed} = \sum N_{s,i} = 2390\,\text{kN}$$

Kritische Länge

$$L_{crit} = 2{,}1\,\text{m}$$

Dübelumriss

$$v_{Ed} = V_{l,Ed}/(L_{crit} \cdot h_f) = 2390/(210 \cdot 31{,}30) = 0{,}364 \, kN/cm^2$$

Erforderliche Querbewehrung (untere Lage, $2A_b$ anrechenbar)

$$erf \, a_{sf} = 0{,}5 \cdot 0{,}364 \cdot 31{,}30/1{,}0/(50/1{,}15) \cdot 100 = 13{,}09 \, cm^2/m$$

Nachweis der Druckstrebe

$$v_{Ed} = 0{,}364 \, \frac{kN}{cm^2} \leq 0{,}75 \cdot 1{,}983/(1+1) = 0{,}744 \, \frac{kN}{cm^2}$$

Plattenanschnitt

$$h_f = h_c = 180 \, mm$$
$$v_{Ed} = 0{,}5 \cdot V_{l,Ed}/(L_{crit} \cdot h_f) = 0{,}5 \cdot 2390/(210 \cdot 18) = 0{,}0316 \, kN/cm^2$$

(auf eine Reduktion von $V_{l,Ed}$ um den im Bereich von b_a liegenden Längsbewehrungsanteil wird auf der sicheren Seite verzichtet)

Erforderliche Querbewehrung (obere und untere Lage anrechenbar)

$$erf \, a_{sf} = 13{,}09 \, cm^2/cm \quad \text{(Erläuterung s. o.)}$$

Nachweis der Druckstrebe Nicht maßgebend, da v_{Ed} kleiner als im Dübelumriss

8.3.9.8 Verformungen (vgl. Abschn. 8.3.8.3)

Für den Zweifeldträger soll die Durchbiegung zum Zeitpunkt t=∞ bestimmt und eine ggf. erforderliche Überhöhung festgelegt werden. Der Träger wird im Betonierzustand kontinuierlich unterstützt (Eigengewichtsverbund), sodass für alle Lasten die ideellen Biegesteifigkeiten des Verbundträgers anzusetzen sind (s. Abschn. 8.3.3.2), wobei im Stützbereich von einer gerissenen Zugzone auszugehen ist (s. a. Abschn. 8.3.3.3). Für die Berechnung werden die folgende Beanspruchungen berücksichtigt, wobei vereinfachend davon ausgegangen wird, dass alle Lasten (mit Ausnahme des Schwindens) zum Zeitpunkt $t_0 = 28$ Tage wirksam werden:

- Eigengewichte
- Ausbaulasten
- quasi-ständiger Verkehrslastanteil (Kombinationsbeiwert Ψ_2)
- Schwinden

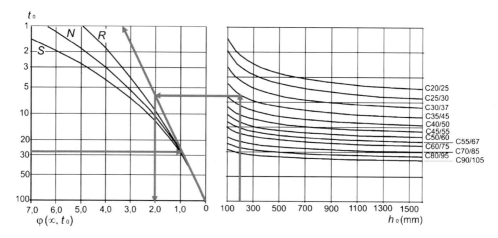

Abb. 8.35 Anwendung von Abb. 8.13a für das Beispiel

Kriechzahlen, Kriechbeiwerte und Reduktionsfaktoren

Belastungsbeginn $t_0 = 28$ Tage (vereinfacht für alle Belastungsarten)

wirksame Querschnittsdicke $h_0 = 2A_c/u = 2 \cdot b_c \cdot h_c/(2 \cdot b_c) = h_c = 180\,\text{mm}$

Relative Luftfeuchte 50 % (Bürogeb.), Betonfestigkeitsklasse C35/45, Zementklasse N

$\Rightarrow \varphi(\infty, t_0) = 2,0$ (s. Abb. 8.35)

ständige Einwirkungen (P): $\psi_{L,P} = 1,1$

$$n_0 = E_a/E_{cm} = 21.000/3400 = 6,176$$
$$n_P = n_0 \cdot (1 + \psi_L \cdot \varphi(t, t_0)) = 6,176 \cdot (1 + 1,1 \cdot 2,0) = 19,76$$

Schwinden (S): $\psi_{L,S} = 0,55$

$$n_S = 6,176 \cdot (1 + 0,55 \cdot 2,0) = 12,97$$

Ideelle Querschnittswerte

Feldbereich

Der Bewehrungsstahl wird im Druckbereich vernachlässigt.

Baustahl:

$$A_a = A_{st} = 72,7\,\text{cm}^2, \quad I_a = I_{st} = 16.270\,\text{cm}^4, \quad z_{s,st} = 36/2 + 18/2 = 27\,\text{cm}$$

Beton:

$$A_c = b_{eff} \cdot h_c = 297,5 \cdot 18 = 5355\,\text{cm}^2,$$
$$I_c = b_{eff} \cdot h_c^3/12 = 297,5 \cdot 18^3/12 = 144.585\,\text{cm}^4$$

Verbundquerschnitt für Kurzzeiteinwirkungen (0):

$$A_{c,0} = A_c/n_0 = 5355/6{,}176 = 867{,}1\,\text{cm}^2$$
$$I_{c,0} = I_c/n_0 = 144.585/6{,}176 = 23.409\,\text{cm}^4$$
$$A_{i,0} = A_{c,0} + A_{st} = 867{,}1 + 72{,}7 = 939{,}7\,\text{cm}^2$$
$$I_{i,0} = I_{c,0} + I_{st} + z_{,st}^2 \cdot A_{st} \cdot A_{c,0}/A_{i,0}$$
$$= 23.409 + 16.270 + 27^2 \cdot 72{,}7 \cdot 867{,}1/939{,}7 = 88.577\,\text{cm}^4$$

Verbundquerschnitt für ständige Einwirkungen (P):

$$A_{c,L} = A_c/n_P = 5355/19{,}76 = 270{,}9\,\text{cm}^2$$
$$I_{c,P} = I_c/n_P = 144.585/19{,}76 = 7315\,\text{cm}^4$$
$$A_{i,P} = A_{c,P} + A_{st} = 270{,}9 + 72{,}7 = 343{,}6\,\text{cm}^2$$
$$I_{i,P} = I_{c,P} + I_{st} + z_{,st}^2 \cdot A_{st} \cdot A_{c,P}/A_{i,P}$$
$$= 7315 + 16.270 + 27^2 \cdot 72{,}7 \cdot 270{,}9/343{,}6 = 65.371\,\text{cm}^4$$

Verbundquerschnitt für Schwinden (S):

$$A_{c,S} = A_c/n_S = 5355/12{,}97 = 412{,}9\,\text{cm}^2$$
$$I_{c,S} = I_c/n_S = 144.585/12{,}97 = 11.147\,\text{cm}^4$$
$$A_{i,S} = A_{c,S} + A_{st} = 412{,}9 + 72{,}7 = 485{,}6\,\text{cm}^2$$
$$I_{i,S} = I_{c,S} + I_{st} + z_{s,st}^2 \cdot A_{st} \cdot A_{c,S}/A_{i,S}$$
$$= 11.147 + 16.270 + 27^2 \cdot 72{,}7 \cdot 412{,}9/485{,}6 = 72.480\,\text{cm}^4$$
$$z_{iS} = A_{st} \cdot z_{s,st}/A_{i,S} = 72{,}7 \cdot 27/485{,}6 = 4{,}04\,\text{cm}$$

Stützbereich

Es wird von einer gerissenen Zugzone ausgegangen
  Baustahl:

$$A_a = A_{st} = 72{,}7\,\text{cm}^2, \quad I_a = I_{st} = 16.270\,\text{cm}^4, \quad z_{s,st} = 36/2 + 18/2 = 27\,\text{cm}$$

  Bew.stahl:

$$A_{s1} = 35{,}19\,\text{cm}^2, \quad z_{s,1} = -18/2 + 4 = -5{,}0\,\text{cm}$$
$$A_{s2} = 19{,}79\,\text{cm}^2, \quad z_{s,2} = 18/2 - 3 = 6{,}0\,\text{cm}$$

Gesamtstahlquerschnitt (st):

$$A_{st} = A_a + A_s = 72{,}7 + 35{,}19 + 19{,}79 = 127{,}7 \, \text{cm}^2$$

$$z_{s,st} = (A_a \cdot z_{s,a} + A_s \cdot z_{s,s})/A_{st} = (72{,}7 \cdot 27 - 35{,}19 \cdot 5 + 19{,}79 \cdot 6)/127{,}7 = 14{,}92 \, \text{cm}$$

$$I_{st} = I_a + A_a \cdot z_{s,a}^2 + A_s \cdot z_{s,s}^2 - A_{st} \cdot z_{s,st}^2$$

$$= 16.270 + 72{,}7 \cdot 27^2 + 35{,}19 \cdot 5^2 + 19{,}79 \cdot 6^2 - 127{,}7 \cdot 14{,}92^2$$

$$= 42.422 \, \text{cm}^4$$

Verformungen

Die Verformungen werden mit Hilfe der Beiwerte in Tab. 8.10 ermittelt.

Ständige Einwirkungen

Eigengewicht, Ausbaulasten und Trennwandzuschlag $\Rightarrow g = 19{,}92 + 2{,}4 = 22{,}32 \, \text{kN/m}$

$$I_2/I_1 = 42.422/65.371 = 0{,}65 \; \Rightarrow \; k_{w,q} \sim (0{,}504 + 0{,}478)/2 = 0{,}491$$

$$\max w(q) = k_{w,q} \cdot 5 \cdot q \cdot L^4/(384 \cdot E I_1)$$

$$= 0{,}491 \cdot 5 \cdot 22{,}32 \cdot 14^4/(384 \cdot 21.000 \cdot 6{,}5371) \cdot 100 = 3{,}99 \, \text{cm}$$

Quasi-ständige Nutzlast

$$\psi_2 = 0{,}3 \; \Rightarrow \; q = 0{,}3 \cdot 6{,}0 = 1{,}80 \, \text{kN/m}$$

Da die Nutzlast nur in einem Feld anzusetzen ist, wird die Durchbiegung auf der sicheren Seite wie für einen Einfeldträger berechnet:

$$\max w(q) = 5 \cdot q \cdot L^4/(384 \cdot E I_1)$$

$$= 5 \cdot 1{,}8 \cdot 14^4/(384 \cdot 21.000 \cdot 8{,}8577) \cdot 100 = 0{,}48 \, \text{cm}$$

$$w/L = 0{,}48/1400 = 1/2892 \ll 1/500$$

Schwinden

$h_0 = 180 \, \text{mm}$, RH 50 % (Bürogeb.), $f_{ck} = 35 \, \text{N/mm}^2$, Zementklasse N

$\Rightarrow$ Endschwindmaß $\varepsilon_{cs\infty} \sim (52 - 7 \cdot 0{,}8) \cdot 10^{-5} = 46{,}4 \cdot 10^{-5}$ nach Tab. 8.8

$$N_{sh} = \varepsilon_{cs} \cdot n_0/n_S \cdot E_{cm} \cdot A_c$$

$$= 46{,}4 \cdot 10^{-5} \cdot 6{,}176/12{,}97 \cdot 3400 \cdot 300 \cdot 18 = 4057 \, \text{kN}$$

$$M_{sh} = N_{sh} \cdot z_{s,i} = 4057 \cdot 0{,}0404 = 164 \, \text{kNm}$$

$$I_2/I_1 = 42.422/72.480 = 0{,}585 \; \Rightarrow \; k_{w,sh}$$

$$\sim 0{,}577 + (0{,}539 - 0{,}577) \cdot 0{,}85 = 0{,}545$$

$$\max w(M_{sh}) = k_{w,sh} \cdot M_{sh} \cdot L^2/(8 E I_1)$$

$$= 0{,}545 \cdot 164 \cdot 14^2/(8 \cdot 21.000 \cdot 7{,}248) \cdot 100 = 1{,}44 \, \text{cm}$$

Gesamtverformung und mögliche Überhöhung

$$w_{\text{ges}} = 3{,}99 + 0{,}48 + 1{,}44 = 5{,}91 \,\text{cm}$$

$$w/L = 5{,}91/1400 = 1/237 > 1/250$$

Es wird empfohlen, eine Überhöhung für die Verformungen aus ständigen Lasten und Schwinden auszuführen.

8.4 Verbundstützen

8.4.1 Einführung

Verbundstützen sind im Allgemeinen doppelsymmetrisch und werden eingeteilt in:

- vollständig einbetonierte Querschnitte, Abb. 8.36a
- ausbetonierte I-Querschnitte, Abb. 8.36b
- betongefüllte Hohlprofile, Abb. 8.36d, e, f
- Kreuzprofilstützen, Abb. 8.36c

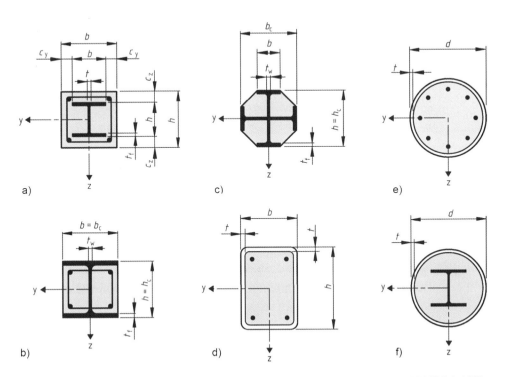

Abb. 8.36 Typische Querschnitte von Verbundstützen und Bezeichnungen nach EN 1994-1-1 [2]

Für die Bemessung sind nach DIN EN 1994-1-1 [2] grundsätzlich die folgenden Verfahren zulässig:

a) ein allgemeines Verfahren, das auch für Druckglieder mit unsymmetrischen Querschnitten oder über die Stützenlänge veränderlichen Querschnitten gültig ist
b) ein vereinfachtes Verfahren für Druckglieder mit doppeltsymmetrischen und über die Bauteillänge konstanten Querschnitten

Bei dem allgemeinen Verfahren handelt es sich um eine geometrisch und physikalisch nichtlineare Berechnung nach der Fließzonentheorie II. Ordnung, die nur mit entsprechend leistungsfähigen FE-Programmen anwendbar ist. Das vereinfachte Verfahren bedeutet für Stäbe mit reiner Druckkraft wahlweise die Anwendung des χ-*Verfahrens* oder des *Ersatzimperfektionsverfahrens*, wie sie im Prinzip von den Biegeknicknachweisen bei reinen Stahlstützen bekannt sind. Für Stäbe mit Druck und Biegung ist nur das *Ersatzimperfektionsverfahren* vorgesehen und nicht mehr, wie noch in DIN 18800-5 [10], ein erweitertes χ-Verfahren. **In den folgenden Abschnitten wird nur auf das vereinfachte Verfahren näher eingegangen.**

8.4.2 Anwendungsgrenzen und Vorgaben

Die nachfolgend wiedergegebenen Regeln nach [2] gelten für Stützen und druckbeanspruchte Verbundbauteile, bei denen **Baustähle S235 bis S460** und **Normalbetone der Festigkeitsklassen C20/25 bis C50/60** verwendet werden.

Für den *Querschnittsparameter* δ muss gelten:

$$0{,}2 \leq \delta = \frac{A_a \cdot f_{yd}}{N_{pl,Rd}} = \frac{\text{vollplastische Tragfähigkeit Baustahlquerschnitt}}{\text{vollplastische Tragfähigkeit Verbundquerschnitt}} \leq 0{,}9 \quad (8.43)$$

Für $\delta < 0{,}2$ ist die Stütze als Stahlbetonstütze und für $\delta > 0{,}9$ als Stahlstütze zu behandeln.

Für die **Anwendung des vereinfachten Bemessungsverfahrens** gelten weiter die nachfolgend angegebenen Grenzen und Vorgaben:

- **Bezogener Schlankheitsgrad** $\overline{\lambda} \leq 2{,}0$
- Das **Verhältnis von Querschnittshöhe zu Querschnittsbreite** des Verbundquerschnitts liegt zwischen *0,2 und 5,0*
- Bei vollständig einbetonierten Stahlprofilen dürfen rechnerisch maximal die nachfolgend angegebenen **Betondeckungen** berücksichtigt werden:

$$\max c_z = 0{,}3h, \quad \max c_y = 0{,}4b$$

- Vorhandene **Längsbewehrung** darf rechnerisch maximal mit *6 % der Betonfläche* berücksichtigt werden.

Tab. 8.18 Grenzabmessungen für örtliches Beulen nach [2]

Teilweise einbetonierte I-Querschnitte	Ausbetonierte rechteckige Hohlprofile	Ausbetonierte Rohre
$\max(b/t_f) = 44\sqrt{\dfrac{235}{f_y\ [\mathrm{N/mm^2}]}}$	$\max(h/t) = 52\sqrt{\dfrac{235}{f_y\ [\mathrm{N/mm^2}]}}$	$\max(d/t) = 90\dfrac{235}{f_y\ [\mathrm{N/mm^2}]}$

8.4.2.1 Örtliches Beulen

Der Nachweis gegen *örtliches Beulen* darf bei vollständig einbetonierten Stahlprofilen gemäß Abb. 8.36a entfallen, wenn die Betonüberdeckungen nach Gl. 8.44 eingehalten ist. Für andere Querschnitte darf der Nachweis entfallen, wenn die in Tab. 8.18 angegebenen Grenzwerte nicht überschritten werden.

8.4.2.2 Betondeckung

Für vollständig einbetonierte Stahlprofile gemäß Abb. 8.36a ist die Mindestbetondeckung nach Gl. 8.44 einzuhalten, um die Übertragung von Schubkräften zwischen Beton und Stahl sicherzustellen, ein Abplatzen des Betons zu verhindern und das Stahlprofil gegen Korrosion zu schützen. Für die Betondeckung der Bewehrung gilt DIN EN 1992-1-1 [3], Abschn. 4.

$$c_i \geq \begin{cases} 40\,\mathrm{mm} \\ \text{Flanschbreite } b/6 \end{cases} \tag{8.44}$$

8.4.2.3 Mindestbewehrung

Bei betongefüllten Hohlprofilen ist eine Ausführung ohne Längsbewehrung zulässig, wenn keine Brandschutzbemessung erforderlich ist.

Bei vollständig einbetonierten Stahlprofilen ist eine Mindestbewehrung von 0,3 % der Betonfläche vorzusehen, sofern die Längsbewehrung auf die Tragfähigkeit angerechnet wird. Wird dagegen bei vollständig oder teilweise einbetonierten Stahlprofilen auf eine Anrechnung der Längsbewehrung beim Tragfähigkeitsnachweis verzichtet und liegen Umweltbedingungen vor, die eine Einstufung in die Expositionsklasse X0 nach DIN EN 1992-1-1 [3] erlauben, ist in der Regel die folgende, konstruktive Längsbewehrung einzubauen:

a) Stäbe $\varnothing \geq 8\,\mathrm{mm}$ mit $e \leq 250\,\mathrm{mm}$ und Bügel $\varnothing \geq 6\,\mathrm{mm}$ mit $e \leq 200\,\mathrm{mm}$ **oder**
b) Matten $\varnothing \geq 4\,\mathrm{mm}$

Die Bügel sind an das Stahlprofil anzuschweißen oder durch den Steg zu stecken. Anstelle der Bügel sind auch Durchsteckhaken erlaubt.

8.4.3 Querschnittstragfähigkeit

8.4.3.1 Plastische Grenznormalkraft

Aus der Forderung vom Ebenbleiben der Querschnitte ergibt sich die plastische Grenznormalkraft aus der Addition der plastischen Grenzkräfte der einzelnen Querschnittsteile gemäß Gl. 8.45.

$$N_{\mathrm{pl,Rd}} = A_{\mathrm{a}} \cdot f_{\mathrm{yd}} + A_{\mathrm{c}} \cdot \alpha_{\mathrm{cc}} \cdot f_{\mathrm{cd}} + A_{\mathrm{s}} \cdot f_{\mathrm{sd}} \qquad (8.45)$$

$$\text{mit } \alpha_{\mathrm{cc}} = \begin{cases} 1{,}0 & \text{für betongefüllte Hohlprofile} \\ 0{,}85 & \text{für alle anderen Querschnitte} \end{cases}$$

Bei betongefüllten kreisförmigen Hohlprofilen darf ggf. die aus der Umschnürungswirkung des Rohres resultierende Erhöhung der Betondruckfestigkeit berücksichtigt werden, s. [2], 6.7.3.2 (6).

8.4.3.2 Plastische Grenzmomente und Interaktionskurven

Plastische Grenzmomente werden natürlich nur benötigt, wenn der Fall „Biegung mit Normalkraft" vorliegt oder der Nachweis mit dem *Ersatzimperfektionsverfahren* erfolgen soll. Der Tragfähigkeitsnachweis wird dann über die *Interaktionsbeziehung* zwischen den einwirkenden Schnittgrößen und den entsprechenden Grenzschnittgrößen geführt. Bei Verbundstützen wird dabei, wie bei Stahlbetonstützen, das Phänomen beobachtet, dass die zusätzlich durch eine Normalkraft belastete Stütze u. U. ein größeres (plastisches) Moment aufnehmen kann als ohne Normalkraft, s. a. Abb. 8.37. Dies hängt damit zusam-

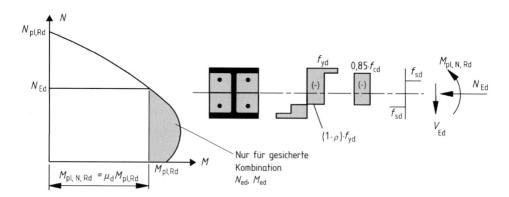

Abb. 8.37 N-M-Interaktionskurve für ausbetonierten I-Querschnitt mit ausgewähltem Spannungszustand unter Berücksichtigung von V nach [2]

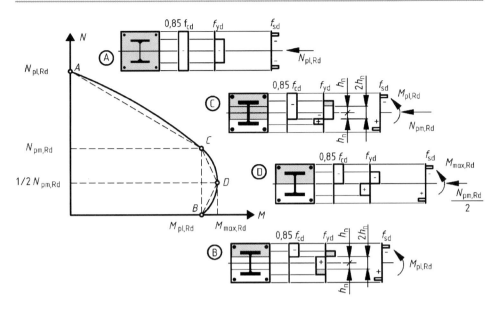

Abb. 8.38 Angenäherte Interaktionskurve und zugehörige vollplastische Spannungsverteilungen nach [2]

men, dass der durch den Biegezug gerissene Betonquerschnitt infolge der Normalkraft überdrückt wird. Der Betonteil liefert dann einen größeren Anteil am plastischen Gesamtmoment. Das plastische Grenzmoment kann daher nicht isoliert betrachtet werden, sondern muss im Zusammenhang mit den Normalkräften gesehen werden.

Grundsätzlich werden die Interaktionskurven wie folgt ermittelt: Man wählt für den zu untersuchenden Querschnitt der Reihe nach verschiedene Lagen der plastischen Null-Linie und bestimmt anhand der Spannungsblöcke die resultierende Normalkraft und das zugehörige Biegemoment um die Schwerachse des ungerissenen Querschnittes (s. a. Abb. 8.38):

Der *Punkt D* im Interaktionsdiagramm ist dadurch gekennzeichnet, dass alle anrechenbaren Spannungsblöcke positive Beiträge zum Moment bei Bezug auf die y-Achse liefern und damit der Maximalwert des aufnehmbaren Biegemomentes $M_{\mathrm{max,Rd}}$ erreicht wird. Dies ist dann der Fall, wenn die plastische Null-Linie mit der y-Achse (= Flächenhalbierende des idealen Querschnittes) zusammenfällt. Die resultierende Normalkraft im Querschnitt ist dann allerdings nicht Null, sondern entspricht gerade der halben Größe von $N_{\mathrm{pm,Rd}}$ nach Gl. 8.46, der Grenznormalkraft des reinen Betonquerschnitts.

$$N_{\mathrm{pm,Rd}} = A_{\mathrm{c}} \cdot \alpha_{\mathrm{cc}} \cdot f_{\mathrm{cd}} \tag{8.46}$$

Im *Punkt B* des Interaktionsdiagramms ist die resultierende Normalkraft aus den Spannungsblöcken identisch Null und das zugehörige Grenzmoment wird entsprechend als

Tab. 8.19 Bestimmung der markanten Punkte der linearisierten Interaktionskurve nach Abb. 8.38 für aus- oder einbetonierte doppeltsymmetrische I-Profile

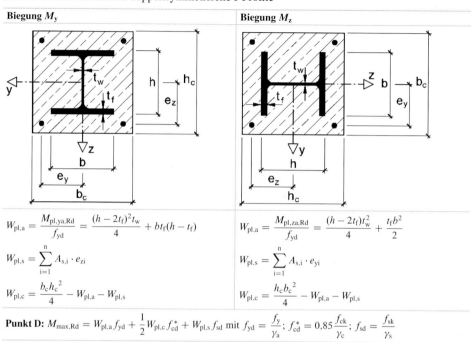

Biegung M_y	Biegung M_z

$$W_{pl,a} = \frac{M_{pl,ya,Rd}}{f_{yd}} = \frac{(h-2t_f)^2 t_w}{4} + bt_f(h-t_f) \qquad\qquad W_{pl,a} = \frac{M_{pl,za,Rd}}{f_{yd}} = \frac{(h-2t_f)t_w^2}{4} + \frac{t_f b^2}{2}$$

$$W_{pl,s} = \sum_{i=1}^{n} A_{s,i} \cdot e_{zi} \qquad\qquad W_{pl,s} = \sum_{i=1}^{n} A_{s,i} \cdot e_{yi}$$

$$W_{pl,c} = \frac{b_c h_c^2}{4} - W_{pl,a} - W_{pl,s} \qquad\qquad W_{pl,c} = \frac{h_c b_c^2}{4} - W_{pl,a} - W_{pl,s}$$

Punkt D: $M_{max,Rd} = W_{pl,a}f_{yd} + \frac{1}{2}W_{pl,c}f_{cd}^* + W_{pl,s}f_{sd}$ mit $f_{yd} = \dfrac{f_y}{\gamma_a}$; $f_{cd}^* = 0.85\dfrac{f_{ck}}{\gamma_c}$; $f_{sd} = \dfrac{f_{sk}}{\gamma_s}$

Punkt C: $M_{pl,Rd} = M_{max,Rd} - M_{n,Rd}$ mit $M_{n,Rd} = W_{pl,an}f_{yd} + \frac{1}{2}W_{pl,cn}f_{cd}^* + W_{pl,sn}f_{sd}$ und $N = N_{pm,Rd} = A_c f_{cd}^*$

I) Höhe h_n und zugehöriger Momentanteil des Stahlquerschnitts für die Fälle

a) Nulllinie außerhalb Profil:

$h/2 \le h_n < h_c/2$

$$h_n = \frac{N_{pm,Rd} - A_a(2f_{yd} - f_{cd}^*) - A_{sn}(2f_{sd} - f_{cd}^*)}{2b_c f_{cd}^*}$$

$W_{pl,an} = W_{pl,a}$

a) Nulllinie außerhalb Profil:

$b/2 \le h_n < b_c/2$

$$h_n = \frac{N_{pm,Rd} - A_a(2f_{yd} - f_{cd}^*) - A_{sn}(2f_{sd} - f_{cd}^*)}{2h_c f_{cd}^*}$$

$W_{pl,an} = W_{pl,a}$

b) Nulllinie im Flansch:

$h/2 - t_f < h_n < h/2$

$$h_n = \frac{N_{pm,Rd} - (A_a - hb)(2f_{yd} - f_{cd}^*) - A_{sn}(2f_{sd} - f_{cd}^*)}{2b_c f_{cd}^* + 2t_f(2f_{yd} - f_{cd}^*)}$$

$W_{pl,an} = W_{pl,a} - \dfrac{b}{4}(h^2 - 4h_n^2)$

b) Nulllinie im Flansch:

$t_w/2 < h_n < b/2$

$$h_n = \frac{N_{pm,Rd} - (A_a - 2t_f b)(2f_{yd} - f_{cd}^*) - A_{sn}(2f_{sd} - f_{cd}^*)}{2h_c f_{cd}^* + 4t_f(2f_{yd} - f_{cd}^*)}$$

$W_{pl,an} = W_{pl,a} - \dfrac{t_f}{2}(b^2 - 4h_n^2)$

c) Nulllinie im Stegbereich:

$h_n \le h/2 - t_f$

$$h_n = \frac{N_{pm,Rd} - A_{sn}(2f_{sd} - f_{cd}^*)}{2b_c f_{cd}^* + 2t_w(2f_{yd} - f_{cd}^*)}$$

$W_{pl,an} = t_w h_n^2$

c) Nulllinie im Stegbereich:

$h_n \le t_w/2$

$$h_n = \frac{N_{pm,Rd} - A_{sn}(2f_{sd} - f_{cd}^*)}{2h_c f_{cd}^* + 2h(2f_{yd} - f_{cd}^*)}$$

$W_{pl,an} = h \cdot h_n^2$

II) Momentenanteile von Bewehrung und Beton im Bereich h_n

A_{sn} ist die im Bereich h_n liegende Bewehrung

$$W_{pl,sn} = \sum_{i=1}^{n} A_{sni} \cdot e_{zi} \qquad\qquad W_{pl,sn} = \sum_{i=1}^{n} A_{sni} \cdot e_{yi}$$

$$W_{pl,cn} = b_c h_n^2 - W_{pl,an} - W_{pl,sn} \qquad\qquad W_{pl,cn} = h_c h_n^2 - W_{pl,an} - W_{pl,sn}$$

plastisches Grenzmoment bezeichnet. Der Abstand h_n der plastischen Nulllinie zur Symmetrieachse kann über die Bedingung $N = \int \sigma_x \cdot dA = 0$ bestimmt werden.

Im *Punkt C* wird der Momentenwert von $M_{pl,Rd}$ nochmals erreicht, also für $N = N_{pm,Rd}$. Somit kann h_n auch über diese Bedingung ermittelt werden.

In Tab. 8.19 sind die entsprechenden Bestimmungsgleichungen zusammengestellt für einen einbetonierten I-Querschnitt unter Biegung um die starke oder schwache Achse. Für andere Querschnittsformen finden sich diese z. B. in [12]. In diesem Zusammenhang sei darauf hingewiesen, dass es nicht unbedingt erforderlich ist, die Interaktionskurve in Gänze – vereinfacht oder mithilfe von EDV-Programmen exakt – abzubilden. Im Prinzip genügt für den Nachweis die Ermittlung des zur wirkenden Normalkraft N_{Ed} gehörenden Grenzmomentes M_{Rd} (N_{Ed}), welches sich über die plastische Spannungsverteilung und die entsprechende Nulllinienlage exakt berechnen lässt. Da aber heutzutage sehr viele Lastfallkombination und damit unterschiedliche Normalkräfte zu betrachten sind, ist die Verwendung von Interaktionskurven sinnvoll. Dabei kann mit der in Abb. 8.38 gestrichelt dargestellten Näherung ggf. linear interpoliert werden zwischen den markanten Punkten.

In Ausnahmefällen weisen Verbundstützen auch merkliche Querkräfte auf, die in der Regel dem Stahlprofil zugewiesen werden. Ihr Einfluss auf das plastische Grenzmoment kann über eine Reduktion der Streckgrenze gemäß Gl. 8.24 für die entsprechenden Bleche erfolgen, s. a. Abb. 8.37.

8.4.4 Tragfähigkeitsnachweis bei planmäßig zentrischem Druck

Der Nachweis kann mit dem in Abschn. 8.4.5 erläuterten *Ersatzimperfektionsverfahren* geführt werden oder mit Gl. 8.47:

$$\frac{N_{Ed}}{\chi \cdot N_{pl,Rd}} \le 1{,}0 \tag{8.47}$$

Die Definition der plastischen Grenznormalkraft ist mit Gl. 8.45 gegeben, wobei für f_{yd} der Teilsicherheitsbeiwert $\gamma_{M1} = 1{,}1$ nach DIN EN 1993-1-1 [1], 6.1(1) und der zugehörigen Angabe im NA zu berücksichtigen ist.

χ ist der übliche **Abminderungsfaktor** für Biegeknicken nach DIN EN 1993-1-1 [1], 6.3.1.2, der somit vom **bezogenen Schlankheitsgrad** und der zugeordneten **Knicklinie** abhängig ist. Für Verbundstützenquerschnitte sind die maßgebenden Knicklinien in Tab. 8.20 angegeben, wobei ρ_s der Bewehrungsgrad nach Gl. 8.48 ist.

$$\rho_s = A_s / A_c \tag{8.48}$$

Der bezogene Schlankheitsgrad wird mit Gl. 8.49 ermittelt und dabei die plastische Grenznormalkraft nach Gl. 8.45 unter Ansatz der charakteristischen Festigkeiten ($\gamma_i = 1{,}0$) verwendet. Bei der Ermittlung der *kritischen Grenznormalkraft* N_{cr} nach Gl. 8.50 finden die effektive Biegesteifigkeit nach Gl. 8.51 Berücksichtigung und damit die Effekte aus:

Tab. 8.20 Knicklinien für Verbundstützen und geometrische Ersatzimperfektionen (Stich der Vorkrümmung bezogen auf die Stützenlänge L) nach [2]

Querschnitt	Anwendungs-grenzen	Ausweichen rechtwinklig zur Achse	Knicklinie	Maximaler Stich der Vorkrümmung
Vollständig oder teilweise einbetonierte I-Querschnitte		$y–y$	b	$L/200$
		$z–z$	c	$L/150$
Ausbetonierte kreisförmige und rechteckige Hohlprofile	$\rho_s \leq 3\,\%$	$y–y$ und $z–z$	a	$L/300$
	$3\,\% < \rho_s \leq 6\,\%$ oder geschweißte Kastenq.	$y–y$ und $z–z$	b	$L/200$
Ausbetonierte Rohre mit Einstellprofil und teilweise einbetonierte, gekreuzte I-Profile		$y–y$ und $z–z$	b	$L/200$

a) Druckfließen des Baustahls und Reißen der Betonzugzone (s. Abb. 8.39a)

b) Kriechen und Schwinden des Betons (s. Abb. 8.39b und Gl. 8.52)

$$\overline{\lambda} = \sqrt{\frac{N_{pl,Rk}}{N_{cr}}} \tag{8.49}$$

$$N_{cr} = \frac{\pi^2 (EI)_{eff}}{L_{cr}^2} \tag{8.50}$$

$$(EI)_{eff} = E_a \cdot I_a + E_s \cdot I_s + 0,6 \cdot E_{c,eff} \cdot I_c \tag{8.51}$$

mit: I_c Flächenmoment zweiten Grades des ungerissenen Betonquerschnitt

$$E_{c,eff} = \frac{E_{cm}}{1 + (N_{G,Ed}/N_{Ed})\varphi_t} \tag{8.52}$$

mit: $N_{G,Ed}$ der ständig wirkende Anteil von N_{Ed}

φ_t die Kriechzahl des Betons

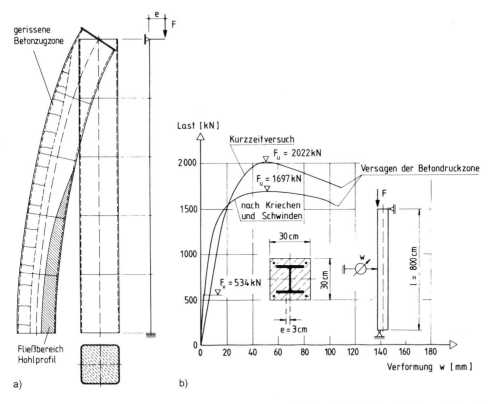

Abb. 8.39 Exzentrisch beanspruchte Verbundstützen nach [6]: **a** Druckfließen des Baustahls und Reißen der Betonzugzone, **b** Einfluss des Kriechens und Schwindens auf die Grenzlast

8.4.5 Tragfähigkeitsnachweis bei Druck und Biegung

Für Verbundstützen mit planmäßiger Biegebeanspruchung ist der Tragfähigkeitsnachweis mit dem Ersatzimperfektionsverfahren zu führen, welches die folgenden Teilschritte umfasst (s. a. Band 1, Abs. 6.2.5):

1) Ansatz geometrischer Ersatzimperfektionen
2) Ermittlung der Schnittgrößen nach Theorie II. Ordnung
3) Nachweis der Querschnittstragfähigkeit

Geometrische Ersatzimperfektionen
In Tab. 8.20 sind die Vorgaben zum Ansatz von Vorkrümmungen als geometrische Ersatzimperfektionen für Stäbe mit Verbundquerschnitten enthalten, wobei L die Stützenlänge ist.

Schnittgrößen nach Theorie II. Ordnung

Für die Ermittlung der Schnittgrößen nach Theorie II. Ordnung ist ähnlich wie bei dem χ-Verfahren in Abschn. 8.4.4 eine effektive Biegesteifigkeit zu berücksichtigen, deren Definition nach [2] hier mit Gl. 8.53 wiedergegeben ist. Die Eingangswerte sind dieselben wie in Gl. 8.51, die geringfügig unterschiedlichen Beiwerte hängen mit der für alle Schlankheiten konstanten Festlegung der Vorkrümmungswerte zusammen.

$$(EI)_{\text{eff,II}} = 0{,}9(E_a \cdot I_a + E_s \cdot I_s + 0{,}5 \cdot E_{\text{c,eff}} \cdot I_c) \tag{8.53}$$

Beim Nachweis des Einzelstabes dürfen die Einflüsse aus Theorie II. Ordnung durch Multiplikation des nach Theorie I. Ordnung ermittelten, maßgebenden Bemessungsmomentes M_{Ed} mit dem Vergrößerungsfaktor α^{II} nach Gl. 8.54 berechnet werden.

$$\alpha^{\text{II}} = \frac{\beta}{1 - N_{\text{Ed}}/N_{\text{cr,eff}}} \geq 1{,}0 \tag{8.54}$$

mit:

$\beta = 1{,}0$ für Feldmomente aus Querlasten oder Vorkrümmungen
$\beta = 0{,}66 + 0{,}44 \cdot r \geq 0{,}44$
für Randmomente mit dem Verhältniswert $-1 \leq r \leq 1$

Nachweis der Querschnittstragfähigkeit

Der Nachweis der Querschnittstragfähigkeit ist unter Verwendung der in Abschn. 8.4.3.2 erläuterten Interaktionskurve für Druck und Biegung mit Gl. 8.55 zu führen (s. a. Abb. 8.37).

$$\frac{M_{\text{Ed}}}{M_{\text{pl,N,Rd}}} = \frac{M_{\text{Ed}}}{\mu_d \cdot M_{\text{pl,Rd}}} \leq \alpha_M \tag{8.55}$$

mit:

$$\alpha_M = \begin{cases} 0{,}9 & \text{für S235 bis S355} \\ 0{,}8 & \text{für S420 bis S460} \end{cases}$$

Dabei sind Werte $\mu_d > 1{,}0$ nur zulässig, wenn das Biegemoment M_{Ed} und die Normalkraft N_{Ed} nicht unabhängig voneinander wirken können (z. B. aus einer Exzentrizität der Normalkraft resultierendes Biegemoment).

Liegt eine zweiachsige Biegebeanspruchung vor, so ist der Einfluss von Imperfektionen bei der stärker versagensgefährdeten Achse zu berücksichtigen und es sind die folgenden Nachweise zu führen:

$$\frac{M_{\text{y,Ed}}}{\mu_{\text{dy}} \cdot M_{\text{pl,y,Rd}}} \leq \alpha_{\text{My}} \quad \text{und} \quad \frac{M_{\text{z,Ed}}}{\mu_{\text{dz}} \cdot M_{\text{pl,z,Rd}}} \leq \alpha_{\text{Mz}} \tag{8.56}$$

$$\frac{M_{\text{y,Ed}}}{\mu_{\text{dy}} \cdot M_{\text{pl,y,Rd}}} + \frac{M_{\text{z,Ed}}}{\mu_{\text{dz}} \cdot M_{\text{pl,z,Rd}}} \leq 1 \tag{8.57}$$

8.4.6 Krafteinleitung und Verbundsicherung

8.4.6.1 Allgemeines und Grenzwerte der Verbundspannung

Bei der Bemessung von Verbundstützen wird von einem vollständigen Verbund zwischen den einzelnen Querschnittskomponenten ausgegangen, weshalb insbesondere in Bereichen der *Krafteinleitung* die *Verbundsicherheit* nachzuweisen ist. In aller Regel werden hierzu Verbundmittel angeordnet aber auch der Flächenverbund zwischen Stahl- und Betonteil kann in Ansatz gebracht werden. Die Bemessungswerte der Verbundtragfähigkeit können Tab. 8.21 entnommen werden, sofern die mit dem Beton in Kontakt stehenden Oberflächen des Stahlprofils keine Beschichtung aufweisen und frei von Schmierstoffen, loser Walzhaut und losem Rost sind. Die Unterschiede resultieren aus dem unterschiedlichen Schwindverhalten bei den einzelnen Ausführungsformen. Für vollständig einbetonierte Stahlprofile darf der entsprechende Wert noch mit dem Faktor nach Gl. 8.58 multipliziert werden, wenn die Betonüberdeckung des Profils mehr als 40 mm beträgt (s. a. Gl. 8.44).

$$\beta_c = 1 + 0{,}02 \cdot c_z \left(1 - \frac{40}{c_z}\right) \leq 2{,}5 \qquad (8.58)$$

c_z: Nennwert der Betondeckung in mm nach Abb. 8.36a

8.4.6.2 Typische Krafteinleitung

In aller Regel wird es nicht gelingen, den Nachweis ausschließlich über die Verbundspannung zu führen, weshalb die Einleitung von Kräften in die Verbundstütze nach einer der folgenden Methoden erfolgt:

a) zunächst nur auf das Stahlprofil mit anschließender Weiterleitung durch Verbundmittel in den Beton

b) gleichzeitig in beide Querschnittsteile über (kräftige) Kopfplatten

Im Fall b) ist im Krafteinleitungsbereich keine Verbundsicherung mit Verbundmitteln erforderlich, sofern nachgewiesen werden kann, dass die Fuge zwischen Betonquerschnitt und Kopfplatte unter Berücksichtigung von Kriechen und Schwinden ständig überdrückt ist. Die Einleitung der Kräfte *zunächst nur in den Betonquerschnitt* sollte grundsätzlich vermieden werden, da dann die Schubkräfte in der Verbundfuge im Laufe der Beanspru-

Tab. 8.21 Bemessungswert der Verbundtragfähigkeit nach [2], Tab. 6.6

Querschnitt	τ_{Rd} [N/mm^2]
Ausbetonierte kreisförmige Hohlprofile	0,55
Ausbetonierte rechteckige Hohlprofile	0,40
Vollständig einbetonierte Stahlprofile	0,30
Flansche von teilweise einbetonierten Profilen	0,20
Stege von teilweise einbetonierten Profilen	0,00

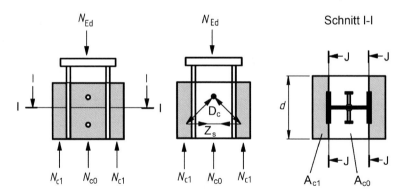

Abb. 8.40 Weiterleitung von Druckkräften in den Beton über Verbundmittel mit Darstellung des Fachwerkmodells für indirekt angeschlossenen Flächen nach [2]

chungsdauer zunehmen. Im Fall a) dagegen nehmen die Schubkräfte in der Verbundfuge infolge Kriechen und Schwinden im Laufe der Zeit ab, so dass für die Bemessung der Verbundmittel der Zeitpunkt $t = 0$ maßgebend wird.

Abb. 8.40 verdeutlicht für Fall a) die Weiterleitung von Kräften in den Beton, wobei unterschieden wird zwischen den Bereichen des Betons (und der Längsbewehrung), die durch die Verbundmittel direkt angeschlossen werden und jenen, die indirekt angeschlossen werden aufgrund der Kraftausbreitung. Für Letztere ist eine Bügelbewehrung anzuordnen um die Zugkräfte Z_s abzudecken, wobei im Allgemeinen für die Druckstreben des Fachwerks eine Neigung von 45° anzunehmen ist.

Bei Verwendung von Kopfbolzendübeln an den Stegen von teilweise oder vollständig einbetonierten und vergleichbaren I-Querschnitten werden infolge der Kraftausbreitung (Druckstreben unter 45° Neigung) an den Flanschen der Profile Reibungskräfte R nach Gl. 8.59 aktiviert, die zusätzlich zu den Grenztragfähigkeiten P_{Rd} der Dübel berücksichtigt werden dürfen, sofern die Flanschabstände gemäß Abb. 8.41 nicht überschritten werden.

$$R = \mu \cdot P_{Rd}/2 \tag{8.59}$$

μ Reibungsbeiwert, der bei walzrauen Stahlprofilen ohne Beschichtung mit 0,5 angenommen werden darf

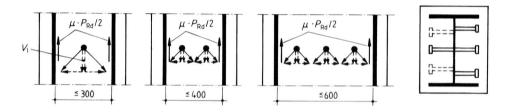

Abb. 8.41 Zusätzliche Aktivierung von Reibungskräften bei Kopfbolzendübeln und zugehörige Maximalabstände der Flansche nach [2]

In DIN EN 1994-1-1 [2], Abschn. 6.7.4, sind weitere Detailregelungen angegeben wie z. B. zur Teilflächenpressung bei ausbetonierten Hohlprofilen. Ausführliche Erläuterungen sind außerdem in [12] zu finden.

8.4.6.3 Lasteinleitungslänge und zu übertragende Kräfte

Wenn kein genauerer Nachweis geführt wird, darf die *Lasteinleitungslänge* L_E nicht größer als $2d$ oder $L/3$ angenommen werden, wobei d die kleinste Außenabmessung des Querschnitts und L die Stützenlänge ist.

Die (von den Verbundmitteln) zu übertragenden Längsschubkräfte ergeben sich aus der Differenz der Teilschnittgrößen des Stahl- oder Stahlbetonquerschnitts im Bereich der Krafteinleitungslänge. In der Regel können die auf den Beton und die Bewehrung zu übertragenden Anteile mithilfe der plastischen Grenztragfähigkeiten gemäß der Gln. 8.60 und 8.61 bestimmt werden.

$$N_{c+s,Ed} = N_{Ed} - N_{a,Ed} = N_{Ed} \left(1 - \frac{N_{pl,a,Rd}}{N_{pl,Rd}} \right) \tag{8.60}$$

$$M_{c+s,Ed} = M_{Ed} - M_{a,Ed} = M_{Ed} \left(1 - \frac{M_{pl,a,Rd}}{M_{pl,Rd}} \right) \tag{8.61}$$

Außerhalb von Krafteinleitungsbereichen ist im Allgemeinen ein Nachweis der Verbundsicherung erforderlich, wenn die Stützen durch Querlasten und/oder Randmomente beansprucht werden. Wenn kein genauerer Nachweis geführt wird, ist bei teilweise einbetonierten I-Querschnitten mit Querkraftbeanspruchung infolge planmäßiger Biegung um die schwache Achse des Stahlprofils (Biegung aus Querlasten und Endmomenten) stets eine Verdübelung erforderlich.

8.4.7 Berechnungsbeispiel

Für den in Abb. 8.42a dargestellten Verbundquerschnitt sollen die Querschnittstragfähigkeiten bestimmt und das (polygonale) Interaktionsdiagramm aufgestellt werden. Anschließend sind die Tragfähigkeitsnachweise für das in Abb. 8.42b angegebene statische System mit den eingetragenen Einwirkungen zu führen.

8.4.7.1 Querschnittstragfähigkeiten

Werkstoffe
Beton: C 35/45

$$f_{cd} = 3,5/1,5 = 2,33\,\text{kN/cm}^2, \quad E_{cm} = 3400\,\text{kN/cm}^2$$

Betonstahl: B500

$$f_{sd} = 50/1,15 = 43,5\,\text{kN/cm}^2$$

Abb. 8.42 Einfeldrige Stütze mit einachsiger Biegung:
a Querschnitt und Bewehrung,
b statisches System

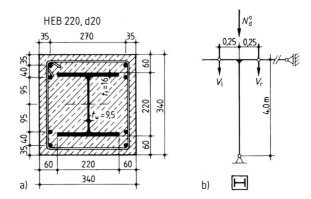

Baustahl: S355

$$f_{yd} = 35{,}5/1{,}1 = 32{,}3\,\text{kN/cm}^2$$

Querschnittswerte

$$A_a = 91\,\text{cm}^2, \quad A_s = 8 \cdot 3{,}14 = 25{,}12\,\text{cm}^2$$
$$A_c = 34^2 - 91 - 25{,}12 = 1065 - 25{,}12 \approx 1040\,\text{cm}^2$$

Bewehrungsgrad $\rho = 25{,}12 \cdot 100/1065 = 2{,}36\,\% > 0{,}3\,\% < 6\,\%$

Örtliches Beulen: die Mindestbetondeckungen nach Gl. 8.44 sind eingehalten

Plastische Grenznormalkraft
Mit $\alpha_{cc} = 0{,}85$ erhält man mit Gl. 8.45:

$$N_{pl,Rd} = 91 \cdot 32{,}3 + 1040 \cdot 0{,}85 \cdot 2{,}33 + 25{,}12 \cdot 43{,}5$$
$$= 2939{,}3 + 2059{,}7 + 1092{,}7 \approx 6092\,\text{kN}$$

Damit liegt der Querschnittsparameter δ nach Gl. 8.43 im zulässigen Bereich für eine
„echte" Verbundstütze:

$$0{,}2 < \delta = 2939{,}3/6092 = 0{,}482 < 0{,}9$$

Plastisches Moment um die y-Achse
Es wird angenommen, dass die plastische Null-Linie im Steg liegt. Mit Tab. 8.19, Spalte
1 und $N_{pm,Rd}$ nach Gl. 8.46 erhält man:

$$N_{pm,Rd} = N_{pl,c} = 1040 \cdot 0{,}85 \cdot 2{,}33 = 2059{,}7\,\text{kN}$$

und

$$h_\mathrm{n} = \frac{2059{,}7}{2 \cdot 34 \cdot 0{,}85 \cdot 2{,}33 + 2 \cdot 0{,}95 \cdot (2 \cdot 32{,}3 - 0{,}85 \cdot 2{,}33)} = 8{,}12\,\mathrm{cm}$$
$$< (22/2 - 1{,}6) = 9{,}4\,\mathrm{cm}$$

Die einzelnen plastischen Widerstandsmomente sind:

$$W_\mathrm{pl,a} = 2 \cdot S_\mathrm{y} = 2 \cdot 414 = 828\,\mathrm{cm}^3$$
$$W_\mathrm{pl,s} = 2 \cdot 2 \cdot 3{,}14 \cdot (9{,}5 + 13{,}5) = 289\,\mathrm{cm}^3$$
$$W_\mathrm{pl,c} = \frac{34 \cdot 34^2}{4} - 828 - 289 = 8709\,\mathrm{cm}^3$$

und

$$W_\mathrm{pl,an} = 0{,}95 \cdot 8{,}12^2 = 62{,}64\,\mathrm{cm}^3$$
$$W_\mathrm{pl,cn} = 34 \cdot 8{,}12^2 - 62{,}64 = 2179\,\mathrm{cm}^3$$
$$W_\mathrm{pl,sn} = 0$$

Damit beträgt das größte aufnehmbare plastische Moment (in Punkt D) der Interaktionskurve:

$$M_\mathrm{max,Rd} = [828 \cdot 32{,}3 + 0{,}5 \cdot 8709 \cdot 0{,}85 \cdot 2{,}33 + 289 \cdot 43{,}5] \cdot 10^{-2} = 479{,}4\,\mathrm{kNm}$$

Das plastische Moment innerhalb von $2h_\mathrm{n}$ ist:

$$M_\mathrm{n,Rd} = [62{,}64 \cdot 32{,}3 + 0{,}5 \cdot 2179 \cdot 0{,}85 \cdot 2{,}33 + 0] \cdot 10^{-2} = 41{,}8\,\mathrm{kNm}$$

Bei $N = 0$, reine Biegung, ist das plastische Moment:

$$M_\mathrm{pl,Rd} = 479{,}4 - 41{,}8 = 437{,}6\,\mathrm{kNm}$$
$$\Rightarrow M_\mathrm{max,Rd}/M_\mathrm{pl,Rd} = 479{,}4/437{,}6 \approx 1{,}1$$

Die Lage der Punkte D und C des Interaktionsdiagramms in normierter Darstellung wird mit Hilfe von $N_\mathrm{pm,Rd}$ gefunden:

$$\frac{0{,}5 \cdot N_\mathrm{pm,Rd}}{N_\mathrm{pl,Rd}} = \frac{0{,}5 \cdot 2059{,}7}{6092} = 0{,}169\,(D) \qquad \frac{N_\mathrm{pm,Rd}}{N_\mathrm{pl,Rd}} = 0{,}338\,(C)$$

Ein Zwischenwert zwischen C und A ($N_\mathrm{Ed}/N_\mathrm{pl,Rd} = 1$) muss nicht ermittelt werden, eine lineare Interpolation liegt auf der sicheren Seite. Das vollständige Interaktionsdiagramm ist in Abb. 8.43 dargestellt (vgl. a. Abb. 8.38).

Abb. 8.43 Interaktionsdiagramm N-My in normierter
Darstellung für den Verbundquerschnitt in Abb. 8.42a

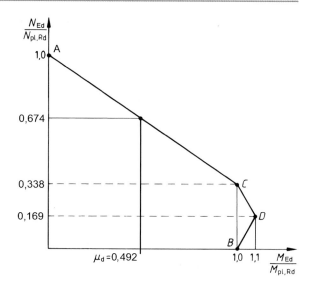

8.4.7.2 Tragfähigkeitsnachweise

Für die 4,0 m lange Stütze im Erdgeschoss soll die Tragfähigkeit nachgewiesen werden.
Aus den oberen Geschossen wirkt eine mittige Normalkraft von $N_{\mathrm{d}}^{\mathrm{o}} = 3330\,\mathrm{kN}$. Im 1.
Geschoss schließen links und rechts Unterzüge mit $e = 25\,\mathrm{cm}$ exzentrisch an und geben
als ständige Last $G_{\mathrm{l,k}} = G_{\mathrm{r,k}} = 165\,\mathrm{kN}$ und als veränderliche Last $V_{\mathrm{l,k}} = V_{\mathrm{r,k}} = 220\,\mathrm{kN}$
an die Stütze ab. Die veränderliche Last kann dabei auch nur einseitig wirken. Es sind
daher zwei Lastkombinationen zu untersuchen

LK 1 „Mittiger Druck"

$$\max N_{\mathrm{Ed}} = 3330 + 2 \cdot (1{,}35 \cdot 165 + 1{,}5 \cdot 220) = 3330 + 1106 = 4436\,\mathrm{kN}$$

LK2 „Druck mit einachsiger Biegung"

$$N_{\mathrm{Ed}} = 3330 + 2 \cdot 1{,}35 \cdot 165 + 1{,}5 \cdot 220 = 3330 + 776 = 4106\,\mathrm{kN}$$

$$M_{\mathrm{Ed}} = 1{,}5 \cdot 220 \cdot 0{,}25 = 82{,}5\,\mathrm{kNm}$$

$$V_{\mathrm{Ed}} = 82{,}5/4{,}0 = 20{,}6\,\mathrm{kN} \ll V_{\mathrm{pl,z,a,Rd}} = 378{,}8\,\mathrm{kN}$$

Lastkombination 1

Für mittigen Druck kann der Nachweis wahlweise mit *Abminderungsfaktoren* oder dem
Ersatzimperfektionsverfahren geführt werden. Hier wird die erste Variante gewählt, um
auch die Anwendung dieses Verfahrens nach Abschn. 8.4.4 zu demonstrieren.

Biegesteifigkeiten nach Gl. 8.51:

Zur Berücksichtigung des Kriechens wird der effektive E-Modul für den Beton nach
Gl. 8.52 ermittelt. Für $h_0 = 2A_{\mathrm{c}}/u = 2 \cdot 1040/(4 \cdot 34) = 15\,\mathrm{cm}$ und Annahme auch

sonst gleicher Randbedingungen kann dabei der Kriechbeiwert nach Abschn. 8.3.3.5 verwendet werden. Weiter wird der Dauerlastanteil mit $1{,}35 \cdot 165/(1{,}35 \cdot 165 + 1{,}5 \cdot 220) = 0{,}4$ zugrunde gelegt:

$$E_{c,eff} = \frac{3400}{1 + 0{,}4 \cdot 2{,}2} = 1809 \, \frac{kN}{cm^2}$$

y-Achse:

$$I_a = 8090 \, cm^4 = 0{,}809 \, cm^2 \, m^2$$
$$I_s = 4 \cdot 3{,}14 \cdot (9{,}5^2 + 13{,}5^2) \cdot 10^{-4} = 0{,}342 \, cm^2 \, m^2$$
$$I_c = \frac{34^2 \cdot 0{,}34^2}{12} - 0{,}809 - 0{,}342 = 9{,}98 \, cm^2 \, m^2$$
$$(EI_y)_{eff} = 21.000 \cdot (0{,}809 + 0{,}342) + 0{,}6 \cdot 1809 \cdot 9{,}98 = 35.003 \, kNm^2$$

z-Achse:

$$I_a = 0{,}284 \, cm^2 \, m^2$$
$$I_s = 2 \cdot 4 \cdot 3{,}14 \cdot 0{,}135^2 = 0{,}458 \, cm^2 \, m^2$$
$$I_c = 11{,}14 - 0{,}284 - 0{,}458 = 10{,}39 \, cm^2 \, m^2$$
$$(EI_z)_{eff} = 21.000 \cdot (0{,}284 + 0{,}458) + 0{,}6 \cdot 1809 \cdot 10{,}39 = 26.859 \, kNm^2$$

Knicklasten, bezogene Schlankheitsgrade, Abminderungsfaktoren
y-Achse:

$$N_{cr,y} = \pi^2 \cdot 35.003/4{,}0^2 = 21.592 \, kN$$
$$N_{pl} = 91 \cdot 35{,}5 + 1040 \cdot 0{,}85 \cdot 3{,}5 + 25{,}12 \cdot 50 = 7580 \, kN$$

$\overline{\lambda} = \sqrt{7580/21.592} = 0{,}60$, Knicklinie b (Tab. 8.20)
$\Rightarrow \chi_y = 0{,}837$

z-Achse:

$$N_{cr,z} = \pi^2 \cdot 26.859/4{,}0^2 = 16.568 \, kN$$

$\overline{\lambda} = \sqrt{7580/16.568} = 0{,}68$, Knicklinie c (Tab. 8.20)
$\Rightarrow \chi_z = 0{,}737$

Nachweis n. Gl. 8.47:

$$\frac{N_{Ed}}{\chi \cdot N_{pl,Rd}} = \frac{4436}{0{,}737 \cdot 6092} = 0{,}99 < 1$$

Abb. 8.44 Maximales Feldmoment für Einfeldträger mit
Randmoment

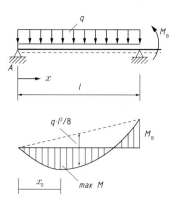

Lastkombination 2
Für die kombinierte Beanspruchung aus Druck und Biegung ist der Nachweis mit dem
Ersatzimperfektionsverfahren nach Abschn. 8.4.5 zu führen.

Geometrische Ersatzimperfektion
Bei der Bestimmung des maßgebenden Bemessungsmomentes nach Theorie II. Ordnung
ist neben dem äußeren Randmoment als geometrische Ersatzimperfektion eine Vorkrümmung der Stütze mit einem Stich nach Tab. 8.20 zu berücksichtigen. Zur Überlagerung
mit dem Randmoment wird die Vorkrümmung umgerechnet in eine äquivalente Ersatzlast
und für die kombinierte Beanspruchung das maximale Moment nach Theorie I. Ordnung
mit Hilfe von Abb. 8.44 bestimmt:
    Nach Tab. 8.20, Zeile 1:

$$w_0 = L/200 = 4/200 = 0,02 \, \text{m}$$

$$q_{z,0} = \frac{N \cdot w_0 \cdot 8}{L^2} = \frac{4106 \cdot 0,02 \cdot 8}{4^2} = 41,06 \, \frac{\text{kN}}{\text{m}}$$

$$A = \frac{q \cdot L}{2} + \frac{M_B}{L} = \frac{41,06 \cdot 4}{2} + \frac{82,5}{4} = 102,8 \, \text{kN}$$

$$\max M_F^I = \frac{A^2}{2q} = \frac{102,8^2}{2 \cdot 41,06} = 128,6 \, \text{kNm}$$

$$x_0 = \frac{A}{q} = \frac{102,8}{41,06} = 2,50 \, \text{m}$$

Schnittgrößen nach Theorie II. Ordnung
Zur Ermittlung des Momentes nach Theorie II. Ordnung wird der Vergrößerungsfaktors
nach Gl. 8.54 ermittelt und dabei die effektive Biegesteifigkeit nach Gl. 8.53 berücksichtigt:

$$(EI_y)_{\text{eff,II}} = 0,9(E_a \cdot I_a + E_s \cdot I_s + 0,5 \cdot E_{c,\text{eff}} \cdot I_c)$$
$$= 0,9 \cdot (21.000 \cdot (0,809 + 0,342) + 0,5 \cdot 1809 \cdot 9,98) = 29.878 \, \text{kNm}^2$$

$$N_{\mathrm{cr,eff}} = \pi^2 \cdot 29.878/4{,}0^2 = 18.430\,\mathrm{kN}$$

$$\alpha^{\mathrm{II}} = \frac{\beta}{1 - N_{\mathrm{Ed}}/N_{\mathrm{cr,eff}}} = \frac{1}{1 - 4106/18.430} = 1{,}287 > 1{,}1$$

$$max\,M_{\mathrm{F}}^{\mathrm{II}} \sim 1{,}287 \cdot 128{,}6 = 165{,}5\,\mathrm{kNm}$$

Querschnittsnachweis:

Im Hinblick auf das in Abschn. 8.4.7.1 ermittelte Interaktionsdiagramm liegt die wirkende Normalkraft im Bereich zwischen $N_{\mathrm{pl,Rd}}$ und $N_{\mathrm{pm,Rd}}$, sodass zur Ermittlung von $M_{\mathrm{pl,N,Rd}}$ bzw. μ_{d} auf der sicheren Seite linear interpoliert werden kann (s. a. Abb. 8.43):

$$N_{\mathrm{Ed}}/N_{\mathrm{pl,Rd}} = 4106/6092 = 0{,}674 > 0{,}338 < 1{,}0$$

$$\Rightarrow \mu_{\mathrm{d}} = (0{,}674 - 1)/(0{,}338 - 1) = 0{,}492$$

Nachweis nach Gl. 8.55:

$$\frac{M_{\mathrm{Ed}}}{\mu_{\mathrm{d}} \cdot M_{\mathrm{pl,Rd}}} = \frac{165{,}5}{0{,}492 \cdot 437{,}6} = \frac{165{,}5}{215{,}5} = 0{,}77 < \alpha_{\mathrm{M}} = 0{,}9 \text{ für S355}$$

Damit sind die Tragsicherheitsnachweise für die Stütze erbracht.

8.4.7.3 Krafteinleitung und Verbundsicherung

Die Detailnachweise für den Verbundquerschnitt sollen unter folgenden Voraussetzungen geführt werden (s. a. Abb. 8.45):

1. Die Last aus den oberen Geschossen wird über eine dicke Kopfplatte gleichmäßig auf den Gesamtquerschnitt übertragen und erzeugt keine Verbundspannungen.
2. Die Lasten aus dem 1. Geschoss werden über Anschlusslaschen zunächst nur in den Stahlquerschnitt eingeleitet und müssen über entsprechende Verbundmittel in den Stahlbetonquerschnitt weitergeleitet werden.
3. Die Lastabtragung am Fußpunkt erfolgt ebenfalls über eine kräftige Fußplatte, sodass auch hier keine Verbundkräfte wirksam werden.
4. Der Querkraftschub kann ohne weiteres von der Stahlstütze alleine aufgenommen werden.

Demnach verbleibt der Nachweis für die Einleitung der Lasten aus dem 1. Geschoss. Die Kraft- und Momenteneinleitung erfolgt über am Steg angeschweißte Kopfbolzen $\varnothing$ 22, die wie in Abb. 8.45 dargestellt angeordnet werden. Als Lasteinleitungslänge darf maximal berücksichtigt werden $L_{\mathrm{E}} = 2d = 2 \cdot 34 = 68\,\mathrm{cm} \leq L/3 = 400/3 = 133\,\mathrm{cm}$.

Die von den Dübeln zu übertragenden Kräfte ergeben sich mit den Gln. 8.60 und 8.61 sowie der Teilung des Momentes durch den inneren Hebelarm wie folgt:

Abb. 8.45 Konstruktive Ausbildung des Stützenkopfes und -fußes

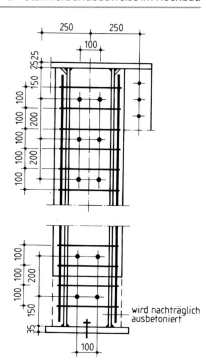

wird nachträglich ausbetoniert

Lastkombination 1

$$N_{c+s,Ed} = N_{Ed}\left(1 - \frac{N_{pl,a,Rd}}{N_{pl,Rd}}\right) = 1106\left(1 - \frac{2939}{6092}\right) = 1106 \cdot 0{,}518 = 572{,}4\,\text{kN}$$

$$P_{Ed} = \frac{N_{c+s,Ed} + 2 \cdot M_{c+s,Ed}/e_h}{n} = \frac{572{,}4}{2 \cdot 6} = 47{,}7\,\text{kN}$$

Lastkombination 2

$$N_{c+s,Ed} = 776 \cdot 0{,}518 = 402{,}0\,\text{kN}$$

$$M_{c+s,Ed} = M_{Ed}\left(1 - \frac{M_{pl,a,Rd}}{M_{pl,Rd}}\right) = 82{,}5\left(1 - \frac{8{,}28 \cdot 32{,}3}{437{,}6}\right) = 82{,}5 \cdot 0{,}389 = 32{,}09\,\text{kNm}$$

$$P_{Ed} = \frac{N_{c+s,Ed}/2 + M_{c+s,Ed}/e_h}{n/2} = \frac{402/2 + 32{,}09/0{,}1}{6} = \frac{521{,}9}{6} = 87{,}0\,\text{kN}$$

Mit Aktivierung der Reibungskräfte nach Gl. 8.59 und Berücksichtigung von P_{Rd} gemäß Tab. 8.3 kann für jeden Dübel die folgende Grenztragfähigkeit angenommen und damit der Nachweis der Verbundsicherung erbracht werden:

$$P'_{Rd} = 1{,}25 \cdot P_{Rd} = 1{,}25 \cdot 102{,}1 = 127{,}6\,\text{kN} > \max P_{Ed} = 87{,}0\,\text{kN}$$

Zum Anschluss der indirekt angeschlossenen Beton- und Bewehrungsanteile gemäß Abb. 8.40 ist noch die Fläche der erforderlichen Bügelbewehrung (2-schnittig) wie folgt zu ermitteln:

$$\frac{A_s}{s_w} \geq \frac{V_{l,Ed}}{2 \cdot f_{sd} \cdot \cot\theta \cdot L_E} = \frac{521,9 \cdot \left(1 - \frac{22}{34}\right)}{2 \cdot 43,5 \cdot 1 \cdot 0,68} = \frac{184,2}{59,16} = 3,11 \frac{cm^2}{m}$$

Es werden das Stahlprofil umschließende Bügel ⌀ 8 in sinnvollen Anständen von 10 cm im Bereich der Lasteinleitung angeordnet, sodass sich eine vorhandene Bewehrung in dem Bereich ergibt von:

$$\text{vorh } a_s = 0,5/0,1 = 5,0 \, cm^2/m > 3,11 \, cm^2/m$$

Am Stützenfuß werden konstruktiv 4×2 Dübel und vier die Dübelpaare umschließende Bügel ⌀ 8, $s_{Bü} = 10$ cm angeordnet.

8.5 Träger-Stützenverbindungen

Die Verbindung von *Stahlverbundträgern* mit *Stahlstützen* erfolgt auf die gleiche Weise wie bei einer Stahlkonstruktion über *Winkel, Stirnplattenanschlüsse* oder *Knaggenauflagerungen* (s. Abb. 8.46a–c). Beim Anschluss an einbetonierte Stahlverbundstützen ragen

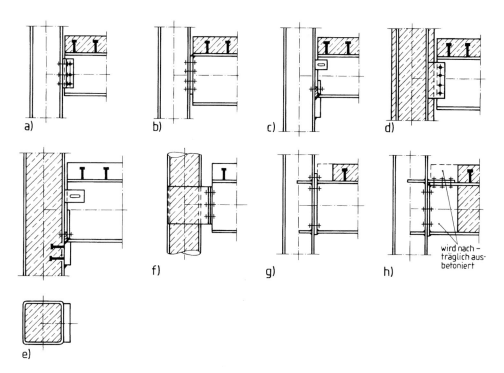

Abb. 8.46 Mögliche Träger-Stützenverbindungen: **a–f** gelenkige Anschlüsse, **g, h** biegesteife Anschlüsse

die Anschlusslaschen aus dem Betonquerschnitt heraus (s. Abb. 8.46d). Sind die Stahlverbundstützen aus Profilstahl lediglich kammergefüllt, ist ein Anschluss wie in Abb. 8.46c zweckmäßig. Anschlüsse an *Hohlprofilverbundstützen* erfolgen i. d. R. über Knaggen oder *Laschen*, die über Schlitze durch das Hohlprofil gesteckt werden (s. Abb. 8.46e, f). Die *Stützenkopfausbildung* von Verbundstützen/Verbundträgern unterscheidet sich prinzipiell nicht von der üblichen Stahlbaupraxis.

Auch sind *biegesteife Verbindungen* über HV-Stirnplattenverbindungen oder Laschen denkbar, wobei in einigen Anschlusspunkten die Verbunddecke oder der Kammerbeton des Stahlprofils zunächst weggelassen und nach erfolgter Montage nachträglich mit Beton gefüllt wird (s. Abb. 8.46g, h). So verfährt man auch bei gelenkig gelagerten Stützen (s. Abb. 8.45), bei denen die Anschlusspunkte nachträglich ausbetoniert werden. Soll ein biegesteifer Anschluss an eine Verbundstütze erfolgen, so kann dies über eine entsprechende Eckbewehrung anstelle eines biegesteifen Schraubanschlusses erfolgen. Hierzu und zu einer Vielzahl von weiteren Anschlussdetails s. a. [13].

8.6 Verbunddecken

8.6.1 Einführung

Die wichtigsten Bestandteile einer Verbunddecke sind bereits in Abb. 8.6 dargestellt. Die Profilbleche, die in Kaltwalzung aus 0,75 bis 1,5 mm dünnen, verzinkten Stahlblechen hergestellt werden, bilden den Kern, durch den sich die Verbunddecke von einer üblichen Stahlbetondecke unterscheidet. Durch ihre Geometrie und weitere Maßnahmen wird erreicht, dass die Bleche nach dem Erhärten des Betons mit diesem schubfest zusammenwirken und insofern wie eine äußere Bewehrung wirksam werden. Während des Betonierens dienen sie als Schalung und haben mit den folgenden Vorzügen nach [6] zu einer nennenswerten Verbreitung dieser Bauweise geführt:

- die Blechtafeln sind schnell (von Hand) verlegbar und stehen sofort als „Arbeitsbühne" zur Verfügung
- sie können zur Stabilisierung der darunterliegenden Träger gegen Biegedrillknicken herangezogen werden
- von unten erlauben die Zellen eine bequeme Befestigung von Installationsleitungen
- Verbunddecken erfüllen hohe Anforderungen an den Brandschutz

In DIN 1994-1-1 [2], Abschn. 9, ist die Anwendung von einachsig gespannte Verbunddecken und Kragplatten geregelt, bei denen die Rippen parallel zur Spannrichtung verlaufen und die Profilbleche eine sog. gedrungene Rippengeometrie aufweisen. Der entsprechende Grenzwert für das Verhältnis zwischen Rippenbreite und Rippenabstand ist zusammen mit weiteren Vorgaben in Abb. 8.47 zusammengestellt.

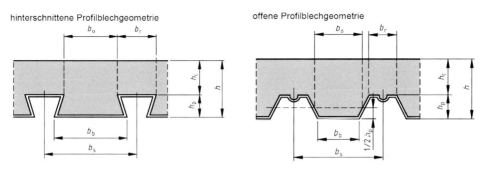

hinterschnittene Profilblechgeometrie

offene Profilblechgeometrie

Rippenabstand: $b_r/b_s \leq 0,6$

Mindesthöhen: $h \geq 80$ mm und $h_c \geq 40$ mm bzw.
$h \geq 90$ mm und $h_c \geq 50$ mm
wenn Decke gleichzeitig als Gurt eines Verbundträgers oder als Scheibe genutzt wird

Bewehrung: in beiden Richtungen $a_s \geq 0,8$ cm²/m
Stababstand $s \leq \min \{2h \; ; \; 350 \text{ mm}\}$

Größtkorndurchmesser der Zuschlagstoffe: $D_k \leq \min \{0,4 \, h_c \; ; \; b_0/3 \; ; \; 31,5 \text{ mm}\}$

Abb. 8.47 Geometrie und Grenzabmaße für Verbunddecken nach DIN EN 1994-1-1 [2]

8.6.2 Nachweise im Grenzzustand der Tragfähigkeit

8.6.2.1 Übersicht

Da es sich bei Verbunddecken um einachsig gespannte Bauteile handelt, sind die erforderlichen Nachweise sehr ähnlich zu denen der Verbundträger (s. a. Abschn. 8.3.2). Bezogen auf die in Abb. 8.48 definierten Schnitte sind die folgenden Nachweise zu führen:

I) Schnitt I-I: Nachweis der positiven Momententragfähigkeit (plastisch)
II) Schnitt II-II: Nachweis der Längsschubtragfähigkeit und Verbundsicherung
III) Schnitt III-III: Nachweis der Querkrafttragfähigkeit
IV) Schnitt IV-IV: Negative Momententragfähigkeit

Die Nachweise zu III) und IV) unterscheiden sich nicht wesentlich von denen für „normale" Stahlbetondecken. Daher wird an dieser Stelle auf die Wiedergabe der entsprechenden Regelungen verzichtet, zumal durchlaufend ausgeführte Decken als eine Kette von

Abb. 8.48 Kritische Schnitte für Verbunddecken im Grenzzustand der Tragfähigkeit

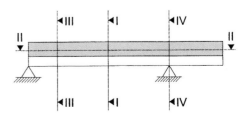

Einfeldträgern bemessen werden dürfen, wenn an den Innenstützen eine konstruktive Bewehrung nach DIN EN 1994-1-1 [2], Abs. 9.8.1, angeordnet wird. Ansonsten darf die Schnittgrößenermittlung elastisch, elastisch mit Momentenumlagerung oder sogar nach der Fließgelenktheorie erfolgen, sofern dafür die entsprechenden Bedingungen nach DIN EN 1992-1-1 [3] eingehalten sind.

Wie schon bei den Verbundträgern sind die Nachweise zu I) und II) eng miteinander verknüpft. Im Unterschied zu den Verbundträgern ist aber bei den Verbunddecken eine teilweise Verdübelung und damit die Bestimmung der Momententragfähigkeit nach der *Teilverbundtheorie* die Regel. Als Alternative hierzu ist in DIN EN 1994-1-1 [2] noch das halb-empirische *m + k-Verfahren* geregelt, auf dessen Wiedergabe und Anwendung hier aber verzichtet werden soll.

Im **Betonierzustand** (mit oder ohne Zwischenunterstützung) ist die **Tragfähigkeit des reinen Stahlprofilblechs** nachzuweisen. Sofern die Mittendurchbiegung δ unter Gebrauchslasten mehr als 1/10 der Deckenhöhe beträgt, ist dabei eine um $0{,}7\delta$ vergrößerte Nenndicke des Betons zugrunde zu legen (im GZG ist einzuhalten: $\delta_{s,max} \leq L/180$).

8.6.2.2 Plastische Momententragfähigkeit

Die plastischen Spannungsverteilungen und die daraus resultierenden Bestimmungsgleichungen zur Ermittlung der positiven Momententragfähigkeit sind für die *Fälle vollständige und teilweise Verdübelung* in Tab. 8.22 zusammengestellt (vorausgesetzt wird in beiden Fällen, dass die plastische Nulllinie oberhalb des Profilblechs liegt).

Wie bei den Verbundträgern spricht man von einer *vollständigen Verdübelung*, wenn die vollplastische Normalkrafttragfähigkeit des Profilblechs (bei den Verbundträgern die des Baustahlquerschnittes) ausgenutzt werden kann und im Beton eine gleich große

Tab. 8.22 Plastische Momententragfähigkeit für Verbunddecken mit vollständiger oder teilweiser Verdübelung

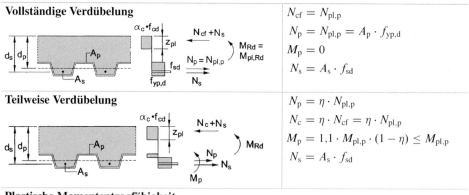

Vollständige Verdübelung	$N_{cf} = N_{pl,p}$ $N_p = N_{pl,p} = A_p \cdot f_{yp,d}$ $M_p = 0$ $N_s = A_s \cdot f_{sd}$
Teilweise Verdübelung	$N_p = \eta \cdot N_{pl,p}$ $N_c = \eta \cdot N_{cf} = \eta \cdot N_{pl,p}$ $M_p = 1{,}1 \cdot M_{pl,p} \cdot (1 - \eta) \leq M_{pl,p}$ $N_s = A_s \cdot f_{sd}$

Plastische Momententragfähigkeit

$$M_{Rd} = M_p + N_p \cdot \underbrace{(d_p - z_{pl}/2)}_{z_1} + N_s \cdot \underbrace{(d_s - z_{pl}/2)}_{z_2} \text{ mit } z_{pl} = \frac{N_p + N_s}{\alpha_{cc} \cdot f_{cd}}$$

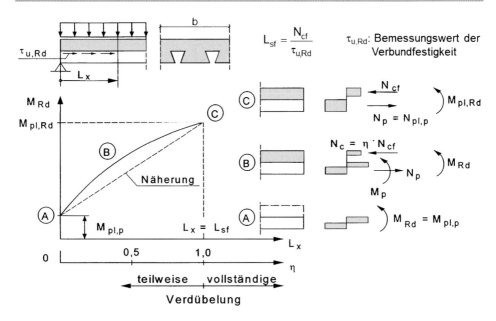

Abb. 8.49 Teilverbunddiagramm für die positive Momententragfähigkeit (ohne Bewehrung)

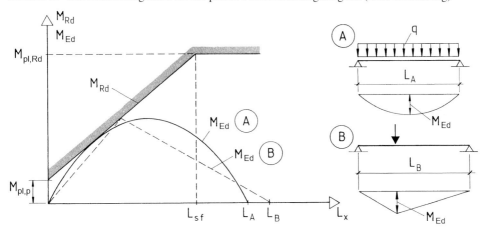

Abb. 8.50 Teilverbunddiagramm zur Überprüfung der Momentendeckung nach [6]

Druckkraft gemäß Gl. 8.62 wirksam ist (hinzu kommt ggf. N_s entsprechend der Zugkraft in der Bewehrung).

$$N_{cf} = N_{pl,p} = A_p \cdot f_{yp,d} \tag{8.62}$$

Voraussetzung um dies zu ermöglichen ist, dass der zugehörige Längsschub über die Verbundspannung zwischen Stahlblech und Beton (sowie ggf. zusätzliche Verbundmittel) aufgenommen werden kann (s. Abschn. 8.6.2.3). Ist das nicht der Fall, liegt nur eine *teil-*

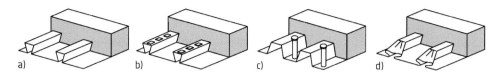

Abb. 8.51 Mechanismen zur Sicherung der Verbundwirkung bei Verbunddecken nach [2]: **a** Reibungsverbund, **b** mechanischer Verbund, **c** Endverankerung mit durchgeschweißten Dübeln, **d** Endverankerung mit Blechverformungsankern

weise Verdübelung vor (was die Regel ist) und der Nachweis der Momententragfähigkeit (und der Längsschubtragfähigkeit) muss mit Hilfe des Teilverbunddiagramms in Abb. 8.49 geführt werden. Zwischen den Punkten A ($M_{\mathrm{Rd}} = M_{\mathrm{pl,p}}$) und C ($M_{\mathrm{Rd}} = M_{\mathrm{pl,Rd}}$) kann dazu wieder linear interpoliert werden. Um die Momentendeckung für jegliche Stelle des Systems zu gewährleisten, können in das Teilverbunddiagramm zusätzlich die Linien der einwirkenden Momente eingezeichnet werden, wie es beispielhaft in Abb. 8.50 gezeigt ist.

8.6.2.3 Längsschubtragfähigkeit

Um das Zusammenwirken zwischen dem Stahlprofilblech und dem Beton als Gesamtquerschnitt zu gewährleisten, können nach DIN EN 1994-1-1 [2] die folgenden Mechanismen herangezogen werden, die auch mit Abb. 8.51 verdeutlicht werden:

a) *Reibungsverbund* bei Blechen mit hinterschnittener Profilblechgeometrie
b) *Mechanischer Verbund* infolge von planmäßig in das Blech eingeprägten Deformationen (Sicken und Noppen)
c) *Endverankerung mittels aufgeschweißter Kopfbolzendübel* oder anderer örtlicher Verankerungen, jedoch nur in Kombination mit a) oder b)
d) *Endverankerung mit Blechverformungsankern* am Blechende, jedoch nur in Kombination mit a)

Für die einzelnen Mechanismen werden in den allgemeinen Bauartgenehmigungen (aBG) der Profilblech-Hersteller (s. z. B. [14]) die jeweils zulässigen Werte zur *Verbundfestigkeit* $\tau_{\mathrm{u,Rd}}$ (infolge a) und b)) sowie zu der *Endverankerungskraft* $V_{\mathrm{e,Rd}}$ von Blechverformungsankern (d) angegeben. Als Endverankerungskraft von durchgeschweißten Kopfbolzendübeln (c) ist der kleinere der Werte nach Gl. 8.63 und Gl. 8.4 anzusetzen.

$$V_{\mathrm{e,Rd}} = P_{\mathrm{pb,Rd}} = k_{\varphi} \cdot d_{\mathrm{do}} \cdot \mathrm{t} \cdot f_{\mathrm{yp,d}} \qquad (8.63)$$

mit $k_{\varphi} = 1 + \mathrm{a}/d_{\mathrm{do}} \le 6{,}0$

d_{do} Durchmesser des Schweißwulstes $\sim 1{,}1$facher Wert des Schaftdurchmessers
a Abstand zwischen der Dübelachse und dem Blechende, der nicht kleiner als $1{,}5d_{\mathrm{do}}$ sein darf
t Dicke des Profilbleches

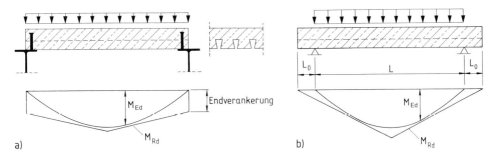

Abb. 8.52 Grenzmoment M_{Rd} unter Berücksichtigung von mechanischem oder Reibungsverbund in Kombination mit Endverankerung (**a**) oder Vorbindelänge L_0 (**b**)

Die Normalkraft, die vom Profilblech auf den Betonquerschnitt durch die Verbundspannung übertragen werden kann, ergibt sich durch Multiplikation mit der Länge L_x, über die die Spannung wirksam ist (s. Gl. 8.64). Soll die zur vollständigen Verdübelung gehörende Normalkraft N_{cf} nach Gl. 8.62 erreicht werden, ist hierzu insofern die Länge L_{sf} nach Gl. 8.65 erforderlich. Angerechnet werden können auf diese Länge eine evtl. vorhandene *Vorbindelänge* L_0 oder die Wirkung von Endverankerungen, welche sich auch in eine Vorbindelänge umrechnen lässt. Zu beiden Fällen verdeutlicht Abb. 8.52 die Auswirkungen auf das Grenzmoment M_{Rd}. Der vorhandene Verdübelungsgrad lässt sich unter Berücksichtigung beider Varianten mit Gl. 8.66 bestimmen und zur Ermittlung des wirksamen Grenzmomentes nach Tab. 8.22 oder mit Hilfe des Teilverbunddiagramms (s. Abb. 8.50) nutzen.

$$N_c = \tau_{u,Rd} \cdot L_x \leq N_{c,f} \tag{8.64}$$

$\tau_{u,Rd}$ Bemessungswert der Verbundfestigkeit nach Herstellerangaben

L_x Abstand zwischen dem betrachteten Querschnitt und dem benachbarten Auflager (s. a. Abb. 8.49)

N_{cf} Normalkraft im Beton bei vollständiger Verdübelung (ohne Bewehrung) gemäß Gl. 8.62

$$L_{sf} = N_{c,f}/(b \cdot \tau_{u,Rd}) \tag{8.65}$$

$$\eta = \frac{\overbrace{\tau_{u,Rd} \cdot (L_x + L_0)}^{N_c} + V_{e,Rd}}{N_{cf}} \leq 1 \tag{8.66}$$

8.6.2.4   Beispiel einfeldrige Verbunddecke

System

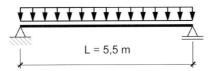

$$L = 5,5\text{ m}$$

Belastung

Rohdeckengewicht	$g_1 = 16,0 \cdot 25,0 =$	$4,0\,\text{kN/m}^2$
Zusatzgewicht	$g_2 = \qquad\quad =$	$1,5\,\text{kN/m}^2$
− ständige Lasten:		$5,5\,\text{kN/m}^2$
	$g_{\text{Ed}} = 5,5 \cdot 1,35 =$	$7,425\,\text{kN/m}^2$
− veränderliche Lasten:	$q \qquad\qquad =$	$3,0\,\text{kN/m}^2$
	$q_{\text{Ed}} = 3,0 \cdot 1,50 =$	$4,50\,\text{kN/m}^2$
− Summe der Bemessungslasten:	$g_{\text{Ed}} + q_{\text{Ed}} \qquad =$	$11,925\,\text{kN/m}^2$

Querschnitt

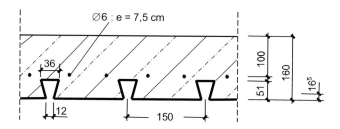

Baustoffe

- Beton C20/25

$$f_{\text{ck}} = 20\,\text{N/mm}^2 = 2,0\,\text{kN/cm}^2, \quad f_{\text{cd}} = \frac{f_{\text{ck}}}{\gamma_{\text{c}}} = \frac{2,0}{1,5} = 1,33\,\text{kN/cm}^2$$

- Bewehrung $\varnothing 6$, $e = 7,5$ cm, B500

$$f_{\text{sk}} = 500\,\text{N/mm}^2 = 50,0\,\text{kN/cm}^2, \quad f_{\text{sd}} = \frac{f_{\text{sk}}}{\gamma_{\text{s}}} = \frac{50,0}{1,15} = 43,48\,\text{kN/cm}^2$$

- Profilblech S320 (Holorib HR 51/150, $t_{\text{N}} = 0,88$ mm)

$$f_{\text{y,p}} = 320\,\text{N/mm}^2 = 32,0\,\text{kN/cm}^2, \quad f_{\text{y,pd}} = \frac{f_{\text{y,p}}}{\gamma_{\text{a}}} = \frac{32,0}{1,1} = 29,1\,\text{kN/cm}^2$$

Querschnittswerte

$$A_{\text{p}} = 15,62\,\text{cm}^2/\text{m} \quad M_{\text{pl,p,Rd}} = 4,58\,\text{kNm/m}$$
$$A_{\text{s}} = 3,77\,\text{cm}^2/\text{m} \quad P_{\text{Rd}} = 29,3\,\text{kN}$$

Nachweis im GZT – positive Momententragfähigkeit

- vollplastische Zugkraft im Profilblech und in der Bewehrung

$$N_p = N_{pl,p} = A_p \cdot f_{y,pd} = 15{,}62 \cdot 29{,}1 = 454{,}5\,\text{kN/m}$$

$$N_s = A_s \cdot f_{sd} = 3{,}77 \cdot 43{,}48 = 163{,}9\,\text{kN/m}$$

- plastisches Moment bei voller Verdübelung ($\eta = 1{,}0$)

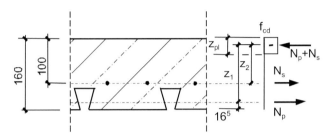

$$z_{pl} = \frac{N_p + N_s}{\alpha_{cc} \cdot f_{cd}} = \frac{454{,}5 + 163{,}9}{100 \cdot 0{,}85 \cdot 1{,}33} = 5{,}47\,\text{cm} < d_s = 10\,\text{cm}$$

$\Rightarrow$ Bewehrung und Blech im Zugbereich

$$z_1 = d_p - \frac{z_{pl}}{2} = 16{,}0 - 1{,}65 - \frac{5{,}47}{2} = 11{,}62\,\text{cm},$$

$$z_2 = d_s - \frac{z_{pl}}{2} = 10{,}0 - \frac{5{,}47}{2} = 7{,}27\,\text{cm}$$

$$M_{pl,Rd} = N_p z_1 + N_s z_2 = 454{,}5 \cdot 0{,}1162 + 163{,}9 \cdot 0{,}0727 = 64{,}7\,\text{kNm/m}$$

$$> M_{Ed} = 11{,}925 \cdot 5{,}5^2/8 = 45{,}1\,\text{kNm/m}$$

- plastisches Moment bei Verdübelungsgrad $\eta = 0$

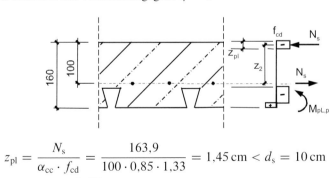

$$z_{pl} = \frac{N_s}{\alpha_{cc} \cdot f_{cd}} = \frac{163{,}9}{100 \cdot 0{,}85 \cdot 1{,}33} = 1{,}45\,\text{cm} < d_s = 10\,\text{cm}$$

$$z_2 = 10{,}0 - \frac{1{,}45}{2} = 9{,}28\,\text{cm}$$

$$M_{Rd} = M_{pl,p} + N_s z_2$$

$$M_{Rd} = 4{,}58 + 163{,}9 \cdot 0{,}0928 = 19{,}8\,\text{kNm/m} < M_{Ed} = 45{,}1\,\text{kNm/m}$$

⇒ Nachweis für vorhandenen Verdübelungsgrad erforderlich bzw. mit Teilverbund-diagramm

- Längsschubtragfähigkeit (Kennwerte s. Zulassung [14])
  Bemessungswert der Verbundfestigkeit $\tau_{u,Rd} = 34\,\mathrm{kN/m^2}$

  Blechverformungsanker: $V_{e,Rd} = \dfrac{P_{Rd}}{e} = \dfrac{29{,}3}{0{,}15} = 195{,}3\,\mathrm{kN/m}$

  Vorhandener Verdübelungsgrad in Feldmitte: $L_x = 5{,}5/2 = 2{,}75\,\mathrm{m}$

$$\eta = \frac{(L_x + L_0) \cdot \tau_{u,Rd} + V_{e,Rd}}{N_{cf}} = \frac{2{,}75 \cdot 34 + 195{,}3}{454{,}4} = \frac{288{,}8}{454{,}4} = 0{,}636 \le 1$$

- Lineare Interpolation

$$\begin{aligned} M_{Rd} &= M_{Rd}(\eta = 0) + \eta \cdot (M_{pl,Rd} - M_{Rd}(\eta = 0)) \\ &= 19{,}8 + 0{,}636 \cdot \underbrace{(64{,}7 - 19{,}8)}_{44{,}9} = 48{,}4\,\mathrm{kNm/m} > M_{Ed} = 45{,}1\,\mathrm{kNm/m} \end{aligned}$$

- Exaktes Grenzmoment (alternativ zu linearer Interpolation)

$$N_c = \eta \cdot N_{cf} = 0{,}636 \cdot 454{,}4 = 288{,}8\,\mathrm{kN/m}$$

$$z_{pl} = \frac{N_c + N_s}{\alpha_c \cdot f_{cd}} = \frac{288{,}8 + 163{,}9}{100 \cdot 0{,}85 \cdot 1{,}33} = 4{,}00\,\mathrm{cm} < 10\,\mathrm{cm}$$

$$M_p = 1{,}1 \cdot M_{pl,p} \cdot (1 - \eta) = 1{,}1 \cdot 4{,}58 \cdot (1 - 0{,}636) = 1{,}83\,\mathrm{kNm/m}$$

$$\begin{aligned} M_{Rd} &= M_p + N_p \cdot (d_p - \tfrac{z_{pl}}{2}) + N_s \cdot (d_s - \tfrac{z_{pl}}{2}) \\ &= 1{,}83 + 288{,}8 \cdot \underbrace{\frac{14{,}35 - \tfrac{4}{2}}{100}}_{35{,}67} + 163{,}9 \cdot \underbrace{\frac{10 - \tfrac{4}{2}}{100}}_{13{,}11} \\ &= 50{,}60\,\mathrm{kNm/m} \end{aligned}$$

- Teilverbunddiagramm (Überprüfung der Momentendeckung über gesamte Länge), s. Abb. 8.53
  Umrechnung der Blechverformungsanker in Vorblechlänge:

$$L_0 = V_{e,Rd}/\tau_{u,Rd} = 195{,}3/34 = 5{,}74\,\mathrm{m} \quad \text{(als negative Länge in Diagramm eintragen)},$$

zug. $M_{Rd} = M_{Rd}\,(\eta = 0) = 19{,}8\,\mathrm{kNm/m}$

$$L_{sf} = (N_{cf} - V_{e,Rd})/\tau_{u,Rd} = (454{,}5 - 195{,}3)/34 = 7{,}62\,\mathrm{m},$$

zug. $M_{Rd} = M_{Rd}\,(\eta = 1) = M_{pl,Rd} = 64{,}7\,\mathrm{kNm/m}$

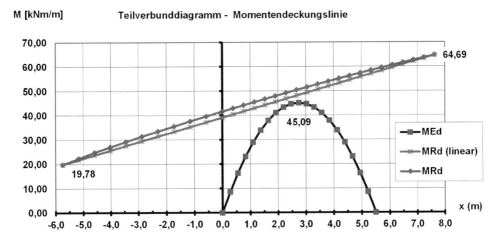

Abb. 8.53 Teilverbunddiagramm als Momentendeckungslinie für das Beispiel

Literatur

1. DIN EN 1993 (12/2010): Eurocode 3 – Bemessung und Konstruktion von Stahlbauten (mit jeweiligen NA).
   Teil 1-1: Allgemeine Bemessungsregeln und Regeln für den Hochbau,
   Teil 1-2: Baulicher Brandschutz,
   Teil 1-3: Kaltgeformte Bauteile und Bleche,
   Teil 1-4: Nichtrostender Stahl,
   Teil 1-5: Bauteile aus ebenen Blechen mit Beanspruchungen in der Blechebene,
   Teil 1-7: Ergänzende Regeln zu ebenen Blechfeldern mit Querbelastung,
   Teil 1-8: Bemessung und Konstruktion von Anschlüssen und Verbindungen,
   Teil 1-9: Ermüdung,
   Teil 1-10: Auswahl der Stahlsorten im Hinblick auf Bruchzähigkeit und Eigenschaften in Dickenrichtung,
   Teil 1-11: Bemessung und Konstruktion von Tragwerken mit stählernen Zugelementen,
   Teil 1-12: Zusätzliche Regeln zur Erweiterung von EN 1993 auf Stahlgüten bis S700,
   Teil 2: Stahlbrücken,
   Teil 6: Kranbahnträger
2. DIN EN 1994 (12/2010): Eurocode 4 – Bemessung und Konstruktion von Verbundtragwerken aus Stahl und Beton (mit jeweiligen NA). Teil 1-1: Allgemeine Bemessungsregeln und Anwendungsregeln für den Hochbau
3. DIN EN 1992 (01/2011): Eurocode 2 – Bemessung und Konstruktion von Stahlbeton- und Spannbetontragwerken (mit jeweiligen NA). Teil 1-1: Allgemeine Bemessungsregeln und Regeln für den Hochbau
4. DIN EN ISO 13918:2008-10: Schweißen – Bolzen und Keramikringe für das Lichtbogenbolzenschweißen
5. DIN EN ISO 14555:2014-08: Schweißen – Lichtbogenbolzenschweißen von metallischen Werkstoffen

6. Roik/Bergmann/Haensel/Hanswille: Verbundkonstruktionen. Bemessung auf der Grundlage des Eurocodes 4, Teil 1-1. Betonkalender Teil II, 1999

7. Kindmann, R., Xia, G.: Erweiterung der Berechnungsverfahren für Verbundträger. Stahlbau 69 (2000), S. 170–183

8. FS-STAB-FZ: Programm zur Analyse von Stäben nach der Biegetorsionstheorie II. Ordnung mit Fließzonen, Laumann, J., Wolf, C., Kindmann, R

9. Hanswille, G., Lindner, J., Münich, D.: Zum Biegedrillknicken von Verbundträgern. Verlag Ernst & Sohn, Stahlbau 67 (1998), Heft 7, S. 525–535.

10. DIN 18800-5 (2007-03): Stahlbauten – Teil 5: Verbundtragwerke aus Stahl und Beton – Bemessung und Konstruktion

11. DIN EN 1990 (2010-12 mit zugehörigem NA): Eurocode – Grundlagen der Tragwerksplanung

12. Hanswille, G., Schäfer, M., Bergmann, M.: Verbundtragwerke aus Stahl und Beton, Bemessung und Konstruktion – Kommentar zu DIN EN 1994-1-1. Verlag Ernst & Sohn, Stahlbau-Kalender 2018

13. Krahwinkel, M., Kindmann, R.: Stahl- und Verbundkonstruktionen, 3. Auflage, Springer Vieweg, Wiesbaden 2016

14. Deutsches Institut für Bautechnik (DIBt): Allgemeine Bauartgenehmigung (Z-26.1-4). Holorib-Verbunddecke, Berlin, 2019

15. Minnert, J, Wagenknecht, G.: Verbundbau-Praxis. Berechnung und Konstruktion nach Eurocode 4, 2. Auflage, Beuth, Berlin, 2013

16. DIN EN 1991-1-6 (12/2010): Eurocode 1: Einwirkungen auf Tragwerke (mit jeweiligen NA). Teil 1–6: Allgemeine Einwirkungen, Einwirkungen während der Bauausführung

Stichwortverzeichnis